Magische Quadrate und ihre Konstruktion

Holger Danielsson

Magische Quadrate und ihre Konstruktion

Ein ausführlicher Überblick zu bekannten Konstruktionsverfahren

Springer Spektrum

Holger Danielsson
Schwerte, Deutschland

ISBN 978-3-662-70447-9 ISBN 978-3-662-70448-6 (eBook)
https://doi.org/10.1007/978-3-662-70448-6

Die Deutsche Nationalbibliothek verzeichnet diese Publikation in der Deutschen Nationalbibliografie; detaillierte bibliografische Daten sind im Internet über https://portal.dnb.de abrufbar.

Planung/Lektorat: Iris Ruhmann
Springer Spektrum ist ein Imprint der eingetragenen Gesellschaft Springer-Verlag GmbH, DE und ist ein Teil von Springer Nature.
Die Anschrift der Gesellschaft ist: Heidelberger Platz 3, 14197 Berlin, Germany

Vorwort

Bei meinen langjährigen Untersuchungen von magischen Quadraten habe ich festgestellt, dass die Konstruktionsverfahren nirgendwo zusammen gesammelt dokumentiert worden sind. Bücher, die einen gewissen Überblick geben, sind schon sehr alt und neuere Konstruktionsverfahren werden nur noch einzeln in mathematischen Zeitschriften vorgestellt. Da eine aktuelle Übersicht fehlt, habe ich mich dieser Aufgabe gewidmet.

In diesem Buch werden alle mir bekannten Methoden in kleinen Schritten verständlich und detailliert vorgestellt. Dabei wird besonderer Wert auf die grafische Darstellung des Konstruktionsprozesses gelegt, der mit vielen Beispielen und ausdrucksstarken Grafiken nachvollziehbar veranschaulicht wird. Mathematische Hintergründe und Beweise stellen nicht das Ziel dieses Buches dar.

In vielen Fällen werden nicht nur die Originalverfahren der jeweiligen Autoren vorgestellt, sondern auch weitere Varianten angegeben und ausführliche zusätzliche Untersuchungen durchgeführt.

Bei einigen Verfahren zur Konstruktion von magischen Quadraten konnte kein Autor eindeutig bestimmt werden. In verschiedenen Abhandlungen oder Zusammenfassungen werden beispielsweise keine Autoren genannt oder auch bei sehr alten Verfahren darauf hingewiesen, dass die Originalquelle nicht bekannt sei.

Andere Verfahren oder Varianten waren zeitweise im Internet verfügbar, sind heute aber nicht mehr vorhanden. In all diesen Fällen wurden die beschriebenen Verfahren mit *Unbekannter Autor* gekennzeichnet.

Eine Reihe von Methoden zur Konstruktion von besonderen magischen Quadraten wird in einem weiteren Band vorgestellt, da der Umfang für ein einzelnes Buch viel zu groß ist. In dem zusätzlichen Band werden u. a. bimagische, pandiagonale, supermagische, pandiagonale Franklin-Quadrate und eingebettete Quadrate behandelt.

Schwerte,
Oktober 2024

Holger Danielsson

Inhaltsverzeichnis

1 Magische Quadrate **1**

1.1 Geschichte der magischen Quadrate 1

1.2 Was sind magische Quadrate? 3

1.3 Magische Summe 5

1.4 Drehungen und Spiegelungen 6

1.5 Normierte magische Quadrate 10

1.6 Anzahl magischer Quadrate 11

2 Besondere Eigenschaften **13**

2.1 Semi-magische Quadrate 13

2.2 Einfache magische Quadrate 14

2.3 Symmetrische magische Quadrate 15

2.4 Pandiagonale magische Quadrate 20

2.5 Supermagische Quadrate 26

2.6 Selbstkomplementäre magische Quadrate 30

2.7 Ultramagische Quadrate 35

2.8 Gerahmte magische Quadrate 37

2.9 Bentdiagonale magische Quadrate 41

2.10 Semi-pandiagonale magische Quadrate 43

2.11 Bimagische Quadrate 44

2.12 Trimagische Quadrate 48

2.13 Zusammengesetzte magische Quadrate 50

2.14 Eingebettete magische Quadrate 53

2.15 Reguläre magische Quadrate 55

2.16 Kompakte magische Quadrate 57

2.17 Quadrantengleiche magische Quadrate . . . 57
2.18 Teilquadrate mit gleichen Summen . . . 58
2.19 Zerlegung in Rechtecke mit gleichen Summen . . . 60

3 Grundlegende Begriffe . . . 63

3.1 Darstellungen von magischen Quadraten . . . 63
3.1.1 Koordinatensystem . . . 63
3.1.2 Darstellung im Zahlensystem . . . 64
3.1.3 Algebraische Muster . . . 66
3.1.4 Affine Gleichungen . . . 68
3.2 Zahlanordnungen als Basis für Konstruktionen . . . 71
3.2.1 Natürliche Anordnung . . . 71
3.2.2 Plussequenzen . . . 73
3.2.3 Komplementsequenzen . . . 74
3.2.4 Reversible Quadrate . . . 74

4 Ordnung 4 . . . 81

4.1 Die zwölf Gruppen von Dudeney . . . 81
4.1.1 Gruppen 1 bis 6 . . . 83
4.1.2 Gruppe 6b . . . 89
4.1.3 Gruppe 7 . . . 97
4.1.4 Gruppe 8 . . . 100
4.1.5 Gruppe 9 . . . 102
4.1.6 Gruppe 10 . . . 102
4.1.7 Gruppe 11 . . . 103
4.1.8 Gruppe 12 . . . 104
4.1.9 Alle 48 pandiagonalen Quadrate erzeugen . . . 105
4.2 Abbildungen zwischen den Dudeney-Gruppen . . . 107
4.2.1 Gruppe 1 und Gruppe 2 . . . 108
4.2.2 Gruppe 2 und Gruppe 3 . . . 108
4.2.3 Gruppe 3 und Gruppe 1 . . . 109
4.2.4 Gruppe 4 und Gruppe 5 . . . 111
4.2.5 Gruppe 4 und Gruppe 6a . . . 112
4.2.6 Gruppe 7 und Gruppe 8 . . . 113
4.2.7 Gruppe 7 und Gruppe 9 . . . 114
4.2.8 Gruppe 7 und Gruppe 10 . . . 114
4.3 Magische Eigenschaften . . . 115

4.3.1 Pandiagonal und supermagisch . . . 115
4.3.2 Bentdiagonal . . . 116
4.3.3 Symmetrisch . . . 116
4.3.4 Selbstkomplementär . . . 116

5 Ungerade Ordnungen . . . 119

5.1 Beliebige Ordnungen . . . 119
5.1.1 Al-Haytham . . . 120
5.1.2 Moschopoulos 1 . . . 121
Variation der Startposition . . . 124
Variation der Richtung . . . 124
Variation des Zwischenschrittes . . . 126
Variation der Richtung und des Zwischenschrittes . . . 128
5.1.3 Moschopoulos 2 . . . 129
Variation des Hauptschrittes . . . 131
Variation der Startposition . . . 132
Variation des Zwischenschrittes . . . 133
5.1.4 Bachet de Méziriac . . . 134
5.1.5 De La Loubère . . . 136
Variation der Startposition . . . 139
Variation der Richtung . . . 140
Variation des Zwischenschrittes . . . 141
5.1.6 Sauveur (Diagonalenmethode) . . . 145
5.1.7 Sauveur (Methode der Indizierung) . . . 147
5.1.8 Sauveur (Gemischte Methode) . . . 152
5.1.9 Sauveur (Ungeordnete Methode) . . . 154
5.1.10 Sauveur (Methode der analogen Buchstaben) . . . 157
5.1.11 Bachet – Labosne (Diagonalenmethode) . . . 159
5.1.12 Bachet – Labosne (Variante von Narayana) . . . 160
5.1.13 Rallier des Ourmes . . . 161
5.1.14 Frierson . . . 163
5.1.15 Lehmer (Allgemeine Schrittmethode) . . . 166
5.1.16 Reiner . . . 175
5.1.17 De Los Reyes – Pourdarvish – Midha – Das . . . 177
5.1.18 Chan – Mainkar – Narayan – Webster . . . 179
5.1.19 Liao Yen-er – Zhu Bao-man – Wu Lian-fa . . . 183
5.1.20 Mamzeris . . . 185
5.1.21 Lozenge – Quadrate . . . 194

Al-Asfizari 195
Anordnung mit einem Hilfskreuz 196
Direktes Einfügen der geraden Zahlen 198
Sayles 200
Aufteilung in zwei Rauten 201
Umformung eines Quadrates in natürlicher Anordnung 203
Überlagerungsmethode von de la Hire 205
Cao und Gao 206
Zheng, Lin und Chen 208
Modulare Gleichungen 210
Affine Gleichungen 213

5.2 Ordnungen $n \neq 3k$ 214
5.2.1 Poignard 215
5.2.2 De La Hire 216
5.2.3 Margossian 219

5.3 Methoden von Cram 226
5.3.1 Methode 1 – Primzahlordnungen 226
5.3.2 Methode 2 – Primzahlordnungen (Erweiterung 1) 230
5.3.3 Methode 3 – Primzahlordnungen (Erweiterung 2) 232
5.3.4 Methode 4 (Erweiterung von Methode 2) 234
Quadratische Ordnungen 234
Ordnungen mit mehreren Teilern 236
5.3.5 Methode 5 (Erweiterung von Methode 3) 238
Quadratische Ordnungen 238
Ordnungen mit mehreren Teilern 240

6 Gerade Ordnungen **247**

6.1 Devedec 248
6.2 Planck 251
6.3 Lecornu 256
6.4 Sauveur (Methode der analogen Buchstaben) 261
6.5 Markierungen auf den Diagonalen 264

7 Doppelt-gerade Ordnungen **269**

7.1 Arabische Methoden 269
7.1.1 Diagonalenmethode 270
7.1.2 Al-Kharaqi (Methode der Markierungen) 277

7.1.3 Al-Asfizari . . . 288
7.1.4 Unterteilung in 16 Teilquadrate der Größe k . . . 294
7.1.5 Füllen von jeweils zwei gegenüberliegenden Zeilen . . . 298
7.1.6 Diagonale Traversierungen . . . 299
7.1.7 Traversierung mit Springerschritten . . . 302
7.1.8 Springerschritte in zwei benachbarten Zeilen . . . 309
7.1.9 Springerschritte in vier benachbarten Zeilen . . . 314
7.1.10 Springerschritte ohne Zeilenwechsel . . . 318
7.1.11 Springerschritte mit komplementären Zahlen . . . 322
7.1.12 Moschopoulos . . . 327

7.2 Methoden der Neuzeit . . . 336
7.2.1 Arnauld . . . 336
7.2.2 Poignard . . . 341
7.2.3 De la Hire . . . 344
7.2.4 D'Ons-en-Bray . . . 354
7.2.5 Rallier des Ourmes . . . 358
7.2.6 Planck (Methode der Umkehrungen) . . . 361
7.2.7 Methode der Drehungen . . . 364
7.2.8 Drach . . . 368
7.2.9 Transformation von Diagonalen in Zeilen . . . 372
7.2.10 Erweiterung von Teilbereichen . . . 378
7.2.11 Unterteilung in Blöcke von vier Zeilen . . . 384
7.2.12 Planck . . . 390
7.2.13 Shen . . . 393
7.2.14 Huang – Lin . . . 400
7.2.15 Umar . . . 405
7.2.16 Ibrahim – Jibril – Umar . . . 407
7.2.17 Pan Linsen . . . 411
7.2.18 Liang Peiji – Zhang Hangfu – Zhang Xiafu . . . 413
7.2.19 Duan – Liu – Li – Tian . . . 414
7.2.20 Zheng Ronghui – Lin Kerong – Chen Rongsi . . . 417
7.2.21 Lin Pengcheng (Methode 1) . . . 418
7.2.22 Lin Pengcheng (Methode 2) . . . 420
7.2.23 Zhu Yunshan . . . 422
7.2.24 Miranda – Miranda (Methode 1) . . . 424
7.2.25 Miranda – Miranda (Methoden 2 und 3) . . . 431

7.3 Erweiterung von 4 x 4 - Basisquadraten . . . 439
7.3.1 Unterteilung in 16 Teilquadrate der Größe k . . . 439

7.3.2 Basisquadrat mit einem geometrischen Muster 449
7.3.3 Unterteilung in Teilquadrate mit Spiegelungen 457
7.3.4 Teilquadrate mit Spiegelungen in bestimmten Bereichen 459
7.3.5 Eintragen fortlaufender Zahlen in Teilquadrate 460
7.3.6 Eintragen von Zahlen nach einem Muster 465
7.3.7 Teilquadrate mit einem geometrischen Muster 468
7.3.8 Variables Eintragen fortlaufender Zahlen in Teilquadrate 470

8 Einfach-gerade Ordnungen 481

8.1 Eigenständige Verfahren 481
8.1.1 Al-Kharaqi 481
8.1.2 Al-Haytham 487
8.1.3 Al-Antaki 491
8.1.4 Bachet – Labosne 497
8.1.5 Drach 500
8.1.6 Nelson 502
8.1.7 Bouteloup 506
8.1.8 Wang Fat – Zhou Ming 510
8.1.9 Alternierendes Eintragen in symmetrisch liegende Zeilen 513
8.2 Erweiterung von anderen Verfahren 516
8.2.1 Rallier des Ourmes 516
8.2.2 Cram 519
8.2.3 Planck (Methode der Umkehrungen) 523
8.2.4 Shen 527
8.2.5 Pan Linsen 530
8.2.6 Liang Peiji – Zhang Hangfu – Zhang Xiafu 534
8.2.7 Lin Pengcheng (Methode 1) 536
8.2.8 Lin Pengcheng (Methode 2) 540
8.2.9 Duan – Liu – Li – Tian 542
8.2.10 Umar 547
8.2.11 Ibrahim – Jibril – Umar 549
8.2.12 Aufteilung in neun Blöcke 551
8.2.13 Aufteilung in neun Blöcke (alternative Methode) 557

9 Gerahmte und konzentrische Quadrate 565

9.1 Gerahmte magische Quadrate ungerader Ordnung 566
9.1.1 Abu'l-Wafa al-Buzjani (Methode 1) 566
9.1.2 Abu'l-Wafa al-Buzjani (Methode 2) 569

9.1.3 Abu'l-Wafa al-Buzjani (Methode 3) . . . 572
9.1.4 Ibn Yunis . . . 575
9.1.5 Stifel . . . 578
9.1.6 Al-Kharaqi . . . 588
9.1.7 Seki . . . 591
9.1.8 Tanaka . . . 595
9.1.9 Travers . . . 598
9.1.10 Vaithianathan . . . 600
9.1.11 Eintragen von Zahlensequenzen (Variante 1) . . . 604
9.1.12 Eintragen von Zahlensequenzen (Variante 2) . . . 606
9.1.13 Eintragen von Zahlensequenzen (Variante 3) . . . 609
9.1.14 Benson – Jacoby . . . 611

9.2 Gerahmte magische Quadrate gerader Ordnung . . . 616
9.2.1 Al-Kharaqi . . . 616
9.2.2 Al-Zanjani . . . 622
9.2.3 Stifel . . . 628
9.2.4 Seki . . . 634
9.2.5 D'Ons-en-Bray . . . 636
9.2.6 Rallier des Ourmes . . . 640
9.2.7 Andrews . . . 647
9.2.8 Benson – Jacoby . . . 651
9.2.9 Liu Feng-lin . . . 657
9.2.10 Eintragen der Zahlen im Uhrzeigersinn . . . 664
9.2.11 Eintragen mit Gruppen von vier Zahlen . . . 669
9.2.12 Aufteilung der Zahlen in drei Bereiche . . . 674
9.2.13 Aufteilung in komplementäre Zahlenpaare . . . 678
9.2.14 Aufteilung in Gruppen von vier Zahlen . . . 679
9.2.15 Lin Shu-fei . . . 686
9.2.16 Wang Huifeng . . . 693
9.2.17 Zhao Li-hua . . . 701
9.2.18 Zhu Yunshan . . . 703

9.3 Konzentrische Quadrate ungerader Ordnung . . . 708
9.3.1 Al-Buni (Methode 1) . . . 708
9.3.2 Al-Buni (Methode 2) . . . 710
9.3.3 Dommisse . . . 712
9.3.4 Rallier des Ourmes . . . 719
9.3.5 Hendricks . . . 727
9.3.6 Arnauld . . . 733

9.3.7 Deng Xiang-ping . . . 741
9.4 Konzentrische Quadrate gerader Ordnung . . . 746
9.4.1 Al-Buni . . . 746
9.4.2 Arnauld . . . 749
9.4.3 Cao Xiao-qin . . . 761

10 Verdopplung der Ordnung . . . 767

10.1 Einfach-gerade Ordnungen . . . 767
10.1.1 LUX - Methode (Conway) . . . 767
10.1.2 Strachey . . . 770
10.1.3 Rothstein . . . 773
10.1.4 Füllen von Blöcken mit Vertauschungen . . . 783
10.1.5 Füllen von Blöcken mit unterschiedlichen Anordnungen . . . 786
10.1.6 Zheng Ronghui – Lin Kerong – Chen Rongsi . . . 787
10.1.7 Zhan – Wang – Huang . . . 790
10.2 Doppelt-gerade Ordnungen . . . 795
10.2.1 Aubry . . . 795
10.2.2 Unterteilung in Rechtecke . . . 797
10.3 Beliebige gerade Ordnungen . . . 802
10.3.1 Strachey (Variante von Benson – Jacoby) . . . 802
10.3.2 Benson – Jacoby . . . 806
10.3.3 Bouteloup . . . 809
10.3.4 Hendricks . . . 815
10.3.5 Chen Zhong-mu . . . 823
10.3.6 Widdis – Richter . . . 827
10.3.7 Candy . . . 832
10.3.8 Medjig – Methode . . . 858
10.3.9 Cram . . . 867

11 Zusammengesetzte Ordnungen . . . 875

11.1 Standardverfahren . . . 875
11.2 Xu – Mao – Chen – Huang (Kronecker-Operationen) . . . 879

Literatur . . . 887

Bildnachweis . . . 919

Index . . . 921

Kapitel

1

Magische Quadrate

1.1 Geschichte der magischen Quadrate

Magische Quadrate sind schon sehr lange bekannt. Das älteste bekannte magische Quadrat geht der Legende nach auf den Kaiser *Yu* zurück, der um 2200 v. Chr. am Fluss Lo eine Schildkröte gesehen hat, die auf ihrem Rücken neun in einem Quadrat angeordnete Zahlen trug. Es handelt sich hierbei lediglich um eine Legende, jedoch zeigt sie, dass die mathematischen Eigenschaften der magischen Quadrate schon seit Jahrtausenden faszinierten.

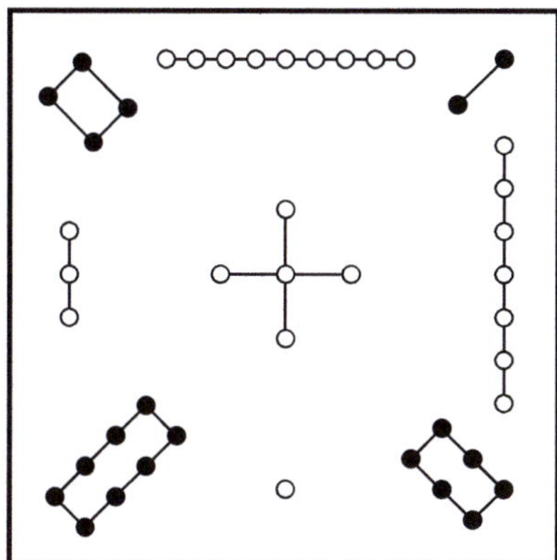

4	9	2
3	5	7
8	1	6

Abb. 1.1 Das Lo-Shu Quadrat

Das Lo-Shu Quadrat ist tief verwurzelt in der chinesischen Kultur und ein wichtiges Symbol im Feng Shui, der chinesischen Harmonielehre. Die erste in einem Text nach-

H. Danielsson, *Magische Quadrate und ihre Konstruktion*,
https://doi.org/10.1007/978-3-662-70448-6_1

weisbare Darstellung findet sich allerdings erst in den Schriften von Zhuang Zi (369 - 286 v. Chr).[1]

Seit langer Zeit wird es mit der Figur in Abbildung 1.1 dargestellt, die von Zheng Yuan (ca. 906-989) stammt.[2] In dieser Darstellung werden die ungeraden Zahlen durch weiße Punkte (den Yang Symbolen) symbolisiert und repräsentieren den Himmel, während die geraden Zahlen als schwarze Punkte (den Yin Symbolen) gekennzeichnet sind, dem Symbol der Erde.

Über Indien gelangten die magischen Quadrate in den arabischen Raum. Dort wurden ab der zweiten Hälfte des zehnten Jahrhunderts erste allgemeine Methoden zur Konstruktion von magischen Quadraten erstellt. Durch die intensive Beschäftigung mit diesem Thema wurden viele unabhängige Verfahren entwickelt, die in zahlreichen Abhandlungen und Manuskripten festgehalten wurden. Allerdings ist vielfach der ursprüngliche Autor nicht angegeben worden, sodass diese unbekannt bleiben.

Ein sehr altes magisches Quadrat ist der Handschrift *Ayasofya 4801*[3] entnommen und stammt aus dem 13. Jahrhundert. Dieses Quadrat und viele andere dokumentieren, dass magische Quadrate in der arabischen Welt weit verbreitet waren, bevor sie ihren Weg nach Europa fanden.

22	47	16	41	10	35	4
5	23	48	17	42	11	29
30	6	24	49	18	36	12
13	31	7	25	43	19	37
38	14	32	1	26	44	20
21	39	8	33	2	27	45
46	15	40	9	34	3	28

Abb. 1.2 Magisches Quadrat aus der *Ayasofya 4801*

Ein weltberühmtes historisches Beispiel aus dem europäischen Raum ist Albrecht Dürers Kupferstich *Die Melancholie*. In ihm befindet sich in der rechten oberen Ecke ein magisches Quadrat vierter Ordnung, in dem die beiden unteren Felder in der Mitte dieses Quadrates das Entstehungsjahr 1514 angeben.

[1] Swetz [545], S. 13

[2] Swetz [545], S. 14

[3] Sesiano [523]

16	3	2	13
5	10	11	8
9	6	7	12
4	15	14	1

Abb. 1.3 Albrecht Dürers Kupferstich *Die Melancholie*

1.2 Was sind magische Quadrate?

Abstrakt gesprochen ist ein magisches Quadrat eine tabellenartige Anordnung von Zahlen, die bestimmte Gesetzmäßigkeiten aufweisen. Diese Beschreibung ist allerdings viel zu ungenau, sodass an dieser Stelle ein wenig Mathematik bemüht werden muss.

Ein magisches Quadrat ist eine Anordnung von positiven Zahlen $1, 2, 3, \ldots, n^2$ in einem quadratischen Schema der Seitenlänge n, sodass die Summe der Zeilen- und der Spaltenelemente, der Hauptdiagonalen von links unten nach rechts oben sowie der Nebendiagonalen von links oben nach rechts unten jeweils gleich einer konstanten Zahl ist. Die Zahl n heißt dabei die *Ordnung* des magischen Quadrates.

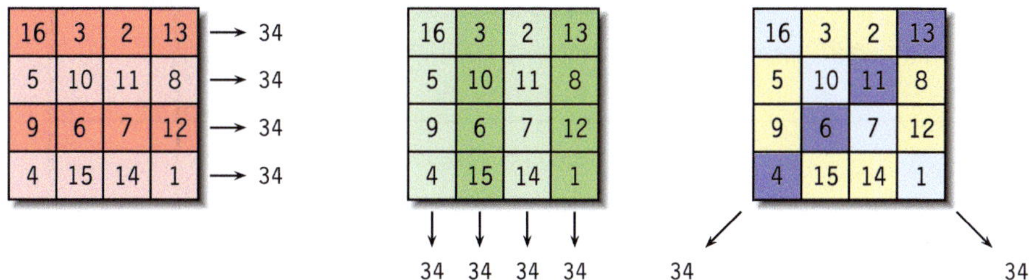

Abb. 1.4 Summen im magischen Quadrat

Am Beispiel des berühmten Dürer-Quadrates aus Abbildung 1.3 soll diese Definition veranschaulicht werden. Das Quadrat besitzt mit vier Zeilen und vier Spalten die

Ordnung $n = 4$. Addiert man alle Zahlen einer Zeile, ergibt sich immer die gleiche Summe 34. Diese Summe ergibt sich auch, wenn man die vier Zahlen in einer beliebigen Spalte oder einer der beiden Diagonalen addiert.

In Abbildung 1.5 sind magische Quadrate für die Ordnungen 4, 5 und 6 dargestellt.

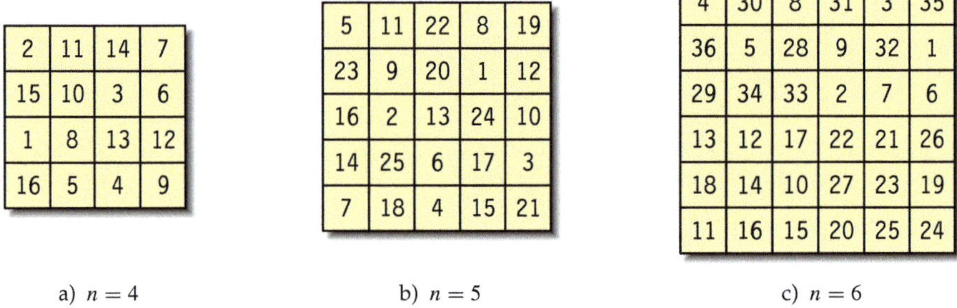

2	11	14	7
15	10	3	6
1	8	13	12
16	5	4	9

5	11	22	8	19
23	9	20	1	12
16	2	13	24	10
14	25	6	17	3
7	18	4	15	21

4	30	8	31	3	35
36	5	28	9	32	1
29	34	33	2	7	6
13	12	17	22	21	26
18	14	10	27	23	19
11	16	15	20	25	24

a) $n = 4$ b) $n = 5$ c) $n = 6$

Abb. 1.5 Ordnungen von magischen Quadraten

Wie in den späteren Kapiteln noch zu sehen sein wird, spielt die Ordnung eines magischen Quadrates sowohl bei den Eigenschaften als auch der Konstruktion eine entscheidende Rolle. Während aus Symmetriegründen unmittelbar einleuchtend ist, dass eine Unterscheidung zwischen geraden und ungeraden Ordnungen sinnvoll ist, stellt sich überraschenderweise heraus, dass die geraden Ordnungen noch weiter unterteilt werden müssen.

Allgemein unterscheidet man folgende Ordnungen, wobei kein Verfahren bekannt ist, das für mehrere dieser Basisordnungen Quadrate erzeugen kann:

ungerade	die Ordnung ist eine ungerade Zahl ($n = 3, 5, 7, 9, 11, \dots$)
einfach-gerade	die Ordnung durch 2, aber nicht durch 4 teilbar ($n = 6, 10, 14, 18, 22, \dots$)
doppelt-gerade	die Ordnung durch 4 teilbar ($n = 4, 8, 12, 16, 20, \dots$)

Tab. 1.1 Ordnungen von magischen Quadraten

Auf den ersten Blick mag dabei die Unterscheidung zwischen einfach-geraden und doppelt-geraden Ordnungen verblüffen. Wenn man aber bedenkt, dass die Hälften dieser beiden Ordnungen ungerade bzw. gerade Zahlen sind, wird ersichtlich, dass dies einen entscheidenden Einfluss auf die Konstruktion haben muss.

1.3 Magische Summe

Die Summe der Zahlen in den Zeilen, den Spalten und beiden Diagonalen, die sogenannte *magische Summe* oder *magische Konstante*, ist für alle Quadrate einer Ordnung gleich. Sie kann berechnet werden, wenn man alle auftretenden Zahlen addiert und das Ergebnis dann durch die Anzahl n der Zeilen bzw. Spalten dividiert.

$$S(n) = \frac{1}{n} \cdot \left(1 + 2 + 3 + \ldots + n^2\right)$$

Anschaulich werden in dieser Formel die n^2 Zahlen auf n Zeilen und n Spalten aufgeteilt. Für die Summe von n aufeinanderfolgenden natürlichen Zahlen gibt es eine altbekannte Formel:

$$\sum_{k=1}^{n} k = \frac{n \cdot (n+1)}{2}$$

Addiert man jetzt nicht bis n, sondern bis n^2, ergibt sich zwangsläufig

$$\sum_{k=1}^{n^2} k = \frac{n^2 \cdot (n^2+1)}{2}$$

Damit erhält man für die gesuchte magische Summe

$$S(n) = \frac{1}{n} \cdot \frac{n^2\,(n^2+1)}{2} = \frac{n^3+n}{2}$$

Mit dieser Formel lassen sich die magischen Summen für jede Ordnung konkret berechnen:

Ordnung:	3	4	5	6	7	8	9	10
magische Summe:	15	34	65	111	175	260	369	505

Tab. 1.2 Magische Summen

Für ein magisches Quadrat der Ordnung $n = 8$ ergibt sich damit $S(8) = 260$, wie auch in Abbildung 1.6 zu erkennen ist.

Jetzt in nur noch zu klären, warum das kleinste magische Quadrat die Ordnung $n = 3$ hat und Tabelle 1.2 erst mit dieser Ordnung beginnt. Ein magisches Quadrat der Ordnung $n = 2$ müsste die Zahlen 1 bis 4 enthalten und die magische Summe $S(2) = 5$ besitzen. Steht nun in einer Zelle die Zahl 1, so kann die zweite Zahl in dieser Zeile demnach nur 4 lauten. Damit gäbe es aber keine Zahl, die man zusätzlich in die zugehörige Spalte mit der Zahl 1 platzieren könnte. Ein solches magisches Quadrat ist demnach nicht möglich.

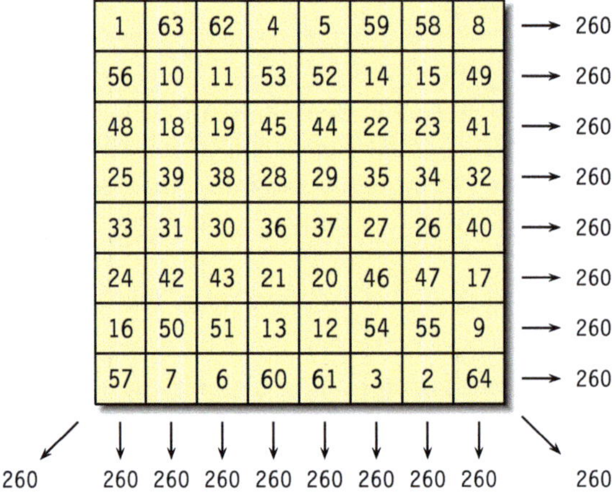

1	63	62	4	5	59	58	8
56	10	11	53	52	14	15	49
48	18	19	45	44	22	23	41
25	39	38	28	29	35	34	32
33	31	30	36	37	27	26	40
24	42	43	21	20	46	47	17
16	50	51	13	12	54	55	9
57	7	6	60	61	3	2	64

Abb. 1.6 Magisches Quadrat der Ordnung $n = 8$

1.4 Drehungen und Spiegelungen

In Abbildung 1.7a ist *Lo-Shu*, das berühmte magische Quadrat dritter Ordnung, dargestellt.

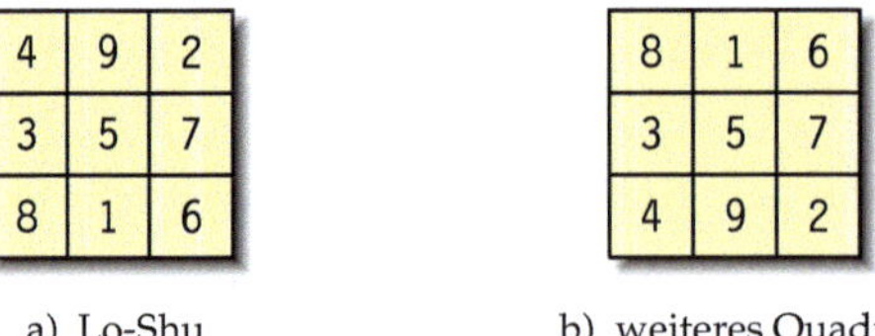

4	9	2
3	5	7
8	1	6

a) Lo-Shu

8	1	6
3	5	7
4	9	2

b) weiteres Quadrat

Abb. 1.7 Das berühmte Lo-Shu und ein weiteres magisches Quadrat

Selbstverständlich gibt es außer dem Lo-Shu noch weitere magische Quadrate dritter Ordnung. So ist z. B. auch das in Abbildung 1.7b dargestellte Quadrat magisch.

Doch wer etwas genauer hinschaut, erkennt einen Zusammenhang zwischen diesen beiden Quadraten, denn das zweite Quadrat erhält man durch Spiegelung des Lo-Shu an seiner mittleren Zeile. Durch diese Spiegelung ist unmittelbar klar, dass die magische Eigenschaft erhalten bleibt. Genauso gut kann man aber auch an anderen Achsen spiegeln. In jedem dieser Fälle erhält man wieder ein magisches Quadrat, wie in Abbildung 1.8 zu erkennen ist. Dabei ist die Spiegelachse jeweils besonders gekennzeichnet.

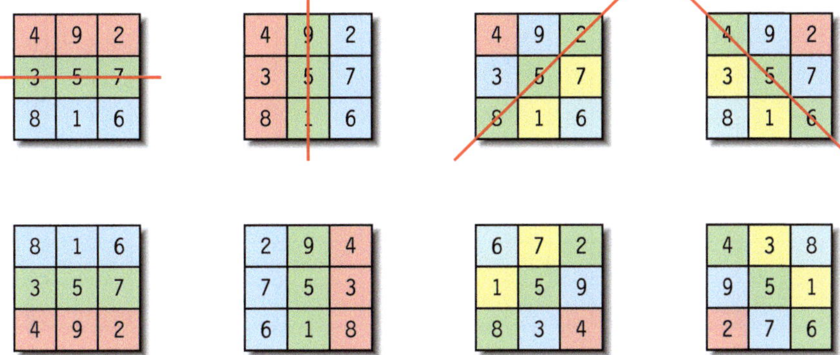

Abb. 1.8 Spiegelungen des Lo-Shu an inneren Achsen

Da durch diese Spiegelungen vier weitere magische Quadrate erzeugt werden, stellt sich die Frage, ob es noch weitere Spiegelachsen gibt. Dabei fallen natürlich sofort die untere und obere sowie die linke und rechte Seite des Quadrates ins Auge.

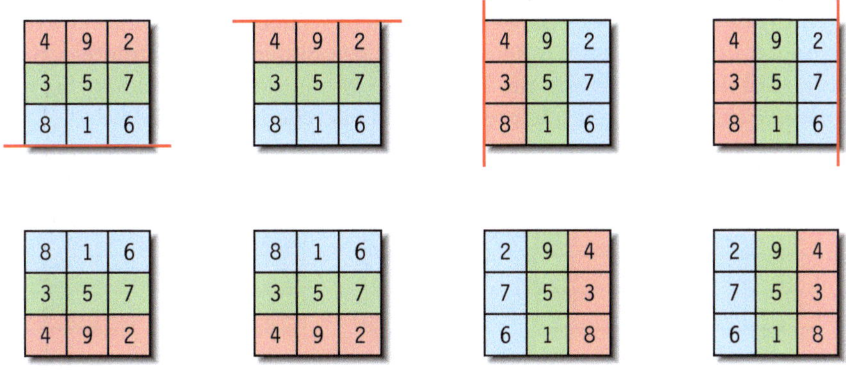

Abb. 1.9 Spiegelungen an äußeren Achsen

Es zeigt sich jedoch, dass bei diesen Spiegelungen keine neuen magischen Quadrate entstehen. Alle Ergebnisse erhält man bereits mit den Spiegelungen an den inneren Achsen.

Anders sieht es allerdings aus, wenn man das Lo-Shu dreht. Durch eine Drehung um 90°, 180° und 270° ergeben sich drei weitere magische Quadrate dritter Ordnung, während eine Drehung um 360° selbstverständlich wieder das Ausgangsquadrat ergibt.

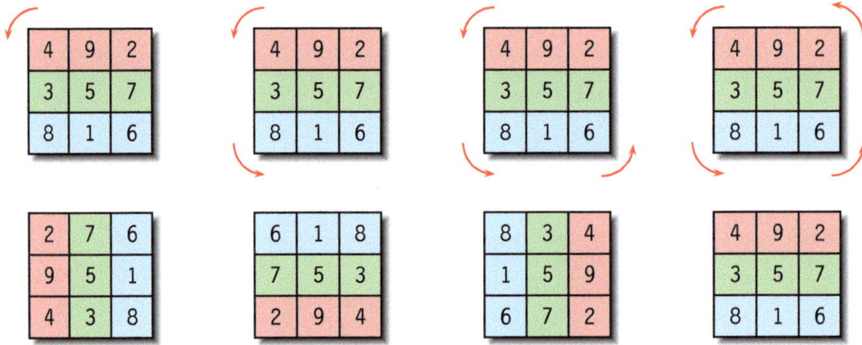

Abb. 1.10 Drehungen um 90°, 180°, 270° und 360°

Ein Vergleich mit den durch eine Spiegelung entstandenen magischen Quadraten zeigt, dass diese Drehungen unterschiedliche Quadrate erzeugen. Die durch eine Spiegelung erzeugten Quadrate können nicht durch eine Drehung erzeugt werden und umgekehrt. Es liegen gewissermaßen getrennte und abgeschlossene Gruppen von Quadraten vor.

Es liegt nun nahe, diese Überlegungen konsequent weiterzuführen und die genannten Spiegelungen und Drehungen miteinander zu kombinieren, also hintereinander auszuführen. Abbildung 1.11 zeigt die Ergebnisse, wenn das Lo-Shu zunächst an einer der inneren Achse gespiegelt und anschließend noch gedreht wird.

Lo-Shu	Spiegelung	90°	180°	270°
4 9 2 3 5 7 8 1 6	8 1 6 3 5 7 4 9 2	6 7 2 1 5 9 8 3 4	2 9 4 7 5 3 6 1 8	4 3 8 9 5 1 2 7 6
4 9 2 3 5 7 8 1 6	2 9 4 7 5 3 6 1 8	4 3 8 9 5 1 2 7 6	8 1 6 3 5 7 4 9 2	6 7 2 1 5 9 8 3 4
4 9 2 3 5 7 8 1 6	6 7 2 1 5 9 8 3 4	2 9 4 7 5 3 6 1 8	4 3 8 9 5 1 2 7 6	8 1 6 3 5 7 4 9 2
4 9 2 3 5 7 8 1 6	4 3 8 9 5 1 2 7 6	8 1 6 3 5 7 4 9 2	6 7 2 1 5 9 8 3 4	2 9 4 7 5 3 6 1 8

Abb. 1.11 Verkettung einer Spiegelung mit einer Drehung

Die Ergebnisse zeigen ganz klar, dass dabei keine neuen magischen Quadrate mehr entstehen. Weiterhin ist interessant, dass alle Ergebnisse innerhalb der schon durch die Spiegelungen erhaltenen Quadrate liegen. Diese Gruppe von nur vier unterschiedlichen Ergebnissen wird also auch durch weitere Drehungen nicht mehr verlassen.

Ähnlich sieht es aus, wenn wieder vom Lo-Shu ausgehend zunächst eine Drehung und dann eine beliebige Spiegelung ausgeführt wird. Auch hier zeigt sich, dass kein weiteres magisches Quadrat erzeugt werden kann. Nicht ganz überraschend erhält man auch hier insgesamt nur vier unterschiedliche magische Quadrate.

Die vier Ergebnisse stimmen zwar in beiden Verknüpfungstabellen überein, jedoch sind die Verknüpfungen nicht kommutativ, d. h. die Reihenfolge der Ausführung spielt eine Rolle und führt zu unterschiedlichen Ergebnissen. Eine Spiegelung an der waagrechten Achse mit anschließender Drehung um 90° führt also zu einem anderen magischen Quadrat als eine Drehung um 90° mit anschließender Spiegelung an der waagrechten Achse.

Lo-Shu	Drehung	waagrechte Achse	senkrechte Achse	Haupt diagonale	Neben diagonale
4 9 2	2 7 6	4 3 8	6 7 2	8 1 6	2 9 4
3 5 7	9 5 1	9 5 1	1 5 9	3 5 7	7 5 3
8 1 6	4 3 8	2 7 6	8 3 4	4 9 2	6 1 8
4 9 2	6 1 8	2 9 4	8 1 6	4 3 8	6 7 2
3 5 7	7 5 3	7 5 3	3 5 7	9 5 1	1 5 9
8 1 6	2 9 4	6 1 8	4 9 2	2 7 6	8 3 4
4 9 2	8 3 4	6 7 2	4 3 8	2 9 4	8 1 6
3 5 7	1 5 9	1 5 9	9 5 1	7 5 3	3 5 7
8 1 6	6 7 2	8 3 4	2 7 6	6 1 8	4 9 2

Abb. 1.12 Verkettung einer Drehung mit einer Spiegelung

Wie man auch die Drehungen und Spiegelungen miteinander verknüpft und hintereinander ausführt, es entstehen nie mehr als acht unterschiedliche magische Quadrate. In der Mathematik spricht man auch von der Abgeschlossenheit dieser Transformationsgruppe.

Dies bedeutet, dass man bei der Zählung magischer Quadrate immer genau darauf achten muss, ob die angegebenen Zahlen diese Symmetrien mitzählen oder nicht. Jedes Quadrat kann also auch in einer von sieben anderen Formen (Verkleidungen) auftreten, die alle als gleichwertig angesehen werden. Diese äquivalenten bzw. isomorphen Quadrate erhält man durch folgende Abbildungen:

- Spiegelung an der horizontalen Achse
- Spiegelung an der vertikalen Achse
- Spiegelung an der Hauptdiagonalen
- Spiegelung an der Nebendiagonalen
- Drehung um 90°
- Drehung um 180°
- Drehung um 270°

1.5 Normierte magische Quadrate

Da jedes magische Quadrat durch Spiegelungen und Drehungen in acht möglichen Formen auftreten kann, verliert man leicht den Überblick, wenn man die Anzahl einer bestimmten Kategorie angeben möchte. Als Ausweg aus dieser Situation definiert man eine Standardposition. Ein magisches Quadrat, welches sich in dieser Position befindet, heißt *normiert* und erfüllt folgende Bedingungen:

1. Die kleinste der vier Zahlen in den Ecken des Quadrates befindet sich in der linken oberen Ecke.
2. Die Zahl, die sich rechts neben der linken oberen Ecke befindet, ist kleiner als die Zahl, die sich in der linken Spalte unterhalb der linken oberen Ecke befindet.

Dieser Prozess des Normierens wird in der Abbildung 1.13 veranschaulicht. Das Quadrat in Abbildung 1.13a ist nicht normiert, da sich die kleinste der vier Eckzahlen in der linken unteren Ecke befindet. Eine Drehung um 270° bringt diese Zahl jetzt in Abbildung 1.13b in die linke obere Ecke.

16	5	4	9
1	10	15	8
14	7	2	11
3	12	13	6

a) magisches Quadrat

3	14	1	16
12	7	10	5
13	2	15	4
6	11	8	9

b) Drehung um 270°

3	12	13	6
14	7	2	11
1	10	15	8
16	5	4	9

c) Spiegelung

Abb. 1.13 Ein magisches Quadrat normieren

Damit ist die erste Bedingung zwar erfüllt, jedoch die zweite nicht, da die rechte Nachbarzahl 14 größer als die untere Nachbarzahl 12 ist. Eine Spiegelung an der Nebendiagonalen beseitigt dieses Problem und das Quadrat in Abbildung 1.13c ist normiert.

Die Beschreibung dieses Beispiels hat deutlich gemacht, dass Bedingung 1 immer mit einer Drehung und Bedingung 2 immer mit einer Spiegelung an der Nebendiagonalen zu erfüllen ist.

1.6 Anzahl magischer Quadrate

Obwohl viele Probleme im Zusammenhang mit magischen Quadraten seit langer Zeit gelöst sind, gibt es trotz der Möglichkeit zur Normierung noch einige hartnäckige offene Fragen. So ist z. B. die Anzahl magischer Quadrate siebter oder höherer Ordnung und verschiedener spezieller magischer Quadrate nicht bekannt.

Nun werden die einzelnen Ordnungen etwas genauer betrachtet. Wie bereits erwähnt, gibt es kein magisches Quadrat zweiter Ordnung und genau ein magisches Quadrat dritter Ordnung, obwohl es durch Spiegelungen und Drehungen in acht verschiedenen Formen auftreten kann. Dagegen gibt es schon 880 magische Quadrate vierter Ordnung, die Frénicle de Bessy (1604 - 1674) alle fand und erst nach seinem Tod 1693 veröffentlicht wurden.[4] Durch Spiegelungen und Drehungen können diese Quadrate in 7040 verschiedenen Formen auftreten.

Ab der fünften Ordnung wird es dann wirklich kompliziert und die genaue Anzahl magischer Quadrate dieser Ordnung konnte erst 1973 bestimmt werden. Bei dieser Vielzahl von magischen Quadraten gab es lange Zeit keine Möglichkeit, sie alle gegenseitig auf Unterschiede zu untersuchen. Erst moderne und schnelle Rechenanlagen waren hierzu in der Lage. Auch konnte man so feststellen, welche Quadrate durch Spiegelungen und Drehungen auseinander hervorgehen.

Als Ergebnis fand Hidetoshi Mino[5], dass es unglaubliche 17 753 889 197 660 635 632 magische Quadrate sechster Ordnung gibt (in Worten: 17 Trillionen 753 Billiarden 889 Billionen 197 Milliarden 660 Millionen 635 Tausend 632).

Diese Zahl wurde am 18.07.2023 von Hidetoshi Mino veröffentlicht, der schon damals nicht ausschloss, dass es wegen des außergewöhnlichen Umfangs der Berechnung über mehrere Monate durchaus die Möglichkeit gibt, dass das Ergebnis durch zufällige Fehler verunreinigt ist. Diese traten dann tatsächlich auf und die letzte Korrektur stammt vom 17.02.2024. Er hat aber das Programm zur Berechnung dieser Zahl sofort noch einmal neu gestartet, um diese Zahl zu überprüfen. Am 31.05.2024 erfolgte dann die endgültige Bestätigung dieser Zahl.

Der augenblickliche Kenntnisstand der Anzahl magischer Quadrate ist der folgenden Tabelle von Walter Trump zu entnehmen, der sich intensiv mit der Anzahl von magischen Quadraten befasst hat.

[4] siehe Kapitel 4

[5] Mino [375]

n	magisch
3	1
4	880
5	275 305 224
6	17 753 889 197 660 635 632
7	$3,79809\,(50)\cdot 10^{34}$
8	$5,2225\,(18)\cdot 10^{54}$
9	$7,8448\,(38)\cdot 10^{79}$
10	$2,4149\,(12)\cdot 10^{110}$

Tab. 1.3 Anzahl magischer Quadrate

Weitere Erklärungen und Informationen zu den Werten in dieser Tabelle sind auf den Webseiten von Walter Trump beschrieben.[6,7]

[6] Trump [571]

[7] Die Notation $1,2345\,(25)\cdot 10^9$ bedeutet, dass diese Zahl nicht genau bekannt ist, aber mit einer Wahrscheinlichkeit von 99 % im Intervall $\left(1,2345 \pm 0,0025\right)\cdot 10^9$ liegt

Kapitel

2

Besondere Eigenschaften

Die Zahlen in einem magischen Quadrat können auf eine ganz besondere Art angeordnet sein. Man spricht dann davon, dass dieses Quadrat eine bestimmte Eigenschaft besitzt. Da magische Quadrate sehr viele unterschiedliche Eigenschaften besitzen können, sollen sie in diesem Kapitel zentral beschrieben werden.

Eine solche Eigenschaft ist einerseits schon von der Struktur des Quadrates her interessant, kann andererseits aber auch wichtige Konsequenzen für die Konstruktion eines solchen Quadrates besitzen.

Für die meisten dieser Eigenschaften gibt es sehr spezielle Konstruktionsverfahren, mit denen zielgerichtet genau diese Quadrate erzeugt werden können. Allerdings unterscheiden sich die zu benutzenden Verfahren zusätzlich auch noch bei der gewünschten Ordnung des Quadrates und erzeugen nicht für alle Ordnungen ein magisches Quadrat.

2.1 Semi-magische Quadrate

Auch wenn es sich in diesem Abschnitt (natürlich) nicht um eine besondere Eigenschaft eines magischen Quadrates handelt, soll der Begriff *semi-magisch* hier erklärt werden, da er häufig in verschiedenen Zusammenhängen auftaucht. Bei einem semimagischen Quadrat ergeben die Zeilen und die Spalten zwar die magische Summe, aber keine oder höchstens eine Diagonale. Im Beispiel der Abbildung 2.1 weichen beide Diagonalen von der magischen Summe ab.

H. Danielsson, *Magische Quadrate und ihre Konstruktion*,
https://doi.org/10.1007/978-3-662-70448-6_2

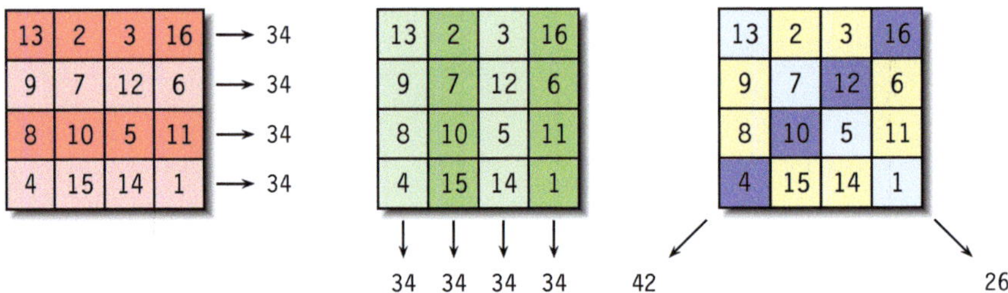

Abb. 2.1 Summen im semi-magischen Quadrat

2.2 Einfache magische Quadrate

Einfache magische Quadrate erfüllen nur die Mindestbedingungen, die an ein magisches Quadrat gestellt werden, nämlich dass alle Zeilen, Spalten- und Diagonalensummen immer die magische Summe ergeben. Weitere besondere Eigenschaften, wie sie in den folgenden Abschnitten beschrieben werden, liegen nicht vor.

Es mag jetzt verwunderlich erscheinen, dass diese Quadrate trotzdem gesondert aufgeführt werden. Es ist aber manchmal gar nicht so leicht, einfache magische Quadrate zu erzeugen, da bestimmte Algorithmen zur Konstruktion immer ganz bestimmte Eigenschaften des Quadrates zur Folge haben.

Andererseits kann es aber auch sein, dass es ein magisches Quadrat mit der gewünschten Eigenschaft gar nicht gibt. Das einzige magische Quadrat dritter Ordnung ist z. B. symmetrisch.

Allerdings bedeutet die Charakterisierung als einfaches magisches Quadrat nicht, dass die Zahlen vollkommen ohne eine besondere Struktur angeordnet sind. Das in Abbildung 2.2 dargestellte Quadrat vierter Ordnung weist etwa eine ganz besondere Lage der zueinander komplementären Zahlen auf.

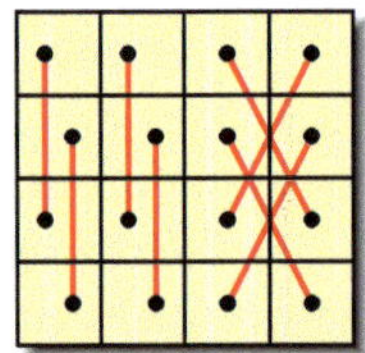

2	14	11	7
1	13	8	12
15	3	10	6
16	4	5	9

Abb. 2.2 Struktur der komplementären Zahlen in einem magischen Quadrat vierter Ordnung

Unter dem Begriff *komplementäre Zahlen* versteht man zwei Zahlen z_1 und z_2, die addiert um den Wert 1 größer als das Quadrat der Ordnung ist. Also

$$z_1 + z_2 = n^2 + 1$$

Im Fall des abgebildeten Quadrates der Ordnung $n = 4$ gilt $4^2 + 1 = 17$, und man erkennt z. B. in der linken Spalte mit $2+15 = 17$ und $1+16 = 17$ zwei komplementäre Zahlenpaare.

2.3 Symmetrische magische Quadrate

Eine wichtige, relativ häufig auftretende Sonderform von magischen Quadraten sind die *symmetrischen* Quadrate, die im englischen Sprachraum auch manchmal *associated* oder *associative* genannt werden. Bei diesen Quadraten ergeben die Zellen, die symmetrisch zum Mittelpunkt oder der Mittelzelle des Quadrates liegen, immer die konstante Zahl $n^2 + 1$. Damit handelt es sich um *komplementäre Zahlen*.

Symmetrische magische Quadrate kann man zum Beispiel am berühmten Dürer-Quadrat in Abbildung 2.3 verdeutlichen.

16	3	2	13
5	10	11	8
9	6	7	12
4	15	14	1

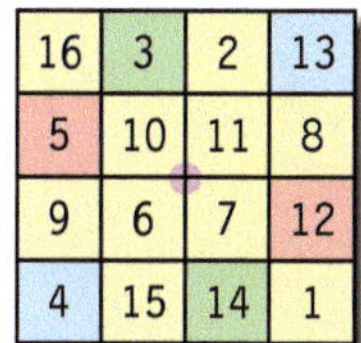

16	3	2	13
5	10	11	8
9	6	7	12
4	15	14	1

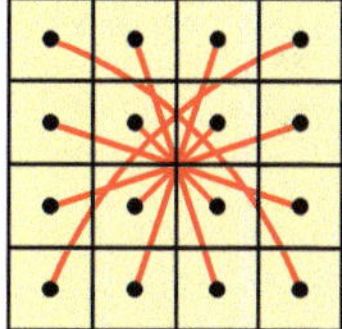

Abb. 2.3 Dürer-Quadrat: komplementäre Zahlen

Da die Dimension $n = 4$ gerade ist, besitzt das Quadrat einen Mittelpunkt. Man erkennt leicht, dass nicht nur die farblich hervorgehobenen Zellen, sondern alle zu diesem Mittelpunkt symmetrisch liegenden Zellen die gleiche Summe ergeben:

$$n^2 + 1 = 4^2 + 1 = 17$$

Als weiteres Beispiel wird nun ein Quadrat mit der ungeraden Ordnung $n = 5$ betrachtet. Hier existiert eine mittlere Zelle, die den Symmetriemittelpunkt bildet.

3	16	9	22	15
20	8	21	14	2
7	25	13	1	19
24	12	5	18	6
11	4	17	10	23

3	16	9	22	15
20	8	21	14	2
7	25	13	1	19
24	12	5	18	6
11	4	17	10	23

Abb. 2.4 Symmetrisches magisches Quadrat der Ordnung 5

Da es hierzu keine komplementäre Zahl geben kann, muss diese Zahl immer die mittlere Zahl aller im Quadrat auftretenden Zahlen sein. In diesem Fall findet man dort die Zahl 13. Für eine beliebige ungerade Ordnung n gilt für diese Zahl z

$$z = \frac{n^2 + 1}{2}$$

Auch in diesem Beispiel besitzen alle zu der Mittelzelle symmetrisch liegenden Zahlenpaare die gleiche Summe:

$$n^2 + 1 = 5^2 + 1 = 26$$

In Abbildung 2.5 ist die Lage aller komplementären Zahlenpaare, also der zur Mittelzelle symmetrischen Zahlen, noch einmal dargestellt. Damit die Darstellung nicht zu unübersichtlich wird, ist sie auf zwei Quadrate aufgeteilt worden.

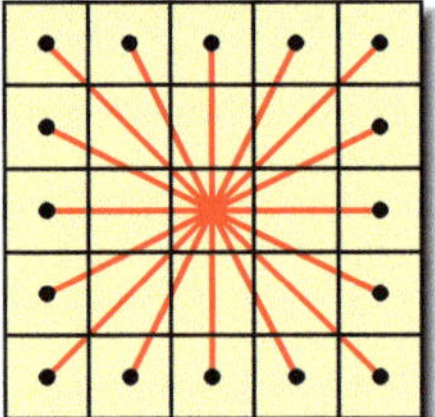

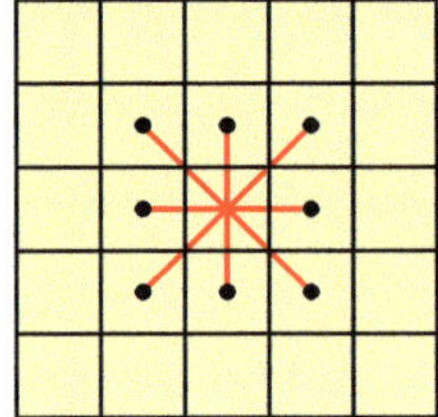

Abb. 2.5 Komplementäre Zahlenpaare in einem symmetrischen Quadrat der Ordnung $n = 5$

Symmetrische magische Quadrate mit den Ordnungen 7 und 8 sind in Abbildung 2.6a dargestellt. Da eine Übersicht aller zum Mittelpunkt symmetrisch liegenden Zellen sehr unübersichtlich wäre, sind exemplarisch nur vier Zahlenpaare farbig hervorgehoben. Auffällig bei der Ordnung $n = 7$ ist die im Zentrum liegende Zelle mit der Zahl 25, die natürlich bei ungeraden Ordnungen keine symmetrisch liegende Partnerzelle besitzt und daher immer die mittlere der Zahlen $1, \ldots, n^2$ enthalten muss. Diese Zahl lässt sich auch leicht mit $\frac{n^2+1}{2}$ berechnen.

Eine solche spezielle Eigenschaft findet man bei doppelt-geraden symmetrischen magischen Quadraten wie in Abbildung 2.6b natürlich nicht.

46	19	41	14	29	2	24
17	39	12	34	7	22	44
37	10	32	5	27	49	15
8	30	3	25	47	20	42
35	1	23	45	18	40	13
6	28	43	16	38	11	33
26	48	21	36	9	31	4

a) Ordnung $n = 7$

1	9	32	24	55	63	42	34
25	17	8	16	47	39	50	58
38	46	59	51	20	28	13	5
62	54	35	43	12	4	21	29
36	44	61	53	22	30	11	3
60	52	37	45	14	6	19	27
7	15	26	18	49	57	48	40
31	23	2	10	41	33	56	64

b) Ordnung $n = 8$

Abb. 2.6 Symmetrische magische Quadrate

Symmetrische magische Quadrate mit einfach-gerader Ordnung existieren nicht

Die bisher dargestellten Beispiele symmetrischer magischer Quadrate besaßen die Ordnungen 4, 5, 7 und 8. Für die Ordnung $n = 6$ kann kein Quadrat dargestellt werden, da symmetrische magische Quadrate mit einfach-gerader Ordnung nicht existieren. Dies lässt sich ziemlich einfach begründen, wenn man das Quadrat in seine Quadranten unterteilt.

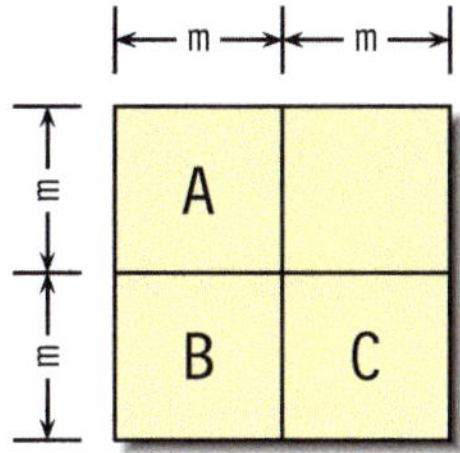

Bei einem magischen Quadrat der einfach-geraden Ordnung $n = 2m$ ist m ungerade und die magische Summe beträgt

$$S = \frac{n^3 + n}{2} = \frac{n}{2} \cdot \left(n^2 + 1\right) = \frac{2m}{2} \cdot \left(4m^2 + 1\right) = m \cdot \left(4m^2 + 1\right)$$

Die beiden Teilquadrate A und B umfassen m Spalten des Quadrates und die enthaltenen Zahlen besitzen damit zusammen die Summe $S_{AB} = m \cdot S$. Diese Summe $S_{AC} = S_{BC}$ besitzen auch die Zahlen in den m Zeilen der Teilquadrate B und C.

Ist das magische Quadrat jedoch symmetrisch, ergänzen sich zusätzlich die m^2 komplementären Zahlenpaare in den beiden Teilquadraten A und C jeweils zu der Summe $n^2 + 1$. Damit gilt insgesamt für die Summe aller Zahlen dieser beiden Teilquadrate

$$S_{AC} = m^2 \cdot \left(n^2 + 1\right) = m^2 \cdot \left(4m^2 + 1\right) = m \cdot S$$

Da alle betrachteten Summen der Zahlen in den Teilquadraten gleich sind, folgt daraus $A = B = C$ und die Summe der Teilquadrate kann berechnet werden.

$$S_A = S_B = S_C = \frac{m \cdot S}{2} = \frac{m \cdot m \cdot \left(4m^2 + 1\right)}{2} = \frac{4m^4 + m^2}{2} = 2m^2 + \frac{m^2}{2}$$

Bei Quadraten mit einfach-gerader Ordnung ist m aber ungerade. Mit m ist aber auch $\frac{m^2}{2}$ ungerade und die Zahlen S_A, S_B und S_C können nicht existieren. Damit gibt es auch kein symmetrisches magisches Quadrat mit einfach-gerader Ordnung.

Anzahl symmetrischer magischer Quadrate

Mit diesem Ergebnis lässt sich die Tabelle aus Kapitel 1.6 mit der Anzahl symmetrischer magischer Quadrate ergänzen. Besonders interessant ist hier die große Anzahl für die Ordnung $n = 7$, die 2018 von Go Kato veröffentlicht und später von Walter Trump bestätigt wurde.

n	magisch	symmetrisch
3	1	1
4	880	48
5	275 305 224	48 544
6	17 753 889 197 660 635 632	0
7	$3,79809\,(50) \cdot 10^{34}$	1 125 154 039 419 854 784
8	$5,2225\,(18) \cdot 10^{54}$	$2,5228\,(14) \cdot 10^{27}$
9	$7,8448\,(38) \cdot 10^{79}$	$7,2800\,(15) \cdot 10^{40}$
10	$2,4149\,(12) \cdot 10^{110}$	0

Tab. 2.1 Anzahl symmetrischer magischer Quadrate

Da die symmetrischen magischen Quadrate intensiv untersucht worden sind, sollen die wichtigsten bisher vorgestellten Erkenntnisse noch einmal kurz zusammengetragen werden:

- Das einzige magische Quadrat dritter Ordnung ist symmetrisch.
- Es gibt 48 symmetrische Quadrate vierter Ordnung.[1]
- Es gibt *kein* symmetrisches Quadrat einfach-gerader Ordnung.

  Diese Aussage wird in Kapitel 2.4 noch einmal aufgegriffen und auf andere Weise begründet, warum keine pandiagonalen Quadrate dieser Ordnungen existieren. Und da man jedes symmetrische Quadrat in ein pandiagonales Quadrat und umgekehrt umwandeln kann, sind symmetrische magische Quadrate einfach-gerader Ordnung nicht möglich.

Horizontal symmetrische magische Quadrate

Bei *horizontal symmetrischen* magischen Quadraten liegen die komplementären Zahlenpaare nicht symmetrisch zum Mittelpunkt des Quadrates, sondern zur vertikalen Mittellinie. Zwei derartige Beispiele sind in Abbildung 2.7 dargestellt.

---

[1] siehe Kapitel 4.1

1	12	13	24	25	36
7	10	15	22	27	30
35	26	21	16	11	2
33	28	23	14	9	4
32	6	20	17	31	5
3	29	19	18	8	34

1	9	17	25	40	48	56	64
63	55	47	39	26	18	10	2
3	11	19	27	38	46	54	62
61	53	45	37	28	20	12	4
60	52	44	32	33	21	13	5
6	14	22	30	35	43	51	59
58	50	42	34	31	23	15	7
8	16	24	36	29	41	49	57

Abb. 2.7 Horizontal symmetrische magische Quadrate

Besonders auffällig ist das linke Quadrat. Obwohl kein symmetrisches magisches Quadrat einfach-gerader Ordnung existiert, gibt es dennoch horizontal symmetrische Quadrate dieser Ordnungen, da hier die Bedingungen für die Symmetrie deutlich abgeschwächt sind. Insbesondere versagt hier auch der oben geführte Beweis für diese Ordnungen, da nicht mehr auf die Summe der Zahlen in den Teilquadraten A und C geschlossen werden kann.

Vertikal symmetrische magische Quadrate

Natürlich können die komplementären Zahlenpaare auch wie in Abbildung 2.8 symmetrisch zur horizontalen Mittellinie liegen. In diesem Fall spricht man von *vertikal symmetrischen* magischen Quadraten. Auch diese Form der Symmetrie existiert für einfach-gerade Ordnungen.

1	9	32	33	34	2
16	6	26	29	7	27
22	24	14	12	19	20
15	13	23	25	18	17
21	31	11	8	30	10
36	28	5	4	3	35

1	32	40	57	56	41	17	16
2	31	39	58	55	42	18	15
3	30	38	59	54	43	19	14
4	29	37	60	53	44	20	13
61	36	28	5	12	21	45	52
62	35	27	6	11	22	46	51
63	34	26	7	10	23	47	50
64	33	25	8	9	24	48	49

Abb. 2.8 Vertikal symmetrische magische Quadrate

2.4 Pandiagonale magische Quadrate

Im Laufe der Jahrhunderte haben sich viele gelernte und ungelernte Mathematiker mit der Konstruktion von magischen Quadraten beschäftigt. So verwundert es nicht, dass immer speziellere magische Quadrate gefunden wurden, die ganz bestimmte Eigenschaften besitzen. Eine der wichtigsten Erweiterungen beschäftigt sich mit *pandiagonalen* Quadraten, die manchmal auch *panmagisch* oder gar diabolisch genannt werden.

Hierunter versteht man magische Quadrate, bei denen auch die Summe aller Zahlen längs einer *gebrochenen Diagonalen* gleich der magischen Konstanten ist. Damit sind Diagonalen gemeint, die an einem Ende des Quadrates aufhören und auf der gegenüberliegenden Seite weiterlaufen.

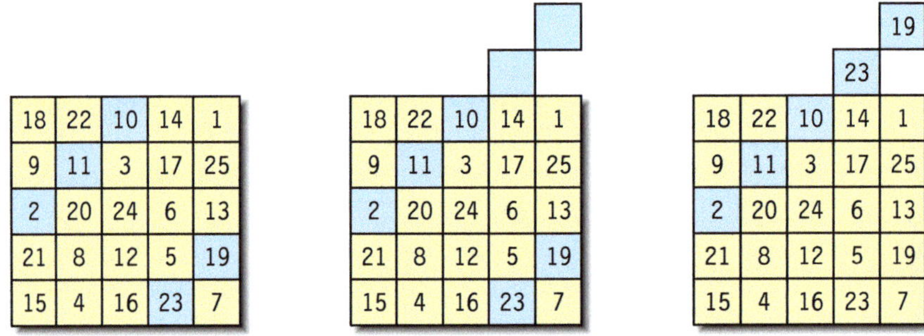

Abb. 2.9 Aufsteigende gebrochene Diagonale

Der Hintergrund dieser gebrochenen Diagonalen ist in Abbildung 2.12 zu erkennen. Erweitert man das magische Quadrat in alle Richtungen zu einem Parkett, vervollständigen die Zahlen 23 und 19 gerade den Beginn der Diagonale zu einer vollständigen Reihe aus fünf Zahlen.

Natürlich können die gebrochenen Reihen auch absteigend wie in Abbildung 2.10 angeordnet sein. Auch hier steht die gebrochene Diagonale wieder stellvertretend für eine diagonale Anordnung von fünf Zahlen, die in den Bereich des magischen Quadrates transformiert werden.

18	22	10	14	1
9	11	3	17	25
2	20	24	6	13
21	8	12	5	19
15	4	16	23	7

18	22	10	14	1		
9	11	3	17	25		
2	20	24	6	13		
21	8	12	5	19		
15	4	16	23	7		

18	22	10	14	1		
9	11	3	17	25		
2	20	24	6	13		
21	8	12	5	19	21	
15	4	16	23	7		4

Abb. 2.10 Absteigende gebrochene Diagonale

Insgesamt gibt es in einem magischen Quadrat der Ordnung $n = 5$ insgesamt fünf aufsteigende Diagonalen, wie in Abbildung 2.11 zu erkennen ist. Nimmt man die Hauptdiagonale heraus, die ja vollständig ohne Umbruch in das Quadrat hineinpasst, bleiben vier gebrochene aufsteigende Diagonalen übrig. Diese sind in der Abbildung in unterschiedlichen Farben dargestellt. Entsprechend gibt es natürlich auch noch vier absteigende gebrochene Diagonalen. Damit tritt die magische Summe in einem pandiagonalen Quadrat der Ordnung n insgesamt $4 \cdot n$ mal auf.

18	22	10	14	1
9	11	3	17	25
2	20	24	6	13
21	8	12	5	19
15	4	16	23	7

18	22	10	14	1
9	11	3	17	25
2	20	24	6	13
21	8	12	5	19
15	4	16	23	7

Abb. 2.11 Alle aufsteigenden gebrochenen Diagonalen

Aber es kommt noch perfekter: Jede, von einem beliebigen Feld des magischen Quadrates in eine beliebige Richtung ausgehende Folge von fünf Zahlen ergibt als Summe immer die magische Konstante. In Abbildung 2.12 sind alle möglichen Zahlenfolgen eingezeichnet, die von der Zelle im Zentrum mit dem Inhalt 24 ausgehen. Es ist leicht zu erkennen, dass alle acht Zahlenfolgen von fünf Zahlen jeweils die Summe 65 liefern.

Diese Eigenschaft von pandiagonalen magischen Quadraten kann man auch auf andere Art formulieren. Legt man das pandiagonale Quadrat wieder in allen Richtungen zu einem unbegrenzten Parkett aus und markiert an beliebiger Stelle ein Quadrat der Größe n, erhält man wie in Abbildung 2.13 jeweils ein pandiagonales Quadrat.

Aus diesen Überlegungen folgt unmittelbar, dass ein pandiagonales Quadrat, welches zwischen zwei Zeilen oder zwei Spalten aufgetrennt und dessen entstehende Teile dann ausgetauscht werden, wieder pandiagonal ist. In Abbildung 2.14 werden die oberen beiden Zeilen abgetrennt und am unteren Ende des Quadrates wieder angefügt. Auch das entstehende Quadrat ist wieder pandiagonal.

18	22	10	14	1
9	11	3	17	25
2	20	24	6	13
21	8	12	5	19
15	4	16	23	7

2	20	24	6	13
21	8	12	5	19
15	4	16	23	7
18	22	10	14	1
9	11	3	17	25

Abb. 2.14 Vertikale Verschiebung von Zeilen

18	22	10	14	1	18	22	10	14	1	18	22	10	14	1
9	11	3	17	25	9	11	3	17	25	9	11	3	17	25
2	20	24	6	13	2	20	24	6	13	2	20	24	6	13
21	8	12	5	19	21	8	12	5	19	21	8	12	5	19
15	4	16	23	7	15	4	16	23	7	15	4	16	23	7
18	22	10	14	1	18	22	10	14	1	18	22	10	14	1
9	11	3	17	25	9	11	3	17	25	9	11	3	17	25
2	20	24	6	13	2	20	24	6	13	2	20	24	6	13
21	8	12	5	19	21	8	12	5	19	21	8	12	5	19
15	4	16	23	7	15	4	16	23	7	15	4	16	23	7
18	22	10	14	1	18	22	10	14	1	18	22	10	14	1
9	11	3	17	25	9	11	3	17	25	9	11	3	17	25
2	20	24	6	13	2	20	24	6	13	2	20	24	6	13
21	8	12	5	19	21	8	12	5	19	21	8	12	5	19
15	4	16	23	7	15	4	16	23	7	15	4	16	23	7

Abb. 2.12 Summen im pandiagonalen Quadrat

18	22	10	14	1	18	22	10	14	1	18	22	10	14	1
9	11	3	17	25	9	11	3	17	25	9	11	3	17	25
2	20	24	6	13	2	20	24	6	13	2	20	24	6	13
21	8	12	5	19	21	8	12	5	19	21	8	12	5	19
15	4	16	23	7	15	4	16	23	7	15	4	16	23	7
18	22	10	14	1	18	22	10	14	1	18	22	10	14	1
9	11	3	17	25	9	11	3	17	25	9	11	3	17	25
2	20	24	6	13	2	20	24	6	13	2	20	24	6	13
21	8	12	5	19	21	8	12	5	19	21	8	12	5	19
15	4	16	23	7	15	4	16	23	7	15	4	16	23	7
18	22	10	14	1	18	22	10	14	1	18	22	10	14	1
9	11	3	17	25	9	11	3	17	25	9	11	3	17	25
2	20	24	6	13	2	20	24	6	13	2	20	24	6	13
21	8	12	5	19	21	8	12	5	19	21	8	12	5	19
15	4	16	23	7	15	4	16	23	7	15	4	16	23	7

Abb. 2.13 Magische Quadrate im pandiagonalen Parkett

In Abbildung 2.15 werden dagegen die linken beiden Spalten abgetrennt und am rechten Ende des Quadrates wieder angefügt. Auch hier ist das neu entstehende Quadrat wieder pandiagonal.

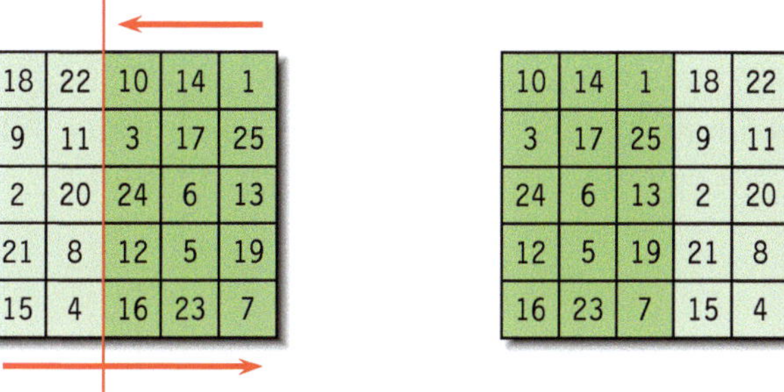

18	22	10	14	1
9	11	3	17	25
2	20	24	6	13
21	8	12	5	19
15	4	16	23	7

10	14	1	18	22
3	17	25	9	11
24	6	13	2	20
12	5	19	21	8
16	23	7	15	4

Abb. 2.15 Horizontale Verschiebung von Spalten

Anders formuliert: Jede horizontale oder vertikale Verschiebung in beliebiger Richtung erzeugt wieder ein pandiagonales Quadrat, wenn die Zeilen und Spalten zyklisch gesehen werden.

18	22	10	14	1
9	11	3	17	25
2	20	24	6	13
21	8	12	5	19
15	4	16	23	7

3	17	25	9	11
24	6	13	2	20
12	5	19	21	8
16	23	7	15	4
10	14	1	18	22

Abb. 2.16 Verschiebung in eine beliebige Richtung

In Abbildung 2.16 wird die Zelle mit der Zahl 3 durch eine Verschiebung zur linken oberen Ecke transformiert. Durch die zyklische Anordnung des Quadrates entsteht auch bei einer solchen Verschiebung wieder ein pandiagonales Quadrat.

Pandiagonale Quadrate mit einfach-gerader Ordnung existieren nicht

Diese wichtige Erkenntnis wurde bereits 1878 von Frost[2] bewiesen, der sich intensiv mit pandiagonalen Quadraten beschäftigt hat. Sein Beweis ist allerdings sehr komplex und 1919 veröffentlichte Planck[3] eine einfache und leicht nachvollziehbare Begründung.

---

[2] Frost [156]

[3] Planck [438]

Bei einem magischen Quadrat der einfach-geraden Ordnung $n = 2m$ ist m ungerade und die magische Summe beträgt

$$S = \frac{n^3 + n}{2} = \frac{n}{2} \cdot \left(n^2 + 1\right) = \frac{2m}{2} \cdot \left(4m^2 + 1\right) = m \cdot \left(4m^2 + 1\right)$$

Planck unterteilt die Zellen eines magischen Quadrates in vier unterschiedliche Typen, die in Abbildung 2.17 als Ausschnitt der linken oberen Ecke des Quadrates zu erkennen sind.

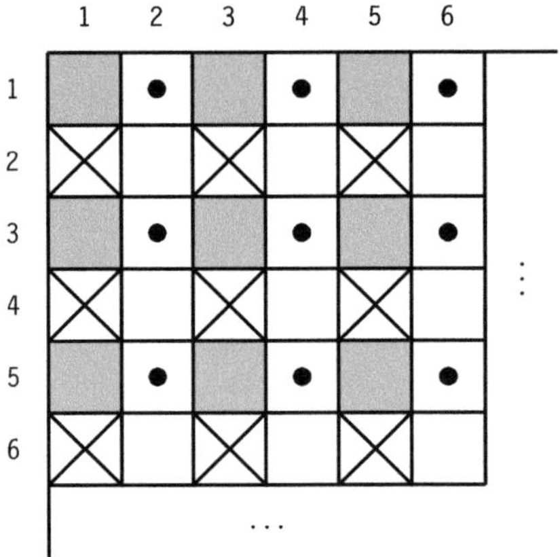

Abb. 2.17 Ausschnitt eines magischen Quadrates mit unterschiedlichen Typen der Zellen

Nun benennt er drei Summen aller Zahlen in unterschiedlich markierten Zellen. Nicht markierte Zellen dienen nur zur Unterscheidung und spielen in diesem Zusammenhang keine Rolle.

- S_A für die grau markierten Zellen
- S_B für die mit einem Punkt markierten Zellen
- S_C für die Zellen mit den Diagonalen

In den m Zeilen mit den ungeraden Zeilennummern 1, 3, ... befinden sich nur grau und mit einem Punkt markierte Zellen. Daher gilt für die Summe $S_A + S_B$ der hierin enthaltenen Zahlen $m \cdot S$. Diese Summe erhält man auch für die m Spalten mit den ungeraden Spaltennummern 1, 3, ..., in denen sich nur grau markierte Zellen sowie Zellen befinden, die durch mit den beiden Diagonalen gekennzeichnet sind.

Ist das magische Quadrat jedoch pandiagonal, müssen zusätzlich auch die Zahlen der gebrochenen Diagonalen die magische Summe ergeben. Sowohl die aufwärts als auch die abwärts gerichteten Diagonalen bestehen nur aus Zellen, die entweder mit einem Punkt oder mit Diagonalen gekennzeichnet sind. Nimmt man etwa die Zellen der m aufwärts gerichteten gebrochenen Diagonalen, müssen die Zahlen dieser Zellen auch

$m \cdot S$ ergeben. Damit gilt insgesamt für die Summe aller Zahlen der jeweils betrachteten Zellen

$$S_A + S_B = S_A + S_C = S_B + S_C = m \cdot S$$

Da alle betrachten Summen gleich sind, folgt daraus unmittelbar $A = B = C$ und die Summen können berechnet werden.

$$S_A = S_B = S_C = \frac{m \cdot S}{2} = \frac{m \cdot m \cdot (4m^2 + 1)}{2} = \frac{4m^4 + m^2}{2} = 2m^2 + \frac{m^2}{2}$$

Bei Quadraten mit einfach-gerader Ordnung ist m aber ungerade. Mit m ist aber auch $\frac{m^2}{2}$ ungerade und die Zahlen S_A, S_B und S_C können nicht existieren. Damit gibt es auch kein pandiagonales magisches Quadrat mit einfach-gerader Ordnung.

Anzahl pandiagonaler magischer Quadrate

Mit diesem Ergebnis lässt sich die Tabelle aus Kapitel 1.6 mit der Anzahl pandiagonaler magischer Quadrate ergänzen. Besonders zu beachten ist hier die große Anzahl für die Ordnung $n = 7$, die 2018 von Go Kato veröffentlicht und schon bei den symmetrischen Quadraten erwähnt wurde.

n	magisch	pandiagonal
3	1	1
4	880	48
5	275 305 224	3600
6	17 753 889 197 660 635 632	0
7	$3,79809\,(50) \cdot 10^{34}$	1 125 154 039 419 854 784
8	$5,2225\,(18) \cdot 10^{54}$	?
9	$7,8448\,(38) \cdot 10^{79}$	?
10	$2,4149\,(12) \cdot 10^{110}$	0

Tab. 2.2 Anzahl pandiagonaler magischer Quadrate

Durch die intensive Beschäftigung mit pandiagonalen magischen Quadraten sind viele Eigenschaften schon lange bekannt.

- Das Lo-Shu als einziges magisches Quadrat dritter Ordnung ist nicht pandiagonal.
- Es gibt 48 pandiagonale magische Quadrate vierter Ordnung.
- Ein magisches Quadrat vierter Ordnung kann entweder pandiagonal oder symmetrisch sein, aber nicht beides gleichzeitig.
- Es gibt 3600 pandiagonale magische Quadrate fünfter Ordnung.

- $n = 5$ ist die kleinste Ordnung, ab der ein magisches Quadrat gleichzeitig pandiagonal und symmetrisch sein kann. In Abbildung 2.18 ist eines von diesen insgesamt 16 Quadraten dargestellt.

1	15	22	8	19
23	9	16	5	12
20	2	13	24	6
14	21	10	17	3
7	18	4	11	25

Abb. 2.18 Ein pandiagonales und symmetrisches Quadrat der Ordnung $n = 5$

- Es gibt kein pandiagonales magisches Quadrat einfach-gerader Ordnung.

Zum Abschluss sei noch ein pandiagonales magisches Quadrat der Ordnung $n = 8$ gezeigt, das zusätzlich pandiagonale Teilquadrate enthält. In den vier Quadranten sind vier pandiagonale magische Quadrate vierter Ordnung mit der magischen Summe 130 eingelagert.

17	46	12	55	54	9	47	20
16	51	21	42	43	24	50	13
53	10	48	19	18	45	11	56
44	23	49	14	15	52	22	41
25	64	2	39	62	27	37	4
8	33	31	58	35	6	60	29
63	26	40	1	28	61	3	38
34	7	57	32	5	36	30	59

Abb. 2.19 Ein besonderes pandiagonales Quadrat der Ordnung $n = 8$

2.5 Supermagische Quadrate

Man spricht von einem *supermagischen* Quadrat (auch *vollkommen perfekt* oder auf Englisch *most-perfect* genannt), wenn es folgende drei Eigenschaften besitzt:

1. Jedes beliebige Teilquadrat der Größe 2×2 besitzt (zyklisch gesehen) immer die gleiche Summe.

$$S = 2T = 2 \cdot \left(n^2 + 1\right)$$

2. Die Summe von zwei Elementen einer Diagonalen, deren Abstand $\frac{n}{2}$ ist, besitzt (auch zyklisch gesehen) immer den Wert

$$T = n^2 + 1$$

3. Es handelt sich um ein Quadrat der Ordnung $n = 4k$.

1	15	10	8
12	6	3	13
7	9	16	2
14	4	5	11

Abb. 2.20 Supermagisches Quadrat der Ordnung $n = 4$

Supermagische Quadrate sind pandiagonal

Man kann nachweisen, dass jedes supermagische Quadrat automatisch auch immer pandiagonal sein muss. Als Beispiel sei dazu ein supermagisches Quadrat der Ordnung $n = 8$ in Abbildung 2.21 dargestellt.

1	16	17	32	53	60	37	44
63	50	47	34	11	6	27	22
3	14	19	30	55	58	39	42
61	52	45	36	9	8	25	24
12	5	28	21	64	49	48	33
54	59	38	43	2	15	18	31
10	7	26	23	62	51	46	35
56	57	40	41	4	13	20	29

Abb. 2.21 Supermagisches und pandiagonales Quadrat der Ordnung $n = 8$

Das heißt umgekehrt aber nicht, dass auch jedes pandiagonale magische Quadrat gleichzeitig immer supermagisch ist. Das in Abbildung 2.22 dargestellte Quadrat ist zwar pandiagonal und jedes 2×2 - Teilquadrat summiert sich zu

$$S = 2 \cdot \left(8^2 + 1\right) = 130$$

1	16	57	56	17	32	41	40
58	55	2	15	42	39	18	31
8	9	64	49	24	25	48	33
63	50	7	10	47	34	23	26
5	12	61	52	21	28	45	36
62	51	6	11	46	35	22	27
4	13	60	53	20	29	44	37
59	54	3	14	43	38	19	30

Abb. 2.22 Pandiagonales Quadrat der Ordnung $n = 8$

Doch ist die Eigenschaft nicht erfüllt, dass zwei Elemente einer Diagonalen, die sich voneinander im Abstand $\frac{n}{2} = 4$ befinden, addiert die Summe $T = 65$ ergeben müssen.

Weitere Eigenschaften

Nun wird das folgende pandiagonale magische Quadrat vierter Ordnung mit der magischen Summe $S = 34$ betrachtet.

1	15	4	14
8	10	5	11
13	3	16	2
12	6	9	7

Es hat außerdem die Eigenschaft, dass vier Zahlen jedes 2x2 - Teilquadrates auch die gleiche Summe S besitzen, z. B.

$$1 + 15 + 8 + 10 = 34 \qquad \text{oder} \qquad 16 + 2 + 9 + 7 = 34$$

1	15	4	14
8	10	5	11
13	3	16	2
12	6	9	7

1	15	4	14
8	10	5	11
13	3	16	2
12	6	9	7

1	15	4	14
8	10	5	11
13	3	16	2
12	6	9	7

Abb. 2.23 Summen von 2x2 - Teilquadraten im supermagischen Quadrat

Diese Eigenschaft gilt sogar dann, wenn man die Teilquadrate zyklisch auffasst.

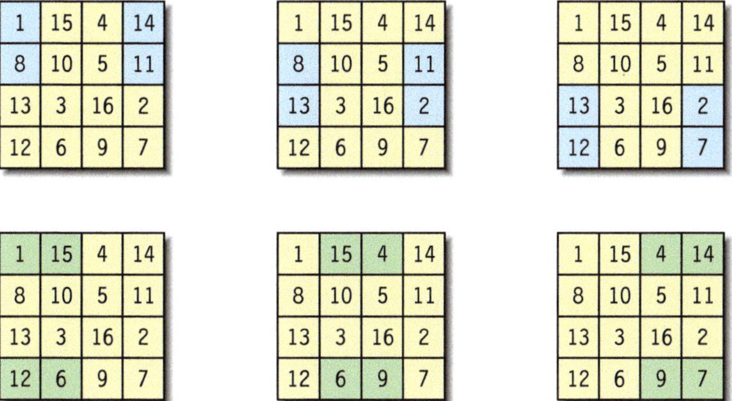

Abb. 2.24 Zyklische Summen von 2 x 2 - Teilquadraten im supermagischen Quadrat

Eine weitere Eigenschaft besagt, dass die Summe von zwei Elementen einer Diagonalen, deren Abstand $\frac{n}{2}$ ist, genau den Wert

$$T = n^2 + 1$$

ergibt. Damit sind die Zahlen komplementär und für $n = 4$ ergibt sich damit $T = 17$. Dabei spielt es keine Rolle, ob die Diagonalen aufsteigend oder absteigend sind. Einige Beispiele von derartigen Zahlenpaaren sind in der folgenden Abbildung dargestellt.

1	15	4	14
8	10	5	11
13	3	16	2
12	6	9	7

1	15	4	14
8	10	5	11
13	3	16	2
12	6	9	7

Abb. 2.25 Summen von Zahlen im Abstand $\frac{n}{2}$

Natürlich gilt diese Eigenschaft auch für zyklisch liegende Zahlenpaare, wie an Beispielen in der Abbildung 2.26 zu erkennen ist.

1	15	4	14
8	10	5	11
13	3	16	2
12	6	9	7

Abb. 2.26 Zyklische Summen von Zahlen im Abstand $\frac{n}{2}$

Am Beispiel eines supermagischen Quadrates der Ordnung $n = 8$ werden diese Eigenschaften vielleicht noch etwas deutlicher.

1	16	17	32	53	60	37	44
63	50	47	34	11	6	27	22
3	14	19	30	55	58	39	42
61	52	45	36	9	8	25	24
12	5	28	21	64	49	48	33
54	59	38	43	2	15	18	31
10	7	26	23	62	51	46	35
56	57	40	41	4	13	20	29

Abb. 2.27 Supermagisches Quadrat der Ordnung $n = 8$

2.6 Selbstkomplementäre magische Quadrate

Betrachten wir ein magisches Quadrat vierter Ordnung und gehen zu seinem Komplement über. Dabei wird jede Zahl z durch ihr Komplement $n^2 + 1 - z$ ersetzt:

$$z \longmapsto n^2 + 1 - z$$

Das Ergebnis dieser Operation ist in Abbildung 2.28 zu sehen:

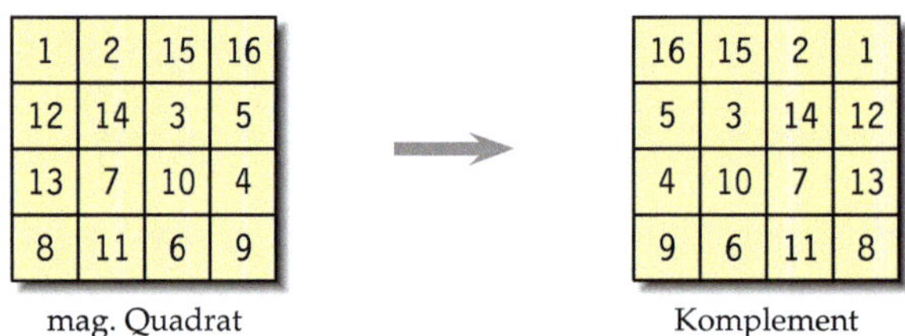

1	2	15	16
12	14	3	5
13	7	10	4
8	11	6	9

mag. Quadrat

16	15	2	1
5	3	14	12
4	10	7	13
9	6	11	8

Komplement

Abb. 2.28 Selbstkomplementäres Quadrat vierter Ordnung

Wenn das entstehende magische Quadrat äquivalent zum Ausgangsquadrat ist, d. h. durch Drehungen und Spiegelungen auf dieses abgebildet werden kann, spricht man von einem *selbstkomplementären* magischen Quadrat. Manchmal wird es auch *selbstähnlich* genannt (englisch: *self-complement* oder *self-similar*). In Abbildung 2.28 erhält man wieder das Ausgangsquadrat durch eine Spiegelung an der vertikalen Achse.

Ein symmetrisches und selbstkomplementäres Quadrat 5. Ordnung

Auch das nachstehend abgebildete symmetrische Quadrat fünfter Ordnung ist selbstkomplementär. Aus dem Komplement erhält man wieder das Original durch eine Drehung um 180°.

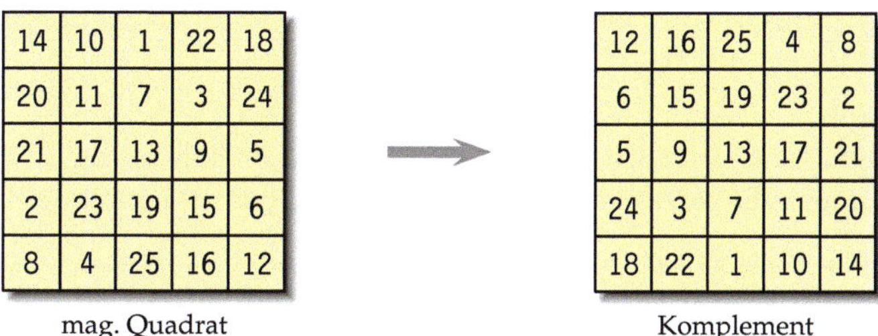

14	10	1	22	18
20	11	7	3	24
21	17	13	9	5
2	23	19	15	6
8	4	25	16	12

mag. Quadrat

12	16	25	4	8
6	15	19	23	2
5	9	13	17	21
24	3	7	11	20
18	22	1	10	14

Komplement

Abb. 2.29 Symmetrisches und selbstkomplementäres Quadrat fünfter Ordnung

Es ist bekannt, dass alle magischen Quadrate, bei denen die komplementären Zahlenpaare entweder symmetrisch zur horizontalen oder zur vertikalen Achse liegen, auch selbstkomplementär sein müssen. Da symmetrische magische Quadrate immer zu beiden Achsen symmetrisch sind, sind sie auch selbstkomplementär. Bei ihnen kann das Komplement immer durch eine Drehung um 180° in das Original zurück überführt werden.

Ein selbstkomplementäres, aber nicht symmetrisches Quadrat 6. Ordnung

Es können aber auch nicht-symmetrische magische Quadrate selbstkomplementär sein. In diesem Fall besitzt das Quadrat komplementäre Zahlenpaare, die entweder zur horizontalen oder zur vertikalen Achse des Quadrates symmetrisch liegen. Bei diesen Quadraten kann man das Originalquadrat aus dem Komplement durch eine Spiegelung an dieser Achse erzeugen.

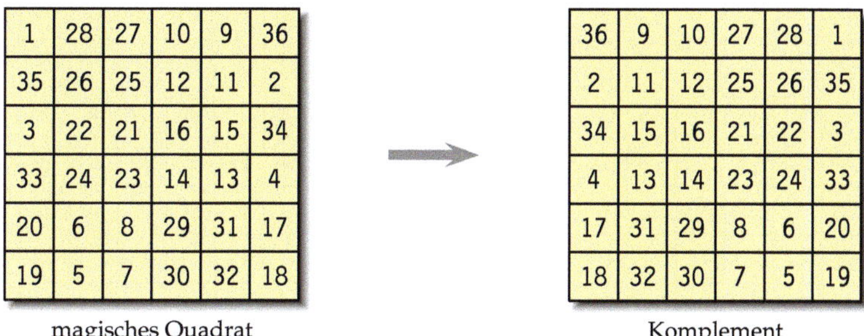

1	28	27	10	9	36
35	26	25	12	11	2
3	22	21	16	15	34
33	24	23	14	13	4
20	6	8	29	31	17
19	5	7	30	32	18

magisches Quadrat

36	9	10	27	28	1
2	11	12	25	26	35
34	15	16	21	22	3
4	13	14	23	24	33
17	31	29	8	6	20
18	32	30	7	5	19

Komplement

Abb. 2.30 Selbstkomplementäres, aber nicht symmetrisches Quadrat sechster Ordnung

Ein solcher Fall ist in Abbildung 2.30 dargestellt. Es handelt sich um ein selbstkomplementäres magisches Quadrat der Ordnung $n = 6$, bei dem man das Original aus dem Komplement durch eine Spiegelung an der vertikalen Achse des Quadrates erhalten kann.

Ein selbstkomplementäres Quadrat 8. Ordnung mit zusätzlichem eingebetteten Quadrat

Auch das magische Quadrat der Ordnung $n = 8$ aus Abbildung 2.31 ist selbstkomplementär. In dieses Quadrat ist noch ein weiteres Quadrat eingebettet.

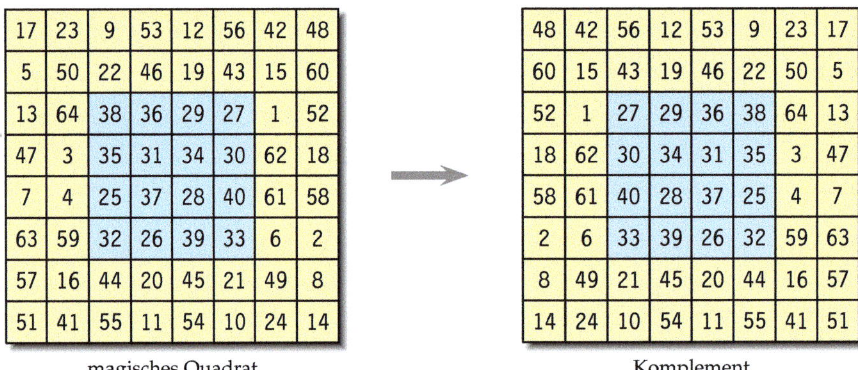

17	23	9	53	12	56	42	48
5	50	22	46	19	43	15	60
13	64	38	36	29	27	1	52
47	3	35	31	34	30	62	18
7	4	25	37	28	40	61	58
63	59	32	26	39	33	6	2
57	16	44	20	45	21	49	8
51	41	55	11	54	10	24	14

magisches Quadrat

48	42	56	12	53	9	23	17
60	15	43	19	46	22	50	5
52	1	27	29	36	38	64	13
18	62	30	34	31	35	3	47
58	61	40	28	37	25	4	7
2	6	33	39	26	32	59	63
8	49	21	45	20	44	16	57
14	24	10	54	11	55	41	51

Komplement

Abb. 2.31 Selbstkomplementäres Quadrat achter Ordnung

Aber es bietet noch mehr Eigenschaften. Ersetzt man z. B die Zahlen beim inneren magischen Quadrat der Ordnung $n = 4$ durch die komplementären Zahlen, erhält man wiederum ein selbstkomplementäres magisches Quadrat, das in Abbildung 2.32 zu sehen ist.

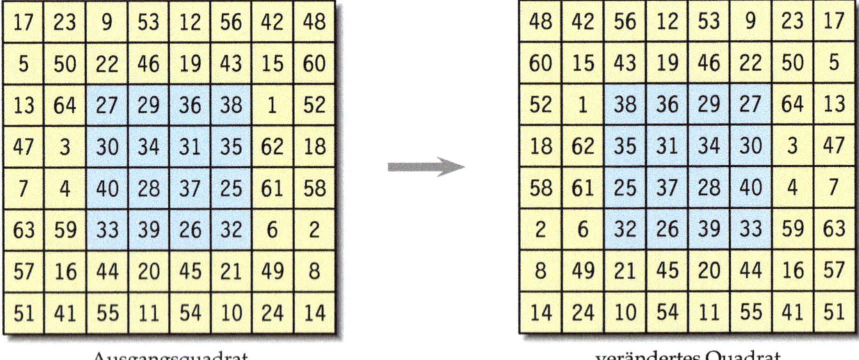

17	23	9	53	12	56	42	48
5	50	22	46	19	43	15	60
13	64	27	29	36	38	1	52
47	3	30	34	31	35	62	18
7	4	40	28	37	25	61	58
63	59	33	39	26	32	6	2
57	16	44	20	45	21	49	8
51	41	55	11	54	10	24	14

Ausgangsquadrat

48	42	56	12	53	9	23	17
60	15	43	19	46	22	50	5
52	1	38	36	29	27	64	13
18	62	35	31	34	30	3	47
58	61	25	37	28	40	4	7
2	6	32	26	39	33	59	63
8	49	21	45	20	44	16	57
14	24	10	54	11	55	41	51

verändertes Quadrat

Abb. 2.32 Selbstkomplementäres Quadrat mit invertiertem inneren Teilquadrat

Ein weiteres selbstkomplementäres magisches Quadrat erhält man, wenn man wie in Abbildung 2.33 nicht beim inneren magische Quadrat, sondern im Rahmen alle Zahlen durch ihre komplementären Zahlen ersetzt.

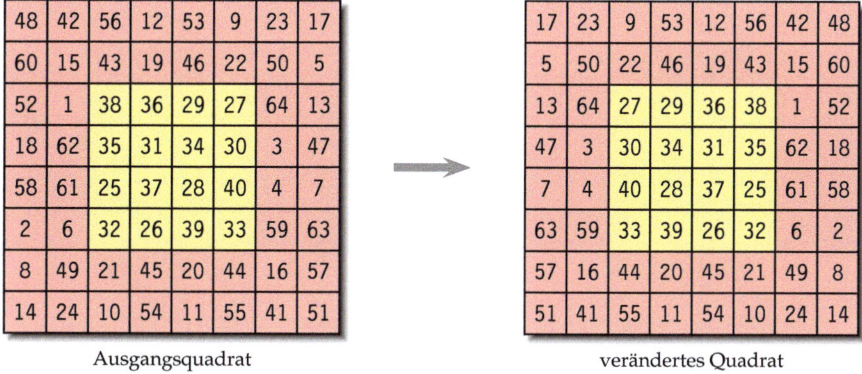

48	42	56	12	53	9	23	17
60	15	43	19	46	22	50	5
52	1	38	36	29	27	64	13
18	62	35	31	34	30	3	47
58	61	25	37	28	40	4	7
2	6	32	26	39	33	59	63
8	49	21	45	20	44	16	57
14	24	10	54	11	55	41	51

Ausgangsquadrat

17	23	9	53	12	56	42	48
5	50	22	46	19	43	15	60
13	64	27	29	36	38	1	52
47	3	30	34	31	35	62	18
7	4	40	28	37	25	61	58
63	59	33	39	26	32	6	2
57	16	44	20	45	21	49	8
51	41	55	11	54	10	24	14

verändertes Quadrat

Abb. 2.33 Selbstkomplementäres Quadrat mit invertiertem Rahmen

Aber damit noch nicht genug, denn man kann noch ein weiteres selbstkomplementäres magisches Quadrat erzeugen. Dazu dreht z. B bei den beiden Quadraten aus Abbildung 2.33 jeweils das innere 4×4 - Quadrat um 180°. Die beiden neuen selbstkomplementären magischen Quadrate sind in Abbildung 2.34 dargestellt.

48	42	56	12	53	9	23	17
60	15	43	19	46	22	50	5
52	1	33	39	26	32	64	13
18	62	40	28	37	25	3	47
58	61	30	34	31	35	4	7
2	6	27	29	36	38	59	63
8	49	21	45	20	44	16	57
14	24	10	54	11	55	41	51

17	23	9	53	12	56	42	48
5	50	22	46	19	43	15	60
13	64	32	26	39	33	1	52
47	3	25	37	28	40	62	18
7	4	35	31	34	30	61	58
63	59	38	36	29	27	6	2
57	16	44	20	45	21	49	8
51	41	55	11	54	10	24	14

Abb. 2.34 Selbstkomplementäre Quadrate mit gedrehten inneren Teilquadraten

Ein zusammengesetztes selbstkomplementäres Quadrat 9. Ordnung

Ein weiteres großartiges Beispiel eines selbstkomplementären magischen Quadrates zeigt Abbildung 2.35. Es handelt sich um ein symmetrisches magisches Quadrat der Ordnung $n = 9$, welches aus neun magischen Quadraten der Ordnung $n = 3$ zusammengesetzt ist. Am Komplement kann man leicht erkennen, dass dieses Quadrat selbstkomplementär ist.

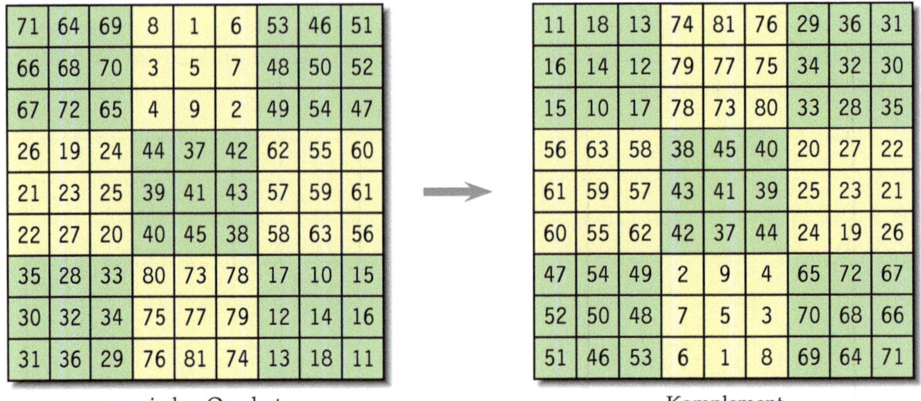

magisches Quadrat

71	64	69	8	1	6	53	46	51
66	68	70	3	5	7	48	50	52
67	72	65	4	9	2	49	54	47
26	19	24	44	37	42	62	55	60
21	23	25	39	41	43	57	59	61
22	27	20	40	45	38	58	63	56
35	28	33	80	73	78	17	10	15
30	32	34	75	77	79	12	14	16
31	36	29	76	81	74	13	18	11

Komplement

11	18	13	74	81	76	29	36	31
16	14	12	79	77	75	34	32	30
15	10	17	78	73	80	33	28	35
56	63	58	38	45	40	20	27	22
61	59	57	43	41	39	25	23	21
60	55	62	42	37	44	24	19	26
47	54	49	2	9	4	65	72	67
52	50	48	7	5	3	70	68	66
51	46	53	6	1	8	69	64	71

Abb. 2.35 Zusammengesetztes selbstkomplementäres Quadrat neunter Ordnung

Doch es gibt noch weitere Eigenschaften bei dem magischen Quadrat aus Abbildung 2.35. Dreht man dort beispielsweise jedes der neun 3 x 3 - Teilquadrate des Ausgangsquadrates um 90°, erhält man ein weiteres selbstkomplementäres magisches Quadrat.

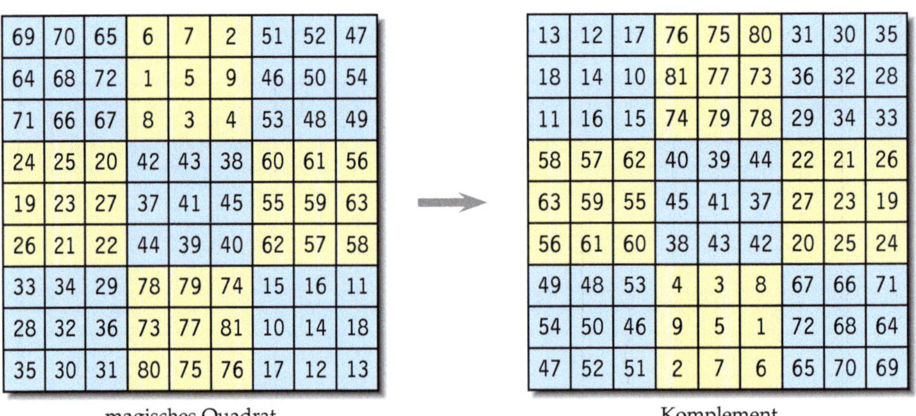

magisches Quadrat

69	70	65	6	7	2	51	52	47
64	68	72	1	5	9	46	50	54
71	66	67	8	3	4	53	48	49
24	25	20	42	43	38	60	61	56
19	23	27	37	41	45	55	59	63
26	21	22	44	39	40	62	57	58
33	34	29	78	79	74	15	16	11
28	32	36	73	77	81	10	14	18
35	30	31	80	75	76	17	12	13

Komplement

13	12	17	76	75	80	31	30	35
18	14	10	81	77	73	36	32	28
11	16	15	74	79	78	29	34	33
58	57	62	40	39	44	22	21	26
63	59	55	45	41	37	27	23	19
56	61	60	38	43	42	20	25	24
49	48	53	4	3	8	67	66	71
54	50	46	9	5	1	72	68	64
47	52	51	2	7	6	65	70	69

Abb. 2.36 Quadrat, bei dem alle 3 x 3 - Teilquadrate um 90° gedreht wurden

Ein weiteres selbstkomplementäres magisches Quadrat erhält man mit Drehungen um jeweils 180°.

65	72	67	2	9	4	47	54	49
70	68	66	7	5	3	52	50	48
69	64	71	6	1	8	51	46	53
20	27	22	38	45	40	56	63	58
25	23	21	43	41	39	61	59	57
24	19	26	42	37	44	60	55	62
29	36	31	74	81	76	11	18	13
34	32	30	79	77	75	16	14	12
33	28	35	78	73	80	15	10	17

magisches Quadrat

17	10	15	80	73	78	35	28	33
12	14	16	75	77	79	30	32	34
13	18	11	76	81	74	31	36	29
62	55	60	44	37	42	26	19	24
57	59	61	39	41	43	21	23	25
58	63	56	40	45	38	22	27	20
53	46	51	8	1	6	71	64	69
48	50	52	3	5	7	66	68	70
49	54	47	4	9	2	67	72	65

Komplement

Abb. 2.37 Quadrat, bei dem alle 3 x 3 Teilquadrate um 180° gedreht wurden

Nun ist es nicht mehr verwunderlich, dass auch Drehungen um 270° weitere selbstkomplementäre magische Quadrate erzeugen.

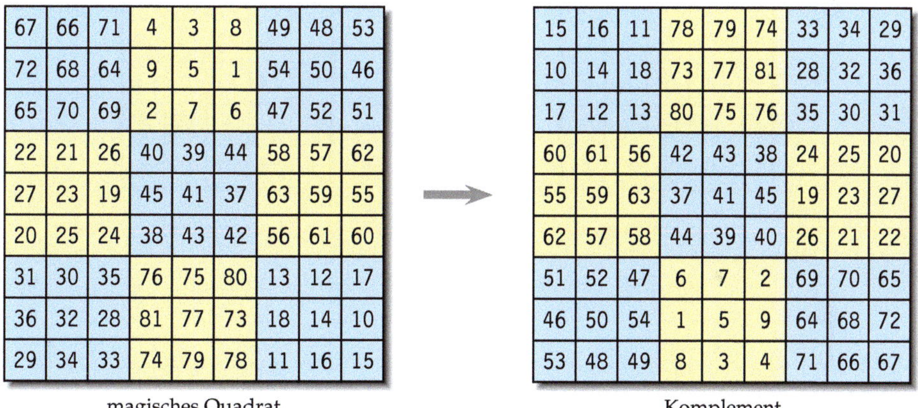

67	66	71	4	3	8	49	48	53
72	68	64	9	5	1	54	50	46
65	70	69	2	7	6	47	52	51
22	21	26	40	39	44	58	57	62
27	23	19	45	41	37	63	59	55
20	25	24	38	43	42	56	61	60
31	30	35	76	75	80	13	12	17
36	32	28	81	77	73	18	14	10
29	34	33	74	79	78	11	16	15

magisches Quadrat

15	16	11	78	79	74	33	34	29
10	14	18	73	77	81	28	32	36
17	12	13	80	75	76	35	30	31
60	61	56	42	43	38	24	25	20
55	59	63	37	41	45	19	23	27
62	57	58	44	39	40	26	21	22
51	52	47	6	7	2	69	70	65
46	50	54	1	5	9	64	68	72
53	48	49	8	3	4	71	66	67

Komplement

Abb. 2.38 Quadrat, bei dem alle 3 x 3 - Teilquadrate um 270° gedreht wurden

2.7 Ultramagische Quadrate

Ein magisches Quadrat heißt *ultramagisch*, wenn es die beiden folgenden Eigenschaften besitzt:

- Es ist pandiagonal.
- Es ist selbstkomplementär.

Ein ultramagisches Quadrat fünfter Ordnung

Das magische Quadrat fünfter Ordnung in Abbildung 2.39 ist ultramagisch.

1	15	22	18	9
23	19	6	5	12
10	2	13	24	16
14	21	20	7	3
17	8	4	11	25

Abb. 2.39 Ein ultramagisches Quadrat fünfter Ordnung

Zunächst einmal kann man leicht überprüfen, dass das Quadrat pandiagonal ist, da alle Zeilen-, Spalten und (gebrochenen) Diagonalensummen die magische Summe $S = 65$ ergeben.

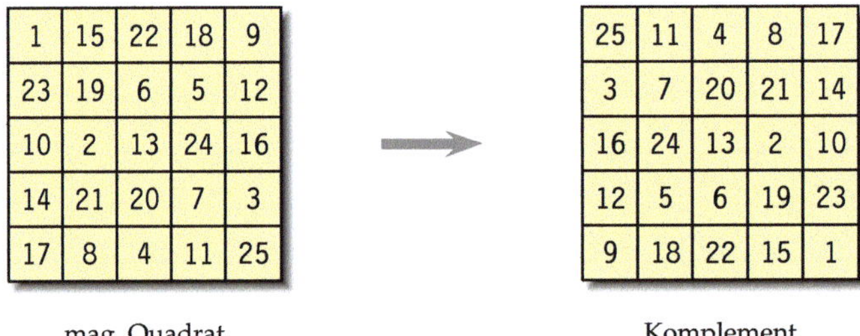

1	15	22	18	9
23	19	6	5	12
10	2	13	24	16
14	21	20	7	3
17	8	4	11	25

25	11	4	8	17
3	7	20	21	14
16	24	13	2	10
12	5	6	19	23
9	18	22	15	1

Abb. 2.40 Ultramagisches Quadrat fünfter Ordnung

Bildet man das Komplement, erkennt man, dass man das Originalquadrat wieder durch eine Drehung um 180° erhält. Damit ist das magische Quadrat also auch selbstkomplementär und somit ultramagisch.

Ein ultramagisches Quadrat siebter Ordnung

Walter Trump hat sehr intensiv ultramagische Quadrate untersucht. Dabei fand er z. B. alle 20 190 684 ultramagischen Quadrate 7. Ordnung. Seine umfangreichen Ergebnisse können Sie auf seinen Webseiten nachlesen.[4]

Darunter befindet sich auch das ultramagische Quadrat aus Abbildung 2.41, das außerdem symmetrisch ist. Doch damit noch nicht genug, denn eingelagert sind auch eine magische Raute und ein weiteres Quadrat, jeweils mit der magischen Summe $S_3 = 75$.

[4] Trump [575]

27	46	31	1	6	17	47
8	9	20	26	34	43	35
29	28	11	32	37	36	2
45	38	40	25	10	12	5
48	14	13	18	39	22	21
15	7	16	24	30	41	42
3	33	44	49	19	4	23

27	46	31	1	6	17	47
8	9	20	26	34	43	35
29	28	11	32	37	36	2
45	38	40	25	10	12	5
48	14	13	18	39	22	21
15	7	16	24	30	41	42
3	33	44	49	19	4	23

Abb. 2.41 Spezielles ultramagisches Quadrat siebter Ordnung

Ein ultramagisches Quadrat achter Ordnung

Auch das magische Quadrat 8. Ordnung aus Abbildung 2.42 ist ultramagisch.

Es ist zunächst einmal pandiagonal mit der magischen Summe $S = 260$. Bildet man das Komplement, sieht man, dass man das Original wieder durch eine Drehung um 180° erhält. Damit ist das Quadrat auch selbstkomplementär und somit ultramagisch.

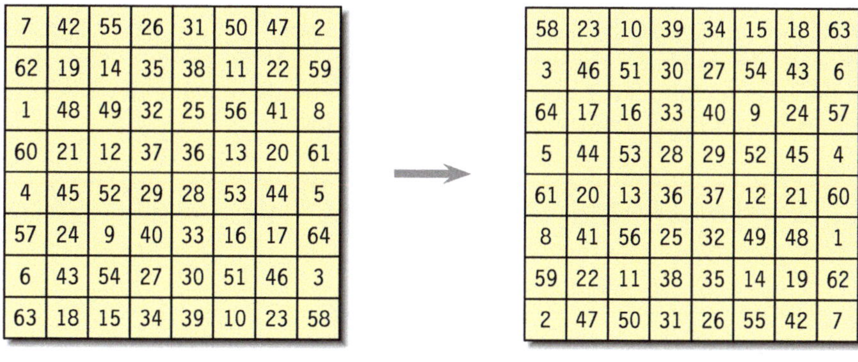

7	42	55	26	31	50	47	2
62	19	14	35	38	11	22	59
1	48	49	32	25	56	41	8
60	21	12	37	36	13	20	61
4	45	52	29	28	53	44	5
57	24	9	40	33	16	17	64
6	43	54	27	30	51	46	3
63	18	15	34	39	10	23	58

58	23	10	39	34	15	18	63
3	46	51	30	27	54	43	6
64	17	16	33	40	9	24	57
5	44	53	28	29	52	45	4
61	20	13	36	37	12	21	60
8	41	56	25	32	49	48	1
59	22	11	38	35	14	19	62
2	47	50	31	26	55	42	7

magisches Quadrat

Komplement

Abb. 2.42 Ultramagisches Quadrat achter Ordnung

2.8 Gerahmte magische Quadrate

Ein *gerahmtes* oder *umrandetes* magisches Quadrat (englisch: *bordered*) ist ein magisches Quadrat, das auch dann noch magisch bleibt, wenn man seinen Rand entfernt. Entfernt man in dem dargestellten Quadrat der Ordnung 8 die linke und rechte Spalte sowie die obere und die untere Zeile, erhält man ein neues magisches Quadrat der Ordnung 6.

64	4	9	54	63	3	10	53
60	15	16	47	48	49	20	5
7	44	22	42	41	25	21	58
51	33	37	29	30	28	38	14
6	32	34	35	36	31	27	59
8	26	40	24	23	43	39	57
52	45	46	18	17	19	50	13
12	61	56	11	2	62	55	1

15	16	47	48	49	20
44	22	42	41	25	21
33	37	29	30	28	38
32	34	35	36	31	27
26	40	24	23	43	39
45	46	18	17	19	50

Abb. 2.43 Gerahmtes magisches Quadrat der Ordnung $n = 8$

Dieses Quadrat ist zwar kein echtes magisches Quadrat mehr, besteht also nicht mehr aus den Zahlen $1, 2, \ldots, n^2$. Es besitzt aber weiterhin die Eigenschaft, dass alle Zeilensummen, alle Spaltensummen und beide Diagonalensummen mit $S = 195$ identisch sind. Daher bezeichnet man es in diesem Zusammenhang trotzdem noch als magisches Quadrat.

Als zweite Bedingung für ein gerahmtes magisches Quadrat wird gefordert, dass die Randzahlen die Zahlen des inneren magischen Quadrates umschließen. Bei einem Quadrat der Ordnung n bedeutet dies, dass insgesamt $4 \cdot (n-1)$ Zahlen im Rand liegen und die anderen Zahlen umschließen. Die Hälfte $2 \cdot (n-1)$ dieser im Rand liegenden Zahlen bilden demnach den unteren, die andere Hälfte den oberen Rand. Damit werden die Zahlen folgendermaßen aufgeteilt:

untere Randzahlen:	1	$\ldots$	$2(n-1)$
innere Zahlen:	$2(n-1)+1$	$\ldots$	$n^2-2(n-1)$
obere Randzahlen:	$n^2-2(n-1)+1$	$\ldots$	n^2

Diese Bedingung soll an einem Beispiel der Ordnung $n = 6$ verdeutlicht werden. Eingeschlossen wird ein Quadrat der Ordnung $n = 4$, welches aus $4^2 = 16$ Zahlen besteht. Damit wird der Rand von

$$6^2 - 4^2 = 36 - 16 = 20$$

Zahlen gebildet. Da diese 20 Zahlen das innere Quadrat umschließen müssen, existieren 10 Zahlen, die kleiner und 10 Zahlen, die größer als die Elemente des inneren Quadrates sind. Somit ergibt sich folgende Aufteilung:

untere Randzahlen:	$1 \ldots 10$
innere Zahlen:	$11 \ldots 26$
obere Randzahlen:	$27 \ldots 36$

Diese Aufteilung ist beispielsweise bei dem gerahmten magischen Quadrat sechster Ordnung aus Abbildung 2.44 zu erkennen.

36	2	3	7	32	31
4	26	13	12	23	33
9	15	20	21	18	28
27	19	16	17	22	10
29	14	25	24	11	8
6	35	34	30	5	1

Abb. 2.44 Gerahmtes magisches Quadrat der Ordnung $n = 6$

Fortgesetzt gerahmte magische Quadrate

Schaut man sich das Quadrat aus Abbildung 2.45 von Stifel[5] aus dem Jahr 1544 etwas genauer an, stellt man fest, dass man durch fortgesetztes Entfernen des äußeren Randes immer weitere magische Quadrate erhält. Diese sind dann natürlich nicht mehr normalisiert.

12	49	47	45	9	11	2
46	20	37	35	19	14	4
44	34	24	29	22	16	6
7	17	23	25	27	33	43
8	18	28	21	26	32	42
10	36	13	15	31	30	40
48	1	3	5	41	39	38

20	37	35	19	14
34	24	29	22	16
17	23	25	27	33
18	28	21	26	32
36	13	15	31	30

24	29	22
23	25	27
28	21	26

Abb. 2.45 Fortgesetzt gerahmtes magisches Quadrat von Stifel

Ein anderes wunderschönes fortgesetzt gerahmtes magisches Quadrat der Ordnung 12 gibt Maurice Kraitchik in seinem Buch *Mathematical Recreations*.[6] Dort können vier Randschichten entfernt werden und immer wieder ist das entstehende Quadrat magisch.

[5] Stifel [542]

[6] Kraitchik [306] S. 167

1	142	141	140	139	138	129	11	10	9	8	2
12	23	120	119	118	117	112	29	31	32	24	133
15	39	41	102	101	100	99	47	48	42	106	130
18	36	49	55	88	87	86	63	56	96	109	127
19	40	52	83	65	72	74	79	62	93	105	126
22	30	54	84	76	77	67	70	61	91	115	123
132	110	95	60	71	66	80	73	85	50	35	13
131	107	94	64	78	75	69	68	81	51	38	14
128	111	92	89	57	58	59	82	90	53	34	17
125	108	103	43	44	45	46	98	97	104	37	20
124	121	25	26	27	28	33	116	114	113	122	21
143	3	4	5	6	7	16	134	135	136	137	144

Abb. 2.46 Fortgesetzt gerahmtes magisches Quadrat von Kraitchik

Konzentrische magische Quadrate

Es soll aber auch erwähnt werden, dass man manchmal von den strikten Bedingungen für gerahmte magische Quadrate etwas abweicht und die Bedingung für die Aufteilung der Zahlen vernachlässigt. Als einzige Bedingung bleibt dann bestehen, dass mit dem Entfernen der äußeren Zeilen und Spalten wiederum ein magisches Quadrat entsteht. Man spricht in diesem Falle von einem *konzentrischen* magischen Quadrat (englisch: *concentric*).

Diese Aufteilung in gerahmte und konzentrische Quadrate war früher nicht immer gegeben. Sie hat sich aber in den vergangenen Jahrzehnten durchgesetzt.

22	41	34	27	17	5	29
1	35	6	42	11	31	49
38	10	24	4	47	40	12
37	18	48	25	2	32	13
36	43	3	46	26	7	14
20	19	44	8	39	15	30
21	9	16	23	33	45	28

Abb. 2.47 Konzentrisches magisches Quadrat von Benson - Jacoby

Ein schönes Beispiel für ein derartiges Quadrat geben Benson und Jacoby in ihrem Buch *New Recreations with Magic Squares*.[7]

Fortgesetzt konzentrische magische Quadrate

Schaut man sich das Beispiel von Benson und Jacoby aus Abbildung 2.47 genauer an, stellt man fest, dass man auch hier noch einen weiteren Rand entfernen kann, wobei das innerste Quadrat der Ordnung 3 wiederum magisch ist. Alle so erhaltenen neuen Quadrate sind wiederum konzentrisch.

22	41	34	27	17	5	29
1	35	6	42	11	31	49
38	10	24	4	47	40	12
37	18	48	25	2	32	13
36	43	3	46	26	7	14
20	19	44	8	39	15	30
21	9	16	23	33	45	28

35	6	42	11	31
10	24	4	47	40
18	48	25	2	32
43	3	46	26	7
19	44	8	39	15

24	4	47
48	25	2
3	46	26

Abb. 2.48 Fortgesetzt konzentrisches magisches Quadrat von Benson - Jacoby

2.9 Bentdiagonale magische Quadrate

Benjamin Franklin war einer der Gründerväter der Vereinigten Staaten und arbeitete als Drucker, Verleger, Schriftsteller, Naturwissenschaftler, Erfinder und Staatsmann. Sein Interesse galt auch magischen Quadraten und so konstruierte er 1750 das Quadrat der Ordnung $n = 8$ aus Abbildung 2.49.[8]

Dieses Quadrat besitzt äußerst viele Eigenschaften, allerdings ist es leider nur semimagisch. Dafür wurde durch dieses Quadrat ein neuer Begriff geprägt, denn eine spezielle Anordnung von acht Zahlen, die Franklin als *bent-row* bezeichnete, ergibt auch die magische Summe. Da mit diesen Anordnungen von Zahlen jeweils zwei Ecken verbunden werden, nennt man sie auch *Bentdiagonalen*, von denen es in einem Quadrat vier geben muss. Diese Bentdiagonalen sind in Abbildung 2.49 markiert. Ein Quadrat, bei dem diese Diagonalen auch die magische Summe ergeben, nennt man *bentdiagonal*.

---

[7] Benson-Jacoby [43] S. 33

[8] Pasles [408], p. 125ff.

52	61	4	13	20	29	36	45
14	3	62	51	46	35	30	19
53	60	5	12	21	28	37	44
11	6	59	54	43	38	27	22
55	58	7	10	23	26	39	42
9	8	57	56	41	40	25	24
50	63	2	15	18	31	34	47
16	1	64	49	48	33	32	17

52	61	4	13	20	29	36	45
14	3	62	51	46	35	30	19
53	60	5	12	21	28	37	44
11	6	59	54	43	38	27	22
55	58	7	10	23	26	39	42
9	8	57	56	41	40	25	24
50	63	2	15	18	31	34	47
16	1	64	49	48	33	32	17

Abb. 2.49 Die Bentdiagonalen im semi-magischen Quadrat von Benjamin Franklin

Im Franklin-Quadrat ergeben aber auch die danebenliegenden geknickten Diagonalen dieser Form die magische Summe. Wenn dies für alle vier Richtungen zutrifft, nennt man dieses Quadrat *panbentdiagonal*. Abbildung 2.50 verdeutlicht diese Diagonalen in allen vier Richtungen.

52	61	4	13	20	29	36	45
14	3	62	51	46	35	30	19
53	60	5	12	21	28	37	44
11	6	59	54	43	38	27	22
55	58	7	10	23	26	39	42
9	8	57	56	41	40	25	24
50	63	2	15	18	31	34	47
16	1	64	49	48	33	32	17

a) von oben nach unten

52	61	4	13	20	29	36	45
14	3	62	51	46	35	30	19
53	60	5	12	21	28	37	44
11	6	59	54	43	38	27	22
55	58	7	10	23	26	39	42
9	8	57	56	41	40	25	24
50	63	2	15	18	31	34	47
16	1	64	49	48	33	32	17

b) von unten nach oben

52	61	4	13	20	29	36	45
14	3	62	51	46	35	30	19
53	60	5	12	21	28	37	44
11	6	59	54	43	38	27	22
55	58	7	10	23	26	39	42
9	8	57	56	41	40	25	24
50	63	2	15	18	31	34	47
16	1	64	49	48	33	32	17

c) von links nach rechts

52	61	4	13	20	29	36	45
14	3	62	51	46	35	30	19
53	60	5	12	21	28	37	44
11	6	59	54	43	38	27	22
55	58	7	10	23	26	39	42
9	8	57	56	41	40	25	24
50	63	2	15	18	31	34	47
16	1	64	49	48	33	32	17

d) von rechts nach links

Abb. 2.50 Alle Bentdiagonalen im Quadrat von Benjamin Franklin

Zwei weitere Beispiele sollen demonstrieren, dass diese ungewöhnliche Eigenschaft auch bei magischen Quadraten auftreten kann. Abbildung 2.51a zeigt ein bentdiagonales magisches Quadrat, das zugleich bentdiagonal als auch pandiagonal ist. Dagegen ist das Quadrat in 2.51b sogar bentdiagonal als auch bimagisch.

1	32	27	6	37	60	63	34
55	42	45	52	19	14	9	24
38	59	64	33	2	31	28	5
20	13	10	23	56	41	46	51
25	8	3	30	61	36	39	58
47	50	53	44	11	22	17	16
62	35	40	57	26	7	4	29
12	21	18	15	48	49	54	43

a) bentdiagonal und pandiagonal

12	58	22	40	33	19	63	13
31	54	1	44	45	8	51	26
35	17	61	15	10	60	24	38
56	29	42	3	6	47	28	49
46	7	52	25	32	53	2	43
57	11	39	21	20	34	14	64
5	48	27	50	55	30	41	4
18	36	16	62	59	9	37	23

b) bentdiagonal und bimagisch

Abb. 2.51 Bentdiagonale Quadrate mit zusätzlichen Eigenschaften

2.10 Semi-pandiagonale magische Quadrate

Ein relativ selten benutzter Begriff beschreibt *semi-pandiagonale* Quadrate. Derartige Quadrate mit gerader Ordnung haben die Eigenschaft, dass die Summe der Zahlen in den gegenüberliegenden *kurzen Diagonalen* die magische Summe ergeben. Darunter versteht man die beiden Diagonalen, die im gleichen Abstand parallel zu den normalen Diagonalen liegen und jeweils $\frac{n}{2}$ Zahlen beinhalten.

13	9	32	15	11	31
33	20	1	35	19	3
5	25	24	7	27	23
16	12	29	14	10	30
36	17	4	34	18	2
8	28	21	6	26	22

a) nicht symmetrisch

57	63	3	5	4	6	58	64
56	15	51	12	13	54	10	49
17	42	22	45	44	19	47	24
32	26	38	36	37	35	31	25
40	34	30	28	29	27	39	33
41	18	46	21	20	43	23	48
16	55	11	52	53	14	50	9
1	7	59	61	60	62	2	8

b) symmetrisch und bentdiagonal

Abb. 2.52 Semi-pandiagonale magische Quadrate gerader Ordnung

Da dies bei Quadraten ungerader Ordnung nicht möglich ist, wird für diese Quadrate die Bedingung so abgeändert, dass die kurzen Diagonalen hier $\frac{n-1}{2}$ oder $\frac{n+1}{2}$ Zahlen umfassen.

2	23	25	7	8
4	16	9	14	22
21	11	13	15	5
20	12	17	10	6
18	3	1	19	24

a) nicht symmetrisch

1	24	17	15	8
14	7	5	23	16
22	20	13	6	4
10	3	21	19	12
18	11	9	2	25

b) symmetrisch

46	31	16	1	42	27	12
5	39	24	9	43	35	20
13	47	32	17	2	36	28
21	6	40	25	10	44	29
22	14	48	33	18	3	37
30	15	7	41	26	11	45
38	23	8	49	34	19	4

c) symmetrisch

Abb. 2.53 Semi-pandiagonale magische Quadrate ungerader Ordnung

Im ersten Fall muss sich die magische Summe ergeben, wenn zu der Summe der Zahlen auf den kurzen Diagonalen die mittlere Zahl des Quadrates hinzuaddiert wird. Im zweiten Fall muss sich die magische Summe ergeben, wenn die mittlere Zahl subtrahiert wird.

2.11 Bimagische Quadrate

Ein *bimagisches* Quadrat ist zunächst einmal ein normales magisches Quadrat, bei dem die Zeilen-, Spalten- und Diagonalensummen die magische Summe ergeben. Im Beispiel der Abbildung 2.54 gilt für die magische Summe $S_8 = 260$.

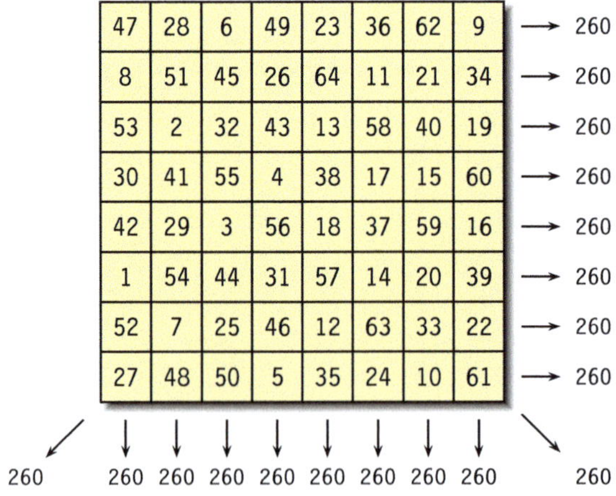

47	28	6	49	23	36	62	9	→ 260
8	51	45	26	64	11	21	34	→ 260
53	2	32	43	13	58	40	19	→ 260
30	41	55	4	38	17	15	60	→ 260
42	29	3	56	18	37	59	16	→ 260
1	54	44	31	57	14	20	39	→ 260
52	7	25	46	12	63	33	22	→ 260
27	48	50	5	35	24	10	61	→ 260
260	260	260	260	260	260	260	260	

Diagonalen: ↙ 260, ↘ 260

Abb. 2.54 Bimagisches Quadrat der Ordnung $n = 8$

Zusätzlich ergeben aber auch die Zeilensummen, Spaltensummen und Diagonalensummen der quadrierten Zahlen eine konstante Summe. Hier gilt $S_8^2 = 11\,180$.

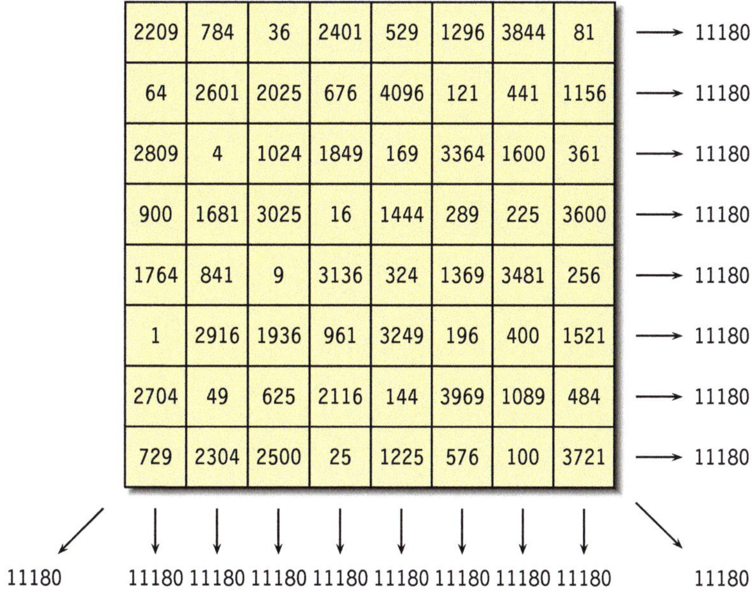

2209	784	36	2401	529	1296	3844	81	→ 11180
64	2601	2025	676	4096	121	441	1156	→ 11180
2809	4	1024	1849	169	3364	1600	361	→ 11180
900	1681	3025	16	1444	289	225	3600	→ 11180
1764	841	9	3136	324	1369	3481	256	→ 11180
1	2916	1936	961	3249	196	400	1521	→ 11180
2704	49	625	2116	144	3969	1089	484	→ 11180
729	2304	2500	25	1225	576	100	3721	→ 11180
↓ 11180	↓ 11180	↓ 11180	↓ 11180	↓ 11180	↓ 11180	↓ 11180	↓ 11180	

Abb. 2.55 Quadrat mit den quadrierten Zahlen

Allgemein gilt für die bimagische Summe eines Quadrates der Ordnung n:

$$S_n^2 = \frac{n \cdot \left(n^2 + 1\right) \cdot \left(2n^2 + 1\right)}{6}$$

Mit dieser Formel lassen sich die bimagischen Summen für jede Ordnung konkret berechnen:

Ordnung:	8	9	10	11	12	16
bimagische Summe:	11 880	20 049	33 835	54 351	83 810	351 576

Tab. 2.3 Bimagische Summen

Das erste bimagische Quadrat der Welt

Der Franzose *Georges Pfeffermann* entdeckte 1890 das erste bimagische Quadrat der Welt und veröffentlichte es am 15. Januar 1891 in der Zeitschrift *Les Tablettes du Chercheur* als Rätsel, bei dem nur einige Zahlen eingetragen waren und andere Felder leer blieben. 14 Tage später präsentierte er dann die Lösung.

56		8		18		9	
	20		48		29		10
26		13		64		4	
	5		30		12		60
15		63		41		50	
	55		11		58		45
61		42		27		39	
	62		37		51		3

56	34	8	57	18	47	9	31
33	20	54	48	7	29	59	10
26	43	13	23	64	38	4	49
19	5	35	30	53	12	46	60
15	25	63	2	41	24	50	40
6	55	17	11	36	58	32	45
61	16	42	52	27	1	39	22
44	62	28	37	14	51	21	3

Abb. 2.56 Das erste bimagische Quadrat der Ordnung $n = 8$ von Pfeffermann

Das erste bimagische Quadrat 9. Ordnung

Nur sechs Monate nach der Veröffentlichung des ersten bimagischen Quadrates der Ordnung $n = 8$, veröffentlichte *Georges Pfeffermann* am 15. Juli 1891 das erste bimagische Quadrat neunter Ordnung. Auch dieses Mal veröffentlichte er in der Zeitschrift *Les Tablettes du Chercheur* Teile des Quadrates als Rätsel und lieferte die vollständige Lösung wieder 14 Tage später.

	3	81	42		47	17	59	
37		15	71		57	32		7
33	38		55		77		13	21
68	73	43				63	51	29
				41				
53	31	19				39	9	14
61	69		5		27		44	49
75		50	25		11	67		45
	23	65	35		40	1	79	

22	3	81	42	34	47	17	59	64
37	54	15	71	76	57	32	20	7
33	38	8	55	72	77	52	13	21
68	73	43	12	26	4	63	51	29
2	16	58	46	41	36	24	66	80
53	31	19	78	56	70	39	9	14
61	69	30	5	10	27	74	44	49
75	62	50	25	6	11	67	28	45
18	23	65	35	48	40	1	79	60

Abb. 2.57 Das erste bimagische Quadrat der Ordnung $n = 9$ von Pfeffermann

Ein bimagisches Quadrat 16. Ordnung

Das erste bimagische Quadrat der Ordnung $n = 16$ wurde 1903 von *Gaston Tarry* veröffentlicht. Bei seinem Quadrat sind die 16 Zeilen sogar trimagisch.

1	52	86	103	16	61	91	106	241	196	166	151	256	205	171	154
102	87	49	4	107	90	64	13	150	167	193	244	155	170	208	253
55	6	100	81	58	11	109	96	199	246	148	161	202	251	157	176
84	97	7	54	93	112	10	59	164	145	247	198	173	160	250	203
249	204	174	159	248	197	163	146	9	60	94	111	8	53	83	98
158	175	201	252	147	162	200	245	110	95	57	12	99	82	56	5
207	254	156	169	194	243	149	168	63	14	108	89	50	3	101	88
172	153	255	206	165	152	242	195	92	105	15	62	85	104	2	51
128	77	43	26	113	68	38	23	144	189	219	234	129	180	214	231
27	42	80	125	22	39	65	116	235	218	192	141	230	215	177	132
74	123	29	48	71	118	20	33	186	139	237	224	183	134	228	209
45	32	122	75	36	17	119	70	221	240	138	187	212	225	135	182
136	181	211	226	137	188	222	239	120	69	35	18	121	76	46	31
227	210	184	133	238	223	185	140	19	34	72	117	30	47	73	124
178	131	229	216	191	142	236	217	66	115	21	40	79	126	28	41
213	232	130	179	220	233	143	190	37	24	114	67	44	25	127	78

Abb. 2.58 Das bimagische Quadrat der Ordnung $n = 16$ von Gaston Tarry

Inzwischen gibt es verschiedene Algorithmen, mit denen eine Vielzahl von unterschiedlichen bimagischen Quadraten der Ordnung 16 erzeugt werden können.

Warum gibt es keine bimagischen Quadrate mit Ordnungen n < 8?

Heutzutage weiß man, dass es kein bimagisches Quadrat geben kann, dessen Ordnung kleiner als 8 ist.[9] Für die Ordnung 4 ist diese Frage besonders einfach zu klären. Frénicle hat am Ende des 17. Jahrhunderts bereits alle 880 magischen Quadrate dieser Ordnung bestimmt, von denen aber keines bimagisch ist.

Für die Ordnung $n = 5$ existieren nur acht *bimagische Serien*. Dies sind Zahlenfolgen, bei denen die normalen Zahlen die magische Summe und die quadrierten Zahlen die bimagische Summe für ein Quadrat dieser Ordnung ergeben. Da für ein magisches Quadrat dieser Ordnung aber zwölf dieser Serien für die Zeilen, Spalten und Diagonalen benötigt werden, kann kein bimagisches Quadrat existieren.

Für die Ordnung 6 existieren 98 bimagische Serien, und es ist bewiesen, dass keine Kombination von 14 dieser Serien ein magisches Quadrat erzeugen kann.

[9] Boyer [54]

Demgegenüber fehlt für die Ordnung $n = 7$ ein Beweis, dass kein bimagisches Quadrat existiert. Allerdings haben drei Personen unabhängig voneinander alle Kombinationen der 1635 bimagischen Serien auf ihren Computeranlagen durchprobiert und kein bimagisches Quadrat finden können. Da es sehr unwahrscheinlich ist, dass alle drei voneinander unabhängigen Computerprogramme einen Fehler aufweisen, kann es als relativ gesichert angesehen werden, dass es kein bimagisches Quadrat dieser Ordnung gibt. Auch wenn dies bisher nicht durch einen mathematischen Beweis abgesichert wurde.

Völlig anders sieht es bei den bimagischen Quadraten achter Ordnung aus. Hier haben Walter Trump und Francis Gaspalou alle 38 039 bimagischen Serien miteinander kombiniert und 2014 nach monatelanger Arbeit alle 26 158 848 verschiedenen bimagischen Quadrate gefunden.[10]

2.12 Trimagische Quadrate

Ein bimagisches Quadrat[11], bei dem auch die Zeilen-, Spalten- und Diagonalensummen der zur dritten Potenz genommenen Zahlen die gleiche Summe ergeben, heißt *trimagisch*. Für ein trimagisches Quadrat gelten folgende Summenformeln:

$$S_1 = \frac{n \cdot \left(n^2 + 1\right)}{2}$$

$$S_2 = \frac{n \cdot \left(n^2 + 1\right) \cdot \left(2n^2 + 1\right)}{6}$$

$$S_3 = n \cdot \left(S_1\right)^2$$

Das erste trimagische Quadrat der Welt wurde 1905 von Gaston Tarry entdeckt.[12] Es besitzt die Ordnung $n = 128$ mit folgenden Summen:

$$S_1 = 1\,048\,640 \qquad S_2 = 11\,454\,294\,720 \qquad S_3 = 140\,754\,668\,748\,800$$

Welch eine Leistung, wenn man bedenkt, dass alle Rechnungen per Hand ausgeführt werden mussten.

In den folgenden Jahrzehnten wurden vereinzelt weitere trimagische Quadrate mit kleinerer Ordnung veröffentlicht. Etwa im Jahre 1934 von Cazalas oder 1976 von Benson und Jacoby.[13]

---

[10] Trump und Gaspalou [569]

[11] siehe Kapitel 2.11

[12] Tarry [557]

[13] Cazalas [84], Benson - Jacoby [43] S. 84–92

Das kleinste trimagische Quadrat

Im Jahre 2002 veröffentlichte Walter Trump das erste trimagische Quadrat der Ordnung $n = 12$, welches auch gleichzeitig das kleinstmögliche ist.[14] Sein Quadrat ist selbstkomplementär und komplementäre Zahlenpaare liegen horizontal symmetrisch. Für die magischen Summen gilt $S_{12} = 870$, $S_{12}^2 = 83\,810$ und $S_{12}^3 = 9\,082\,800$.

1	22	33	41	62	66	79	83	104	112	123	144
9	119	45	115	107	93	52	38	30	100	26	136
75	141	35	48	57	14	131	88	97	110	4	70
74	8	106	49	12	43	102	133	96	39	137	71
140	101	124	42	60	37	108	85	103	21	44	5
122	76	142	86	67	126	19	78	59	3	69	23
55	27	95	135	130	89	56	15	10	50	118	90
132	117	68	91	11	99	46	134	54	77	28	13
73	64	2	121	109	32	113	36	24	143	81	72
58	98	84	116	138	16	129	7	29	61	47	87
80	34	105	6	92	127	18	53	139	40	111	65
51	63	31	20	25	128	17	120	125	114	82	94

Abb. 2.59 Trimagisches Quadrat der Ordnung $n = 12$ (Trump)

Für diese Ordnung sind inzwischen viele trimagische Quadrate bekannt. Weitere trimagische Quadrate sind nur vereinzelt für die Ordnungen 16 und 24 sowie einige größere Ordnungen veröffentlicht worden. Ein Verfahren, um diese Quadrate mit einem festen Algorithmus zu erzeugen, ist allerdings nicht bekannt.

Warum gibt es keine trimagischen Quadrate mit Ordnungen n < 12 ?

Diese Frage kann man für die meisten Ordnungen relativ einfach klären. Da trimagische Quadrate immer auch bimagisch sind, müsste das kleinste trimagische Quadrat zumindest die Ordnung 8 haben. Trump und Gaspalou haben aber alle bimagischen Quadrate dieser Ordnung bestimmt und keines der gefundenen Quadrate ist trimagisch.[15]

[14] Trump [574]

[15] Trump und Gaspalou [569]

Auch für die Ordnung 9 gibt es kein trimagisches Quadrat. Dazu muss man sich beispielsweise nur die Zahl 81 anschauen, die in drei unterschiedlichen trimagischen Serien dieser Ordnung vorhanden ist.

3	11	31	35	41	49	51	67	81
7	9	23	35	47	49	55	63	81
7	11	21	31	51	53	55	59	81

Da die Zahl 81 aber gemeinsam in einer Zeile und einer Spalte auftreten muss, die sonst keine gemeinsamen Zahlen besitzen, kann es kein trimagisches Quadrat geben. Denn alle drei genannten Serien haben außer der Zahl 81 noch weitere Zahlen gemeinsam.

Für diese Ordnung $n = 10$ ist es besonders einfach zu begründen, warum kein trimagisches Quadrat existiert. Die drei magischen Summen lauten für diese Ordnung

$$S_{10} = 505 \qquad S_{10}^2 = 33\,835 \qquad S_{10}^3 = 2\,550\,250$$

Nun ist es aber unmöglich, Zahlenfolgen zu finden, deren Summen S_{10} und S_{10}^2 ungerade, die Summe S_{10}^3 aber gerade ist.

Der Fall der Ordnung 11 ist etwas schwerer zu lösen. Für diese Ordnung existiert ein Beweis von Walter Trump, der mit den Mitteln der Kongruenzrechnung nachweist, dass es unmöglich trimagische Quadrate dieser Ordnung geben kann.[16]

Damit besitzt das kleinste trimagische Quadrat die Ordnung $n = 12$. Überraschenderweise hat die Entwicklung dieses Quadrates dann auch nicht mehr besonders lange gedauert, wie Walter Trump zur Entstehungsgeschichte dieses trimagischen Quadrates schreibt.[17]

2.13 Zusammengesetzte magische Quadrate

Ein magisches Quadrat der Ordnung $m \cdot n$ heißt *zusammengesetzt*, wenn es in m^2 magische Teilquadrate zerlegt werden kann, die jeweils die gleiche Ordnung n haben.

Das kleinste zusammengesetzte magische Quadrat muss daher die Ordnung 9 haben. Dies ist nämlich die kleinste natürliche Zahl mit zwei Faktoren, für die jeweils magische Quadrate existieren. Hier gilt

$$m \cdot n = 9 \qquad \text{mit} \quad m = 3 \quad \text{und} \quad n = 3$$

[16] Trump [572]

[17] Trump [570]

Damit kann das gesamte magische Quadrat in $m^2 = 3^2 = 9$ Teilquadrate der Ordnung $n = 3$ aufgeteilt werden, die jeweils wiederum magisch sind. Notwendigerweise können diese Teilquadrate natürlich nicht normalisiert sein und aus den Zahlen $1, 2, \ldots, n^2$ bestehen.

71	66	67	20	25	24	29	34	33
64	68	72	27	23	19	36	32	28
69	70	65	22	21	26	31	30	35
8	3	4	40	39	44	74	79	78
1	5	9	45	41	37	81	77	73
6	7	2	38	43	42	76	75	80
47	54	49	56	63	58	11	16	15
52	50	48	61	59	57	18	14	10
51	46	53	60	55	62	13	12	17

Abb. 2.60 Zusammengesetztes Quadrat der Ordnung $n = 9$

Das nächstgrößere zusammengesetzte magische Quadrat hat die Ordnung $m \cdot n = 12$. Diese Ordnung kann nämlich folgendermaßen zerlegt werden:

$$m \cdot n = 12 \qquad \text{mit} \quad m = 3 \quad \text{und} \quad n = 4$$

Dies bedeutet, dass das magische Quadrat in $m^2 = 3^2 = 9$ Teilquadrate der Ordnung $n = 4$ zerlegt wird.

17	31	30	20	132	142	143	129	61	56	60	49
28	22	23	25	137	135	134	140	51	58	54	63
24	26	27	21	133	139	138	136	50	59	55	62
29	19	18	32	144	130	131	141	64	53	57	52
100	105	101	112	68	73	69	80	36	41	37	48
110	103	107	98	78	71	75	66	46	39	43	34
111	102	106	99	79	70	74	67	47	38	42	35
97	108	104	109	65	76	72	77	33	44	40	45
84	89	85	96	4	14	15	1	116	121	117	128
94	87	91	82	9	7	6	12	126	119	123	114
95	86	90	83	5	11	10	8	127	118	122	115
81	92	88	93	16	2	3	13	113	124	120	125

Abb. 2.61 Zusammengesetztes Quadrat der Ordnung $n = 12$

Natürlich ist auch eine ganz andere Zerlegung möglich.

$$m \cdot n = 12 \qquad \text{mit} \quad m = 4 \quad \text{und} \quad n = 3$$

Damit wird das magische Quadrat in $m^2 = 4^2 = 16$ Teilquadrate der Ordnung $n = 3$ zerlegt.

8	3	4	119	124	123	130	135	128	29	36	31
1	5	9	126	122	118	129	131	133	34	32	30
6	7	2	121	120	125	134	127	132	33	28	35
105	106	101	58	57	62	49	54	47	74	81	76
100	104	108	63	59	55	48	50	52	79	77	75
107	102	103	56	61	60	53	46	51	78	73	80
71	64	69	92	99	94	89	84	85	44	37	42
66	68	70	97	95	93	82	86	90	39	41	43
67	72	65	96	91	98	87	88	83	40	45	38
114	115	110	13	12	17	26	21	22	137	142	141
109	113	117	18	14	10	19	23	27	144	140	136
116	111	112	11	16	15	24	25	20	139	138	143

Abb. 2.62 Zusammengesetztes Quadrat der Ordnung $n = 12$

Variationen

Aus einem zusammengesetzten magischen Quadrat lassen sich eine Vielzahl von weiteren nicht äquivalenten magischen Quadraten erzeugen.

71	66	67	20	25	24	29	34	33
64	68	72	27	23	19	36	32	28
69	70	65	22	21	26	31	30	35
8	3	4	40	39	44	74	79	78
1	5	9	45	41	37	81	77	73
6	7	2	38	43	42	76	75	80
47	54	49	56	63	58	11	16	15
52	50	48	61	59	57	18	14	10
51	46	53	60	55	62	13	12	17

Abb. 2.63 Zusammengesetztes Quadrat der Ordnung $n = 12$

Dazu wird jetzt das magische Quadrat aus Abbildung 2.63 betrachtet, welches aus neun Teilquadraten besteht.

Da die einzelnen Teilquadrate magisch sind, kann jedes für sich durch die üblichen Äquivalenzabbildungen verändert werden, ohne dass sich für dieses Teilquadrat die Zeilensummen, Spaltensummen oder Diagonalensummen ändern. Damit bleiben aber auch die entsprechenden Summen im gesamten Quadrat unverändert.

Dreht man also das mittlere Teilquadrat beispielsweise um 90° und lässt den Rest unverändert, entsteht ein völlig neues magisches Quadrat (Abb. 2.64a). Oder man spiegelt das mittlere Quadrat an seiner Hauptdiagonalen und erhält ebenso ein neues magisches Quadrat (siehe Abbildung 2.64b).

71	66	67	20	25	24	29	34	33
64	68	72	27	23	19	36	32	28
69	70	65	22	21	26	31	30	35
8	3	4	38	45	40	74	79	78
1	5	9	43	41	39	81	77	73
6	7	2	42	37	44	76	75	80
47	54	49	56	63	58	11	16	15
52	50	48	61	59	57	18	14	10
51	46	53	60	55	62	13	12	17

a) Drehung

71	66	67	20	25	24	29	34	33
64	68	72	27	23	19	36	32	28
69	70	65	22	21	26	31	30	35
8	3	4	42	37	44	74	79	78
1	5	9	43	41	39	81	77	73
6	7	2	38	45	40	76	75	80
47	54	49	56	63	58	11	16	15
52	50	48	61	59	57	18	14	10
51	46	53	60	55	62	13	12	17

b) Spiegelung

Abb. 2.64 Zusammengesetzte Quadrate der Ordnung $n = 12$

Natürlich können auch mehrere Teilquadrate gleichzeitig und unterschiedlich verändert werden, ohne dass sich die magische Eigenschaft des gesamten Quadrates ändert. So lassen sich aus einem einzigen Ausgangsquadrat eine Vielzahl von nichtäquivalenten magischen Quadraten erzeugen.

2.14 Eingebettete magische Quadrate

Ein *eingebettetes* oder *eingelagertes* magisches Quadrat (englisch: *inlaid*) ist ein Quadrat oder eine andere magische Figur, die in einem magischen Quadrat eingebettet ist. Dieses Quadrat ist zwar kein echtes magisches Quadrat mehr, besteht also nicht mehr aus den Zahlen $1, 2, \ldots, n^2$. Es besitzt aber die Eigenschaft, dass alle Zeilensummen, alle Spaltensummen und beide Diagonalensummen identisch sind. Daher bezeichnet man es in diesem Zusammenhang trotzdem noch als magisches Quadrat.

Dies kann wie in Abbildung 2.65a ein ganz normales inneres Quadrat sein, oder auch wie in Abbildung 2.65b viel komplexer. Dort ist in das magische Quadrat der Ordnung

5 mit der magischen Summe $S_5 = 65$ eine magische Raute eingebettet, die man sich als um 45° gedrehtes Quadrat vorstellen kann. Die magische Summe der Raute beträgt $S_3 = 39$.

14	10	17	6	18
2	11	25	3	24
19	5	13	21	7
22	23	1	15	4
8	16	9	20	12

a) normales Inlay

7	10	24	15	9
22	1	18	3	21
14	20	13	6	12
5	23	8	25	4
17	11	2	16	19

b) David M. Collison

Abb. 2.65 Eingebettete Quadrate der Ordnung $n = 3$

In das magische Quadrat der Ordnung 7 aus Abbildung 2.66a mit der magischen Summe $S_7 = 175$ sind gleich mehrere Figuren eingebettet. Zunächst einmal ein magisches Quadrat der Ordnung 5 mit $S_5 = 125$. In dieses magische Teilquadrat ist zusätzlich eine magische Raute mit $S_3 = 75$ eingelagert.

28	8	6	49	36	2	46
29	9	20	32	27	37	21
45	38	17	40	19	11	5
7	26	34	25	16	24	43
15	39	31	10	33	12	35
47	13	23	18	30	41	3
4	42	44	1	14	48	22

a) Ordnung $n = 7$

46	41	44	47	23	20	17	22
3	32	50	5	40	10	61	59
27	2	29	56	58	37	16	35
51	53	8	26	13	64	34	11
54	25	55	4	33	15	60	14
30	7	28	49	63	36	9	38
6	52	1	31	12	57	39	62
43	48	45	42	18	21	24	19

b) Ordnung $n = 8$

Abb. 2.66 Eingebettete magische Quadrate

In das magische Quadrat der Ordnung 8 aus Abbildung 2.66b mit der magischen Summe $S_8 = 260$ sind vier magische Quadrate der Ordnung 3 mit verschiedenen magischen Summen eingebettet. Die magischen Summen lauten:

	links	rechts
oben:	87	111
unten:	84	108

2.15 Reguläre magische Quadrate

Um zu erkennen, ob ein magisches Quadrat *regulär* ist, muss man es zunächst in die Zahlensystemdarstellung umwandeln. Aus dieser Darstellung werden dann zwei Hilfsquadrate erstellt, die jeweils nur die Einerziffer und die Ziffer zur Basis des entsprechenden Zahlensystems enthalten. In Abbildung 2.67 ist dies für ein pandiagonales Quadrat der Ordnung $n = 4$ durchgeführt worden.

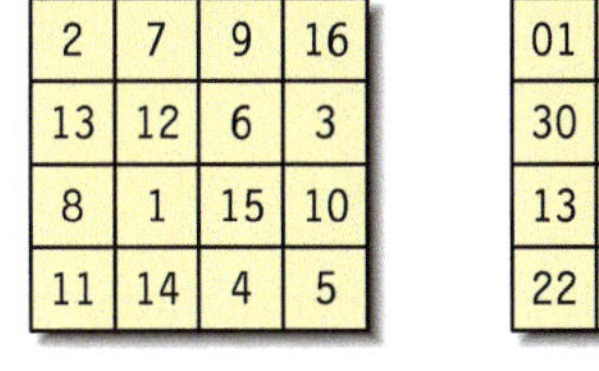

2	7	9	16
13	12	6	3
8	1	15	10
11	14	4	5

a) mag. Quadrat

01	12	20	33
30	23	11	02
13	00	32	21
22	31	03	10

b) Zahlensystem

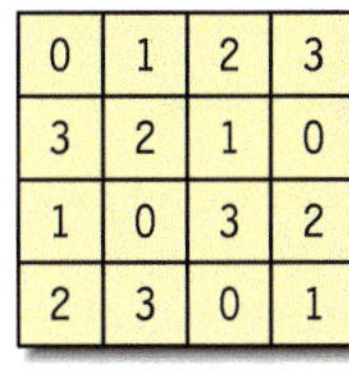

0	1	2	3
3	2	1	0
1	0	3	2
2	3	0	1

c) linke Ziffern

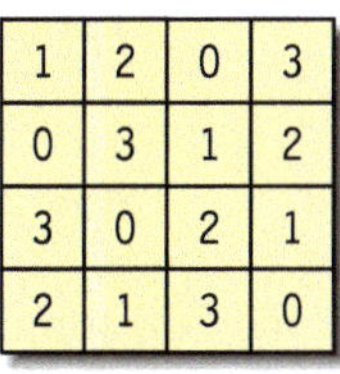

1	2	0	3
0	3	1	2
3	0	2	1
2	1	3	0

d) rechte Ziffern

Abb. 2.67 Zerlegung in die Hilfsquadrate bei der Zahlensystem-Darstellung

Man erkennt sofort, dass es sich bei den beiden Hilfsquadraten um sogenannte *diagonale lateinische Quadrate* handelt. Bei diesen Quadraten treten in jeder Zeile, jeder Spalte und beiden Diagonalen die Zahlen 0, 1, 2 und 3 genau einmal auf und das magische Quadrat wird in diesem Fall *regulär* genannt.[18]

Häufig konstruiert man pandiagonale Quadrate aus solchen lateinischen Quadraten. Das Quadrat in Abbildung 2.68 ist ein reguläres und pandiagonales Quadrat der Ordnung $n = 5$.

1	9	13	17	25
12	20	21	4	8
24	3	7	15	16
10	11	19	23	2
18	22	5	6	14

a) magisches Quadrat

00	13	22	31	44
21	34	40	03	12
43	02	11	24	30
14	20	33	42	01
32	41	04	10	23

b) Zahlensystem

Abb. 2.68 Reguläres und pandiagonales Quadrat der Ordnung $n = 5$

Alle pandiagonalen Quadrate vierter und fünfter Ordnung sind regulär. Für die Ordnung $n = 7$ existieren insgesamt 38 102 400 reguläre pandiagonale Quadrate.[19] Eines davon ist in Abbildung 2.69 dargestellt. Es ist zudem noch symmetrisch und ultramagisch.

[18] Heinz [183] S. 136 – 137

[19] Heinz [183] S. 136

47	23	6	31	14	39	15
10	42	18	43	26	2	34
22	5	30	13	38	21	46
41	17	49	25	1	33	9
4	29	12	37	20	45	28
16	48	24	7	32	8	40
35	11	36	19	44	27	3

a) magisches Quadrat

64	31	05	42	16	53	20
12	56	23	60	34	01	45
30	04	41	15	52	26	63
55	22	66	33	00	44	11
03	40	14	51	25	62	36
21	65	32	06	43	10	54
46	13	50	24	61	35	02

b) Zahlensystem

Abb. 2.69 Reguläres und pandiagonales Quadrat der Ordnung $n = 7$

Für die Ordnung $n = 7$ existieren allerdings auch 640 120 320 irreguläre pandiagonale Quadrate, von denen eines in Abbildung 2.70 dargestellt ist.

1	8	19	25	35	39	48
31	41	44	2	12	17	28
11	21	24	33	37	43	6
36	47	4	14	18	26	30
20	23	29	40	46	7	10
49	3	13	16	22	34	38
27	32	42	45	5	9	15

a) magisches Quadrat

00	10	24	33	46	53	65
42	55	61	01	14	22	36
13	26	32	44	51	60	05
50	64	03	16	23	34	41
25	31	40	54	63	06	12
66	02	15	21	30	45	52
35	43	56	62	04	11	20

b) Zahlensystem

Abb. 2.70 Irreguläres und pandiagonales Quadrat der Ordnung $n = 7$

Bevor jetzt der Eindruck entsteht, dass reguläre Quadrate immer in Verbindung mit pandiagonalen Quadraten entstehen, wird in Abbildung 2.71 ein reguläres Quadrat dargestellt, das nicht pandiagonal ist.

4	37	28	12	45	29	20
48	32	16	7	40	24	8
36	27	11	44	35	19	3
31	15	6	39	23	14	47
26	10	43	34	18	2	42
21	5	38	22	13	46	30
9	49	33	17	1	41	25

a) magisches Quadrat

03	51	36	14	62	40	25
65	43	21	06	54	32	10
50	35	13	61	46	24	02
42	20	05	53	31	16	64
34	12	60	45	23	01	56
26	04	52	30	15	63	41
11	66	44	22	00	55	33

b) Zahlensystem

Abb. 2.71 Reguläres magisches Quadrat der Ordnung $n = 7$ ohne weitere Eigenschaften

2.16 Kompakte magische Quadrate

Man nennt ein magisches Quadrat *kompakt*, wenn jedes beliebige 2×2 - Teilquadrat, zyklisch gesehen, immer die gleiche Summe besitzt.

$$S = 2T = 2 \cdot \left(n^2 + 1\right)$$

Diese Eigenschaft ist auch eine der drei Forderungen an supermagische Quadrate, die detaillierter in Kapitel 2.5 vorgestellt werden.

48	25	8	49	56	1	32	41
18	39	58	15	10	63	34	23
45	28	5	52	53	4	29	44
19	38	59	14	11	62	35	22
43	30	3	54	51	6	27	46
21	36	61	12	13	60	37	20
42	31	2	55	50	7	26	47
24	33	64	9	16	57	40	17

Abb. 2.72 Kompaktes magisches Quadrat der Ordnung $n = 8$

Bei dem in Abbildung 2.72 dargestellten kompakten magischen Quadrat beträgt die Summe $S = 130$ und es ist zusätzlich symmetrisch, pandiagonal, selbstkomplementär und damit auch ultramagisch.

2.17 Quadrantengleiche magische Quadrate

Man nennt ein magisches Quadrat *quadrantengleich*, wenn die Summe aller Zahlen in den vier Quadranten identisch ist. Magische Quadrate ungerader Ordnung lassen sich natürlich nicht in vier gleich große Teilquadrate aufteilen. Bei ihnen werden die mittlere Zeile und die mittlere Spalte ausgelassen, sodass die vier Teilquadrate in den Ecken nur die Größe $\frac{n-1}{2}$ besitzen.

In Abbildung 2.73 sind zwei quadrantengleiche magische Quadrate ungerader und gerader Ordnung dargestellt.

1	27	32	40	15	13	47
39	33	22	6	48	19	8
26	4	41	29	12	43	20
34	36	5	25	45	14	16
35	37	3	21	9	46	24
2	31	42	44	28	17	11
38	7	30	10	18	23	49

a) $n = 7$: Summe 225

56	45	59	34	26	3	21	16
2	27	13	24	48	53	35	58
37	64	42	51	11	18	8	29
19	10	32	5	61	40	50	43
44	49	39	62	6	31	9	20
30	7	17	12	52	41	63	38
57	36	54	47	23	14	28	1
15	22	4	25	33	60	46	55

b) $n = 8$: Summe 520

Abb. 2.73 Quadrantengleiche magische Quadrate der Ordnungen $n = 7$ und $n = 8$

2.18 Teilquadrate mit gleichen Summen

Die Idee der kompakten Quadrate aus Kapitel 2.16 kann abstrahiert werden, wenn man nicht nur 2x2 - Teilquadrate betrachtet, sondern Teilquadrate mit einer beliebigen Größe. So beträgt etwa in Beispiel 2.74 die Summe aller Zahlen in allen 3x3 - Teilquadraten jeweils 369.

47	25	78	28	9	59	39	17	67
1	63	32	12	71	40	20	79	51
66	44	13	74	52	24	55	36	5
26	76	48	7	60	29	18	68	37
61	33	2	72	41	10	80	49	21
45	14	64	53	22	75	34	6	56
77	46	27	58	30	8	69	38	16
31	3	62	42	11	70	50	19	81
15	65	43	23	73	54	4	57	35

Abb. 2.74 Magische Quadrate mit gleichen Summen in allen 3x3 - Teilquadraten

Wie bei allen Quadratsummen kann die Lage der Teilquadrate aber auch zyklisch betrachtet werden. Zwei Beispiele sind in Abbildung 2.75 dargestellt, wo die Zahlen in diesen Teilquadraten die gemeinsame Summe 369 besitzen.

47	25	78	28	9	59	39	17	67
1	63	32	12	71	40	20	79	51
66	44	13	74	52	24	55	36	5
26	76	48	7	60	29	18	68	37
61	33	2	72	41	10	80	49	21
45	14	64	53	22	75	34	6	56
77	46	27	58	30	8	69	38	16
31	3	62	42	11	70	50	19	81
15	65	43	23	73	54	4	57	35

47	25	78	28	9	59	39	17	67
1	63	32	12	71	40	20	79	51
66	44	13	74	52	24	55	36	5
26	76	48	7	60	29	18	68	37
61	33	2	72	41	10	80	49	21
45	14	64	53	22	75	34	6	56
77	46	27	58	30	8	69	38	16
31	3	62	42	11	70	50	19	81
15	65	43	23	73	54	4	57	35

Abb. 2.75 Die Lage der 3 x 3 - Teilquadraten kann auch zyklisch betrachtet werden

Zusätzlich ist dies magische Quadrat neunter Ordnung auch noch symmetrisch, pandiagonal, selbstkomplementär und damit natürlich auch ultramagisch. Weiterhin sind die beiden Diagonalen auch bimagisch.

Das magische Quadrat in Abbildung 2.76 ist noch eindrucksvoller. Hier beträgt die Summe aller Zahlen in allen 2 x 2 - Teilquadraten jeweils 290, in allen 4 x 4 - Teilquadraten jeweils 1160 und in allen 6 x 6 - Teilquadraten jeweils 2610. Zusätzlich ist dieses Quadrat 12. Ordnung auch noch vertikal symmetrisch, pandiagonal, panbentdiagonal, selbstkomplementär und damit natürlich auch ultramagisch.

1	142	11	136	8	138	5	139	12	135	2	141
120	27	110	33	113	31	116	30	109	34	119	28
121	22	131	16	128	18	125	19	132	15	122	21
48	99	38	105	41	103	44	102	37	106	47	100
73	70	83	64	80	66	77	67	84	63	74	69
60	87	50	93	53	91	56	90	49	94	59	88
85	58	95	52	92	54	89	55	96	51	86	57
72	75	62	81	65	79	68	78	61	82	71	76
97	46	107	40	104	42	101	43	108	39	98	45
24	123	14	129	17	127	20	126	13	130	23	124
25	118	35	112	32	114	29	115	36	111	26	117
144	3	134	9	137	7	140	6	133	10	143	4

Abb. 2.76 Magische Quadrate mit gleichen Summen in allen Teilquadraten der Größen 2, 4 und 6

2.19 Zerlegung in Rechtecke mit gleichen Summen

Neben Teilquadraten, bei denen die Summe aller enthaltenen Zahlen gleich ist, kann man auch nach Rechtecken suchen. Hierbei beschränkt man sich meist aber auf Rechtecke, deren Breite a und Höhe b Teiler der Ordnung n des magischen Quadrates sind und deren Produkt $a \cdot b = n$ zudem diese Ordnung ergibt.

Mit dieser Bedingung lässt sich das gesamte Quadrat in Rechtecke der Größe a x b zerlegen. Besitzen die Zahlen dieser Rechtecke alle die gleiche Summe, spricht man von einem magischen Quadrat mit *gleichen Rechtecksummen*. Da es sich um eine echte Zerlegung des magischen Quadrates handelt, werden die Rechtecke hier nicht zyklisch betrachtet. Im magischen Quadrat aus Abbildung 2.77a besitzen alle Rechtecke der Größe 3 x 2 die Summe 111.

Das magische Quadrat aus Abbildung 2.77b lässt sich sogar auf zwei Arten zerlegen. Sowohl die Rechtecke Größe 2 x 4 als auch die der Größe 4 x 2 besitzen jeweils die Summen 260. Zudem ist dieses magische Quadrat auch pandiagonal, bimagisch und besitzt sogar trimagische Diagonalen.

16	35	12	6	29	13
8	15	25	31	21	11
33	1	23	20	7	27
30	10	14	17	4	36
5	24	34	28	18	2
19	26	3	9	32	22

a) Ordnung $n = 6$

47	28	6	49	23	36	62	9
8	51	45	26	64	11	21	34
53	2	32	43	13	58	40	19
30	41	55	4	38	17	15	60
42	29	3	56	18	37	59	16
1	54	44	31	57	14	20	39
52	7	25	46	12	63	33	22
27	48	50	5	35	24	10	61

b) Ordnung $n = 8$ (Zerlegung 1)

47	28	6	49	23	36	62	9
8	51	45	26	64	11	21	34
53	2	32	43	13	58	40	19
30	41	55	4	38	17	15	60
42	29	3	56	18	37	59	16
1	54	44	31	57	14	20	39
52	7	25	46	12	63	33	22
27	48	50	5	35	24	10	61

c) Ordnung $n = 8$ (Zerlegung 2)

Abb. 2.77 Magische Quadrate mit gleichen Rechtecksummen

Das pandiagonale magische Quadrat 12. Ordnung aus Abbildung 2.78 lässt sich sogar in vier unterschiedlich große Rechtecke zerlegen. Die Summe der Zahlen in den Rechtecken der Größen 2 x 6, 3 x 4, 4 x 3 und 6 x 2 beträgt jeweils 870.

1	72	75	142	5	68	79	138	9	64	83	134
76	141	2	71	80	137	6	67	84	133	10	63
70	3	144	73	66	7	140	77	62	11	136	81
143	74	69	4	139	78	65	8	135	82	61	12
13	60	87	130	17	56	91	126	21	52	95	122
88	129	14	59	92	125	18	55	96	121	22	51
58	15	132	85	54	19	128	89	50	23	124	93
131	86	57	16	127	90	53	20	123	94	49	24
25	48	99	118	29	44	103	114	33	40	107	110
100	117	26	47	104	113	30	43	108	109	34	39
46	27	120	97	42	31	116	101	38	35	112	105
119	98	45	28	115	102	41	32	111	106	37	36

Abb. 2.78 Magische Quadrate mit gleichen Rechtecksummen (Zerlegung 4 x 3)

Zerlegung in Quadrate mit gleichen Summen

In einigen magischen Quadraten lässt sich eine solche Zerlegung auch in Teilquadrate durchführen.

35	58	53	48	24	13	2	27
21	16	3	26	34	59	56	45
8	29	18	11	51	42	37	64
50	43	40	61	5	32	19	10
9	20	31	6	62	39	44	49
63	38	41	52	12	17	30	7
46	55	60	33	25	4	15	22
28	1	14	23	47	54	57	36

a) Ordnung $n = 8$ (Zerlegung 2 x 2)

33	2	61	24	74	52	69	38	16
23	73	54	68	37	18	32	1	63
67	39	17	31	3	62	22	75	53
34	6	56	25	78	47	70	42	11
27	77	46	72	41	10	36	5	55
71	40	12	35	4	57	26	76	48
29	7	60	20	79	51	65	43	15
19	81	50	64	45	14	28	9	59
66	44	13	30	8	58	21	80	49

b) Ordnung $n = 9$ (Zerlegung 3 x 3)

Abb. 2.79 Zerlegung eines magischen Quadrates in Teilquadrate mit gleichen Summen

Bei quadrantengleichen Quadraten existiert z. B. eine solche Zerlegung in Teilquadrate der Größe $\frac{n}{2} \times \frac{n}{2}$. Neben dieser Zerlegung in 4×4 - Teilquadrate mit der Summe 260 lässt sich das magische Quadrat aus Abbildung 2.79a zusätzlich in 2×2 - Teilquadrate zerlegen, deren Zahlen alle die gleiche Summe 130 ergeben. Zusätzlich ist bemerkenswert, dass dieses Quadrat bimagisch und bentdiagonal ist.

Das symmetrische, pandiagonale und selbstkomplementäre Quadrat der Ordnung $n = 9$ aus Abbildung 2.79b lässt sich in 3×3 - Teilquadrate zerlegen, deren Zahlen alle die gleiche Summe 369 ergeben.

Kapitel

3

Grundlegende Begriffe

3.1 Darstellungen von magischen Quadraten

Die Konstruktion von magischen Quadraten wird in vielen Fällen nicht durch direkte Berechnungen von Zahlen durchgeführt, sondern die Zahlen werden mithilfe einer systematischen Struktur auf die Zellen des Quadrates verteilt. Dazu sind mehrere unterschiedliche Darstellungen dieser Strukturen hilfreich, die in vielen Fällen für die Konstruktion von zentraler Bedeutung sind.

3.1.1 Koordinatensystem

Viele Ungenauigkeiten im Umgang mit magischen Quadraten sind auf unterschiedliche Darstellungsweisen zurückzuführen. Manchmal werden die Zeilennummern des Quadrates von oben nach unten durchnummeriert, manchmal umgekehrt. Manche Autoren geben die Zeilennummer zuerst an, andere wiederum die Spalte. Teilweise sind es historische Gründe, hat seine Ursachen manchmal aber auch im Sprachraum der Autoren.

So muss zunächst die Darstellung der Quadrate und die benutzte Schreibweise geklärt werden. Üblicherweise werden die Zeilen von Matrizen in der Mathematik von oben nach unten nummeriert, trotzdem wird hier der entgegengesetzte Weg eingeschlagen. Generationen von Schülern haben mehr oder weniger mühsam das Koordinatensystem in der Schule gelernt, und es wäre ein ungeheures didaktisches Verbrechen, dies jetzt zu ändern. Diesem Prinzip folgend müssen alle Positionsangaben in der (x, y)-bzw. (s, z)-Schreibweise angegeben werden. Also zuerst die Spalte, dann die Zeile.

H. Danielsson, *Magische Quadrate und ihre Konstruktion*,
https://doi.org/10.1007/978-3-662-70448-6_3

Eine weitere Konsequenz betrifft den Beginn der Zeilen- und Spaltennummern. Hier gibt es plausible Gründe, sie wie in der Mathematik mit der Zahl 1 beginnen zu lassen. Die strikte Orientierung am Koordinatensystem legt aber eine Zählweise ab 0 nahe. Wenn auch damit auf der anderen Seite verbunden ist, dass z. B. in einem Quadrat der Ordnung 5 nur die Nummern 0, 1, 2, 3 und 4 auftreten, die Zahl 5 aber gar nicht vertreten ist.

Das bereitet ungeübten Mathematikern eventuell kleinere Schwierigkeiten. Es hat aber den Vorteil, dass die Kenntnisse über Koordinatensysteme direkt auf magische Quadrate übertragen werden können. Einen zweiten Vorteil bietet die modulare Mathematik, die bei vielen Konstruktionsverfahren eine entscheidende Rolle spielt. Sie arbeitet nämlich mit den Zahlen $0, 1, 2, \ldots, n-1$, und genau diese werden bei der nullbasierten Sichtweise auch benutzt.

Hier wird also die übliche Betrachtungsweise des Quadrates in einem Koordinatensystem gewählt, dessen Ursprung in der linken unteren Ecke liegt. Allerdings werden nicht die Einheiten gezählt, sondern die Einzelfelder. Die linke untere Ecke hat also die Position $(0, 0)$. Außerdem werden die Felder immer in der Reihenfolge (s, z) angegeben. Das Feld $(2, 3)$ bedeutet also die dritte Spalte und die vierte Zeile. Abbildung 3.1 veranschaulicht die Benutzung des Koordinatensystems und die Adressierung der Zellen.

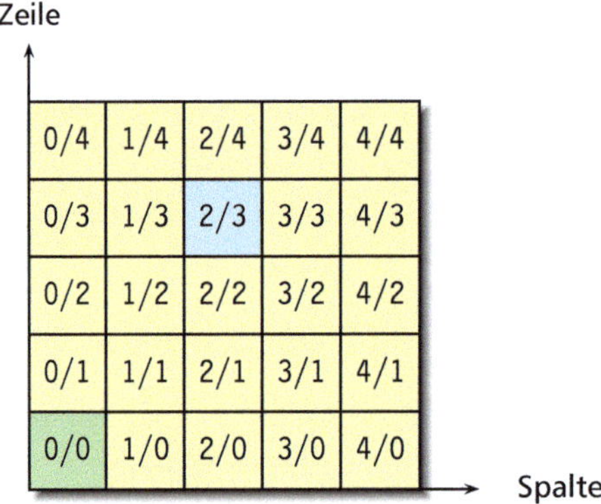

Abb. 3.1 Koordinatensystem mit der Adressierung der Zellen

3.1.2 Darstellung im Zahlensystem

Bei der Darstellung von magischen Quadraten haben sich neben der üblichen Darstellung zwei weitere Formen als vorteilhaft herausgestellt. Oft findet man die Zahlen des magischen Quadrates im Zahlensystem (Stellenwertsystem) der Ordnung des Quadrates angegeben. Im Fall $n = 5$ wäre dies also das Fünfersystem, welches nur die Ziffern $0, 1, 2, 3, 4$ besitzt. Wählt man diese *Zahlensystem-Darstellung*, im englischen

Sprachraum auch *Intermediate* genannt, notiert man aus Gründen der Übersichtlichkeit grundsätzlich immer alle Ziffern dieser Zahl.

Der Dezimalzahl 1 entspricht im Fünfersystem die Zahl $(01)_5$, für die 7 ergäbe sich mit $7 = 1 \cdot 5 + 2$ die Zahl $(12)_5$ und für 19 mit der Zerlegung $19 = 3 \cdot 5 + 4$ die Zahl $(34)_5$. Die größte vorkommende Dezimalzahl 25 wird im Fünfersystem durch die Zahl $(100)_5$ ausgedrückt.

$$25 = 1 \cdot 5^2 + 0 \cdot 5^0 + 0 \cdot 1 = (100)_5$$

Hier zeigt sich allerdings ein gravierender Nachteil, da für diese Zahl im Fünfersystem bereits drei Ziffern benutzt werden müssen, alle anderen Zahlen aber mit maximal zwei Ziffern auskommen. Daher verkleinert man in dieser Darstellungsart alle Zahlen des Quadrates um 1, sodass nicht mehr die Zahlen $1, 2, 3, \ldots, n^2$ benutzt werden, sondern $0, 1, 2, \ldots, n^2 - 1$. Damit benötigt man für alle Zahlen maximal zwei Ziffern.

7	18	4	15	21
14	25	6	17	3
16	2	13	24	10
23	9	20	1	12
5	11	22	8	19

a) Zehnersystem

6	17	3	14	20
13	24	5	16	2
15	1	12	23	9
22	8	19	0	11
4	10	21	7	18

b) reduziert

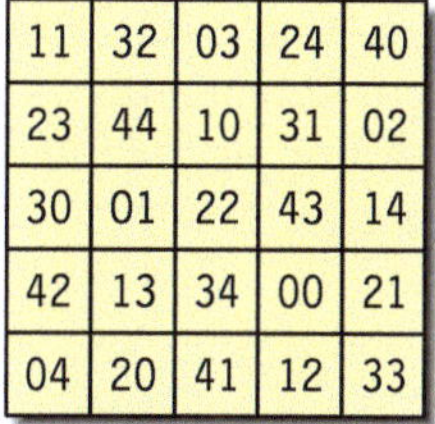

11	32	03	24	40
23	44	10	31	02
30	01	22	43	14
42	13	34	00	21
04	20	41	12	33

c) Zahlensystem (Basis 5)

Abb. 3.2 Magisches Quadrat in der gewöhnlichen und der Zahlensystemdarstellung

In Abbildung 3.2 ist ein magisches Quadrat im üblichen Zehnersystem und im Zahlensystem mit der Basis 5 dargestellt. Es handelt sich dabei um das kleinste pandiagonale und symmetrische Quadrat, da es kein pandiagonales Quadrat der Ordnung 3 gibt und die Quadrate der Ordnung 4 zwar symmetrisch oder pandiagonal sein können, aber nicht zugleich beides.

Ein weiterer Vorteil der Zahlensystem-Darstellung ist in der modularen Mathematik zu sehen. Alle Rechnungen mit Zeilen, Spalten oder den Einzelziffern der Zahlen im Zahlensystem können modulo n, also der Ordnung des Quadrates, ablaufen. Als Ergebnisse ergeben sich dabei immer nur genau die in diesem Zahlensystem vorhandenen Ziffern $0, 1, 2, \ldots, n - 1$.

Auch die Umwandlung aus dem Zehnersystem in das Zahlensystem stellt kein Problem dar, wie in Abbildung 3.2 zu erkennen ist. Zunächst werden alle Zahlen des Zehnersystems vermindert und dann in das Zahlensystem umgerechnet. Umgekehrt wandelt man natürlich zuerst aus dem Zahlensystem in das Zehnersystem und erhöht die Zahlen zum Schluss.

$$(42)_5 = 4 \cdot 5^1 + 2 \cdot 1 + 1 = 23$$

3.1.3 Algebraische Muster

Algebraische Muster (englisch: *algebraic pattern*) wurden schon seit dem 18. Jahrhundert benutzt. Da sie nach bestimmten Prinzipien aufgebaut sind, lassen sich dadurch magische Quadrate mit ganz bestimmten Eigenschaften erzeugen.

In dieser Darstellung werden keine Ziffern, sondern Paare aus einem Groß- und einem Kleinbuchstaben benutzt. Kleinbuchstaben symbolisieren üblicherweise die Zahlen $1, 2, 3, \ldots, n$, die Großbuchstaben dagegen $0, n, 2n, \ldots, (n-1) \cdot n$. Die Buchstabenkombination Ba ist somit als Summe der den Buchstaben B und a zugeordneten Werte zu verstehen. Manchmal wird sogar noch das Pluszeichen mit in das Quadrat geschrieben.

Ein solches Quadrat wird dann mithilfe einer konkreten Belegung in ein gewöhnliches magisches Quadrat umgewandelt. Eine solche Belegung besteht aus einer Menge von Zahlen, die den einzelnen Buchstaben zugeordnet sind. In Abbildung 3.3 ist ein Quadrat mit einem algebraischen Muster dargestellt, welches mit einer Belegung, also der Zuordnung von Zahlen zu den Buchstaben, in ein magisches Quadrat umgewandelt worden ist.

Belegung									
A	B	C	D	E	a	b	c	d	e
0	5	10	15	20	1	2	3	4	5

Aa	Bb	Cc	Dd	Ee
Cd	De	Ea	Ab	Bc
Eb	Ac	Bd	Ce	Da
Be	Ca	Db	Ec	Ad
Dc	Ed	Ae	Ba	Cb

1	7	13	19	25
14	20	21	2	8
22	3	9	15	16
10	11	17	23	4
18	24	5	6	12

Abb. 3.3 Magisches Quadrat als algebraisches Muster und in der gewöhnlichen Darstellung

Der große Vorteil dieser Darstellung ist darin zu sehen, dass mit einem einzigen algebraischen Muster, aber einer anderen Belegung, völlig unterschiedliche magische Quadrate erzeugt werden können. Mit einer anderen Belegung erhält man beispielsweise das pandiagonale Quadrat aus Abbildung 3.4.

Belegung									
A	B	C	D	E	a	b	c	d	e
5	0	10	15	20	2	1	3	4	5

Aa	Bb	Cc	Dd	Ee
Cd	De	Ea	Ab	Bc
Eb	Ac	Bd	Ce	Da
Be	Ca	Db	Ec	Ad
Dc	Ed	Ae	Ba	Cb

7	1	13	19	25
14	20	22	6	3
21	8	4	15	17
5	12	16	23	9
18	24	10	2	11

Abb. 3.4 Algebraisches Muster zur Erzeugung aller pandiagonalen Quadrate der Ordnung 5

Es hätten aber auch ganz andere Werte eingesetzt werden können, da die magische Eigenschaft nicht auf speziellen Zahlenwerten basiert, sondern auf der vorhandenen symmetrischen Anordnung der Groß- und Kleinbuchstaben. Das algebraische Muster in Abbildung 3.4 liefert beispielsweise immer pandiagonale Quadrate. Eine Analyse der zu treffenden unterschiedlichen Entscheidungen liefert die Anzahl der hiermit zu erzeugenden magischen Quadrate.

- Den Kleinbuchstaben kann man jede beliebige Einerziffer aus dem Fünfersystem zuordnen. Damit hat man für a die Auswahl aus insgesamt 5 Möglichkeiten. Wenn a festgelegt ist, bleiben für b noch 4 Möglichkeiten, für c noch 3 usw. Insgesamt ergeben sich damit $m_1 = 120$ Möglichkeiten für die Belegung der Kleinbuchstaben.

$$m_1 = 5 \cdot 4 \cdot 3 \cdot 2 \cdot 1 = 5\,! = 120$$

- Die Großbuchstaben entsprechen im Fünfersystem den Fünferwerten und können mit einem der Werte $0, 5, 10, \ldots, 5\,(n-1)$ belegt werden. Für A gibt es damit 5 Möglichkeiten, danach für B noch vier usw. Für die Belegung der Großbuchstaben existieren damit auch $m_2 = 120$ Möglichkeiten.

$$m_2 = 4 \cdot 3 \cdot 2 \cdot 1 == 5\,! = 120$$

- Zusätzlich kann man auch die Wertebereiche für die beiden Buchstabengruppen vertauschen und den Kleinbuchstaben die Zahlen $0, n, 2n, \ldots, (n-1) \cdot n$ sowie den Großbuchstaben die Zahlen $1, 2, 3, 4, 5$ zuordnen. Das ergibt insgesamt

$$m = 2 \cdot 5\,! \cdot 5\,! = 2 \cdot 120 \cdot 120 = 28\,800$$

  verschiedene pandiagonale magische Quadrate.

Bei genauerer Untersuchung stellt man allerdings fest, dass jeweils acht von diesen Quadraten isomorph zueinander sind, da sie durch Drehungen und Spiegelungen aufeinander abgebildet werden können. Damit ergeben sich 3600 unterschiedliche pandiagonale Quadrate, die durch unterschiedliche Belegungen aus diesem algebraischen Muster erzeugt werden können.

Variante

In einer Variante werden die Buchstaben des algebraischen Musters etwas freier benutzt. Dabei werden nur die Ziffern $0, 1, 2, \ldots, n-1$ des zugrunde liegenden Zahlensystems zugeordnet, sodass jede auftretende Buchstabenkombination für eine Zahl aus diesem Zahlensystem steht. Dieses Quadrat in der Zahlensystem-Darstellung muss dann noch in die gewöhnliche Darstellung des Zehnersystems umgewandelt werden.

Das linke Quadrat von Abbildung 3.5 besteht aus nur zwei Groß- und zwei Kleinbuchstaben. Schaut man sich die Abbildung etwas genauer an, stellt man bei der Verteilung der Buchstaben gewisse Gesetzmäßigkeiten fest, die bei einer geeigneten Belegung ganz spezielle Quadrate ergeben.

Und tatsächlich, mit der folgenden Belegung ergibt sich ein pandiagonales Quadrat, das zusammen mit der Zahlensystem-Darstellung in Abbildung 3.5 dargestellt ist.

Belegung			
A	B	a	b
3	2	0	1

aa	bA	Bb	AB
Ab	BB	ba	aA
bB	ab	AA	Ba
BA	Aa	aB	bb

a) algebraisches Muster

00	13	21	32
31	22	10	03
12	01	33	20
23	30	02	11

b) Zahlensystem

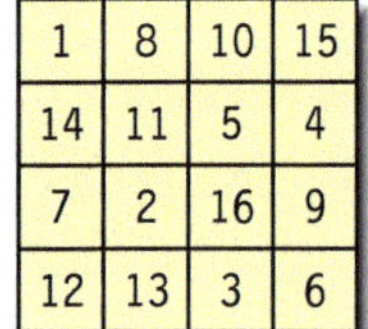

1	8	10	15
14	11	5	4
7	2	16	9
12	13	3	6

c) gewöhnliche Darstellung

Abb. 3.5 Magisches Quadrat als algebraisches Muster und in der gewöhnlichen Darstellung

3.1.4 Affine Gleichungen

Die Benutzung eines Koordinatensystems legt den Gebrauch von Funktionen zur Berechnung eines magischen Quadrates nahe und es stellt sich heraus, dass einige mathematische Quadrate durch zwei Funktionen beschrieben werden können.

In einer ersten Variante wird für jede Position (s, z) die zugehörige Zahl berechnet. Sinnvollerweise bietet sich hier die Zahlensystem-Darstellung an, da die dort auftretenden Ziffern ebenso aus dem Bereich $0, 1, 2, \ldots, n-1$ stammen wie die Koordinaten der Zellen.

Seien also d_1 die Einerziffer und d_2 die Ziffer mit dem Stellenwert n, so sind zwei Funktionen gesucht, die zu den gegebenen Werten (s, z) für die Spalte und die Zeile die Ziffern d_1 und d_2 bestimmen. Alle Ergebnisse sind natürlich modulo n zu nehmen.

$$\begin{aligned} d_2 &\equiv a \cdot s + b \cdot z + c \\ d_1 &\equiv d \cdot s + e \cdot z + f \end{aligned}$$

Solche Funktionen gibt es sicher nicht für jedes magische Quadrat. Trotzdem lassen sich viele bekannte magische Quadrate durch solche Gleichungen beschreiben. Das Lo-Shu benötigt z. B. neun Positionen im Koordinatensystem, wobei es die Koordinaten 0, 1 und 2 benutzt.

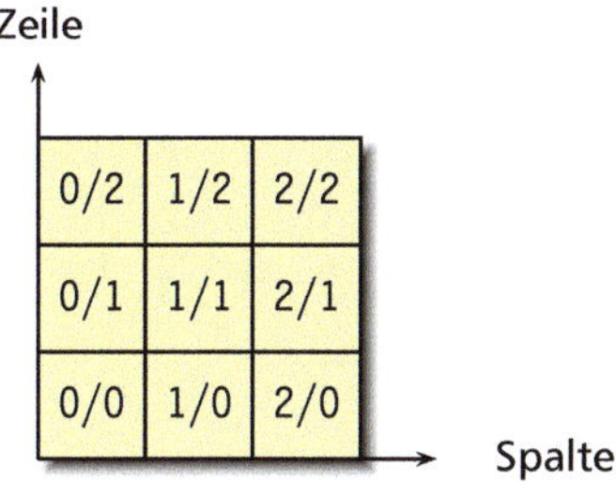

Abb. 3.6 Positionen des Lo-Shu im Koordinatensystem

Mit den Gleichungen

$$\begin{aligned} d_2 &\equiv 1 \cdot s + 1 \cdot z + 2 \\ d_1 &\equiv 2 \cdot s + 1 \cdot z + 1 \end{aligned}$$

lässt sich jetzt für jede der neun Positionen die zugehörige Zahl im Zahlensystem zur Basis $n = 3$ bestimmen. Tabelle 3.1 zeigt, wie die obigen Gleichungen angewendet werden.

s	z	d2	d1	Zahl
0	2	$1 \cdot 0 + 1 \cdot 2 + 2 \equiv 1$	$2 \cdot 0 + 1 \cdot 2 + 1 \equiv 0$	$1 \cdot 3 + 0 \cdot 1 + 1 = 4$
0	1	$1 \cdot 0 + 1 \cdot 1 + 2 \equiv 0$	$2 \cdot 0 + 1 \cdot 1 + 1 \equiv 2$	$0 \cdot 3 + 2 \cdot 1 + 1 = 3$
0	0	$1 \cdot 0 + 1 \cdot 0 + 2 \equiv 2$	$2 \cdot 0 + 1 \cdot 0 + 1 \equiv 1$	$2 \cdot 3 + 1 \cdot 1 + 1 = 8$
1	2	$1 \cdot 1 + 1 \cdot 2 + 2 \equiv 2$	$2 \cdot 1 + 1 \cdot 2 + 1 \equiv 2$	$2 \cdot 3 + 2 \cdot 1 + 1 = 9$
1	1	$1 \cdot 1 + 1 \cdot 1 + 2 \equiv 1$	$2 \cdot 1 + 1 \cdot 1 + 1 \equiv 1$	$1 \cdot 3 + 1 \cdot 1 + 1 = 5$
1	0	$1 \cdot 1 + 1 \cdot 0 + 2 \equiv 0$	$2 \cdot 1 + 1 \cdot 0 + 1 \equiv 0$	$0 \cdot 3 + 0 \cdot 1 + 1 = 1$
2	2	$1 \cdot 2 + 1 \cdot 2 + 2 \equiv 0$	$2 \cdot 2 + 1 \cdot 2 + 1 \equiv 1$	$0 \cdot 3 + 1 \cdot 1 + 1 = 2$
2	1	$1 \cdot 2 + 1 \cdot 1 + 2 \equiv 2$	$2 \cdot 2 + 1 \cdot 1 + 1 \equiv 0$	$2 \cdot 3 + 0 \cdot 1 + 1 = 7$
2	0	$1 \cdot 2 + 1 \cdot 0 + 2 \equiv 1$	$2 \cdot 2 + 1 \cdot 0 + 1 \equiv 2$	$1 \cdot 3 + 2 \cdot 1 + 1 = 6$

Tab. 3.1 Berechnung der Zelleninhalte des Lo-Shu mit affinen Gleichungen

Das Ergebnis der Berechnungen gemäß dieser Tabelle lässt sich grafisch wie in Abbildung 3.7 darstellen.

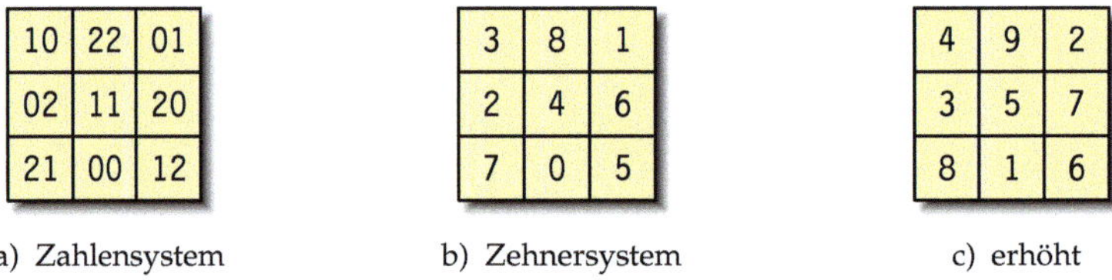

a) Zahlensystem b) Zehnersystem c) erhöht

Abb. 3.7 Das Lo-Shu als Ergebnis von affinen Gleichungen

Man kann die Gleichungen aber auch so umschreiben, dass sich aus der vorgegebenen Zahl die zugehörige Position berechnen lässt. Dann nimmt man einfach der Reihe nach die Zahlen $1, 2, 3, \ldots, n^2$ und berechnet für jede dieser Zahlen die zugehörige Spalte und Zeile (s, z).

$$\begin{aligned} s &\equiv a' \cdot d_2 + b' \cdot d_1 + c' \\ z &\equiv d' \cdot d_2 + e' \cdot d_1 + f' \end{aligned}$$

Dabei werden die Zahlen des magischen Quadrates wieder in der Zahlensystem-Darstellung betrachtet und d_2 und d_1 sind dabei die beiden Ziffern im Zahlensystem mit der Basis n. Die berechneten Werte sind wie üblich modulo n zu nehmen.

Das Vorgehen soll wieder am Beispiel des Lo-Shu verdeutlicht werden. Die Gleichungen lauten in diesem Fall:

$$\begin{aligned} s &\equiv 2 \cdot d_2 + 1 \cdot d_1 + 1 \\ z &\equiv 2 \cdot d_2 - 1 \cdot d_1 \end{aligned}$$

Zunächst müssen die Zahlen $1, 2, \ldots, 9$ um 1 vermindert und in die Darstellung im Zahlensystem umgeformt werden, wie es in Abbildung 3.8 dargestellt ist.

1	2	3	4	5	6	7	8	9
0	1	2	3	4	5	6	7	8
00	01	02	10	11	12	20	21	22

Abb. 3.8 Umformung der Zahlen in das Zahlensystem zur Basis 3

Die beiden Ziffern d_2 und d_1 werden jetzt in die Gleichungen eingesetzt und die zugehörige Position (s, z) berechnet, wie es in Tabelle 3.2 aufgeführt ist.

Zahl	Zahlensstem	Spalte	Zeile	Position
0	00	$2 \cdot 0 + 1 \cdot 0 + 1 \equiv 1$	$2 \cdot 0 - 1 \cdot 0 \equiv 0$	(1/0)
1	01	$2 \cdot 0 + 1 \cdot 1 + 1 \equiv 2$	$2 \cdot 0 - 1 \cdot 1 \equiv 2$	(2/2)
2	02	$2 \cdot 0 + 1 \cdot 2 + 1 \equiv 0$	$2 \cdot 0 - 1 \cdot 2 \equiv 1$	(0/1)
3	10	$2 \cdot 1 + 1 \cdot 0 + 1 \equiv 0$	$2 \cdot 1 - 1 \cdot 0 \equiv 2$	(0/2)
4	11	$2 \cdot 1 + 1 \cdot 1 + 1 \equiv 1$	$2 \cdot 1 - 1 \cdot 1 \equiv 1$	(1/1)
5	12	$2 \cdot 1 + 1 \cdot 2 + 1 \equiv 2$	$2 \cdot 1 - 1 \cdot 2 \equiv 0$	(2/0)
6	20	$2 \cdot 2 + 1 \cdot 0 + 1 \equiv 2$	$2 \cdot 2 - 1 \cdot 0 \equiv 1$	(2/1)
7	21	$2 \cdot 2 + 1 \cdot 1 + 1 \equiv 0$	$2 \cdot 2 - 1 \cdot 1 \equiv 0$	(0/0)
8	22	$2 \cdot 2 + 1 \cdot 2 + 1 \equiv 1$	$2 \cdot 2 - 1 \cdot 2 \equiv 2$	(1/2)

Tab. 3.2 Berechnung der Positionen der Zahlen des Lo-Shu mit affinen Gleichungen

Trägt man die Zahlen an den berechneten Position des Quadrates ein und erhöht sie um 1, erhält man das Lo-Shu als Ergebnis von affinen Gleichungen.

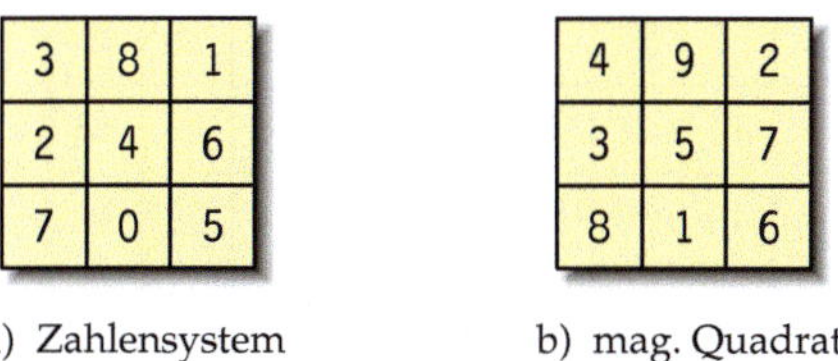

a) Zahlensystem b) mag. Quadrat

Abb. 3.9 Das Lo-Shu als Ergebnis der berechneten Positionen

3.2 Zahlanordnungen als Basis für Konstruktionen

Bei der Konstruktion von magischen Quadraten wird in vielen Fällen von ganz bestimmten Anordnungen der Zahlen $1, 2, \ldots, n^2$ ausgegangen und das Quadrat durch Vertauschungen dieser ursprünglichen Anordnungen erzeugt. In diesem Kapitel werden vier dieser grundsätzlichen Strukturen vorgestellt.

3.2.1 Natürliche Anordnung

Bei vielen Verfahren zur Konstruktion magischer Quadrate geht man von einer systematischen Anordnung der Zahlen 1 bis n^2 aus, die dann nach bestimmten Regeln verändert wird. Häufig wird dabei ein Quadrat in *natürlicher Anordnung* benutzt. Dabei werden die Zahlen wie in Abbildung 3.10 nacheinander von links nach rechts und von oben nach unten in das Quadrat eingetragen.

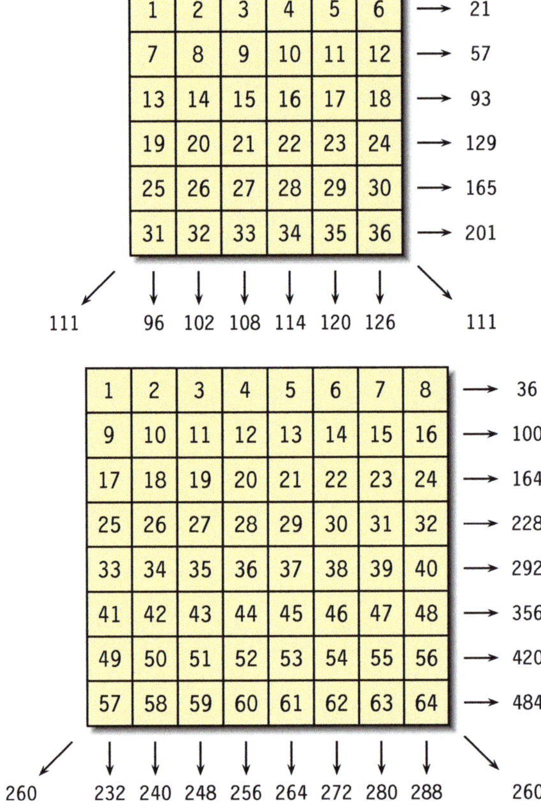

Abb. 3.10 Magische Quadrate in natürlicher Anordnung

Das Besondere an diesem Quadrat ist nicht nur, dass die Hauptdiagonale und die Nebendiagonale bereits die magische Summe besitzen, sondern auch die gebrochenen Diagonalen. Weiterhin ergeben auch symmetrisch liegende Zeilen und Spalten immer die doppelte magische Summe, sodass bei doppelt-geraden Ordnungen diese Eigenschaften für die Konstruktion ausgenutzt werden können.

Ähnliche Übereinstimmungen erhält man natürlich auch, wenn man in einer der anderen Ecken mit der Zahl 1 beginnt und von dort in eine der möglichen Richtungen fortschreitet. Es wird sich aber zeigen, dass durch diese Änderungen kein wirklich neues Quadrat entsteht. Diese Quadrate können durch eine der grundlegenden Abbildungen aus dem oben beschriebenen Quadrat in natürlicher Anordnung erzeugt werden.

3.2.2 Plussequenzen

Unterschiedliche magische Quadrate lassen sich aber auch aus einer abgewandelten Form, den *Plussequenzen*[1], erzeugen. Dabei werden die Zahlen nicht fortlaufend, sondern mit einer bestimmten Schrittweite eingetragen. Bei der Schrittweite 2 beginnt man z. B. mit den Zahlen $1, 3$. Danach macht man mit der kleinsten bisher nicht benutzten Zahl weiter, also folgen die Zahlen $2, 4$. Nun sind alle Zahlen bis 4 bereits eingetragen und man fährt mit den Zahlen $5, 7$ und $6, 8$ fort. Bei den Quadraten in Abbildung 3.11 sind Plussequenzen mit den Schrittweiten 2 und 16 dargestellt.

1	3	2	4	5	7	6	8
9	11	10	12	13	15	14	16
17	19	18	20	21	23	22	24
25	27	26	28	29	31	30	32
33	35	34	36	37	39	38	40
41	43	42	44	45	47	46	48
49	51	50	52	53	55	54	56
57	59	58	60	61	63	62	64

1	17	2	18	3	19	4	20
5	21	6	22	7	23	8	24
9	25	10	26	11	27	12	28
13	29	14	30	15	31	16	32
33	49	34	50	35	51	36	52
37	53	38	54	39	55	40	56
41	57	42	58	43	59	44	60
45	61	46	62	47	63	48	64

Abb. 3.11 Plussequenzen mit den Schrittweiten 2 und 16

Zwei weitere Plussequenzen der Ordnung $n = 10$ mit den Schrittweiten 5 und 10 sind in Abbildung 3.12 dargestellt. Auch bei diesen beiden Quadraten besitzen wieder alle Diagonalen die magische Summe.

1	6	2	7	3	8	4	9	5	10
11	16	12	17	13	18	14	19	15	20
21	26	22	27	23	28	24	29	25	30
31	36	32	37	33	38	34	39	35	40
41	46	42	47	43	48	44	49	45	50
51	56	52	57	53	58	54	59	55	60
61	66	62	67	63	68	64	69	65	70
71	76	72	77	73	78	74	79	75	80
81	86	82	87	83	88	84	89	85	90
91	96	92	97	93	98	94	99	95	100

1	11	2	12	3	13	4	14	5	15
6	16	7	17	8	18	9	19	10	20
21	31	22	32	23	33	24	34	25	35
26	36	27	37	28	38	29	39	30	40
41	51	42	52	43	53	44	54	45	55
46	56	47	57	48	58	49	59	50	60
61	71	62	72	63	73	64	74	65	75
66	76	67	77	68	78	69	79	70	80
81	91	82	92	83	93	84	94	85	95
86	96	87	97	88	98	89	99	90	100

Abb. 3.12 Plussequenzen mit den Schrittweiten 5 und 10

[1] siehe z. B. Moran [379] S. 172 ff.

3.2.3 Komplementsequenzen

Eine weitere Möglichkeit, symmetrisch angeordnete Zahlen zu benutzen, bieten, wie in Abbildung 3.13 dargestellt, Quadrate mit *Komplementsequenzen*. Bei diesen Quadraten werden die Zahlen einer Zeile ausgehend von der natürlichen Anordnung so beliebig umgeordnet, dass zwei zu der vertikalen Mittelachse liegende Zahlen immer die gleiche Summe ergeben. In den dargestellten Quadraten ergibt ein solches Zahlenpaar der oberen Zeile immer die Summe 9, ein Paar der darunterliegenden Zeile immer 25 usw.

Auch bei diesen Anordnungen besitzen wieder alle Diagonalen die magische Summe und diese Quadrate bilden die Basis zur Konstruktion einer Vielzahl von unterschiedlichen magischen Quadraten.

2	3	4	8	1	5	6	7
10	11	12	16	9	13	14	15
18	19	20	24	17	21	22	23
26	27	28	32	25	29	30	31
34	35	36	40	33	37	38	39
42	43	44	48	41	45	46	47
50	51	52	56	49	53	54	55
58	59	60	64	57	61	62	63

3	8	2	5	4	7	1	6
11	16	10	13	12	15	9	14
19	24	18	21	20	23	17	22
27	32	26	29	28	31	25	30
35	40	34	37	36	39	33	38
43	48	42	45	44	47	41	46
51	56	50	53	52	55	49	54
59	64	58	61	60	63	57	62

Abb. 3.13 Komplementsequenzen

3.2.4 Reversible Quadrate

Reversible Quadrate[2] doppelt-gerader Ordnung $n = 4k$ enthalten die Zahlen von 1 bis n^2 und besitzen folgende Eigenschaften:

- Die horizontal symmetrisch zueinander liegenden Zahlen einer Zeile ergeben addiert immer die gleiche Summe, z. B. $1 + 26 = 2 + 25 = 9 + 18 = 10 + 17$ oder $5 + 30 = 6 + 29 = 13 + 22 = 14 + 21$.

[2] Ollerenshaw - Brée [394]

1	2	9	10	17	18	25	26
3	4	11	12	19	20	27	28
5	6	13	14	21	22	29	30
7	8	15	16	23	24	31	32
33	34	41	42	49	50	57	58
35	36	43	44	51	52	59	60
37	38	45	46	53	54	61	62
39	40	47	48	55	56	63	64

- Die vertikal symmetrisch zueinander liegenden Zahlen einer Spalte ergeben addiert immer die gleiche Summe, z. B. $6+48=8+46=14+40=16+38$ oder $21+63=23+61=29+55=31+53$.

1	2	5	6	17	18	21	22
3	4	7	8	19	20	23	24
9	10	13	14	25	26	29	30
11	12	15	16	27	28	31	32
33	34	37	38	49	50	53	54
35	36	39	40	51	52	55	56
41	42	45	46	57	58	61	62
43	44	47	48	59	60	63	64

- In jedem beliebigen Rechteck innerhalb des Quadrates ergeben die diagonal gegenüberliegenden Zahlen in den Ecken immer die gleiche Summe, z. B. $1+19=17+3$ oder $22+45=38+29$.

1	2	3	4	9	10	11	12
5	6	7	8	13	14	15	16
17	18	19	20	25	26	27	28
21	22	23	24	29	30	31	32
33	34	35	36	41	42	43	44
37	38	39	40	45	46	47	48
49	50	51	52	57	58	59	60
53	54	55	56	61	62	63	64

Durch diese drei besonderen Anordnungen besitzen reversible Quadrate immer folgende Eigenschaften:

- In jeder Zeile haben jeweils zwei Zahlen im Abstand $m = \frac{n}{2}$ die gleiche Differenz.
- In jeder Spalte haben jeweils zwei Zahlen im Abstand $m = \frac{n}{2}$ die gleiche Differenz.
- Die Zahlen 1 und 2 liegen immer in der gleichen Zeile oder der gleichen Spalte.
- Zwei zum Mittelpunkt des Quadrates symmetrisch zueinander liegende Zahlen ergeben addiert immer $n^2 + 1$.
- Die Summe der Zahlen in der Hauptdiagonalen und der Nebendiagonalen ergibt ebenso $\frac{n}{2}\,(n^2 + 1)$ wie die Summe der Zahlen in den gebrochenen Diagonalen.

Es existieren einige Transformationen, die ein reversibles Quadrat in ein anderes reversibles Quadrat überführen.

- Spiegelung an der horizontalen Mittellinie.
- Spiegelung an der vertikalen Mittellinie.
- Spiegelung an der Haupt- bzw. Nebendiagonalen.
- Austausch von zwei vertikal symmetrisch liegenden Zeilen.

1	2	3	4	33	34	35	36
5	6	7	8	37	38	39	40
9	10	11	12	41	42	43	44
13	14	15	16	45	46	47	48
17	18	19	20	49	50	51	52
21	22	23	24	53	54	55	56
25	26	27	28	57	58	59	60
29	30	31	32	61	62	63	64

29	30	31	32	61	62	63	64
5	6	7	8	37	38	39	40
9	10	11	12	41	42	43	44
13	14	15	16	45	46	47	48
17	18	19	20	49	50	51	52
21	22	23	24	53	54	55	56
25	26	27	28	57	58	59	60
1	2	3	4	33	34	35	36

- Austausch von zwei horizontal symmetrisch liegenden Spalten.

1	2	17	18	33	34	49	50
3	4	19	20	35	36	51	52
5	6	21	22	37	38	53	54
7	8	23	24	39	40	55	56
9	10	25	26	41	42	57	58
11	12	27	28	43	44	59	60
13	14	29	30	45	46	61	62
15	16	31	32	47	48	63	64

1	49	17	18	33	34	2	50
3	51	19	20	35	36	4	52
5	53	21	22	37	38	6	54
7	55	23	24	39	40	8	56
9	57	25	26	41	42	10	58
11	59	27	28	43	44	12	60
13	61	29	30	45	46	14	62
15	63	31	32	47	48	16	64

- Austausch von zwei Zeilen in der oberen Hälfte des Quadrates bei gleichzeitigem Austausch der beiden hierzu vertikal symmetrisch liegenden Zeilen aus der unteren Hälfte.

1	2	5	6	33	34	37	38
3	4	7	8	35	36	39	40
9	10	13	14	41	42	45	46
11	12	15	16	43	44	47	48
17	18	21	22	49	50	53	54
19	20	23	24	51	52	55	56
25	26	29	30	57	58	61	62
27	28	31	32	59	60	63	64

9	10	13	14	41	42	45	46
3	4	7	8	35	36	39	40
1	2	5	6	33	34	37	38
11	12	15	16	43	44	47	48
17	18	21	22	49	50	53	54
27	28	31	32	59	60	63	64
25	26	29	30	57	58	61	62
19	20	23	24	51	52	55	56

- Austausch von zwei Spalten in der linken Hälfte des Quadrates bei gleichzeitigem Austausch der beiden hierzu horizontal symmetrisch liegenden Spalten aus der rechten Hälfte.

1	2	9	10	33	34	41	42
3	4	11	12	35	36	43	44
5	6	13	14	37	38	45	46
7	8	15	16	39	40	47	48
17	18	25	26	49	50	57	58
19	20	27	28	51	52	59	60
21	22	29	30	53	54	61	62
23	24	31	32	55	56	63	64

1	10	9	2	41	34	33	42
3	12	11	4	43	36	35	44
5	14	13	6	45	38	37	46
7	16	15	8	47	40	39	48
17	26	25	18	57	50	49	58
19	28	27	20	59	52	51	60
21	30	29	22	61	54	53	62
23	32	31	24	63	56	55	64

Es ist offensichtlich, dass nur die letzten vier Transformationen neue reversible Quadrate erzeugen, da das Ergebnis der anderen Transformationen durch eine Drehung oder eine Spiegelung wieder in das Ausgangsquadrat zurückgeführt werden kann.

Um die Anzahl der mit diesen Transformationen erzeugten neuen reversiblen Quadrate zu bestimmen, gibt es zunächst n Möglichkeiten, die obere Zeile festzulegen. Mit dieser Wahl wird gleichzeitig die untere Zeile bestimmt und es verbleiben nur noch $n-2$ Möglichkeiten für die zweite Zeile von oben. Damit ist dann wiederum auch die zweite Zeile von unten eindeutig bestimmt. Führt man diese Überlegungen zu Ende, ergeben sich bei einem Quadrat der Ordnung n insgesamt m_1 Möglichkeiten, die Zeilen anzuordnen.

$$m_1 \;=\; n \cdot (n-2) \cdot (n-4) \cdot \ldots \cdot \left(n - 2\left(\frac{n}{2} - 1\right)\right) \;=\; \left(\frac{n}{2}\right)! \cdot 2^{\frac{n}{2}}$$

Bei dieser Zählweise sind jedoch immer zwei Möglichkeiten identisch, die durch eine Spiegelung an der horizontalen Mittellinie ineinander überführt werden können. Dadurch reduziert sich die Gesamtzahl der Möglichkeiten für die Anordnung der Zeilen auf

$$m_1 = \left(\frac{n}{2}\right)! \cdot 2^{\frac{n}{2}-1}$$

Da sich für die Anordnung der Spalten das gleiche Ergebnis ergibt, folgt für die Gesamtzahl m der Möglichkeiten

$$m = \left(\left(\frac{n}{2}\right)! \cdot 2^{\frac{n}{2}-1}\right)^2 = \left(\left(\frac{n}{2}\right)!\right)^2 \cdot 2^{2\cdot(\frac{n}{2}-1)} = \left(\left(\frac{n}{2}\right)!\right)^2 \cdot 2^{n-2}$$

Da diese Anzahlen bei größerer Ordnung sehr schnell unübersichtlich werden, betrachtet man lieber die Grundformen der reversiblen Quadrate, aus denen dann alle anderen durch die angegebenen Transformationen erzeugt werden können. Eine solche Grundform eines reversiblen Quadrates erfüllt drei Bedingungen:

- Die obere Zeile beginnt mit den Zahlen 1 und 2.
- In jeder Zeile wachsen die Zahlen von links nach rechts.
- In jeder Spalte wachsen die Zahlen von oben nach unten.

Tabelle 3.3 gibt die Anzahlen reversibler Quadrate für einige doppelt-gerade Ordnungen $n = 4k$ an.

Ordnung	Grundform	Variationen	Gesamtzahl
4	3	16	48
8	10	36 864	368 640
12	42	$5,31 \cdot 10^{8}$	$2,23 \cdot 10^{10}$
16	35	$2,66 \cdot 10^{13}$	$9,32 \cdot 10^{14}$
20	42	$3,45 \cdot 10^{18}$	$1,45 \cdot 10^{20}$

Tab. 3.3 Anzahl reversibler Quadrate

Für die Ordnung $n = 4$ gibt es also nur drei Grundformen, die in Abbildung 3.14 dargestellt sind.

1	2	5	6
3	4	7	8
9	10	13	14
11	12	15	16

1	2	9	10
3	4	11	12
5	6	13	14
7	8	15	16

1	2	3	4
5	6	7	8
9	10	11	12
13	14	15	16

Abb. 3.14 Alle reversiblen Quadrate der Ordnung $n = 4$

Für die Ordnung $n = 8$ existieren bereits 368 640 reversible Quadrate. Von den zehn Grundformen sind sieben schon in den Beispielen benutzt worden. Die restlichen drei sind in Abbildung 3.15 abgebildet. Wie am linken Quadrat zu erkennen ist, ist ein Quadrat in natürlicher Anordnung ein Spezialfall der reversiblen Quadrate.

1	2	3	4	5	6	7	8
9	10	11	12	13	14	15	16
17	18	19	20	21	22	23	24
25	26	27	28	29	30	31	32
33	34	35	36	37	38	39	40
41	42	43	44	45	46	47	48
49	50	51	52	53	54	55	56
57	58	59	60	61	62	63	64

1	2	5	6	9	10	13	14
3	4	7	8	11	12	15	16
17	18	21	22	25	26	29	30
19	20	23	24	27	28	31	32
33	34	37	38	41	42	45	46
35	36	39	40	43	44	47	48
49	50	53	54	57	58	61	62
51	52	55	56	59	60	63	64

1	2	3	4	17	18	19	20
5	6	7	8	21	22	23	24
9	10	11	12	25	26	27	28
13	14	15	16	29	30	31	32
33	34	35	36	49	50	51	52
37	38	39	40	53	54	55	56
41	42	43	44	57	58	59	60
45	46	47	48	61	62	63	64

Abb. 3.15 Weitere reversible Quadrate der Ordnung $n = 8$

Kapitel

4

Ordnung 4

Magische Quadrate vierter Ordnung sind erschöpfend behandelt und bereits Frénicle[1] (1605 - 1674) entdeckte alle 880 magischen Quadrate dieser Ordnung, die aber erst nach seinem Tod im Jahre 1693 veröffentlicht wurden. Da jedes Quadrat durch Drehungen und Spiegelungen auf insgesamt acht verschiedene Arten dargestellt werden kann, gibt es insgesamt $8 \cdot 880 = 7040$ magische Quadrate vierter Ordnung.

Welch eine Leistung, wenn man bedenkt, dass alle Berechnungen, Vergleiche und Zuordnungen per Hand vorgenommen wurden.

4.1 Die zwölf Gruppen von Dudeney

Dudeney und Kraitchik haben diese 880 Quadrate unabhängig voneinander nach gemeinsamen Strukturen untersucht. Die zwölf Gruppen von Dudeney[2] zur Klassifizierung dieser Quadrate erscheinen etwas differenzierter und aussagekräftiger, sodass sie hier benutzt werden sollen. Dabei zeigt sich die Charakteristik der zwölf verschiedenen Gruppen in Abbildung 4.1, wo die Lage der zueinander komplementären Zahlen dargestellt wird.

[1] Frénicle [143]

[2] Dudeney [129] S. 119 – 121

H. Danielsson, *Magische Quadrate und ihre Konstruktion*,
https://doi.org/10.1007/978-3-662-70448-6_4

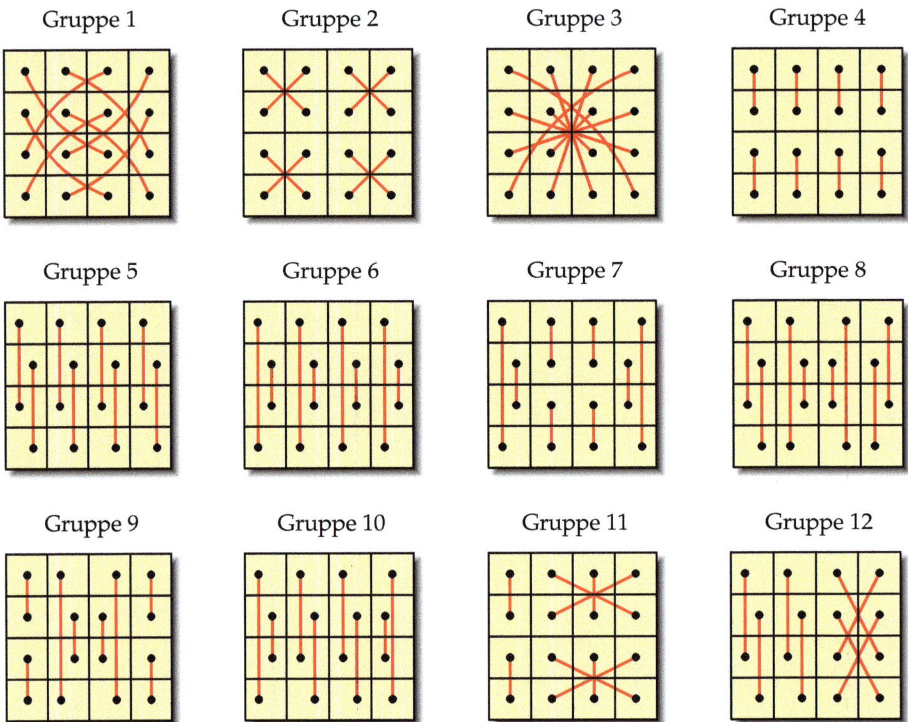

Abb. 4.1 Lage der zueinander komplementären Zahlen in den Dudeney-Gruppen

Tabelle 4.1 gibt Aufschluss über die Anzahl der magischen Quadrate in den zwölf Gruppen.[3]

Dabei ist allerdings die zusätzliche Unterteilung der Gruppe 6 mit insgesamt 304 magischen Quadraten zu beachten. Zunächst einmal sind 96 dieser Quadrate semipandiagonal und bilden die Gruppe 6a und die restlichen 208 Quadrate fallen in die Gruppe 6b.

In vielen Fällen zeigen jedoch 96 dieser Quadrate ein anderes Verhalten als die restlichen 112 dieser Gruppe 6b. Deswegen wird die Gruppe 6b bei einigen Konstruktionsverfahren für doppelt-gerade Ordnungen zusätzlich noch weiter in die Gruppen $6b_1$ und $6b_2$ unterteilt.

Die 96 Quadrate der Gruppe 6a unterscheiden sich zusätzlich von den Quadraten der Gruppe 6b, da sie alle horizontal symmetrisch sind.

Eine weitere Eigenschaft der Quadrate von Gruppe 2 erkennt man direkt an der Lage ihrer komplementären Zahlenpaare. Man sieht, dass die Quadrate symmetrisch innerhalb ihrer vier Quadranten sind.

[3] Benson - Jacoby [43] S. 110

Gruppe	Eigenschaft	zusätzlich	Anzahl	Summe
1	pandiagonal	supermagisch	48	48
2		bentdiagonal	48	
3		symmetrisch	48	
4	semi-pandiagonal		96	384
5			96	
6a			96	
$6b_1$			96	
$6b_2$			112	
7			56	
8			56	
9	einfach		56	448
10			56	
11			8	
12			8	
	insgesamt		880	

Tab. 4.1 Anzahl der Quadrate in den Dudeney-Gruppen

4.1.1 Gruppen 1 bis 6

Überraschenderweise lassen sich alle magischen Quadrate der Gruppen 1 bis 6 aus einem einzigen algebraischen Muster erzeugen.[4]

A+a	D+c	B+d	C+b
B+b	C+d	A+c	D+a
C+c	B+a	D+b	A+d
D+d	A+b	C+a	B+c

Abb. 4.2 Algebraisches Muster für die Quadrate der Gruppen 1 bis 6

Aus diesem algebraischen Muster erhält man zunächst ein Zahlenquadrat, wenn man den Groß- und Kleinbuchstaben bestimmte Zahlenwerte zuordnet und diese dann addiert. Unter bestimmten Voraussetzungen ist dies dann auch ein magisches Quadrat.

Wählt man etwa die Belegung

[4] siehe Benson - Jacoby [43] S. 111 – 114

A	B	C	D	a	b	c	d
8	4	0	12	4	1	3	2

Tab. 4.2 Beispiel für eine Belegung des algebraischen Musters

ergibt sich zunächst ein Additionsquadrat. Addiert man nun die Terme in den einzelnen Zellen, erhält man das magische Quadrat vierter Ordnung aus Abbildung 4.3.

8+4	12+3	4+2	0+1
4+1	0+2	8+3	12+4
0+3	4+4	12+1	8+2
12+2	8+1	0+4	4+1

12	15	6	1
5	2	11	16
3	8	13	10
14	9	4	7

Abb. 4.3 Konstruktion eines magischen Quadrates mit einer Additionstabelle

In welche Gruppe das erzeugte magische Quadrat fällt, hängt von der Wahl der acht Parameter ab. Benson und Jacoby geben mit Tabelle 4.3 einen genauen Überblick über die Wahl der acht Parameter.[5]

Großbuchstaben	Kleinbuchstaben	Gruppe
	$a+b=c+d$	4
$A+B=C+D$	$a+c=b+d$	3
	$a+d=b+c$	5
	$a+b=c+d$	6
$A+C=B+D$	$a+c=b+d$	5
	$a+d=b+c$	2
	$a+b=c+d$	1
$A+D=B+C$	$a+c=b+d$	4
	$a+d=b+c$	6

Tab. 4.3 Additionstabelle: Wahl der Parameter und zugehörige Gruppen

Laut Additionstabelle 4.3 ergibt sich also ein magisches Quadrat der Gruppe 4, wenn die Bedingungen

$$A+B=C+D \qquad \text{und} \qquad a+b=c+d$$

erfüllt sind. Genau diese Bedingungen wurden auch im Beispiel der Tabelle 4.2 benutzt.

Dabei hätte man für diese Gruppe aber auch völlig andere Zuordnungen wählen können. Für die Großbuchstaben A, B, C und D stehen zunächst einmal die Zahlen 0, 4, 8

[5] Benson - Jacoby [43] S. 111

und 12 zur Auswahl. Mit der Bedingung $A + B = C + D$ gibt es wie in Tabelle 4.4a genau acht Möglichkeiten.

Entsprechend gibt es auch für die Kleinbuchstaben, denen die Zahlen 1, 2, 3 und 4 zugeordnet werden, acht Möglichkeiten. Diese sind in Tabelle 4.4b aufgeführt.

A	B	C	D
0	12	4	8
0	12	8	4
4	8	0	12
4	8	12	0
8	4	0	12
8	4	12	0
12	0	4	8
12	0	8	4

a) Belegungen für $A + B = C + D$

a	b	c	d
1	4	2	3
1	4	3	2
2	3	1	4
2	3	4	1
3	2	1	4
3	2	4	1
4	1	2	3
4	1	3	2

b) Belegungen für $a + b = c + d$

Tab. 4.4 Belegungen für Quadrate der Gruppe 4

Da nun jede der acht Möglichkeiten für Großbuchstaben mit den acht Möglichkeiten für Kleinbuchstaben kombiniert werden kann, existieren bereits $8 \cdot 8 = 64$ unterschiedliche Möglichkeiten, die Additionstabelle mit unterschiedlichen Werten zu belegen. Es stellt sich aber heraus, dass nur 16 der entstehenden Quadrate nicht äquivalent zueinander sind.

Diese 16 magischen Quadrate erhält man auch mit den beiden oberen Zeilen aus Tabelle 4.4a in Verbindung mit allen 8 Kombinationen aus Tabelle 4.4b. Die anderen 48 Quadrate entstehen dann aus diesen durch Drehungen und Spiegelungen und werden daher nicht weiter mitgezählt. Man kann aber auch für die Großbuchstaben die Kombinationen nur aus den Zeilen 3 und 4, 5 und 6 oder 7 und 8 wählen.

In Verbindung mit allen acht Kombinationen der Kleinbuchstaben entstehen immer die gleichen 16 magischen Quadrate der Gruppe 4. Für eine bessere Übersicht werden bei den folgenden Untersuchungen und Beispielen immer die Großbuchstaben aus den oberen beiden Zeilen gewählt, bei denen immer $A = 0$ gilt.

Wählt man dagegen für die Kleinbuchstaben Zahlen, die die Bedingung

$$a + c = b + d$$

erfüllen, ergeben sich laut Tabelle 4.5 magische Quadrate der Gruppe 3. Mit der Bedingung $a + d = b + c$ werden dagegen magische Quadrate der Gruppe 5 erstellt. In beiden Fällen stehen acht Möglichkeiten zur Belegung der Kleinbuchstaben zur Auswahl. Dies führt zu 16 unterschiedlichen Quadraten der Gruppen 3 und 5.

a	b	c	d
1	2	4	3
1	3	4	2
2	1	3	4
2	4	3	1
3	1	2	4
3	4	2	1
4	2	1	3
4	3	1	2

a) Belegungen für $a + c = b + d$

a	b	c	d
1	2	3	4
1	3	2	4
2	1	4	3
2	4	1	3
3	1	4	2
3	4	1	2
4	2	3	1
4	3	2	1

b) Belegungen für $a + d = b + c$

Tab. 4.5 Belegungen für Quadrate der Gruppen 3 und 5

Drei Beispiele aus den Gruppen 3, 4 und 5 sollen das Vorgehen noch einmal verdeutlichen. Die erzeugten magischen Quadrate sind in Abbildung 4.4 dargestellt.

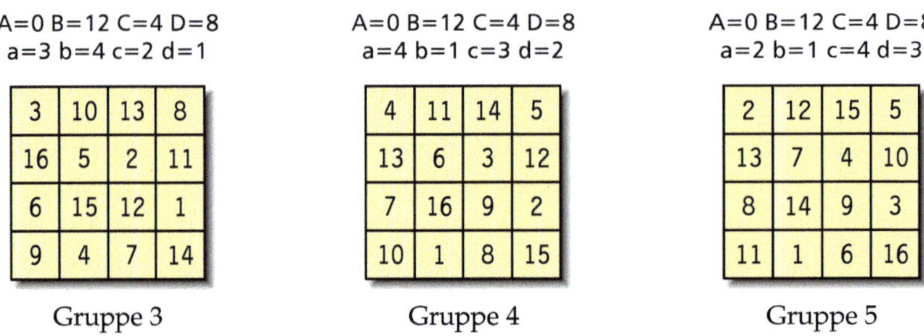

Abb. 4.4 Magische Quadrate der Gruppen 3, 4 und 5

Das rechte Quadrat der Gruppe 5 in Abbildung 4.4 weist jedoch eine zusätzliche Besonderheit auf. Während man bei den linken beiden Quadraten die Gruppenzugehörigkeit direkt aus der grafischen Struktur komplementärer Zahlenpaare in Abbildung 4.1 ablesen kann, muss man bei diesem Quadrat noch die Zeilen und Spalten vertauschen. Dies hat natürlich keinen Einfluss auf die Zugehörigkeit zu einer Gruppe, da dies nur einer Spiegelung an der Nebendiagonalen entspricht. Es erschwert allerdings etwas die Identifizierung der Gruppe. Deswegen ist auch nicht das algebraische Muster von Benson und Jacoby verwendet worden, sondern das Muster aus Abbildung 4.2. Dieses hat den Vorteil, dass es doppelt so viele direkte Übereinstimmungen mit den Dudeney-Gruppen erzielt.

Nun sollen die anderen beiden Kombinationen der Großbuchstaben aus Tabelle 4.6 betrachtet werden. Auch hier gibt es natürlich für jede der beiden Bedingungen acht Möglichkeiten für die Kombination mit den Kleinbuchstaben. Wie bisher kann man auch hier mit den beiden Kombinationen, bei denen $A = 0$ gewählt wird, alle möglichen unterschiedlichen magischen Quadrate erzeugen.

A	B	C	D
0	4	12	8
0	8	12	4
4	0	8	12
4	12	8	0
8	0	4	12
8	12	4	0
12	4	0	8
12	8	0	4

a) Belegungen für $A + C = B + D$

A	B	C	D
0	4	8	12
0	8	4	12
4	0	12	8
4	12	0	8
8	0	12	4
8	12	0	4
12	4	8	0
12	8	4	0

b) Belegungen für $A + D = B + C$

Tab. 4.6 Belegungen für Quadrate der Gruppe 4

Kombiniert man die Großbuchstaben aus Tabelle 4.6a mit allen acht Kombinationen aus den Tabellen 4.4b, 4.5a und 4.5b, erhält man jeweils 16 unterschiedliche Quadrate aus den Gruppen 2, 5 und 6. Wählt man die Großbuchstaben dagegen aus Tabelle 4.6b, ergeben sich jeweils 16 unterschiedliche Quadrate aus den Gruppen 1, 4 und 6. Da die mit den verschiedenen Kombinationen von Groß- und Kleinbuchstaben erzeugten Quadrate alle unterschiedlich sind, sind damit jeweils 16 Quadrate der Gruppen 1 bis 3 und jeweils 32 Quadrate der Gruppen 4 bis 6 erzeugt worden.

Einige weitere Beispiele sollen das Vorgehen noch einmal verdeutlichen. Zunächst soll die Bedingung

$$A + C = B + D$$

erfüllt werden, mit denen Quadrate aus den Gruppen 2, 5 und 6 erstellt werden können (siehe Abbildung 4.5).

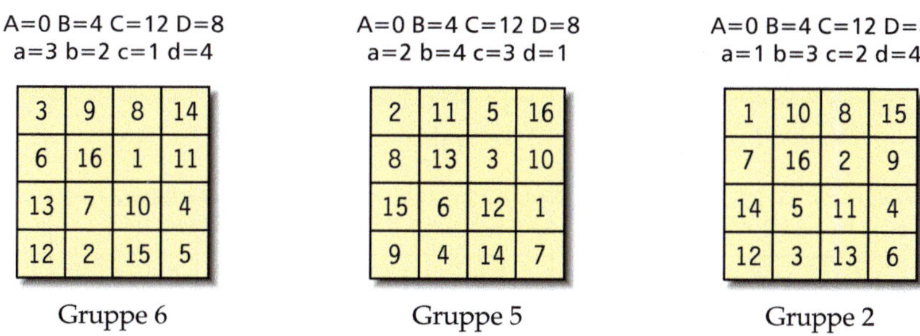

Abb. 4.5 Magische Quadrate der Gruppen 2, 5 und 6

Wählt man dagegen für die Großbuchstaben Zahlen, die die Bedingung $A+D = B+C$ erfüllen, entstehen Quadrate aus den Gruppen 1, 4 und 6 (siehe Abbildung 4.6).

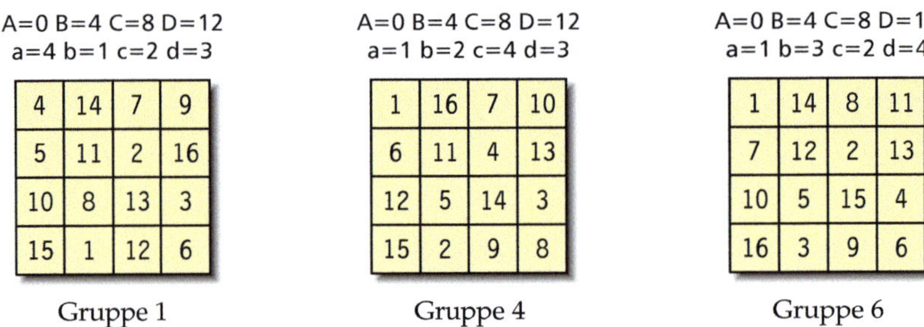

Abb. 4.6 Magische Quadrate der Gruppen 1, 4 und 6

Diese Überlegungen lassen sich unmittelbar übertragen, wenn man andere Groß- und Kleinbuchstaben wählt, mit denen die gestellten Bedingungen erfüllt werden. Wählt man etwa andere Zahlen als Basis für die Buchstaben, lassen sich durch einen direkten Transfer der oben aufgeführten Ideen jeweils weitere 16 Quadrate der Gruppen 1 bis 3 und 32 Quadrate der Gruppen 4 bis 6 erzeugen. Diese sind zudem von allen bisher konstruierten Quadraten unterschiedlich, sodass sich damit die Anzahl der insgesamt erzeugten Quadrate verdoppelt.

Großbuchstaben	Kleinbuchstaben
0 2 8 10	1 2 5 6

Dieses Vorgehen wird mit den Beispielen in Abbildung 4.7 noch einmal anschaulich dargestellt.

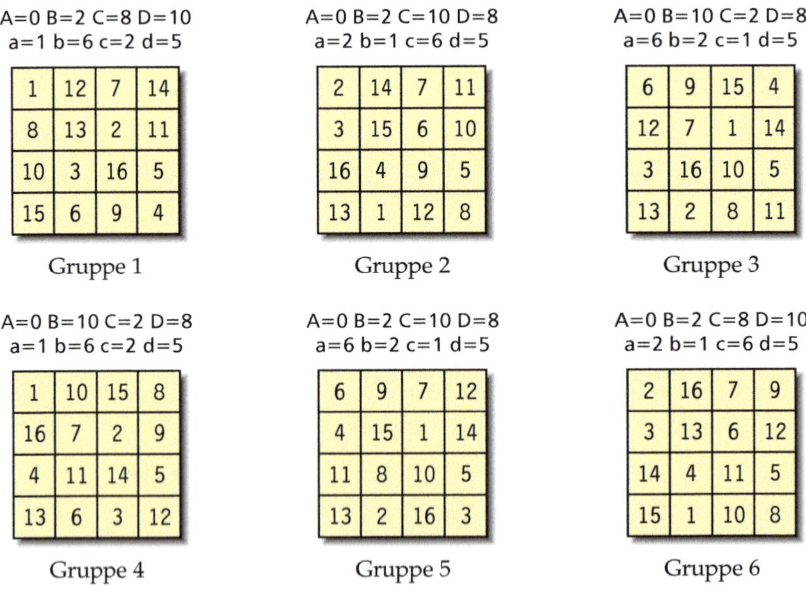

Abb. 4.7 Magische Quadrate der Gruppen 1 bis 6

Nun gibt es noch eine dritte Gruppe von Zahlen als Ausgangsbasis für die Groß- und Kleinbuchstaben, mit denen auch die gestellten Bedingungen erfüllt werden können.

Großbuchstaben				Kleinbuchstaben			
0	2	4	6	1	2	9	10

Auch mit diesen Zahlenkombinationen werden jeweils weitere 16 Quadrate der Gruppen 1 bis 3 und 32 Quadrate der Gruppen 4 bis 6 erzeugt, die sich wiederum von allen bisher konstruierten Quadraten unterscheiden. In Abbildung 4.8 ist für jede Gruppe ein Beispiel mit der gewählten Zahlenkombination dargestellt.

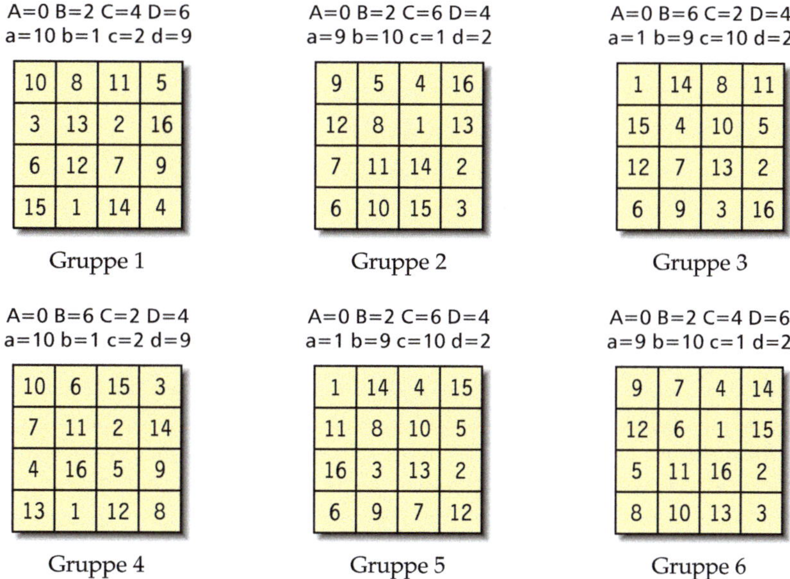

Abb. 4.8 Magische Quadrate der Gruppen 1 bis 6

Insgesamt ergibt sich damit, dass sich aus dem algebraischen Muster aus Abbildung 4.2 jeweils 48 magische Quadrate der Gruppen 1 bis 3 und 96 Quadrate der Gruppen 4 bis 6 erzeugen lassen. Da diese magischen Quadrate der Gruppe 6 alle semi-pandiagonal sind, werden sie der Teilgruppe 6a zugeordnet, und können so von den nicht semi-pandiagonalen Quadraten der Teilgruppe 6b unterschieden werden.

4.1.2 Gruppe 6b

Neben den 96 semi-pandigonalen magischen Quadraten der Gruppe 6a gibt es nach Tabelle 4.1 weitere 208 einfache magische Quadrate der Gruppe 6. Obwohl man sie auch mithilfe von Additionsquadraten erzeugen kann, soll hier ein anderer Weg beschritten werden.[6]

a	c	e	g
b	d	f	h
-b	-d	-f	-h
-a	-c	-e	-g

Abb. 4.9 Ausgangsquadrat aus der Gruppe 6

In dieser Schreibweise bedeutet $-a$ das Komplement zu a, $-b$ das Komplement zu b usw. Da es sich um ein magisches Quadrat handelt, müssen folgende Gleichungen erfüllt sein:

$$a + c + e + g = 34$$
$$b + d + f + h = 34$$
$$a + d + (-f) + (-g) = 34$$

Bei allen anderen Summen handelt es sich entweder um die komplementären Terme, die ganz sicher immer 34 ergeben, oder es treten zwei Paare von komplementären Zahlen auf. Aber auch hier ergibt sich immer die magische Summe 34.

Wenn man nun bei dem Quadrat aus Abbildung 4.9 die beiden mittleren Zeilen vertauscht und gleichzeitig in sich umdreht, bleiben die Zeilen-, Spaltensummen und Diagonalensummen unverändert. Da sich auch die relative Lage der zueinander komplementären Zahlen nicht verändert hat, ist es immer noch ein magisches Quadrat der Gruppe 6.

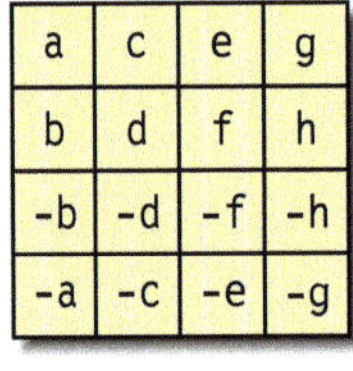

a	c	e	g
b	d	f	h
-b	-d	-f	-h
-a	-c	-e	-g

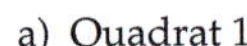

a) Quadrat 1

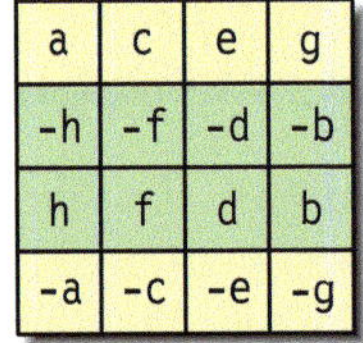

a	c	e	g
-h	-f	-d	-b
h	f	d	b
-a	-c	-e	-g

b) Quadrat 2

Abb. 4.10 Ausgangsquadrat und ein transformiertes Quadrat

Jetzt werden aus den Quadraten in Abbildung 4.10 zwei weitere magische Quadrate der Gruppe 6 erzeugt, indem das komplementäre Zahlenpaar in der Mitte der linken Spalte mit dem entsprechenden Paar in der rechten Spalte vertauscht wird.

---

6 siehe Benson - Jacoby [43], Seite 115ff.

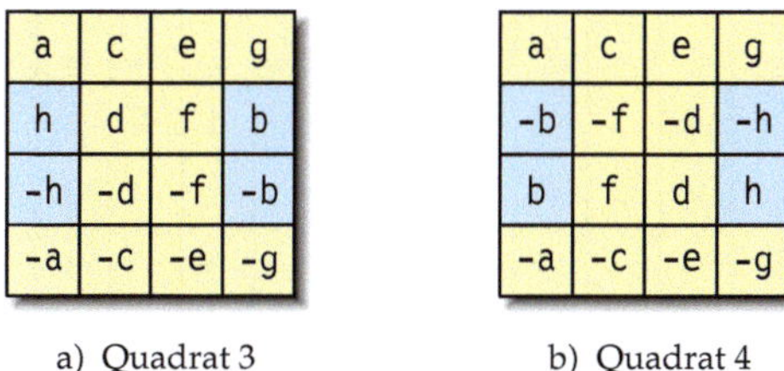

a) Quadrat 3 b) Quadrat 4

Abb. 4.11 Quadrate mit teilweise veränderten äußeren Spalten

Diese Transformation verändert die Spalten- und Diagonalensummen nicht und die Zeilen bestehen weiterhin aus zwei komplementären Zahlenpaaren. Damit handelt es sich auch hier um magische Quadrate.

Aus diesen vier Quadraten werden abschließend noch vier weitere Quadrate erzeugt, indem jeweils die Zahlen in den mittleren beiden Zellen der oberen und der unteren Zeile miteinander vertauscht werden. Aus den Quadraten in den Abbildungen 4.10 und 4.11 ergeben sich dann die vier Quadrate in Abbildung 4.12.

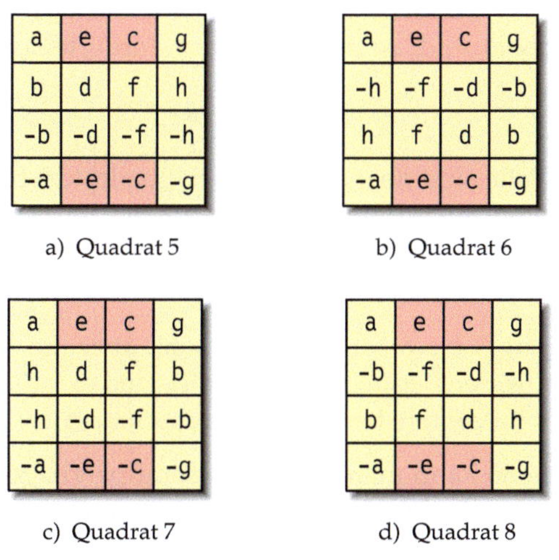

a) Quadrat 5 b) Quadrat 6

c) Quadrat 7 d) Quadrat 8

Abb. 4.12 Quadrate mit teilweise veränderten äußeren Zeilen

Auch bei diesen Quadraten werden die Spalten- und Diagonalensummen durch die Transformation nicht verändert. Da sich auch weiterhin in jeder Zeile zwei komplementäre Zahlenpaare befinden, sind auch diese vier Quadrate magisch. Weiterhin hat sich bei allen durch die Transformationen neu erzeugten Quadraten die relative Lage der zueinander komplementären Zahlen nicht verändert, sodass es sich auch um magische Quadrate der Gruppe 6 handelt.

Sie sind aber ganz sicher nicht alle semi-pandiagonal und gehören damit auch nicht in die Gruppe 6a. Um die semi-pandiagonalen Quadrate herauszuarbeiten, werden die Quadrate 1 bis 8 noch einmal übersichtlich in Abbildung 4.13 zusammengestellt.

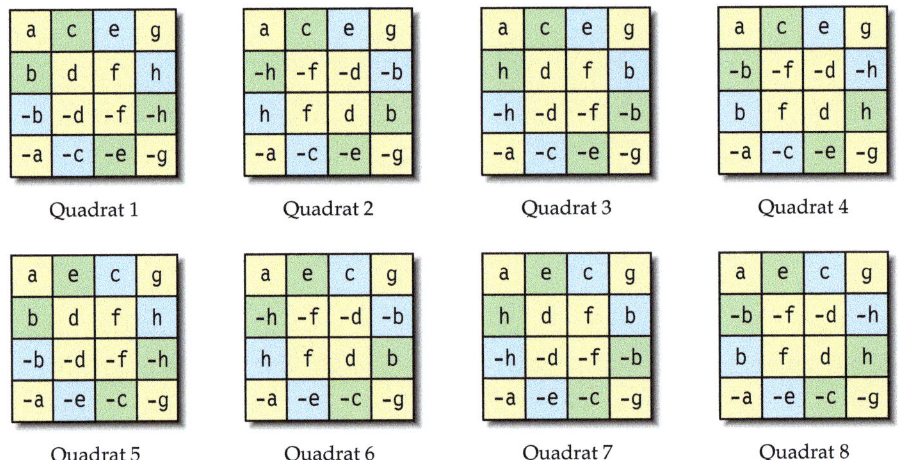

Abb. 4.13 Übersicht über die Ergebnisse der Transformationen

Schaut man sich alle acht Quadrate genauer an, zeigt sich, dass nur die Quadrate 1, 2, 7 und 8 semi-pandiagonal sind, da bei ihnen die geforderte Summe mit

$$b + c + (-e) + (-h) = 34$$

erfüllt ist. In diesem Falle sind aber die anderen Quadrate 3 bis 6 nicht semi-pandiagonal, sondern ganz einfache normale magische Quadrate. Gilt andererseits

$$b + e + (-c) + (-h) = 34$$

dann sind die Quadrate 3 bis 6 semi-pandiagonal, aber die Quadrate 1, 2, 7 und 8 nicht. Wenn keine der beiden Bedingungen zutrifft, sind es natürlich nur ganz normale magische Quadrate ohne weitere besondere Eigenschaften.

Mit diesen Überlegungen kann man aus einem semi-pandiagonalen magischen Quadrat sieben andere magische Quadrate erzeugen, die untereinander nicht-äquivalent sind. Natürlich gehören die so erstellten semi-pandiagonalen magischen Quadrate zu den bereits bekannten 96 Quadraten der Gruppe 6a. Aber immerhin sind vier Quadrate erzeugt worden, die nicht zu dieser Gruppe gehören, sondern zu den einfachen magischen Quadraten der Gruppe 6b.

Wendet man diese Transformationen auf alle semi-pandiagonalen Quadrate der Gruppe 6a an, erhält man insgesamt $4 \cdot 96 = 384$ einfache magische Quadrate der Gruppe 6b, von denen allerdings nur 96 unterschiedlich sind. Diese 96 nicht-äquivalenten Quadrate würde man auch erhalten, wenn man auf alle 96 Quadrate der Gruppe 6b die Transformation anwendet, die das Quadrat 1 in Quadrat 3 überführt. Da diese 96 magischen Quadrate damit eine Sonderrolle in der Gruppe 6b einnehmen, wird diese Gruppe noch einmal unterteilt. Die durch die Transformationen 96 erzeugten magischen Quadrate bilden die Teilgruppe $6b_1$ und die verbliebenen 112 die Teilgruppe $6b_2$. Diese Unterscheidung wird später noch bei der Konstruktion von doppelt-geraden magischen Quadraten eine wichtige Rolle spielen.

1. Additionstabelle

Von den 208 einfachen magischen Quadraten der Gruppe 6b können mit den vorangegangenen Überlegungen bereits 96 erzeugt werden. Zusätzlich kann man mit diesen Transformationen aus einem einfachen magischen Quadrat sieben weitere erzeugen, wenn die Voraussetzungen

$$b + c + (-e) + (-h) \neq 34 \qquad \text{und} \qquad c + h + (-b) + (-e) \neq 34$$

erfüllt sind. Um die noch fehlenden 112 Quadrate zu finden, genügt es, wenn man

$$\frac{208 - 96}{8} = \frac{112}{8} = 14$$

weitere einfache magische Quadrate dieser Gruppe erzeugen kann. Dieser Nachweis ist mit drei zusätzlichen Additionstabellen leicht zu führen. Zunächst wird das algebraische Muster aus Abbildung 4.14 betrachtet.

A+a	C+d	D+a	B+d
A+b	D+b	B+c	C+c
D+c	A+c	C+b	B+b
D+d	B+a	A+d	C+a

Abb. 4.14 Algebraisches Muster für die erste Additionstabelle

Diese Additionstabelle ergibt ein einfaches magisches Quadrat der Gruppe 6b, wenn folgende Bedingungen erfüllt sind:

$$A + D = B + C$$
$$a + d = b + c$$

Während diese beiden Bedingungen an den Zeilen- und Spaltensummen leicht zu erkennen sind, ergibt sich für die Hauptdiagonale ein kleines Problem. Als Summe muss sich

$$A + B + C + D + a + b + c + d$$

ergeben, wie man z. B. an den beiden mittleren Spalten erkennen kann. Die Hauptdiagonale liefert aber

$$(D + d) + (A + c) + (B + c) + (B + d) = A + B + B + D + c + d + c + d$$

In dieser Summe fehlt der Großbuchstabe C. Ersetzt man nun B durch C und bezeichnet den Unterschied der sicher unterschiedlichen Zahlen B und C mit k, muss diese Differenz wieder ausgeglichen werden, indem man die Kleinbuchstaben c und d durch die fehlenden a und b ersetzt. Mit anderen Worten: ist k eine beliebige ganze Zahl und man wählt

$$\begin{aligned} C &= B + k \\ c + d &= a + b + k \end{aligned}$$

dann erhält man

$$\begin{aligned} & A + B + \underbrace{B} + D + \underbrace{c + d} + c + d \\ = {} & A + B + C - k + D + a + b + k + c + d \\ = {} & A + B + C + D + a + b + c + d \end{aligned}$$

Damit ergeben auch die Zahlen der Hauptdiagonalen die magische Summe. Entsprechend gilt für die Zahlen der Nebendiagonalen

$$(A + a) + (D + b) + (C + b) + (C + a) = A + C + C + D + a + b + a + b$$

Auch hier ergeben die speziellen Bedingungen wieder die magische Summe:

$$\begin{aligned} & A + \underbrace{C} + C + D + a + b + \underbrace{a + b} \\ = {} & A + B - k + C + D + a + b + c + d - k \\ = {} & A + B + C + D + a + b + c + d \end{aligned}$$

Es gibt insgesamt 16 Möglichkeiten, diese Bedingungen zu erfüllen. Die folgenden acht erzeugen dabei jeweils unterschiedliche Quadrate. Die restlichen Kombinationen erzeugen dann wie üblich wieder nur Quadrate, die aus den vorgestellten Quadraten durch Drehungen und Spiegelungen entstehen.

A	B	C	D	a	b	c	d	k
0	4	8	12	1	2	3	4	4
0	4	8	12	2	1	4	3	4
0	8	4	12	4	3	2	1	-4
0	8	4	12	3	4	1	2	-4
0	2	4	6	1	9	2	10	2
0	2	4	6	9	1	10	2	2
0	4	2	6	10	2	9	1	-2
0	4	2	6	2	10	1	9	-2

Tab. 4.7 Mögliche Belegungen für die erste Additionstabelle

In Abbildung 4.15 sind die Resultate der Belegungen aus den Zeilen 1, 3, 5 und 7 veranschaulicht.

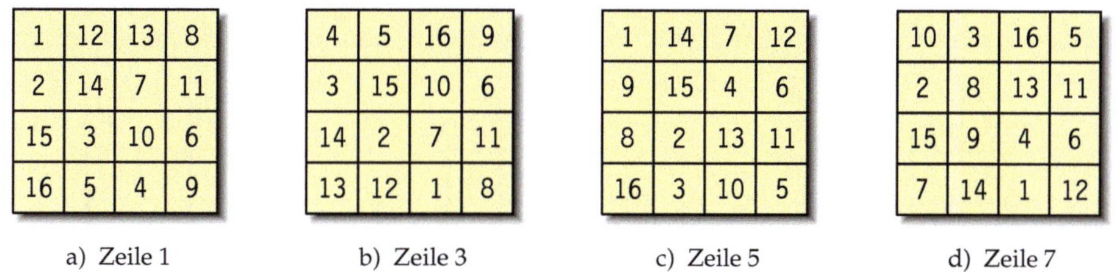

a) Zeile 1 b) Zeile 3 c) Zeile 5 d) Zeile 7

Abb. 4.15 Magische Quadrate aus der ersten Additionstabelle

2. Additionstabelle

Mit dem ersten algebraischen Muster können bereits acht der gesuchten 14 magischen Quadrate erstellt werden. Das zweite Muster liefert drei weitere Quadrate der Gruppe 6b.

A+a	C+d	D+c	B+b
A+c	D+a	B+d	C+b
D+b	A+d	C+a	B+c
D+d	B+a	A+b	C+c

Abb. 4.16 Algebraisches Muster für die zweite Additionstabelle

Eine Untersuchung der beiden Diagonalen führt auf die leicht veränderten Bedingungen:

$$A + D = B + C$$
$$a + d = b + c$$
$$C = B + k$$
$$b + d = 2a + k$$

A	B	C	D	a	b	c	d	k
0	4	8	12	1	2	3	4	4
0	8	4	12	4	3	2	1	-4
0	2	8	10	1	2	5	6	6
0	8	2	10	6	5	2	1	-6
2	0	6	4	2	1	10	9	6
2	6	0	4	9	10	1	2	-6

Tab. 4.8 Mögliche Belegungen für die zweite Additionstabelle

Es gibt insgesamt sechs unterschiedliche Belegungen für diese Bedingungen. Dabei gibt es zwei Kombinationen von jeweils drei Belegungen, mit denen man jeweils unterschiedliche Quadrate erzeugen kann, z. B. die Belegungen in den Zeilen 1, 4 und 5. Mit den anderen drei Belegungen werden dann keine neuen Quadrate mehr erzeugt.

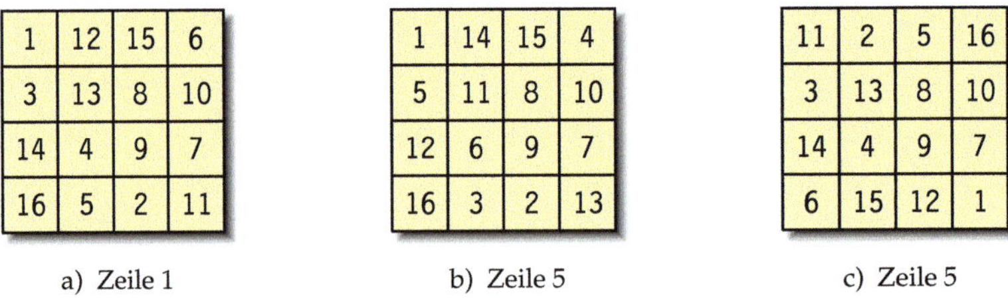

1	12	15	6
3	13	8	10
14	4	9	7
16	5	2	11

a) Zeile 1

1	14	15	4
5	11	8	10
12	6	9	7
16	3	2	13

b) Zeile 5

11	2	5	16
3	13	8	10
14	4	9	7
6	15	12	1

c) Zeile 5

Abb. 4.17 Magische Quadrate aus der zweiten Additionstabelle

3. Additionstabelle

Jetzt fehlen nur noch drei weitere magische Quadrate, die mit der Additionstabelle der Abbildung 4.18 konstruiert werden können.

A+b	C+d	D+a	B+c
A+a	D+b	B+d	C+c
D+d	A+c	C+a	B+b
D+c	B+a	A+d	C+b

Abb. 4.18 Algebraisches Muster für die dritte Additionstabelle

Eine Untersuchung der beiden Diagonalen führt auf die zu erfüllenden Bedingungen:

$$A + D = B + C$$
$$a + d = b + c$$
$$C = B + k$$
$$c + d = 2b + k$$

A	B	C	D	a	b	c	d	k
0	4	8	12	3	1	4	2	4
0	8	4	12	2	4	1	3	-4
0	2	8	10	5	1	6	2	6
0	8	2	10	2	6	1	5	-6
2	0	6	4	10	2	9	1	6
2	6	0	4	1	9	2	10	-6

Tab. 4.9 Mögliche Belegungen für die dritte Additionstabelle

Auch hier gibt es wieder sechs unterschiedliche Belegungen für diese Bedingungen. Dabei gibt es zwei Kombinationen von jeweils drei Belegungen, mit denen man jeweils unterschiedliche Quadrate erzeugen kann, z. B. die Belegungen in den Zeilen 2, 3 und 6. Mit den anderen drei Belegungen werden dann keine neuen Quadrate mehr erstellt.

4	7	14	9
2	16	11	5
15	1	6	12
13	10	3	8

a) Zeile 2

1	10	15	8
5	11	4	14
12	6	13	3
16	7	2	9

b) Zeile 3

11	10	5	8
3	13	16	2
14	4	1	15
6	7	12	9

c) Zeile 6

Abb. 4.19 Magische Quadrate aus der dritten Additionstabelle

Damit liefern die drei Additionstabellen insgesamt 14 unterschiedliche magische Quadrate der Gruppe 6b, aus denen mit den in diesem Kapitel vorgestellten Transformationen insgesamt $14 \cdot 8 = 112$ unterschiedliche Quadrate konstruiert werden können. Mit den zusätzlichen 96 magischen Quadraten, die aus den 96 Quadraten der Gruppe 6a erzeugt werden, ist damit der Nachweis für alle 208 Quadrate der Gruppe 6b erbracht worden.

4.1.3 Gruppe 7

Die 56 Quadrate der Gruppe 7 können mit nur zwei unterschiedlichen Additionstabellen konstruiert werden, von denen das erste Muster in Abbildung 4.20 dargestellt ist.

A+a	B+b	C+c	D+d
C+b	C+d	B+a	B+c
B+d	D+b	A+c	C+a
D+c	A+d	D+a	A+b

Abb. 4.20 Erstes algebraisches Muster für die Quadrate der Gruppe 7

Eine Untersuchung der komplementären Zahlenpaare und der beiden Diagonalen führt auf die Bedingungen, unter denen ein magisches Quadrat der Gruppe 7 entsteht:

$$A + D = B + C$$
$$a + c = b + d$$
$$2 \cdot A = B + D$$

Diese Bedingungen werden von insgesamt 48 Belegungen erfüllt, wobei die hier dargestellten bereits alle unterschiedlichen Quadrate erzeugen. Für die Großbuchstaben gibt es überraschenderweise nur drei Möglichkeiten:

A	B	C	D
4	0	12	8
2	0	6	4
1	0	3	2

Tab. 4.10 Mögliche Belegungen der Großbuchstaben

Allerdings kann jede dieser drei Möglichkeiten mit jeweils acht Belegungen der Kleinbuchstaben kombiniert werden, sodass insgesamt 24 Kombinationen existieren. Diese Kombinationen dürfen jedoch nicht beliebig gewählt werden. Die erste Belegung der Großbuchstaben muss aus den Kombinationen der Zahlenmenge 1 gewählt werden, die zweite Zeile mit der Zahlenmenge 2 und die dritte Zeile passt nur mit den Möglichkeiten der Zahlenmenge 3 aus der Tabelle 4.11.

Belegungen der Kleinbuchstaben											
Zahlenmenge 1				Zahlenmenge 2				Zahlenmenge 3			
a	b	c	d	a	b	c	d	a	b	c	d
1	2	4	3	1	2	10	9	1	5	13	9
1	3	4	2	1	9	10	2	1	9	13	5
4	2	1	3	10	2	1	9	13	5	1	9
4	3	1	2	10	9	1	2	13	9	1	5
2	1	3	4	2	1	9	10	5	1	9	13
2	4	3	1	2	10	9	1	5	13	9	1
3	1	2	4	9	1	2	10	9	1	5	13
3	4	2	1	9	10	2	1	9	13	5	1

Tab. 4.11 Mögliche Belegungen der Kleinbuchstaben

Drei Beispiele sollen in Abbildung 4.21 die Konstruktion dieser magischen Quadrate verdeutlichen. Für jede der drei möglichen Belegungen der Großbuchstaben ist jeweils eine beispielhafte Belegung aus Tabelle 4.11 gewählt worden.

A=4 B=0 C=12 D=8
a=1 b=2 c=4 d=3

5	2	16	11
14	15	1	4
3	10	8	13
12	7	9	6

A=2 B=0 C=6 D=4
a=1 b=2 c=10 d=9

3	2	16	13
8	15	1	10
9	6	12	7
14	11	5	4

A=1 B=0 C=3 D=2
a=1 b=5 c=13 d=9

2	5	16	11
8	12	1	13
9	7	14	4
15	10	3	6

Abb. 4.21 Drei mit der angegebenen Belegung erzeugte magische Quadrate

Die restlichen Quadrate der Gruppe 7 werden mit der folgenden Additionstabelle aus Abbildung 4.22 erzeugt.

A+a	B+b	C+a	D+b
B+c	D+a	A+b	C+d
D+d	C+c	B+d	A+c
C+b	A+d	D+c	B+a

Abb. 4.22 Zweites algebraisches Muster für die weiteren Quadrate der Gruppe 7

Auch hier führt die Untersuchung der komplementären Zahlenpaare und der beiden Diagonalen auf die Bedingungen für die Belegung.

$$A + C = B + D$$
$$a + b = c + d$$
$$C = B + k$$
$$2b + k = a + d$$

Dabei ist k eine natürliche Zahl, die den Unterschied zwischen B und C bestimmt. Es gibt insgesamt 16 Belegungen für diese Bedingungen, von denen die folgenden vier schon alle unterschiedlichen Quadrate erzeugen.

A	B	C	D	a	b	c	d	k
0	8	12	4	4	1	3	2	4
12	4	0	8	1	4	2	3	-4
1	2	6	5	8	2	10	0	4
6	5	1	2	2	8	0	10	-4

Tab. 4.12 Mögliche Belegungen der Groß- und Kleinbuchstaben

Alle vier magischen Quadrate, die sich mit diesen vier Belegungen aus dem Muster aus Abbildung 4.22 erzeugen lassen, sind in Abbildung 4.23 zu sehen.

4	9	16	5
11	8	1	14
6	15	10	3
13	2	7	12

13	8	1	12
6	9	16	3
11	2	7	14
4	15	10	5

9	4	14	7
12	13	3	6
5	16	2	11
8	1	15	10

8	13	3	10
5	4	14	11
12	1	15	6
9	16	2	7

Abb. 4.23 Vier Quadrate, die sich aus dem zweiten Muster erzeugen lassen

Da sich die mit diesen vier Belegungen erzeugte Quadrate von den 24 Quadraten unterscheiden, die mit dem ersten Muster erzeugt werden können, lassen sich insgesamt bereits 28 unterschiedliche Quadrate konstruieren. Jedoch lässt sich mit der nachfolgenden Transformation aus Abbildung 4.24 jeweils ein weiteres Quadrat erzeugen.

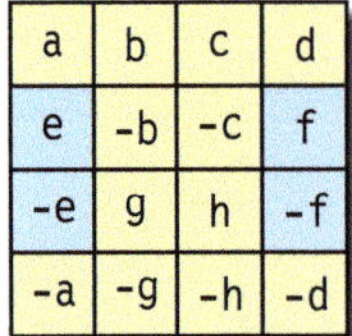

a) Ausgangsquadrat

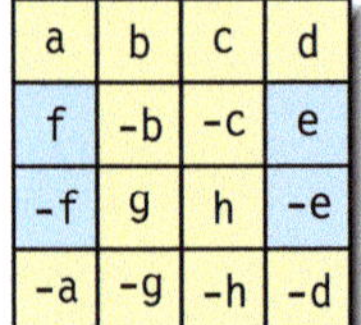

b) Transformation

Abb. 4.24 Transformation, um weitere Quadrate der Gruppe 7 zu erzeugen

Bei dieser Transformation bleiben die Zeilen- und Diagonalensummen völlig unberührt und die Summe der beiden äußeren Spalten wird immer noch von jeweils zwei komplementären Zahlenpaaren gebildet. Damit sind die neuen Quadrate auch magisch und da sie von der Struktur her immer noch zur Gruppe 7 gehören, können mit den hier beschriebenen Methoden alle 56 magischen Quadrate dieser Gruppe erzeugt werden.

Die folgenden vier Quadrate aus Abbildung 4.25 sollen die Transformation noch einmal veranschaulichen. Diese Quadrate ergeben sich aus den jeweils linken beiden Quadraten der Abbildungen 4.21 und 4.23, wenn auf sie die Transformation angewendet wird.

5	2	16	11
4	15	1	14
13	10	8	3
12	7	9	6

3	2	16	13
10	15	1	8
7	6	12	9
14	11	5	4

4	9	16	5
14	8	1	11
3	15	10	6
13	2	7	12

13	8	1	12
3	9	16	6
14	2	7	11
4	15	10	5

Abb. 4.25 Weitere magische Quadrate, die durch Transformation erzeugt wurden

4.1.4 Gruppe 8

Die Ergebnisse der Analyse zur Erzeugung magischer Quadrate aus Gruppe 7 können direkt auf die Gruppe 8 übertragen werden. Dabei werden allerdings zwei andere Additionstabellen benutzt.

A+c	B+d	C+a	D+b
C+c	A+a	D+d	B+b
D+a	D+c	A+b	A+d
B+a	C+b	B+c	C+d

Abb. 4.26 Erstes algebraisches Muster für die Quadrate der Gruppe 8

Wie immer führt eine Untersuchung der beiden Diagonalen auf die Bedingungen für die Belegung der Variablen:

$$A + D = B + C$$
$$a + c = b + d$$
$$2 \cdot A = B + D$$

Diese Bedingungen sind bereits bei der ersten Additionstabelle der Gruppe 7 aufgetreten. Daher können auch hier die in den Tabellen 4.10 und 4.11 aufgeführten Belegungen gewählt werden und man erhält damit 24 unterschiedliche Quadrate.

Ebenso erhält man wie bei der Gruppe 7 die restlichen 4 Quadrate aus einer zweiten Additionstabelle.

B+d	D+d	A+c	C+c
C+a	A+a	D+b	B+b
D+c	C+b	B+a	A+d
A+b	B+c	C+d	D+a

Abb. 4.27 Zweites algebraisches Muster für die weiteren Quadrate der Gruppe 8

Die Bedingungen erhält man wieder aus den Diagonalen.

$$A + C = B + D$$
$$a + b = c + d$$
$$C = B + k$$
$$2b + k = a + d$$

Auch diese Bedingungen stimmen mit denen der Gruppe 7 überein, sodass die dort gefundenen Ergebnisse aus Tabelle 4.12 auch hier übernommen werden können.

Damit gibt es auch in Gruppe 8 insgesamt 28 unterschiedliche Quadrate, aus denen mit der in Abbildung 4.24 beschriebenen Transformation jeweils ein weiteres erzeugt werden kann. Insgesamt können so alle 56 magischen Quadrate der Gruppe 8 aus den beiden Additionstabellen erstellt werden.

Allerdings gibt es ein noch einfacheres Verfahren zur Konstruktion der magischen Quadrate dieser Gruppe, wenn man die Zeile und Spalten so vertauscht, wie es in Kapitel 4.2.6 beschrieben ist. Mit dem dort beschriebenen Verfahren kann man jedes Quadrat der Gruppe 7 in ein Quadrat der Gruppe 8 transformieren.

4.1.5 Gruppe 9

Die 56 Quadrate der Gruppe 9 lassen sich genauso erzeugen wie die Quadrate der Gruppen 7 oder 8. Es gelten die gleichen Bedingungen, sodass sich auch wieder die gleichen Möglichkeiten ergeben. Der einzige Unterschied liegt nur in den beiden zu benutzenden Additionstabellen. Für die Quadrate der Gruppe 9 gilt:

C+d	C+b	B+c	B+a
B+b	A+a	D+d	C+c
A+d	D+c	A+b	D+a
D+b	B+d	C+a	A+c

D+a	B+c	C+d	A+b
B+b	A+a	D+b	C+a
A+d	C+b	B+a	D+c
C+c	D+d	A+c	B+d

Abb. 4.28 Algebraische Muster für die Quadrate der Gruppe 9

Damit besteht auch die Gruppe 9 aus 56 unterschiedlichen magischen Quadraten.

Allerdings gibt es ähnlich wie bei der Gruppe 8 noch ein einfacheres Verfahren zur Erzeugung der magischen Quadrate dieser Gruppe. Man muss auch wieder die Zeilen und Spalten so vertauschen, wie es in Kapitel 4.2.7 beschrieben ist. Mit dem dort beschriebenen Verfahren kann man jedes Quadrat der Gruppe 7 in ein Quadrat der Gruppe 9 überführen.

4.1.6 Gruppe 10

Wie schon bei den Gruppen 8 und 9 lassen sich die bei Gruppe 7 gefundenen Ergebnisse direkt auf die Gruppe 10 übertragen.

A+a	C+c	B+b	D+d
B+d	A+c	D+b	C+a
C+b	B+a	C+d	B+c
D+c	D+a	A+d	A+b

A+a	C+a	B+b	D+b
D+d	B+d	C+c	A+c
B+c	A+b	D+a	C+d
C+b	D+c	A+d	B+a

Abb. 4.29 Algebraische Muster für die Quadrate der Gruppe 10

Mit diesen beiden algebraischen Mustern lassen sich die 56 unterschiedlichen magischen Quadrate dieser Gruppe erstellen.

Allerdings gibt es ähnlich wie bei den Gruppen 8 und 9 ein noch einfacheres Verfahren zur Erzeugung der magischen Quadrate dieser Gruppe, indem man die Zeilen und Spalten so vertauscht, wie es in Kapitel 4.2.8 beschrieben ist. Mit dem dort beschriebenen Verfahren kann man jedes Quadrat der Gruppe 7 in ein Quadrat der Gruppe 10 transformieren.

4.1.7 Gruppe 11

In die Gruppe 11 fallen nur acht Quadrate, die sich mit einer einzigen Additionstabelle erzeugen lassen.

A+d	B+a	D+d	C+a
D+a	B+d	A+a	C+d
A+c	C+b	D+c	B+b
D+b	C+c	A+b	B+c

Abb. 4.30 Algebraisches Muster für die Quadrate der Gruppe 11

Mit den Bedingungen

$$A + D = B + C \qquad a + d = b + c$$
$$C = B + k \quad \text{und} \quad a + b + k = c + d$$

ergeben sich magische Quadrate der Gruppe 11. Von den insgesamt 16 unterschiedlichen Möglichkeiten erzeugen die in Tabelle 4.13 angegebenen Belegungen alle nicht äquivalenten magischen Quadrate dieser Gruppe.

A	B	C	D	a	b	c	d	k
0	4	8	12	1	2	3	4	4
0	4	8	12	2	1	4	3	4
0	8	4	12	4	3	2	1	-4
0	8	4	12	3	4	1	2	-4
0	2	4	6	1	9	2	10	2
0	2	4	6	9	1	10	2	2
0	4	2	6	10	2	9	1	-2
0	4	2	6	2	10	1	9	-2

Tab. 4.13 Belegung der Groß- und Kleinbuchstaben

Als Beispiele sind die folgenden vier Quadrate mit den Belegungen aus den Zeilen 1, 3, 5 und 7 gebildet worden.

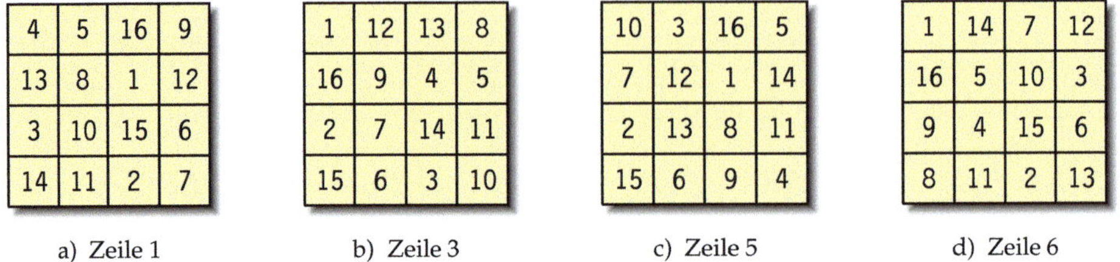

4	5	16	9
13	8	1	12
3	10	15	6
14	11	2	7

a) Zeile 1

1	12	13	8
16	9	4	5
2	7	14	11
15	6	3	10

b) Zeile 3

10	3	16	5
7	12	1	14
2	13	8	11
15	6	9	4

c) Zeile 5

1	14	7	12
16	5	10	3
9	4	15	6
8	11	2	13

d) Zeile 6

Abb. 4.31 Beispiele für magische Quadrate der Gruppe 11

4.1.8 Gruppe 12

Auch die Gruppe 12 besteht nur aus acht Quadraten, die sich alle mit der Additionstabelle der Abbildung 4.32 erstellen lassen.

A+d	D+d	B+a	C+a
A+c	D+c	C+b	B+b
D+a	A+a	B+d	C+d
D+b	A+b	C+c	B+c

Abb. 4.32 Algebraische Muster für die Quadrate der Gruppe 12

Eine Analyse der Zeilen-, Spalten- und Diagonalensummen des algebraischen Musters gibt Aufschluss über die zu erfüllenden Bedingungen an die acht Parameter. So folgt etwa aus den beiden oberen Zeilen, dass $2d + 2a = 2c + 2b$ gelten muss.

Aus dem Aufbau der Spalten folgt zusätzlich $2A + 2D = 2B + 2C$. Berücksichtigt man auch die Diagonalen, folgen alle Bedingungen für diese Additionstabelle:

$$\begin{aligned} A + D &= B + C \\ C &= B + k \end{aligned} \qquad \text{und} \qquad \begin{aligned} a + d &= b + c \\ a + b + k &= c + d \end{aligned}$$

Diese Bedingungen werden von insgesamt 16 Möglichkeiten erfüllt. Bei genauerer Betrachtung stellt sich allerdings heraus, dass teilweise identische Quadrate erzeugt werden. Tabelle 4.14 gibt acht Kombinationen der Parameter an, mit denen bereits alle nicht-äquivalenten magischen Quadrate dieser Gruppe erzeugt werden können.

A	B	C	D	a	b	c	d	k
0	4	8	12	1	2	3	4	4
0	4	8	12	2	1	4	3	4
0	8	4	12	4	3	2	1	-4
0	8	4	12	3	4	1	2	-4
0	2	4	6	1	9	2	10	2
0	2	4	6	9	1	10	2	2
0	4	2	6	10	2	9	1	-2
0	4	2	6	2	10	1	9	-2

Tab. 4.14 Belegung der Groß- und Kleinbuchstaben

Die folgenden vier Quadrate sind mit den Belegungen aus den Zeilen 2, 4, 6 und 8 gebildet worden.

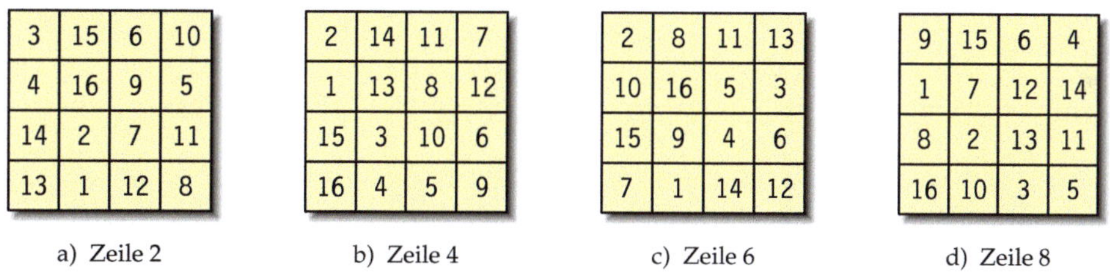

a) Zeile 2 b) Zeile 4 c) Zeile 6 d) Zeile 8

Abb. 4.33 Beispiele für magische Quadrate der Gruppe 12

4.1.9 Alle 48 pandiagonalen Quadrate erzeugen

Pan Feng-chu hat ein verblüffendes Verfahren veröffentlicht, mit dem man aus einem einzigen pandiagonalen Quadrat der Ordnung 4 alle 48 Quadrate konstruieren kann.[7] Obwohl das Verfahren sehr einfach zu beschreiben ist, bleibt der mathematische Beweis doch äußerst anspruchsvoll.

Im ersten Schritt werden die Zahlen 1 bis 16 eines beliebigen pandiagonalen Quadrates der Ordnung 4 um 1 vermindert und in die binäre Darstellung umgewandelt. Durch die Transformation der Zahlen auf den Bereich $0, 1, \ldots, 15$ können sie mit maximal vier Ziffern dargestellt werden. Für die Beschreibung des Verfahrens ist es aber wichtig, dass sie immer mit allen vier Ziffern $(d_3\, d_2\, d_1\, d_0)_2$ angegeben werden. Für eine der Zahlen z aus dem normalen Zehnersystem gilt also

$$z = d_3 \cdot 8 + d_2 \cdot 4 + d_1 \cdot 2 + d_1 \cdot 1 = (d_3\, d_2\, d_1\, d_0)_2$$

[7] Pan Feng-chu [402]

1	8	10	15
12	13	3	6
7	2	16	9
14	11	5	4

a) pandiagonal

0	7	9	14
11	12	2	5
6	1	15	8
13	10	4	3

b) vermindert

0000	0111	1001	1110
1011	1100	0010	0101
0110	0001	1111	1000
1101	1010	0100	0011

c) binär

Abb. 4.34 Pandiagonales Quadrat in binärer Darstellung

Im zweiten Schritt werden die binären Zahlen permutiert, um die Reihenfolge der Ziffern zu ändern. Wenn man eine beliebige der insgesamt 24 Permutationen ausgewählt hat, müssen unbedingt die Ziffern aller 16 Zahlen des Quadrates in der gewählten neuen Reihenfolge angeordnet werden.

In Abbildung 4.35 ist das Ausgangsquadrat mit zwei verschiedenen Permutationen verändert worden, um das grundlegende Prinzip zu verdeutlichen. Dabei sind die Positionen der Ziffern $(d_3\, d_2\, d_1\, d_0)_2$ der binären Ausgangszahl in zwei unterschiedlichen Anordnungen $(d_0\, d_2\, d_3\, d_1)_2$ und $(d_1\, d_2\, d_3\, d_0)_2$ verändert worden.

0000	0111	1001	1110
1011	1100	0010	0101
0110	0001	1111	1000
1101	1010	0100	0011

a) Ausgangsquadrat

0000	1101	1010	0111
1011	0110	0001	1100
0101	1000	1111	0010
1110	0011	0100	1001

b) Permutation $(d_0\, d_2\, d_3\, d_1)_2$

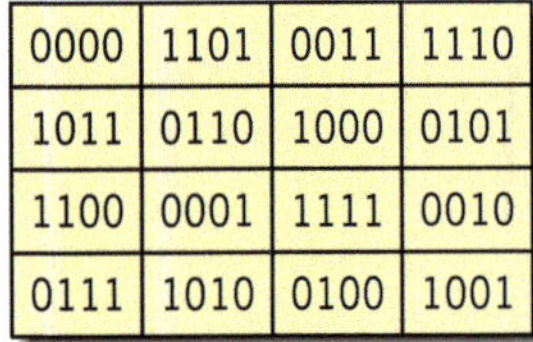

0000	1101	0011	1110
1011	0110	1000	0101
1100	0001	1111	0010
0111	1010	0100	1001

c) Permutation $(d_1\, d_2\, d_3\, d_0)_2$

Abb. 4.35 Ausgangsquadrat mit zwei Permutationen der binären Ziffern

Insgesamt ergeben sich nach diesem zweiten Schritt mit allen Permutationen 24 pandiagonale Quadrate. Darunter ist natürlich auch die triviale Permutation $(d_3\, d_2\, d_1\, d_0)$ enthalten, die das Ausgangsquadrat nicht verändert.

Jetzt folgt der verblüffende dritte Schritt, bei dem aus jedem der bisherigen 24 Quadrate zusätzlich 16 weitere erzeugt werden, sodass insgesamt $24 \cdot 16 = 384$ Quadrate entstehen, die alle pandiagonal sind. Dazu addiert man jede der binären Zahlen in dem bereits permutierten Quadrat mit den Zahlen von 0 bis 15 ohne Übertrag in der binären Darstellung.

Abbildung 4.36 zeigt zwei Beispiele, bei denen die Zahlen des Quadrates aus Abbildung 4.35b mit den binären Darstellungen von $6 \equiv (0110)_2$ bzw. $11 \equiv (1011)_2$ addiert werden. Dort gilt etwa für die Zahlen in der rechten oberen Ecke:

$$\begin{array}{r} 0111 \\ \oplus\ 0110 \\ \hline 0001 \end{array} \qquad\qquad \begin{array}{r} 0111 \\ \oplus\ 1011 \\ \hline 1100 \end{array}$$

0000	1101	1010	0111
1011	0110	0001	1100
0101	1000	1111	0010
1110	0011	0100	1001

a) permutiertes Quadrat

0110	1011	1100	0001
1101	0000	0111	1010
0011	1110	1001	0100
1000	0101	0010	1111

b) Quadrat plus $(0110)_2$

1011	0110	0001	1100
0000	1101	1010	0111
1110	0011	0100	1001
0101	1000	1111	0010

c) Quadrat plus $(1011)_2$

Abb. 4.36 Addition einer konstanten Zahl zu den binären Ziffern

Im letzten Schritt werden die Zahlen des sich ergebenden Quadrates wieder aus der binären Darstellung in die normale dezimale Darstellung umgewandelt und um 1 erhöht.

6	11	12	1
13	0	7	10
3	14	9	4
8	5	2	15

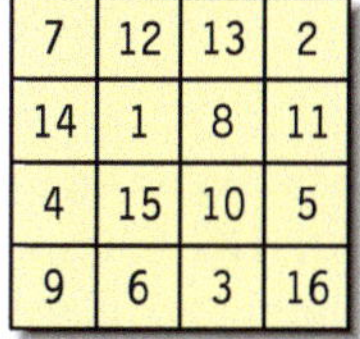

7	12	13	2
14	1	8	11
4	15	10	5
9	6	3	16

a) Quadrat plus 0110

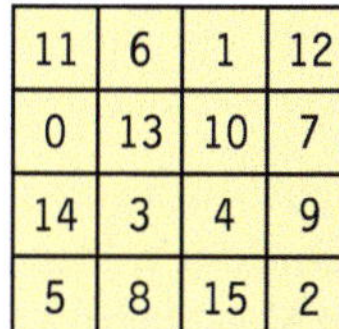

11	6	1	12
0	13	10	7
14	3	4	9
5	8	15	2

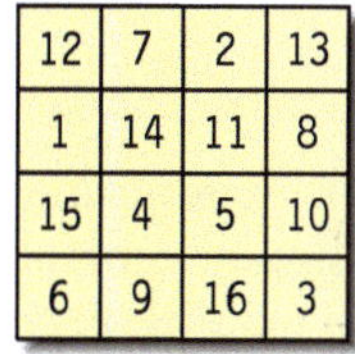

12	7	2	13
1	14	11	8
15	4	5	10
6	9	16	3

b) Quadrat plus 1011

Abb. 4.37 Pandiagonale und supermagische Quadrate aus der Gruppe 1

Alle $24 \cdot 16 = 384$ konstruierten Quadrate sind pandiagonal und supermagisch. Allerdings gehen jeweils acht der Quadrate durch Drehungen und Spiegelungen auseinander hervor und sind damit äquivalent. Somit reduziert sich die Anzahl der unterschiedlichen Quadrate auf $\frac{384}{8} = 48$, die alle zur Gruppe 1 gehören.

4.2 Abbildungen zwischen den Dudeney-Gruppen

Wie in Abbildung 4.1 dargestellt wird, besitzen alle Quadrate einer Dudeney-Gruppe eine bestimmte Anordnung der komplementären Zahlen. Durch geeignete Transformationen ist es allerdings möglich, die Quadrate der verschiedenen Gruppen ineinander zu überführen. Damit stehen gleichzeitig neue Konstruktionsmethoden zur Verfügung, mit denen man die Quadrate auch ohne die für die Gruppen speziellen Additionstabellen erzeugen kann.

Alle dargestellten Transformationen arbeiten invers, d. h. auch die umgekehrte Richtung der dargestellten Abbildungen funktioniert. Führt man dazu noch einige der vorgestellten Abbildungen hintereinander aus, ergeben sich noch weitere Möglichkeiten, Quadrate in andere Gruppen abzubilden.

4.2.1 Gruppe 1 und Gruppe 2

Aus allen 48 Quadraten der Gruppe 1 kann man ein Quadrat der Gruppe 2 erzeugen, wenn man jeweils die mittleren beiden Zeilen und Spalten vertauscht.

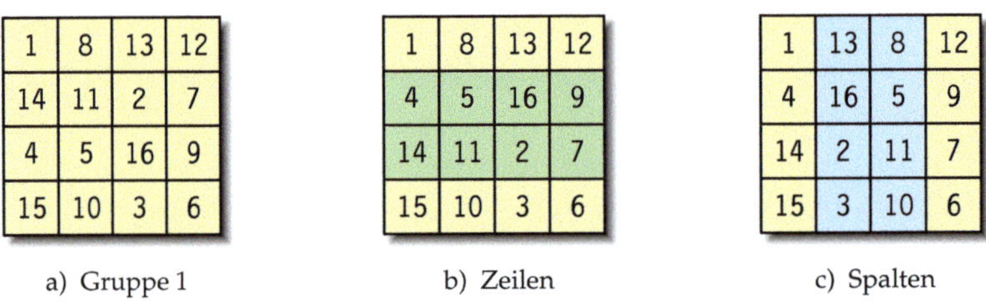

Abb. 4.38 Transformation der Gruppe 1 in die Gruppe 2

Der Hintergrund dieser Abbildung wird deutlich, wenn man sich die beiden zu den Gruppen gehörenden Dudeney-Muster anschaut. Die beiden Vertauschungen erzeugen nämlich gerade das Muster für die komplementären Zahlen der Gruppe 2.

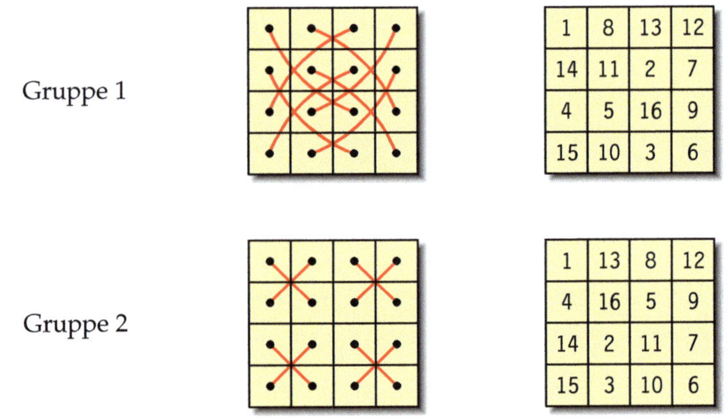

4.2.2 Gruppe 2 und Gruppe 3

Auch die 48 Quadrate der Gruppe 2 können auf die Quadrate der Gruppe 3 abgebildet werden. Dazu müssen jeweils die Zeilen und Spalten mit den Kennnummern 0 und 2 vertauscht werden.

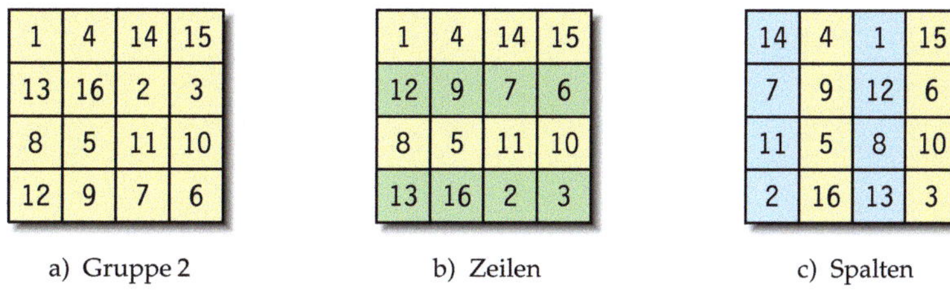

Abb. 4.39 Transformation der Gruppe 2 in die Gruppe 3

Auch hier sollen die beiden Quadrate mit den zugehörigen Dudeney-Mustern dargestellt werden.

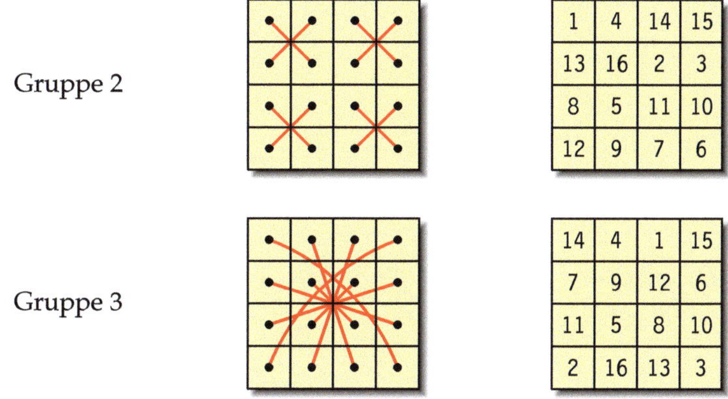

4.2.3 Gruppe 3 und Gruppe 1

Um die 48 Quadrate der Gruppe 3 auf die 48 pandiagonalen Quadrate der Gruppe 1 abzubilden, müssen die Quadranten in Zeilen übertragen werden.

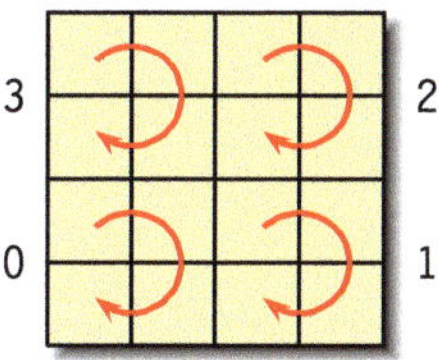

Der linke obere Quadrant wird im Uhrzeigersinn ausgelesen und die Zahlen in die obere Zeile des Quadrates geschrieben. Die Zahlen des rechts oben liegenden Quadranten werden entsprechend in die zweite Zeile von oben geschrieben. So werden auch die beiden verbliebenen Quadranten im Uhrzeigersinn abgearbeitet, bis schließlich alle Zahlen ausgelesen sind.

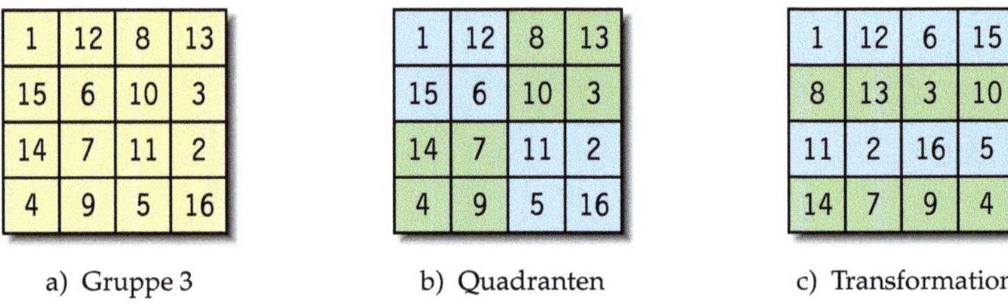

1	12	8	13
15	6	10	3
14	7	11	2
4	9	5	16

a) Gruppe 3

1	12	8	13
15	6	10	3
14	7	11	2
4	9	5	16

b) Quadranten

1	12	6	15
8	13	3	10
11	2	16	5
14	7	9	4

c) Transformation

Abb. 4.40 Transformation der Gruppe 3 in die Gruppe 1

Auch hier sollen die beiden Quadrate mit den zugehörigen Dudeney-Mustern dargestellt werden.

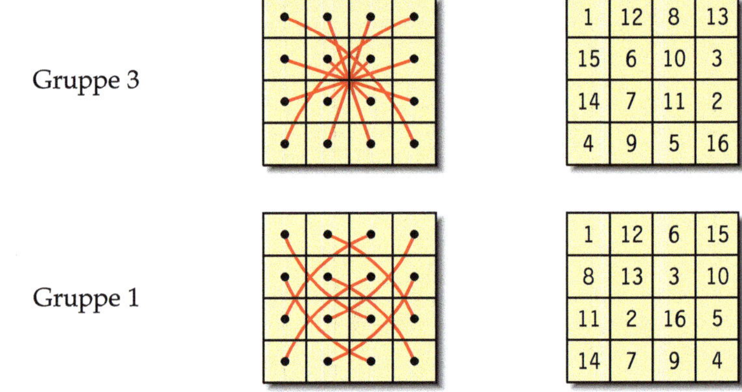

1	12	8	13
15	6	10	3
14	7	11	2
4	9	5	16

1	12	6	15
8	13	3	10
11	2	16	5
14	7	9	4

Das Auslesen der Zahlen aus den Quadranten ist aber nicht eindeutig festgelegt. In Abbildung 4.40 wurde jeweils mit der Zahl links oben begonnen, es kann aber auch jede andere der vier Zahlen im Quadranten sein, wie an den Beispielen in Abbildung 4.41 zu erkennen ist.

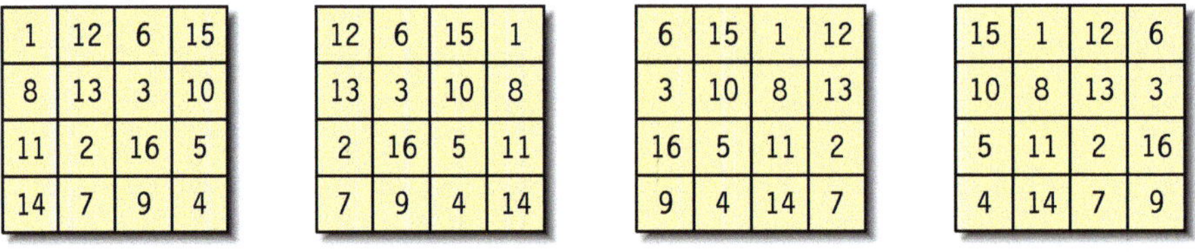

1	12	6	15
8	13	3	10
11	2	16	5
14	7	9	4

12	6	15	1
13	3	10	8
2	16	5	11
7	9	4	14

6	15	1	12
3	10	8	13
16	5	11	2
9	4	14	7

15	1	12	6
10	8	13	3
5	11	2	16
4	14	7	9

Abb. 4.41 Alternative Transformationen der Gruppe 3 in die Gruppe 1

Es lassen sich aber noch weitere Quadrate erzeugen, denn die Reihenfolge der vier Quadrate ist auch nicht festgelegt. Bis jetzt wurde in allen Beispielen mit dem Quadranten links oben begonnen. Es kann aber auch jeder der anderen drei Quadranten sein, sie müssen nur im Uhrzeigersinn ausgelesen werden.

Damit gibt es weitere vier Möglichkeiten, die in Verbindung mit der jeweils festlegenden Startzahl innerhalb der Quadranten insgesamt 16 Möglichkeiten ergeben. Dies entspricht damit genau den 16 Variationen eines pandiagonalen Quadrates, denn bei diesen Quadraten kann jede Zelle durch eine Verschiebung an jede beliebige Position gebracht werden.

Die AD-Methode von Planck

Mit der AD-Methode von Planck gibt es eine zweite Methode, um pandiagonale Quadrate in symmetrische umzuwandeln. Sie hat den Vorteil, dass sie nicht nur bei Ordnungen $n = 4$, sondern bei allen doppelt-geraden Ordnungen funktioniert und auch in umgekehrter Richtung erlaubt ist.

Dazu unterteilt man das Quadrat in seine vier Quadranten, die mit Ausnahme des linken oberen Quadranten verändert werden.

- Der rechte obere Quadrant wird an seiner vertikalen Mittellinie gespiegelt.
- Der linke untere Quadrant wird an seiner horizontalen Mittellinie gespiegelt.
- Der rechte untere Quadrant wird um 180° gedreht bzw. an beiden Achsen gespiegelt.

1	12	8	13
15	6	10	3
14	7	11	2
4	9	5	16

1	12	13	8
15	6	3	10
4	9	16	5
14	7	2	11

4.2.4 Gruppe 4 und Gruppe 5

In der Gruppe 4 gibt es insgesamt 96 Quadrate. Vertauscht man jeweils die mittleren beiden Zeilen und Spalten, erhält man ein Quadrat der Gruppe 5.

1	6	15	12
16	11	2	5
4	7	14	9
13	10	3	8

a) Gruppe 4

1	6	15	12
4	7	14	9
16	11	2	5
13	10	3	8

b) Zeilen

1	15	6	12
4	14	7	9
16	2	11	5
13	3	10	8

c) Spalten

Abb. 4.42 Transformation der Gruppe 4 in die Gruppe 5

Wie immer lassen sich die Abbildungen auch umkehren, wie man auch an den Symmetriemustern erkennen kann.

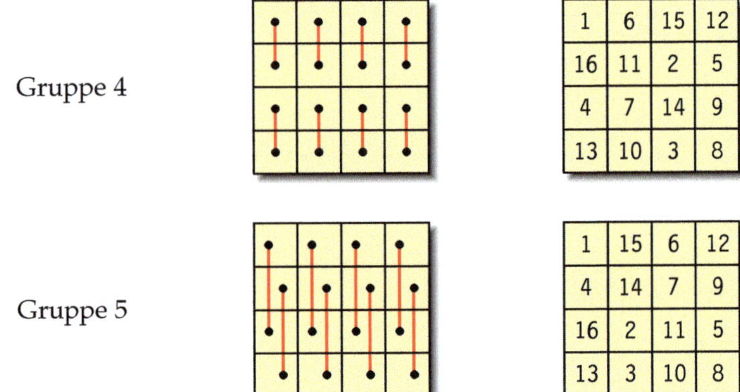

4.2.5 Gruppe 4 und Gruppe 6a

Die Quadrate der Gruppe 4 lassen sich auch leicht in Quadrate der Gruppe 6a verwandeln. Dazu muss man nur jeweils die zweite und vierte Zeile und die zweite und vierte Spalte vertauschen.

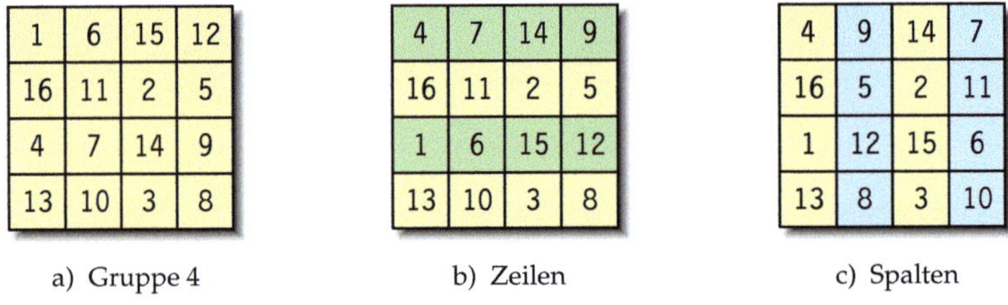

Abb. 4.43 Transformation der Gruppe 4 in die Gruppe 6a

Die Symmetriemuster der beiden beteiligten Gruppen liefern eine deutliche Erklärung dieser Vertauschungsregel, denn die komplementären Zahlenpaare fallen genau auf die Plätze des Symmetriemusters für die Gruppe 6. Da die entstehenden Quadrate auch semi-pandiagonal sind, handelt es sich um Quadrate der Gruppe 6a.

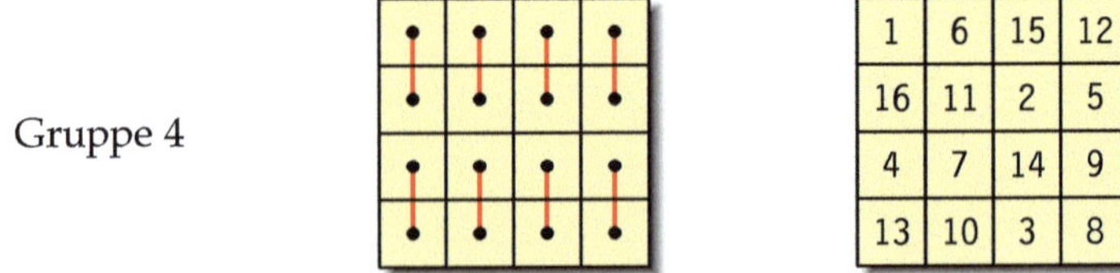

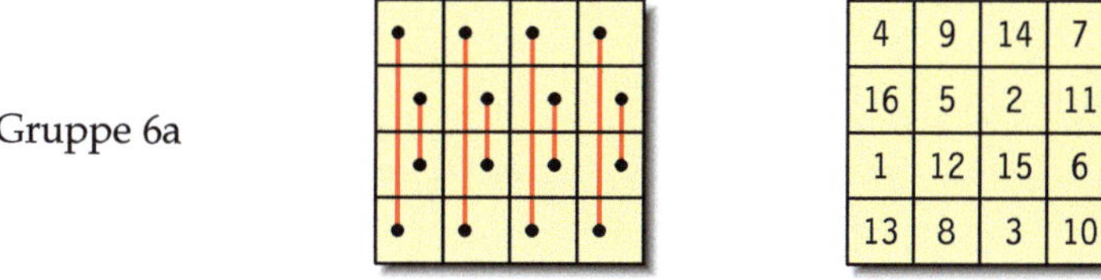

4.2.6 Gruppe 7 und Gruppe 8

Es gibt 56 Quadrate der Gruppe 7. Um hieraus Quadrate der Ordnung 8 zu erhalten, muss man die Zeilen und die Spalten jeweils in der veränderten Reihenfolge 2, 0, 3 und 1 anordnen.

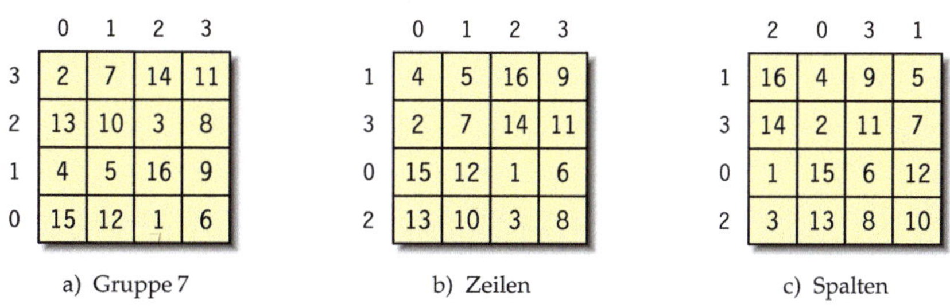

Abb. 4.44 Transformation der Gruppe 7 in die Gruppe 8

Die Symmetriemuster der beiden beteiligten Gruppen liefern eine deutliche Erklärung dieser Vertauschungsregel und man muss die Zeilen und die Spalten nur in der veränderten Reihenfolge 2, 0, 3 und 1 anordnen.

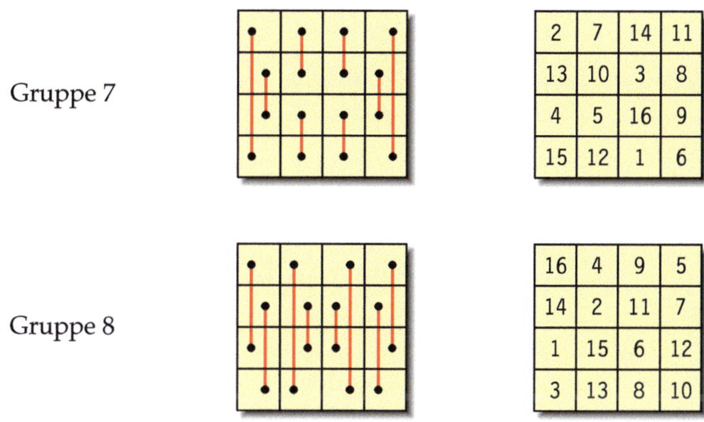

4.2.7 Gruppe 7 und Gruppe 9

Eine kleine Änderung in der Reihenfolge der zu vertauschenden Zeilen und Spalten wandelt Quadrate der Gruppe 7 in Quadrate der Gruppe 9 um. Man muss nur die Zeilen und die Spalten jeweils in der veränderten Reihenfolge 1, 0, 3 und 2 anordnen.

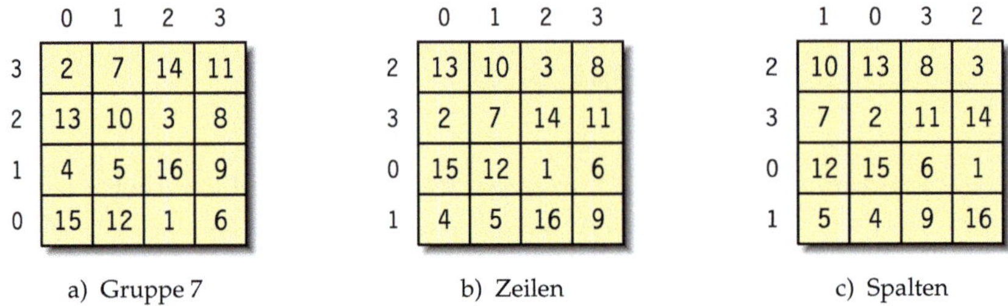

Abb. 4.45 Transformation der Gruppe 7 in die Gruppe 9

Aus den beiden Symmetriemustern dieser Gruppen wird der Hintergrund dieser Vertauschung erkennbar.

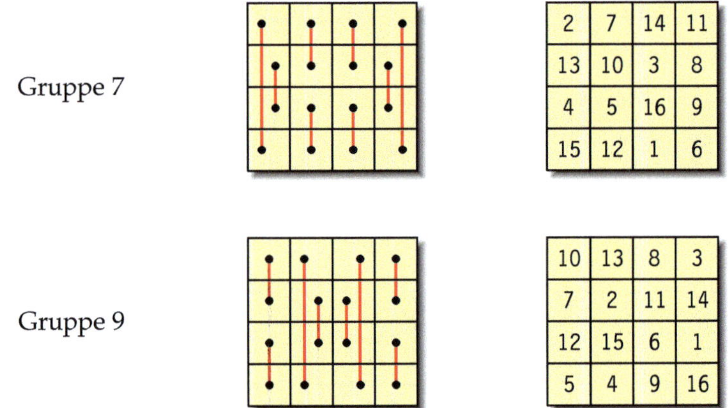

4.2.8 Gruppe 7 und Gruppe 10

Sehr einfach lassen sich auch die Quadrate der Gruppe 7 in Quadrate der Gruppe 10 verwandeln. Hierzu müssen nur die beiden mittleren Zeilen und Spalten vertauscht werden.

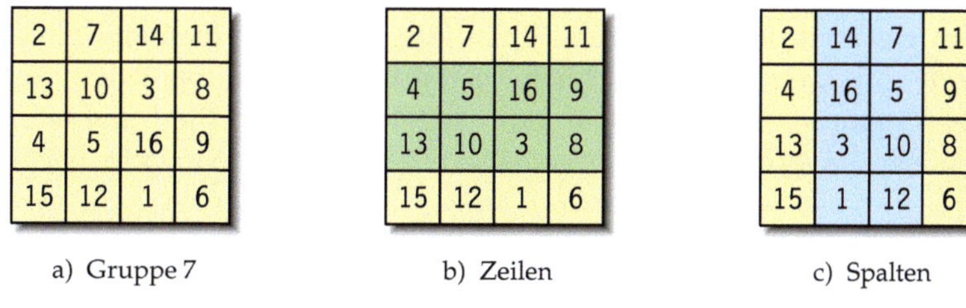

Abb. 4.46 Transformation der Gruppe 7 in die Gruppe 10

Auch hier wird der Hintergrund dieser Transformation wieder unmittelbar aus den Symmetriemustern verständlich.

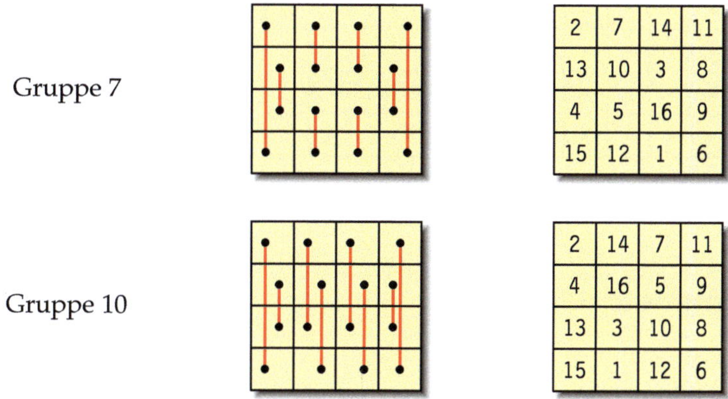

4.3 Magische Eigenschaften

4.3.1 Pandiagonal und supermagisch

Alle 48 Quadrate der Gruppe 1 sind pandiagonal und supermagisch. Da es in keiner anderen Gruppe weitere pandiagonale Quadrate gibt, ist dies auch die Gesamtzahl der pandiagonalen Quadrate der Ordnung 4.

1	8	13	12
14	11	2	7
4	5	16	9
15	10	3	6

1	8	11	14
12	13	2	7
6	3	16	9
15	10	5	4

1	8	10	15
12	13	3	6
7	2	16	9
14	11	5	4

Abb. 4.47 Drei fundamentale pandiagonale magische Quadrate der Gruppe 1

Unter ihnen gibt es drei fundamentale Quadrate, aus denen man alle 48 pandiagonalen Quadrate durch einfache Verschiebungen erhalten kann. Bei jedem der drei fundamentalen Quadrate kann nämlich jede einzelne Zelle in die linke obere Position verschoben werden, ohne dass die magischen Eigenschaften verloren gehen.

4.3.2 Bentdiagonal

Alle bentdiagonalen magischen Quadrate der Ordnung 4 bilden die Gruppe 2. Zwei dieser Quadrate sind in Abbildung 4.48 dargestellt.

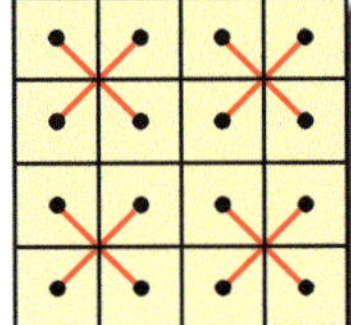

1	6	15	12
11	16	5	2
8	3	10	13
14	9	4	7

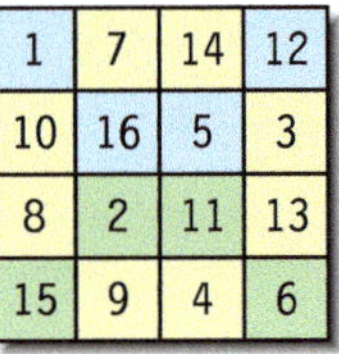

1	7	14	12
10	16	5	3
8	2	11	13
15	9	4	6

Abb. 4.48 Bentdiagonale magische Quadrate der Gruppe 2

4.3.3 Symmetrisch

Das spezielle Muster der Gruppe 3 bewirkt, dass alle Quadrate dieser Gruppe symmetrisch sind. Da es in den anderen Gruppen keine weiteren symmetrischen Quadrate mehr gibt, sind insgesamt 48 der 880 magischen Quadrate vierter Ordnung symmetrisch.

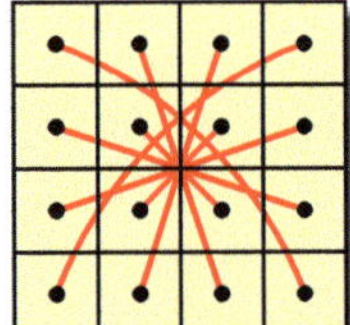

1	14	8	11
12	7	13	2
15	4	10	5
6	9	3	16

1	15	8	10
12	6	13	3
14	4	11	5
7	9	2	16

Abb. 4.49 Symmetrische magische Quadrate der Gruppe 3

4.3.4 Selbstkomplementär

Ersetzt man bei einem Quadrat der Gruppe 3 jede Zahl durch ihre komplementäre Zahl, ändert sich am Symmetrieverhalten nichts. Damit hat man zunächst einmal wieder ein Quadrat der Gruppe 3 erhalten. Aber mehr noch, da eine Drehung um 180° wieder das Ausgangsquadrat ergibt.

Diese Quadrate sind also (wie alle symmetrischen) Quadrate selbstkomplementär. Dabei wird bei allen Quadraten dieser Gruppe das komplementäre Quadrat durch eine Drehung um 180° wieder auf das Ausgangsquadrat zurückgeführt.

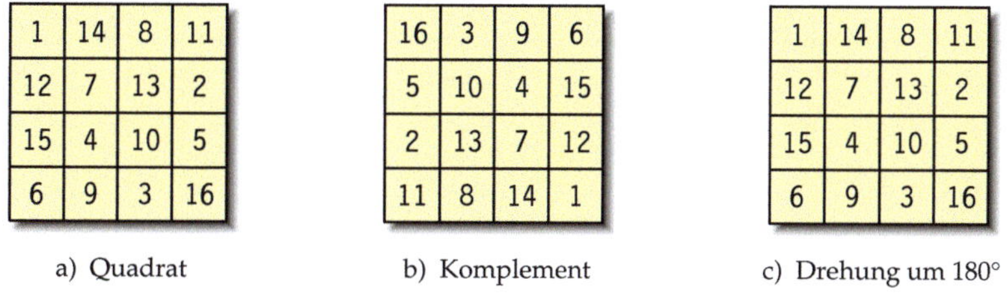

Abb. 4.50 Selbstkomplementäre magische Quadrate der Gruppe 3

Es gibt aber weitere selbstkomplementäre Quadrate der Ordnung 4, nämlich die insgesamt 304 Quadrate der Gruppe 6.

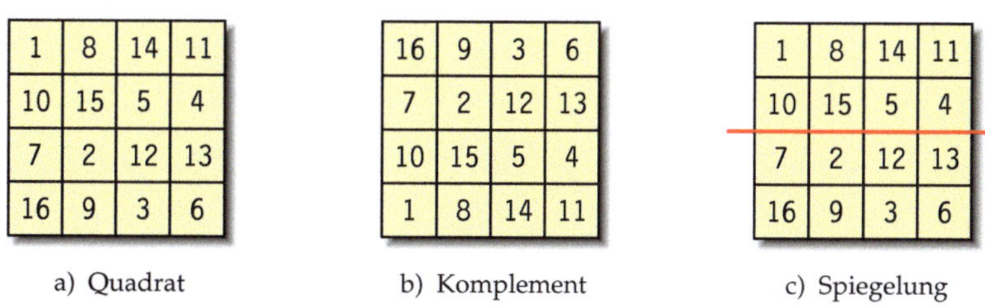

Abb. 4.51 Selbstkomplementäre magische Quadrate der Gruppe 6a

Bei den semi-pandiagonalen Quadraten der Gruppe 6a muss man das komplementäre Quadrat an der horizontalen Achse spiegeln, um wieder das Ausgangsquadrat zu erhalten.

Für dieses Verhalten spielt das Symmetriemuster die entscheidende Rolle. Da dieses aber für alle Quadrate der Gruppen 6a und 6b gleich ist, sind auch die Quadrate der Gruppe 6b selbstkomplementär.

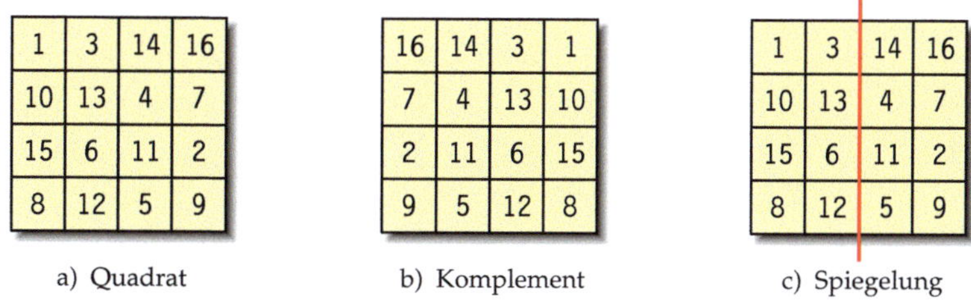

Abb. 4.52 Selbstkomplementäre magische Quadrate der Gruppe 6b

Allerdings musste bei diesem Quadrat der Gruppe 6b das komplementäre Quadrat an der vertikalen Achse gespiegelt werden, um wieder zu dem Ausgangsquadrat zu gelangen. Bei den Quadraten der Gruppe 6 führt aber immer eine dieser beiden Spiegelungen das komplementäre Quadrat wieder in das Ausgangsquadrat über.

Insgesamt gibt es damit 352 selbstkomplementäre magische Quadrate der Ordnung 4.

Kapitel

5 Ungerade Ordnungen

Es gibt sehr viele Verfahren zur Erzeugung magischer Quadrate mit ungeraden Ordnungen, die man in zwei Hauptkategorien unterteilen kann. Sie unterscheiden sich nämlich in der Ordnung, für die ein solches magisches Quadrat erzeugt werden soll.

- für jede ungerade Ordnung
- nur für Ordnungen, die kein Vielfaches von 3 sind

Diese Verfahren werden in unterschiedlichen Kapiteln beschrieben, obwohl sie teilweise mit leichten Änderungen magische Quadrate der anderen Kategorie erzeugen können und daher thematisch zusammengehören. Trotzdem scheint sich mit dieser Aufteilung eine bessere Übersicht zu ergeben.

Zusätzlich wurde eine dritte Kategorie mit hybriden Methoden hinzugefügt. Cram hat mehrere Methoden für Primzahlordnungen entwickelt, die er dann aber so erweitert hat, dass sie auch magische Quadrate für zusammengesetzte Ordnungen erzeugen. Seine Verfahren werden daher in einem eigenen Kapitel beschrieben.

5.1 Beliebige Ordnungen

Die meisten Verfahren für die Konstruktion von magischen Quadraten mit ungerader Ordnung sind so gehalten, dass sie für alle ungeraden Ordnungen gelten. Einige der vorgestellten Verfahren sind besonders einfach und damit leicht aus dem Gedächtnis nachvollziehbar.

H. Danielsson, *Magische Quadrate und ihre Konstruktion*,
https://doi.org/10.1007/978-3-662-70448-6_5

5.1.1 Al-Haytham

Auf Ibn al-Haytham (ca. 965 – 1041) geht eine der ältesten Methoden zurück, die in arabischen Quellen nachzuweisen ist.[1,2] Dabei werden zunächst die natürlichen Zahlen von 1 bis n^2 in das Quadrat geschrieben und die Zahlen in den mittleren Zellen des Randes durch Linien miteinander verbunden. Die $\frac{n^2-1}{2}$ innerhalb dieser Raute liegenden Zahlen bleiben unverändert.

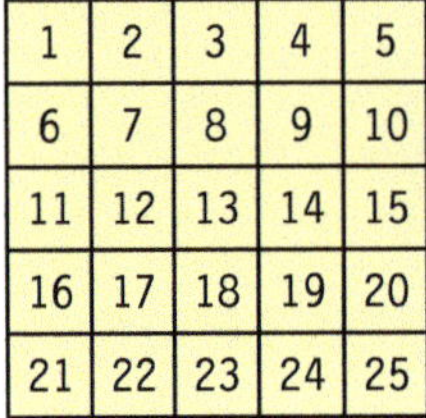

1	2	3	4	5
6	7	8	9	10
11	12	13	14	15
16	17	18	19	20
21	22	23	24	25

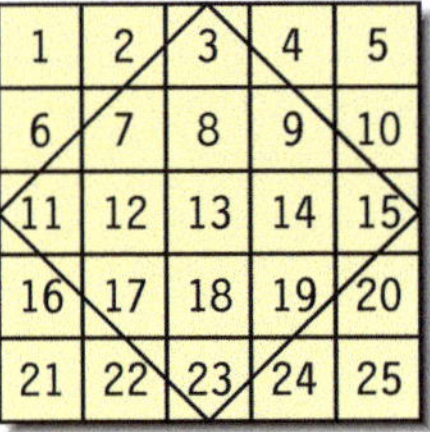

1	2	3	4	5
6	7	8	9	10
11	12	13	14	15
16	17	18	19	20
21	22	23	24	25

Abb. 5.1 Ausgangsquadrat in natürlicher Anordnung (Schritte 1 und 2)

Außerhalb der Raute liegen vier Dreiecke, die aus jeweils $\frac{n^2-1}{8}$ Zahlen bestehen. Diese werden gemeinsam auf neue Positionen bewegt. Die Zahlen in jeder Dreiecksgruppe bleiben dabei relativ zueinander gesehen unverändert. Die Zahlen des linken oberen Dreiecks wandern auf die diagonal entgegengesetzte Seite des Quadrates und werden auf den Gitterkreuzen rechts unterhalb der Quadratmitte platziert. Entsprechend wandern die Zahlen des rechten oberen Dreiecks auf die Gitterkreuzpositionen links unterhalb der Mittelzelle des Quadrates. Ebenso werden die Zahlen des linken unteren Dreiecks nach rechts oben und die Zahlen des rechten unteren Dreiecks nach links oben verschoben.

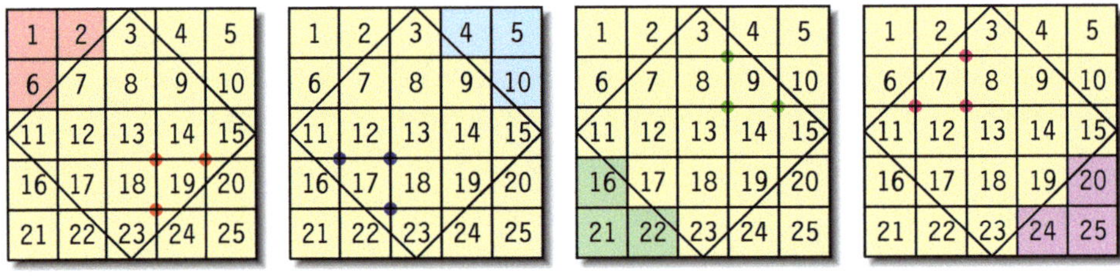

Abb. 5.2 Verschieben der Zahlen in den Eckdreiecken (Schritte 3 bis 6)

Wenn alle Dreieckszahlen verschoben sind, erkennt man die Raute in Abbildung 5.3. Abschließend muss das Quadrat nur noch etwas gedreht werden und es ergibt sich ein symmetrisches magisches Quadrat.

[1] Sesiano [513] S. 189 – 190 und Sesiano [519] S. 27 – 29

[2] Diese Methode wird manchmal fälschlicherweise auch als Dreieck-Parallelogramm-Methode von Fults bezeichnet, siehe Fults [158] S. 17 – 19

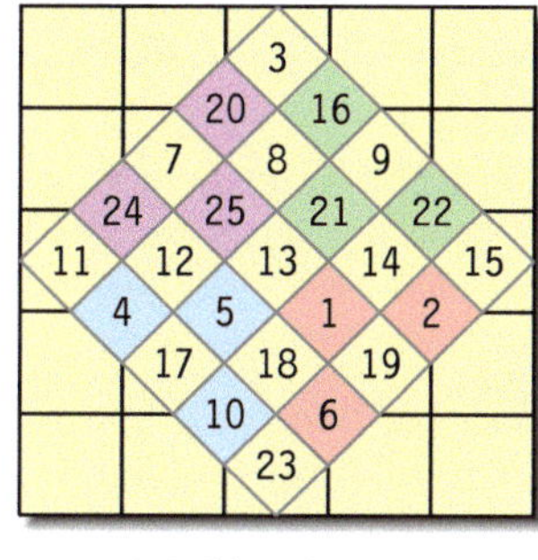

a) Zahlen als Raute

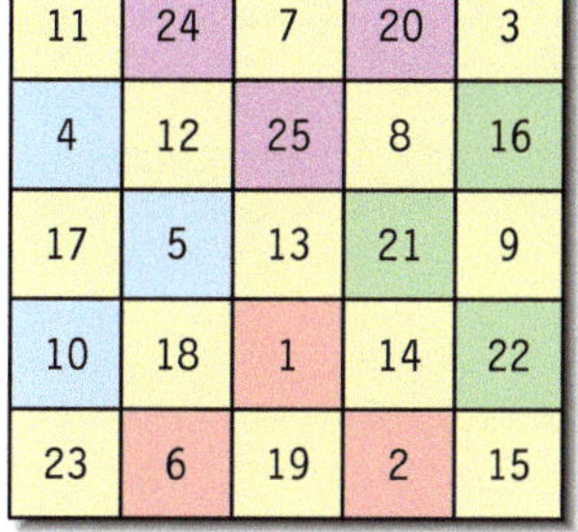

b) magisches Quadrat

Abb. 5.3 Symmetrisches magisches Quadrat der Ordnung 5 (Al-Haytham)

5.1.2 Moschopoulos 1

Ein sehr einfaches Verfahren für magische Quadrate ungerader Ordnung ist unter dem Namen *Moschopoulos* bekannt. Allerdings war Manuel Moschopoulos (ca. 1265 – 1315) kein Mathematiker, sondern vielmehr ein Literat und Übersetzer. Seiner auf Griechisch verfassten Übersetzung ist zu verdanken, dass die als Ergebnis islamischer Forschungen entstandenen Verfahren ihren Weg nach Europa fanden.

In Europa wurden diese Quadrate erst 1533 zum ersten Mal veröffentlicht, als Cornelius Agrippa von Nettesheim in seinem berühmten Buch *De Occulta Philosophia Libri Tres* den magischen Quadraten der Ordnungen 3 bis 9 die damals bekannten „Planeten" zuordnete. Für die Ordnungen 5 (Mars), 7 (Venus) und 9 (Mond) wählte er die nach dem Moschopoulos-Verfahren entstandenen Quadrate.[3] Aber auch danach blieben sie weithin unbekannt, und erst Philippe de la Hire (1640 – 1718) übersetzte die Abhandlung von Moschopoulos ins Lateinische.

Heutzutage weiß man aus einer Schrift eines unbekannten Autors aus dem 12. Jahrhundert, dass das unter dem Namen *Moschopoulos* bekannte Verfahren eigentlich von Ibn al-Haytham (ca. 965 – 1041) stammt.[4]

Moschopoulos hat mehrere Verfahren beschrieben, um magische Quadrate zu konstruieren. Das hier vorgestellte Verfahren erzeugt magische Quadrate für alle ungeraden Ordnungen n und war in den Jahren nach seiner Entstehung aufgrund der Einfachheit das gebräuchlichste Verfahren und kann folgendermaßen beschrieben werden.

- Setze die erste Zahl in die Zelle direkt unterhalb des mittleren Feldes des Quadrates.

[3] Agrippa [4] S. 149 – 153

[4] Sesiano [513] S. 187 – 189, Sesiano [520] S. 180 – 183, Sesiano [519] S. 23 – 27

- Bestimme das nächste Feld, indem du eine Zeile nach unten und eine Spalte nach rechts gehst.
- Nach genau n Schritten gelangst du auf ein bereits belegtes Feld. Dann führe stattdessen einen Zwischenschritt durch, der dich vom letzten belegten Feld aus zwei Zeilen nach unten führt.

Dieser Algorithmus soll $n = 5$ etwas genauer beschrieben werden. Zu Beginn wird die Zahl 1 in das Feld direkt unterhalb der Mitte des Quadrates platziert. Für die zweite Zahl muss man eine Spalte nach rechts und eine Zeile nach unten wandern. Ebenso für die dritte Zahl und erhält aber eine Position, die außerhalb des Quadrates liegt. Da man die Zeilen und Spalten zyklisch betrachtet, kann man zu dieser Zeilennummer die Ordnung des Quadrates modulo n addieren und erhält wieder eine Zeilennummer, die innerhalb des Quadrates liegt. Anschaulich wandert man dabei in der gleichen Spalte um das Quadrat herum und macht am entgegengesetzten Ende weiter.

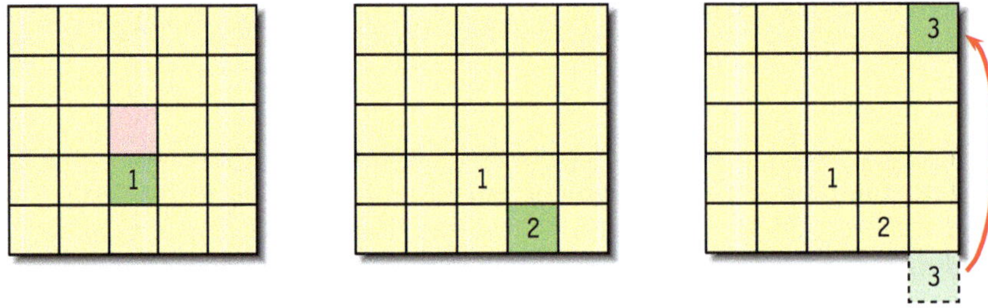

Abb. 5.4 Hauptschritte bei der Methode von Moschopoulos (Schritte 1 bis 3)

Mit dem vierten Schritt gibt es wieder ein kleines Problem, da man nach rechts aus dem Quadrat heraus gewandert ist.

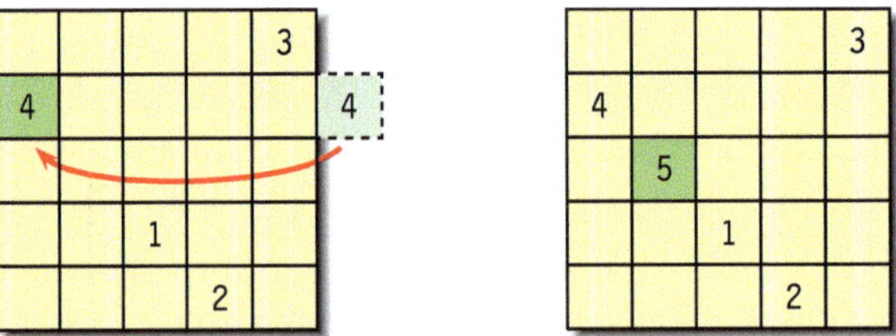

Abb. 5.5 Hauptschritte bei der Methode von Moschopoulos (Schritte 4 und 5)

Damit ist die erste Gruppe von fünf Zahlen eingetragen. Die nächste Zahl bereitet aber bereits wieder ein neues Problem, da man mit der Zahl 6 auf das schon mit der Zahl 1 belegte Feld gelangen würde. An dieser Stelle muss die vorgegebene Schrittfolge mit einem Zwischenschritt abgeändert werden, indem man einfach vom letzten belegten Feld aus zwei Zeilen nach unten ausweicht.

				3
4				
	5			
		1		
	6		2	

				3
4				
	5			
		1		
	6		2	

Abb. 5.6 Zwischenschritt bei der Methode von Moschopoulos

Mit diesem Schema kann man jetzt mit den nächsten Zahlen (6, 7, 8, 9, 10) fortfahren, nach denen wieder ein Zwischenschritt eingelegt werden muss. Nach den weiteren Sequenzen (11, 12, 13, 14, 15), (16, 17, 18, 19, 20) und (21, 22, 23, 24, 25) ist dann das gesamte Quadrat mit den Zahlen $1, 2, \ldots, n^2$ gefüllt ist.

11	24	7	20	3
4	12	25	8	16
17	5	13	21	9
10	18	1	14	22
23	6	19	2	15

Abb. 5.7 Symmetrisches magisches Quadrat der Ordnung 5 (Moschopoulos)

Wie alle Verfahren, die hier vorgestellt werden, ist die Methode von Moschopoulos auf höhere Ordnungen übertragbar. Es entstehen immer symmetrische magische Quadrate. In Abbildung 5.8 sind die Quadrate für die Ordnungen $n = 7$ und $n = 9$ angegeben.

22	47	16	41	10	35	4
5	23	48	17	42	11	29
30	6	24	49	18	36	12
13	31	7	25	43	19	37
38	14	32	1	26	44	20
21	39	8	33	2	27	45
46	15	40	9	34	3	28

37	78	29	70	21	62	13	54	5
6	38	79	30	71	22	63	14	46
47	7	39	80	31	72	23	55	15
16	48	8	40	81	32	64	24	56
57	17	49	9	41	73	33	65	25
26	58	18	50	1	42	74	34	66
67	27	59	10	51	2	43	75	35
36	68	19	60	11	52	3	44	76
77	28	69	20	61	12	53	4	45

Abb. 5.8 Symmetrische magische Quadrate der Ordnungen 7 und 9 (Moschopoulos)

Variation der Startposition

Der Vorteil der Methode von Moschopoulos liegt in seiner großen Einfachheit, sodass es leicht nachzuvollziehen ist. Was passiert aber, wenn man die Startposition wechselt? Die Antwort ist in diesem Fall ganz eindeutig: Es gibt keine weiteren Startpositionen, die ein magisches Quadrat erzeugen. Nur die Startposition direkt unterhalb der mittleren Zelle erzeugt bei einer solchen Diagonalbewegung ein magisches Quadrat, das zudem noch symmetrisch ist.

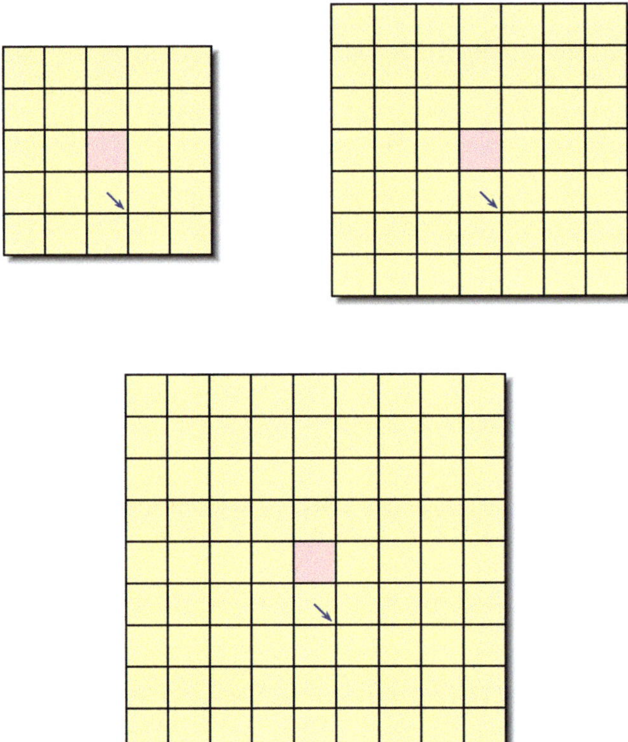

Abb. 5.9 Mögliche Startpunkte für die Ordnungen 5, 7 und 9

Variation der Richtung

Völlig anders sieht die Situation aus, wenn die Richtung variiert wird und alle vier Diagonalrichtungen zugelassen werden. Dann gibt es deutlich mehr Startpositionen, von denen aus ein magisches Quadrat erzeugt werden kann. Abbildung 5.10 zeigt die Ergebnisse.

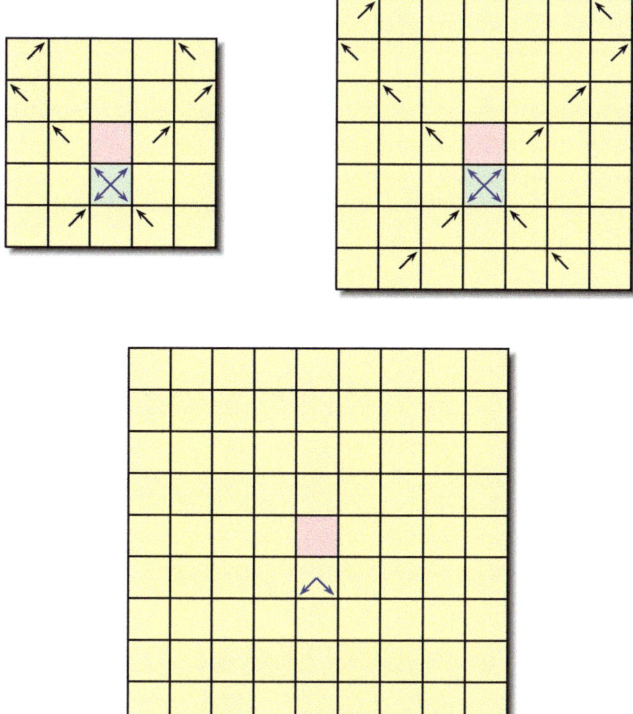

Abb. 5.10 Mögliche Startpunkte bei beliebigen Richtungen

Zunächst fällt für $n = 5$ und $n = 7$ auf, dass bis auf zwei Ausnahmen alle Bewegungen aufwärts gerichtet sind. Zudem liegen die Startpunkte für die aufwärts gerichteten Bewegungen direkt unterhalb der Hauptdiagonalen und die der abwärts gerichteten Bewegungen direkt unterhalb der Nebendiagonalen. Damit ist sichergestellt, dass beim Füllen des Quadrates die mittlere Zahlenfolge auf einer der Diagonalen liegt. Um zu dieser Zahlensequenz zu gelangen, sind genau $\frac{n-1}{2}$ Zwischenschritte erforderlich, sodass sich die Startspalte dieser Zahlensequenz $\frac{n-1}{2}$ Spalten weiter links oder rechts befindet. Bei jedem Zwischenschritt weicht man jeweils um zwei Zeilen nach unten aus und außerdem endet die letzte Zahl einer Sequenz von n Zahlen auch jeweils eine Zeile unterhalb der Startzahl der vorhergehenden Sequenz. Also verschieben sich die Zeilen der Startzahlen mit jeder Sequenz und jeweils drei Zeilen nach unten. Insgesamt ergibt sich für die Änderung der Zeilen

$$\frac{n-1}{2} \cdot (-3) = \frac{-3n+3}{2} = \frac{-3n+1}{2} + 1 = -\frac{3n-1}{2} + 1 \equiv -\frac{n-1}{2} + 1$$

Dieser Wert ist um 1 größer als die Änderung der Spalten, sodass die Startzahl der mittleren Sequenz immer auf eine Diagonale fällt und damit alle Zahlen dieser Sequenz auf dieser Diagonalen liegen.

Für $n = 9$ sowie für alle durch 3 teilbaren Ordnungen gelten diese Überlegungen allerdings nicht. Durch die relative Verschiebung der Startzeilen um 3, beginnt die zweite Zahlensequenz drei Zeilen tiefer, die dritte sechs Zeilen tiefer und die darauffolgende Zahlensequenz wieder in der gleichen Zeile wie bei der ersten Zahlensequenz. Dadurch werden die Zahlensequenzen nicht gleichmäßig auf das Quadrat verteilt, sodass nicht überall die magische Summe entstehen kann. Bei allen Ordnungen, die ein Vielfaches von 3 sind, erzeugen nur die beiden abwärts gerichteten Bewegungen ein magisches Quadrat.

Variation des Zwischenschrittes

Eine weitere Möglichkeit besteht darin, auch den Zwischenschritt zu verändern. Das Verfahren von Moschopoulos arbeitet mit $(0, -2)$. Dies ist aber genau der Schritt, um von der letzten Zahl eingetragenen Zahl n^2 zur Zahl 1 zu gelangen, wie man an Beispiel 1 der Abbildung 5.11 erkennt. Da auch die Mittelzahl 13 in der mittleren Zelle liegt, wird genau durch diese Wahl erreicht, dass das magische Quadrat symmetrisch ist. Diese Symmetrie ist auch in den anderen beiden Beispielen dieser Abbildung zu erkennen.

11	24	7	20	3
4	12	25	8	16
17	5	13	21	9
10	18	1	14	22
23	6	19	2	15

a) Beispiel 1

11	9	2	25	18
19	12	10	3	21
22	20	13	6	4
5	23	16	14	7
8	1	24	17	15

b) Beispiel 2

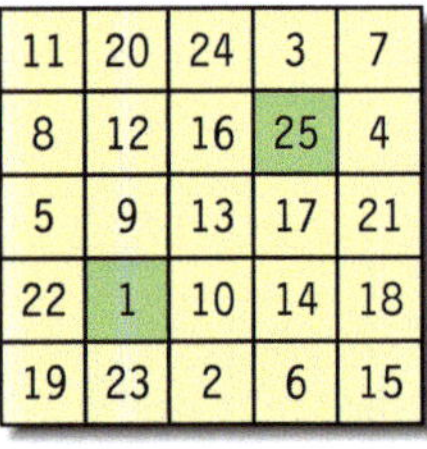

11	20	24	3	7
8	12	16	25	4
5	9	13	17	21
22	1	10	14	18
19	23	2	6	15

c) Beispiel 3

Abb. 5.11 Symmetrische Quadrate der Ordnung 5

Welche neuen Möglichkeiten ergeben sich also, wenn man den Zwischenschritt so wählt, dass die letzte Zahl n^2 genau symmetrisch zur Startzahl 1 liegt? Abbildung 5.12 zeigt das Ergebnis für die Ordnungen 5, 7 und 9.

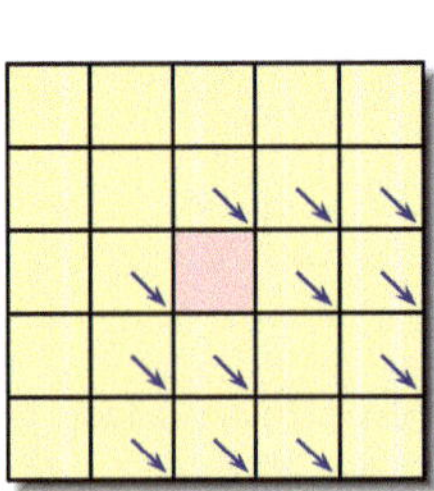

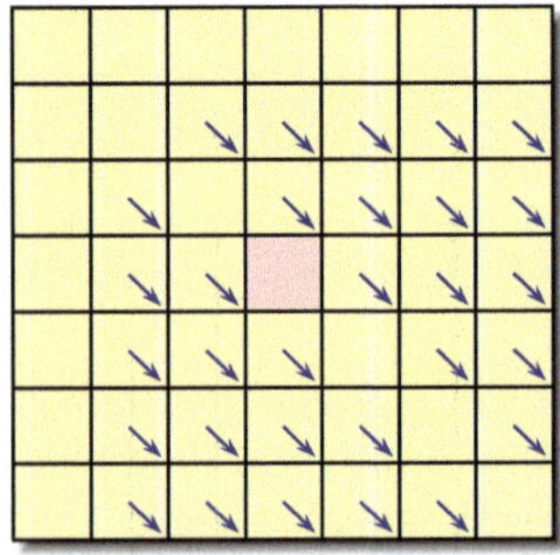

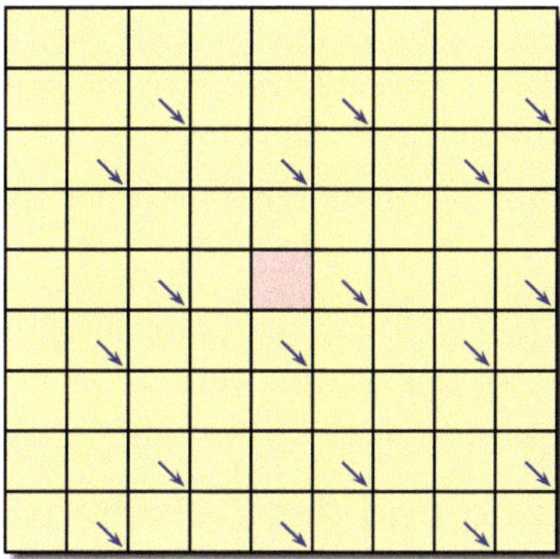

Abb. 5.12 Mögliche Startpunkte bei angepasstem Zwischenschritt

In jedem der durch einen Pfeil markierten Zellen kann mit der Originalbewegung $(1, -1)$ gestartet werden, wobei jeweils ein symmetrisches magisches Quadrat erzeugt wird.

Dabei fällt auf, dass die Anzahl der möglichen Startpunkte für die Ordnung $n = 9$ eingeschränkt ist. Eine kurze Analyse der Rahmenbedingungen liefert aber schnell die Erklärung für diesen Effekt. Durch den vorhandenen Teiler 3 kommt es bei der Anordnung der Zahlen zu Wiederholungen. Daher muss man wie im linken Quadrat der Abbildung 5.13 nicht nur die Zellen der Hauptdiagonalen ausschließen, sondern auch alle Zellen, die sich auf einer Parallelen zu dieser im Abstand 3 befinden.

Diese Überlegung gilt auch für die Zeilen und Spalten. Bei den bisherigen Ordnungen mussten lediglich die linke Spalte und die untere Zeile ausgeschlossen werden. Dies gilt nun auch für alle Parallelen im Abstand 3, wie im rechten Quadrat der Abbildung 5.13 zu erkennen ist. Eine Überlagerung der auszuschließenden Startpunkte dieser beiden Abbildungen lässt nun genau die in Abbildung 5.12 angegebenen Startpunkte über.

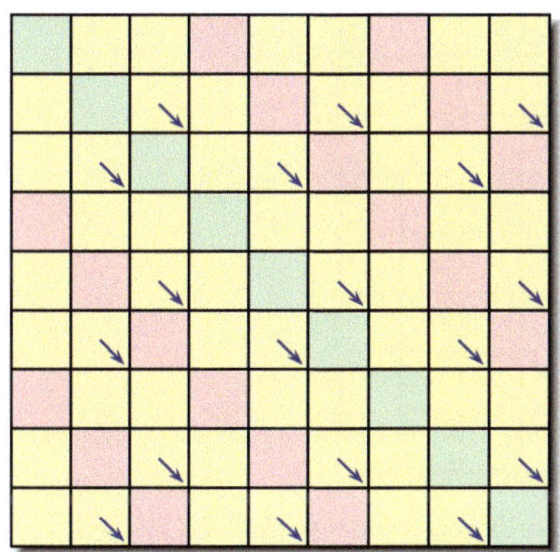

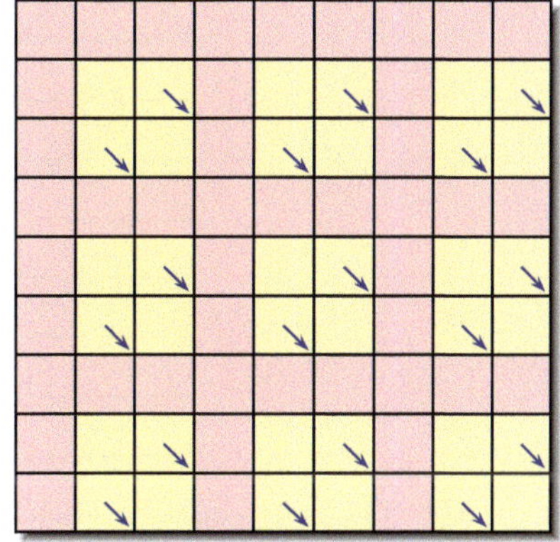

Abb. 5.13 Analyse der möglichen Startpunkte bei angepasstem Zwischenschritt

Bei den Primzahlordnungen ist dieser Effekt bisher nicht zum Tragen gekommen. So ist z. B. bei der Ordnung $n = 7$ die Zahl 7 auch der einzige echte Teiler und Parallelen im Abstand 7 gehören nicht mehr zum Quadrat.

Bei Ordnungen, die durch 3 teilbar sind, müssen aber alle Zellen, die sich auf einer der genannten Parallelen im Abstand des Teilers befinden, ausgeschlossen werden. Während es bei der Ordnung 9 nur einen echten Teiler gibt, existieren bei der Ordnung 15 schon zwei. Dies bedeutet, dass sogar alle Punkte auf den Parallelen mit den Abständen 3 und 5 ausgeschlossen werden müssen.

Variation der Richtung und des Zwischenschrittes

Völlig anders sieht die Situation wieder aus, wenn die Richtung variiert und der Zwischenschritt verändert werden kann. Neben den vier Diagonalrichtungen wird jetzt zugelassen, dass der Zwischenschritt so gewählt wird, dass ein symmetrisches magisches Quadrat entsteht. Mit diesen Freiheiten ergeben sich doch erstaunlich viele Möglichkeiten.

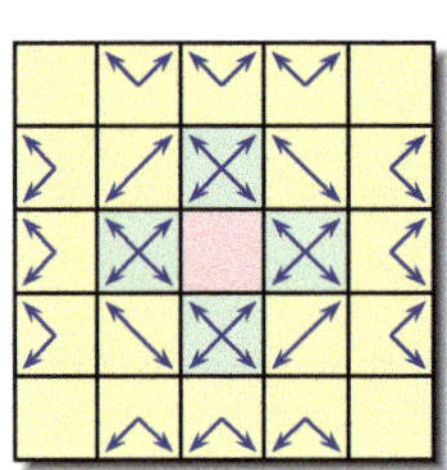

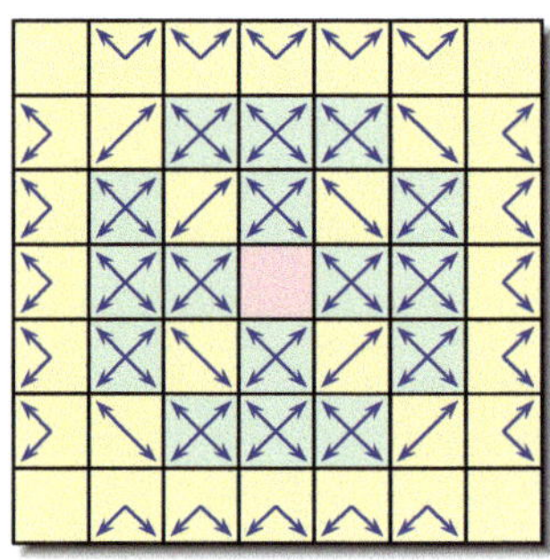

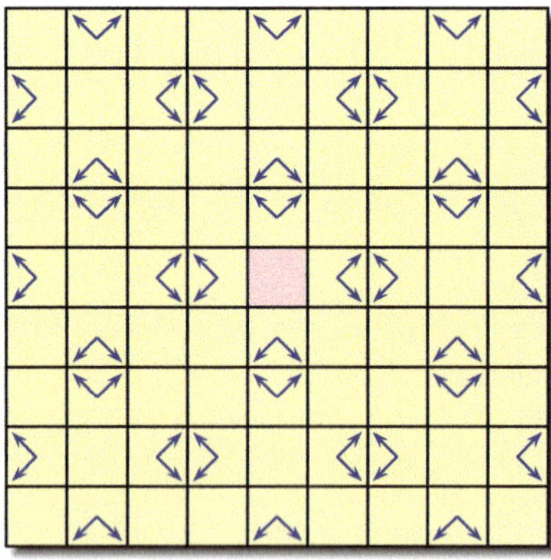

Abb. 5.14 Startpunkte bei allen Richtungen mit angepasstem Zwischenschritt

5.1.3 Moschopoulos 2

Eine hübsche Wanderung ergibt sich mit einem anderen Verfahren, das auch von Moschopoulos beschrieben wurde, wenn man wie ein Springer beim Schachspiel über das Quadrat zieht. Magische Quadrate, die durch ähnliche Springerwanderungen erzeugt wurden, waren in der islamischen Welt des Mittelalters sehr verbreitet.[5] Die hier vorgestellte zweite Methode von Moschopoulos funktioniert bei allen Quadraten mit ungerader Ordnung, wenn die neu berechneten Zeilen und Spalten des Quadrates wie üblich zyklisch zur Seitenlänge gesehen werden. Wenn die Ordnung n nicht durch drei teilbar ist, ergeben sich sogar pandiagonale magische Quadrate.

- Setze die erste Zahl in das mittlere Feld der oberen Zeile.
- Bestimme das nächste Feld, indem du wie ein Springer einen Schritt nach rechts und zwei Schritte nach unten machst.
- Nach genau n Schritten gelangst du auf ein bereits belegtes Feld. Dann führe einen Zwischenschritt durch, der dich vom belegten Feld zyklisch gesehen vier Schritte nach unten führt.

Dieser Algorithmus soll für die Ordnung $n = 5$ genauer beschrieben werden. Zu Beginn platziert man die Zahl 1 in das mittlere Feld der oberen Zeile und vollzieht die ersten vier Springerzüge.

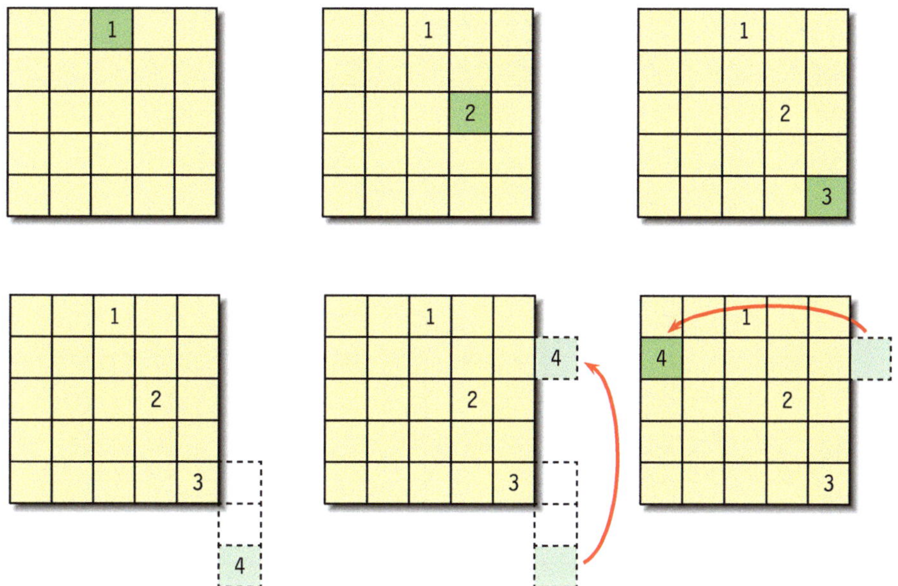

Abb. 5.15 Hauptschritte bei der zweiten Methode von Moschopoulos

[5] Sesiano [519] S. 35–42

Nun wird die Zahl 5 eingetragen und nach einem weiteren Schritt gelangt man mit der Zahl 6 wieder auf das bereits mit der Zahl 1 belegte Feld. An dieser Stelle muss die vorgegebene Schrittfolge mit einem Zwischenschritt abgeändert werden, indem man einfach vom letzten belegten Feld aus vier Zeilen nach unten ausweicht.

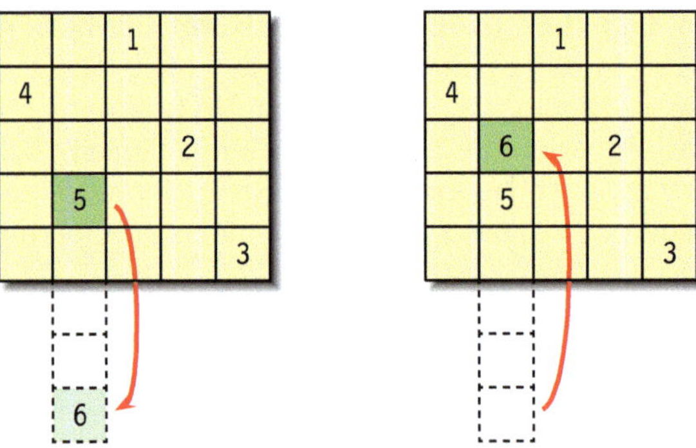

Abb. 5.16 Zwischenschritt bei der zweiten Methode von Moschopoulos

Mit diesem Schema kann man jetzt fortfahren, bis das gesamte Quadrat mit den Zahlen $1, 2, \ldots, n^2$ gefüllt ist. Das Ergebnis ist ein pandiagonales magisches Quadrat.

Diese Methode von Moschopoulos ist auch auf höhere Ordnungen übertragbar. Dabei ist das magische Quadrat siebter Ordnung auch pandiagonal.

10	18	1	14	22
4	12	25	8	16
23	6	19	2	15
17	5	13	21	9
11	24	7	20	3

38	14	32	1	26	44	20
5	23	48	17	42	11	29
21	39	8	33	2	27	45
30	6	24	49	18	36	12
46	15	40	9	34	3	28
13	31	7	25	43	19	37
22	47	16	41	10	35	4

26	58	18	50	1	42	74	34	66
6	38	79	30	71	22	63	14	46
67	27	59	10	51	2	43	75	35
47	7	39	80	31	72	23	55	15
36	68	19	60	11	52	3	44	76
16	48	8	40	81	32	64	24	56
77	28	69	20	61	12	53	4	45
57	17	49	9	41	73	33	65	25
37	78	29	70	21	62	13	54	5

Abb. 5.17 Magische Quadrate der Ordnungen 5, 7 und 9 (Moschopoulos 2)

Variation des Hauptschrittes

Schachspieler werden sofort fragen, was mit den anderen Springerzügen ist. Für diese Antwort soll aber zunächst den Nicht-Schachspielenden erklärt werden, wie sich ein Springer auf dem Schachfeld bewegt. Seine Zugweise wird in Abbildung 5.18 verdeutlicht, wobei der weiße Springer auf die durch die schwarzen Springer markierten Positionen springen kann.

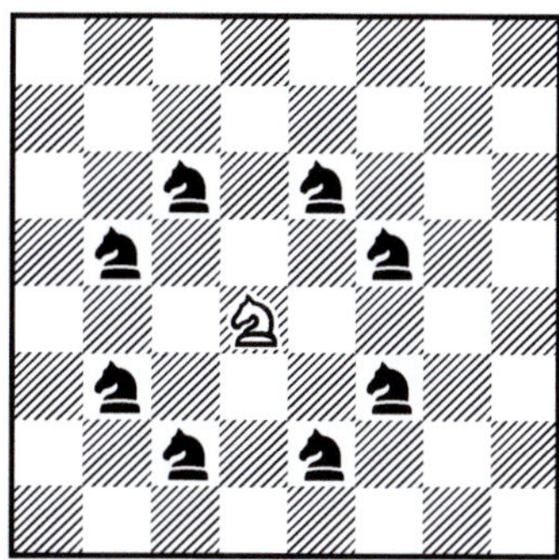

Abb. 5.18 Mögliche Züge des Springers beim Schach

Im Schachspiel nimmt die Anzahl der Möglichkeiten auf den näher zum Rand liegenden Feldern ab. Da das Quadrat hier aber zyklisch betrachtet wird, gibt es von jeder Position aus acht mögliche Züge.

Für den Fall der Ordnung 5 liefern überraschenderweise nur sechs der möglichen Züge ein magisches Quadrat. In Abbildung 5.19 sind die entsprechenden Bewegungen zu erkennen, bei denen die Felder für die Zahl 2 durch einen Springer gekennzeichnet sind.

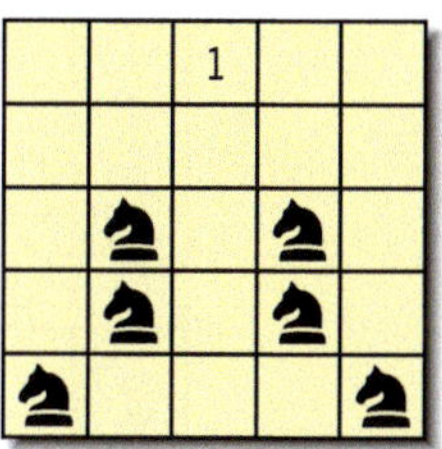

Abb. 5.19 Mögliche Züge des Springers

Allerdings sind wie üblich nicht alle entstehenden Quadrate unterschiedlich. In diesem Falle sind drei der sechs Quadrate nicht äquivalent, z. B. die drei Quadrate, deren erster Zug auf die rechte Seite der vertikalen Achse des Quadrates führt. Die anderen drei Quadrate können durch eine Spiegelung an dieser Achse aus den drei genannten Quadraten erzeugt werden.

Die vollständigen Quadrate sind in Abbildung 5.20 dargestellt. Während alle drei Quadrate symmetrisch sind, ist das mittlere sogar pandiagonal.

23	12	1	20	9
4	18	7	21	15
10	24	13	2	16
11	5	19	8	22
17	6	25	14	3

Hauptschritt: (1, −2)

10	18	1	14	22
11	24	7	20	3
17	5	13	21	9
23	6	19	2	15
4	12	25	8	16

Hauptschritt: (1, 2)

24	15	1	17	8
5	16	7	23	14
6	22	13	4	20
12	3	19	10	21
18	9	25	11	2

Hauptschritt: (2, 1)

Abb. 5.20 Variation des Hauptschrittes

Variation der Startposition

Wie sieht es denn mit einer Änderung der Startposition aus? Nach den Erläuterungen in den vorangegangenen Abschnitten ist klar, dass eventuell entstehende Quadrate bei gleichbleibendem Zwischenschritt nicht unbedingt symmetrisch sein müssen.

Trotzdem weist Abbildung 5.21 eine Vielzahl von Startpositionen auf, die ein magisches Quadrat liefern. Den Hauptschritt erkennt man dabei an der Länge des Pfeiles. Ein kurzer Pfeil repräsentiert eine Schrittlänge von 1, ein langer Pfeil dagegen die Schrittlänge 2. Die besonderen Eigenschaften des entstehenden Quadrates werden durch die Farbe des Pfeiles ausgedrückt. Ein roter Pfeil symbolisiert ein pandiagonales und ein blauer Pfeil ein symmetrisches Quadrat. Besitzt ein magisches Quadrat sogar beide Eigenschaften, ist der Pfeil grün dargestellt. Schwarz ist der Pfeil, wenn das Quadrat keine dieser beiden Eigenschaften besitzt.

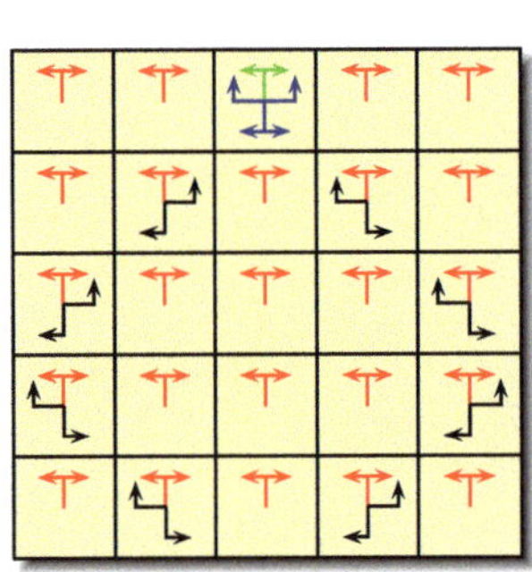

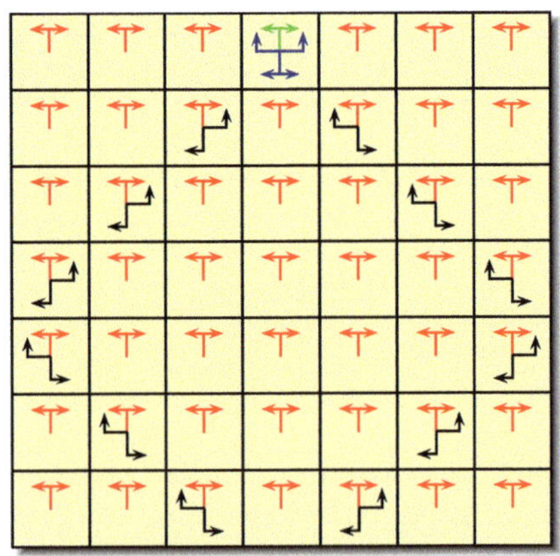

Abb. 5.21 Mögliche Startpunkte für ein magisches Quadrat der Ordnungen 5 und 7

Ein völlig anderes Bild ergibt sich bei der Ordnung $n = 9$. Durch den zusätzlichen Teiler 3 fallen viele Startpunkte weg, wie in Abbildung 5.22 zu erkennen ist.

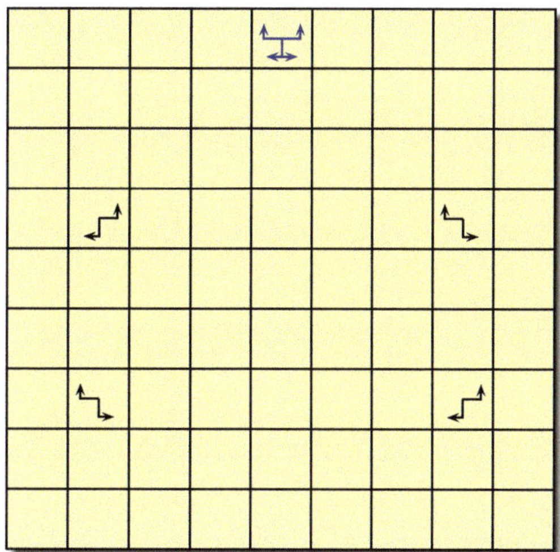

Abb. 5.22 Mögliche Startpunkte für ein magisches Quadrat der Ordnung 9

Variation des Zwischenschrittes

Es lässt sich sogar der Zwischenschritt so der Startposition anpassen, dass das entstehende Quadrat immer symmetrisch ist. Dies ist zwar nicht bei jeder Startposition und jeder Bewegungsrichtung gegeben, doch ist die Anzahl der Möglichkeiten ziemlich groß, wie in Abbildung 5.23 für die Ordnungen 5 und 7 zu erkennen ist. Für die Ordnung $n = 7$ existieren sogar acht farbig markierte Startpunkte, für die bei jeder Richtung ein magisches Quadrat erzeugt wird. Diese Felder sind besonders markiert.

Abb. 5.23 Mögliche Startpunkte für diese Methode mit angepasstem Zwischenschritt

Ein anderes Bild ergibt wieder die Ordnung $n = 9$, auch wenn es doch deutlich mehr Startpunkte als sonst bei dieser Ordnung gibt, wie in Abbildung 5.24 zu erkennen ist.

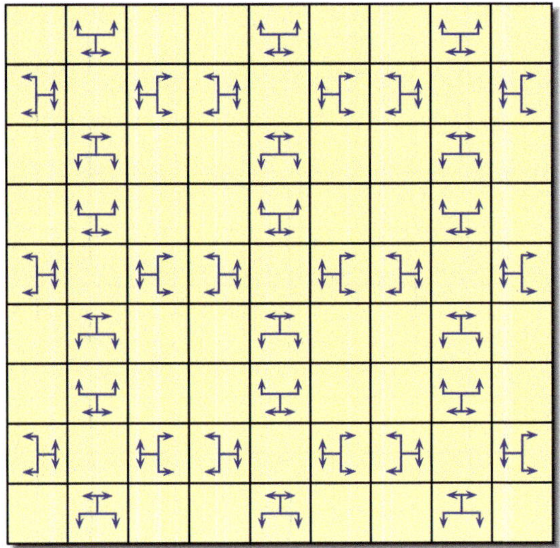

Abb. 5.24 Mögliche Startpunkte bei angepasstem Zwischenschritt

5.1.4 Bachet de Méziriac

Diese Lösung, manchmal auch Pyramidenlösung oder Terrassenlösung genannt, wird häufig Bachet de Méziriac (1581-1638) zugeschrieben, der sie 1624 veröffentlichte.[6] Allerdings konnte man sie schon 1562 in einem Buch von François Spinula finden. Außerdem erwähnt Labosne in der Ausgabe von 1884, dass die charakteristische Figur zur Konstruktion des Quadrates bereits in einem Buch von Diego Palomino erwähnt wird, das 1599 in Madrid erschienen ist.[7] Dies ist wohl leider nicht weiter überprüfbar, da Ahrens hierzu bemerkt, dass er dieses Buch trotz intensiver Suche in keiner Bibliothek entdecken konnte.[8]

Das Verfahren zeigt große Ähnlichkeiten zu einer Methode, die auf Muhammad al-Asfizari aus dem 11. Jahrhundert zurückgeht.[9] Es sieht also wohl so aus, dass Bachet de Méziriac nicht der Urheber dieser Methode ist. Trotzdem kommt ihm das Verdienst zu, diese Methode bekannt gemacht zu haben.

[6] Bachet de Méziriac [29] S. 162 – 165, Spinula [537] S. 81 – 82

[7] Bachet-Labosne [30] S. 92

[8] Ahrens [10] S. 28

[9] Sesiano [519] S. 33 – 34, Sesiano [526] S. 39, Sesiano [515] S. 200, siehe Kapitel 5.1.21 Seite 195 ff.

Man schreibt n^2 Zahlen der Größe nach in Diagonalen, wobei jeweils n Zahlen, in diesem Beispiel also 5, eine Diagonale bilden. Danach wird das eigentliche Quadrat der Größe n markiert. Die mittlere Zahl dient als Anhaltspunkt, da sie in der Mitte des Quadrates liegen muss. Bei der Ordnung $n = 5$ mit den Zahlen $1, 2, \ldots, 25$ wäre dies also die Zahl 13.

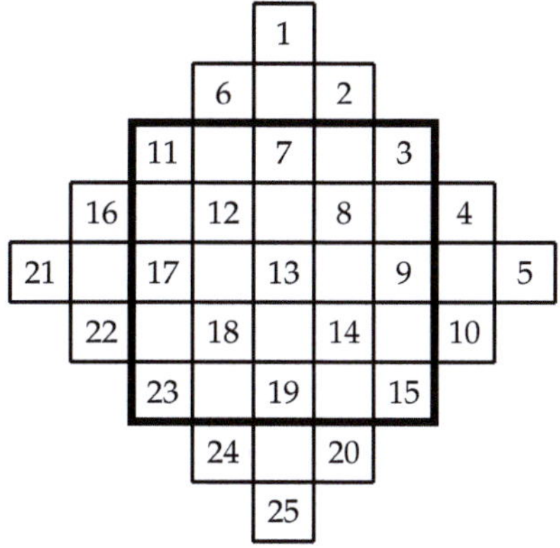

Abb. 5.25 Diagonalmuster für das Verfahren von Bachet de Méziriac

Abschließend werden die außerhalb des Quadrates liegenden Zahlen auf ihre richtige Position im Quadrat verschoben. Diese Position ist durch die zyklische Sichtweise der Zeilen und Spalten eindeutig bestimmt. Rechnerisch erhält man sie ganz einfach, indem man bei einer zu großen Zeilen- oder Spaltennummer einfach die Ordnung n des Quadrates subtrahiert.

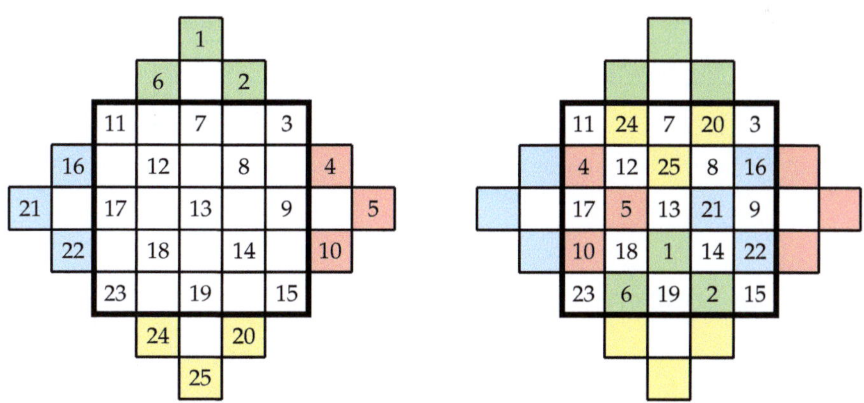

Abb. 5.26 Konstruktion eines magischen Quadrates nach Bachet de Méziriac

Das auf diese Weise konstruierte Quadrat ist in Abbildung 5.27 zu sehen.

11	24	7	20	3
4	12	25	8	16
17	5	13	21	9
10	18	1	14	22
23	6	19	2	15

Abb. 5.27 Symmetrisches magisches Quadrat der Ordnung 5 (Bachet de Méziriac)

Wer nun glaubt, dass er weitere Quadrate erzeugen könne, indem er die Zahlenfolge an einem anderen Eckpunkt beginnt oder die Richtung der Diagonalen verändert, wird leider enttäuscht werden. Zwar entsteht auch dann ein magisches Quadrat, aber es wird äquivalent zu dem magischen Quadrat aus Abbildung 5.27 sein.

Diese Methode von Bachet de Méziriac ist auf beliebige ungerade Ordnungen übertragbar. Zwei mit dieser Methode erzeugte magische Quadrate der Ordnungen 7 und 9 sind in Abbildung 5.28 dargestellt. Sie sind symmetrisch, wie alle Quadrate, die mit dieser Methode konstruiert werden.

22	47	16	41	10	35	4
5	23	48	17	42	11	29
30	6	24	49	18	36	12
13	31	7	25	43	19	37
38	14	32	1	26	44	20
21	39	8	33	2	27	45
46	15	40	9	34	3	28

37	78	29	70	21	62	13	54	5
6	38	79	30	71	22	63	14	46
47	7	39	80	31	72	23	55	15
16	48	8	40	81	32	64	24	56
57	17	49	9	41	73	33	65	25
26	58	18	50	1	42	74	34	66
67	27	59	10	51	2	43	75	35
36	68	19	60	11	52	3	44	76
77	28	69	20	61	12	53	4	45

Abb. 5.28 Symmetrische magische Quadrate der Ordnungen 7 und 9 (Bachet de Méziriac)

5.1.5 De La Loubère

Eine sehr einfache Methode wird häufig *de la Loubère* zugeschrieben[10], was aber nicht der Wahrheit entspricht. Simon de la Loubère, der sich 1687/88 als Gesandter des französischen Königs in Siam aufhielt, versuchte auf der Rückreise ein magisches Quadrat

[10] de la Loubère [349] S. 334 – 341

nach der Methode von Bachet de Méziriac zu erzeugen. Dabei zeigte ihm ein Mitreisender eine einfachere Methode, die dieser in Indien kennengelernt hatte und dessen Entstehungsdatum einige hundert Jahre zurückdatiert werden kann.[11]

- Setze die erste Zahl in das mittlere Feld der oberen Zeile.
- Bestimme das nächste Feld, indem du eine Zeile nach oben und eine Spalte nach rechts gehst.
- Nach genau n Schritten gelangst du auf ein bereits belegtes Feld. Dann führe stattdessen einen Zwischenschritt durch, der dich vom letzten belegten Feld aus eine Zeile nach unten führt.

Der Algorithmus soll jetzt für die Ordnung $n = 5$ etwas genauer vorgestellt werden. Zu Beginn schreibt man die Zahl 1 in das mittlere Feld der oberen Zeile. Für die zweite Zahl muss man eine Spalte nach rechts und eine Zeile nach oben wandern und erhält eine Position, die außerhalb des Quadrates liegt. Da die Zeilen und Spalten aber zyklisch betrachtet werden, kann man von der erhaltenen Zeilennummer die Ordnung des Quadrates subtrahieren und erhält eine Zeilennummer, die innerhalb des Quadrates liegt. Anschaulich wandert man dabei in der gleichen Spalte um das Quadrat herum und macht am entgegengesetzten Ende weiter.

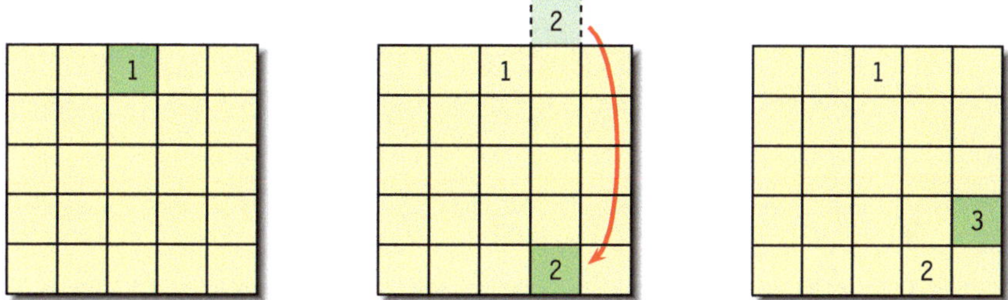

Abb. 5.29 Hauptschritte bei der Methode von de la Loubère (Schritte 1 bis 3)

Mit dem vierten Schritt gibt es wieder ein kleines Problem, da man nach rechts aus dem Quadrat heraus gewandert ist. Aber auch dieses Problem wird durch die zyklische Betrachtung der Spalten gelöst.

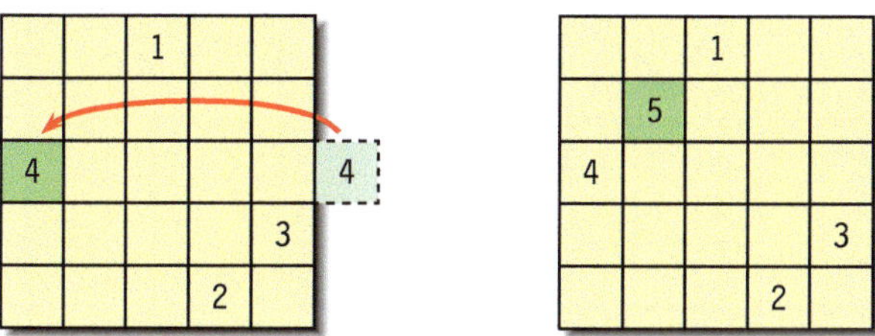

Abb. 5.30 Hauptschritte bei der Methode von de la Loubère (Schritte 4 und 5)

[11] de la Loubère [349] S. 298, siehe auch Cammann [68] S. 275 – 277

Damit ist die erste Gruppe von fünf Zahlen richtig positioniert. Die nächste Zahl bereitet aber bereits wieder ein neues Problem, da man mit der Zahl 6 auf das schon durch die Zahl 1 belegte Feld gelangen würde. An dieser Stelle muss die vorgegebene Schrittfolge mit einem Zwischenschritt abgeändert werden, indem man einfach vom letzten belegten Feld aus eine Zeile nach unten ausweicht.

		6		
	5			
4	6			
				3
			2	

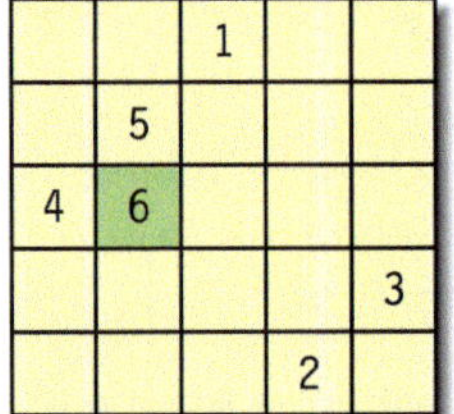

		1		
	5			
4	6			
				3
			2	

Abb. 5.31 Zwischenschritt bei der Methode von de la Loubère

Nach diesem Schema kann man jetzt fortfahren, bis das gesamte Quadrat mit den Zahlen $1, 2, \ldots, n^2$ gefüllt ist.

17	24	1	8	15
23	5	7	14	16
4	6	13	20	22
10	12	19	21	3
11	18	25	2	9

Abb. 5.32 Magisches Quadrat der Ordnung 5 (de la Loubère)

Die Methode von de la Loubère ist auf beliebige höhere ungerade Ordnungen übertragbar. In Abbildung 5.33 sind die Quadrate für die Ordnungen $n = 7$ und $n = 9$ dargestellt.

30	39	48	1	10	19	28
38	47	7	9	18	27	29
46	6	8	17	26	35	37
5	14	16	25	34	36	45
13	15	24	33	42	44	4
21	23	32	41	43	3	12
22	31	40	49	2	11	20

47	58	69	80	1	12	23	34	45
57	68	79	9	11	22	33	44	46
67	78	8	10	21	32	43	54	56
77	7	18	20	31	42	53	55	66
6	17	19	30	41	52	63	65	76
16	27	29	40	51	62	64	75	5
26	28	39	50	61	72	74	4	15
36	38	49	60	71	73	3	14	25
37	48	59	70	81	2	13	24	35

Abb. 5.33 Magische Quadrate der Ordnungen 7 und 9 (de la Loubère)

Variation der Startposition

Nach dem Erfolg mit der Methode von de la Loubère wird man sich sofort fragen, ob sich nicht weitere Quadrate erzeugen lassen, wenn man eine andere Startposition als bisher wählt. Die Antwort ist in Abbildung 5.34 zu erkennen und lautet: *„mit Einschränkungen ja"*.

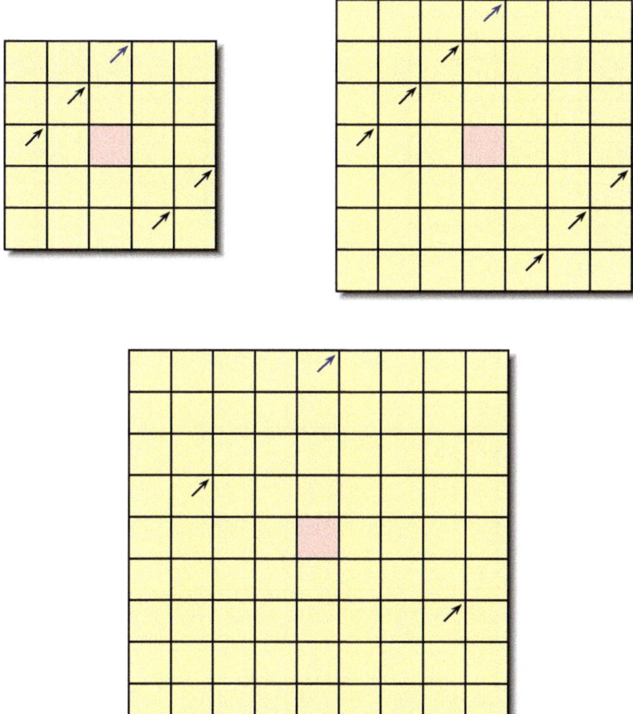

Abb. 5.34 Mögliche Startpunkte für magische Quadrate der Ordnungen 5, 7 und 9

Jeder Pfeil bedeutet, dass die Methode von de la Loubère für diese Startposition und die angezeigte Richtung ein magisches Quadrat erzeugt. Bei Ordnungen wie $n = 5$ und $n = 7$ gibt es in jeder Zeile eine solche Startposition, die alle auf einer nach rechts oben verlaufenden Diagonalen liegen. In magischen Quadraten mit Ordnungen, die durch 3 teilbar sind, wie zum Beispiel $n = 9$, ist allerdings nur jede dritte Startzelle geeignet.

Die Startposition in der oberen Zeile ist zudem die einzige, die ein symmetrisches Quadrat erzeugt. Nur hier ist sichergestellt, dass die mittlere Folge von n Zahlen in der linken unteren Ecke beginnt. Damit liegt dann der Median aller Zahlen in der absoluten Mitte des Quadrates, welches die unverzichtbare Bedingung für ein symmetrisches Quadrat ist. Weiterhin werden bei verschiedenen Startpunkten völlig unterschiedliche Quadrate erstellt. Keines dieser Quadrate kann durch Drehungen oder Spiegelungen ineinander überführt werden.

Drei der auf diese Art erzeugten Quadrate sind in Abbildung 5.35 zu sehen, wobei in allen Fällen in der zweiten Spalte direkt oberhalb der mittleren Zeile begonnen wurde.

18	25	2	9	11
24	1	8	15	17
5	7	14	16	23
6	13	20	22	4
12	19	21	3	10

32	41	43	3	12	21	23
40	49	2	11	20	22	31
48	1	10	19	28	30	39
7	9	18	27	29	38	47
8	17	26	35	37	46	6
16	25	34	36	45	5	14
24	33	42	44	4	13	15

50	61	72	74	4	15	26	28	39
60	71	73	3	14	25	36	38	49
70	81	2	13	24	35	37	48	59
80	1	12	23	34	45	47	58	69
9	11	22	33	44	46	57	68	79
10	21	32	43	54	56	67	78	8
20	31	42	53	55	66	77	7	18
30	41	52	63	65	76	6	17	19
40	51	62	64	75	5	16	27	29

Abb. 5.35 Magische Quadrate der Ordnungen 5, 7 und 9 mit verschiedenen Startpunkten

Variation der Richtung

Nachdem eine Änderung der Startposition wirklich unterschiedlich Quadrate ergibt, wird man sofort versucht sein, auch die Richtung zu ändern. Warum sich immer von Zahl zu Zahl nach rechts oben bewegen, wo es doch drei andere diagonale Richtungen gibt.

Das überraschende Ergebnis mit möglichen Startpunkten und hierzu geeigneten diagonalen Richtungen ist in Abbildung 5.36 zu sehen und bedarf einiger weiterer Erläuterungen.

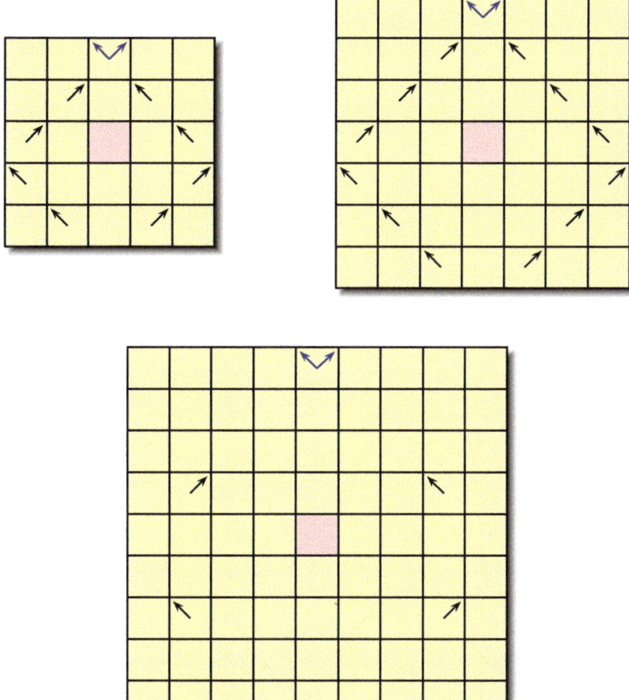

Abb. 5.36 Mögliche Startpunkte mit anderen Richtungen (Ordnungen 5, 7 und 9)

Zunächst einmal fällt auf, dass keine abwärts gerichtete Bewegung zu einem magischen Quadrat führt. Das ist aber gar nicht so überraschend, da bei diesen Bewegungen die mittlere Folge von n Zahlen nicht auf die Hauptdiagonale fällt und damit sicher kein magisches Quadrat entstehen kann. Dafür müsste auch zusätzlich ein anderer Startpunkt gewählt werden. Allerdings würden dann auch nur Quadrate entstehen, die zu den durch die hier beschriebenen Startpunkte festgelegten Quadrate symmetrisch liegen.

Leider zeigt sich dieser Effekt auch bei den Bewegungen, die diagonal nach links oben verlaufen. Alle so entstehenden Quadrate kann man auch aus den bisherigen Quadraten durch eine Spiegelung an der vertikalen Achse erhalten. Damit kann man also durch eine Änderung der Richtung keine weiteren magischen Quadrate erzeugen.

Variation des Zwischenschrittes

Für eine Änderung des Zwischenschrittes überlegt man sich, warum man bei der Methode von de la Loubère gerade den Zwischenschritt $(0, -1)$ ausführt. Ein Blick auf das linke Quadrat in Abbildung 5.37 gibt die Antwort. Dieser Zwischenschritt muss nach jeder Folge von n Zahlen ausgeführt werden. Also auch nach den letzten Zahlen $21, 22, \ldots, 25$, wenn man danach wieder zum Beginn des ersten Blocks mit den Zahlen $1, 2, \ldots, 5$ kommen möchte.

Diese beiden Zellen liegen symmetrisch zur Mittelzelle, und man gelangt mit dem Schritt $(0, -1)$ wieder zum Beginn der eingetragenen Zahlen.

17	24	1	8	15
23	5	7	14	16
4	6	13	20	22
10	12	19	21	3
11	18	25	2	9

3	16	9	22	15
20	8	21	14	2
7	25	13	1	19
24	12	5	18	6
11	4	17	10	23

Abb. 5.37 Symmetrische magische Quadrate der Ordnung 5

Dieses Prinzip wird nun auf weitere Quadrate übertragen. Will man etwa wie im rechten Quadrat der Abbildung 5.37 in der Zelle rechts vom Zentrum starten, muss die symmetrisch liegende Zelle für die letzte Zahl direkt links neben der Mittelzelle liegen. Mit diesen beiden Zellen ist der Zwischenschritt festgelegt und lautet hier $(2, 0)$. Das Ergebnis dieser Methode ist das rechte symmetrische magische Quadrat aus Abbildung 5.37.

Dieses Vorgehen liefert immer symmetrische Quadrate und ist auf höhere Ordnungen übertragbar. Zwei weitere Beispiele der Ordnungen $n = 5$ und $n = 7$ sind in Abbildung 5.38 dargestellt.

8	1	24	17	15
5	23	16	14	7
22	20	13	6	4
19	12	10	3	21
11	9	2	25	18

6	33	11	38	16	43	28
32	10	37	15	49	27	5
9	36	21	48	26	4	31
42	20	47	25	3	30	8
19	46	24	2	29	14	41
45	23	1	35	13	40	18
22	7	34	12	39	17	44

Abb. 5.38 Symmetrische magische Quadrate der Ordnungen 5 und 7 bei angepasstem Zwischenschritt

Leider liefert nicht jede Startposition ein magisches Quadrat. Es ist unmittelbar klar, dass die linke untere Ecke als Startposition ungeeignet ist, da die Zahlen $1, 2, 3, \ldots$ auf der Hauptdiagonalen eingetragen würden und sicher nicht die magische Summe ergäben.

Dies gilt natürlich auch für alle anderen Zellen der Hauptdiagonalen. Es muss sichergestellt sein, dass auf dieser Diagonalen die mittlere aller Zahlenfolgen von je n Zahlen eingetragen wird. Nur so kann auch der Median in der mittleren Zelle des Quadrates liegen. In dem Quadrat der Ordnung $n = 7$ in Abbildung 5.38 sind dies die Zahlen $22, 23, \ldots, 28$ und der Median dieser Zahlen befindet sich mit 25 in der mittleren Zelle des Quadrates. Diese Anordnung lässt sich auch im Beispiel der Ordnung $n = 9$ beobachten.

Abbildung 5.39 zeigt als Ergebnis, dass neben den Punkten der Hauptdiagonalen auch alle Startpositionen in der linken Spalte und der unteren Zeile wegfallen.

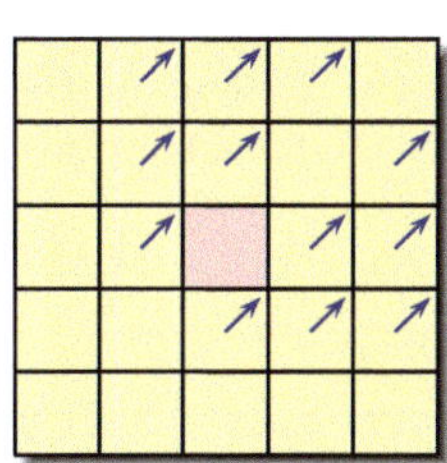

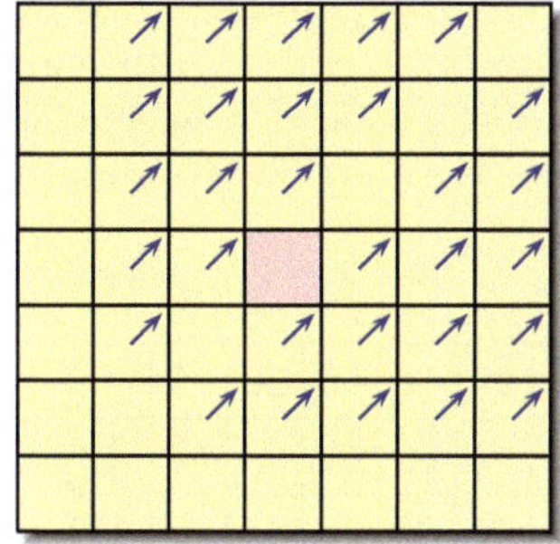

Abb. 5.39 Mögliche Startpunkte für magische Quadrate bei angepasstem Zwischenschritt

Nimmt man eine dieser Zellen als Startpunkt, landen zwar die mittleren Zahlen wegen der symmetrischen Anordnung wie gewünscht auf der Hauptdiagonalen, doch zeigt sich ein anderes Problem. Sei etwa wie in Abbildung 5.40 die Zelle $(0, 1)$ die Startposition, dann fällt die letzte Zahl 25 in die Zelle $(4, 3)$ und der Zwischenschritt lautet $(1, -2)$. Werden jetzt die Zahlen 1 bis 5 eingetragen, fällt in jede Spalte einer dieser Zahlen. Nach der letzten Zahl 5 springt man aber mit dem Zwischenschritt $(1, -2)$ wieder in die erste Spalte. Dort landen auch alle anderen Startzahlen der Teilfolgen. Entsprechend werden die jeweils zweiten Zahlen der Teilfolgen in der zweiten Spalte untergebracht usw. Leider ergeben sich dadurch auf keinen Fall magische Summen.

			4	
6		3		25
	2			
1				
				5

21	7	18	4	15
6	17	3	14	25
16	2	13	24	10
1	12	23	9	20
11	22	8	19	5

Abb. 5.40 Versuch eines magischen Quadrates bei angepasstem Zwischenschritt

Ein ähnlicher Effekt tritt ein, wenn die Startpositionen in der unteren Zeile liegen. Nur fallen dann die entsprechenden Zahlen aus den Teilfolgen immer in die gleiche Zeile und verhindern dadurch, dass das Quadrat magisch ist.

Schließt man diese Fälle aus, erhält man in allen anderen Fällen für die Ordnungen $n = 5$ und $n = 7$ immer ein magisches Quadrat. Durch die symmetrische Wahl des Zwischenschrittes wird diese Symmetrie sogar auf die ganze Anordnung der Zahlen übertragen und das Quadrat ist immer symmetrisch.

Die symmetrische Anordnung der Pfeile lässt vermuten, dass nicht alle Quadrate auch wirklich unterschiedlich sind. In der Tat sind nur die Quadrate nicht äquivalent, deren Startpunkt auf einer Seite der Hauptdiagonalen liegen. Alle anderen Quadrate lassen sich aus diesen durch Drehungen oder Spiegelungen erzeugen.

Nun waren die bisher betrachteten Ordnungen $n = 5$ und $n = 7$ aber Primzahlen und diese ergeben ein völlig anderes Ergebnis wie Ordnungen, die mehr als zwei Teiler besitzen. Wie am Beispiel der Ordnung $n = 9$ in Abbildung 5.41 zu erkennen ist, gibt es auch hier eine Vielzahl von Startpunkten, die zu einem symmetrischen magischen Quadrat führen. Doch ist die Systematik, die bei diesen Ordnungen auftritt, nicht so leicht zu erkennen.

2	49	15	62	19	66	32	79	45
48	14	61	27	65	31	78	44	1
13	60	26	64	30	77	43	9	47
59	25	72	29	76	42	8	46	12
24	71	28	75	41	7	54	11	58
70	36	74	40	6	53	10	57	23
35	73	39	5	52	18	56	22	69
81	38	4	51	17	55	21	68	34
37	3	50	16	63	20	67	33	80

a) symmetrisches Quadrat

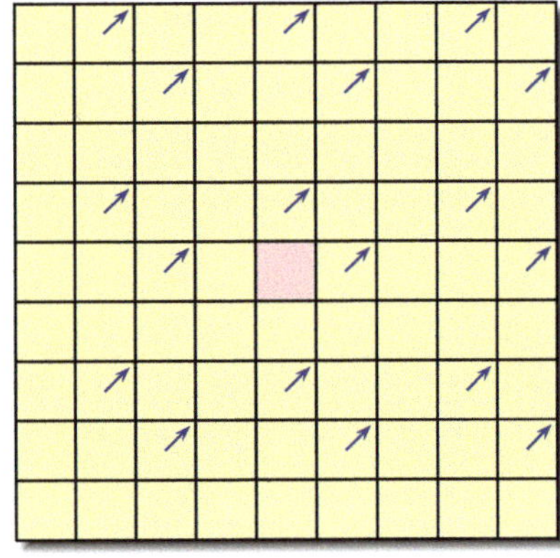

b) mögliche Startpunkte

Abb. 5.41 Mögliche Startpunkte für magische Quadrate der Ordnung 9 bei angepasstem Zwischenschritt

Die Ordnung $n = 9$ fällt wieder etwas aus dem Rahmen, da es deutlich weniger Möglichkeiten als bei $n = 5$ oder $n = 7$ gibt. Dies liegt wieder daran, dass 3 ein Teiler dieser Ordnung ist und bei allen Ordnungen mit diesem Teiler besondere Eigenschaften der Konstruktion zum Tragen kommen.

Ein ähnlicher Effekt tritt auch bei dem Verfahren von Moschopoulos auf, wo auch der Hintergrund dieses Effekts erläutert wird.[12]

[12] siehe Kapitel 5.1.2, Seite 126 ff.

5.1.6 Sauveur (Diagonalenmethode)

Im Jahre 1710 greift Joseph Sauveur die Ideen von de la Hire aus Kapitel 5.2.2 auf und stellt mehrere eigene Verfahren vor.[13] Sauveur benutzt wie de la Hire zwei Zahlenfolgen, verwendet allerdings keine Hilfsquadrate. Die Zahlen $0, n, 2n, \ldots, (n-1) \cdot n$ kennzeichnet er mit Großbuchstaben und die Zahlen $1, 2, \ldots, n$ mit Kleinbuchstaben. Beide Kennzeichnungen werden gleichzeitig in ein einziges Quadrat geschrieben.

Bei der *Diagonalenmethode*[14] wird der Buchstabe A in die linke obere Ecke geschrieben und der Rest der Zeile mit den anderen Buchstaben aufgefüllt. Danach werden die weiteren Zeilen von oben nach unten gefüllt, wobei die Großbuchstaben bei jeder Zeile jeweils zyklisch gesehen eine Position nach rechts wandern.

Ebenso werden die Kleinbuchstaben in der oberen Zeile platziert, wobei t in die rechte obere Ecke gesetzt wird. Danach werden auch die darunterliegenden Zeilen mit den Kleinbuchstaben gefüllt, nur dass die Buchstaben jetzt zyklisch um eine Position nach links wandern. Das Ergebnis ist in Abbildung 5.42 zu sehen.

Ap	Bq	Cr	Ds	Et
Eq	Ar	Bs	Ct	Dp
Dr	Es	At	Bp	Cq
Cs	Dt	Ep	Aq	Br
Bt	Cp	Dq	Er	As

Abb. 5.42 Sauveur-Quadrat

Man erkennt, dass jeder Groß- und Kleinbuchstabe in jeder Zeile, jeder Spalte und einer Diagonalen genau einmal vorkommt. Dagegen besteht die Nebendiagonale nur aus dem Buchstaben A und die Hauptdiagonale nur aus dem Buchstaben t.

Aus dieser Anordnung von Buchstaben erzeugt Sauveur jetzt ein magisches Quadrat, indem er den Buchstaben Zahlen zuweist. Da die gesamte Nebendiagonale nur mit dem Buchstaben A besetzt ist, muss dieser den mittleren Wert der zugehörigen Zahlenfolge erhalten, also 10. Die anderen Werte können danach beliebig gewählt werden.

Entsprechend muss dem Buchstaben t, der die gesamte Hauptdiagonale füllt, der mittlere Wert 3 der anderen Zahlenfolge zugewiesen werden. Auch hier kann der Rest dann wieder beliebig gewählt werden. In Abbildung 5.43 ist ein magisches Quadrat der Ordnung $n = 5$ dargestellt, das nach der Diagonalenmethode von Sauveur erstellt wurde.

[13] Sauveur [497] S. 92 – 138

[14] Sauveur [497] S. 98, Violle [587] S. 400 – 404

Belegung									
A	B	C	D	E	p	q	r	s	t
10	0	5	15	20	2	4	1	5	3

12	4	6	20	23
24	11	5	8	17
16	25	13	2	9
10	18	22	14	1
3	7	19	21	15

Abb. 5.43 Magisches Quadrat der Ordnung $n = 5$ (Sauveur, Diagonalenmethode)

Dieses Verfahren kann auf alle ungeraden Ordnungen übertragen werden. Mit den zusätzlichen Buchstaben F, G, u und v ergibt sich mit einer geeigneten Belegung das magische Quadrat der Ordnung $n = 7$ aus Abbildung 5.44.

Belegung													
A	B	C	D	E	F	G	p	q	r	s	t	u	v
21	14	7	0	28	35	42	1	3	5	7	6	2	4

Ap	Bq	Cr	Ds	Et	Fu	Gv
Gq	Ar	Bs	Ct	Du	Ev	Fp
Fr	Gs	At	Bu	Cv	Dp	Eq
Es	Ft	Gu	Av	Bp	Cq	Dr
Dt	Eu	Fv	Gp	Aq	Br	Cs
Cu	Dv	Ep	Fq	Gr	As	Bt
Bv	Cp	Dq	Er	Fs	Gt	Au

22	17	12	7	34	37	46
45	26	21	13	2	32	36
40	49	27	16	11	1	31
35	41	44	25	15	10	5
6	30	39	43	24	19	14
9	4	29	38	47	28	20
18	8	3	33	42	48	23

Abb. 5.44 Magisches Quadrat der Ordnung $n = 7$ (Sauveur, Diagonalenmethode)

Variationen

Das Diagonalverfahren von Sauveur liefert eine Vielzahl von magischen Quadraten, da sich die Konstruktion an zwei Stellen leicht variieren lässt. Zunächst einmal können $n - 1$ Groß- und Kleinbuchstaben beliebig belegt werden, da jeweils nur der mittlere Wert fest definiert ist.

Zweitens kann man auch die Rolle der Groß- und Kleinbuchstaben vertauschen und sie mit den Zahlen der jeweils anderen Zahlenfolge belegen. Das magische Quadrat der Ordnung $n = 7$ in Abbildung 5.45 ist beispielsweise mit einer veränderten Belegung der Buchstaben erzeugt worden.

Belegung														
A	B	C	D	E	F	G	p	q	r	s	t	u	v
4	1	5	6	2	3	7	14	35	42	7	28	0	21

18	36	47	13	30	3	28
42	46	8	33	6	23	17
45	14	32	1	26	20	37
9	31	7	25	15	40	48
34	2	24	21	39	43	12
5	27	16	38	49	11	29
22	19	41	44	10	35	4

Abb. 5.45 Magisches Quadrat der Ordnung $n = 7$ (Sauveur, Diagonalenmethode)

5.1.7 Sauveur (Methode der Indizierung)

Etwas komplizierter als die Diagonalenmethode aus Kapitel 5.1.6 ist die von Sauveur vorgestellte *Methode der Indizierung*.[15] Wenn auch Violle die Ausführungen von Sauveur als äußerst kompliziert und fehlerträchtig tadelt[16], sollen die Ausführungen vorgestellt werden, da sie im Gegensatz zu den entsprechenden Ausführungen von de la Hire[17] etwas genereller gehalten sind. Außerdem benutzt er hier schon die Ideen der lateinischen Quadrate, ohne dass er freilich deren Terminologie übernimmt.

Bei der Methode der Indizierung geht Sauveur wieder von seinen mit Groß- und Kleinbuchstaben gefüllten Quadraten aus, wobei zunächst nur die obere Zeile gefüllt wird. Danach wählt er für die Großbuchstaben die Schrittweite den Wert 2, addiert die Werte sukzessive modulo $n = 5$ auf und schreibt diese Zeile von oben nach unten links neben das Quadrat.

Für die Kleinbuchstaben geht er genauso mit der Schrittweite 3 vor. Nun können die noch freien Zellen belegt werden. Die Kennziffern 2.3 vor der zweiten Zeile von oben bedeuten, dass die Zeile zyklisch mit den Großbuchstaben aus der oberen Zeile gefüllt wird, wobei man mit der mit 2 gekennzeichneten Spalte beginnt. Bei den Kleinbuchstaben beginnt man hier mit der dritten Spalte. Das Ergebnis dieser Vorgehensweise ist in Abbildung 5.46 zu sehen.

[15] Sauveur [497] S. 98 – 100, Violle [587] S. 404 – 409

[16] Violle [587] S. 399

[17] de la Hire [239] S. 127 – 171

	0	1	2	3	4
	Ap	Bq	Cr	Ds	Et

	0	1	2	3	4
0.0	Ap	Bq	Cr	Ds	Et
2.3	Cs	Dt	Ep	Aq	Br
4.1	Eq	Ar	Bs	Ct	Dp
1.4	Bt	Cp	Dq	Er	As
3.2	Dr	Es	At	Bp	Cq

Abb. 5.46 Sauveur-Quadrat mit Indizierung

Bei einer geeigneten Wahl der Indizes treten die Groß- und Kleinbuchstaben in jeder Zeile, jeder Spalte und den beiden Diagonalen genau einmal auf. Damit ergibt sich bei jeder Wahl der Buchstaben wie in Abbildung 5.47 ein pandiagonales magisches Quadrat.

Belegung									
A	B	C	D	E	p	q	r	s	t
15	10	20	5	0	5	4	3	2	1

20	14	23	7	1
22	6	5	19	13
4	18	12	21	10
11	25	9	3	17
8	2	16	15	24

Abb. 5.47 Pandiagonales magisches Quadrat der Ordnung $n = 5$ (Sauveur, Methode der Indizierung)

Dieses Verfahren kann zur Konstruktion pandiagonaler magischer Quadrate auf alle ungeraden Ordnungen übertragen werden, die kein Vielfaches von 3 sind. Für das Beispiel der Ordnung $n = 7$ in Abbildung 5.48 sind z. B. die Indizes 3 und 5 gewählt worden.

Belegung													
A	B	C	D	E	F	G	p	q	r	s	t	u	v
7	42	35	14	0	21	28	7	1	5	2	3	6	4

	0	1	2	3	4	5	6
0.0	Ap	Bq	Cr	Ds	Et	Fu	Gv
3.5	Du	Ev	Fp	Gq	Ar	Bs	Ct
6.3	Gs	At	Bu	Cv	Dp	Eq	Fr
2.1	Cq	Dr	Es	Ft	Gu	Av	Bp
5.6	Fv	Gp	Aq	Br	Cs	Dt	Eu
1.4	Bt	Cu	Dv	Ep	Fq	Gr	As
4.2	Er	Fs	Gt	Au	Bv	Cp	Dq

14	43	40	16	3	27	32
20	4	28	29	12	44	38
30	10	48	39	21	1	26
36	19	2	24	34	11	49
25	35	8	47	37	17	6
45	41	18	7	22	33	9
5	23	31	13	46	42	15

Abb. 5.48 Pandiagonales magisches Quadrat der Ordnung 7 (Sauveur, Methode der Indizierung)

Bedingungen für die Indizes

Schaut man sich die Indizierung von Sauveur etwas genauer an, stellt man fest, dass der Unterschied zum Verfahren von de la Hire in Kapitel 5.2.2 nur in der Schreibweise zu sehen ist. Daher lassen sich diese Überlegungen unmittelbar auf das Verfahren von de la Hire übertragen. Die Bedingungen werden hier nur für die Indizes der Großbuchstaben formuliert und lassen sich genauso auf die Kleinbuchstaben übertragen.

- Zunächst ist unmittelbar klar, dass die Indizes $i = 0$ und $i = n$ ausscheiden, da dann überhaupt keine Verschiebung stattfinden würde.
- Dann dürfen auch die Indizes $i = 1$ und $i = n - 1$ nicht benutzt werden. Wie in Abbildung 5.49 zu sehen ist, bewirkt der Index $i = 1$ eine Verschiebung um eine Position nach links, womit das Element in der rechten oberen Ecke die Hauptdiagonale füllt. Damit kann dieser Buchstabe wie bei der Diagonalenmethode von Sauveur nur noch mit der mittleren Zahl der zugehörigen Zahlenfolge belegt werden und liefert in allen anderen Fällen kein magisches Quadrat mehr. Der Index $i = n - 1$ bewirkt dagegen eine Verschiebung um eine Position nach rechts, womit die Nebendiagonale mit nur einem Element gefüllt wird.

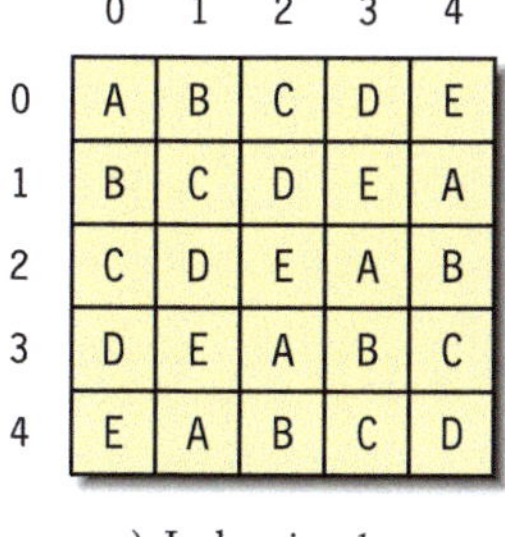

	0	1	2	3	4
0	A	B	C	D	E
1	B	C	D	E	A
2	C	D	E	A	B
3	D	E	A	B	C
4	E	A	B	C	D

a) Index $i = 1$

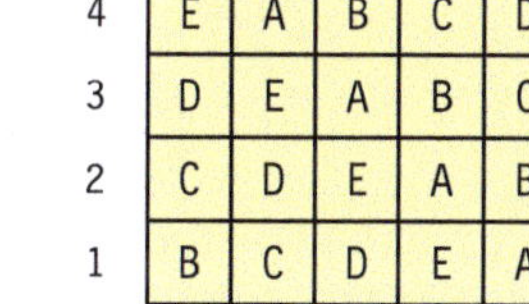

	0	1	2	3	4
0	A	B	C	D	E
4	E	A	B	C	D
3	D	E	A	B	C
2	C	D	E	A	B
1	B	C	D	E	A

b) Index $i = 4$

Abb. 5.49 Gleiche Einträge auf einer Diagonalen

- Ist der gewählte Index i nicht teilerfremd zur Ordnung n, also der größte gemeinsame Teiler diese beiden Zahlen größer als 1, kommt es zu Wiederholungen in den Zeilen oder den Spalten. In Abbildung 5.50 ist der Index $i = 3$ bei der Ordnung $n = 9$ gewählt worden, damit gilt aber $\text{ggt}(3, 9) = 3 > 1$.

	0	1	2	3	4	5	6	7	8
0	A	B	C	D	E	F	G	H	I
3	D	E	F	G	H	I	A	B	C
6	G	H	I	A	B	C	D	E	F
0	A	B	C	D	E	F	G	H	I
3	D	E	F	G	H	I	A	B	C
6	G	H	I	A	B	C	D	E	F
0	A	B	C	D	E	F	G	H	I
3	D	E	F	G	H	I	A	B	C
6	G	H	I	A	B	C	D	E	F

Abb. 5.50 Wiederholungen in den Spalten

- Weiterhin müssen auch die Zahlen $i - 1$ und $i + 1$ teilerfremd zur Ordnung n sein. Wählt man z. B. $i = 4$, gilt $i - 1 = 3$ und die Bedingungen sind nicht erfüllt. Die Auswirkungen sieht man im rechten Quadrat der Abbildung 5.51, bei dem Wiederholungen auf der Hauptdiagonalen auftreten. Wählt man dagegen $i = 2$, ist $i + 1 = 3$ und es treten wie im linken Quadrat dieser Abbildung Wiederholungen auf der Nebendiagonalen auf.

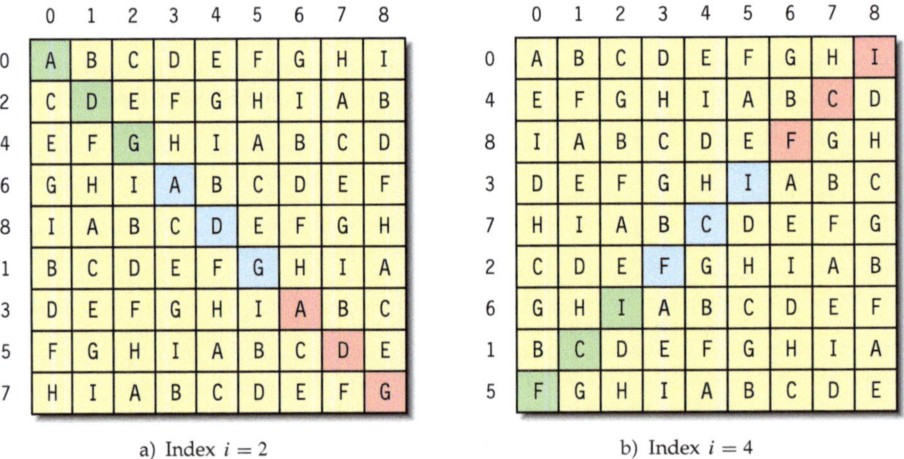

	0	1	2	3	4	5	6	7	8
0	A	B	C	D	E	F	G	H	I
2	C	D	E	F	G	H	I	A	B
4	E	F	G	H	I	A	B	C	D
6	G	H	I	A	B	C	D	E	F
8	I	A	B	C	D	E	F	G	H
1	B	C	D	E	F	G	H	I	A
3	D	E	F	G	H	I	A	B	C
5	F	G	H	I	A	B	C	D	E
7	H	I	A	B	C	D	E	F	G

a) Index $i = 2$

	0	1	2	3	4	5	6	7	8
0	A	B	C	D	E	F	G	H	I
4	E	F	G	H	I	A	B	C	D
8	I	A	B	C	D	E	F	G	H
3	D	E	F	G	H	I	A	B	C
7	H	I	A	B	C	D	E	F	G
2	C	D	E	F	G	H	I	A	B
6	G	H	I	A	B	C	D	E	F
1	B	C	D	E	F	G	H	I	A
5	F	G	H	I	A	B	C	D	E

b) Index $i = 4$

Abb. 5.51 Wiederholungen auf den Diagonalen

- Mit den letzten beiden Bedingungen ist auch geklärt, warum dieses Verfahren ebenso wie das schon erwähnte verwandte Verfahren von de la Hire nicht für Ordnungen funktionieren kann, die ein Vielfaches von 3 sind, denn eine der letzten beiden Bedingungen kann auf keinen Fall erfüllt sein. Es gibt keinen Index i, wo gleichzeitig $i-1$, i und $i+1$ teilerfremd zu einer durch 3 teilbaren Ordnung sind.
- Es gibt aber noch eine weitere Bedingung, da ja mit zwei Indizes i_1 für die Großbuchstaben und i_2 für die Kleinbuchstaben gearbeitet wird. Ist nun die Differenz $i_1 - i_2$ nicht teilerfremd zu der Ordnung, kommt es zu Wiederholungen bei der Zuordnung der Groß- und Kleinbuchstaben. Damit ist das Quadrat aber nicht mehr normalisiert, d. h. es treten nicht alle Zahlen $1, 2, \ldots, n^2$ im Quadrat auf.

  Die kleinste Ordnung, bei der dieser Fall eintreten kann, ist $n = 25$, da alle kleineren Ordnungen, die kein Vielfaches von 3 sind, Primzahlen sind. Erst bei $n = 25$ tritt dieser Fall z. B. mit den Indizes $i_1 = 8$ und $i_2 = 3$ ein, da $i_1 - i_2 = 8 - 3 = 5$ ein Teiler von $n = 25$ ist.

Variante

Sauveur gibt aber auch eine Möglichkeit an, wie man trotz Wiederholungen zu einem magischen Quadrat gelangen kann. Das Quadrat in Abbildung 5.52 ist z. B. mit den Indizes 2 und 4 gebildet worden, was zu Wiederholungen bei den Großbuchstaben auf der Nebendiagonalen und bei den Kleinbuchstaben auf der Hauptdiagonalen führt. Auf der Nebendiagonalen tritt die Buchstabenfolge ADG dreimal auf. Da insgesamt die Summe der Großbuchstaben 324 ergibt, muss nur dafür gesorgt werden, dass die Summe von A, D und G passend gewählt wird.

$$A + D + G = 108$$

Entsprechend kann man für die Wiederholungen der Kleinbuchstaben u, r und x vorgehen. Hier muss sich die Summe 15 ergeben, da die Werte aller Kleinbuchstaben sich auf 45 summieren. Für die geeignete Belegung der Buchstaben mit Zahlen gibt es eine Vielzahl von Möglichkeiten.

	45	54	9	6	7	2
	27	72	9	4	9	2
	45	0	63	6	1	8
	18	27	63	3	4	8
	45	27	36	6	4	5
	18	54	36	3	7	5
	0	72	36	1	9	5
	9	63	36	2	8	5
Summe		108			15	

Für das Quadrat in Abbildung 5.52 sind etwa $A = 72$, $D = 36$, $G = 0$, $r = 6$, $u = 1$ und $x = 8$ gewählt worden. Die restlichen Belegungen können dann beliebig unter den verbliebenen Zahlen ausgesucht werden. Durch die spezielle Wahl der Zahlen liefert diese Variante nun allerdings kein pandiagonales Quadrat mehr.

Belegung																	
A	B	C	D	E	F	G	H	I	p	q	r	s	t	u	v	w	x
72	9	27	36	63	54	0	45	18	5	9	6	3	7	1	4	2	8

	0	1	2	3	4	5	6	7	8
0.0	Ap	Bq	Cr	Ds	Et	Fu	Gv	Hw	Ix
2.4	Ct	Du	Ev	Fw	Gx	Hp	Iq	Ar	Bs
4.8	Ex	Fp	Gq	Hr	Is	At	Bu	Cv	Dw
6.3	Gs	Ht	Iu	Av	Bw	Cx	Dp	Eq	Fr
8.7	Iw	Ax	Bp	Cq	Dr	Es	Ft	Gu	Hv
1.2	Br	Cs	Dt	Eu	Fv	Gw	Hx	Ip	Aq
3.6	Dv	Ew	Fx	Gp	Hq	Ir	As	Bt	Cu
5.1	Fq	Gr	Hs	It	Au	Bv	Cw	Dx	Ep
7.5	Hu	Iv	Aw	Bx	Cp	Dq	Er	Fs	Gt

77	18	33	39	70	55	4	47	26
34	37	67	56	8	50	27	78	12
71	59	9	51	21	79	10	31	38
3	52	19	76	11	35	41	72	60
20	80	14	36	42	66	61	1	49
15	30	43	64	58	2	53	23	81
40	65	62	5	54	24	75	16	28
63	6	48	25	73	13	29	44	68
46	22	74	17	32	45	69	57	7

Abb. 5.52 Magisches Quadrat mit Wiederholungen auf den Diagonalen (Sauveur, Methode der Indizierung)

Mit dieser speziellen Wahl von Zahlen funktioniert das Verfahren auch, wenn die Ordnung des Quadrates ein Vielfaches von 3 ist. Damit liefert das Verfahren der Indizierung für alle ungeraden Ordnungen ein magisches Quadrat. Ist die Ordnung kein Vielfaches von 3, ist das Quadrat sogar pandiagonal.

5.1.8 Sauveur (Gemischte Methode)

Joseph Sauveur stellt auch noch eine dritte Methode vor, die er als *gemischte Methode*[18] bezeichnet und als Mischung seiner beiden Hauptmethoden angesehen werden kann.[19] So können die Großbuchstaben nach dem Schema der Diagonalenmethode aus Kapitel 5.1.6 auf das Quadrat verteilt werden, während die Position der Kleinbuchstaben mit der Methode der Indizierung aus aus Kapitel 5.1.7 festgelegt wird.

[18] Méthode mixte

[19] Sauveur [497] S. 100 – 101, Violle [587] S. 409 – 410

Durch die Kombination der Verfahren ist klar, dass dieses Verfahren nur für ungerade Ordnungen gilt, die kein Vielfaches von 3 sind. Das Quadrat fünfter Ordnung in Abbildung 5.53 wurde mit dieser Methode und dem Index $i = 2$ erzeugt.

Belegung									
A	B	C	D	E	p	q	r	s	t
10	20	15	5	0	1	2	3	4	5

	0	1	2	3	4
0	Ap	Bq	Cr	Ds	Et
2	Er	As	Bt	Cp	Dq
4	Dt	Ep	Aq	Br	Cs
1	Cq	Dr	Es	At	Bp
3	Bs	Ct	Dp	Eq	Ar

11	22	18	9	5
3	14	25	16	7
10	1	12	23	19
17	8	4	15	21
24	20	6	2	13

Abb. 5.53 Magisches Quadrat der Ordnung $n = 5$ (Sauveur, gemischte Methode)

Variationen

In Abbildung 5.54 ist ein weiteres Quadrat dargestellt, welches mit dieser Methode konstruiert wurde. Es besitzt die Ordnung $n = 7$ und die Großbuchstaben sind mit dem Index $i = 5$ verschoben worden. Dafür füllen die Wiederholungen jetzt die Hauptdiagonale und betreffen die Kleinbuchstaben.

Belegung													
A	B	C	D	E	F	G	p	q	r	s	t	u	v
0	7	14	21	28	35	42	1	2	3	5	6	7	4

	0	1	2	3	4	5	6
0	Ap	Bq	Cr	Ds	Et	Fu	Gv
5	Fq	Gr	As	Bt	Cu	Dv	Ep
3	Dr	Es	Ft	Gu	Av	Bp	Cq
1	Bs	Ct	Du	Ev	Fp	Gq	Ar
6	Gt	Au	Bv	Cp	Dq	Er	Fs
4	Eu	Fv	Gp	Aq	Br	Cs	Dt
2	Cv	Dp	Eq	Fr	Gs	At	Bu

1	9	17	26	34	42	46
37	45	5	13	21	25	29
24	33	41	49	4	8	16
12	20	28	32	36	44	3
48	7	11	15	23	31	40
35	39	43	2	10	19	27
18	22	30	38	47	6	14

Abb. 5.54 Magisches Quadrat der Ordnung $n = 7$ (Sauveur, gemischte Methode)

Mit diesen Änderungen erkennt man, dass mit dieser Methode sehr unterschiedliche Quadrate erzeugt werden können. Dabei stehen folgende Variationsmöglichkeiten zur Verfügung:

- Permutation der Zahlen durch unterschiedliche Belegungen
- Wahl der Indizierungszahl
- Indizierung der Groß- bzw. der Kleinbuchstaben
- Wiederholungen auf der Haupt- bzw. Nebendiagonalen

5.1.9 Sauveur (Ungeordnete Methode)

Mit der *ungeordneten Methode*[20] stellt Sauveur ein weiteres Verfahren vor, das auf algebraischen Mustern beruht.[21] Doch während die anderen Verfahren von Sauveur für ungerade Ordnungen sehr strukturiert aufgebaut sind, sind die Anordnungen der Muster hier teilweise doch äußerst ungeordnet, wie auch schon der Name dieser Methode verspricht.

Man beginnt wie bei der *Methode der Indizierung* aus Kapitel 5.1.7, nur dass die verwendeten Indizes nicht berechnet, sondern in einer beliebigen Reihenfolge verwendet werden. Dabei muss nur sichergestellt werden, dass in keiner Zeile gleiche Kennziffern auftreten.

	0	1	2	3	4
0.0	Ap	Bq	Cr	Ds	Et
2.1	Cq	Dr	Es	At	Bp
3.4	Dt	Ep	Aq	Br	Cs
4.2	Er	As	Bt	Cp	Dq
1.3	Bs	Ct	Dp	Eq	Ar

Abb. 5.55 Ausgangsquadrat bei der ungeordneten Methode von Sauveur

Bei einer Anordnung wie in Abbildung 5.55 ist unmittelbar klar, dass das entstehende Quadrat auf alle Fälle semi-magisch sein muss. Allerdings treten auf den Diagonalen gleiche Buchstaben auf, sodass die Werte auf den Diagonalen ganz besonders gewählt werden müssen. Für die Großbuchstaben muss z. B.

[20] Méthode désordonnées

[21] Sauveur [497] S. 101, Luet [360], S. 41 – 42 und 56

$$B + A + A + A + E = A + D + A + C + A$$
$$B + E = D + C$$

gelten. Entsprechend gilt für die Kleinbuchstaben

$$s + s + q + t + t = p + r + q + p + r$$
$$2s + 2t = 2p + 2r$$
$$s + t = p + r$$

In Abbildung 5.56 ist das magische Quadrat zu sehen, dessen Belegung diese beiden Bedingungen für das benutzte Musterquadrat erfüllt.

Belegung									
D	C	B	E	A	p	r	s	t	q
15	5	20	0	10	4	2	1	5	3

Ap	Bq	Cr	Ds	Et
Cq	Dr	Es	At	Bp
Dt	Ep	Aq	Br	Cs
Er	As	Bt	Cp	Dq
Bs	Ct	Dp	Eq	Ar

14	23	7	16	5
8	17	1	15	24
20	4	13	22	6
2	11	25	9	18
21	10	19	3	12

Abb. 5.56 Magisches Quadrat der Ordnung $n = 5$ (Sauveur, ungeordnete Methode)

Bei größeren Ordnungen werden die zu erfüllenden Bedingungen an die Muster natürlich immer komplexer, wie schon am Beispiel für $n = 7$ zu erkennen ist. Für diese Ordnung sei etwa das Muster aus Abbildung 5.57 gegeben.

	0	1	2	3	4	5	6
0.0	Ap	Bq	Cr	Ds	Et	Fu	Gv
2.4	Ct	Du	Ev	Fp	Gq	Ar	Bs
4.1	Eq	Fr	Gs	At	Bu	Cv	Dp
5.3	Fs	Gt	Au	Bv	Cp	Dq	Er
6.5	Gu	Av	Bp	Cq	Dr	Es	Ft
1.2	Br	Cs	Dt	Eu	Fv	Gp	Aq
3.6	Dv	Ep	Fq	Gr	As	Bt	Cu

Abb. 5.57 Ausgangsquadrat bei der ungeordneten Methode

Für die Großbuchstaben auf den Diagonalen gilt nun

$$D + C + B + B + B + A + G = A + D + G + B + D + G + C$$
$$2B = D + G$$

Andererseits muss die Summe der Großbuchstaben auf den Diagonalen auch gleich der Summe der Großbuchstaben in den Zeilen sein.

$$A + D + G + B + D + G + C = A + B + C + D + E + F + G$$
$$D + G = E + F$$
$$2B = E + F$$

Von diesen Bedingungen sind nur die Großbuchstaben B, D, E, F und G betroffen. A und C können danach mit den übrig gebliebenen Werten beliebig gewählt werden. Entsprechend verfährt man mit den Kleinbuchstaben und erhält

$$v + s + p + v + u + r + v = p + u + s + v + r + p + u$$
$$2v = p + u$$

sowie

$$p + u + s + v + r + p + u = p + q + r + s + t + u + v$$
$$p + u = q + t$$
$$2v = q + t$$

In Abbildung 5.58 ist das magische Quadrat dargestellt, dessen Belegung diese Bedingungen für das angegebene Musterquadrat erfüllt.

Belegung													
D	G	E	F	B	A	C	p	u	q	t	v	r	s
14	42	21	35	28	7	0	1	7	3	5	4	2	6

Ap	Bq	Cr	Ds	Et	Fu	Gv
Ct	Du	Ev	Fp	Gq	Ar	Bs
Eq	Fr	Gs	At	Bu	Cv	Dp
Fs	Gt	Au	Bv	Cp	Dq	Er
Gu	Av	Bp	Cq	Dr	Es	Ft
Br	Cs	Dt	Eu	Fv	Gp	Aq
Dv	Ep	Fq	Gr	As	Bt	Cu

8	31	2	20	26	42	46
5	21	25	36	45	9	34
24	37	48	12	35	4	15
41	47	14	32	1	17	23
49	11	29	3	16	27	40
30	6	19	28	39	43	10
18	22	38	44	13	33	7

Abb. 5.58 Magisches Quadrat der Ordnung $n = 7$ (Sauveur, ungeordnete Methode)

5.1.10 Sauveur (Methode der analogen Buchstaben)

Sauveur hat weitere Verfahren veröffentlicht, die auf algebraischen Mustern basieren. Insbesondere für höhere Dimensionen ist es jedoch nicht einfach, die passenden Belegungen für algebraische Muster zu bestimmen. Daher hat Sauveur mit der *Methode der analogen Buchstaben*[22] eine weitere Möglichkeit vorgestellt, um durch passende Anordnungen der Buchstaben schon in den Zeilen, Spalten und Diagonalen einen Ausgleich der unterschiedlichen Zahlen zu erreichen.[23]

Eine seiner vielfältigen Ideen sei hier vorgestellt. Im Unterschied zu den anderen Verfahren ändert sich hier die Bedeutung der Buchstaben. Mit den Kennzeichnungen A, B, C, a, b, c usw. werden jetzt die Zahlen $0, n, 2n, \ldots, (n-1) \cdot n$ bezeichnet. Dabei ergeben jeweils zueinander gehörende Groß- und Kleinbuchstaben die gleiche Summe, weshalb Sauveur sie auch als *analoge* oder besser als *zueinanderpassende Buchstaben* bezeichnet.

$$A + a = B + b = C + c = \ldots$$

Entsprechende Bezeichnungen werden auch für die Zahlen $1, 2, 3, \ldots, n$ gewählt, die auch die gleiche Summe bilden müssen.

$$P + p = Q + q = R + r = \ldots$$

Sauveur kennzeichnet die Zeilen und Spalten mit diesen Buchstaben, wobei die Großbuchstaben wie in Abbildung 5.59 symmetrisch zu den Kleinbuchstaben liegen.

Für ungerade Ordnungen gibt es zusätzlich zwei neue Kennzeichnungen `M` und `n`, die immer mit der mittleren Zahl der jeweiligen Zahlensequenz belegt werden.

Nun werden die Zellen des Musterquadrates mit den sich aus den Kennzeichnungen ergebenden Buchstabenkombinationen gefüllt, wobei es allerdings keine Rolle spielt, ob ein Groß- oder Kleinbuchstabe gewählt wird. Dabei müssen folgende Bedingungen erfüllt werden:

- In den Eckzellen jedes durch vier Buchstaben festgelegten Rechteckes muss jede der vier möglichen Kombinationen aus den zugehörigen Buchstaben vorkommen. Beispielsweise müssen mit den Buchstaben `AQaq` die Kombinationen `AQ`, `Aq`, `aQ` und `aq` in den vier zugehörigen Zellen auftreten.
- In jeder Zeile und Spalte muss jeder als Kennzeichnung benutzte Buchstabe gleich oft als Groß- und Kleinbuchstabe auftreten.
- In jeder Zeile und Spalte muss jeder andere vorkommende Großbuchstabe durch einen Kleinbuchstaben und umgekehrt ausgeglichen werden.
- Die Zellen auf den Diagonalen enthalten die Kombination ihrer Kennbuchstaben.

[22] Méthodes par lettres analogues et homologues

[23] Sauveur [497] S. 111 ff. und Luet [362], S. 151 – 152, 165 – 166, 181 – 182 und 197

- Die zwei speziellen Werte M und n dürfen in jeder Zeile, Spalte und Diagonale genau einmal auftreten, und die zentrale Zelle des Musterquadrates wird mit Mn belegt.

	p	q	r	n	R	Q	P
a	ap	MQ	AR	aq	Ar	An	aP
b	BP	bq	bn	Br	MR	bQ	Bp
c	Mp	CQ	cr	cP	cR	Cq	Cn
M	CP	Aq	BR	Mn	br	aQ	cp
A	cn	cQ	Cr	Cp	CR	cq	MP
B	bP	Bq	Mr	bR	Bn	BQ	bp
C	Ap	an	aR	AQ	ar	Mq	AP

Abb. 5.59 Ausgangsquadrat bei der Methode der analogen Buchstaben von Sauveur

Jetzt müssen diesem algebraischen Muster nur noch passende Zahlen zugewiesen werden, und es entsteht ein magisches Quadrat ungerader Ordnung $n = 7$, wie am Beispiel in Abbildung 5.60 zu sehen ist.

Belegung													
a	A	b	B	c	C	M	p	P	q	Q	r	R	n
28	14	0	42	35	7	21	5	3	1	7	2	6	4

	p	q	r	n	R	Q	P
a	ap	MQ	AR	aq	Ar	An	aP
b	BP	bq	bn	Br	MR	bQ	Bp
c	Mp	CQ	cr	cP	cR	Cq	Cn
M	CP	Aq	BR	Mn	br	aQ	cp
A	cn	cQ	Cr	Cp	CR	cq	MP
B	bP	Bq	Mr	bR	Bn	BQ	bp
C	Ap	an	aR	AQ	ar	Mq	AP

33	28	20	29	16	18	31
45	1	4	44	27	7	47
26	14	37	38	41	8	11
10	15	48	25	2	35	40
39	42	9	12	13	36	24
3	43	23	6	46	49	5
19	32	34	21	30	22	17

Abb. 5.60 Magisches Quadrat der Ordnung $n = 7$
(Sauveur, Methode der analogen Buchstaben)

Auch wenn die Darstellung von Sauveur teilweise etwas kompliziert ist und auch einige Fehler enthält, findet man dort detaillierte Anweisungen, wie derartige Musterquadrate für alle Ordnungen zu erstellen sind.

5.1.11 Bachet – Labosne (Diagonalenmethode)

Eine Variante der Diagonalenmethode von Sauveur aus Kapitel 5.1.6 wird in der Labosne-Ausgabe[24] des Werkes von Bachet de Méziriac aus dem Jahre 1874 vorgestellt. Diese Ausführungen sind wesentlich verständlicher als die von Sauveur, da mit zwei Hilfsquadraten gearbeitet wird, die zum Schluss addiert werden.

- Die mittlere der Zahlen $1, 2, \ldots, n$, also $\frac{n+1}{2}$, wird in die rechte obere Ecke geschrieben. Im Beispiel der Ordnung $n = 5$ also die Zahl 3.
- Danach wird die obere Reihe beliebig mit den restlichen Zahlen aufgefüllt.
- Abschließend werden die restlichen Zeilen des Quadrates von oben nach unten aufgefüllt. Dabei werden die Zahlen jeweils um eine Spalte nach links verschoben.

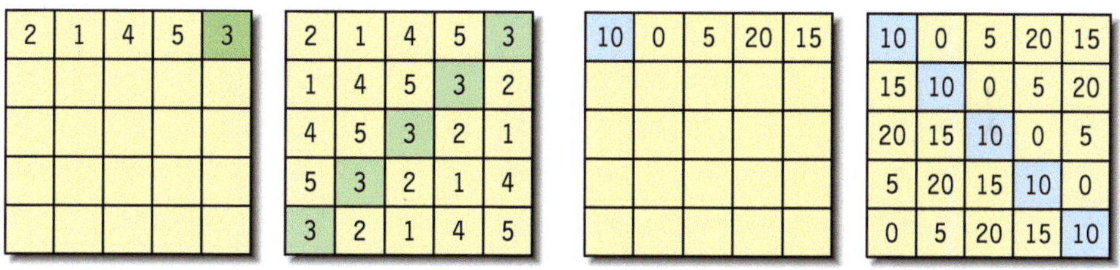

a) Hilfsquadrat 1

b) Hilfsquadrat 2

Damit befindet sich die mittlere Zahl in verschiedenen Spalten der Hauptdiagonalen. Das zweite Hilfsquadrat wird nun mit den Zahlen $0, n, 2n, 3n, \ldots$ gefüllt, in diesem Beispiel also mit $0, 5, 10, 15, 20$.

- Die mittlere dieser Zahlen kommt in die linke obere Ecke, hier also 10.
- Die obere Zeile wird mit den restlichen Zahlen in beliebiger Reihenfolge aufgefüllt.
- Abschließend werden auch hier die restlichen Zeilen des Quadrates von oben nach unten aufgefüllt. Dabei werden die Zahlen nun allerdings jeweils um eine Spalte nach rechts verschoben.

Jetzt müssen nur noch die beiden Hilfsquadrate addiert werden, und es entsteht das magische Quadrat in Abbildung 5.61.

In Abbildung 5.62 ist das Verfahren noch einmal für die Ordnung $n = 7$ dargestellt. Dort wird die mittlere Zahl in die linke obere Ecke des ersten Hilfsquadrates geschrieben. Dementsprechend muss die mittlere Startzahl der Zahlensequenz für das zweite Hilfsquadrat in die rechte obere Ecke platziert werden.

---

[24] Bachet-Labosne [31] S. 96 – 97

12	1	9	25	18
16	14	5	8	22
24	20	13	2	6
10	23	17	11	4
3	7	21	19	15

Abb. 5.61 Magisches Quadrat der Ordnung 5 (Bachet-Labosne, Diagonalenmethode)

Außerdem ändern sich dann die durchzuführenden Verschiebungen. Wird die erste Zahl links oben eingetragen, muss jeweils um eine Spalte nach rechts verschoben werden. Wird die Startzahl dagegen rechts oben eingetragen, wird nach links verschoben. Nur so ist sichergestellt, dass die Startzahl immer auf den Diagonalen liegt.

4	5	2	6	1	3	7
7	4	5	2	6	1	3
3	7	4	5	2	6	1
1	3	7	4	5	2	6
6	1	3	7	4	5	2
2	6	1	3	7	4	5
5	2	6	1	3	7	4

a) Hilfsquadrat 1

35	14	28	42	7	0	21
14	28	42	7	0	21	35
28	42	7	0	21	35	14
42	7	0	21	35	14	28
7	0	21	35	14	28	42
0	21	35	14	28	42	7
21	35	14	28	42	7	0

b) Hilfsquadrat 2

39	19	30	48	8	3	28
21	32	47	9	6	22	38
31	49	11	5	23	41	15
43	10	7	25	40	16	34
13	1	24	42	18	33	44
2	27	36	17	35	46	12
26	37	20	29	45	14	4

c) magisches Quadrat

Abb. 5.62 Magisches Quadrat der Ordnung 7 (Bachet-Labosne, Diagonalenmethode)

5.1.12 Bachet – Labosne (Variante von Narayana)

Historisch gesehen liegt der Ursprung der Diagonalenmethode aber viel weiter zurück und ist hinduistischen Ursprungs. Narayana schrieb 1356 das Buch *Ganita Kaumudi* über Arithmetik und Geometrie, in dem dieses Verfahren bereits vorgestellt wurde.[25] Diese Variante beschreibt auch Bernhard Gervais ausführlich in seinem Buch über magische Quadrate fünfter Ordnung.[26]

Das erste Hilfsquadrat wird wie üblich erstellt. Für das zweite Hilfsquadrat ersetzt er allerdings die Zahlen $1, 2, \ldots, n$ durch die Zahlen in der Austauschtabelle.

[25] Cammann [68] S. 278

[26] Gervais [166] S. 162 – 163

2	5	4	1	3
5	4	1	3	2
4	1	3	2	5
1	3	2	5	4
3	2	5	4	1

Austauschtabelle				
1	2	3	4	5
0	n	$2n$	$3n$	$4n$

Abb. 5.63 Hilfsquadrat 1 und die Austauschtabelle

Für den Fall $n = 5$ ergeben sich damit die Zahlen $0, 15, 10, 15, 20$. Ersetzt man nun die Zahlen $1, 2, \ldots, 5$ aus dem ersten Hilfsquadrat durch diese Werte, erhält das zweite Hilfsquadrat. Dieses Quadrat wird nun an der senkrechten Mittelachse gespiegelt und abschließend zu dem ersten Hilfsquadrat addiert. Das Ergebnis ist in Abbildung 5.64 dargestellt.

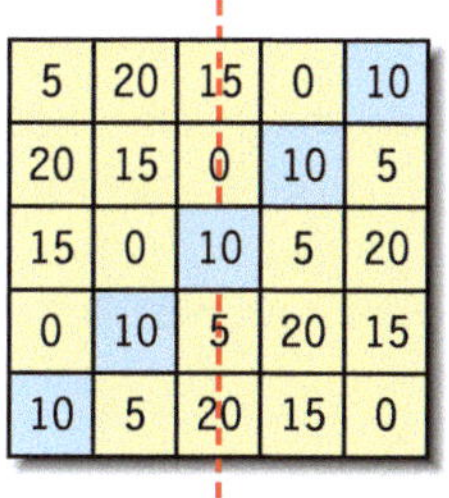

a) ausgetauschte Zahlen

10	0	15	20	5
5	10	0	15	20
20	5	10	0	15
15	20	5	10	0
0	15	20	5	10

b) Hilfsquadrat 2

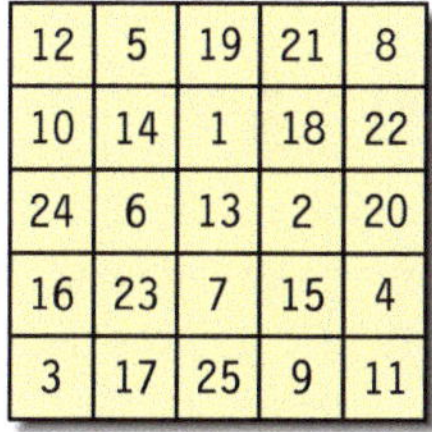

c) magisches Quadrat

Abb. 5.64 Magisches Quadrat der Ordnung 5 (Bachet-Labosne, Narayana)

5.1.13 Rallier des Ourmes

Eine etwas komplizierte Methode stammt von Jean-Joseph Rallier des Ourmes[27], der zunächst die mittlere Zahl in das zentrale Feld des Quadrates platziert, darunter die Zahl 1 und links neben dem Zentrum die Ordnung n. Die hierzu symmetrischen Zellen werden danach mit den komplementären Zahlen gefüllt.

Anschließend werden die restlichen Zellen der mittleren Zeile mit Zahlen belegt. Von der Zahl 25 in der Mitte des Quadrates ausgehend wird jetzt jede zweite Zelle gefüllt. Dabei wird die aktuelle Zahl nach rechts fortschreitend immer um $n - 1$ vermindert, nach links fortschreitend dagegen um $n - 1$ erhöht.

Ebenso verfährt man, indem man von der linken und rechten Nachbarzahl (7 bzw. 43) der zentralen Zelle ausgeht. Allerdings bewegt man sich jetzt nur in die durch die

[27] Rallier des Ourmes [484] S. 212 – 217

Position dieser Zahl vorgegebene Richtung. Entsprechend verfährt man mit der mittleren Spalte, nur dass die Zahlen nach oben jeweils um $n + 1$ vermindert, nach unten dagegen um $n + 1$ erhöht werden. Das Ergebnis ist für den Fall $n = 7$ in Abbildung 5.65 zu sehen.

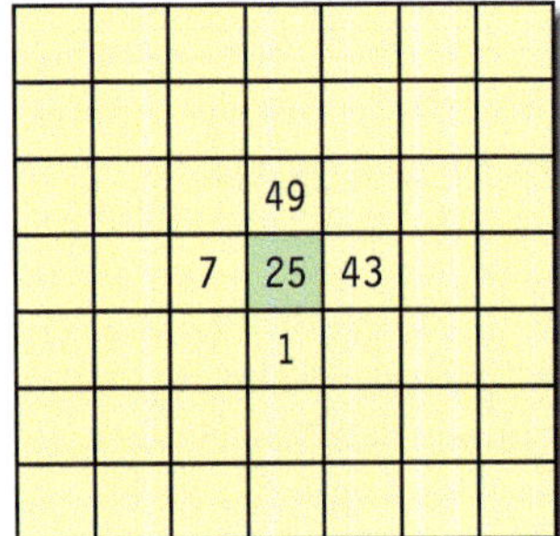

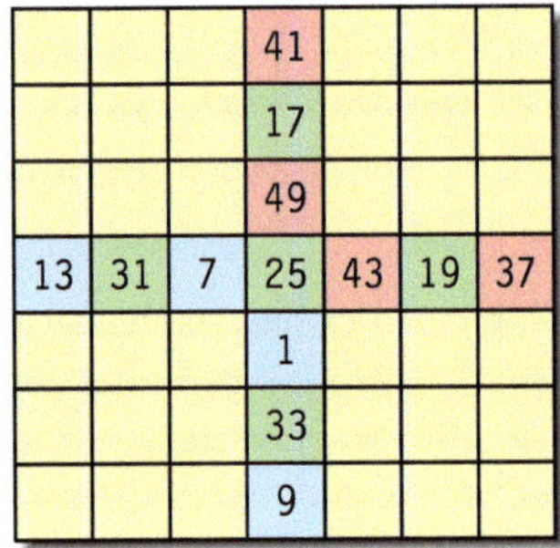

Abb. 5.65 Konstruktion eines magischen Quadrates (Schritt 1)

Ausgehend von den Zahlen in der mittleren Zeile bzw. Spalte werden jetzt diagonal nach dem Schema der Abbildung 5.66 die noch leeren Felder des Quadrates gefüllt. Nach oben rechts wird die aktuelle Zahl immer um $-n$ vermindert, nach unten links dagegen um $+n$ erhöht. Nach oben links wiederum um -1 vermindert und nach unten rechts um $+1$ erhöht.

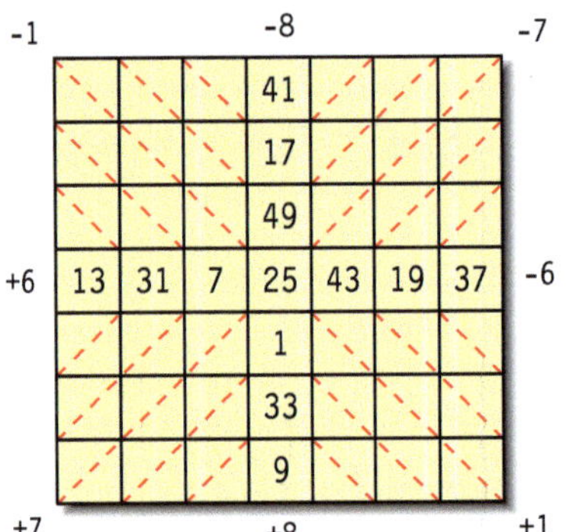

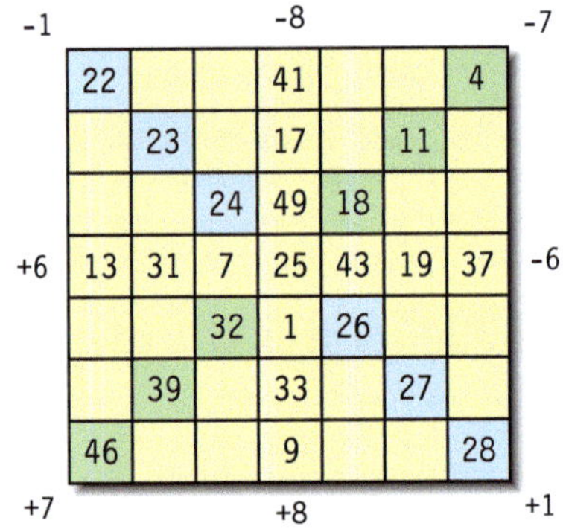

Abb. 5.66 Konstruktion eines magischen Quadrates (Schritt 2)

Von der Zahl 25 im Zentrum nehmen die Zahlen diagonal nach rechts oben um -7 ab, also folgen 18, 11 und 4. Diagonal nach links oben verkleinern sich die Zahlen um -1 und es werden 24, 23 und 22 eingetragen. Entsprechend verfährt man für alle Zahlen der beiden Mittelachsen des Quadrates und alle vier Richtungen.

In Abbildung 5.67 sind die nach diesem Verfahren konstruierten magischen Quadrate der Ordnungen $n = 7$ und $n = 9$ dargestellt.

22	47	16	41	10	35	4
5	23	48	17	42	11	29
30	6	24	49	18	36	12
13	31	7	25	43	19	37
38	14	32	1	26	44	20
21	39	8	33	2	27	45
46	15	40	9	34	3	28

37	78	29	70	21	62	13	54	5
6	38	79	30	71	22	63	14	46
47	7	39	80	31	72	23	55	15
16	48	8	40	81	32	64	24	56
57	17	49	9	41	73	33	65	25
26	58	18	50	1	42	74	34	66
67	27	59	10	51	2	43	75	35
36	68	19	60	11	52	3	44	76
77	28	69	20	61	12	53	4	45

Abb. 5.67 Magische Quadrate der Ordnungen $n = 7$ und $n = 9$ (Rallier des Ourmes)

5.1.14 Frierson

L.S. Frierson arbeitet wie de la Hire (s. Kapitel 5.2.2) mit zwei Hilfsquadraten, die überlagert werden. Während sich bei de la Hire die Positionen der mittleren Zahlen aus den Verschiebungen ergeben, arbeitet Frierson mit einer geometrischen Anordnung dieser Zahlen, die symmetrische magische Quadrate erzeugt.[28]

- Platziere die mittlere der Zahlen $1, 2, \ldots, n$ in die mittlere Zelle des Quadrates. Im Beispiel der Ordnung $n = 5$ wäre dies also die Zahl 3.
- Die restlichen $n - 1$ Mittelzahlen werden nun paarweise symmetrisch zu dieser Zahl angeordnet. Dabei muss aber sichergestellt werden, dass in jeder Zeile und jeder Spalte diese Zahl genau einmal auftritt.
- Das zweite Hilfsquadrat wird ebenso gefüllt, nur dass für dieses Quadrat die Zahlen $0, n, 2n, 3n, \ldots, (n-1)n$ benutzt werden. In Beispiel für die Ordnung $n = 5$ lautet die Mittelzahl damit 10.

  Das geometrische Muster des zweiten Hilfsquadrates muss dabei nicht mit dem Muster des ersten Hilfsquadrates übereinstimmen.
- Zusätzlich wird dieses Hilfsquadrat noch an der vertikalen Mittelachse gespiegelt.

Die bisherigen Konstruktionsschritte für Hilfsquadrate sind in Abbildung 5.68 dargestellt.

[28] Andrews [17] S. 249 – 252, Moran [379] S. 56 – 60

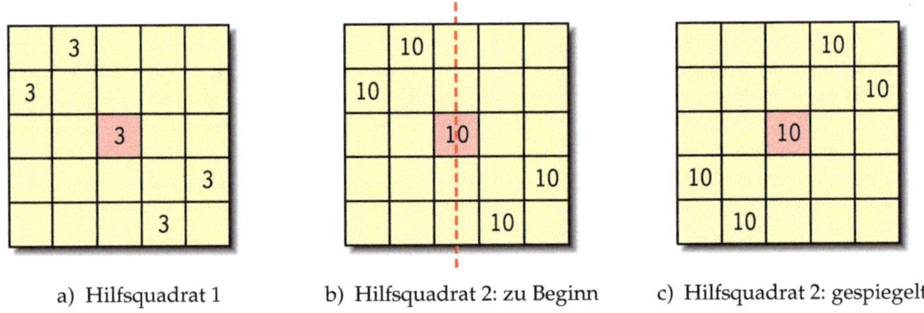

	3			
3				
		3		
				3
			3	

a) Hilfsquadrat 1

	10			
10				
		10		
				10
			10	

b) Hilfsquadrat 2: zu Beginn

			10	
				10
		10		
10				
	10			

c) Hilfsquadrat 2: gespiegelt

Abb. 5.68 Konstruktion der Hilfsquadrate (Schritt 1)

Danach werden die beiden mittleren Zeilen der beiden Hilfsquadrate gefüllt.

- Nehme für das erste Hilfsquadrat die restlichen Zahlen der Zahlenfolge $1, 2, \ldots, n$ und platziere sie symmetrisch zur Mittelzelle. Damit muss die Summe horizontal symmetrisch liegender Zahlenpaare immer $n + 1$ ergeben.
- Verfahre ebenso mit den restlichen Zahlen der Folge $0, n, 2n, 3n, \ldots, (n-1)\,n$ für das zweite Hilfsquadrat. Auch hier muss die Summe der symmetrischen Zahlenpaare immer gleich sein. Als Summe ergibt sich hier $(n-1) \cdot n$.

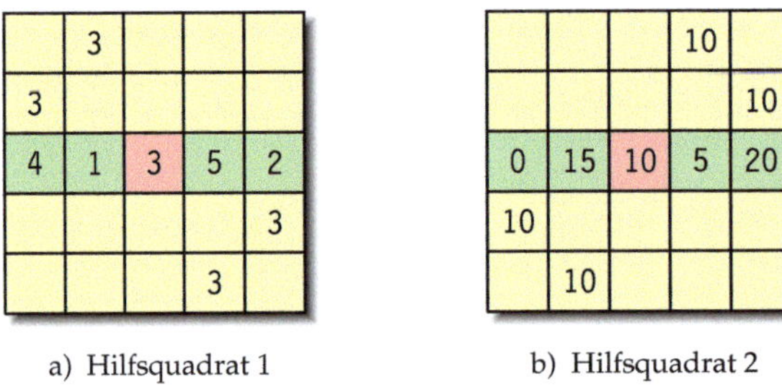

	3			
3				
4	1	3	5	2
				3
			3	

a) Hilfsquadrat 1

			10	
				10
0	15	10	5	20
10				
	10			

b) Hilfsquadrat 2

Abb. 5.69 Konstruktion der Hilfsquadrate (Schritt 2)

Nun müssen nur noch die restlichen Zeilen der beiden Hilfsquadrate so aufgefüllt werden, dass die Zahlen in der gleichen relativen Reihenfolge erscheinen wie in der mittleren Zeile. Durch Überlagerung der beiden Hilfsquadrate entsteht dann ein symmetrisches magisches Quadrat.

1	3	5	2	4
3	5	2	4	1
4	1	3	5	2
5	2	4	1	3
2	4	1	3	5

a) Hilfsquadrat 1

20	0	15	10	5
5	20	0	15	10
0	15	10	5	20
10	5	20	0	15
15	10	5	20	0

b) Hilfsquadrat 2

21	3	20	12	9
8	25	2	19	11
4	16	13	10	22
15	7	24	1	18
17	14	6	23	5

c) symmetrisches Quadrat

Abb. 5.70 Symmetrisches magisches Quadrat der Ordnung 5 (Frierson)

Dieses Verfahren kann auf alle höheren Ordnungen übertragen werden. Abbildung 5.71 zeigt ein mit diesem Verfahren konstruiertes magisches Quadrat der Ordnung 7.

3	6	4	2	5	1	7
2	5	1	7	3	6	4
6	4	2	5	1	7	3
7	3	6	4	2	5	1
5	1	7	3	6	4	2
4	2	5	1	7	3	6
1	7	3	6	4	2	5

a) Hilfsquadrat 1

7	35	14	42	21	0	28
21	0	28	7	35	14	42
28	7	35	14	42	21	0
35	14	42	21	0	28	7
42	21	0	28	7	35	14
0	28	7	35	14	42	21
14	42	21	0	28	7	35

b) Hilfsquadrat 2

10	41	18	44	26	1	35
23	5	29	14	38	20	46
34	11	37	19	43	28	3
42	17	48	25	2	33	8
47	22	7	31	13	39	16
4	30	12	36	21	45	27
15	49	24	6	32	9	40

c) symmetrisches Quadrat

Abb. 5.71 Symmetrisches magisches Quadrat der Ordnung 7 (Frierson)

Dieses Verfahren von Frierson ist universell und erzeugt eine Vielzahl von symmetrischen magischen Quadraten. Dies liegt u. a. darin begründet, dass die Zahlen in der mittleren Zeile auf sehr unterschiedliche Art und Weise angeordnet werden können.

Von noch größerer Bedeutung sind die vielfältigen geometrischen Anordnungen, von denen man ausgehen kann. Um eine Vorstellung von der Vielfalt zu vermitteln, sind in Abbildung 5.72 einige der geometrischen Anordnungen für die Ordnung $n = 7$ dargestellt.

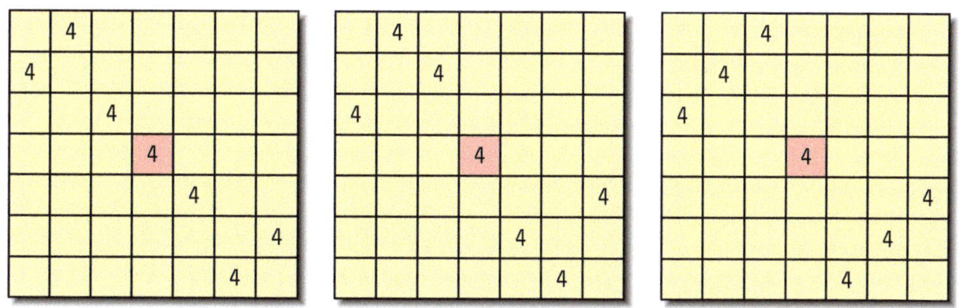

Abb. 5.72 Geometrische Anordnungen für symmetrische Quadrate der Ordnung 7

In den bisherigen Beispielen wurden die Mittelzahlen ausschließlich im linken oberen und rechten unteren Bereich platziert. Es können aber natürlich auch die anderen beiden Bereiche benutzt werden. Mit diesen zusätzlichen Anordnungen ergeben sich eine Vielzahl von weiteren Möglichkeiten. Eine kleine Auswahl dieser unterschiedlichen Anordnungen wird in Abbildung 5.73 dargestellt und gibt eine Vorstellung von der Mächtigkeit dieser Erweiterung.

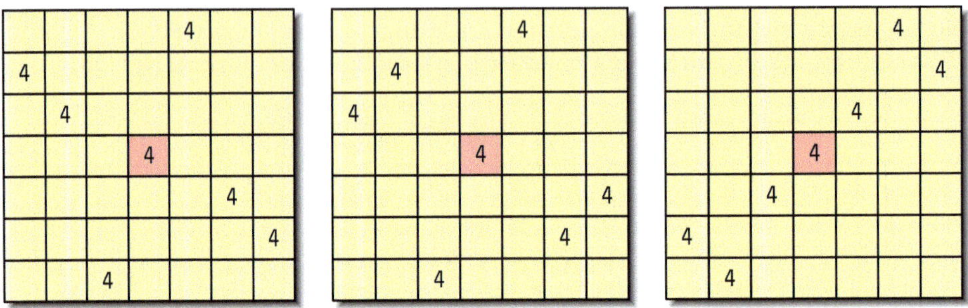

Abb. 5.73 Weitere geometrische Anordnungen für symmetrische Quadrate der Ordnung 7

Für die Ordnung $n = 5$ existieren 64 unterschiedliche Anordnungen, mit denen 96 unterschiedliche symmetrische Quadrate erzeugt werden können. Für $n = 7$ existieren bereits 2304 Anordnungen und die Zahl der möglichen Quadrate wächst mit zunehmender Ordnung rapide.

5.1.15 Lehmer (Allgemeine Schrittmethode)

Die Verallgemeinerung des zweiten Verfahrens von Moschopoulos[29] zur allgemeinen Schrittmethode wurde in Ansätzen schon seit dem 19. Jahrhundert näher untersucht. Lehmer[30] stellte in einem Artikel 1929 dann eine systematische mathematische Analyse dieser Methode (*Uniform Step*) vor und erzeugte magische Quadrate mithilfe der Kongruenzrechnung.[31]

Das linke Beispiel in Abbildung 5.74 wurde mit dem *Hauptschritt* (4, 1) erzeugt. Das bedeutet, dass man sich von der Startzahl 1 aus vier Spalten nach rechts und eine Zeile nach oben bewegt. Ebenso gelangt man von der Zahl 2 zur Zahl 3 usw.

15	23	6	19	2
1	14	22	10	18
17	5	13	21	9
8	16	4	12	25
24	7	20	3	11

a) (4, 1) – (1, 2)

12	18	24	5	6
9	15	16	22	3
1	7	13	19	25
23	4	10	11	17
20	21	2	8	14

b) (2, 3) – (1, 0)

Abb. 5.74 Magische Quadrate der Ordnung 5 mit Haupt- und Zwischenschritt

29 siehe Kapitel 5.1.3

30 Lehmer [319]

31 siehe auch Ball [36] S. 204 – 207 und Benson-Jacoby [43] S. 59 – 69

Allerdings trifft man immer nach fünf Schritten auf eine bereits belegte Zelle. Dann wird in diesem Beispiel der *Zwischenschritt* $(1,2)$ ausgeführt, also von der letzten gültigen Zahl 5 ausgehend eine Spalte nach rechts und zwei Zeilen nach oben, um zur nachfolgenden Zahl 6 zu gelangen.

Das rechte Beispiel wurde mit Hauptschritt $(2,3)$ und dem Zwischenschritt $(1,0)$ erzeugt.

Zur Analyse des Verfahrens ist es allerdings geschickter, wenn man nicht mit dem Zwischenschritt, sondern einem sogenannten *Korrekturschritt*[32] arbeitet. Dieser muss immer nach n Schritten durchgeführt werden, um eine bereits belegte Position zu korrigieren. Dadurch lassen sich die Abhängigkeiten der magischen Quadrate von den einzelnen Parametern viel deutlicher herausarbeiten.

Der Zusammenhang zwischen den Begriffen lässt sich leicht herstellen, da die Summe von Haupt- und Korrekturschritt gerade den Zwischenschritt ergibt. Bezeichnet man den Hauptschritt mit (a,b), den Korrekturschritt mit (a',b') und den Zwischenschritt mit (s_z,z_z), ergibt sich mit der Kongruenzrechnung für die beiden Beispiele aus Abbildung 5.74.

$$\begin{pmatrix}a\\b\end{pmatrix}+\begin{pmatrix}a'\\b'\end{pmatrix}=\begin{pmatrix}s_z\\z_z\end{pmatrix} \qquad \begin{pmatrix}a\\b\end{pmatrix}+\begin{pmatrix}a'\\b'\end{pmatrix}=\begin{pmatrix}s_z\\z_z\end{pmatrix}$$

$$\begin{pmatrix}4\\1\end{pmatrix}+\begin{pmatrix}a'\\b'\end{pmatrix}=\begin{pmatrix}1\\2\end{pmatrix} \qquad \begin{pmatrix}2\\3\end{pmatrix}+\begin{pmatrix}a'\\b'\end{pmatrix}=\begin{pmatrix}1\\0\end{pmatrix}$$

$$\begin{pmatrix}a'\\b'\end{pmatrix}=\begin{pmatrix}-3\\1\end{pmatrix} \qquad \begin{pmatrix}a'\\b'\end{pmatrix}=\begin{pmatrix}-1\\-3\end{pmatrix}$$

$$\begin{pmatrix}a'\\b'\end{pmatrix}\equiv\begin{pmatrix}2\\1\end{pmatrix} \qquad \begin{pmatrix}a'\\b'\end{pmatrix}\equiv\begin{pmatrix}4\\2\end{pmatrix}$$

Mit diesen vier Kennzahlen ist das magische Quadrat eindeutig festgelegt. Üblicherweise notiert man diese Kennzahlen als 2×2 - Matrix.

	Beispiel 1	Beispiel 2
$\begin{pmatrix}a & a'\\ b & b'\end{pmatrix}$	$\begin{pmatrix}4 & 2\\ 1 & 1\end{pmatrix}$	$\begin{pmatrix}2 & 4\\ 3 & 2\end{pmatrix}$

Tab. 5.1 Kennzahlen bei der Schrittmethode

Mithilfe der Kennzahlen lassen sich viele Fragen einfach beantworten. Beginnt man beispielsweise mit der Zahl 1 und möchte zur Zelle mit der Zahl $n+1$ gelangen, so muss man zunächst $n-1$ normale Hauptschritte durchführen. Dann folgt der Hauptschritt, der auf eine bereits belegte Position führt und dann mit dem Korrekturschritt

[32] Lehmer nennt es *break-step*

wieder korrigiert wird. Der Unterschied der Position der Startzahl zu dieser Zahl hängt bei dieser Betrachtungsweise also allein vom Korrekturschritt (a', b') ab.

$$(n-1) \cdot \begin{pmatrix} a \\ b \end{pmatrix} + \begin{pmatrix} a \\ b \end{pmatrix} + \begin{pmatrix} a' \\ b' \end{pmatrix} = n \cdot \begin{pmatrix} a \\ b \end{pmatrix} + \begin{pmatrix} a' \\ b' \end{pmatrix} \equiv \begin{pmatrix} a' \\ b' \end{pmatrix} \mod n$$

Sei (s_1, z_1) die Startzelle mit der Zahl 1, dann kann die Position (s, z) jeder anderen Zahl x aus dem Bereich $1, 2, \ldots, n^2$ bestimmt werden, da genau $x - 1$ Schritte durchgeführt werden.

$$s = s_1 + (x-1) \cdot a + \left\lfloor \frac{x-1}{2} \right\rfloor \cdot a'$$

$$z = z_1 + (x-1) \cdot b + \left\lfloor \frac{x-1}{2} \right\rfloor \cdot b'$$

Will man nun etwa die Startposition für die Zahl 1 so bestimmen, dass die mittlere Zahl der Zahlenfolge $1, 2, \ldots, n^2$ genau in die Mittelzelle (m, m) fällt, ist dies mit diesen Parametern kein Problem. Ausgehend von der Zahl 1 muss man genau $m = \frac{n-1}{2}$ Hauptschritte und ebenso viele Korrekturschritte durchführen. Nach den vorangegangenen Gleichungen folgt für die Spalte dieser Zelle

$$\begin{aligned} s_1 + a \cdot m + a' \cdot m &= m \\ s_1 &= m - a \cdot m - a' \cdot m \\ s_1 &= (1 - a - a') \cdot m \end{aligned}$$

Entsprechend verfährt man mit der Zeile und erhält die gesuchte Startposition

$$\begin{pmatrix} s_1 \\ z_1 \end{pmatrix} = \begin{pmatrix} (1-a-a') \cdot m \\ (1-b-b') \cdot m \end{pmatrix}$$

Mit dem folgenden Beispiel wird die Startposition für das Quadrat in der Abbildung 5.74a berechnet.

$$\begin{pmatrix} s_1 \\ z_1 \end{pmatrix} = \begin{pmatrix} (1-4-2) \cdot 2 \\ (1-1-1) \cdot 2 \end{pmatrix} = \begin{pmatrix} -5 \cdot 2 \\ -1 \cdot 2 \end{pmatrix} = \begin{pmatrix} 0 \cdot 2 \\ 4 \cdot 2 \end{pmatrix} = \begin{pmatrix} 0 \\ 8 \end{pmatrix} \equiv \begin{pmatrix} 0 \\ 3 \end{pmatrix}$$

Parameter $a \cdot b' - a' \cdot b$

In den folgenden Abschnitten soll der Einfluss der Kennzahlen auf das entstehende Quadrat verdeutlicht werden. Zunächst gilt

Das Quadrat wird genau dann mit allen Zahlen aus dem Bereich $1, 2, \ldots, n^2$ gefüllt, wenn die Zahlen $a \cdot b' - a' \cdot b$ und n keinen größeren gemeinsamen Teiler als 1 haben. Die beiden Zahlen müssen also teilerfremd zueinander sein.

17	24	1	8	15
23	5	7	14	16
4	6	13	20	22
10	12	19	21	3
11	18	25	2	9

Abb. 5.75 Magisches Quadrat der Ordnung 5 nach der Methode von de la Loubère

Im magischen Quadrat aus Abbildung 5.75, welches durch die Methode von de la Loubère erzeugt wird, ist der Hauptschritt $(a, b) = (1, 1)$ und der Korrekturschritt $(a', b') = (-1, -2)$ und für die charakteristische Zahl $a \cdot b' - a' \cdot b$ folgt

$$a \cdot b' - a' \cdot b = 1 \cdot (-2) - 1 \cdot (-1) = -2 + 1 = -1 \equiv 4$$

Diese Zahl ist teilerfremd zu der Ordnung $n = 5$ des Quadrates und daher werden alle n^2 Zahlen auch in das Quadrat eingetragen.

Völlig anders sieht es z. B. bei einem Quadrat der Ordnung $n = 9$ aus, wenn man $(1, 1)$ als Hauptschritt und $(4, 1)$ als Korrekturschritt wählt. Dann ergibt sich für die charakteristische Zahl

$$a \cdot b' - a' \cdot b = 1 \cdot 1 - 1 \cdot 4 = -3 \equiv 6$$

Diese Zahl ist nicht teilerfremd zu der Ordnung $n = 9$, folglich muss es zu Überschneidungen beim Eintragen der Zahlen kommen.

Mit dem größten gemeinsamen Teiler $\text{ggt}(9, 6) = 3$ sieht man in Abbildung 5.76 deutlich, dass zyklisch gesehen auch nur Zahlen auf Parallelen im Abstand 3 eingetragen werden.

	26			1			18	
25			9			17		
		8			16			24
	7			15			23	
6			14			22		
		13			21			5
	12			20			4	
11			19			3		
		27			2			10

	74			58			66	
73			57			65		
		56			64			81
	55			72			80	
63			71			79		
		70			78			62
	69			77			61	
68			76			60		
		75			59			67

Abb. 5.76 Schrittmethode (Parameter $a \cdot b' - a' \cdot b$)

Parameter *a* und *b*

Zur Analyse dieser Parameter wird der Hauptschritt $(3, 1)$ mit dem Korrekturschritt $(1, 1)$ betrachtet. Die charakteristische Zahl hat den Wert $3 \cdot 1 - 1 \cdot 1 = 2$, sodass alle Zahlen in das Quadrat eingetragen werden. Doch leider ist das Quadrat aus Abbildung 5.77 nicht magisch, obwohl beide Diagonalen, alle Spalten und sogar drei Zeilen die magische Summe 369 ergeben.

Des Rätsels Lösung zeigt sich im rechten Quadrat dieser Abbildung, wo die ersten neun Zahlen eingetragen wurden, auf die nur der Hauptschritt Einfluss hat. Durch den gemeinsamen Teiler 3 des Faktors a mit der Ordnung $n = 9$, werden diese Zahlen nur in drei Spalten eingetragen und nicht auf alle Spalten des Quadrates verteilt.

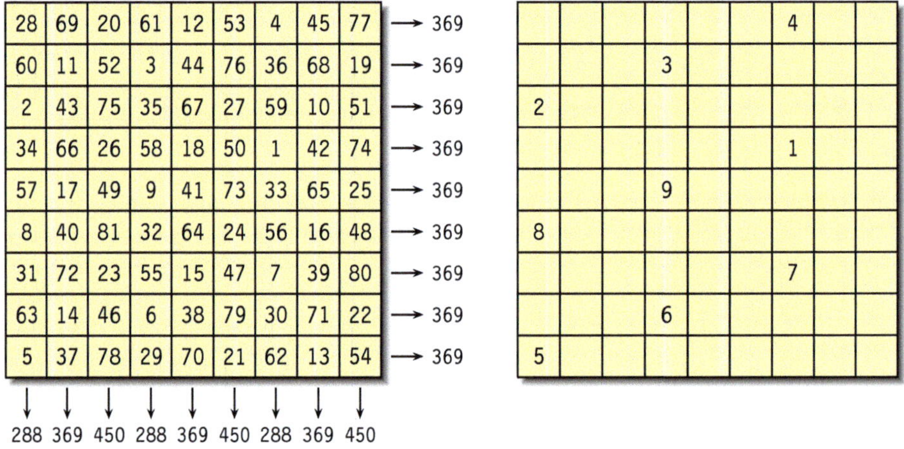

28	69	20	61	12	53	4	45	77	→ 369
60	11	52	3	44	76	36	68	19	→ 369
2	43	75	35	67	27	59	10	51	→ 369
34	66	26	58	18	50	1	42	74	→ 369
57	17	49	9	41	73	33	65	25	→ 369
8	40	81	32	64	24	56	16	48	→ 369
31	72	23	55	15	47	7	39	80	→ 369
63	14	46	6	38	79	30	71	22	→ 369
5	37	78	29	70	21	62	13	54	→ 369
↓ 288	↓ 369	↓ 450	↓ 288	↓ 369	↓ 450	↓ 288	↓ 369	↓ 450	

						4		
			3					
2								
						1		
			9					
8								
						7		
			6					
5								

Abb. 5.77 Nicht magisches Quadrat mit der Schrittmethode (Parameter a)

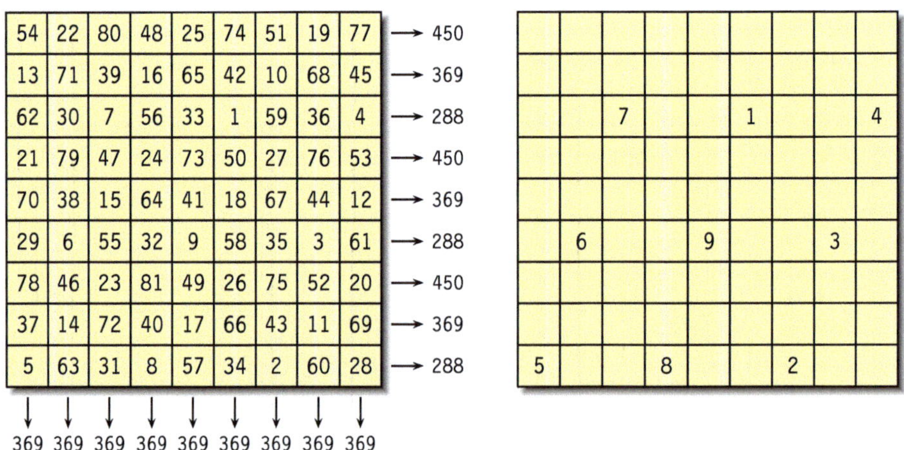

54	22	80	48	25	74	51	19	77	→ 450
13	71	39	16	65	42	10	68	45	→ 369
62	30	7	56	33	1	59	36	4	→ 288
21	79	47	24	73	50	27	76	53	→ 450
70	38	15	64	41	18	67	44	12	→ 369
29	6	55	32	9	58	35	3	61	→ 288
78	46	23	81	49	26	75	52	20	→ 450
37	14	72	40	17	66	43	11	69	→ 369
5	63	31	8	57	34	2	60	28	→ 288
↓ 369	↓ 369	↓ 369	↓ 369	↓ 369	↓ 369	↓ 369	↓ 369	↓ 369	

		7			1			4
	6			9			3	
5			8			2		

Abb. 5.78 Nicht magisches Quadrat mit der Schrittmethode (Parameter b)

Ein ähnliches Bild ergibt sich mit dem Hauptschritt $(1, 3)$ und dem Korrekturschritt $(1, 1)$. Die charakteristische Zahl hat den Wert $1 \cdot 1 - 3 \cdot 1 = -2 \equiv 7$, sodass alle Zahlen in das Quadrat eingetragen werden. Doch wiederum ist das Quadrat aus Abbildung 5.78 nicht magisch, obwohl beide Diagonalen, alle Zeilen und sogar drei Spalten die magische Summe 369 ergeben.

Bei dieser Wahl ist der Parameter b nicht teilerfremd zu n, sodass die mit dem Hauptschritt eingetragenen Zahlen nicht in alle Zeilen gelangen, sondern nur in insgesamt $\text{ggt}(b, n) = 3$.

Die Zeilen- und Spaltensummen ergeben nur dann die magische Summe, wenn sowohl a als auch b teilerfremd zu der Ordnung n des Quadrates sind.

Parameter a' und b'

In diesem Abschnitt wird der Einfluss des Korrekturschrittes (a', b') auf das entstehende Quadrat untersucht. Im linken Beispiel der Abbildung 5.79 sind die Zahlen direkt nach dem Korrekturschritt eingezeichnet, wobei mit dem Hauptschritt $(1, 1)$ und dem Korrekturschritt $(3, 1)$ gearbeitet wurde. Man erkennt, dass diese Zahlen sich nur auf drei Spalten verteilen. Damit kann das Quadrat aber nicht mehr magisch werden. Als Ursache erkennt man, dass die Zahlen a' und n mit $\text{ggt}(3, 9) = 3$ nicht teilerfremd sind.

						28		
			19					
10								
						1		
			73					
64								
						55		
			46					
37								

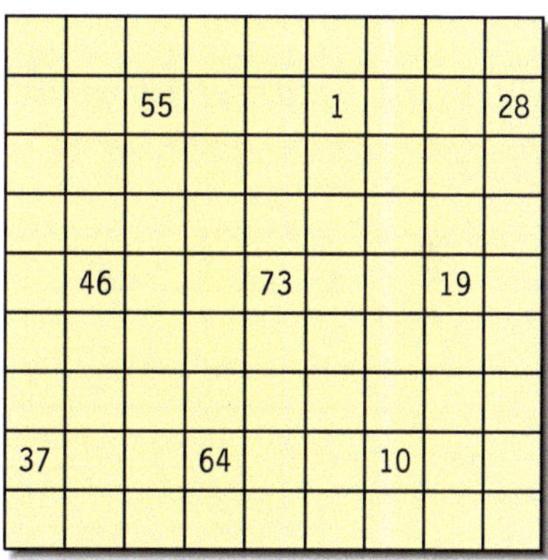

		55			1			28
	46			73			19	
37			64			10		

Abb. 5.79 Schrittmethode (Parameter a' und b')

Ein ähnliches Ergebnis ergibt sich im rechten Bild von Abbildung 5.79 mit dem Hauptschritt $(1, 1)$ und dem Korrekturschritt $(1, 3)$. Hier ist b' nicht teilerfremd zu n und die Zahlen fallen alle in drei Zeilen.

Die Zeilen- und Spaltensummen ergeben nur dann die magische Summe, wenn sowohl a' als auch b' teilerfremd zu der Ordnung n des Quadrates sind.

Startposition

Mit den Bedingungen an die Parameter a, b, a' und b' ist sichergestellt, dass alle Zahlen von 1 bis n^2 im Quadrat vertreten sind sowie alle Zeilen- und Spaltensummen gleich der magischen Summe sind. Leider wird gar nichts über die Diagonalen ausgesagt, sodass die Quadrate unter diesen Rahmenbedingungen eventuell nur semi-magisch werden.

Die magische Eigenschaft der beiden Diagonalen lässt sich aber erreichen, wenn man die mittlere aller Zahlen in die Mitte des Quadrates platziert. Die bereits bekannte nachfolgende Gleichung gibt an, welche Startposition man dazu wählen muss.

$$\begin{pmatrix} s_1 \\ z_1 \end{pmatrix} = \begin{pmatrix} (1-a-a') \cdot m \\ (1-b-b') \cdot m \end{pmatrix}$$

Als Nebeneffekt werden die dabei entstehenden magischen Quadrate sogar symmetrisch.

17	24	1	8	15
23	5	7	14	16
4	6	13	20	22
10	12	19	21	3
11	18	25	2	9

a) de la Loubère

11	24	7	20	3
4	12	25	8	16
17	5	13	21	9
10	18	1	14	22
23	6	19	2	15

b) Bachet de Méziriac

11	24	7	20	3
4	12	25	8	16
17	5	13	21	9
10	18	1	14	22
23	6	19	2	15

c) Moschopoulos 1

10	18	1	14	22
4	12	25	8	16
23	6	19	2	15
17	5	13	21	9
11	24	7	20	3

d) Moschopoulos 2

Abb. 5.80 Magische Quadrate der Ordnung 5 nach der allgemeinen Schrittmethode

In Abbildung 5.80 sind einige magische Quadrate dargestellt, die mit anderen Methoden erstellt worden sind. Wie Tabelle 5.2 zeigt, lassen sie sich aber auch mit der Schrittmethode generieren.

	Hauptschritt	Korrekturschritt
de la Loubère	$\begin{pmatrix} 1 \\ 1 \end{pmatrix}$	$\begin{pmatrix} -1 \\ -2 \end{pmatrix}$
Bachet de Méziriac	$\begin{pmatrix} 1 \\ -1 \end{pmatrix}$	$\begin{pmatrix} -1 \\ -1 \end{pmatrix}$
Moschopoulos 1	$\begin{pmatrix} 1 \\ -1 \end{pmatrix}$	$\begin{pmatrix} -1 \\ -1 \end{pmatrix}$
Moschopoulos 2	$\begin{pmatrix} 1 \\ -2 \end{pmatrix}$	$\begin{pmatrix} -1 \\ -2 \end{pmatrix}$

Tab. 5.2 Haupt- und Korrekturschritt für die Schrittmethode

Parameter $a + b$, $a' + b'$, $a - b$, $a' - b'$

Mit den bisherigen Ausführungen sind aber bislang nicht alle Abhängigkeiten analysiert. Seien etwa der Hauptschritt $(2, 1)$ sowie der Korrekturschritt $(4, 4)$ bei einem Quadrat der Ordnung $n = 5$ gewählt, dann sind alle bisherigen Bedingungen erfüllt, und es entsteht bei einem geeigneten Startpunkt ein magisches Quadrat. Auch der Hauptschritt $(4, 1)$ liefert mit dem Korrekturschritt $(2, 4)$ ein magisches Quadrat.

Abbildung 5.81 liefert einige Anhaltspunkte, denn in beiden Beispielen ergeben ganz bestimmte Diagonalen die magische Summe.

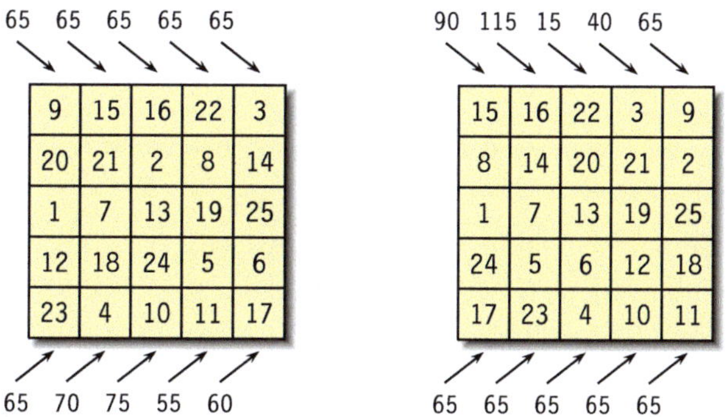

Abb. 5.81 Schrittmethode (Parameter $a + b, a' + b', a - b, a' - b'$)

Wenn es jetzt gelänge, beide Eigenschaften gleichzeitig zu erfüllen, wären die magischen Quadrate sogar pandiagonal. Dazu werden die Parameter der beiden Beispiele zusätzlich noch weiter untersucht.

	$a+b$	$a'+b'$	$a-b$	$a'-b'$
Beispiel 1	$2+1=3$	$4+4=8\equiv 3$	$2-1=1$	$4-4=0$
Beispiel 2	$4+1=5\equiv 0$	$2+4=6\equiv 1$	$4-1=3$	$2-4=-2\equiv 3$

Tab. 5.3 Analyse der Parameter $a+b, a'+b', a-b, a'-b'$

Jetzt ist die Ursache ersichtlich: im ersten Beispiel ist die Differenz $a'-b'=0$ nicht teilerfremd zur Ordnung des Quadrates, im zweiten Beispiel dagegen die Summe $a+b=0$. Erfüllt man gleichzeitig alle vier Bedingungen, werden die Summen aller gebrochenen Diagonalen auch magisch sein und das Quadrat ist pandiagonal.

Alle gebrochenen Diagonalen besitzen die magische Summe, wenn die beiden Summen $a+b$ und $a'+b'$ sowie die beiden Differenzen $a-b$ und $a'-b'$ teilerfremd zur Ordnung n des Quadrates sind.

Wahl der Parameter

Die in Kapitel 5.1.15 dargelegten Bedingungen bei der Wahl der Parameter a, b, a' und b' führen direkt zu einigen Folgerungen:

1. Werden die Parameter so gewählt, dass a, b, a', b' und $a \cdot b' - a' \cdot b$ teilerfremd zur Ordnung n des Quadrates sind, ist das entstehende Quadrat bei beliebigem Startpunkt entweder semi-magisch, magisch oder pandiagonal.
2. Wählt man zusätzlich zu Bedingung 1 den Startpunkt so, dass die mittlere der Zahlen 1 bis n^2 in die Mitte des Quadrates fällt, entsteht ein symmetrisches magisches Quadrat.
3. Wählt man die vier Parameter so, dass a, b, a', b', $a \cdot b' - a' \cdot b$, $a+b$, $a'+b'$, $a-b$ und $a'-b'$ teilerfremd zu n sind, entsteht unabhängig vom Startpunkt ein pandiagonales magisches Quadrat.
4. Wählt man zusätzlich zu Bedingung 3 den Startpunkt so, dass die mittlere der Zahlen 1 bis n^2 in die Mitte des Quadrates fällt, entsteht ein symmetrisches und pandiagonales magisches Quadrat.

Bedingung 1 zeigt auch, warum die Schrittmethode nur bei ungeraden Quadraten funktionieren kann. Wäre die Ordnung gerade, müssten a, b, a' und b' alle ungerade sein, da sie sonst nicht teilerfremd zu n wären. Damit wären zwar auch die Produkte $a \cdot b'$ und $a' \cdot b$ ungerade, deren Differenz jedoch wieder gerade und die charakteristische Zahl $a \cdot b' - a' \cdot b$ nicht teilerfremd zu n.

Weiterhin schließt Bedingung 3 die Gleichheiten $a=b$ und $a'=b'$ aus, da deren Differenz sonst gleich 0 und damit sicher nicht teilerfremd zu n wäre. Damit muss aber eine der Summen $a+b$ und $a'+b'$ oder Differenzen $a-b$ und $a'-b'$ den Teiler 3 besitzen. Als direkte Folgerung ergibt sich, dass die Schrittmethode keine pandiagonalen magischen Quadrate erzeugen kann, deren Ordnung ein Vielfaches von 3 ist.

Die magischen Quadrate in Abbildung 5.82 demonstrieren noch einmal die unterschiedlichen Ergebnisse für verschiedene Parameter.

14	8	2	21	20
22	16	15	9	3
10	4	23	17	11
18	12	6	5	24
1	25	19	13	7

a) pandiagonal
(2, 4) – (2, 1)

13	40	18	45	23	1	35
4	31	9	36	21	48	26
44	22	7	34	12	39	17
42	20	47	25	3	30	8
33	11	38	16	43	28	6
24	2	29	14	41	19	46
15	49	27	5	32	10	37

b) pandiagonal und
symmetrisch (3, 2) – (1, 4)

64	6	20	43	57	80	13	36	50
24	38	61	75	17	31	54	68	1
56	79	12	35	49	72	5	19	42
16	30	53	67	9	23	37	60	74
48	71	4	27	41	55	78	11	34
8	22	45	59	73	15	29	52	66
40	63	77	10	33	47	70	3	26
81	14	28	51	65	7	21	44	58
32	46	69	2	25	39	62	76	18

c) symmetrisch (4, 2) – (4, 4)

Abb. 5.82 Magische Quadrate der Ordnungen 5, 7 und 9 (allgemeine Schrittmethode)

5.1.16 Reiner

Eine einfache Methode stammt von Brian S. Reiner[33], der von einem Quadrat in natürlicher Anordnung ausgeht. Wie in Abbildung 5.83 für ein Quadrat der Ordnung 5 zu erkennen ist, besitzen dort nicht nur die beiden Diagonalen bereits die magische Summe 65, sondern auch die gebrochenen Diagonalen.

---

33 Reiner [485] S. 250 – 252

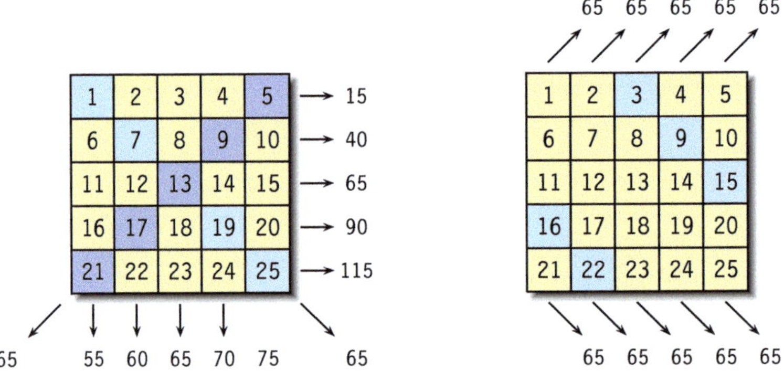

Abb. 5.83 Summen in einem Quadrat mit natürlicher Anordnung

Was liegt also näher, als z. B. die abwärts gerichteten gebrochenen Diagonalen in die Spalten des Quadrates abzubilden, sodass diese dann die magische Summe besitzen. Wie in Abbildung 5.84 zu sehen ist, ändert sich dabei aber auch die Summe der Hauptdiagonalen.

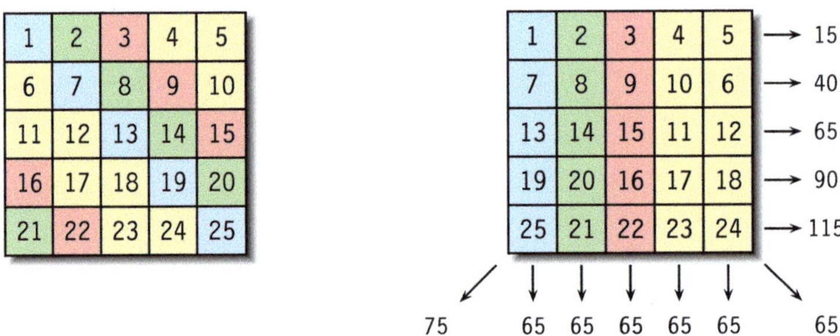

Abb. 5.84 Abbildung der Diagonalen in die Spalten

Nun werden die Diagonalen auf die Zeilen des Quadrates abgebildet. Dabei beginnt man dieses Mal aber wie in Abbildung 5.85 jeweils mit den Zahlen aus der ersten Spalte. Danach besitzen auch die Zeilen die magische Summe.

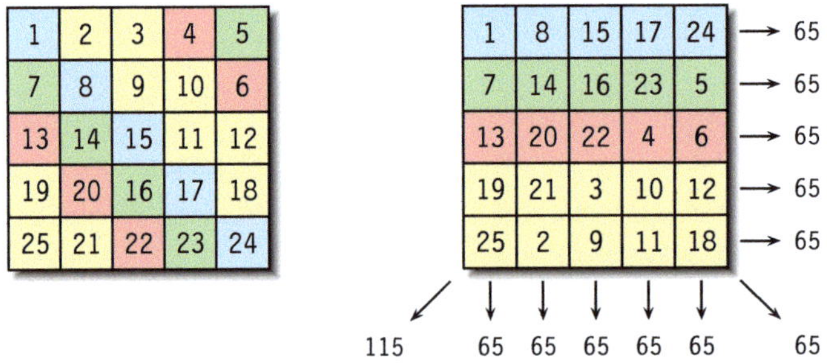

Abb. 5.85 Abbildung der Diagonalen in die Zeilen

Abschließend werden jetzt nur noch die Spalten vertauscht. Man füllt das Quadrat zunächst mit den Spalten, die eine ungerade Spaltennummer besitzen, gefolgt von den Spalten mit einer geraden Spaltennummer. Damit lautet die neue Reihenfolge der Spalten 1, 3, 0, 2, 4 und das Quadrat in Abbildung 5.86 ist magisch.

0	1	2	3	4
1	8	15	17	24
7	14	16	23	5
13	20	22	4	6
19	21	3	10	12
25	2	9	11	18

1	3	0	2	4
8	17	1	15	24
14	23	7	16	5
20	4	13	22	6
21	10	19	3	12
2	11	25	9	18

Abb. 5.86 Symmetrisches magisches Quadrat nach dem Spaltentausch (Reiner)

Dieses Verfahren funktioniert für alle ungeraden Ordnungen. Zwei weitere Beispiele für $n = 7$ und $n = 9$ sind in Abbildung 5.87 dargestellt.

10	28	39	1	19	30	48
18	29	47	9	27	38	7
26	37	6	17	35	46	8
34	45	14	25	36	5	16
42	4	15	33	44	13	24
43	12	23	41	3	21	32
2	20	31	49	11	22	40

12	34	47	69	1	23	45	58	80
22	44	57	79	11	33	46	68	9
32	54	67	8	21	43	56	78	10
42	55	77	18	31	53	66	7	20
52	65	6	19	41	63	76	17	30
62	75	16	29	51	64	5	27	40
72	4	26	39	61	74	15	28	50
73	14	36	49	71	3	25	38	60
2	24	37	59	81	13	35	48	70

Abb. 5.87 Symmetrische magische Quadrate der Ordnungen 7 und 9 (Reiner)

5.1.17 De Los Reyes – Pourdarvish – Midha – Das

De Los Reyes, Pourdarvish, Midha und Das haben ein Verfahren vorgestellt, mit dem man symmetrische magische Quadrate aus orthogonalen lateinischen Quadraten erstellen kann.[34]

In die linke obere Ecke des ersten Hilfsquadrates wird die Zahl $\frac{n+1}{2}$ platziert. Nach rechts fortschreitend werden die nachfolgenden Zahlen immer modulo n um 1 erhöht.

[34] de los Reyes, Pourdarvish, Midha und Das [486]

Wenn die obere Zeile vollständig belegt ist, werden die darunterliegenden Zeilen immer so gefüllt, dass deren Zahlen jeweils um 1 größer sind als die Zahl in der direkt darüberliegenden Zelle. Ein nach dieser Methode vollständig gefülltes Hilfsquadrat ist in Abbildung 5.88a dargestellt.

Die Zahlen für die obere Zeile des zweiten Hilfsquadrates erhält man, indem man die Zahlen aus den entsprechenden Zellen der oberen Zeile des ersten Hilfsquadrates mit 2 multipliziert (modulo n). Danach werden auch hier die darunterliegenden Zeilen wieder so entwickelt, dass die Zahlen um 1 größer sind, als die genau darüberliegenden Zahlen (siehe Abbildung 5.88b).

Durch Überlagerung der beiden orthogonalen lateinischen Quadrate entsteht dann das symmetrische magische Quadrat aus Abbildung 5.88c.

4	5	6	0	1	2	3
5	6	0	1	2	3	4
6	0	1	2	3	4	5
0	1	2	3	4	5	6
1	2	3	4	5	6	0
2	3	4	5	6	0	1
3	4	5	6	0	1	2

a) 1. Hilfsquadrat

1	3	5	0	2	4	6
2	4	6	1	3	5	0
3	5	0	2	4	6	1
4	6	1	3	5	0	2
5	0	2	4	6	1	3
6	1	3	5	0	2	4
0	2	4	6	1	3	5

b) 2. Hilfsquadrat

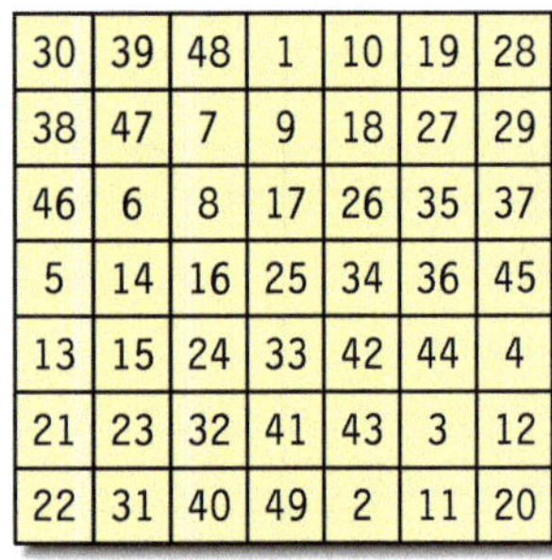

30	39	48	1	10	19	28
38	47	7	9	18	27	29
46	6	8	17	26	35	37
5	14	16	25	34	36	45
13	15	24	33	42	44	4
21	23	32	41	43	3	12
22	31	40	49	2	11	20

c) magisches Quadrat

Abb. 5.88 Symmetrisches magisches Quadrat der Ordnung $n = 7$ (de los Reyes u.a., Faktor 2)

Bei genauer Betrachtung stellt man fest, dass es sich um das magische Quadrat handelt, dass sich auch mit der Methode von de la Loubère erzeugen lässt.

Variante

Mit der hier vorgestellten Methode lassen sich aber noch weitere magische Quadrate erstellen. Im bisherigen Beispiel wurde die obere Zeile des zweiten Hilfsquadrates durch eine Multiplikation mit dem Faktor 2 aus der oberen Zeile des ersten Hilfsquadrates gebildet. Dieser Faktor kann aber variabel gewählt werden. In Abbildung 5.89 wurde etwa der Faktor 3 gewählt, um das magische Quadrat zu erzeugen.

Für Primzahlordnungen lassen sich alle Faktoren c aus dem Bereich $2 \leq c \leq n - 1$ wählen, und es entsteht immer ein symmetrisches magisches Quadrat. Bei anderen Ordnungen ist die Anzahl der möglichen Faktoren nicht ganz geklärt. Für die Ordnung $n = 9$ stehen z. B. die Faktoren $\{2, 5, 8\}$ zur Auswahl, für $n = 15$ die Faktoren $\{2, 8, 14\}$, für $n = 21$ die Faktoren $\{2, 17, 20\}$ und für $n = 27$ die Faktoren $\{2, 17, 20, 23, 26\}$. Für $n = 25$ existieren sogar 15 verschiedene Faktoren.

4	5	6	0	1	2	3
5	6	0	1	2	3	4
6	0	1	2	3	4	5
0	1	2	3	4	5	6
1	2	3	4	5	6	0
2	3	4	5	6	0	1
3	4	5	6	0	1	2

a) 1. Hilfsquadrat

5	1	4	0	3	6	2
6	2	5	1	4	0	3
0	3	6	2	5	1	4
1	4	0	3	6	2	5
2	5	1	4	0	3	6
3	6	2	5	1	4	0
4	0	3	6	2	5	1

b) 2. Hilfsquadrat

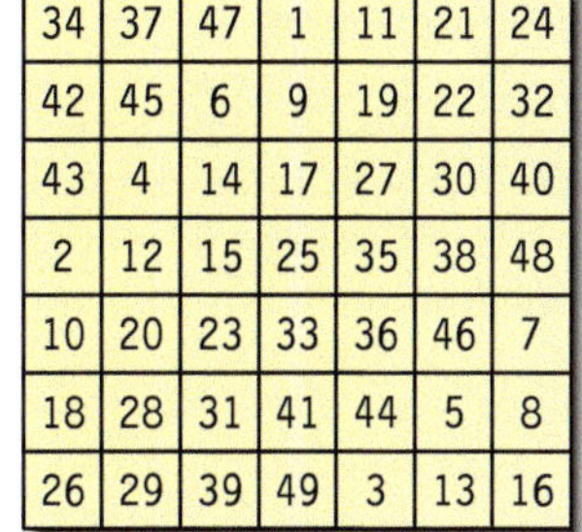

34	37	47	1	11	21	24
42	45	6	9	19	22	32
43	4	14	17	27	30	40
2	12	15	25	35	38	48
10	20	23	33	36	46	7
18	28	31	41	44	5	8
26	29	39	49	3	13	16

c) magisches Quadrat

Abb. 5.89 Symmetrisches magisches Quadrat der Ordnung $n = 7$
(de los Reyes u.a., Variante mit Faktor 3)

Gesichert ist aber zumindest, dass die Faktoren 2 und $n - 1$ bei diesen Ordnungen immer funktionieren. Das symmetrische magische Quadrat der Ordnung $n = 9$ aus Abbildung 5.90 wurde beispielsweise mit dem Multiplikationsfaktor $n - 1 = 8$ erzeugt.

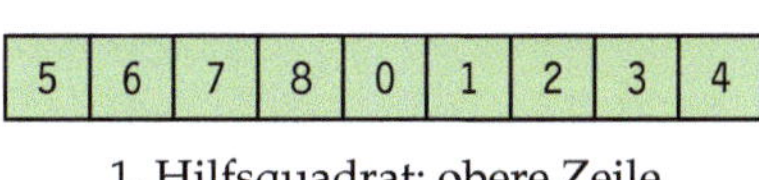

5	6	7	8	0	1	2	3	4

1. Hilfsquadrat: obere Zeile

4	3	2	1	0	8	7	6	5

2. Hilfsquadrat: obere Zeile

50	58	66	74	1	18	26	34	42
60	68	76	3	11	19	36	44	52
70	78	5	13	21	29	37	54	62
80	7	15	23	31	39	47	55	72
9	17	25	33	41	49	57	65	73
10	27	35	43	51	59	67	75	2
20	28	45	53	61	69	77	4	12
30	38	46	63	71	79	6	14	22
40	48	56	64	81	8	16	24	32

Abb. 5.90 Symmetrisches magisches Quadrat der Ordnung $n = 9$
(de los Reyes u.a., Variante mit Faktor 8)

5.1.18 Chan – Mainkar – Narayan – Webster

Chan, Mainkar, Narayan und Webster arbeiten zur Konstruktion symmetrischer magischer Quadrate ungerader Ordnungen $n = 2m + 1$ mit einer zyklischen Matrix, deren obere Zeile durch die Zahlen

$$0 \quad 1 \quad 2 \quad \ldots \quad m \quad -m \quad -(m-1) \quad -(m-2) \quad \ldots \quad 1$$

bestimmt wird.[35]

Die zyklische Matrix ist mit diesen Zahlen eindeutig festgelegt, da die vorgegebenen Zahlen von links nach rechts in die obere Zeile eingetragen und dann zeilenweise nach unten kopiert werden. Dabei verschieben sich die Zahlen mit jeder Zeile um eine Position nach rechts (siehe Abbildung 5.91).

0	1	2	3	-3	-2	-1
-1	0	1	2	3	-3	-2
-2	-1	0	1	2	3	-3
-3	-2	-1	0	1	2	3
3	-3	-2	-1	0	1	2
2	3	-3	-2	-1	0	1
1	2	3	-3	-2	-1	0

Abb. 5.91 Zyklische Ausgangsmatrix A

Durch die besondere Anordnung der positiven und negativen Zahlen in der oberen Zeile ist dieses Quadrat schiefsymmetrisch, d. h. für alle Zahlen $a(s,z)$ und ihre symmetrisch gegenüberliegenden Partnerzahlen gilt

$$a(s,z) = -a(n-1-s, n-1-z)$$

Nun wird das Produkt $A \cdot J$ gebildet, wobei J die Matrix ist, die auf der Hauptdiagonalen überall die Zahl 1 aufweist und sonst nur die Zahl 0 enthält.

0	0	0	0	0	0	1
0	0	0	0	0	1	0
0	0	0	0	1	0	0
0	0	0	1	0	0	0
0	0	1	0	0	0	0
0	1	0	0	0	0	0
1	0	0	0	0	0	0

a) Matrix J

-1	-2	-3	3	2	1	0
-2	-3	3	2	1	0	-1
-3	3	2	1	0	-1	-2
3	2	1	0	-1	-2	-3
2	1	0	-1	-2	-3	3
1	0	-1	-2	-3	3	2
0	-1	-2	-3	3	2	1

b) Matrix $A \cdot J$

Abb. 5.92 Berechnung der Matrix $A \cdot J$

Danach wird die Matrix $n \cdot A$ berechnet, bei der alle Zahlen von A mit der Ordnung n multipliziert werden. Zu dieser Matrix wird dann die Matrix $A \cdot J$ hinzuaddiert und das Ergebnis mit Z bezeichnet.

[35] Chan, Mainkar, Narayan und Webster [87]

0	7	14	21	-21	-14	-7
-7	0	7	14	21	-21	-14
-14	-7	0	7	14	21	-21
-21	-14	-7	0	7	14	21
21	-21	-14	-7	0	7	14
14	21	-21	-14	-7	0	7
7	14	21	-21	-14	-7	0

a) Matrix $n \cdot A$

-1	5	11	24	-19	-13	-7
-9	-3	10	16	22	-21	-15
-17	-4	2	8	14	20	-23
-18	-12	-6	0	6	12	18
23	-20	-14	-8	-2	4	17
15	21	-22	-16	-10	3	9
7	13	19	-24	-11	-5	1

b) $Z = n \cdot A + A \cdot J$

Abb. 5.93 Zwischenergebnis für die Matrix Z

Jetzt fehlt nur noch die Matrix $F = 25 \cdot E$, bei der alle Zahlen den Wert $\frac{n^2+1}{2} = 25$ besitzen. Addiert man abschließend die Matrizen Z und F, entsteht das symmetrische magische Quadrat aus Abbildung 5.94.

25	25	25	25	25	25	25
25	25	25	25	25	25	25
25	25	25	25	25	25	25
25	25	25	25	25	25	25
25	25	25	25	25	25	25
25	25	25	25	25	25	25
25	25	25	25	25	25	25

a) Matrix $F = 25 \cdot E$

24	30	36	49	6	12	18
16	22	35	41	47	4	10
8	21	27	33	39	45	2
7	13	19	25	31	37	43
48	5	11	17	23	29	42
40	46	3	9	15	28	34
32	38	44	1	14	20	26

b) magisches Quadrat

Abb. 5.94 Symmetrisches magisches Quadrat der Ordnung $n = 7$ (Chan u.a.)

Variante

Es lassen sich weitere symmetrische magische Quadrate erzeugen, wenn man die Ausgangszeile für die zyklische Matrix verändert. Dabei ist nur zu beachten, dass für die obere Zeile folgende Bedingungen eingehalten werden.

$$a(s, n-1) = \begin{cases} 0 & \text{für } s = 0 \\ -a(n-s, n-1) & \text{für } 1 \le s < n \end{cases}$$

Im nachfolgenden Beispiel der Ordnung $n = 9$ wird von der zyklischen Matrix A in Abbildung 5.95 ausgegangen.

0	3	-4	-2	1	-1	2	4	-3
-3	0	3	-4	-2	1	-1	2	4
4	-3	0	3	-4	-2	1	-1	2
2	4	-3	0	3	-4	-2	1	-1
-1	2	4	-3	0	3	-4	-2	1
1	-1	2	4	-3	0	3	-4	-2
-2	1	-1	2	4	-3	0	3	-4
-4	-2	1	-1	2	4	-3	0	3
3	-4	-2	1	-1	2	4	-3	0

Abb. 5.95 Zyklische Ausgangsmatrix A

Danach wird das Produkt $A \cdot J$ gebildet und damit die Matrix $Z = n \cdot A + A \cdot J$ berechnet.

0	0	0	0	0	0	0	0	1
0	0	0	0	0	0	0	1	0
0	0	0	0	0	0	1	0	0
0	0	0	0	0	1	0	0	0
0	0	0	0	1	0	0	0	0
0	0	0	1	0	0	0	0	0
0	0	1	0	0	0	0	0	0
0	1	0	0	0	0	0	0	0
1	0	0	0	0	0	0	0	0

a) Matrix J

-3	4	2	-1	1	-2	-4	3	0
4	2	-1	1	-2	-4	3	0	-3
2	-1	1	-2	-4	3	0	-3	4
-1	1	-2	-4	3	0	-3	4	2
1	-2	-4	3	0	-3	4	2	-1
-2	-4	3	0	-3	4	2	-1	1
-4	3	0	-3	4	2	-1	1	-2
3	0	-3	4	2	-1	1	-2	-4
0	-3	4	2	-1	1	-2	-4	3

b) Matrix $A \cdot J$

0	27	-36	-18	9	-9	18	36	-27
-27	0	27	-36	-18	9	-9	18	36
36	-27	0	27	-36	-18	9	-9	18
18	36	-27	0	27	-36	-18	9	-9
-9	18	36	-27	0	27	-36	-18	9
9	-9	18	36	-27	0	27	-36	-18
-18	9	-9	18	36	-27	0	27	-36
-36	-18	9	-9	18	36	-27	0	27
27	-36	-18	9	-9	18	36	-27	0

c) Matrix $n \cdot A$

-3	31	-34	-19	10	-11	14	39	-27
-23	2	26	-35	-20	5	-6	18	33
38	-28	1	25	-40	-15	9	-12	22
17	37	-29	-4	30	-36	-21	13	-7
-8	16	32	-24	0	24	-32	-16	8
7	-13	21	36	-30	4	29	-37	-17
-22	12	-9	15	40	-25	-1	28	-38
-33	-18	6	-5	20	35	-26	-2	23
27	-39	-14	11	-10	19	34	-31	3

d) $Z = n \cdot A + A \cdot J$

Bei dieser Ordnung gilt $\frac{n^2+1}{2} = 41$ und damit folgt $F = 41 \cdot E$. Addiert man abschließend wieder die Matrizen Z und F, entsteht das symmetrische magische Quadrat aus Abbildung 5.96.

41	41	41	41	41	41	41	41	41
41	41	41	41	41	41	41	41	41
41	41	41	41	41	41	41	41	41
41	41	41	41	41	41	41	41	41
41	41	41	41	41	41	41	41	41
41	41	41	41	41	41	41	41	41
41	41	41	41	41	41	41	41	41
41	41	41	41	41	41	41	41	41
41	41	41	41	41	41	41	41	41

e) Matrix $F = 41 \cdot E$

38	72	7	22	51	30	55	80	14
18	43	67	6	21	46	35	59	74
79	13	42	66	1	26	50	29	63
58	78	12	37	71	5	20	54	34
33	57	73	17	41	65	9	25	49
48	28	62	77	11	45	70	4	24
19	53	32	56	81	16	40	69	3
8	23	47	36	61	76	15	39	64
68	2	27	52	31	60	75	10	44

f) magisches Quadrat

Abb. 5.96 Symmetrisches magisches Quadrat der Ordnung $n = 9$ (Chan u.a.)

5.1.19 Liao Yen-er – Zhu Bao-man – Wu Lian-fa

Bei dem Verfahren von Liao Yen-er, Zhu Bao-man und Wu Lian-fa[36] werden zunächst fünf Zellen im Zentrum gefüllt. Direkt im Zentrum wird der Median der Zahlen von 1 bis n^2 platziert, im Falle der Ordnung $n = 7$ also die Zahl 25. Rechts daneben folgt die Zahl 1 und unterhalb des Zentrums die Zahl n. Die Zahlen links und oberhalb werden mit den hierzu komplementären Zahlen gefüllt.

Von diesen fünf Zahlen ausgehend werden weitere Zellen belegt. Man beginnt mit den Zahlen 43, 25 und 49 und füllt die Zellen diagonal nach links oben, wobei die Zahlen mit jeder Zelle um den Wert n abnehmen. Damit werden die Zahlensequenzen 43, 36, 29 sowie 25, 18, 11, 4 und 49, 42, 35 eingetragen.

Von den anderen drei Zahlen 1, 25 und 7 im Zentrum ausgehend werden die Diagonalen nach rechts unten gefüllt, wobei die Zahlen hier mit jeder Zelle um den Wert n erhöht werden. In diesem Schritt werden die Zahlensequenzen 1, 8, 15 sowie 25, 32, 39, 46 und 7, 14, 21 eingetragen. Die bisher eingetragenen Zahlen sind in Abbildung 5.97 zu erkennen.

[36] Liao Yen-er, Zhu Bao-man und Wu Lian-fa [331]

			43			
		49	25	1		
			7			

4	29					
35	11	36				
	42	18	43			
		49	25	1		
			7			

4	29					
35	11	36				
	42	18	43			
		49	25	1		
			7	32	8	
				14	39	15
					21	46

Abb. 5.97 Diagonalen nach links oben und rechts unten (Schritt 1)

Im zweiten Schritt werden von diesen Zahlen ausgehend die Diagonalen nach rechts oben gefüllt. Dabei werden die Zahlen mit jeder Zelle jeweils um 1 erhöht (siehe Abbildung 5.98).

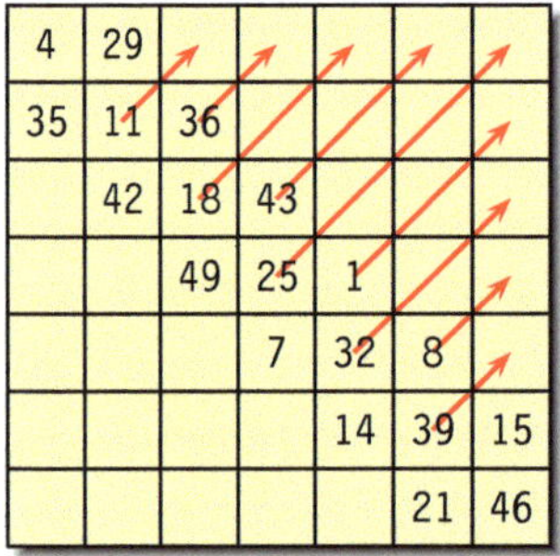

4	29					
35	11	36				
	42	18	43			
		49	25	1		
			7	32	8	
				14	39	15
					21	46

4	29	12	37	20	45	28
35	11	36	19	44	27	3
	42	18	43	26	2	34
		49	25	1	33	9
			7	32	8	40
				14	39	15
					21	46

Abb. 5.98 Diagonalen nach rechts oben (Schritt 2)

Füllt man auch die von diesen Zahlen ausgehenden Diagonalen nach links unten und vermindert dabei mit jeder Zelle die Zahlen um 1, erhält man das symmetrische magische Quadrat aus Abbildung 5.99.

4	29	12	37	20	45	28
35	11	36	19	44	27	3
	42	18	43	26	2	34
		49	25	1	33	9
			7	32	8	40
				14	39	15
					21	46

4	29	12	37	20	45	28
35	11	36	19	44	27	3
10	42	18	43	26	2	34
41	17	49	25	1	33	9
16	48	24	7	32	8	40
47	23	6	31	14	39	15
22	5	30	13	38	21	46

Abb. 5.99 Symmetrisches magisches Quadrat der Ordnung $n = 7$ (Liao - Zhu - Wu)

Trotz dieser ungewöhnlichen Vorgehensweise ergeben sich nur bereits bekannte magische Quadrate. Dreht man nämlich die so erzeugten Quadrate um 90°, sind diese Quadrate identisch mit denen, die mit dem ersten Verfahren von Moschopoulos aus Kapitel 5.1.2 erzeugt werden.

5.1.20 Mamzeris

Wer meinte, dass Konstruktionsverfahren für magische Quadrate erschöpfend behandelt seien, sah sich im Mai 2020 getäuscht. Marios Mamzeris veröffentlichte nämlich ein einfaches Verfahren zur Erzeugung magischer Quadrate beliebiger ungerader Ordnung.

Er geht dabei von einem Quadrat in natürlicher Anordnung aus und verschiebt in einer ersten Transformation die Zeilen nach links. Alle Zahlen der oberen Zeile werden zyklisch gesehen um eine Position nach links verschoben, die nächste Zeile um zwei Positionen usw. Nur die mittlere Zeile wird dabei wie in Abbildung 5.100 übersprungen.

1	2	3	4	5	6	7
8	9	10	11	12	13	14
15	16	17	18	19	20	21
22	23	24	25	26	27	28
29	30	31	32	33	34	35
36	37	38	39	40	41	42
43	44	45	46	47	48	49

a) natürliche Anordnung

2	3	4	5	6	7	1
10	11	12	13	14	8	9
18	19	20	21	15	16	17
22	23	24	25	26	27	28
33	34	35	29	30	31	32
41	42	36	37	38	39	40
49	43	44	45	46	47	48

b) nach der hor. Verschiebung

Abb. 5.100 Horizontale Verschiebung der Zeilen nach links

In einem zweiten Schritt werden danach die Spalten zyklisch gesehen nach oben verschoben. Die linke Spalte wird um eine Position verschoben, die zweite Spalte um zwei Positionen usw. Bei diesen Verschiebungen wird entsprechend den ersten Transformationen nun die mittlere Spalte übersprungen. Als Ergebnis erhält man das symmetrische magische Quadrat aus Abbildung 5.101.

Aus dem so erzeugten magischen Quadrat lassen sich natürlich weitere Quadrate erzeugen. Während dies bei normalen magischen Quadraten durch eine symmetrische Zeilen-Spalten-Permutation erreicht wird, kann man bei symmetrischen magischen Quadraten z. B. auch nur eine symmetrische Zeilenpermutation benutzen.

2	3	4	5	6	7	1
10	11	12	13	14	8	9
18	19	20	21	15	16	17
22	23	24	25	26	27	28
33	34	35	29	30	31	32
41	42	36	37	38	39	40
49	43	44	45	46	47	48

a) vor der vert. Verschiebung

10	19	24	5	30	39	48
18	23	35	13	38	47	1
22	34	36	21	46	7	9
33	42	44	25	6	8	17
41	43	4	29	14	16	28
49	3	12	37	15	27	32
2	11	20	45	26	31	40

b) magisches Quadrat

Abb. 5.101 Symmetrisches magisches Quadrat der Ordnung $n = 7$ (Mamzeris)

Die 48 symmetrischen Permutationen der Ordnung $n = 7$ erzeugen dabei nur 24 unterschiedliche Quadrate, da jeweils zwei von ihnen durch eine Spiegelung ineinander überführt werden können.

Weitere 24 unterschiedliche symmetrische magische Quadrate entstehen durch symmetrische Spaltenpermutationen. Für beide Arten von Permutationen ist jeweils ein Beispiel in Abbildung 5.102 dargestellt.

	0	1	2	3	4	5	6
5	18	23	35	13	38	47	1
2	41	43	4	29	14	16	28
6	10	19	24	5	30	39	48
3	33	42	44	25	6	8	17
0	2	11	20	45	26	31	40
4	22	34	36	21	46	7	9
1	49	3	12	37	15	27	32

a) symmetr. Zeilenpermutation

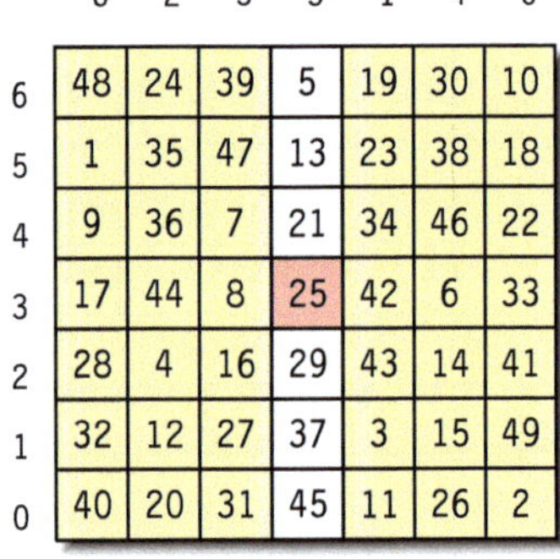

	6	2	5	3	1	4	0
6	48	24	39	5	19	30	10
5	1	35	47	13	23	38	18
4	9	36	7	21	34	46	22
3	17	44	8	25	42	6	33
2	28	4	16	29	43	14	41
1	32	12	27	37	3	15	49
0	40	20	31	45	11	26	2

b) symmetr. Spaltenpermutation

Abb. 5.102 Weitere symmetrische magische Quadrate durch Permutationen

Die beiden Arten von Permutationen können auch beliebig miteinander kombiniert werden. Damit entstehen aus dem Ausgangsquadrat der Abbildung 5.101 insgesamt $24 \cdot 24 = 576$ verschiedene symmetrische magische Quadrate.

In Abbildung 5.103 ist das Quadrat dargestellt, das durch die Kombination der beiden Permutationen aus Abbildung 5.102 entsteht. Für die Zeilen ist dabei die symmetrische Permutation $\{5, 2, 6, 3, 0, 4, 1\}$ und für die Spalten $\{6, 2, 5, 3, 1, 4, 0\}$ gewählt worden.

	6	2	5	3	1	4	0
5	1	35	47	13	23	38	18
2	28	4	16	29	43	14	41
6	48	24	39	5	19	30	10
3	17	44	8	25	42	6	33
0	40	20	31	45	11	26	2
4	9	36	7	21	34	46	22
1	32	12	27	37	3	15	49

Abb. 5.103 Symmetrisches magisches Quadrat durch Permutationen

Da diese Überlegungen auch für die noch nachfolgenden Varianten gelten, lassen sich mit dem Verfahren vom Mamzeris insgesamt $4 \cdot 576 = 2304$ unterschiedliche symmetrische magische Quadrate erzeugen.

Analyse

Das Verfahren von Mamzeris soll jetzt analysiert werden, um zu verstehen, dass hiermit für jede beliebige ungerade Ordnung n ein symmetrisches magisches Quadrat erzeugt werden kann. Man geht von einem Quadrat in natürlicher Anordnung aus.

1	2	3	4	5	6	7
8	9	10	11	12	13	14
15	16	17	18	19	20	21
22	23	24	25	26	27	28
29	30	31	32	33	34	35
36	37	38	39	40	41	42
43	44	45	46	47	48	49

1	2	3	4	5	6	7
$n+1$	$n+2$	$n+3$	$n+4$	$n+5$	$n+6$	$n+7$
$2n+1$	$2n+2$	$2n+3$	$2n+4$	$2n+5$	$2n+6$	$2n+7$
$3n+1$	$3n+2$	$3n+3$	$3n+4$	$3n+5$	$3n+6$	$3n+7$
$4n+1$	$4n+2$	$4n+3$	$4n+4$	$4n+5$	$4n+6$	$4n+7$
$5n+1$	$5n+2$	$5n+3$	$5n+4$	$5n+5$	$5n+6$	$5n+7$
$6n+1$	$6n+2$	$6n+3$	$6n+4$	$6n+5$	$6n+6$	$6n+7$

Abb. 5.104 Quadrat mit den Zahlen in natürlicher Anordnung

Um die Summen der mittleren Zeile und Spalte zu berechnen, wird eine bekannte Formel für die Summe von aufeinanderfolgenden natürlichen Zahlen benötigt:

$$1 + 2 + 3 + \ldots + n = \sum_{i=1}^{n} i = \frac{n \cdot (n+1)}{2}$$

Damit lässt sich leicht die Summe der Zahlen in der mittleren Zeile berechnen, und es ergibt sich mit $M = 175$ die magische Summe für die Ordnung $n = 7$.

$$\begin{aligned} M &= (3n+1) + (3n+2) + (3n+3) + (3n+4) \\ &\qquad + (3n+5) + (3n+6) + (3n+7) \\ &= n \cdot 3n + (1+2+3+4+5+6+7) \\ &= 3n^2 + \sum_{i=1}^{7} i \\ &= 3n^2 + \frac{7 \cdot 8}{2} \\ &= 3 \cdot 49 + 28 \\ &= 175 \end{aligned}$$

Die Zahlen in der darüberliegenden Zeile sind jeweils um die Konstante n kleiner. Damit ist die zugehörige Zeilensumme um n^2 kleiner als die der mittleren Zeile. Diese Abnahme der Zeilensummen setzt sich mit jeder weiteren Zeile nach oben fort. Entsprechend werden die Zeilensummen nach unten immer um n^2 größer, wie es in Abbildung 5.105 dargestellt ist.

Die magische Summe $M = 175$ ergibt sich auch für die Zahlen der mittleren Spalte.

$$\begin{aligned} M &= 4 + (n+4) + (2n+4) + (3n+4) \\ &\qquad + (4n+4) + (5n+4) + (6n+4) \\ &= n \cdot 4 + n \cdot (1+2+3+4+5+6) \\ &= 4n + n \cdot \sum_{i=1}^{6} i \\ &= 4n + n \cdot \frac{6 \cdot 7}{2} \\ &= 25n \\ &= 175 \end{aligned}$$

Betrachtet man die links danebenliegende Spalte, so fällt auf, dass alle Zahlen jeweils um 1 kleiner sind als die benachbarte Zahl aus der mittleren Spalte. Damit besitzt diese Spalte die Summe $M-n$. Aus der Anordnung der Zahlen in den weiteren Spalten folgt unmittelbar, dass sich diese konstante Abnahme mit jeder weiteren Spalte nach links fortsetzt. Entsprechend werden die Spaltensummen mit jeder Spalte nach rechts um n größer.

Bezeichnet man mit M die magische Summe, sind damit alle Zeilen- und Spaltensummen für die Ordnung $n = 7$ bestimmt.

1	2	3	4	5	6	7	$M - 3n^2$
$n+1$	$n+2$	$n+3$	$n+4$	$n+5$	$n+6$	$n+7$	$M - 2n^2$
$2n+1$	$2n+2$	$2n+3$	$2n+4$	$2n+5$	$2n+6$	$2n+7$	$M - n^2$
$3n+1$	$3n+2$	$3n+3$	$3n+4$	$3n+5$	$3n+6$	$3n+7$	M
$4n+1$	$4n+2$	$4n+3$	$4n+4$	$4n+5$	$4n+6$	$4n+7$	$M + n^2$
$5n+1$	$5n+2$	$5n+3$	$5n+4$	$5n+5$	$5n+6$	$5n+7$	$M + 2n^2$
$6n+1$	$6n+2$	$6n+3$	$6n+4$	$6n+5$	$6n+6$	$6n+7$	$M + 3n^2$
$M - 3n$	$M - 2n$	$M - n$	M	$M + n$	$M + 2n$	$M + 3n$	Summe

Abb. 5.105 Zeilen- und Spaltensummen für die Ordnung $n = 7$

Die Formeln für die Zeilen- und Spaltensummen in Abbildung 5.105 gelten für jede beliebige ungerade Ordnung n. Im Beispiel für die Ordnung $n = 7$ entspricht der überall in der mittleren Zeile auftretende Faktor 3 im allgemeinen Fall dem Term $\frac{n-1}{2}$, der in der nachfolgenden Rechnung der Übersichtlichkeit halber als Konstante c bezeichnet wird.

$$\begin{aligned} M &= (cn+1) + (cn+2) + (cn+3) \\ &\qquad + \ldots + (cn+n) \\ &= n \cdot cn + (1 + 2 + 3 + \ldots + n) \\ &= c \cdot n^2 + \sum_{i=1}^{n} i \\ &= c \cdot n^2 + \frac{n \cdot (n+1)}{2} \\ &= \frac{n-1}{2} \cdot n^2 + \frac{n^2+n}{2} \\ &= \frac{n^3 - n^2 + n^2 + n}{2} \\ &= \frac{n^3+n}{2} \end{aligned}$$

Damit besitzt die mittlere Zeile auch bei beliebiger Ordnung n wieder die magische Summe $M = \frac{n^3+n}{2}$. Bei der mittleren Spalte entspricht der im Beispiel für die Ordnung $n = 7$ in Abbildung 5.105 überall auftretende Summand 4 im allgemeinen Fall dem Term $\frac{n+1}{2}$, der als Konstante d abgekürzt wird.

$$\begin{aligned} M &= d + (n + d) + (2n + d) + (3n + d) \\ &\quad + \ldots + \big((n-1) \cdot n + d\big) \\ &= \big(1 + 2 + \ldots + (n-1)\big) \cdot n + n \cdot d \\ &= \frac{(n-1) \cdot n}{2} \cdot n + n \cdot \frac{n+1}{2} \\ &= \frac{n^3 - n^2 + n^2 + n}{2} \\ &= \frac{n^3 + n}{2} \end{aligned}$$

Auch hier ergibt sich bei beliebiger Ordnung n wieder die magische Summe $M = \frac{n^3+n}{2}$. Mit den Unterschieden zu den benachbarten Zeilen und Spalten ergeben sich auch wieder die in Abbildung 5.105 allgemein angegebenen Summen.

Werden die Zeilen des Ausgangsquadrates in natürlicher Anordnung nach links verschoben, ergibt sich das Quadrat in Abbildung 5.106. Da in jeder Spalte die gleichen Summanden in unterschiedlicher Reihenfolge auftreten, ist unmittelbar klar, dass jede Spaltensumme gleich der magischen Summe sein muss.

2	3	4	5	6	n	1	$M - 3n^2$
$n+3$	$n+4$	$n+5$	$n+6$	$n+7$	$n+1$	$n+2$	$M - 2n^2$
$2n+4$	$2n+5$	$2n+6$	$2n+7$	$2n+1$	$2n+2$	$2n+3$	$M - n^2$
$3n+1$	$3n+2$	$3n+3$	$3n+4$	$3n+5$	$3n+6$	$3n+7$	M
$4n+5$	$4n+6$	$4n+7$	$4n+1$	$4n+2$	$4n+3$	$4n+4$	$M + n^2$
$5n+6$	$5n+7$	$5n+1$	$5n+2$	$5n+3$	$5n+4$	$5n+5$	$M + 2n^2$
$6n+7$	$6n+1$	$6n+2$	$6n+3$	$6n+4$	$6n+5$	$6n+6$	$M + 3n^2$
M	M	M	M	M	M	M	Summe

Abb. 5.106 Horizontale Verschiebung der Zeilen

Nun folgt noch die Verschiebung der Spalten nach oben. Man erkennt in Abbildung 5.107, dass in jeder Zeile die gleichen Faktoren und Summanden in unterschiedlicher Reihenfolge auftreten. Damit ist die Summe der Zahlen in jeder Zeile gleich der magischen Summe.

Jetzt fehlt nur noch der Nachweis für die beiden Diagonalen, der aber auch einfach zu führen ist und daher gleich für eine beliebige Ordnung n durchgeführt wird. Die linken $\frac{n-1}{2}$ Zahlen der Diagonalen von links unten nach rechts oben lauten $2, 3, 4, \ldots$ Die hierzu symmetrisch liegenden Zahlen in der rechten oberen Hälfte der Diagonalen sind dagegen von der rechten oberen Ecke ausgehend absteigend und aufeinanderfolgend.

$n+3$	$2n+5$	$3n+3$	5	$4n+2$	$5n+4$	$6n+6$		M
$2n+4$	$3n+2$	$4n+7$	$n+6$	$5n+3$	$6n+5$	1		M
$3n+1$	$4n+6$	$5n+1$	$2n+7$	$6n+4$	n	$n+2$		M
$4n+5$	$5n+7$	$6n+2$	$3n+4$	6	$n+1$	$2n+3$		M
$5n+6$	$6n+1$	4	$4n+1$	$n+7$	$2n+2$	$3n+7$		M
$6n+7$	3	$n+5$	$5n+2$	$2n+1$	$3n+6$	$4n+4$		M
2	$n+4$	$2n+6$	$6n+3$	$3n+5$	$4n+3$	$5n+5$		M
M	M	M	M	M	M	M		Summe

Abb. 5.107 Vertikale Verschiebung der Spalten

$$(n-1)\cdot n+(n-1)=n^2-1 \qquad (n-1)\cdot n+(n-2)=n^2-2 \qquad \ldots$$

Addiert ergibt jedes symmetrisch liegende Zahlenpaar also die Summe

$$2+(n^2-1)=3+(n^2-2)=4+(n^2-3)=\ldots=n^2+1$$

Zusammen mit der Zahl $\frac{n^2+1}{2}$ im Zentrum summieren sich die Zahlen dieser Diagonalen damit auf die magische Summe $M=\frac{n^3+n}{2}$.

$$M=\frac{n-1}{2}\cdot(n^2+1)+\frac{n^2+1}{2}=n\cdot\frac{n^2+1}{2}=\frac{n^3+n}{2}$$

Ebenso beobachtet man auch bei den anderen Diagonalen, dass sich die symmetrischen gegenüberliegenden Zahlen immer zu n^2+1 addieren. Damit gilt die magische Summe auch für diese Diagonale.

An der Anordnung der restlichen Zahlen kann man erkennen, dass diese Summe auch für alle symmetrisch liegenden Zahlenpaare gilt. Damit handelt es sich auch um ein symmetrisches magisches Quadrat.

Variante 1

In einer ersten Variante werden die Verschiebungen genau entgegengesetzt durchgeführt. Also werden bei der ersten Transformation die Zeilen nicht nach links, sondern nach rechts verschoben. Die Anzahl der Positionen, um die verschoben wird, ändert sich nicht. In allen nachfolgenden Varianten wird wie bei der Hauptmethode bei einer horizontalen Verschiebung die mittlere Zeile und bei einer vertikalen Verschiebung die mittlere Spalte übersprungen.

Entsprechend werden die Spalten jetzt nicht nach oben, sondern nach unten verschoben. Mit diesen Verschiebungen ergibt sich das symmetrische magische Quadrat aus Abbildung 5.108.

1	2	3	4	5	6	7
8	9	10	11	12	13	14
15	16	17	18	19	20	21
22	23	24	25	26	27	28
29	30	31	32	33	34	35
36	37	38	39	40	41	42
43	44	45	46	47	48	49

a) natürliche Anordnung

7	1	2	3	4	5	6
13	14	8	9	10	11	12
19	20	21	15	16	17	18
22	23	24	25	26	27	28
32	33	34	35	29	30	31
38	39	40	41	42	36	37
44	45	46	47	48	49	43

b) horizontale Verschiebung

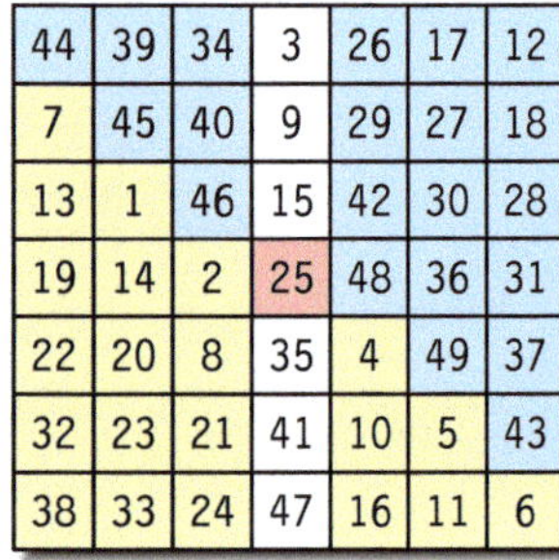

44	39	34	3	26	17	12
7	45	40	9	29	27	18
13	1	46	15	42	30	28
19	14	2	25	48	36	31
22	20	8	35	4	49	37
32	23	21	41	10	5	43
38	33	24	47	16	11	6

c) vertikale Verschiebung

Abb. 5.108 Symmetrisches magisches Quadrat der Ordnung $n = 7$ (Mamzeris, Variante 1)

Variante 2

In beiden bisherigen Methoden wurde zunächst immer horizontal und danach vertikal verschoben. In den nächsten beiden Varianten werden diese Richtungen umgekehrt. Variante 2 entspricht also der zuerst beschriebenen Hauptmethode, nur dass in der ersten Transformation zuerst die Spalten nach oben verschoben werden.

1	2	3	4	5	6	7
8	9	10	11	12	13	14
15	16	17	18	19	20	21
22	23	24	25	26	27	28
29	30	31	32	33	34	35
36	37	38	39	40	41	42
43	44	45	46	47	48	49

a) natürliche Anordnung

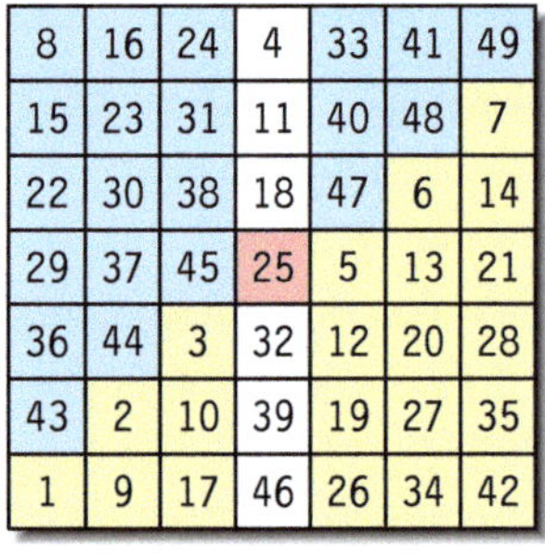

8	16	24	4	33	41	49
15	23	31	11	40	48	7
22	30	38	18	47	6	14
29	37	45	25	5	13	21
36	44	3	32	12	20	28
43	2	10	39	19	27	35
1	9	17	46	26	34	42

b) vertikale Verschiebung

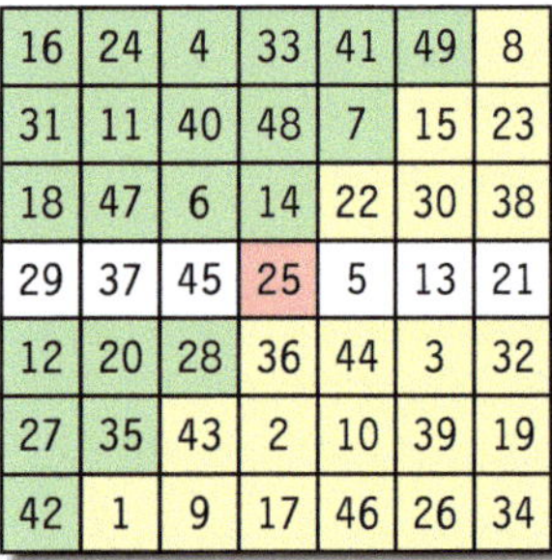

16	24	4	33	41	49	8
31	11	40	48	7	15	23
18	47	6	14	22	30	38
29	37	45	25	5	13	21
12	20	28	36	44	3	32
27	35	43	2	10	39	19
42	1	9	17	46	26	34

c) horizontale Verschiebung

Abb. 5.109 Symmetrisches magisches Quadrat der Ordnung $n = 7$ (Mamzeris, Variante 2)

Variante 3

In Variante 3 werden die beiden Verschiebungen aus Variante 1 vertauscht. Zuerst werden also die Spalten nach unten verschoben und mit den nachfolgenden horizontalen Verschiebungen der Zeilen nach rechts erhält man das symmetrische magische Quadrat aus Abbildung 5.110.

1	2	3	4	5	6	7
8	9	10	11	12	13	14
15	16	17	18	19	20	21
22	23	24	25	26	27	28
29	30	31	32	33	34	35
36	37	38	39	40	41	42
43	44	45	46	47	48	49

a) natürliche Anordnung

43	37	31	4	26	20	14
1	44	38	11	33	27	21
8	2	45	18	40	34	28
15	9	3	25	47	41	35
22	16	10	32	5	48	42
29	23	17	39	12	6	49
36	30	24	46	19	13	7

b) nach der vert. Verschiebung

43	37	31	4	26	20	14
1	44	38	11	33	27	21
8	2	45	18	40	34	28
15	9	3	25	47	41	35
22	16	10	32	5	48	42
29	23	17	39	12	6	49
36	30	24	46	19	13	7

c) vor der hor. Verschiebung

14	43	37	31	4	26	20
27	21	1	44	38	11	33
40	34	28	8	2	45	18
15	9	3	25	47	41	35
32	5	48	42	22	16	10
17	39	12	6	49	29	23
30	24	46	19	13	7	36

d) magisches Quadrat

Abb. 5.110 Symmetrisches magisches Quadrat der Ordnung $n = 7$ (Mamzeris, Variante 3)

Ordnung n = 9

Da dieses Verfahren für alle ungeraden Ordnungen gültig ist, werden in Abbildung 5.111 die vier unterschiedlichen symmetrischen magischen Quadrate für die Ordnung $n = 9$ dargestellt.

12	23	34	40	6	47	58	69	80
22	33	39	54	16	57	68	79	1
32	38	53	55	26	67	78	9	11
37	52	63	65	36	77	8	10	21
51	62	64	75	41	7	18	20	31
61	72	74	5	46	17	19	30	45
71	73	4	15	56	27	29	44	50
81	3	14	25	66	28	43	49	60
2	13	24	35	76	42	48	59	70

a) Hauptmethode

74	67	60	53	4	42	30	23	16
9	75	68	61	12	46	43	31	24
17	1	76	69	20	63	47	44	32
25	18	2	77	28	71	55	48	45
33	26	10	3	41	79	72	56	49
37	34	27	11	54	5	80	64	57
50	38	35	19	62	13	6	81	65
58	51	39	36	70	21	14	7	73
66	59	52	40	78	29	22	15	8

b) Variante 1

20	30	40	5	51	61	71	81	10
39	49	14	60	70	80	9	19	29
58	23	69	79	8	18	28	38	48
32	78	7	17	27	37	47	57	67
46	56	66	76	41	6	16	26	36
15	25	35	45	55	65	75	4	50
34	44	54	64	74	3	13	59	24
53	63	73	2	12	22	68	33	43
72	1	11	21	31	77	42	52	62

c) Variante 2

18	73	65	57	49	5	42	34	26
35	27	1	74	66	58	14	51	43
52	44	36	10	2	75	67	23	60
69	61	53	45	19	11	3	76	32
28	20	12	4	41	78	70	62	54
50	6	79	71	63	37	29	21	13
22	59	15	7	80	72	46	38	30
39	31	68	24	16	8	81	55	47
56	48	40	77	33	25	17	9	64

d) Variante 3

Abb. 5.111 Symmetrische magische Quadrate der Ordnung $n = 9$ (Mamzeris)

Auch für diese Ordnung soll abschließend ein Beispiel angeführt werden, wie z. B. mit dem Quadrat aus der Hauptmethode mit symmetrischen Permutationen ein weiteres symmetrisches magisches Quadrat erzeugt werden kann.

	0	1	2	3	4	5	6	7	8
6	32	38	53	55	26	67	78	9	11
0	2	13	24	35	76	42	48	59	70
3	61	72	74	5	46	17	19	30	45
7	22	33	39	54	16	57	68	79	1
4	51	62	64	75	41	7	18	20	31
1	81	3	14	25	66	28	43	49	60
5	37	52	63	65	36	77	8	10	21
8	12	23	34	40	6	47	58	69	80
2	71	73	4	15	56	27	29	44	50

	6	5	1	0	4	8	7	3	2
6	78	67	38	32	26	11	9	55	53
0	48	42	13	2	76	70	59	35	24
3	19	17	72	61	46	45	30	5	74
7	68	57	33	22	16	1	79	54	39
4	18	7	62	51	41	31	20	75	64
1	43	28	3	81	66	60	49	25	14
5	8	77	52	37	36	21	10	65	63
8	58	47	23	12	6	80	69	40	34
2	29	27	73	71	56	50	44	15	4

Abb. 5.112 Symmetrisches magisches Quadrat durch Permutationen

5.1.21 Lozenge – Quadrate

Schaut man sich das Lo-Shu genauer an, stellt man fest, dass sich in der Mitte des Quadrates nur ungerade Zahlen befinden, die geraden dagegen nur an den äußeren vier Ecken. Magische Quadrate mit einem solchen Aufbau werden *Lozenge*-Quadrate genannt.

4	9	2
3	5	7
8	1	6

4	9	2
3	5	7
8	1	6

Abb. 5.113 Lo-Shu - das älteste magische Quadrat der Welt

Ein solcher Aufbau war schon in der islamischen Welt in vielen Variationen bekannt[37] und soll nun auch auf magische Quadrate höherer Ordnung übertragen werden.

Al-Asfizari

Das erste vorgestellte Verfahren stammt von Muhammad al-Asfizari[38] und zählt zu den ältesten bekannten Verfahren.

Diese Methode wird zunächst für die Ordnung $n = 5$ vorgestellt. Dazu füllt man das Quadrat rautenförmig mit Zahlen in der normalen Reihenfolge, wobei in der Mitte der oberen Zeile begonnen wird.

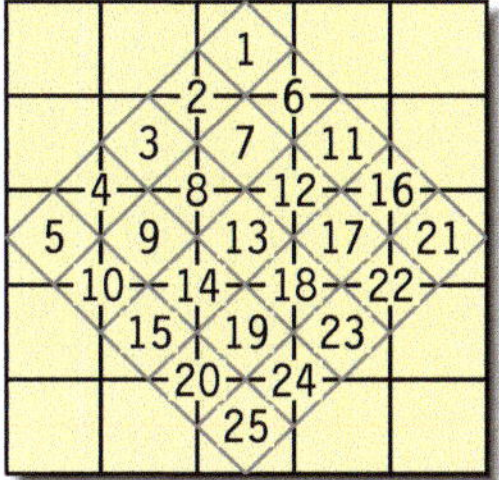

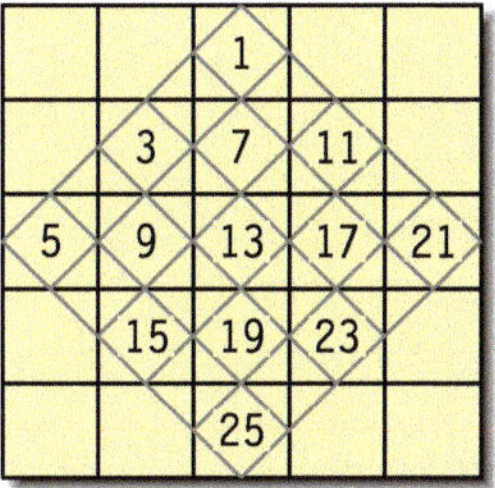

Abb. 5.114 Konstruktion eines Lozenge-Quadrates (Schritte 1 und 2)

Wie man schnell feststellt, befinden sich die ungeraden Zahlen bereits an ihrem vorgesehenen Platz. Die geraden Zahlen werden jetzt noch von ihren bisherigen Plätzen auf den Gitterkreuzen auf die Plätze hinter der entgegengesetzten Seite der Raute verschoben.

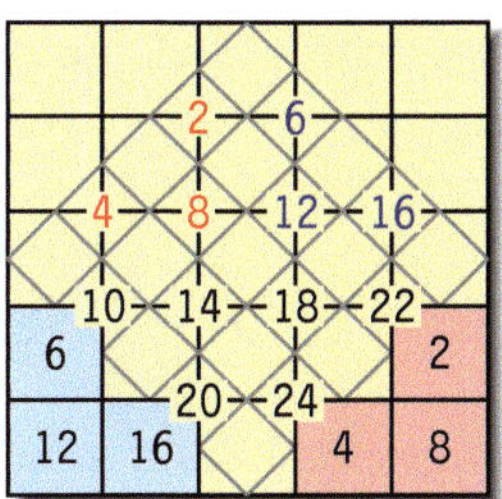

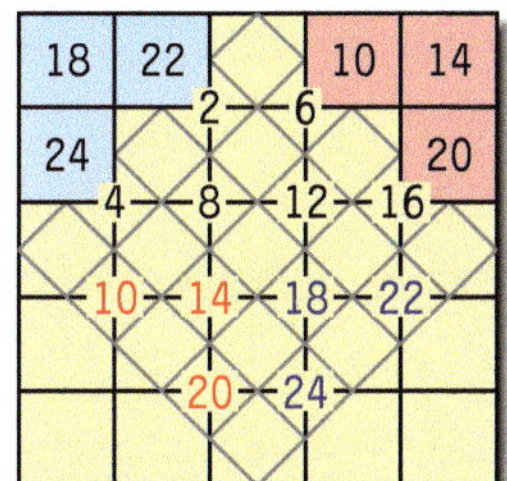

Abb. 5.115 Konstruktion eines Lozenge-Quadrates (Schritt 3)

[37] Sesiano [526] S. 35 – 40, Sesiano [519] S. 33 – 34

[38] Sesiano [515] S. 200 – 201

Mit diesen Verschiebungen der geraden Zahlen ist das Lozenge-Quadrat erstellt.

18	22	1	10	14
24	3	7	11	20
5	9	13	17	21
6	15	19	23	2
12	16	25	4	8

Abb. 5.116 Magisches Lozenge-Quadrat der Ordnung $n = 5$ (al-Asfizari, Methode 1)

In Abbildung 5.117 ist dieses Verfahren noch einmal für den Fall $n = 7$ dargestellt.

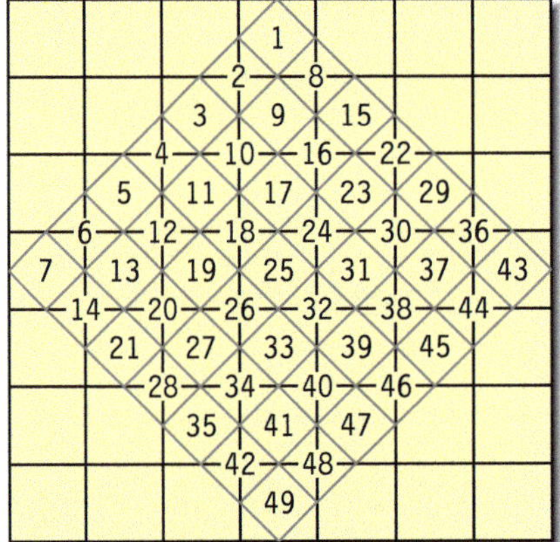

32	38	44	1	14	20	26
40	46	3	9	15	28	34
48	5	11	17	23	29	42
7	13	19	25	31	37	43
8	21	27	33	39	45	2
16	22	35	41	47	4	10
24	30	36	49	6	12	18

Abb. 5.117 Magisches Lozenge-Quadrat der Ordnung $n = 7$ (al-Asfizari, Methode 1)

Prinzipiell kann dieses Verfahren in zweifacher Hinsicht abgewandelt werden. Da ist zunächst einmal die Zahl 1, die als Startzahl in alle vier Ecken der Raute eingetragen werden kann. Zweitens hat man bei jedem dieser vier Startpunkte zwei mögliche Richtungen, um die weiteren Zahlen einzutragen. Dabei entstehen in allen Fällen Lozenge-Quadrate, die allerdings zu dem hier beschriebenen Quadrat äquivalent sein werden.

Anordnung mit einem Hilfskreuz

Bei dieser Methode werden zunächst nur die ungeraden Zahlen rautenförmig in das magische Quadrat eingetragen, wobei man wieder in der Mitte der oberen Zeile beginnt.[39] Die geraden Zahlen werden bei gleicher Richtung in ein Hilfskreuz geschrieben. Die obere Zeile des Kreuzes hat immer 2 Spalten, die darunter zwei mehr usw.

[39] Descombes [124] S. 204

bis schließlich die maximale Breite $n - 1$ erreicht ist. Danach nimmt die Breite wieder symmetrisch ab.

Damit werden hier zunächst zwei, dann drei, danach wieder zwei Zahlen usw. eingetragen. Abschließend werden die Zahlen der vier Quadrate des Hilfskreuzes ohne Veränderung ihrer gegenseitigen Lage in die diagonal entgegengesetzte Richtung verschoben und können dort in die noch freien Felder des Quadrates eingepasst werden.

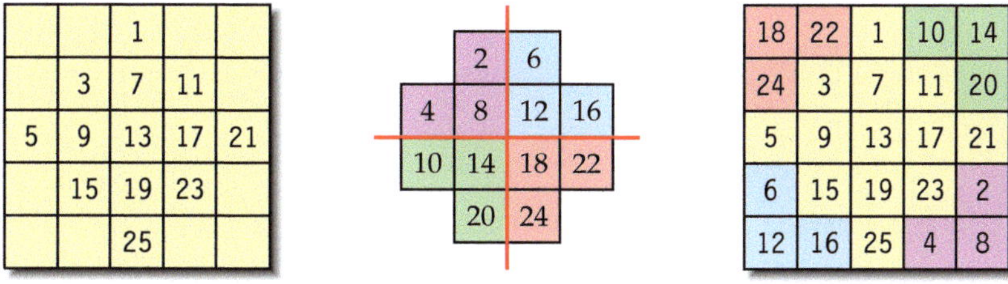

Abb. 5.118 Konstruktion eines Lozenge-Quadrates der Ordnung 5

Und schon ist das Lozenge-Quadrat der Ordnung $n = 5$ mit der magischen Summe $S = 65$ fertiggestellt.

18	22	1	10	14
24	3	7	11	20
5	9	13	17	21
6	15	19	23	2
12	16	25	4	8

Abb. 5.119 Magisches Lozenge-Quadrat der Ordnung 5 (Methode 2)

Für die anderen Ordnungen geht man entsprechend vor, wie am Beispiel des Lozenge-Quadrates der Ordnung $n = 7$ zu erkennen ist.

			1			
		3	9	15		
	5	11	17	23	29	
7	13	19	25	31	37	43
	21	27	33	39	45	
		35	41	47		
			49			

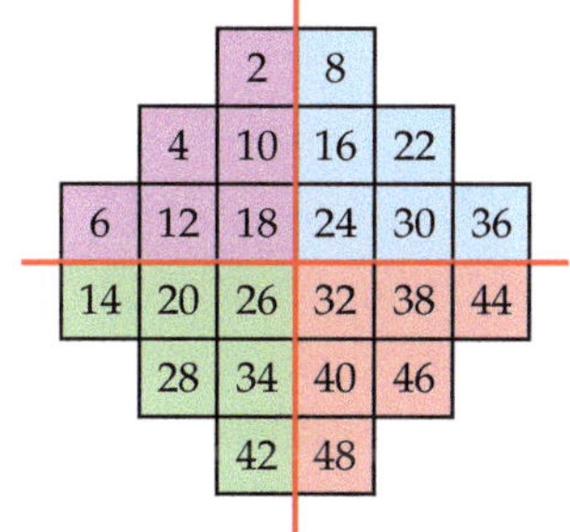

32	38	44	1	14	20	26
40	46	3	9	15	28	34
48	5	11	17	23	29	42
7	13	19	25	31	37	43
8	21	27	33	39	45	2
16	22	35	41	47	4	10
24	30	36	49	6	12	18

Abb. 5.120 Magisches Lozenge-Quadrates der Ordnung 7 (Methode 2)

Direktes Einfügen der geraden Zahlen

Auch bei dieser Methode[40] beginnt man wieder mit den ungeraden Zahlen, die wie üblich rautenförmig in das Quadrat geschrieben werden. Doch im Gegensatz zu den bisher vorgestellten Verfahren werden die geraden Zahlen nun direkt an ihrem Platz eingetragen.

Dazu beginnt man mit der Zahl 2 am rechten Rand auf der Hypotenuse des rechten unteren Dreiecks und platziert die nächsten geraden Zahlen diagonal nach links unten fortschreitend auf die Hypotenuse.

Nach der letzten Zahl wechselt man auf die Hypotenuse des Dreiecks in der linken unteren Ecke. Dort beginnt man am linken Rand und schreibt die Zahlen diagonal nach rechts unten fortschreitend in die Zellen dieser Hypotenuse, wobei man jetzt jedoch die Zahl nach jedem Schritt um den Wert $2n$ erhöht.

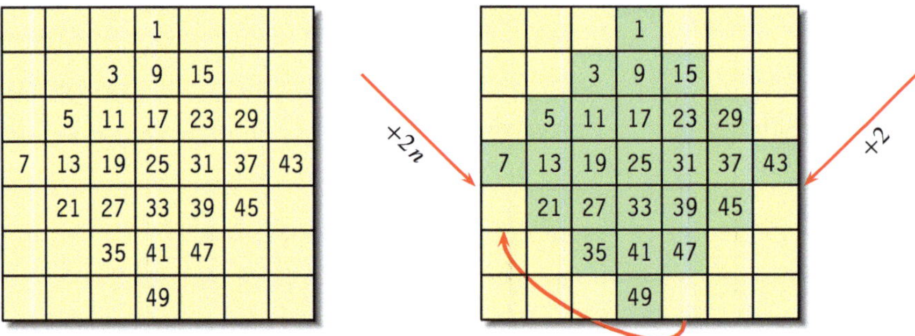

Abb. 5.121 Konstruktion eines Lozenge-Quadrates der Ordnung 7 (Schritt 1)

Von den beiden Endzahlen 6 und 36, die auf den unteren Hypotenusen eingetragen wurden, wechselt man jetzt auf die jeweils gegenüberliegende Position in der oberen

[40] Descombes [124] S. 204 – 205

Zeile, wobei man zu den Zahlen jeweils $n+1$ dazu addiert. Damit heißen die beiden Startzahlen auf den Diagonalen 14 und 44. Wie bei den unteren Dreiecken werden jetzt wieder die Hypotenusen gefüllt, wobei man die Zahlen um 2 erhöht, wenn man sich nach links unten bewegt und um $2\,n$, wenn die Richtung nach rechts unten vorgegeben ist.

$+n+1$ $+n+1$

		44	1	14		
	46	3	9	15	28	
48	5	11	17	23	29	42
7	13	19	25	31	37	43
8	21	27	33	39	45	2
	22	35	41	47	4	
		36	49	6		

		44	1	14		
	46	3	9	15	28	
48	5	11	17	23	29	42
7	13	19	25	31	37	43
8	21	27	33	39	45	2
	22	35	41	47	4	
		36	49	6		

Abb. 5.122 Konstruktion eines Lozenge-Quadrates der Ordnung 7 (Schritt 2)

Wenn alle vier Hypotenusen gefüllt sind, können die restlichen Zellen ganz einfach belegt werden. Von den Zahlen auf den Hypotenusen ausgehend bewegt man sich horizontal nach links bzw. rechts und erhöht den Zahlenwert dabei einfach jeweils um $n-1$.

32	38	44	1	14	20	26
40	46	3	9	15	28	34
48	5	11	17	23	29	42
7	13	19	25	31	37	43
8	21	27	33	39	45	2
16	22	35	41	47	4	10
24	30	36	49	6	12	18

a) Schritt 3

32	38	44	1	14	20	26
40	46	3	9	15	28	34
48	5	11	17	23	29	42
7	13	19	25	31	37	43
8	21	27	33	39	45	2
16	22	35	41	47	4	10
24	30	36	49	6	12	18

b) magisches Quadrat

Abb. 5.123 Magisches Lozenge-Quadrates der Ordnung $n=7$ (Methode 3)

Das Eintragen der Zahlen geschieht bei dieser Methode etwas kompliziert, sodass die Konstruktion noch einmal an einem Beispiel der Ordnung $n=9$ verdeutlicht werden soll. Zunächst werden die ungeraden Zahlen von 1 bis 81 eingetragen, bevor danach die Hypotenusen gefüllt werden. Nun werden nur noch die Zeilen aufgefüllt und das Lozenge-Quadrat ist erstellt.

			74	1	18			
		76	3	11	19	36		
	78	5	13	21	29	37	54	
80	7	15	23	31	39	47	55	72
9	17	25	33	41	49	57	65	73
10	27	35	43	51	59	67	75	2
	28	45	53	61	69	77	4	
		46	63	71	79	6		
			64	81	8			

50	58	66	74	1	18	26	34	42
60	68	76	3	11	19	36	44	52
70	78	5	13	21	29	37	54	62
80	7	15	23	31	39	47	55	72
9	17	25	33	41	49	57	65	73
10	27	35	43	51	59	67	75	2
20	28	45	53	61	69	77	4	12
30	38	46	63	71	79	6	14	22
40	48	56	64	81	8	16	24	32

Abb. 5.124 Magisches Lozenge-Quadrates der Ordnung $n = 9$ (Methode 3)

Sayles

Diese Methode benötigt etwas mehr Platz, da eine große Fläche mit einem Quadratmuster parkettiert werden muss.[41] In dieses Raster werden die Zahlen diagonal fortlaufend eingetragen, wobei jede Diagonale genau fünf Zahlen umfasst.

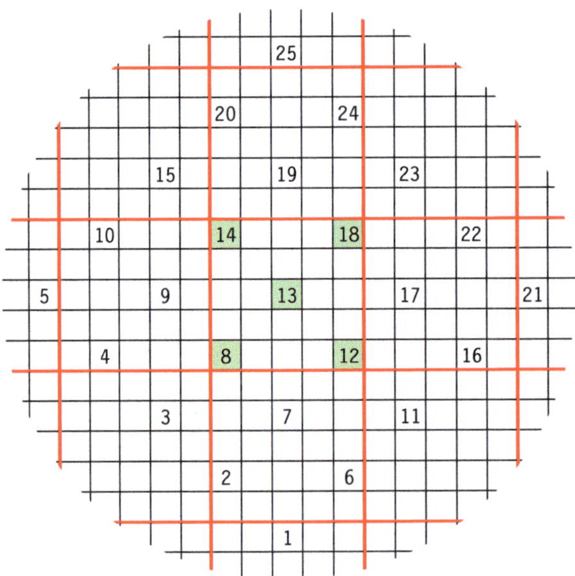

Abb. 5.125 Quadratmuster eines Lozenge-Quadrates der Ordnung 5

[41] Andrews [17] S. 245 – 247

Zunächst wird der Median der Zahlen 1 bis n^2, in diesem Beispiel also 13, im Zentrum eines Teilquadrates der Größe $n = 5$ platziert. Danach folgen die beiden benachbarten Zahlen 12 und 14 sowie die Zahlen im Abstand n, also 8 und 18. Diese werden paarweise in die diametralen Ecken dieses Teilquadrates eingetragen.

Dies muss allerdings so geschehen, dass die paarweise zusammengehörenden Zahlen der Größe nach entweder beide nach oben oder beide nach unten gerichtet sind. In diesem Beispiel zeigen sowohl die Zahlen 12, 13, 14 als auch 8, 13, 18 jeweils nach oben. Damit ist das Grundmuster eindeutig bestimmt und es können alle Zahlen notiert werden.

Dazu werden zunächst die Diagonalen in allen vier Richtungen entsprechend verlängert. Ebenso werden weitere Zahlen im Abstand n in die beiden orthogonalen Mittelachsen eingetragen. Horizontal ändern sich die Zahlen jeweils um $n - 1$, vertikal dagegen um $n + 1$.

Abschließend müssen nur noch alle Zahlen an ihre Positionen innerhalb des Basisquadrates verschoben werden, und das gewünschte Lozenge-Quadrat ist erzeugt.

18	22	1	10	14
24	3	7	11	20
5	9	13	17	21
6	15	19	23	2
12	16	25	4	8

Abb. 5.126 Magisches Lozenge-Quadrat der Ordnung 5 (Methode 4)

Aufteilung in zwei Rauten

Diese Methode lässt sich noch auf eine andere Art und Weise ausgezeichnet veranschaulichen.[42] Wie bei allen Lozenge-Quadraten werden zunächst die ungeraden Zahlen rautenförmig in die Mitte des Quadrates platziert. Sind alle ungeraden Zahlen eingetragen, schließen sich nun aber nach dem gleichen Schema die geraden Zahlen an.

Man sieht in Abbildung 5.127, dass die geraden Zahlen teilweise außerhalb des Quadrates liegen. Genauer betrachtet enthält die von den geraden Zahlen gebildete Raute vier Dreiecke, von denen eines bereits innerhalb des Quadrates liegt. Diese Dreiecke werden jetzt einfach in die von der Form her passenden Ecken des Quadrates verschoben.

Mit dem Verschieben der Zahlen entsteht das Lozenge-Quadrat aus Abbildung 5.129.

[42] Sesiano [526] S. 39 – 40, Sesiano [519] S. 34 – 35, Andrews [17] S. 245 – 247

			1			
		3	9	15		
	5	11	17	23	29	
7	13	19	25	31	37	43
	21	27	33	39	45	
		35	41	47		
			49			

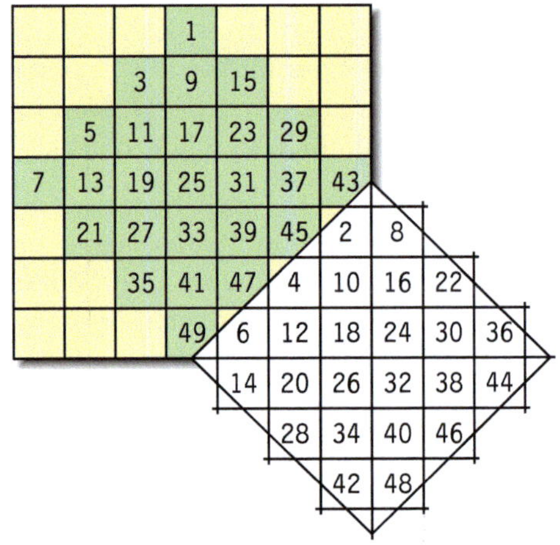

Abb. 5.127 Konstruktion eines Lozenge-Quadrates (Schritte 1 und 2)

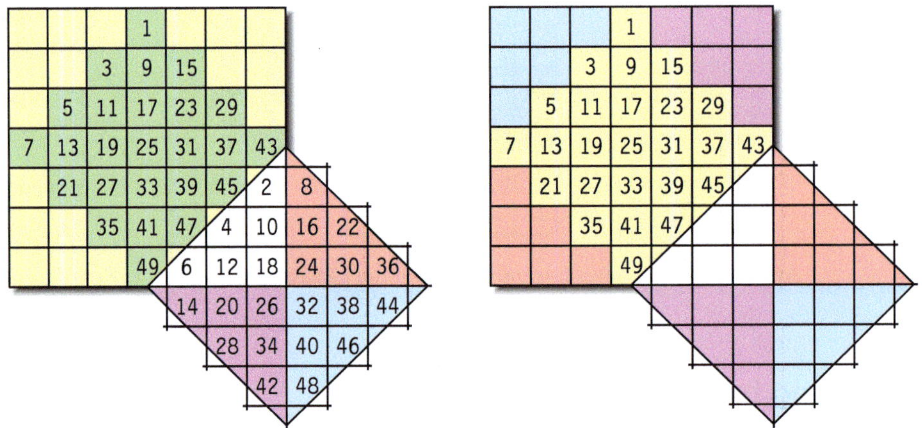

Abb. 5.128 Konstruktion eines Lozenge-Quadrates (Schritt 3)

32	38	44	1	14	20	26
40	46	3	9	15	28	34
48	5	11	17	23	29	42
7	13	19	25	31	37	43
8	21	27	33	39	45	2
16	22	35	41	47	4	10
24	30	36	49	6	12	18

Abb. 5.129 Magisches Lozenge-Quadrat der Ordnung 7 (Methode 5)

In Abbildung 5.130 ist dieses Verfahren für die Ordnung $n = 9$ zu sehen.

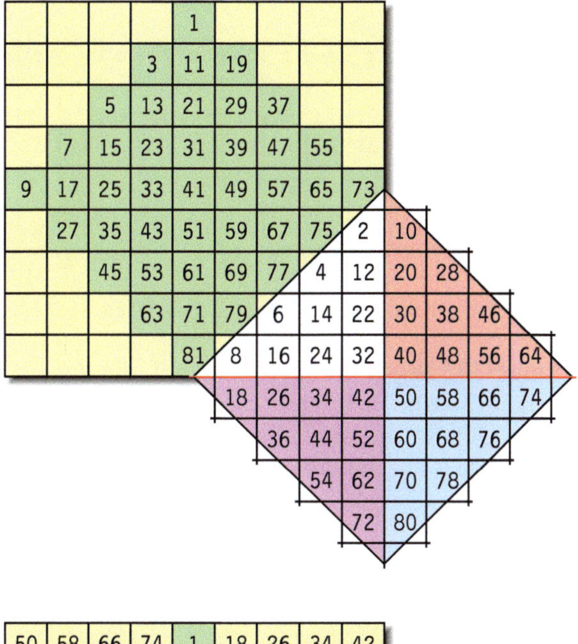

50	58	66	74	1	18	26	34	42
60	68	76	3	11	19	36	44	52
70	78	5	13	21	29	37	54	62
80	7	15	23	31	39	47	55	72
9	17	25	33	41	49	57	65	73
10	27	35	43	51	59	67	75	2
20	28	45	53	61	69	77	4	12
30	38	46	63	71	79	6	14	22
40	48	56	64	81	8	16	24	32

Abb. 5.130 Magisches Lozenge-Quadrat der Ordnung 9 (Methode 5)

Umformung eines Quadrates in natürlicher Anordnung

Bei dieser Methode geht man von einem Quadrat mit natürlicher Anordnung der Zahlen aus.[43] Jetzt werden alle geraden Zahlen des Quadrates auf neue Positionen verschoben. Durch die beiden Diagonalen wird das Quadrat in vier Dreiecke unterteilt

[43] Andrews [17] S. 245

und alle geraden Zahlen eines Dreiecks wandern auf die außerhalb des Dreiecks liegende Positionen der gegenüberliegenden Seite.

1	2	3	4	5
6	7	8	9	10
11	12	13	14	15
16	17	18	19	20
21	22	23	24	25

1	2	3	4	5
6	7	8	9	10
11	12	13	14	15
16	17	18	19	20
21	22	23	24	25

Abb. 5.131 Konstruktion eines Lozenge-Quadrates nach Methode 6 (Schritte 1 und 2)

In Abbildung 5.132 liegen im oberen Dreieck die Zahlen 2, 4 und 8. Sie werden auf die durch die zyklische Sichtweise des Quadrates eindeutig festgelegten Positionen unterhalb des Quadrates verschoben. Entsprechend werden die Zahl 10, 14 und 20 des rechten Dreiecks auf die linke Seite verschoben usw.

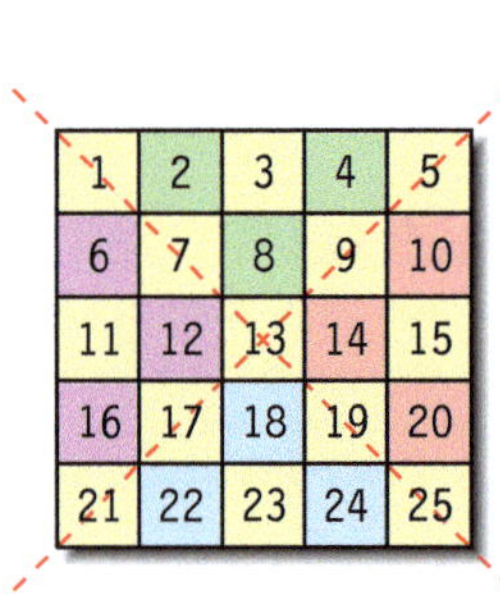

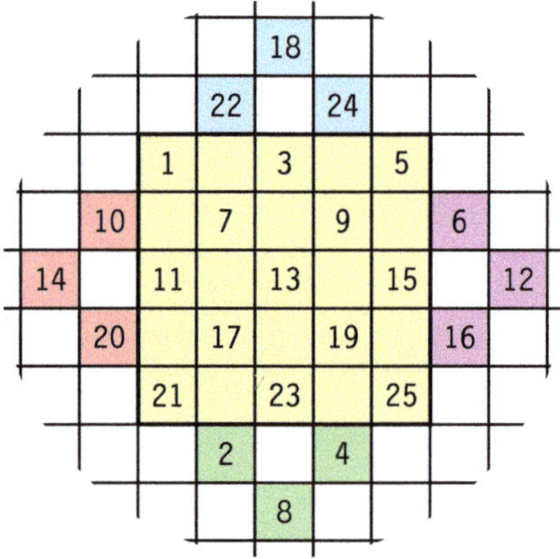

Abb. 5.132 Konstruktion eines Lozenge-Quadrates (Schritte 3 und 4)

Die verschobenen geraden und die verbleibenden ungeraden Zahlen des Ausgangsquadrates bilden nun das gesuchte Lozenge-Quadrat, das natürlich noch etwas gedreht werden muss.

14	10	1	22	18
20	11	7	3	24
21	17	13	9	5
2	23	19	15	6
8	4	25	16	12

Abb. 5.133 Magisches Lozenge-Quadrat der Ordnung 5 (Methode 6)

Überlagerungsmethode von de la Hire

Lozenge-Quadrate lassen sich auch nach der Überlagerungsmethode von de la Hire erzeugen.[44] Dazu benötigt man zwei Hilfsquadrate, von denen die mittlere Spalte des ersten Quadrates von oben nach unten mit den Zahlen von 1 bis n gefüllt wird. Von diesen Zahlen aus werden dann alle Zeilen nach rechts fortschreitend gefüllt, wobei die Zahlen zyklisch immer um 1 erhöht werden.

Überschreiten die Zahlen die Ordnung des Quadrates, beginnt man wieder bei 1. Das zweite Hilfsquadrat wird ähnlich gefüllt, allerdings wird hier immer nur mit den Zahlen $0, 1, 2, 3, 4$ gearbeitet. Außerdem werden die Zeilen nicht nach rechts, sondern nach links fortschreitend gefüllt.

		1		
		2		
		3		
		4		
		5		

4	5	1	2	3
5	1	2	3	4
1	2	3	4	5
2	3	4	5	1
3	4	5	1	2

a) Hilfsquadrat 1

		0		
		1		
		2		
		3		
		4		

2	1	0	4	3
3	2	1	0	4
4	3	2	1	0
0	4	3	2	1
1	0	4	3	2

b) Hilfsquadrat 2

Abb. 5.134 Konstruktion der Hilfsquadrate für Methode 7

Überlagert man jetzt diese beiden Quadrate, entsteht ein Lozenge-Quadrat. Dazu multipliziert man die Zahlen des zweiten Hilfsquadrates mit n und addiert diese Werte zu den Zahlen des ersten Hilfsquadrates.

14	10	1	22	18
20	11	7	3	24
21	17	13	9	5
2	23	19	15	6
8	4	25	16	12

Abb. 5.135 Magisches Lozenge-Quadrat der Ordnung 5 (Methode 7)

Diese Methode soll noch an einem Quadrat der Ordnung $n = 7$ verdeutlicht werden. In Abbildung 5.136 sind die beiden Hilfsquadrate und das daraus resultierende Lozenge-Quadrat dargestellt.

[44] Andrews [17] S. 244 – 245

5	6	7	1	2	3	4
6	7	1	2	3	4	5
7	1	2	3	4	5	6
1	2	3	4	5	6	7
2	3	4	5	6	7	1
3	4	5	6	7	1	2
4	5	6	7	1	2	3

a) Hilfsquadrat 1

3	2	1	0	6	5	4
4	3	2	1	0	6	5
5	4	3	2	1	0	6
6	5	4	3	2	1	0
0	6	5	4	3	2	1
1	0	6	5	4	3	2
2	1	0	6	5	4	3

b) Hilfsquadrat 2

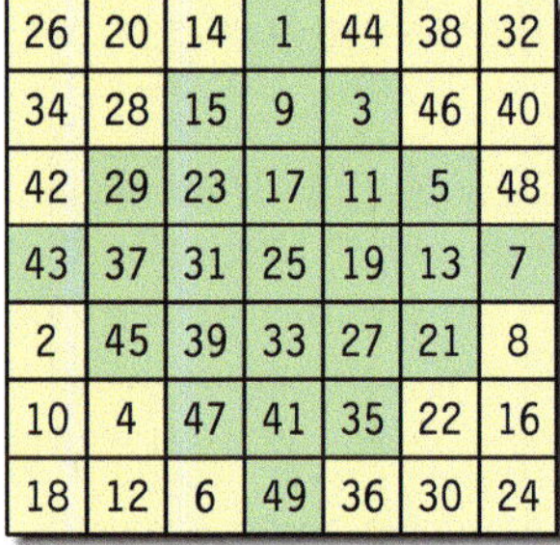

26	20	14	1	44	38	32
34	28	15	9	3	46	40
42	29	23	17	11	5	48
43	37	31	25	19	13	7
2	45	39	33	27	21	8
10	4	47	41	35	22	16
18	12	6	49	36	30	24

c) magisches Quadrat

Abb. 5.136 Magisches Lozenge-Quadrat der Ordnung 7 (Methode 7)

Cao und Gao

Eine gegenüber der Überlagerungsmethode von de la Hire[45] etwas veränderte Methode wird von Cao Xiao-qin und Gao Zhi-yuan beschrieben.[46] Ihre Methode zur Konstruktion symmetrischer Lozenge-Quadrate ungerader Ordnung n arbeitet auch mit zwei Hilfsquadraten, die leicht unterschiedlich gefüllt werden. Die mittlere Zeile des ersten Hilfsquadrates wird von links nach rechts zyklisch gesehen mit den aufsteigenden Zahlen von 1 bis n gefüllt. Diese Zeile wird dann zyklisch gesehen jeweils um eine Zeile nach unten kopiert, wobei allerdings die Zahlen mit jedem Schritt um eine Position nach rechts verschoben werden.

Beim zweiten Hilfsquadrat wird die obere Zeile ab der Mitte von links nach rechts zyklisch gesehen mit den absteigenden Zahlen von n bis 1 gefüllt. Auch diese Startzeile wird nach unten kopiert, doch dieses Mal werden die Zahlen bei jedem Schritt immer um eine Position nach links verschoben.

4	5	6	7	1	2	3
3	4	5	6	7	1	2
2	3	4	5	6	7	1
1	2	3	4	5	6	7
7	1	2	3	4	5	6
6	7	1	2	3	4	5
5	6	7	1	2	3	4

a) Hilfsquadrat *A*

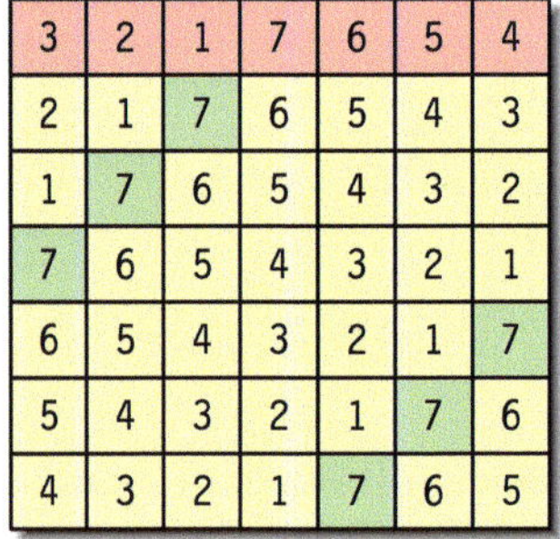

3	2	1	7	6	5	4
2	1	7	6	5	4	3
1	7	6	5	4	3	2
7	6	5	4	3	2	1
6	5	4	3	2	1	7
5	4	3	2	1	7	6
4	3	2	1	7	6	5

b) Hilfsquadrat *B*

Abb. 5.137 Verschieben der Zeilen bei den Hilfsquadraten

[45] siehe Kapitel 5.1.21, Seite 203 ff.

[46] Cao Xiao-qin und Gao Zhi-yuan [80]

Abschließend werden die beiden Hilfsquadrate zu einem magischen Quadrat zusammengefasst. Dazu multipliziert man die um 1 verminderte Zahl des ersten Hilfsquadrates mit der Ordnung n und addiert die entsprechende Zahl des zweiten Hilfsquadrates hinzu.

$$n \cdot (A - 1) + B$$

Mit dieser Rechnung entsteht das symmetrische Lozenge-Quadrat der Ordnung 7 in Abbildung 5.138.

24	30	36	49	6	12	18
16	22	35	41	47	4	10
8	21	27	33	39	45	2
7	13	19	25	31	37	43
48	5	11	17	23	29	42
40	46	3	9	15	28	34
32	38	44	1	14	20	26

Abb. 5.138 Symmetrisches Lozenge-Quadrat der Ordnung $n = 7$ (Cao - Gao)

Für die nächstgrößere Ordnung $n = 9$ sind die beiden Hilfsquadrate in Abbildung 5.139 dargestellt.

5	6	7	8	9	1	2	3	4
4	5	6	7	8	9	1	2	3
3	4	5	6	7	8	9	1	2
2	3	4	5	6	7	8	9	1
1	2	3	4	5	6	7	8	9
9	1	2	3	4	5	6	7	8
8	9	1	2	3	4	5	6	7
7	8	9	1	2	3	4	5	6
6	7	8	9	1	2	3	4	5

a) Hilfsquadrat 1

4	3	2	1	9	8	7	6	5
3	2	1	9	8	7	6	5	4
2	1	9	8	7	6	5	4	3
1	9	8	7	6	5	4	3	2
9	8	7	6	5	4	3	2	1
8	7	6	5	4	3	2	1	9
7	6	5	4	3	2	1	9	8
6	5	4	3	2	1	9	8	7
5	4	3	2	1	9	8	7	6

b) Hilfsquadrat 2

Abb. 5.139 Verschieben der Zeilen bei den Hilfsquadraten

Auch hier ergibt sich mit der oben beschriebenen Berechnung wieder ein symmetrisches Lozenge-Quadrat, das in Abbildung 5.140 zu sehen ist.

40	48	56	64	81	8	16	24	32
30	38	46	63	71	79	6	14	22
20	28	45	53	61	69	77	4	12
10	27	35	43	51	59	67	75	2
9	17	25	33	41	49	57	65	73
80	7	15	23	31	39	47	55	72
70	78	5	13	21	29	37	54	62
60	68	76	3	11	19	36	44	52
50	58	66	74	1	18	26	34	42

Abb. 5.140 Symmetrisches Lozenge-Quadrat der Ordnung $n = 9$ (Cao - Gao)

Gegenüber der Überlagerungsmethode von de la Hire sind die hier entstehenden Lozenge-Quadrate nur an der horizontalen Mittellinie gespiegelt.

Zheng, Lin und Chen

In einer weiteren Methode unterteilen Zheng Ronghui, Lin Kerong und Chen Rongsi das Zielquadrat ungerader Ordnung $n = 2m + 1$ in fünf Bereiche. Für jeden Bereich geben sie eine Formel an, mit der in Abhängigkeit von der Zeilen- und Spaltennummer der Zelleninhalt berechnet werden kann.[47]

Abb. 5.141 Aufteilung des Zielquadrates in fünf Bereiche

Mit dem überall auftretenden Summanden

$$c = (n+1) \cdot (n-z) - (n-1) \cdot (s+1)$$

benutzen sie folgende Formeln:

[47] Zheng Ronghui, Lin Kerong und Chen Rongsi [618] S. 5 – 7

Nummer	Zeile z	Spalte s	Formel
1	$z > m$	$s < z - m$	$c + \frac{n^2-1}{2}$
2	$z > m$	$s > m + n - 1 - z$	$c + \frac{3n^2-2n-1}{2}$
3	$z < m$	$s < m - z$	$c + \frac{(n+1)^2-1}{2}$
4	$z < m$	$s > m + z$	$c + \frac{n^2-4n-1}{2}$
5	$z > m$	$z - m \leq s \leq m + n - 1 - z$	$c + \frac{n^2-2n-1}{2}$
6	$z \leq m$	$m - z \leq s \leq m + z$	$c + \frac{n^2-2n-1}{2}$

Für die Ordnung $n = 7$ ergibt sich beispielsweise für die linke obere Ecke mit $z = 6$ und $s = 0$:

$$\begin{aligned}(n+1)\cdot(n-z)-(n-1)\cdot(s+1)+\tfrac{n^2-1}{2}\\ &= (7+1)\cdot(7-6)-(7-1)\cdot(0+1)+\tfrac{7^2-1}{2}\\ &= 8\cdot 1-6\cdot 1+24\\ &= 26\end{aligned}$$

Für Zeile $z = 2$ und Spalte $s = 5$ berechnet sich die einzutragende Zahl mit

$$\begin{aligned}(n+1)\cdot(n-z)-(n-1)\cdot(s+1)+\tfrac{n^2-2n-1}{2}\\ &= (7+1)\cdot(7-2)-(7-1)\cdot(5+1)+\tfrac{7^2-2\cdot 7-1}{2}\\ &= 8\cdot 5-6\cdot 6+17\\ &= 21\end{aligned}$$

Insgesamt ergibt sich mit diesen Berechnungen das magische Quadrat aus Abbildung 5.142.

26	20	14	1	44	38	32
34	28	15	9	3	46	40
42	29	23	17	11	5	48
43	37	31	25	19	13	7
2	45	39	33	27	21	8
10	4	47	41	35	22	16
18	12	6	49	36	30	24

Abb. 5.142 Symmetrisches magisches Lozenge-Quadrat der Ordnung $n = 7$ (Zheng - Lin - Chen)

Zwei weitere mit dieser Methode erzeugte Lozenge-Quadrate der Ordnungen 5 und 9 sind in Abbildung 5.143 dargestellt.

14	10	1	22	18
20	11	7	3	24
21	17	13	9	5
2	23	19	15	6
8	4	25	16	12

42	34	26	18	1	74	66	58	50
52	44	36	19	11	3	76	68	60
62	54	37	29	21	13	5	78	70
72	55	47	39	31	23	15	7	80
73	65	57	49	41	33	25	17	9
2	75	67	59	51	43	35	27	10
12	4	77	69	61	53	45	28	20
22	14	6	79	71	63	46	38	30
32	24	16	8	81	64	56	48	40

Abb. 5.143 Symmetrische magische Lozenge-Quadrate der Ordnungen 5 und 9 (Zheng - Lin - Chen)

Modulare Gleichungen

Eine interessante Methode zur Konstruktion von Lozenge-Quadraten benutzt modulare Gleichungen. Mit diesen Gleichungen kann für jede Zelle des Quadrates die einzutragende Zahl berechnet werden. Dabei wird die hier übliche Betrachtungsweise des Quadrates im Koordinatensystem gewählt, wobei die Zellen wie immer in der Reihenfolge (s, z) angegeben werden.[48]

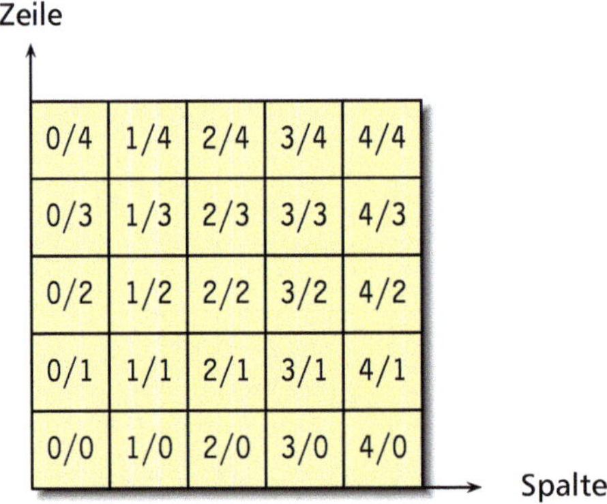

Abb. 5.144 Koordinatensystem mit der Adressierung der Zellen

John R. Hendricks benutzt diese Gleichungen und geht dabei von der Darstellung im zugehörigen Zahlensystem aus.[49] In dieser Darstellung werden die Zahlen nicht im üblichen Dezimalsystem dargestellt, sondern in einem Zahlensystem, das durch die

[48] siehe Kapitel 3.1.1

[49] Hendricks [212] S. 26 – 28

Ordnung des Quadrates festgelegt ist. Damit diese Darstellung noch einfacher wird, werden die Zahlen vorher um den Wert 1 dekrementiert. Damit enthält ein Quadrat der Ordnung n nicht mehr die Zahlen von 1 bis n^2, sondern von 0 bis $n^2 - 1$.

Dieses Vorgehen soll an einem Beispiel für die Ordnung $n = 5$ verdeutlicht werden. Im üblichen Zehnersystem ist die Zahl 23 eine Kurzform für

$$23 = 2 \cdot 10 + 3 \cdot 1$$

Im Fünfersystem, bei dem die linke Ziffer den Wert 5 besitzt, lautet diese Zahl dementsprechend

$$(23)_5 = 2 \cdot 5 + 3 \cdot 1$$

Im Zehnersystem wäre dies die Zahl 13. Dies kann natürlich leicht zu Missverständnissen führen, wenn man beide Zahlensysteme miteinander vermischt. Da diese abgeänderten Zahlensysteme aber immer nur in ganz speziellen Quadraten benutzt werden, sollten keine Schwierigkeiten auftreten.

Die Darstellung im Zahlensystem wird in Abbildung 5.145 an einem Quadrat der Ordnung $n = 5$ verdeutlicht. In der linken Abbildung ist das normale magische Quadrat mit den Zahlen im Zehnersystem dargestellt. In der mittleren Abbildung sind alle Zahlen um 1 vermindert worden und dann in der rechten Abbildung in das Fünfersystem übertragen worden.

18	22	1	10	14
24	3	7	11	20
5	9	13	17	21
6	15	19	23	2
12	16	25	4	8

a) normal

17	21	0	9	13
23	2	6	10	19
4	8	12	16	20
5	14	18	22	1
11	15	24	3	7

b) reduziert

32	41	00	14	23
43	02	11	20	34
04	13	22	31	40
10	24	33	42	01
21	30	44	03	12

c) Zahlensystem

Abb. 5.145 Magisches Quadrat in verschiedenen Darstellungen

Die Zahl 23 befindet sich in der linken oberen Ecke der Darstellung im Zahlensystem. Im Zehnersystem ist das die Zahl 13 und wenn die Dekrementierung rückgängig gemacht wird, indem die Zahl 1 addiert wird, erhält man die Zahl 14, die sich in der rechten oberen Ecke des Ausgangsquadrates wiederfindet.

Allgemein kann man die Zahl aus der Darstellung im Zahlensystem ganz leicht wieder in die zugehörige Zahl x des Zehnersystems umwandeln. Sei d_2 die linke Ziffer und d_1 die rechte Ziffer. Dann rechnet man einfach nur

$$x = d_2 \cdot n + d_1 + 1$$

Im Fall $n = 5$ ergibt sich also für die rechte obere Ecke mit der Zahl 23:

$$x = 2 \cdot 5 + 3 + 1 = 14$$

Mit den folgenden Gleichungen lassen sich nun für jede Zeile z und jede Spalte s die zugehörigen Zahlen für ein Lozenge-Quadrat mit der Darstellung im Zahlensystem zur Basis n bestimmen.

$$\begin{aligned} d_2 &= s - z + \frac{n-1}{2} && \mod n \\ d_1 &= \frac{n-1}{2} \cdot s - z + \frac{n-3}{2} && \mod n \end{aligned}$$

Für ein Lozenge-Quadrat der Ordnung $n = 5$ lauten die beiden Gleichungen damit:

$$d_2 = s - z + 2 \qquad \text{und} \qquad d_1 = 4s - z + 1$$

Tabelle 5.4 zeigt am Beispiel der oberen Zeile, wie diese Gleichungen angewendet werden, um die zugehörigen Werte für d_2 und d_1 zu berechnen.

z	s	d_2	d_1	Zahl
4	0	$0-4+2=-2 \equiv 3$	$4 \cdot 0 - 4 + 1 = -3 \equiv 2$	$3 \cdot 5 + 2 + 1 = 18$
4	1	$1-4+2=-1 \equiv 4$	$4 \cdot 1 - 4 + 1 = 1$	$4 \cdot 5 + 1 + 1 = 22$
4	2	$2-4+2=0$	$4 \cdot 2 - 4 + 1 = 5 \equiv 0$	$0 \cdot 5 + 0 + 1 = 1$
4	3	$3-4+2=1$	$4 \cdot 3 - 4 + 1 = 9 \equiv 4$	$1 \cdot 5 + 4 + 1 = 10$
4	4	$4-4+2=2$	$4 \cdot 4 - 4 + 1 = 13 \equiv 3$	$2 \cdot 5 + 3 + 1 = 14$

Tab. 5.4 Berechnung der Zelleninhalte mit modularen Gleichungen (Methode 10)

Für ein Lozenge-Quadrat der Ordnung $n = 7$ ergeben sich folgende Gleichungen:

$$d_2 = 6 \cdot s + 6 \cdot z + 2 \qquad \text{und} \qquad d_1 = 1 \cdot s + 6 \cdot z + 3$$

Mit diesen Gleichungen ergibt sich das Quadrat aus Abbildung 5.146.

43	52	61	00	16	25	34
54	63	02	11	20	36	45
65	04	13	22	31	40	56
06	15	24	33	42	51	60
10	26	35	44	53	62	01
21	30	46	55	64	03	12
32	41	50	66	05	14	23

a) Zahlensystem zur Basis 7

32	38	44	1	14	20	26
40	46	3	9	15	28	34
48	5	11	17	23	29	42
7	13	19	25	31	37	43
8	21	27	33	39	45	2
16	22	35	41	47	4	10
24	30	36	49	6	12	18

b) magisches Quadrat

Abb. 5.146 Magisches Lozenge-Quadrat der Ordnung 7 (modulare Gleichungen)

Bei genauer Betrachtung der mit dieser Methode erzeugten Lozenge-Quadrate erkennt man, dass diese äquivalent zu denen Quadraten sind, die mit Methode von Zheng, Lin und Chen erzeugt wurden. Eine Spiegelung an der vertikalen Mittelachse führt diese Quadrate ineinander über.

Affine Gleichungen

Ein ähnlich interessanter mathematischer Weg wie mit modularen Gleichungen[50] wird in diesem Kapitel verfolgt. Man nimmt einfach die Zahlen der Reihe nach von 1 bis n^2 und berechnet die zugehörigen Positionen im Quadrat. Dieser Weg ist zwar nicht immer möglich, aber für Lozenge-Quadrate gibt es Gleichungen, mit denen man zu jeder Zahl die zugehörige Zeile und Spalte berechnen kann.

$$\begin{aligned} s &= \frac{n+1}{2} \cdot d_2 + \frac{n-1}{2} \cdot d_1 + \frac{n-1}{2} && \mod n \\ z &= \frac{n-1}{2} \cdot d_2 + \frac{n-1}{2} \cdot d_1 + n - 1 && \mod n \end{aligned}$$

Dabei werden die Zahlen des magischen Quadrates wieder in der Darstellung des Zahlensystems zur Basis n betrachtet. Die Koeffizienten d_2 und d_1 sind wie üblich die beiden Ziffern im Zahlensystem mit der Basis n. Die berechneten Werte sind immer modulo n zu nehmen.

Ein Quadrat der Ordnung $n = 5$ soll das Vorgehen verdeutlichen. In Abbildung 5.147 ist das Quadrat im Zahlensystem zur Basis 5 und mit den normalen Zahlen von 1 bis 25 dargestellt.

32	41	00	14	23
43	02	11	20	34
04	13	22	31	40
10	24	33	42	01
21	30	44	03	12

18	22	1	10	14
24	3	7	11	20
5	9	13	17	21
6	15	19	23	2
12	16	25	4	8

Abb. 5.147 Lozenge-Quadrat der Ordnung 5 im Zahlensystem und in normaler Darstellung

Die Gleichungen zur Berechnung von Zeile und Spalte lauten für diesen Fall

$$\begin{aligned} s &= 3 \cdot d_2 + 2 \cdot d_1 + 2 \\ z &= 2 \cdot d_2 + 2 \cdot d_1 + 4 \end{aligned}$$

Mit diesen Gleichungen sollen beispielsweise die Positionen für die Zahlen 11, 12, 19, 24 und 25 berechnet werden.

[50] siehe Kapitel 5.1.21, Seite 210 ff.

Zahl	Zahlensystem	Spalte	Zeile	Position
11	20	$3 \cdot 2 + 2 \cdot 0 + 2 \equiv 3$	$2 \cdot 2 + 2 \cdot 0 + 4 \equiv 3$	(3/3)
12	21	$3 \cdot 2 + 2 \cdot 1 + 2 \equiv 0$	$2 \cdot 2 + 2 \cdot 1 + 4 \equiv 0$	(0/0)
19	33	$3 \cdot 3 + 2 \cdot 3 + 2 \equiv 2$	$2 \cdot 3 + 2 \cdot 3 + 4 \equiv 1$	(2/1)
24	43	$3 \cdot 4 + 2 \cdot 3 + 2 \equiv 0$	$2 \cdot 4 + 2 \cdot 3 + 4 \equiv 3$	(0/3)
25	44	$3 \cdot 4 + 2 \cdot 4 + 2 \equiv 2$	$2 \cdot 4 + 2 \cdot 4 + 4 \equiv 0$	(2/0)

Tab. 5.5 Berechnung der Positionen mit affinen Gleichungen

Ein weiteres Beispiel soll für $n = 7$ folgen. In Abbildung 5.148 ist das Quadrat im Zahlensystem und in normaler Form dargestellt.

43	52	61	00	16	25	34
54	63	02	11	20	36	45
65	04	13	22	31	40	56
06	15	24	33	42	51	60
10	26	35	44	53	62	01
21	30	46	55	64	03	12
32	41	50	66	05	14	23

32	38	44	1	14	20	26
40	46	3	9	15	28	34
48	5	11	17	23	29	42
7	13	19	25	31	37	43
8	21	27	33	39	45	2
16	22	35	41	47	4	10
24	30	36	49	6	12	18

Abb. 5.148 Lozenge-Quadrat der Ordnung 7 im Zahlensystem und in normaler Darstellung

Die zugehörigen Abbildungsgleichungen lauten

$$
\begin{aligned}
s &= 4 \cdot d_2 + 3 \cdot d_1 + 3 \\
z &= 3 \cdot d_2 + 3 \cdot d_1 + 6
\end{aligned}
$$

Als Beispiel soll die Position der Zahl 35 berechnet werden. In der Darstellung des Zahlensystems zur Basis 7 lautet diese Zahl 46, weil $34 = 4 \cdot 7 + 6$ gilt. Damit liefern die Abbildungsgleichungen folgende Werte:

$$s = 4 \cdot 4 + 3 \cdot 6 + 3 = 37 \equiv 2$$

$$z = 3 \cdot 4 + 3 \cdot 6 + 6 = 36 \equiv 1$$

Mit diesen Berechnungen ergibt sich die Position $(2/1)$.

5.2 Ordnungen n ≠ 3k

Es kommt zu Einschränkungen bei der Ordnung, wenn die Verfahren abstrakter werden und, wie beim Verfahren von Margossian, optional die Möglichkeit von mehreren Varianten bieten.

5.2.1 Poignard

Francois-Guillaume Poignard stellte 1704 ein Buch über magische Quadrate vor, indem er u. a. das Verfahren von de la Loubère[51] verallgemeinerte.[52] Das Verfahren von de la Loubère unterteilt z. B. für die Ordnung $n = 5$ die Zahlen der natürlichen Reihenfolge in die erste Sequenz $\{1, 2, 3, 4, 5\}$ von n Zahlen, gefolgt von $\{6, 7, 8, 9, 10\}$ für die zweite Sequenz usw.

Poignard schlug vor, die Zahlen der ersten Sequenz beliebig zu permutieren und dann auch die Zahlen der weiteren Sequenzen in dieser damit festgelegten Reihenfolge einzutragen. Wählt man beispielsweise für die erste Sequenz die Reihenfolge $\{4, 3, 2, 1, 5\}$, sind die anderen Sequenzen mit $\{9, 8, 7, 6, 10\}$, $\{14, 13, 12, 11, 15\}$, $\{19, 18, 17, 16, 20\}$ und $\{24, 23, 22, 21, 25\}$ festgelegt.

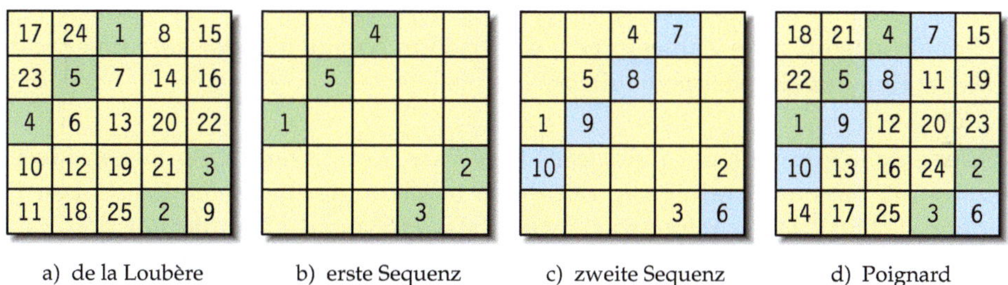

a) de la Loubère

17	24	1	8	15
23	5	7	14	16
4	6	13	20	22
10	12	19	21	3
11	18	25	2	9

b) erste Sequenz

		4		
	5			
1				
				2
			3	

c) zweite Sequenz

		4	7	
	5	8		
1	9			
10				2
			3	6

d) Poignard

18	21	4	7	15
22	5	8	11	19
1	9	12	20	23
10	13	16	24	2
14	17	25	3	6

Abb. 5.149 Magisches Quadrat der Ordnung $n = 5$ mit der Reihenfolge $\{4, 3, 2, 1, 5\}$ (Poignard)

In Abbildung 5.150 ist ein weiteres magisches Quadrat dargestellt, welches mit der Methode von Poignard erstellt worden ist. Die Reihenfolge der Zahlensequenzen ist durch $\{4, 6, 1, 2, 3, 5, 7\}$ festgelegt.

a) de la Loubère

30	39	48	1	10	19	28
38	47	7	9	18	27	29
46	6	8	17	26	35	37
5	14	16	25	34	36	45
13	15	24	33	42	44	4
21	23	32	41	43	3	12
22	31	40	49	2	11	20

b) Poignard

34	37	47	4	8	17	28
36	45	7	13	16	26	32
44	5	11	15	24	35	41
3	14	20	23	33	39	43
12	18	22	31	42	48	2
21	27	30	40	46	1	10
25	29	38	49	6	9	19

Abb. 5.150 Magisches Quadrat der Ordnung $n = 7$ mit der Reihenfolge $\{4, 6, 1, 2, 3, 5, 7\}$ (Poignard)

[51] siehe Kapitel 5.1.5

[52] Poignard [440]

Poignard behauptete, dass sich mit dieser Methode magische Quadrate aller ungeraden Ordnungen erzeugen lassen. Dies wurde jedoch von de la Hire widerlegt, der nachgewiesen hat, dass diese Methode nur für Ordnungen gilt, die kein Vielfaches von 3 sind. Eine Erweiterung dieser Methode stammt von Margossian und wird in Kapitel 5.2.3 beschrieben.

5.2.2 De La Hire

Die Verfahren von Poignard unterschieden sich grundlegend von allen bis dahin bekannten Verfahren:[53]

- Er füllte das magische Quadrat nicht direkt mit den Zahlen $1, 2, \ldots, n^2$.
- Er benutzte oft zwei Zahlenfolgen, die er dann so miteinander kombinierte, dass keine Kombination doppelt auftritt.

Philippe de la Hire von der *L'Académie Royale des Sciences* fand diese neuen Ideen so interessant, dass er sich intensiv mit ihnen beschäftigte und seine Ergebnisse 1705 veröffentlichte.[54] De la Hire arbeitet mit zwei Hilfsquadraten, die mit den Zahlen $1, 2, \ldots, n$ und $0, n, 2n, \ldots, (n-1)n$ gefüllt werden. Da viele Methoden von de la Hire und anderen Autoren derartige Hilfsquadrate benutzen, die dann durch Addition zum magischen Quadrat überlagert werden, bezeichnet man dieses Prinzip auch als *de la Hire-Methode.*

Das hier vorgestellte Verfahren erzeugt symmetrische und pandiagonale magische Quadrate, wenn die Ordnung kein Vielfaches von 3 ist.[55] Obwohl die Eigenschaft *pandiagonal* zu der Zeit noch nicht bekannt war und erst in der zweiten Hälfte des 19. Jahrhunderts geprägt wurde, soll sie mit dem heutigen Kenntnisstand auch hier verwendet werden. De la Hire hat diesen Begriff aber ebenso wenig benutzt wie andere Autoren der damaligen Zeit.

Zunächst wird der Median der Zahlen $1, 2, \ldots, n$, im Falle der Ordnung $n = 5$ also 3, in das Zentrum des ersten Hilfsquadrates eingetragen. Danach werden die restlichen Zahlen auf die mittlere Zeile verteilt. Das kann beliebig geschehen, nur müssen komplementäre Zahlenpaare immer horizontal symmetrisch liegen, wie es im 1. Hilfsquadrat der Abbildung 5.151 zu erkennen ist.

Von der mittleren Zeile ausgehend werden jetzt jeweils die darunterliegenden Zeilen durch eine zyklische Verschiebung gefüllt. Dabei werden die Zahlen aus der mittleren Spalte immer am Anfang der darunter folgenden Zeile platziert.

[53] Poignard [440], siehe Kapitel 5.2.1

[54] de la Hire [239] S. 127 – 171 und S. 364 – 382

[55] de la Hire [239] S. 145 – 147

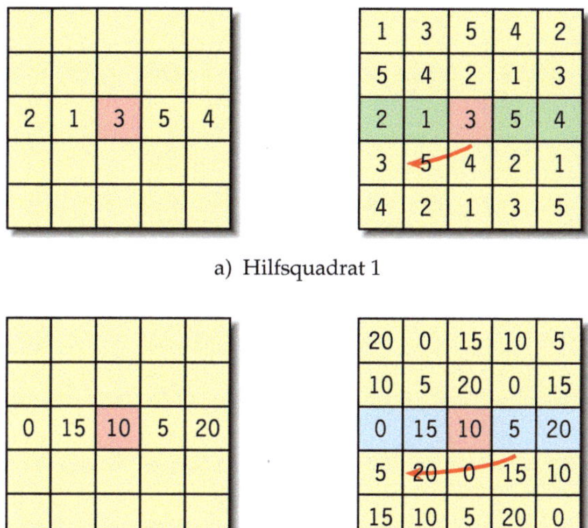

Abb. 5.151 Konstruktion der beiden Hilfsquadrate (de la Hire)

Entsprechend geht man mit den Zahlen 0, 5, 10, 15, 20 beim zweiten Hilfsquadrat vor. Der Median 10 kommt in das Zentrum des Hilfsquadrates und die mittlere Zeile wird mit horizontal symmetrisch liegenden komplementären Zahlen gefüllt. Danach werden wieder die restlichen Zeilen gefüllt, nur dass dieses Mal die Zahlen aus der rechts neben der mittleren Spalte liegenden Zelle an den Anfang der darunterliegenden Zeile verschoben werden.

Das endgültige magische Quadrat entsteht dann durch Überlagerung der beiden Hilfsquadrate, wobei die Zahlen in den entsprechenden Zellen einfach nur addiert werden. Die nach diesem Verfahren konstruierten magischen Quadrate sind wie das Beispiel in Abbildung 5.152 alle symmetrisch und pandiagonal.

21	3	20	14	7
15	9	22	1	18
2	16	13	10	24
8	25	4	17	11
19	12	6	23	5

Abb. 5.152 Symmetrisches pandiagonales magisches Quadrat der Ordnung 5 (de la Hire)

Dieses Verfahren kann leicht auf höhere Ordnungen übertragen werden, die allerdings kein Vielfaches von 3 sein dürfen, da sonst Wiederholungen auf den Diagonalen auftreten. Abbildung 5.153 zeigt ein mit diesem Verfahren konstruiertes magisches Quadrat der Ordnung 7.

3	2	6	5	7	4	1
5	7	4	1	3	2	6
1	3	2	6	5	7	4
6	5	7	4	1	3	2
4	1	3	2	6	5	7
2	6	5	7	4	1	3
7	4	1	3	2	6	5

a) Hilfsquadrat 1

35	21	7	42	28	14	0
28	14	0	35	21	7	42
21	7	42	28	14	0	35
14	0	35	21	7	42	28
7	42	28	14	0	35	21
0	35	21	7	42	28	14
42	28	14	0	35	21	7

b) Hilfsquadrat 2

38	23	13	47	35	18	1
33	21	4	36	24	9	48
22	10	44	34	19	7	39
20	5	42	25	8	45	30
11	43	31	16	6	40	28
2	41	26	14	46	29	17
49	32	15	3	37	27	12

c) magisches Quadrat

Abb. 5.153 Symmetrisches pandiagonales magisches Quadrat der Ordnung 7 (de la Hire)

Varianten

Dieses Verfahren von de la Hire liefert eine Vielzahl von symmetrischen pandiagonalen Quadraten. Zunächst einmal kann die mittlere Zeile der beiden Hilfsquadrate sehr unterschiedlich gefüllt werden. Zusätzlich kann auch die zyklische Verschiebung der Zeilen variieren. Während beim Quadrat der Ordnung $n = 5$ nur die beiden in Abbildung 5.151 benutzten Spalten existieren, deren Zahlen an den Anfang der jeweils nachfolgenden Zeilen verschoben werden können, gibt es bereits beim Quadrat der Ordnung $n = 7$ mehrere Möglichkeiten. In dem magischen Quadrat aus Abbildung 5.154 wurden die Zeilen des ersten Quadrates um $v_1 = 2$ Positionen an den linken Rand verschoben, die des rechten Quadrates um $v_2 = 5$ Positionen.

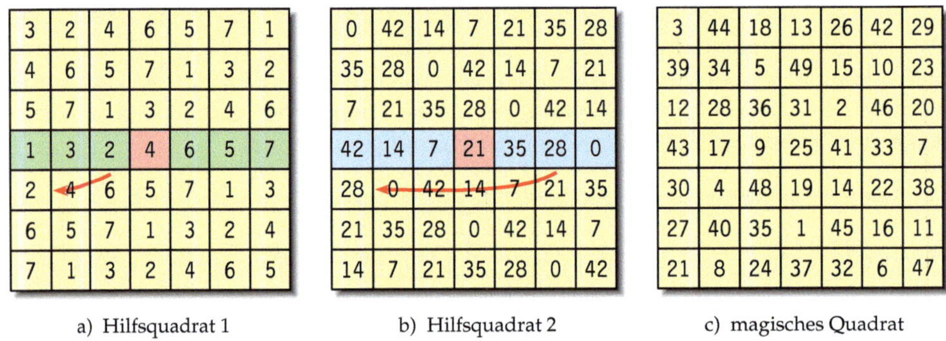

3	2	4	6	5	7	1
4	6	5	7	1	3	2
5	7	1	3	2	4	6
1	3	2	4	6	5	7
2	4	6	5	7	1	3
6	5	7	1	3	2	4
7	1	3	2	4	6	5

a) Hilfsquadrat 1

0	42	14	7	21	35	28
35	28	0	42	14	7	21
7	21	35	28	0	42	14
42	14	7	21	35	28	0
28	0	42	14	7	21	35
21	35	28	0	42	14	7
14	7	21	35	28	0	42

b) Hilfsquadrat 2

3	44	18	13	26	42	29
39	34	5	49	15	10	23
12	28	36	31	2	46	20
43	17	9	25	41	33	7
30	4	48	19	14	22	38
27	40	35	1	45	16	11
21	8	24	37	32	6	47

c) magisches Quadrat

Abb. 5.154 Symmetrisches pandiagonales magisches Quadrat der Ordnung 7 (de la Hire)

Grundsätzlich müssen die beiden Verschiebungszahlen v_1 und v_2 folgende Bedingungen erfüllen:

- v_1 und v_2 müssen verschieden sein und im Bereich $2 \leq v_1, v_2 \leq n-2$ liegen.
- Keine der drei Zahlen $v_1 - 1$, v_1 und $v_1 + 1$ darf einen gemeinsamen Teiler mit den Teilern der Ordnung n besitzen. Das gilt entsprechend auch für v_2.

- Die Differenz der beiden Zahlen darf keinen gemeinsamen Teiler mit den Teilern von n besitzen.

Für die Ordnung $n = 7$ kann also jede Kombination von zwei Zahlen aus dem Bereich $2, 3, \ldots, 6$ gewählt werden. Die vierte Bedingung mag etwas ungewöhnlich erscheinen. Sie tritt aber auch erst ab der Ordnung $n = 25$ auf, wo z. B. die Kombination $(v_1, v_2) = (3, 8)$ nicht zulässig ist. Ein anderes Beispiel wäre die Ordnung $n = 35$, wo die Kombinationen $3, 17$ und $3, 18$ nicht zulässig sind, weil die Differenzen 14 und 15 mit den Teilern 5 und 7 der Ordnung $n = 35$ kollidieren.

5.2.3 Margossian

Margossian untersuchte in seinem 1908 erschienenen Buch[56] die Zahlen in einem Quadrat mit natürlicher Anordnung und hat aus dieser Systematik heraus verschiedene Verfahren entwickelt, um magische Quadrate zu erzeugen.

Verallgemeinerung der Methode von de la Loubère

Margossian beginnt bei seiner Methode[57] mit einem Quadrat in natürlicher Anordnung, bei dem die mittlere Zeile, die mittlere Spalte und beide Diagonalen bereits die magische Summe besitzen. Diese Zahlen überträgt er nun von links nach rechts und von oben nach unten in ein Quadrat, wobei er die Schrittfolgen von de la Loubère übernimmt.[58] In Abbildung 5.155 ist zu erkennen, dass die Zahlen aus den Zeilen des Ausgangsquadrates auf Parallelen zur Hauptdiagonalen liegen, wobei die mittlere Zeile direkt in die Hauptdiagonale eingetragen wird.

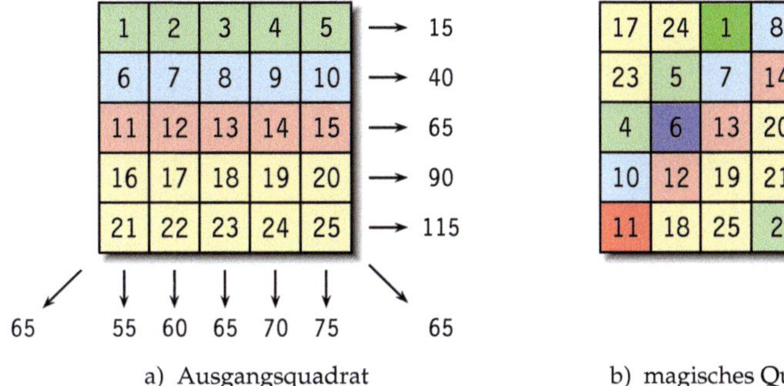

Abb. 5.155 Konstruktion eines magischen Quadrates aus einem Quadrat in natürlicher Anordnung

[56] Margossian [368]

[57] Margossian [368] S. 6 – 10

[58] siehe Kapitel 5.1.5

Bringt man nun wie in Abbildung 5.156 die Spalten des Ausgangsquadrates in natürlicher Anordnung in eine andere Reihenfolge, ändern sich die Zeilen- und Diagonalensummen nicht, nur die Spaltensummen erscheinen jetzt in der veränderten Reihenfolge. Das entstehende Quadrat ist wieder magisch, weil die Zahlen der mittleren Zeile des Ausgangsquadrates, die schon die magische Summe 65 besitzt, auf der Hauptdiagonalen eingetragen werden.

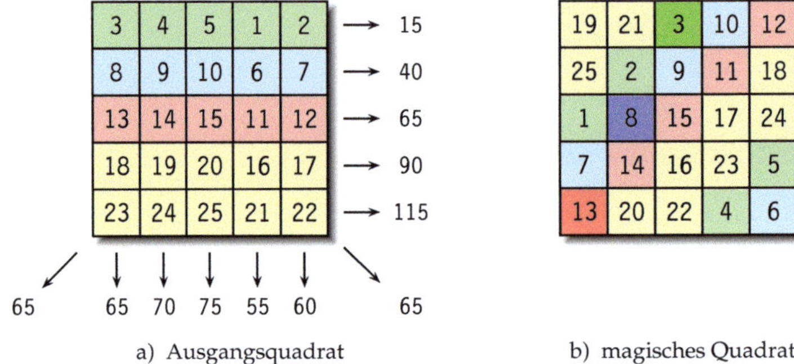

Abb. 5.156 Ausgangsquadrat mit verschobenen Spalten (Margossian)

Man erkennt außerdem, dass die Zeilen des Ausgangsquadrates wieder auf die gleichen Zellen des magischen Quadrates abgebildet wurden, allerdings in der veränderten Reihenfolge. Dies bedeutet, dass man die Spalten des Ausgangsquadrates beliebig permutieren kann und dabei immer ein magisches Quadrat entsteht. Ein solches Beispiel ist in Abbildung 5.157 dargestellt.

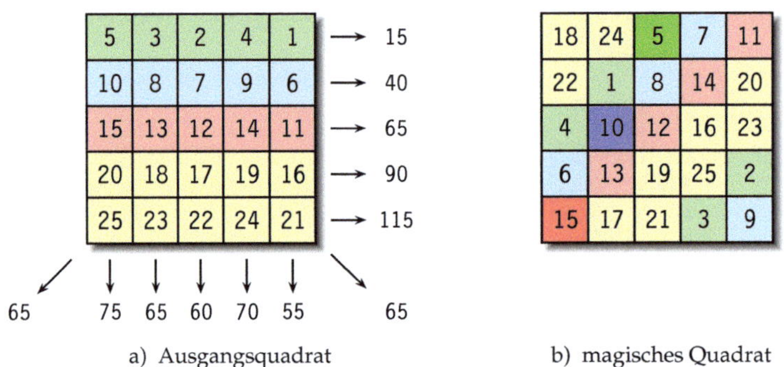

Abb. 5.157 Ausgangsquadrat mit vertauschten Spalten (Margossian)

Ein weiteres Beispiel demonstriert das Verfahren in Abbildung 5.158 noch einmal für die Ordnung $n = 7$. Auch hier wird die zentrale Bedingung erfüllt, dass die Zahlen der mittleren Zeile des Ausgangsquadrates auf der Hauptdiagonalen des Zielquadrates eingetragen werden.

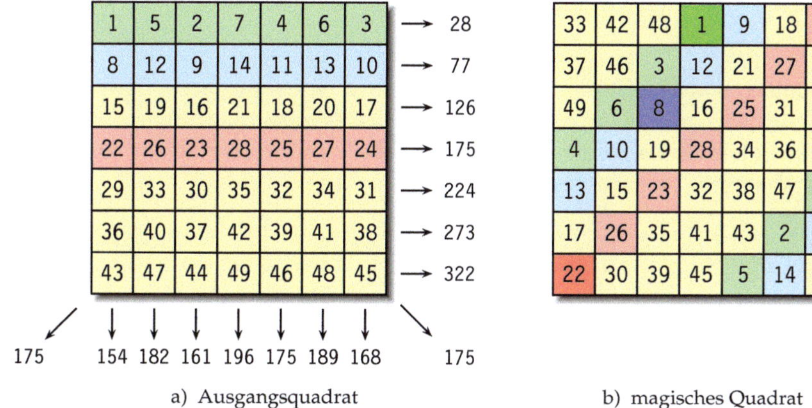

	1	5	2	7	4	6	3	→ 28
	8	12	9	14	11	13	10	→ 77
	15	19	16	21	18	20	17	→ 126
	22	26	23	28	25	27	24	→ 175
	29	33	30	35	32	34	31	→ 224
	36	40	37	42	39	41	38	→ 273
	43	47	44	49	46	48	45	→ 322
↙ 175	↓ 154	↓ 182	↓ 161	↓ 196	↓ 175	↓ 189	↓ 168	↘ 175

a) Ausgangsquadrat

33	42	48	1	9	18	24
37	46	3	12	21	27	29
49	6	8	16	25	31	40
4	10	19	28	34	36	44
13	15	23	32	38	47	7
17	26	35	41	43	2	11
22	30	39	45	5	14	20

b) magisches Quadrat

Abb. 5.158 Konstruktion eines magischen Quadrates aus einem Quadrat mit vertauschten Spalten (Margossian)

Dieses Verfahren funktioniert für alle Ordnungen, die kein Vielfaches von 3 sind. Es stimmt prinzipiell mit dem Verfahren von Poignard aus Kapitel 5.2.1 überein und unterscheidet sich nur durch die Benutzung von Ausgangsquadraten, das zum Übertragen der Zahlen in das Zielquadrat verwendet werden.

Variante 1: Symmetrische Quadrate

In den bisherigen Beispielen wurden die Spalten des Ausgangsquadrates beliebig vertauscht. Ordnet man die Spalten dagegen so an, dass die horizontal symmetrisch liegenden Zahlen der oberen Zeile des Ausgangsquadrates addiert immer $n + 1$ ergeben und lässt die mittlere Spalte unverändert, ergibt sich immer ein symmetrisches magisches Quadrat. Ein derartiges Beispiel ist in Abbildung 5.159 dargestellt.

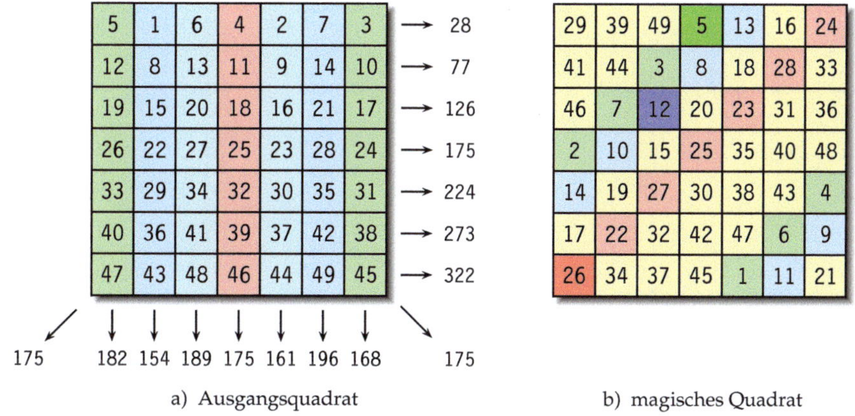

	5	1	6	4	2	7	3	→ 28
	12	8	13	11	9	14	10	→ 77
	19	15	20	18	16	21	17	→ 126
	26	22	27	25	23	28	24	→ 175
	33	29	34	32	30	35	31	→ 224
	40	36	41	39	37	42	38	→ 273
	47	43	48	46	44	49	45	→ 322
↙ 175	↓ 182	↓ 154	↓ 189	↓ 175	↓ 161	↓ 196	↓ 168	↘ 175

a) Ausgangsquadrat

29	39	49	5	13	16	24
41	44	3	8	18	28	33
46	7	12	20	23	31	36
2	10	15	25	35	40	48
14	19	27	30	38	43	4
17	22	32	42	47	6	9
26	34	37	45	1	11	21

b) magisches Quadrat

Abb. 5.159 Konstruktion eines symmetrischen magischen Quadrates (Margossian)

Variante 2: Vertauschen von Spalten und Zeilen

Beim Verfahren von Margossian entsteht aber auch ein magisches Quadrat, wenn man die Zeilen des Ausgangsquadrates vertauscht. Dabei muss allerdings die mittlere Zeile unverändert bleiben, da sie bereits die magische Summe besitzt und auf die Hauptdiagonale abgebildet werden muss.

Im Beispiel der Abbildung 5.160 sind die Spalten zunächst nicht verändert worden, damit das Übertragen der Zahlensequenzen deutlicher zu erkennen ist.

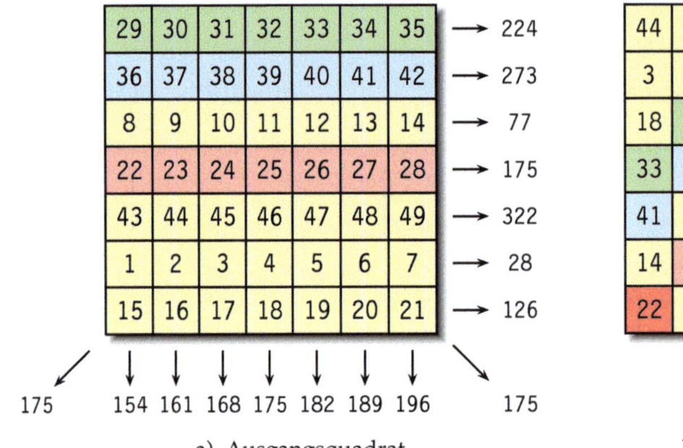

29	30	31	32	33	34	35	→ 224
36	37	38	39	40	41	42	→ 273
8	9	10	11	12	13	14	→ 77
22	23	24	25	26	27	28	→ 175
43	44	45	46	47	48	49	→ 322
1	2	3	4	5	6	7	→ 28
15	16	17	18	19	20	21	→ 126
154	161	168	175	182	189	196	

Diagonalen: ↙ 175, ↘ 175

a) Ausgangsquadrat

44	4	20	29	38	12	28
3	19	35	37	11	27	43
18	34	36	10	26	49	2
33	42	9	25	48	1	17
41	8	24	47	7	16	32
14	23	46	6	15	31	40
22	45	5	21	30	39	13

b) magisches Quadrat

Abb. 5.160 Konstruktion eines magischen Quadrates aus einem Quadrat mit vertauschten Zeilen (Margossian)

Beispiel 5.161 zeigt, dass im ersten Schritt die Spalten eines Quadrates in natürlicher Anordnung verändert wurden. In einem zweiten Schritt sind danach auch die Zeilen vertauscht worden, bevor die Umwandlung in ein magisches Quadrat erfolgte.

5	2	6	3	7	4	1
12	9	13	10	14	11	8
19	16	20	17	21	18	15
26	23	27	24	28	25	22
33	30	34	31	35	32	29
40	37	41	38	42	39	36
47	44	48	45	49	46	43

a) vertauschte Spalten

19	16	20	17	21	18	15
47	44	48	45	49	46	43
5	2	6	3	7	4	1
26	23	27	24	28	25	22
33	30	34	31	35	32	29
12	9	13	10	14	11	8
40	37	41	38	42	39	36

b) vertauschte Zeilen

30	10	39	19	48	7	22
13	42	15	44	3	25	33
38	18	47	6	28	29	9
21	43	2	24	32	12	41
46	5	27	35	8	37	17
1	23	31	11	40	20	49
26	34	14	36	16	45	4

c) magisches Quadrat

Abb. 5.161 Konstruktion eines magischen Quadrates aus einem Quadrat mit vertauschten Spalten und Zeilen (Margossian)

Variante 3: Symmetrische Quadrate beim Vertauschen von Spalten und Zeilen

Selbstverständlich lassen sich auch symmetrische magische Quadrate erzeugen, wenn man im Ausgangsquadrat sowohl die Spalten als auch die Zeilen vertauscht. Wie in Abbildung 5.162 zu sehen ist, müssen dann die zueinander gehörenden komplementären Spalten und Zeilen immer symmetrisch zur mittleren Spalte oder Zeile angeordnet werden.

7	5	6	4	2	3	1
14	12	13	11	9	10	8
21	19	20	18	16	17	15
28	26	27	25	23	24	22
35	33	34	32	30	31	29
42	40	41	39	37	38	36
49	47	48	46	44	45	43

a) vertauschte Spalten

42	40	41	39	37	38	36
7	5	6	4	2	3	1
35	33	34	32	30	31	29
28	26	27	25	23	24	22
21	19	20	18	16	17	15
49	47	48	46	44	45	43
14	12	13	11	9	10	8

b) vertauschte Zeilen

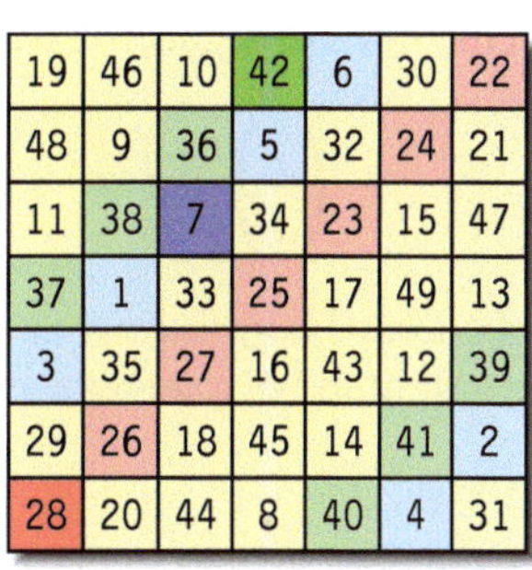

19	46	10	42	6	30	22
48	9	36	5	32	24	21
11	38	7	34	23	15	47
37	1	33	25	17	49	13
3	35	27	16	43	12	39
29	26	18	45	14	41	2
28	20	44	8	40	4	31

c) magisches Quadrat

Abb. 5.162 Symmetrisches magisches Quadrat mit vertauschten Spalten und Zeilen (Margossian)

Variante 4: Änderung des Zwischenschrittes

Bisher wurden die Zahlen aus dem Ausgangsquadrat in natürlicher Anordnung oder dessen Varianten mit vertauschten Spalten und Zahlen immer mit den Schrittfolgen der Methode von de la Loubère in das Zielquadrat übertragen. Nach dem Eintragen einer Zahl in das Zielquadrat wechselt man dazu mit dem Hauptschritt $(1, 1)$ zur nächsten Position. Bei einem Zeilenwechsel wird dagegen der Zwischenschritt $(0, -1)$ ausgeführt, d. h. man wechselt von der letzten Zahl einer Zeile des Ausgangsquadrates um eine Zeile nach unten und fährt mit der nächsten Zeile fort.

1	2	3	4	5
6	7	8	9	10
11	12	13	14	15
16	17	18	19	20
21	22	23	24	25

a) Ausgangsquadrat

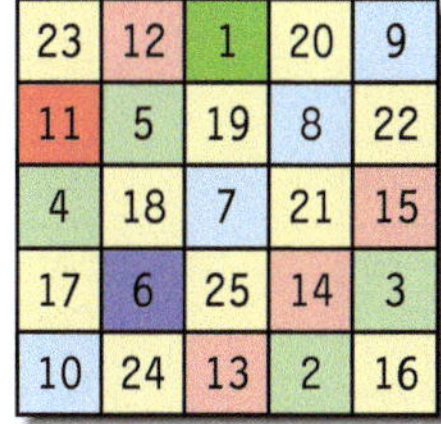

23	12	1	20	9
11	5	19	8	22
4	18	7	21	15
17	6	25	14	3
10	24	13	2	16

b) nicht magisch

4	18	7	21	15
17	6	25	14	3
10	24	13	2	16
23	12	1	20	9
11	5	19	8	22

c) magisches Quadrat

Abb. 5.163 Konstruktion mit dem Zwischenschritt $(0, -2)$ (Margossian)

Verändert man allerdings den Zwischenschritt, erhält man wie in Abbildung 5.163 zunächst kein magisches Quadrat, da die mittlere Zeile des Ausgangsquadrates durch den veränderten Zwischenschritt nicht mehr auf der Hauptdiagonalen eingetragen wird. Jetzt kann man beim Übertragen der Zahlen nicht mehr in der Mitte der oberen Zeile beginnen, sondern muss die Startposition verändern.[59]

Die Berechnung der Startposition (s, z) lässt sich leicht durchführen. Um von der Startposition zur linken unteren Ecke $(0, 0)$ des Zielquadrates zu gelangen, in der die linke Zahl der mittleren Zeile des Ausgangsquadrates platziert werden muss, müssen $\frac{n-1}{2}$ Zahlensequenzen mit jeweils $n-1$ Hauptschritten (h_s, h_z) und $\frac{n-1}{2}$ Zwischenschritten durchgeführt werden. Damit ergibt sich folgende Gleichung:

$$\begin{pmatrix} s \\ z \end{pmatrix} + \frac{n-1}{2} \cdot (n-1) \cdot \begin{pmatrix} h_s \\ h_z \end{pmatrix} + \frac{n-1}{2} \cdot \begin{pmatrix} z_s \\ z_z \end{pmatrix} = \begin{pmatrix} 0 \\ 0 \end{pmatrix} \quad \text{mod } n$$

Mit dem Hauptschritt $(h_s, h_z) = (1, 1)$ und dem Zwischenschritt $(z_s, z_z) = (0, -2)$ erhält man beispielsweise

$$\begin{aligned} \begin{pmatrix} s \\ z \end{pmatrix} + 2 \cdot 4 \cdot \begin{pmatrix} 1 \\ 1 \end{pmatrix} + 2 \cdot \begin{pmatrix} 0 \\ -2 \end{pmatrix} &= \begin{pmatrix} 0 \\ 0 \end{pmatrix} \\ \begin{pmatrix} s \\ z \end{pmatrix} + \frac{5-1}{2} \cdot (5-1) \cdot \begin{pmatrix} 1 \\ 1 \end{pmatrix} + \frac{5-1}{2} \cdot \begin{pmatrix} 0 \\ -2 \end{pmatrix} &= \begin{pmatrix} 0 \\ 0 \end{pmatrix} \\ \begin{pmatrix} s \\ z \end{pmatrix} + \begin{pmatrix} 3 \\ 4 \end{pmatrix} &= \begin{pmatrix} 0 \\ 0 \end{pmatrix} \end{aligned}$$

Damit folgt für den Startposition $(s, z) = (-3, -4)$, welche nach der Kongruenzrechnung gleichbedeutend mit $(s, z) = (2, 1)$ ist. Das Übertragen der Zahlen aus dem Ausgangsquadrat in das Zielquadrat beginnt also mit der Zahl 1 aus der oberen Zeile, die auf der Startposition $(2, 1)$ platziert wird.

4	6	5	7	2	3	1
11	13	12	14	9	10	8
18	20	19	21	16	17	15
25	27	26	28	23	24	22
32	34	33	35	30	31	29
39	41	40	42	37	38	36
46	48	47	49	44	45	43

a) vertauschte Spalten

10	44	35	19	6	39	22
49	33	20	4	36	24	9
34	18	1	38	23	14	47
15	3	37	28	12	48	32
2	42	26	13	46	29	17
40	27	11	43	31	16	7
25	8	45	30	21	5	41

b) magisches Quadrat

Abb. 5.164 Konstruktion mit dem Zwischenschritt $(0, -3)$ und vertauschten Spalten (Margossian)

[59] Margossian [368] S. 11 – 12

Wählt man dagegen den Zwischenschritt $(0, -3)$ ergibt sich für die Ordnung $n = 7$ der Startpunkt $(3, 5)$. Da zusätzlich auch die Spalten vertauscht wurden, lautet die neue Startzahl 4, die wie in Abbildung 5.164 auf der Startposition $(3, 5)$ des Zielquadrates eingetragen werden muss.

Im Beispiel der Abbildung 5.165 ist der Zwischenschritt $(0, -4)$ gewählt worden, sodass sich die Startposition mit $(3, 1)$ berechnet. Zusätzlich sind im Ausgangsquadrat sowohl Spalten als auch Zeilen vertauscht worden.

5	4	1	6	2	7	3
12	11	8	13	9	14	10
19	18	15	20	16	21	17
26	25	22	27	23	28	24
33	32	29	34	30	35	31
40	39	36	41	37	42	38
47	46	43	48	44	49	45

a) vertauschte Spalten

19	18	15	20	16	21	17
40	39	36	41	37	42	38
5	4	1	6	2	7	3
26	25	22	27	23	28	24
33	32	29	34	30	35	31
47	46	43	48	44	49	45
12	11	8	13	9	14	10

b) vertauschte Zeilen

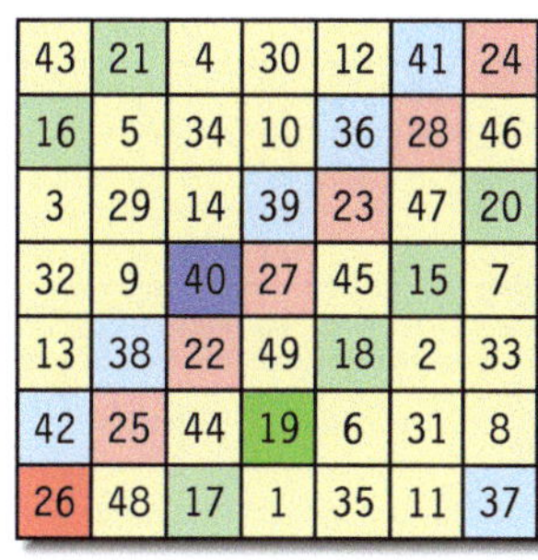

43	21	4	30	12	41	24
16	5	34	10	36	28	46
3	29	14	39	23	47	20
32	9	40	27	45	15	7
13	38	22	49	18	2	33
42	25	44	19	6	31	8
26	48	17	1	35	11	37

c) magisches Quadrat

Abb. 5.165 Konstruktion mit dem Zwischenschritt $(0, -4)$ und vertauschten Spalten und Zeilen (Margossian)

Allgemein können die Zahlen für die Zwischenschritte aus dem Bereich von 2 bis $n-2$ gewählt werden, sodass die zugehörigen Zwischenschritte $(0, -2)$, $(0, -3)$ usw. lauten. Für die Ordnung $n = 7$ wären dies etwa die Zahlen $2, 3, 4, 5$.

Wenn jedoch die Zahl $n - 2$ gewählt wird, gibt es eine Zusatzbedingung. In diesem Fall darf die mittlere Spalte nicht verändert werden, sondern muss auf ihrem Platz bleiben. Zeilenvertauschungen können aber trotzdem durchgeführt werden.

Es gibt aber noch eine weitere Bedingung für die Wahl des Zwischenschrittes. Diese tritt allerdings erst bei den Ordnungen $n = 25$ und $n = 35$ auf, da alle möglichen kleineren Ordnungen Primzahlen sind. Die Zahl y, die für den Zwischenschritt gewählt werden kann, muss so beschaffen sein, dass die Zahl selbst als auch $y + 1$ und $y + 2$ teilerfremd zu den Teilern der Ordnung n sind. Für die Ordnung $n = 25$ verbleiben damit aus dem Bereich $2 \leq y \leq 23$ nur noch die Zahlen $2, 6, 7, 11, 12, 16, 17, 21, 22$, für die Ordnung $n = 35$ aus dem Bereich $2 \leq y \leq 33$ mit $2, 11, 16, 17, 22, 31, 32$ sogar noch weniger Zahlen.

Variante 5: Symmetrische Quadrate bei einer Änderung des Zwischenschritts

Selbstverständlich lassen sich auch symmetrische magische Quadrate erzeugen, wenn man im Ausgangsquadrat sowohl die Spalten als auch Zeilen vertauscht und zusätzlich einen anderen Zwischenschritt wählt. Wie schon beim Standardzwischenschritt

$(0, -1)$ müssen dazu die zueinander gehörenden komplementären Spalten und Zeilen immer symmetrisch zur mittleren Spalte oder Zeile angeordnet werden.

Ein solches Beispiel mit dem Zwischenschritt $(0, -5)$ und der Startposition $(3, 4)$ ist in Abbildung 5.166 dargestellt.

7	3	2	4	6	5	1
14	10	9	11	13	12	8
21	17	16	18	20	19	15
28	24	23	25	27	26	22
35	31	30	32	34	33	29
42	38	37	39	41	40	36
49	45	44	46	48	47	43

a) vertauschte Spalten

14	10	9	11	13	12	8
21	17	16	18	20	19	15
7	3	2	4	6	5	1
28	24	23	25	27	26	22
49	45	44	46	48	47	43
35	31	30	32	34	33	29
42	38	37	39	41	40	36

b) vertauschte Zeilen

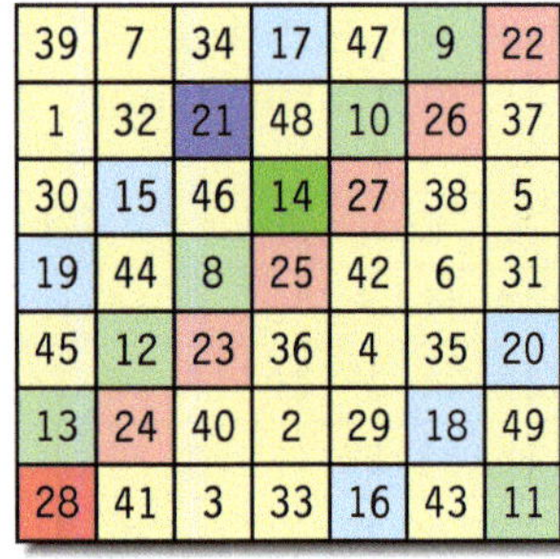

39	7	34	17	47	9	22
1	32	21	48	10	26	37
30	15	46	14	27	38	5
19	44	8	25	42	6	31
45	12	23	36	4	35	20
13	24	40	2	29	18	49
28	41	3	33	16	43	11

c) magisches Quadrat

Abb. 5.166 Symmetrisches magisches Quadrat mit dem Zwischenschritt $(0, -5)$ (Margossian)

5.3 Methoden von Cram

In diesem Abschnitt werden zunächst drei Verfahren vorgestellt, mit denen Cram magische Quadrate erzeugt, wenn die Ordnung n eine Primzahl ist. Um die Einschränkungen zu umgehen, die bei der Konstruktion von magischen Quadraten mit einer Primzahlordnung auftreten, hat Cram die beschriebenen Methoden dann erweitert. Mit diesen Änderungen können auch magische Quadrate konstruiert werden, wenn die Ordnung eine Quadratzahl ist oder mehrere unterschiedliche Teiler besitzt.

5.3.1 Methode 1 – Primzahlordnungen

James Cram hat mehrere Verfahren zur Erzeugung magischer Quadrate mit ungerader Ordnung entwickelt. Dabei konstruiert er zunächst symmetrische magische Quadrate für Ordnungen, die eine Primzahl sind.[60]

Er beginnt mit einem magischen Quadrat in natürlicher Anordnung und überträgt zunächst die Zahlen der Nebendiagonalen in die mittlere Zeile des Zielquadrates. Dann folgt die erste gebrochene Diagonale, die direkt rechts neben der Nebendiagonalen liegt. Diese Diagonale wird unterhalb der zuletzt eingetragenen Zeile platziert, wobei

[60] Cram [115] S. 16 – 19

die Startposition gegenüber der Startposition der letzten Zeile zyklisch gesehen um eine Zelle nach links verschoben wird. Die weiteren Zahlen der gebrochenen Diagonale werden dann immer nach rechts unten fortschreitend in die Zeile eingetragen.

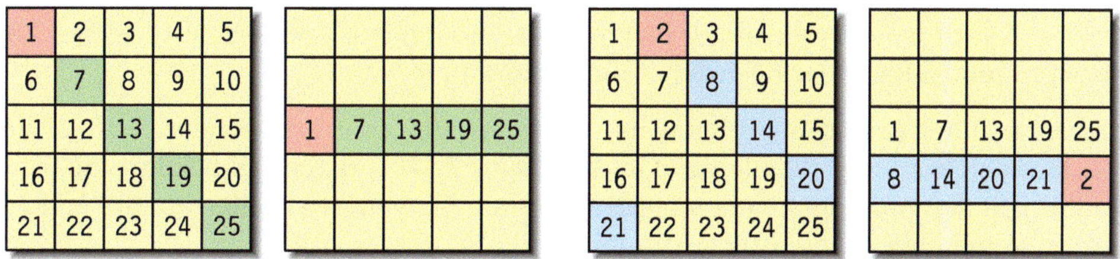

a) 1. Diagonale b) 2. Diagonale

Abb. 5.167 Transformation der Diagonalen

Überträgt man entsprechend die restlichen drei Diagonalen, erhält man das symmetrische magische Quadrat aus Abbildung 5.168.

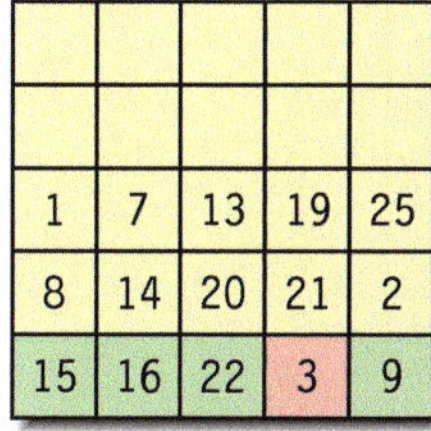

a) 3. Diagonale

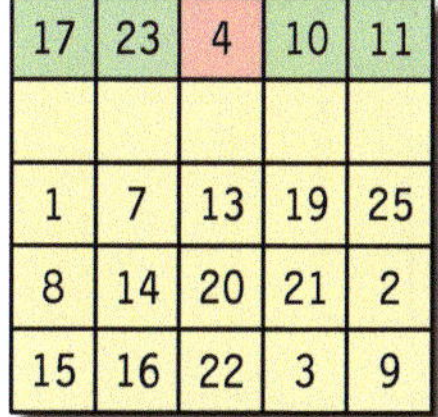

b) 4. Diagonale

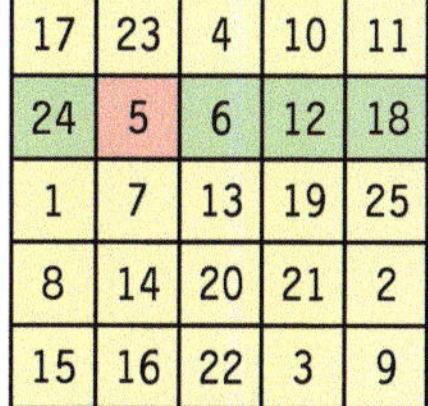

c) magisches Quadrat

Abb. 5.168 Symmetrisches magisches Quadrat der Ordnung 5 (Cram)

In Abbildung 5.169 wird dieses Verfahren noch einmal für die Ordnung $n = 7$ dargestellt. Wie alle magischen Quadrate, die mit diesem Verfahren erzeugt werden, handelt es sich um ein symmetrisches magisches Quadrat.

1	2	3	4	5	6	7
8	9	10	11	12	13	14
15	16	17	18	19	20	21
22	23	24	25	26	27	28
29	30	31	32	33	34	35
36	37	38	39	40	41	42
43	44	45	46	47	48	49

a) Ausgangsquadrat

30	38	46	5	13	21	22
39	47	6	14	15	23	31
48	7	8	16	24	32	40
1	9	17	25	33	41	49
10	18	26	34	42	43	2
19	27	35	36	44	3	11
28	29	37	45	4	12	20

b) magisches Quadrat

Abb. 5.169 Symmetrisches magisches Quadrat der Ordnung 7 (Cram)

Variante 1

Dieses Verfahren kann erweitert werden, wenn man sich nicht überlegt, wo die weiteren Startzahlen der gebrochenen Diagonalen aus der oberen Zeile des Ausgangsquadrates in natürlicher Anordnung platziert werden müssen, sondern mit welcher Zahl man am linken Rand der nächsten Zeile beginnt.

Im Beispiel der Abbildung 5.168 waren dies nach der Zahl 1 die Zahlen 8, 15, 27 und 24. Markiert man diese Zahlen wie in Abbildung 5.170, erkennt man sofort die Systematik. Mit der Wahl der zweiten Startzahl 8 sind die weiteren Zahlen am linken Rand der weiteren Zeilen eindeutig bestimmt.

Im Ausgangsquadrat muss man sich zyklisch gesehen immer nur zwei Spalten nach rechts und eine Zeile tiefer bewegen, um zu der nächsten Startzahl für den Beginn der Zeilen zu gelangen. Damit ist die Schrittweite für die weiteren Startzahlen in der linken Spalte bei dieser Konstruktion mit $(ds, dz) = (2, -1)$ festgelegt.

1	2	3	4	5
6	7	8	9	10
11	12	13	14	15
16	17	18	19	20
21	22	23	24	25

17	23	4	10	11
24	5	6	12	18
1	7	13	19	25
8	14	20	21	2
15	16	22	3	9

Abb. 5.170 Symmetrisches magisches Quadrat der Ordnung 5 (Cram)

Die möglichen Startzahlen am linken Rand der Zeile unterhalb der Mitte sind in vielfacher Hinsicht veränderbar. Im Beispiel aus der Abbildung 5.171 ist als zweite Startzahl die Zahl 18 gewählt worden. Sie liegt zwei Spalten weiter rechts und drei Zeilen tiefer als die linke obere Ecke des Basisquadrates. Mit dieser Schrittweite $(ds, dz) = (2, -3)$ sind wieder alle weiteren Startzahlen in der linken Spalte eindeutig bestimmt.

1	2	3	4	5
6	7	8	9	10
11	12	13	14	15
16	17	18	19	20
21	22	23	24	25

22	3	9	15	16
14	20	21	2	8
1	7	13	19	25
18	24	5	6	12
10	11	17	23	4

Abb. 5.171 Symmetrisches magisches Quadrat der Ordnung 5 (Cram)

Genauere Untersuchungen zeigen, dass alle Zahlen als zweite Startzahl gewählt werden können, die nicht in der gleichen Zeile, Spalte oder Diagonale wie die Ausgangszahl 1 liegen. In allen Fällen werden immer symmetrische magische Quadrate erzeugt.

In Abbildung 5.172 sind die möglichen Zellen für die Ordnungen $n = 5$ und $n = 7$ dargestellt.

1	2	3	4	5
6	7	8	9	10
11	12	13	14	15
16	17	18	19	20
21	22	23	24	25

1	2	3	4	5	6	7
8	9	10	11	12	13	14
15	16	17	18	19	20	21
22	23	24	25	26	27	28
29	30	31	32	33	34	35
36	37	38	39	40	41	42
43	44	45	46	47	48	49

Abb. 5.172 Mögliche Startpositionen für die Zeile unterhalb der Mitte

Variante 2

In den bisherigen Beispielen wurde immer von einem magischen Quadrat in natürlicher Anordnung ausgegangen. Man kann mit diesem Verfahren aber eine Vielzahl von weiteren magischen Quadraten erzeugen, wenn man die Zeilen, die Spalten oder sogar beide vor den Transformationen der Diagonalen beliebig permutiert. Wie in Abbildung 5.173 geht dabei natürlich die symmetrische Eigenschaft verloren.

1	2	3	4	5	6	7
8	9	10	11	12	13	14
15	16	17	18	19	20	21
22	23	24	25	26	27	28
29	30	31	32	33	34	35
36	37	38	39	40	41	42
43	44	45	46	47	48	49

a) Basisquadrat

24	23	27	22	28	26	25
45	44	48	43	49	47	46
10	9	13	8	14	12	11
31	30	34	29	35	33	32
38	37	41	36	42	40	39
3	2	6	1	7	5	4
17	16	20	15	21	19	18

b) permutiertes Basisquadrat

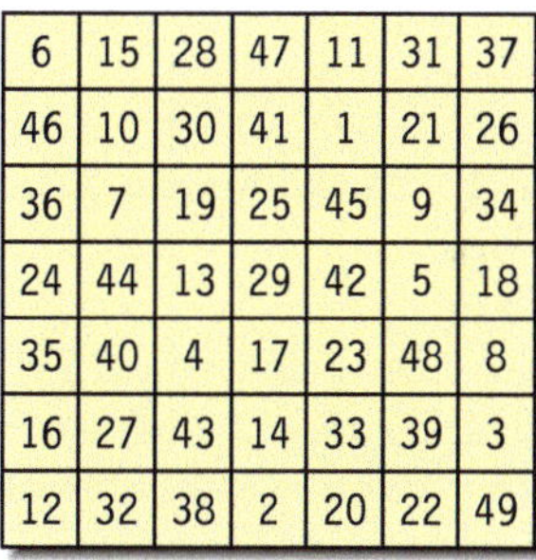

6	15	28	47	11	31	37
46	10	30	41	1	21	26
36	7	19	25	45	9	34
24	44	13	29	42	5	18
35	40	4	17	23	48	8
16	27	43	14	33	39	3
12	32	38	2	20	22	49

c) magisches Quadrat

Abb. 5.173 Magisches Quadrat der Ordnung 7 (Cram)

In Abhängigkeit von den durchgeführten Permutationen gibt es unterschiedliche Startpositionen für die Zeile unterhalb der Mitte. In Abbildung 5.174 sind die zur Auswahl stehenden Positionen besonders markiert. Zur besseren Verdeutlichung ist dabei immer das Basisquadrat vor den Permutationen dargestellt.

Wie üblich legt die Zahl für den Beginn der Zeile unterhalb der Mitte die Schrittweite fest, mit der die weiteren Startzahlen der linken Spalte bestimmt werden.

1	2	3	4	5	6	7
8	9	10	11	12	13	14
15	16	17	18	19	20	21
22	23	24	25	26	27	28
29	30	31	32	33	34	35
36	37	38	39	40	41	42
43	44	45	46	47	48	49

a) nur die Zeilen

1	2	3	4	5	6	7
8	9	10	11	12	13	14
15	16	17	18	19	20	21
22	23	24	25	26	27	28
29	30	31	32	33	34	35
36	37	38	39	40	41	42
43	44	45	46	47	48	49

b) nur die Spalten

1	2	3	4	5	6	7
8	9	10	11	12	13	14
15	16	17	18	19	20	21
22	23	24	25	26	27	28
29	30	31	32	33	34	35
36	37	38	39	40	41	42
43	44	45	46	47	48	49

c) Zeilen und Spalten

Abb. 5.174 Mögliche Startpositionen für die Zeile unterhalb der Mitte bei permutierten Zeilen bzw. Spalten

Allgemein lässt sich dieses Schema leicht auf höhere Ordnungen übertragen. Vertauscht man sowohl die Zeilen als auch die Spalten des Ausgangsquadrates ist jede Zahl, die die folgenden Bedingungen erfüllt, als Startzahl für die Zeile unterhalb der Mitte geeignet:

- Die Zahl darf nicht in den beiden linken Spalten oder den beiden oberen Zeilen liegen.
- Sie darf nicht in der rechten Spalte oder der unteren Zeile liegen.
- Sie darf nicht auf der Nebendiagonalen liegen.

5.3.2 Methode 2 – Primzahlordnungen (Erweiterung 1)

Um das Verfahren für Primzahlordnungen[61] auch auf Ordnungen zu übertragen, die keine Primzahl sind, hat Cram sein Verfahren zunächst für Primzahlordnungen mit einer zweiten Methode etwas verändert.[62] Die Nebendiagonale wird nach den Permutationen der Zeilen und Spalten nicht mehr auf die mittlere Zeile, sondern die obere Zeile abgebildet. Die weiteren Diagonalen schließen sich dann wiederum nach unten an. Diese veränderte Methode wird nacheinander an Ordnungen mit verschiedenen Eigenschaften erklärt.

Im Beispiel der Abbildung 5.175 wurden zunächst die Zeilen und Spalten des Ausgangsquadrates neu angeordnet und bei den möglichen Startpositionen für den Beginn der zweiten Zeile ist die Wahl auf die Zahl 41 gefallen. Von der Zahl in der linken oberen Ecke muss man sich um drei Spalten nach rechts und vier Zeilen nach unten bewegen, um zu dieser Zahl zu gelangen. Damit ist die Schrittweite mit

[61] siehe Kapitel 5.3.1, Seite 226 ff.

[62] Cram [115] S. 19 – 26

$(ds, dz) = (3, -4)$ festgelegt, sodass sich für den Beginn der dritten Zeile die Startzahl 7 ergibt. Mit den weiteren Startzahlen 11, 16, 45 und 22 entsteht dann das abgebildete magische Quadrat.

1	2	3	4	5	6	7
8	9	10	11	12	13	14
15	16	17	18	19	20	21
22	23	24	25	26	27	28
29	30	31	32	33	34	35
36	37	38	39	40	41	42
43	44	45	46	47	48	49

a) Basisquadrat

33	31	32	34	29	30	35
5	3	4	6	1	2	7
19	17	18	20	15	16	21
26	24	25	27	22	23	28
40	38	39	41	36	37	42
12	10	11	13	8	9	14
47	45	46	48	43	44	49

b) mögliche Startpositionen

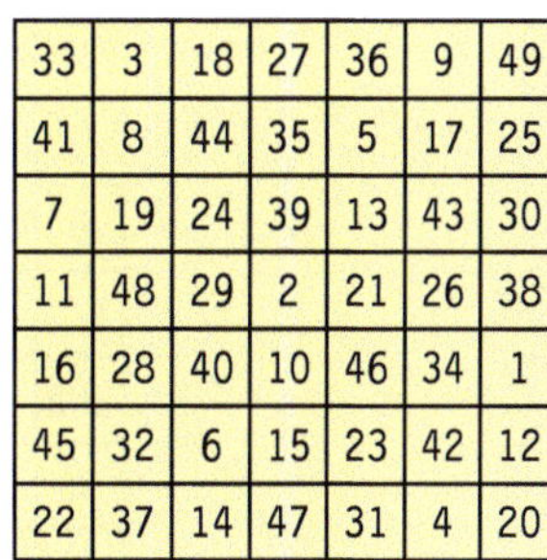

33	3	18	27	36	9	49
41	8	44	35	5	17	25
7	19	24	39	13	43	30
11	48	29	2	21	26	38
16	28	40	10	46	34	1
45	32	6	15	23	42	12
22	37	14	47	31	4	20

c) magisches Quadrat

Abb. 5.175 Magisches Quadrat der Ordnung 7 (Cram)

Für diese Methode sei noch ein zweites magisches Quadrat der Ordnung $n = 11$ angegeben. In diesem Beispiel ist die Zahl 12 als Startposition für den Beginn der zweiten Zeile gewählt worden. Die Schrittweite wurde mit $(ds, dz) = (9, -7)$ festgelegt, sodass sich für den Beginn der dritten Zeile die Startzahl 28 ergibt. Die weiteren Startzahlen der darunterliegenden Zeilen lauten dann 37, 82, 8 und es ergibt sich das magische Quadrat aus Abbildung 5.176.

58	63	62	60	57	59	66	61	64	56	65
47	52	51	49	46	48	55	50	53	45	54
3	8	7	5	2	4	11	6	9	1	10
25	30	29	27	24	26	33	28	31	23	32
69	74	73	71	68	70	77	72	75	67	76
102	107	106	104	101	103	110	105	108	100	109
80	85	84	82	79	81	88	83	86	78	87
14	19	18	16	13	15	22	17	20	12	21
91	96	95	93	90	92	99	94	97	89	98
113	118	117	115	112	114	121	116	119	111	120
36	41	40	38	35	37	44	39	42	34	43

a) mögliche Startpositionen für die Ordnung 11

58	52	7	27	68	103	88	17	97	111	43
12	98	113	41	62	49	2	26	77	105	86
28	75	100	87	14	96	117	38	57	48	11
37	66	50	9	23	76	102	85	18	93	112
82	13	92	121	39	64	45	10	25	74	106
8	29	71	101	81	22	94	119	34	65	47
120	36	63	51	5	24	70	110	83	20	89
108	78	21	91	118	40	60	46	4	33	72
55	6	31	67	109	80	19	95	115	35	59
90	114	44	61	53	1	32	69	107	84	16
73	104	79	15	99	116	42	56	54	3	30

b) magisches Quadrat

Abb. 5.176 Magisches Quadrat der Ordnung 11 (Cram)

5.3.3 Methode 3 – Primzahlordnungen (Erweiterung 2)

Bei einer Variante der zweiten Methode[63] werden bei der dritten Methode von Cram die Diagonalen nicht mehr auf die Zeilen des Zielquadrates abgebildet, sondern in veränderten Anordnungen auf Diagonalen.[64]

Die Zeilen und Spalten des Ausgangsquadrates in natürlicher Anordnung werden zunächst beliebig vertauscht und die Nebendiagonale unverändert übernommen. Danach wird die Diagonale direkt rechts daneben gefüllt, die im Beispiel der Abbildung 5.177 mit der Zahl 23 in der oberen Zeile beginnt. Die weiteren Zahlen dieser Diagonale erhält man, indem man von der Zahl 23 ausgeht und sich zyklisch gesehen immer eine Zeile nach unten und eine Spalte nach rechts bewegt.

Mit der Wahl der Zahl 23 als Beginn der zweiten Diagonale sind die weiteren Startzahlen in der oberen Zeile für die restlichen Diagonalen festgelegt. Um vom Beginn der Nebendiagonalen in der linken oberen Ecke zu der zweiten Startzahl 23 zu gelangen, muss man zwei Spalten nach rechts und vier Zeilen nach unten gehen. Damit ergibt sich die Schrittweite $(ds, dz) = (2, -4)$ für die weiteren Startzahlen 11, 7 und 4 der noch fehlenden Diagonalen.

[63] siehe Kapitel 5.3.2, Seite 230 ff.

[64] Cram [115] S. 26 – 29

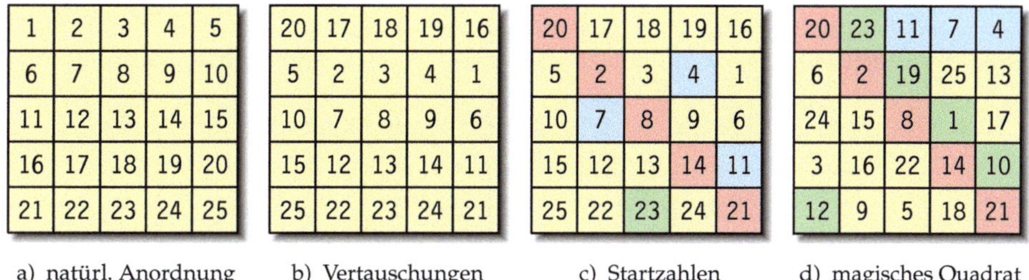

1	2	3	4	5
6	7	8	9	10
11	12	13	14	15
16	17	18	19	20
21	22	23	24	25

a) natürl. Anordnung

20	17	18	19	16
5	2	3	4	1
10	7	8	9	6
15	12	13	14	11
25	22	23	24	21

b) Vertauschungen

20	17	18	19	16
5	2	3	4	1
10	7	8	9	6
15	12	13	14	11
25	22	23	24	21

c) Startzahlen

20	23	11	7	4
6	2	19	25	13
24	15	8	1	17
3	16	22	14	10
12	9	5	18	21

d) magisches Quadrat

Abb. 5.177 Magisches Quadrat der Ordnung 5 (Cram)

In einem weiteren Beispiel der Ordnung $n = 7$ beginnt die zweite Diagonale mit der Zahl 21. Von der linken oberen Ecke ausgehend erreicht man diese Zahl, indem man drei Spalten nach rechts und fünf Zeilen nach unten geht. Mit der Schrittweite $(ds, dz) = (3, -5)$ sind dann die weiteren Startzahlen für die obere Zeile eindeutig bestimmt und man erhält das magische Quadrat in Abbildung 5.178.

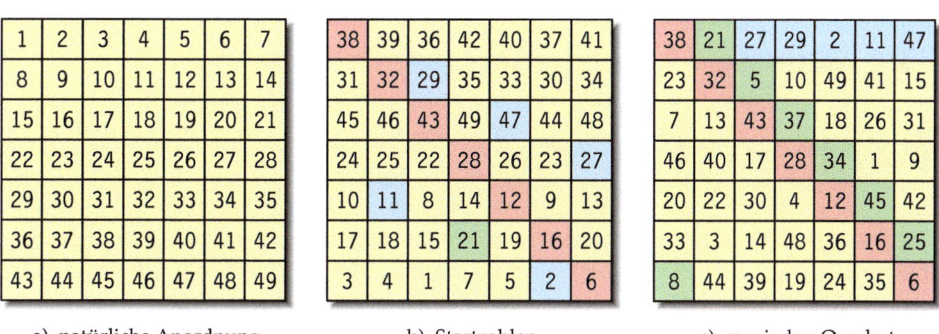

1	2	3	4	5	6	7
8	9	10	11	12	13	14
15	16	17	18	19	20	21
22	23	24	25	26	27	28
29	30	31	32	33	34	35
36	37	38	39	40	41	42
43	44	45	46	47	48	49

a) natürliche Anordnung

38	39	36	42	40	37	41
31	32	29	35	33	30	34
45	46	43	49	47	44	48
24	25	22	28	26	23	27
10	11	8	14	12	9	13
17	18	15	21	19	16	20
3	4	1	7	5	2	6

b) Startzahlen

38	21	27	29	2	11	47
23	32	5	10	49	41	15
7	13	43	37	18	26	31
46	40	17	28	34	1	9
20	22	30	4	12	45	42
33	3	14	48	36	16	25
8	44	39	19	24	35	6

c) magisches Quadrat

Abb. 5.178 Magisches Quadrat der Ordnung 7 (Cram)

Allerdings kann man die Startzahlen für den Beginn der zweiten Diagonale nicht beliebig wählen. Ist die Ordnung n eine Primzahl, müssen folgende Bedingungen erfüllt sein:

- Die Zahl darf nicht in den beiden oberen Zeilen bzw. in den beiden linken Spalten liegen.
- Die Zahl darf sich nicht auf der Nebendiagonalen befinden.
- Nimmt man die beiden oberen Zeilen und die beiden linken Spalten heraus, verbleibt ein Restquadrat der Größe $n-2$. Die Startzahl darf auch nicht in der mittleren Zeile bzw. Spalte dieses Restquadrates liegen.

Damit verbleiben, wie in Abbildung 5.179 zu erkennen ist, für die Ordnung $n = 5$ nur noch zwei mögliche Positionen. Bei der hier gewählten Permutation der Zeilen und Spalten sind das die Zahlen 6 und 23. Bei höheren Ordnungen vergrößert sich die

Anzahl der Möglichkeiten. Bei $n = 7$ sind es bereits 12 verschiedene Positionen, mit denen die Schrittweite für die weiteren Startzahlen festgelegt werden kann.

20	17	18	19	16
5	2	3	4	1
10	7	8	9	6
15	12	13	14	11
25	22	23	24	21

38	39	36	42	40	37	41
31	32	29	35	33	30	34
45	46	43	49	47	44	48
24	25	22	28	26	23	27
10	11	8	14	12	9	13
17	18	15	21	19	16	20
3	4	1	7	5	2	6

Abb. 5.179 Mögliche Startpositionen für die Ordnungen 5 und 7

5.3.4 Methode 4 (Erweiterung von Methode 2)

Quadratische Ordnungen

Will man das Verfahren der Methode 2 von Cram aus Kapitel 5.3.2 auf Ordnungen übertragen, die keine Primzahlen sind, kommt zu den bisherigen Bedingungen eine weitere hinzu.[65] Die Permutation der Zeilen und Spalten kann nicht wie bisher völlig beliebig durchgeführt werden, sondern muss so gewählt werden, dass bestimmte Zellen die gleiche Summe ergeben.

Dazu soll zunächst die Ordnung $n = 9$ betrachtet werden, da hier nur ein echter Teiler auftritt. Wie in der linken Abbildung 5.180 werden hier die Spalten so in drei Gruppen a, b und c aufgeteilt, dass die Zahlen jeder Gruppe die gleiche Summe ergeben. Für die obere Zeile gilt etwa

$$1 + 6 + 8 = 2 + 4 + 9 = 3 + 5 + 7$$

Die Zeilen werden entsprechend von oben nach unten ab 1 fortlaufend durchnummeriert und ebenso aufgeteilt. Diese Aufteilung kann sich von der Aufteilung der Spalten unterscheiden.

Anschließend werden die Spalten und Zeilen wie in der rechten Abbildung 5.180 gruppenweise alternierend eingetragen, wobei die Zahlen innerhalb der Gruppen beliebig vertauscht werden können.

[65] Cram [115] S. 19 – 26

	a	b	c	b	c	a	c	a	b
a	1	2	3	4	5	6	7	8	9
b	10	11	12	13	14	15	16	17	18
c	19	20	21	22	23	24	25	26	27
b	28	29	30	31	32	33	34	35	36
c	37	38	39	40	41	42	43	44	45
a	46	47	48	49	50	51	52	53	54
c	55	56	57	58	59	60	61	62	63
a	64	65	66	67	68	69	70	71	72
b	73	74	75	76	77	78	79	80	81

	a_1	b_1	c_1	a_2	b_2	c_2	a_3	b_3	c_3
a_1	51	49	50	53	47	48	46	54	52
b_1	33	31	32	35	29	30	28	36	34
c_1	42	40	41	44	38	39	37	45	43
a_2	69	67	68	71	65	66	64	72	70
b_2	15	13	14	17	11	12	10	18	16
c_2	24	22	23	26	20	21	19	27	25
a_3	6	4	5	8	2	3	1	9	7
b_3	78	76	77	80	74	75	73	81	79
c_3	60	58	59	62	56	57	55	63	61

Abb. 5.180 Neue Anordnung der Zeilen und Spalten

Mit dieser Anordnung ist unmittelbar klar, dass in jeder einzelnen Zeile und in jeder einzelnen Spalte folgende Gleichheit gilt:

$$a_1 + a_2 + a_3 = b_1 + b_2 + b_3 = c_1 + c_2 + c_3$$

Der vorhandene Teiler 3 der Ordnung $n = 9$ schränkt aber auch die möglichen Zahlen für den Beginn der zweiten Zeile weiter ein. Neben den bisherigen Bedingungen an Primzahlordnungen aus Kapitel 5.3.1 darf diese Zahl auch nicht auf Parallelen zur Nebendiagonale liegen, deren Abstand ein Vielfaches von drei ist.

51	49	50	53	47	48	46	54	52
33	31	32	35	29	30	28	36	34
42	40	41	44	38	39	37	45	43
69	67	68	71	65	66	64	72	70
15	13	14	17	11	12	10	18	16
24	22	23	26	20	21	19	27	25
6	4	5	8	2	3	1	9	7
78	76	77	80	74	75	73	81	79
60	58	59	62	56	57	55	63	61

a) mögliche Startpositionen

51	31	41	71	11	21	1	81	61
27	7	78	58	50	35	38	66	10
30	37	72	16	24	4	77	62	47
8	74	57	46	36	43	69	13	23
40	68	17	20	3	73	63	52	33
79	60	49	32	44	65	12	19	9
64	18	25	6	76	59	53	29	39
56	48	28	45	70	15	22	5	80
14	26	2	75	55	54	34	42	67

b) magisches Quadrat

Abb. 5.181 Magisches Quadrat der Ordnung 9 (Cram)

Wählt man beispielsweise für den Beginn der zweiten Zeile die Zahl 27, erhält man mit der Schrittweite $(ds, dz) = (7, -5)$ das magische Quadrat aus Abbildung 5.181.

Ordnungen mit mehreren Teilern

Komplizierter wird die Situation, wenn die Ordnung ein Produkt von zwei oder mehreren unterschiedlichen Faktoren ist, wie es am Beispiel der Ordnung $n = 15$ dargestellt wird.[66] Für die Position der Zahl am linken Rand der zweiten Zeile gelten zunächst einmal die gleichen Bedingungen, die bereits bei Primzahlordnungen aufgestellt wurden.

- Die Zahl darf nicht in den beiden linken Spalten oder den beiden oberen Zeilen liegen.
- Sie darf nicht in der rechten Spalte oder der unteren Zeile liegen.
- Sie darf sich nicht auf der Nebendiagonalen befinden.

Zusätzlich gibt es für $n = a \cdot b$ einige weitere Bedingungen für die Startposition:

- Man benötigt eine Aufteilung der Zahlen $1, \ldots, n$ in a Gruppen mit je b Zahlen, wobei die Summe der Zahlen in den Gruppen immer gleich ist.
- Die Zahl darf nicht auf Parallelen zur Nebendiagonale im Abstand a oder b liegen.
- Nummeriert man die Spalten von links nach rechts mit 0 bis $n - 1$ durch, darf sie nicht in einer Spalte s liegen, wo b ein Teiler von $s - 1$, s oder $s + 1$ ist.
- Nummeriert man die Zeilen von oben nach unten mit 0 bis $n - 1$ durch, darf sie nicht in einer Zeile z liegen, wo b ein Teiler von $z - 1$, z oder $z + 1$ ist.

Mit den letzten beiden Bedingungen ist unmittelbar verständlich, warum bei der Ordnung $n = 15 = 3 \cdot 5$ drei Gruppen mit jeweils fünf Zahlen zu wählen sind, und die umgekehrte Wahl fünf Gruppen mit jeweils drei Zahlen nicht funktionieren kann. Da dann eine der Zahlen $z - 1$, z oder $z + 1$ durch drei teilbar wäre, gäbe es überhaupt keine geeignete Startposition.

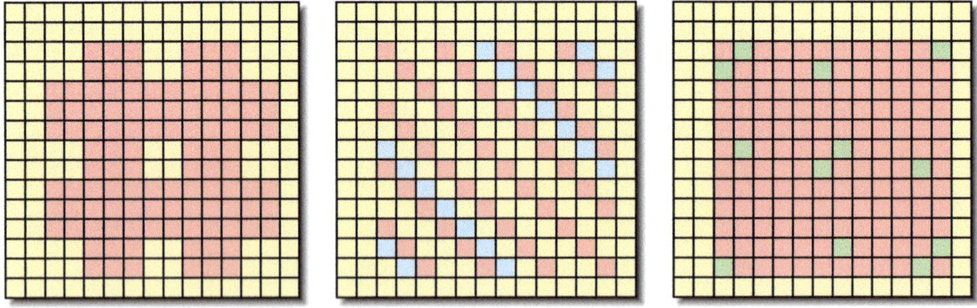

Abb. 5.182 Auszuschließende und gültige Startpositionen bei der Ordnung 15

[66] Cram [115] S. 19 – 26

Für die Ordnung $n = 15$ sind die auszuschließenden Startpunkte in Abbildung 5.182 dargestellt. Es verbleiben also zwölf mögliche Startpositionen für die Zahl am linken Rand der zweiten Zeile.

Ein konkretes Beispiel beginnt mit dem Quadrat in Abbildung 5.183. Bei $a = 3$ Gruppen mit jeweils $b = 5$ Zahlen sind die Zeilen und Spalten neu angeordnet worden, und bei den Spalten erkennt man deutlich die Gleichheit der Summen.

$$5 + 4 + 15 + 9 + 7 = 14 + 1 + 6 + 11 + 8 = 13 + 3 + 12 + 10 + 2 = 40$$

Wird nun etwa die Startzahl 184 für den Beginn der zweiten Zeile ausgesucht, beträgt die Schrittweite von der Zahl 65 in der linken oberen Ecke zu dieser Zahl $(ds, dz) = (3, -2)$. Die Startzahlen für die nachfolgenden drei Zeilen lauten dann 15, 219 sowie 192 und mit den weiteren Startzahlen entsteht das magische Quadrat in Abbildung 5.184.

65	74	73	64	61	63	75	66	72	69	71	70	67	68	62
200	209	208	199	196	198	210	201	207	204	206	205	202	203	197
185	194	193	184	181	183	195	186	192	189	191	190	187	188	182
50	59	58	49	46	48	60	51	57	54	56	55	52	53	47
5	14	13	4	1	3	15	6	12	9	11	10	7	8	2
35	44	43	34	31	33	45	36	42	39	41	40	37	38	32
215	224	223	214	211	213	225	216	222	219	221	220	217	218	212
80	89	88	79	76	78	90	81	87	84	86	85	82	83	77
170	179	178	169	166	168	180	171	177	174	176	175	172	173	167
125	134	133	124	121	123	135	126	132	129	131	130	127	128	122
155	164	163	154	151	153	165	156	162	159	161	160	157	158	152
140	149	148	139	136	138	150	141	147	144	146	145	142	143	137
95	104	103	94	91	93	105	96	102	99	101	100	97	98	92
110	119	118	109	106	108	120	111	117	114	116	115	112	113	107
20	29	28	19	16	18	30	21	27	24	26	25	22	23	17

Abb. 5.183 Anordnung der Zeilen und Spalten sowie die Startpositionen

65	209	193	49	1	33	225	81	177	129	161	145	97	113	17
184	46	3	45	216	87	174	131	160	142	98	107	20	74	208
15	36	222	84	176	130	157	143	92	110	29	73	199	181	48
219	86	175	127	158	137	95	119	28	64	196	183	60	6	42
172	128	152	140	104	118	19	61	198	195	51	12	39	221	85
155	149	103	109	16	63	210	186	57	9	41	220	82	173	122
94	106	18	75	201	192	54	11	40	217	83	167	125	164	148
30	66	207	189	56	10	37	218	77	170	134	163	139	91	108
204	191	55	7	38	212	80	179	133	154	136	93	120	21	72
52	8	32	215	89	178	124	151	138	105	111	27	69	206	190
35	224	88	169	121	153	150	96	117	24	71	205	187	53	2
79	166	123	165	141	102	114	26	70	202	188	47	5	44	223
135	156	147	99	116	25	67	203	182	50	14	43	214	76	168
144	101	115	22	68	197	185	59	13	34	211	78	180	126	162
112	23	62	200	194	58	4	31	213	90	171	132	159	146	100

Abb. 5.184 Magisches Quadrat der Ordnung 15 (Cram)

5.3.5 Methode 5 (Erweiterung von Methode 3)

Quadratische Ordnungen

Etwas komplizierter wird die Erweiterung der Methode 3 aus Kapitel 5.3.3, wenn die Ordnung keine Primzahl ist. Wie schon bei Primzahlordnungen können dann die Zeilen und Spalten nicht mehr beliebig permutiert werden, sondern es muss dafür gesorgt werden, dass Zahlen in bestimmten Zeilen und Spalten gleiche Summen ergeben.[67]

Ist die Ordnung n des Quadrates eine Primzahl, teilt man mit $n = a \cdot a$ die Zahlen 1 bis n in a Gruppen mit jeweils a Zahlen auf, deren Summen jeweils gleich sind. Im Fall $n = 9$ könnte z. B. gelten

$$6 + 8 + 1 = 3 + 7 + 5 = 9 + 2 + 4$$

[67] Cram [115] S. 26–29

Anschließend werden die Spalten wie in der rechten Abbildung 5.185 gruppenweise alternierend eingetragen, wobei sie innerhalb der drei Gruppen beliebig permutiert werden können.

Für die Zeilen ist eine andere Anordnung vorgenommen worden, die sich leicht erkennen lässt, wenn man die Zeilen von oben nach unten durchnummeriert.

$$3+4+8=1+9+5=7+2+6$$

	1	2	3	4	5	6	7	8	9
1	1	2	3	4	5	6	7	8	9
2	10	11	12	13	14	15	16	17	18
3	19	20	21	22	23	24	25	26	27
4	28	29	30	31	32	33	34	35	36
5	37	38	39	40	41	42	43	44	45
6	46	47	48	49	50	51	52	53	54
7	55	56	57	58	59	60	61	62	63
8	64	65	66	67	68	69	70	71	72
9	73	74	75	76	77	78	79	80	81

a) natürliche Anordnung

	6	3	9	8	7	2	1	5	4
3	24	21	27	26	25	20	19	23	22
1	6	3	9	8	7	2	1	5	4
7	60	57	63	62	61	56	55	59	58
4	33	30	36	35	34	29	28	32	31
9	78	75	81	80	79	74	73	77	76
2	15	12	18	17	16	11	10	14	13
8	69	66	72	71	70	65	64	68	67
5	42	39	45	44	43	38	37	41	40
6	51	48	54	53	52	47	46	50	49

b) Permutation

Abb. 5.185 Spezielle Permutationen der Zeilen und Spalten

Das weitere Vorgehen entspricht jetzt dem Vorgehen bei einer Primzahlordnung. Die Nebendiagonale wird vollständig übernommen, und man wählt die Zahl 55 als Beginn der zweiten Diagonalen direkt daneben. Mit $(ds, dz) = (6, -2)$ ist damit die Schrittweite für die weiteren Startzahlen der oberen Zeile festgelegt, und man erhält das magische Quadrat aus Abbildung 5.186.

24	21	27	26	25	20	19	23	22
6	3	9	8	7	2	1	5	4
60	57	63	62	61	56	55	59	58
33	30	36	35	34	29	28	32	31
78	75	81	80	79	74	73	77	76
15	12	18	17	16	11	10	14	13
69	66	72	71	70	65	64	68	67
42	39	45	44	43	38	37	41	40
51	48	54	53	52	47	46	50	49

a) Startzahlen

24	55	80	69	46	8	33	10	44
52	3	32	16	39	23	61	75	68
40	20	63	76	65	54	4	29	18
71	51	1	35	15	37	26	60	73
14	43	21	59	79	66	50	7	30
81	67	47	9	31	11	45	22	56
28	17	42	19	62	78	64	53	6
57	77	70	48	5	34	12	41	25
2	36	13	38	27	58	74	72	49

b) magisches Quadrat

Abb. 5.186 Magisches Quadrat der Ordnung 9 (Cram)

Für die Wahl der Zahl am Beginn der zweiten Diagonalen gibt es zusätzlich zu den Einschränkungen für Primzahlordnungen noch eine weitere Einschränkung:

- Die Zahl darf nicht auf einer Parallelen zur Nebendiagonalen im Abstand des Teilers der quadratischen Ordnung n liegen.

Im Fall der Ordnung $n = 9 = 3 \cdot 3$ wären dies also Parallelen im Abstand 3. In Abbildung 5.187a sind die möglichen Startpositionen für die Ordnung $n = 9$ dargestellt. Für das magische Quadrat in Abbildung 5.187b ist die Startzahl 80 ausgewählt worden, sodass die Schrittweite für die weiteren Startzahlen mit $(ds, dz) = (3, -4)$ festgelegt ist.

24	21	27	26	25	20	19	23	22
6	3	9	8	7	2	1	5	4
60	57	63	62	61	56	55	59	58
33	30	36	35	34	29	28	32	31
78	75	81	80	79	74	73	77	76
15	12	18	17	16	11	10	14	13
69	66	72	71	70	65	64	68	67
42	39	45	44	43	38	37	41	40
51	48	54	53	52	47	46	50	49

a) Startpositionen

24	80	46	33	44	55	69	8	10
68	3	16	23	75	52	32	39	61
29	40	63	65	4	18	20	76	54
26	73	51	35	37	60	71	1	15
66	7	14	21	79	50	30	43	59
31	45	56	67	9	11	22	81	47
19	78	53	28	42	62	64	6	17
70	5	12	25	77	48	34	41	57
36	38	58	72	2	13	27	74	49

b) magisches Quadrat

Abb. 5.187 Magisches Quadrat der Ordnung 9 (Cram)

Zur Verdeutlichung der möglichen Startpositionen sind in Abbildung 5.188 die möglichen Positionen für die Ordnung $n = 25 = 5 \cdot 5$ dargestellt.

Ordnungen mit mehreren Teilern

Wesentlich komplizierter wird es, wenn die Ordnung n mehrere unterschiedliche Teiler besitzt.[68] Dann sind wie bei der Methode 3 für Primzahlen in Kapitel 5.3.3 nicht alle Permutationen von Zeilen und Spalten erlaubt, sondern es müssen mit $n = a \cdot b$ genau a Gruppen mit jeweils b Zahlen gebildet werden, bei denen die Summe aller Zahlen innerhalb der Gruppen gleich ist.

Die Zahlengruppen können für die neuen Anordnungen der Zeilen und Spalten sowohl gleich als auch unterschiedlich gewählt werden. Für die Spalten sind im nachfolgenden Beispiel mit $n = 15 = 3 \cdot 5$ folgende drei Gruppen gewählt worden:

[68] Cram [115] S. 26–29

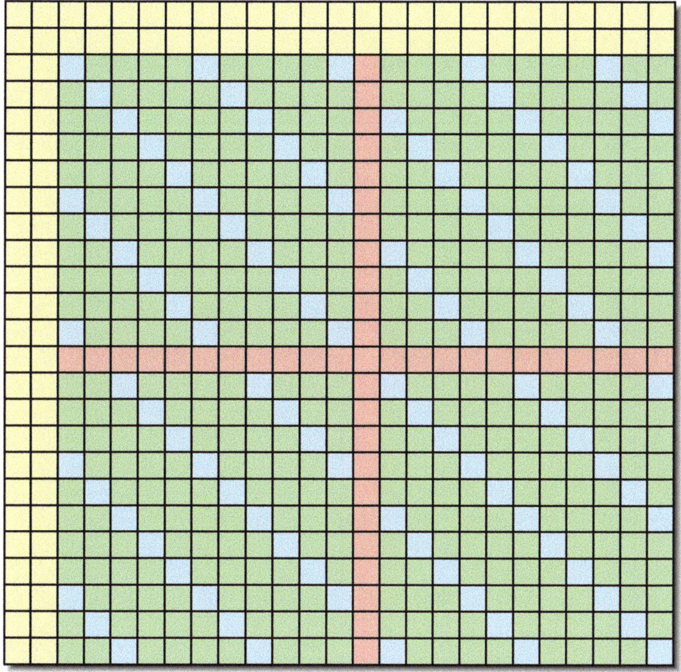

Abb. 5.188 Mögliche Startpositionen für die Ordnung $n = 25$

$$10 + 3 + 13 + 8 + 6 = 4 + 7 + 12 + 15 + 2 = 5 + 1 + 14 + 11 + 9$$

Nummeriert man auch die Zeilen von oben nach unten mit 1 beginnend fortlaufend durch, erfüllt etwa folgende Aufteilung die gestellten Bedingungen für die Zeilen:

$$3 + 11 + 15 + 9 + 2 = 6 + 1 + 7 + 12 + 14 = 8 + 13 + 4 + 10 + 5$$

In oberen Quadrat der Abbildung 5.189 ist das Basisquadrat in natürlicher Anordnung dargestellt, wobei die Zugehörigkeit der Spalten und Zeilen jeweils durch einen gleichlautenden Kennbuchstaben verdeutlicht wird.

Die Spalten und Zeilen werden dann wie im unteren Quadrat der Abbildung 5.189 gruppenweise alternierend angeordnet, wobei die Reihenfolge innerhalb der drei Gruppen beliebig permutiert werden kann. Im abgebildeten Beispiel ist die Reihenfolge der Spalten und Zeilen gemäß der weiter oben aufgeführten Berechnung der Summen gewählt worden.

Jetzt fehlt nur noch eine geeignete Startzahl für die zweite Diagonale und das Zielquadrat kann wie üblich gefüllt werden. Mit der Wahl von 50 ergibt sich die Schrittweite $(ds, dz) = (2, -4)$, und es entsteht das magische Quadrat in Abbildung 5.190.

	c	b	a	b	c	a	b	a	c	a	c	b	a	c	b
b	1	2	3	4	5	6	7	8	9	10	11	12	13	14	15
a	16	17	18	19	20	21	22	23	24	25	26	27	28	29	30
a	31	32	33	34	35	36	37	38	39	40	41	42	43	44	45
c	46	47	48	49	50	51	52	53	54	55	56	57	58	59	60
c	61	62	63	64	65	66	67	68	69	70	71	72	73	74	75
b	76	77	78	79	80	81	82	83	84	85	86	87	88	89	90
b	91	92	93	94	95	96	97	98	99	100	101	102	103	104	105
c	106	107	108	109	110	111	112	113	114	115	116	117	118	119	120
a	121	122	123	124	125	126	127	128	129	130	131	132	133	134	135
c	136	137	138	139	140	141	142	143	144	145	146	147	148	149	150
a	151	152	153	154	155	156	157	158	159	160	161	162	163	164	165
b	166	167	168	169	170	171	172	173	174	175	176	177	178	179	180
c	181	182	183	184	185	186	187	188	189	190	191	192	193	194	195
b	196	197	198	199	200	201	202	203	204	205	206	207	208	209	210
a	211	212	213	214	215	216	217	218	219	220	221	222	223	224	225

	a_1	b_1	c_1	a_2	b_2	c_2	a_3	b_3	c_3	a_4	b_4	c_4	a_5	b_5	c_5
a_1	160	154	155	153	157	151	163	162	164	158	165	161	156	152	159
b_1	25	19	20	18	22	16	28	27	29	23	30	26	21	17	24
c_1	205	199	200	198	202	196	208	207	209	203	210	206	201	197	204
a_2	85	79	80	78	82	76	88	87	89	83	90	86	81	77	84
b_2	55	49	50	48	52	46	58	57	59	53	60	56	51	47	54
c_2	100	94	95	93	97	91	103	102	104	98	105	101	96	92	99
a_3	175	169	170	168	172	166	178	177	179	173	180	176	171	167	174
b_3	130	124	125	123	127	121	133	132	134	128	135	131	126	122	129
c_3	10	4	5	3	7	1	13	12	14	8	15	11	6	2	9
a_4	40	34	35	33	37	31	43	42	44	38	45	41	36	32	39
b_4	220	214	215	213	217	211	223	222	224	218	225	221	216	212	219
c_4	70	64	65	63	67	61	73	72	74	68	75	71	66	62	69
a_5	115	109	110	108	112	106	118	117	119	113	120	116	111	107	114
b_5	145	139	140	138	142	136	148	147	149	143	150	146	141	137	144
c_5	190	184	185	183	187	181	193	192	194	188	195	191	186	182	189

Abb. 5.189 Aufteilung in Zahlengruppen und neue Anordnung der Spalten und Zeilen

160	50	7	118	29	105	36	144	199	168	211	192	83	131	62
114	19	93	31	147	203	176	212	190	80	127	73	164	60	6
32	145	200	172	223	194	90	126	69	154	48	1	117	23	101
171	219	184	78	121	72	158	56	2	115	20	97	43	149	210
86	122	70	155	52	13	119	30	96	39	139	198	166	222	188
165	51	9	109	18	91	42	143	206	167	220	185	82	133	74
113	26	92	40	140	202	178	224	195	81	129	64	153	46	12
44	150	201	174	214	183	76	132	68	161	47	10	110	22	103
177	218	191	77	130	65	157	58	14	120	21	99	34	138	196
88	134	75	156	54	4	108	16	102	38	146	197	175	215	187
151	57	8	116	17	100	35	142	208	179	225	186	84	124	63
112	28	104	45	141	204	169	213	181	87	128	71	152	55	5
33	136	207	173	221	182	85	125	67	163	59	15	111	24	94
170	217	193	89	135	66	159	49	3	106	27	98	41	137	205
79	123	61	162	53	11	107	25	95	37	148	209	180	216	189

Abb. 5.190 Magisches Quadrat der Ordnung 15 (Cram)

Für die Wahl einer geeigneten Startposition für die Zahl, mit der die zweite Diagonale in der oberen Zeile begonnen wird, gibt es viele Einschränkungen. Diese werden etwas leichter verständlich, wenn man die Zeilen und Spalten ausnahmsweise von der linken oberen Ecke ausgehend mit 0 beginnend durchnummeriert.

- Die Zahl darf nicht in den beiden oberen Zeilen oder den beiden linken Spalten liegen.
- Sie darf nicht auf der Nebendiagonalen liegen.
- Sie darf nicht auf einer Parallelen zur Nebendiagonalen im Abstand der Teiler der Ordnung n liegen. Für den Fall $n = 15 = 3 \cdot 5$ wären dies die Parallelen im Abstand 3 und 5.
- Sie darf nicht in einer Spalte oder Zeile befinden, deren Kennnummer der Anzahl der Zahlen in den einzelnen Gruppen entspricht oder Vielfachen dieser Zahl. Für $n = 15 = 3 \cdot 5$, bei der die drei Gruppen jeweils fünf Zahlen enthalten, wären das also die Spalten- bzw. Zeilennummern 5 und 10.
- Sie darf auch nicht in der Spalte direkt rechts daneben oder der Zeile direkt darunterliegen. In diesem Beispiel wären das also die mit 6 und 11 gekennzeichneten Spalten und Zeilen.

- Die Zahl darf auch nicht in der Spalte oder Zeile mit der Kennnummer $\frac{b+1}{2}$ liegen, wobei b die Anzahl der Zahlen in den Gruppen ist.

  Zusätzlich scheiden auch die dazu horizontal symmetrisch liegende Spalte und die vertikal symmetrisch liegende Zeile in dem Restquadrat ohne die beiden linken Spalten und oberen Zeilen aus. In diesem Beispiel mit $n = 3 \cdot 5$ wären das die mit 3 und 13 gekennzeichneten Spalten und Zeilen.

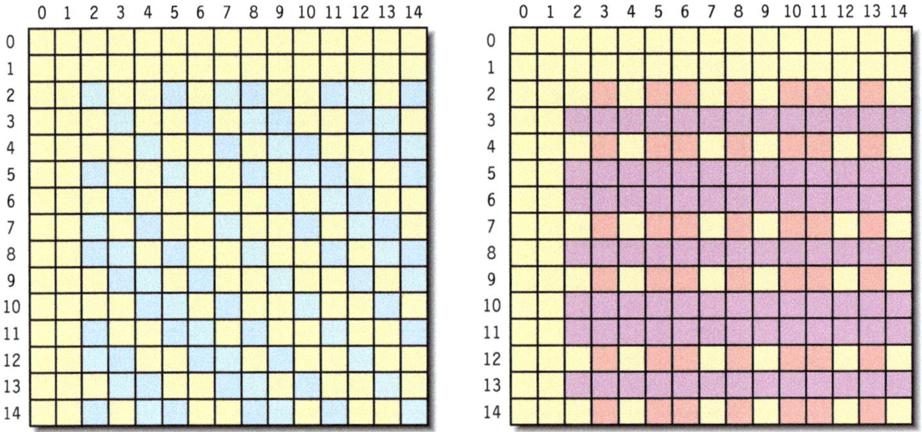

Abb. 5.191 Einschränkungen bei den Startpositionen

Fasst man alle diese Bedingungen zusammen, bleiben für die Ordnung $n = 15$ genau zwölf mögliche Startpositionen über, die in Abbildung 5.192 besonders farblich gekennzeichnet sind.

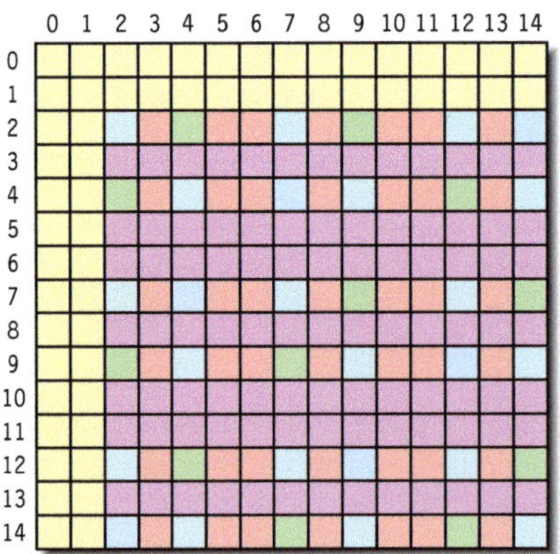

Abb. 5.192 Mögliche Startpositionen für die Ordnung $n = 15$

Versucht man, die Anzahl der mit dieser Methode erzeugten magischen Quadrate dadurch zu erhöhen, dass man eine andere Aufteilung mit $n = 15 = 5 \cdot 3$ fünf Gruppen mit jeweils drei Zahlen bildet, wird man schnell feststellen, dass sich mit den oben genannten Bedingungen keine Startposition finden lässt. Eine solche Aufteilung in Gruppen mit jeweils drei Zahlen ist bei keiner Ordnung möglich, bei denen 3 ein Teiler ist.

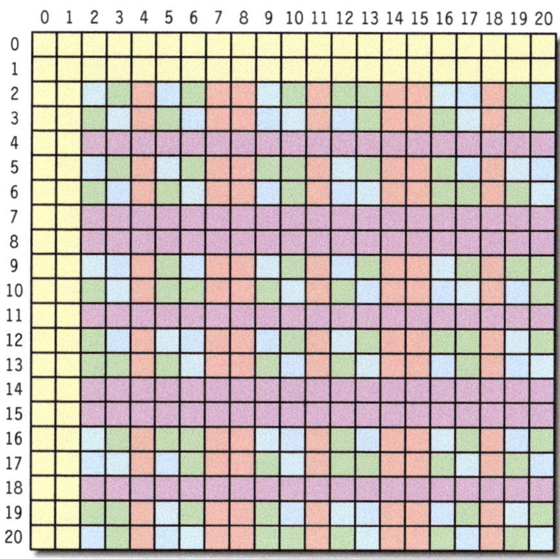

Abb. 5.193 Mögliche Startpositionen für die Ordnung $n = 21$

Zur Verdeutlichung der Bedingungen an die Startpositionen der zweiten Diagonalen sind in Abbildung 5.193 noch einmal die gültigen und die auszuschließenden Startpositionen dargestellt. Mit $n = 21 = 3 \cdot 7$ ist bei dieser Ordnung eine Zerlegung in $a = 3$ Gruppen mit jeweils $b = 7$ Zahlen möglich.

Kapitel

6

Gerade Ordnungen

Bei der Konstruktion von magischen Quadraten muss zwischen verschiedenen Ordnungen unterschieden werden, da jedes Verfahren die Ordnung mit einbeziehen muss, um beispielsweise Zahlen geeignet anzuordnen oder Symmetrien ausnutzen zu können. Bei geraden Ordnungen unterscheidet man zwischen doppelt-geraden und einfach-geraden Ordnungen.

doppelt-gerade	die Ordnung durch 4 teilbar ($n = 4, 8, 12, 16, 20, \dots$)
einfach-gerade	die Ordnung durch 2, aber nicht durch 4 teilbar ($n = 6, 10, 14, 18, 22, \dots$)

Auf den ersten Blick mag diese Unterscheidung verblüffen. Wenn man aber berücksichtigt, dass die Hälfte dieser Ordnungen gerade bzw. ungerade Zahlen sind, wird deutlich, dass dies einen entscheidenden Einfluss auf die Konstruktion haben muss.

Es gibt kein Verfahren, das vollständig ohne Änderungen magische Quadrate für alle geraden Ordnungen erzeugt. Bei einigen wenigen Verfahren sind die notwendigen Änderungen trotz unterschiedlicher Ordnungen aber so gering, dass sie gemeinsam vorgestellt werden.

Bei anderen Verfahren, die sowohl für doppelt-gerade und einfach-gerade Ordnungen benutzt werden können, sind größere Änderungen und insbesondere viele Vertauschungen notwendig. Daher werden diese Verfahren in eigenständigen Kapiteln beschrieben.

H. Danielsson, *Magische Quadrate und ihre Konstruktion*,
https://doi.org/10.1007/978-3-662-70448-6_6

6.1 Devedec

Eine auf den ersten Blick kompliziert erscheinende Methode stammt von Devedec. Dafür ist es aber eines von den wenigen Verfahren, das mit minimalen Änderungen magische Quadrate für alle geraden Ordnungen erstellt.[1] Man geht von einem Quadrat in natürlicher Anordnung der Zahlen aus. Diese Zahlen werden anschließend nach dem Muster aus Abbildung 6.1 verändert.

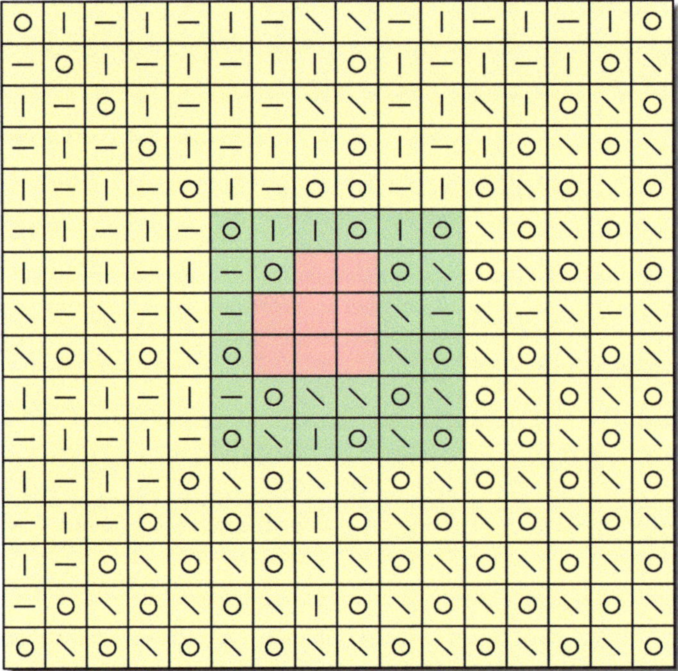

Abb. 6.1 Muster von Devedec

Dabei geben die Symbole an, aus welcher Position des Quadrates mit der natürlichen Anordnung die Zahl gewählt und in das Zielquadrat eingetragen wird:

- O die Zahl in dieser Zelle wird direkt übernommen
- \ die Zahl wird aus der zum Zentrum symmetrischen Zelle genommen
- | die Zahl stammt aus der zur horizontalen Achse symmetrischen Position
- — die Zahl stammt aus der zur vertikalen Achse symmetrischen Position

[1] Kraitchik [306] S. 150 – 152

Das Muster von Devedec ist sehr systematisch aufgebaut und lässt sich beliebig erweitern. Damit können mit dieser Methode magische Quadrate jeder beliebigen geraden Ordnung erzeugt werden.

Eine besondere Rolle nimmt die freigelassene Fläche in der Mitte des Musters ein. Dieses Teilmuster hängt von der Ordnung des zu erzeugenden Quadrates ab. Für Ordnungen der Größe $n = 4k$ wählt man das Muster aus Abbildung 6.2a, während für Ordnungen der Größe $n = 4k + 2$ das Muster aus Abbildung 6.2b benutzt werden muss.

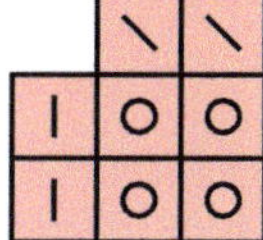

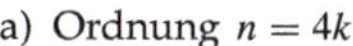

a) Ordnung $n = 4k$

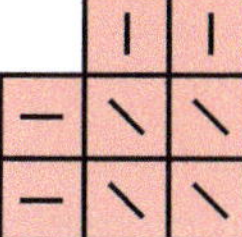

b) Ordnung $n = 4k + 2$

Abb. 6.2 Unterschiedliche Muster für fir Figur in der Mitte

Das Verfahren soll nun zunächst am Beispiel der Ordnung $n = 6$ erklärt werden. Man beginnt mit einem Quadrat mit natürlichen Anordnung der Zahlen. Zudem benötigt man das Devedec-Muster für ein Quadrat dieser Größe. Dazu löst man einfach das innere 6 x 6 - Quadrat aus dem Muster der Abbildung 6.1 und füllt es mit der Einlage für einfach-gerade Quadrate aus Abbildung 6.2.

1	2	3	4	5	6
7	8	9	10	11	12
13	14	15	16	17	18
19	20	21	22	23	24
25	26	27	28	29	30
31	32	33	34	35	36

<table>
<tr><td>○</td><td>|</td><td>|</td><td>○</td><td>|</td><td>○</td></tr>
<tr><td>—</td><td>○</td><td>|</td><td>|</td><td>○</td><td>\</td></tr>
<tr><td>—</td><td>—</td><td>\</td><td>\</td><td>\</td><td>—</td></tr>
<tr><td>○</td><td>—</td><td>\</td><td>\</td><td>\</td><td>○</td></tr>
<tr><td>—</td><td>○</td><td>\</td><td>\</td><td>○</td><td>\</td></tr>
<tr><td>○</td><td>\</td><td>|</td><td>○</td><td>\</td><td>○</td></tr>
</table>

Abb. 6.3 Muster von Devedec für ein Quadrat der Ordnung $n = 6$

In vier verschiedenen Hilfsquadraten werden jetzt jeweils die Zahlen getrennt nach den einzelnen Symbolen aus Abbildung 6.3 eingetragen, sodass das Vorgehen leichter zu verstehen ist.

1			4		6
	8			11	
19					24
	26			29	
31			34		36

Symbol: ○

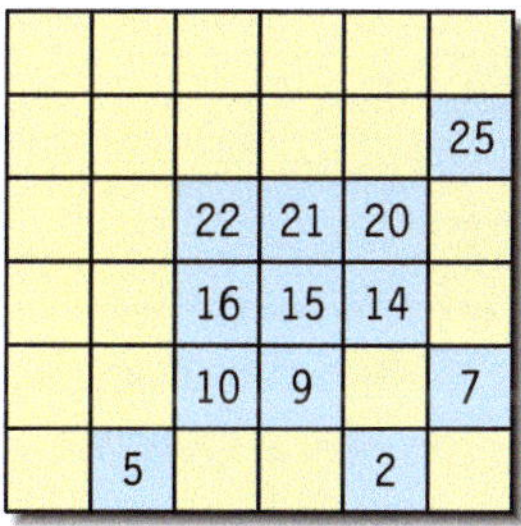

					25
		22	21	20	
		16	15	14	
		10	9		7
	5			2	

Symbol: \

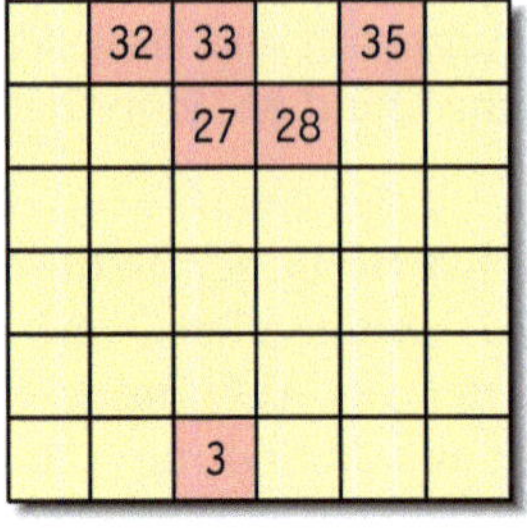

Symbol: |

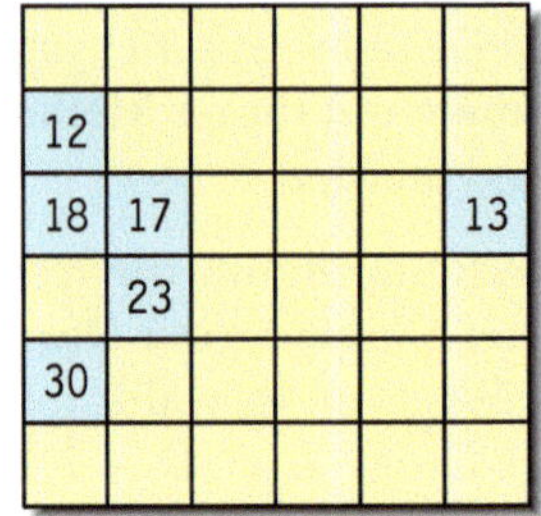

Symbol: —

Da die in den Hilfsquadraten markierten Zellen das gesamte Quadrat überdecken, erhält man beim Zusammensetzen das vollständige magische Quadrat der Ordnung $n = 6$ aus Abbildung 6.4.

1	32	33	4	35	6
12	8	27	28	11	25
18	17	22	21	20	13
19	23	16	15	14	24
30	26	10	9	29	7
31	5	3	34	2	36

Abb. 6.4 Magisches Quadrat der Ordnung $n = 6$ (Devedec)

Auch für ein doppelt-gerades magisches Quadrat der Ordnung $n = 8$ ergibt sich aus Abbildung 6.1 das zu benutzende Muster. Als Figur für das Zentrum wird das Devedec-Muster aus Abbildung 6.2a benutzt.

1	2	3	4	5	6	7	8
9	10	11	12	13	14	15	16
17	18	19	20	21	22	23	24
25	26	27	28	29	30	31	32
33	34	35	36	37	38	39	40
41	42	43	44	45	46	47	48
49	50	51	52	53	54	55	56
57	58	59	60	61	62	63	64

○	|	—	\	\	—	|	○
—	○	|	|	○	|	○	\
|	—	○	\	\	○	\	○
\	—	\	○	○	\	—	\
\	○	\	○	○	\	○	\
|	—	○	\	\	○	\	○
—	○	\	|	○	\	○	\
○	\	○	\	\	○	\	○

Das hieraus resultierende Quadrat mit den vier Hilfsquadraten ist in Abbildung 6.5 zu erkennen.

1	58	6	61	60	3	63	8
16	10	51	52	13	54	15	49
41	23	19	45	44	22	42	24
40	31	38	28	29	35	26	33
32	34	30	36	37	27	39	25
17	47	43	21	20	46	18	48
56	50	14	12	53	11	55	9
57	7	59	5	4	62	2	64

Abb. 6.5 Magisches Quadrat der Ordnung $n = 8$ (Devedec)

6.2 Planck

In seinem Artikel über die *Methode der Umkehrungen* führt C. Planck eine Strategie ein, die für alle geraden Ordnungen magische Quadrate erzeugt.[2] Planck arbeitet ebenso wie Devedec mit Vertauschungen, allerdings ist seine Methode wesentlich flexibler. Ausgehend von der Erkenntnis, dass das Umkehren von Zeilen und Spalten auch durch horizontale und vertikale Spiegelungen von Zahlenpaaren erreicht werden kann, führt er einige neue Symbole für bestimmte Vertauschungen ein.

Will man z. B. zwei entgegengesetzt liegende Paare von vier Zahlen vertauschen, die zur horizontalen und vertikalen Mittellinie symmetrisch liegen, kann man das durch vier Markierungen wie in Abbildung 6.6a veranschaulichen. Planck führt dafür mit X in Abbildung 6.6b ein neues Symbol ein. Die Auswirkungen einer solchen Vertauschung sind in Abbildung 6.6c zu erkennen.

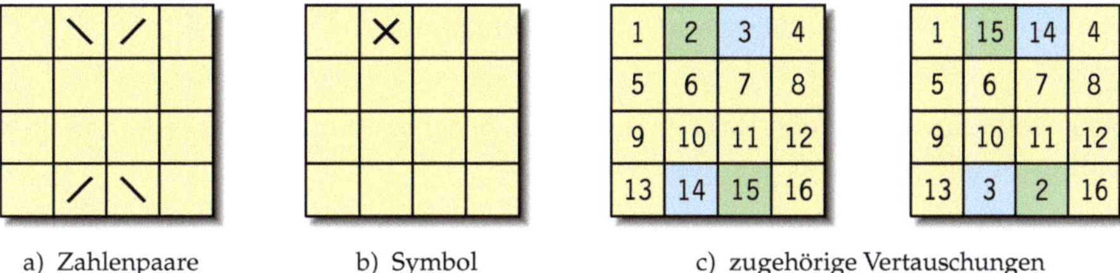

a) Zahlenpaare b) Symbol c) zugehörige Vertauschungen

Abb. 6.6 Symmetrie zum Mittelpunkt des Quadrates

Für eine horizontale Vertauschung wählt Planck eine waagrechte, für eine vertikale Vertauschung eine senkrechte Linie als Symbol. In Abbildung 6.7 sind diese beiden Symbole und die zugehörigen Vertauschungen zu sehen.

[2] Andrews [17] S. 299 – 302

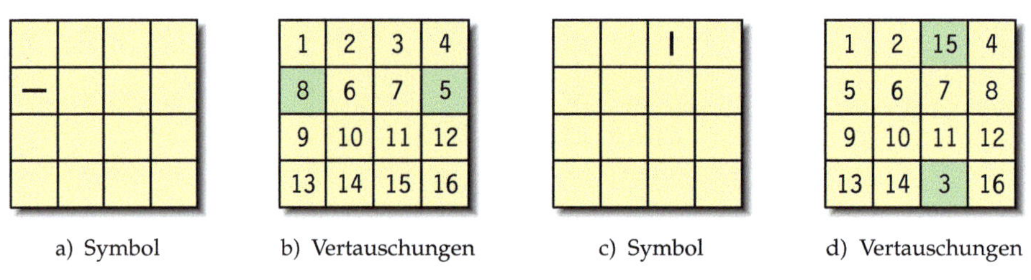

a) Symbol b) Vertauschungen c) Symbol d) Vertauschungen

Abb. 6.7 Horizontale und vertikale Vertauschungen

Geht man von einem Quadrat in natürlicher Anordnung aus und legt mit diesen Symbolen den Inhalt des linken oberen Quadranten fest, wird durch die damit verbundenen symmetrischen Positionen der Inhalt aller n^2 Felder des Quadrates festgelegt. Zusätzlich zu den bereits eingeführten Symbolen bedeutet ein leeres Feld, dass die Zahl in diesem Feld nicht verändert wird.

Wählt man etwa für die Ordnung $n = 6$ das Musterquadrat aus Abbildung 6.8a, erhält man durch die damit festgelegten Vertauschungen das magische Quadrat in Abbildung 6.8c.

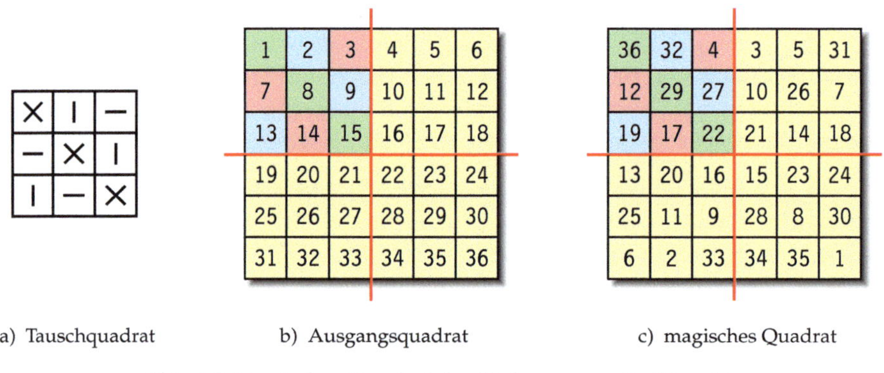

a) Tauschquadrat b) Ausgangsquadrat c) magisches Quadrat

Abb. 6.8 Magisches Quadrat der Ordnung $n = 6$ (Planck)

Planck stellt eine Reihe von Regeln auf, deren Beachtung immer zu einem magischen Quadrat für alle geraden Ordnungen führt:

- Für das Muster werden immer $\frac{n}{2}$ Symbole benötigt.
- Das Symbol X muss genau $\frac{n}{4}$ Mal auftreten. Dabei bleibt ein eventueller Dezimalanteil des Quotienten vernachlässigt, wenn n nicht durch 4 teilbar ist.
- Ein Symbol X muss sofort am Anfang des Musters auftreten, die weiteren können beliebig angeordnet werden.
- Ist n nicht durch 4 teilbar, müssen zusätzlich das vertikale Symbol | und das horizontale Symbol – an beliebigen Stellen eingefügt werden.

Tabelle 6.1 enthält alle möglichen Basismuster für die Ordnungen 4, 6 und 8. Für die Ordnungen 10, 12 und 14 existieren allerdings bereits so viele verschiedene Basismuster, dass nur einige Beispiele aufgeführt werden.

Ordnung	Anzahl	Basismuster
4	1	X □
6	2	X – I X I –
8	3	X □ □ X X □ X □ X X □ □
10	24	X □ – X I X X I – □ X – X □ I
12	10	X □ □ □ X X X □ X □ □ X X X □ □ X □
14	180	X I – X □ X □ X □ X □ – X I X □ X X I □ –

Tab. 6.1 Basismuster für die Ordnungen $n = 4$ bis $n = 14$

Die Anzahl der möglichen Muster kann allerdings noch erweitert werden. Wenn es genügend freie Plätze gibt, kann in einem Basismuster ein X-Symbol durch je zwei horizontale und vertikale Symbole ersetzt werden. Dies ist für doppelt-gerade Ordnungen allerdings erst ab der Ordnung $n = 12$ und für einfach-gerade Ordnungen ab $n = 18$ möglich, da nur dann genügend freie Plätze vorhanden sind. Ein Beispiel für eine solche Ersetzung ist in Abbildung 6.9 angegeben.

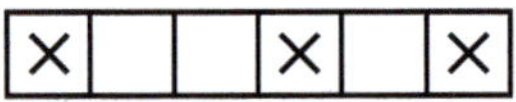

a) Basismuster

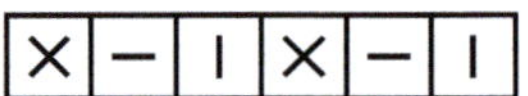

b) verändertes Muster

Abb. 6.9 Variation eines Basismusters

Aus einem gewählten Basismuster wird dann ein Musterquadrat der Größe $\frac{n}{2}$ für den linken oberen Quadranten konstruiert. Dazu wird das Basismuster in die obere Zeile des Musterquadrates eingefügt und diese Zeile nach unten kopiert, wobei jeweils alle Symbole zyklisch gesehen um eine Position nach rechts verschoben werden. Für die Ordnung $n = 8$ ist das Ergebnis dieser Verschiebungen des Basismusters in Abbildung 6.10 zu sehen.

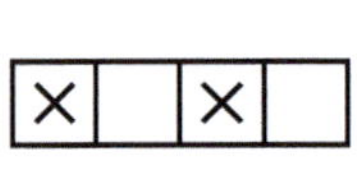

a) Basismuster

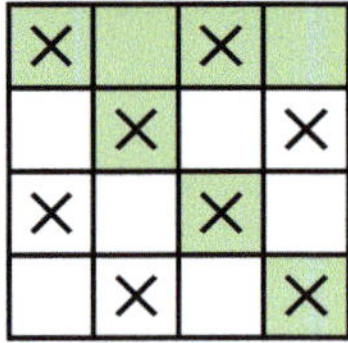

b) Musterquadrat

Abb. 6.10 Die Konstruktion eines Musterquadrates

Überträgt man die durch das Musterquadrat in Abbildung 6.10 festgelegten Vertauschungen auf die Zahlen in einem Quadrat in natürlicher Anordnung, erhält man das magische Quadrat in Abbildung 6.11.

1	2	3	4	5	6	7	8
9	10	11	12	13	14	15	16
17	18	19	20	21	22	23	24
25	26	27	28	29	30	31	32
33	34	35	36	37	38	39	40
41	42	43	44	45	46	47	48
49	50	51	52	53	54	55	56
57	58	59	60	61	62	63	64

64	2	62	4	5	59	7	57
9	55	11	53	52	14	50	16
48	18	46	20	21	43	23	41
25	39	27	37	36	30	34	32
33	31	35	29	28	38	26	40
24	42	22	44	45	19	47	17
49	15	51	13	12	54	10	56
8	58	6	60	61	3	63	1

Abb. 6.11 Magisches Quadrat der Ordnung $n = 8$ (Planck)

Ein weiteres Beispiel in Abbildung 6.12 verdeutlicht diese Strategie noch einmal für die einfach-gerade Ordnung $n = 10$.

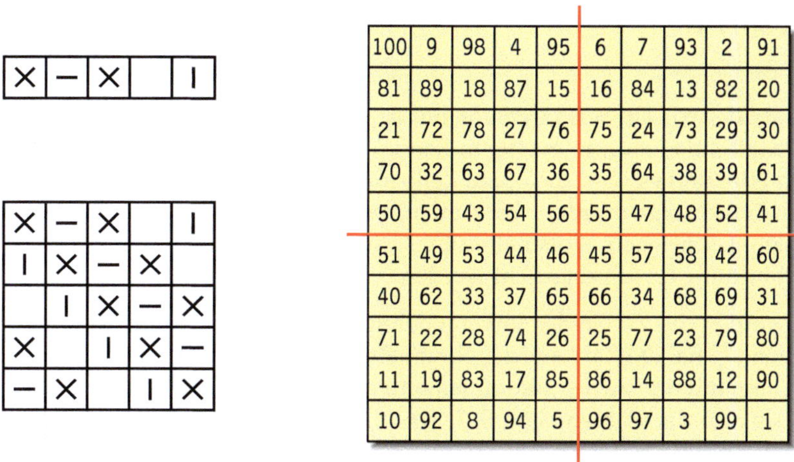

×	–	×		|

×	–	×		|
|	×	–	×	
	|	×	–	×
×		|	×	–
–	×		|	×

a) Basismuster

100	9	98	4	95	6	7	93	2	91
81	89	18	87	15	16	84	13	82	20
21	72	78	27	76	75	24	73	29	30
70	32	63	67	36	35	64	38	39	61
50	59	43	54	56	55	47	48	52	41
51	49	53	44	46	45	57	58	42	60
40	62	33	37	65	66	34	68	69	31
71	22	28	74	26	25	77	23	79	80
11	19	83	17	85	86	14	88	12	90
10	92	8	94	5	96	97	3	99	1

b) magisches Quadrat

Abb. 6.12 Magisches Quadrat der Ordnung $n = 10$ (Planck)

In einem weiteren Beispiel soll die Ersetzung eines **X**-Symboles veranschaulicht werden. Für die Ordnung $n = 12$ existieren im Basismuster bereits drei freie Positionen, sodass mit dem zusätzlich frei werdenden Feld des **X**-Symboles genügend Felder existieren, um das **X**-Symbol durch jeweils zwei horizontale und vertikale Symbole zu ersetzen. In Abbildung 6.13 sind das Basismuster, das veränderte Basismuster, das Musterquadrat und das daraus entstehende magische Quadrat dargestellt.

×			×	×	

×	–	|	×	–	|

×	–	|	×	–	|
|	×	–	|	×	–
–	|	×	–	|	×
×	–	|	×	–	|
|	×	–	|	×	–
–	|	×	–	|	×

a) Basismuster

144	11	135	141	8	138	7	5	136	10	2	133
121	131	22	124	128	19	18	125	21	15	122	24
36	110	118	33	113	115	114	32	28	111	35	25
108	47	99	105	44	102	43	41	100	46	38	97
85	95	58	88	92	55	54	89	57	51	86	60
72	74	82	69	77	79	78	68	64	75	71	61
73	62	70	76	65	67	66	80	81	63	83	84
49	59	87	52	56	90	91	53	93	94	50	96
48	98	39	45	101	42	103	104	40	106	107	37
109	26	34	112	29	31	30	116	117	27	119	120
13	23	123	16	20	126	127	17	129	130	14	132
12	134	3	9	137	6	139	140	4	142	143	1

b) magisches Quadrat

Abb. 6.13 Magisches Quadrat der Ordnung $n = 12$ (Planck)

6.3 Lecornu

Lecornu stellte 1901 ein Verfahren vor, mit dem man sowohl einfach- als auch doppeltgerade magische Quadrate erzeugen kann.[3] Das Verfahren basiert auf der Methode von de la Hire und es wird die obere Zeile mit den Zahlen von $0, 1, \ldots, n-1$ gefüllt. In dieser Reihenfolge werden die Zahlen, von links beginnend, auch in die beiden Diagonalen geschrieben, wobei allerdings die beiden Zahlen in den mittleren Zeilen wie in Abbildung 6.14a vertauscht werden.

Danach werden die Zellen des linken oberen Quadranten so aufgefüllt, dass in jeder Spalte genau $\frac{n}{4}$ mal die Zahl aus der oberen Zeile vorhanden ist. Die noch leeren Zellen werden dann mit den zu $n-1$ komplementären Zahlen aufgefüllt. Für den Fall $n = 8$ wären dies also die Zahlenpaare 0/7, 1/6, 2/5 und 3/4. Damit erhält man z. B. das Quadrat in Abbildung 6.14c.

0	1	2	3	4	5	6	7
	1					6	
		2			5		
			4	3			
			4	3			
		2			5		
	1					6	
0							7

a) Ausgangsmuster

0	1	2	3	4	5	6	7
0	1					6	
		2	3		5		
			4	3			
			4	3			
		2			5		
	1					6	
0							7

b) Ausgangszahlen in den Spalten

0	1	2	3	4	5	6	7
0	1	5	4			6	
7	6	2	3		5		
7	6	5	4	3			
			4	3			
		2			5		
	1					6	
0							7

c) komplementäre Zahlen

Abb. 6.14 Ausgangsmuster für das Verfahren von Lecornu

[3] Lecornu [317]

Der linke obere Quadrant wird nun an der horizontalen Mittellinie nach unten gespiegelt und abschließend beide Quadranten an der vertikalen Mittellinie auf die rechte Seite des Quadrates. Bei der Spiegelung an der Vertikalen werden die Zahlen zusätzlich durch ihre Komplemente bezüglich $n-1$ ersetzt, wie es auch in Abbildung 6.15a zu erkennen ist.

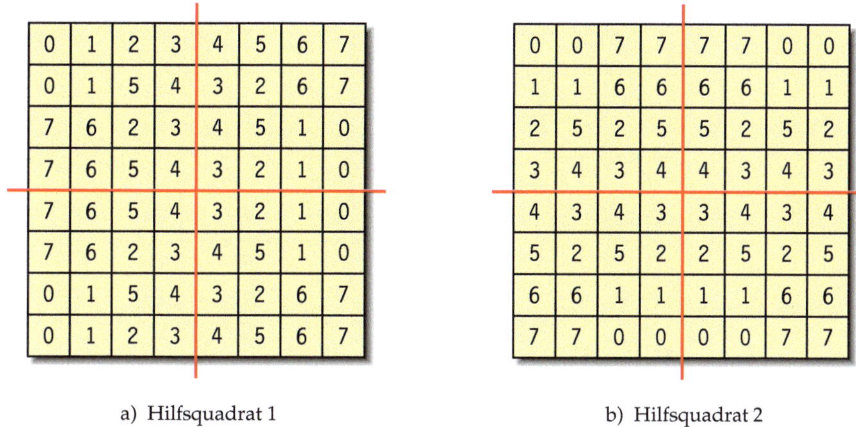

0	1	2	3	4	5	6	7
0	1	5	4	3	2	6	7
7	6	2	3	4	5	1	0
7	6	5	4	3	2	1	0
7	6	5	4	3	2	1	0
7	6	2	3	4	5	1	0
0	1	5	4	3	2	6	7
0	1	2	3	4	5	6	7

a) Hilfsquadrat 1

0	0	7	7	7	7	0	0
1	1	6	6	6	6	1	1
2	5	2	5	5	2	5	2
3	4	3	4	4	3	4	3
4	3	4	3	3	4	3	4
5	2	5	2	2	5	2	5
6	6	1	1	1	1	6	6
7	7	0	0	0	0	7	7

b) Hilfsquadrat 2

Abb. 6.15 Hilfsquadrate für das Verfahren von Lecornu ($n = 8$)

Abschließend wird dieses Hilfsquadrat an der Nebendiagonalen gespiegelt, sodass man das zweite Hilfsquadrat aus Abbildung 6.15b erhält. Diese beiden Hilfsquadrate werden jetzt zu dem magischen Quadrat aus Abbildung 6.16 überlagert. Dazu multipliziert man z. B. die Zahlen des zweiten Hilfsquadrates mit $n = 8$, addiert dazu die Zahlen des ersten Hilfsquadrates und erhöht abschließend alle Zahlen um 1.

1	2	59	60	61	62	7	8
9	10	54	53	52	51	15	16
24	47	19	44	45	22	42	17
32	39	30	37	36	27	34	25
40	31	38	29	28	35	26	33
48	23	43	20	21	46	18	41
49	50	14	13	12	11	55	56
57	58	3	4	5	6	63	64

Abb. 6.16 Magisches Quadrat der Ordnung $n = 8$ (Lecornu)

Variante

Die Zahlen der oberen Zeile müssen nicht unbedingt in ihrer natürlichen Reihenfolge eingetragen werden. Man kann sie auch variieren, solange sichergestellt ist, dass horizontal symmetrisch liegende Zellen immer komplementär zu $n - 1$ sind, also die gleiche Summe ergeben.

9	7	8	0	6	10	1	5	11	3	4	2
9	7	3	11	5	1	10	6	0	8	4	2
2	4	8	11	6	10	1	5	0	3	7	9
2	4	3	0	5	10	1	6	11	8	7	9
2	7	8	0	6	1	10	5	11	3	4	9
9	4	3	11	5	1	10	6	0	8	7	2
9	4	3	11	5	1	10	6	0	8	7	2
2	7	8	0	6	1	10	5	11	3	4	9
2	4	3	0	5	10	1	6	11	8	7	9
2	4	8	11	6	10	1	5	0	3	7	9
9	7	3	11	5	1	10	6	0	8	4	2
9	7	8	0	6	10	1	5	11	3	4	2

a) Hilfsquadrat 1

9	9	2	2	2	9	9	2	2	2	9	9
7	7	4	4	7	4	4	7	4	4	7	7
8	3	8	3	8	3	3	8	3	8	3	8
0	11	11	0	0	11	11	0	0	11	11	0
6	5	6	5	6	5	5	6	5	6	5	6
10	1	10	10	1	1	1	1	10	10	1	10
1	10	1	1	10	10	10	10	1	1	10	1
5	6	5	6	5	6	6	5	6	5	6	5
11	0	0	11	11	0	0	11	11	0	0	11
3	8	3	8	3	8	8	3	8	3	8	3
4	4	7	7	4	7	7	4	7	7	4	4
2	2	9	9	9	2	2	9	9	9	2	2

b) Hilfsquadrat 2

Abb. 6.17 Hilfsquadrate für das Verfahren von Lecornu ($n = 12$)

In Abbildung 6.17 sind zwei derartige Hilfsquadrate dargestellt, die überlagert das magische Quadrat der Ordnung $n = 12$ in Abbildung 6.18 ergeben.

118	116	33	25	31	119	110	30	36	28	113	111
94	92	52	60	90	50	59	91	49	57	89	87
99	41	105	48	103	47	38	102	37	100	44	106
3	137	136	1	6	143	134	7	12	141	140	10
75	68	81	61	79	62	71	78	72	76	65	82
130	17	124	132	18	14	23	19	121	129	20	123
22	125	16	24	126	122	131	127	13	21	128	15
63	80	69	73	67	74	83	66	84	64	77	70
135	5	4	133	138	11	2	139	144	9	8	142
39	101	45	108	43	107	98	42	97	40	104	46
58	56	88	96	54	86	95	55	85	93	53	51
34	32	117	109	115	35	26	114	120	112	29	27

Abb. 6.18 Magisches Quadrat der Ordnung $n = 12$ (Lecornu)

Einfach-gerade Ordnung

Das Verfahren von Lecornu lässt sich nicht direkt auf einfach-gerade Ordnungen übertragen, da sich in den Spalten des linken oberen Quadranten nicht gleich viele Zahlen und deren Komplemente unterbringen lassen.

Eine kleine Änderung schafft hier aber Abhilfe. Es wird dort nämlich eine der beiden möglichen Zahlen eingetragen, die dann aber nicht wie die anderen Zahlen symmetrisch in den linken unteren Quadranten gespiegelt wird, sondern dort durch ihr Komplement ersetzt wird. Auf diese Weise wird ein Ausgleich für gleiche Spaltensummen geschaffen.

Dabei muss allerdings sichergestellt werden, dass diese Ergänzungszahlen in jeder Zeile des linken oberen Quadranten nur ein einziges Mal notiert werden. Lecornu schlägt dazu vor, dass man abwechselnd in der unteren oder oberen Zeile beginnt und dann immer eine Zeile nach oben bzw. unten ausweicht.

Dabei gelangt man jedoch manchmal auf die bereits belegten Diagonalen, sodass hier ein anderer Weg beschritten wird. Beginne in der linken unteren Ecke des Quadranten mit der ersten Ergänzungszahl und trage dann die weiteren Zahlen zyklisch gesehen immer eine Zeile tiefer ein. Wie in Abbildung 6.19 zu sehen ist, kann es dabei nicht zu Kollisionen mit den Diagonalen kommen.

0	1	2	3	4	5	6	7	8	9
9	1	2	6	4				8	
9	8	2	3	5			7		
0	8	7	3	4		6			
0	1	7	6	5	4				
				5	4				
			3			6			
		2					7		
	1							8	
0									9

Abb. 6.19 Anpassungen für das Verfahren von Lecornu bei einfach-geraden Quadraten

Nun können prinzipiell wie bei den doppelt-geraden Quadraten die Hilfsquadrate in Abbildung 6.20 erzeugt werden. Allerdings muss bei diesen Ordnungen natürlich die Änderung berücksichtigt werden, dass dabei einige Zahlen durch ihre Komplemente ersetzt werden.

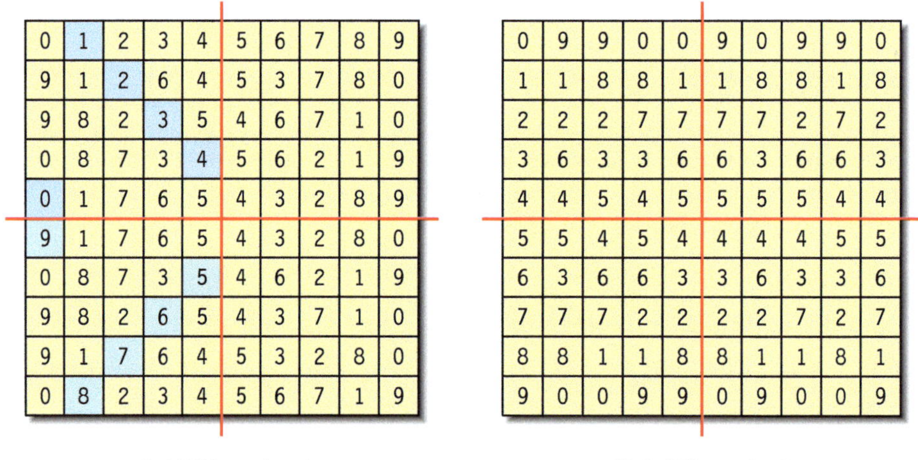

0	1	2	3	4	5	6	7	8	9
9	1	2	6	4	5	3	7	8	0
9	8	2	3	5	4	6	7	1	0
0	8	7	3	4	5	6	2	1	9
0	1	7	6	5	4	3	2	8	9
9	1	7	6	5	4	3	2	8	0
0	8	7	3	5	4	6	2	1	9
9	8	2	6	5	4	3	7	1	0
9	1	7	6	4	5	3	2	8	0
0	8	2	3	4	5	6	7	1	9

a) 1. Hilfsquadrat A

0	9	9	0	0	9	0	9	9	0
1	1	8	8	1	1	8	8	1	8
2	2	2	7	7	7	7	2	7	2
3	6	3	3	6	6	3	6	6	3
4	4	5	4	5	5	5	5	4	4
5	5	4	5	4	4	4	4	5	5
6	3	6	6	3	3	6	3	3	6
7	7	7	2	2	2	2	7	2	7
8	8	1	1	8	8	1	1	8	1
9	0	0	9	9	0	9	0	0	9

b) 2. Hilfsquadrat B

Abb. 6.20 Hilfsquadrate für das Verfahren von Lecornu ($n = 10$)

Durch Überlagerung entsteht dann mit der Rechnung

$$10 \cdot B + A + 1$$

das magische Quadrat aus Abbildung 6.21.

1	92	93	4	5	96	7	98	99	10
20	12	83	87	15	16	84	88	19	81
30	29	23	74	76	75	77	28	72	21
31	69	38	34	65	66	37	63	62	40
41	42	58	47	56	55	54	53	49	50
60	52	48	57	46	45	44	43	59	51
61	39	68	64	36	35	67	33	32	70
80	79	73	27	26	25	24	78	22	71
90	82	18	17	85	86	14	13	89	11
91	9	3	94	95	6	97	8	2	100

Abb. 6.21 Magisches Quadrat der Ordnung $n = 10$ (Lecornu)

6.4 Sauveur (Methode der analogen Buchstaben)

Die Ideen der *Methode der analogen Buchstaben* von Sauveur aus Kapitel 5.1.10 lassen sich auch auf gerade Ordnungen übertragen.[4] Die Bedingungen können hier auch einfacher formuliert werden, da die Kennzeichnungen `M` und `n` nicht mehr benötigt werden.

- In den Eckzellen jedes durch vier Buchstaben festgelegten Rechteckes muss jede der vier möglichen Kombinationen aus den zugehörigen Buchstaben vorkommen. Beispielsweise müssen mit den Buchstaben `AQaq` die Kombinationen `AQ`, `Aq`, `aQ` und `aq` in den vier zugehörigen Zellen auftreten.
- In jeder Zeile und Spalte muss jeder als Kennzeichnung benutzte Buchstabe gleich oft als Groß- und Kleinbuchstabe auftreten.
- In jeder Zeile und Spalte muss jeder andere vorkommende Großbuchstabe durch einen Kleinbuchstaben und umgekehrt ausgeglichen werden.
- Die Zellen auf den Diagonalen enthalten geeignete Kombination ihrer Kennbuchstaben vom linken und oberen Rand.

Sauveur kennzeichnet die Zeilen und Spalten mit diesen Buchstaben, wobei die Großbuchstaben wie in Abbildung 6.22 wieder symmetrisch zu den Kleinbuchstaben liegen.

---

[4] Sauveur [497] S. 111 ff. und Luet [362], S. 151 – 152, 165 – 166, 181 – 182 und 197

	p	q	r	R	Q	P
a	ap	Aq	aR	Ar	AQ	aP
b	bP	bq	BR	Br	bQ	Bp
c	Cp	cQ	cr	cR	Cq	CP
C	cP	CQ	Cr	CR	cq	cp
B	BP	Bq	br	bR	BQ	bp
A	Ap	aQ	AR	ar	aq	AP

Abb. 6.22 Ausgangsquadrat bei der Methode der analogen Buchstaben von Sauveur

In Abbildung 6.23 ist das magische Quadrat zu sehen, dessen Belegung die Bedingungen für das benutzte Musterquadrat erfüllt.

a	A	b	B	c	C	p	P	q	Q	r	R
0	30	6	24	18	12	5	2	3	4	1	6

(Belegung)

ap	Aq	aR	Ar	AQ	aP
bP	bq	BR	Br	bQ	Bp
Cp	cQ	cr	cR	Cq	CP
cP	CQ	Cr	CR	cq	cp
BP	Bq	br	bR	BQ	bp
Ap	aQ	AR	ar	aq	AP

5	33	6	31	34	2
8	9	30	25	10	29
17	22	19	24	15	14
20	16	13	18	21	23
26	27	7	12	28	11
35	4	36	1	3	32

Abb. 6.23 Magisches Quadrat der Ordnung $n = 6$ (Sauveur, Methode der analogen Buchstaben)

Mit diesem Verfahren lassen sich nicht nur einfach-gerade, sondern auch doppelt-gerade magische Quadrate erzeugen, wie in Abbildung 6.24 am Beispiel eines Quadrates für $n = 8$ zu sehen ist.

(Belegung)

a	A	b	B	c	C	d	D	p	P	q	Q	r	R	s	S
0	56	24	32	48	8	40	16	6	3	4	5	8	1	2	7

	p	q	r	s	S	R	Q	P
a	ap	aq	AR	AS	As	Ar	aQ	aP
b	Bp	bq	BR	bs	bS	Br	bQ	BP
c	CP	CQ	cr	Cs	CS	cR	cq	cp
d	Dp	dQ	dr	ds	dS	DR	Dq	DP
D	dP	DQ	Dr	Ds	DS	dR	dq	dp
C	cP	cQ	Cr	cS	cs	CR	Cq	Cp
B	bP	Bq	bR	BS	Bs	br	BQ	bp
A	Ap	Aq	aR	aS	as	ar	AQ	AP

6	4	57	63	58	64	5	3
38	28	33	26	31	40	29	35
11	13	56	10	15	49	52	54
22	45	48	42	47	17	20	19
43	21	24	18	23	41	44	46
51	53	16	55	50	9	12	14
27	36	25	39	34	32	37	30
62	60	1	7	2	8	61	59

Abb. 6.24 Magisches Quadrat der Ordnung $n = 8$
(Sauveur, Methode der analogen Buchstaben)

Mit diesen Ideen von Sauveur können eine Vielzahl von magischen Quadraten erzeugt werden, denn auch die Kennzeichnungen der Zeilen und Spalten müssen nicht so symmetrisch wie bisher angelegt sein. Ein derartiges Beispiel von Coccoz, das er unter dem Pseudonym *Luet* veröffentlicht hat, ist in Abbildung 6.25 dargestellt.[5]

Belegung															
a	A	b	B	c	C	d	D	p	P	q	Q	r	R	s	S
56	0	32	24	16	40	8	48	6	3	8	1	5	4	2	7

	p	P	Q	R	q	r	S	a
a	ap	aP	aQ	AR	aq	Ar	AS	As
b	bp	bP	BQ	br	Bq	bR	BS	Bs
c	CP	Cp	cq	CR	cQ	Cr	cS	cs
d	dP	Dp	Dq	dr	DQ	DR	ds	dS
A	Ap	AP	Aq	aR	AQ	ar	aS	as
B	Bp	BP	bq	Br	bQ	BR	bs	bS
C	DP	dp	dQ	Dr	dq	dR	Ds	DS
D	cP	cp	CQ	cR	Cq	cr	Cs	CS

62	59	57	4	64	5	7	2
38	35	25	37	32	36	31	26
43	46	24	44	17	45	23	18
11	54	56	13	49	52	10	15
6	3	8	60	1	61	63	58
30	27	40	29	33	28	34	39
51	14	9	53	16	12	50	55
19	22	41	20	48	21	42	47

Abb. 6.25 Magisches Quadrat der Ordnung $n = 8$
(Coccoz, Methode der analogen Buchstaben)

[5] Coccoz [362] S. 197

6.5 Markierungen auf den Diagonalen

Dieses Verfahren weist Ähnlichkeiten zu den Methoden auf, die Markierungen bei doppelt-geraden Ordnungen benutzten, sowie dem Verfahren von Nelson bei einfach-geraden Ordnungen aus Kapitel 8.1.6. Es ist aber keine Originalquelle bekannt, der dieses Verfahren zugeordnet werden kann.

Das Verfahren soll an einem Quadrat der Ordnung $n = 8$ verdeutlicht werden. Man beginnt mit einem Quadrat in natürlicher Anordnung und spiegelt die Zahlen der rechten Hälfte an der horizontalen Mittellinie. Damit besteht ein horizontal symmetrisch gegenüberliegendes Zahlenpaar immer aus zueinander komplementären Zahlen.

1	2	3	4	5	6	7	8
9	10	11	12	13	14	15	16
17	18	19	20	21	22	23	24
25	26	27	28	29	30	31	32
33	34	35	36	37	38	39	40
41	42	43	44	45	46	47	48
49	50	51	52	53	54	55	56
57	58	59	60	61	62	63	64

1	2	3	4	61	62	63	64
9	10	11	12	53	54	55	56
17	18	19	20	45	46	47	48
25	26	27	28	37	38	39	40
33	34	35	36	29	30	31	32
41	42	43	44	21	22	23	24
49	50	51	52	13	14	15	16
57	58	59	60	5	6	7	8

Abb. 6.26 Ausgangsquadrat

Nun werden $\frac{n}{2} = 4$ Zahlen, die auf der Diagonalen liegen, die in der zweiten Spalte der unteren Zeile beginnt und schräg nach rechts oben verläuft, mit den Zahlen ausgetauscht, die vertikal symmetrisch zu ihnen liegen. Dabei wird allerdings nur die linke Hälfte des Quadrates betrachtet, und da man mit der letzten Zahl diese Hälfte verlässt, fährt man zyklisch gesehen mit der Zahl am linken Rand fort.

1	58	3	4	61	62	63	64
9	10	51	12	53	54	55	56
17	18	19	44	45	46	47	48
33	26	27	28	37	38	39	40
25	34	35	36	29	30	31	32
41	42	43	20	21	22	23	24
49	50	11	52	13	14	15	16
57	2	59	60	5	6	7	8

1	58	3	4	61	62	63	8
9	10	51	12	53	54	15	56
17	18	19	44	45	22	47	48
33	26	27	28	29	38	39	40
25	34	35	36	37	30	31	32
41	42	43	20	21	46	23	24
49	50	11	52	13	14	55	16
57	2	59	60	5	6	7	64

Abb. 6.27 Vertikale Vertauschungen

Ein weiterer Austausch findet auf den Diagonalen der rechten Hälfte statt. Hier tauscht man die Zahlen der Hauptdiagonalen mit den vertikal symmetrisch liegenden Zahlen der Nebendiagonalen aus.

Für den horizontalen Austausch von Zahlen benutzt man am besten ein Austauschquadrat, da man mit diesem Hilfsquadrat das Vorgehen am verständlichsten beschreiben kann. Dabei bedeutet eine Markierung, dass die zugehörige Zahl mit der horizontal symmetrisch liegenden Zahl vertauscht werden soll.

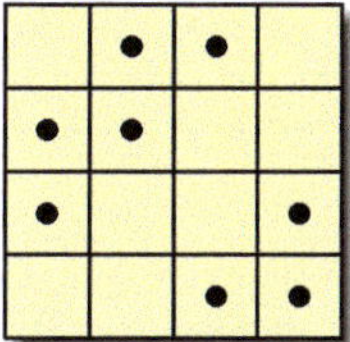

Abb. 6.28 Austauschquadrat

Man markiert im linken unteren Quadranten die am weitesten rechts liegenden $\frac{n}{4} = 2$ nach rechts oben aufsteigenden Diagonalen, die in der unteren Zeile beginnen und zyklisch zur linken Hälfte des Quadrates betrachtet werden. Danach wird dieser Quadrant mit seinen Markierungen an der horizontalen Mittellinie in den linken oberen Quadranten gespiegelt.

Wenn man den Austausch gemäß dem Austauschquadrat durchführt, erhält man das magische Quadrat aus Abbildung 6.29.

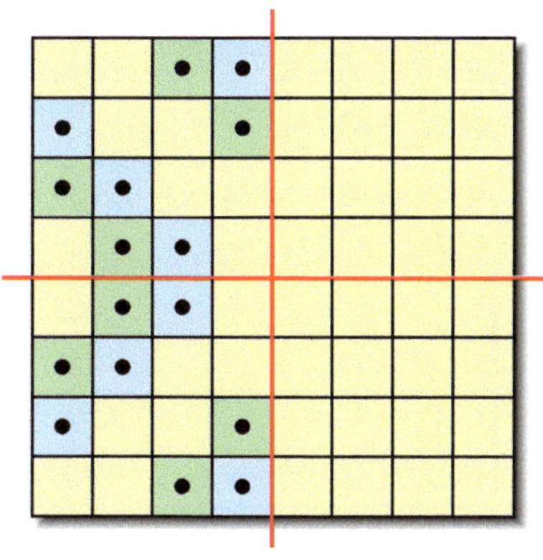

a) Austauschquadrat

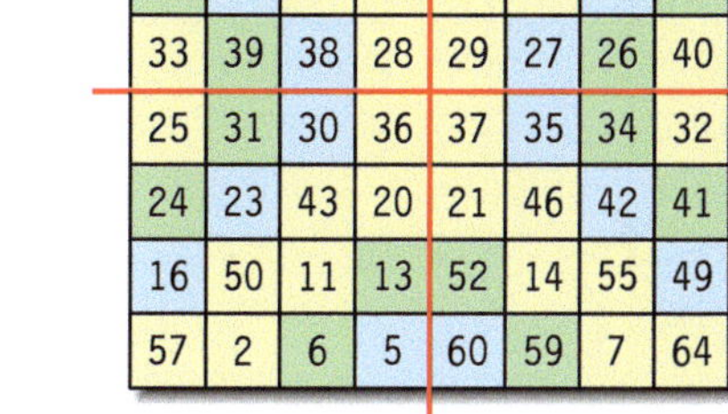

1	58	62	61	4	3	63	8
56	10	51	53	12	54	15	9
48	47	19	44	45	22	18	17
33	39	38	28	29	27	26	40
25	31	30	36	37	35	34	32
24	23	43	20	21	46	42	41
16	50	11	13	52	14	55	49
57	2	6	5	60	59	7	64

b) magisches Quadrat

Abb. 6.29 Magisches Quadrat der Ordnung $n = 8$ (unbekannter Autor)

Bei einer ungeraden Ordnung muss nur ein kleiner Zusatzschritt durchgeführt werden. Man beginnt wieder mit einem Quadrat in natürlicher Anordnung und spiegelt die rechte Hälfte an der vertikalen Mittellinie.

1	2	3	4	5	96	97	98	99	100
11	12	13	14	15	86	87	88	89	90
21	22	23	24	25	76	77	78	79	80
31	32	33	34	35	66	67	68	69	70
41	42	43	44	45	56	57	58	59	60
51	52	53	54	55	46	47	48	49	50
61	62	63	64	65	36	37	38	39	40
71	72	73	74	75	26	27	28	29	30
81	82	83	84	85	16	17	18	19	20
91	92	93	94	95	6	7	8	9	10

Abb. 6.30 Ausgangsquadrat

Jetzt werden zunächst wieder $\frac{n}{2} = 5$ Zahlen, die auf der Diagonalen liegen, die in der zweiten Spalte der unteren Zeile beginnt und schräg nach rechts oben verläuft, mit den Zahlen ausgetauscht, die vertikal symmetrisch zu ihnen liegen. Auch der Austausch der Zahlen auf den Diagonalen der rechten Hälfte wird wie im Fall einer doppelt-geraden Ordnung vorgenommen.

1	92	3	4	5	96	97	98	99	100
11	12	83	14	15	86	87	88	89	90
21	22	23	74	25	76	77	78	79	80
31	32	33	34	65	66	67	68	69	70
51	42	43	44	45	56	57	58	59	60
41	52	53	54	55	46	47	48	49	50
61	62	63	64	35	36	37	38	39	40
71	72	73	24	75	26	27	28	29	30
81	82	13	84	85	16	17	18	19	20
91	2	93	94	95	6	7	8	9	10

1	92	3	4	5	96	97	98	99	10
11	12	83	14	15	86	87	88	19	90
21	22	23	74	25	76	77	28	79	80
31	32	33	34	65	66	37	68	69	70
51	42	43	44	45	46	57	58	59	60
41	52	53	54	55	56	47	48	49	50
61	62	63	64	35	36	67	38	39	40
71	72	73	24	75	26	27	78	29	30
81	82	13	84	85	16	17	18	89	20
91	2	93	94	95	6	7	8	9	100

Abb. 6.31 Vertikale Vertauschungen

Der Aufbau des Austauschquadrates ändert sich nicht, wenn man davon absieht, dass man jetzt nur $\frac{n-2}{2} = 2$ der am weitesten rechts liegenden Diagonalen benutzt, da diese Anzahl immer gerade sein muss.

Der wesentliche Unterschied bei den Konstruktionen liegt darin, dass bei einer einfach-geraden Ordnung eine zusätzliche Diagonale markiert wird. Diese befindet sich nur im linken oberen Quadranten, beginnt in der zweiten Spalte von links und verläuft diagonal nach rechts unten.

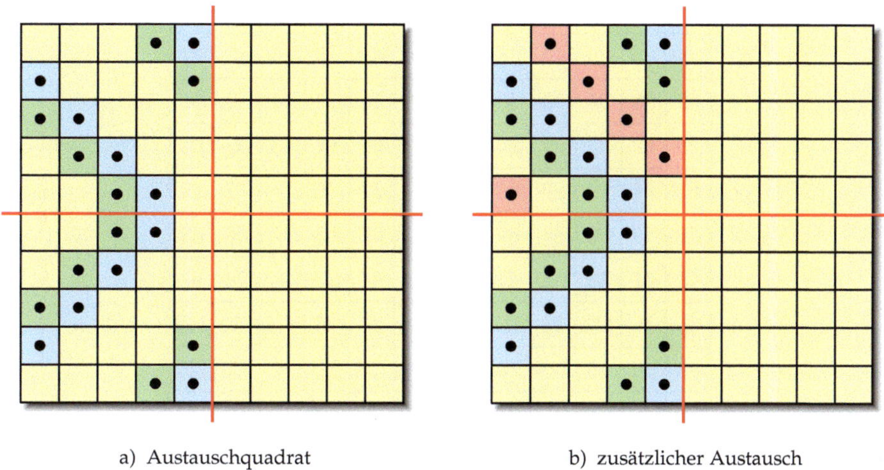

a) Austauschquadrat

b) zusätzlicher Austausch

Abb. 6.32 Verändertes Austauschquadrat

Wenn man den Austausch gemäß dem Austauschquadrat durchführt, erhält man das magische Quadrat aus Abbildung 6.33.

1	99	3	97	96	5	4	98	92	10
90	12	88	14	86	15	87	83	19	11
80	79	23	77	25	76	74	28	22	21
31	69	68	34	66	65	37	33	32	70
60	42	58	57	45	46	44	43	59	51
41	52	48	47	55	56	54	53	49	50
61	39	38	64	35	36	67	63	62	40
30	29	73	24	75	26	27	78	72	71
20	82	13	84	16	85	17	18	89	81
91	2	93	7	6	95	94	8	9	100

Abb. 6.33 Magisches Quadrat der Ordnung $n = 10$ (unbekannter Autor)

In Abbildung 6.34 ist ein magisches Quadrat der Ordnung $n = 12$ dargestellt, das mit diesem Verfahren erzeugt worden ist.

1	134	3	141	140	139	6	5	4	142	143	12
132	14	123	16	128	127	18	17	129	130	23	13
120	119	27	112	29	115	30	116	117	34	26	25
108	107	106	40	101	42	103	104	45	39	38	37
49	95	94	93	53	90	91	56	52	51	50	96
73	62	82	81	80	66	67	65	64	63	83	84
61	74	70	69	68	78	79	77	76	75	71	72
85	59	58	57	89	54	55	92	88	87	86	60
48	47	46	100	41	102	43	44	105	99	98	97
36	35	111	28	113	31	114	32	33	118	110	109
24	122	15	124	20	19	126	125	21	22	131	121
133	2	135	9	8	7	138	137	136	10	11	144

Abb. 6.34 Magisches Quadrat der Ordnung $n = 12$ (unbekannter Autor)

Kapitel

7 Doppelt-gerade Ordnungen

Für doppelt-gerade Ordnungen $n = 4k$ gibt es sehr viele unterschiedliche Verfahren, da die Zahlen sehr symmetrisch angeordnet werden können. Durch zusätzliche Varianten ist die Anzahl der bekannten Konstruktionsverfahren so groß, dass die Verfahren mehr oder weniger willkürlich in drei Abschnitte unterteilt werden.

In diesem Kapitel werden auch teilweise zusätzliche Varianten aufgeführt, die in den Originalquellen nicht vorhanden sind. Dies betrifft insbesondere Verfahren, die auf einem Ausgangsquadrat in natürlicher Anordnung basieren. Bei diesen Verfahren wird zusätzlich untersucht, ob damit auch magische Quadrate erzeugt werden können, wenn man mit reversiblen Quadraten beginnt. Ebenso kann man häufig mit Quadraten beginnen, die auf Plus- oder Komplementsequenzen beruhen.

7.1 Arabische Methoden

Im arabischen Raum waren magische Quadrate schon seit dem 10. Jahrhundert bekannt und wurden in zahlreichen Abhandlungen beschrieben. Ihre Kenntnisse fanden erst im Mittelalter durch Übersetzungen den Weg nach Europa, und so ist es nicht verwunderlich, dass unsere Kenntnisse über ihr damaliges Wissen auch noch in den vergangenen Jahrzehnten gewachsen sind.

H. Danielsson, *Magische Quadrate und ihre Konstruktion*,
https://doi.org/10.1007/978-3-662-70448-6_7

7.1.1 Diagonalenmethode

Diese Methode geht auf einen unbekannten Verfasser aus dem arabischen Raum zurück, der im 12. Jahrhundert eine Abhandlung über magische Quadrate verfasste.[1] Dabei stellte er auch die von ihm entwickelte Diagonalenmethode vor, weil er sie für wesentlich einfacher hielt als andere damals bekannte Verfahren. Dieses Verfahren wird auch im Werk von Moschopoulos über magische Quadrate aus dem arabischen Raum beschrieben.[2]

Es wird zunächst ein Basismuster der Größe 4×4 erzeugt, dessen Diagonalen Markierungen enthalten. Dann wird das Zielquadrat in Teilquadrate der Größe vier unterteilt, in die das Basismuster wie in Abbildung 7.1 hineinkopiert wird.

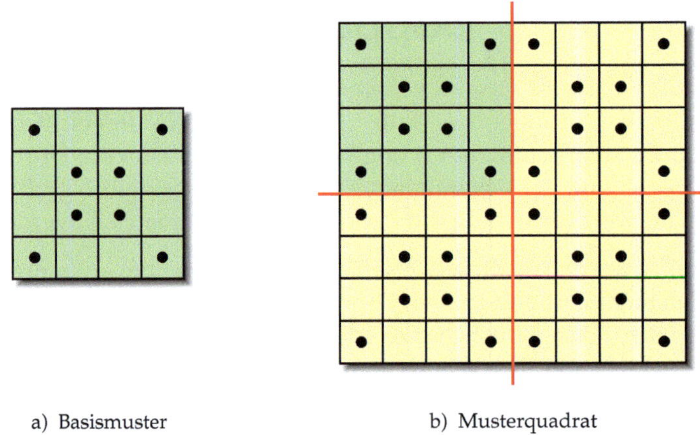

a) Basismuster b) Musterquadrat

Abb. 7.1 Vollständig gefülltes Musterquadrat für die Diagonalenmethode

Das Zielquadrat wird zunächst mit den n^2 Zahlen in natürlicher Anordnung gefüllt. Links oben mit der Zahl 1 beginnend, werden die weiteren Zahlen fortlaufend von links nach rechts und von oben nach unten in das Quadrat geschrieben. Abschließend werden alle Zahlen z, die auf nicht markierten Feldern liegen, durch ihr Komplement ersetzt.

$$z \longmapsto n^2 + 1 - z$$

Damit ergibt sich das symmetrische magische Quadrat aus Abbildung 7.2.

[1] Sesiano [519] S. 43–45 und Sesiano [513] S. 188-192

[2] Tannery [549]

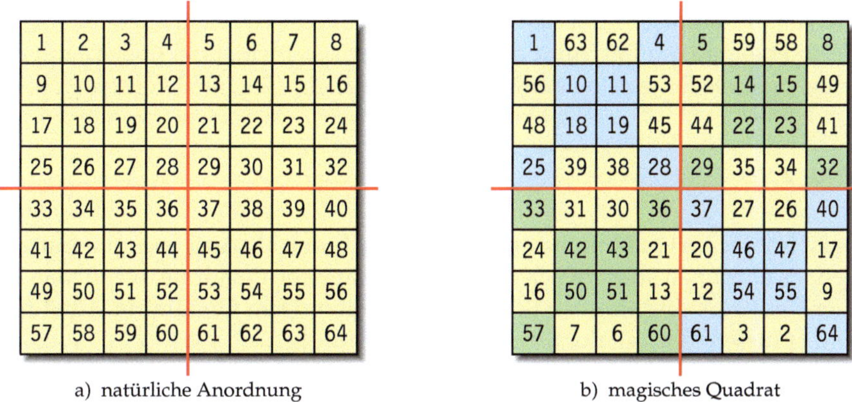

1	2	3	4	5	6	7	8
9	10	11	12	13	14	15	16
17	18	19	20	21	22	23	24
25	26	27	28	29	30	31	32
33	34	35	36	37	38	39	40
41	42	43	44	45	46	47	48
49	50	51	52	53	54	55	56
57	58	59	60	61	62	63	64

a) natürliche Anordnung

1	63	62	4	5	59	58	8
56	10	11	53	52	14	15	49
48	18	19	45	44	22	23	41
25	39	38	28	29	35	34	32
33	31	30	36	37	27	26	40
24	42	43	21	20	46	47	17
16	50	51	13	12	54	55	9
57	7	6	60	61	3	2	64

b) magisches Quadrat

Abb. 7.2 Symmetrisches magisches Quadrat der Ordnung $n = 8$ (Diagonalenmethode)

In der Literatur findet man auch häufig eine andere Beschreibung, die zu dem gleichen Ergebnis führt. Dort liest man, dass man das Zielquadrat in der linken oberen Ecke mit 1 beginnend, fortlaufend von links nach rechts und von oben nach unten mit den natürlichen Zahlen füllt, wenn das Feld markiert ist. Ist es dagegen nicht markiert, wird die aktuelle Zahl übersprungen. In einem zweiten Durchgang verfährt man entsprechend, nur beginnt man dieses Mal in der rechten unteren Ecke und trägt die Zahlen von rechts nach links und von unten nach oben fortschreitend ein.

Variante 1

Man kann dieses Verfahren in vielfacher Hinsicht abändern. Die einfachste Variante besteht darin, im Basismuster nicht die Felder auf den Diagonalen zu markieren, sondern die Felder, die nicht auf den Diagonalen liegen. Damit ergibt sich dann das Quadrat aus Abbildung 7.3.

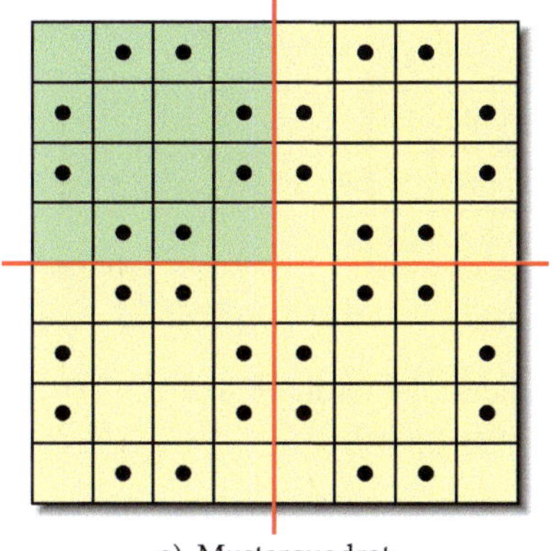

a) Musterquadrat

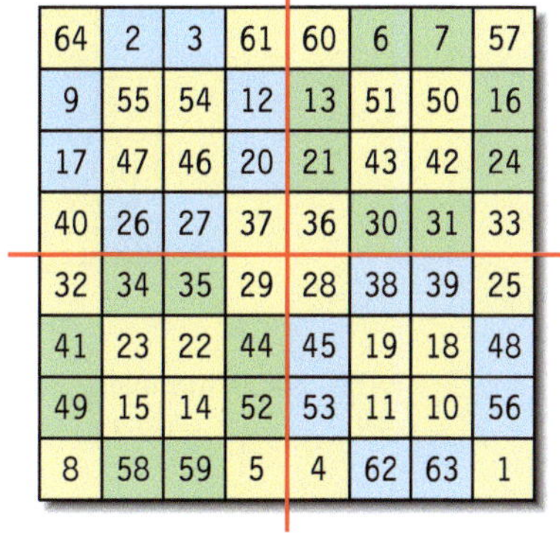

64	2	3	61	60	6	7	57
9	55	54	12	13	51	50	16
17	47	46	20	21	43	42	24
40	26	27	37	36	30	31	33
32	34	35	29	28	38	39	25
41	23	22	44	45	19	18	48
49	15	14	52	53	11	10	56
8	58	59	5	4	62	63	1

b) magisches Quadrat

Abb. 7.3 Symmetrisches magisches Quadrat der Ordnung $n = 8$
(Diagonalenmethode, Variante 1)

Dieses Quadrat unterscheidet sich aber eigentlich nicht von dem allerersten Quadrat, denn eine Drehung um 180° führt die beiden Quadrate ineinander über. Damit ist auch klar, dass man die Bedeutung der Markierungen in ihr Gegenteil verkehren kann.

Variante 2

Bisher ist immer ein Quadrat in natürlicher Anordnung als Ausgangsquadrat gewählt worden. Es entstehen aber auch symmetrische magische Quadrate, wenn man Plussequenzen[3] mit ganz bestimmten Schrittweiten wählt. Dem Quadrat in Abbildung 7.4 liegt eine Plussequenz mit der Schrittweite 4 zugrunde.

•			•	•			•
	•	•			•	•	
	•	•			•	•	
•			•	•			•
•			•	•			•
	•	•			•	•	
	•	•			•	•	
•			•	•			•

a) Musterquadrat

1	5	2	6	3	7	4	8
9	13	10	14	11	15	12	16
17	21	18	22	19	23	20	24
25	29	26	30	27	31	28	32
33	37	34	38	35	39	36	40
41	45	42	46	43	47	44	48
49	53	50	54	51	55	52	56
57	61	58	62	59	63	60	64

b) Plussequenz (Schrittweite 4)

1	60	63	6	3	58	61	8
56	13	10	51	54	15	12	49
48	21	18	43	46	23	20	41
25	36	39	30	27	34	37	32
33	28	31	38	35	26	29	40
24	45	42	19	22	47	44	17
16	53	50	11	14	55	52	9
57	4	7	62	59	2	5	64

c) magisches Quadrat

Abb. 7.4 Symmetrisches magisches Quadrat der Ordnung $n = 8$ (Diagonalenmethode, Plussequenz)

Selbstverständlich kann man diese Variante wie alle vorgestellten Varianten der Diagonalenmethode bei allen Ordnungen $n = 4k$ anwenden. Man unterteilt das gesamte

[3] siehe auch Kapitel 3.2.2

Quadrat wieder in Teilquadrate der Größe 4 x 4 und füllt es z. B. wie in Abbildung 7.5, wo eine Plussequenz mit der Schrittweite 3 gewählt wurde.

•			•	•			•	•			•
	•	•			•	•			•	•	
	•	•			•	•			•	•	
•			•	•			•	•			•
•			•	•			•	•			•
	•	•			•	•			•	•	
	•	•			•	•			•	•	
•			•	•			•	•			•
•			•	•			•	•			•
	•	•			•	•			•	•	
	•	•			•	•			•	•	
•			•	•			•	•			•

a) Musterquadrat

1	4	2	5	3	6	7	10	8	11	9	12
13	16	14	17	15	18	19	22	20	23	21	24
25	28	26	29	27	30	31	34	32	35	33	36
37	40	38	41	39	42	43	46	44	47	45	48
49	52	50	53	51	54	55	58	56	59	57	60
61	64	62	65	63	66	67	70	68	71	69	72
73	76	74	77	75	78	79	82	80	83	81	84
85	88	86	89	87	90	91	94	92	95	93	96
97	100	98	101	99	102	103	106	104	107	105	108
109	112	110	113	111	114	115	118	116	119	117	120
121	124	122	125	123	126	127	130	128	131	129	132
133	136	134	137	135	138	139	142	140	143	141	144

b) Plussequenz (Schrittweite 3)

Abb. 7.5 Ausgangsquadrate für die Diagonalenmethode (Plussequenz)

Ersetzt man nun wieder die Zahlen auf den nicht markierten Positionen durch ihre komplementären Zahlen, erhält man das symmetrische magische Quadrat aus Abbildung 7.6.

1	141	143	5	3	139	138	10	8	134	136	12
132	16	14	128	130	18	19	123	125	23	21	121
120	28	26	116	118	30	31	111	113	35	33	109
37	105	107	41	39	103	102	46	44	98	100	48
49	93	95	53	51	91	90	58	56	86	88	60
84	64	62	80	82	66	67	75	77	71	69	73
72	76	74	68	70	78	79	63	65	83	81	61
85	57	59	89	87	55	54	94	92	50	52	96
97	45	47	101	99	43	42	106	104	38	40	108
36	112	110	32	34	114	115	27	29	119	117	25
24	124	122	20	22	126	127	15	17	131	129	13
133	9	11	137	135	7	6	142	140	2	4	144

Abb. 7.6 Symmetrisches magisches Quadrat der Ordnung $n = 12$ (Diagonalenmethode, Plussequenz)

Als Schrittweiten für diese Variante sind Teiler von n^2 zugelassen. Während bei Quadraten, bei denen die Ordnung eine Zweierpotenz wie 8, 16, 32 usw. ist, alle echten Teiler von n^2 als Schrittweite benutzt werden können, gibt es bei anderen Ordnungen allerdings mehr oder weniger ersichtliche Einschränkungen, die der Reihe nach überprüft werden sollten.

- So ist zunächst einmal unmittelbar klar, dass die Sequenzlänge, also die doppelte Schrittweite, ein Teiler von n^2 sein muss, da sonst nicht alle Zahlen von 1 bis n^2 eingetragen werden können.
- Etwas weniger offensichtlich ist schon, dass, wenn die Schrittweite ein Teiler von $4n$ ist, entweder die Sequenzlänge oder die Anzahl der Zahlenreihen mit dieser Sequenzlänge auch ein Teiler von $4n$ sein muss.

  Diese Voraussetzungen sind z. B. bei $n = 24$ und der Schrittweite 32 nicht gegeben. Mit der Sequenzlänge 64 werden neun Zahlenreihen benötigt, um das Quadrat vollständig zu füllen. Nun ist 32 ein Teiler von $4n = 96$, aber weder 64 noch 9.
- Kein magisches Quadrat entsteht auch, wenn weder die Schrittweite noch die Anzahl der Zahlenreihen ein Teiler von n sind und zusätzlich auch die Sequenzlänge kein Teiler von $\frac{n^2}{4}$ ist.

Für $n = 12$ und der Schrittweite 8 beträgt z. B. die Sequenzlänge 16, und man benötigt daher neun Zahlenreihen. Weder die Schrittweite noch die Zahlenreihen sind Teiler der Ordnung 12. Zusätzlich ist auch die Sequenzlänge kein Teiler von $\frac{n^2}{4} = 36$, und die Voraussetzungen sind nicht erfüllt.

- Ein seltener Fall tritt auf, wenn weder die Schrittweite noch die Anzahl der Zahlenreihen ein Teiler von n ist, aber die Sequenzlänge ein Teiler von $\frac{n^2}{4}$ ist. Sind jetzt die Schrittweite und die Sequenzlänge Teiler von $4n$, die Anzahl der Zahlenreihen aber nicht, kann kein magisches Quadrat entstehen.

  So beträgt etwa für die Ordnung $n = 48$ mit der Schrittweite 32 die Sequenzlänge 64 und man benötigt 36 Zahlenreihen. Damit ist weder die Schrittweite noch die Anzahl der Zahlenreihen ein Teiler von n, die Sequenzlänge aber ein Teiler von $\frac{n^2}{4} = 576$. Zusätzlich sind sowohl die Schrittweite als auch die Sequenzlänge Teiler von $4n = 192$, die Anzahl der Zahlenreihen aber nicht. Damit kann auch unter diesen Voraussetzungen kein magisches Quadrat entstehen.

In Tabelle 7.1 sind für einige Ordnungen mögliche Schrittweiten angegeben.

Ordnung	Schrittweiten
8	2 4 8 16 32
12	2 3 4 6 9 12 18 24 36 72
16	2 4 8 16 32 64 128
20	2 4 5 10 20 25 40 50 100 200
24	2 3 4 6 8 9 12 18 24 36 48 72 96 144 288

Tab. 7.1 Schrittweiten für die Plussequenzen

Variante 3

In einer dritten Variante werden keine Plussequenzen verwendet, sondern Zahlenpaare, die zu $n + 1$ komplementär sind.[4] In der oberen Zeile werden diese Paare in beliebiger Reihenfolge so eingetragen, dass sie symmetrisch zur vertikalen Mittellinie liegen. Wie bei einem Quadrat in natürlicher Anordnung erhöhen sich mit jeder Zeile diese Zahlen um n.

Ersetzt man nun wieder die Zahlen, die nicht auf den Diagonalen der Teilquadrate liegen, durch ihre komplementären Zahlen, erhält man das symmetrische magische Quadrat aus Abbildung 7.7.

[4] Moran [379] S. 175, siehe auch Kapitel 3.2.3

1	7	4	6	3	5	2	8
9	15	12	14	11	13	10	16
17	23	20	22	19	21	18	24
25	31	28	30	27	29	26	32
33	39	36	38	35	37	34	40
41	47	44	46	43	45	42	48
49	55	52	54	51	53	50	56
57	63	60	62	59	61	58	64

a) komplementäre Zahlenpaare

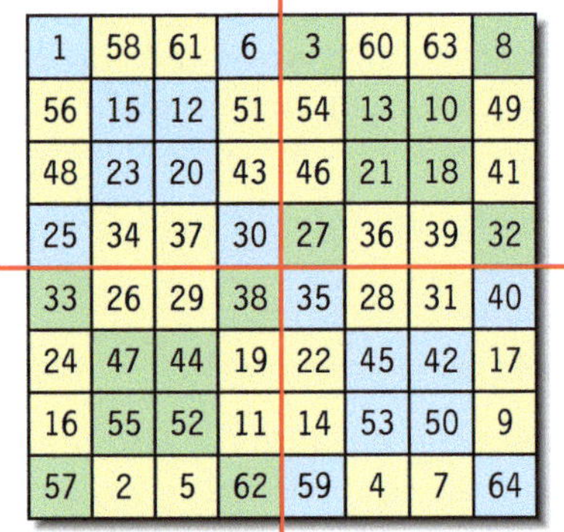

1	58	61	6	3	60	63	8
56	15	12	51	54	13	10	49
48	23	20	43	46	21	18	41
25	34	37	30	27	36	39	32
33	26	29	38	35	28	31	40
24	47	44	19	22	45	42	17
16	55	52	11	14	53	50	9
57	2	5	62	59	4	7	64

b) magisches Quadrat

Abb. 7.7 Symmetrisches magisches Quadrat der Ordnung $n = 8$ (Diagonalenmethode, Komplementsequenz)

Variante 4

Auch reversible Quadrate[5] sind als Ausgangsquadrate für dieses Verfahren geeignet. Das Musterquadrat wird wieder in Teilquadrate der Größe 4 unterteilt, auf deren Diagonalen Markierungen angebracht werden.

Bei dem reversiblen Quadrat sind immer zwei Spalten mit fortlaufenden Zahlen von links nach rechts und von oben nach unten gefüllt worden. In den ersten beiden Spalten also die Zahlen von 1 bis 16, danach die Zahlen von 17 bis 32 sowie von 33 bis 48. In den beiden rechten Spalten bilden die Zahlen 49 bis 64 den Abschluss.

Dieses reversible Quadrat ergibt dann mit den gewählten Markierungen das magische Quadrat in Abbildung 7.8.

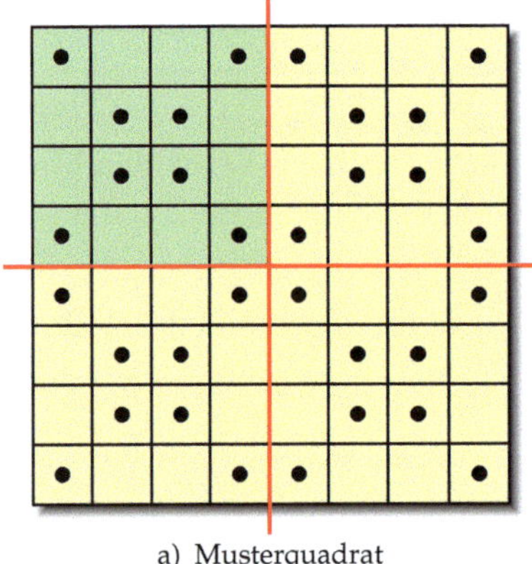

a) Musterquadrat

1	2	17	18	33	34	49	50
3	4	19	20	35	36	51	52
5	6	21	22	37	38	53	54
7	8	23	24	39	40	55	56
9	10	25	26	41	42	57	58
11	12	27	28	43	44	59	60
13	14	29	30	45	46	61	62
15	16	31	32	47	48	63	64

b) reversibles Quadrat

[5] siehe Kapitel 3.2.4

1	63	48	18	33	31	16	50
62	4	19	45	30	36	51	13
60	6	21	43	28	38	53	11
7	57	42	24	39	25	10	56
9	55	40	26	41	23	8	58
54	12	27	37	22	44	59	5
52	14	29	35	20	46	61	3
15	49	34	32	47	17	2	64

c) magisches Quadrat

Abb. 7.8 Symmetrisches magisches Quadrat der Ordnung $n = 8$ (Diagonalenmethode, reversibles Quadrat)

7.1.2 Al-Kharaqi (Methode der Markierungen)

Schaut man sich das Basismuster der Diagonalenmethode aus Kapitel 7.1.1 etwas genauer an, stellt man fest, dass sich in jeder Zeile und jeder Spalte genau zwei Markierungen befinden. Benutzt man jedoch ein anderes der insgesamt 90 Quadrate der Größe 4 mit dieser Eigenschaft und vervielfältigt dieses Quadrat in die entsprechenden Teilquadrate eines Quadrates der Ordnung $n = 4k$, so findet man kein weiteres geeignetes Basismuster, mit dem sich magische Quadrate erzeugen lassen. Nur die beiden angegebenen Basismuster führen immer zu einem magischen Quadrat.

In der Abhandlung von al-Kharaqi über magische Quadrate aus der ersten Hälfte des 12. Jahrhunderts findet sich allerdings ein weiteres Konstruktionsverfahren eines unbekannten arabischen Autors, welches mit Markierungen arbeitet.[6]

Al-Kharaqi beginnt bei seinem Beispiel für die Ordnung $n = 8$ mit einem Basismuster der Größe 4×4, das in jeder Zeile und jeder Spalte genau zwei Markierungen besitzt.

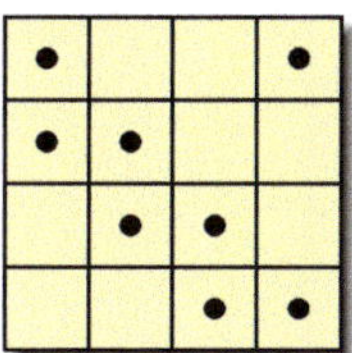

Dieses Basismuster wird aber nicht mehrfach in das Zielquadrat kopiert, sondern in den linken oberen Quadranten eines Hilfsquadrates der Ordnung $n = 8$ eingesetzt

[6] Sesiano [515] S. 201 – 202

und durch Spiegelungen auf das gesamte Quadrat übertragen. Das Ergebnis dieser Spiegelungen mit allen Markierungen ist in Abbildung 7.9 dargestellt.

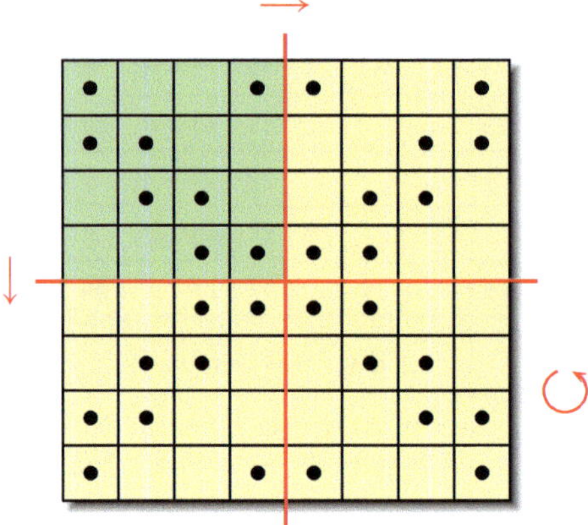

Abb. 7.9 Vollständig gefülltes Musterquadrat mit allen Markierungen

Wie bei der Diagonalenmethode wird das Quadrat jetzt zunächst mit den n^2 Zahlen in natürlicher Anordnung gefüllt. Links oben mit 1 beginnend werden die weiteren Zahlen fortlaufend von links nach rechts und von oben nach unten in das Quadrat geschrieben. Anschließend werden alle Zahlen z, die auf nicht markierten Feldern liegen, durch ihre Komplemente ersetzt.

$$z \longmapsto n^2 + 1 - z$$

Damit ergibt sich dann das symmetrische magische Quadrat aus Abbildung 7.10.

1	2	3	4	5	6	7	8
9	10	11	12	13	14	15	16
17	18	19	20	21	22	23	24
25	26	27	28	29	30	31	32
33	34	35	36	37	38	39	40
41	42	43	44	45	46	47	48
49	50	51	52	53	54	55	56
57	58	59	60	61	62	63	64

a) natürliche Anordnung

1	63	62	4	5	59	58	8
9	10	54	53	52	51	15	16
48	18	19	45	44	22	23	41
40	39	27	28	29	30	34	33
32	31	35	36	37	38	26	25
24	42	43	21	20	46	47	17
49	50	14	13	12	11	55	56
57	7	6	60	61	3	2	64

b) magisches Quadrat

Abb. 7.10 Symmetrisches magisches Quadrat der Ordnung $n = 8$ (Methode der Markierungen)

Wie bei der Diagonalenmethode kann man natürlich auch wieder eine alternative Beschreibung wählen, bei der das Zielquadrat in zwei Durchgängen gefüllt wird. Man beginnt zunächst in der linken oberen Ecke mit 1 und trägt fortlaufend von links nach rechts und von oben nach unten natürliche Zahlen ein, wenn das Feld markiert ist. Ist es dagegen nicht markiert, wird die aktuelle Zahl übersprungen. In einem zweiten Durchgang verfährt man fast entsprechend. Allerdings beginnt man dieses Mal neben der rechten unteren Ecke mit der Zahl 2 und schreitet von rechts nach links und von unten nach oben fort und trägt die Zahlen in die noch freien Zellen ein.

Dieses Verfahren lässt sich auf alle Ordnungen $n = 4k$ übertragen. Für die notwendigen Spiegelungen muss das gesamte Quadrat aber immer in vier Quadranten unterteilt werden, und das Basismuster besitzt damit die Größe $m = \frac{n}{2}$. Wie bisher muss es die Bedingung erfüllen, dass in jeder Zeile und jeder Spalte genau k Markierungen vorhanden sind, im Falle $n = 12$ also drei Markierungen. Dieses Basismuster wird wieder in die linke obere Ecke eines Hilfsquadrates der Ordnung n kopiert und dann in die anderen Quadranten gespiegelt. Das Ergebnis dieser Spiegelungen ist in Abbildung 7.11 dargestellt.

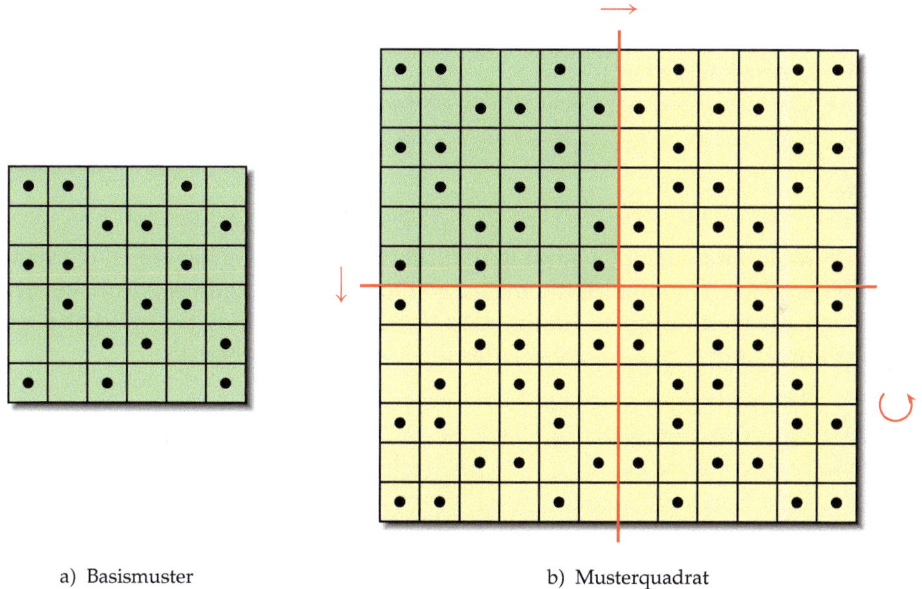

a) Basismuster b) Musterquadrat

Abb. 7.11 Vollständig gefülltes Musterquadrat mit allen Markierungen

Wie immer bei der Methode der Markierungen wird das Quadrat zunächst mit den n^2 Zahlen in natürlicher Anordnung gefüllt, und man kann entscheiden, wie man mit den markierten Zellen verfährt. In diesem Fall werden alle Zahlen z, die auf markierten Feldern liegen, durch ihre Komplemente ersetzt. Damit ergibt sich dann das symmetrische magische Quadrat aus Abbildung 7.12.

144	143	3	4	140	6	7	137	9	10	134	133
13	14	130	129	17	127	126	20	124	123	23	24
120	119	27	28	116	30	31	113	33	34	110	109
37	107	39	105	104	42	43	101	100	46	98	48
49	50	94	93	53	91	90	56	88	87	59	60
84	62	82	64	65	79	78	68	69	75	71	73
72	74	70	76	77	67	66	80	81	63	83	61
85	86	58	57	89	55	54	92	52	51	95	96
97	47	99	45	44	102	103	41	40	106	38	108
36	35	111	112	32	114	115	29	117	118	26	25
121	122	22	21	125	19	18	128	16	15	131	132
12	11	135	136	8	138	139	5	141	142	2	1

Abb. 7.12 Symmetrisches magisches Quadrat der Ordnung $n = 12$ (Methode der Markierungen)

Variante 1

Bisher ist immer mit einem Quadrat in natürlicher Anordnung begonnen worden. Es entstehen aber auch symmetrische magische Quadrate der Ordnung $n = 4k$, wenn man Plussequenzen mit ganz bestimmten Schrittweiten benutzt. Zunächst beginnt man wie immer mit dem Basismuster, das die Markierungen enthält.

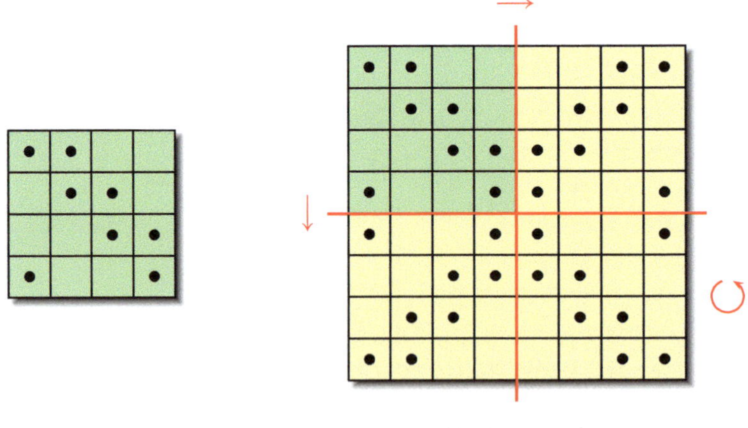

a) Basismuster b) Musterquadrat

Abb. 7.13 Vollständig gefülltes Musterquadrat mit allen Markierungen

In diesem Beispiel wird das Ausgangsquadrat mit einer Plussequenz der Schrittweite 8 erstellt. Ersetzt man nun wieder die Zahlen auf den nicht markierten Feldern durch ihre komplementären Zahlen, erhält man das symmetrische magische Quadrat aus Abbildung 7.14.

1	9	2	10	3	11	4	12
5	13	6	14	7	15	8	16
17	25	18	26	19	27	20	28
21	29	22	30	23	31	24	32
33	41	34	42	35	43	36	44
37	45	38	46	39	47	40	48
49	57	50	58	51	59	52	60
53	61	54	62	55	63	56	64

a) Plussequenz (Schrittweite 8)

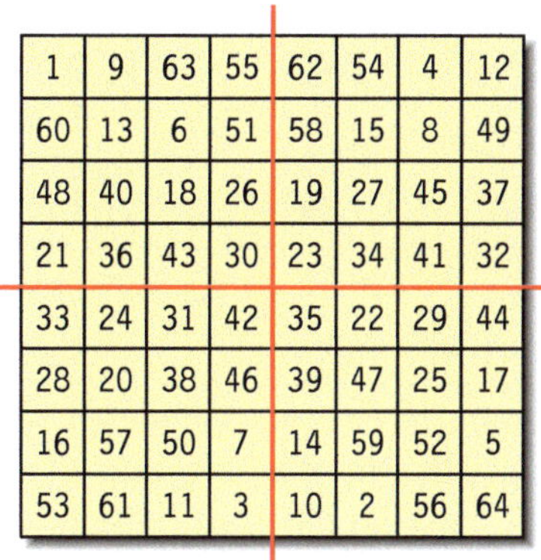

1	9	63	55	62	54	4	12
60	13	6	51	58	15	8	49
48	40	18	26	19	27	45	37
21	36	43	30	23	34	41	32
33	24	31	42	35	22	29	44
28	20	38	46	39	47	25	17
16	57	50	7	14	59	52	5
53	61	11	3	10	2	56	64

b) magisches Quadrat

Abb. 7.14 Symmetrisches magisches Quadrat der Ordnung $n = 8$ (Methode der Markierungen, Plussequenz)

Als Schrittweiten für diese Variante sind Teiler von n^2 zugelassen, die allerdings einige Bedingungen erfüllen müssen.

- Die Sequenzlänge muss natürlich ein Teiler von n^2 sein, damit alle Felder vollständig mit Sequenzen gefüllt werden können. In Abbildung 7.14 ist die Schrittweite 8 gewählt worden und damit beträgt die Sequenzlänge $8 \cdot 2 = 16$ Zahlen. Anschaulich bedeutet dies, dass nach 16 Zahlen die zusammenhängenden Zahlenpaare $(1, 9), (2, 10), \ldots, (8, 16)$ eingetragen worden sind und mit der nächsten Sequenz $(17, 25), (18, 26), \ldots, (24, 32)$ fortgefahren werden kann.
- Für Teiler, die kleiner als n sind, muss die Schrittweite ein Teiler der Ordnung n sein. Und wenn sie ein Teiler ist, muss der Quotient auch eine gerade Zahl sein.
- Für Teiler, die größer als n sind, muss die Sequenzlänge ein Teiler von n^2 sein.

Wählt man etwa die Schrittweite 6, lauten die Zahlen in den drei oberen Zeilen

$$
\begin{array}{cccccccc}
1 & 7 & 2 & 8 & 3 & 9 & 4 & 10 \\
5 & 11 & 6 & 12 & 13 & 19 & 14 & 20 \\
15 & 21 & 16 & 22 & 17 & 23 & 18 & 24
\end{array}
$$

und die Zahlensequenz ist mit 24 Zahlen abgeschlossen. Es ist klar, dass mit dieser Schrittweite kein Quadrat mit acht Zeilen und 64 Zahlen gefüllt werden kann.

In Tabelle 7.2 sind für einige Ordnungen mögliche Schrittweiten angegeben.

Ordnung	Schrittweiten
4	2 4 8
8	2 4 8 16 32
12	2 3 6 12 18 24 36 72
16	2 4 8 16 32 64 128
20	2 5 10 20 40 50 100 200
24	2 3 4 6 12 24 36 48 72 96 144 288

Tab. 7.2 Schrittweiten für die Plussequenzen

Da die Plussequenzen bei vielen Verfahren angewendet werden können, soll ein weiteres Beispiel für die Ordnung $n = 12$ das Vorgehen noch einmal verdeutlichen. Zunächst wird ein Basismuster benötigt, das in jeder Zeile und jeder Spalte genau drei Markierungen besitzt. Dieses Basismuster wird jetzt in die linke obere Ecke eines Hilfsquadrates der Ordnung n kopiert und dann in die anderen Quadranten gespiegelt. Das Ergebnis dieser Spiegelungen ist in Abbildung 7.15 zu erkennen.

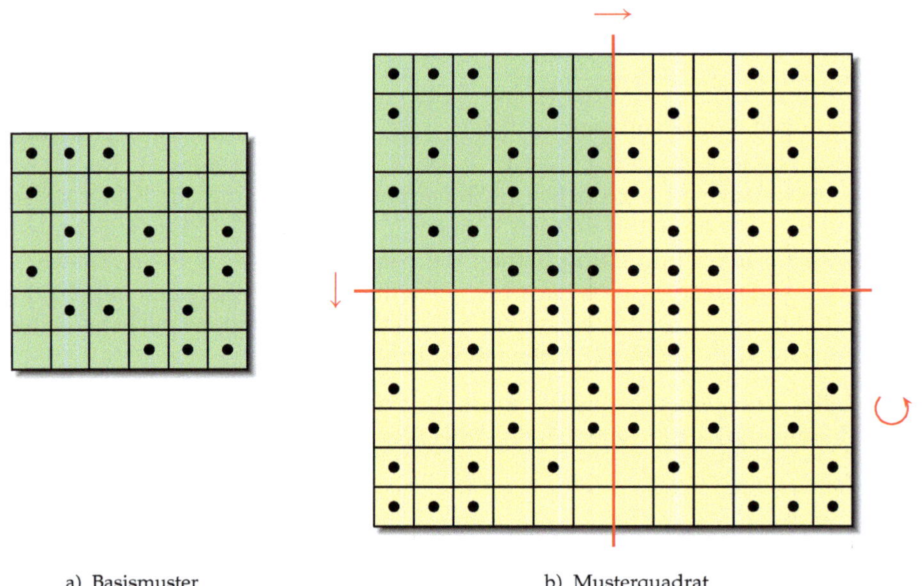

a) Basismuster b) Musterquadrat

Abb. 7.15 Vollständig gefülltes Musterquadrat mit allen Markierungen

Nun wird das Ausgangsquadrat mit einer Plussequenz der Schrittweite 6 erstellt und alle Zahlen, die auf nicht markierten Feldern liegen, durch ihr Komplement ersetzt. Damit ergibt sich das symmetrische magische Quadrat aus Abbildung 7.16.

1	7	2	8	3	9	4	10	5	11	6	12
13	19	14	20	15	21	16	22	17	23	18	24
25	31	26	32	27	33	28	34	29	35	30	36
37	43	38	44	39	45	40	46	41	47	42	48
49	55	50	56	51	57	52	58	53	59	54	60
61	67	62	68	63	69	64	70	65	71	66	72
73	79	74	80	75	81	76	82	77	83	78	84
85	91	86	92	87	93	88	94	89	95	90	96
97	103	98	104	99	105	100	106	101	107	102	108
109	115	110	116	111	117	112	118	113	119	114	120
121	127	122	128	123	129	124	130	125	131	126	132
133	139	134	140	135	141	136	142	137	143	138	144

a) Ausgangsquadrat mit der Schrittweite 6

1	7	2	137	142	136	141	135	140	11	6	12
13	126	14	125	15	124	129	22	128	23	127	24
120	31	119	32	118	33	28	111	29	110	30	109
37	102	107	44	106	45	40	99	41	98	103	48
96	55	50	89	51	88	93	58	92	59	54	85
84	78	83	68	63	69	64	70	65	74	79	73
72	66	71	80	75	81	76	82	77	62	67	61
60	91	86	53	87	52	57	94	56	95	90	49
97	42	47	104	46	105	100	39	101	38	43	108
36	115	35	116	34	117	112	27	113	26	114	25
121	18	122	17	123	16	21	130	20	131	19	132
133	139	134	5	10	4	9	3	8	143	138	144

b) magisches Quadrat

Abb. 7.16 Symmetrisches magisches Quadrat der Ordnung $n = 12$ (Methode der Markierungen, Plussequenz)

Variante 2

In dieser Variante wird eine andere Anordnung von Zahlen im Ausgangsquadrat benutzt, um symmetrische magische Quadrate der Ordnung $n = 4k$ zu erzeugen. Wie immer beginnt man mit einem geeigneten Basismuster, das durch Spiegelungen auf das gesamte Quadrat übertragen wird.

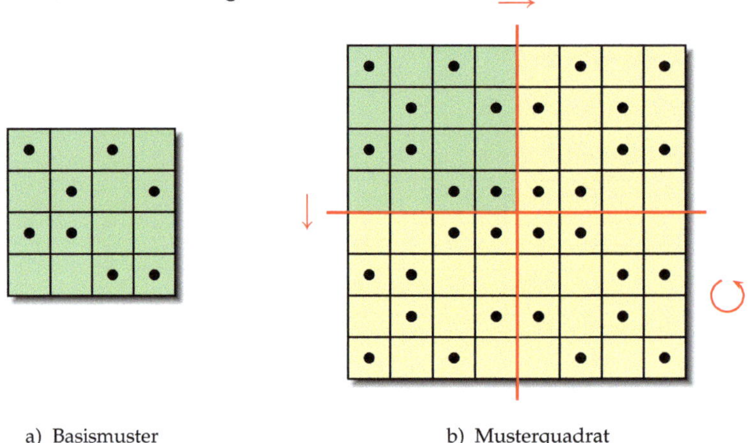

a) Basismuster b) Musterquadrat

Abb. 7.17 Vollständig gefülltes Musterquadrat mit allen Markierungen

Jetzt werden Paare von zu $n + 1$ komplementären Zahlen so in die obere Zeile eingetragen, dass die Zahlen symmetrisch zur vertikalen Mittellinie liegen. Wie bei einem Quadrat in natürlicher Anordnung erhöhen sich mit jeder Zeile diese Zahlen um n, sodass das Quadrat mit Komplementsequenzen gefüllt ist.

Ersetzt man wieder die Zahlen auf den nicht markierten Feldern der Teilquadrate durch ihre komplementären Zahlen, erhält man das symmetrische magische Quadrat aus Abbildung 7.18.

3	1	2	4	5	7	8	6
11	9	10	12	13	15	16	14
19	17	18	20	21	23	24	22
27	25	26	28	29	31	32	30
35	33	34	36	37	39	40	38
43	41	42	44	45	47	48	46
51	49	50	52	53	55	56	54
59	57	58	60	61	63	64	62

a) komplementäre Anordnung

3	64	2	61	60	7	57	6
54	9	55	12	13	50	16	51
19	17	47	45	44	42	24	22
38	40	26	28	29	31	33	35
30	32	34	36	37	39	25	27
43	41	23	21	20	18	48	46
14	49	15	52	53	10	56	11
59	8	58	5	4	63	1	62

b) magisches Quadrat

Abb. 7.18 Symmetrisches magisches Quadrat der Ordnung $n = 8$ (Methode der Markierungen, Komplementsequenz)

Variante 3

Auch reversible Quadrate sind als Ausgangsquadrate für dieses Verfahren geeignet. Ein solches Beispiel ist in Abbildung 7.19 angegeben.

		•	•	•	•		
	•	•			•	•	
•	•					•	•
•			•	•			•
•			•	•			•
•	•					•	•
	•	•			•	•	
		•	•	•	•		

a) Musterquadrat

1	2	3	4	17	18	19	20
5	6	7	8	21	22	23	24
9	10	11	12	25	26	27	28
13	14	15	16	29	30	31	32
33	34	35	36	49	50	51	52
37	38	39	40	53	54	55	56
41	42	43	44	57	58	59	60
45	46	47	48	61	62	63	64

b) reversible Quadrat

64	63	3	4	17	18	46	45
60	6	7	57	44	22	23	41
9	10	54	53	40	39	27	28
13	51	50	16	29	35	34	32
33	31	30	36	49	15	14	52
37	38	26	25	12	11	55	56
24	42	43	21	8	58	59	5
20	19	47	48	61	62	2	1

c) magisches Quadrat

Abb. 7.19 Magisches Quadrat der Ordnung $n = 8$
(Methode der Markierungen, reversibles Quadrat)

Variante 4

In dieser Variante wird eine andere Anordnung von Zahlen im Ausgangsquadrat benutzt, um symmetrische magische Quadrate der Ordnung $n = 4k$ zu erzeugen. Man beginnt wieder mit einem geeigneten Basismuster, das in alle 4×4 - Teilquadrate des gesamten Quadrates kopiert wird.

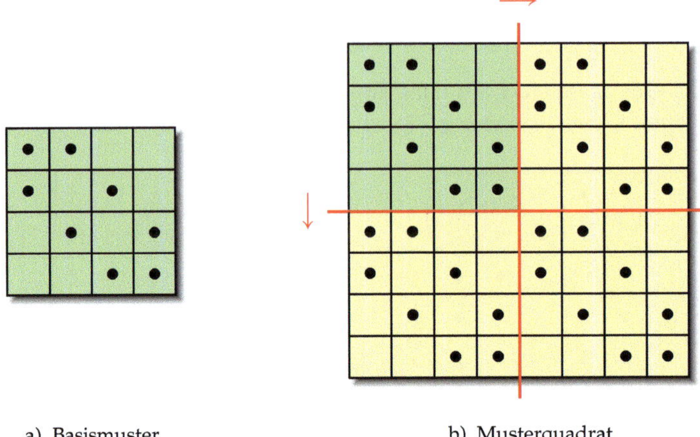

a) Basismuster b) Musterquadrat

Abb. 7.20 Vollständig gefülltes Musterquadrat mit allen Markierungen

In dieser Variante werden die geraden und ungeraden Zahlen im Ausgangsquadrat getrennt voneinander eingetragen. Man beginnt in der linken oberen Ecke mit den ungeraden Zahlen $1, 3, 5, \ldots$ und schreitet von links nach rechts fort. Ist das Feld markiert, wird die aktuelle Zahl in dieses Feld geschrieben, sonst genau in das vertikal symmetrisch liegende Feld. Dann wird mit der zweiten Zeile fortgefahren, allerdings vom unteren Rand aus gesehen und in entgegengesetzter Richtung. Damit werden die Zeilen der oberen Hälfte immer von links nach rechts, die der unteren Hälfte von rechts nach links gefüllt.

Im zweiten Durchgang werden die geraden Zahlen eingetragen. Hier beginnt man mit der Zahl 2 am rechten Rand direkt oberhalb der Mittellinie und trägt die folgenden Zahlen mit den schon bei den ungeraden Zahlen vorgenommenen Zeilenwechseln ein.

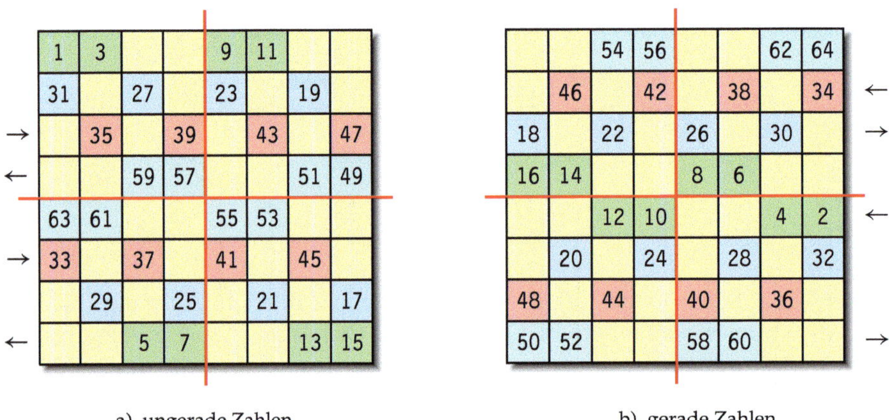

a) ungerade Zahlen b) gerade Zahlen

Abb. 7.21 Getrennte Zahlensequenzen für ungerade und gerade Zahlen

Als Nächstes wird die zweite Zeile unterhalb der Mittellinie in umgekehrter Richtung gefüllt. Daran schließen sich dann entsprechend die weiteren Zeilen der beiden Hälften des Quadrates an.

Ineinander gesetzt ergibt sich das symmetrische magische Quadrat aus Abbildung 7.22.

1	3	54	56	9	11	62	64
31	46	27	42	23	38	19	34
18	35	22	39	26	43	30	47
16	14	59	57	8	6	51	49
63	61	12	10	55	53	4	2
33	20	37	24	41	28	45	32
48	29	44	25	40	21	36	17
50	52	5	7	58	60	13	15

Abb. 7.22 Symmetrisches magisches Quadrat der Ordnung $n = 8$ (Methode der Markierungen, ungerade/gerade)

Allerdings ist die Anzahl der Basismuster für diese Variante sehr eingeschränkt. Ist die Ordnung durch 8 teilbar, existieren nur 12 Basismuster, die in Abbildung 7.23 dargestellt sind.

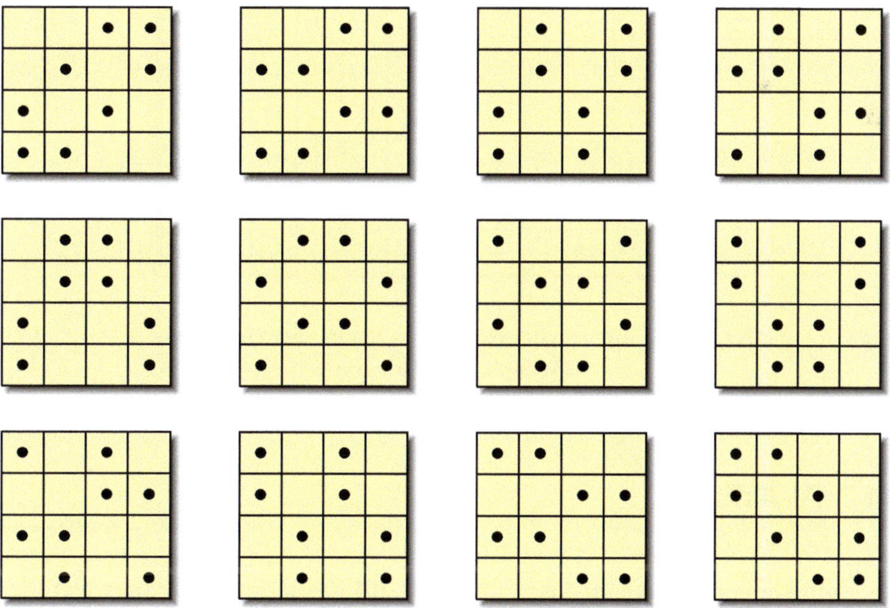

Abb. 7.23 Basismuster für Ordnungen $n = 8k$

Weiterhin stellt sich heraus, dass nur vier Basismuster existieren, wenn die Ordnung n nicht durch 8 teilbar ist. Diese Basismuster aus Abbildung 7.24 sind damit für alle Ordnungen $n = 4k$ geeignet.

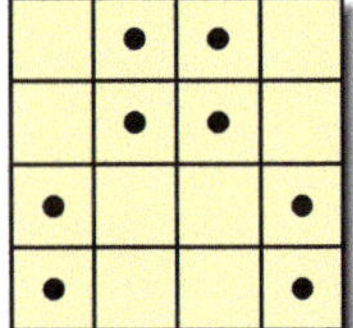
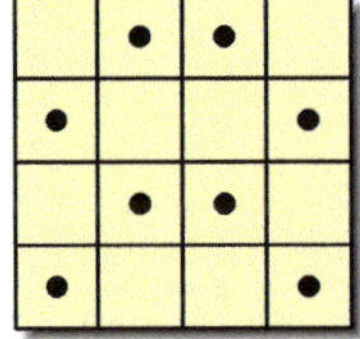
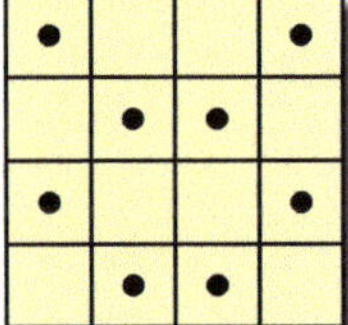
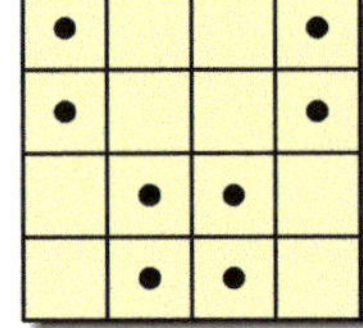

Abb. 7.24 Basismuster für alle Ordnungen $n = 4k$ (Methode der Markierungen)

Mit dem rechten Basismuster aus Abbildung 7.24 ist das magische Quadrat in Abbildung 7.25 konstruiert worden.

122	3	5	128	130	11	13	136	138	19	21	144
120	45	43	114	112	37	35	106	104	29	27	98
49	76	78	55	57	84	86	63	65	92	94	71
95	70	68	89	87	62	60	81	79	54	52	73
26	99	101	32	34	107	109	40	42	115	117	48
24	141	139	18	16	133	131	10	8	125	123	2
143	22	20	137	135	14	12	129	127	6	4	121
97	28	30	103	105	36	38	111	113	44	46	119
72	93	91	66	64	85	83	58	56	77	75	50
74	51	53	80	82	59	61	88	90	67	69	96
47	118	116	41	39	110	108	33	31	102	100	25
1	124	126	7	9	132	134	15	17	140	142	23

Abb. 7.25 Symmetrisches magisches Quadrat der Ordnung $n = 12$ (Methode der Markierungen)

7.1.3 Al-Asfizari

Die Methode von al-Asfizari kann ungefähr auf das Jahr 1200 datiert werden.[7] Sie weist gewisse Ähnlichkeiten mit der Diagonalenmethode aus Kapitel 7.1.1 auf, wo

[7] Sesiano [519] S. 45 und Sesiano [513] S. 193

Zahlen auf den Diagonalen nicht verändert, die anderen Zahlen jedoch durch ihr Komplement ersetzt werden.

1	15	14	4
12	6	7	9
8	10	11	5
13	3	2	16

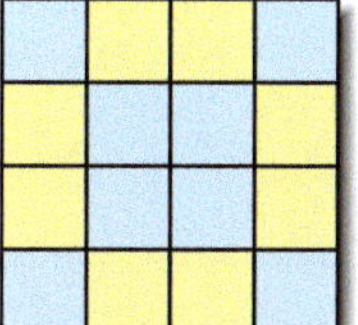

Abb. 7.26 Struktur bei der Ordnung $n = 4$

Allgemein gesehen wird das Quadrat durch die Diagonalen in 16 Bereiche aufgeteilt. Durch die Aufteilung von al-Asfizari besitzt ein solches Quadrat der Ordnung $n = 4k$ insgesamt $(4\,k)^2 = 16\,k^2$ Zellen und jeder einzelne Bereich k^2 Zellen. Die 16 Bereiche nummeriert er wie in Abbildung 7.27a zunächst einmal durch.

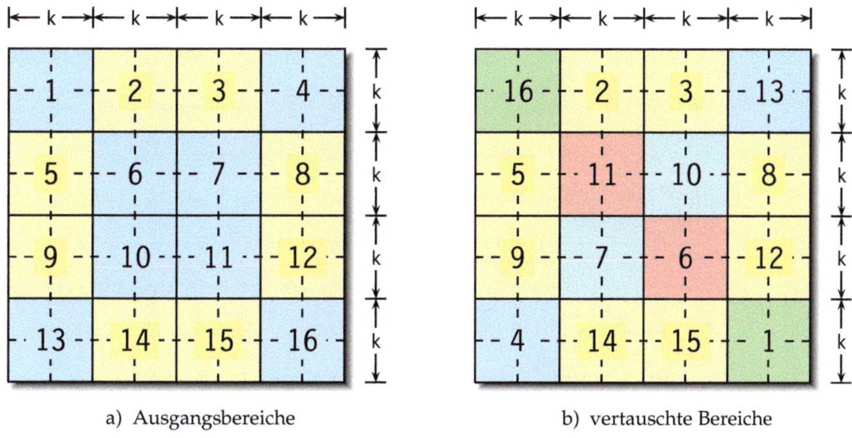

a) Ausgangsbereiche
b) vertauschte Bereiche

Abb. 7.27 Verallgemeinerte Struktur für die Ordnung $n = 4k$

In das Ausgangsquadrat trägt al-Asfizari die Zahlen in natürlicher Anordnung ein und tauscht dann die auf den Diagonalen liegenden Bereiche 1 und 16, 4 und 13, 6 und 11 sowie 7 und 10 aus. Dabei werden die Zahlen in diesen Bereichen gleichzeitig noch um 180° gedreht.

In dem symmetrischen magischen Quadrat aus Abbildung 7.28 ist zu erkennen, dass man den von al-Asfizari vorgenommenen Austausch auch so beschreiben kann, dass die Zahlen in den auf den Diagonalen liegenden Blöcken durch ihre komplementären Zahlen ersetzt werden.

1	2	3	4	5	6	7	8
9	10	11	12	13	14	15	16
17	18	19	20	21	22	23	24
25	26	27	28	29	30	31	32
33	34	35	36	37	38	39	40
41	42	43	44	45	46	47	48
49	50	51	52	53	54	55	56
57	58	59	60	61	62	63	64

64	63	3	4	5	6	58	57
56	55	11	12	13	14	50	49
17	18	46	45	44	43	23	24
25	26	38	37	36	35	31	32
33	34	30	29	28	27	39	40
41	42	22	21	20	19	47	48
16	15	51	52	53	54	10	9
8	7	59	60	61	62	2	1

Abb. 7.28 Symmetrisches magisches Quadrat der Ordnung $n = 8$ (al-Asfizari)

Für ein Quadrat der Ordnung 12 besitzen die Teilquadrate die Größe $k = 3$. Mit dem Verfahren von al-Asfizari ergibt sich das Quadrat in Abbildung 7.29.

144	143	142	4	5	6	7	8	9	135	134	133
132	131	130	16	17	18	19	20	21	123	122	121
120	119	118	28	29	30	31	32	33	111	110	109
37	38	39	105	104	103	102	101	100	46	47	48
49	50	51	93	92	91	90	89	88	58	59	60
61	62	63	81	80	79	78	77	76	70	71	72
73	74	75	69	68	67	66	65	64	82	83	84
85	86	87	57	56	55	54	53	52	94	95	96
97	98	99	45	44	43	42	41	40	106	107	108
36	35	34	112	113	114	115	116	117	27	26	25
24	23	22	124	125	126	127	128	129	15	14	13
12	11	10	136	137	138	139	140	141	3	2	1

Abb. 7.29 Symmetrisches magisches Quadrat der Ordnung $n = 12$ (al-Asfizari)

Variante 1

Bei der Originalmethode von al-Asfizari werden die Zahlen, die in den Bereichen auf der Diagonale liegen, verändert und alle anderen Zahlen beibehalten. Man kann aber genauso gut umgekehrt vorgehen. Dann ergibt sich das symmetrische magische Quadrat aus Abbildung 7.30.

1	2	62	61	60	59	7	8
9	10	54	53	52	51	15	16
48	47	19	20	21	22	42	41
40	39	27	28	29	30	34	33
32	31	35	36	37	38	26	25
24	23	43	44	45	46	18	17
49	50	14	13	12	11	55	56
57	58	6	5	4	3	63	64

Abb. 7.30 Symmetrisches magisches Quadrat der Ordnung $n = 8$ (al-Asfizari, Variante 1)

Variante 2

Diese Variante erzeugt die gleichen magischen Quadrate wie Variante 1, arbeitet aber mit einer etwas anderen Sichtweise. Auch hier wird das Zielquadrat zunächst in 16 Blöcke der Größe k aufgeteilt, die wie in Abbildung 7.31 durchnummeriert werden.

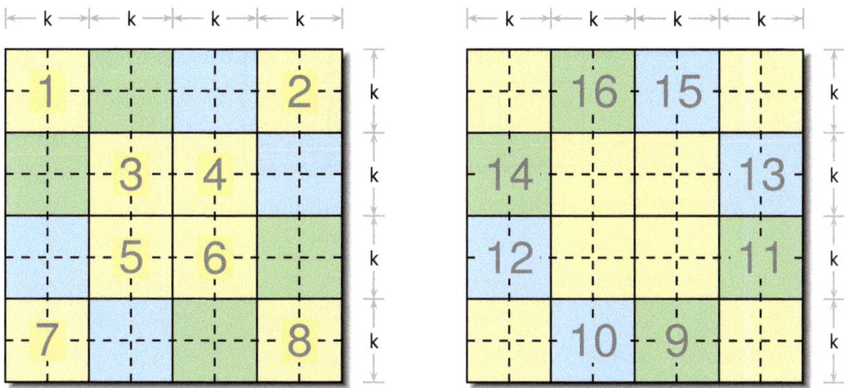

Abb. 7.31 Reihenfolge beim Füllen der Bereiche

Von einem Quadrat in natürlicher Anordnung ausgehend werden nun zunächst die Zahlen in das Zielquadrat übertragen, die zu den auf den Diagonalen liegenden Bereichen mit den Kennnummern 1 bis 8 gehören.

Danach folgen in einem zweiten Durchgang in umgekehrter Richtung die Bereiche mit den Kennnummern 9 bis 16, bei denen die Zahlen durch ihre Komplemente ersetzt werden.

1	2					7	8
9	10					15	16
		19	20	21	22		
		27	28	29	30		
		35	36	37	38		
		43	44	45	46		
49	50					55	56
57	58					63	64

		62	61	60	59		
		54	53	52	51		
48	47					42	41
40	39					34	33
32	31					26	25
24	23					18	17
		14	13	12	11		
		6	5	4	3		

Abb. 7.32 Füllen der einzelnen Bereiche

Insgesamt ergibt sich damit das magische Quadrat aus Abbildung 7.33.

1	2	62	61	60	59	7	8
9	10	54	53	52	51	15	16
48	47	19	20	21	22	42	41
40	39	27	28	29	30	34	33
32	31	35	36	37	38	26	25
24	23	43	44	45	46	18	17
49	50	14	13	12	11	55	56
57	58	6	5	4	3	63	64

Abb. 7.33 Symmetrisches magisches Quadrat der Ordnung $n = 8$
(al-Asfizari, Variante 2)

Variante 3

Weitere Varianten ergeben sich, wenn man alle Teilbereiche der Größe k einer der üblichen Spiegelungen oder Drehungen von magischen Quadraten unterzieht.

- horizonale und vertikale Spiegelung
- Spiegelung an den Diagonalen
- Drehungen um 90°, 180 °oder 270°

Die durch diese vier Spiegelungen und drei Drehungen aus dem Quadrat der Variante 2 entstehenden veränderten magischen Quadrate sind in Abbildung 7.34 zu erkennen.

2	1	61	62	59	60	8	7
10	9	53	54	51	52	16	15
47	48	20	19	22	21	41	42
39	40	28	27	30	29	33	34
31	32	36	35	38	37	25	26
23	24	44	43	46	45	17	18
50	49	13	14	11	12	56	55
58	57	5	6	3	4	64	63

a) horizontale Spiegelung

9	10	54	53	52	51	15	16
1	2	62	61	60	59	7	8
40	39	27	28	29	30	34	33
48	47	19	20	21	22	42	41
24	23	43	44	45	46	18	17
32	31	35	36	37	38	26	25
57	58	6	5	4	3	63	64
49	50	14	13	12	11	55	56

b) vertikale Spiegelung

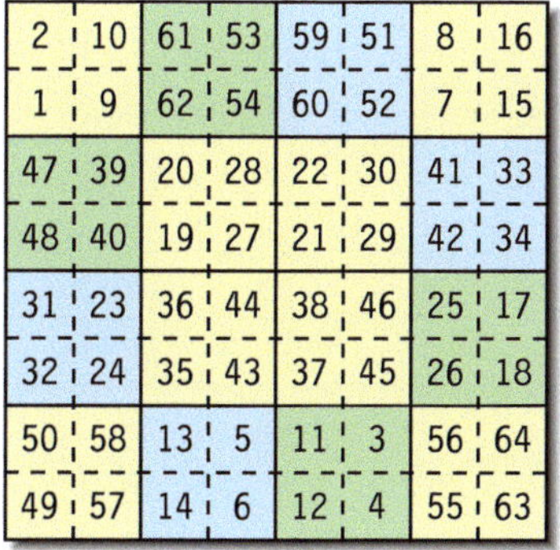

10	2	53	61	51	59	16	8
9	1	54	62	52	60	15	7
39	47	28	20	30	22	33	41
40	48	27	19	29	21	34	42
23	31	44	36	46	38	17	25
24	32	43	35	45	37	18	26
58	50	5	13	3	11	64	56
57	49	6	14	4	12	63	55

c) Spiegelung an der Hauptdiagonalen

1	9	62	54	60	52	7	15
2	10	61	53	59	51	8	16
48	40	19	27	21	29	42	34
47	39	20	28	22	30	41	33
32	24	35	43	37	45	26	18
31	23	36	44	38	46	25	17
49	57	14	6	12	4	55	63
50	58	13	5	11	3	56	64

d) Spiegelung an der Nebendiagonalen

2	10	61	53	59	51	8	16
1	9	62	54	60	52	7	15
47	39	20	28	22	30	41	33
48	40	19	27	21	29	42	34
31	23	36	44	38	46	25	17
32	24	35	43	37	45	26	18
50	58	13	5	11	3	56	64
49	57	14	6	12	4	55	63

e) Drehung um 90°

10	9	53	54	51	52	16	15
2	1	61	62	59	60	8	7
39	40	28	27	30	29	33	34
47	48	20	19	22	21	41	42
23	24	44	43	46	45	17	18
31	32	36	35	38	37	25	26
58	57	5	6	3	4	64	63
50	49	13	14	11	12	56	55

f) Drehung um 180°

9	1	54	62	52	60	15	7
10	2	53	61	51	59	16	8
40	48	27	19	29	21	34	42
39	47	28	20	30	22	33	41
24	32	43	35	45	37	18	26
23	31	44	36	46	38	17	25
57	49	6	14	4	12	63	55
58	50	5	13	3	11	64	56

g) Drehung um 270°

Abb. 7.34 Symmetrische magische Quadrate der Ordnung $n = 8$ (al-Asfizari, Variante 3)

7.1.4 Unterteilung in 16 Teilquadrate der Größe k

Diese Methode ähnelt etwas dem Verfahren von al-Asfizari.[8] Wie bei al-Asfizari wird das gesamte Quadrat in 16 Teilquadrate der Größe k unterteilt, die wie in Abbildung 7.35 angeordnet werden. Die Teilquadrate werden in der angegebenen Reihenfolge nach einem festen Schema gefüllt, wobei hier aber nicht mit einem Quadrat in natürlicher Anordnung begonnen wird. Zunächst werden die nicht markierten Teilquadrate eingetragen, dann die markierten in umgekehrter Reihenfolge.

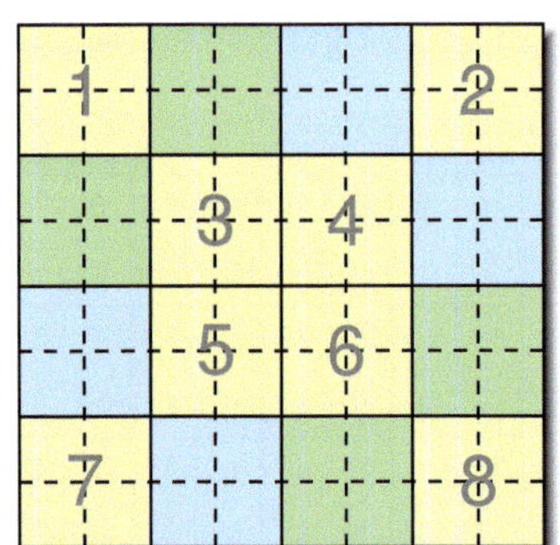

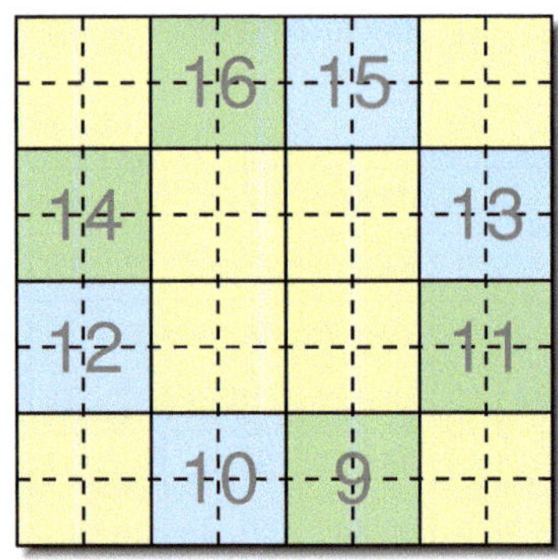

Abb. 7.35 Aufteilung des Quadrates in Bereiche

Jedes einzelne Teilquadrat wird von links nach rechts und von oben nach unten mit fortlaufenden Zahlen gefüllt. Ist ein Quadrat gefüllt, geht man zum nächsten Teilquadrat über. Dabei werden die Zahlen auch bei den Teilquadraten inkrementiert, bei de-

[8] siehe Kapitel 7.1.3

nen noch keine Zahlen vorhanden sind. Im Beispiel bedeutet das zunächst, dass in das Teilquadrat 1 die Zahlen 1 bis 4 platziert werden. Die nächsten beiden Teilquadrate, in denen die Zahlen 5 bis 8 bzw. 9 bis 12 eingetragen werden müssten, bleiben im ersten Durchgang leer, sodass sich für das rechte Teilquadrat mit der Nummer 2 die Zahlen 13 bis 16 ergeben.

1	2					13	14
3	4					15	16
		21	22	25	26		
		23	24	27	28		
		37	38	41	42		
		39	40	43	44		
49	50					61	62
51	52					63	64

		60	59	56	55		
		58	57	54	53		
48	47					36	35
46	45					34	33
32	31					20	19
30	29					18	17
		12	11	8	7		
		10	9	6	5		

Abb. 7.36 Füllen der Bereiche

Nachdem alle nicht markierten Teilquadrate gefüllt sind, geht man zu den markierten Teilquadraten über. Allerdings werden diese nun in umgekehrter Reihenfolge gefüllt. Man beginnt also in der rechten unteren Ecke und bewegt sich jeweils von rechts nach links und von unten nach oben weiter.

Legt man die beiden Quadrate wie in Abbildung 7.37 übereinander, erhält man ein symmetrisches magisches Quadrat.

1	2	60	59	56	55	13	14
3	4	58	57	54	53	15	16
48	47	21	22	25	26	36	35
46	45	23	24	27	28	34	33
32	31	37	38	41	42	20	19
30	29	39	40	43	44	18	17
49	50	12	11	8	7	61	62
51	52	10	9	6	5	63	64

Abb. 7.37 Symmetrisches magisches Quadrat der Ordnung $n = 8$ (unbekannter Autor, Methode 1)

Bei einem Quadrat der Ordnung 12 haben die 16 Teilquadrate jeweils die Größe $k = 3$. Geht man wie im Beispiel der Ordnung 8 vor, ergibt sich das symmetrische magische Quadrat aus Abbildung 7.38.

1	2	3	135	134	133	126	125	124	28	29	30
4	5	6	132	131	130	123	122	121	31	32	33
7	8	9	129	128	127	120	119	118	34	35	36
108	107	106	46	47	48	55	56	57	81	80	79
105	104	103	49	50	51	58	59	60	78	77	76
102	101	100	52	53	54	61	62	63	75	74	73
72	71	70	82	83	84	91	92	93	45	44	43
69	68	67	85	86	87	94	95	96	42	41	40
66	65	64	88	89	90	97	98	99	39	38	37
109	110	111	27	26	25	18	17	16	136	137	138
112	113	114	24	23	22	15	14	13	139	140	141
115	116	117	21	20	19	12	11	10	142	143	144

Abb. 7.38 Symmetrisches magisches Quadrat der Ordnung $n = 12$ (unbekannter Autor, Methode 1)

Varianten

In den bisherigen Beispielen wurden die Zahlen immer von links nach rechts und von oben nach unten in die einzelnen Teilquadrate eingetragen. Es sind jedoch sieben weitere Richtungen möglich. Da sie auch bei weiteren Konstruktionsverfahren eine Rolle spielen, seien sie an dieser Stelle für die Ordnung $n = 8$ dargestellt.

1	2	60	59	56	55	13	14
3	4	58	57	54	53	15	16
48	47	21	22	25	26	36	35
46	45	23	24	27	28	34	33
32	31	37	38	41	42	20	19
30	29	39	40	43	44	18	17
49	50	12	11	8	7	61	62
51	52	10	9	6	5	63	64

a) von oben nach unten

3	4	58	57	54	53	15	16
1	2	60	59	56	55	13	14
46	45	23	24	27	28	34	33
48	47	21	22	25	26	36	35
30	29	39	40	43	44	18	17
32	31	37	38	41	42	20	19
51	52	10	9	6	5	63	64
49	50	12	11	8	7	61	62

b) von unten nach oben

Abb. 7.39 Füllrichtungen von links nach rechts

2	1	59	60	55	56	14	13
4	3	57	58	53	54	16	15
47	48	22	21	26	25	35	36
45	46	24	23	28	27	33	34
31	32	38	37	42	41	19	20
29	30	40	39	44	43	17	18
50	49	11	12	7	8	62	61
52	51	9	10	5	6	64	63

a) von oben nach unten

4	3	57	58	53	54	16	15
2	1	59	60	55	56	14	13
45	46	24	23	28	27	33	34
47	48	22	21	26	25	35	36
29	30	40	39	44	43	17	18
31	32	38	37	42	41	19	20
52	51	9	10	5	6	64	63
50	49	11	12	7	8	62	61

b) von unten nach oben

Abb. 7.40 Füllrichtungen von rechts nach links

1	3	60	58	56	54	13	15
2	4	59	57	55	53	14	16
48	46	21	23	25	27	36	34
47	45	22	24	26	28	35	33
32	30	37	39	41	43	20	18
31	29	38	40	42	44	19	17
49	51	12	10	8	6	61	63
50	52	11	9	7	5	62	64

a) von links nach rechts

3	1	58	60	54	56	15	13
4	2	57	59	53	55	16	14
46	48	23	21	27	25	34	36
45	47	24	22	28	26	33	35
30	32	39	37	43	41	18	20
29	31	40	38	44	42	17	19
51	49	10	12	6	8	63	61
52	50	9	11	5	7	64	62

b) von rechts nach links

Abb. 7.41 Füllrichtungen von oben nach unten

2	4	59	57	55	53	14	16
1	3	60	58	56	54	13	15
47	45	22	24	26	28	35	33
48	46	21	23	25	27	36	34
31	29	38	40	42	44	19	17
32	30	37	39	41	43	20	18
50	52	11	9	7	5	62	64
49	51	12	10	8	6	61	63

a) von links nach rechts

4	2	57	59	53	55	16	14
3	1	58	60	54	56	15	13
45	47	24	22	28	26	33	35
46	48	23	21	27	25	34	36
29	31	40	38	44	42	17	19
30	32	39	37	43	41	18	20
52	50	9	11	5	7	64	62
51	49	10	12	6	8	63	61

b) von rechts nach links

Abb. 7.42 Füllrichtungen von unten nach oben

7.1.5 Füllen von jeweils zwei gegenüberliegenden Zeilen

Diese Methode findet man in einer anonymen Abhandlung über magische Quadrate aus der ersten Hälfte des 11. Jahrhunderts.[9] Die Zahlen 1 bis $\frac{n^2}{2}$ werden paarweise abwechselnd in die vertikal gegenüberliegenden Zeilen eingetragen. Nur an den beiden Rändern links und rechts werden nicht zwei, sondern nur eine Zahl platziert.

Man beginnt also mit den Zahlen 1 bis n und trägt sie in die beiden äußeren Zeilen ein. Man beginnt mit der Zahl 1 in der linken oberen Ecke, gefolgt von den Zahlenpaaren 2 und 3, 4 und 5 sowie 6 und 7, die abwechselnd in die untere und obere Zeile eingetragen werden. Den Abschluss der ersten Zahlensequenz bildet die Zahl 8 in der rechten oberen Ecke.

Da man am rechten Rand angelangt ist, werden nun die beiden benachbarten Zeilen in umgekehrter Richtung gefüllt. Bei den Rückwärtsbewegungen beginnt man jedoch immer in der unteren der beiden zu füllenden Zeilen. Man beginnt mit der einzelnen Zahl, die von den Zahlenpaaren 10 und 11, 12 und 13 sowie 14 und 15 gefolgt werden. Die nächste Zahl 16 bildet den Abschluss am linken Rand.

So schreitet man zeilenweise von den äußeren Rändern zur Mitte fort, bis $\frac{n^2}{2}$ Zahlen eingetragen worden sind.

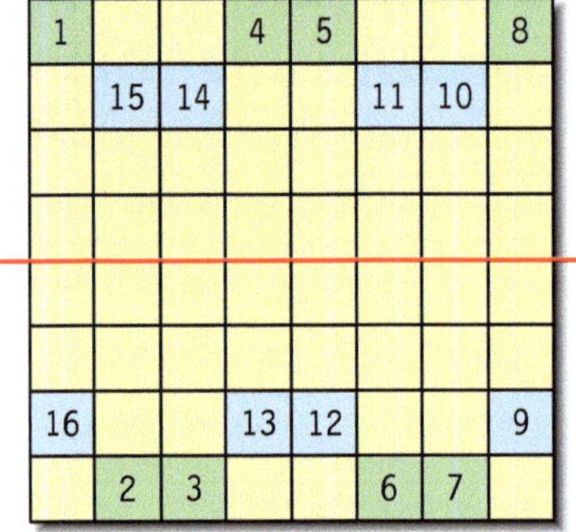

1			4	5			8
	15	14			11	10	
17			20	21			24
	31	30			27	26	
32			29	28			25
	18	19			22	23	
16			13	12			9
	2	3			6	7	

Abb. 7.43 Eintragen der ersten $\frac{n^2}{2}$ Zahlen

Die zweite Hälfte der Zahlen wird dagegen zeilenweise von der Mitte zu den Rändern oben und unten gefüllt. Dazu beginnt man mit der Zeile oberhalb der Mitte und trägt die nächsten n Zahlen von rechts nach links ein. Die Startzahl 33 der zweiten Hälfte liegt damit symmetrisch zu der letzten eingetragenen Zahl 32 aus der ersten Hälfte. Bei der Rückwärtsbewegung in den beiden Nachbarzeilen werden die nächsten n Zahlen in umgekehrter Richtung, dieses Mal also von links nach rechts, notiert.

Nach n^2 Zahlen so das magische Quadrat aus Abbildung 7.44.

[9] Sesiano [519] S. 48 – 49 und Sesiano [526] S. 44

1			4	5			8
	15	14			11	10	
17	42	43	20	21	46	47	24
40	31	30	37	36	27	26	33
32	39	38	29	28	35	34	25
41	18	19	44	45	22	23	48
16			13	12			9
	2	3			6	7	

1	58	59	4	5	62	63	8
56	15	14	53	52	11	10	49
17	42	43	20	21	46	47	24
40	31	30	37	36	27	26	33
32	39	38	29	28	35	34	25
41	18	19	44	45	22	23	48
16	55	54	13	12	51	50	9
57	2	3	60	61	6	7	64

Abb. 7.44 Magisches Quadrat der Ordnung $n = 8$ (unbekannter Autor, Methode 2)

Das magische Quadrat aus Abbildung 7.45 verdeutlicht das Vorgehen noch einmal an einem magischen Quadrat der Ordnung 12.

1	134	135	4	5	138	139	8	9	142	143	12
132	23	22	129	128	19	18	125	124	15	14	121
25	110	111	28	29	114	115	32	33	118	119	36
108	47	46	105	104	43	42	101	100	39	38	97
49	86	87	52	53	90	91	56	57	94	95	60
84	71	70	81	80	67	66	77	76	63	62	73
72	83	82	69	68	79	78	65	64	75	74	61
85	50	51	88	89	54	55	92	93	58	59	96
48	107	106	45	44	103	102	41	40	99	98	37
109	26	27	112	113	30	31	116	117	34	35	120
24	131	130	21	20	127	126	17	16	123	122	13
133	2	3	136	137	6	7	140	141	10	11	144

Abb. 7.45 Magisches Quadrat der Ordnung $n = 12$ (unbekannter Autor, Methode 2)

7.1.6 Diagonale Traversierungen

Die hier dargestellte Methode stammt von einem unbekannten Autor aus dem 11. Jahrhundert und wurde auch um 1600 in einer Abhandlung von Shabramallisi erwähnt.[10] Bei dieser Methode wird das Zielquadrat durch diagonale Traversierungen gefüllt, bei denen jeweils $m = \frac{n}{2}$ Zahlen eingetragen werden.

Man beginnt in der linken oberen Ecke und trägt für ein Quadrat achter Ordnung $\frac{n}{2}$ Zahlen diagonal nach links unten ein. Das Eintragen geschieht immer zyklisch, d. h. verlässt man das Quadrat auf der einen Seite, fährt man auf der gegenüberliegenden Seite fort. Dieser Fall tritt sofort nach der Zahl 1 auf. Da diese am linken Rand des Quadrates liegt, wird die Zahl 2 in der darunterliegenden Zeile am rechten Rand eingetragen werden.

Die nächsten vier Zahlen werden dann in der unteren Hälfte des Quadrates eingetragen. Dazu beginnt man direkt unterhalb der horizontalen Mittellinie und eine Spalte weiter rechts als die vorherige Sequenz.

Die nächsten beiden Zahlensequenzen werden wieder in die obere und untere Hälfte geschrieben, wobei die Startpositionen zwei Spalten weiter rechts liegen als die Startposition der letzten Sequenz in dieser Quadrathälfte.

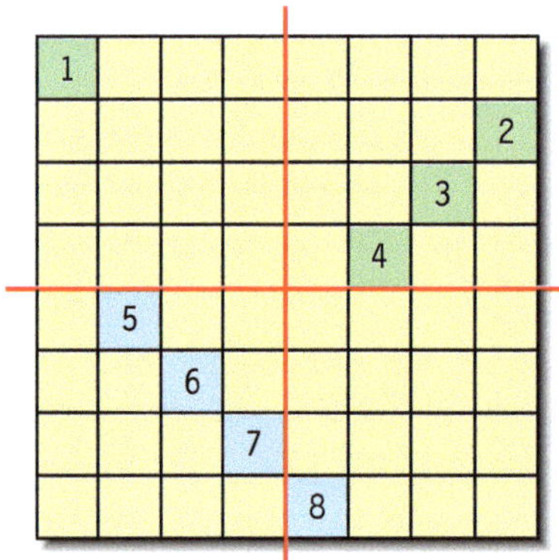

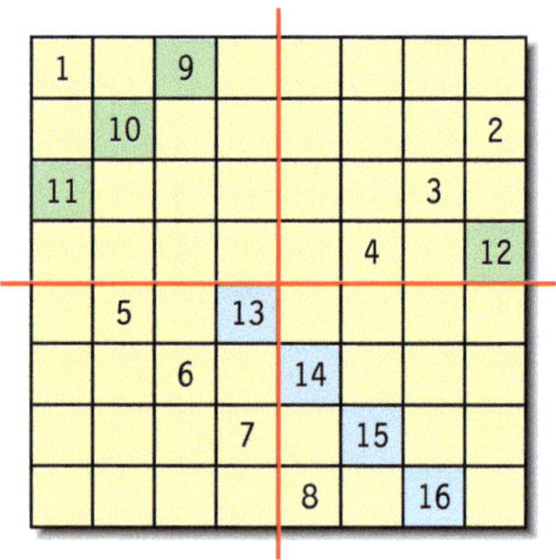

Die folgenden $m = \frac{n}{2}$ Sequenzen werden dann in umgekehrter Richtung notiert. Man beginnt in der zweiten Spalte der unteren Zeile und trägt die Zahlen wie immer in der unteren Hälfte diagonal nach rechts oben fortschreitend ein.

Dann folgt die zugehörige Zahlensequenz der oberen Hälfte, die direkt oberhalb der horizontalen Mittellinie beginnt und diagonal nach links oben eingetragen wird. Die Startpositionen der Sequenzen in der oberen Quadrathälfte liegen immer eine Spalte links neben der vorherigen Spalte aus der unteren Hälfte.

Dann folgen wieder zwei Zahlensequenzen in der unteren und der oberen Hälfte, wobei die Startpositionen zwei Spalten weiter rechts liegen als die Startposition der letzten Sequenz in dieser Quadrathälfte.

[10] Sesiano [519] S. 59 – 61

1		9			24		
	10					23	2
11						3	22
21					4		12
	5		13	20			
		6	19	14			
		18	7		15		
	17			8		16	

1		9			24		32
31	10					23	2
11	30					3	22
21		29			4		12
	5		13	20		28	
		6	19	14	27		
		18	7	26	15		
	17		25	8		16	

Nach n Durchgängen haben insgesamt $\frac{n^2}{2}$ Zahlen ihren Platz gefunden. Die Zahlensequenzen für die zweite Hälfte der Zahlen werden genau umgekehrt eingetragen. Man beginnt wieder in der oberen Hälfte, dieses Mal allerdings mit der unteren Zeile der oberen Quadrathälfte, direkt oberhalb der horizontalen Mittellinie. Von der Zelle, die direkt rechts neben der vertikalen Mittellinie liegt, werden die Zahlen diagonal nach links oben platziert.

Dann folgt die zugehörige Sequenz, die in der unteren Zeile des Quadrates beginnt. Die Startposition liegt eine Spalte rechts neben der letzten Startposition und die Zahlen werden diagonal nach rechts oben notiert.

1	36	9			24		32
31	10	35				23	2
11	30		34			3	22
21		29		33	4		12
40	5		13	20		28	
		6	19	14	27		39
		18	7	26	15	38	
	17		25	8	37	16	

1	36	9	44		24		32
31	10	35		43		23	2
11	30		34		42	3	22
21		29		33	4	41	12
40	5	48	13	20		28	
	47	6	19	14	27		39
46		18	7	26	15	38	
	17		25	8	37	16	45

Nach $m = \frac{n}{2}$ Sequenzen folgt wieder der Wechsel für das Eintragen der letzten $\frac{n^2}{4}$ Zahlen. Man beginnt also in der oberen Zeile der unteren Hälfte und trägt die Zahlen diagonal nach rechts unten ein. Gefolgt von der Partnersequenz der oberen Hälfte, deren Zahlen diagonal nach links unten platziert werden.

Anschließend folgen weitere Sequenzen, bei denen auch nach diesem Schema vorgegangen wird. Deren Startposition liegt dabei immer zwei Spalten weiter rechts als die letzte Startposition aus dieser Quadrathälfte. Nach n^2 Zahlen entsteht das magische Quadrat aus Abbildung 7.46.

1	36	9	44	53	24		32
31	10	35	54	43		23	2
11	30	55	34		42	3	22
21	56	29		33	4	41	12
40	5	48	13	20	49	28	
	47	6	19	14	27	50	39
46		18	7	26	15	38	51
52	17		25	8	37	16	45

1	36	9	44	53	24	61	32
31	10	35	54	43	62	23	2
11	30	55	34	63	42	3	22
21	56	29	64	33	4	41	12
40	5	48	13	20	49	28	57
58	47	6	19	14	27	50	39
46	59	18	7	26	15	38	51
52	17	60	25	8	37	16	45

Abb. 7.46 Magisches Quadrat der Ordnung $n = 8$ (Shabramallisi, Methode 1)

In Abbildung 7.47 ist der gesamte Konstruktionsverlauf noch einmal für ein magisches Quadrat der Ordnung $n = 12$ dargestellt.

1	78	13	90	25	102	115	48	127	60	139	72
71	14	77	26	89	116	101	128	47	140	59	2
15	70	27	76	117	88	129	100	141	46	3	58
57	28	69	118	75	130	87	142	99	4	45	16
29	56	119	68	131	74	143	86	5	98	17	44
43	120	55	132	67	144	73	6	85	18	97	30
84	7	96	19	108	31	42	109	54	121	66	133
134	95	8	107	20	41	32	53	110	65	122	83
94	135	106	9	40	21	52	33	64	111	82	123
124	105	136	39	10	51	22	63	34	81	112	93
104	125	38	137	50	11	62	23	80	35	92	113
114	37	126	49	138	61	12	79	24	91	36	103

Abb. 7.47 Magisches Quadrat der Ordnung $n = 12$ (Shabramallisi, Methode 1)

7.1.7 Traversierung mit Springerschritten

In der Abhandlung von Shabramallisi über magische Quadrate werden die Zahlen bei mehreren Verfahren wie bei der Bewegung eines Springers beim Schach eingetragen. Die beiden pandiagonalen magischen Quadrate aus Abbildung 7.48 stammen von zwei unbekannten Autoren aus dem arabischen Raum und werden auf die erste Hälfte des 11. Jahrhunderts datiert.[11]

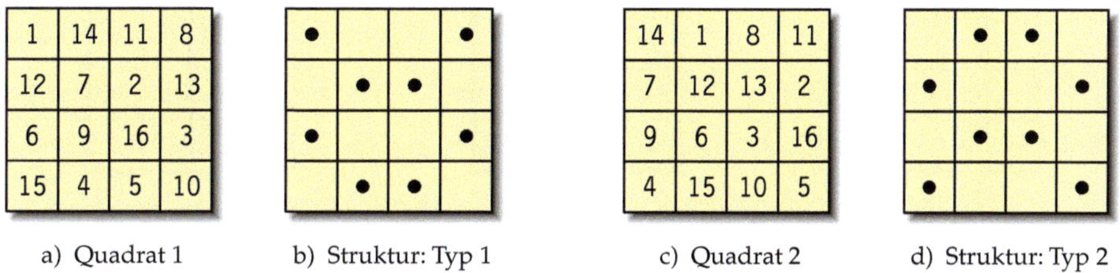

a) Quadrat 1 b) Struktur: Typ 1 c) Quadrat 2 d) Struktur: Typ 2

Abb. 7.48 Magische Quadrate aus dem 11. Jahrhundert

Der Aufbau der beiden Quadrate ist sehr ähnlich. Beginne mit der Zahl 1 in der linken oberen Ecke oder direkt rechts daneben. Führe dann den Zug eines Springers wie beim Schachspiel aus, um zu der Position der Zahl 2 zu gelangen. Dazu gehe eine Zeile tiefer und zwei Spalten nach rechts. Nun folgt eine Bewegung, die diagonal eine Zeile tiefer führt. Ist man bis jetzt nicht am rechten Rand angelangt, führt der Schritt diagonal nach rechts unten, sonst nach links unten. Danach folgt wieder ein Springerzug nach links, um zu der Zahl 4 zu gelangen.

Für die zweite Gruppe von vier Zahlen beginnt man wieder in der oberen Zeile, allerdings auf der zweiten markierten Position in dieser Zeile und zudem in umgekehrter Reihenfolge. Man beginnt also mit der Zahl 8 und führt einen Springerzug nach links aus, da man nur so innerhalb des Quadrates bleibt. Die weiteren Schritte werden dann entsprechend der oberen Beschreibung ausgeführt, nur dass alle Richtungen und die Reihenfolge der Zahlen umgekehrt werden.

Nach diesen Schritten sind $\frac{n^2}{2}$ Zahlen notiert und es fehlen nur noch die hierzu komplementären Zahlen. Jedem der acht markierten Punkte kann jetzt genau eine Zelle zugeordnet werden, die diagonal gesehen genau im Abstand 2 liegt. Hier wird die jeweils komplementäre Zahl eingetragen, und es entsteht wie in Abbildung 7.49 ein magisches Quadrat.

1			
		2	
			3
	4		

a) erste Sequenz

1			8
	7	2	
6			3
	4	5	

b) zweite Sequenz

1	14	11	8
12	7	2	13
6	9	16	3
15	4	5	10

c) magisches Quadrat

Abb. 7.49 Magische Quadrate der Ordnung $n = 4$ (Shabramallisi, Typ 1)

[11] Sesiano [519] S. 62–68 und Sesiano [512] S. 6–11

Für die zweite Möglichkeit der Markierungen aus Abbildungen 7.48 ergeben sich dann die Konstruktionsschritte aus Abbildung 7.50.

	1		
			2
		3	
4			

a) erste Sequenz

	1	8	
7			2
	6	3	
4			5

b) zweite Sequenz

14	1	8	11
7	12	13	2
9	6	3	16
4	15	10	5

c) magisches Quadrat

Abb. 7.50 Magische Quadrate der Ordnung $n = 4$ (Shabramallisi, Typ 2)

Dieses Verfahren lässt sich leicht auf höhere Ordnungen $n = 4k$ übertragen. Dazu unterteilt man das Zielquadrat in Teilquadrate der Größe 4 und legt einen der beiden Markierungstypen fest, der dann für alle Teilquadrate der oberen Zeile gilt.

Im folgenden Beispiel der Ordnung $n = 8$ wird Typ 1 gewählt, sodass die erste Sequenz von acht Zahlen in der linken oberen Ecke beginnt. Der einzige Unterschied zu dem weiter oben aufgeführten Fall liegt in der Tatsache, dass jetzt mehrere Springerzüge hintereinander ausgeführt werden, bevor wie üblich der Diagonalenschritt am Rand erfolgt und man dann mit weiteren Springerzügen in die umgekehrte Richtung fortfährt.

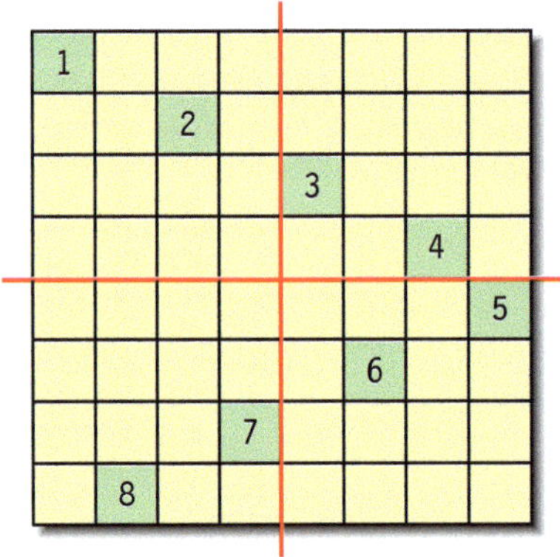

Abb. 7.51 Sequenz 1

Mit $n = 4k$ müssen k Sequenzen mit aufsteigender Reihenfolge der Zahlen in das Zielquadrat geschrieben werden. Damit beginnt die zweite Sequenz mit der Zahl 9 im zweiten markierten Feld des gleichen Teilquadrates. Hier muss der erste Springerzug nach links ausgeführt werden, da dieser immer innerhalb des anfänglichen Teilquadrates verbleiben muss. Dann folgenden weitere Springerzüge, wobei bei dieser Sequenz zweimal am Rand die Richtung geändert werden muss.

Die $k = 2$ weiteren Sequenzen starten auf den markierten Positionen des rechten oberen Teilquadrates, wobei die Zahlen in absteigender Reihenfolge eingetragen werden. Die Startzahl ergibt sich als die zu $\frac{n^2}{2} + 1$ komplementäre Zahl zu derjenigen Zahl, die sich in der horizontal symmetrisch liegenden Zelle befindet. Damit können die beiden noch fehlenden Startzahlen berechnet werden.

$$\frac{n^2}{2} + 1 - 9 = 24 \qquad \text{und} \qquad \frac{n^2}{2} + 1 - 1 = 32$$

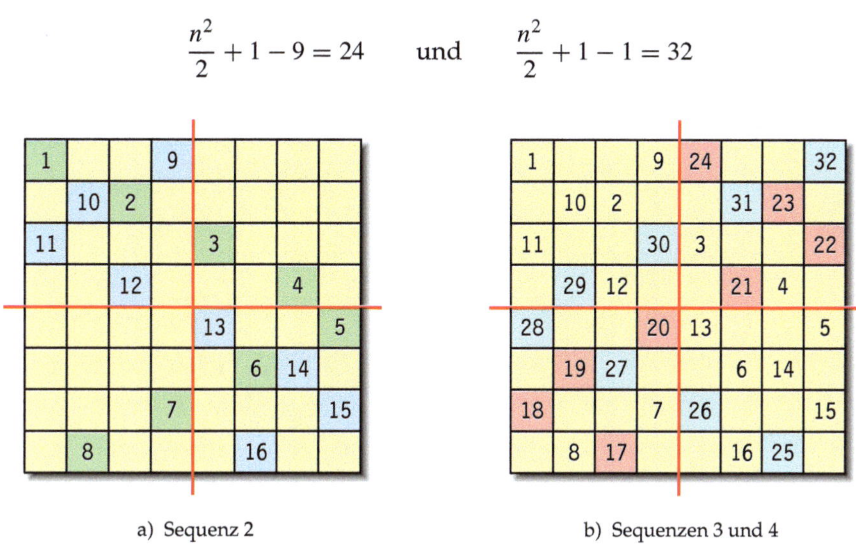

a) Sequenz 2 b) Sequenzen 3 und 4

Abb. 7.52 Eintragen der vier Sequenzen

Jetzt müssen nur noch die freien Zellen mit den komplementären Zahlen aufgefüllt werden. Dies geschieht getrennt in jedem der 4 x 4 - Teilquadrate. Dort kann wie schon im Beispiel der Ordnung 4 jeder bereits vorhandenen Zahl genau eine freie Zelle zugeordnet werden, die diagonal gesehen im Abstand 2 liegt. Wird die jeweils komplementäre Zahl eingetragen, entsteht das magische Quadrat aus Abbildung 7.53.

1	35	54	9	24	43	62	32
53	10	2	36	61	31	23	44
11	56	64	30	3	33	41	22
63	29	12	55	42	21	4	34
28	58	47	20	13	50	39	5
48	19	27	57	40	6	14	49
18	45	37	7	26	60	52	15
38	8	17	46	51	16	25	59

Abb. 7.53 Magisches Quadrat der Ordnung $n = 8$ (Shabramallisi, Methode 2)

Das magische Quadrat aus Abbildung 7.54 soll das Vorgehen noch einmal verdeutlichen. Mit $n = 12$ folgt $k = 3$ und es gibt drei Sequenzen in aufsteigender und drei mit absteigender Reihenfolge der Zahlen. Auch hier befinden sich die zu $\frac{n^2}{2} + 1$ komplementären Startzahlen 1 und 72, 13 und 60 sowie 25 und 48 in horizontal symmetrisch liegenden Zellen.

Zwei dieser sechs Zahlenfolgen, nämlich die aufsteigende Folge mit der Startzahl 13 und die absteigende Zahlenfolge mit der Startzahl 60, sind in dem Beispiel noch einmal besonders hervorgehoben.

99	1	13	130	75	25	48	142	87	60	72	118
14	129	100	2	47	141	76	26	71	117	88	59
132	15	46	144	97	3	70	120	73	27	58	85
45	143	131	16	69	119	98	4	57	86	74	28
91	44	68	79	114	17	56	103	138	5	29	126
67	80	92	43	55	104	113	18	30	125	137	6
77	66	54	101	89	42	31	128	116	19	7	140
53	102	78	65	32	127	90	41	8	139	115	20
134	52	33	110	122	64	9	95	107	40	21	83
34	109	133	51	10	96	121	63	22	84	108	39
112	35	11	93	136	50	23	81	124	62	38	105
12	94	111	36	24	82	135	49	37	106	123	61

Abb. 7.54 Magisches Quadrat der Ordnung $n = 12$ (Shabramallisi, Methode 2)

Variante 1

In den bisherigen Beispielen wurden als Startpunkte für die zueinanderpassenden aufsteigenden und absteigenden Zahlenfolgen immer markierte Zellen gewählt, die horizontal symmetrisch zueinander liegen.

Das muss aber nicht so sein. Im Beispiel der Abbildung 7.55 starten die vier einzutragenden Zahlenfolgen in beliebiger Reihenfolge auf den markierten Plätzen der oberen Zeile. Dies ist im Beispiel der Ordnung $n = 8$ an den Zahlenpaaren 1 und 32 sowie 9 und 24 zu erkennen. Bei der Ordnung $n = 12$ gilt dies ebenso für die Zahlenpaare 1 und 72, 13 und 60 sowie 25 und 48.

32	43	54	9	1	62	35	24
53	10	31	44	36	23	2	61
11	56	33	22	30	41	64	3
34	21	12	55	63	4	29	42
20	39	58	5	13	50	47	28
57	6	19	40	48	27	14	49
7	60	45	26	18	37	52	15
46	25	8	59	51	16	17	38

75	13	48	99	118	60	72	130	142	1	25	87
47	100	76	14	71	129	117	59	26	88	141	2
97	46	70	132	73	15	27	85	120	58	3	144
69	131	98	45	28	86	74	16	4	143	119	57
138	68	29	114	91	44	5	79	126	17	56	103
30	113	137	67	6	80	92	43	55	104	125	18
116	31	7	77	140	66	54	101	89	42	19	128
8	78	115	32	53	102	139	65	20	127	90	41
122	9	52	95	107	33	21	134	83	64	40	110
51	96	121	10	22	133	108	34	39	109	84	63
93	50	23	136	124	11	38	112	105	35	62	81
24	135	94	49	37	111	123	12	61	82	106	36

Abb. 7.55 Magische Quadrate der Ordnungen $n = 8$ und $n = 12$ (Shabramallisi, Methode 2.1)

Variante 2

Eine weitere Variante ergibt sich, wenn man die Startzeile ändert. Man muss die Zahlenfolgen nicht immer in der oberen Zeile des Zielquadrates beginnen, sondern kann wie in Abbildung 7.56 in jeder beliebigen Zeile beginnen. Dies ist damit gleichzeitig die obere Zeile der 4×4 - Teilquadrate, die dann natürlich zyklisch gesehen werden.

38	29	21	59	46	4	12	51
28	50	58	5	20	47	39	13
44	6	27	36	53	14	19	61
7	60	37	15	26	52	45	18
55	16	8	42	63	17	25	34
9	35	43	24	1	62	54	32
57	23	10	49	40	31	2	48
22	41	56	30	11	33	64	3

52	22	30	37	60	3	11	45
29	38	51	21	12	46	59	4
35	28	13	43	54	20	5	62
14	44	36	27	6	61	53	19
41	15	7	64	33	26	18	56
8	63	42	16	17	55	34	25
58	1	24	50	47	9	32	39
23	49	57	2	31	40	48	10

Abb. 7.56 Magisches Quadrat mit veränderten Startzeilen (Shabramallisi, Methode 2.2)

Variante 3

Eine weitere Variante ergibt sich, wenn man die Schrittweite auf 2 ändert. Damit besteht die erste einzutragende Zahlensequenz bei der Ordnung $n = 8$ aus den Zahlen

$$1 \quad 3 \quad 5 \quad 7 \quad 9 \quad 11 \quad 13 \quad 15$$

Diese Variante mit der veränderten Schrittweite kann natürlich auch mit den anderen beiden Varianten kombiniert werden.

1	6	44	17	47	22	60	63
42	19	3	8	58	61	45	24
21	48	64	59	5	2	18	43
62	57	23	46	20	41	7	4
55	52	30	39	25	36	14	9
32	37	53	50	16	11	27	34
35	26	10	13	51	56	40	29
12	15	33	28	38	31	49	54

54	1	25	116	6	49	95	140	30	119	143	92
27	114	56	3	93	138	8	51	141	90	32	117
120	29	91	144	50	5	139	96	2	53	115	26
89	142	118	31	137	94	52	7	113	28	4	55
38	87	135	14	84	33	111	62	132	9	57	108
133	16	40	85	109	64	82	35	59	106	130	11
10	131	107	58	34	83	61	112	88	37	13	136
105	60	12	129	63	110	36	81	15	134	86	39
124	103	65	76	100	127	17	46	70	79	41	22
67	74	122	101	19	48	98	125	43	24	72	77
80	69	21	42	128	99	45	18	104	123	75	66
23	44	78	71	47	20	126	97	73	68	102	121

Abb. 7.57 Magische Quadrate mit der Schrittweite 2 (Shabramallisi, Methode 2.3)

7.1.8 Springerschritte in zwei benachbarten Zeilen

Bei dem Verfahren in Kapitel 7.1.7 wurden mit jedem Schritt die Zeilen von oben nach unten gewechselt. Dieses Verfahren arbeitet auch mit den Zügen eines Springers, füllt dabei aber immer nur zwei benachbarte Zeilen. Auch dieses Verfahren stammt aus der ersten Hälfte des 11. Jahrhunderts und wird in der Abhandlung von Shabramallisi erwähnt.[12]

Das Zielquadrat wird in Teilquadrate der Größe 4 unterteilt und man beginnt mit der Zahl 1 in der linken oberen Ecke. Die weiteren Positionen für die folgenden Zahlen erhält man durch Bewegungen eines Springers beim Schachspiel. Dazu geht man immer zwei Spalten nach rechts und abwechselnd eine Zeile nach unten oder oben.

Nach $\frac{n}{2}$ Schritten ist man in der vorletzten Spalte angekommen. Nun wechselt man in die beiden Zeilen darunter und trägt dort die nächsten Zahlen ein, wobei man jetzt in der rechten Spalte beginnt und die Springerzüge nach links ausführt.

So verfährt man weiter, bis $\frac{n^2}{4}$ Zahlen ihren Platz gefunden haben und sich in allen Zeilen zwei Zahlen befinden (siehe Abbildung 7.58).

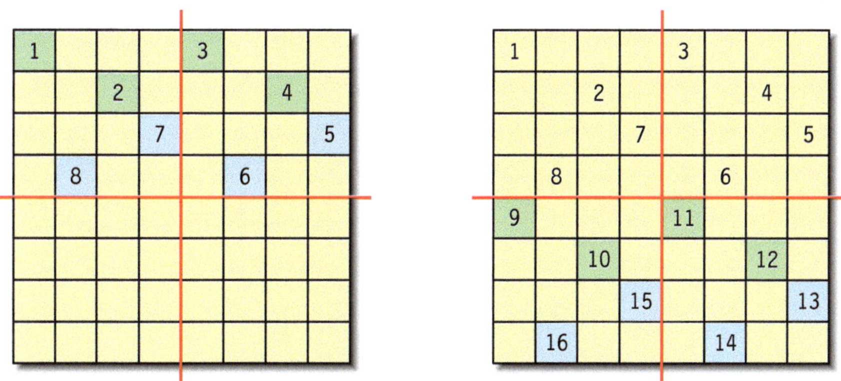

Abb. 7.58 Eintragen der ersten vier Zahlenfolgen

Anschließend folgen die nächsten Zahlenfolgen, die genau umgekehrt eingetragen werden. Man beginnt in der vorletzten Spalte der unteren Zeile und trägt die Zahlen von rechts nach links ein. Am linken Rand folgt dann wieder der Richtungswechsel, wobei man auch dieses Mal nicht am äußeren Rand, sondern eine Spalte daneben fortfährt.

Nach $\frac{n^2}{2}$ eingetragenen Zahlen sind dann alle Zeilen zur Hälfte gefüllt (siehe Abbildung 7.59).

[12] Sesiano [519] S. 68 – 70 und Sesiano [512] S. 12 – 13

1				3			
		2				4	
			7				5
	8				6		
9			22	11			24
	21	10			23	12	
20			15	18			13
	16	19			14	17	

1			30	3			32
	29	2			31	4	
28			7	26			5
	8	27			6	25	
9			22	11			24
	21	10			23	12	
20			15	18			13
	16	19			14	17	

Abb. 7.59 Eintragen in umgekehrter Richtung

Jetzt müssen nur noch die freien Zellen mit den komplementären Zahlen aufgefüllt werden. Dies geschieht getrennt in jedem der 4 x 4 - Teilquadrate. Dort kann jeder bereits vorhandenen Zahl genau eine freie Zelle zugeordnet werden, die diagonal gesehen im Abstand 2 liegt. Hier wird die jeweils komplementäre Zahl eingetragen, und es entsteht das magische Quadrat aus Abbildung 7.60.

1	58	37	30	3	60	39	32
38	29	2	57	40	31	4	59
28	35	64	7	26	33	62	5
63	8	27	36	61	6	25	34
9	50	45	22	11	52	47	24
46	21	10	49	48	23	12	51
20	43	56	15	18	41	54	13
55	16	19	44	53	14	17	42

Abb. 7.60 Magisches Quadrat der Ordnung $n = 8$ (Shabramallisi, Methode 3)

Variante 1

Man muss mit der Zahl 1 aber nicht unbedingt in der linken oberen Ecke beginnen, sondern kann sie auch direkt daneben platzieren. Auch in diesem Falle können mit den beschriebenen Springerzügen noch $\frac{n}{4}$ Zahlen in jede Zeile eingetragen werden. Bei diesem Vorgehen beginnt man mit den ersten $\frac{n}{2}$ Zahlenfolgen nicht am äußeren Rand, sondern eine Spalte daneben.

Dagegen beginnen dann die Zahlenfolgen, die von unten nach oben notiert werden, jedes Mal am Rand des Zielquadrates. Das Ergebnis dieses Vorgehens ist das magische Quadrat in Abbildung 7.61.

58	1	30	37	60	3	32	39
29	38	57	2	31	40	59	4
35	28	7	64	33	26	5	62
8	63	36	27	6	61	34	25
50	9	22	45	52	11	24	47
21	46	49	10	23	48	51	12
43	20	15	56	41	18	13	54
16	55	44	19	14	53	42	17

134	1	68	79	136	3	70	81	138	5	72	83
67	80	133	2	69	82	135	4	71	84	137	6
77	66	11	144	75	64	9	142	73	62	7	140
12	143	78	65	10	141	76	63	8	139	74	61
122	13	56	91	124	15	58	93	126	17	60	95
55	92	121	14	57	94	123	16	59	96	125	18
89	54	23	132	87	52	21	130	85	50	19	128
24	131	90	53	22	129	88	51	20	127	86	49
110	25	44	103	112	27	46	105	114	29	48	107
43	104	109	26	45	106	111	28	47	108	113	30
101	42	35	120	99	40	33	118	97	38	31	116
36	119	102	41	34	117	100	39	32	115	98	37

Abb. 7.61 Magische Quadrate der Ordnungen $n = 8$ und $n = 12$ (Shabramallisi, Methode 3.1)

Variante 2

Eine weitere Variante ergibt sich, wenn man mit der ersten Zahl in einem beliebigen Teilquadrat der oberen Zeile beginnt. Wie in Abbildung 7.62 zu sehen ist, wechselt man am rechten Rand wie gewohnt in die beiden darunterliegenden Zeilen, sodass die beiden oberen Zeilen zunächst nur teilweise gefüllt sind. Hat man dann alle weiteren Zahlenfolgen in das Zielquadrat geschrieben, bleiben natürlich noch einige Zahlen, die man auf die übliche Art und Weise von links in die beiden oberen Zeilen einträgt.

60	15	32	35	62	1	18	37
31	36	59	16	17	38	61	2
33	30	5	50	47	28	3	64
6	49	34	29	4	63	48	27
52	7	24	43	54	9	26	45
23	44	51	8	25	46	53	10
41	22	13	58	39	20	11	56
14	57	42	21	12	55	40	19

33	138	75	72	35	140	77	38	1	142	79	40
76	71	34	137	78	37	36	139	80	39	2	141
70	73	112	7	68	107	110	5	66	105	144	3
111	8	69	74	109	6	67	108	143	4	65	106
9	126	87	60	11	128	89	62	13	130	91	64
88	59	10	125	90	61	12	127	92	63	14	129
58	85	136	19	56	83	134	17	54	81	132	15
135	20	57	86	133	18	55	84	131	16	53	82
21	114	99	48	23	116	101	50	25	118	103	52
100	47	22	113	102	49	24	115	104	51	26	117
46	97	124	31	44	95	122	29	42	93	120	27
123	32	45	98	121	30	43	96	119	28	41	94

Abb. 7.62 Magische Quadrate der Ordnungen $n = 8$ und $n = 12$ (Shabramallisi, Methode 3.2)

Variante 3

Viele weitere magische Quadrate ergeben sich, wenn man zusätzlich zu dem Vorgehen in Variante 2 noch die Startzeile ändert. Man muss die Zahlenfolgen nicht immer in der oberen Zeile des Zielquadrates beginnen, sondern kann wie in Abbildung 7.63 in jeder beliebigen Zeile beginnen. Dies ist damit gleichzeitig die obere Zeile der Teilquadrate der Größe 4, die dann natürlich zyklisch gesehen werden müssen.

Weiterhin ist in diesem Beispiel nicht mit der Zahl 1 in der linken oberen Ecke des Teilquadrates begonnen worden, sondern mit der Zahl rechts daneben.

30	41	58	5	28	39	56	3
57	6	29	42	55	4	27	40
7	60	35	24	9	62	37	26
36	23	8	59	38	25	10	61
22	33	50	13	20	47	64	11
49	14	21	34	63	12	19	48
15	52	43	32	1	54	45	18
44	31	16	51	46	17	2	53

99	56	21	122	97	54	19	120	95	52	17	118
22	121	100	55	20	119	98	53	18	117	96	51
124	23	46	89	126	25	48	91	128	27	50	93
45	90	123	24	47	92	125	26	49	94	127	28
75	44	33	110	73	42	31	144	107	40	29	142
34	109	76	43	32	143	74	41	30	141	108	39
112	35	70	101	114	1	72	103	116	3	38	105
69	102	111	36	71	104	113	2	37	106	115	4
87	68	9	134	85	66	7	132	83	64	5	130
10	133	88	67	8	131	86	65	6	129	84	63
136	11	58	77	138	13	60	79	140	15	62	81
57	78	135	12	59	80	137	14	61	82	139	16

Abb. 7.63 Magische Quadrate der Ordnungen $n = 8$ und $n = 12$ (Shabramallisi, Methode 3.3)

Variante 4

Eine weitere Variante ergibt sich, wenn man die Schrittweite auf 2 ändert. Diese Variante kann natürlich auch mit den anderen Varianten kombiniert werden.

1	52	10	59	5	56	14	63
12	57	3	50	16	61	7	54
55	6	64	13	51	2	60	9
62	15	53	8	58	11	49	4
17	36	26	43	21	40	30	47
28	41	19	34	32	45	23	38
39	22	48	29	35	18	44	25
46	31	37	24	42	27	33	20

124	1	135	14	128	5	139	18	132	9	143	22
133	16	122	3	137	20	126	7	141	24	130	11
10	131	21	144	6	127	17	140	2	123	13	136
23	142	12	129	19	138	8	125	15	134	4	121
100	25	111	38	104	29	115	42	108	33	119	46
109	40	98	27	113	44	102	31	117	48	106	35
34	107	45	120	30	103	41	116	26	99	37	112
47	118	36	105	43	114	32	101	39	110	28	97
76	49	87	62	80	53	91	66	84	57	95	70
85	64	74	51	89	68	78	55	93	72	82	59
58	83	69	96	54	79	65	92	50	75	61	88
71	94	60	81	67	90	56	77	63	86	52	73

Abb. 7.64 Magische Quadrate mit der Schrittweite 2 (Shabramallisi, Methode 3.4)

7.1.9 Springerschritte in vier benachbarten Zeilen

Bei diesem Verfahren, das auch aus der Abhandlung von Shabramallisi stammt, werden mit vier Sequenzen jeweils $\frac{n^2}{4}$ Zahlen nur mit Springerzügen eingetragen.[13] Die Konstruktionsschritte lassen sich auf jede doppelt-gerade Ordnung übertragen, wobei immer pandiagonale Quadrate erzeugt werden.

Man startet wieder in der linken oberen Ecke mit der Zahl 1 und trägt insgesamt $\frac{n}{2}$ Zahlen in die beiden oberen Zeilen ein, wobei man sich mit den Schritten eines Springers nach rechts bewegt. Die nächsten $\frac{n}{2}$ Zahlen werden wieder von links nach rechts in die beiden darunterliegenden Zeilen eingetragen. Allerdings beginnt man dieses Mal eine Spalte weiter rechts. Während für $n = 4$ die erste Zahlensequenz beendet ist, fährt man bei höheren Ordnungen so lange fort, bis alle Zeilen bearbeitet worden und $\frac{n^2}{4}$ Zahlen ihren Platz gefunden haben.

Jetzt folgen die nächsten $\frac{n^2}{4}$ Zahlen von 17 bis 32, die von unten nach oben und von rechts nach links geschrieben werden. Zusätzlich beginnt man für die beiden unteren Zeilen in der vorletzten Spalte und für die beiden darüberliegenden Zeilen am

---

[13] Sesiano [519] S. 70 – 72 und Sesiano [512] S. 12 – 15

rechten Rand. Entsprechend werden dann die weiteren Zeilen gefüllt. In Abbildung 7.65 sind die beiden ersten Sequenzen notiert worden, wobei jeweils die ersten beiden Teilschritte besonders markiert wurden.

1				3			
		2				4	
	5				7		
			6				8
9				11			
		10				12	
	13				15		
			14				16

a) Sequenz 1

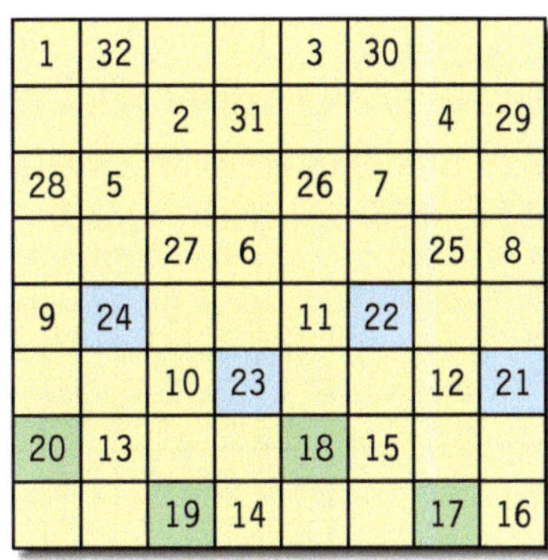

1	32			3	30		
		2	31			4	29
28	5			26	7		
		27	6			25	8
9	24			11	22		
		10	23			12	21
20	13			18	15		
		19	14			17	16

b) Sequenz 2

Abb. 7.65 Die beiden ersten Sequenzen

Die dritte Sequenz mit den Zahlen von 33 bis 48 wird auch wieder von rechts nach links und von unten nach oben eingetragen. Allerdings beginnt man dieses Mal am rechten Rand der zweiten Zeile von unten und wechselt in die darüberliegenden Zeilen.

Mit der letzten Sequenz der Zahlen von 49 bis 64 werden dann die restlichen Lücken gefüllt. Diese Sequenz wird wie die erste von oben nach unten und von links nach rechts gefüllt, und es entsteht das magische Quadrat in Abbildung 7.66.

1	32	47		3	30	45	
48		2	31	46		4	29
28	5		43	26	7		41
	44	27	6		42	25	8
9	24	39		11	22	37	
40		10	23	38		12	21
20	13		35	18	15		33
	36	19	14		34	17	16

a) Sequenz 3

1	32	47	50	3	30	45	52
48	49	2	31	46	51	4	29
28	5	54	43	26	7	56	41
53	44	27	6	55	42	25	8
9	24	39	58	11	22	37	60
40	57	10	23	38	59	12	21
20	13	62	35	18	15	64	33
61	36	19	14	63	34	17	16

b) magisches Quadrat

Abb. 7.66 Pandiagonales magisches Quadrat der Ordnung $n = 8$ (Shabramallisi, Methode 4)

Variante 1

Eine erste Variante entsteht, wenn man mit der Zahl 1 nicht in der linken oberen Ecke, sondern direkt rechts daneben beginnt. Die erste Zahlensequenz der Zahlen von 1 bis 6 beginnt nun mit der Zahl 1 in der zweiten Spalte von links. Dafür beginnen die nächsten sechs Zahlen dann am linken Rand.

Passt man die weiteren Startzahlen aller Sequenzen entsprechend an, entsteht etwa das pandiagonale magische Quadrat aus Abbildung 7.67.

72	1	110	107	70	3	112	105	68	5	114	103
109	108	71	2	111	106	69	4	113	104	67	6
7	66	101	116	9	64	99	118	11	62	97	120
102	115	8	65	100	117	10	63	98	119	12	61
60	13	122	95	58	15	124	93	56	17	126	91
121	96	59	14	123	94	57	16	125	92	55	18
19	54	89	128	21	52	87	130	23	50	85	132
90	127	20	53	88	129	22	51	86	131	24	49
48	25	134	83	46	27	136	81	44	29	138	79
133	84	47	26	135	82	45	28	137	80	43	30
31	42	77	140	33	40	75	142	35	38	73	144
78	139	32	41	76	141	34	39	74	143	36	37

Abb. 7.67 Pandiagonales magisches Quadrat der Ordnung $n = 12$ (Shabramallisi, Methode 4.1)

Variante 2

Wie bei den verwandten Verfahren, die auf den Ausgangsquadraten von Shabramallisi basieren, kann man die Startposition für die Zahl 1 verändern. Dies kann allerdings aufgrund der Anordnung der Zahlen nur in Abständen von zwei Zeilen bzw. Spalten geschehen. Die ausgewählte Zeile bzw. Spalte sowie die drei darunterliegenden Zeilen bzw. danebenliegenden Spalten bilden dann eine Gruppe für die einzutragenden Zahlen.

In Abbildung 7.68 wurde im linken Quadrat die Startzeile und im rechten die Startspalte verändert. Im unteren Quadrat wurde sogar beides verändert, und es entstehen immer, wie auch in den höheren Ordnungen, pandiagonale magische Quadrate.

20	13	62	35	18	15	64	33
61	36	19	14	63	34	17	16
1	32	47	50	3	30	45	52
48	49	2	31	46	51	4	29
28	5	54	43	26	7	56	41
53	44	27	6	55	42	25	8
9	24	39	58	11	22	37	60
40	57	10	23	38	59	12	21

a) vertikal

45	52	1	32	47	50	3	30
4	29	48	49	2	31	46	51
56	41	28	5	54	43	26	7
25	8	53	44	27	6	55	42
37	60	9	24	39	58	11	22
12	21	40	57	10	23	38	59
64	33	20	13	62	35	18	15
17	16	61	36	19	14	63	34

b) horizontal

39	58	11	22	37	60	9	24
10	23	38	59	12	21	40	57
62	35	18	15	64	33	20	13
19	14	63	34	17	16	61	36
47	50	3	30	45	52	1	32
2	31	46	51	4	29	48	49
54	43	26	7	56	41	28	5
27	6	55	42	25	8	53	44

c) vertikal und horizontal

Abb. 7.68 Pandiagonale Quadrate der Ordnung $n = 8$ (Shabramallisi, Methode 4.2)

Variante 3

Eine weitere Variante ergibt sich, wenn man als Schrittweite 2 oder 4 wählt.

1	63	30	36	5	59	26	40
32	34	3	61	28	38	7	57
55	9	44	22	51	13	48	18
42	24	53	11	46	20	49	15
17	47	14	52	21	43	10	56
16	50	19	45	12	54	23	41
39	25	60	6	35	29	64	2
58	8	37	27	62	4	33	31

a) Schrittweite 2

1	62	59	8	9	54	51	16
63	4	5	58	55	12	13	50
46	17	24	43	38	25	32	35
20	47	42	21	28	39	34	29
33	30	27	40	41	22	19	48
31	36	37	26	23	44	45	18
14	49	56	11	6	57	64	3
52	15	10	53	60	7	2	61

b) Schrittweite 4

Abb. 7.69 Magische Quadrate mit veränderten Schrittweiten (Shabramallisi, Methode 4.3)

7.1.10 Springerschritte ohne Zeilenwechsel

Eine weitere Methode, bei der die Zahlen in der Reihenfolge von Zügen eines Springers beim Schachspiel eingetragen werden, wird in diesem Kapitel vorgestellt. Sie stammt wie die anderen Verfahren, die den Zug eines Springers verwenden, aus der ersten Hälfte des 11. Jahrhunderts und wird in der Abhandlung von Shabramallisi erwähnt.[14]

Man beginnt wie in Kapitel 7.1.9 mit den beiden oberen Zeilen. Wenn man jedoch am rechten Rand angelangt ist, wechselt man nicht in die darunterliegenden Zeilen, sondern kehrt auch in diesen Zeilen wieder zurück. So verfährt man auch in den nachfolgenden Zeilenpaaren, allerdings beginnt man abwechselnd in den beiden linken Spalten.

1	8			3	6		
		2	7			4	5

1	8			3	6		
		2	7			4	5
16	9			14	11		
		15	10			13	12
17	24			19	22		
		18	23			20	21
32	25			30	27		
		31	26			29	28

Abb. 7.70 Erster Durchgang

Der zweite Durchgang wird entgegengesetzt von unten nach oben durchgeführt.

1	8			3	6		
		2	7			4	5
16	9			14	11		
		15	10			13	12
17	24			19	22		
		18	23			20	21
32	25	39	34	30	27	37	36
40	33	31	26	38	35	29	28

a) zweiter Durchgang

1	8	58	63	3	6	60	61
57	64	2	7	59	62	4	5
16	9	55	50	14	11	53	52
56	49	15	10	54	51	13	12
17	24	42	47	19	22	44	45
41	48	18	23	43	46	20	21
32	25	39	34	30	27	37	36
40	33	31	26	38	35	29	28

b) magisches Quadrat

Abb. 7.71 Magisches Quadrat der Ordnung $n = 8$ (Shabramallisi, Methode 5)

[14] Sesiano [519] S. 72 – 73 und Sesiano [512] S. 15 – 16

Der zweite Durchgang wird jetzt entgegengesetzt von unten nach oben durchgeführt, wobei sich auch die Startposition ändert. Hat man zu Beginn am linken Rand begonnen, beginnt man jetzt eine Spalte weiter rechts. Trägt man auf diese Art und Weise die zweite Hälfte der Zahlen ein, entsteht das magische Quadrat aus Abbildung 7.71.

Variante 1

In einer ersten kleinen Variante werden die Startspalten der beiden Durchgänge verändert. Der erste Durchgang beginnt jetzt nicht am linken Rand, sondern in der Spalte daneben und stattdessen beginnt jetzt der zweite Durchgang ganz links. Führt man dieses Verfahren für die Ordnung $n = 8$ durch, entsteht das magische Quadrat aus Abbildung 7.72.

8	1	63	58	6	3	61	60
64	57	7	2	62	59	5	4
9	16	50	55	11	14	52	53
49	56	10	15	51	54	12	13
24	17	47	42	22	19	45	44
48	41	23	18	46	43	21	20
25	32	34	39	27	30	36	37
33	40	26	31	35	38	28	29

12	1	143	134	10	3	141	136	8	5	139	138
144	133	11	2	142	135	9	4	140	137	7	6
13	24	122	131	15	22	124	129	17	20	126	127
121	132	14	23	123	130	16	21	125	128	18	19
36	25	119	110	34	27	117	112	32	29	115	114
120	109	35	26	118	111	33	28	116	113	31	30
37	48	98	107	39	46	100	105	41	44	102	103
97	108	38	47	99	106	40	45	101	104	42	43
60	49	95	86	58	51	93	88	56	53	91	90
96	85	59	50	94	87	57	52	92	89	55	54
61	72	74	83	63	70	76	81	65	68	78	79
73	84	62	71	75	82	64	69	77	80	66	67

Abb. 7.72 Magische Quadrate der Ordnungen $n = 8$ und $n = 12$ (Shabramallisi, Methode 5.1)

Variante 2

Viele weitere magische Quadrate ergeben sich, wenn man zusätzlich zu dem Vorgehen in Variante 1 noch die Startzeile ändert. Man muss die Zahlenfolgen nicht immer in der oberen Zeile des Zielquadrates beginnen, sondern kann wie in Abbildung 7.73 in jeder zweiten Zeile von oben beginnen. Dies ist damit gleichzeitig die obere Zeile der 4×4 - Teilquadrate, die dann natürlich zyklisch gesehen werden müssen.

16	9	55	50	14	11	53	52
56	49	15	10	54	51	13	12
17	24	42	47	19	22	44	45
41	48	18	23	43	46	20	21
32	25	39	34	30	27	37	36
40	33	31	26	38	35	29	28
1	8	58	63	3	6	60	61
57	64	2	7	59	62	4	5

49	60	86	95	51	58	88	93	53	56	90	91
85	96	50	59	87	94	52	57	89	92	54	55
72	61	83	74	70	63	81	76	68	65	79	78
84	73	71	62	82	75	69	64	80	77	67	66
1	12	134	143	3	10	136	141	5	8	138	139
133	144	2	11	135	142	4	9	137	140	6	7
24	13	131	122	22	15	129	124	20	17	127	126
132	121	23	14	130	123	21	16	128	125	19	18
25	36	110	119	27	34	112	117	29	32	114	115
109	120	26	35	111	118	28	33	113	116	30	31
48	37	107	98	46	39	105	100	44	41	103	102
108	97	47	38	106	99	45	40	104	101	43	42

Abb. 7.73 Magische Quadrate der Ordnungen 8 und 12 (Shabramallisi, Methode 5.2)

Variante 3

Eine weitere Variante ergibt sich, wenn man mit der ersten Zahl in einem beliebigen Teilquadrat der oberen Zeile beginnt. Wie in Abbildung 7.74 zu sehen ist, werden die Zeilen einfach nur zyklisch betrachtet, und man platziert die weiteren Zeilen dann vom linken Rand aus. Allerdings kann dies bei dem Aufbau der Zahlen nur bei jeder zweiten Spalte funktionieren.

3	6	60	61	1	8	58	63
59	62	4	5	57	64	2	7
14	11	53	52	16	9	55	50
54	51	13	12	56	49	15	10
19	22	44	45	17	24	42	47
43	46	20	21	41	48	18	23
30	27	37	36	32	25	39	34
38	35	29	28	40	33	31	26

5	8	138	139	1	12	134	143	3	10	136	141
137	140	6	7	133	144	2	11	135	142	4	9
20	17	127	126	24	13	131	122	22	15	129	124
128	125	19	18	132	121	23	14	130	123	21	16
29	32	114	115	25	36	110	119	27	34	112	117
113	116	30	31	109	120	26	35	111	118	28	33
44	41	103	102	48	37	107	98	46	39	105	100
104	101	43	42	108	97	47	38	106	99	45	40
53	56	90	91	49	60	86	95	51	58	88	93
89	92	54	55	85	96	50	59	87	94	52	57
68	65	79	78	72	61	83	74	70	63	81	76
80	77	67	66	84	73	71	62	82	75	69	64

Abb. 7.74 Magische Quadrate der Ordnungen 8 und 12 (Shabramallisi, Methode 5.3)

Variante 4

In einer weiteren Variante können beliebige, paarweise zusammengehörende Zeilen und Spalten ausgetauscht werden. Dies sind die vom oberen oder linken Rand aus gesehen benachbarten zwei Zeilen bzw. Spalten. Die Anzahl der vertauschten Paare kann beliebig gewählt werden, sodass vielfältige Kombinationen möglich sind. In Abbildung 7.75 ist das Originalquadrat und das magische Quadrat mit den vertauschten Zeilen- bzw. Spaltenpaaren dargestellt, die zusätzlich besonders hervorgehoben sind.

1	8	58	63	3	6	60	61
57	64	2	7	59	62	4	5
16	9	55	50	14	11	53	52
56	49	15	10	54	51	13	12
17	24	42	47	19	22	44	45
41	48	18	23	43	46	20	21
32	25	39	34	30	27	37	36
40	33	31	26	38	35	29	28

1	8	63	58	3	6	60	61
57	64	7	2	59	62	4	5
56	49	10	15	54	51	13	12
16	9	50	55	14	11	53	52
17	24	47	42	19	22	44	45
41	48	23	18	43	46	20	21
40	33	26	31	38	35	29	28
32	25	34	39	30	27	37	36

Abb. 7.75 Magisches Quadrat der Ordnung $n = 8$ (Shabramallisi, Methode 5.4)

Variante 5

Eine weitere Variante ergibt sich, wenn man als Schrittweite 2 oder 4 wählt. Diese beiden Schrittweiten können natürlich auch mit den anderen Varianten kombiniert werden.

1	15	52	62	5	11	56	58
50	64	3	13	54	60	7	9
31	17	46	36	27	21	42	40
48	34	29	19	44	38	25	23
33	47	20	30	37	43	24	26
18	32	35	45	22	28	39	41
63	49	14	4	59	53	10	8
16	2	61	51	12	6	57	55

a) Schrittweite 2

1	29	40	60	9	21	48	52
36	64	5	25	44	56	13	17
61	33	28	8	53	41	20	16
32	4	57	37	24	12	49	45
3	31	38	58	11	23	46	50
34	62	7	27	42	54	15	19
63	35	26	6	55	43	18	14
30	2	59	39	22	10	51	47

b) Schrittweite 4

Abb. 7.76 Magische Quadrate mit veränderten Schrittweiten (Shabramallisi, Methode 5.5)

Variante 6

Selbstverständlich können alle Varianten beliebig miteinander kombiniert werden. Allerdings sind die durchgeführten Veränderungen dann wie in Abbildung 7.77 schon etwas schwerer zu erkennen.

35	38	28	29	33	40	31	26
27	30	36	37	25	32	39	34
6	3	61	60	8	1	58	63
62	59	5	4	64	57	2	7
11	14	52	53	9	16	55	50
51	54	12	13	49	56	15	10
22	19	45	44	24	17	42	47
46	43	21	20	48	41	18	23

64	69	80	77	66	67	73	84	71	62	75	82
76	81	68	65	78	79	61	72	83	74	63	70
9	4	137	140	7	6	144	133	2	11	142	135
141	136	5	8	139	138	12	1	134	143	10	3
124	129	20	17	126	127	13	24	131	122	15	22
16	21	128	125	18	19	121	132	23	14	123	130
33	28	113	116	31	30	120	109	26	35	118	111
117	112	29	32	115	114	36	25	110	119	34	27
100	105	44	41	102	103	37	48	107	98	39	46
40	45	104	101	42	43	97	108	47	38	99	106
57	52	89	92	55	54	96	85	50	59	94	87
93	88	53	56	91	90	60	49	86	95	58	51

Abb. 7.77 Magische Quadrate der Ordnungen $n = 8$ und $n = 12$ (Shabramallisi, Methode 5.6)

7.1.11 Springerschritte mit komplementären Zahlen

Auch diese Methode stammt aus zwei Abhandlungen von anonymen Autoren aus dem 11. Jahrhundert und wird wieder in der Abhandlung von Shabramallisi über magische Quadrate erwähnt.[15] Man beginnt mit den Zahlen 1 und n^2 an den beiden Rändern der oberen Zeile und trägt die weiteren aufsteigend und absteigend in die beiden oberen Zeilen ein, wobei die Zellen durch die Bewegung eines Springers bestimmt werden. Danach wird dieses Vorgehen entsprechend auch für die nächsten beiden Zeilen durchgeführt, wobei man jedoch eine Spalte vom Rand entfernt beginnt.

So verfährt man mit weiteren Gruppen von jeweils vier Zeilen, bis man am unteren Rand angelangt ist. Zu diesem Zeitpunkt sind dann die ersten und die letzten $\frac{n^2}{4}$ Zahlen eingetragen. Im Beispiel für die Ordnung $n = 8$ sind dies also die Zahlen 1 bis 16 und 49 bis 64.

[15] Sesiano [519] S. 73 – 76 und Sesiano [512] S. 15 – 19

1			62	3			64
	61	2			63	4	

1			62	3			64
	61	2			63	4	
	5	58			7	60	
57			6	59			8
9			54	11			56
	53	10			55	12	
	13	50			15	52	
49			14	51			16

Abb. 7.78 Die waagrechten Sequenzen (Schritt 1)

Die restlichen $\frac{n^2}{2}$ Zahlen werden danach nicht mehr wie Springerzüge, sondern auf Diagonalen platziert. Dazu beginnt man am rechten Rand der dritten Zeile von oben mit der Zahl $\frac{n^2}{4} + 1 = 17$ und trägt dann $\frac{n}{2} = 4$ Zahlen auf der gebrochenen Diagonalen nach links oben ein. Dabei überspringt man allerdings immer eine Zelle, bevor die nächste Zahl eingetragen wird.

Die nächste Gruppe von $\frac{n}{2}$ Zahlen beginnt dann eine Zeile tiefer und eine Spalte links wie vorher. Da im ersten Durchgang bei dem Eintragen der Zahlen immer mit Gruppen von vier Zeilen gearbeitet wurde, beginnen die weiteren gebrochenen Diagonalen jeweils immer vier Zeilen tiefer.

1			62	3	18		64
	61	2		22	63	4	
	5	58			7	60	17
57			6	59		21	8
9	20		54	11			56
24	53	10			55	12	
	13	50	19		15	52	
49		23	14	51			16

1	28		62	3	18		64
32	61	2		22	63	4	
	5	58	27		7	60	17
57		31	6	59		21	8
9	20		54	11	26		56
24	53	10		30	55	12	
	13	50	19		15	52	25
49		23	14	51		29	16

Abb. 7.79 Die ersten zwei Diagonalen (Schritt 2)

Auch die letzte Gruppe von Zahlen wird wieder in gebrochene Diagonalen platziert Dieses Mal jedoch vom linken Rand aus und diagonal nach rechts oben. Wie schon bei den anderen Zahlen aus der oberen Hälfte beginnt man mit der größten bis jetzt nicht benutzten Zahl und trägt die weiteren Zahlen in absteigender Reihenfolge ein. Die Startpositionen dieser Diagonalen liegen dabei horizontal symmetrisch zu der Startposition der Diagonalen des rechten Randes, die in derselben Zeile beginnt.

Sind alle $\frac{n}{2}$ Diagonalen von dieser Seite aus eingetragen, entsteht das magische Quadrat aus Abbildung 7.80.

1		47	62	3	18		64
	61	2	43	22	63	4	
48	5	58			7	60	17
57	44		6	59		21	8
9	20		54	11		45	56
24	53	10			55	12	41
	13	50	19	46	15	52	
49		23	14	51	42		16

a) zwei Diagonalen von links

1	28	47	62	3	18	37	64
32	61	2	43	22	63	4	33
48	5	58	27	38	7	60	17
57	44	31	6	59	34	21	8
9	20	39	54	11	26	45	56
24	53	10	35	30	55	12	41
40	13	50	19	46	15	52	25
49	36	23	14	51	42	29	16

b) magisches Quadrat

Abb. 7.80 Magisches Quadrat der Ordnung $n = 8$ (Shabramallisi, Methode 6)

Variante 1

Zusätzlich kann man auch die Startzeile für die erste Zahlenfolge ändern. Allerdings ist man hierbei nicht vollkommen frei, sondern die Startzeile muss von oben betrachtet am Beginn eines Blocks von vier Zeilen liegen. Abbildung 7.81 zeigt ein solches Beispiel der Ordnung $n = 12$.

25	54	83	116	27	40	105	118	29	62	91	120
60	115	26	77	46	117	28	99	68	119	30	85
84	31	110	53	106	33	112	39	92	35	114	61
109	78	59	32	111	100	45	34	113	86	67	36
1	66	107	140	3	52	93	142	5	38	79	144
72	139	2	101	58	141	4	87	44	143	6	73
108	7	134	65	94	9	136	51	80	11	138	37
133	102	71	8	135	88	57	10	137	74	43	12
13	42	95	128	15	64	81	130	17	50	103	132
48	127	14	89	70	129	16	75	56	131	18	97
96	19	122	41	82	21	124	63	104	23	126	49
121	90	47	20	123	76	69	22	125	98	55	24

Abb. 7.81 Magisches Quadrat der Ordnung $n = 12$ (Shabramallisi, Methode 6.1)

Variante 2

Ebenso kann man auch hier mit dem Eintragen der Zahlen an jedem linken Rand eines Blocks von vier Spalten beginnen. Dabei müssen natürlich auch die Positionen für den Beginn der gebrochenen Diagonalen entsprechend angepasst werden, wie es in den Beispielen der Abbildung 7.82 für magische Quadrate der Ordnung 8 und 12 zu erkennen ist.

3	18	37	64	1	28	47	62
22	63	4	33	32	61	2	43
38	7	60	17	48	5	58	27
59	34	21	8	57	44	31	6
11	26	45	56	9	20	39	54
30	55	12	41	24	53	10	35
46	15	52	25	40	13	50	19
51	42	29	16	49	36	23	14

3	52	93	142	5	38	79	144	1	66	107	140
58	141	4	87	44	143	6	73	72	139	2	101
94	9	136	51	80	11	138	37	108	7	134	65
135	88	57	10	137	74	43	12	133	102	71	8
15	64	81	130	17	50	103	132	13	42	95	128
70	129	16	75	56	131	18	97	48	127	14	89
82	21	124	63	104	23	126	49	96	19	122	41
123	76	69	22	125	98	55	24	121	90	47	20
27	40	105	118	29	62	91	120	25	54	83	116
46	117	28	99	68	119	30	85	60	115	26	77
106	33	112	39	92	35	114	61	84	31	110	53
111	100	45	34	113	86	67	36	109	78	59	32

Abb. 7.82 Magische Quadrate der Ordnungen $n = 8$ und $n = 12$ (Shabramallisi, Methode 6.2)

Variante 3

Beide Varianten 1 und 2 können auch beliebig miteinander kombiniert werden, wie es beispielsweise bei den magischen Quadraten aus Abbildung 7.83 geschehen ist. In diesen Beispielen wurde sowohl die Startzeile als auch die Startspalte variabel gewählt.

11	26	45	56	9	20	39	54
30	55	12	41	24	53	10	35
46	15	52	25	40	13	50	19
51	42	29	16	49	36	23	14
3	18	37	64	1	28	47	62
22	63	4	33	32	61	2	43
38	7	60	17	48	5	58	27
59	34	21	8	57	44	31	6

17	50	103	132	13	42	95	128	15	64	81	130
56	131	18	97	48	127	14	89	70	129	16	75
104	23	126	49	96	19	122	41	82	21	124	63
125	98	55	24	121	90	47	20	123	76	69	22
29	62	91	120	25	54	83	116	27	40	105	118
68	119	30	85	60	115	26	77	46	117	28	99
92	35	114	61	84	31	110	53	106	33	112	39
113	86	67	36	109	78	59	32	111	100	45	34
5	38	79	144	1	66	107	140	3	52	93	142
44	143	6	73	72	139	2	101	58	141	4	87
80	11	138	37	108	7	134	65	94	9	136	51
137	74	43	12	133	102	71	8	135	88	57	10

Abb. 7.83 Magische Quadrate der Ordnungen $n = 8$ und $n = 12$ (Shabramallisi, Methode 6.3)

Variante 4

Weitere Varianten ergeben sich, wenn man beim Eintragen der Zahlen eine andere Schrittweite als 1 wählt. Man kann die Schrittweite 2 benutzen und beide Schrittweiten können natürlich auch mit den anderen Varianten kombiniert werden.

1	55	30	60	5	35	10	64
63	58	3	22	43	62	7	2
32	9	52	53	12	13	56	33
50	24	61	11	54	4	41	15
17	39	14	44	21	51	26	48
47	42	19	6	59	46	23	18
16	25	36	37	28	29	40	49
34	8	45	27	38	20	57	31

a) Schrittweite 2

1	119	138	128	9	63	82	136	17	7	26	144
143	124	5	114	87	132	13	58	31	140	21	2
142	25	104	115	86	33	112	59	30	41	120	3
100	118	139	29	108	62	83	37	116	6	27	45
49	23	90	80	57	111	34	88	65	55	122	96
47	76	53	66	135	84	61	10	79	92	69	98
94	73	56	19	38	81	64	107	126	89	72	51
52	70	43	77	60	14	131	85	68	102	75	93
97	71	42	32	105	15	130	40	113	103	74	48
95	28	101	18	39	36	109	106	127	44	117	50
46	121	8	67	134	129	16	11	78	137	24	99
4	22	91	125	12	110	35	133	20	54	123	141

b) Schrittweite 4

Abb. 7.84 Magische Quadrate mit veränderten Schrittweiten (Shabramallisi, Methode 6.4)

7.1.12 Moschopoulos

Dieses Verfahren wird häufig als die Methode von Moschopoulos für doppelt-gerade Ordnungen genannt, weil sie in seiner Abhandlung über magische Quadrate erwähnt ist.[16] Man findet sie aber bereits in der Abhandlung eines anonymen Autors aus der ersten Hälfte des 11. Jahrhunderts.[17]

Man unterteilt das Zielquadrat zunächst in 4×4 große Teilquadrate. Für die Bearbeitung dieser Teilquadrate benötigt man ein Basisquadrat der Ordnung 4, bei dem in jeder Zeile, jeder Spalte und den beiden Diagonalen jeweils zwei Zahlen aus dem Bereich 1 bis 8 und zwei Zahlen aus dem Bereich 9 bis 16 auftreten. Die Zahlen 9 bis 16, die zu den Zahlen aus dem unteren Bereich komplementär sind, müssen angepasst werden, da z. B. die komplementäre Zahl zu 1 in einem Quadrat der Ordnung $n = 8$

[16] Tannery [549]

[17] Sesiano [519] S. 78 – 84

nicht mehr 16, sondern 64 ist. Das mit den Zahlen aus Tabelle 7.3 veränderte Teilquadrat wird dann in die linke obere Ecke des Zielquadrates eingetragen.

Für das nächste Teilquadrat in der rechten oberen Ecke werden auch wieder die Zahlen 1 bis 8 verändert. Alle Zahlen erhöhen sich allerdings um den Wert 8, damit mit dem veränderten Zahlenbereich nun die Zahlen 9 bis 16 abgedeckt werden. Die ursprünglichen Zahlen 9 bis 16 in dem Quadrat der Ordnung 4 werden wieder durch die zugehörigen Komplemente ersetzt, deren Werte im Unterschied zu den Komplementen im ersten Teilquadrat natürlich um 8 vermindert werden müssen.

Die vollständige Ersetzungstabelle der Zahlen für alle vier Teilquadrate ist in Tabelle 7.3 aufgeführt.

Quadrat 1 (lo)		Quadrat 2 (ro)	
1 ... 8	9 ... 16	1 ... 8	9 ... 16
1 ... 8	57 ... 64	9 ... 16	49 ... 56

Quadrat 3 (lu)		Quadrat 4 (ru)	
1 ... 8	9 ... 16	1 ... 8	9 ... 16
17 ... 24	41 ... 48	25 ... 32	33 ... 40

Tab. 7.3 Tabelle für die Änderungen der Zahlen

Man wählt z. B. das Basisquadrat aus Abbildung 7.85a und ändert die Zahlen gemäß der Austauschtabelle. Die so erhaltenen Teilquadrate fügt man dann von links nach rechts und von oben nach unten in die freien Bereiche des Zielquadrates ein. Als Ergebnis erhält man das magische Quadrat der Ordnung $n = 8$ aus Abbildung 7.85b, bei dem zur besseren Unterscheidung die Positionen der ursprünglichen Zahlen 1 bis 8 aus dem Basisquadrat besonders hervorgehoben sind.

1	8	11	14
12	13	2	7
6	3	16	9
15	10	5	4

a) Basisquadrat

1	8	59	62	9	16	51	54
60	61	2	7	52	53	10	15
6	3	64	57	14	11	56	49
63	58	5	4	55	50	13	12
17	24	43	46	25	32	35	38
44	45	18	23	36	37	26	31
22	19	48	41	30	27	40	33
47	42	21	20	39	34	29	28

b) magisches Quadrat

Abb. 7.85 Magisches Quadrat der Ordnung $n = 8$ (Moschopoulos)

In Abbildung 7.86 ist die Konstruktion noch einmal für die Ordnung 12 durchgeführt.

1	8	139	142	9	16	131	134	17	24	123	126
140	141	2	7	132	133	10	15	124	125	18	23
6	3	144	137	14	11	136	129	22	19	128	121
143	138	5	4	135	130	13	12	127	122	21	20
25	32	115	118	33	40	107	110	41	48	99	102
116	117	26	31	108	109	34	39	100	101	42	47
30	27	120	113	38	35	112	105	46	43	104	97
119	114	29	28	111	106	37	36	103	98	45	44
49	56	91	94	57	64	83	86	65	72	75	78
92	93	50	55	84	85	58	63	76	77	66	71
54	51	96	89	62	59	88	81	70	67	80	73
95	90	53	52	87	82	61	60	79	74	69	68

Abb. 7.86 Magisches Quadrat der Ordnung $n = 12$ (Moschopoulos)

Variante 1

Im vorangegangenen Beispiel wurden zunächst die Zahlen 1 bis 8 in das erste Teilquadrat eingetragen, bevor man zum zweiten Teilquadrat übergegangen ist. Diese acht Zahlen kann man aber auch wie in Abbildung 7.87a in zwei Durchgängen mit jeweils vier einzutragenden Zahlen getrennt bearbeiten, die jeweils zu einer Gruppe zusammengefasst werden. Dann folgen im ersten Durchgang nur die 1 bis 4 zugeordneten Zahlen in den Teilquadraten und erst im zweiten Durchgang die restlichen vier Zahlen. Entsprechend verfährt man dann mit den Komplementen zu 9 bis 12 im ersten und denen zu 13 bis 16 im zweiten Durchgang.

Als weitere mögliche Gruppengrößen der in einem Durchgang einzutragenden Zahlen können auch die weiteren Teiler von 8, also 2 (siehe Abbildung 7.87b) und 1 (siehe Abbildung 7.87c) gewählt werden. In diesen Fällen werden dann vier bzw. acht Durchgänge benötigt, damit die Zahlen von 1 bis 8 eingetragen sind. Unabhängig von der Anzahl der benötigten Durchgänge werden die Zahlen einer Gruppe immer von links nach rechts und von oben nach unten platziert.

Wenn die den Zahlen 1 bis 8 zugeordneten Zahlen notiert worden sind, befinden sich $\frac{n^2}{2}$ Zahlen im Zielquadrat. Die andere Hälfte der Zahlen ergibt sich aus den 9 bis 16 zugeordneten Zahlen. Das Vorgehen entspricht vollständig dem bisherigen Vorgehen, jedoch werden diese Zahlen umgekehrt eingetragen. Man beginnt also in der rechten unteren Ecke und trägt die Zahlen dann von rechts nach links und von unten nach oben ein.

1	20	47	62	5	24	43	58
48	61	2	19	44	57	6	23
18	3	64	45	22	7	60	41
63	46	17	4	59	42	21	8
9	28	39	54	13	32	35	50
40	53	10	27	36	49	14	31
26	11	56	37	30	15	52	33
55	38	25	12	51	34	29	16

a) Gruppen mit vier Zahlen

1	26	47	56	3	28	45	54
48	55	2	25	46	53	4	27
18	9	64	39	20	11	62	37
63	40	17	10	61	38	19	12
5	30	43	52	7	32	41	50
44	51	6	29	42	49	8	31
22	13	60	35	24	15	58	33
59	36	21	14	57	34	23	16

b) Gruppen mit zwei Zahlen

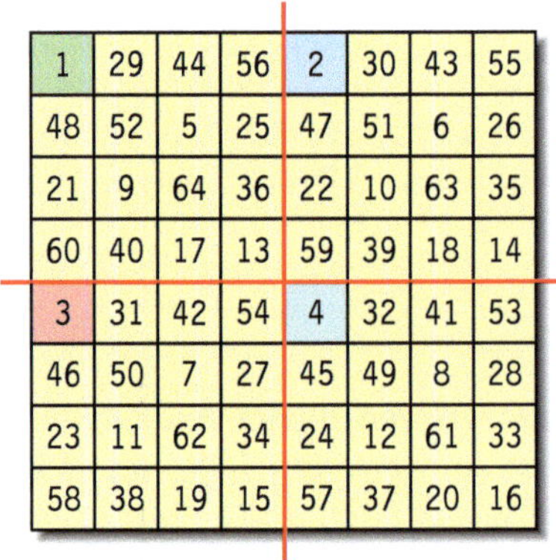

1	29	44	56	2	30	43	55
48	52	5	25	47	51	6	26
21	9	64	36	22	10	63	35
60	40	17	13	59	39	18	14
3	31	42	54	4	32	41	53
46	50	7	27	45	49	8	28
23	11	62	34	24	12	61	33
58	38	19	15	57	37	20	16

c) Gruppen mit nur einer Zahl

Abb. 7.87 Magische Quadrate mit veränderten Gruppengrößen (Moschopoulos, Variante 1)

Variante 2

In den bisherigen Beispielen wurden die Zahlen 5 bis 8 auch immer von links oben nach rechts unten eingetragen. Diese Richtung kann man allerdings auch umkehren, wie es in Abbildung 7.88 für die Gruppengrößen 8, 4 und 2 dargestellt ist. Dann werden diese Zahlen von rechts nach links und von unten nach oben im Zielquadrat platziert.

1	32	35	62	9	24	43	54
36	61	2	31	44	53	10	23
30	3	64	33	22	11	56	41
63	34	29	4	55	42	21	12
17	16	51	46	25	8	59	38
52	45	18	15	60	37	26	7
14	19	48	49	6	27	40	57
47	50	13	20	39	58	5	28

a) Gruppen mit acht Zahlen

1	32	35	62	5	28	39	58
36	61	2	31	40	57	6	27
30	3	64	33	26	7	60	37
63	34	29	4	59	38	25	8
9	24	43	54	13	20	47	50
44	53	10	23	48	49	14	19
22	11	56	41	18	15	52	45
55	42	21	12	51	46	17	16

b) Gruppen mit vier Zahlen

1	32	41	56	3	30	43	54
42	55	2	31	44	53	4	29
24	9	64	33	22	11	62	35
63	34	23	10	61	36	21	12
5	28	45	52	7	26	47	50
46	51	6	27	48	49	8	25
20	13	60	37	18	15	58	39
59	38	19	14	57	40	17	16

c) Gruppen mit zwei Zahlen

Abb. 7.88 Magische Quadrate mit umgekehrter Richtung für die Zahlen 5 bis 8 (Moschopoulos, Variante 2)

Variante 3

In einer weiteren Variante ist die Umkehrung der Zahlen nicht mehr auf die Zahlen 5 bis 8 beschränkt. Sobald ein Durchgang beendet ist, werden die Zahlen für den zweiten Durchgang diagonal von rechts unten aufsteigend eingetragen. Bei Gruppen mit vier Zahlen werden also etwa die Zahlen von 1 bis 16 in vier Gruppen platziert, bevor der nächste Durchgang mit den Zahlen von 17 bis 20 startet.

Bei Gruppen mit zwei Zahlen werden dementsprechend zunächst die Zahlen von 1 bis 8 gesetzt, bevor der nachfolgende Durchgang mit den Zahlen 9 und 10 beginnt.

In Abbildung 7.89 ist dies für die Gruppengrößen 4, 2 und 1 dargestellt.

1	32	35	62	5	28	39	58
36	61	2	31	40	57	6	27
30	3	64	33	26	7	60	37
63	34	29	4	59	38	25	8
9	24	43	54	13	20	47	50
44	53	10	23	48	49	14	19
22	11	56	41	18	15	52	45
55	42	21	12	51	46	17	16

a) Gruppen mit vier Zahlen

1	32	47	50	3	30	45	52
48	49	2	31	46	51	4	29
18	15	64	33	20	13	62	35
63	34	17	16	61	36	19	14
5	28	43	54	7	26	41	56
44	53	6	27	42	55	8	25
22	11	60	37	24	9	58	39
59	38	21	12	57	40	23	10

b) Gruppen mit zwei Zahlen

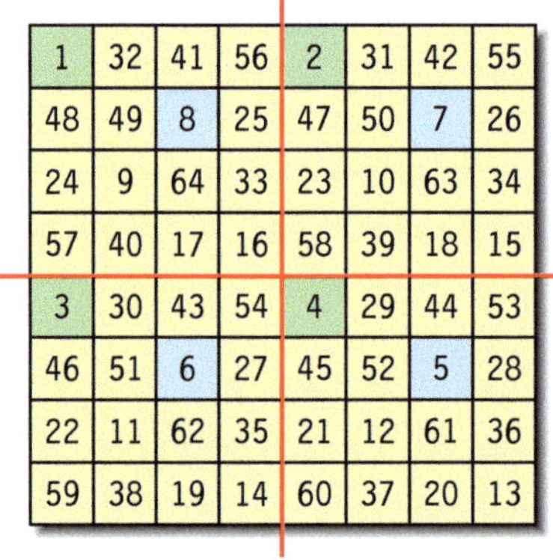

1	32	41	56	2	31	42	55
48	49	8	25	47	50	7	26
24	9	64	33	23	10	63	34
57	40	17	16	58	39	18	15
3	30	43	54	4	29	44	53
46	51	6	27	45	52	5	28
22	11	62	35	21	12	61	36
59	38	19	14	60	37	20	13

c) Gruppen mit einer Zahl

Abb. 7.89 Magische Quadrate mit direkter Umkehrung (Moschopoulos, Variante 3)

Für die Gruppengrößen 4 und 8 gibt es allerdings Überschneidungen, da diese magischen Quadrate auch mit anderen Varianten erzeugt werden können.

Variante 4

In den bisherigen Varianten wurden die Zahlen in den einzelnen Durchgängen immer auf das gesamte Quadrat verteilt. Man kann dies aber auch auf den horizontalen Bereich der 4×4 - Teilquadrate einschränken. Dann trägt man die den Zahlen 1 bis 8 zugeordneten Zahlen zunächst nur in die oberen vier Zeilen ein. Erst wenn dies geschehen ist, wechselt man in den Bereich der darunterliegenden vier Zeilen, wie es in Abbildung 7.90 dargestellt ist.

1	12	55	62	5	16	51	58
56	61	2	11	52	57	6	15
10	3	64	53	14	7	60	49
63	54	9	4	59	50	13	8
17	28	39	46	21	32	35	42
40	45	18	27	36	41	22	31
26	19	48	37	30	23	44	33
47	38	25	20	43	34	29	24

a) Gruppen mit vier Zahlen

1	14	55	60	3	16	53	58
56	59	2	13	54	57	4	15
10	5	64	51	12	7	62	49
63	52	9	6	61	50	11	8
17	30	39	44	19	32	37	42
40	43	18	29	38	41	20	31
26	21	48	35	28	23	46	33
47	36	25	22	45	34	27	24

b) Gruppen mit zwei Zahlen

1	15	54	60	2	16	53	59
56	58	3	13	55	57	4	14
11	5	64	50	12	6	63	49
62	52	9	7	61	51	10	8
17	31	38	44	18	32	37	43
40	42	19	29	39	41	20	30
27	21	48	34	28	22	47	33
46	36	25	23	45	35	26	24

c) Gruppen mit einer Zahl

Abb. 7.90 Magische Quadrate mit horizontaler Ausrichtung (Moschopoulos, Variante 4)

Variante 5

Auch bei der horizontalen Ausrichtung in Variante 4 kann man für das Eintragen der den Zahlen 5 bis 8 zugeordneten Zahlen festlegen, dass dies in umgekehrter Richtung geschehen soll. Hier werden diese Zahlen dann wie in Abbildung 7.91 von rechts nach links eingetragen.

Bei den Gruppen mit einer Zahl wurden in Variante 4 etwa zuerst die Zahlen 1 bis 8 platziert, an die sich die beiden Zahlen 9 und 10 in den oberen Teilquadraten von links nach rechts anschließen. Bei dieser Variante werden diese beiden Zahlen dagegen von rechts nach links fortgesetzt.

1	16	51	62	5	12	55	58
52	61	2	15	56	57	6	11
14	3	64	49	10	7	60	53
63	50	13	4	59	54	9	8
17	32	35	46	21	28	39	42
36	45	18	31	40	41	22	27
30	19	48	33	26	23	44	37
47	34	29	20	43	38	25	24

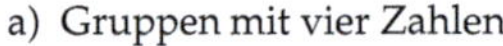
a) Gruppen mit vier Zahlen

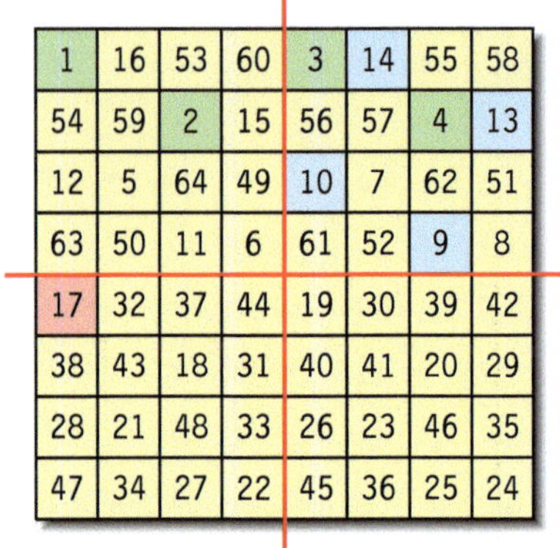

1	16	53	60	3	14	55	58
54	59	2	15	56	57	4	13
12	5	64	49	10	7	62	51
63	50	11	6	61	52	9	8
17	32	37	44	19	30	39	42
38	43	18	31	40	41	20	29
28	21	48	33	26	23	46	35
47	34	27	22	45	36	25	24

b) Gruppen mit zwei Zahlen

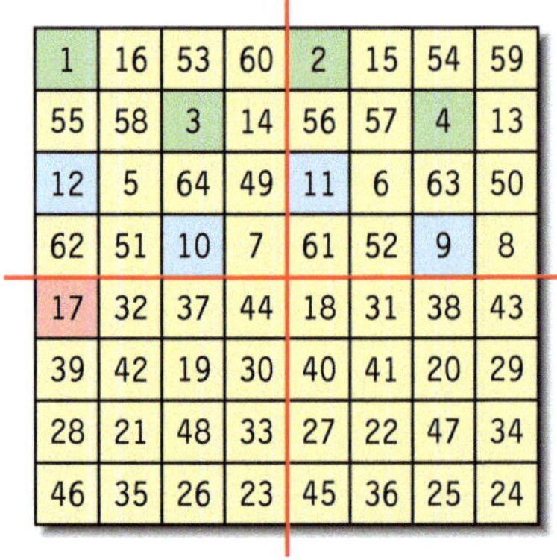

1	16	53	60	2	15	54	59
55	58	3	14	56	57	4	13
12	5	64	49	11	6	63	50
62	51	10	7	61	52	9	8
17	32	37	44	18	31	38	43
39	42	19	30	40	41	20	29
28	21	48	33	27	22	47	34
46	35	26	23	45	36	25	24

c) Gruppen mit einer Zahl

Abb. 7.91 Magische Quadrate mit umgekehrter Richtung für die Zahlen 5 bis 8 (Moschopoulos, Variante 5)

Variante 6

Aber damit noch lange nicht genug! Selbstverständlich kann auch das Basisquadrat, das über das Eintragen der Zahlen in die Teilquadrate entscheidet, verändert werden. Es zeigt sich, dass die 528 verschiedenen magischen Quadrate der Ordnung $n = 4$ aus den Dudeney-Gruppen 1 bis $6b_1$ mit allen Varianten als Basisquadrat benutzt werden können. Diese Quadrate zeichnen sich dadurch aus, dass in jeder Zeile, jeder Spalte und beiden Diagonalen genau zwei Zahlen aus dem Bereich 1 bis 8 und zwei weitere Zahlen aus dem Bereich 9 bis 16 vorhanden sind. Es gibt viele weitere Quadrate aus den anderen Gruppen, die auch magische Quadrate erzeugen. Bei den Quadraten aus diesen Gruppen ist aber nicht sichergestellt, dass sie mit allen Kombinationen der aufgeführten Varianten magische Quadrate erzeugen.

Bei dem magischen Quadrat in Abbildung 7.92 wurde das Basisquadrat verändert und zwei unterschiedliche Gruppengrößen verwendet.

1	15	14	4
6	12	9	7
11	5	8	10
16	2	3	13

1	63	62	4	9	55	54	12
6	60	57	7	14	52	49	15
59	5	8	58	51	13	16	50
64	2	3	61	56	10	11	53
17	47	46	20	25	39	38	28
22	44	41	23	30	36	33	31
43	21	24	42	35	29	32	34
48	18	19	45	40	26	27	37

1	63	56	10	3	61	54	12
18	48	39	25	20	46	37	27
47	17	26	40	45	19	28	38
64	2	9	55	62	4	11	53
5	59	52	14	7	57	50	16
22	44	35	29	24	42	33	31
43	21	30	36	41	23	32	34
60	6	13	51	58	8	15	49

Abb. 7.92 Magische Quadrate mit einem anderen Basisquadrat (Moschopoulos, Variante 6)

7.2 Methoden der Neuzeit

Die in diesem Kapitel vorgestellten Verfahren sind größtenteils sehr bekannt, da die entsprechende Literatur in Europa leicht zugänglich war. Trotzdem kommt es auch bei diesen Verfahren immer wieder zu Überschneidungen, da die Verfahren nicht systematisch katalogisiert wurden.

7.2.1 Arnauld

Antoine Arnauld veröffentlichte 1667 eine Methode, mit der man gerahmte magische Quadrate erzeugen kann.[18] Die grundlegende Idee dieses Verfahrens mit den 16 Hilfsquadraten, die in Kapitel 9.4.2 beschrieben wird, lässt sich auch zur Konstruktion doppelt-gerader magischer Quadrate verwenden.

Arnauld geht bei seinen Betrachtungen von einem Quadrat der Ordnung 4 in natürlicher Anordnung aus

1	2	3	4
5	6	7	8
9	10	11	12
13	14	15	16

und unterteilt die 16 Zahlen in vier Gruppen mit jeweils vier Zahlen.

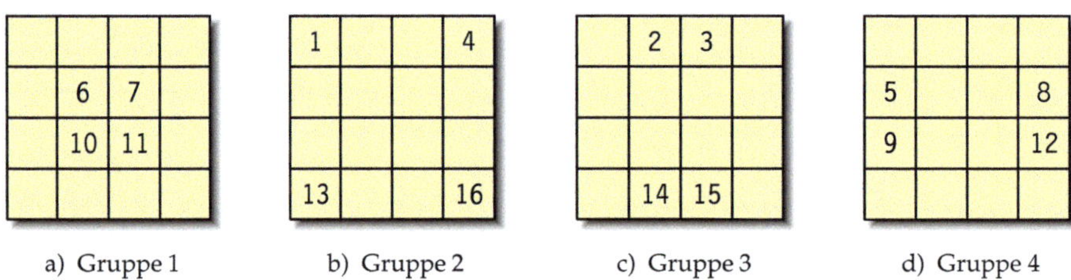

a) Gruppe 1 b) Gruppe 2 c) Gruppe 3 d) Gruppe 4

Abb. 7.93 Zahlengruppen von Arnauld

Zusätzlich definiert er vier Abbildungen, mit denen die Zahlen aus dem Quadrat in natürlicher Anordnung in 16 verschiedene Hilfsquadrate transformiert werden.

[18] Arnauld [23] S. 336 – 345, siehe auch Descombes [124] S. 244 – 252

o	Die vier Zahlen bleiben unverändert
c	Die Zahlen werden auf die diagonal gegenüberliegenden Plätze abgebildet
g	Die Zahlen werden auf die horizontal symmetrisch gegenüberliegenden Plätze abgebildet
h	Die Zahlen werden auf die vertikal symmetrisch gegenüberliegenden Plätze abgebildet

Mit diesen vier Abbildungen bildet Arnauld 16 unterschiedliche Quadrate, wobei die Zahlen der einzelnen Zahlengruppen aus Abbildung 7.93 nach folgender Tabelle transformiert werden.

	Q_1	Q_2	Q_3	Q_4	Q_5	Q_6	Q_7	Q_8	Q_9	Q_{10}	Q_{11}	Q_{12}	Q_{13}	Q_{14}	Q_{15}	Q_{16}
Gruppe 1	o	o	o	o	c	c	c	c	g	g	g	g	h	h	h	h
Gruppe 2	o	c	g	h	o	c	g	h	o	c	g	h	o	c	g	h
Gruppe 3	c	g	c	g	h	o	h	o	h	o	h	o	c	g	c	g
Gruppe 4	c	h	h	c	g	o	o	g	c	h	h	c	g	o	o	g

Mit diesen Bedingungen hat Arnauld die 16 magischen Basisquadrate aus Abbildung 7.94 konstruiert. Markiert man in diesen Quadraten die geraden Zahlen, fällt auf, dass bis auf Symmetrie nur zwei unterschiedliche Muster auftreten.

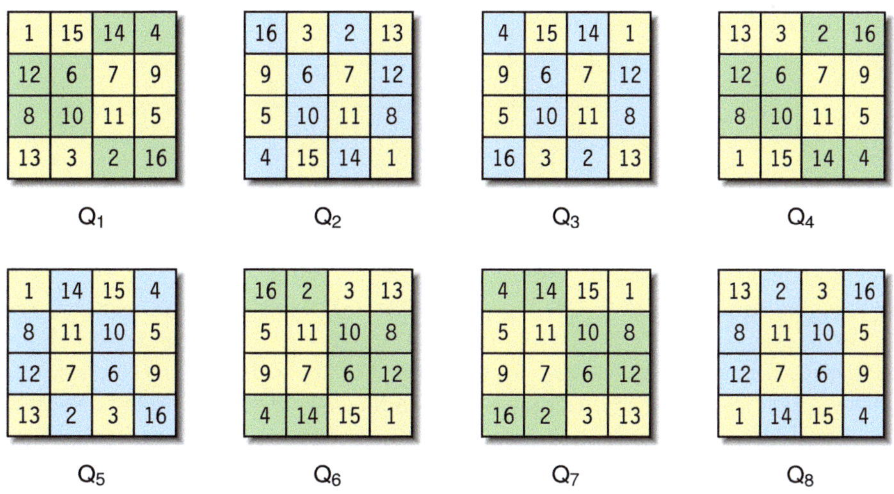

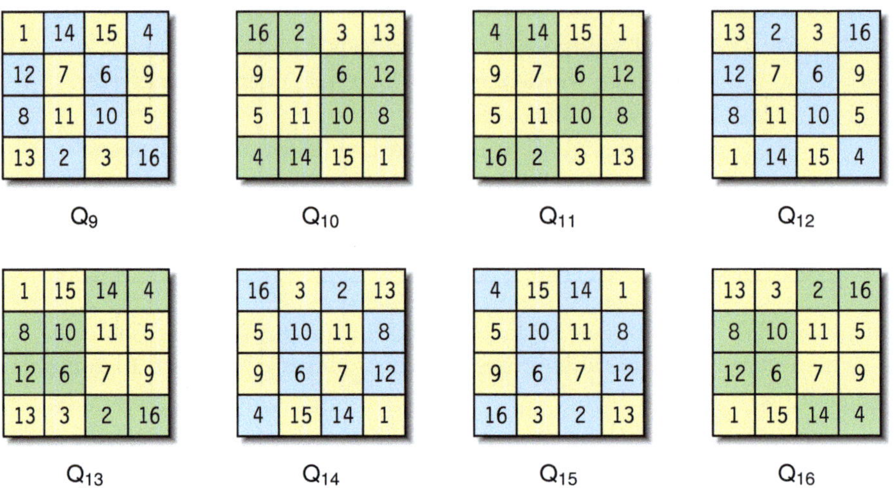

Abb. 7.94 16 Basisquadrate von Arnauld

Das Vorgehen bei der Konstruktion der 16 Basisquadrate kann auf alle doppelt-geraden Quadrate übertragen werden. Dazu wird zunächst ein Quadrat in natürlicher Anordnung benötigt.

1	2	3	4	5	6	7	8
9	10	11	12	13	14	15	16
17	18	19	20	21	22	23	24
25	26	27	28	29	30	31	32
33	34	35	36	37	38	39	40
41	42	43	44	45	46	47	48
49	50	51	52	53	54	55	56
57	58	59	60	61	62	63	64

Abb. 7.95 Quadrat in natürlicher Anordnung

Das Ausgangsquadrat der Größe $n = 4k$ mit den Zahlen in natürlicher Anordnung wird in 16 gleich große Teilquadrate mit der Seitenlänge k unterteilt. Im Fall $n = 8$ besitzt ein solches Teilquadrat also vier Zahlen. Auf alle Zahlen eines solchen Teilquadrates werden jetzt die Abbildungen angewendet, die zu einem der 16 Basisquadrate von Arnauld geführt haben.

Das magische Quadrat in Abbildung 7.96a ist dabei mit dem Muster des Basisquadrates Q_1, das in Abbildung 7.96b dagegen mit Q_2 erstellt worden.

1	2	62	61	60	59	7	8
9	10	54	53	52	51	15	16
48	47	19	20	21	22	42	41
40	39	27	28	29	30	34	33
32	31	35	36	37	38	26	25
24	23	43	44	45	46	18	17
49	50	14	13	12	11	55	56
57	58	6	5	4	3	63	64

a) Basisquadrat Q_1

64	63	6	5	4	3	58	57
56	55	14	13	12	11	50	49
41	42	19	20	21	22	47	48
33	34	27	28	29	30	39	40
25	26	35	36	37	38	31	32
17	18	43	44	45	46	23	24
16	15	54	53	52	51	10	9
8	7	62	61	60	59	2	1

b) Basisquadrat Q_2

Abb. 7.96 Magische Quadrate der Ordnung $n = 8$ aus Basisquadraten (Arnauld)

Für den Fall $n = 12$ ergeben sich mit diesem Verfahren 16 Teilquadrate der Größe 3 mit jeweils neun Zahlen. Das magische Quadrat in Abbildung 7.97 ist mit dem Verfahren von Arnauld und dem Basisquadrat Q_3 erstellt worden.

133	134	135	9	8	7	6	5	4	142	143	144
121	122	123	21	20	19	18	17	16	130	131	132
109	110	111	33	32	31	30	29	28	118	119	120
108	107	106	40	41	42	43	44	45	99	98	97
96	95	94	52	53	54	55	56	57	87	86	85
84	83	82	64	65	66	67	68	69	75	74	73
72	71	70	76	77	78	79	80	81	63	62	61
60	59	58	88	89	90	91	92	93	51	50	49
48	47	46	100	101	102	103	104	105	39	38	37
25	26	27	117	116	115	114	113	112	34	35	36
13	14	15	129	128	127	126	125	124	22	23	24
1	2	3	141	140	139	138	137	136	10	11	12

Abb. 7.97 Magisches Quadrat der Ordnung $n = 12$ aus Basisquadraten (Arnauld)

Varianten

Bisher ist immer mit einem Quadrat in natürlicher Anordnung begonnen worden. Es entstehen aber auch magische Quadrate der Ordnung $n = 4k$, wenn man Plussequenzen mit ganz bestimmten Schrittweiten, Komplementsequenzen oder reversible Quadrate als Ausgangsquadrat benutzt. Drei Beispiele mit unterschiedlichen Ausgangsquadraten sind in Abbildung 7.98 dargestellt.

1	5	2	6	3	7	4	8
9	13	10	14	11	15	12	16
17	21	18	22	19	23	20	24
25	29	26	30	27	31	28	32
33	37	34	38	35	39	36	40
41	45	42	46	43	47	44	48
49	53	50	54	51	55	52	56
57	61	58	62	59	63	60	64

a) Plussequenz (4)

57	61	7	3	6	2	60	64
49	53	15	11	14	10	52	56
48	44	18	22	19	23	45	41
40	36	26	30	27	31	37	33
32	28	34	38	35	39	29	25
24	20	42	46	43	47	21	17
9	13	55	51	54	50	12	16
1	5	63	59	62	58	4	8

b) magisches Quadrat mit Q_3

8	3	7	5	4	2	6	1
16	11	15	13	12	10	14	9
24	19	23	21	20	18	22	17
32	27	31	29	28	26	30	25
40	35	39	37	36	34	38	33
48	43	47	45	44	42	46	41
56	51	55	53	52	50	54	49
64	59	63	61	60	58	62	57

c) Komplementsequenz

1	6	63	61	60	58	3	8
9	14	55	53	52	50	11	16
24	19	42	44	45	47	22	17
32	27	34	36	37	39	30	25
40	35	26	28	29	31	38	33
48	43	18	20	21	23	46	41
49	54	15	13	12	10	51	56
57	62	7	5	4	2	59	64

d) magisches Quadrat mit Q_6

1	2	3	4	17	18	19	20
5	6	7	8	21	22	23	24
9	10	11	12	25	26	27	28
13	14	15	16	29	30	31	32
33	34	35	36	49	50	51	52
37	38	39	40	53	54	55	56
41	42	43	44	57	58	59	60
45	46	47	48	61	62	63	64

e) reversibles Quadrat

64	63	18	17	4	3	46	45
60	59	22	21	8	7	42	41
9	10	39	40	53	54	27	28
13	14	35	36	49	50	31	32
33	34	15	16	29	30	51	52
37	38	11	12	25	26	55	56
24	23	58	57	44	43	6	5
20	19	62	61	48	47	2	1

f) magisches Quadrat mit Q_{13}

Abb. 7.98 Magische Quadrate der Ordnung $n = 8$ (Arnauld, Varianten)

7.2.2 Poignard

Francois-Guillaume Poignard füllt bei seinem Verfahren das Zielquadrat sehr systematisch mit den Zahlen aus dem Quadrat in natürlicher Anordnung.[19] Er beginnt mit der Zahl 1 in der linken oberen Ecke und trägt in der oberen Zeile von links nach rechts fortschreitend jede zweite Zahl ein. Im rechten oberen Quadranten verfährt er genau so, beginnt jedoch mit der zweiten Zelle der oberen Zeile. In der zweiten Zeile von oben geht er prinzipiell genauso vor, beginnt allerdings im linken Quadranten erst mit der zweiten Zelle und dafür im rechten Quadranten mit der ersten Zelle.

In der unteren Hälfte wechselt er die Startpositionen. Im linken Quadranten beginnt er in der oberen Zeile mit der zweiten Spalte und dafür im rechten Quadranten direkt mit der ersten Spalte. In der darunterliegenden Zeile kehrt sich dieses Verhalten dann wieder um.

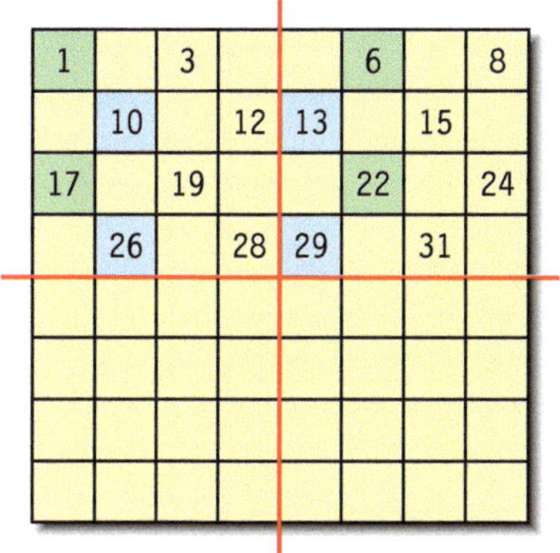

1		3			6		8
	10		12	13		15	
17		19			22		24
	26		28	29		31	

a) 1. Durchgang: Schritt 1

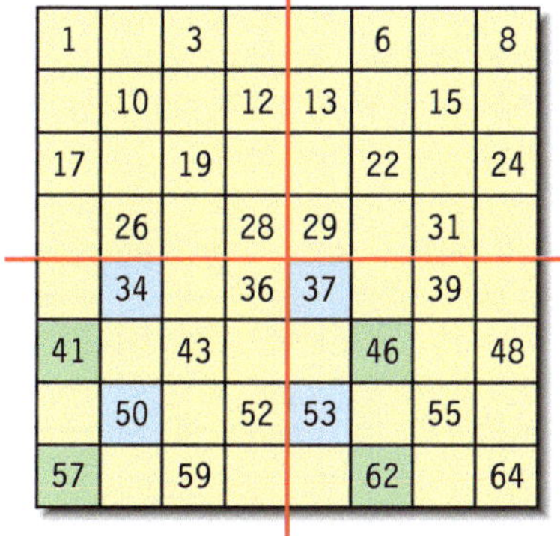

1		3			6		8
	10		12	13		15	
17		19			22		24
	26		28	29		31	
	34		36	37		39	
41		43			46		48
	50		52	53		55	
57		59			62		64

b) 1. Durchgang: Schritt 2

1		3			6		8
	10		12	13		15	
17		19			22		24
	26		28	29		31	
32	34	30	36	37	27	39	25
41	23	43	21	20	46	18	48
16	50	14	52	53	11	55	9
57	7	59	5	4	62	2	64

c) 2. Durchgang: Schritt 3

1	63	3	61	60	6	58	8
56	10	54	12	13	51	15	49
17	47	19	45	44	22	42	24
40	26	38	28	29	35	31	33
32	34	30	36	37	27	39	25
41	23	43	21	20	46	18	48
16	50	14	52	53	11	55	9
57	7	59	5	4	62	2	64

d) 2. Durchgang: Schritt 4

Abb. 7.99 Symmetrisches magisches Quadrat der Ordnung $n = 8$ (Poignard)

[19] Poignard [440] S. 12 – 14

In einem zweiten Durchgang füllt Poignard dann die noch freien Zellen, wobei er in diesem Durchgang genau umgekehrt vorgeht. Dies bedeutet, dass er die Zahlen von rechts nach links und von unten nach oben einträgt. Daher beginnt er mit der Zahl 2 links neben der rechten unteren Ecke. Durch diese symmetrische Anordnung der Zahlen entsteht das symmetrische magische Quadrat aus Abbildung 7.99.

Das Verfahren von Poignard ist auf alle doppelt-geraden Ordnungen $n = 4k$ übertragbar und das entstehende Quadrat ist immer symmetrisch. In Abbildung 7.100 ist das magische Quadrat für die Ordnung $n = 12$ dargestellt.

1	143	3	141	5	139	138	8	136	10	134	12
132	14	130	16	128	18	19	125	21	123	23	121
25	119	27	117	29	115	114	32	112	34	110	36
108	38	106	40	104	42	43	101	45	99	47	97
49	95	51	93	53	91	90	56	88	58	86	60
84	62	82	64	80	66	67	77	69	75	71	73
72	74	70	76	68	78	79	65	81	63	83	61
85	59	87	57	89	55	54	92	52	94	50	96
48	98	46	100	44	102	103	41	105	39	107	37
109	35	111	33	113	31	30	116	28	118	26	120
24	122	22	124	20	126	127	17	129	15	131	13
133	11	135	9	137	7	6	140	4	142	2	144

Abb. 7.100 Symmetrisches magisches Quadrat der Ordnung $n = 12$ (Poignard)

Variante 1

Poignard gibt zusätzlich einige Möglichkeiten an, wie man aus dem magischen Quadrat in Abbildung 7.99 durch geeignete Vertauschungen von Zellen weitere symmetrische magische Quadrate erzeugen kann.[20]

Vier mögliche Vertauschungen mit jeweils vier Zahlenpaaren sind in Abbildung 7.101 aufgeführt. In den ersten beiden Quadraten werden jeweils horizontal symmetrisch liegende Zellen ausgetauscht. Die vier Zahlenpaare besitzen jeweils gleiche Summen und die Zeilensumme kann sich bei einem horizontalen Austausch von Zahlen auch nicht verändern. In den anderen beiden unteren Quadraten findet der Austausch vertikal symmetrisch statt.

[20] Poignard [440] S. 15 – 16

Die von Poignard aufgeführten Vertauschungen können einzeln oder in einer beliebigen Kombination durchgeführt werden und das Ergebnis ist für alle Ordnungen $n = 4k$ immer ein symmetrisches magisches Quadrat.

1	63	3	61	60	6	58	8
56	15	54	12	13	51	10	49
17	42	19	45	44	22	47	24
40	26	38	28	29	35	31	33
32	34	30	36	37	27	39	25
41	18	43	21	20	46	23	48
16	55	14	52	53	11	50	9
57	7	59	5	4	62	2	64

1	63	3	61	60	6	58	8
56	10	51	12	13	54	15	49
17	47	22	45	44	19	42	24
40	26	38	28	29	35	31	33
32	34	30	36	37	27	39	25
41	23	46	21	20	43	18	48
16	50	11	52	53	14	55	9
57	7	59	5	4	62	2	64

1	63	3	61	60	6	58	8
56	10	54	12	13	51	15	49
17	47	19	45	44	22	42	24
32	26	38	36	37	35	31	25
40	34	30	28	29	27	39	33
41	23	43	21	20	46	18	48
16	50	14	52	53	11	55	9
57	7	59	5	4	62	2	64

57	63	3	5	4	6	58	64
56	10	54	12	13	51	15	49
17	47	19	45	44	22	42	24
40	26	38	28	29	35	31	33
32	34	30	36	37	27	39	25
41	23	43	21	20	46	18	48
16	50	14	52	53	11	55	9
1	7	59	61	60	62	2	8

Abb. 7.101 Symmetrische magische Quadrate der Ordnung $n = 8$ (Poignard, Variante 1)

Variante 2

In einer Variante der Methode von Poignard werden die Zeilen in abwechselnder Richtung gefüllt. In der oberen Zeile werden die Zahlen von links nach rechts und in der darunterliegenden von rechts nach links eingetragen. Daher beginnt der zweite Durchgang wie in Abbildung 7.102 jetzt auch mit der Zahl 2 rechts neben der linken unteren Ecke und die Zahlen werden dann von links nach rechts platziert.

Durch die symmetrische Anordnung ist das Quadrat schon fast magisch. Zwei kleine Vertauschungen erzeugen nun das vollständige magische Quadrat:

- Tausche die Zahlen in den Zellen $(0/\frac{n}{2} - 1)$ und $(\frac{n}{2} - 1/\frac{n}{2} - 1)$.
- Tausche die Zahlen in den Zellen $(0/\frac{n}{2})$ und $(\frac{n}{2} - 1/\frac{n}{2})$.

1		3			6		8
	15		13	12		10	
17		19			22		24
	31		29	28		26	
	34		36	37		39	
48		46			43		41
	50		52	53		55	
64		62			59		57

a) 1. Durchgang

1	63	3	61	60	6	58	8
49	15	51	13	12	54	10	56
17	47	19	45	44	22	42	24
33	31	35	29	28	38	26	40
32	34	30	36	37	27	39	25
48	18	46	20	21	43	23	41
16	50	14	52	53	11	55	9
64	2	62	4	5	59	7	57

b) 2. Durchgang

Abb. 7.102 Füllen der Zeilen mit umgekehrten Richtungen

Im Beispiel für $n = 8$ bedeutet dies konkret, dass die Zahlen in den Zellen (0/3) und (3/3) sowie (0/4) und (3/4) vertauscht werden müssen. Damit ist das Quadrat in Abbildung 7.103 magisch, allerdings nicht mehr symmetrisch.

1	63	3	61	60	6	58	8
49	15	51	13	12	54	10	56
17	47	19	45	44	22	42	24
29	31	35	33	28	38	26	40
36	34	30	32	37	27	39	25
48	18	46	20	21	43	23	41
16	50	14	52	53	11	55	9
64	2	62	4	5	59	7	57

Abb. 7.103 Magisches Quadrat der Ordnung $n = 8$ (Poignard, Variante 2)

7.2.3 De la Hire

Philippe de la Hire beschreibt in einem 1705 erschienenen Artikel einige Verfahren, die aus zwei Hilfsquadraten ein magisches Quadrat der Ordnung $n = 4k$ erzeugen.[21]

Im ersten Hilfsquadrat füllt er die erste Hälfte der oberen Zeile mit einer beliebigen Zahl z aus dem Bereich von 1 bis n, die zweite Hälfte mit ihrer zu $n+1$ komplementären

[21] de la Hire [238] S. 364 – 374

Zahl $n+1-z$. In der Zeile darunter vertauscht er dann die beiden Hälften. So verfährt er auch mit den verbliebenen Zahlen in den weiteren Zeilenpaaren, bis das gesamte Hilfsquadrat wie links in Abbildung 7.104 gefüllt ist.[22]

Das zweite Hilfsquadrat wird dagegen mit leicht veränderten Zahlen spaltenweise aufgebaut. Jetzt wird die obere Hälfte mit einer beliebigen Zahl z aus dem Bereich von 0 bis $n-1$ gefüllt und die untere mit ihrer komplementären Zahl. Sie lautet bei dem jetzt veränderten Zahlenbereich $n-1-z$, da der Zahlenbereich hier bei 0 beginnt. In der nächsten Spalte werden die beiden Hälften vertauscht. Nach diesem Schema werden dann alle weiteren Spaltenpaare wie in der rechten Abbildung mit den restlichen Zahlen gefüllt.

8	8	8	8	1	1	1	1
1	1	1	1	8	8	8	8
5	5	5	5	4	4	4	4
4	4	4	4	5	5	5	5
7	7	7	7	2	2	2	2
2	2	2	2	7	7	7	7
6	6	6	6	3	3	3	3
3	3	3	3	6	6	6	6

a) 1. Hilfsquadrat

7	0	6	1	5	2	4	3
7	0	6	1	5	2	4	3
7	0	6	1	5	2	4	3
7	0	6	1	5	2	4	3
0	7	1	6	2	5	3	4
0	7	1	6	2	5	3	4
0	7	1	6	2	5	3	4
0	7	1	6	2	5	3	4

b) 2. Hilfsquadrat

Abb. 7.104 Hilfsquadrate für das Verfahren von de la Hire

Die Zahlen des zweiten Hilfsquadrates werden nun mit 8 multipliziert und zu den Zahlen des ersten Hilfsquadrates addiert. Als Ergebnis erhält man das magische Quadrat aus Abbildung 7.105.

64	8	56	16	41	17	33	25
57	1	49	9	48	24	40	32
61	5	53	13	44	20	36	28
60	4	52	12	45	21	37	29
7	63	15	55	18	42	26	34
2	58	10	50	23	47	31	39
6	62	14	54	19	43	27	35
3	59	11	51	22	46	30	38

Abb. 7.105 Magisches Quadrat der Ordnung $n = 8$ (de la Hire)

[22] de la Hire [238] S. 365–367, siehe auch Violle [586] S. 444–446

Selbstverständlich kann man die Rolle der beiden Hilfsquadrate natürlich auch vertauschen, wie es in Abbildung 7.106 geschehen ist. Dort sind die Zeilen des ersten Hilfsquadrates mit den Zahlen von 0 bis $n-1$ gefüllt worden, die Zeilen des zweiten Hilfsquadrates dagegen mit den Zahlen von 1 bis n.

6	6	6	6	1	1	1	1
1	1	1	1	6	6	6	6
4	4	4	4	3	3	3	3
3	3	3	3	4	4	4	4
7	7	7	7	0	0	0	0
0	0	0	0	7	7	7	7
5	5	5	5	2	2	2	2
2	2	2	2	5	5	5	5

a) 1. Hilfsquadrat

6	3	8	1	5	4	7	2
6	3	8	1	5	4	7	2
6	3	8	1	5	4	7	2
6	3	8	1	5	4	7	2
3	6	1	8	4	5	2	7
3	6	1	8	4	5	2	7
3	6	1	8	4	5	2	7
3	6	1	8	4	5	2	7

b) 2. Hilfsquadrat

Abb. 7.106 Hilfsquadrate für das Verfahren von de la Hire

Jetzt müssen natürlich alle Zahlen des ersten Hilfsquadrates mit 8 multipliziert werden, bevor die Zahlen des zweiten Hilfsquadrates addiert werden. Das Ergebnis dieses Vorgehens ist das magische Quadrat in Abbildung 7.107.

54	51	56	49	13	12	15	10
14	11	16	9	53	52	55	50
38	35	40	33	29	28	31	26
30	27	32	25	37	36	39	34
59	62	57	64	4	5	2	7
3	6	1	8	60	61	58	63
43	46	41	48	20	21	18	23
19	22	17	24	44	45	42	47

Abb. 7.107 Weiteres magisches Quadrat der Ordnung $n = 8$ (de la Hire)

Variante 1

Dieses Vorgehen von de la Hire kann leicht verändert werden.[23] Dabei wird die obere Zeile nur zu einem Viertel mit der beliebig gewählten Zahl z gefüllt, gefolgt von ebenso vielen komplementären Zahlen $n+1-z$. Die zweite Hälfte dieser Zeile wird dann

[23] de la Hire [238] S. 368, siehe auch Violle [586] S. 446 – 447

horizontal symmetrisch zur ersten Hälfte gestaltet. Die Zeile darunter wird wieder in umgekehrter Reihenfolge der Zahlen aufgebaut, wobei allerdings die beiden Hälften getrennt für sich betrachtet werden.

Entsprechend verfährt man mit den Spalten des zweiten Hilfsquadrates, nur dass man wie üblich die Zahlen von 0 bis $n-1$ benutzt.

6	6	3	3	3	3	6	6
3	3	6	6	6	6	3	3
7	7	2	2	2	2	7	7
2	2	7	7	7	7	2	2
5	5	4	4	4	4	5	5
4	4	5	5	5	5	4	4
1	1	8	8	8	8	1	1
8	8	1	1	1	1	8	8

5	2	1	6	4	3	0	7
5	2	1	6	4	3	0	7
2	5	6	1	3	4	7	0
2	5	6	1	3	4	7	0
2	5	6	1	3	4	7	0
2	5	6	1	3	4	7	0
5	2	1	6	4	3	0	7
5	2	1	6	4	3	0	7

Abb. 7.108 Hilfsquadrate für das Verfahren von de la Hire (Variante 1)

Das rechte Hilfsquadrat aus Abbildung 7.108 wird wieder mit 8 multipliziert und das andere Hilfsquadrat dazu addiert, womit man das magische Quadrat aus Abbildung 7.109 erhält.

46	22	11	51	35	27	6	62
43	19	14	54	38	30	3	59
23	47	50	10	26	34	63	7
18	42	55	15	31	39	58	2
21	45	52	12	28	36	61	5
20	44	53	13	29	37	60	4
41	17	16	56	40	32	1	57
48	24	9	49	33	25	8	64

Abb. 7.109 Magisches Quadrat der Ordnung $n = 8$ (de la Hire, Variante 1)

Diese Variante funktioniert allerdings nur für Ordnungen $n = 4k$, wenn k eine gerade Zahl ist, also für die Ordnungen $n = 8, 16, 24, \ldots$.

Variante 2

Wandelt man das in der ersten Variante beschriebene Verfahren etwas ab, kann man sogar für alle Ordnungen $n = 4k$ magische Quadrate erhalten.[24]

[24] de la Hire [238] S. 369 – 370, siehe auch Violle [586] S. 447 – 448

Die obere Zeile des ersten Hilfsquadrates wird wie bei der Variante 1 in Abbildung 7.108 gefüllt. Jedoch wird die dazugehörige Partnerzeile nicht direkt darunter, sondern in die vertikal symmetrische Zeile geschrieben. In diesem Fall wäre das die Zeile ganz unten. Entsprechend verfährt man mit den weiteren Zeilen.

Auch die erste Spalte wird zunächst wie bei der Variante 1 gefüllt. Doch im Gegensatz zu dort wird die Partnerspalte nicht unmittelbar daneben, sondern horizontal symmetrisch angeordnet. Insgesamt ergeben sich dann die in Abbildung 7.110 dargestellten Hilfsquadrate.

2	2	7	7	7	7	2	2
4	4	5	5	5	5	4	4
1	1	8	8	8	8	1	1
6	6	3	3	3	3	6	6
3	3	6	6	6	6	3	3
8	8	1	1	1	1	8	8
5	5	4	4	4	4	5	5
7	7	2	2	2	2	7	7

4	2	6	7	0	1	5	3
4	2	6	7	0	1	5	3
3	5	1	0	7	6	2	4
3	5	1	0	7	6	2	4
3	5	1	0	7	6	2	4
3	5	1	0	7	6	2	4
4	2	6	7	0	1	5	3
4	2	6	7	0	1	5	3

Abb. 7.110 Hilfsquadrate für das Verfahren von de la Hire (Variante 2)

Durch die hier gewählte Art der symmetrischen Anordnung der Zeilen und Spalten wird sichergestellt, dass man mit der Addition der beiden Hilfsquadrate ein magisches Quadrat für alle Ordnungen $n = 4k$ erhält. Ein Beispiel für die Ordnung $n = 8$ ist in Abbildung 7.111 dargestellt.

34	18	55	63	7	15	42	26
36	20	53	61	5	13	44	28
25	41	16	8	64	56	17	33
30	46	11	3	59	51	22	38
27	43	14	6	62	54	19	35
32	48	9	1	57	49	24	40
37	21	52	60	4	12	45	29
39	23	50	58	2	10	47	31

Abb. 7.111 Magisches Quadrat der Ordnung $n = 8$ (de la Hire, Variante 2)

Ein weiteres Beispiel für $n = 12$ soll dieses Vorgehen noch einmal verdeutlichen.

12	12	12	1	1	1	1	1	1	12	12	12
3	3	3	10	10	10	10	10	10	3	3	3
7	7	7	6	6	6	6	6	6	7	7	7
11	11	11	2	2	2	2	2	2	11	11	11
5	5	5	8	8	8	8	8	8	5	5	5
9	9	9	4	4	4	4	4	4	9	9	9
4	4	4	9	9	9	9	9	9	4	4	4
8	8	8	5	5	5	5	5	5	8	8	8
2	2	2	11	11	11	11	11	11	2	2	2
6	6	6	7	7	7	7	7	7	6	6	6
10	10	10	3	3	3	3	3	3	10	10	10
1	1	1	12	12	12	12	12	12	1	1	1

10	3	4	11	9	6	5	2	0	7	8	1
10	3	4	11	9	6	5	2	0	7	8	1
10	3	4	11	9	6	5	2	0	7	8	1
1	8	7	0	2	5	6	9	11	4	3	10
1	8	7	0	2	5	6	9	11	4	3	10
1	8	7	0	2	5	6	9	11	4	3	10
1	8	7	0	2	5	6	9	11	4	3	10
1	8	7	0	2	5	6	9	11	4	3	10
1	8	7	0	2	5	6	9	11	4	3	10
10	3	4	11	9	6	5	2	0	7	8	1
10	3	4	11	9	6	5	2	0	7	8	1
10	3	4	11	9	6	5	2	0	7	8	1

Abb. 7.112 Hilfsquadrate für das Verfahren von de la Hire (Variante 2)

Das Ergebnis ist nach der Überlagerung der beiden Hilfsquadrate in Abbildung 7.113 zu sehen.

132	48	60	133	109	73	61	25	1	96	108	24
123	39	51	142	118	82	70	34	10	87	99	15
127	43	55	138	114	78	66	30	6	91	103	19
23	107	95	2	26	62	74	110	134	59	47	131
17	101	89	8	32	68	80	116	140	53	41	125
21	105	93	4	28	64	76	112	136	57	45	129
16	100	88	9	33	69	81	117	141	52	40	124
20	104	92	5	29	65	77	113	137	56	44	128
14	98	86	11	35	71	83	119	143	50	38	122
126	42	54	139	115	79	67	31	7	90	102	18
130	46	58	135	111	75	63	27	3	94	106	22
121	37	49	144	120	84	72	36	12	85	97	13

Abb. 7.113 Magisches Quadrat der Ordnung $n = 12$ (de la Hire, Variante 2)

Variante 3

Bei einer weiteren Variante[25] wird zunächst die obere Zeile beliebig mit den Zahlen 1 bis n gefüllt, wobei allerdings die horizontal symmetrisch liegenden Zahlen immer komplementär sein müssen, also addiert $n + 1$ ergeben. Die Zahlen der darunterliegenden Zeile sind damit automatisch festgelegt, da sie genau die Zahlen in umgekehrter Reihenfolge enthalten muss. Dieses Zeilenpaar wird jetzt so oft nach unten kopiert, bis die obere Hälfte des Hilfsquadrates vollständig gefüllt ist. Die untere Hälfte erhält man dann durch eine Spiegelung an der horizontalen Mittellinie.

4	3	7	1	8	2	6	5
5	6	2	8	1	7	3	4
4	3	7	1	8	2	6	5
5	6	2	8	1	7	3	4
5	6	2	8	1	7	3	4
4	3	7	1	8	2	6	5
5	6	2	8	1	7	3	4
4	3	7	1	8	2	6	5

5	2	5	2	2	5	2	5
3	4	3	4	4	3	4	3
0	7	0	7	7	0	7	0
6	1	6	1	1	6	1	6
1	6	1	6	6	1	6	1
7	0	7	0	0	7	0	7
4	3	4	3	3	4	3	4
2	5	2	5	5	2	5	2

Abb. 7.114 Hilfsquadrate für das Verfahren von de la Hire (Variante 3)

[25] de la Hire [238] S. 370 – 372, siehe auch Violle [586] S. 448 – 450

Das zweite Hilfsquadrat wird mit den Zahlen von 0 bis $n - 1$ ähnlich gefüllt, nur dass jetzt die Spalten anstatt der Zeilen für das beschriebene Muster gewählt werden. Wenn die linke Hälfte dieses Hilfsquadrates gefüllt ist, wird sie an der vertikalen Mittellinie gespiegelt.

Die beiden Hilfsquadrate aus Abbildung 7.114 werden nun wieder wie üblich überlagert und man erhält das magische Quadrat aus Abbildung 7.115.

44	19	47	17	24	42	22	45
29	38	26	40	33	31	35	28
4	59	7	57	64	2	62	5
53	14	50	16	9	55	11	52
13	54	10	56	49	15	51	12
60	3	63	1	8	58	6	61
37	30	34	32	25	39	27	36
20	43	23	41	48	18	46	21

Abb. 7.115 Magisches Quadrat der Ordnung $n = 8$ (de la Hire, Variante 3)

Variante 4

Bei den bisher beschriebenen Varianten wurden die beiden Hilfsquadrate nach dem gleichen Muster gefüllt, wobei lediglich zwischen den Zeilen und den Spalten unterschieden wurde. Dies ist allerdings nicht notwendig, da man die benutzten Verfahren auch unter Beachtung gewisser Voraussetzungen verändern kann.

- Bei einem Hilfsquadrat müssen die Zahlen wie bisher horizontal, bei dem anderen dann vertikal angeordnet werden.
- Auf den Diagonalen darf keine Zahl mehrfach auftreten.

Bei der hier beschriebenen Variante[26] wird das erste Hilfsquadrat wie in der vorangegangenen Variante gefüllt. Für das zweite Hilfsquadrat werden die Spalten auch entsprechend dieser Variante gefüllt, sie müssen allerdings nicht mehr unmittelbar nebeneinanderstehen.

Für diese Spalten können jetzt beliebige Plätze gesucht werden, vorausgesetzt, dass auf den Diagonalen keine Zahl mehrfach auftritt. Zwei nach dieser Beschreibung erzeugte Hilfsquadrate sind in Abbildung 7.116 angegeben.

---

[26] Violle [586] S. 450 – 454

2	1	5	3	6	4	8	7
7	8	4	6	3	5	1	2
2	1	5	3	6	4	8	7
7	8	4	6	3	5	1	2
7	8	4	6	3	5	1	2
2	1	5	3	6	4	8	7
7	8	4	6	3	5	1	2
2	1	5	3	6	4	8	7

2	5	2	2	5	5	5	2
7	0	0	7	0	7	0	7
6	6	6	1	1	6	1	1
4	3	4	4	4	3	3	3
3	4	3	3	3	4	4	4
1	1	1	6	6	1	6	6
0	7	7	0	7	0	7	0
5	2	5	5	2	2	2	5

Abb. 7.116 Hilfsquadrate für das Verfahren von de la Hire (Variante 4)

Abschließend werden die beiden Hilfsquadrate überlagert und man erhält das magische Quadrat aus Abbildung 7.117.

18	41	21	19	46	44	48	23
63	8	4	62	3	61	1	58
50	49	53	11	14	52	16	15
39	32	36	38	35	29	25	26
31	40	28	30	27	37	33	34
10	9	13	51	54	12	56	55
7	64	60	6	59	5	57	2
42	17	45	43	22	20	24	47

Abb. 7.117 Magisches Quadrat der Ordnung $n = 8$ (de la Hire, Variante 4)

Variante 5

De la Hire und Violle beschreiben, dass weitere Kombinationen der hier beschriebenen Varianten möglich sind, um ein magisches Quadrat der Ordnung $n = 4k$ zu erzeugen.[27] So lassen sich etwa die jeweils ersten Füllmethoden aus den Varianten 3 und 2 miteinander kombinieren.

Im ersten Hilfsquadrat wird die obere Zeile also beliebig mit den Zahlen 1 bis n gefüllt, wobei die horizontal symmetrisch liegenden Zahlen addiert immer $n+1$ ergeben. Die darunterliegende Zeile enthält danach die Zahlen in umgekehrter Reihenfolge. Dieses Schema gilt ebenso für die nachfolgenden Zahlenpaare der oberen Quadrathälfte.

Die obere Zeile des zweiten Hilfsquadrates enthält zunächst $\frac{n}{4}$ Zahlen z, die von ebenso vielen Zahlen $n+1-z$ gefolgt werden. Die zweite Hälfte dieser Zeile wird horizon-

[27] de la Hire [238] S. 372, siehe auch Violle [586] S. 454

tal symmetrisch zur ersten Hälfte gestaltet. Die Zahlen dieser Zeile werden danach in umgekehrter Reihenfolge in die Zeile darunter geschrieben. Entsprechend wird dann mit den weiteren Zeilen verfahren.

3	5	2	1	8	7	4	6
6	4	7	8	1	2	5	3
3	5	2	1	8	7	4	6
6	4	7	8	1	2	5	3
6	4	7	8	1	2	5	3
3	5	2	1	8	7	4	6
6	4	7	8	1	2	5	3
3	5	2	1	8	7	4	6

7	7	0	0	0	0	7	7
5	5	2	2	2	2	5	5
3	3	4	4	4	4	3	3
6	6	1	1	1	1	6	6
1	1	6	6	6	6	1	1
4	4	3	3	3	3	4	4
2	2	5	5	5	5	2	2
0	0	7	7	7	7	0	0

Abb. 7.118 Hilfsquadrate a und B für das Verfahren von de la Hire (Variante 5)

Wie üblich werden die beiden Hilfsquadrate nun wieder mit

$$8 \cdot B + A$$

kombiniert, sodass man das magische Quadrat aus Abbildung 7.119 erhält.

59	61	2	1	8	7	60	62
46	44	23	24	17	18	45	43
27	29	34	33	40	39	28	30
54	52	15	16	9	10	53	51
14	12	55	56	49	50	13	11
35	37	26	25	32	31	36	38
22	20	47	48	41	42	21	19
3	5	58	57	64	63	4	6

Abb. 7.119 Magisches Quadrat der Ordnung $n = 8$ (de la Hire, Variante 5)

Variante 6

Ebenso lassen sich die jeweils zweiten Füllmethoden dieser beiden Varianten miteinander kombinieren.[28]

[28] de la Hire [238] S. 372, siehe auch Violle [586] S. 454

2	7	2	7	7	2	7	2
3	6	3	6	6	3	6	3
1	8	1	8	8	1	8	1
5	4	5	4	4	5	4	5
4	5	4	5	5	4	5	4
8	1	8	1	1	8	1	8
6	3	6	3	3	6	3	6
7	2	7	2	2	7	2	7

3	1	0	2	5	7	6	4
3	1	0	2	5	7	6	4
4	6	7	5	2	0	1	3
4	6	7	5	2	0	1	3
4	6	7	5	2	0	1	3
4	6	7	5	2	0	1	3
3	1	0	2	5	7	6	4
3	1	0	2	5	7	6	4

Abb. 7.120 Hilfsquadrate für das Verfahren von de la Hire (Variante 6)

Die beiden Hilfsquadrate aus Abbildung 7.120 werden nun wieder überlagert, und man erhält das magische Quadrat aus Abbildung 7.121.

26	15	2	23	47	58	55	34
27	14	3	22	46	59	54	35
33	56	57	48	24	1	16	25
37	52	61	44	20	5	12	29
36	53	60	45	21	4	13	28
40	49	64	41	17	8	9	32
30	11	6	19	43	62	51	38
31	10	7	18	42	63	50	39

Abb. 7.121 Magisches Quadrat der Ordnung $n = 8$ (de la Hire, Variante 6)

7.2.4 D'Ons-en-Bray

D'Ons-en-Bray stellte im Jahre 1750 ein Verfahren vor, mit dem sich einfach-gerade gerahmte magische Quadrate erzeugen lassen. Dazu erzeugt er zunächst ein doppelt-gerades Quadrat, um das er dann einen zusätzlichen Rand legt.[29]

Da sich mit seiner Methode eine Vielzahl von unterschiedlichen magischen Quadraten erzeugen lassen, wird dieser Teilalgorithmus von d'Ons-en-Bray hier explizit vorgestellt. Zunächst werden die Zahlen $1, 2, \ldots, n^2$ zunächst in zwei Gruppen unterteilt, im Fall $n = 8$ also in

[29] d'Ons-en-Bray [117], siehe auch Abschnitt 9.2.5

Gruppe 1	1	2	3	4	5	6	7	8	9	10	11	12	13	14	15	16
Gruppe 2	64	63	62	61	60	59	58	57	56	55	54	53	52	51	50	49

Gruppe 1	17	18	19	20	21	22	23	24	25	26	27	28	29	30	31	32
Gruppe 2	48	47	46	45	44	43	42	41	40	39	38	37	36	35	34	33

Nun werden jeweils die übereinanderstehenden Zahlenblöcke von acht Zahlen nach folgendem Schema in Teilquadrate der Größe 4 x 4 eingetragen:

1. In der oberen Hälfte des Hilfsquadrates werden die Zahlen mit der ersten Zahl des oberen Blockes beginnend zeilenweise von links nach rechts und von oben nach unten bearbeitet. Liegt die aktuelle Zelle auf einer Diagonalen, wird die Zahl aus dem oberen 8er-Block, sonst die komplementäre Zahl aus dem unteren Zahlenblock genommen und eingetragen.
2. In der unteren Hälfte wird genau entgegengesetzt vorgegangen. Die Zellen werden wieder mit der ersten Zahl des oberen Blockes beginnend zeilenweise von rechts nach links und von unten nach oben bearbeitet. Die Zahl wird aus dem oberen Block genommen, wenn die aktuelle Zelle nicht auf einer Diagonalen liegt, und aus dem unteren Block, wenn sie auf der Diagonalen liegt.

Ist ein 4 x 4 - Teilquadrat gefüllt, wird der rechts danebenliegende 4 x 4 - Block mit den nächsten 16 Zahlen aus den beiden Gruppen gefüllt. Sind alle Teilquadrate gefüllt, erhält man das magische Quadrat der Ordnung $n = 8$ aus Abbildung 7.122.

1	63	62	4				
60	6	7	59				
8	58	59	5				
61	3	2	64				

1	63	62	4	9	55	54	12
60	6	7	57	52	14	15	49
8	58	59	5	16	50	51	13
61	3	2	64	53	11	10	56
17	47	46	20	25	39	38	28
44	22	23	41	36	30	31	33
24	42	43	21	32	34	35	29
45	19	18	48	37	27	26	40

Abb. 7.122 Magisches Quadrat der Ordnung $n = 8$ (d'Ons-en-Bray)

Entsprechend geht man für die anderen Ordnungen vor. Für $n = 12$ werden z. B. wieder die beiden Zahlengruppen mit jeweils $\frac{n^2}{2} = 72$ Zahlen gebildet,

Gruppe 1	1	2	3	4	5	6	7	8	9	10	11	12	13	14	15	16	...
Gruppe 2	144	143	142	141	140	139	138	137	136	135	134	133	132	131	130	129	...

und man erhält das magische Quadrat aus Abbildung 7.123.

1	143	142	4	9	135	134	12	17	127	126	20
140	6	7	137	132	14	15	129	124	22	23	121
8	138	139	5	16	130	131	13	24	122	123	21
141	3	2	144	133	11	10	136	125	19	18	128
25	119	118	28	33	111	110	36	41	103	102	44
116	30	31	113	108	38	39	105	100	46	47	97
32	114	115	29	40	106	107	37	48	98	99	45
117	27	26	120	109	35	34	112	101	43	42	104
49	95	94	52	57	87	86	60	65	79	78	68
92	54	55	89	84	62	63	81	76	70	71	73
56	90	91	53	64	82	83	61	72	74	75	69
93	51	50	96	85	59	58	88	77	67	66	80

Abb. 7.123 Magisches Quadrat der Ordnung $n = 12$ (d'Ons-en-Bray)

Variante 1

Dieses Verfahren von d'Ons-en-Bray kann auf vielfältige Weise verändert werden. Das in Abbildung 7.122 im linken oberen Quadranten eingetragene Ausgangsquadrat wurde aus dem magischen Quadrat der Abbildung 7.124a heraus entwickelt. Dabei hat d'Ons-en-Bray nur die Zahlen, die größer als 8 sind, durch die komplementären Zahlen aus den oben angegebenen Zahlengruppen von jeweils 32 Zahlen ersetzt.

1	15	14	4
12	6	7	9
8	10	11	5
13	3	2	16

a) ursprüngliches Basisquadrat

1	12	6	15
14	7	9	4
11	2	16	5
8	13	3	10

b) verändertes Basisquadrat

Abb. 7.124 Zwei Basisquadrate für das Verfahren von d'Ons-en-Bray

Was liegt also näher, als andere Basisquadrate für die Anordnung der Zahlen zu wählen. Dabei muss nur beachtet werden, dass in den Basisquadraten in jeder Zeile, jeder Spalte und beiden Diagonalen genau zwei Zahlen aus dem Bereich 1 bis 8 und zwei weitere Zahlen aus dem Bereich 9 bis 16 vorhanden sind.

Von den 880 magischen Quadraten der Ordnung $n = 4$ erfüllen 712 diese Bedingung. Bei der Untersuchung der Quadrate aus den einzelnen Dudeney-Gruppen ergibt sich folgendes Ergebnis:

Gruppe:	1	2	3	4	5	6a	$6b_1$	$6b_2$	7	8	9	10	11	12
Quadrate:	48	48	48	96	96	96	96	112	56	56	56	56	8	8
geeignet:	48	48	48	96	96	96	96	32	36	36	36	36	4	4

Tab. 7.4 Verwendung als 4 x 4 - Basisquadrat

Mit dem Basisquadrat aus Abbildung 7.124b ergibt sich dann das magische Quadrat in Abbildung 7.125.

1	60	6	63	9	52	14	55
62	7	57	4	54	15	49	12
59	2	64	5	51	10	56	13
8	61	3	58	16	53	11	50
17	44	22	47	25	36	30	39
46	23	41	20	38	31	33	28
43	18	48	21	35	26	40	29
24	45	19	42	32	37	27	34

Abb. 7.125 Magisches Quadrat der Ordnung $n = 8$ (d'Ons-en-Bray, Variante 1)

Variante 2

Mit den 712 Basisquadraten aus Variante 1 lassen sich natürlich noch weitere magische Quadrate erstellen. Bis jetzt wurden die Teilquadrate immer der Reihenfolge nach von links nach rechts und von oben nach unten eingefügt. Die Einfügeposition kann aber natürlich auch beliebig gewählt werden. Zudem kann jedes Teilquadrat auch noch wie üblich durch eine Spiegelung oder Drehung auf acht Arten verändert werden.

Mit dem Basisquadrat aus Abbildung 7.124b und der dargestellten Reihenfolge, ist mit diesem Vorgehen das magische Quadrat in Abbildung 7.126 konstruiert worden.

5	6	8
2	3	9
4	7	1

106	37	36	111	41	100	46	103	57	86	83	64
35	112	105	38	102	47	97	44	84	63	58	85
109	34	39	108	99	42	104	45	62	81	88	59
40	107	110	33	48	101	43	98	87	60	61	82
16	131	134	9	122	21	20	127	74	69	68	79
133	10	15	132	19	128	121	22	67	80	73	70
11	136	129	14	125	18	23	124	77	66	71	76
130	13	12	135	24	123	126	17	72	75	78	65
25	116	30	119	95	52	53	90	1	140	6	143
118	31	113	28	54	89	96	51	142	7	137	4
115	26	120	29	92	55	50	93	139	2	144	5
32	117	27	114	49	94	91	56	8	141	3	138

Abb. 7.126 Magisches Quadrat der Ordnung $n = 12$ (d'Ons-en-Bray, Variante 2)

7.2.5 Rallier des Ourmes

Rallier des Ourmes arbeitet bei seinem Verfahren[30] für symmetrische magische Quadrate der Ordnung $n = 4k$ mit Kennziffern, die er in Gruppen der Größe $\frac{n}{2}$ anordnet. Die erste Gruppe enthält die Kennziffern $1, 2, \ldots, 2k$, gefolgt von den gleichen Zahlen in umgekehrter Reihenfolge. Die Kennziffern in den folgenden Gruppen sind jeweils um eine Position zyklisch nach rechts verschoben, wobei die Zahlen der zweiten Hälfte immer symmetrisch zu denen der ersten Hälfte angeordnet werden. Dies ist im Beispiel für die Ordnung $n = 8$ in Tabelle 7.5 zu sehen.

1	2	3	4	4	3	2	1
2	3	4	1	1	4	3	2
3	4	1	2	2	1	4	3
4	1	2	3	3	2	1	4

Tab. 7.5 Anordnung der Kennziffern

Diesen Kennziffern ordnet er dann fortlaufend die Zahlen von 1 bis $\frac{n^2}{2}$ und deren komplementäre Zahlen zu.

30 Rallier des Ourmes [484] S. 202 – 207

1	2	3	4	4	3	2	1
1	2	3	4	5	6	7	8
64	63	62	61	60	59	58	57

2	3	4	1	1	4	3	2
9	10	11	12	13	14	15	16
56	55	54	53	52	51	50	49

3	4	1	2	2	1	4	3
17	18	19	20	21	22	23	24
48	47	46	45	44	43	42	41

4	1	2	3	3	2	1	4
25	26	27	28	29	30	31	32
40	39	38	37	36	35	34	33

Tab. 7.6 Zuordnung der Zahlen zu den Kennziffern für $n = 8$

Nun wird nach der Anordnung in Tabelle 7.6 das magische Quadrat konstruiert. Man beginnt mit den Kennziffern des ersten Blocks, die für die Zahlen in der oberen Zeile des Quadrates zuständig sind. Bei einer ungeraden Kennziffer wird die dazugehörige Zahl aus der Zuordnungstabelle in das Quadrat eingetragen, bei einer geraden Kennziffer ihr darunterstehendes Komplement. Der zweite Block gilt dann für die zweite Zeile von oben usw.

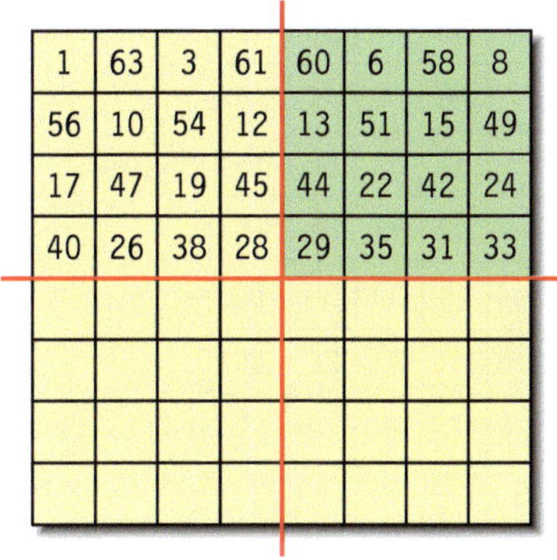

1	63	3	61	60	6	58	8
56	10	54	12	13	51	15	49
17	47	19	45	44	22	42	24
40	26	38	28	29	35	31	33

1	63	3	61	60	6	58	8
56	10	54	12	13	51	15	49
17	47	19	45	44	22	42	24
40	26	38	28	29	35	31	33
32	34	30	36	37	27	39	25
41	23	43	21	20	46	18	48
16	50	14	52	53	11	55	9
57	7	59	5	4	62	2	64

Abb. 7.127 Symmetrisches magisches Quadrat der Ordnung $n = 8$ (Rallier des Ourmes)

Sind alle Blöcke abgearbeitet, ist das Quadrat zur Hälfte gefüllt. Die Zahlen der unteren Hälfte ergeben sich dann aus den komplementären Zahlen der bereits eingetragenen Zahlen, die in die symmetrisch gegenüberliegenden Felder geschrieben werden. Das Ergebnis ist dann das symmetrische magische Quadrat aus Abbildung 7.127.

Variante

Im dargestellten Beispiel sind die Kennziffern $1, 2, \ldots, 2k$ in aufsteigender Reihenfolge gewählt worden. Das Verfahren funktioniert aber auch, wenn man die Kennziffern beliebig anordnet. Sei also $n = 12$, und die Kennziffern werden in der Reihenfolge

2	5	3	1	4	6	6	4	1	3	5	2
6	2	5	3	1	4	4	1	3	5	2	6
4	6	2	5	3	1	1	3	5	2	6	4
1	4	6	2	5	3	3	5	2	6	4	1
3	1	4	6	2	5	5	2	6	4	1	3
5	3	1	4	6	2	2	6	4	1	3	5

Tab. 7.7 Anordnung der Kennziffern (Rallier des Ourmes)

angeordnet, dann ergeben sich in den einzelnen Blöcken die Reihenfolgen aus Tabelle 7.7. Mit dieser Wahl folgt dann das symmetrische magische Quadrat aus Abbildung 7.128.

144	2	3	4	140	139	138	137	9	10	11	133
132	131	15	16	17	127	126	20	21	22	122	121
120	119	118	28	29	30	31	32	33	111	110	109
37	107	106	105	41	42	43	44	100	99	98	48
49	50	94	93	92	54	55	89	88	87	59	60
61	62	63	81	80	79	78	77	76	70	71	72
73	74	75	69	68	67	66	65	64	82	83	84
85	86	58	57	56	90	91	53	52	51	95	96
97	47	46	45	101	102	103	104	40	39	38	108
36	35	34	112	113	114	115	116	117	27	26	25
24	23	123	124	125	19	18	128	129	130	14	13
12	134	135	136	8	7	6	5	141	142	143	1

Abb. 7.128 Symmetrisches magisches Quadrat der Ordnung $n = 12$ (Rallier des Ourmes, Variante)

7.2.6 Planck (Methode der Umkehrungen)

Mit dieser Methode kann man auf sehr einfache Art und Weise magische Quadrate doppelt-gerader Ordnung $n = 4k$ erzeugen. Sie stammt von C. Planck und wurde erstmals im Buch von Andrews vorgestellt.[31] Man geht von einem Quadrat in natürlicher Anordnung aus und kehrt zunächst die mittleren $\frac{n}{2}$ Zeilen um.

1	2	3	4	5	6	7	8
9	10	11	12	13	14	15	16
17	18	19	20	21	22	23	24
25	26	27	28	29	30	31	32
33	34	35	36	37	38	39	40
41	42	43	44	45	46	47	48
49	50	51	52	53	54	55	56
57	58	59	60	61	62	63	64

1	2	3	4	5	6	7	8
9	10	11	12	13	14	15	16
24	23	22	21	20	19	18	17
32	31	30	29	28	27	26	25
40	39	38	37	36	35	34	33
48	47	46	45	44	43	42	41
49	50	51	52	53	54	55	56
57	58	59	60	61	62	63	64

Abb. 7.129 Methode der Umkehrungen (Schritt 1)

In einem zweiten Schritt werden anschließend die mittleren $\frac{n}{2}$ Spalten umgekehrt und es entsteht das symmetrische magische Quadrat aus Abbildung 7.130.

1	2	59	60	61	62	7	8
9	10	51	52	53	54	15	16
24	23	46	45	44	43	18	17
32	31	38	37	36	35	26	25
40	39	30	29	28	27	34	33
48	47	22	21	20	19	42	41
49	50	11	12	13	14	55	56
57	58	3	4	5	6	63	64

Abb. 7.130 Symmetrisches magisches Quadrat der Ordnung $n = 8$ (Planck)

Variante 1

Bei dieser Konstruktion müssen nicht unbedingt die mittleren $\frac{n}{2}$ Zeilen und Spalten umgekehrt werden. Ebenso gut kann man aus der unteren Hälfte des Quadrates beliebige $\frac{n}{4}$ Zeilen aussuchen und diese sowie ihre vertikal symmetrischen Partnerzeilen

[31] Andrews [17] S. 295 – 296

umkehren. Gleichzeitig müssen auch beliebige $\frac{n}{4}$ Spalten aus der linken Hälfte des Quadrates sowie ihre horizontal symmetrischen Partnerspalten umgekehrt werden. Auch in diesen Fällen ergibt sich immer ein symmetrisches magisches Quadrat.

1	2	3	4	5	6	7	8
16	15	14	13	12	11	10	9
24	23	22	21	20	19	18	17
25	26	27	28	29	30	31	32
33	34	35	36	37	38	39	40
48	47	46	45	44	43	42	41
56	55	54	53	52	51	50	49
57	58	59	60	61	62	63	64

1	58	3	60	61	6	63	8
16	55	14	53	52	11	50	9
24	47	22	45	44	19	42	17
25	34	27	36	37	30	39	32
33	26	35	28	29	38	31	40
48	23	46	21	20	43	18	41
56	15	54	13	12	51	10	49
57	2	59	4	5	62	7	64

Abb. 7.131 Symmetrisches magisches Quadrat der Ordnung $n = 8$ (Planck, Variante 1)

Variante 2

Man muss bei diesem Verfahren aber nicht unbedingt mit einem Quadrat in natürlicher Anordnung beginnen, sondern kann das Ausgangsquadrat auch mit einer Plussequenz erstellen. Die möglichen Schrittweiten hängen von der Ordnung n ab und sind in Kapitel 7.1.2 auf Seite 282 näher erklärt.

Ein Beispiel mit der Schrittweite 8 ist in Abbildung 7.132 dargestellt. Bei diesem Quadrat sind $\frac{n}{4}$ Zeilen und ihre vertikal symmetrischen Partnerzeilen umgekehrt worden.

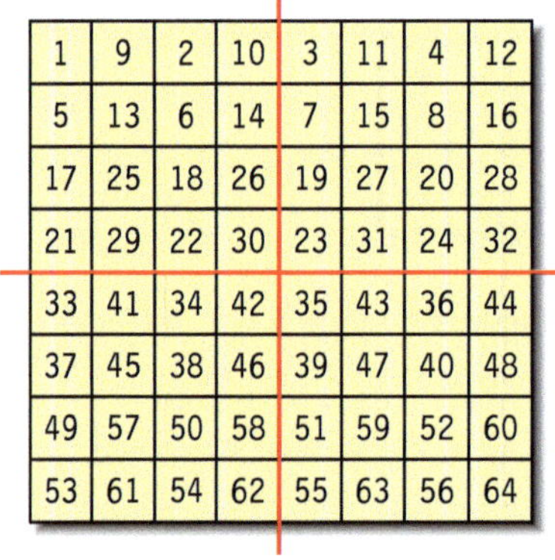

1	9	2	10	3	11	4	12
5	13	6	14	7	15	8	16
17	25	18	26	19	27	20	28
21	29	22	30	23	31	24	32
33	41	34	42	35	43	36	44
37	45	38	46	39	47	40	48
49	57	50	58	51	59	52	60
53	61	54	62	55	63	56	64

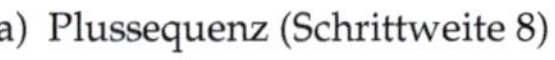

a) Plussequenz (Schrittweite 8)

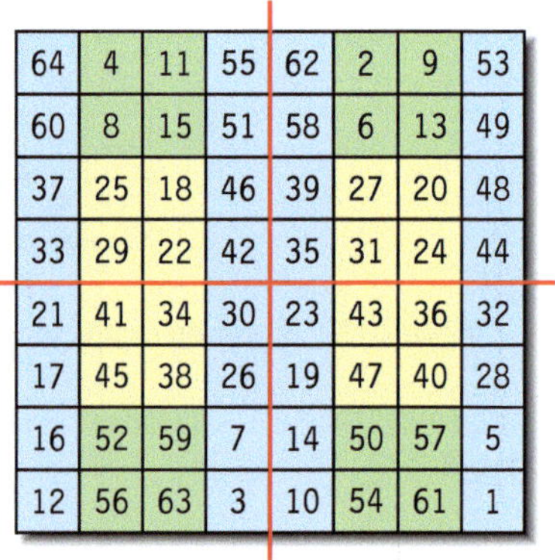

64	4	11	55	62	2	9	53
60	8	15	51	58	6	13	49
37	25	18	46	39	27	20	48
33	29	22	42	35	31	24	44
21	41	34	30	23	43	36	32
17	45	38	26	19	47	40	28
16	52	59	7	14	50	57	5
12	56	63	3	10	54	61	1

b) Zeilen- und Spaltentausch

Abb. 7.132 Symmetrisches magisches Quadrat der Ordnung $n = 8$ (Planck, Plussequenz)

Variante 3

Deutlich mehr unterschiedliche symmetrische magische Quadrate erhält man, wenn das Ausgangsquadrat mit Komplementsequenzen gefüllt wird. Ein mögliches Ausgangsquadrat sowie das damit erzeugte magische Quadrat sind in Abbildung 7.133 dargestellt.

6	1	5	7	2	4	8	3
14	9	13	15	10	12	16	11
22	17	21	23	18	20	24	19
30	25	29	31	26	28	32	27
38	33	37	39	34	36	40	35
46	41	45	47	42	44	48	43
54	49	53	55	50	52	56	51
62	57	61	63	58	60	64	59

a) Komplementsequenzen

3	64	60	2	7	61	57	6
14	49	53	15	10	52	56	11
19	48	44	18	23	45	41	22
30	33	37	31	26	36	40	27
38	25	29	39	34	28	32	35
43	24	20	42	47	21	17	46
54	9	13	55	50	12	16	51
59	8	4	58	63	5	1	62

b) Zeilen- und Spaltentausch

Abb. 7.133 Symmetrisches magisches Quadrat der Ordnung $n = 8$ (Planck, Komplementsequenz)

Variante 4

Weitere Möglichkeiten ergeben sich auch, wenn das Ausgangsquadrat reversibel ist. Auch hier werden mit allen reversiblen Ausgangsquadraten immer symmetrische magische Quadrate erzeugt.

1	2	9	10	33	34	41	42
3	4	11	12	35	36	43	44
5	6	13	14	37	38	45	46
7	8	15	16	39	40	47	48
17	18	25	26	49	50	57	58
19	20	27	28	51	52	59	60
21	22	29	30	53	54	61	62
23	24	31	32	55	56	63	64

a) reversibles Quadrat

23	2	31	10	33	56	41	64
62	43	54	35	12	29	4	21
19	6	27	14	37	52	45	60
58	47	50	39	16	25	8	17
48	57	40	49	26	15	18	7
5	20	13	28	51	38	59	46
44	61	36	53	30	11	22	3
1	24	9	32	55	34	63	42

b) Zeilen- und Spaltentausch

Abb. 7.134 Symmetrisches magisches Quadrat der Ordnung $n = 8$ (Planck, reversibles Quadrat)

7.2.7 Methode der Drehungen

Dieses Verfahren ähnelt dem Verfahren aus Kapitel 7.2.6 und beginnt mit einem Quadrat in natürlicher Anordnung.[32] Wie dort werden die mittleren $\frac{n}{2}$ Zeilen ausgewählt, doch dieses Mal wird der ausgewählte Bereich um den Mittelpunkt des Quadrates mit einem Winkel von 180° gedreht. Wie immer kann eine solche Drehung natürlich auch durch eine horizontale und eine anschließende vertikale Spiegelung (oder umgekehrt) ersetzt werden.

Verfährt man ebenso mit den mittleren $\frac{n}{2}$ Spalten, entsteht das symmetrische magische Quadrat aus Abbildung 7.135.

1	2	3	4	5	6	7	8
9	10	11	12	13	14	15	16
17	18	19	20	21	22	23	24
25	26	27	28	29	30	31	32
33	34	35	36	37	38	39	40
41	42	43	44	45	46	47	48
49	50	51	52	53	54	55	56
57	58	59	60	61	62	63	64

a) natürliche Anordnung

1	2	3	4	5	6	7	8
9	10	11	12	13	14	15	16
48	47	46	45	44	43	42	41
40	39	38	37	36	35	34	33
32	31	30	29	28	27	26	25
24	23	22	21	20	19	18	17
49	50	51	52	53	54	55	56
57	58	59	60	61	62	63	64

b) Zeilen gedreht

1	2	62	61	60	59	7	8
9	10	54	53	52	51	15	16
48	47	19	20	21	22	42	41
40	39	27	28	29	30	34	33
32	31	35	36	37	38	26	25
24	23	43	44	45	46	18	17
49	50	14	13	12	11	55	56
57	58	6	5	4	3	63	64

c) Spalten gedreht

Abb. 7.135 Symmetrisches magisches Quadrat der Ordnung $n = 8$ (Methode der Drehungen)

[32] Unbekannter Autor

Variante 1

Wie schon im verwandten Verfahren in Kapitel 7.2.6 müssen auch hier nicht unbedingt die mittleren $\frac{n}{2}$ Zeilen und Spalten ausgesucht werden. Genauso gut kann man beliebige $\frac{n}{4}$ Zeilen aus der unteren Hälfte des Quadrates und ebenso viele Spalten aus der linken Hälfte sowie deren vertikal und horizontal symmetrisch liegende Partner auswählen.

64	63	62	61	60	59	58	57
56	55	54	53	52	51	50	49
17	18	19	20	21	22	23	24
25	26	27	28	29	30	31	32
33	34	35	36	37	38	39	40
41	42	43	44	45	46	47	48
16	15	14	13	12	11	10	9
8	7	6	5	4	3	2	1

a) Zeilen gedreht

64	2	62	4	5	59	7	57
56	10	54	12	13	51	15	49
17	47	19	45	44	22	42	24
25	39	27	37	36	30	34	32
33	31	35	29	28	38	26	40
41	23	43	21	20	46	18	48
16	50	14	52	53	11	55	9
8	58	6	60	61	3	63	1

b) Spalten gedreht

Abb. 7.136 Symmetrisches magisches Quadrat der Ordnung $n = 8$ (Methode der Drehungen, Variante 1)

Dieses Verfahren führt für alle Ordnungen $n = 4k$ zu einem symmetrischen magischen Quadrat. Ein Beispiel für $n = 12$ ist in Abbildung 7.137 angegeben.

1	2	3	4	5	6	7	8	9	10	11	12
132	131	130	129	128	127	126	125	124	123	122	121
25	26	27	28	29	30	31	32	33	34	35	36
108	107	106	105	104	103	102	101	100	99	98	97
96	95	94	93	92	91	90	89	88	87	86	85
61	62	63	64	65	66	67	68	69	70	71	72
73	74	75	76	77	78	79	80	81	82	83	84
60	59	58	57	56	55	54	53	52	51	50	49
48	47	46	45	44	43	42	41	40	39	38	37
109	110	111	112	113	114	115	116	117	118	119	120
24	23	22	21	20	19	18	17	16	15	14	13
133	134	135	136	137	138	139	140	141	142	143	144

a) Zeilen gedreht

144	2	142	4	140	6	7	137	9	135	11	133
13	131	15	129	17	127	126	20	124	22	122	24
120	26	118	28	116	30	31	113	33	111	35	109
37	107	39	105	41	103	102	44	100	46	98	48
49	95	51	93	53	91	90	56	88	58	86	60
84	62	82	64	80	66	67	77	69	75	71	73
72	74	70	76	68	78	79	65	81	63	83	61
85	59	87	57	89	55	54	92	52	94	50	96
97	47	99	45	101	43	42	104	40	106	38	108
36	110	34	112	32	114	115	29	117	27	119	25
121	23	123	21	125	19	18	128	16	130	14	132
12	134	10	136	8	138	139	5	141	3	143	1

b) Spalten gedreht

Abb. 7.137 Symmetrisches magisches Quadrat der Ordnung $n = 12$ (Methode der Drehungen, Variante 1)

Variante 2

Man muss bei diesem Verfahren aber nicht unbedingt mit einem Quadrat in natürlicher Anordnung beginnen, sondern kann das Ausgangsquadrat mit einer Plussequenz füllen. Die möglichen Schrittweiten hängen von der Ordnung n ab und sind in Kapitel 7.1.2 auf Seite 282 näher erklärt. In Abbildung 7.138 ist ein Beispiel für die Schrittweite 16 dargestellt.

1	17	2	18	3	19	4	20
5	21	6	22	7	23	8	24
9	25	10	26	11	27	12	28
13	29	14	30	15	31	16	32
33	49	34	50	35	51	36	52
37	53	38	54	39	55	40	56
41	57	42	58	43	59	44	60
45	61	46	62	47	63	48	64

a) Plussequenz (Schrittweite 16)

64	17	2	47	62	19	4	45
5	44	59	22	7	42	57	24
56	25	10	39	54	27	12	37
13	36	51	30	15	34	49	32
33	16	31	50	35	14	29	52
28	53	38	11	26	55	40	9
41	8	23	58	43	6	21	60
20	61	46	3	18	63	48	1

b) magisches Quadrat

Abb. 7.138 Symmetrisches magisches Quadrat der Ordnung $n = 8$ (Methode der Drehungen, Plussequenz)

Variante 3

Deutlich mehr unterschiedliche symmetrische magische Quadrate erhält man wieder, wenn das Ausgangsquadrat mit Komplementsequenzen gefüllt worden ist. Ein mögliches Ausgangsquadrat sowie das damit erzeugte magische Quadrat sind in Abbildung 7.139 angegeben.

2	3	8	4	5	1	6	7
10	11	16	12	13	9	14	15
18	19	24	20	21	17	22	23
26	27	32	28	29	25	30	31
34	35	40	36	37	33	38	39
42	43	48	44	45	41	46	47
50	51	56	52	53	49	54	55
58	59	64	60	61	57	62	63

a) Komplementsequenzen

63	62	8	4	5	1	59	58
10	11	49	53	52	56	14	15
18	19	41	45	44	48	22	23
39	38	32	28	29	25	35	34
31	30	40	36	37	33	27	26
42	43	17	21	20	24	46	47
50	51	9	13	12	16	54	55
7	6	64	60	61	57	3	2

b) magisches Quadrat

Abb. 7.139 Symmetrisches magisches Quadrat der Ordnung $n = 8$ (Methode der Drehungen, Komplementsequenz)

Variante 4

Weitere Möglichkeiten ergeben sich, wenn das Ausgangsquadrat reversibel ist. Auch hier werden aus allen reversiblen Ausgangsquadraten immer symmetrische magische Quadrate erstellt.

1	2	3	4	33	34	35	36
5	6	7	8	37	38	39	40
9	10	11	12	41	42	43	44
13	14	15	16	45	46	47	48
17	18	19	20	49	50	51	52
21	22	23	24	53	54	55	56
25	26	27	28	57	58	59	60
29	30	31	32	61	62	63	64

a) reversibles Quadrat

64	63	3	4	33	34	30	29
5	6	58	57	28	27	39	40
56	55	11	12	41	42	22	21
13	14	50	49	20	19	47	48
17	18	46	45	16	15	51	52
44	43	23	24	53	54	10	9
25	26	38	37	8	7	59	60
36	35	31	32	61	62	2	1

b) magisches Quadrat

Abb. 7.140 Symmetrisches magisches Quadrat der Ordnung $n = 8$ (Methode der Drehungen, reversibles Quadrat)

Variante 5

In einer weiteren Variante werden die ausgewählten Zeilen und Spalten unterschiedlich verarbeitet. Es entstehen nämlich auch symmetrische magische Quadrate, wenn die ausgewählten Zeilen umgedreht und die Spalten um den Mittelpunkt des Quadrates um 180° gedreht werden oder umgekehrt. Im Beispiel der Abbildung 7.141 wurden zunächst die ausgewählten Zeilen gedreht und die Spalten dagegen umgekehrt.

1	2	3	4	5	6	7	8
9	10	11	12	13	14	15	16
17	18	19	20	21	22	23	24
25	26	27	28	29	30	31	32
33	34	35	36	37	38	39	40
41	42	43	44	45	46	47	48
49	50	51	52	53	54	55	56
57	58	59	60	61	62	63	64

a) natürliche Anordnung

64	7	6	61	60	3	2	57
9	50	51	12	13	54	55	16
17	42	43	20	21	46	47	24
40	31	30	37	36	27	26	33
32	39	38	29	28	35	34	25
41	18	19	44	45	22	23	48
49	10	11	52	53	14	15	56
8	63	62	5	4	59	58	1

b) magisches Quadrat

Abb. 7.141 Symmetrisches magisches Quadrat der Ordnung $n = 8$ (Methode der Drehungen, Variante 5)

Diese unterschiedliche Verarbeitung der Zeilen und Spalten kann mit allen aufgeführten Varianten durchgeführt werden.

7.2.8 Drach

Mit dem Verfahren von Drach lassen sich magische Quadrate mit doppelt-geraden Ordnungen $n = 4k$ erzeugen.[33] Seine Konstruktion geht von der Summe der gesamten $n^2 = (4k)^2 = 16k^2$ Zahlen im Zielquadrat aus. Nach einer bekannten Summenformel für natürliche Zahlen gilt für diese Summe

$$\sum_{i=1}^{16k^2} = \frac{256k^4 + 16k^2}{2}$$

Drückt man die magische Summe des Quadrates durch die Variable k aus, folgt

$$S = \frac{n^3 + n}{2} = \frac{64k^3 + 4k}{2} = 32k^3 + 2k = k \cdot \left(32k^2 + 2\right)$$

[33] Drach [126] S. 76–77

Drach zerlegt das Zielquadrat in k^2 Teilquadrate der Größe 4, deren Zahlen sich nach vorgegebenen Termen berechnen lassen.

$8i+1$	$c-1$	$c-2$	$8i+4$
$c-4$	$8i+6$	$8i+7$	$c-7$
$8i+8$	$c-6$	$c-5$	$8i+5$
$c-3$	$8i+3$	$8i+2$	c

Abb. 7.142 Terme für die Teilquadrate der Größe 4

Bei diesen Teilquadraten ergibt sich für die Summe aller Zeilen und Spalten sowie für beide Diagonalen immer

$$2c + 16i + 2$$

Wählt man nun $c = 16k^2 - 8i$, folgt für diese Summe

$$2\left(16k^2 - 8i\right) + 16i + 2 = 32k^2 + 2$$

Drach benutzt genau diese Wahl für die Variable c. Wählt man nun für i die Werte $0, 1, 2, \ldots, k^2 - 1$, erhält man damit k^2 magische Quadrate der Größe 4. Diese sind natürlich nicht normalisiert, weisen aber alle unterschiedliche Zahlen auf. Platziert man in jedem Streifen von vier Zeilen des Zielquadrates k dieser Teilquadrate, besitzt das Zielquadrat die gewünschte magische Summe $k \cdot (32k^2 + 2)$.

Für die Ordnung $n = 8$ gilt $k = 2$ und mit $i = 0, 1, 2, 3$ nimmt die Konstante c die Werte 64, 56, 48 und 40 an. In Abbildung 7.143 sind die vier zugehörigen magischen Teilquadrate dargestellt.

1	63	62	4
60	6	7	57
8	58	59	5
61	3	2	64

9	55	54	12
52	14	15	49
16	50	51	13
53	11	10	56

17	47	46	20
44	22	23	41
24	42	43	21
45	19	18	48

25	39	38	28
36	30	31	33
32	34	35	29
37	27	26	40

Abb. 7.143 Die Teilquadrate von Drach bei der Ordnung $n = 8$

Trägt man diese Teilquadrate von links nach rechts und von oben nach unten in das Zielquadrat ein, ergibt sich das magische Quadrat aus Abbildung 7.144. Da diese Reihenfolge später noch verändert wird, ist die Reihenfolge der Teilquadrate in dieser Abbildung besonders hervorgehoben.

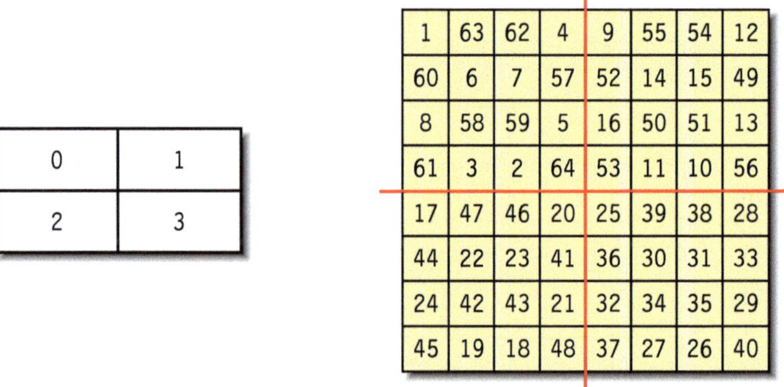

0	1
2	3

1	63	62	4	9	55	54	12
60	6	7	57	52	14	15	49
8	58	59	5	16	50	51	13
61	3	2	64	53	11	10	56
17	47	46	20	25	39	38	28
44	22	23	41	36	30	31	33
24	42	43	21	32	34	35	29
45	19	18	48	37	27	26	40

Abb. 7.144 Magisches Quadrat der Ordnung $n = 8$ (Drach)

Dieses Verfahren lässt sich auf alle Ordnungen $n = 4k$ übertragen. Für die Ordnung $n = 12$ ist das magische Quadrat in Abbildung 7.145 zu erkennen, das durch fortgesetztes Füllen der neun Teilquadrate erstellt wurde.

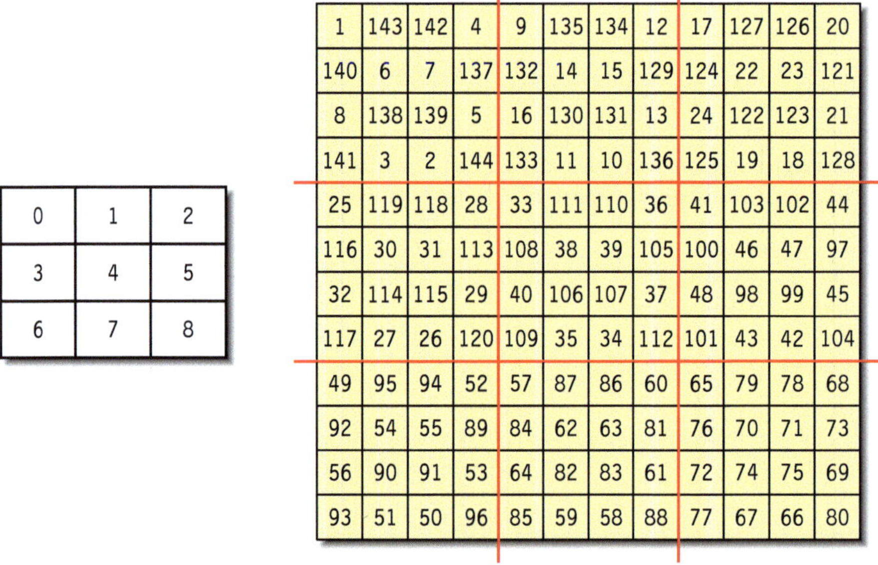

0	1	2
3	4	5
6	7	8

1	143	142	4	9	135	134	12	17	127	126	20
140	6	7	137	132	14	15	129	124	22	23	121
8	138	139	5	16	130	131	13	24	122	123	21
141	3	2	144	133	11	10	136	125	19	18	128
25	119	118	28	33	111	110	36	41	103	102	44
116	30	31	113	108	38	39	105	100	46	47	97
32	114	115	29	40	106	107	37	48	98	99	45
117	27	26	120	109	35	34	112	101	43	42	104
49	95	94	52	57	87	86	60	65	79	78	68
92	54	55	89	84	62	63	81	76	70	71	73
56	90	91	53	64	82	83	61	72	74	75	69
93	51	50	96	85	59	58	88	77	67	66	80

Abb. 7.145 Magisches Quadrat der Ordnung $n = 12$ (Drach)

Variante 1

Diese Konstruktion lässt sich leicht modifizieren, um weitere magische Quadrate zu erzeugen. So müssen etwa die Teilquadrate nicht von links oben nach rechts unten mit fortlaufenden Nummern versehen werden, sondern die Reihenfolge der Zahlen $0, 1, 2, \ldots, k^2 - 1$ kann beliebig permutiert werden.

Ein derartiges Beispiel ist in Abbildung 7.146 zu sehen. Dort beginnt man mit dem linken unteren Teilquadrat, das vom rechten oberen gefolgt wird. Den Abschluss bilden dann das rechte untere sowie das linke obere Teilquadrat.

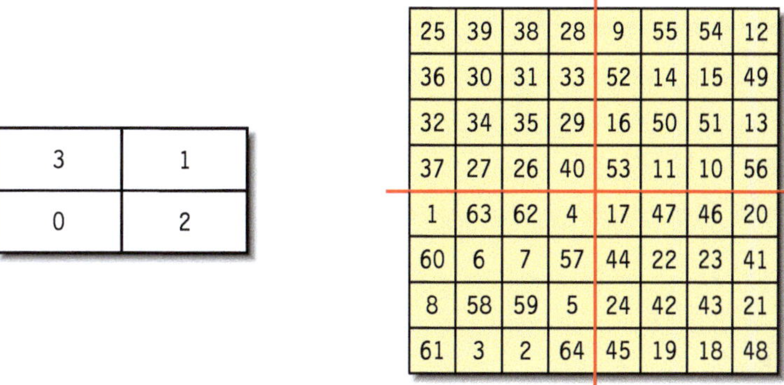

3	1
0	2

25	39	38	28	9	55	54	12
36	30	31	33	52	14	15	49
32	34	35	29	16	50	51	13
37	27	26	40	53	11	10	56
1	63	62	4	17	47	46	20
60	6	7	57	44	22	23	41
8	58	59	5	24	42	43	21
61	3	2	64	45	19	18	48

Abb. 7.146 Magisches Quadrat der Ordnung $n = 8$ (Drach, Variante 1)

Variante 2

Die Summen in den Teilquadraten bleiben gleich, wenn man in ihnen symmetrisch liegende Zeilen oder Spalten austauscht. Diese Vertauschungen können auch miteinander kombiniert und in den einzelnen Teilquadraten unterschiedliche Vertauschungen vorgenommen werden. In Abbildung 7.147 sind einige dieser Vertauschungen gegenüber Abbildung 7.143 durchgeführt worden.

1	63	62	4
60	6	7	57
8	58	59	5
61	3	2	64

12	55	54	9
49	14	15	52
13	50	51	16
56	11	10	53

17	46	47	20
44	23	22	41
24	43	42	21
45	18	19	48

37	27	26	40
32	34	35	29
36	30	31	33
25	39	38	28

Abb. 7.147 Vier veränderte Teilquadrate für die Konstruktion von Drach

Setzt man diese veränderten Teilquadrate in einer beliebigen Anordnung zusammen, entsteht etwa das magische Quadrat aus Abbildung 7.148.

0	1
2	3

1	63	62	4	12	55	54	9
60	6	7	57	49	14	15	52
8	58	59	5	13	50	51	16
61	3	2	64	56	11	10	53
17	46	47	20	37	27	26	40
44	23	22	41	32	34	35	29
24	43	42	21	36	30	31	33
45	18	19	48	25	39	38	28

Abb. 7.148 Magisches Quadrat der Ordnung $n = 8$ (Drach, Variante 2)

Variante 3

Da es sich bei den Teilquadraten der Größe 4 um nicht normalisierte Quadrate mit gleichen Summen handelt, können diese Teilquadrate durch Spiegelungen oder Drehungen beliebig verändert werden. Das entstehende Quadrat ist dann natürlich immer noch magisch. Ein derartiges Beispiel, bei dem zusätzlich auch die Nummerierung der Teilquadrate verändert wurde, ist in Abbildung 7.149 dargestellt.

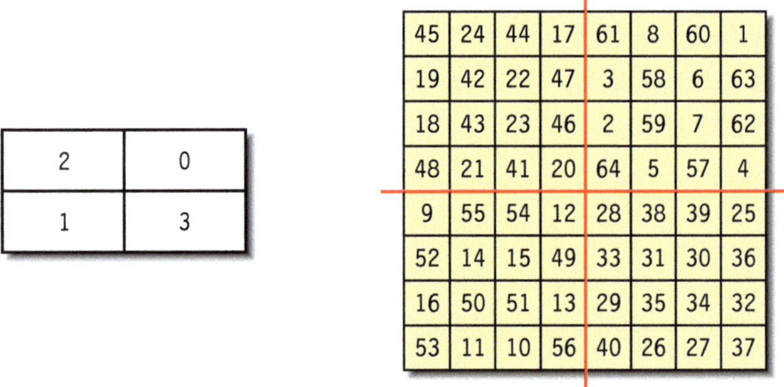

2	0
1	3

45	24	44	17	61	8	60	1
19	42	22	47	3	58	6	63
18	43	23	46	2	59	7	62
48	21	41	20	64	5	57	4
9	55	54	12	28	38	39	25
52	14	15	49	33	31	30	36
16	50	51	13	29	35	34	32
53	11	10	56	40	26	27	37

Abb. 7.149 Magisches Quadrat der Ordnung $n = 8$ (Drach, Variante 3)

7.2.9 Transformation von Diagonalen in Zeilen

Wie bei den Verfahren von Cram für ungerade Ordnungen aus Kapitel 5.3.2 werden auch bei doppelt-geraden Ordnungen die Diagonalen in die Zeilen des Zielquadrates abgebildet. Man beginnt mit der Nebendiagonalen, deren Zahlen in die obere Zeile des Zielquadrates von links nach rechts platziert werden. Danach folgt die gebrochene Diagonale, die in der oberen Zeile direkt rechts neben der Nebendiagonalen mit der Zahl 2 beginnt. Allerdings werden diese Diagonalen immer abwechselnd nach rechts und nach links ausgelesen.[34]

1	2	3	4	5	6	7	8
9	10	11	12	13	14	15	16
17	18	19	20	21	22	23	24
25	26	27	28	29	30	31	32
33	34	35	36	37	38	39	40
41	42	43	44	45	46	47	48
49	50	51	52	53	54	55	56
57	58	59	60	61	62	63	64

a) natürliche Anordnung

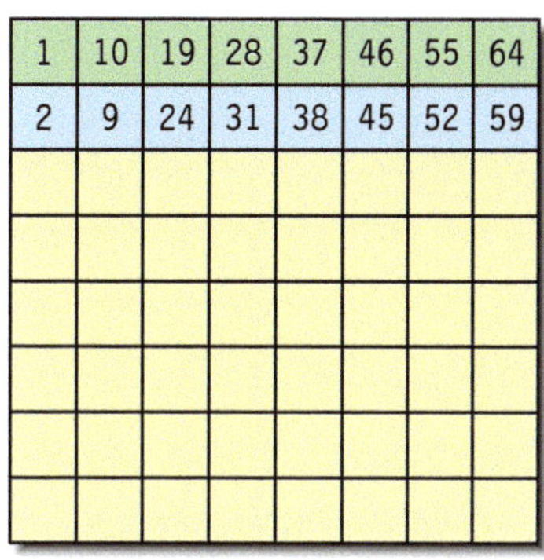

1	10	19	28	37	46	55	64
2	9	24	31	38	45	52	59

b) oberen zwei Zeilen

Abb. 7.150 Anordnung der Diagonalen

Mit der nächsten auszulesenden Diagonalen kommt eine weitere Besonderheit dieses Verfahrens hinzu. Cram führt dazu die sogenannten Indikatoren ein. Dazu nimmt er die Zahlen der oberen Zeile des Ausgangsquadrates und teilt sie so in zwei gleich große Gruppen auf, dass die Summe der Zahlen in beiden Gruppen gleich groß ist. Diese Aufteilung kann man sich auch als eine Markierung der Zahlen mit 0 und 1 vorstellen.

1	2	3	4	5	6	7	8
1	1	0	0	0	0	1	1

Mit dem hier gewählten Indikator gilt die Gleichheit

$$1 + 2 + 7 + 8 = 3 + 4 + 5 + 6$$

Eine Markierung mit 1 bedeutet für die Zahlen einer Diagonale, dass sie wie bisher von links nach rechts in die aktuelle Zeile eingetragen werden. Bei einer Markierung mit 0 werden sie dagegen umgekehrt von rechts nach links notiert. Unabhängig von der aktuellen Markierung bleiben dabei allerdings die alternierenden Richtungen der auszulesenden Diagonalen.

[34] Cram [115] S. 32–33

1	2	3	4	5	6	7	8
9	10	11	12	13	14	15	16
17	18	19	20	21	22	23	24
25	26	27	28	29	30	31	32
33	34	35	36	37	38	39	40
41	42	43	44	45	46	47	48
49	50	51	52	53	54	55	56
57	58	59	60	61	62	63	64

a) Indikator

1	10	19	28	37	46	55	64
2	9	24	31	38	45	52	59
58	49	48	39	30	21	12	3
61	54	47	40	25	18	11	4
60	51	42	33	32	23	14	5
63	56	41	34	27	20	13	6
7	16	17	26	35	44	53	62
8	15	22	29	36	43	50	57

b) magisches Quadrat

Abb. 7.151 Magisches Quadrat der Ordnung 8 (Cram, Methode 1)

Neben dem in diesem Beispiel benutzten Indikator gibt es viele weitere. Allerdings sind nicht alle Aufteilungen der Zahlen 1 bis n in zwei Gruppen mit jeweils gleicher Zahlensumme geeignet. Es müssen zwei weitere Bedingungen hinzukommen, damit magische Quadrate entstehen:

- Die Markierungen müssen horizontal symmetrisch liegen.
- Es dürfen keine gleichen Markierungen im Abstand $\frac{n}{2}$ auftreten.

Von den acht möglichen Indikatoren für die Ordnung $n = 8$, die gleiche Summen garantieren, verbleiben mit diesen beiden zusätzlichen Bedingungen nur noch vier.

Indikator								geeignet
1	1	0	0	0	0	1	1	+
1	0	1	0	0	1	0	1	+
1	0	0	1	1	0	0	1	−
1	0	0	1	0	1	1	0	−
0	1	1	0	1	0	0	1	−
0	1	1	0	0	1	1	0	−
0	1	0	1	1	0	1	0	+
0	0	1	1	1	1	0	0	+

Tab. 7.8 Indikatoren für die Ordnung $n = 8$

Für die Ordnung $n = 12$ gibt es sogar 58 Indikatoren, deren Markierungen zwei Gruppen mit gleichen Zahlensummen liefern. Aber nur acht davon erfüllen die beiden zusätzlichen Bedingungen, mit denen sich magische Quadrate erzeugen lassen.

Indikator											
1	1	1	0	0	0	0	0	0	1	1	1
1	1	0	1	0	0	0	0	1	0	1	1
1	0	1	0	1	0	0	1	0	1	0	1
1	0	0	1	1	0	0	1	1	0	0	1
0	1	1	0	0	1	1	0	0	1	1	0
0	1	0	1	0	1	1	0	1	0	1	0
0	0	1	0	1	1	1	1	0	1	0	0
0	0	0	1	1	1	1	1	1	0	0	0

Tab. 7.9 Geeignete Indikatoren für die Ordnung $n = 12$

Für ein magisches Quadrat beginnt man wieder mit einem Quadrat in natürlicher Anordnung.

1	2	3	4	5	6	7	8	9	10	11	12
13	14	15	16	17	18	19	20	21	22	23	24
25	26	27	28	29	30	31	32	33	34	35	36
37	38	39	40	41	42	43	44	45	46	47	48
49	50	51	52	53	54	55	56	57	58	59	60
61	62	63	64	65	66	67	68	69	70	71	72
73	74	75	76	77	78	79	80	81	82	83	84
85	86	87	88	89	90	91	92	93	94	95	96
97	98	99	100	101	102	103	104	105	106	107	108
109	110	111	112	113	114	115	116	117	118	119	120
121	122	123	124	125	126	127	128	129	130	131	132
133	134	135	136	137	138	139	140	141	142	143	144

Nun wählt man einen passenden Indikator aus Tabelle 7.9.

1	2	3	4	5	6	7	8	9	10	11	12
1	0	1	0	1	0	0	1	0	1	0	1

Mit diesem Indikator gilt die Gleichheit

$$1 + 3 + 5 + 8 + 10 + 12 = 2 + 4 + 6 + 7 + 9 + 11$$

Da auch die beiden zusätzlichen Bedingungen erfüllt sind, lässt sich mit diesen Voraussetzungen das magische Quadrat aus Abbildung 7.152 erzeugen.

1	14	27	40	53	66	79	92	105	118	131	144
135	124	113	102	91	80	69	58	47	36	13	2
3	16	29	42	55	68	81	94	107	120	121	134
137	126	115	104	93	82	71	60	37	26	15	4
5	18	31	44	57	70	83	96	97	110	123	136
139	128	117	106	95	84	61	50	39	28	17	6
138	125	112	99	86	73	72	59	46	33	20	7
8	19	30	41	52	63	74	85	108	119	130	141
140	127	114	101	88	75	62	49	48	35	22	9
10	21	32	43	54	65	76	87	98	109	132	143
142	129	116	103	90	77	64	51	38	25	24	11
12	23	34	45	56	67	78	89	100	111	122	133

Abb. 7.152 Magisches Quadrat der Ordnung 12 (Cram, Methode 1)

Variante 1

Für dieses Verfahren muss aber nicht unbedingt ein Quadrat in natürlicher Anordnung als Basisquadrat gewählt werden. Man kann auch Komplementsequenzen benutzen, also die Spalten so anordnen, dass jeweils zwei horizontal symmetrische Zellen die gleiche Summe ergeben. Im Beispiel der Abbildung 7.153 gilt für die oberen n Zahlen:

$$6+3=1+8=7+2=4+5=9$$

Eine entsprechende Anordnung kann man auch für die Zeilen durchführen, wenn man sie sich von der linken oberen Ecke ausgehend mit 1 bis n durchnummeriert vorstellt. Im zweiten Beispiel sind die Zeilen zusätzlich so umgeordnet worden, dass für die Zahlen in der linken Spalte folgende Gleichheiten gelten:

$$46+22=6+62=54+14=30+38=68.$$

Mit diesen Anordnungen ergeben sich die beiden Basisquadrate aus Abbildung 7.153. Im linken Quadrat sind nur die Spalten umgeordnet worden, im rechten dagegen Zeilen und Spalten.

6	1	7	4	5	2	8	3
14	9	15	12	13	10	16	11
22	17	23	20	21	18	24	19
30	25	31	28	29	26	32	27
38	33	39	36	37	34	40	35
46	41	47	44	45	42	48	43
54	49	55	52	53	50	56	51
62	57	63	60	61	58	64	59

46	41	47	44	45	42	48	43
6	1	7	4	5	2	8	3
54	49	55	52	53	50	56	51
30	25	31	28	29	26	32	27
38	33	39	36	37	34	40	35
14	9	15	12	13	10	16	11
62	57	63	60	61	58	64	59
22	17	23	20	21	18	24	19

Abb. 7.153 Basisquadrat mit neu angeordneten Zeilen und Spalten

Nun fehlt nur noch ein geeigneter Indikator, mit dem dann das magische Quadrat aus Abbildung 7.154 erzeugt wird.

6	1	7	4	5	2	8	3
0	1	0	1	1	0	1	0

59	56	42	37	28	23	9	6
1	14	19	32	34	45	52	63
57	54	43	40	26	21	12	7
4	15	17	30	35	48	50	61
5	10	24	27	38	41	55	60
64	51	46	33	31	20	13	2
8	11	22	25	39	44	53	58
62	49	47	36	29	18	16	3

19	64	10	37	28	55	1	46
41	6	51	32	34	13	60	23
17	62	11	40	26	53	4	47
44	7	49	30	35	16	58	21
45	2	56	27	38	9	63	20
24	59	14	33	31	52	5	42
48	3	54	25	39	12	61	18
22	57	15	36	29	50	8	43

Abb. 7.154 Magisches Quadrat der Ordnung 8 (Cram, Methode 1, Komplementsequenz)

Variante 2

Neben solchen Komplementsequenzen sind auch Plussequenzen mit unterschiedlichen Schrittweiten als Ausgangsquadrat geeignet. Mit dem Indikator aus Abbildung 7.154 ergibt sich das magische Quadrat aus Abbildung 7.155.

1	9	2	10	3	11	4	12
5	13	6	14	7	15	8	16
17	25	18	26	19	27	20	28
21	29	22	30	23	31	24	32
33	41	34	42	35	43	36	44
37	45	38	46	39	47	40	48
49	57	50	58	51	59	52	60
53	61	54	62	55	63	56	64

a) Plussequenz (Schrittweite 8)

64	52	47	35	30	18	13	1
9	5	28	24	43	39	58	54
61	49	48	36	31	19	14	2
10	6	25	21	44	40	59	55
3	15	20	32	33	45	50	62
56	60	37	41	22	26	7	11
4	16	17	29	34	46	51	63
53	57	38	42	23	27	8	12

b) magisches Quadrat

Abb. 7.155 Magisches Quadrat der Ordnung 8 (Cram, Methode 1, Plussequenz)

Variante 3

Ebenso können auch reversible Quadrate als Ausgangsquadrat benutzt werden. Mit dem Indikator aus Abbildung 7.154 ergibt sich dann beispielsweise das magische Quadrat aus Abbildung 7.156.

1	2	17	18	33	34	49	50
3	4	19	20	35	36	51	52
5	6	21	22	37	38	53	54
7	8	23	24	39	40	55	56
9	10	25	26	41	42	57	58
11	12	27	28	43	44	59	60
13	14	29	30	45	46	61	62
15	16	31	32	47	48	63	64

a) reversibles Quadrat

64	61	44	41	24	21	4	1
2	3	54	55	42	43	30	31
16	13	60	57	40	37	20	17
18	19	6	7	58	59	46	47
33	36	53	56	9	12	29	32
63	62	11	10	23	22	35	34
49	52	5	8	25	28	45	48
15	14	27	26	39	38	51	50

b) magisches Quadrat

Abb. 7.156 Magisches Quadrat der Ordnung 8 (Cram, Methode 1, reversibles Quadrat)

7.2.10 Erweiterung von Teilbereichen

Dieses Verfahren vom Cram füllt ein Quadrat von innen nach außen, indem das Quadrat immer gleichzeitig mit zwei Rahmen erweitert wird.[35] Für die Ordnung $n = 8$

[35] Cram [115] S. 43–46

werden dazu die Zahlen $1, \ldots, \frac{n^2}{2}$ in fünf Gruppen von fortlaufenden Zahlen der Größen 8, 4, 4, 8 und 8 und deren komplementäre Zahlen aufgeteilt.

Gruppe 1	Gruppe 2	Gruppe 3	Gruppe 4	Gruppe 5
1 ... 8	9 ... 12	13 ... 16	17 ... 24	25 ... 32
64 ... 57	56 ... 53	52 ... 49	48 ... 41	40 ... 33

Mit den Zahlen der ersten Zahlengruppe und den zugehörigen komplementären Zahlen wird zunächst das zentrale 4×4 - Quadrat so gefüllt, dass alle Zeilen, Spalten und die beiden Diagonalen die Summe $2 \cdot (n^2 + 1)$ besitzen. Für das Beispiel mit $n = 8$ werden also die Zahlen $1, \ldots, 8, 58, \ldots, 64$ benutzt und die Summen betragen jeweils $2 \cdot (8^2 + 1) = 130$.

		1	8	59	62		
		63	58	5	4		
		6	3	64	57		
		60	61	2	7		

Abb. 7.157 Zentraler Kern

Die Zahlen aus den weiteren Zahlengruppen werden danach mit ihren Komplementen auf eine ganz besondere Art und Weise auf die beiden hinzuzufügenden Rahmen verteilt. In Abbildung 7.158 bedeuten dabei die Zahlen in den Kennzeichnungen die Größe der Zahlengruppe und der nachfolgende Buchstabe, um welche Gruppe dieser Größe es sich handelt.

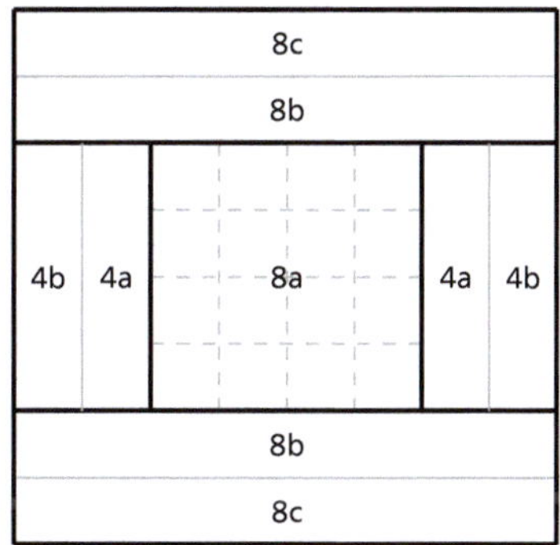

Abb. 7.158 Aufteilung der Rahmen

Nach dem zentralen 4 x 4 - Kern wird der innere Rand mit den Zahlen der Gruppe 4a, also 9, 10, 11 und 12 und deren Komplementen gebildet. Die Anordnung dieser Zahlen richtet sich nach einem Indikator der Größe 4, damit Summen ausgeglichen werden. Eine Markierung mit 1 bedeutet dabei, dass die zugehörige Zahl auf der rechten Seite des Rahmens platziert wird, bei einer 0 demgegenüber auf der linken Seite. Auf der horizontal gegenüberliegenden Seite des Rahmens wird dann die komplementäre Zahl eingetragen.

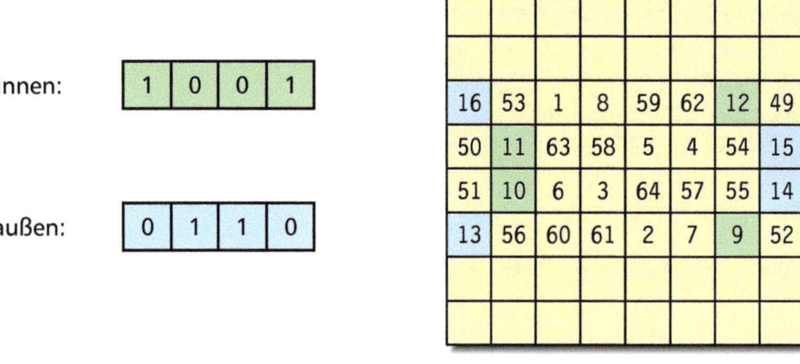

16	53	1	8	59	62	12	49
50	11	63	58	5	4	54	15
51	10	6	3	64	57	55	14
13	56	60	61	2	7	9	52

a) Indikatoren b) Gruppen 4a und 4b

Komplizierter wird es bei den Zahlen der beiden nachfolgenden Gruppen mit jeweils acht Zahlen, da diese Wahl Einfluss auf die beiden Diagonalen hat. Die vier jeweils auf einer Diagonale liegenden Zahlen müssen daher auch wieder die Summe $2 \cdot (8^2 + 1) = 130$ ergeben.

Dies kann z. B. so erreicht werden, dass man wie in Abbildung 7.159 zwei aufeinanderfolgende Zahlen der Gruppe 8b in die beiden oberen Ecken des inneren Rahmens platziert und ihre komplementären Zahlen in der gleichen Spalte senkrecht darunter. Beim äußeren Rahmen werden nun zwei passende Zahlen aus der Gruppe 8c genau umgekehrt eingetragen. Damit beginnt man jetzt in der linken unteren Ecke und trägt die komplementären Zahlen in die entsprechenden Zellen der oberen Zeile ein.

	17					18	
16	53	1	8	59	62	12	49
50	11	63	58	5	4	54	15
51	10	6	3	64	57	55	14
13	56	60	61	2	7	9	52
	48					47	

c) innerer Rahmen (8b)

36							35
	17					18	
16	53	1	8	59	62	12	49
50	11	63	58	5	4	54	15
51	10	6	3	64	57	55	14
13	56	60	61	2	7	9	52
	48					47	
29							30

d) äußerer Rahmen (8c)

Abb. 7.159 Füllen der Diagonalen

Damit sind beide Diagonalen mit den noch fehlenden Zahlen aufgefüllt worden.

$$36 + 17 + 47 + 30 = 29 + 48 + 18 + 35 = 130$$

Nun müssen die beiden Zeilen des inneren Rahmens mit den restlichen Zahlen aus der Gruppe 8b aufgefüllt werden. Diese Zahlen müssen natürlich unter der Berücksichtigung eines Indikators eingetragen werden, da sich sonst falsche Zahlensummen ergeben. Da die Zahlen 17 und 18 bereits auf den Diagonalen vorhanden sind, eignet sich der Indikator aus der linken Abbildung 7.160. Bei einer Markierung mit 1 wird die Zahl in der oberen Zeile, sonst in der unteren Zeile notiert. Dies kann z. B. ganz einfach von links nach rechts auf den bisher nicht belegten Plätzen geschehen.

17	18	19	20	21	22	23	24
1	1	0	0	0	0	1	1

a) Indikator

36							35
46	17	45	44	43	23	18	24
16	53	1	8	59	62	12	49
50	11	63	58	5	4	54	15
51	10	6	3	64	57	55	14
13	56	60	61	2	7	9	52
19	48	20	21	22	42	47	41
29							30

b) Gruppe 8b

Abb. 7.160 Füllen der äußeren Zeilen

Entsprechend geht man mit den Zahlen der Gruppe 8c vor. Auch hier entscheidet ein geeigneter Indikator, ob die Zahlen in der oberen oder der unteren Zeile des äußeren Rahmens eingetragen werden.

25	26	27	28	29	30	31	32
1	1	0	0	0	0	1	1

a) Indikator

36	25	26	38	37	31	32	35
46	17	45	44	43	23	18	24
16	53	1	8	59	62	12	49
50	11	63	58	5	4	54	15
51	10	6	3	64	57	55	14
13	56	60	61	2	7	9	52
19	48	20	21	22	42	47	41
29	40	39	27	28	34	33	30

b) magisches Quadrat

Abb. 7.161 Magisches Quadrat der Ordnung 8 (Cram, Methode 2)

Dieses Verfahren von Cram kann auf alle Ordnungen $n = 4k$ erweitert werden. Die schematische Aufteilung der Gruppen für die Ordnung $n = 12$ ist in Abbildung 7.162 ersichtlich.

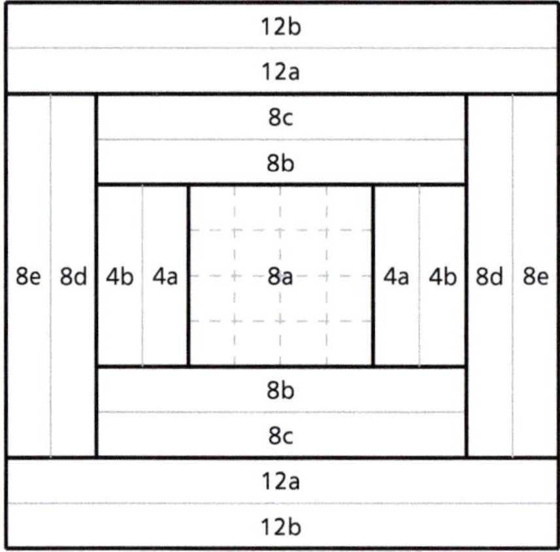

Abb. 7.162 Aufteilung der Rahmen

Die erforderliche Aufteilung in die Zahlengruppen für einige noch höhere Ordnungen ergibt sich aus Tabelle 7.10.

Ordnung	Aufteilung der Zahlen in Gruppen
$n = 8$	8 4 4 8 8
$n = 12$	8 4 4 8 8 8 8 12 12
$n = 16$	8 4 4 8 8 8 8 12 12 12 12 16 16
$n = 20$	8 4 4 8 8 8 8 12 12 12 12 16 16 16 16 20 20

Tab. 7.10 Aufteilung der Zahlen

Variante 1

Das Verfahren von Cram lässt sich leicht verändern, um eine Vielzahl von weiteren magischen Quadraten zu erzeugen. Zunächst einmal gibt es viele unterschiedliche Indikatoren für höhere Ordnungen und bei jedem Indikator kann man neu entscheiden, ob bei einer Markierung mit 1 die entsprechende Zahl links oder rechts bzw. oben oder unten eingetragen werden soll.

Ebenso gibt es für die Wahl der Diagonalenzahlen viele unterschiedliche Möglichkeiten. Die Zahlen in den Ecken der Diagonalen müssen nicht unbedingt nebeneinanderliegen, sondern können ziemlich beliebig gewählt werden. Es muss nur sichergestellt werden, dass sie in dem anderen Rahmen passend ausgeglichen werden.

Zusätzlich kann man auch das zentrale 4 x 4 - Quadrat verändern. Dazu kann man ein beliebiges der 712 magischen 4 x 4 - Quadrate wählen, bei denen in jeder Zeile, jeder Spalte und den beiden Diagonalen genau zwei Zahlen im Bereich 1 bis 8 und zwei aus dem Bereich 9 bis 16 vorkommen. Dies sind die Quadrate aus den Dudeney-Gruppen 1 bis $6b_2$ sowie jeweils 36 Quadrate aus den Gruppen 7 und 8.

Bei diesen Quadraten ersetzt man zum Beispiel bei der Ordnung $n = 8$ die Zahlen 9 bis 16 durch die Komplemente der Zahlen 1 bis 8, also 57 bis 64.

10	5	15	4
6	3	9	16
11	14	8	1
7	12	2	13

a) Basisquadrat

58	5	63	4
6	3	57	64
59	62	8	1
7	60	2	61

b) veränderte Zahlen

36	25	26	38	37	31	32	35
46	17	45	44	43	23	18	24
16	53	58	5	63	4	12	49
50	11	6	3	57	64	54	15
51	10	59	62	8	1	55	14
13	56	7	60	2	61	9	52
19	48	20	21	22	42	47	41
29	40	39	27	28	34	33	30

c) magisches Quadrat

Abb. 7.163 Magisches Quadrat der Ordnung 8 (Cram, Methode 2.1)

Variante 2

Weitere Möglichkeiten ergeben sich, wenn man die für den inneren und äußeren Rand eingeteilten Zahlen vertauscht. Auch dann erzeugt man magische Quadrate, wie jenes in Abbildung 7.164.

33	40	29	34	30	27	28	39
47	23	20	46	44	22	17	41
54	14	2	64	7	57	51	11
55	52	60	61	6	3	13	10
9	15	5	4	59	62	50	56
12	49	63	1	58	8	16	53
18	42	45	19	21	43	48	24
32	25	36	31	35	38	37	26

Abb. 7.164 Magisches Quadrat der Ordnung 8 (Cram, Methode 2.2)

Variante 3

Man kann auch Gruppen gleicher Größe beliebig untereinander tauschen. Wichtig ist nur, dass die Zahlen innerhalb der einzelnen Gruppen fortlaufend sind, da sonst die Indikatoren nicht mehr gleiche Summen der markierten und nicht markierten Zahlen liefern.

Gruppe 1	Gruppe 2	Gruppe 3	Gruppe 4	Gruppe 5
17 ... 24	13 ... 16	9 ... 12	25 ... 32	1 ... 8
48 ... 41	40 ... 33	56 ... 53	48 ... 41	64 ... 57

Mit dieser Aufteilung der Gruppen ist das magische Quadrat in Abbildung 7.165 erstellt worden.

62	63	4	1	7	60	6	57
38	26	25	36	37	32	31	35
15	12	24	43	21	42	53	50
49	54	46	17	47	20	11	16
52	9	41	22	44	23	56	13
14	55	19	48	18	45	10	51
27	39	40	29	28	33	34	30
3	2	61	64	58	5	59	8

Abb. 7.165 Magisches Quadrat der Ordnung 8 (Cram, Methode 2.3)

7.2.11 Unterteilung in Blöcke von vier Zeilen

Bei dieser Methode von Cram für doppelt-gerade Ordnungen wird zwischen den Ordnungen $n = 8k$ und $n = 8k + 4$ unterschieden, da der zweite Fall eine zusätzliche Sonderbehandlung erfordert.[36]

Ordnung n=8k

Bei Ordnungen $n = 8k = 2 \cdot 4k$ können die Zeilen des Zielquadrates mit einer geraden Anzahl von Gruppen mit jeweils vier Zeilen aufgeteilt werden, die symmetrisch nach einem festen Schema gefüllt werden. Man beginnt mit den ersten $m = \frac{n}{2}$ Zahlen, die von der linken oberen Ecke ausgehend fortlaufend von links nach rechts in die

[36] Cram [115] S. 46

obere Zeile eingetragen werden. Die rechte Hälfte dieser Zeile wird von den dazu komplementären Zahlen in der gleichen Reihenfolge gebildet.

Die zweite Gruppe von m Zahlen wird dann in die rechte Hälfte der unteren Zeile geschrieben. Wie bei dieser Methode üblich, werden die dazu komplementären Zahlen in der gleichen Reihenfolge in die andere Hälfte der betreffenden Zeile gesetzt.

Die dritte Gruppe von Zahlen wird in die rechte Hälfte der zweiten Zeile von oben eingetragen. Dies geschieht dieses Mal in umgekehrter Reihenfolge von rechts nach links und die komplementären Zahlen entsprechend in die linke Hälfte. Den Abschluss bildet die linke Hälfte der hierzu vertikal symmetrischen Zeile, in der die restlichen Zahlen von rechts nach links notiert werden. Das Ergebnis der bisherigen Vorgehensweise ist in Abbildung 7.166 dargestellt.

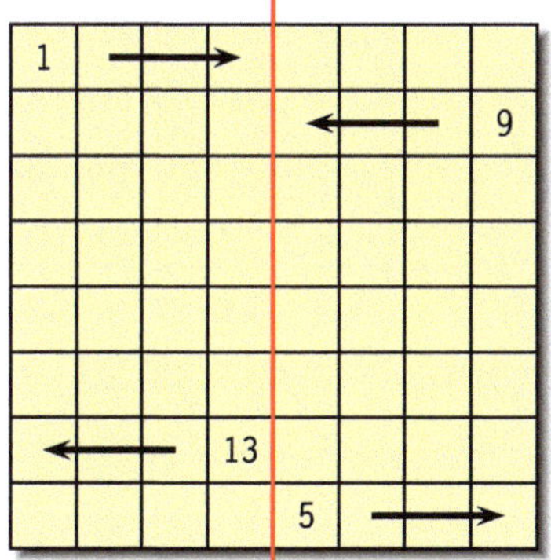

1	2	3	4	64	63	62	61
53	54	55	56	12	11	10	9
16	15	14	13	49	50	51	52
60	59	58	57	5	6	7	8

Abb. 7.166 Allgemeines Füllschema

Die nächste Gruppe von vier Zeilen wird entsprechend gefüllt, nur beginnt man nicht oben, sondern mit der unteren freien Zeile, damit die bisher schon eingetragenen Zahlen ausgeglichen werden. Das Ergebnis ist das magische Quadrat in Abbildung 7.167.

				21	→		
←			29				
					←		25
17	→						

1	2	3	4	64	63	62	61
53	54	55	56	12	11	10	9
44	43	42	41	21	22	23	24
32	31	30	29	33	34	35	36
37	38	39	40	28	27	26	25
17	18	19	20	48	47	46	45
16	15	14	13	49	50	51	52
60	59	58	57	5	6	7	8

Abb. 7.167 Magisches Quadrat der Ordnung 8 (Cram, Methode 3)

Variante 1

In einer Variante dieser Methode werden die ersten Zahlen nicht in der linken, sondern in der rechten Hälfte der oberen Zeile eingetragen. Führt man diese Änderung in allen Teilschritten durch, entsteht im Ergebnis ein magisches Quadrat mit vertauschten Hälften (siehe Abbildung 7.168).

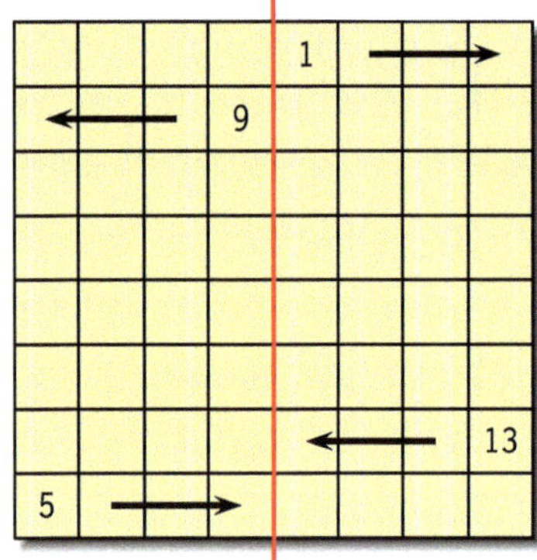

64	63	62	61	1	2	3	4
12	11	10	9	53	54	55	56
21	22	23	24	44	43	42	41
33	34	35	36	32	31	30	29
28	27	26	25	37	38	39	40
48	47	46	45	17	18	19	20
49	50	51	52	16	15	14	13
5	6	7	8	60	59	58	57

Abb. 7.168 Magisches Quadrat der Ordnung 8 (Cram, Methode 3.1)

Variante 2

In den beiden bisherigen Verfahren wurden die komplementären Zahlen immer im Abstand $m = \frac{n}{2}$ von den Basiszahlen eingetragen. Es entstehen aber auch magische Quadrate, wenn man die komplementären Zahlen an den horizontal symmetrischen Positionen platziert, wie es in Abbildung 7.169 dargestellt ist.

1	2	3	4	61	62	63	64
56	55	54	53	12	11	10	9
41	42	43	44	21	22	23	24
32	31	30	29	36	35	34	33
40	39	38	37	28	27	26	25
17	18	19	20	45	46	47	48
16	15	14	13	52	51	50	49
57	58	59	60	5	6	7	8

Abb. 7.169 Magisches Quadrat der Ordnung 8 (Cram, Methode 3.2)

Diese Idee ist nicht weiter von Cram verfolgt worden, ermöglicht aber viele weitere magische Quadrate zu konstruieren. Zudem lässt sich diese Variante mit einer kleinen Änderung auch auf Ordnungen $n = 8k + 4$ übertragen, sodass damit alle doppelt-geraden Ordnungen abgedeckt sind.

Variante 3

Die letzte Variante bildet die Basis für eine weitere Methode. Die Teilgruppe von m Zahlen der einzelnen Abschnitte müssen nicht in aufsteigender Reihenfolge in die Zeilen eingetragen werden, sondern sie können auch beliebig permutiert werden. Die so veränderte Reihenfolge der Zahlen muss dann aber für alle einzutragenden Abschnitte gewählt werden, wie es in Abbildung 7.170 geschehen ist.

2	4	1	3	62	64	61	63
55	53	56	54	11	9	12	10
42	44	41	43	22	24	21	23
31	29	32	30	35	33	36	34
39	37	40	38	27	25	28	26
18	20	17	19	46	48	45	47
15	13	16	14	51	49	52	50
58	60	57	59	6	8	5	7

Abb. 7.170 Magisches Quadrat der Ordnung 8 (Cram, Methode 3.3)

Ordnung n=8k+4

Füllt man ein Quadrat der Ordnung $n = 8k + 4$ mit der Methode von Variante 2, stellt man fest, dass für diese Ordnungen nur ein semi-magisches Quadrat entsteht. Durch die ungerade Anzahl von Vierergruppen kann kein vollständiger symmetrischer Ausgleich geschaffen werden. Das Quadrat in Abbildung 7.171 besitzt die Zeilen- und Spaltensummen 870, doch die Diagonalen weichen mit 894 und 846 von der magischen Summe ab.

Allerdings besitzen jeweils die äußeren acht Zahlen der beiden Diagonalen die gemeinsame Summe 580. Auf diese Summe stößt man auch bei allen Zeilen- und Spaltensummen, wenn man das zentrale 4 x 4 - Quadrat vollständig herauslöst. Damit ist klar, dass ein magisches Quadrat entsteht, wenn man mit den 16 Zahlen im Zentrum ein nicht normalisiertes magisches Quadrat erstellen kann.

1	2	3	4	5	6	139	140	141	142	143	144
132	131	130	129	128	127	18	17	16	15	14	13
109	110	111	112	113	114	31	32	33	34	35	36
48	47	46	45	44	43	102	101	100	99	98	97
49	50	51	52	53	54	91	92	93	94	95	96
84	83	82	81	80	79	66	65	64	63	62	61
72	71	70	69	68	67	78	77	76	75	74	73
85	86	87	88	89	90	55	56	57	58	59	60
108	107	106	105	104	103	42	41	40	39	38	37
25	26	27	28	29	30	115	116	117	118	119	120
24	23	22	21	20	19	126	125	124	123	122	121
133	134	135	136	137	138	7	8	9	10	11	12

Abb. 7.171 Semi-magisches Quadrat der Ordnung 12

Um dieses Vorgehen zu verdeutlichen, wird mit dieser Methode ein semi-magisches Quadrat der Ordnung 4 erstellt, dessen Zahlen dann z. B. mit dem Dürer-Quadrat umgeordnet werden und damit ein magisches Quadrat ergeben.

1	2	15	16
12	11	6	5
8	7	10	9
13	14	3	4

16	3	2	13
5	10	11	8
9	6	7	12
4	15	14	1

Abb. 7.172 Neue Anordnung der Zahlen bei der Ordnung $n = 4$

Genauso geht man jetzt bei einem Quadrat der Ordnung $n = 8k + 4$ vor. Im Beispiel mit $n = 8$ ergibt sich das folgende zentrale 4×4 - Quadrat.

53	54	91	92
80	79	66	65
68	67	78	77
89	90	55	56

Abb. 7.173 Anordnung der Zahlen im zentralen 4×4 - Quadrat

Aus dem Vergleich mit dem Ergebnis aus der linken Abbildung 7.172 erkennt man hier folgende veränderte Zuordnung der Zahlen:

1	2	3	4	5	6	7	8	9	10	11	12	13	14	15	16
53	54	55	56	65	66	67	68	77	78	79	80	89	90	91	92

Ordnet man die zugeordneten Zahlen jetzt wieder wie im Dürer-Quadrat, entsteht mit den 16 Zahlen im zentralen 4 x 4 - Quadrat ein nicht normalisiertes magisches Quadrat. Ersetzt man den zentralen Kern des Zielquadrates jetzt durch die neue Anordnung der 16 Zahlen, entsteht das magische Quadrat der Ordnung $n = 12$ aus Abbildung 7.174.

92	55	54	89
65	78	79	68
77	66	67	80
56	91	90	53

a) modifiziertes Zentrum

1	2	3	4	5	6	139	140	141	142	143	144
132	131	130	129	128	127	18	17	16	15	14	13
109	110	111	112	113	114	31	32	33	34	35	36
48	47	46	45	44	43	102	101	100	99	98	97
49	50	51	52	92	55	54	89	93	94	95	96
84	83	82	81	65	78	79	68	64	63	62	61
72	71	70	69	77	66	67	80	76	75	74	73
85	86	87	88	56	91	90	53	57	58	59	60
108	107	106	105	104	103	42	41	40	39	38	37
25	26	27	28	29	30	115	116	117	118	119	120
24	23	22	21	20	19	126	125	124	123	122	121
133	134	135	136	137	138	7	8	9	10	11	12

b) magisches Quadrat

Abb. 7.174 Magisches Quadrat der Ordnung 12 (Cram, Methode 3.4)

Variante 5

Wie schon in Variante 3 müssen die Zahlen der einzelnen Abschnitte nicht in aufsteigender Reihenfolge in die Zeilen eingetragen werden, sondern sie können auch beliebig permutiert werden. Die so veränderte Reihenfolge der Zahlen muss dann aber für alle einzutragenden Abschnitte gewählt werden.

Dabei dürfen allerdings die beiden ersten und die beiden letzten Zahlen der Abschnitte nicht mit vertauscht werden, da sonst kein Ausgleich im zentralen 4 x 4 - Quadrat mehr möglich ist. Als einzige Ausnahme dürfen die beiden ersten Zahlen aller Abschnitte untereinander vertauscht werden, wenn man gleichzeitig auch die letzten beiden Zahlen aller Abschnitte vertauscht.

Ein Beispiel dieser Variante für die Ordnung $n = 12$ ist in Abbildung 7.175 dargestellt.

2	1	4	3	6	5	140	139	142	141	144	143
131	132	129	130	127	128	17	18	15	16	13	14
110	109	112	111	114	113	32	31	34	33	36	35
47	48	45	46	43	44	101	102	99	100	97	98
50	49	52	51	54	92	65	79	94	93	96	95
83	84	81	82	67	77	56	90	63	64	61	62
71	72	69	70	80	66	91	53	75	76	73	74
86	85	88	87	89	55	78	68	58	57	60	59
107	108	105	106	103	104	41	42	39	40	37	38
26	25	28	27	30	29	116	115	118	117	120	119
23	24	21	22	19	20	125	126	123	124	121	122
134	133	136	135	138	137	8	7	10	9	12	11

Abb. 7.175 Magisches Quadrat der Ordnung 12 (Cram, Methode 3.5)

Variante 6

Eine weitere Variante vergrößert die Anzahl der Möglichkeiten für Ordnungen ab $n = 20$ noch weiter. Als Bedingung für die einzelnen Zahlenabschnitte wird nur gefordert, dass die beiden äußeren horizontal symmetrisch liegenden Zahlenpaare jeweils die Summe $\frac{n}{2} + 1$ ergeben, da nur so der Ausgleich für das zentrale 4×4 - Quadrat geschaffen werden kann. Die restlichen Zahlen können dagegen in völlig beliebiger Reihenfolge angeordnet werden.

7.2.12 Planck

Planck erzeugt mit seinem Verfahren magische Quadrate der Ordnung $n = 4k$, indem er das gesamte Quadrat in k^2 Teilquadrate der Ordnung 4 unterteilt.[37] Für diese Teilquadrate werden immer zwei beliebige Paare a_1, a_2 und b_1, b_2 von komplementären Zahlen ausgewählt, also Zahlen, deren Summe $n + 1$ beträgt. Diese Zahlen werden dann in einem Quadrat der Größe 4 so angeordnet, dass folgende Bedingungen erfüllt werden:

- In jeder Zeile und jeder der beiden Diagonalen muss jede der vier Zahlen auftreten.
- In jeder Spalte muss jede Zahl eines einzigen komplementären Zahlenpaares doppelt vorkommen.

[37] Andrews [17] S. 377 – 383

Unter diesen Bedingungen gibt es insgesamt 24 verschiedene 4×4 - Quadrate, mit denen man 4608 unterschiedliche magische Quadrate der Ordnung $n = 8$ erzeugen kann. Allerdings sind nur 576 dieser Quadrate auch wirklich verschieden. Diese 576 Quadrate kann man aber auch bereits mit den drei Teilquadraten aus Abbildung 7.176 erstellen.

a_1	b_1	b_2	a_2
a_2	b_2	b_1	a_1
a_2	b_2	b_1	a_1
a_1	b_1	b_2	a_2

a_1	b_1	a_2	b_2
a_2	b_2	a_1	b_1
a_1	b_1	a_2	b_2
a_2	b_2	a_1	b_1

a_1	a_2	b_1	b_2
a_1	a_2	b_1	b_2
a_2	a_1	b_2	b_1
a_2	a_1	b_2	b_1

Abb. 7.176 Hilfsquadrate der Größe 4×4 für die komplementären Zahlenpaare

Für das folgende Beispiel der Ordnung $n = 8$ wird mit dem linken Quadrat aus Abbildung 7.176 und den komplementären Zahlenpaaren

4 5 2 7 3 6 8 1

gearbeitet. Bei n Zahlen in einer Zeile existieren $\frac{n}{2}$ komplementäre Zahlenpaare. Da in jedem Teilquadrat zwei unterschiedliche Zahlenpaare auftreten, werden bei einer solchen Aufteilung alle n Zahlen benötigt.

Die beiden Teilquadrate in der oberen Hälfte des Zielquadrates werden jetzt gemäß diesen Vorgaben gefüllt. Das erste Teilquadrat wird mit den Zahlenpaaren $4, 5$ und $2, 7$ gefüllt, das zweite mit $3, 6$ und $8, 1$. Danach werden diese Teilquadrate so oft nach unten kopiert, bis das gesamte Quadrat gefüllt ist. Im Fall $n = 8$ ist jeweils nur eine Kopie notwendig, und das Ergebnis ist in Abbildung 7.177a dargestellt.

4	2	7	5	3	8	1	6
5	7	2	4	6	1	8	3
5	7	2	4	6	1	8	3
4	2	7	5	3	8	1	6
4	2	7	5	3	8	1	6
5	7	2	4	6	1	8	3
5	7	2	4	6	1	8	3
4	2	7	5	3	8	1	6

a) gefülltes 1. Hilfsquadrat

24	32	32	24	24	32	32	24
8	48	48	8	8	48	48	8
48	8	8	48	48	8	8	48
32	24	24	32	32	24	24	32
16	40	40	16	16	40	40	16
56	0	0	56	56	0	0	56
0	56	56	0	0	56	56	0
40	16	16	40	40	16	16	40

b) modifiziertes 2. Hilfsquadrat

Abb. 7.177 Die beiden Hilfsquadrate für das Verfahren von Planck

Dieses Hilfsquadrat wird nun an einer der beiden Diagonalen gespiegelt. Um ein magisches Quadrat zu erhalten, müssen jetzt alle Zahlen eines der beiden Hilfsquadrate um 1 vermindert und dann mit der Ordnung n multipliziert werden (siehe Abbildung 7.177b).

Damit sind zwei Hilfsquadrate nach dem Schema von de la Hire entstanden, und durch Addition dieser beiden Quadrate entsteht das magische Quadrat in Abbildung 7.178.

28	34	39	29	27	40	33	30
13	55	50	12	14	49	56	11
53	15	10	52	54	9	16	51
36	26	31	37	35	32	25	38
20	42	47	21	19	48	41	22
61	7	2	60	62	1	8	59
5	63	58	4	6	57	64	3
44	18	23	45	43	24	17	46

Abb. 7.178 Magisches Quadrat der Ordnung $n = 8$ (Planck)

Pandiagonale magische Quadrate

Ist das Ausgangsmuster sogar pandiagonal, lassen sich mit diesem Verfahren auch pandiagonale magische Quadrate erzeugen. Insgesamt gibt es acht verschiedene pandiagonale Ausgangsmuster für die Teilquadrate. Für $n = 8$ lassen sich damit insgesamt 1536 pandiagonale magische Quadrate konstruieren, von denen aber nur 192 wirklich verschieden sind. Diese 192 Quadrate lassen sich auch alle mit dem pandiagonalen Muster aus Abbildung 7.179 erstellen.

a_1	b_2	a_2	b_1
a_2	b_1	a_1	b_2
a_1	b_2	a_2	b_1
a_2	b_1	a_1	b_2

Abb. 7.179 Pandiagonales Hilfsquadrat der Größe 4 x 4 für die komplementären Zahlenpaare

In diesem Beispiel für die Ordnung $n = 8$ werden die komplementären Zahlenpaare

5 4	1 8	7 2	6 3

benutzt. Das damit erstellte Hilfsquadrat wird auch dieses Mal an der Hauptdiagonalen gespiegelt, sodass sich insgesamt die beiden Hilfsquadrate aus Abbildung 7.180 ergeben.

5	8	4	1	7	3	2	6
4	1	5	8	2	6	7	3
5	8	4	1	7	3	2	6
4	1	5	8	2	6	7	3
5	8	4	1	7	3	2	6
4	1	5	8	2	6	7	3
5	8	4	1	7	3	2	6
4	1	5	8	2	6	7	3

a) gefülltes 1. Hilfsquadrat

16	40	16	40	16	40	16	40
48	8	48	8	48	8	48	8
40	16	40	16	40	16	40	16
8	48	8	48	8	48	8	48
56	0	56	0	56	0	56	0
32	24	32	24	32	24	32	24
0	56	0	56	0	56	0	56
24	32	24	32	24	32	24	32

b) gespiegeltes 2. Hilfsquadrat

Abb. 7.180 Die beiden Hilfsquadrate für das Verfahren von Planck

Durch Addition der beiden Hilfsquadrate entsteht dann das pandiagonale magische Quadrat aus Abbildung 7.181.

21	48	20	41	23	43	18	46
52	9	53	16	50	14	55	11
45	24	44	17	47	19	42	22
12	49	13	56	10	54	15	51
61	8	60	1	63	3	58	6
36	25	37	32	34	30	39	27
5	64	4	57	7	59	2	62
28	33	29	40	26	38	31	35

Abb. 7.181 Pandiagonales magisches Quadrat der Ordnung $n = 8$ (Planck)

7.2.13 Shen

Ching Tseng Shen geht bei seiner Methode von einem Quadrat in natürlicher Anordnung aus, bei dem er dann $\frac{n}{4}$ Paare von horizontal symmetrisch liegenden Spalten und ebenso viele vertikal symmetrisch liegende Zeilen umkehrt.[38] Damit entspricht dieses Verfahren so weit dem *Verfahren der Umkehrungen* aus Kapitel 7.2.6.

1	2	3	4	5	6	7	8
9	10	11	12	13	14	15	16
17	18	19	20	21	22	23	24
25	26	27	28	29	30	31	32
33	34	35	36	37	38	39	40
41	42	43	44	45	46	47	48
49	50	51	52	53	54	55	56
57	58	59	60	61	62	63	64

Zur Verdeutlichung kennzeichnet Shen die unveränderten Zeilen mit l und die umgekehrten mit r, sowie die normalen Spalten mit t und die umgekehrten mit b.

8	7	6	5	4	3	2	1	r
9	10	11	12	13	14	15	16	l
24	23	22	21	20	19	18	17	r
25	26	27	28	29	30	31	32	l
33	34	35	36	37	38	39	40	l
48	47	46	45	44	43	42	41	r
49	50	51	52	53	54	55	56	l
64	63	62	61	60	59	58	57	r
t	b	t	b	b	t	b	t	

8	63	6	61	60	3	58	1	r
9	50	11	52	53	14	55	16	l
24	47	22	45	44	19	42	17	r
25	34	27	36	37	30	39	32	l
33	26	35	28	29	38	31	40	l
48	23	46	21	20	43	18	41	r
49	10	51	12	13	54	15	56	l
64	7	62	5	4	59	2	57	r
t	b	t	b	b	t	b	t	

Abb. 7.182 Magisches Quadrat der Ordnung $n = 8$ (Shen)

Shen führt dann aus, dass es für $n = 4$ genau zwei dieser symmetrischen Muster gibt, die er *regulär* nennt, nämlich lrrl und rllr. Für $n = 8$ existieren dagegen bereits sechs dieser Muster.

llrr rrll	lrrl lrrl	rlrl lrlr
lrlr rlrl	rllr rllr	rrll llrr

[38] Shen [529]

Für die Ordnung $n = 12$ existieren deutlich mehr Kombinationen und es sind bereits 20 Muster.

lllrrr rrrlll	lrlrlr rlrlrl	rlllrr rrlllr	rlrrll llrrlr
llrlrr rrlrll	lrlrrl lrrlrl	rllrlr rlrllr	rrlllr rlllrr
llrrlr rlrrll	lrrllr rllrrl	rllrrl lrrllr	rrllrl lrllrr
llrrrl lrrrll	lrrlrl lrlrrl	rlrllr rllrlr	rrlrll llrlrr
lrllrr rrllrl	lrrrll llrrrl	rlrlrl lrlrlr	rrrlll lllrrr

Diese regulären Muster kann man entsprechend auf die Spalten übertragen, wobei die Kennzeichnungen `lr` für die Zeilen dabei natürlich durch `tb` ersetzt werden.

Jede beliebige Kombination dieser regulären Muster erzeugt ein magisches Quadrat, wobei es keine Rolle spielt, ob zuerst die Zeilen und dann die Spalten entsprechend ihrer Kennzeichnungen umgekehrt werden. Die entstehenden magischen Quadrate sind unabhängig von der Reihenfolge der Vertauschungen stets identisch.

Shen geht aber einen Schritt weiter und führt zusätzlich *spezielle Muster* ein. Diese Muster setzen sich aus beliebigen regulären Mustern niedrigerer Ordnungen zusammen und sind damit natürlich nicht mehr symmetrisch angeordnet. Für $n = 12$ gibt es z. B. folgende 20 spezielle Muster für die Zeilen:

llrr rrll lrrl	rrll llrr lrrl	lrrl lrlr rlrl	lrrl rlrl lrlr
rrll llrr rllr	rllr llrr rrll	rllr rlrl lrlr	lrrl lrrl rllr
lrrl llrr rrll	lrrl rrll llrr	lrlr rlrl rllr	rllr rllr lrrl
rllr rrll llrr	lrlr rlrl lrrl	rlrl lrlr lrrl	rllr lrrl lrrl
llrr rrll rllr	rlrl lrlr rllr	rllr lrlr rlrl	lrrl rllr rllr

Mit den regulären und speziellen Mustern lassen sich jetzt weitere magische Quadrate erzeugen, wobei die Reihenfolge der Vertauschungen hier wichtig ist.

- Wähle ein reguläres Muster für die Zeilen und ein spezielles Muster für die Spalten und kehre zuerst die Zeilen und danach die Spalten um.
- Wähle ein spezielles Muster für die Zeilen und ein reguläres Muster für die Spalten und kehre zuerst die Spalten und erst danach die Zeilen um.

Ein solches Beispiel mit einem regulären Muster für die Zeilen und einem speziellen Muster für die Spalten ist in Abbildung 7.183 für ein Quadrat der Ordnung 12 dargestellt.

1	2	3	4	5	6	7	8	9	10	11	12	l
24	23	22	21	20	19	18	17	16	15	14	13	r
25	26	27	28	29	30	31	32	33	34	35	36	l
37	38	39	40	41	42	43	44	45	46	47	48	l
60	59	58	57	56	55	54	53	52	51	50	49	r
72	71	70	69	68	67	66	65	64	63	62	61	r
84	83	82	81	80	79	78	77	76	75	74	73	r
96	95	94	93	92	91	90	89	88	87	86	85	r
97	98	99	100	101	102	103	104	105	106	107	108	l
109	110	111	112	113	114	115	116	117	118	119	120	l
132	131	130	129	128	127	126	125	124	123	122	121	r
133	134	135	136	137	138	139	140	141	142	143	144	l
b	t	b	t	t	b	t	b	b	t	t	b	

133	2	135	4	5	138	7	140	141	10	11	144	l
132	23	130	21	20	127	18	125	124	15	14	121	r
109	26	111	28	29	114	31	116	117	34	35	120	l
97	38	99	40	41	102	43	104	105	46	47	108	l
96	59	94	57	56	91	54	89	88	51	50	85	r
84	71	82	69	68	79	66	77	76	63	62	73	r
72	83	70	81	80	67	78	65	64	75	74	61	r
60	95	58	93	92	55	90	53	52	87	86	49	r
37	98	39	100	101	42	103	44	45	106	107	48	l
25	110	27	112	113	30	115	32	33	118	119	36	l
24	131	22	129	128	19	126	17	16	123	122	13	r
1	134	3	136	137	6	139	8	9	142	143	12	l
b	t	b	t	t	b	t	b	b	t	t	b	

Abb. 7.183 Magisches Quadrat der Ordnung $n = 12$ (Shen)

Pandiagonale magische Quadrate

Die mit den regulären Mustern von Shen erzeugten Quadrate lassen sich in pandiagonale magische Quadrate umwandeln, wenn man die Zeilen und Spalten geeignet vertauscht. Dabei spielt es keine Rolle, ob zuerst die Zeilen oder zuerst die Spalten neu angeordnet werden.

Um das System zu erklären, wird das Quadrat der Ordnung $n = 4k$ in k Blöcke mit jeweils 4 Spalten und Zeilen aufgeteilt. Mit $n = 8$ wären dies zwei Blöcke, deren Spalten besonders gekennzeichnet werden. Mit dem magischen Quadrat aus Abbildung 7.182 ergeben sich für die Spalten etwa die Kennzeichnungen aus Abbildung 7.184a.

S_1	S_2	S_3	S_4	S_5	S_6	S_7	S_8
A_1	B_1	C_1	D_1	A_2	B_2	C_2	D_2
8	63	6	61	60	3	58	1
9	50	11	52	53	14	55	16
24	47	22	45	44	19	42	17
25	34	27	36	37	30	39	32
33	26	35	28	29	38	31	40
48	23	46	21	20	43	18	41
49	10	51	12	13	54	15	56
64	7	62	5	4	59	2	57
t	b	t	b	b	t	b	t

a) magisches Ausgangsquadrat

S_6	S_4	S_1	S_7	S_3	S_5	S_8	S_2
A_1	B_1	C_1	D_1	A_2	B_2	C_2	D_2
3	61	8	58	6	60	1	63
14	52	9	55	11	53	16	50
19	45	24	42	22	44	17	47
30	36	25	39	27	37	32	34
38	28	33	31	35	29	40	26
43	21	48	18	46	20	41	23
54	12	49	15	51	13	56	10
59	5	64	2	62	4	57	7
t	b	t	b	t	b	t	b

b) neu angeordnete Spalten

Abb. 7.184 Neue Anordnung der Spalten

Spalte A_1 kann nun durch eine beliebige andere Spalte des Quadrates ersetzt werden. Entscheidet man sich z. B. für eine Spalte vom Typ t, dann müssen allerdings sowohl die Spalte C_1 als auch alle anderen A_i- und C_i-Spalten der anderen Blöcke mit diesem Typ gefüllt werden.

Die Spalten B_i und D_i werden dann dementsprechend mit Spalten vom Typ b gefüllt. Ein mögliches Ergebnis eines solchen Spaltentausches ist in Abbildung 7.184b dargestellt.

Ähnliches gilt jetzt für die Vertauschung der Zeilen. Die A_1-Zeile kann durch eine beliebige Zeile ersetzt werden. Ist dies jedoch eine Zeile vom Typ r, dann müssen sowohl die Zeile C_1 als auch alle anderen A_i- und C_i-Zeilen der anderen Blöcke mit diesem Typ gefüllt werden. Die Spalten B_i und D_i werden dann dementsprechend mit Zeilen vom Typ l gefüllt.

Z_1 A_1	3	61	8	58	6	60	1	63	r
Z_2 B_1	14	52	9	55	11	53	16	50	l
Z_3 C_1	19	45	24	42	22	44	17	47	r
Z_4 D_1	30	36	25	39	27	37	32	34	l
Z_5 A_2	38	28	33	31	35	29	40	26	l
Z_6 B_2	43	21	48	18	46	20	41	23	r
Z_7 C_2	54	12	49	15	51	13	56	10	l
Z_8 D_2	59	5	64	2	62	4	57	7	r

a) bisherige Anordnung

Z_3 A_1	19	45	24	42	22	44	17	47	r
Z_4 B_1	30	36	25	39	27	37	32	34	l
Z_8 C_1	59	5	64	2	62	4	57	7	r
Z_5 D_1	38	28	33	31	35	29	40	26	l
Z_6 A_2	43	21	48	18	46	20	41	23	r
Z_7 B_2	54	12	49	15	51	13	56	10	l
Z_1 C_2	3	61	8	58	6	60	1	63	r
Z_2 D_2	14	52	9	55	11	53	16	50	l

b) neu angeordnete Zeilen

Abb. 7.185 Pandiagonales magisches Quadrat der Ordnung $n = 8$ (Shen)

Mit diesen Vertauschungen der Spalten und Zeilen erhält man das pandiagonale magische Quadrat aus Abbildung 7.185b.

Es ist nicht entscheidend, in welcher Reihenfolge die Spalten bzw. Zeilen des erforderlichen Typs angeordnet werden. Ausgehend von Abbildung 7.185a hätte man die Zeilen des Typs r auch wie in Abbildung 7.186 anordnen können. Auch in diesem Fall ist das entstehende magische Quadrat pandiagonal. So bietet dieses Verfahren von Shen viele Möglichkeiten, unterschiedliche pandiagonale magische Quadrate zu konstruieren.

Z_6 A_1	43	21	48	18	46	20	41	23	r
Z_4 B_1	30	36	25	39	27	37	32	34	l
Z_1 C_1	3	61	8	58	6	60	1	63	r
Z_5 D_1	38	28	33	31	35	29	40	26	l
Z_3 A_2	19	45	24	42	22	44	17	47	r
Z_7 B_2	54	12	49	15	51	13	56	10	l
Z_8 C_2	59	5	64	2	62	4	57	7	r
Z_2 D_2	14	52	9	55	11	53	16	50	l

Abb. 7.186 Pandiagonales magisches Quadrat der Ordnung $n = 8$ (Shen)

Das Vorgehen soll noch einmal an einem Beispiel der Ordnung $n = 12$ verdeutlicht werden, da hier mit jeweils drei Viererblöcken gearbeitet werden muss. Das magische Quadrat aus Abbildung 7.187, das mit dem Verfahren von Shen und zwei regulären Mustern erzeugt wurde, dient dabei als Ausgangsbasis, in dem die Spalten umgeordnet werden. Spalte S_1 bzw. A_1 wird durch Spalte S_{12} ersetzt, die vom Typ b ist. Damit müssen alle A_i- und C_i-Spalten auch von diesem Typ sein. Eine Möglichkeit einer solchen neuen Anordnung ist in 7.188 dargestellt.

S_1	S_2	S_3	S_4	S_5	S_6	S_7	S_8	S_9	S_{10}	S_{11}	S_{12}
A_1	B_1	C_1	D_1	A_2	B_2	C_2	D_2	A_3	B_3	C_3	D_3
133	2	135	4	137	6	7	140	9	142	11	144
132	23	130	21	128	19	18	125	16	123	14	121
109	26	111	28	113	30	31	116	33	118	35	120
108	47	106	45	104	43	42	101	40	99	38	97
96	59	94	57	92	55	54	89	52	87	50	85
73	62	75	64	77	66	67	80	69	82	71	84
61	74	63	76	65	78	79	68	81	70	83	72
60	95	58	93	56	91	90	53	88	51	86	49
48	107	46	105	44	103	102	41	100	39	98	37
25	110	27	112	29	114	115	32	117	34	119	36
24	131	22	129	20	127	126	17	124	15	122	13
1	134	3	136	5	138	139	8	141	10	143	12
b	t	b	t	b	t	t	b	t	b	t	b

Abb. 7.187 Magisches Ausgangsquadrat für die Ordnung $n = 12$

	S_{12}	S_{11}	S_1	S_2	S_{10}	S_9	S_3	S_4	S_8	S_7	S_5	S_6	
	A_1	B_1	C_1	D_1	A_2	B_2	C_2	D_2	A_3	B_3	C_3	D_3	
Z_1 A_1	144	11	133	2	142	9	135	4	140	7	137	6	l
Z_2 B_1	121	14	132	23	123	16	130	21	125	18	128	19	r
Z_3 C_1	120	35	109	26	118	33	111	28	116	31	113	30	l
Z_4 D_1	97	38	108	47	99	40	106	45	101	42	104	43	r
Z_5 A_2	85	50	96	59	87	52	94	57	89	54	92	55	r
Z_6 B_2	84	71	73	62	82	69	75	64	80	67	77	66	l
Z_7 C_2	72	83	61	74	70	81	63	76	68	79	65	78	l
Z_8 D_2	49	86	60	95	51	88	58	93	53	90	56	91	r
Z_9 A_3	37	98	48	107	39	100	46	105	41	102	44	103	r
Z_{10} B_3	36	119	25	110	34	117	27	112	32	115	29	114	l
Z_{11} C_3	13	122	24	131	15	124	22	129	17	126	20	127	r
Z_{12} D_3	12	143	1	134	10	141	3	136	8	139	5	138	l
	b	t	b	t	b	t	b	t	b	t	b	t	

Abb. 7.188 Neu angeordnete Spalten

Abschließend folgt noch die neue Anordnung der Zeilen. Die A_1-Zeile wird in diesem Beispiel durch die Zeile Z_{12} ersetzt, also eine Zeile vom Typ 1. Damit müssen alle A_i- und C_i-Zeilen auch von diesem Typ sein. Mit einer solchen Anordnung der Zeilen erhält man z. B. das pandiagonale magische Quadrat aus Abbildung 7.189.

Z_{12}	A_1	12	143	1	134	10	141	3	136	8	139	5	138	l
Z_{11}	B_1	13	122	24	131	15	124	22	129	17	126	20	127	r
Z_1	C_1	144	11	133	2	142	9	135	4	140	7	137	6	l
Z_2	D_1	121	14	132	23	123	16	130	21	125	18	128	19	r
Z_3	A_2	120	35	109	26	118	33	111	28	116	31	113	30	l
Z_4	B_2	97	38	108	47	99	40	106	45	101	42	104	43	r
Z_{10}	C_2	36	119	25	110	34	117	27	112	32	115	29	114	l
Z_9	D_2	37	98	48	107	39	100	46	105	41	102	44	103	r
Z_7	A_3	72	83	61	74	70	81	63	76	68	79	65	78	l
Z_8	B_3	49	86	60	95	51	88	58	93	53	90	56	91	r
Z_6	C_3	84	71	73	62	82	69	75	64	80	67	77	66	l
Z_5	D_3	85	50	96	59	87	52	94	57	89	54	92	55	r

Abb. 7.189 Pandiagonales magisches Quadrat der Ordnung $n = 12$ (Shen)

7.2.14 Huang – Lin

Das Verfahren von Huang Zhenghai und Lin Qingquan basiert wie viele andere Verfahren auf einem Quadrat in natürlicher Anordnung, in dem dann geeignete Zahlen durch ihre komplementäre Zahl ersetzt werden, um ein magisches Quadrat zu erhalten.[39] Das Quadrat wird zunächst mit den n^2 Zahlen in natürlicher Anordnung gefüllt und danach die Zahlen auf den beiden Diagonalen jeweils durch ihre Komplemente ersetzt.

Danach werden in den vier Quadranten jeweils $\frac{n}{2} - 1$ Zahlen zuerst vertikal und danach horizontal mit ihren symmetrisch liegenden Partnern vertauscht. Diese Zahlen liegen, wie in Abbildung 7.190 zu sehen ist, auf Diagonalen, die unmittelbar an die Haupt- bzw. Nebendiagonale angrenzen.

[39] Huang und Lin [247]

1	2	3	4	5	6	7	8
9	10	11	12	13	14	15	16
17	18	19	20	21	22	23	24
25	26	27	28	29	30	31	32
33	34	35	36	37	38	39	40
41	42	43	44	45	46	47	48
49	50	51	52	53	54	55	56
57	58	59	60	61	62	63	64

64	2	3	4	5	6	7	57
9	55	11	12	13	14	50	16
17	18	46	20	21	43	23	24
25	26	27	37	36	30	31	32
33	34	35	29	28	38	39	40
41	42	22	44	45	19	47	48
49	15	51	52	53	54	10	56
8	58	59	60	61	62	63	1

64	58	3	4	5	6	63	57
9	55	51	12	13	54	50	16
17	18	46	44	45	43	23	24
25	26	27	37	36	30	31	32
33	34	35	29	28	38	39	40
41	42	22	20	21	19	47	48
49	15	11	52	53	14	10	56
8	2	59	60	61	62	7	1

64	58	3	4	5	6	63	57
16	55	51	12	13	54	50	9
17	23	46	44	45	43	18	24
25	26	30	37	36	27	31	32
33	34	38	29	28	35	39	40
41	47	22	20	21	19	42	48
56	15	11	52	53	14	10	49
8	2	59	60	61	62	7	1

Abb. 7.190 Schritte 1 und 2

Abschließend werden noch einmal weitere $\frac{n}{4} - 1$ Zahlen in den einzelnen Quadranten auch wieder zuerst vertikal und danach horizontal mit ihren symmetrisch liegenden Zellen vertauscht. Die genaue Position dieser Zahlen ist in Abbildung 7.191 zu erkennen.

64	58	3	4	5	6	63	57
16	55	51	12	13	54	50	9
17	23	46	44	45	43	18	24
25	34	30	37	36	27	39	32
33	26	38	29	28	35	31	40
41	47	22	20	21	19	42	48
56	15	11	52	53	14	10	49
8	2	59	60	61	62	7	1

64	58	3	4	5	6	63	57
16	55	51	13	12	54	50	9
17	23	46	44	45	43	18	24
25	34	30	37	36	27	39	32
33	26	38	29	28	35	31	40
41	47	22	20	21	19	42	48
56	15	11	53	52	14	10	49
8	2	59	60	61	62	7	1

Abb. 7.191 Schritt 3

Mit diesen Vertauschungen entsteht das symmetrische magische Quadrat aus Abbildung 7.192a. Dort sind die einzelnen Schritte noch einmal gemeinsam dargestellt worden, sodass sich die Systematik bei der Auswahl der zu vertauschenden Zahlen besser erkennen lässt.

Ab der Ordnung $n = 12$ kommen zusätzliche Vertauschungen von Zahlen auf benachbarten Diagonalen, Zeilen und Spalten hinzu. Die zugrunde liegende Systematik ist deutlich in Abbildung 7.192b zu erkennen. Betrachtet man alle Vertauschungen, so fällt auf, dass einige Zahlen mehrfach vertauscht werden.

64	58	3	4	5	6	63	57
16	55	51	13	12	54	50	9
17	23	46	44	45	43	18	24
25	34	30	37	36	27	39	32
33	26	38	29	28	35	31	40
41	47	22	20	21	19	42	48
56	15	11	53	52	14	10	49
8	2	59	60	61	62	7	1

a) Ordnung $n = 8$

144	134	135	4	5	6	7	8	9	142	143	133
24	131	123	124	17	18	19	20	129	130	122	13
36	35	118	112	116	31	30	113	117	111	26	25
37	47	46	105	101	103	102	104	100	39	38	48
49	50	94	57	92	90	91	89	52	87	59	60
61	62	75	81	68	79	78	65	76	82	71	72
73	74	63	69	80	67	66	77	64	70	83	84
85	86	58	93	56	54	55	53	88	51	95	96
97	107	106	45	41	43	42	44	40	99	98	108
120	119	34	28	32	115	114	29	33	27	110	109
132	23	15	16	125	126	127	128	21	22	14	121
12	2	3	136	137	138	139	140	141	10	11	1

b) Ordnung $n = 12$

Abb. 7.192 Symmetrische magische Quadrate der Ordnungen $n = 8$ und $n = 12$ (Huang und Lin)

Variante 1

Statt des Ausgangsquadrates in natürlicher Anordnung kann man auch von einer Plussequenz[40] mit der Schrittweite 2 ausgehen. Der Ablauf der Konstruktion ändert sich nicht, sodass zunächst wieder die Zahlen auf den beiden Diagonalen durch ihre Komplemente ersetzt werden.

Danach werden wieder $\frac{n}{2} - 1$ Zahlen, die in den Quadranten unmittelbar an die Haupt- bzw. Nebendiagonale angrenzen, mit ihren symmetrisch liegenden Partnern vertauscht.

[40] siehe Kapitel 3.2.2

1	3	2	4	5	7	6	8
9	11	10	12	13	15	14	16
17	19	18	20	21	23	22	24
25	27	26	28	29	31	30	32
33	35	34	36	37	39	38	40
41	43	42	44	45	47	46	48
49	51	50	52	53	55	54	56
57	59	58	60	61	63	62	64

64	3	2	4	5	7	6	57
9	54	10	12	13	15	51	16
17	19	47	20	21	42	22	24
25	27	26	37	36	31	30	32
33	35	34	29	28	39	38	40
41	43	23	44	45	18	46	48
49	14	50	52	53	55	11	56
8	59	58	60	61	63	62	1

64	59	2	4	5	7	62	57
9	54	50	12	13	55	51	16
17	19	47	44	45	42	22	24
25	27	26	37	36	31	30	32
33	35	34	29	28	39	38	40
41	43	23	20	21	18	46	48
49	14	10	52	53	15	11	56
8	3	58	60	61	63	6	1

64	59	2	4	5	7	62	57
16	54	50	12	13	55	51	9
17	22	47	44	45	42	19	24
25	27	31	37	36	26	30	32
33	35	39	29	28	34	38	40
41	46	23	20	21	18	43	48
56	14	10	52	53	15	11	49
8	3	58	60	61	63	6	1

Abb. 7.193 Schritte 1 und 2

Abschließend folgt noch der vertikale und horizontale Austausch von weiteren $\frac{n}{4} - 1$ Zahlen, so wie es in der Hauptvariante beschrieben ist.

64	59	2	4	5	7	62	57
16	54	50	12	13	55	51	9
17	22	47	44	45	42	19	24
25	35	31	37	36	26	38	32
33	27	39	29	28	34	30	40
41	46	23	20	21	18	43	48
56	14	10	52	53	15	11	49
8	3	58	60	61	63	6	1

64	59	2	4	5	7	62	57
16	54	50	13	12	55	51	9
17	22	47	44	45	42	19	24
25	35	31	37	36	26	38	32
33	27	39	29	28	34	30	40
41	46	23	20	21	18	43	48
56	14	10	53	52	15	11	49
8	3	58	60	61	63	6	1

Abb. 7.194 Symmetrisches magisches Quadrat der Ordnung $n = 8$ (Huang und Lin, Plussequenz)

Variante 2

Eine weitere Möglichkeit besteht darin, ein Ausgangsquadrat mit Komplementsequenzen[41] zu benutzen. Diese Variante ist mit all seinen Zwischenschritten in Abbildung 7.196 für die Ordnung $n = 8$ dargestellt.

4	2	6	1	8	3	7	5
12	10	14	9	16	11	15	13
20	18	22	17	24	19	23	21
28	26	30	25	32	27	31	29
36	34	38	33	40	35	39	37
44	42	46	41	48	43	47	45
52	50	54	49	56	51	55	53
60	58	62	57	64	59	63	61

61	2	6	1	8	3	7	60
12	55	14	9	16	11	50	13
20	18	43	17	24	46	23	21
28	26	30	40	33	27	31	29
36	34	38	32	25	35	39	37
44	42	19	41	48	22	47	45
52	15	54	49	56	51	10	53
5	58	62	57	64	59	63	4

61	58	6	1	8	3	63	60
12	55	54	9	16	51	50	13
20	18	43	41	48	46	23	21
28	26	30	40	33	27	31	29
36	34	38	32	25	35	39	37
44	42	19	17	24	22	47	45
52	15	14	49	56	11	10	53
5	2	62	57	64	59	7	4

61	58	6	1	8	3	63	60
13	55	54	9	16	51	50	12
20	23	43	41	48	46	18	21
28	26	27	40	33	30	31	29
36	34	35	32	25	38	39	37
44	47	19	17	24	22	42	45
53	15	14	49	56	11	10	52
5	2	62	57	64	59	7	4

61	58	6	1	8	3	63	60
13	55	54	9	16	51	50	12
20	23	43	41	48	46	18	21
28	34	27	40	33	30	39	29
36	26	35	32	25	38	31	37
44	47	19	17	24	22	42	45
53	15	14	49	56	11	10	52
5	2	62	57	64	59	7	4

61	58	6	1	8	3	63	60
13	55	54	16	9	51	50	12
20	23	43	41	48	46	18	21
28	34	27	40	33	30	39	29
36	26	35	32	25	38	31	37
44	47	19	17	24	22	42	45
53	15	14	56	49	11	10	52
5	2	62	57	64	59	7	4

Abb. 7.195 Zwischenschritte beim Verfahren von Huang und Lin

[41] siehe Kapitel 3.2.3

61	58	6	1	8	3	63	60
13	55	54	16	9	51	50	12
20	23	43	41	48	46	18	21
28	34	27	40	33	30	39	29
36	26	35	32	25	38	31	37
44	47	19	17	24	22	42	45
53	15	14	56	49	11	10	52
5	2	62	57	64	59	7	4

Abb. 7.196 Symmetrisches magisches Quadrat der Ordnung $n = 8$
(Huang und Lin, Komplementsequenz)

Variante 3

Auch reversible Quadrate sind als Ausgangsquadrat geeignet. Das Ergebnis einer solchen Konstruktion ist in Abbildung 7.197 dargestellt.

1	2	9	10	17	18	25	26
3	4	11	12	19	20	27	28
5	6	13	14	21	22	29	30
7	8	15	16	23	24	31	32
33	34	41	42	49	50	57	58
35	36	43	44	51	52	59	60
37	38	45	46	53	54	61	62
39	40	47	48	55	56	63	64

a) reversibles Ausgangsquadrat

64	40	9	10	17	18	63	39
28	61	45	19	12	54	38	3
5	29	52	44	51	43	6	30
7	34	24	49	42	15	57	32
33	8	50	23	16	41	31	58
35	59	22	14	21	13	36	60
62	27	11	53	46	20	4	37
26	2	47	48	55	56	25	1

b) magisches Quadrat

Abb. 7.197 Symmetrisches magisches Quadrat der Ordnung $n = 8$
(Huang und Lin, reversibles Quadrat)

7.2.15 Umar

Umar beginnt bei seinem Verfahren mit einem Quadrat in natürlicher Anordnung, welches an der Nebendiagonalen gespiegelt ist. Damit sind die fortlaufenden Zahlen spaltenweise angeordnet.[42] In einem zweiten Schritt werden dann die Spalten der rechten Hälfte umgekehrt (siehe Abbildung 7.198).

1	9	17	25	33	41	49	57
2	10	18	26	34	42	50	58
3	11	19	27	35	43	51	59
4	12	20	28	36	44	52	60
5	13	21	29	37	45	53	61
6	14	22	30	38	46	54	62
7	15	23	31	39	47	55	63
8	16	24	32	40	48	56	64

a) Ausgangsquadrat

1	9	17	25	40	48	56	64
2	10	18	26	39	47	55	63
3	11	19	27	38	46	54	62
4	12	20	28	37	45	53	61
5	13	21	29	36	44	52	60
6	14	22	30	35	43	51	59
7	15	23	31	34	42	50	58
8	16	24	32	33	41	49	57

b) umgekehrte Spalten

Abb. 7.198 Schritte 1 und 2

Danach werden auch die Zahlen von $m = \frac{n}{2}$ Zeilen umgekehrt. Man beginnt mit der Zeile direkt oberhalb der horizontalen Mittellinie und kehrt jede zweite Zeile samt ihrer dazu vertikal symmetrisch liegenden Zeile um.

Zum Abschluss werden dann noch die zwei mittleren Zahlen aus der direkt unterhalb der horizontalen Mittellinie liegenden Zeile mit den in der gleichen Spalte liegenden Zahlen aus der unteren Zeile ausgetauscht. Damit entsteht das magische Quadrat aus Abbildung 7.199.

1	9	17	25	40	48	56	64
63	55	47	39	26	18	10	2
3	11	19	27	38	46	54	62
61	53	45	37	28	20	12	4
60	52	44	36	29	21	13	5
6	14	22	30	35	43	51	59
58	50	42	34	31	23	15	7
8	16	24	32	33	41	49	57

a) umgekehrte Zeilen

1	9	17	25	40	48	56	64
63	55	47	39	26	18	10	2
3	11	19	27	38	46	54	62
61	53	45	37	28	20	12	4
60	52	44	32	33	21	13	5
6	14	22	30	35	43	51	59
58	50	42	34	31	23	15	7
8	16	24	36	29	41	49	57

b) Austausch von Zahlenpaaren

Abb. 7.199 Magisches Quadrat der Ordnung $n = 8$ (Umar)

Besonders beachtenswert ist bei diesem magischen Quadrat die Aufteilung der geraden und ungeraden Zahlen. Im linken oberen und im rechten unteren Quadranten

[42] Umar [579]

befinden sich nur ungerade Zahlen, in den anderen beiden Quadranten dagegen die geraden Zahlen.

7.2.16 Ibrahim – Jibril – Umar

Das Verfahren von Ibrahim, Jibril und Umar stellt eine leichte Abwandlung des Verfahrens von Umar aus Kapitel 7.2.15 dar und ist noch einfacher durchzuführen.[43]

Man beginnt mit einem Quadrat, bei dem die Zahlen in natürlicher Anordnung von oben nach unten notiert werden. Im zweiten Schritt werden dann einzelne Spalten umgekehrt. Die Zahlen in der ersten Spalte werden von oben nach unten, die der zweiten Spalte von unten nach oben eingetragen. Nach $m = \frac{n}{2}$ Spalten werden diese beiden Richtungen verändert und man beginnt in der zweiten Hälfte zunächst unten (siehe Abbildung 7.200b).

1	9	17	25	33	41	49	57
2	10	18	26	34	42	50	58
3	11	19	27	35	43	51	59
4	12	20	28	36	44	52	60
5	13	21	29	37	45	53	61
6	14	22	30	38	46	54	62
7	15	23	31	39	47	55	63
8	16	24	32	40	48	56	64

a) Ausgangsquadrat

1	16	17	32	40	41	56	57
2	15	18	31	39	42	55	58
3	14	19	30	38	43	54	59
4	13	20	29	37	44	53	60
5	12	21	28	36	45	52	61
6	11	22	27	35	46	51	62
7	10	23	26	34	47	50	63
8	9	24	25	33	48	49	64

b) umgekehrte Spalten

1	16	17	32	40	41	56	57
58	55	42	39	31	18	15	2
3	14	19	30	38	43	54	59
60	53	44	37	29	20	13	4
61	52	45	36	28	21	12	5
6	11	22	27	35	46	51	62
63	50	47	34	26	23	10	7
8	9	24	25	33	48	49	64

c) umgekehrte Zeilen

Abb. 7.200 Magisches Quadrat der Ordnung $n = 8$ (Ibrahim - Jibril - Umar)

[43] Ibrahim, Jibril und Umar [278]

Danach werden auch die Zahlen von m Zeilen umgekehrt. Man beginnt mit der Zeile direkt oberhalb der horizontalen Mittellinie und kehrt jede zweite Zeile samt ihrer dazu vertikal symmetrisch liegenden Zeile um (siehe Abbildung 7.200c). Mit diesen beiden Schritten erhält man unmittelbar das magische Quadrat der Ordnung $n = 8$ aus Abbildung 7.200.

Variante 1

Man muss aber nicht mit einem Ausgangsquadrat in natürlicher Anordnung beginnen, sondern es können auch Plussequenzen verwendet werden. Die möglichen Schrittweiten hängen von der Ordnung n ab und sind in Kapitel 7.1.2 auf Seite 282 näher erklärt. In Abbildung 7.201 ist ein solches magisches Quadrat mit der Schrittweite 2 erstellt worden.

1	9	17	25	33	41	49	57
3	11	19	27	35	43	51	59
2	10	18	26	34	42	50	58
4	12	20	28	36	44	52	60
5	13	21	29	37	45	53	61
7	15	23	31	39	47	55	63
6	14	22	30	38	46	54	62
8	16	24	32	40	48	56	64

a) Ausgangsquadrat

1	16	17	32	40	41	56	57
3	14	19	30	38	43	54	59
2	15	18	31	39	42	55	58
4	13	20	29	37	44	53	60
5	12	21	28	36	45	52	61
7	10	23	26	34	47	50	63
6	11	22	27	35	46	51	62
8	9	24	25	33	48	49	64

b) umgekehrte Spalten

1	16	17	32	40	41	56	57
59	54	43	38	30	19	14	3
2	15	18	31	39	42	55	58
60	53	44	37	29	20	13	4
61	52	45	36	28	21	12	5
7	10	23	26	34	47	50	63
62	51	46	35	27	22	11	6
8	9	24	25	33	48	49	64

c) umgekehrte Zeilen

Abb. 7.201 Magisches Quadrat der Ordnung $n = 8$ mit der Schrittweite 2 (Ibrahim - Jibril - Umar, Plussequenz)

Neben der Schrittweite 2 ist u. a. auch die Schrittweite 4 geeignet, um mit diesem Verfahren ein magisches Quadrat für alle doppelt-geraden Ordnungen zu erzeugen.

Das mit diesem Parameter erzeugte magische Quadrat ist in Abbildung 7.202 zu sehen. Wie im vorhergehenden Beispiel werden die Zahlen des Ausgangsquadrates auch hier vertikal eingetragen.

1	9	17	25	33	41	49	57
5	13	21	29	37	45	53	61
2	10	18	26	34	42	50	58
6	14	22	30	38	46	54	62
3	11	19	27	35	43	51	59
7	15	23	31	39	47	55	63
4	12	20	28	36	44	52	60
8	16	24	32	40	48	56	64

a) Ausgangsquadrat

1	16	17	32	40	41	56	57
5	12	21	28	36	45	52	61
2	15	18	31	39	42	55	58
6	11	22	27	35	46	51	62
3	14	19	30	38	43	54	59
7	10	23	26	34	47	50	63
4	13	20	29	37	44	53	60
8	9	24	25	33	48	49	64

b) umgekehrte Spalten

1	16	17	32	40	41	56	57
61	52	45	36	28	21	12	5
2	15	18	31	39	42	55	58
62	51	46	35	27	22	11	6
59	54	43	38	30	19	14	3
7	10	23	26	34	47	50	63
60	53	44	37	29	20	13	4
8	9	24	25	33	48	49	64

c) umgekehrte Zeilen

Abb. 7.202 Magisches Quadrat der Ordnung $n = 8$ mit der Schrittweite 4 (Ibrahim - Jibril - Umar, Plussequenz)

Variante 2

Durch den symmetrischen Aufbau und Austausch der Zahlen besteht auch die Möglichkeit, das Ausgangsquadrat durch Komplementsequenzen zu füllen. Auch mit diesen Ausgangsquadraten wird für alle doppelt-geraden Ordnungen ein magisches Quadrat erstellt (siehe Abbildung 7.203).

5	13	21	29	37	45	53	61
6	14	22	30	38	46	54	62
8	16	24	32	40	48	56	64
2	10	18	26	34	42	50	58
7	15	23	31	39	47	55	63
1	9	17	25	33	41	49	57
3	11	19	27	35	43	51	59
4	12	20	28	36	44	52	60

a) Ausgangsquadrat

5	12	21	28	36	45	52	61
6	11	22	27	35	46	51	62
8	9	24	25	33	48	49	64
2	15	18	31	39	42	55	58
7	10	23	26	34	47	50	63
1	16	17	32	40	41	56	57
3	14	19	30	38	43	54	59
4	13	20	29	37	44	53	60

b) umgekehrte Spalten

5	12	21	28	36	45	52	61
62	51	46	35	27	22	11	6
8	9	24	25	33	48	49	64
58	55	42	39	31	18	15	2
63	50	47	34	26	23	10	7
1	16	17	32	40	41	56	57
59	54	43	38	30	19	14	3
4	13	20	29	37	44	53	60

c) umgekehrte Zeilen

Abb. 7.203 Magisches Quadrat der Ordnung $n = 8$
(Ibrahim - Jibril - Umar, Komplementsequenz)

Variante 3

Auch mit reversiblen Quadraten als Ausgangsquadrat kann für alle doppelt-geraden Ordnungen ein magisches Quadrat konstruiert werden (siehe Abbildung 7.204).

1	3	9	11	17	19	25	27
2	4	10	12	18	20	26	28
5	7	13	15	21	23	29	31
6	8	14	16	22	24	30	32
33	35	41	43	49	51	57	59
34	36	42	44	50	52	58	60
37	39	45	47	53	55	61	63
38	40	46	48	54	56	62	64

1	40	9	48	54	19	62	27
2	39	10	47	53	20	61	28
5	36	13	44	50	23	58	31
6	35	14	43	49	24	57	32
33	8	41	16	22	51	30	59
34	7	42	15	21	52	29	60
37	4	45	12	18	55	26	63
38	3	46	11	17	56	25	64

a) umgekehrte Spalten

1	40	9	48	54	19	62	27
28	61	20	53	47	10	39	2
5	36	13	44	50	23	58	31
32	57	24	49	43	14	35	6
59	30	51	22	16	41	8	33
34	7	42	15	21	52	29	60
63	26	55	18	12	45	4	37
38	3	46	11	17	56	25	64

b) umgekehrte Zeilen

Abb. 7.204 Magisches Quadrat der Ordnung $n = 8$ (Ibrahim - Jibril - Umar, reversibles Quadrat)

7.2.17 Pan Linsen

Pan Linsen beginnt bei seinem Verfahren mit einem Quadrat in natürlicher Anordnung, bei dem er dann bestimmte Zeilen und Spalten umkehrt.[44]

1	2	3	4	5	6	7	8
9	10	11	12	13	14	15	16
17	18	19	20	21	22	23	24
25	26	27	28	29	30	31	32
33	34	35	36	37	38	39	40
41	42	43	44	45	46	47	48
49	50	51	52	53	54	55	56
57	58	59	60	61	62	63	64

Abb. 7.205 Ausgangsquadrat in natürlicher Anordnung

Das Ausgangsquadrat wird mit einem Raster der Größe 4 unterteilt und in jedem horizontalen Streifen der Höhe 4 zunächst die beiden mittleren Zeilen umgekehrt. Verfährt man anschließend bei den vertikalen Streifen der Breite 4 entsprechend und kehrt dort jeweils die beiden mittleren Spalten um, entstehen wie in Abbildung 7.206 symmetrische magische Quadrate.

[44] Pan Linsen [404]

1	2	3	4	5	6	7	8
16	15	14	13	12	11	10	9
24	23	22	21	20	19	18	17
25	26	27	28	29	30	31	32
33	34	35	36	37	38	39	40
48	47	46	45	44	43	42	41
56	55	54	53	52	51	50	49
57	58	59	60	61	62	63	64

a) Zeilen

1	58	59	4	5	62	63	8
16	55	54	13	12	51	50	9
24	47	46	21	20	43	42	17
25	34	35	28	29	38	39	32
33	26	27	36	37	30	31	40
48	23	22	45	44	19	18	41
56	15	14	53	52	11	10	49
57	2	3	60	61	6	7	64

b) Spalten

Abb. 7.206 Symmetrisches magisches Quadrat der Ordnung $n = 8$ (Pan Linsen)

Die Reihenfolge der horizontalen und vertikalen Änderungen kann auch verändert werden, da sich identische Quadrate ergeben.

An einem Beispiel der Ordnung $n = 12$ wird der Algorithmus noch deutlicher, da jeweils drei horizontale Streifen der Höhe 4 und drei vertikale Streifen der Breite 4 vorliegen. In Abbildung 7.207 werden im ersten Schritt die beiden mittleren Zeilen der horizontalen Streifen umgekehrt, bevor sich danach die beiden mittleren Spalten der vertikalen Streifen anschließen.

1	2	3	4	5	6	7	8	9	10	11	12
24	23	22	21	20	19	18	17	16	15	14	13
36	35	34	33	32	31	30	29	28	27	26	25
37	38	39	40	41	42	43	44	45	46	47	48
49	50	51	52	53	54	55	56	57	58	59	60
72	71	70	69	68	67	66	65	64	63	62	61
84	83	82	81	80	79	78	77	76	75	74	73
85	86	87	88	89	90	91	92	93	94	95	96
97	98	99	100	101	102	103	104	105	106	107	108
120	119	118	117	116	115	114	113	112	111	110	109
132	131	130	129	128	127	126	125	124	123	122	121
133	134	135	136	137	138	139	140	141	142	143	144

a) Zeilen

1	134	135	4	5	138	139	8	9	142	143	12
24	131	130	21	20	127	126	17	16	123	122	13
36	119	118	33	32	115	114	29	28	111	110	25
37	98	99	40	41	102	103	44	45	106	107	48
49	86	87	52	53	90	91	56	57	94	95	60
72	83	82	69	68	79	78	65	64	75	74	61
84	71	70	81	80	67	66	77	76	63	62	73
85	50	51	88	89	54	55	92	93	58	59	96
97	38	39	100	101	42	43	104	105	46	47	108
120	35	34	117	116	31	30	113	112	27	26	109
132	23	22	129	128	19	18	125	124	15	14	121
133	2	3	136	137	6	7	140	141	10	11	144

b) Spalten

Abb. 7.207 Symmetrisches magisches Quadrat der Ordnung $n = 12$ (Pan Linsen)

Diese Konstruktion ist nur eine Variante der Methode der Umkehrungen von Planck, die in Kapitel 7.2.6 vorgestellt wird. Der Autor gibt allerdings auch eine Erweiterung auf einfach-gerade Ordnungen an, die in Kapitel 8.2.5 beschrieben wird.

7.2.18 Liang Peiji – Zhang Hangfu – Zhang Xiafu

Das Verfahren von Liang Peiji, Zhang Hangfu und Zhang Xiafu verwendet für doppelt-gerade Ordnungen $n = 4k$ zwei Hilfsquadrate.[45] Beim ersten Hilfsquadrat werden die mittleren $2k$ Zeilen mit den Zahlen $0, 1, 2 \ldots, n-1$ von rechts nach links aufsteigend gefüllt. In die jeweils k oberhalb und unterhalb verbleibenden Zeilen werden diese Zahlen dagegen von links nach rechts aufsteigend eingetragen (siehe Abb. 7.208a).

Das zweite Hilfsquadrat entsteht als Kopie, das danach noch um 90° gedreht oder an der Nebendiagonalen gespiegelt wird (siehe Abb. 7.208b). Überlagert man diese beiden Hilfsquadrate, entsteht das magische Quadrat aus Abbildung 7.208.

[45] Liang Peiji, Zhang Hangfu und Zhang Xiafu [330]

0	1	2	3	4	5	6	7
0	1	2	3	4	5	6	7
7	6	5	4	3	2	1	0
7	6	5	4	3	2	1	0
7	6	5	4	3	2	1	0
7	6	5	4	3	2	1	0
0	1	2	3	4	5	6	7
0	1	2	3	4	5	6	7

a) 1. Hilfsquadrat

0	0	7	7	7	7	0	0
1	1	6	6	6	6	1	1
2	2	5	5	5	5	2	2
3	3	4	4	4	4	3	3
4	4	3	3	3	3	4	4
5	5	2	2	2	2	5	5
6	6	1	1	1	1	6	6
7	7	0	0	0	0	7	7

b) 2. Hilfsquadrat

1	9	24	32	40	48	49	57
2	10	23	31	39	47	50	58
59	51	46	38	30	22	11	3
60	52	45	37	29	21	12	4
61	53	44	36	28	20	13	5
62	54	43	35	27	19	14	6
7	15	18	26	34	42	55	63
8	16	17	25	33	41	56	64

c) magisches Quadrat

Abb. 7.208 Magisches Quadrat der Ordnung $n = 8$
(Liang - Zhang - Zhang)

Diese Konstruktion ist im Kern nur eine Variante der Methode der Umkehrungen von Planck, die in Kapitel 7.2.6 vorgestellt wird. Die Autoren geben allerdings auch eine Erweiterung auf einfach-gerade Ordnungen an, die in Kapitel 8.2.6 beschrieben wird.

7.2.19 Duan - Liu - Li - Tian

Duan, Liu, Li und Tian gehen bei der Ordnung $n = 4k$ von einem Quadrat in natürlicher Anordnung aus, bei denen einige Zeilen umgekehrt werden.[46] In der oberen Hälfte ist das von oben gesehen jede zweite Zeile, in der unteren Hälfte jede zweite Zeile von unten gesehen.

[46] Duan, Liu, Oi und Tian [128]

1	2	3	4	5	6	7	8
16	15	14	13	12	11	10	9
17	18	19	20	21	22	23	24
32	31	30	29	28	27	26	25
40	39	38	37	36	35	34	33
41	42	43	44	45	46	47	48
56	55	54	53	52	51	50	49
57	58	59	60	61	62	63	64

Abb. 7.209 Ausgangsquadrat der Ordnung 8

Danach werden in der oberen Hälfte einige Vertauschungen vorgenommen. In jeder Zeile werden einige Zahlen ausgesucht:

- entweder $2k$ Zahlen, die nicht auf den Diagonalen liegen
- oder zwei Zahlen, die auf den Diagonalen liegen und $2k - 2$ Zahlen, die nicht auf den Diagonalen liegen

Die ausgesuchten Zahlen werden dann mit den ihnen vertikal symmetrisch gegenüberliegenden Partnerzahlen vertauscht. In der oberen und vierten Zeile von oben sind dies $2k = 4$ Zahlen, die nicht auf den Diagonalen liegen. In den anderen beiden Zeilen liegen die Zahlen 55 und 50 sowie 43 und 46 auf den Diagonalen und die beiden anderen Zahlen 53 und 51 bzw. 41 und 44 nicht.

Mit dieser Auswahl und den zugehörigen vertikalen Vertauschungen entsteht dann das magische Quadrat in Abbildung 7.210.

1	2	59	60	61	6	63	8
16	55	14	53	12	51	50	9
41	18	43	44	21	46	23	24
40	31	38	29	28	35	26	33
32	39	30	37	36	27	34	25
17	42	19	20	45	22	47	48
56	15	54	13	52	11	10	49
57	58	3	4	5	62	7	64

Abb. 7.210 Magisches Quadrat der Ordnung $n = 8$ (Duan - Liu - Li - Tian)

Für die Ordnung $n = 12$ ergibt sich das Ausgangsquadrat aus Abbildung 7.211.

1	2	3	4	5	6	7	8	9	10	11	12
24	23	22	21	20	19	18	17	16	15	14	13
25	26	27	28	29	30	31	32	33	34	35	36
48	47	46	45	44	43	42	41	40	39	38	37
49	50	51	52	53	54	55	56	57	58	59	60
72	71	70	69	68	67	66	65	64	63	62	61
84	83	82	81	80	79	78	77	76	75	74	73
85	86	87	88	89	90	91	92	93	94	95	96
108	107	106	105	104	103	102	101	100	99	98	97
109	110	111	112	113	114	115	116	117	118	119	120
132	131	130	129	128	127	126	125	124	123	122	121
133	134	135	136	137	138	139	140	141	142	143	144

Abb. 7.211 Ausgangsquadrat der Ordnung 12

Führt man wieder die angegebenen Vertauschungen durch, erhält man das magische Quadrat aus Abbildung 7.212.

133	2	135	136	5	138	7	140	9	10	11	144
24	131	22	21	128	19	126	17	124	123	122	13
25	26	111	112	29	114	31	116	33	118	119	36
108	107	106	45	104	43	42	41	40	99	98	37
85	86	51	52	53	90	91	56	93	94	59	60
84	71	82	69	68	67	66	77	76	75	62	73
72	83	70	81	80	79	78	65	64	63	74	61
49	50	87	88	89	54	55	92	57	58	95	96
48	47	46	105	44	103	102	101	100	39	38	97
109	110	27	28	113	30	115	32	117	34	35	120
132	23	130	129	20	127	18	125	16	15	14	121
1	134	3	4	137	6	139	8	141	142	143	12

Abb. 7.212 Magisches Quadrat der Ordnung $n = 12$ (Duan - Liu - Li - Tian)

7.2.20 Zheng Ronghui – Lin Kerong – Chen Rongsi

Zheng Ronghui, Lin Kerong und Chen Rongsi unterteilen das Zielquadrat doppeltgerader Ordnungen $n = 4k$ in neun Bereiche (siehe Abbildung 7.213a) und geben für jeden Bereich eine Formel an, mit der in Abhängigkeit von der Zeilen- und Spaltennummer der Zelleninhalt berechnet werden kann.[47]

Dabei benutzen sie für die einzelnen Bereiche vier unterschiedliche Formeln:

Nummer	Zeile z	Spalte s	Formel
1	$z < k$ oder $z \geq 3k$	$k \leq s < 3k$	$nz + s + 1$
2	$z < k$ oder $z \geq 3k$	$s < k$ oder $s \geq 3k$	$n(n-z) - (n-s-1)$
3	$k \leq z < 3k$	$k \leq s < 3k$	$nz + n - s$
4	$k \leq z < 3k$	$s < k$ oder $s \geq 3k$	$n(n-z) - s$

Berechnet man für alle Zellen die einzutragenden Zahlen, erhält man das symmetrische magische Quadrat aus Abbildung 7.213b.

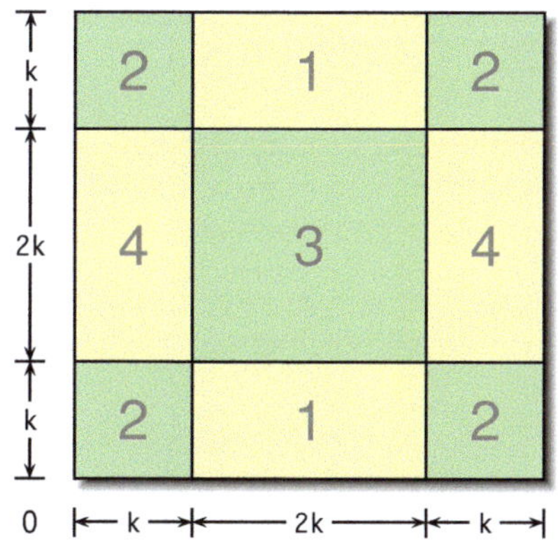

a) Einteilung der Bereiche

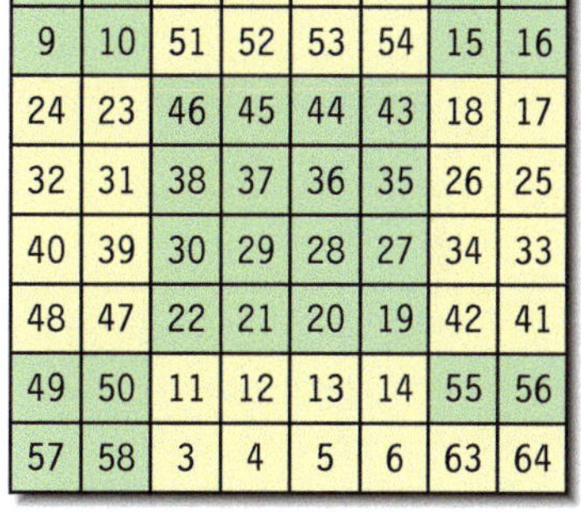

1	2	59	60	61	62	7	8
9	10	51	52	53	54	15	16
24	23	46	45	44	43	18	17
32	31	38	37	36	35	26	25
40	39	30	29	28	27	34	33
48	47	22	21	20	19	42	41
49	50	11	12	13	14	55	56
57	58	3	4	5	6	63	64

b) magisches Quadrat

Abb. 7.213 Symmetrisches magisches Quadrat der Ordnung $n = 8$ (Zheng - Lin - Chen)

Die mit diesen Berechnungen erzeugten magischen Quadrate sind identisch mit denen, die Planck mit seiner *Methode der Umkehrungen* erzeugt. Dieses Verfahren wird in Kapitel 7.2.6 beschrieben.

[47] Zheng Ronghui, Lin Kerong und Chen Rongsi [618] S. 7

7.2.21 Lin Pengcheng (Methode 1)

Das Verfahren von Lin Pengcheng arbeitet mit vier Termen, mit denen die Zahlen in Abhängigkeit von den Zeilen- und Spaltennummern berechnet werden.[48] Abbildung 7.214 zeigt, dass in der oberen Hälfte nur die Terme 1 und 2 und in der unteren Hälfte nur die Terme 3 und 4 benutzt werden. Dabei werden z. B. die in der linken Hälfte der oberen Zeile einzutragenden Zahlen mit Term 1, die der rechten Hälfte mit Term 2 berechnet. In der darunterliegenden Zeile kehrt sich diese Zuordnung dagegen um.

1		1		2		2	
2		2		1		1	
1		1		2		2	
2		2		1		1	
3		3		4		4	
4		4		3		3	
3		3		4		4	
4		4		3		3	

Abb. 7.214 Zu benutzende Terme für die Berechnung der Zahlen

Weiterhin fällt auf, dass jede zweite Spalte frei bleibt. Hier wird jeweils die Zahl eingetragen, die zu der direkt links daneben berechneten Zahl komplementär ist. Die für die Berechnung zu benutzenden Terme sind in Tabelle 7.11 angegeben.

Dabei sei an dieser Stelle daran erinnert, dass die linke untere Ecke immer mit den Koordinaten $(0, 0)$ gekennzeichnet ist und die weiteren Koordinaten (s, z) nach rechts oder nach oben wachsen.

Term 1:	$n \cdot (n-1-z) + \frac{n-s}{2}$	Term 3:	$n \cdot z + \frac{n+s}{2} + 1$
Term 2:	$n \cdot z + \frac{s}{2} + 1$	Term 4:	$n \cdot (n-z) - \frac{s}{2}$

Tab. 7.11 Terme für die Berechnung der Zahlen

Mit diesen Termen ergibt sich für die Ordnung $n = 8$ das magische Quadrat aus Abbildung 7.215.

[48] Lin Pengcheng [333]

4		3		59		60	
49		50		10		9	
20		19		43		44	
33		34		26		25	
29		30		38		37	
48		47		23		24	
13		14		54		53	
64		63		7		8	

a) berechnete Zahlen

4	61	3	62	59	6	60	5
49	16	50	15	10	55	9	56
20	45	19	46	43	22	44	21
33	32	34	31	26	39	25	40
29	36	30	35	38	27	37	28
48	17	47	18	23	42	24	41
13	52	14	51	54	11	53	12
64	1	63	2	7	58	8	57

b) mit komplementären Zahlen

Abb. 7.215 Magisches Quadrat der Ordnung $n = 8$ (Lin Pengcheng)

Dieses Verfahren kann auf alle doppelt-geraden Ordnungen $n = 4k$ übertragen werden. Für die Ordnung $n = 12$ ergibt sich z. B. das magische Quadrat aus Abbildung 7.216. Dabei ergibt etwa sich für die linke obere Ecke mit den Koordinaten $(s, z) = (0, 11)$ und Term1:

$$n \cdot (n - 1 - z) + \frac{n - s}{2} = 12 \cdot (12 - 1 - 11) + \frac{12 - 0}{2} = 12 \cdot 0 + 6 = 6$$

6	139	5	140	4	141	136	9	137	8	138	7
121	24	122	23	123	22	15	130	14	131	13	132
30	115	29	116	28	117	112	33	113	32	114	31
97	48	98	47	99	46	39	106	38	107	37	108
54	91	53	92	52	93	88	57	89	56	90	55
73	72	74	71	75	70	63	82	62	83	61	84
67	78	68	77	69	76	81	64	80	65	79	66
96	49	95	50	94	51	58	87	59	86	60	85
43	102	44	101	45	100	105	40	104	41	103	42
120	25	119	26	118	27	34	111	35	110	36	109
19	126	20	125	21	124	129	16	128	17	127	18
144	1	143	2	142	3	10	135	11	134	12	133

Abb. 7.216 Magisches Quadrat der Ordnung $n = 12$ (Lin Pengcheng)

7.2.22 Lin Pengcheng (Methode 2)

Ähnlich wie Zheng Ronghui, Lin Kerong und Chen Rongsi in Kapitel 7.2.20 unterteilt Lin Pengcheng das Zielquadrat doppelt-gerader Ordnung $n = 4k$ in neun Bereiche.[49] Für jeden Bereich gibt er eine Formel an, mit der in Abhängigkeit von der Zeilen- und Spaltennummer die einzutragende Zahl berechnet werden kann.

Dabei benutzt er für die einzelnen Bereiche allerdings nur zwei unterschiedliche Formeln:

Zeile z	Spalte s	Code	Formel
$k \leq z < k3$	$k \leq s < 3k$	1	$n \cdot (n-1-z)+s+1$
	$s < k$ oder $s \geq 3k$	2	$n \cdot (z+1)-s$
$z < k$ oder $z \geq 3k$	$k \leq s < 3k$	2	$n \cdot (z+1)-s$
	$s < k$ oder $s \geq 3k$	1	$n \cdot (n-1-z)+s+1$

Berechnet man für alle Zellen mit den angegebenen Formeln die einzutragenden Zahlen, erhält man das symmetrische magische Quadrat aus Abbildung 7.217.

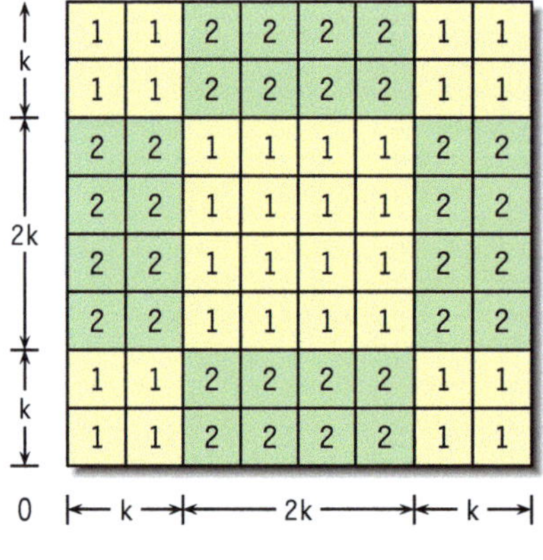

a) Bereiche

1	2	62	61	60	59	7	8
9	10	54	53	52	51	15	16
48	47	19	20	21	22	42	41
40	39	27	28	29	30	34	33
32	31	35	36	37	38	26	25
24	23	43	44	45	46	18	17
49	50	14	13	12	11	55	56
57	58	6	5	4	3	63	64

b) magisches Quadrat

Abb. 7.217 Symmetrisches magisches Quadrat der Ordnung $n = 8$ (Lin Pengcheng)

Für die Ordnung $n = 12$ zeigt Abbildung 7.218 die Aufteilung des Zielquadrates in die neun Bereiche.

[49] Lin Pengcheng [335]

1	1	1	2	2	2	2	2	2	1	1	1
1	1	1	2	2	2	2	2	2	1	1	1
1	1	1	2	2	2	2	2	2	1	1	1
2	2	2	1	1	1	1	1	1	2	2	2
2	2	2	1	1	1	1	1	1	2	2	2
2	2	2	1	1	1	1	1	1	2	2	2
2	2	2	1	1	1	1	1	1	2	2	2
2	2	2	1	1	1	1	1	1	2	2	2
2	2	2	1	1	1	1	1	1	2	2	2
1	1	1	2	2	2	2	2	2	1	1	1
1	1	1	2	2	2	2	2	2	1	1	1
1	1	1	2	2	2	2	2	2	1	1	1

Abb. 7.218 Aufteilung des Zielquadrates in 9 Bereiche

Mit den Termen für diese Zahlen folgt dann das symmetrische magische Quadrat aus Abbildung 7.219. Für die Position $(s, z) = (3, 2)$ erhält man mit dem Term 2 beispielsweise die Zahl

$$n \cdot (z + 1) - s = 12 \cdot (2 + 1) - 3 = 36 - 3 = 33$$

1	2	3	141	140	139	138	137	136	10	11	12
13	14	15	129	128	127	126	125	124	22	23	24
25	26	27	117	116	115	114	113	112	34	35	36
108	107	106	40	41	42	43	44	45	99	98	97
96	95	94	52	53	54	55	56	57	87	86	85
84	83	82	64	65	66	67	68	69	75	74	73
72	71	70	76	77	78	79	80	81	63	62	61
60	59	58	88	89	90	91	92	93	51	50	49
48	47	46	100	101	102	103	104	105	39	38	37
109	110	111	33	32	31	30	29	28	118	119	120
121	122	123	21	20	19	18	17	16	130	131	132
133	134	135	9	8	7	6	5	4	142	143	144

Abb. 7.219 Symmetrisches magisches Quadrat der Ordnung $n = 12$ (Lin Pengcheng)

Allerdings ist dieses Verfahren nur eine Variante der Methode von al-Asfizari, die in Kapitel 7.1.3 beschrieben wird. Mit den hier angegebenen Formeln entstehen absolut identische magische Quadrate.

7.2.23 Zhu Yunshan

Um magische Quadrate doppelt-gerader Ordnung $n = 4k$ zu erzeugen, unterteilt Zhu Yunshan das Zielquadrat in Teilquadrate der Ordnung 4, die er in den oberen beiden Zeilen von links nach rechts und von oben nach unten mit fortlaufenden Zahlen füllt. Die unteren beiden Zeilen werden mit den gleichen Zahlen, aber absteigend gefüllt.[50]

Man beginnt mit der Startzahl 0, die mit jedem Teilquadrat um 8 erhöht wird. Zusätzlich werden in jedem Teilquadrat die Zahlen in bestimmten Zellen wie in Abbildung 7.220 mit -1 multipliziert.

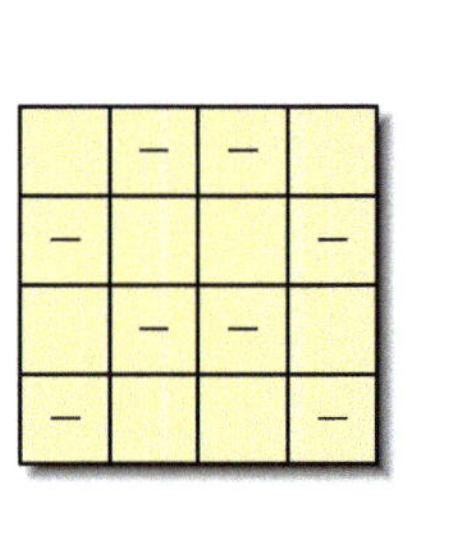

0	-1	-2	3	8	-9	-10	11
-4	5	6	-7	-12	13	14	-15
7	-6	-5	4	15	-14	-13	12
-3	2	1	-0	-11	10	9	-8
16	-17	-18	19	24	-25	-26	27
-20	21	22	-23	-28	29	30	-31
23	-22	-21	20	31	-30	-29	28
-19	18	17	-16	-27	26	25	-24

Abb. 7.220 Füllen des Zielquadrates mit positiven und negativen Zahlen

Auffallend ist der Eintrag -0 im linken oberen Teilquadrat. Die Multiplikation mit -1 ergibt natürlich 0, aber da diese Zahl in einer mit einem Minuszeichen markierten Zelle liegt, wird die Zahl hier als -0 eingetragen.

Danach werden alle positiven Zahlen des Zielquadrates um $\frac{n^2}{2} + 1 = 33$ erhöht, die negativen Zahlen einschließlich -0 dagegen um $\frac{n^2}{2} = 32$. Im linken oberen Teilquadrat wird die als positiv angesehene Zahl 0 damit um 33 erhöht. Dagegen wird die Zahl -0, die als negativ bewertet angesehen wird, dagegen nur um 32 erhöht.

Führt man diese Additionen für alle n^2 Zahlen durch, entsteht das magische Quadrat in Abbildung 7.221.

---

50 Zhu Yunshan [620] S. 75 – 76

33	31	30	36	41	23	22	44
28	38	39	25	20	46	47	17
40	26	27	37	48	18	19	45
29	35	34	32	21	43	42	24
49	15	14	52	57	7	6	60
12	54	55	9	4	62	63	1
56	10	11	53	64	2	3	61
13	51	50	16	5	59	58	8

Abb. 7.221 Magisches Quadrat der Ordnung $n = 8$ (Zhu Yunshan)

Bei der Ordnung $n = 12$ muss das Zielquadrat in neun Teilquadrate unterteilt werden, die dann wie im ersten Beispiel gefüllt werden. Wie bei jeder Ordnung tritt dabei wieder im linken oberen Teilquadrat der Sonderfall -0 auf.

0	-1	-2	3	8	-9	-10	11	16	-17	-18	19
-4	5	6	-7	-12	13	14	-15	-20	21	22	-23
7	-6	-5	4	15	-14	-13	12	23	-22	-21	20
-3	2	1	-0	-11	10	9	-8	-19	18	17	-16
24	-25	-26	27	32	-33	-34	35	40	-41	-42	43
-28	29	30	-31	-36	37	38	-39	-44	45	46	-47
31	-30	-29	28	39	-38	-37	36	47	-46	-45	44
-27	26	25	-24	-35	34	33	-32	-43	42	41	-40
48	-49	-50	51	56	-57	-58	59	64	-65	-66	67
-52	53	54	-55	-60	61	62	-63	-68	69	70	-71
55	-54	-53	52	63	-62	-61	60	71	-70	-69	68
-51	50	49	-48	-59	58	57	-56	-67	66	65	-64

Abb. 7.222 Füllen des Zielquadrates mit positiven und negativen Zahlen

Anschließend müssen die positiven Zahlen des Zielquadrates jetzt um $\frac{n^2}{2} + 1 = 73$ erhöht werden, die negativen Zahlen einschließlich -0 dagegen um $\frac{n^2}{2} = 72$. Damit entsteht das magische Quadrat in Abbildung 7.223.

73	71	70	76	81	63	62	84	89	55	54	92
68	78	79	65	60	86	87	57	52	94	95	49
80	66	67	77	88	58	59	85	96	50	51	93
69	75	74	72	61	83	82	64	53	91	90	56
97	47	46	100	105	39	38	108	113	31	30	116
44	102	103	41	36	110	111	33	28	118	119	25
104	42	43	101	112	34	35	109	120	26	27	117
45	99	98	48	37	107	106	40	29	115	114	32
121	23	22	124	129	15	14	132	137	7	6	140
20	126	127	17	12	134	135	9	4	142	143	1
128	18	19	125	136	10	11	133	144	2	3	141
21	123	122	24	13	131	130	16	5	139	138	8

Abb. 7.223 Magisches Quadrat der Ordnung $n = 12$ (Zhu Yunshan)

7.2.24 Miranda – Miranda (Methode 1)

Lohans de Oliveira Miranda und Lossian Barbosa Bacelar Miranda[51] definieren für $I_n = \{1, 2, \ldots, n\}$ die Matrix L_n mit

$$L_n = \begin{pmatrix} l_{1,1} & \ldots & l_{1,n} \\ \vdots & \ddots & \vdots \\ l_{n,1} & \ldots & l_{n,n} \end{pmatrix} = \left(l_{u,v}\right) \quad \text{mit } u, v \in I_n$$

und zusätzlich 2 x 2 - Blöcke

$$L_{s,r} = \begin{pmatrix} (n-2(s-1))\,n - 2(r-1) & (2s-1)\,n - (2r-1) \\ (2s-1)\,n + (2r-1) & (n-2s)\,n + 2r \end{pmatrix} \quad \text{mit } s, r \in I_{\frac{n}{2}}$$

Mit diesen Blöcken lässt sich die Matrix L_n auch anders formulieren:

$$L_n = \begin{pmatrix} L_{1,1} & \ldots & L_{1,\frac{n}{2}} \\ \vdots & \ddots & \vdots \\ L_{\frac{n}{2},1} & \ldots & L_{\frac{n}{2},\frac{n}{2}} \end{pmatrix} = \left(L_{s,r}\right) \quad \text{mit } s, r \in I_{\frac{n}{2}}$$

---

[51] Miranda - Miranda [378]

Die beiden Autoren legen den Ursprung mit den Koordinaten $(1, 1)$ in die linke obere Ecke. Für die Ordnung $n = 4$ folgt damit für den linken oberen 2x2 - Block $L_{1,1}$ mit $s = 1$ und $r = 1$

$$l_{1,1} = (n - 2(s-1))\,n - 2(r-1) = (4 - 2(1-1))\,4 - 2(1-1) = 4 \cdot 4 - 2 \cdot 0 = 16$$
$$l_{1,2} = (2s-1)\,n - (2r-1) = (2 \cdot 1 - 1)\,4 - (2 \cdot 1 - 1) = 1 \cdot 4 - (2-1) = 3$$
$$l_{2,1} = (2s-1)\,n + (2r-1) = (2 \cdot 1 - 1)\,4 + (2 \cdot 1 - 1) = 1 \cdot 4 + (2-1) = 5$$
$$l_{2,2} = (n - 2s)\,n + 2r = (4 - 2 \cdot 1)\,4 + 2 \cdot 1 = (4-2)\,4 + 2 = 10$$

Damit ergibt sich z. B.

$$L_{1,1} = \begin{pmatrix} l_{1,1} & l_{1,2} \\ l_{2,1} & l_{2,2} \end{pmatrix} = \begin{pmatrix} 16 & 3 \\ 5 & 10 \end{pmatrix}$$

Berechnet man auch die anderen drei Blöcke, erhält man das Ausgangsquadrat L_4.

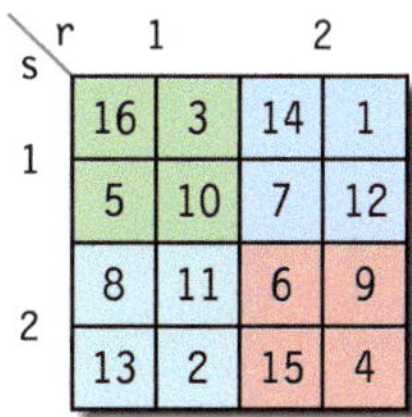

Abb. 7.224 Ausgangsquadrat L_4

Die Hilfsmatrix H_n entsteht aus L_n durch horizontales Vertauschen der Zahlen von jeweils zwei bestimmten Zellen in jedem 2x2 - Block $L_{s,r}$.

$$\begin{aligned} l_{2u-1,2u-1} &\longleftrightarrow l_{2u-1,2u} \\ l_{n-(2u-1)+1,2u-1} &\longleftrightarrow l_{n-(2u-1)+1,2u} \\ l_{2u-1,n-(2u-1)+1} &\longleftrightarrow l_{2u-1,n-(2u-1)} \\ l_{n-(2u-1)+1,n-(2u-1)+1} &\longleftrightarrow l_{n-(2u-1)+1,n-(2u-1)} \end{aligned} \qquad \text{mit } u \in I_{\frac{n}{4}}$$

Für die Ordnung $n = 4$ kommt nur $u = 1$ infrage, und es werden die Zahlen der folgenden Zellen vertauscht:

$$\begin{aligned} l_{1,1} &\longleftrightarrow l_{1,2} \\ l_{4,1} &\longleftrightarrow l_{4,2} \\ l_{1,4} &\longleftrightarrow l_{1,3} \\ l_{4,4} &\longleftrightarrow l_{4,3} \end{aligned}$$

Damit erhält man aus dem Ausgangsquadrat L_4 das Hilfsquadrat H_4, aus dem dann das magische Quadrat M_4 erzeugt wird. Dazu vertauscht man jeweils die markierten Zahlenpaare in Abhängigkeit davon, ob s und r gleiche oder unterschiedliche Parität haben, wie in Abbildung 7.225 zu erkennen ist.

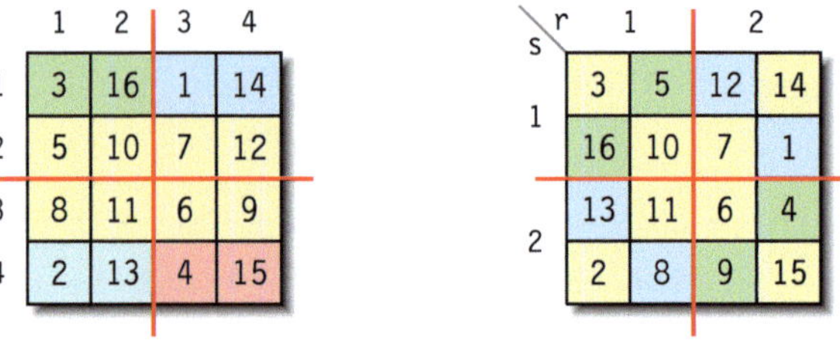

	1	2	3	4
1	3	16	1	14
2	5	10	7	12
3	8	11	6	9
4	2	13	4	15

a) Hilfsquadrat H_4

s \ r	1		2	
1	3	5	12	14
	16	10	7	1
2	13	11	6	4
	2	8	9	15

b) magisches Quadrat M_4

Abb. 7.225 Magisches Quadrat der Ordnung $n = 4$ (Miranda - Miranda)

Dieses Verfahren lässt sich leicht auf alle doppelt-geraden Ordnungen übertragen.

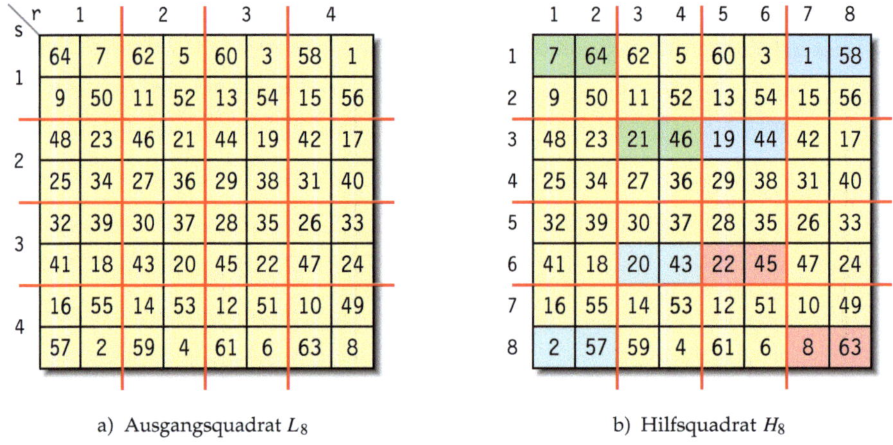

s \ r	1		2		3		4	
1	64	7	62	5	60	3	58	1
	9	50	11	52	13	54	15	56
2	48	23	46	21	44	19	42	17
	25	34	27	36	29	38	31	40
3	32	39	30	37	28	35	26	33
	41	18	43	20	45	22	47	24
4	16	55	14	53	12	51	10	49
	57	2	59	4	61	6	63	8

a) Ausgangsquadrat L_8

	1	2	3	4	5	6	7	8
1	7	64	62	5	60	3	1	58
2	9	50	11	52	13	54	15	56
3	48	23	21	46	19	44	42	17
4	25	34	27	36	29	38	31	40
5	32	39	30	37	28	35	26	33
6	41	18	20	43	22	45	47	24
7	16	55	14	53	12	51	10	49
8	2	57	59	4	61	6	8	63

b) Hilfsquadrat H_8

Abb. 7.226 Hilfsquadrate für die Ordnung $n = 8$ (Miranda - Miranda)

Aus den beiden Hilfsquadraten lässt sich dann durch das zusätzliche Vertauschen von Zahlenpaaren in den einzelnen Teilquadraten das magische Quadrat erzeugen.

s \ r	1		2		3		4	
1	7	9	52	5	60	13	56	58
	64	50	11	62	3	54	15	1
2	34	23	21	27	38	44	42	31
	25	48	46	36	29	19	17	40
3	32	41	43	37	28	22	24	33
	39	18	20	30	35	45	47	26
4	57	55	14	59	6	51	10	8
	2	16	53	4	61	12	49	63

Abb. 7.227 Magisches Quadrat M_8 (Miranda - Miranda)

Ein weiteres Beispiel wird noch einmal für die Ordnung 12 dargestellt, damit die vorzunehmenden Vertauschungen besser verdeutlicht werden.

s \ r	1		2		3		4		5		6	
1	144	11	142	9	140	7	138	5	136	3	134	1
	13	122	15	124	17	126	19	128	21	130	23	132
2	120	35	118	33	116	31	114	29	112	27	110	25
	37	98	39	100	41	102	43	104	45	106	47	108
3	96	59	94	57	92	55	90	53	88	51	86	49
	61	74	63	76	65	78	67	80	69	82	71	84
4	72	83	70	81	68	79	66	77	64	75	62	73
	85	50	87	52	89	54	91	56	93	58	95	60
5	48	107	46	105	44	103	42	101	40	99	38	97
	109	26	111	28	113	30	115	32	117	34	119	36
6	24	131	22	129	20	127	18	125	16	123	14	121
	133	2	135	4	137	6	139	8	141	10	143	12

a) Ausgangsquadrat L_{12}

	1	2	3	4	5	6	7	8	9	10	11	12
1	11	144	142	9	140	7	138	5	136	3	1	134
2	13	122	15	124	17	126	19	128	21	130	23	132
3	120	35	33	118	116	31	114	29	27	112	110	25
4	37	98	39	100	41	102	43	104	45	106	47	108
5	96	59	94	57	55	92	53	90	88	51	86	49
6	61	74	63	76	65	78	67	80	69	82	71	84
7	72	83	70	81	68	79	66	77	64	75	62	73
8	85	50	87	52	54	89	56	91	93	58	95	60
9	48	107	46	105	44	103	42	101	40	99	38	97
10	109	26	28	111	113	30	115	32	34	117	119	36
11	24	131	22	129	20	127	18	125	16	123	14	121
12	2	133	135	4	137	6	139	8	141	10	12	143

b) Hilfsquadrat H_{12}

Abb. 7.228 Hilfsquadrate für die Ordnung $n = 12$

Aus den beiden Hilfsquadraten L_{12} und H_{12} entsteht das magische Quadrat M_{12} aus Abbildung 7.229.

s \ r	1		2		3		4		5		6	
1	11	13	124	9	140	17	128	5	136	21	132	134
	144	122	15	142	7	126	19	138	3	130	23	1
2	98	35	33	39	102	31	114	43	106	112	110	47
	37	120	118	100	41	116	29	104	45	27	25	108
3	96	61	76	57	55	65	80	90	88	69	84	49
	59	74	63	94	92	78	67	53	51	82	71	86
4	50	83	70	87	89	79	66	56	58	75	62	95
	85	72	81	52	54	68	77	91	93	64	73	60
5	48	109	111	105	44	113	32	101	40	34	36	97
	107	26	28	46	103	30	115	42	99	117	119	38
6	133	131	22	135	6	127	18	139	10	123	14	12
	2	24	129	4	137	20	125	8	141	16	121	143

Abb. 7.229 Magisches Quadrat M_{12} (Miranda - Miranda)

Eigenschaften

- Alle magischen Quadrate sind horizontal symmetrisch:

$$m_{i,j} + m_{i,n+1-j} = n^2 + 1$$

- In jeder Zeile, jeder Spalte und beiden Diagonalen befinden sich jeweils $\frac{n}{2}$ gerade und ungerade Zahlen.
- Die ungeraden Zahlen liegen ebenso punktsymmetrisch zum Mittelpunkt des Quadrates wie die geraden Zahlen.
- Die Differenz von zwei symmetrisch liegenden ungeraden oder geraden Zahlen $m_{i,n+1-j}$ und $m_{n+1-i,j}$ ist ein Vielfaches von n.
- Die vier Zahlen aller 2×2 - Blöcke $L_{s,r}$ besitzen die Summe $2\,(n^2 + 1)$.
- In allen zum Mittelpunkt des magischen Quadrates symmetrisch liegenden Teilquadraten beliebiger Größe ergeben die Zahlen in den vier Ecken summiert immer $2\,(n^2 + 1)$.

- Die Zahlen in den Ecken beliebiger Teilquadrate der Größe $n - 1$ ergeben addiert immer $2\,(n^2 + 1)$.
- Lässt sich die Ordnung n des Quadrates in ein Produkt $n = w \cdot 4$ mit ungerader Spaltenanzahl w zerlegen, kann man das gesamte Quadrat in Rechtecke dieser Größe aufteilen, und die Zahlen jedes dieser Rechtecke besitzen immer die Summe $w \cdot (2\,(n^2 + 1)$. Ist w gerade, ist diese Eigenschaft unmittelbar klar.

Eingebettete Quadrate

Für jede doppelt-gerade Ordnung $n \geq 8$ enthält das magische Quadrat c eingebettete Quadrate $(0 < c < \frac{n}{4})$ der Ordnungen $n - 4 \cdot c$. Die linke obere Ecke der eingebetteten Quadrate liegt an Position $(2c + 1, 2c + 1)$ und für die magische Summe gilt

$$S_c = \frac{n - 4c}{4} \cdot 2\,(n^2 + 1)$$

Bei der Ordnung $n = 8$ ist also nur ein Quadrat mit der magischen Summe $S_4 = 130$ eingebettet.

	1	2	3	4	5	6	7	8
1	7	9	52	5	60	13	56	58
2	64	50	11	62	3	54	15	1
3	34	23	21	27	38	44	42	31
4	25	48	46	36	29	19	17	40
5	32	41	43	37	28	22	24	33
6	39	18	20	30	35	45	47	26
7	57	55	14	59	6	51	10	8
8	2	16	53	4	61	12	49	63

Abb. 7.230 Eingebettetes Quadrat beim magischen Quadrat der Ordnung 8

Für $n = 12$ sind bereits zwei Quadrate mit den Ordnungen 8 und 4 und den magischen Summen $S_8 = 580$ und $S_4 = 290$ eingebettet.

Wählt man noch größere Ordnungen, ergeben sich weitere eingebettete Quadrate. Für die Ordnung $n = 16$ ergeben sich drei Quadrate mit den Ordnungen 12, 8 und 4 und den zugehörigen Summen $S_{12} = 1542$, $S_8 = 1028$ und $S_4 = 514$.

Die beiden magischen Quadrate der Ordnungen $n = 12$ und $n = 16$ mit den eingebetteten Teilquadraten werden zusammen in Abbildung 7.231 dargestellt.

11	13	124	9	140	17	128	5	136	21	132	134
144	122	15	142	7	126	19	138	3	130	23	1
98	35	33	39	102	31	114	43	106	112	110	47
37	120	118	100	41	116	29	104	45	27	25	108
96	61	76	57	55	65	80	90	88	69	84	49
59	74	63	94	92	78	67	53	51	82	71	86
50	83	70	87	89	79	66	56	58	75	62	95
85	72	81	52	54	68	77	91	93	64	73	60
48	109	111	105	44	113	32	101	40	34	36	97
107	26	28	46	103	30	115	42	99	117	119	38
133	131	22	135	6	127	18	139	10	123	14	12
2	24	129	4	137	20	125	8	141	16	121	143

15	17	228	13	252	21	232	9	248	25	236	5	244	29	240	242
256	226	19	254	11	230	23	250	7	234	27	246	3	238	31	1
194	47	45	51	198	43	218	55	202	39	214	59	206	212	210	63
49	224	222	196	53	220	41	200	57	216	37	204	61	35	33	208
192	81	164	77	75	85	168	73	184	89	172	182	180	93	176	65
79	162	83	190	188	166	87	186	71	170	91	69	67	174	95	178
130	111	158	115	134	107	105	119	138	152	150	123	142	99	146	127
113	160	109	132	117	156	154	136	121	103	101	140	125	148	97	144
128	145	100	141	124	149	151	137	120	106	108	133	116	157	112	129
143	98	147	126	139	102	104	122	135	153	155	118	131	110	159	114
66	175	94	179	181	171	90	183	74	167	86	76	78	163	82	191
177	96	173	68	70	92	169	72	185	88	165	187	189	84	161	80
64	209	211	205	60	213	40	201	56	217	44	197	52	46	48	193
207	34	36	62	203	38	215	58	199	42	219	54	195	221	223	50
241	239	30	243	6	235	26	247	10	231	22	251	14	227	18	16
2	32	237	4	245	28	233	8	249	24	229	12	253	20	225	255

Abb. 7.231 Magische Quadrate mit eingebetteten Teilquadraten

7.2.25 Miranda – Miranda (Methoden 2 und 3)

Methode 2

Für doppelt-gerade Ordnungen $n = 4k$ definieren Lohans de Oliveira Miranda und Lossian Barbosa Bacelar Miranda für ihre zweite Methode[52] die Matrix D_n der Ordnung n:

$$D_n = (d_{u,v}) = \begin{pmatrix} D_{4,4} & \dots & D_{4,n} \\ \vdots & \ddots & \vdots \\ D_{n,4} & \dots & D_{n,n} \end{pmatrix} \quad \text{mit } u, v \in I_n \text{ und } I_n = \{1, 2, \dots, n\}$$

Die Matrix D_n enthält mit $i, j \in \left\{ 4t, t \in I_{\frac{n}{4}} \right\}$ und $j_c = j - c$ für $1 \le c \le 4$ Teilblöcke der Ordnung 4.

$$D_{i,j} = \begin{pmatrix} (i-3)n - j_4 & (i-3)n + j_2 & (n-i+2)n + j_1 & (n+4-i)n - j_1 \\ (n+4-i)n - j_3 & (n-i+2)n + j_3 & (i-3)n + j & (i-3)n - j_2 \\ (i-1)n + j_2 & (i-1)n - j_4 & (n+2-i)n - j_1 & (n-i)n + j_1 \\ (n-i)n + j_3 & (n+2-i)n - j_3 & (i-1)n - j_2 & (i-1)n + j \end{pmatrix}$$

Für die Ordnungen 4 und 8 ergeben sich die magischen Quadrate aus Abbildung 7.232. Dabei handelt es sich bei D_4 um das um 90° gedrehte Dürer-Quadrat.

4	6	11	13
15	9	8	2
14	12	5	3
1	7	10	16

a) D_4

8	10	51	61	4	14	55	57
63	49	12	6	59	53	16	2
26	24	45	35	30	20	41	39
33	47	22	28	37	43	18	32
40	42	19	29	36	46	23	25
31	17	44	38	27	21	48	34
58	56	13	3	62	52	9	7
1	15	54	60	5	11	50	64

b) D_8

Abb. 7.232 Magische Quadrate D_n der Ordnungen 4 und 8 (Miranda - Miranda)

[52] Miranda - Miranda [377]

Methode 3

Aus den magischen Quadraten D_n des vorangegangenen Abschnitts erzeugen Miranda und Miranda mit ihrem dritten Verfahren ein magisches Quadrat Du_n, indem sie das Quadrat D_n noch ein wenig umformen.

Da sie die dabei entstehenden magischen Quadrate als *generalisierte Dürer-Quadrate* bezeichnen, wird hier die Ausgangsmatrix $D_{i,j}$ so verändert, dass für $n = 4$ tatsächlich auch das Dürer-Quadrat entsteht. Dabei bleiben natürlich alle Eigenschaften ihres Originalquadrates unverändert. Die veränderte Matrix $D_{i,j}$ lautet mit $j_c = j - c$ für $1 \leq c \leq 4$ jetzt also

$$D_{i,j} = \begin{pmatrix} (i-1)n + j & (i-1)n - j_2 & (n+2-i)n - j_3 & (n-i)n + j_3 \\ (n+2-i)n - j_1 & (n-i)n + j_1 & (i-1)n + j_2 & (i-1)n - j_4 \\ (n-i+2)n + j_3 & (n+4-i)n - j_3 & (i-3)n - j_2 & (i-3)n + j \\ (i-3)n - j_4 & (i-3)n + j_2 & (n-i+2)n + j_1 & (n+4-i)n - j_1 \end{pmatrix}$$

Damit ergibt sich zunächst das magische Quadrat D_4 aus Abbildung 7.233a. Ausgehend von den Zahlen am linken Rand werden jetzt die Zahlen abwechselnd diagonal nach rechts unten und rechts oben zyklisch gesehen ausgelesen und zeilenweise von oben nach unten in das Zielquadrat eingetragen. Als Ergebnis erhält man das Dürer-Quadrat aus Abbildung 7.233b.

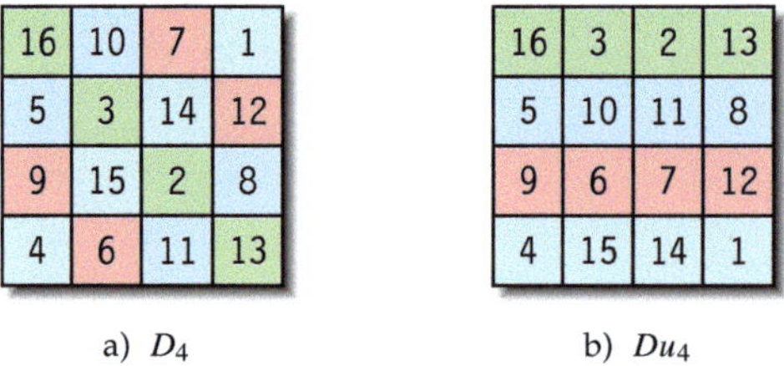

16	10	7	1
5	3	14	12
9	15	2	8
4	6	11	13

a) D_4

16	3	2	13
5	10	11	8
9	6	7	12
4	15	14	1

b) Du_4

Abb. 7.233 Magisches Quadrat Du_4 (Miranda-Miranda)

Dieses Verfahren lässt sich auf alle doppelt-geraden Ordnungen übertragen, wenn n kein Vielfaches von 8 ist. Mit dem linken oberen Quadranten

40	34	119	97
117	99	38	36
121	143	10	16
12	14	123	141

werden die Diagonalen ausgelesen und im Zielquadrat platziert. Die erste Diagonale beginnt ab der Zahl 40 diagonal nach rechts unten, die zweite dagegen ab 117 nach rechts oben. So verfährt man alternierend mit allen Startzahlen der linken Spalte. In Abbildung 7.234 ist das Verfahren für die Ordnung $n = 12$ dargestellt.

40	34	119	97	44	30	115	101	48	26	111	105
117	99	38	36	113	103	42	32	109	107	46	28
121	143	10	16	125	139	6	20	129	135	2	24
12	14	123	141	8	18	127	137	4	22	131	133
88	82	71	49	92	78	67	53	96	74	63	57
69	51	86	84	65	55	90	80	61	59	94	76
73	95	58	64	77	91	54	68	81	87	50	72
60	62	75	93	56	66	79	89	52	70	83	85
136	130	23	1	140	126	19	5	144	122	15	9
21	3	134	132	17	7	138	128	13	11	142	124
25	47	106	112	29	43	102	116	33	39	98	120
108	110	27	45	104	114	31	41	100	118	35	37

a) D_{12}

40	99	10	141	92	55	54	89	144	11	98	37
117	34	27	112	17	126	79	68	61	74	131	24
121	14	71	84	77	66	19	128	33	118	111	28
12	143	38	97	104	43	138	5	52	87	94	57
88	51	58	93	140	7	102	41	48	107	2	133
69	82	123	16	113	30	31	116	13	122	83	72
73	62	23	132	29	114	115	32	129	22	63	76
60	95	86	49	8	139	42	101	100	39	142	9
136	3	106	45	44	103	6	137	96	59	50	85
21	130	75	64	65	78	127	20	109	26	35	120
25	110	119	36	125	18	67	80	81	70	15	124
108	47	134	1	56	91	90	53	4	135	46	105

b) Du_{12}

Abb. 7.234 Magisches Quadrat Du_{12} (Miranda - Miranda)

Varianten (Danielsson)

Dieser Algorithmus kann verallgemeinert werden, wenn man nicht die auf- und abwärts gerichteten Diagonalen für das gesamte Quadrat betrachtet, sondern getrennt für jedes einzelne 4 x 4 - Teilquadrat. Damit ist meine Variante sogar für alle doppelt-geraden Ordnungen $n = 4k$ gültig. In Abbildung 7.235 ist das so entstehende magische Quadrat $D'u_8$ für die Ordnung 8 dargestellt.

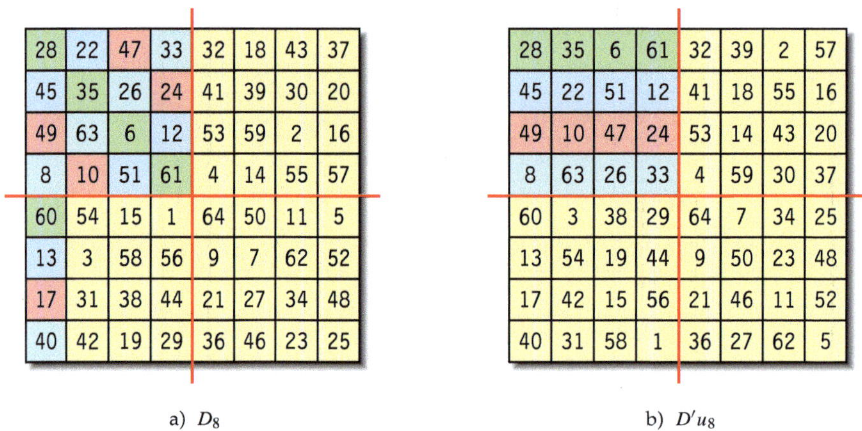

28	22	47	33	32	18	43	37
45	35	26	24	41	39	30	20
49	63	6	12	53	59	2	16
8	10	51	61	4	14	55	57
60	54	15	1	64	50	11	5
13	3	58	56	9	7	62	52
17	31	38	44	21	27	34	48
40	42	19	29	36	46	23	25

a) D_8

28	35	6	61	32	39	2	57
45	22	51	12	41	18	55	16
49	10	47	24	53	14	43	20
8	63	26	33	4	59	30	37
60	3	38	29	64	7	34	25
13	54	19	44	9	50	23	48
17	42	15	56	21	46	11	52
40	31	58	1	36	27	62	5

b) $D'u_8$

Abb. 7.235 Magisches Quadrat $D'u_8$ (Miranda-Miranda, Variante 1, Danielsson)

Diese Variante wird auch noch einmal für die Ordnung $n = 12$ dargestellt, damit der Unterschied zu dem Originalquadrat Du_{12} aus Abbildung 7.234 deutlich wird.

40	34	119	97	44	30	115	101	48	26	111	105
117	99	38	36	113	103	42	32	109	107	46	28
121	143	10	16	125	139	6	20	129	135	2	24
12	14	123	141	8	18	127	137	4	22	131	133
88	82	71	49	92	78	67	53	96	74	63	57
69	51	86	84	65	55	90	80	61	59	94	76
73	95	58	64	77	91	54	68	81	87	50	72
60	62	75	93	56	66	79	89	52	70	83	85
136	130	23	1	140	126	19	5	144	122	15	9
21	3	134	132	17	7	138	128	13	11	142	124
25	47	106	112	29	43	102	116	33	39	98	120
108	110	27	45	104	114	31	41	100	118	35	37

40	99	10	141	44	103	6	137	48	107	2	133
117	34	123	16	113	30	127	20	109	26	131	24
121	14	119	36	125	18	115	32	129	22	111	28
12	143	38	97	8	139	42	101	4	135	46	105
88	51	58	93	92	55	54	89	96	59	50	85
69	82	75	64	65	78	79	68	61	74	83	72
73	62	71	84	77	66	67	80	81	70	63	76
60	95	86	49	56	91	90	53	52	87	94	57
136	3	106	45	140	7	102	41	144	11	98	37
21	130	27	112	17	126	31	116	13	122	35	120
25	110	23	132	29	114	19	128	33	118	15	124
108	47	134	1	104	43	138	5	100	39	142	9

Abb. 7.236 Magisches Quadrat $D'u_{12}$ (Miranda-Miranda, Variante 1, Danielsson)

Weiterhin können mit dieser Variante viele unterschiedliche magische Quadrate erzeugt werden, da jedes einzelne 4×4 - Teilquadrat von D_n unabhängig voneinander durch Drehungen oder Spiegelungen verändert werden kann. Ein solches Beispiel ist in Abbildung 7.237 angegeben.

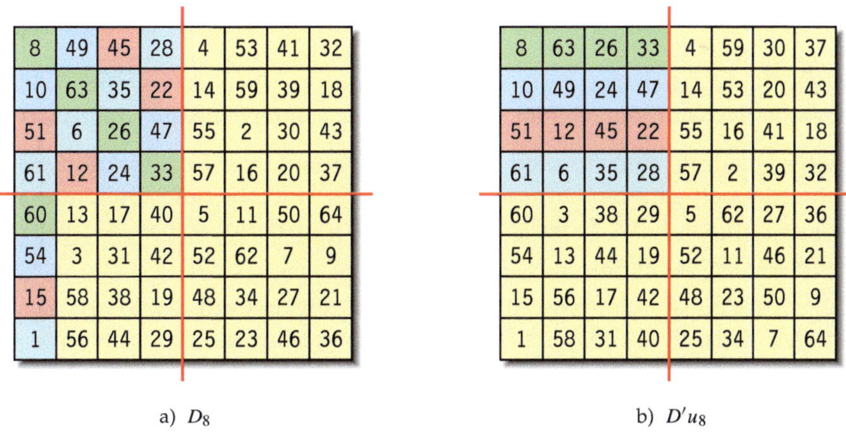

8	49	45	28	4	53	41	32
10	63	35	22	14	59	39	18
51	6	26	47	55	2	30	43
61	12	24	33	57	16	20	37
60	13	17	40	5	11	50	64
54	3	31	42	52	62	7	9
15	58	38	19	48	34	27	21
1	56	44	29	25	23	46	36

a) D_8

8	63	26	33	4	59	30	37
10	49	24	47	14	53	20	43
51	12	45	22	55	16	41	18
61	6	35	28	57	2	39	32
60	3	38	29	5	62	27	36
54	13	44	19	52	11	46	21
15	56	17	42	48	23	50	9
1	58	31	40	25	34	7	64

b) $D'u_8$

Abb. 7.237 Magisches Quadrat $D'u_8$ (Miranda-Miranda, Variante 2, Danielsson)

Mit diesen Änderungen lassen sich $8^{(\frac{n}{4})^2}$ unterschiedliche magische Quadrate erzeugen. Für die Ordnung $n = 8$ ergeben sich damit $8^4 = 4096$ unterschiedliche Quadrate, für die Ordnung 12 bereits $8^9 = 134\,217\,728$ magische Quadrate.

Erweiterte Variante (Danielsson)

Die magischen Quadrate der Methode 3 basieren immer auf dem gleichen Ausgangsquadrat D_n. Zwar lassen sich durch Zeilen- und Spaltenpermutationen dieses Quadrates weitere unterschiedliche Ausgangsquadrate erzeugen, eine wesentlich größere Anzahl erhält man allerdings mit meiner erweiterten Variante.

2	12	7	13
15	5	10	4
14	8	11	1
3	9	6	16

Abb. 7.238 Magisches Ausgangsquadrat D_4' für die erweiterte Variante

Man geht von dem magischen Quadrat in Abbildung 7.238 aus und ordnet den Zahlen dieses Quadrates die festen Formeln der Matrix $D_{i,j}'$ zu. Die hiermit gebildete Matrix D_n' enthält mit $i, j \in \left\{4t, t \in I_{\frac{n}{4}}\right\}$ und $j_c = j - c$ für $1 \leq c \leq 4$ wiederum Teilquadrate der Ordnung 4.

$$D_{i,j}' = \begin{pmatrix} (n-i+1)n - j_2 & (i-1)n - j_4 & (n-i+1)n + j_1 & (i-1)n + j_3 \\ (i-1)n + j_1 & (n-i+1)n + j_3 & (i-1)n - j_2 & (n-i+1)n - j_4 \\ i\,n - j_2 & (n-i+2)n - j_4 & (i-2)n + j_1 & (n-i)n + j_3 \\ (n-i)n + j_1 & (i-2)n + j_3 & (n-i+2)n - j_2 & i\,n - j_4 \end{pmatrix}$$

Für die 880 magischen Quadrate vierter Ordnung ergeben sich so unterschiedliche Matrizen, deren Komponenten im Vergleich zu $D_{i,j}'$ unterschiedlich angeordnet sind.

656 dieser Quadrate sind für meine erweiterte Variante zur Konstruktion magischer Quadrate doppelt-gerader Ordnung geeignet. Es sind dies die Quadrate aus den Dudeney-Gruppen 1 bis 5, 6a sowie 7 bis 10 und damit genau die *non-catchup*-Quadrate vierter Ordnung.

Mit dem Ausgangsquadrat aus Abbildung 7.238 entsteht mit der Matrix $D_{i,j}'$ in der erweiterten Variante das magische Quadrat aus Abbildung 7.239, ohne dass weitere Transformationen nötig sind.

Wählt man ein anderes der 656 möglichen Ausgangsquadrate, erhält man ein unterschiedliches magisches Quadrat. Dazu muss nur die Matrix entsprechend den vorgegebenen festen Zuordnungen der Terme zu den Zahlen umgeformt werden, und man erhält etwa das magische Quadrat aus Abbildung 7.240.

2	12	7	13
15	5	10	4
14	8	11	1
3	9	6	16

a) Ausgangsquadrat

38	24	43	25	34	20	47	29
27	41	22	40	31	45	18	36
30	48	19	33	26	44	23	37
35	17	46	32	39	21	42	28
6	56	11	57	2	52	15	61
59	9	54	8	63	13	50	4
62	16	51	1	58	12	55	5
3	49	14	64	7	53	10	60

b) magisches Quadrat

Abb. 7.239 Magisches Quadrat der Ordnung $n = 8$ (Miranda-Miranda, erweiterte Variante, Danielsson)

1	12	13	8
15	6	3	10
4	9	16	5
14	7	2	11

a) Ausgangsquadrat

97	36	37	120	101	32	41	116	105	28	45	112
39	118	99	34	43	114	103	30	47	110	107	26
108	25	48	109	104	29	44	113	100	33	40	117
46	111	106	27	42	115	102	31	38	119	98	35
49	84	85	72	53	80	89	68	57	76	93	64
87	70	51	82	91	66	55	78	95	62	59	74
60	73	96	61	56	77	92	65	52	81	88	69
94	63	58	75	90	67	54	79	86	71	50	83
1	132	133	24	5	128	137	20	9	124	141	16
135	22	3	130	139	18	7	126	143	14	11	122
12	121	144	13	8	125	140	17	4	129	136	21
142	15	10	123	138	19	6	127	134	23	2	131

b) magisches Quadrat

Abb. 7.240 Magisches Quadrat der Ordnung $n = 12$ (Miranda-Miranda, erweiterte Variante, Danielsson)

Natürlich können auch bei meiner erweiterten Variante die einzelnen 4×4 - Teilquadrate unabhängig voneinander durch Drehungen oder Spiegelungen verändert werden, um weitere magische Quadrate zu erhalten.

Dies gelingt jedoch nur mit den 432 magischen Quadraten der Dudeney-Gruppen 1 bis 5 sowie 6a. Bei den Basisquadraten der Gruppen 7 bis 10 ist das Ergebnis nicht eindeutig vorhersagbar.

Insgesamt lassen sich mit dieser erweiterten Variante $432 \cdot 8^{(\frac{n}{4})^2}$ unterschiedliche magische Quadrate erzeugen.

7.3 Erweiterung von 4 x 4 - Basisquadraten

Bei allen dargestellten Verfahren, die Quadrate der Größe 4×4 zu einem neuen magischen Quadrat erweitern, kann die Originalquelle nicht mehr eindeutig bestimmt werden, sodass sie ohne Verweise auf die Herkunft angegeben werden müssen.

Die Verfahren basieren auf einem magischen Quadrat der Ordnung $n = 4$, deren systematische Anordnung der Zahlen auf ein Zielquadrat der doppelt-geraden Ordnung $n = 4k$ übertragen wird.

Zusätzlich werden unterschiedliche Varianten von anderen Konstruktionsverfahren auf die beschriebenen Verfahren übertragen, obwohl sie eigentlich nicht dafür vorgesehen waren. Dadurch ergibt sich eine Vielzahl von unterschiedlichen Konstruktionsverfahren.

7.3.1 Unterteilung in 16 Teilquadrate der Größe *k*

Bei dem Verfahren aus Kapitel 7.1.4 wurden Quadrate doppelt-gerader Ordnung $n = 4k$ in 16 Teilbereiche aufgeteilt, die mit fortlaufenden Zahlengruppen von jeweils vier Zahlen gefüllt werden. Die Reihenfolge, in der die einzelnen Bereiche gefüllt werden, ist dabei aber fest vorgegeben.

Die hier vorgestellte Methode benutzt ein magisches Basisquadrat, welches die Reihenfolge bestimmt, in der die Zahlen eingetragen werden. Damit wird sozusagen die Struktur des Zahlenaufbaus im Basisquadrat auf das Zielquadrat übertragen.

Obwohl jedes der 880 magischen Quadrate vierter Ordnung als Basisquadrat gewählt werden kann, wird in allen Beispielen dieses Abschnitts mit einem festen Basisquadrat gearbeitet, damit man die Unterschiede verschiedener Parameter besser erkennen kann. Wenn in einigen zusätzlichen Beispielen von diesem Prinzip abgewichen wird, wird das veränderte Basisquadrat immer mit angegeben.

1	8	15	10
14	11	4	5
12	13	6	3
7	2	9	16

Abb. 7.241 Basisquadrat für alle Beispiele

Das Zielquadrat wird in 16 Teilquadrate der Größe k unterteilt, im Beispiel $n = 8$ also in Teilquadrate der Größe $k = 2$.

Um das Quadrat zu füllen, schreitet man die Teilquadrate mit der im Basisquadrat festgelegten Reihenfolge ab und trägt zeilenweise von links nach rechts und von oben nach unten fortlaufende Zahlen ein.

In den Teilquadraten des unteren linken und des oberen rechten Quadranten des Zielquadrates weicht man allerdings von diesem Vorgehen ab und trägt die Zahlen genau entgegengesetzt ein, also von rechts nach links und von unten nach oben.

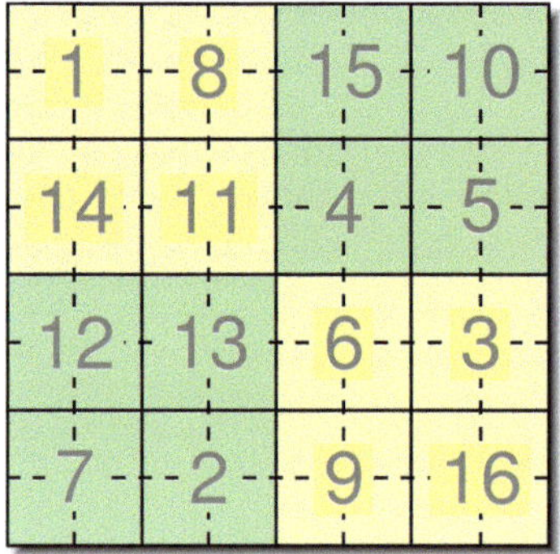

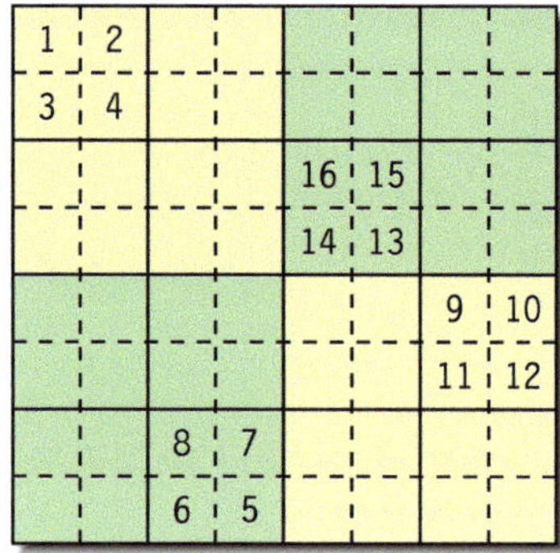

Abb. 7.242 Erweiterung von Basisquadraten

Füllt man in der Reihenfolge der Zahlen aus dem Basisquadrat die restlichen Teilquadrate, erhält man das magische Quadrat aus Abbildung 7.243. In diesem magischen Quadrat kann man deutlich erkennen, wie die Zeilen- und Spaltensummen durch die unterschiedlichen Anordnungen der Zahlen ausgeglichen werden.

1	2	29	30	60	59	40	39
3	4	31	32	58	57	38	37
53	54	41	42	16	15	20	19
55	56	43	44	14	13	18	17
48	47	52	51	21	22	9	10
46	45	50	49	23	24	11	12
28	27	8	7	33	34	61	62
26	25	6	5	35	36	63	64

Abb. 7.243 Magisches Quadrat der Ordnung $n = 8$ (unbekannter Autor, Methode 1)

Da fast alle weiteren Beispiele dieser Methode für die Ordnung $n = 8$ angegeben werden, soll in Abbildung 7.244 am Beispiel der Ordnung $n = 12$ die Aufteilung des Zielquadrates in die 16 Teilquadrate und das Füllen dieser Teilquadrate dargestellt werden.

1	2	3	64	65	66	135	134	133	90	89	88
4	5	6	67	68	69	132	131	130	87	86	85
7	8	9	70	71	72	129	128	127	84	83	82
118	119	120	91	92	93	36	35	34	45	44	43
121	122	123	94	95	96	33	32	31	42	41	40
124	125	126	97	98	99	30	29	28	39	38	37
108	107	106	117	116	115	46	47	48	19	20	21
105	104	103	114	113	112	49	50	51	22	23	24
102	101	100	111	110	109	52	53	54	25	26	27
63	62	61	18	17	16	73	74	75	136	137	138
60	59	58	15	14	13	76	77	78	139	140	141
57	56	55	12	11	10	79	80	81	142	143	144

Abb. 7.244 Magisches Quadrat der Ordnung $n = 12$ (unbekannter Autor, Methode 1)

Variante 1

In den bisherigen Beispielen wurden die Zahlen ohne die Sonderbehandlung in zwei Quadranten immer von links nach rechts und von oben nach unten in die einzelnen Teilquadrate eingetragen. Es sind jedoch sieben weitere Richtungen möglich. Da sie auch in weiteren Konstruktionsverfahren eine Rolle spielen, seien sie an dieser Stelle für $n = 8$ angegeben. Alle acht Füllrichtungen können mit den 712 magischen Quadraten vierter Ordnung der Dudeney-Gruppen 1 bis $6b_2$ sowie jeweils 36 Quadraten aus den Gruppen 7 und 8 kombiniert werden, um magische Quadrate doppelt-gerader Ordnung zu erzeugen.

1	2	29	30	60	59	40	39
3	4	31	32	58	57	38	37
53	54	41	42	16	15	20	19
55	56	43	44	14	13	18	17
48	47	52	51	21	22	9	10
46	45	50	49	23	24	11	12
28	27	8	7	33	34	61	62
26	25	6	5	35	36	63	64

a) von oben nach unten

3	4	31	32	58	57	38	37
1	2	29	30	60	59	40	39
55	56	43	44	14	13	18	17
53	54	41	42	16	15	20	19
46	45	50	49	23	24	11	12
48	47	52	51	21	22	9	10
26	25	6	5	35	36	63	64
28	27	8	7	33	34	61	62

b) von unten nach oben

Abb. 7.245 Magische Quadrate mit Füllrichtungen von links nach rechts

2	1	30	29	59	60	39	40
4	3	32	31	57	58	37	38
54	53	42	41	15	16	19	20
56	55	44	43	13	14	17	18
47	48	51	52	22	21	10	9
45	46	49	50	24	23	12	11
27	28	7	8	34	33	62	61
25	26	5	6	36	35	64	63

a) von oben nach unten

4	3	32	31	57	58	37	38
2	1	30	29	59	60	39	40
56	55	44	43	13	14	17	18
54	53	42	41	15	16	19	20
45	46	49	50	24	23	12	11
47	48	51	52	22	21	10	9
25	26	5	6	36	35	64	63
27	28	7	8	34	33	62	61

b) von unten nach oben

Abb. 7.246 Magische Quadrate mit Füllrichtungen von rechts nach links

1	3	29	31	60	58	40	38
2	4	30	32	59	57	39	37
53	55	41	43	16	14	20	18
54	56	42	44	15	13	19	17
48	46	52	50	21	23	9	11
47	45	51	49	22	24	10	12
28	26	8	6	33	35	61	63
27	25	7	5	34	36	62	64

a) von links nach rechts

3	1	31	29	58	60	38	40
4	2	32	30	57	59	37	39
55	53	43	41	14	16	18	20
56	54	44	42	13	15	17	19
46	48	50	52	23	21	11	9
45	47	49	51	24	22	12	10
26	28	6	8	35	33	63	61
25	27	5	7	36	34	64	62

b) von rechts nach links

Abb. 7.247 Magische Quadrate mit Füllrichtungen von oben nach unten

2	4	30	32	59	57	39	37
1	3	29	31	60	58	40	38
54	56	42	44	15	13	19	17
53	55	41	43	16	14	20	18
47	45	51	49	22	24	10	12
48	46	52	50	21	23	9	11
27	25	7	5	34	36	62	64
28	26	8	6	33	35	61	63

a) von links nach rechts

4	2	32	30	57	59	37	39
3	1	31	29	58	60	38	40
56	54	44	42	13	15	17	19
55	53	43	41	14	16	18	20
45	47	49	51	24	22	12	10
46	48	50	52	23	21	11	9
25	27	5	7	36	34	64	62
26	28	6	8	35	33	63	61

b) von rechts nach links

Abb. 7.248 Magische Quadrate mit Füllrichtungen von unten nach oben

In Abbildung 7.249 ist noch einmal ein magisches Quadrat der Ordnung $n = 12$ dargestellt, dessen Teilquadrate von unten nach oben und von rechts nach links gefüllt wurden. Wenn das Basisquadrat wie in diesem Fall symmetrisch ist, überträgt sich diese Eigenschaft auch auf das Zielquadrat.

10	3	8	13
5	16	11	2
15	6	1	12
4	9	14	7

a) Basisquadrat

90	87	84	27	24	21	64	67	70	109	112	115
89	86	83	26	23	20	65	68	71	110	113	116
88	85	82	25	22	19	66	69	72	111	114	117
45	42	39	144	141	138	91	94	97	10	13	16
44	41	38	143	140	137	92	95	98	11	14	17
43	40	37	142	139	136	93	96	99	12	15	18
127	130	133	46	49	52	9	6	3	108	105	102
128	131	134	47	50	53	8	5	2	107	104	101
129	132	135	48	51	54	7	4	1	106	103	100
28	31	34	73	76	79	126	123	120	63	60	57
29	32	35	74	77	80	125	122	119	62	59	56
30	33	36	75	78	81	124	121	118	61	58	55

b) von unten nach oben – von rechts nach links

Abb. 7.249 Symmetrisches magisches Quadrat der Ordnung $n = 12$ (unbekannter Autor, Methode 1.1)

Variante 2

Es gibt eine weitere Variante, die mit allen 712 Basisquadraten und allen acht Füllrichtungen aus Variante 1 kombinierbar ist. Bisher wurden die Teilquadrate im linken unteren und im rechten oberen Quadranten immer genau entgegengesetzt gefüllt. Man begann immer in der diagonal entgegengesetzten Ecke und kehrte auch die Reihenfolge beim Eintragen in horizontaler und vertikaler Richtung um. Das Füllen dieser Teilquadrate kann aber insgesamt auf vier unterschiedliche Arten geschehen.

- vollständig symmetrisch in beiden Quadranten, wie in den bisherigen Beispielen
- vollständig symmetrisch im rechten unteren Quadranten, vertikal symmetrisch im rechten oberen und horizontal symmetrisch im linken unteren Quadranten
- vollständig symmetrisch im linken unteren Quadranten, vertikal symmetrisch im rechten oberen und horizontal symmetrisch im rechten unteren Quadranten
- vollständig symmetrisch im rechten oberen Quadranten, vertikal symmetrisch im rechten unteren und horizontal symmetrisch im linken unteren Quadranten

Zum besseren Verständnis sind diese vier Füllvarianten in Abbildung 7.250 noch einmal grafisch veranschaulicht. Dabei bedeuten die Pfeile, dass die einzutragenden Zahlen im Vergleich zu der Ausgangsanordnung der Zahlen im allerersten Teilquadrat horizontal oder vertikal gespiegelt werden, um ihre Position zu erhalten.

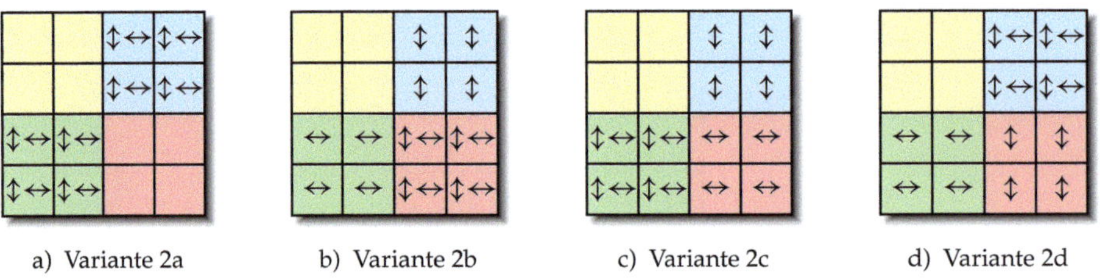

a) Variante 2a b) Variante 2b c) Variante 2c d) Variante 2d

Abb. 7.250 Unterschiedliche Varianten beim Füllen

In den Beispielen der Abbildung 7.251 ist immer die Füllrichtung von links nach rechts und von oben nach unten gewählt worden, damit die Unterschiede mit diesen zusätzlichen Änderungen besser hervortreten.

1	2	29	30	60	59	40	39
3	4	31	32	58	57	38	37
53	54	41	42	16	15	20	19
55	56	43	44	14	13	18	17
48	47	52	51	21	22	9	10
46	45	50	49	23	24	11	12
28	27	8	7	33	34	61	62
26	25	6	5	35	36	63	64

a) Variante 2a

1	2	29	30	59	60	39	40
3	4	31	32	57	58	37	38
53	54	41	42	15	16	19	20
55	56	43	44	13	14	17	18
46	45	50	49	24	23	12	11
48	47	52	51	22	21	10	9
26	25	6	5	36	35	64	63
28	27	8	7	34	33	62	61

b) Variante 2b

1	2	29	30	59	60	39	40
3	4	31	32	57	58	37	38
53	54	41	42	15	16	19	20
55	56	43	44	13	14	17	18
48	47	52	51	22	21	10	9
46	45	50	49	24	23	12	11
28	27	8	7	34	33	62	61
26	25	6	5	36	35	64	63

c) Variante 2c

1	2	29	30	60	59	40	39
3	4	31	32	58	57	38	37
53	54	41	42	16	15	20	19
55	56	43	44	14	13	18	17
46	45	50	49	23	24	11	12
48	47	52	51	21	22	9	10
26	25	6	5	35	36	63	64
28	27	8	7	33	34	61	62

d) Variante 2d

Abb. 7.251 Magische Quadrate mit unterschiedlichen Varianten (unbekannter Autor, Methode 1.2)

In Abbildung 7.252 ist ein weiteres Beispiel für die Ordnung $n = 12$ und die Variante 2b angegeben. Auch wenn das Basisquadrat wie in diesem Fall symmetrisch ist, überträgt sich diese Eigenschaft nicht auf ein Zielquadrat, das mit einer der drei neuen Füllvarianten 2b, 2c oder 2d erzeugt wird.

15	1	6	12
4	14	9	7
10	8	3	13
5	11	16	2

a) Basisquadrat

127	128	129	1	2	3	52	53	54	106	107	108
130	131	132	4	5	6	49	50	51	103	104	105
133	134	135	7	8	9	46	47	48	100	101	102
28	29	30	118	119	120	79	80	81	61	62	63
31	32	33	121	122	123	76	77	78	58	59	60
34	35	36	124	125	126	73	74	75	55	56	57
84	83	82	66	65	64	27	26	25	117	116	115
87	86	85	69	68	67	24	23	22	114	113	112
90	89	88	72	71	70	21	20	19	111	110	109
39	38	37	93	92	91	144	143	142	18	17	16
42	41	40	96	95	94	141	140	139	15	14	13
45	44	43	99	98	97	138	137	136	12	11	10

b) Variante 2b

Abb. 7.252 Magisches Quadrat der Ordnung $n = 12$
(unbekannter Autor, Methode 1.2)

Variante 3

Weitere magische Quadrate ergeben sich, wenn man die Schrittweite beim Eintragen der Zahlen verändert. Bisher ist immer eine Schrittweite von 1 benutzt worden, sodass die Zahlen fortlaufend eingetragen wurden. Man kann aber auch die Schrittweiten 2, 4, 8 oder 16 wählen.

Es zeigt sich, dass alle 880 magischen Quadrate der Ordnung $n = 4$ als Basisquadrat benutzt werden können, wenn die Schrittweite mit 1 gewählt wird. Bei größeren Schrittweiten sind allerdings nur die 712 Basisquadrate aus den Dudeney-Gruppen 1 bis $6b_2$ sowie jeweils 36 Quadraten aus den Gruppen 7 und 8 geeignet. Viele andere Basisquadrate aus den anderen Gruppen erzeugen auch magische Quadrate, es ist aber nicht für die ganze Gruppe sichergestellt. Außerdem gibt es teilweise auch Unterschiede bei den einzelnen Schrittweiten.

In Abbildung 7.253 sind magische Quadrate mit den Schrittweiten 2, 4, 8 und 16 dargestellt. Man sieht z. B. bei der Schrittweite 2, dass zunächst die Zahlen 1, 3, 5 und 7 eingetragen werden, bevor im nächsten Teilquadrat mit der kleinsten bisher nicht benutzten Zahl fortgefahren wird und die Zahlen 2, 4, 6 und 8 folgen. Damit sind die Zahlen 1 bis 8 eingetragen und das dritte Teilquadrat kann mit der Zahl 9 beginnen.

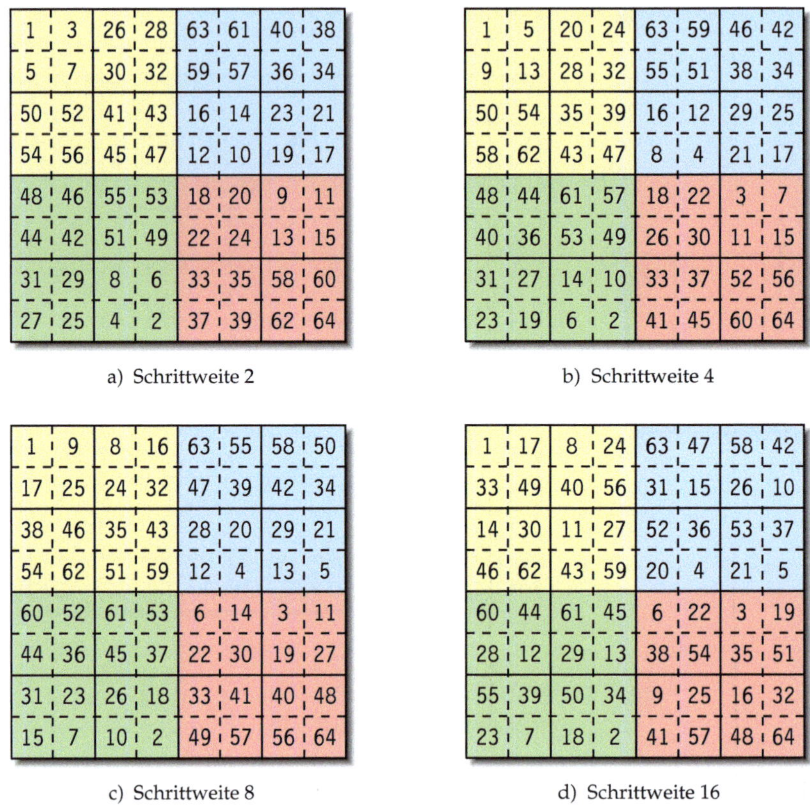

1	3	26	28	63	61	40	38
5	7	30	32	59	57	36	34
50	52	41	43	16	14	23	21
54	56	45	47	12	10	19	17
48	46	55	53	18	20	9	11
44	42	51	49	22	24	13	15
31	29	8	6	33	35	58	60
27	25	4	2	37	39	62	64

a) Schrittweite 2

1	5	20	24	63	59	46	42
9	13	28	32	55	51	38	34
50	54	35	39	16	12	29	25
58	62	43	47	8	4	21	17
48	44	61	57	18	22	3	7
40	36	53	49	26	30	11	15
31	27	14	10	33	37	52	56
23	19	6	2	41	45	60	64

b) Schrittweite 4

1	9	8	16	63	55	58	50
17	25	24	32	47	39	42	34
38	46	35	43	28	20	29	21
54	62	51	59	12	4	13	5
60	52	61	53	6	14	3	11
44	36	45	37	22	30	19	27
31	23	26	18	33	41	40	48
15	7	10	2	49	57	56	64

c) Schrittweite 8

1	17	8	24	63	47	58	42
33	49	40	56	31	15	26	10
14	30	11	27	52	36	53	37
46	62	43	59	20	4	21	5
60	44	61	45	6	22	3	19
28	12	29	13	38	54	35	51
55	39	50	34	9	25	16	32
23	7	18	2	41	57	48	64

d) Schrittweite 16

Abb. 7.253 Magische Quadrate mit unterschiedlichen Schrittweiten (unbekannter Autor, Methode 1.3)

Entsprechend werden bei der Schrittweite 4 die Zahlen 1, 5, 9 und 13 in das erste Teilquadrat platziert, gefolgt von 2, 6, 10 und 14 im zweiten, dann 3, 7, 11 und 15 und schließlich die Zahlen 4, 8, 12 und 16 im vierten Teilquadrat. Damit sind die Zahlen 1 bis 16 vollständig eingetragen und das nächste Teilquadrat kann mit der Zahl 17 beginnen.

Variante 4

Eine weitere Gestaltungsmöglichkeit ergibt sich, wenn die Schrittweite größer als 1 ist. Dann kann man nämlich festlegen, worauf sich die Schrittweite bezieht. In Abbildung 7.253 wurden immer die einzelnen Zahlen eines Teilquadrates um diesen Wert erhöht.

Hier erhält die Schrittweite eine andere Bedeutung. Sie gibt gewissermaßen an, in wie viele Teilquadrate k fortlaufende Zahlen notiert werden, bevor wieder mit dem ersten Teilquadrat fortgefahren wird.

Bei einer Schrittweite von 2 werden also zwei Teilquadrate zu einer Gruppe zusammengefasst. Damit werden wie in Abbildung 7.254 zunächst im ersten Teilquadrat die Zahlen 1 und 2 eingetragen, gefolgt von 3 und 4 im zweiten Teilquadrat. Danach ist die Gruppe abgearbeitet und es wird mit den Zahlen 5 und 6 im ersten Teilquadrat fortgefahren.

Bei einer Schrittweite von 4 werden entsprechend vier Teilquadrate zu einer Gruppe zusammengefasst. Daher trägt man 1 und 2 im ersten Teilquadrat ein, dann 3 und 4 im zweiten, dann 5 und 6 und schließlich 7 und 8 im vierten Teilquadrat. Damit ist der erste Durchgang für diese Gruppe beendet und man fährt mit den Zahlen 9 und 10 im ersten Teilquadrat fort.

1	2	27	28	62	61	40	39
5	6	31	32	58	57	36	35
51	52	41	42	16	15	22	21
55	56	45	46	12	11	18	17
48	47	54	53	19	20	9	10
44	43	50	49	23	24	13	14
30	29	8	7	33	34	59	60
26	25	4	3	37	38	63	64

a) Schrittweite 2

1	2	23	24	62	61	44	43
9	10	31	32	54	53	36	35
51	52	37	38	16	15	26	25
59	60	45	46	8	7	18	17
48	47	58	57	19	20	5	6
40	39	50	49	27	28	13	14
30	29	12	11	33	34	55	56
22	21	4	3	41	42	63	64

b) Schrittweite 4

Abb. 7.254 Magische Quadrate mit verschiedenen Schrittweiten für Gruppen (unbekannter Autor, Methode 1.4)

Variante 5

Viele zusätzliche magische Quadrate kann man erzeugen, wenn man die Bereiche ändert, in denen man laut Variante 2 die Teilquadrate unterschiedlich füllt. Bisher waren das immer der linke untere und die beiden rechten Quadranten des Zielquadrates. Man kann stattdessen aber auch alle vier Quadranten des Zielquadrates noch einmal in vier gleich große Teilquadrate der Größe k zerlegen und diese Teilquadrate für die Sonderbehandlung wählen.

Überträgt man die Sonderbehandlungen der einzelnen Teilquadrate aus Variante 2 auf die neue Aufteilung, ergeben sich die entsprechenden Anordnungen der Zahlen aus Abbildung 7.255.

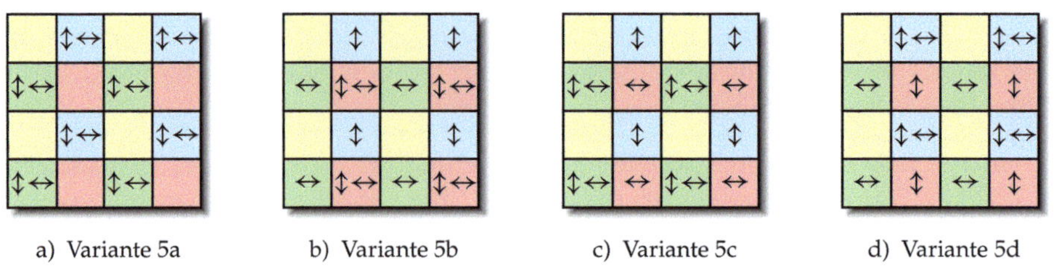

a) Variante 5a b) Variante 5b c) Variante 5c d) Variante 5d

Abb. 7.255 Varianten für die Sonderbehandlung

Konkret ergeben sich damit die magischen Quadrate aus Abbildung 7.256.

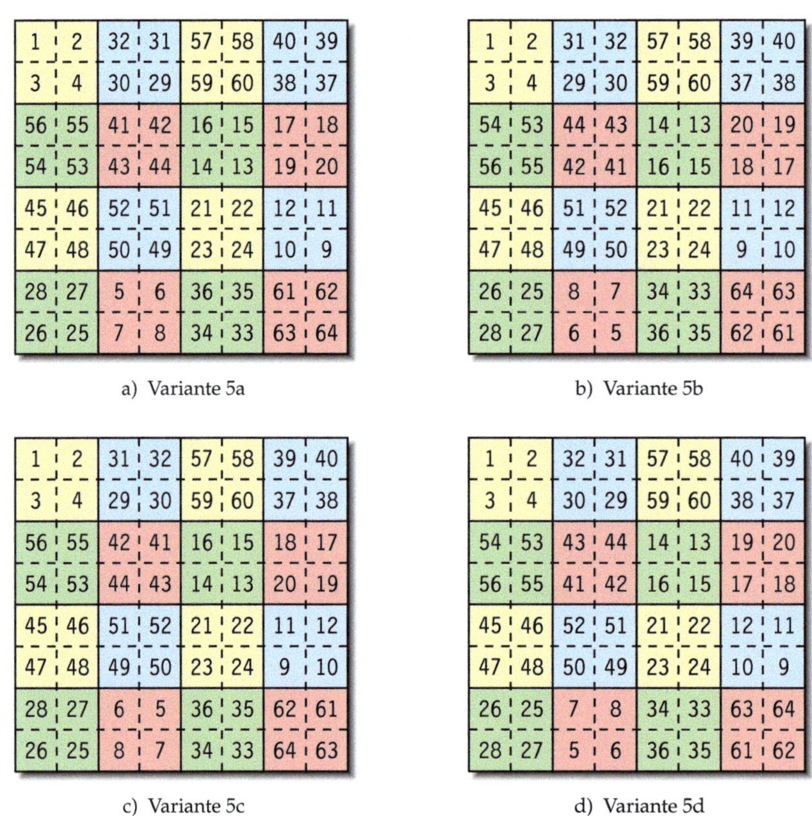

a) Variante 5a b) Variante 5b

c) Variante 5c d) Variante 5d

Abb. 7.256 Magische Quadrate mit besonderer Gestaltung einzelner Teilbereiche (unbekannter Autor, Methode 1.5)

Diese Aufteilung lässt sich mit allen in diesem Kapitel vorgestellten Varianten kombinieren. Das Quadrat der Ordnung $n = 12$ aus Abbildung 7.257 ist mit der Schrittweite 4 erstellt worden. Es wurde Variante 5d benutzt und die Teilquadrate sind von oben nach unten und von rechts nach links gefüllt worden.

9	7	14	4
16	2	11	5
3	13	8	10
6	12	1	15

a) Basisquadrat

81	77	73	63	67	71	118	114	110	28	32	36
93	89	85	51	55	59	130	126	122	16	20	24
105	101	97	39	43	47	142	138	134	4	8	12
112	116	120	34	30	26	75	79	83	69	65	61
124	128	132	22	18	14	87	91	95	57	53	49
136	140	144	10	6	2	99	103	107	45	41	37
11	7	3	133	137	141	48	44	40	98	102	106
23	19	15	121	125	129	60	56	52	86	90	94
35	31	27	109	113	117	72	68	64	74	78	82
38	42	46	108	104	100	1	5	9	143	139	135
50	54	58	96	92	88	13	17	21	131	127	123
62	66	70	84	80	76	25	29	33	119	115	111

b) Variante 5d

Abb. 7.257 Magisches Quadrat der Ordnung $n = 12$
(unbekannter Autor, Methode 1.5)

7.3.2 Basisquadrat mit einem geometrischen Muster

Eine weitere Möglichkeit, magische Quadrate der Ordnungen $n = 4k$ aus magischen Basisquadraten der Größe 4 zu erzeugen, besteht darin, das Basisquadrat mit einem geometrischen Musterquadrat der gleichen Ordnung so zu überlagern, sodass in jeder Zeile, jeder Spalte und jeder Diagonale dieses 4 x 4 - Musters genau zwei Markierungen vorhanden sind.

1	14	15	4
8	11	10	5
12	7	6	9
13	2	3	16

a) Basisquadrat

	•		•
	•		•
•		•	
•		•	

b) Musterquadrat

1	14	15	4
8	11	10	5
12	7	6	9
13	2	3	16

c) Kombination

Abb. 7.258 Erweiterung von Basisquadraten mit Markierungen

Das gesamte Quadrat wird nun in 16 Teilquadrate der Ordnung k unterteilt, im Beispiel $n = 8$ also in Teilquadrate der Größe $k = 2$. Zusätzlich werden die Markierungen des Musterquadrates auf die 16 Teilquadrate übertragen. Nun kann dieses Quadrat gefüllt werden. Man schreitet die Teilquadrate mit der im Basisquadrat festgelegten Reihenfolge ab und trägt zeilenweise von links nach rechts und von oben nach unten fortlaufende Zahlen ab 1 ein. Gelangt man jedoch auf ein markiertes Teilquadrat, so ist dieses jedoch horizontal und vertikal zu spiegeln. Eine solche Doppelspiegelung entspricht auch einer Drehung um 180°.

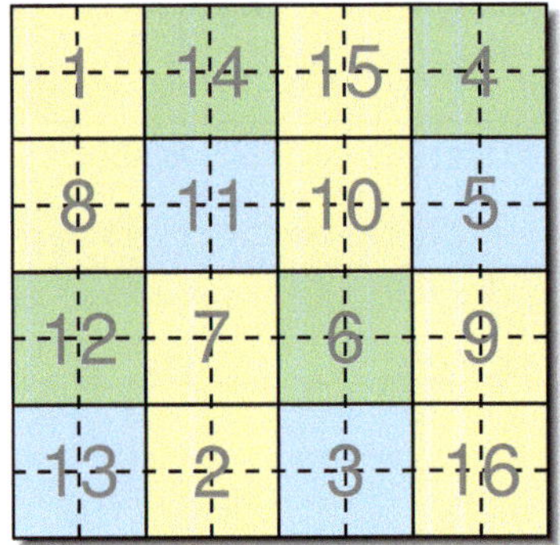

1	14	15	4
8	11	10	5
12	7	6	9
13	2	3	16

1	2					16	15
3	4					14	13
		5	6	12	11		
		7	8	10	9		

Abb. 7.259 Erweiterung von Basisquadraten

Füllt man alle 16 Teilquadrate auf diese Art und Weise, entsteht das symmetrische magische Quadrat der Ordnung $n = 8$ aus Abbildung 7.260.

1	2	56	55	57	58	16	15
3	4	54	53	59	60	14	13
29	30	44	43	37	38	20	19
31	32	42	41	39	40	18	17
48	47	25	26	24	23	33	34
46	45	27	28	22	21	35	36
52	51	5	6	12	11	61	62
50	49	7	8	10	9	63	64

1	2	3	126	125	124	127	128	129	36	35	34
4	5	6	123	122	121	130	131	132	33	32	31
7	8	9	120	119	118	133	134	135	30	29	28
64	65	66	99	98	97	82	83	84	45	44	43
67	68	69	96	95	94	85	86	87	42	41	40
70	71	72	93	92	91	88	89	90	39	38	37
108	107	106	55	56	57	54	53	52	73	74	75
105	104	103	58	59	60	51	50	49	76	77	78
102	101	100	61	62	63	48	47	46	79	80	81
117	116	115	10	11	12	27	26	25	136	137	138
114	113	112	13	14	15	24	23	22	139	140	141
111	110	109	16	17	18	21	20	19	142	143	144

Abb. 7.260 Symmetrische magische Quadrate der Ordnungen $n = 8$ und $n = 12$ (unbekannter Autor, Methode 2)

Mit den Ausgangsparametern aus Abbildung 7.258 ergibt sich dann für die Ordnung $n = 12$ das magische Quadrat aus Abbildung 7.260. Wie dieses Quadrat kann das

Ergebnis symmetrisch sein, muss es aber nicht, da ein solches Ergebnis von den gewählten Ausgangsparametern abhängt.

In den folgenden Abschnitten werden zusätzliche Varianten dieser Methode vorgestellt, wobei zum besseren Verständnis der Unterschiede immer von den Vorgaben aus Abbildung 7.258 ausgegangen wird. Alle Varianten können beliebig miteinander kombiniert werden.

Variante 1

Im bisherigen Beispiel wurde zu der nächsten Zeile eines Teilquadrates gewechselt, wenn eine Zeile dieses Teilquadrates vollständig gefüllt war. Durch eine Änderung dieses Vorgehens lassen sich weitere magische Quadrate erzeugen, indem man jeweils 2, 4, 8 oder 16 aufeinanderfolgende Teilquadrate zu einer Gruppe zusammenfasst. Dann werden zunächst die oberen Zeilen aller Teilquadrate einer solchen Gruppe gefüllt, bevor man zu den zweiten Zeilen überwechselt. Ist eine Gruppe abgeschlossen, wechselt man zur nächsten Gruppe und verfährt dort ebenso.

1	2	56	55	57	58	16	15
5	6	52	51	61	62	12	11
27	28	46	45	35	36	22	21
31	32	42	41	39	40	18	17
48	47	25	26	24	23	33	34
44	43	29	30	20	19	37	38
54	53	3	4	14	13	59	60
50	49	7	8	10	9	63	64

1	2	60	59	53	54	16	15
9	10	52	51	61	62	8	7
23	24	46	45	35	36	26	25
31	32	38	37	43	44	18	17
48	47	21	22	28	27	33	34
40	39	29	30	20	19	41	42
58	57	3	4	14	13	55	56
50	49	11	12	6	5	63	64

Abb. 7.261 Gruppen mit 2 bzw. 4 Teilquadraten (Methode 2.1)

1	2	60	59	45	46	24	23
17	18	44	43	61	62	8	7
15	16	54	53	35	36	26	25
31	32	38	37	51	52	10	9
56	55	13	14	28	27	33	34
40	39	29	30	12	11	49	50
58	57	3	4	22	21	47	48
42	41	19	20	6	5	63	64

1	2	60	59	29	30	40	39
33	34	28	27	61	62	8	7
15	16	54	53	19	20	42	41
47	48	22	21	51	52	10	9
56	55	13	14	44	43	17	18
24	23	45	46	12	11	49	50
58	57	3	4	38	37	31	32
26	25	35	36	6	5	63	64

Abb. 7.262 Gruppen mit 8 bzw. 16 Teilquadraten (unbekannter Autor, Methode 2.1)

Variante 2

Wie in Variante 1 werden auch bei dieser Variante Teilquadrate zu Gruppen zusammengefasst. Während in Variante 1 jedoch zunächst alle entsprechenden Zeilen der Gruppe gefüllt werden, bevor man zu der nächsten Zeile übergeht, wird hier der Wechsel nach jeder einzelnen Zelle durchgeführt. Ist in die entsprechenden Zellen aller Teilquadrate einer Gruppe eine Zahl eingetragen, wird mit der nächsten Zelle des ersten Teilquadrates fortgefahren. Erst wenn alle Zellen in dieser Gruppe gefüllt sind, geht man zu der nächsten Gruppe über.

1	3	56	54	57	59	16	14
5	7	52	50	61	63	12	10
26	28	47	45	34	36	23	21
30	32	43	41	38	40	19	17
48	46	25	27	24	22	33	35
44	42	29	31	20	18	37	39
55	53	2	4	15	13	58	60
51	49	6	8	11	9	62	64

1	5	62	58	51	55	16	12
9	13	54	50	59	63	8	4
20	24	47	43	34	38	29	25
28	32	39	35	42	46	21	17
48	44	19	23	30	26	33	37
40	36	27	31	22	18	41	45
61	57	2	6	15	11	52	56
53	49	10	14	7	3	60	64

Abb. 7.263 Gruppen mit 2 bzw. 4 Teilquadraten (unbekannter Autor, Methode 2.2)

1	9	62	54	39	47	28	20
17	25	46	38	55	63	12	4
8	16	59	51	34	42	29	21
24	32	43	35	50	58	13	5
60	52	7	15	30	22	33	41
44	36	23	31	14	6	49	57
61	53	2	10	27	19	40	48
45	37	18	26	11	3	56	64

1	17	62	46	15	31	52	36
33	49	30	14	47	63	20	4
8	24	59	43	10	26	53	37
40	56	27	11	42	58	21	5
60	44	7	23	54	38	9	25
28	12	39	55	22	6	41	57
61	45	2	18	51	35	16	32
29	13	34	50	19	3	48	64

Abb. 7.264 Gruppen mit 8 bzw. 16 Teilquadraten (Methode 2.2)

Variante 3

Wie bei anderen Verfahren auch, bei denen nacheinander Teilquadrate gefüllt werden, kann auch hier das Vorgehen noch weiter variiert werden. Mit den bisherigen Varianten gibt es insgesamt acht unterschiedliche Füllrichtungen, da die Teilquadrate von links nach rechts oder von rechts nach links bzw. von oben nach unten oder umgekehrt gefüllt werden können. Exemplarisch seien hier zwei Beispiele dargestellt:

- Man füllt die Teilquadrate zeilenweise von oben nach unten und dann die Spalten von rechts nach links.
- Man füllt die Teilquadrate spaltenweise von oben nach unten und dann die Zeilen von links nach rechts.

2	1	55	56	58	57	15	16
4	3	53	54	60	59	13	14
30	29	43	44	38	37	19	20
32	31	41	42	40	39	17	18
47	48	26	25	23	24	34	33
45	46	28	27	21	22	36	35
51	52	6	5	11	12	62	61
49	50	8	7	9	10	64	63

1	3	56	54	57	59	16	14
2	4	55	53	58	60	15	13
29	31	44	42	37	39	20	18
30	32	43	41	38	40	19	17
48	46	25	27	24	22	33	35
47	45	26	28	23	21	34	36
52	50	5	7	12	10	61	63
51	49	6	8	11	9	62	64

Abb. 7.265 Unterschiedliche Füllrichtungen (unbekannter Autor, Methode 2.3)

Variante 4

Durch die streng symmetrische Anordnung der Zahlen ergeben sich bei diesem Verfahren weitere mögliche Varianten. Hat man sich etwa für ein zeilenweises Füllen von oben nach unten mit anschließendem Füllen der Spalten von rechts nach links wie in Abbildung 7.265 entschieden, kann auch jede zweite Spalte genau umgekehrt gefüllt werden.

Füllt man dagegen zuerst die Spalten, etwa von oben nach unten und dann die Zeilen von links nach rechts wie in Abbildung 7.266, kann jede zweite Zeile auch genau andersherum gefüllt werden.

2	1	55	56	58	57	15	16
3	4	54	53	59	60	14	13
30	29	43	44	38	37	19	20
31	32	42	41	39	40	18	17
47	48	26	25	23	24	34	33
46	45	27	28	22	21	35	36
51	52	6	5	11	12	62	61
50	49	7	8	10	9	63	64

1	4	56	53	57	60	16	13
2	3	55	54	58	59	15	14
29	32	44	41	37	40	20	17
30	31	43	42	38	39	19	18
48	45	25	28	24	21	33	36
47	46	26	27	23	22	34	35
52	49	5	8	12	9	61	64
51	50	6	7	11	10	62	63

Abb. 7.266 Entgegengesetzte Füllrichtungen (unbekannter Autor, Methode 2.4)

Variante 5

Damit ist die Möglichkeit der Variation aber noch lange nicht erschöpft. Bei allen bisher dargestellten magischen Quadraten in diesem Abschnitt ist immer das Musterquadrat aus Abbildung 7.258 benutzt worden. Dieses ist aber nur ein einziges von insgesamt 16 Musterquadraten der Ordnung 4, bei denen in jeder Zeile, jeder Spalte und jeder Diagonalen genau zwei Zellen markiert sind. Diese Musterquadrate sind in Abbildung 7.267 dargestellt und können mit allen hier vorgestellten Varianten benutzt werden, um magische Quadrate der Ordnung $n = 4k$ zu erzeugen.

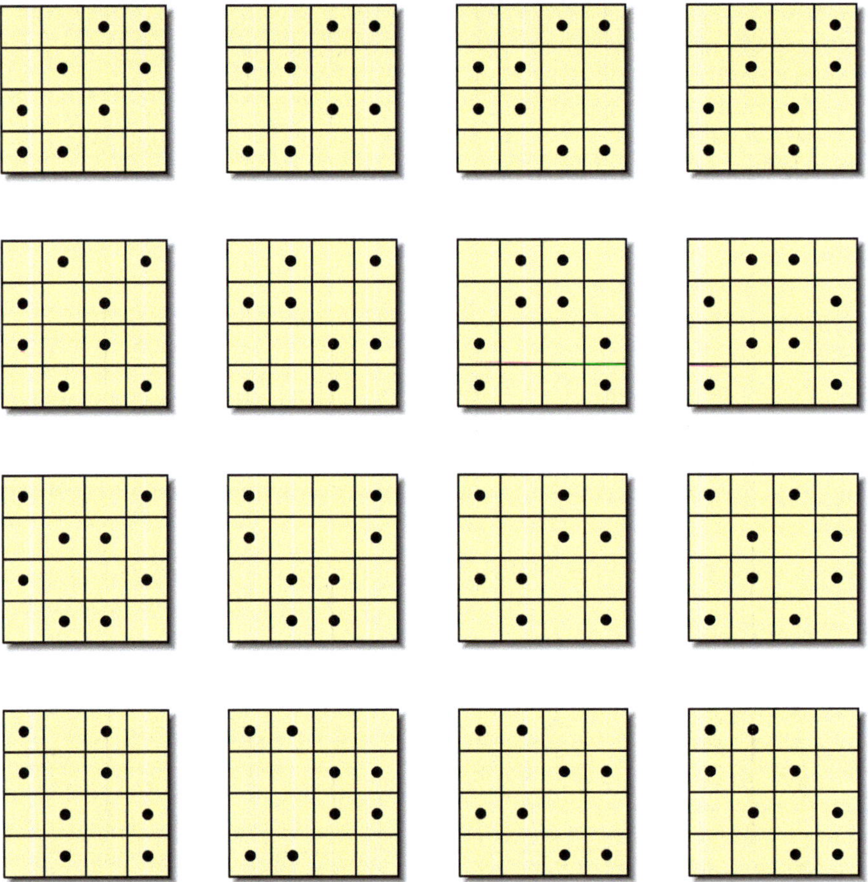

Abb. 7.267 Mögliche Musterquadrate

Für das magische Quadrat aus Abbildung 7.268 ist das übliche Basisquadrat mit einem anderen Musterquadrat verwendet worden.

1	14	15	4
8	11	10	5
12	7	6	9
13	2	3	16

a) Basisquadrat

b) Musterquadrat

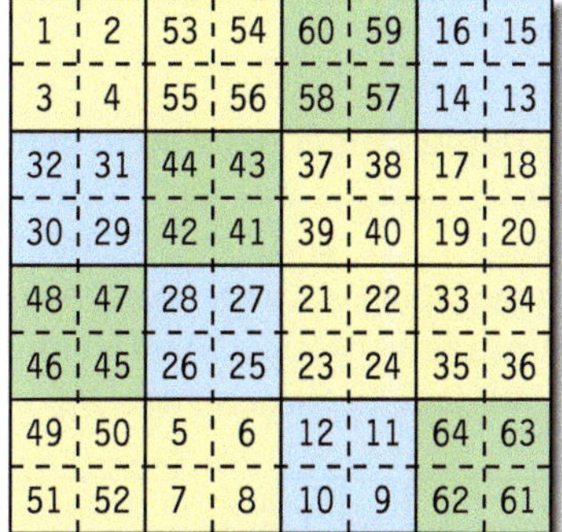

1	2	53	54	60	59	16	15
3	4	55	56	58	57	14	13
32	31	44	43	37	38	17	18
30	29	42	41	39	40	19	20
48	47	28	27	21	22	33	34
46	45	26	25	23	24	35	36
49	50	5	6	12	11	64	63
51	52	7	8	10	9	62	61

c) magisches Quadrat

Abb. 7.268 Magisches Quadrat der Ordnung $n = 8$ (unbekannter Autor, Methode 2.5)

Variante 6

Aber damit noch lange nicht genug! Selbstverständlich kann auch das Basisquadrat, das über die Reihenfolge der Teilquadrate entscheidet, verändert werden. Es zeigt sich, dass 528 der 880 verschiedenen magischen Quadrate der Ordnung $n = 4$ als Basisquadrat benutzt werden können. Es sind dies die Quadrate aus den Dudeney-Gruppen 1 bis 6a sowie 96 weitere Quadrate der Dudeney-Gruppe $6b_1$. Viele andere Basisquadrate aus den anderen Gruppen erzeugen auch magische Quadrate, es ist aber eben nicht für die ganze Gruppe sichergestellt. Außerdem gibt es teilweise auch Unterschiede bei den einzelnen Schrittweiten. Fasst man wie in den Varianten 1 und 2 keine Teilquadrate zu Gruppen zusammen und benutzt damit die Schrittweite 1, kann man sogar alle 880 magische Quadrate der vierten Ordnung als Basisquadrat wählen.

Bei dem magischen Quadrat in Abbildung 7.269 wurden das Basisquadrat und das Musterquadrat verändert. Weiterhin werden die Teilquadrate von unten nach oben und von rechts nach links gefüllt.

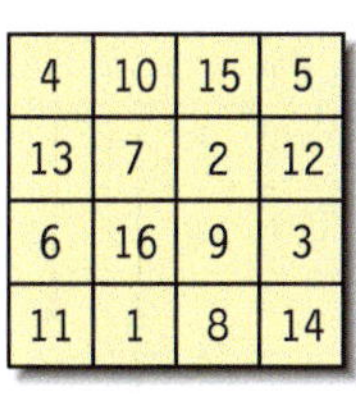

4	10	15	5
13	7	2	12
6	16	9	3
11	1	8	14

a) Basisquadrat

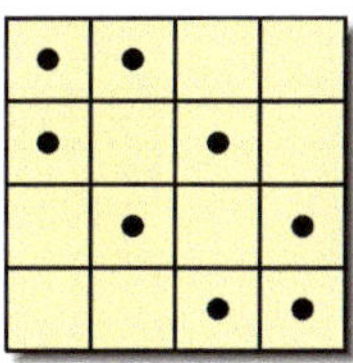

b) Musterquadrat

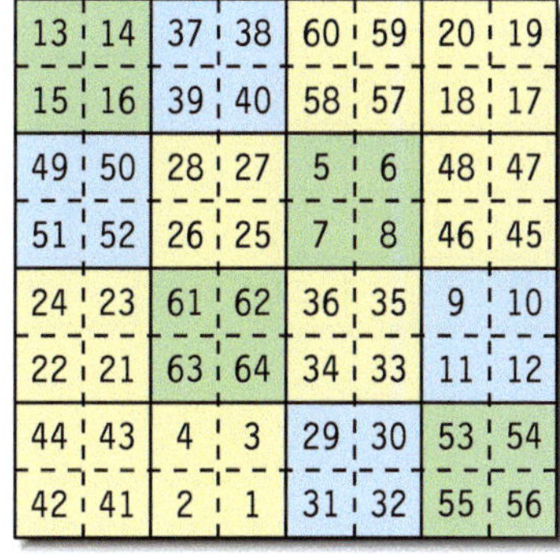

13	14	37	38	60	59	20	19
15	16	39	40	58	57	18	17
49	50	28	27	5	6	48	47
51	52	26	25	7	8	46	45
24	23	61	62	36	35	9	10
22	21	63	64	34	33	11	12
44	43	4	3	29	30	53	54
42	41	2	1	31	32	55	56

c) magisches Quadrat

Abb. 7.269 Magisches Quadrat der Ordnung $n = 8$ (unbekannter Autor, Methode 2.6)

Variante 7

Doch damit immer noch nicht genug! Wählt man eines der 48 pandiagonalen Quadrate der Ordnung 4 aus der Dudeney-Gruppe 1 als Basisquadrat, kann man mit dieser Methode auch pandiagonale magische Quadrate erzeugen. Dazu benötigt es nur noch eines der acht pandiagonalen Musterquadrate aus Abbildung 7.270. Diese beinhalten nicht nur jeweils zwei Markierungen in den Zeilen, Spalten und Diagonalen, sondern auch auf jeder gebrochenen Diagonalen.

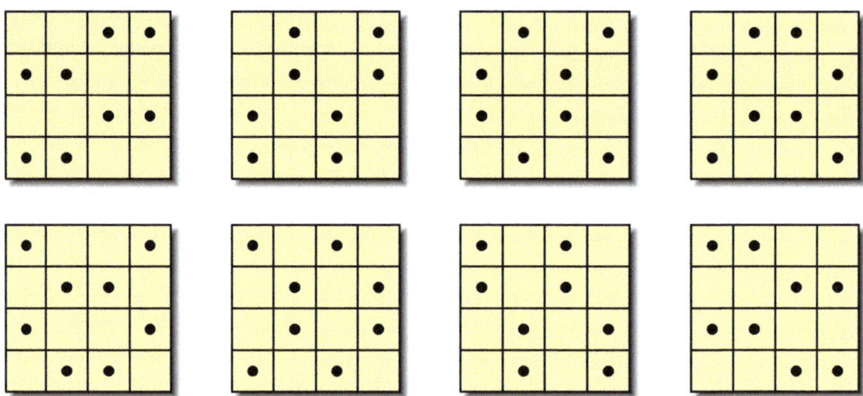

Abb. 7.270 Pandiagonale Musterquadrate

Außer diesen beiden Bedingungen an das Basisquadrat und das Musterquadrat werden keine weiteren Anforderungen gestellt. Alle anderen Varianten können benutzt werden und es entsteht jedes Mal ein pandiagonales magisches Quadrat wie in Abbildung 7.271.

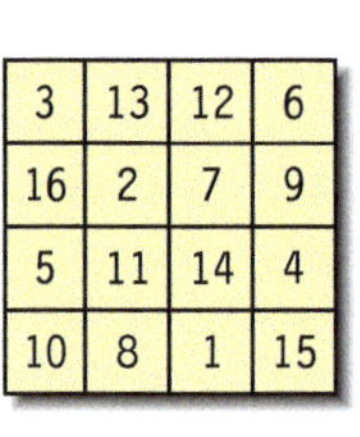

3	13	12	6
16	2	7	9
5	11	14	4
10	8	1	15

a) Basisquadrat

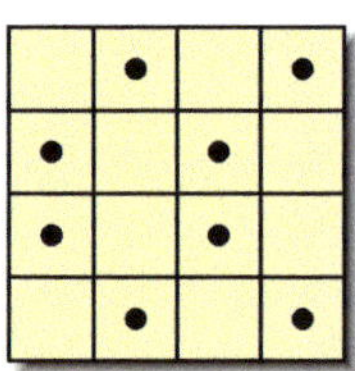

b) Musterquadrat

9	10	52	51	45	46	24	23
11	12	50	49	47	48	22	21
64	63	5	6	28	27	33	34
62	61	7	8	26	25	35	36
20	19	41	42	56	55	13	14
18	17	43	44	54	53	15	16
37	38	32	31	1	2	60	59
39	40	30	29	3	4	58	57

c) magisches Quadrat

Abb. 7.271 Pandiagonales magisches Quadrat der Ordnung $n = 8$ (unbekannter Autor, Methode 2.7)

7.3.3 Unterteilung in Teilquadrate mit Spiegelungen

Bei dem Verfahren in Abschnitt 7.3.2 wurde ein Basisquadrat auf das Quadrat der Ordnung $n = 4k$ übertragen und bestimmte Teilbereiche anhand eines geometrischen Musters gespiegelt. Das hier vorgestellte Verfahren geht zunächst genauso vor, beschränkt die Sonderbehandlung der Teilquadrate aber auf zwei festgelegte unveränderliche Bereiche.

Auch hier wählt man also ein Basisquadrat, überträgt es auf das zu erzeugende Quadrat der Ordnung $n = 4k$ und füllt die einzelnen Teilquadrate mit fortlaufenden Zahlen von links nach rechts und von oben nach unten.

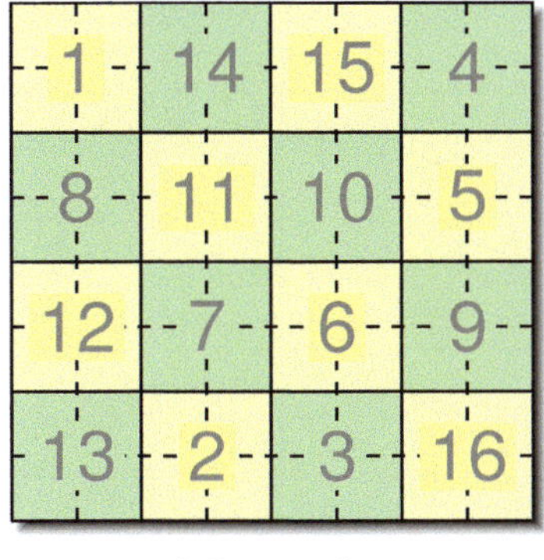

a) Basisquadrat

1	2	53	54	57	58	13	14
3	4	55	56	59	60	15	16
29	30	41	42	37	38	17	18
31	32	43	44	39	40	19	20
45	46	25	26	21	22	33	34
47	48	27	28	23	24	35	36
49	50	5	6	9	10	61	62
51	52	7	8	11	12	63	64

b) Ausgangszahlen

Abb. 7.272 Erweiterung von Basisquadraten (Schritt 1)

Nun müssen einige Teilbereiche verändert werden. Während dies beim anderen Verfahren anhand eines geometrischen Musters durchgeführt wurde, geschieht die Festlegung hier viel einfacher. In jedem Teilquadrat der unteren Hälfte werden die jeweiligen Spalten horizontal gespiegelt. In einem zweiten Schritt werden danach in jedem Teilquadrat der rechten Hälfte die jeweiligen Zeilen vertikal gespiegelt.

1	2	53	54	57	58	13	14
3	4	55	56	59	60	15	16
29	30	41	42	37	38	17	18
31	32	43	44	39	40	19	20
46	45	26	25	22	21	34	33
48	47	28	27	24	23	36	35
50	49	6	5	10	9	62	61
52	51	8	7	12	11	64	63

a) horizontale Spiegelungen

1	2	53	54	59	60	15	16
3	4	55	56	57	58	13	14
29	30	41	42	39	40	19	20
31	32	43	44	37	38	17	18
46	45	26	25	24	23	36	35
48	47	28	27	22	21	34	33
50	49	6	5	12	11	64	63
52	51	8	7	10	9	62	61

b) vertikale Spiegelungen

Abb. 7.273 Magisches Quadrat der Ordnung $n = 8$ (unbekannter Autor, Methode 3)

Als Ergebnis dieser Spiegelungen erhält man das magische Quadrat rechts in der Abbildung 7.273.

Varianten

Alle Varianten aus Kapitel 7.3.2 sind bis auf die Wahl des geometrischen Musters auch mit diesem Verfahren durchführbar, sodass sich dadurch viele unterschiedliche magische Quadrate erzeugen lassen.

Als Beispiel ist in Abbildung 7.275 ein magisches Quadrat abgebildet, das auf einem unterschiedlichen Basisquadrat basiert. Zudem wurde die Füllrichtung von unten nach oben und von links nach rechts geändert und zwei Teilquadrate für das Füllen mit Zahlen zu einer Gruppe zusammengefasst.

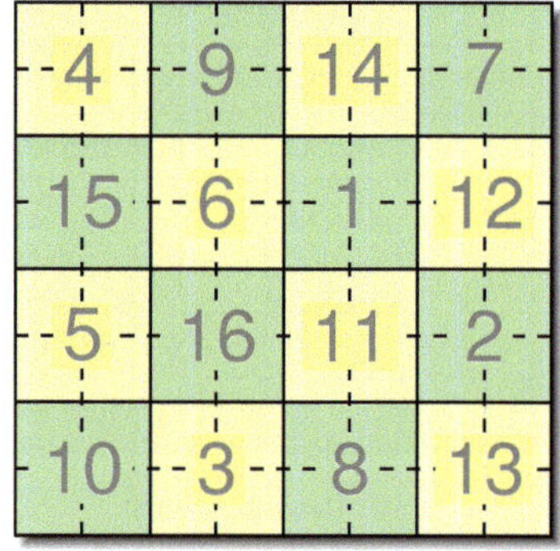

a) Basisquadrat mit Markierungen

14	16	37	39	54	56	29	31
10	12	33	35	50	52	25	27
61	63	22	24	5	7	46	48
57	59	18	20	1	3	42	44
21	23	62	64	45	47	6	8
17	19	58	60	41	43	2	4
38	40	13	15	30	32	53	55
34	36	9	11	26	28	49	51

b) Ausgangszahlen

Abb. 7.274 Erweiterung von Basisquadraten (Schritt 1)

Danach werden die Zahlen in den festgelegten Bereichen gespiegelt, und man erhält das magische Quadrat rechts in der Abbildung 7.275 als Ergebnis.

14	16	37	39	54	56	29	31
10	12	33	35	50	52	25	27
61	63	22	24	5	7	46	48
57	59	18	20	1	3	42	44
23	21	64	62	47	45	8	6
19	17	60	58	43	41	4	2
40	38	15	13	32	30	55	53
36	34	11	9	28	26	51	49

a) horizontale Spiegelungen

14	16	37	39	50	52	25	27
10	12	33	35	54	56	29	31
61	63	22	24	1	3	42	44
57	59	18	20	5	7	46	48
23	21	64	62	43	41	4	2
19	17	60	58	47	45	8	6
40	38	15	13	28	26	51	49
36	34	11	9	32	30	55	53

b) vertikale Spiegelungen

Abb. 7.275 Magisches Quadrat der Ordnung $n = 8$
(unbekannter Autor, Methode 3, Variante)

7.3.4 Unterteilung in Teilquadrate mit Spiegelungen in bestimmten Bereichen

Dieses Verfahren ähnelt stark dem Verfahren aus Kapitel 7.3.3, benutzt aber für die Sonderbehandlung der Teilquadrate zwei ganz andere Bereiche. Auch hier wählt man zunächst ein Basisquadrat, überträgt es auf das zu erzeugende Quadrat der Ordnung $n = 4k$ und füllt die einzelnen Teilquadrate.

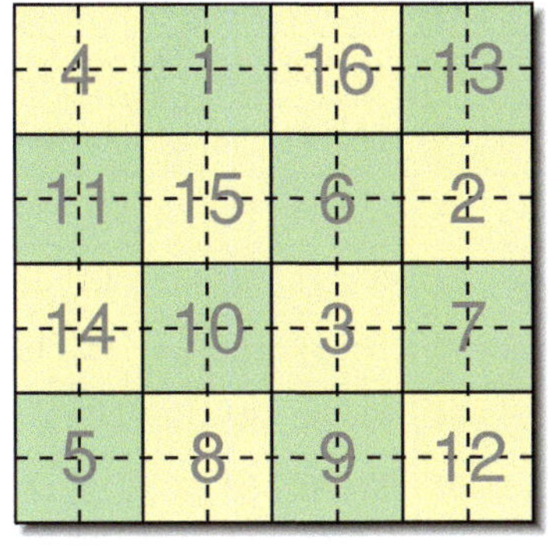

a) Basisquadrat

13	14	1	2	61	62	49	50
15	16	3	4	63	64	51	52
41	42	57	58	21	22	5	6
43	44	59	60	23	24	7	8
53	54	37	38	9	10	25	26
55	56	39	40	11	12	27	28
17	18	29	30	33	34	45	46
19	20	31	32	35	36	47	48

b) Ausgangszahlen

Abb. 7.276 Erweiterung von Basisquadraten (Schritt 1)

Nun müssen wieder einige Teilbereiche verändert werden. Magische Quadrate ergeben sich auch, wenn man das gesamte Quadrat in seine vier Quadranten zerlegt und die in Kapitel 7.3.3 genannten Spiegelungen jeweils in den einzelnen Quadranten vornimmt. Als Ergebnis dieser Spiegelungen erhält man das magische Quadrat rechts in der Abbildung 7.277.

13	14	1	2	61	62	49	50
15	16	3	4	63	64	51	52
42	41	58	57	22	21	6	5
44	43	60	59	24	23	8	7
53	54	37	38	9	10	25	26
55	56	39	40	11	12	27	28
18	17	30	29	34	33	46	45
20	19	32	31	36	35	48	47

a) horizontale Spiegelungen

13	14	3	4	61	62	51	52
15	16	1	2	63	64	49	50
42	41	60	59	22	21	8	7
44	43	58	57	24	23	6	5
53	54	39	40	9	10	27	28
55	56	37	38	11	12	25	26
18	17	32	31	34	33	48	47
20	19	30	29	36	35	46	45

b) vertikale Spiegelungen

Abb. 7.277 Magisches Quadrat der Ordnung $n = 8$ (unbekannter Autor, Methode 4)

Varianten

Alle Varianten aus Kapitel 7.3.3 sind auch mit den hier dargestellten Änderungen durchführbar, sodass sich auf diese Art und Weise eine Vielzahl von unterschiedlichen magischen Quadraten erzeugen lassen. Als Beispiel ist in Abbildung 7.278 ein magisches Quadrat der Ordnung $n = 12$ abgebildet, das als Basisquadrat ein pandiagonales Quadrat verwendet. Daher ist das Ergebnis auch pandiagonal.

6	3	16	9
15	10	5	4
1	8	11	14
12	13	2	7

a) Basisquadrat

54	53	52	21	20	19	144	143	142	75	74	73
51	50	49	24	23	22	141	140	139	78	77	76
48	47	46	27	26	25	138	137	136	81	80	79
133	134	135	82	83	84	43	44	45	28	29	30
130	131	132	85	86	87	40	41	42	31	32	33
127	128	129	88	89	90	37	38	39	34	35	36
9	8	7	66	65	64	99	98	97	120	119	118
6	5	4	69	68	67	96	95	94	123	122	121
3	2	1	72	71	70	93	92	91	126	125	124
106	107	108	109	110	111	16	17	18	55	56	57
103	104	105	112	113	114	13	14	15	58	59	60
100	101	102	115	116	117	10	11	12	61	62	63

b) magisches Quadrat

Abb. 7.278 Pandiagonales magisches Quadrat der Ordnung $n = 12$ (unbekannter Autor, Methode 4, Variante)

7.3.5 Eintragen fortlaufender Zahlen in Teilquadrate

Dieses Verfahren basiert auf einem Basisquadrat, welches festlegt, wie die Zahlen in das Quadrat eingetragen werden.

1	4	14	15
13	16	2	3
8	5	11	10
12	9	7	6

Abb. 7.279 Basisquadrat

Das Zielquadrat wird zunächst in Teilquadrate der Größe 4 x 4 aufgeteilt. Man beginnt im linken oberen Teilquadrat und trägt an der Stelle, an der sich die Zahl 1 im Basisquadrat befindet, auch in diesem Teilquadrat die Zahl 1 ein. Die nächsten drei Zahlen 2, 3 und 4 werden in den anderen Teilquadraten an der gleichen relativen Position, die durch die Zahl 1 im ersten Teilquadrat festgelegt ist, eingetragen. Dabei geht man von links nach rechts und von oben nach unten vor.

Die nächsten vier Zahlen 5 bis 8 werden an der Position der Zahl 2 des Basisquadrates platziert, wobei man für diesen Zyklus in umgekehrter Reihenfolge fortschreitet. Man beginnt wie in Abbildung 7.280 im unteren rechten Teilquadrat und geht dann von rechts nach links und von unten nach oben vor.

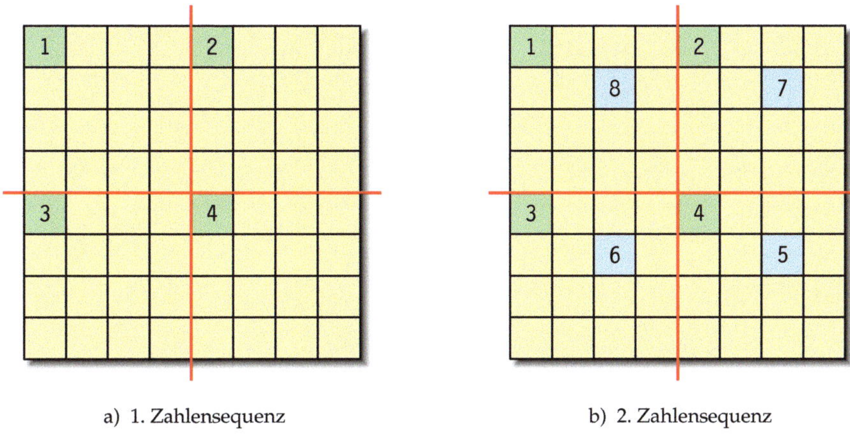

a) 1. Zahlensequenz b) 2. Zahlensequenz

Abb. 7.280 Eintragen der Zahlensequenzen

Wenn man nach diesem Schema alle 16 Zahlen des Basisquadrates abgearbeitet hat, ist das Zielquadrat vollständig gefüllt. Das Ergebnis ist das magische Quadrat der Ordnung $n = 8$ aus Abbildung 7.281a. Dieses Verfahren ist auf alle Ordnungen $n = 4k$ übertragbar.

1	16	56	57	2	15	55	58
49	64	8	9	50	63	7	10
32	17	41	40	31	18	42	39
48	33	25	24	47	34	26	23
3	14	54	59	4	13	53	60
51	62	6	11	52	61	5	12
30	19	43	38	29	20	44	37
46	35	27	22	45	36	28	21

a) Ordnung $n = 8$

1	36	126	127	2	35	125	128	3	34	124	129
109	144	18	19	110	143	17	20	111	142	16	21
72	37	91	90	71	38	92	89	70	39	93	88
108	73	55	54	107	74	56	53	106	75	57	52
4	33	123	130	5	32	122	131	6	31	121	132
112	141	15	22	113	140	14	23	114	139	13	24
69	40	94	87	68	41	95	86	67	42	96	85
105	76	58	51	104	77	59	50	103	78	60	49
7	30	120	133	8	29	119	134	9	28	118	135
115	138	12	25	116	137	11	26	117	136	10	27
66	43	97	84	65	44	98	83	64	45	99	82
102	79	61	48	101	80	62	47	100	81	63	46

b) Ordnung $n = 12$

Abb. 7.281 Magische Quadrate der Ordnungen $n = 8$ und $n = 12$ (unbekannter Autor, Methode 5)

Variante 1

Man kann die Zahlensequenzen auch mit einer veränderten Schrittweite eintragen. In Abbildung 7.282 wurde die Schrittweite 2 gewählt. Dies bedeutet, dass die erste Zahlensequenz mit den Zahlen $1, 3, 5, 7$ links oben an der Position der Zahl 1 beginnt, gefolgt von den fehlenden Zahlen $2, 4, 6, 8$, die ab der Position der Zahl 2 platziert werden.

Jetzt sind alle Zahlen bis 8 eingetragen, sodass die Zahlensequenzen $9, 11, 13, 15$ und $10, 12, 14, 16$ nun in umgekehrter Richtung folgen können. Diese beiden Zahlensequenzen beginnen bei den Zellen, die im Basisquadrat mit den Zahlen 3 und 4 belegt sind.

Die nächsten Zahlensequenzen $17, 19, 21, 23$ und $18, 20, 22, 24$ beginnen an den Positionen der Zahlen 5 und 6 des Basisquadrates und mit den Zahlen $25, 27, 29, 31$ sowie $26, 28, 30, 32$ ist die Hälfte der Zahlen platziert worden. Die letzten beiden Sequenzen beginnen natürlich an den noch fehlenden Zahlen 7 und 8 des Basisquadrates.

Sind alle 16 Zahlensequenzen eingetragen, erhält man ein magisches Quadrat. Als Schrittweiten sind $1, 2, 4, 8$ erlaubt.

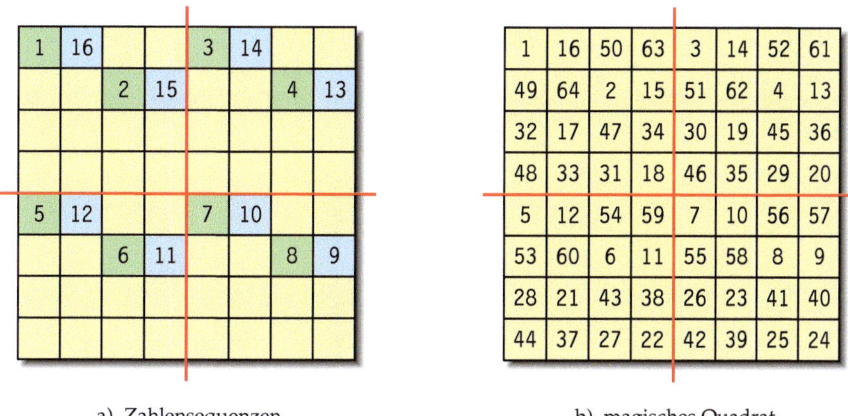

1	16			3	14		
		2	15			4	13
5	12			7	10		
		6	11			8	9

a) Zahlensequenzen

1	16	50	63	3	14	52	61
49	64	2	15	51	62	4	13
32	17	47	34	30	19	45	36
48	33	31	18	46	35	29	20
5	12	54	59	7	10	56	57
53	60	6	11	55	58	8	9
28	21	43	38	26	23	41	40
44	37	27	22	42	39	25	24

b) magisches Quadrat

Abb. 7.282 Magisches Quadrat der Ordnung $n = 8$ mit der Schrittweite 2 (unbekannter Autor, Methode 5.1)

In Abbildung 7.283 ist ein magisches Quadrat der Ordnung $n = 12$ mit der Schrittweite 8 dargestellt. In diesem Quadrat beginnt man an der Position der Zahl 1 im Basisquadrat mit der Zahlensequenz 1, 9, 17, 25, 33, 41, 49, 57, 65 . Gefolgt von der Sequenz 2, 10, 18, 26, 34, 42, 50, 58, 66, die an der Zelle mit der Zahl 2 startet.

1	4	142	143	9	12	134	135	17	20	126	127
141	144	2	3	133	136	10	11	125	128	18	19
8	5	139	138	16	13	131	130	24	21	123	122
140	137	7	6	132	129	15	14	124	121	23	22
25	28	118	119	33	36	110	111	41	44	102	103
117	120	26	27	109	112	34	35	101	104	42	43
32	29	115	114	40	37	107	106	48	45	99	98
116	113	31	30	108	105	39	38	100	97	47	46
49	52	94	95	57	60	86	87	65	68	78	79
93	96	50	51	85	88	58	59	77	80	66	67
56	53	91	90	64	61	83	82	72	69	75	74
92	89	55	54	84	81	63	62	76	73	71	70

Abb. 7.283 Magisches Quadrat der Ordnung $n = 12$ mit der Schrittweite 8 (unbekannter Autor, Methode 5.1)

Variante 2

Selbstverständlich kann auch das Basisquadrat, das über die Positionen der einzutragenden Zahlen entscheidet, verändert werden.

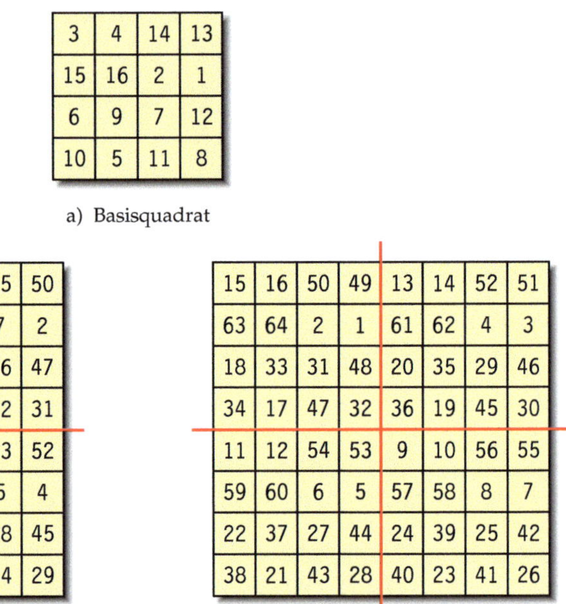

3	4	14	13
15	16	2	1
6	9	7	12
10	5	11	8

a) Basisquadrat

9	16	56	49	10	15	55	50
57	64	8	1	58	63	7	2
24	33	25	48	23	34	26	47
40	17	41	32	39	18	42	31
11	14	54	51	12	13	53	52
59	62	6	3	60	61	5	4
22	35	27	46	21	36	28	45
38	19	43	30	37	20	44	29

b) Schrittweite 1

15	16	50	49	13	14	52	51
63	64	2	1	61	62	4	3
18	33	31	48	20	35	29	46
34	17	47	32	36	19	45	30
11	12	54	53	9	10	56	55
59	60	6	5	57	58	8	7
22	37	27	44	24	39	25	42
38	21	43	28	40	23	41	26

c) Schrittweite 2

Abb. 7.284 Magische Quadrate mit verändertem Basisquadrat (unbekannter Autor, Methode 5.2)

Es zeigt sich, dass alle 880 magischen Quadrate der Ordnung $n = 4$ als Basisquadrat benutzt werden können, wenn die Schrittweite mit 1 gewählt wird. Bei größeren Schrittweiten sind allerdings nur die Basisquadrate aus den Dudeney-Gruppen 1 bis 6a sowie 96 weitere Quadrate der Dudeney-Gruppe $6b_1$ geeignet. Viele andere Basisquadrate aus den anderen Gruppen erzeugen auch magische Quadrate, es ist aber nicht für alle Quadrate dieser Gruppen sichergestellt. Außerdem gibt es teilweise auch Unterschiede bei den einzelnen Schrittweiten.

Variante 3

Wie schon bei der Variante 2 erwähnt wurde, sind alle 48 pandiagonalen Quadrate der Ordnung 4 aus der Dudeney-Gruppe 1 als Basisquadrat geeignet. Das Resultat ist dann bei allen Schrittweiten sogar ein pandiagonales Quadrat. In Abbildung 7.285 ist ein derartiges Basisquadrat ausgewählt und die sich bei den Schrittweiten 1 und 8 ergebenden pandiagonalen magischen Quadrate dargestellt.

3	6	12	13
16	9	7	2
5	4	14	11
10	15	1	8

a) Basisquadrat

9	24	48	49	10	23	47	50
64	33	25	8	63	34	26	7
17	16	56	41	18	15	55	42
40	57	1	32	39	58	2	31
11	22	46	51	12	21	45	52
62	35	27	6	61	36	28	5
19	14	54	43	20	13	53	44
38	59	3	30	37	60	4	29

b) Schrittweite 1

3	6	60	61	11	14	52	53
64	57	7	2	56	49	15	10
5	4	62	59	13	12	54	51
58	63	1	8	50	55	9	16
19	22	44	45	27	30	36	37
48	41	23	18	40	33	31	26
21	20	46	43	29	28	38	35
42	47	17	24	34	39	25	32

c) Schrittweite 8

Abb. 7.285 Pandiagonale magische Quadrate mit verändertem Basisquadrat (unbekannter Autor, Methode 5.3)

7.3.6 Eintragen fortlaufender Zahlen in Abhängigkeit von einem Muster

Für dieses Verfahren zur Erzeugung doppelt-gerader magischer Quadrate benötigt man ein Basisquadrat der Ordnung $n = 4$ und überlagert es mit einem geometrischen Musterquadrat der gleichen Ordnung, sodass in jeder Zeile und jeder Spalte dieses 4 x 4 - Musters genau zwei Markierungen vorhanden sind.

1	4	14	15
13	16	2	3
8	5	11	10
12	9	7	6

a) Basisquadrat

•		•	
•			•
	•	•	
	•		•

b) Musterquadrat

1	4	14	15
13	16	2	3
8	5	11	10
12	9	7	6

c) Kombination

Abb. 7.286 Erweiterung von Basisquadraten

Zu Beginn wird das Zielquadrat in Teilquadrate der Größe 4 x 4 unterteilt. Dann sucht man im Basisquadrat die Position der ersten Zahl 1 und trägt an den vier relativ gleichen Positionen der Quadranten des Zielquadrates die Zahlen 1 bis 4 ein.

Ist das Feld im Basisquadrat markiert, beginnt man im Teilquadrat rechts unten und trägt die Zahlen von rechts nach links und von oben nach unten ein. Die nächsten vier Zahlen 5 bis 8 werden durch die Position der Zahl 2 im Basisquadrat festgelegt. Die zugehörige Zelle ist nicht markiert, sodass man links oben beginnt und sich von links nach rechts und von oben nach unten fortbewegt.

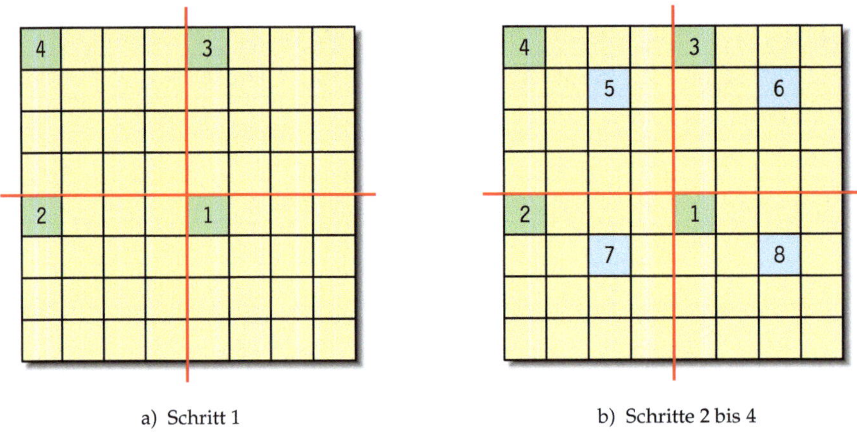

a) Schritt 1

b) Schritte 2 bis 4

Abb. 7.287 Eintragen der ersten Zahlensequenzen

So verfährt man mit allen 16 Zahlen des Basisquadrates, trägt die zugehörigen Zahlensequenzen ein und erhält das magische Quadrat in Abbildung 7.288.

4	13	56	57	3	14	55	58
52	61	5	12	51	62	6	11
29	20	44	37	30	19	43	38
45	36	25	24	46	35	26	23
2	15	54	59	1	16	53	60
50	63	7	10	49	64	8	9
31	18	42	39	32	17	41	40
47	34	27	22	48	33	28	21

Abb. 7.288 Magisches Quadrat der Ordnung $n = 8$ (unbekannter Autor, Methode 6)

Varianten

Dieses Verfahren funktioniert mit allen 880 magischen Quadraten vierter Ordnung als Basisquadrat in Kombination mit 90 Musterquadraten, die in allen Zeilen und Spalten jeweils genau zwei Markierungen besitzen. Ist das Basisquadrat sogar pandiagonal, überträgt sich diese Eigenschaft auf das Zielquadrat. Ein solches pandiagonales magisches Quadrat der Ordnung $n = 16$ ist in Abbildung 7.289 dargestellt.

4	5	11	14
15	10	8	1
6	3	13	12
9	16	2	7

a) Basisquadrat

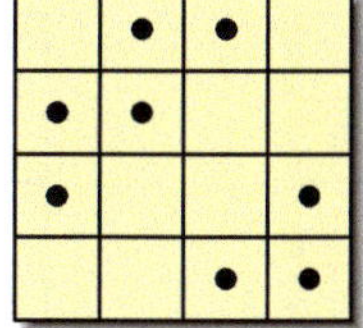

b) Musterquadrat

49	80	176	209	50	79	175	210	51	78	174	211	52	77	173	212
240	160	113	1	239	159	114	2	238	158	115	3	237	157	116	4
96	33	193	192	95	34	194	191	94	35	195	190	93	36	196	189
129	241	32	112	130	242	31	111	131	243	30	110	132	244	29	109
53	76	172	213	54	75	171	214	55	74	170	215	56	73	169	216
236	156	117	5	235	155	118	6	234	154	119	7	233	153	120	8
92	37	197	188	91	38	198	187	90	39	199	186	89	40	200	185
133	245	28	108	134	246	27	107	135	247	26	106	136	248	25	105
57	72	168	217	58	71	167	218	59	70	166	219	60	69	165	220
232	152	121	9	231	151	122	10	230	150	123	11	229	149	124	12
88	41	201	184	87	42	202	183	86	43	203	182	85	44	204	181
137	249	24	104	138	250	23	103	139	251	22	102	140	252	21	101
61	68	164	221	62	67	163	222	63	66	162	223	64	65	161	224
228	148	125	13	227	147	126	14	226	146	127	15	225	145	128	16
84	45	205	180	83	46	206	179	82	47	207	178	81	48	208	177
141	253	20	100	142	254	19	99	143	255	18	98	144	256	17	97

c) magisches Quadrat

Abb. 7.289 Pandiagonales magisches Quadrat der Ordnung $n = 16$ (unbekannter Autor, Methode 6, Variante)

7.3.7 Eintragen von Teilquadraten nach einem geometrischen Muster

Dieses Verfahren benötigt ein magisches Quadrat der Ordnung 4 als Basisquadrat und überlagert dieses mit einem geometrischen Musterquadrat, sodass in jeder Zeile und jeder Spalte dieses 4 x 4 - Musters genau zwei Markierungen vorhanden sind.

a) Basisquadrat

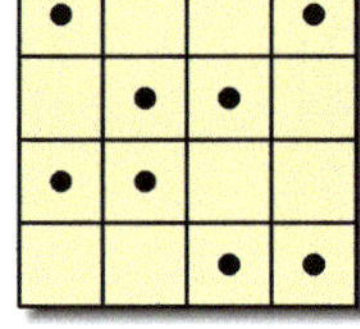

b) Musterquadrat

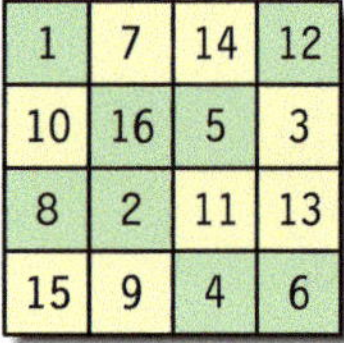

c) Kombination

Abb. 7.290 Basis- und Musterquadrat

Das Zielquadrat wird in 4 x 4 - Teilquadrate aufgeteilt und die Zahlen des Basisquadrates, deren Felder nicht markiert sind, werden in das linke obere Teilquadrat geschrieben. Dann folgt das rechts danebenliegende Teilquadrat, das ebenso mit den Zahlen aus dem Basisquadrat gefüllt wird, die hier allerdings alle um 16 erhöht werden.

So fährt man von links nach rechts und von oben nach unten fort, wobei die Zahlen mit jedem Teilquadrat um 16 erhöht werden.

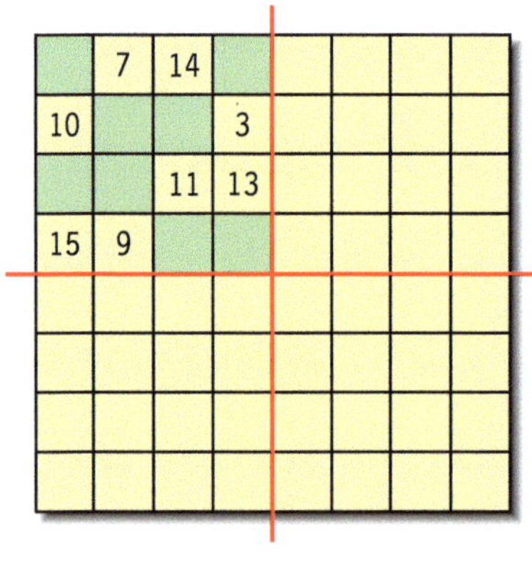

a) 1. Teilquadrat

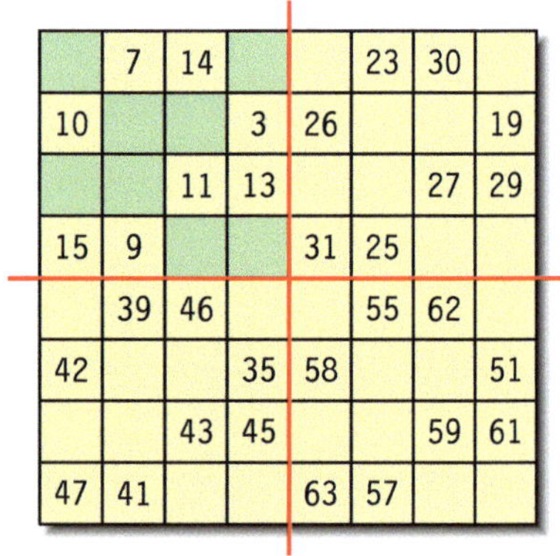

b) 1. Durchgang

Der zweite Durchgang beginnt mit umgekehrten Richtungen im rechten unteren Teilquadrat, wo jetzt die Zahlen von den markierten Feldern eingetragen werden.

	7	14			23	30	
10			3	26			19
		11	13			27	29
15	9			31	25		
	39	46		1	55	62	12
42			35	58	16	5	51
		43	45	8	2	59	61
47	41			63	57	4	6

c) 2. Durchgang

49	7	14	60	33	23	30	44
10	64	53	3	26	48	37	19
56	50	11	13	40	34	27	29
15	9	52	54	31	25	36	38
17	39	46	28	1	55	62	12
42	32	21	35	58	16	5	51
24	18	43	45	8	2	59	61
47	41	20	22	63	57	4	6

d) magisches Quadrat

Abb. 7.291 Magisches Quadrat der Ordnung $n = 8$ (unbekannter Autor, Methode 7)

Varianten

Dieses Verfahren ist sehr variabel, da man jedes der insgesamt 90 Musterquadrate benutzen kann, die in jeder Zeile und jeder Spalte genau zwei Markierungen besitzen. Weiterhin kann man jedes dieser Musterquadrate mit jedem der 880 magischen Quadrate vierter Ordnung als Basisquadrat kombinieren.

Ein besonderer Effekt tritt zusätzlich ein, wenn man ein pandiagonales Basisquadrat wählt. Dann erhält man mit jedem der 90 Musterquadrate wie in Abbildung 7.292 ein pandiagonales magisches Quadrat.

1	8	11	14
12	13	2	7
6	3	16	9
15	10	5	4

a) Basisquadrat

		•	•
•		•	
	•		•
•	•		

b) Musterquadrat

1	8	59	62	17	24	43	46
60	13	50	7	44	29	34	23
6	51	16	57	22	35	32	41
63	58	5	4	47	42	21	20
33	40	27	30	49	56	11	14
28	45	18	39	12	61	2	55
38	19	48	25	54	3	64	9
31	26	37	36	15	10	53	52

c) magisches Quadrat

Abb. 7.292 Pandiagonales magisches Quadrat der Ordnung $n = 8$
(unbekannter Autor, Methode 7, Variante)

7.3.8 Variables Eintragen fortlaufender Zahlen in Teilquadrate

Bei diesem Verfahren wird das Zielquadrat in Teilquadrate der Ordnung 4 unterteilt, die dann entsprechend der Position der Zahlen in einem Basisquadrat der Ordnung 4 von links nach rechts und von oben nach unten gefüllt werden. Man beginnt mit den Zahlen 1 und 2 aus dem 4×4 - Basisquadrat und platziert diese beiden Zahlen an der gleichen Position in das linke obere Teilquadrat. Die nächsten beiden Zahlen 3 und 4 werden dann an der gleichen vorgegebenen Position in das linke untere Teilquadrat geschrieben. So fährt man mit den anderen Teilquadraten fort, bis in alle Teilquadrate wie in Abbildung 7.293 zwei Zahlen eingetragen sind.

1	6	16	11
15	12	2	5
10	13	7	4
8	3	9	14

a) Basisquadrat

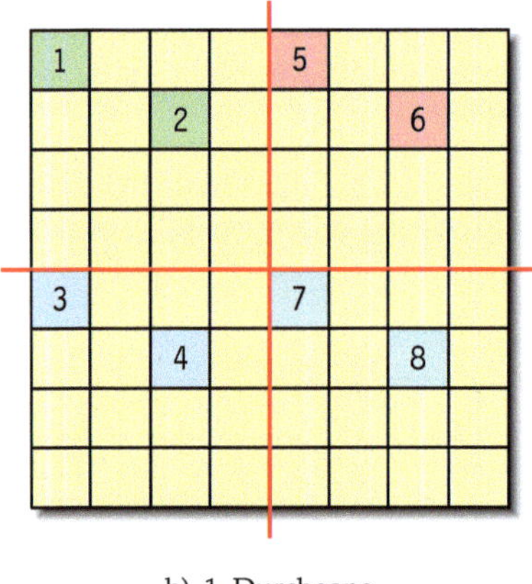

b) 1. Durchgang

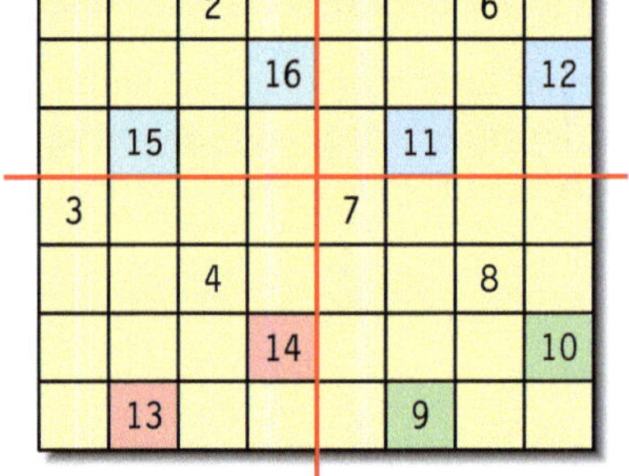

c) 2. Durchgang

Abb. 7.293 Basisquadrat und die ersten beiden Durchgänge

Im zweiten Durchgang beginnt man mit den nächsten beiden Zahlen auf den Positionen der Zahlen 3 und 4 des Basisquadrates und trägt wiederum zwei Zahlen in die Teilquadrate ein, wobei in diesem Durchgang jedoch in umgekehrter Richtung vorgegangen wird.

Der dritte Durchgang beginnt dann wieder im linken oberen Teilquadrat auf den Positionen der Zahlen 5 und 6 und der vierte Durchgang im rechten unteren Teilquadrat in umgekehrter Richtung.

1	18			5	22		
		2	17			6	21
			16				12
	15				11		
3	20			7	24		
		4	19			8	23
			14				10
	13				9		

a) 3. Durchgang

1	18			5	22		
		2	17			6	21
		31	16			27	12
32	15			28	11		
3	20			7	24		
		4	19			8	23
		29	14			25	10
30	13			26	9		

b) 4. Durchgang

Abb. 7.294 Zwei weitere Durchgänge

Trägt man noch die restlichen vier Zahlensequenzen ein, erhält man das magische Quadrat aus Abbildung 7.295.

1	18	64	47	5	22	60	43
63	48	2	17	59	44	6	21
34	49	31	16	38	53	27	12
32	15	33	50	28	11	37	54
3	20	62	45	7	24	58	41
61	46	4	19	57	42	8	23
36	51	29	14	40	55	25	10
30	13	35	52	26	9	39	56

Abb. 7.295 Magisches Quadrat der Ordnung $n = 8$ (unbekannter Autor, Methode 8)

Variante 1

Bisher wurden immer zwei Zahlen in ein Teilquadrat platziert, bevor zum nächsten Teilquadrat übergegangen wurde. Man kann aber statt zwei Zahlen auch vier oder acht Zahlen eintragen. Es muss sich dabei um einen Teiler von 16 handeln, da dies die Anzahl der Zahlen in dem Basisquadrat ist und die Zahlen eines Durchgangs immer durch den rückwärts verlaufenden Durchgang ausgeglichen werden müssen. In Abbildung 7.296 sind zwei magische Quadrate dargestellt, bei denen die Teilquadrate mit vier bzw. acht Zahlen in einem Durchgang gefüllt wurden.

1	30	64	35	9	22	56	43
63	36	2	29	55	44	10	21
34	61	31	4	42	53	23	12
32	3	33	62	24	11	41	54
5	26	60	39	13	18	52	47
59	40	6	25	51	48	14	17
38	57	27	8	46	49	19	16
28	7	37	58	20	15	45	50

a) Sequenz mit vier Zahlen

1	6	144	139	25	30	120	115	49	54	96	91
143	140	2	5	119	116	26	29	95	92	50	53
138	141	7	4	114	117	31	28	90	93	55	52
8	3	137	142	32	27	113	118	56	51	89	94
9	14	136	131	33	38	112	107	57	62	88	83
135	132	10	13	111	108	34	37	87	84	58	61
130	133	15	12	106	109	39	36	82	85	63	60
16	11	129	134	40	35	105	110	64	59	81	86
17	22	128	123	41	46	104	99	65	70	80	75
127	124	18	21	103	100	42	45	79	76	66	69
122	125	23	20	98	101	47	44	74	77	71	68
24	19	121	126	48	43	97	102	72	67	73	78

b) Sequenz mit acht Zahlen

Abb. 7.296 Magische Quadrate der Ordnungen 8 und 12 (unbekannter Autor, Methode 8.1)

Variante 2

Bisher wurde die festgelegte Anzahl von Zahlen pro Teilquadrat immer fortlaufend platziert. Man kann jedoch auch festlegen, wie viele Teilquadrate bei einer Zahlensequenz benutzt werden sollen. Dabei treten einige Besonderheiten auf, die im Falle eines einzigen Teilquadrates versteckt sind und daher bisher bis jetzt nicht in Erscheinung getreten sind.

Wählt man also zwei Zahlen pro Teilquadrat aus und gibt zusätzlich an, dass für das Eintragen einer Zahlensequenz zwei Teilquadrate benutzt werden sollen, wird die erste Zahl auf der Position der Zahl 1 des Basisquadrates aus Abbildung 7.293 in das linke obere Teilquadrat eingetragen. Die zweite Zahl dagegen auf der gleichen Position in das linke untere Teilquadrat.

Doch jetzt kommt die erste Besonderheit, da die nächsten beiden Zahlen auf der Position der Zahl 2 in entgegengesetzter Richtung platziert werden. Diese Umkehrung der Richtung kann natürlich nicht auffallen, wenn nur ein einziges Teilquadrat für das Eintragen benutzt wird. Da jetzt zwei Zahlen in den beiden Teilquadraten eingetragen wurden, wird mit den weiteren Zahlen in den nachfolgenden Teilquadraten fortgefahren. Dies sind also die Zahlen 5 bis 8 in den beiden rechten Teilquadraten.

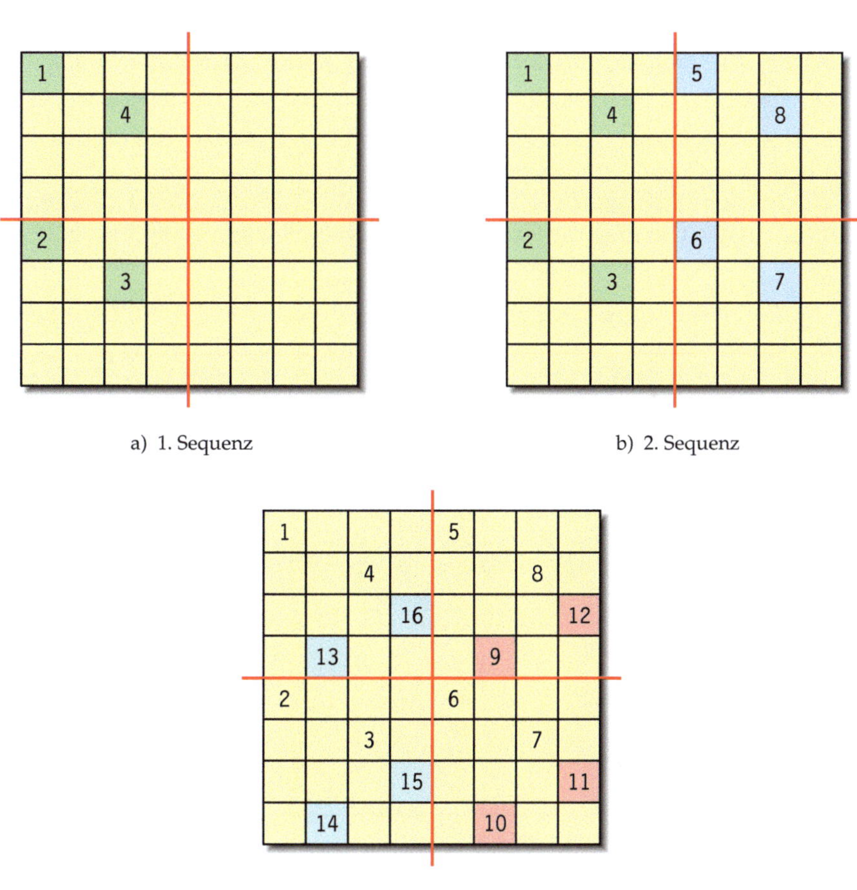

a) 1. Sequenz

b) 2. Sequenz

c) 3./4. Sequenz

Abb. 7.297 Die ersten vier Zahlensequenzen

Trägt man die weiteren Zahlensequenzen nach diesem Schema ein, erhält man das magische Quadrat aus Abbildung 7.298.

1	20	64	45	5	24	60	41
61	48	4	17	57	44	8	21
36	49	29	16	40	53	25	12
32	13	33	52	28	9	37	56
2	19	63	46	6	23	59	42
62	47	3	18	58	43	7	22
35	50	30	15	39	54	26	11
31	14	34	51	27	10	38	55

Abb. 7.298 Magisches Quadrat der Ordnung $n = 8$ (unbekannter Autor, Methode 8.2)

Da danach jedes Teilquadrat mit zwei Zahlen gefüllt ist, werden die nächsten Zahlen entsprechend in umgekehrter Richtung notiert. Als zweite Besonderheit kommt jetzt hinzu, dass nicht mit dem rechten unteren Teilquadrat begonnen wird, sondern immer mit dem Teilquadrat, in dem die letzte Zahl geschrieben wurde. Abbildung 7.297 zeigt den Verlauf der ersten vier Zahlensequenzen.

Damit das Zielquadrat der Ordnung $n = 4k$ auf diese Weise gefüllt werden kann, muss die Anzahl der zu benutzenden Teilquadrate natürlich ein Teiler von k^2 sein, da nur in diesem Fall das Quadrat gefüllt werden kann. Die möglichen Parameter für einige Ordnungen sind in Tabelle 7.12 angegeben.

Ordnung	Parameter
8	1 2 4
12	1 3 9
16	1 2 4 8 16
20	1 5 25
24	1 2 3 4 6 9 12 18 36
28	1 7 49
32	1 2 4 8 16 32 64
36	1 3 9 27 81
40	1 2 4 5 10 20 25 50 100

Tab. 7.12 Geeignete Parameter

Für das magische Quadrat der Ordnung 12 in Abbildung 7.299 ist etwa der Parameter 3 gewählt worden.

1	42	144	103	7	48	138	97	13	54	132	91
139	108	6	37	133	102	12	43	127	96	18	49
78	109	67	36	84	115	61	30	90	121	55	24
72	31	73	114	66	25	79	120	60	19	85	126
2	41	143	104	8	47	137	98	14	53	131	92
140	107	5	38	134	101	11	44	128	95	17	50
77	110	68	35	83	116	62	29	89	122	56	23
71	32	74	113	65	26	80	119	59	20	86	125
3	40	142	105	9	46	136	99	15	52	130	93
141	106	4	39	135	100	10	45	129	94	16	51
76	111	69	34	82	117	63	28	88	123	57	22
70	33	75	112	64	27	81	118	58	21	87	124

Abb. 7.299 Magisches Quadrat der Ordnung $n = 12$ (unbekannter Autor, Methode 8.2)

Variante 3

Selbstverständlich kann man Variante 2 auch mit Variante 1 verbinden. Um etwas mehr Klarheit zu schaffen, werden diese Kombinationen durch ein Zahlenpaar gekennzeichnet, wobei die erste Zahl die Anzahl der pro Sequenz benutzten Teilquadrate und die zweite Zahl die maximale Anzahl der Einträge angibt.

1	28	64	37	9	20	56	45
61	40	4	25	53	48	12	17
36	57	29	8	44	49	21	16
32	5	33	60	24	13	41	52
2	27	63	38	10	19	55	46
62	39	3	26	54	47	11	18
35	58	30	7	43	50	22	15
31	6	34	59	23	14	42	51

a) Parameter (2, 4)

1	24	64	41	3	22	62	43
57	48	8	17	59	46	6	19
40	49	25	16	38	51	27	14
32	9	33	56	30	11	35	54
2	23	63	42	4	21	61	44
58	47	7	18	60	45	5	20
39	50	26	15	37	52	28	13
31	10	34	55	29	12	36	53

b) Parameter (4, 8)

Abb. 7.300 Magisches Quadrat der Ordnung $n = 8$ (unbekannter Autor, Methode 8.3)

Sollen die Zahlensequenzen sich also über zwei Teilquadrate erstrecken, wobei immer vier Zahlen platziert werden sollen, bevor zu den nächsten freien Teilquadraten übergegangen wird, handelt es sich um die Parameter $(2,4)$, die in Abbildung 7.300a benutzt wurden. Für das magische Quadrat in Abbildung 7.300b wurden dagegen die Parameter $(4,8)$ benutzt, wobei das Basisquadrat wie in allen bisherigen Beispielen nicht verändert wurde.

Für die Ordnung $n = 12$ ist ein weiteres Beispiel mit den Parametern $(9,4)$ in Abbildung 7.301 dargestellt.

1	54	144	91	4	51	141	94	7	48	138	97
127	108	18	37	130	105	15	40	133	102	12	43
90	109	55	36	87	112	58	33	84	115	61	30
72	19	73	126	69	22	76	123	66	25	79	120
2	53	143	92	5	50	140	95	8	47	137	98
128	107	17	38	131	104	14	41	134	101	11	44
89	110	56	35	86	113	59	32	83	116	62	29
71	20	74	125	68	23	77	122	65	26	80	119
3	52	142	93	6	49	139	96	9	46	136	99
129	106	16	39	132	103	13	42	135	100	10	45
88	111	57	34	85	114	60	31	82	117	63	28
70	21	75	124	67	24	78	121	64	27	81	118

Abb. 7.301 Magisches Quadrat der Ordnung $n = 12$ (unbekannter Autor, Methode 8.3, Parameter $(9,4)$)

Variante 4

Mit einem dritten Parameter lässt sich die Anzahl der mit diesem Verfahren zu konstruierenden Quadrate noch weiter erhöhen. So ist etwa das Quadrat in Abbildung 7.300a mit den Parametern $(2,4)$ konstruiert worden. Es wurden also pro Zahlensequenz zwei Teilquadrate benutzt, wobei erst vier Zahlen in ein Teilquadrat platziert werden mussten, bevor zum nächsten Teilquadrat übergegangen wurde. Dabei wurde fortlaufend aber immer nur eine Zahl in ein Teilquadrat geschrieben, während hier immer zwei aufeinanderfolgende Zahlen platziert werden.

Trägt man alle weiteren Zahlensequenzen nach diesem Schema ein, erhält man das magische Quadrat aus Abbildung 7.302.

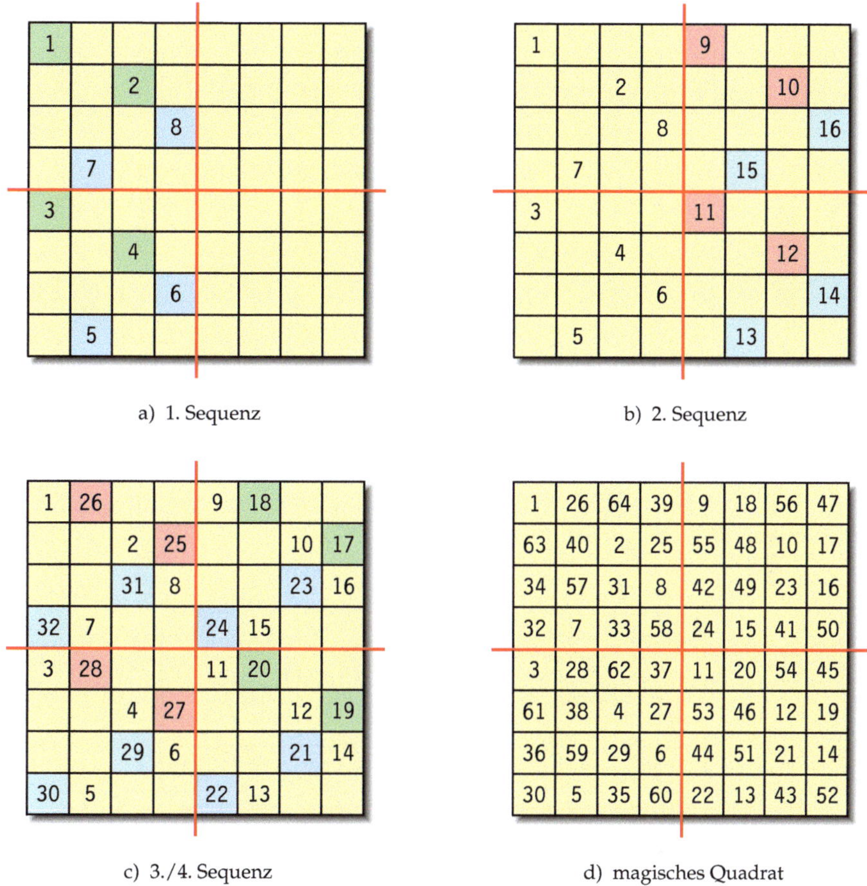

Abb. 7.302 Magisches Quadrat der Ordnung $n = 8$ (unbekannter Autor, Methode 8.4, Parameter $(2, 4, 2)$)

Die Parameter dieses Quadrates werden jetzt mit einem dritten Parameter als $(2, 4, 2)$ bezeichnet. Alle bisherigen Quadrate hatten als dritten Parameter dagegen die Zahl 1.

Es ist unmittelbar klar, dass der neue Parameter immer nur eine Zweierpotenz bis zur Hälfte der in einem Teilquadrat einzutragenden Zahlen sein kann. Mit dem Parameter $(2, 4, 4)$ wurde zwar auch ein normalisiertes Quadrat mit gleichen Spaltensummen erstellt. Allerdings wird kein geeigneter Ausgleich geschaffen, sodass die unteren vier Zeilensummen die Summe 276 besitzen und die oberen vier dagegen die Summe 244. Nur wenn mit einem einzigen Teilquadrat gearbeitet wird, sind $1, 2, 4, 8$ erlaubt.

Konkret bedeutet dies für die Ordnung $n = 8$, dass nur die in Tabelle 7.13 eingetragenen Parameter erlaubt sind, um ein magisches Quadrat zu erstellen. Dabei wird der neue Parameter mit der dritten Zahl angegeben.

Ordnung	Parameter			
	(1,2,1)	(1,2,2)	(1,2,4)	(1,2,8)
	(1,4,1)	(1,4,2)	(1,4,4)	(1,4,8)
	(1,4,1)	(1,4,2)	(1,4,4)	(1,4,8)
	(2,2,1)			
8	(2,4,1)	(2,4,2)		
	(2,8,1)	(2,8,2)	(2,8,4)	
	(4,2,1)			
	(4,4,1)	(4,4,2)		
	(4,8,1)	(4,8,2)	(4,8,4)	

Tab. 7.13 Geeignete Parameter bei der Ordnung $n = 8$

Ein weiteres Beispiel für die Ordnung $n = 12$ soll die Wirkungsweise der drei Parameter noch einmal verdeutlichen. Das magische Quadrat in Abbildung 7.303 ist mit dem Parameter $(9, 8, 4)$ konstruiert worden.

1	70	144	75	13	58	132	87	25	46	120	99
143	76	2	69	131	88	14	57	119	100	26	45
74	141	71	4	86	129	59	16	98	117	47	28
72	3	73	142	60	15	85	130	48	27	97	118
5	66	140	79	17	54	128	91	29	42	116	103
139	80	6	65	127	92	18	53	115	104	30	41
78	137	67	8	90	125	55	20	102	113	43	32
68	7	77	138	56	19	89	126	44	31	101	114
9	62	136	83	21	50	124	95	33	38	112	107
135	84	10	61	123	96	22	49	111	108	34	37
82	133	63	12	94	121	51	24	106	109	39	36
64	11	81	134	52	23	93	122	40	35	105	110

Abb. 7.303 Magisches Quadrat der Ordnung $n = 12$ (unbekannter Autor, Methode 8.4, Parameter $(9, 8, 4)$)

In Tabelle 7.14 sind alle Parameter dieser Variante zusammengestellt worden, mit denen ein magisches Quadrat der Ordnung $n = 12$ konstruiert werden kann.

Ordnung	Parameter			
	(1,2,1)	(1,2,2)	(1,2,4)	(1,2,8)
	(1,4,1)	(1,4,2)	(1,4,4)	(1,4,8)
	(1,4,1)	(1,4,2)	(1,4,4)	(1,4,8)
	(3,2,1)			
12	(3,4,1)	(3,4,2)		
	(3,8,1)	(3,8,2)	(3,8,4)	
	(9,2,1)			
	(9,4,1)	(9,4,2)		
	(9,8,1)	(9,8,2)	(9,8,4)	

Tab. 7.14 Geeignete Parameter bei der Ordnung $n = 12$

Variante 5

Aber damit sind immer noch nicht alle Möglichkeiten ausgeschöpft, da auch das Basisquadrat, das über die Reihenfolge der Teilquadrate entscheidet, verändert werden kann. Es zeigt sich, dass 528 der 880 verschiedenen magischen Quadrate der Ordnung $n = 4$ als Basisquadrat benutzt werden können. Es sind dies die Quadrate aus den Dudeney-Gruppen 1 bis 6a sowie 96 weitere Quadrate der Dudeney-Gruppe $6b_1$.

Das Basisquadrat, mit dem das Quadrat aus Abbildung 7.304 konstruiert worden ist, stammt beispielsweise aus der Dudeney-Gruppe 4, und es sind die Parameter $(4, 4, 2)$ benutzt worden.

4	10	15	5
13	7	2	12
6	16	9	3
11	1	8	14

a) Basisquadrat

16	34	63	17	12	38	59	21
49	31	2	48	53	27	6	44
18	64	33	15	22	60	37	11
47	1	32	50	43	5	28	54
14	36	61	19	10	40	57	23
51	29	4	46	55	25	8	42
20	62	35	13	24	58	39	9
45	3	30	52	41	7	26	56

b) magisches Quadrat

Abb. 7.304 Magisches Quadrat der Ordnung $n = 8$ (unbekannter Autor, Methode 8.5, Parameter $(4, 4, 2)$)

Variante 6

In einer weiteren Variante kann das Basisquadrat der Ordnung $n = 4$ mit einem geometrischen Musterquadrat der gleichen Ordnung überlagert werden, sodass in jeder Zeile, jeder Spalte dieses 4×4 - Musters genau zwei Markierungen vorhanden sind. In Abbildung 7.305 ist das gleiche Basisquadrat und ebenso gleiche Parameter wie in Variante 5 gewählt worden, sodass die Unterschiede deutlich hervortreten.

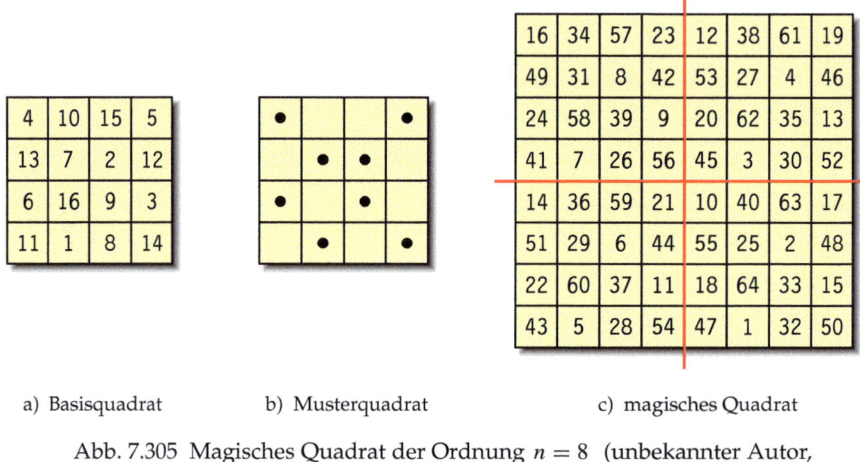

4	10	15	5
13	7	2	12
6	16	9	3
11	1	8	14

a) Basisquadrat

•			•
	•	•	
•		•	
	•		•

b) Musterquadrat

16	34	57	23	12	38	61	19
49	31	8	42	53	27	4	46
24	58	39	9	20	62	35	13
41	7	26	56	45	3	30	52
14	36	59	21	10	40	63	17
51	29	6	44	55	25	2	48
22	60	37	11	18	64	33	15
43	5	28	54	47	1	32	50

c) magisches Quadrat

Abb. 7.305 Magisches Quadrat der Ordnung $n = 8$ (unbekannter Autor, Methode 8.6, Parameter $(4, 4, 2)$)

Ist beim Eintragen der Zahlensequenzen die Startposition im Musterquadrat nicht markiert, werden die Zahlen wie gewohnt eingetragen. Ist sie dagegen markiert, werden die Zahlen rückwärts notiert, wobei man in dem symmetrisch gegenüberliegenden Teilquadrat beginnt. Da die Zelle für die Startzahl 1 markiert ist, trägt man die Zahlensequenz $1, 3, 5, 7$ nicht links oben beginnend ein, sondern beginnt in der rechten unteren Ecke und trägt die Zahlen genau gegenläufig ein.

Kapitel

8

Einfach-gerade Ordnungen

Magische Quadrate einfach-gerader Ordnungen sind wesentlich schwieriger zu konstruieren als Quadrate mit doppelt-gerader Ordnung. Weil für die letzteren die halbe Ordnung wieder eine gerade Zahl ist, können dort symmetrische Anordnungen der Zahlen leichter ausgenutzt werden.

Dies ist bei einfach-geraden Ordnungen nicht möglich, da die halbe Ordnung hier eine ungerade Zahl ist. Daher kommen bei diesen Ordnungen immer noch zusätzliche Vertauschungen hinzu, die die Verfahren deutlich erschweren.

8.1 Eigenständige Verfahren

Zunächst werden Verfahren beschrieben, die speziell für diese Ordnungen entwickelt wurden.

8.1.1 Al-Kharaqi

Bei diesem Verfahren, das um 1100 von al-Kharaqi beschrieben wurde, wird ein Hilfsquadrat zunächst in seine vier Quadranten unterteilt. Danach wird die obere Zeile des linken oberen Quadranten bei der Ordnung $n = 6$ von links nach rechts mit den Symbolen *Punkt*, *Kreis* und *Kreuz* gefüllt. Diese Ausgangszeile wird dann in die darunterliegenden Zeile kopiert, wobei alle Symbole zyklisch gesehen um eine Position nach rechts wandern.

H. Danielsson, *Magische Quadrate und ihre Konstruktion*,
https://doi.org/10.1007/978-3-662-70448-6_8

Danach wird dieses Teilquadrat in die anderen Quadranten gespiegelt, wobei allerdings einige Symbole weggelassen werden:[1]

- im rechten oberen Quadranten das Kreissymbol
- im linken unteren Quadranten das Kreuzsymbol
- im rechten unteren Quadranten das Kreis- und das Kreuzsymbol

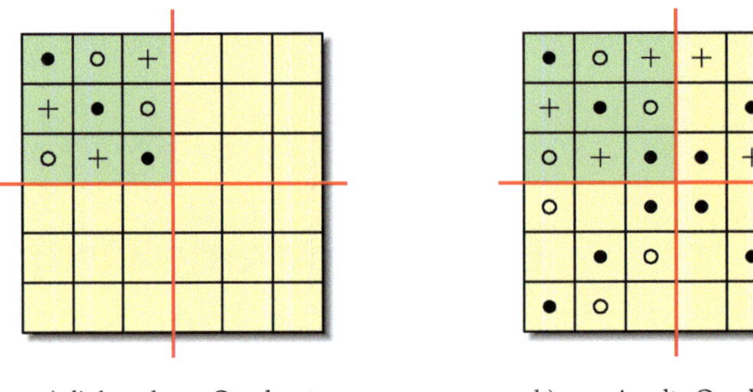

a) linker oberer Quadrant b) gespiegelte Quadranten

Abb. 8.1 Vollständiges Musterquadrat

Wenn das Musterquadrat erstellt ist, wird das Zielquadrat in vier Durchgängen mit Zahlen gefüllt. Dabei werden alle n^2 Zellen des Zielquadrates der Reihe nach bearbeitet, wobei jedes Mal mit der Zahl 1 begonnen wird.

Der erste Durchgang beginnt in der linken oberen Ecke des Zielquadrates und man schreitet von links nach rechts und von oben nach unten fort. Enthält die zugehörige Zelle des Musterquadrates ein Punktsymbol, wird die aktuelle Zahl in das Zielquadrat eingetragen. Der zweite Durchgang beginnt wieder mit der Zahl 1 in der rechten unteren Ecke und man geht genau entgegengesetzt vor, also von rechts nach links und von unten nach oben. In diesem Durchgang wird die aktuelle Zahl notiert, wenn die entsprechende Zelle des Musterquadrates leer ist.

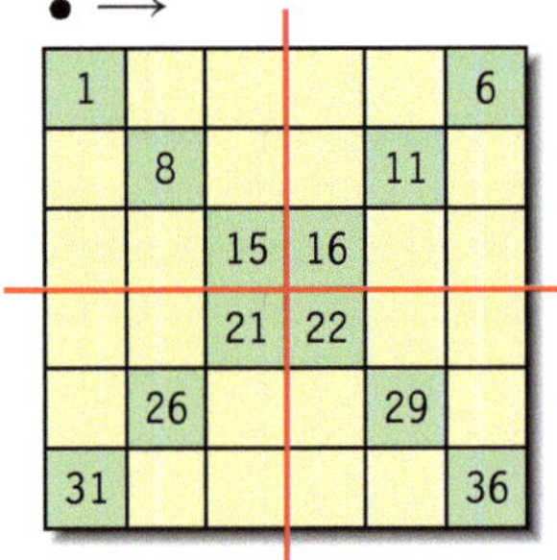

a) 1. Durchgang (Punktsymbol)

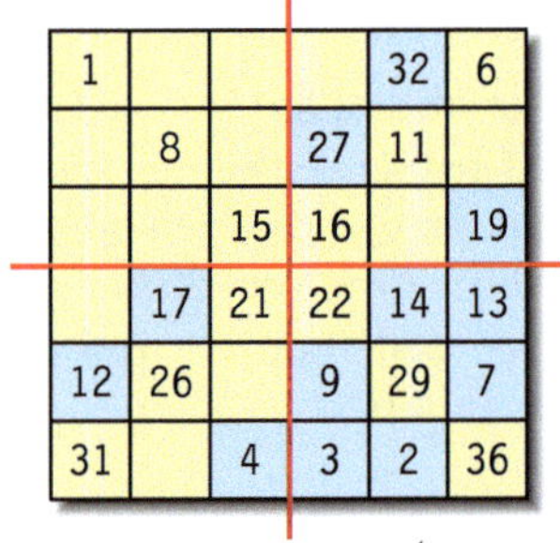

b) 2. Durchgang (leere Felder)

[1] Sesiano [519] S. 85 – 91

Im dritten Durchgang wird das Zielquadrat von rechts nach links und von oben nach unten durchlaufen und die aktuelle Zahl eingetragen, wenn sich im Musterquadrat ein Kreissymbol befindet. Im vierten und letzten Durchgang durchläuft man das Zielquadrat von links nach rechts und von unten nach oben und man trägt die aktuelle Zahl ein, wenn sich im Musterquadrat ein Kreuz befindet. Mit diesen vier Durchgängen entsteht das magische Quadrat der Ordnung $n = 6$ aus Abbildung 8.2.

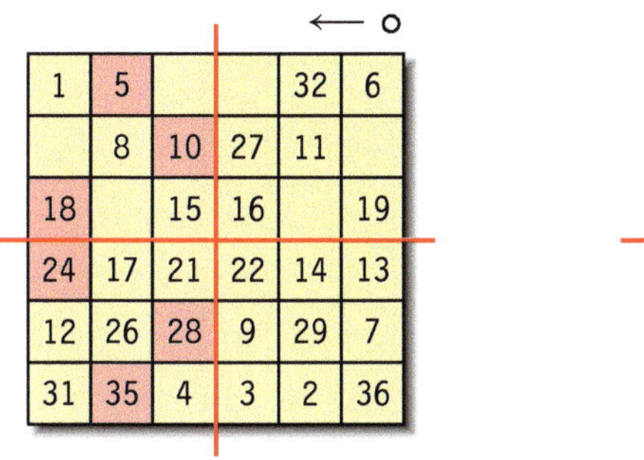

c) 3. Durchgang (Kreissymbol)

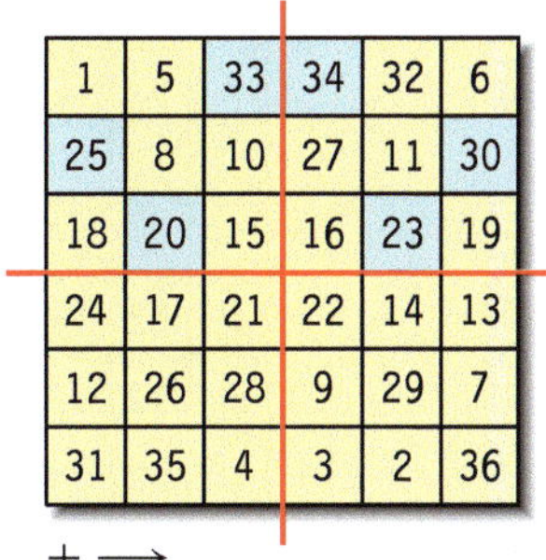

d) 4. Durchgang (Kreuzsymbol)

Abb. 8.2 Magisches Quadrat der Ordnung $n = 6$ (al-Kharaqi)

Al-Kharaqi hat außer diesem Beispiel auch ein magisches Quadrat für die Ordnung $n = 10$ angegeben. In seiner Anleitung wird wieder ein Punktsymbol in die linke obere Ecke des Musterquadrates platziert, das Feld daneben aber freigelassen. Danach folgen ein Kreis- sowie ein Kreuzsymbol, bevor die obere Zeile des linken oberen Quadranten mit einem Punktsymbol abgeschlossen wird. Dieser Quadrant wird anschließend wieder nach den oben aufgeführten Regeln in alle anderen Quadranten gespiegelt.

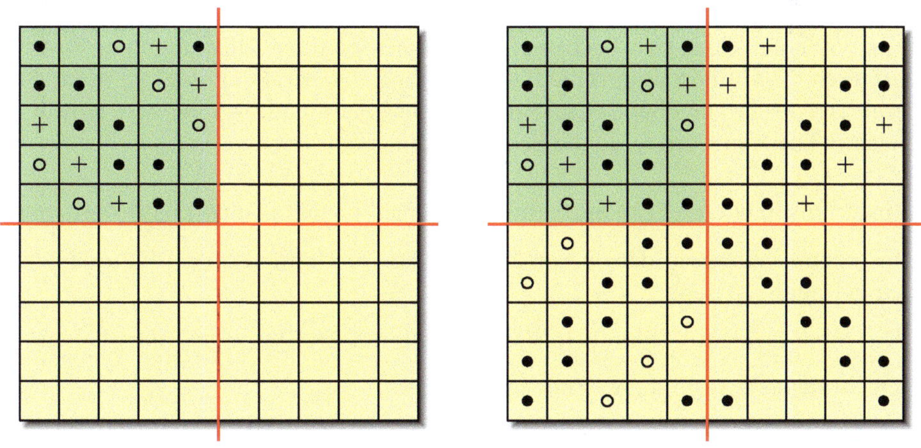

a) linker oberer Quadrant

b) gespiegelte Quadranten

Abb. 8.3 Vollständiges Musterquadrat

Abschließend werden die n^2 Zahlen wie im Beispiel für die Ordnung $n = 6$ in vier Durchgängen in das Zielquadrat eingetragen. Das Quadrat wird in den dort beschriebenen Richtungen durchlaufen und die Zahl eingetragen, die durch das Musterquadrat bestimmt wird.

Das danach entstehende magische Quadrat ist in Abbildung 8.4 dargestellt.

$\bullet \longrightarrow$ $\longleftarrow \circ$

1	99	8	94	5	6	97	93	92	10
11	12	88	17	85	86	84	83	19	20
71	22	23	77	26	75	74	28	29	80
40	62	33	34	66	65	37	38	69	61
60	49	53	44	45	46	47	58	52	51
50	59	48	54	55	56	57	43	42	41
70	39	63	64	36	35	67	68	32	31
30	72	73	27	76	25	24	78	79	21
81	82	18	87	16	15	14	13	89	90
91	9	98	7	95	96	4	3	2	100

$+ \longrightarrow$ $\longleftarrow$

Abb. 8.4 Magisches Quadrat der Ordnung $n = 10$ (al-Kharaqi)

Variante

Dieses Verfahren lässt sich leicht auf alle einfach-geraden Ordnungen $n = 4k + 2$ übertragen. Es können unterschiedliche magische Quadrate erzeugt werden, da die obere Zeile des linken oberen Quadranten des Musterquadrates variabel gefüllt werden kann. Dabei müssen folgende Bedingungen erfüllt werden:

- In der linken oberen Ecke muss immer ein Punktsymbol eingetragen werden.
- Insgesamt müssen in der oberen Zeile dieses Quadranten genau k Punktsymbole eingetragen werden.
- Die obere Zeile muss genau ein Kreissymbol und ein Kreuzsymbol enthalten.
- Die restlichen Zellen dieser Zeile bleiben leer.

Diese Zeile wird dann in die darunterliegenden Zeile kopiert, wobei alle Symbole zyklisch gesehen um eine Position nach rechts wandern. Anschließend wird der linke obere Quadrant in die anderen Quadranten gespiegelt.

Ein Beispiel für ein derartiges Musterquadrat der Ordnung $n = 10$ ist in Abbildung 8.5 dargestellt.

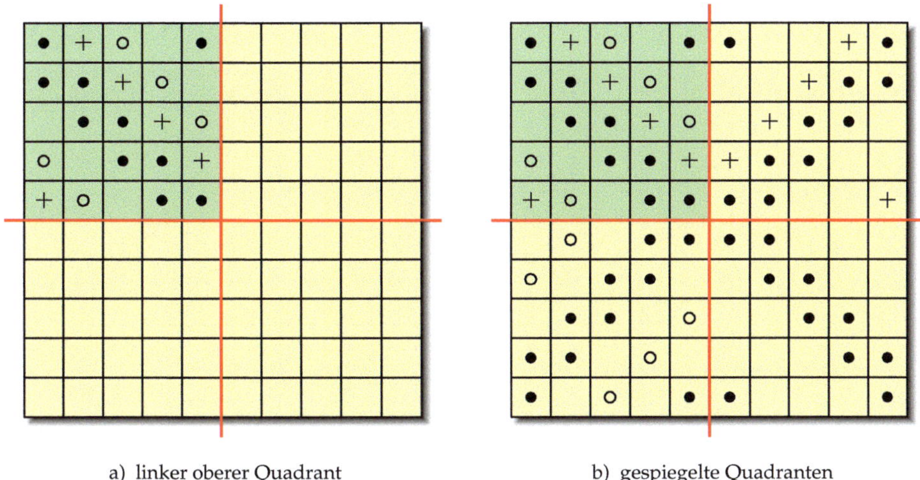

a) linker oberer Quadrant

b) gespiegelte Quadranten

Abb. 8.5 Vollständiges Musterquadrat

Trägt man die Zahlen in das Zielquadrat ein, entsteht das magische Quadrat aus Abbildung 8.6.

$\bullet \longrightarrow$ $\longleftarrow \circ$

1	92	8	97	5	6	94	93	99	10
11	12	83	17	86	85	84	88	19	20
80	22	23	74	26	75	77	28	29	71
40	69	33	34	65	66	37	38	62	61
51	49	58	44	45	46	47	53	52	60
50	59	48	54	55	56	57	43	42	41
70	39	63	64	36	35	67	68	32	31
30	72	73	27	76	25	24	78	79	21
81	82	18	87	16	15	14	13	89	90
91	9	98	7	95	96	4	3	2	100

$+ \longrightarrow$ $\longleftarrow$

Abb. 8.6 Magisches Quadrat der Ordnung $n = 10$ (al-Kharaqi, Variante)

In Abbildung 8.7 sind noch einmal ein mögliches Musterquadrat und das sich daraus ergebende magische Quadrat für die Ordnung $n = 14$ zu erkennen.

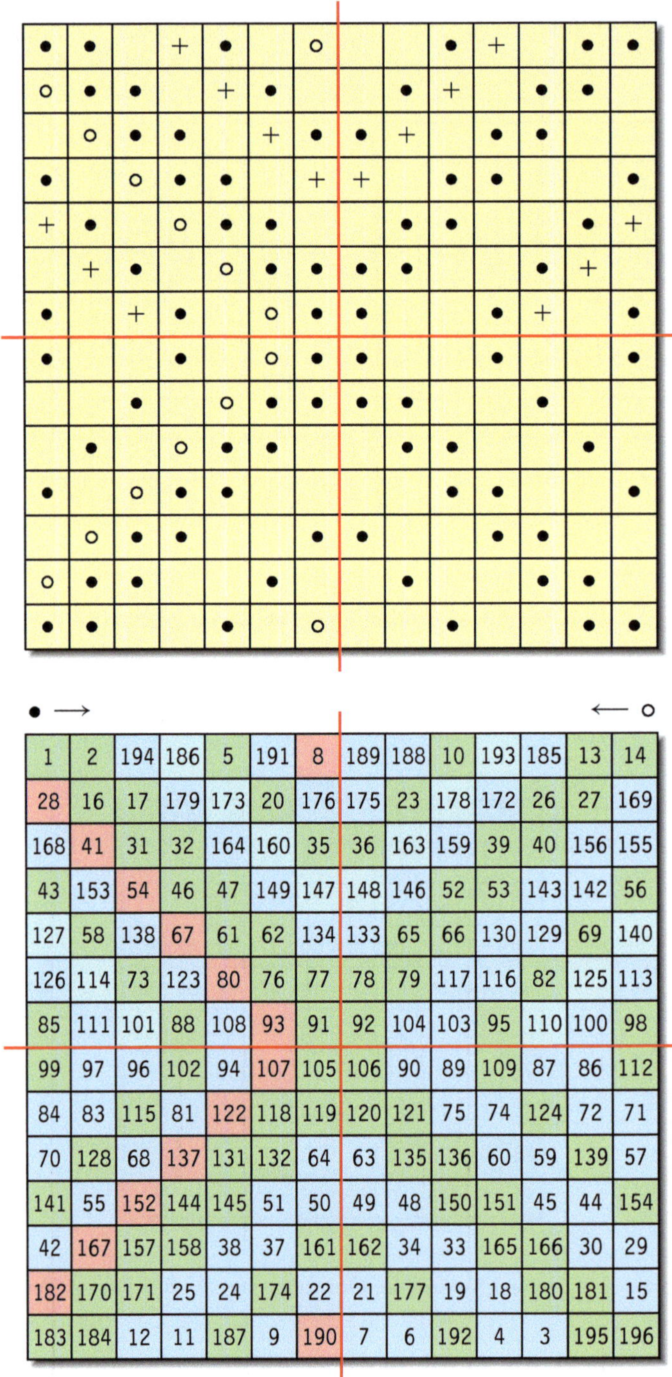

1	2	194	186	5	191	8	189	188	10	193	185	13	14
28	16	17	179	173	20	176	175	23	178	172	26	27	169
168	41	31	32	164	160	35	36	163	159	39	40	156	155
43	153	54	46	47	149	147	148	146	52	53	143	142	56
127	58	138	67	61	62	134	133	65	66	130	129	69	140
126	114	73	123	80	76	77	78	79	117	116	82	125	113
85	111	101	88	108	93	91	92	104	103	95	110	100	98
99	97	96	102	94	107	105	106	90	89	109	87	86	112
84	83	115	81	122	118	119	120	121	75	74	124	72	71
70	128	68	137	131	132	64	63	135	136	60	59	139	57
141	55	152	144	145	51	50	49	48	150	151	45	44	154
42	167	157	158	38	37	161	162	34	33	165	166	30	29
182	170	171	25	24	174	22	21	177	19	18	180	181	15
183	184	12	11	187	9	190	7	6	192	4	3	195	196

Abb. 8.7 Magisches Quadrat der Ordnung $n = 14$ (al-Kharaqi, Variante)

8.1.2 Al-Haytham

Das Verfahren von Ibn al-Haytham stammt aus dem 11. Jahrhundert.[2] Es funktioniert zunächst nur für Ordnungen $n = 4k+2 = 8t+2$, kann aber durch kleine Änderungen auch auf Ordnungen der Form $n = 8t + 6$ erweitert werden.

Man beginnt wie so oft mit einem Quadrat in natürlicher Anordnung. Das gesamte Quadrat wird nun in 16 gleich große Teilquadrate der Ordnung k unterteilt, wobei jeweils die mittleren zwei Zeilen und Spalten ausgenommen werden. Im Beispiel der Ordnung $n = 10$ gilt somit $k = 2$.

1	2	3	4	5	6	7	8	9	10
11	12	13	14	15	16	17	18	19	20
21	22	23	24	25	26	27	28	29	30
31	32	33	34	35	36	37	38	39	40
41	42	43	44	45	46	47	48	49	50
51	52	53	54	55	56	57	58	59	60
61	62	63	64	65	66	67	68	69	70
71	72	73	74	75	76	77	78	79	80
81	82	83	84	85	86	87	88	89	90
91	92	93	94	95	96	97	98	99	100

a) natürliche Anordnung

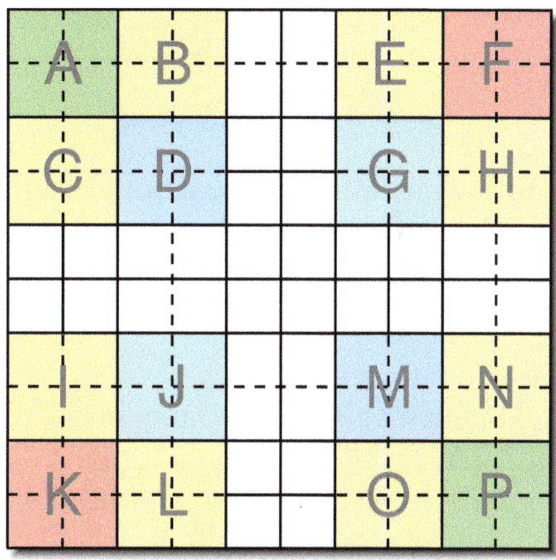

b) Aufteilung in Teilquadrate

Abb. 8.8 Aufteilung in Teilquadrate der Ordnung $k = 2$

Bei Sesiano findet man die Anweisung, dass die Teilquadrate, die auf den Diagonalen liegen, paarweise vertauscht werden sollen. Also A mit P, D mit M, F mit K und G mit J. Dabei werden diese Teilquadrate zusätzlich noch einmal weiter in ihre vier Quadranten aufgeteilt und deren Anordnung um 180° gedreht.

Diese Vertauschungen mit der anschließenden Drehung entsprechen aber auch einfach einem Ersetzen der Zahlen durch ihre komplementären Zahlen, wie es in Abbildung 8.9 zu erkennen ist. So werden etwa im 2 x 2 - Teilquadrat der linken oberen Ecke die ursprünglichen Zahlen 1, 2, 11 und 12 durch 100, 99, 90 und 89 ersetzt.

[2] Sesiano [519] S. 87 – 89 und Sesiano [513] S. 194 – 196

100	99	3	4	5	6	7	8	92	91
90	89	13	14	15	16	17	18	82	81
21	22	78	77	25	26	74	73	29	30
31	32	68	67	35	36	64	63	39	40
41	42	43	44	45	46	47	48	49	50
51	52	53	54	55	56	57	58	59	60
61	62	38	37	65	66	34	33	69	70
71	72	28	27	75	76	24	23	79	80
20	19	83	84	85	86	87	88	12	11
10	9	93	94	95	96	97	98	2	1

Abb. 8.9 Änderungen der Teilquadrate auf den Diagonalen (Schritt 1)

Nun folgen einige Vertauschungen von einzelnen Zahlen. Zunächst werden die vier im Zentrum liegenden Zahlen mit ihren diagonal gegenüberliegenden Partnern vertauscht (siehe Abbildung 8.10a). Damit tauschen die Zahlen 45 und 56 ebenso ihren Platz wie 46 und 55.

Zusätzlich werden jeweils $2k-1 = 4t-1$ Zahlenpaare aus den mittleren beiden Zeilen und Spalten vertauscht. Dabei müssen natürlich die bereits im Zentrum ausgetauschten Zahlen ausgenommen und die Auswahl unter anderen $4k$ Zahlenpaaren getroffen werden. In diesem Beispiel betrifft das die Zahlenpaare 42 und 52, 43 und 53 sowie 44 und 54 (siehe Abbildung 8.10b).

100	99	3	4	5	6	7	8	92	91
90	89	13	14	15	16	17	18	82	81
21	22	78	77	25	26	74	73	29	30
31	32	68	67	35	36	64	63	39	40
41	42	43	44	56	55	47	48	49	50
51	52	53	54	46	45	57	58	59	60
61	62	38	37	65	66	34	33	69	70
71	72	28	27	75	76	24	23	79	80
20	19	83	84	85	86	87	88	12	11
10	9	93	94	95	96	97	98	2	1

a) Austausch im Zentrum

100	99	3	4	5	6	7	8	92	91
90	89	13	14	16	15	17	18	82	81
21	22	78	77	26	25	74	73	29	30
31	32	68	67	36	35	64	63	39	40
41	52	53	54	56	55	47	48	49	50
51	42	43	44	46	45	57	58	59	60
61	62	38	37	65	66	34	33	69	70
71	72	28	27	75	76	24	23	79	80
20	19	83	84	85	86	87	88	12	11
10	9	93	94	95	96	97	98	2	1

b) horizontaler und vertikaler Austausch

Abb. 8.10 Austausch von Zahlen (Schritte 2 und 3)

Zum Abschluss werden noch einige Diagonalen in den 16 Teilquadraten ausgetauscht:

- Die aufsteigende (↗) Diagonale von B mit der absteigenden (↘) Diagonale von L (Abb. 8.11a).
- Die absteigende (↘) Diagonale von B mit der aufsteigenden (↗) Diagonale von E (Abb. 8.11a).
- Die absteigende (↘) Diagonale von C mit der aufsteigenden (↗) Diagonale von I (Abb. 8.11b).
- Die aufsteigende (↗) Diagonale von C mit der absteigenden (↘) Diagonale von H (Abb. 8.11b).

Mit diesen vier Vertauschungen von Zahlen auf den angegebenen Diagonalen entsteht das magische Quadrat der Ordnung $n = 10$ aus Abbildung 8.11.

100	99	8	94	5	6	7	3	92	91
90	89	83	17	16	15	14	18	82	81
21	22	78	77	26	25	74	73	29	30
31	32	68	67	36	35	64	63	39	40
41	52	53	54	56	55	47	48	49	50
51	42	43	44	46	45	57	58	59	60
61	62	38	37	65	66	34	33	69	70
71	72	28	27	75	76	24	23	79	80
20	19	13	84	85	86	87	88	12	11
10	9	93	4	95	96	97	98	2	1

a) Austausch der Diagonalen von Teilquadrat B

100	99	8	94	5	6	7	3	92	91
90	89	83	17	16	15	14	18	82	81
71	29	78	77	26	25	74	73	22	30
40	62	68	67	36	35	64	63	39	31
41	52	53	54	56	55	47	48	49	50
51	42	43	44	46	45	57	58	59	60
61	32	38	37	65	66	34	33	69	70
21	72	28	27	75	76	24	23	79	80
20	19	13	84	85	86	87	88	12	11
10	9	93	4	95	96	97	98	2	1

b) Austausch der Diagonalen von Teilquadrat C

Abb. 8.11 Magisches Quadrat der Ordnung $n = 10$ (al-Haytham)

Variante

Sesiano beschreibt, dass man mit diesem Verfahren nur magische Quadrate der Ordnungen $n = 8t + 2$ und nicht für $n = 8t + 6$ erzeugen kann. Wendet man die vier aufgeführten Schritte auf ein solches Quadrat der Ordnung $n = 14$ mit $k = 3$ an, stellt man fest, dass die Zeilen-, Diagonalen- und einige Spaltensummen zwar gleich der magischen Summe 1379 sind, vier horizontal symmetrisch liegende Spalten allerdings nicht (siehe Abbildung 8.12).

196	195	194	11	5	188	7	8	9	10	4	185	184	183	→ 1379
182	181	180	18	24	20	22	21	23	173	25	171	170	169	→ 1379
168	167	166	158	33	37	36	35	34	38	39	157	156	155	→ 1379
141	44	54	151	150	149	50	49	146	145	144	45	55	56	→ 1379
57	69	59	137	136	135	64	63	132	131	130	68	128	70	→ 1379
84	72	115	123	122	121	78	77	118	117	116	82	83	71	→ 1379
85	100	101	102	103	104	106	105	93	94	95	96	97	98	→ 1379
99	86	87	88	89	90	92	91	107	108	109	110	111	112	→ 1379
113	114	73	81	80	79	119	120	76	75	74	124	125	126	→ 1379
127	58	129	67	66	65	133	134	62	61	60	138	139	140	→ 1379
43	142	143	53	52	51	147	148	48	47	46	152	153	154	→ 1379
42	41	40	32	159	160	161	162	163	164	165	31	30	29	→ 1379
28	27	26	172	19	174	175	176	177	178	179	17	16	15	→ 1379
14	13	12	186	187	6	189	190	191	192	193	3	2	1	→ 1379
↓ 1379	↓ 1309	↓ 1379	↓ 1379	↓ 1225	↓ 1379	↓ 1379	↓ 1379	↓ 1379	↓ 1533	↓ 1379	↓ 1379	↓ 1449	↓ 1379	

196	195	194	11	10	188	7	8	9	5	4	185	184	183
182	181	180	18	173	20	22	21	23	24	25	171	170	169
168	167	166	158	33	37	36	35	34	38	39	157	156	155
141	55	54	151	150	149	50	49	146	145	144	45	44	56
57	128	59	137	136	135	64	63	132	131	130	68	69	70
84	72	115	123	122	121	78	77	118	117	116	82	83	71
85	100	101	102	103	104	106	105	93	94	95	96	97	98
99	86	87	88	89	90	92	91	107	108	109	110	111	112
113	114	73	81	80	79	119	120	76	75	74	124	125	126
127	58	129	67	66	65	133	134	62	61	60	138	139	140
43	142	143	53	52	51	147	148	48	47	46	152	153	154
42	41	40	32	159	160	161	162	163	164	165	31	30	29
28	27	26	172	19	174	175	176	177	178	179	17	16	15
14	13	12	186	187	6	189	190	191	192	193	3	2	1

Abb. 8.12 Magisches Quadrat der Ordnung $n = 14$ (al-Haytham)

Wird aber zusätzlich bei vier Zellen ein horizontal symmetrischer Ausgleich vorgenommen, ohne dabei Zahlen auf den Diagonalen zu ändern, entsteht auch bei diesen Ordnungen ein magisches Quadrat. Dazu wählt man

- die mittlere Zelle im Block H und die Zelle darüber
- die mittlere Zelle im Block E und die Zelle darüber

Mit diesen zusätzlichen Änderungen lassen sich auch für alle Ordnungen $n = 8t + 6$ magische Quadrate erstellen. Das magische Quadrat, das mit diesem Verfahren für die Ordnung $n = 14$ erstellt worden ist, ist in Abbildung 8.12 zu sehen.

8.1.3 Al-Antaki

Diese Methode mit der Benutzung eines Kreuzes wurde bereits im 10. Jahrhundert von al-Antaki beschrieben.[3] Zunächst werden die beiden mittleren Zeilen und Spalten abgetrennt und im Zentrum mit den Zahlen aus Abbildung 8.13 gefüllt.

		$\frac{n^2}{2}+4$	$\frac{n^2}{2}-3$		
		$\frac{n^2}{2}-1$	$\frac{n^2}{2}+2$		
$\frac{n^2}{2}-7$	$\frac{n^2}{2}+7$	$\frac{n^2}{2}$	$\frac{n^2}{2}+3$	$\frac{n^2}{2}+9$	$\frac{n^2}{2}-9$
$\frac{n^2}{2}+8$	$\frac{n^2}{2}-6$	$\frac{n^2}{2}-2$	$\frac{n^2}{2}+1$	$\frac{n^2}{2}-8$	$\frac{n^2}{2}+10$
		$\frac{n^2}{2}-4$	$\frac{n^2}{2}+5$		
		$\frac{n^2}{2}+6$	$\frac{n^2}{2}-5$		

		54	47		
		49	52		
43	57	50	53	59	41
58	44	48	51	42	60
		46	55		
		46	55		

Abb. 8.13 Eintragen der Zahlen in das Zentrum

[3] Sesiano [519] S. 91–98 und Sesiano [526] S. 79–83

Für das Auffüllen der noch leeren Zellen im Kreuz werden die Zahlen benutzt, die symmetrisch um den Bereich der bereits vorhandenen Zahlen liegen. Die kleinste dieser Zahlen ist $\frac{n^2}{2} - 9 = 41$, und es müssen noch $2 \cdot (n - 6) = 8$ Zahlen samt ihren komplementären Zahlen in das Kreuz eingetragen werden. Dies wären also die acht Zahlen von 33 bis 40, von denen die erste Hälfte in die Zeilen und die zweite Hälfte in die Spalten eingetragen werden.

Da die eingetragenen Zahlen immer die bisherigen Summen ausgleichen müssen, trägt man die erste Zahl von links in die obere Zeile des Kreuzes ein, die beiden nächsten in die untere und die vierte dann wieder in die obere Zeile. Die noch freien Zellen dieser beiden Zeilen werden danach durch die komplementären Zahlen aufgefüllt.

Entsprechend geht man mit der zweiten Hälfte von Zahlen vor, die ebenso abwechselnd in die beiden mittleren Spalten eingetragen werden. Damit ist das Kreuz wie in Abbildung 8.14 bereits vollständig gefüllt.

				37	64				
				63	38				
				54	47				
				49	52				
33	67	43	57	50	53	59	41	66	36
68	34	58	44	48	51	42	60	35	65
				46	55				
				56	45				
				62	39				
				40	61				

Abb. 8.14 Auffüllen der mittleren Zeilen und Spalten

Nun folgen noch die freien Bereiche in den Ecken des Quadrates. Dazu wählt man ein magisches Quadrat vierter Ordnung, bei dem in jeder Zeile, jeder Spalte und beiden Diagonalen jeweils zwei Zahlen aus dem Bereich 1 bis 8 und zwei Zahlen aus dem Bereich 9 bis 16 auftreten. Die Zahlen 9 bis 16, die zu den Zahlen aus dem unteren Bereich komplementär sind, müssen hier angepasst werden, da z. B. die komplementäre Zahl zu 1 in einem Quadrat der Ordnung $n = 10$ nicht mehr 16, sondern 100 heißt. Das mit den Zahlen aus Tabelle 8.1 veränderte Quadrat wird dann in die linke obere Ecke eingetragen.

Für das nächste Teilquadrat in der rechten oberen Ecke werden auch die Zahlen 1 bis 8 verändert. Alle Zahlen erhöhen sich um den Wert 8, damit mit dem veränderten Zahlenbereich jetzt die Zahlen 9 bis 16 abgedeckt werden. Die ursprünglichen Zahlen 9 bis 16 in dem Quadrat der Ordnung 4 werden wieder durch die zugehörigen Komplemente ersetzt, deren Werte im Unterschied zu den Komplementen im ersten Teilquadrat um 8 vermindert werden müssen.

Die vollständige Ersetzungstabelle der Zahlen für alle vier Teilquadrate ist in Tabelle 8.1 angegeben.

Quadrat 1 (lo)		Quadrat 2 (ro)	
1 … 8	9 … 16	1 … 8	9 … 16
1 … 8	93 … 100	9 … 16	85 … 92

Quadrat 3 (lu)		Quadrat 4 (ru)	
1 … 8	9 … 16	1 … 8	9 … 16
17 … 24	77 … 84	25 … 32	69 … 76

Tab. 8.1 Tabelle für die Änderungen der Zahlen

Man wählt also etwa das Basisquadrat aus Abbildung 8.15a und ändert die Zahlen gemäß der Ersetzungstabelle. Die so erhaltenen Teilquadrate fügt man dann von links nach rechts und von oben nach unten in die freien Bereiche des Zielquadrates ein. Als Ergebnis erhält man das magische Quadrat der Ordnung $n = 10$ aus Abbildung 8.15, bei dem zur besseren Unterscheidung die Positionen der ursprünglichen Zahlen 1 bis 8 aus dem Basisquadrat besonders hervorgehoben sind.

1	14	11	8
12	7	2	13
6	9	16	3
15	4	5	10

a) Basisquadrat

1	98	95	8	37	64	9	90	87	16
96	7	2	97	63	38	88	15	10	89
6	93	100	3	54	47	14	85	92	11
99	4	5	94	49	52	91	12	13	86
33	67	43	57	50	53	59	41	66	36
68	34	58	44	48	51	42	60	35	65
17	82	79	24	46	55	25	74	71	32
80	23	18	81	56	45	72	31	26	73
22	77	84	19	62	39	30	69	76	27
83	20	21	78	40	61	75	28	29	70

b) magisches Quadrat

Abb. 8.15 Magisches Quadrat der Ordnung $n = 10$ (al-Antaki)

Nun soll noch ein Beispiel für die Ordnung $n = 14$ gegeben werden, da sich bei der Konstruktion dieser Größe einige weitere Möglichkeiten ergeben. Zunächst werden wieder die Zahlen für das Kreuz im Zentrum platziert, bevor die beiden mittleren Zeilen mit den Zahlen 73 bis 80 gefüllt werden müssen.

Dies kann ebenso geschehen wie in Abbildung 8.14, wo vier Zahlen so in die beiden Zeilen eingetragen werden, dass ein Ausgleich geschaffen wird. Hier müssten dann einfach nur die Zahlen von zwei Vierergruppen entsprechend platziert werden.

Ein solcher Ausgleich wird aber auch erzielt, wenn man den gesamten Zahlenbereich in vier gleich große Gruppen von fortlaufenden Zahlen unterteilt. Das erste Viertel wird dann in die obere Zeile eingetragen, in diesem Beispiel wären das also zwei Zahlen. Danach werden die Zahlen der mittleren beiden Gruppen von links nach rechts in die freien Zellen der unteren Zeile platziert. Hier wären das insgesamt vier Zahlen. Den Abschluss bilden die Zahlen der vierten Gruppe, die wieder in die obere Zeile eingetragen werden. Durch diese Aufteilung der Zahlen ist auch ein Ausgleich sichergestellt.

Füllt man entsprechend mit den nachfolgenden acht Zahlen 81 bis 88 die mittleren beiden Spalten und trägt dann noch die zugehörigen Komplemente ein, erhält man das vollständig gefüllte Kreuz aus Abbildung 8.16.

						81	116						
						82	115						
						114	83						
						113	84						
						102	95						
						97	100						
73	74	122	121	91	105	98	101	107	89	120	119	79	80
124	123	75	76	106	92	96	99	90	108	77	78	118	117
						94	103						
						104	93						
						112	85						
						111	86						
						87	110						
						88	109						

Abb. 8.16 Auffüllen der mittleren Zeilen und Spalten

Obwohl die Teilquadrate in den Ecken jetzt die Größe 6 besitzen, werden weiterhin Quadrate der Größe 4 benutzt. Mit der Ordnung $n = 4k + 2$ müssen insgesamt k^2 Quadrate dieser Größe von links nach rechts und von oben nach unten eingetragen werden. Dabei werden die mittleren beiden Zeilen und Spalten immer übersprungen, sodass einige Teilquadrate in verschiedenen Randgebieten platziert werden müssen. Als Ergebnis erhält man das magische Quadrat aus Abbildung 8.17.

1	4	14	15
13	16	2	3
8	5	11	10
12	9	7	6

a) Basisquadrat

1	4	194	195	9	12	81	116	186	187	17	20	178	179
193	196	2	3	185	188	82	115	10	11	177	180	18	19
8	5	191	190	16	13	114	83	183	182	24	21	175	174
192	189	7	6	184	181	113	84	15	14	176	173	23	22
25	28	170	171	33	36	102	95	162	163	41	44	154	155
169	172	26	27	161	164	97	100	34	35	153	156	42	43
73	74	122	121	91	105	98	101	107	89	120	119	79	80
124	123	75	76	106	92	96	99	90	108	77	78	118	117
32	29	167	166	40	37	94	103	159	158	48	45	151	150
168	165	31	30	160	157	104	93	39	38	152	149	47	46
49	52	146	147	57	60	112	85	138	139	65	68	130	131
145	148	50	51	137	140	111	86	58	59	129	132	66	67
56	53	143	142	64	61	87	110	135	134	72	69	127	126
144	141	55	54	136	133	88	109	63	62	128	125	71	70

b) magisches Quadrat

Abb. 8.17 Magisches Quadrat der Ordnung $n = 14$ (al-Antaki)

Varianten

Für dieses Verfahren gibt es eine Vielzahl von Varianten, mit denen man unterschiedliche magische Quadrate erzeugen kann. Das beginnt schon beim Kreuz im Zentrum, bei denen nur die mittleren vier Zahlen fest vorgegeben sind, da sie Einfluss auf die Diagonalensummen haben.

Ab der Ordnung $n = 14$ kann man zwischen den beiden Füllarten wählen, die bei den Konstruktionen in den beiden bisherigen Beispielen benutzt worden sind, um die Summen der eingetragenen Zahlen auszugleichen. Weiterhin müssen die gewählten Zahlen nicht wie in den bisherigen Beispielen in die vorgegebenen Zellen eingetragen werden, sondern die Zahlen können innerhalb der Zeile bzw. Spalte beliebig permutiert werden. Die komplementären Zahlen werden dann natürlich entsprechend zugewiesen.

Schließlich können die beiden mittleren Zeilen und die beiden mittleren Spalten untereinander auch vertauscht werden. Dabei müssen natürlich die vier Zahlen im Zentrum ausgelassen werden.

Auch beim Eintragen der k^2 Basisquadrate mit den veränderten Zahlen wurde bis jetzt sehr systematisch vorgegangen und immer von links nach rechts und von oben nach unten eingetragen. Diese Basisquadrate können aber beliebig untereinander permutiert werden und damit jeden der k^2 möglichen Plätze einnehmen.

Zusätzlich kann man auch das 4×4 - Basisquadrat verändern. Dazu kann man ein beliebiges der 528 magischen Quadrate aus den Dudeney-Gruppen 1 bis $6b_1$ wählen und die Zahlen 9 bis 16 durch die Komplemente der Zahlen 1 bis 8, bei der Ordnung $n = 8$ also durch die Zahlen 57 bis 64, ersetzen. Diese 528 Quadrate besitzen nämlich die Eigenschaft, dass in jeder Zeile, jeder Spalte und den beiden Diagonalen genau zwei Zahlen im Bereich 1 bis 8 und zwei aus dem Bereich 9 bis 16 vorkommen.

In Abbildung 8.18 ist ein magisches Quadrat der Ordnung $n = 14$ dargestellt, bei dem einige dieser Möglichkeiten angewendet wurden.

2	16	9	7
5	11	14	4
15	1	8	10
12	6	3	13

a) Basisquadrat

26	172	165	31	18	180	87	110	173	23	10	188	181	15
29	167	170	28	21	175	113	84	178	20	13	183	186	12
171	25	32	166	179	17	81	116	24	174	187	9	16	182
168	30	27	169	176	22	88	109	19	177	184	14	11	185
66	132	125	71	50	148	102	95	141	55	34	164	157	39
69	127	130	68	53	143	94	103	146	52	37	159	162	36
75	78	77	123	91	105	98	101	89	107	118	76	124	117
122	119	120	74	106	92	96	99	108	90	79	121	73	80
131	65	72	126	147	49	104	93	56	142	163	33	40	158
128	70	67	129	144	54	97	100	51	145	160	38	35	161
58	140	133	63	42	156	82	115	149	47	2	196	189	7
61	135	138	60	45	151	112	85	154	44	5	191	194	4
139	57	64	134	155	41	114	83	48	150	195	1	8	190
136	62	59	137	152	46	111	86	43	153	192	6	3	193

b) magisches Quadrat

Abb. 8.18 Magisches Quadrat der Ordnung $n = 14$ (al-Antaki, Variante)

8.1.4 Bachet - Labosne

Die Methode von Bachet und Labosne arbeitet mit zwei Hilfsquadraten.[4] In einem ersten Schritt werden die beiden Diagonalen des ersten Hilfsquadrates von links nach rechts mit den Zahlen 1 bis n in aufsteigender Folge gefüllt. Danach werden die Spalten der linken Hälfte mit den Zahlen, die sich dort bereits befinden und ihren zu $n+1$ komplementären Zahlen aufgefüllt. Dabei muss jede der beiden möglichen Zahlen genau $m = \frac{n}{2}$ mal auftreten.

Wenn alle Spalten der linken Hälfte gefüllt sind, werden abschließend in die horizontal symmetrisch liegenden Zellen der rechten Hälfte die komplementären Zahlen eingetragen (siehe Abbildung 8.19).

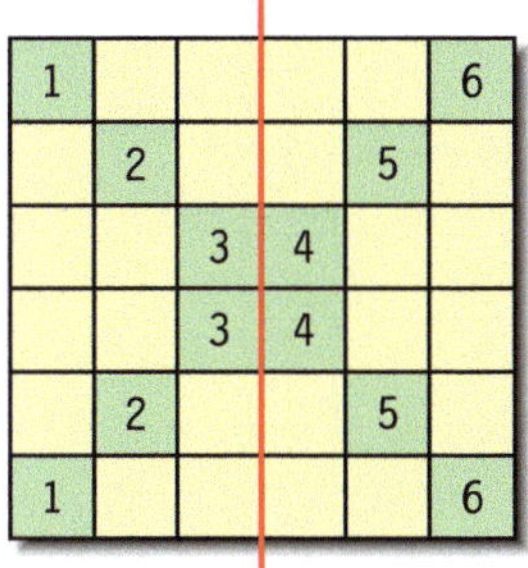

1	2	4			6
6	2	4		5	
1	5	3	4		
6	5	3	4		
6	2	3		5	
1	5	4			6

1	2	4	3	5	6
6	2	4	3	5	1
1	5	3	4	2	6
6	5	3	4	2	1
6	2	3	4	5	1
1	5	4	3	2	6

Abb. 8.19 Füllen der Spalten beim ersten Hilfsquadrat

Im zweiten Hilfsquadrat wird zunächst die Nebendiagonale von links oben nach rechts unten mit den Zahlen $0, n, 2n, \ldots, (n-1) \cdot n$ gefüllt. Im Beispiel der Ordnung $n = 6$ wären dies also die Zahlen $0, 6, 12, 18, 24, 30$. Auf der Hauptdiagonalen werden dagegen die Zahlen von links unten nach rechts oben in umgekehrter Reihenfolge eingetragen.

Ähnlich dem Vorgehen bei den Spalten des ersten Hilfsquadrates werden jetzt die unteren m Zeilen mit den bereits vorhandenen Zahlen und ihren zu $(n-1) \cdot n$ komplementären Zahlen so aufgefüllt, dass jede der beiden möglichen Zahlen wie in Abbildung 8.20 genau m mal vertreten ist.

0					0
	6			6	
		12	12		
		18	18		
	24			24	
30					30

0					0
	6			6	
		12	12		
12	18	18	18	12	12
6	24	6	6	24	24
30	0	30	0	0	30

Abb. 8.20 Füllen der Spalten

[4] Bachet-Labosne [31] S. 102 – 107 und Descombes [124] S. 218 – 220

Allerdings gilt es eine Zusatzregel zu beachten: Wenn in einer Zeile des ersten Hilfsquadrates zwei horizontal symmetrische Zahlen bezüglich $n + 1$ komplementär zu ihren vertikal symmetrisch liegenden Partnerzahlen sind, müssen in die betreffende Zeile des zweiten Hilfsquadrates die gleichen Zahlen und in die hierzu symmetrisch liegende Zeile die dazu komplementären Zahlen eingetragen werden.

Beispielsweise befinden sich in der unteren Zeile des ersten Hilfsquadrates die Zahlen 5 und 2 und in den symmetrisch liegenden Zellen der oberen Zeile die komplementären Zahlen 2 und 5. Hier greift jetzt die Sonderregel und in die beiden Zellen der unteren Zeile muss die gleiche Zahl eingetragen werden. Obwohl für diese Zeile prinzipiell die beiden Zahlen 0 und 30 zur Auswahl stehen, muss man in diesem Fall die Zahl 0 eintragen, da sonst die Zahl 30 zu oft auftreten würde (siehe Abbildung 8.21).

1	2	4	3	5	6
6	2	4	3	5	1
1	5	3	4	2	6
6	5	3	4	2	1
6	2	3	4	5	1
1	5	4	3	2	6

0					0
	6			6	
		12	12		
		18	18		
	24			24	
30	0			0	30

Abb. 8.21 Sonderregel (Fall 1)

Zwei weitere Fälle der Sonderregel treten in den beiden mittleren Spalten der zweiten Zeile von unten und in den beiden äußeren Spalten der Zeile darüber auf. Auch hier müssen gleiche Zahlen in die jeweiligen Zeilen eingetragen werden. Das Ergebnis unter Anwendung der Sonderregel ist in Abbildung 8.22 dargestellt.

1	2	4	3	5	6
6	2	4	3	5	1
1	5	3	4	2	6
6	5	3	4	2	1
6	2	3	4	5	1
1	5	4	3	2	6

0					0
	6			6	
		12	12		
		18	18		
	24	6	6	24	
30	0			0	30

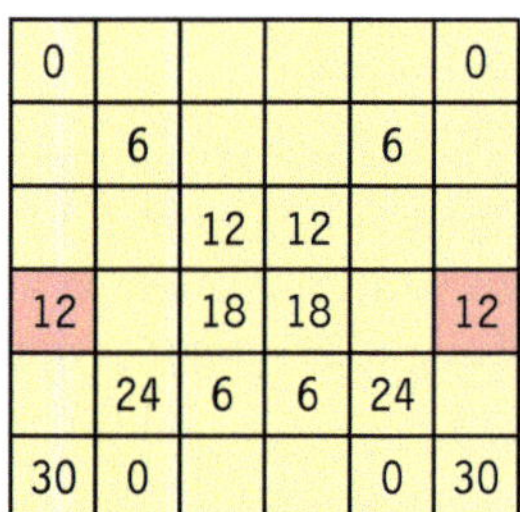

0					0
	6			6	
		12	12		
12		18	18		12
	24	6	6	24	
30	0			0	30

Abb. 8.22 Sonderregeln 2 und 3

Bei der Ordnung $n = 6$ hat man durch die zwei bereits auf den Diagonalen eingetragenen Zahlen keine Auswahl, welche Zahlen bei der Sonderregel in die Zeile eingetragen werden sollen. Bei höheren Ordnungen besitzt man dann aber mehrere Möglichkeiten.

Wenn die untere Hälfte der Zeilen gefüllt ist, werden die vertikal symmetrisch liegenden Zellen mit den bezüglich $(n - 1) \cdot n$ komplementären Zahlen gefüllt (siehe Abbildung 8.23).

0					0
	6			6	
		12	12		
12	18	18	18	12	12
6	24	6	6	24	24
30	0	30	0	0	30

0	30	0	30	30	0
24	6	24	24	6	6
18	12	12	12	18	18
12	18	18	18	12	12
6	24	6	6	24	24
30	0	30	0	0	30

Abb. 8.23 Füllen der Zeilen beim zweiten Hilfsquadrat

Abschließend müssen die zwei Hilfsquadrate nur noch zu einem magischen Quadrat zusammengesetzt werden. Durch die besondere Wahl der Zahlen in den beiden Hilfsquadraten reicht es, die entsprechenden Zellen einfach zu addieren.

1	2	4	3	5	6
6	2	4	3	5	1
1	5	3	4	2	6
6	5	3	4	2	1
6	2	3	4	5	1
1	5	4	3	2	6

a) 1. Hilfsquadrat

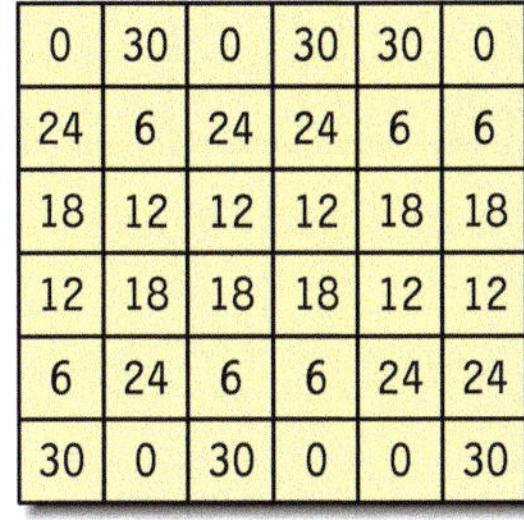

0	30	0	30	30	0
24	6	24	24	6	6
18	12	12	12	18	18
12	18	18	18	12	12
6	24	6	6	24	24
30	0	30	0	0	30

b) 2. Hilfsquadrat

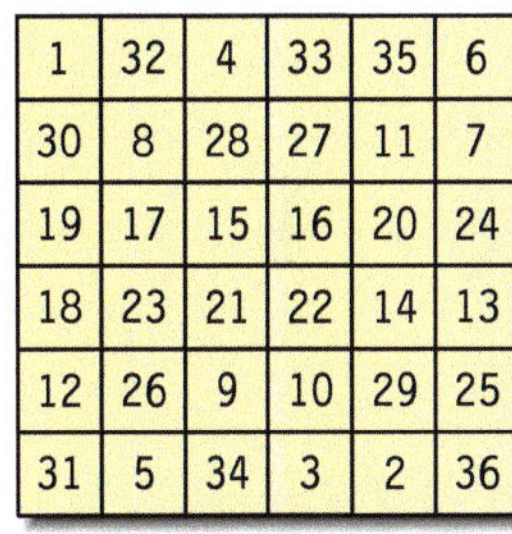

1	32	4	33	35	6
30	8	28	27	11	7
19	17	15	16	20	24
18	23	21	22	14	13
12	26	9	10	29	25
31	5	34	3	2	36

c) magisches Quadrat

Abb. 8.24 Magisches Quadrat der Ordnung $n = 6$ (Bachet - Labosne)

Ein weiteres Beispiel für die Ordnung $n = 10$ soll insbesondere die zentrale Konstruktion der beiden Hilfsquadrate aus Abbildung 8.25 verdeutlichen.

1	9	3	4	6	5	7	8	2	10
10	2	8	7	6	5	4	3	9	1
1	2	3	7	5	6	4	8	9	10
1	9	3	4	5	6	7	8	2	10
10	9	3	4	5	6	7	8	2	1
10	2	8	7	5	6	4	3	9	1
10	9	8	4	6	5	7	3	2	1
10	9	3	4	5	6	7	8	2	1
1	2	8	7	6	5	4	3	9	10
1	2	8	7	6	5	4	3	9	10

a) 1. Hilfsquadrat

0	0	90	90	90	0	90	90	0	0
10	10	10	80	80	80	80	80	10	10
20	70	20	70	70	20	70	20	70	20
30	60	60	30	60	60	30	60	30	30
40	40	50	50	40	40	50	50	40	50
50	50	40	40	50	50	40	40	50	40
60	30	30	60	30	30	60	30	60	60
70	20	70	20	20	70	20	70	20	70
80	80	80	10	10	10	10	10	80	80
90	90	0	0	0	90	0	0	90	90

b) 2. Hilfsquadrat

Abb. 8.25 Hilfsquadrate für die Methode von Bachet - Labosne

Durch Addition der beiden Hilfsquadrate entsteht dann das magische Quadrat der Ordnung $n = 10$ aus Abbildung 8.26.

1	9	93	94	96	5	97	98	2	10
20	12	18	87	86	85	84	83	19	11
21	72	23	77	75	26	74	28	79	30
31	69	63	34	65	66	37	68	32	40
50	49	53	54	45	46	57	58	42	51
60	52	48	47	55	56	44	43	59	41
70	39	38	64	36	35	67	33	62	61
80	29	73	24	25	76	27	78	22	71
81	82	88	17	16	15	14	13	89	90
91	92	8	7	6	95	4	3	99	100

Abb. 8.26 Magisches Quadrat der Ordnung $n = 10$ (Bachet - Labosne)

8.1.5 Drach

Basierend auf dem Verfahren aus Abschnitt 7.2.8 stellt Drach auch ein Verfahren zur Erzeugung magischer Quadrate einfach-gerader Ordnung $n = 4k + 2$ vor, indem er einen zusätzlichen Rahmen um das innere Quadrat der Ordnung $n = 4k$ legt.[5]

Dazu trägt er die Zahlen 1 und n in die beiden oberen Ecken ein und platziert die Zahl 2 direkt rechts neben der linken unteren Ecke. Nun folgen $\frac{n-4}{2}$ Zahlen, die absteigend ab $8k+2$ von links nach rechts abwechselnd in die obere und untere Zeile eingetragen werden. Für die Ordnung $n = 4k + 2 = 10$ sind dies mit 18, 17 und 16 genau drei Zahlen.

Nun folgen wiederum $\frac{n-4}{2}$ fortlaufende Zahlen, die aufsteigend ab $4k + 3$ von rechts nach links abwechselnd in die untere und obere Zeile eingetragen werden. Bei diesen Zahlen beginnt man links neben der rechten unteren Ecke. Jetzt existiert nur noch eine leere Spalte. Hier wird links neben der zuletzt in der unteren Zeile eingetragenen Zahl die um 1 vergrößerte Zahl platziert (siehe Abbildung 8.27a).

Das Füllen der Spalten geschieht bei Drach sehr einfach. Er trägt die $n - 3$ Zahlen von 3 bis $n - 1$ von oben nach unten abwechselnd in die rechte und linke Spalte ein. Den Abschluss bildet die Zahl $6k + 3$ direkt oberhalb der linken unteren Ecke (siehe Abbildung 8.27b).

[5] Drach [126] S. 169 – 174

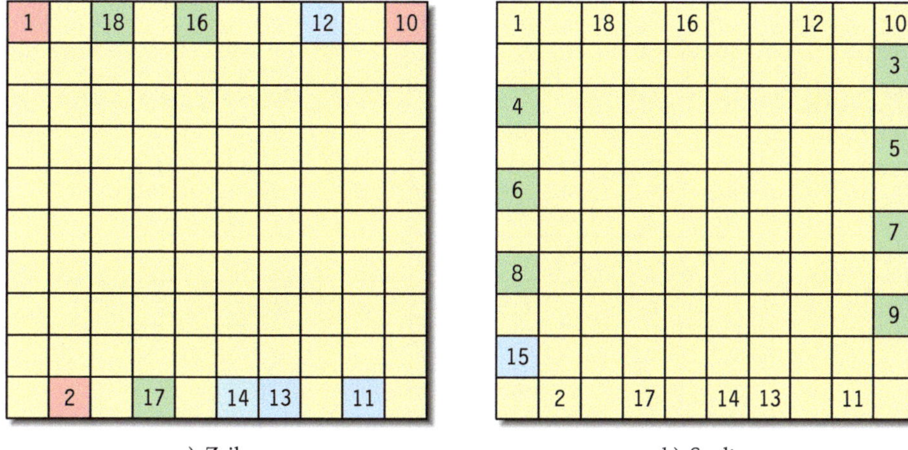

a) Zeilen b) Spalten

Abb. 8.27 Rahmen bei der Ordnung $n = 10$

Abschließend werden dann die komplementären Zahlen wie in Abbildung 8.28a in den Rahmen eingetragen.

Jetzt muss nur noch ein Quadrat der Ordnung $n = 4k = 8$ in das Zentrum eingefügt werden, wobei alle Zahlen um den Wert $2n - 2 = 18$ erhöht werden müssen. Dazu kann man ein beliebiges Quadrat dieser Ordnung wählen oder auch wie in diesem Beispiel das Quadrat, das mit der Methode von Drach für doppelt-gerade Ordnungen erzeugt worden ist.[6] Das Ergebnis ist ein magisches Quadrat der Ordnung $n = 10$, das in Abbildung 8.28b dargestellt ist.

1	99	18	84	16	87	88	12	90	10
98									3
4									97
96									5
6									95
94									7
8									93
92									9
15									86
91	2	83	17	85	14	13	89	11	100

a) vollständiger Rahmen

1	99	18	84	16	87	88	12	90	10
98	19	81	80	22	27	73	72	30	3
4	78	24	25	75	70	32	33	67	97
96	26	76	77	23	34	68	69	31	5
6	79	21	20	82	71	29	28	74	95
94	35	65	64	38	43	57	56	46	7
8	62	40	41	59	54	48	49	51	93
92	42	60	61	39	50	52	53	47	9
15	63	37	36	66	55	45	44	58	86
91	2	83	17	85	14	13	89	11	100

b) magisches Quadrat

Abb. 8.28 Magisches Quadrat der Ordnung $n = 10$ (Drach)

[6] siehe Abbildung 7.144 in Kapitel 7.2.8

Selbstverständlich lassen sich bei dem inneren Quadrat doppelt-gerader Ordnung auch alle Varianten anwenden, die in Kapitel 7.2.8 erwähnt worden sind. Ein solches Beispiel ist für die Ordnung $n = 14$ in Abbildung 8.29 dargestellt.

1	195	26	172	24	174	22	177	178	18	180	16	182	14
194	127	69	68	130	170	28	29	167	94	99	95	106	3
4	74	124	125	71	31	165	164	34	104	97	101	92	193
192	126	72	73	123	163	33	32	166	105	96	100	93	5
6	67	129	128	70	30	168	169	27	91	102	98	103	191
190	46	152	153	43	159	37	36	162	51	145	144	54	7
8	147	49	48	150	42	156	157	39	142	56	57	139	189
188	47	149	148	50	158	40	41	155	58	140	141	55	9
10	154	44	45	151	35	161	160	38	143	53	52	146	187
186	135	61	60	138	86	107	87	114	75	121	120	78	11
12	66	132	133	63	112	89	109	84	118	80	81	115	185
184	134	64	65	131	113	88	108	85	82	116	117	79	13
21	59	137	136	62	83	110	90	111	119	77	76	122	176
183	2	171	25	173	23	175	20	19	179	17	181	15	196

Abb. 8.29 Magisches Quadrat der Ordnung $n = 14$ (Drach)

8.1.6 Nelson

Nelson geht bei seinem Verfahren von einem Quadrat in natürlicher Anordnung aus, wobei hier die Zeilen ausnahmsweise von oben nach unten durchnummeriert werden.[7] Die linke obere Ecke besitzt damit die Koordinaten $(0, 0)$. Zusätzlich benutzt er eine Indextabelle mit n Spalten und $m = \frac{n}{2}$ Spaltenblöcken.

Im ersten Spaltenblock mit den ersten beiden Spalten der Indextabelle werden die Zahlen von 0 bis $m - 1$ eingetragen und in der Spalte daneben ihre bezüglich $n - 1$ komplementären Zahlen. In den beiden Spalten daneben wandern alle Zahlen zyklisch gesehen eine Zeile nach oben. Dies bedeutet, dass die Zahl aus der oberen Zeile in die untere Zeile wandert. Entsprechend verfährt man mit allen weiteren Paaren von Spalten.

[7] Nelson [380] S. 73–76

0	9	1	8	2	7	3	6	4	5
1	8	2	7	3	6	4	5	0	9
2	7	3	6	4	5	0	9	1	8
3	6	4	5	0	9	1	8	2	7
4	5	0	9	1	8	2	7	3	6
–		3		–		2		1	

Tab. 8.2 Indextabelle für die Ordnung $n = 10$

Gemäß dieser Indextabelle wird jetzt einigen Zahlen aus dem Quadrat in natürlicher Anordnung der Abbildung 8.30a bei geeigneten Voraussetzungen ein Index zugeordnet. Die Zahl 42 befindet sich beispielsweise in Spalte 1 und Zeile 4 gemäß der Nummerierung von Nelson. Da die Spalte immer im linken Spaltenblock der Indextabelle 8.2 gesucht wird, ist mit Spalte 1 die zweite Zeile für die Zahl 42 zuständig. In dieser Zeile der Indextabelle findet sich die gesuchte Zeilennummer 4 im zweiten Spaltenblock von rechts. Dieser Block liefert den Index für die Zahl 42, der in diesem Falle 2 lautet und unterhalb des Spaltenblocks steht. Der so bestimmte Index wird dann in ein Hilfsquadrat an der Position der ursprünglichen Zahl 42 eingetragen.

Die Zahl 29 befindet sich dagegen in Spalte 8 und Zeile 2. Dieser Kombination ist der Index 3 zugeordnet. Entsprechend findet sich die Zahl 77 in Spalte 6 und Zeile 7 und damit handelt es sich um den Index 1. Als letztes Beispiel soll der Index für die Zahl 53 gefunden werden, die sich in Spalte 2 und Zeile 5 befindet. Dieser Kombination ist aber keiner der drei unterschiedlichen Indizes zugeordnet, sodass die zugehörige Position im Hilfsquadrat leer bleibt.

1	2	3	4	5	6	7	8	9	10
11	12	13	14	15	16	17	18	19	20
21	22	23	24	25	26	27	28	29	30
31	32	33	34	35	36	37	38	39	40
41	42	43	44	45	46	47	48	49	50
51	52	53	54	55	56	57	58	59	60
61	62	63	64	65	66	67	68	69	70
71	72	73	74	75	76	77	78	79	80
81	82	83	84	85	86	87	88	89	90
91	92	93	94	95	96	97	98	99	100

a) natürliche Anordnung

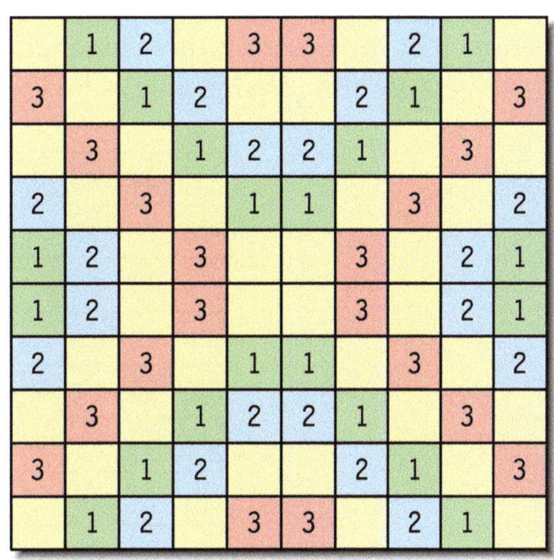

	1	2		3	3		2	1	
3		1	2			2	1		3
	3		1	2	2	1		3	
2		3		1	1		3		2
1	2		3			3		2	1
1	2		3			3		2	1
2		3		1	1		3		2
	3		1	2	2	1		3	
3		1	2			2	1		3
	1	2		3	3		2	1	

b) indizierte Zellen

Abb. 8.30 Indizierte Zellen für das Verfahren von Nelson

Nun werden Vertauschungen von den symmetrisch liegenden markierten Zellen vorgenommen. Ein Index 1 bedeutet dabei, dass vier symmetrisch liegende Zellen gemäß der Vorschrift aus Abbildung 8.31 ausgetauscht werden. In dieser Abbildung ist auch ein konkreter Austausch von vier Zahlen angegeben.

Abb. 8.31 Austausch von Zellen mit dem Index 1

Der Austausch bei den symmetrisch liegenden Zellen mit Index 2 ist in Abbildung 8.32 dargestellt.

Abb. 8.32 Austausch von Zellen mit dem Index 2

Zum Abschluss ist in Abbildung 8.33 ein Beispiel für den Austausch bei einem Index 3 angegeben.

Abb. 8.33 Austausch von Zellen mit dem Index 3

Da die nicht mit einem Index versehenen Zellen unverändert bleiben, ergibt sich nach allen Vertauschungen das magische Quadrat aus Abbildung 8.34.

1	99	98	4	96	95	7	3	92	10
90	12	88	87	15	16	14	83	19	81
21	79	23	77	76	25	74	28	72	30
70	32	68	34	66	65	37	63	39	31
60	59	43	57	45	46	54	48	42	51
41	49	53	47	55	56	44	58	52	50
40	62	38	64	35	36	67	33	69	61
71	29	73	24	26	75	27	78	22	80
20	82	13	17	85	86	84	18	89	11
91	2	8	94	6	5	97	93	9	100

Abb. 8.34 Magisches Quadrat der Ordnung $n = 10$ (Nelson)

Für andere Ordnungen bleibt jetzt nur noch die genaue Vergabe der Indizes zu klären. In der Indextabelle wird dem rechten Spaltenpaar immer der Index 1 und dem links danebenliegenden Spaltenpaar der Index 2 zugeordnet. Die weiteren Spaltenpaare erhalten dann $\frac{n-6}{4}$ mal keinen Index und danach genau so oft den Index 3. Den Abschluss bildet das Spaltenpaar ganz links, dem nie ein Index zugeordnet wird. Dies bedeutet für die Ordnung $n = 6$ die Anordnung aus Tabelle 8.3, wo der Index 3 nicht vergeben wird.

0	5	1	4	2	3
1	4	2	3	0	5
2	3	0	5	1	4
–		2		1	

Tab. 8.3 Indextabelle für die Ordnung $n = 6$

Bei der Ordnung $n = 14$ tritt der Index 3 wie in Tabelle 8.4 dagegen schon zweimal auf.

0	13	1	12	2	11	3	10	4	9	5	8	6	7
1	12	2	11	3	10	4	9	5	8	6	7	0	13
2	11	3	10	4	9	5	8	6	7	0	13	1	12
3	10	4	9	5	8	6	7	0	13	1	12	2	11
4	9	5	8	6	7	0	13	1	12	2	11	3	10
5	8	6	7	0	13	1	12	2	11	3	10	4	9
6	7	0	13	1	12	2	11	3	10	4	9	5	8
–		3		3		–		–		2		1	

Tab. 8.4 Indextabelle für die Ordnung $n = 14$

Mit den durch diese Indextabellen festgelegten Vertauschungen ergeben sich die magischen Quadrate aus den beiden nachfolgenden Abbildungen.

1	35	34	3	32	6
30	8	28	27	11	7
24	23	15	16	14	19
13	17	21	22	20	18
12	26	9	10	29	25
31	2	4	33	5	36

Abb. 8.35 Magisches Quadrat der Ordnungen 6 (Nelson)

1	195	194	4	5	191	190	189	188	10	11	3	184	14
182	16	180	179	19	20	176	175	23	24	18	171	27	169
168	167	31	165	164	34	35	36	37	33	158	40	156	155
43	153	152	46	150	149	49	50	48	145	53	143	142	56
57	58	138	137	61	135	134	63	132	66	130	129	69	70
126	72	73	123	122	76	120	119	79	117	116	82	83	71
112	111	87	88	108	107	91	92	104	103	95	96	86	99
85	97	101	102	94	93	105	106	90	89	109	110	100	98
84	114	115	81	80	118	77	78	121	75	74	124	125	113
127	128	68	67	131	62	64	133	65	136	60	59	139	140
141	55	54	144	47	51	147	148	146	52	151	45	44	154
42	41	157	32	38	160	161	162	163	159	39	166	30	29
28	170	17	25	173	174	22	21	177	178	172	26	181	15
183	2	12	186	187	9	8	7	6	192	193	185	13	196

Abb. 8.36 Magisches Quadrat der Ordnungen 14 (Nelson)

8.1.7 Bouteloup

In einer Variante der Strategie von Planck aus Kapitel 6.2 führt Jacques Bouteloup einen einfachen Algorithmus an, um einfach-gerade magische Quadrate zu erzeugen.[8] Wie Planck geht er von einem Quadrat in natürlicher Anordnung aus und vertauscht die Zahlen dann nach einem bestimmten Schema. Bouteloup benutzt dabei ein Musterquadrat und verwendet ebenso wie Planck die folgenden Symbole, die am Anfang des Kapitels von Planck auch mit Abbildungen erklärt sind.

- X Zwei entgegengesetzt liegende Paare von vier Zahlen vertauschen, die zur horizontalen und vertikalen Mittellinie symmetrisch liegen.
- – Austausch eines zur vertikalen Mittellinie symmetrisch liegenden Zahlenpaares.
- | Austausch eines zur horizontalen Mittellinie symmetrisch liegenden Zahlenpaares.

Ist in einem Feld des Musterquadrates kein Symbol eingetragen, bleibt das Feld unverändert.

[8] Bouteloup [50] S. 73–74

Außerdem ist die Nebendiagonale im linken oberen Quadranten fest vorgegeben, denn dort wird immer das Symbol X platziert. Durch die Spiegelungen überträgt sich dieses Symbol dann auf die Haupt- und Nebendiagonale des Quadrates.

Ein solches Musterquadrat für die Ordnung $n = 10$ könnte beispielsweise wie in Abbildung 8.37 aussehen.

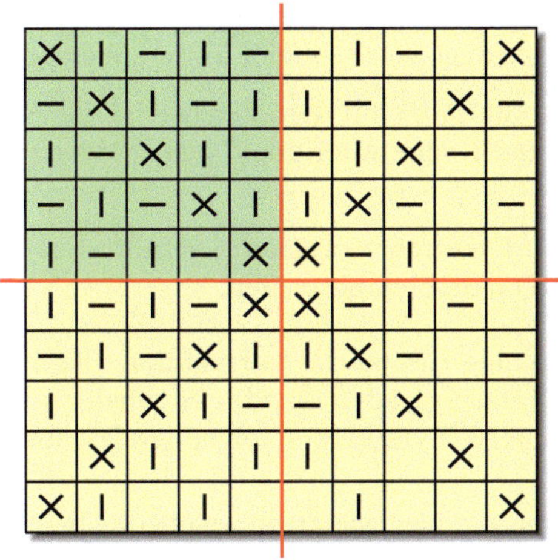

Abb. 8.37 Musterquadrat für das Verfahren von Bouteloup

Mit den durch das Musterquadrat aus Abbildung 8.37 festgelegten Vertauschungen erhält man das magische Quadrat aus Abbildung 8.38.

1	2	3	4	5	6	7	8	9	10
11	12	13	14	15	16	17	18	19	20
21	22	23	24	25	26	27	28	29	30
31	32	33	34	35	36	37	38	39	40
41	42	43	44	45	46	47	48	49	50
51	52	53	54	55	56	57	58	59	60
61	62	63	64	65	66	67	68	69	70
71	72	73	74	75	76	77	78	79	80
81	82	83	84	85	86	87	88	89	90
91	92	93	94	95	96	97	98	99	100

a) natürliche Anordnung

100	92	8	94	6	5	97	3	9	91
20	89	83	17	85	86	14	18	82	11
71	29	78	74	26	25	77	73	22	30
40	62	38	67	65	66	64	33	39	31
51	49	53	47	56	55	44	58	42	50
41	59	43	57	46	45	54	48	52	60
70	32	68	37	35	36	34	63	69	61
21	72	28	24	76	75	27	23	79	80
81	19	13	84	15	16	87	88	12	90
10	2	93	4	95	96	7	98	99	1

b) magisches Quadrat

Abb. 8.38 Magisches Quadrat der Ordnung $n = 10$ (Bouteloup)

Variante

Wenn man sich den linken oberen Quadranten des Musterquadrates in Abbildung 8.37 genauer anschaut, erkennt man den systematischen Aufbau, mit dem sich ein solches Muster für jede einfach-gerade Ordnung erzeugen lässt.

- Jede Zeile besteht aus $\frac{n-2}{4}$ Kombinationen der Zeichen | und −, die immer abwechselnd auftreten, wobei das Symbol **X** immer übersprungen wird.
- Die obere Zeile beginnt dabei mit dem Zeichen |, die Zeile darunter mit − und so geht es abwechselnd weiter. Allerdings ist auch die umgekehrte Reihenfolge erlaubt.
- Wenn der linke obere Quadrant vollständig gefüllt ist, wird er horizontal und vertikal in die anderen Quadranten gespiegelt.

Nun folgen nur noch einige zusätzliche Korrekturen, die die Eigenarten der Anordnung von Zahlen bei einfach-geraden Quadraten wieder ausgleichen. Dabei sind im vorangegangenen Beispiel 8.38 die beiden folgenden Schritte durchgeführt worden:

- In jeder Zeile wird das am weitesten rechts stehende Symbol | ersatzlos entfernt.
- In jeder Spalte wird das am weitesten unten stehende Symbol − ersatzlos entfernt.

Mit dieser Variante werden die zu streichenden Symbole noch flexibler bestimmt.

- In jeder Zeile wird ein beliebiges Symbol | ersatzlos entfernt.
- In jeder Spalte wird ein beliebiges Symbol − ersatzlos entfernt.

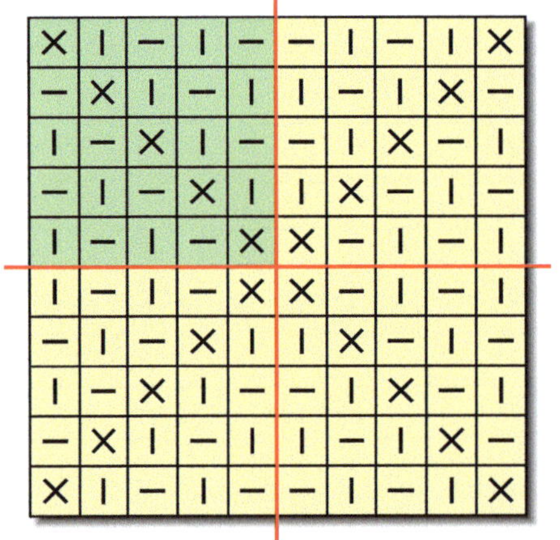

a) Ausgangsquadrat

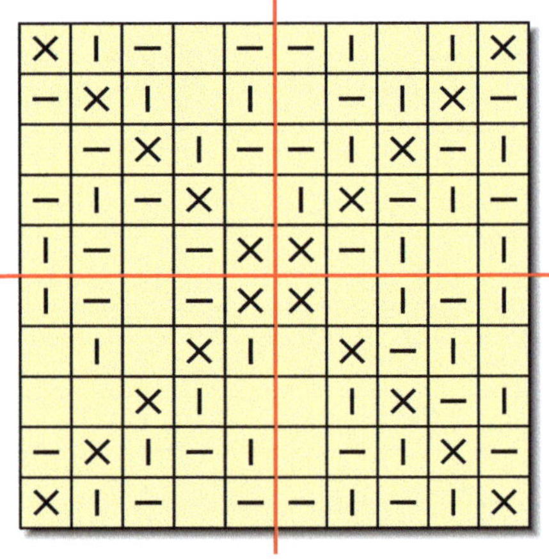

b) Musterquadrat mit entfernten Symbolen

Abb. 8.39 Musterquadrat für die Strategie von Bouteloup (Variante)

Mit den durch das Musterquadrat aus Abbildung 8.39b festgelegten Vertauschungen erhält man das magische Quadrat in Abbildung 8.40. Diese Variante ist auf alle einfach-geraden Ordnungen übertragbar.

1	2	3	4	5	6	7	8	9	10
11	12	13	14	15	16	17	18	19	20
21	22	23	24	25	26	27	28	29	30
31	32	33	34	35	36	37	38	39	40
41	42	43	44	45	46	47	48	49	50
51	52	53	54	55	56	57	58	59	60
61	62	63	64	65	66	67	68	69	70
71	72	73	74	75	76	77	78	79	80
81	82	83	84	85	86	87	88	89	90
91	92	93	94	95	96	97	98	99	100

a) natürliche Anordnung

100	92	8	4	6	5	97	3	99	91
20	89	83	14	85	16	17	88	82	11
21	29	78	74	26	25	77	73	22	80
40	62	38	67	65	36	64	33	69	31
51	49	43	47	56	55	44	58	42	60
41	59	53	57	46	45	54	48	52	50
61	32	63	37	35	66	34	68	39	70
71	72	28	24	75	76	27	23	79	30
90	19	13	87	15	86	84	18	12	81
10	2	98	94	96	95	7	93	9	1

b) magisches Quadrat

Abb. 8.40 Magisches Quadrat der Ordnung $n = 10$ (Bouteloup, Variante)

Ein weiteres Beispiel soll das Verfahren noch einmal für die Ordnung $n = 14$ verdeutlichen. Mit dem Musterquadrat aus Abbildung 8.41 entsteht das magische Quadrat aus Abbildung 8.42.

<table>
<tr><td>×</td><td>|</td><td>—</td><td>|</td><td>—</td><td>|</td><td>—</td><td>—</td><td></td><td></td><td>|</td><td>—</td><td>|</td><td>×</td></tr>
<tr><td></td><td>×</td><td>|</td><td></td><td>|</td><td>—</td><td>|</td><td></td><td>—</td><td>|</td><td>—</td><td>|</td><td>×</td><td>—</td></tr>
<tr><td>|</td><td>—</td><td>×</td><td>|</td><td>—</td><td>|</td><td>—</td><td>—</td><td>|</td><td>—</td><td>|</td><td>×</td><td>—</td><td></td></tr>
<tr><td>—</td><td>|</td><td>—</td><td>×</td><td>|</td><td>—</td><td>|</td><td></td><td>—</td><td>|</td><td>×</td><td>—</td><td>|</td><td>—</td></tr>
<tr><td></td><td>—</td><td>|</td><td>—</td><td>×</td><td>|</td><td></td><td>—</td><td>|</td><td>×</td><td>—</td><td>|</td><td>—</td><td>|</td></tr>
<tr><td>—</td><td>|</td><td>—</td><td></td><td>—</td><td>×</td><td>|</td><td>|</td><td>×</td><td>—</td><td>|</td><td>—</td><td>|</td><td>—</td></tr>
<tr><td>|</td><td></td><td>|</td><td>—</td><td>|</td><td>—</td><td>×</td><td>×</td><td>—</td><td>|</td><td></td><td></td><td>—</td><td>|</td></tr>
<tr><td>|</td><td>—</td><td>|</td><td>—</td><td>|</td><td>—</td><td>×</td><td>×</td><td>—</td><td></td><td>—</td><td>|</td><td>—</td><td>|</td></tr>
<tr><td>—</td><td>|</td><td>—</td><td>|</td><td>—</td><td>×</td><td>|</td><td>|</td><td>×</td><td>—</td><td>|</td><td>—</td><td></td><td>—</td></tr>
<tr><td>|</td><td>—</td><td></td><td>—</td><td>×</td><td>|</td><td>—</td><td>—</td><td>|</td><td>×</td><td>—</td><td>|</td><td></td><td>|</td></tr>
<tr><td>—</td><td>|</td><td>—</td><td>×</td><td>|</td><td>—</td><td>|</td><td>|</td><td></td><td>|</td><td>×</td><td></td><td></td><td></td></tr>
<tr><td>|</td><td>—</td><td>×</td><td>|</td><td></td><td>|</td><td>—</td><td></td><td>|</td><td>—</td><td></td><td>×</td><td>—</td><td>|</td></tr>
<tr><td>—</td><td>×</td><td>|</td><td>—</td><td>|</td><td></td><td>|</td><td>|</td><td>—</td><td></td><td>—</td><td>|</td><td>×</td><td>—</td></tr>
<tr><td>×</td><td>|</td><td></td><td>|</td><td>—</td><td>|</td><td>—</td><td>—</td><td>|</td><td>—</td><td></td><td>—</td><td>|</td><td>×</td></tr>
</table>

Abb. 8.41 Musterquadrat für die Strategie von Bouteloup (Variante)

196	184	12	186	10	188	8	7	191	5	11	3	195	183
15	181	171	18	173	23	175	176	20	24	25	180	170	28
155	41	166	158	38	160	36	35	163	33	39	157	30	168
56	142	54	151	145	51	147	148	48	150	144	45	55	43
127	69	59	67	136	132	63	64	135	131	60	138	58	140
84	114	82	116	80	121	119	120	118	75	123	73	83	71
99	86	101	95	103	93	106	105	90	94	88	110	97	112
85	111	87	109	89	107	92	91	104	108	102	96	100	98
126	72	124	74	122	79	77	78	76	117	81	115	125	113
57	139	129	137	66	62	134	133	65	61	130	68	128	70
154	44	152	53	47	149	49	50	146	52	46	143	153	141
29	167	40	32	159	34	162	161	37	164	165	31	156	42
182	27	17	179	19	174	21	22	177	178	172	26	16	169
14	2	185	4	192	6	190	189	9	187	193	194	13	1

Abb. 8.42 Magisches Quadrat der Ordnung $n = 14$ (Bouteloup, Variante)

8.1.8 Wang Fat – Zhou Ming

Wang Fat und Zhou Ming gehen bei ihrem Verfahren für einfach-gerade Ordnungen $n = 4k + 2$ von einem Quadrat in natürlicher Anordnung aus, bei dem in mehreren Schritten Vertauschungen durchgeführt werden.[9] In einem ersten Schritt werden die Zahlen in beiden Diagonalen umgekehrt.

1	2	3	4	5	6
7	8	9	10	11	12
13	14	15	16	17	18
19	20	21	22	23	24
25	26	27	28	29	30
31	32	33	34	35	36

36	2	3	4	5	31
7	29	9	10	26	12
13	14	22	21	17	18
19	20	16	15	23	24
25	11	27	28	8	30
6	32	33	34	35	1

Abb. 8.43 Umkehren der beiden Diagonalen

9 Wang Fat und Zhou Ming [135]

Danach werden im linken unteren Quadranten $m = \frac{n}{2}$ Zahlen, die auf der oberhalb der linken unteren Ecke beginnenden nach rechts aufwärts gerichteten Diagonalen liegen, mit ihren vertikal symmetrisch liegenden Zahlen der gleichen Spalte vertauscht. Ebenso werden im linken oberen Quadranten die Zahlen, die sich auf der neben der linken oberen Ecke beginnenden und nach rechts abwärts gerichteten Diagonalen befinden, mit ihren horizontal symmetrisch liegenden Zahlen der gleichen Zeile vertauscht. Beide gebrochenen Diagonalen werden dabei zyklisch für den entsprechenden Quadranten betrachtet.

36	2	33	4	5	31
25	29	9	10	26	12
13	20	22	21	17	18
19	14	16	15	23	24
7	11	27	28	8	30
6	32	3	34	35	1

36	5	33	4	2	31
25	29	10	9	26	12
18	20	22	21	17	13
19	14	16	15	23	24
7	11	27	28	8	30
6	32	3	34	35	1

Abb. 8.44 Magisches Quadrat der Ordnung $n = 6$ (Wang Fat - Zhou Ming)

Die Ordnung $n = 6$ stellt aber einen Sonderfall dar, sodass das Verfahren auch für die Ordnung $n = 10$ dargestellt werden soll. Wie im ersten Beispiel beginnt man wieder mit einem Quadrat in natürlicher Anordnung und kehrt die beiden Diagonalen um.

1	2	3	4	5	6	7	8	9	10
11	12	13	14	15	16	17	18	19	20
21	22	23	24	25	26	27	28	29	30
31	32	33	34	35	36	37	38	39	40
41	42	43	44	45	46	47	48	49	50
51	52	53	54	55	56	57	58	59	60
61	62	63	64	65	66	67	68	69	70
71	72	73	74	75	76	77	78	79	80
81	82	83	84	85	86	87	88	89	90
91	92	93	94	95	96	97	98	99	100

100	2	3	4	5	6	7	8	9	91
11	89	13	14	15	16	17	18	82	20
21	22	78	24	25	26	27	73	29	30
31	32	33	67	35	36	64	38	39	40
41	42	43	44	56	55	47	48	49	50
51	52	53	54	46	45	57	58	59	60
61	62	63	37	65	66	34	68	69	70
71	72	28	74	75	76	77	23	79	80
81	19	83	84	85	86	87	88	12	90
10	92	93	94	95	96	97	98	99	1

Abb. 8.45 Umkehren der Diagonalen (Schritt 1)

Nun folgt ein Schritt, der erst ab der Ordnung $n = 10$ durchgeführt werden muss. Alle Zahlen in dem Bereich, der aus den mittleren $2k - 2$ Spalten und den unteren $k + 2$ Zeilen gebildet wird, werden mit den dazu vertikal symmetrisch liegenden Zahlen vertauscht. Bei der Ordnung $n = 10$ sind dies mit $k = 2$ also zwei Spalten und vier Zeilen.

Ebenso werden die Zahlen aus dem Bereich, der von den mittleren $2k - 2$ Zeilen und den linken $k + 2$ Spalten gebildet wird, mit den dazu horizontal symmetrisch liegenden Zahlen vertauscht.

100	2	3	4	95	96	7	8	9	91
11	89	13	14	85	86	17	18	82	20
21	22	78	24	75	76	27	73	29	30
31	32	33	67	65	66	64	38	39	40
41	42	43	44	56	55	47	48	49	50
51	52	53	54	46	45	57	58	59	60
61	62	63	37	35	36	34	68	69	70
71	72	28	74	25	26	77	23	79	80
81	19	83	84	15	16	87	88	12	90
10	92	93	94	5	6	97	98	99	1

100	2	3	4	95	96	7	8	9	91
11	89	13	14	85	86	17	18	82	20
21	22	78	24	75	76	27	73	29	30
31	32	33	67	65	66	64	38	39	40
50	49	48	47	56	55	44	43	42	41
60	59	58	57	46	45	54	53	52	51
61	62	63	37	35	36	34	68	69	70
71	72	28	74	25	26	77	23	79	80
81	19	83	84	15	16	87	88	12	90
10	92	93	94	5	6	97	98	99	1

Abb. 8.46 Vertikale und horizontale Vertauschungen (Schritt 2)

In beiden Fällen ist die Kennzahl $2k - 2$ für die Ordnung $n = 6$ gleich 0, sodass diese Vertauschungen erst ab der Ordnung $n = 10$ auftreten. Dies gilt auch für die nächste Gruppe von Vertauschungen aus Abbildung 8.47.

100	2	3	4	95	96	7	8	9	91
11	89	13	14	85	86	17	18	82	20
21	22	78	24	75	76	27	73	29	30
31	32	33	67	65	66	64	38	39	40
60	49	48	47	56	55	44	43	42	51
50	59	58	57	46	45	54	53	52	41
61	62	63	37	35	36	34	68	69	70
71	72	28	74	25	26	77	23	79	80
81	19	83	84	15	16	87	88	12	90
10	92	93	94	5	6	97	98	99	1

100	2	3	4	96	95	7	8	9	91
11	89	13	14	85	86	17	18	82	20
21	22	78	24	75	76	27	73	29	30
31	32	33	67	65	66	64	38	39	40
60	49	48	47	56	55	44	43	42	51
50	59	58	57	46	45	54	53	52	41
61	62	63	37	35	36	34	68	69	70
71	72	28	74	25	26	77	23	79	80
81	19	83	84	15	16	87	88	12	90
10	92	93	94	6	5	97	98	99	1

Abb. 8.47 Weitere vertikale und horizontale Vertauschungen (Schritt 3)

Die Zahlen in den beiden Bereichen, die sich in den $k - 1$ direkt unterhalb der horizontalen Mittellinie des Quadrates liegenden Zeilen und den jeweils $k - 1$ Spalten an den beiden Rändern befinden, werden mit den dazu vertikal symmetrisch liegenden Zahlen vertauscht.

Ebenso werden die Zahlen in den beiden Bereichen, die aus den $k-1$ direkt links neben der vertikalen Mittellinie des Quadrates liegenden Spalten und den jeweils $k-1$ Zeilen am oberen und unteren Rand bestehen, mit den dazu horizontal symmetrisch liegenden Zahlen vertauscht. In beiden Fällen ist dies für die Ordnung $n = 10$ jeweils $k-1 = 1$ Zeile bzw. Spalte.

Der vierte und letzte Schritt stimmt bis auf eine kleine Ausnahme mit den für die Ordnung $n = 6$ beschriebenen Vertauschungen überein. Ab der Ordnung $n = 10$ wird nicht die auf der gebrochenen Diagonalen in Spalte 0 eingetragene Zahl benutzt, sondern die Zahl, die sich genau $k-1$ Zeilen höher befindet. Für die Ordnung $n = 10$ werden daher nicht die Zahlen 60 und 51 vertauscht, sondern die Zahlen 40 und 31, die sich $k-1 = 1$ Zeile höher befinden. Bei der Ordnung $n = 6$ konnte diese Abweichung wegen $k-1 = 0$ nicht auffallen.

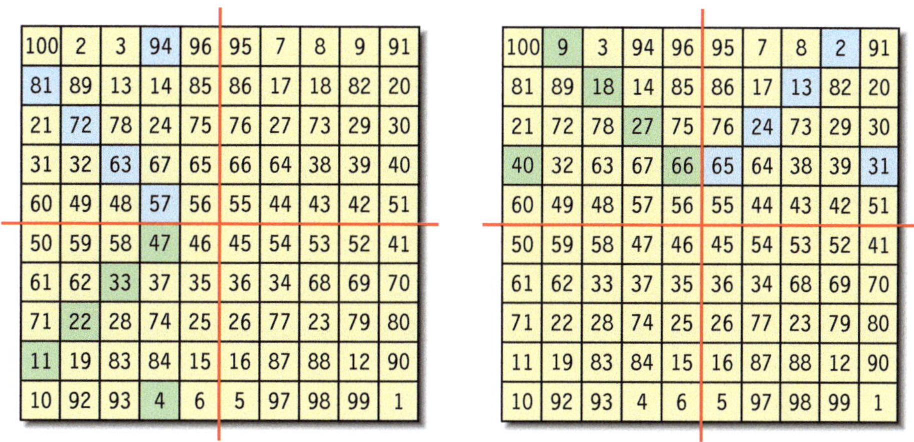

100	2	3	94	96	95	7	8	9	91
81	89	13	14	85	86	17	18	82	20
21	72	78	24	75	76	27	73	29	30
31	32	63	67	65	66	64	38	39	40
60	49	48	57	56	55	44	43	42	51
50	59	58	47	46	45	54	53	52	41
61	62	33	37	35	36	34	68	69	70
71	22	28	74	25	26	77	23	79	80
11	19	83	84	15	16	87	88	12	90
10	92	93	4	6	5	97	98	99	1

100	9	3	94	96	95	7	8	2	91
81	89	18	14	85	86	17	13	82	20
21	72	78	27	75	76	24	73	29	30
40	32	63	67	66	65	64	38	39	31
60	49	48	57	56	55	44	43	42	51
50	59	58	47	46	45	54	53	52	41
61	62	33	37	35	36	34	68	69	70
71	22	28	74	25	26	77	23	79	80
11	19	83	84	15	16	87	88	12	90
10	92	93	4	6	5	97	98	99	1

Abb. 8.48 Magisches Quadrat der Ordnung $n = 10$ (Wang Fat - Zhou Ming)

8.1.9 Alternierendes Eintragen in symmetrisch liegende Zeilen

Man beginnt in der linken oberen Ecke und trägt die ersten sechs Zahlen von links nach rechts und mit einer Ausnahme abwechselnd oben und in die vertikal symmetrisch gegenüberliegende Zeile ein. Diese Ausnahme wird immer bei den letzten beiden Spalten in der linken Hälfte durchgeführt, die wie die Zahlen 2 und 3 nebeneinanderstehen. Der zweite Durchgang beginnt dann unten und wird entsprechend von rechts nach links ausgeführt. Auch hier wird wieder mit den Zahlen 10 und 11 die Ausnahme bei den beiden Zellen gemacht, die links von der vertikalen Mittellinie liegen.

Nach drei Durchgängen ist die Hälfte der Zahlen eingetragen und die noch freien Plätze werden durch die komplementären Zahlen zu den vertikal gegenüberliegenden Zahlen aufgefüllt.

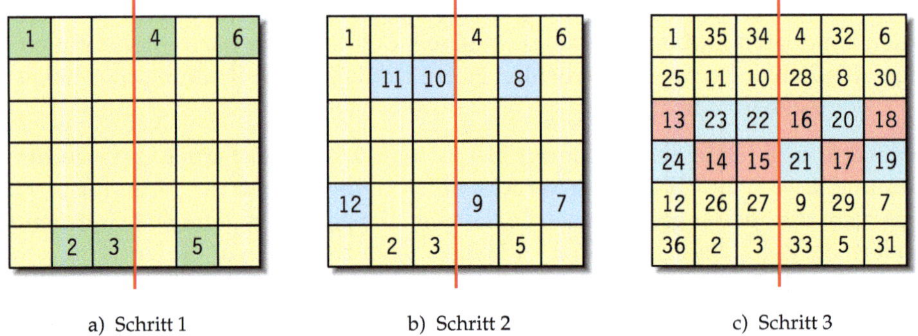

a) Schritt 1 b) Schritt 2 c) Schritt 3

Nun werden einige Zahlen ausgetauscht. Dazu beginnt man in den unteren $2k$ Zeilen und tauscht immer die rechts und links neben der Mitte liegende Zahl mit ihrer zum Mittelpunkt symmetrisch liegenden Zahl aus. Dabei beginnt man in der unteren Zeile mit der rechts neben der Mitte liegenden Zahl. In der Zeile darüber wählt man die links neben der Mitte liegenden Zahl usw.

Im nächsten Schritt werden die beiden mittleren Zahlen 22 und 15 sowie 18 und 19, die direkt links neben der Mitte und am rechten Rand liegen, vertikal vertauscht. Abschließend werden dann noch die beiden mittleren Zahlen 13 und 24, die sich in der linken Spalte und mit 16 und 21 direkt rechts neben der Mitte liegen, horizontal ausgetauscht. Zusätzlich werden die beiden Zahlen, die sich nach dem Tausch am linken Rand befinden, noch einmal vertikal getauscht. Als Ergebnis erhält man das magische Quadrat aus Abbildung 8.49.

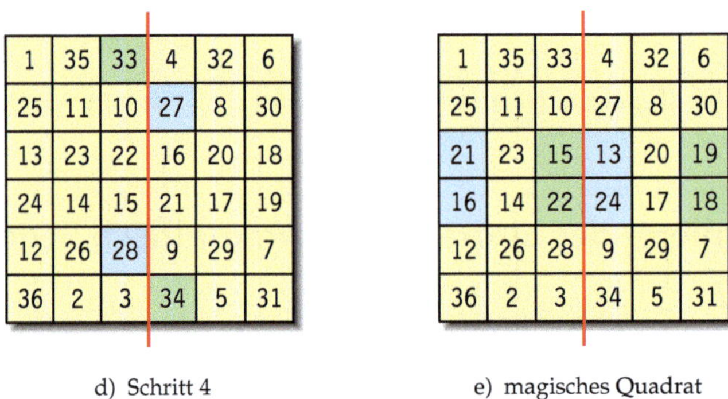

d) Schritt 4 e) magisches Quadrat

Abb. 8.49 Magisches Quadrat der Ordnung $n = 6$ (unbekannter Autor, Methode 1)

Dieses Verfahren ist auf alle Ordnungen $n = 4k + 2$ übertragbar und soll noch einmal an einem Beispiel für die Ordnung $n = 10$ demonstriert werden. Zunächst werden wieder die Zeilen im Zick-Zack-Muster gefüllt und in die dann noch leeren Felder die komplementären Zahlen eingetragen.

1		3			6		8		10
	19		17	16		14		12	
21		23			26		28		30
	39		37	36		34		32	
41		43			46		48		50
	42		44	45		47		49	
40		38			35		33		31
	22		24	25		27		29	
20		18			15		13		11
	2		4	5		7		9	

a) Schritt 1

1	99	3	97	96	6	94	8	92	10
81	19	83	17	16	86	14	88	12	90
21	79	23	77	76	26	74	28	72	30
61	39	63	37	36	66	34	68	32	70
41	59	43	57	56	46	54	48	52	50
60	42	58	44	45	55	47	53	49	51
40	62	38	64	65	35	67	33	69	31
80	22	78	24	25	75	27	73	29	71
20	82	18	84	85	15	87	13	89	11
100	2	98	4	5	95	7	93	9	91

b) Schritt 2

Danach folgt der Tausch von $4k$ Zahlen, die an der vertikalen Mittellinie liegen. Hier werden die Zahlen 96, 86, 76 und 66 mit den punktsymmetrisch zum Mittelpunkte des Quadrates liegenden Zahlen 95, 85, 75 und 65 vertauscht.

Den Abschluss bildet der Tausch von acht weiteren Zahlen. Während die Zahlen 56 und 45 sowie 50 und 51 nur vertikal ausgetauscht werden und damit in ihrer Spalte verbleiben, tauschen die Zahlen 41 und 60 sowie 46 und 55 ihre Spalten. Zusätzlich werden 46 und 55 noch vertikal vertauscht. So entsteht das magische Quadrat in Abbildung 8.50.

1	99	3	97	95	6	94	8	92	10
81	19	83	17	16	85	14	88	12	90
21	79	23	77	75	26	74	28	72	30
61	39	63	37	36	65	34	68	32	70
41	59	43	57	56	46	54	48	52	50
60	42	58	44	45	55	47	53	49	51
40	62	38	64	66	35	67	33	69	31
80	22	78	24	25	76	27	73	29	71
20	82	18	84	86	15	87	13	89	11
100	2	98	4	5	96	7	93	9	91

c) Schritt 3

1	99	3	97	95	6	94	8	92	10
81	19	83	17	16	85	14	88	12	90
21	79	23	77	75	26	74	28	72	30
61	39	63	37	36	65	34	68	32	70
55	59	43	57	45	41	54	48	52	51
46	42	58	44	56	60	47	53	49	50
40	62	38	64	66	35	67	33	69	31
80	22	78	24	25	76	27	73	29	71
20	82	18	84	86	15	87	13	89	11
100	2	98	4	5	96	7	93	9	91

d) magisches Quadrat

Abb. 8.50 Magisches Quadrat der Ordnung $n = 10$ (unbekannter Autor, Methode 1)

8.2 Erweiterung von anderen Verfahren

Die hier vorgestellten Verfahren wurden ursprünglich für doppelt-gerade Ordnungen entwickelt. Durch einige zusätzliche Veränderungen, Erweiterungen und Ergänzungen können damit aber auch magische Quadrate mit einfach-geraden Ordnungen erzeugt werden.

8.2.1 Rallier des Ourmes

Das Verfahren von Rallier des Ourmes für einfach-gerade Ordnungen $n = 4k + 2$ verläuft von der Grundidee her wie bei den doppelt-geraden Ordnungen aus Kapitel 7.2.5.[10] Er benutzt wieder Kennziffern, allerdings sind sie dieses Mal abweichend aufgebaut. Es sei $m = \frac{n}{2}$ und man beginnt mit $\frac{n-4}{2}$ Zahlen in aufsteigender Reihenfolge, bevor die beiden Zahlen $m - 1$ und m als Sonderfälle den Abschluss bilden. Dann folgen wie üblich die gleichen Zahlen in umgekehrter Reihenfolge. Auch hier werden die Kennziffern mit jeder der folgenden Gruppen um eine Position zyklisch nach rechts verschoben, wobei die Zahlen der zweiten Hälfte immer symmetrisch zu denen der ersten Hälfte angeordnet bleiben. Dies kann man im Beispiel der Ordnung $n = 6$ in Tabelle 8.5 erkennen.

1	2	3	3	2	1
3	1	2	2	1	3
2	3	1	1	3	2

Tab. 8.5 Anordnung der Kennziffern

Dann werden auch hier wieder den Kennziffern fortlaufend die natürlichen Zahlen von 1 bis $\frac{n^2}{2}$ und deren komplementäre Zahlen zugeordnet.

1	2	3	3	2	1	3	1	2	2	1	3	2	3	1	1	3	2
1	2	3	4	5	6	7	8	9	10	11	12	13	14	15	16	17	18
36	35	34	33	32	31	30	29	28	27	26	25	24	23	22	21	20	19

Tab. 8.6 Zuordnung der Zahlen zu den Kennziffern für $n = 6$

Nun wird nach der Anordnung in Tabelle 8.6 das magische Quadrat konstruiert, wobei man allerdings in drei Abschnitten vorzugehen hat. Man beginnt mit den $\frac{n-4}{2}$ Kennziffern des ersten Blocks, die für die Zahlen in der oberen Zeile des Quadrates zuständig sind. Bei einer ungeraden Kennziffer wird wie üblich die dazugehörige

[10] Rallier des Ourmes [484] S. 207 – 212

Zahl aus der Zuordnungstabelle in das Quadrat eingetragen, bei einer geraden Kennziffer ihr darunterstehendes Komplement. Der zweite Block gilt dann für die zweite Zeile von oben usw. Die Zahlen der unteren Hälfte ergeben sich dann aus den komplementären Zahlen der bereits eingetragenen Zahlen, die in die symmetrisch gegenüberliegenden Felder platziert werden. Da in diesem Beispiel $\frac{n-4}{2} = 1$ gilt, wurden mit den Kennziffern aus dem ersten Abschnitt nur wenige Zahlen eingetragen, wie in Abbildung 8.51a zu erkennen ist.

Im zweiten Abschnitt kommt die vorletzte Kennziffer, hier also die Zahl 2, zur Anwendung. Laut Tabelle 8.6 sind dieser Kennziffer im ersten Block die Zahlen 2, 5, 35 und 36 zugeordnet. Diese Zahlen werden völlig anders verarbeitet, da sie nach folgendem Schema vertauscht werden:

$$\begin{matrix} 2 & 5 \\ 35 & 32 \end{matrix} \quad \longrightarrow \quad \begin{matrix} 35 & 32 \\ 2 & 5 \end{matrix}$$

Vertauscht man auch die entsprechenden Zahlen aus den anderen Blöcken ebenso, erhält man das Quadrat in Abbildung 8.51b.

Jetzt fehlt nur noch der dritte Abschnitt, in dem die letzte Kennziffer, also die 3, verarbeitet wird. Auch hier werden die zugeordneten Zahlen nach einem anderen Schema eingetragen, wie an den Zahlen aus dem ersten Block deutlich wird.

$$\begin{matrix} 3 & 4 \\ 34 & 33 \end{matrix} \quad \longrightarrow \quad \begin{matrix} 4 & 33 \\ 34 & 3 \end{matrix}$$

Führt man diese Tauschvariante auch mit den Zahlen aus den anderen beiden Blöcken durch, erhält man das magische Quadrat aus Abbildung 8.51c.

1					6
	8			11	
		15	16		
		21	22		
	26			29	
31					36

a) normale Kennziffern

1	35			32	6
	8	28	27	11	
24		15	16		19
13		21	22		18
	26	9	10	29	
31	2			5	36

b) vorletzte Kennziffer

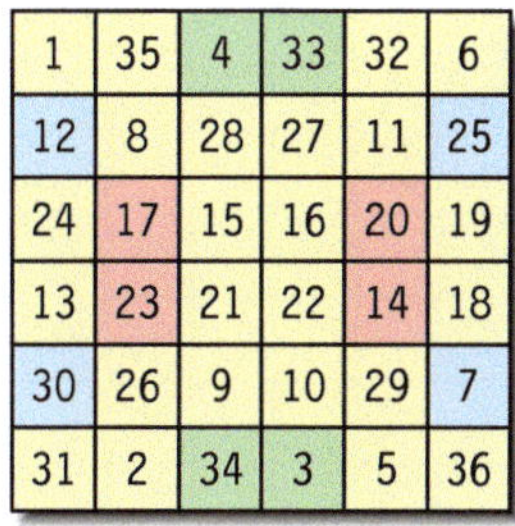

1	35	4	33	32	6
12	8	28	27	11	25
24	17	15	16	20	19
13	23	21	22	14	18
30	26	9	10	29	7
31	2	34	3	5	36

c) letzte Kennziffer

Abb. 8.51 Magisches Quadrat der Ordnung $n = 6$ (Rallier des Ourmes)

Variante

Für höhere Ordnungen kann das Verfahren noch variiert werden. Bei $n = 6$ besteht der Bereich der normalen Kennziffern aus einer einzigen Zahl, bei $n = 10$ jedoch besitzt dieser Bereich schon $\frac{n-4}{2} = 3$ Kennziffern, die in beliebiger Reihenfolge angeordnet werden. Auch bei dieser Variante ist es wichtig, dass die beiden Zahlen $m - 1$ und m wie in Tabelle 8.7 für die Sonderbehandlung den Abschluss bilden.

2	1	3	4	5		5	4	3	1	2
5	2	1	3	4		4	3	1	2	5
4	5	2	1	3		3	1	2	5	4
3	4	5	2	1		1	2	5	4	3
1	3	4	5	2		2	5	4	3	1

Tab. 8.7 Anordnung der Kennziffern

Dann werden auch hier wieder den Kennziffern fortlaufend die natürlichen Zahlen von 1 bis $\frac{n^2}{2}$ und deren komplementäre Zahlen zugeordnet. Als Beispiel ist in Tabelle 8.8 der erste Block mit den beiden besonderen Kennziffern 4 und 5 dargestellt.

2	1	3	4	5	5	4	3	1	2
1	2	3	4	5	6	7	8	9	10
100	99	98	97	96	95	94	93	92	91

Tab. 8.8 Zuordnung der Zahlen zu den Kennziffern für $n = 10$

Das Quadrat wird wieder in drei Abschnitten gefüllt, wobei man im ersten Abschnitt mit den $\frac{n-4}{2}$ normalen Kennziffern, hier also $2, 1, 3$ beginnt. Zu dem Ergebnis aus Abbildung 8.52a kommen dann die Zahlen aus dem zweiten Abschnitt mit der vorletzten Kennziffer 4, deren zugehörige Zahlen wieder wie in Abbildung 8.52b speziell vertauscht werden.

100	2	3					8	9	91
	89	13	14			17	18	82	
		78	24	25	26	27	73		
31			67	35	36	64			40
41	42			56	55			49	50
51	52			46	45			59	60
61			37	65	66	34			70
		28	74	75	76	77	23		
	19	83	84			87	88	12	
10	92	93					98	99	1

a) normale Kennziffern

100	2	3	97			94	8	9	91
	89	13	14	86	85	17	18	82	
80		78	24	25	26	27	73		71
31	69		67	35	36	64		62	40
41	42	58		56	55		53	49	50
51	52	43		46	45		48	59	60
61	32		37	65	66	34		39	70
21		28	74	75	76	77	23		30
	19	83	84	15	16	87	88	12	
10	92	93	4			7	98	99	1

b) vorletzte Kennziffer

Abb. 8.52 Zuordnung der Zahlen zu den Kennziffern für $n = 10$

Mit dem Eintragen der zu der Kennziffer 5 gehörenden Zahlen entsteht dann das magische Quadrat aus Abbildung 8.53.

100	2	3	97	6	95	94	8	9	91
20	89	13	14	86	85	17	18	82	81
80	29	78	24	25	26	27	73	72	71
31	69	38	67	35	36	64	63	62	40
41	42	58	47	56	55	54	53	49	50
51	52	43	57	46	45	44	48	59	60
61	32	68	37	65	66	34	33	39	70
21	79	28	74	75	76	77	23	22	30
90	19	83	84	15	16	87	88	12	11
10	92	93	4	96	5	7	98	99	1

Abb. 8.53 Magisches Quadrat der Ordnung $n = 10$ (Rallier des Ourmes, Variante)

8.2.2 Cram

Cram benutzt seine Idee der Indikatoren aus Kapitel 7.2.9 auch, um magische Quadrate einfach-gerader Ordnung zu erzeugen.[11] Er betrachtet zunächst die Zahlenmenge $1, 2, \ldots, n^2$ ohne die mittleren $2n$ Zahlen, die er in einem Rechteck mit n Zeilen und $n-2$ Spalten von oben nach unten und von links nach rechts fortlaufend einträgt.

$$1 \quad 2 \quad \ldots \quad \frac{n^2}{2} - n \qquad \frac{n^2}{2} + n + 1 \quad \ldots \quad n^2$$

Im Beispiel für die Ordnung $n = 6$ sind dies die Zahlen

1 2 ... 12	25 26 ... 36

Die $m = \frac{n}{2}$ oberen Zeilen können nun beliebig permutiert werden, wobei die vertikal symmetrisch liegenden unteren Zeilen wieder passend dazu angeordnet werden, wie es in Abbildung 8.54 dargestellt ist.

[11] Cram [115] S. 33 – 35

1	2	3	4
5	6	7	8
9	10	11	12
25	26	27	28
29	30	31	32
33	34	35	36

5	6	7	8
1	2	3	4
9	10	11	12
25	26	27	28
33	34	35	36
29	30	31	32

Abb. 8.54 Basisrechteck mit neu angeordneten Zeilen

Die Diagonalen werden wie bei der Methode für $n = 4k$ von den Zahlen der oberen Zeile aus abwechselnd nach rechts und links unten ausgelesen und zeilenweise von oben nach unten in das Zielquadrat übertragen. Dabei bestimmt auch wieder ein Indikator, ob die Zeilen von links nach rechts oder umgekehrt gefüllt werden. Dabei müssen allerdings die beiden mittleren Zeilen übersprungen werden, da das Rechteck nur $n - 2$ Spalten besitzt.

Obwohl dieses Vorgehen im Wesentlichen dem Vorgehen bei doppelt-geraden Ordnungen entspricht, gibt es beim Auslesen der Diagonalen einen ganz entscheidenden Unterschied. Nach m Zahlen auf der Diagonalen ist die obere Hälfte des Basisrechtecks abgearbeitet und man muss für die weiteren Diagonalenzahlen in die untere Hälfte wechseln. Dazu wechselt man in die Zeile direkt unter der horizontalen Mittellinie und liest die nächsten m Zahlen genau entgegengesetzt aus. Man beginnt also in der neuen Startzeile mit der Zelle, die der ursprünglichen Startposition horizontal symmetrisch gegenüberliegt. Hat man bisher die Diagonale nach rechts unten ausgelesen, schreitet man jetzt nach links unten fort und umgekehrt.

Mit dem Indikator

5	6	7	8
1	0	0	1

sehen dann die ersten beiden Zeilen des Zielquadrates wie in Abbildung 8.55 aus.

5	6	7	8
1	2	3	4
9	10	11	12
25	26	27	28
33	34	35	36
29	30	31	32

5	2	11	28	35	30
29	36	27	12	1	6

Abb. 8.55 Übertragen der ersten beiden Diagonalen

Überträgt man alle Diagonalen gemäß dem gewählten Indikator, erhält man das Quadrat aus Abbildung 8.56, welches bis auf die beiden mittleren Zeilen schon richtig gefüllt ist.

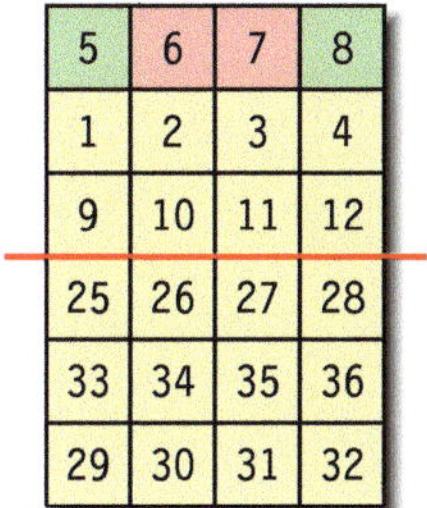

5	6	7	8
1	2	3	4
9	10	11	12
25	26	27	28
33	34	35	36
29	30	31	32

5	2	11	28	35	30
29	36	27	12	1	6
32	33	26	9	4	7
8	3	10	25	34	31

Abb. 8.56 Übertragen aller $n - 2$ Diagonalen

Nun fehlen nur noch die beiden mittleren Zeilen, die mit den verbliebenen mittleren $2n$ Zahlen

$$\frac{n^2}{2} - n + 1 \qquad \frac{n^2}{2} - n + 2 \qquad \dots \qquad \frac{n^2}{2} + n$$

gefüllt werden müssen. Dazu erzeugt man ein magisches Rechteck der Größe 2 x n und erhöht alle auftretenden Zahlen um $\frac{n^2}{2} - n$. In diesem Beispiel wären das also die Zahlen $13, 14, \dots, 24$.

In dem magischen Rechteck müssen die vier zentralen Zahlen allerdings so gewählt werden, dass sie die Diagonalen des magischen Quadrates passend für die magische Summe auffüllen. Im Quadrat aus Abbildung 8.56 besitzen die Zahlen der Hauptdiagonalen bisher die Summe 72. Somit müssen die beiden verbleibenden Zahlen in der Mitte des magischen Rechtecks die Summe 39 ergeben, damit sich insgesamt die magische Summe 111 ergibt. Ebenso haben die Zahlen der Nebendiagonalen bisher die Summe 76, sodass die beiden noch einzutragenden Zahlen im magischen Rechteck die Summe 35 besitzen müssen. Sind diese Bedingungen nicht erfüllt, müssen die Spalten oder Zeilen des Rechtecks noch vertauscht werden.

Dies ist in Abbildung 8.57 nicht mehr erforderlich, denn das magische Rechteck erfüllt bereits die gestellten Bedingungen.

12	10	4	6	5	2
1	3	9	7	8	11

a) Basisrechteck

24	22	16	18	17	14
13	15	21	19	20	23

b) erhöhte Zahlen

Abb. 8.57 Nicht normalisiertes magisches Rechteck für die mittleren beiden Zeilen

Kopiert man die beiden Zeilen dieses Rechtecks jetzt in die mittleren Zeilen des Zielquadrates, entsteht das magische Quadrat in Abbildung 8.58.

5	2	11	28	35	30
29	36	27	12	1	6
24	22	16	18	17	14
13	15	21	19	20	23
32	33	26	9	4	7
8	3	10	25	34	31

Abb. 8.58 Magisches Quadrat der Ordnung 6 (Cram)

Bei der Ordnung $n = 10$ wird das Auslesen der Diagonalen noch etwas deutlicher. Mit dem Indikator

25	26	27	28	29	30	31	32
1	0	1	0	0	1	0	1

wird festgelegt, dass die Diagonalen, die bei den Zahlen 25, 27,30 und 32 beginnen, von links nach rechts übertragen werden. Die Diagonalen mit den Anfangszahlen 26, 28, 29 und 31 dagegen von rechts nach links.

Mit diesem Vorgehen erhält man das Quadrat aus Abbildung 8.59, welches wie beschrieben bis auf die beiden mittleren Zeilen schon richtig gefüllt ist.

25	26	27	28	29	30	31	32
1	2	3	4	5	6	7	8
9	10	11	12	13	14	15	16
17	18	19	20	21	22	23	24
33	34	35	36	37	38	39	40
61	62	63	64	65	66	67	68
77	78	79	80	81	82	83	84
85	86	87	88	89	90	91	92
93	94	95	96	97	98	99	10
69	70	71	72	73	74	75	76

25	2	11	20	37	68	83	90	97	72
71	94	85	84	67	38	23	16	1	26
27	4	13	22	39	66	81	88	95	70
69	100	91	82	65	40	17	10	3	28
76	93	86	79	64	33	24	15	6	29
30	5	12	19	34	63	80	89	98	75
74	99	92	77	62	35	18	9	8	31
32	7	14	21	36	61	78	87	96	73

Abb. 8.59 Übertragen aller $n-2$ Diagonalen

Nun fehlen noch die Zahlen $41, \ldots, 60$, mit denen die beiden mittleren Zeilen gefüllt werden müssen. Dies geschieht mit den Zahlen eines magischen Rechtecks, dessen Zahlen alle um 40 erhöht werden. Dabei müssen die mittleren beiden Spalten allerdings so gewählt werden, dass sie die Diagonalen des magischen Quadrates passend für die magische Summe auffüllen. Das nachfolgende magische Rechteck ist geeignet, da es die Hauptdiagonale von der Summe 400 um 105 ebenso auf die magische Summe 505 ergänzt wie die Nebendiagonale von 408 um 97.

12	2	3	7	11	15	20	5	13	17
9	19	18	14	10	6	1	16	8	4

a) Basisrechteck

52	42	43	47	51	55	60	45	53	57
49	59	58	54	50	46	41	56	48	44

b) erhöhte Zahlen

Abb. 8.60 Nicht normalisiertes magisches Rechteck für die mittleren beiden Zeilen

Kopiert man die beiden Zeilen dieses Rechtecks jetzt in die mittleren Zeilen des Zielquadrates, entsteht das magische Quadrat in Abbildung 8.61.

25	2	11	20	37	68	83	90	97	72
71	94	85	84	67	38	23	16	1	26
27	4	13	22	39	66	81	88	95	70
69	100	91	82	65	40	17	10	3	28
52	42	43	47	51	55	60	45	53	57
49	59	58	54	50	46	41	56	48	44
76	93	86	79	64	33	24	15	6	29
30	5	12	19	34	63	80	89	98	75
74	99	92	77	62	35	18	9	8	31
32	7	14	21	36	61	78	87	96	73

Abb. 8.61 Magisches Quadrat der Ordnung 10 (Cram)

8.2.3 Planck (Methode der Umkehrungen)

Bei der Methode der Umkehrungen aus Kapitel 7.2.6 für Ordnungen $n = 4k$ werden k komplementäre Paare von Zeilen und Spalten umgekehrt, sodass insgesamt jeweils $\frac{n}{2}$ Zeilen und Spalten betroffen sind. Dies ist für einfach-gerade Ordnungen nicht möglich, da $\frac{n}{2}$ hier eine ungerade Zahl ist und so die symmetrische Anordnung nicht ausgenutzt werden kann. Trotzdem kann man die Grundidee auf diese Ordnungen übertragen, indem man nur $\frac{n-2}{4}$ komplementäre Paare von Zeilen und Spalten umkehrt und dann noch einige zusätzliche Vertauschungen durchführt.

Eine besonders einfache Systematik ergibt sich, wenn man die mittleren $\frac{n-2}{2}$ Zeilen und Spalten umkehrt. Allerdings ist diese Methode nur für Ordnungen $n = 10, 14, \ldots$ möglich, während sie für $n = 6$ scheitert.

Wenn man für $n = 6$ mit einem Quadrat in natürlicher Anordnung beginnt, die mittleren 2 Zeilen und Spalten umkehrt und sich die entstehenden Summen anschaut, wird der Grund schnell klar.

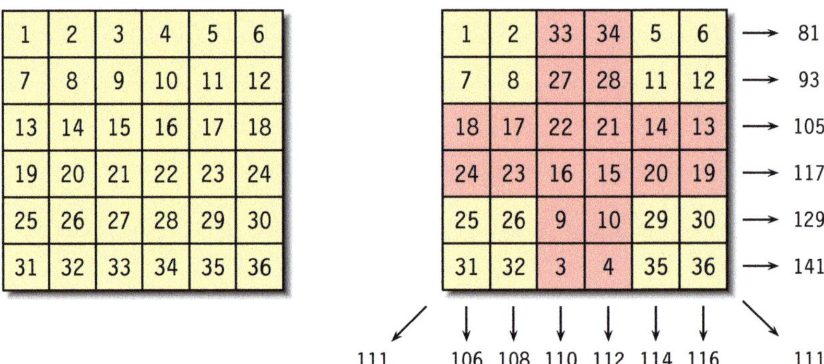

Abb. 8.62 Quadrate in natürlicher Anordnung und umgekehrten Zeilen und Spalten

Man erkennt in Abbildung 8.62, dass die Zeilen- und Spaltensummen symmetrisch zur magischen Summe 111 liegen. Damit sind insgesamt 6 Vertauschungen notwendig, um alle Summen auszugleichen. So kann z. B. ein Ausgleich für die Zeilen 0 und 5 mit den bisherigen Summen 141 und 81 geschaffen werden. Die dazu notwendige Veränderung der Summen um 30 kann etwa durch einen Tausch der Zahlenpaare $(2, 32)$ oder $(5, 35)$ geschaffen werden, da die Diagonalen nicht mehr verändert werden dürfen.

Andererseits müssen auch die Spalten 1 und 4 mit den Summen 108 und 114 ausgeglichen werden. Die Differenz von 3 tritt jedoch nur in den Zahlenpaaren $(2, 5)$ und $(32, 35)$ außerhalb der Diagonalen auf. Führt man jetzt eine der erwähnten Vertauschungen durch, werden die anderen Zahlenpaare beeinflusst, sodass diese Vertauschungen im Widerspruch zueinander stehen. Daher ist es nicht möglich, auf diesem Wege zu einem magischen Quadrat zu gelangen. Natürlich existieren für die Ordnung $n = 6$ andere Wege zur Verfügung, um dennoch durch Vertauschungen ein magisches Quadrat zu erstellen.

Für höhere Ordnungen $n = 4k + 2$ stehen jedoch nach dem Umdrehen der mittleren Zeilen und Spalten genügend Möglichkeiten für die notwendigen Vertauschungen zur Verfügung, die sich nicht gegenseitig beeinflussen. Für diese Ordnungen gibt es viele unterschiedliche Strategien. Eine algorithmisch einfache Methode, die ein Beispiel von Andrews verallgemeinert, wird hier vorgestellt.[12]

Für $n = 10$ werden von einem Quadrat in natürlicher Anordnung ausgehend zunächst die mittleren $\frac{n-2}{2}$ Zeilen und Spalten umgekehrt (siehe Abbildung 8.63).

[12] Andrews [17] S. 297 – 298

1	2	3	94	95	96	97	8	9	10
11	12	13	84	85	86	87	18	19	20
21	22	23	74	75	76	77	28	29	30
40	39	38	67	66	65	64	33	32	31
50	49	48	57	56	55	54	43	42	41
60	59	58	47	46	45	44	53	52	51
70	69	68	37	36	35	34	63	62	61
71	72	73	24	25	26	27	78	79	80
81	82	83	14	15	16	17	88	89	90
91	92	93	4	5	6	7	98	99	100

Abb. 8.63 Ausgangsquadrat mit den umgekehrten Zeilen und Spalten

Danach werden einige horizontal symmetrisch liegende Zahlen vertauscht. Man beginnt mit den beiden Zahlen, die in der unteren Zeile in der Mitte liegen, hier also 5 und 6. Als nächstes Paar wählt man in der Zeile darüber die schräg davon links und rechts liegenden Zahlen 14 und 17. So schreitet man fort, bis k dieser Zahlenpaare vertauscht worden sind. Für $n = 10$ ist $k = 2$, sodass hier keine weiteren Zahlen mehr vertauscht werden müssen.

Entsprechend verfährt man mit einigen vertikal symmetrisch liegenden Zahlenpaaren. Hier beginnt man mit den beiden mittleren Zahlen 41 und 51 in der am rechten Rand liegenden Spalte. Die nächsten beiden Zahlen wählt man mit 32 und 62, also Zahlen, die eine Spalte links daneben und schräg nach unten bzw. nach oben neben den vorherigen Zahlen liegen. So fährt man fort, bis wiederum k Zahlenpaare vertauscht worden sind. Das Ergebnis der bisherigen Vertauschungen ist in Abbildung 8.64 zu sehen.

1	2	3	94	95	96	97	8	9	10
11	12	13	84	85	86	87	18	19	20
21	22	23	74	75	76	77	28	29	30
40	39	38	67	66	65	64	33	62	31
50	49	48	57	56	55	54	43	42	51
60	59	58	47	46	45	44	53	52	41
70	69	68	37	36	35	34	63	32	61
71	72	73	24	25	26	27	78	79	80
81	82	83	17	15	16	14	88	89	90
91	92	93	4	6	5	7	98	99	100

Abb. 8.64 Quadrat nach den ersten Vertauschungen

Nun folgen $k + 1$ weitere Vertauschungen von horizontal symmetrisch liegenden Zahlenpaaren. Man beginnt in der linken Spalte der zweiten Zeile mit der 11. Die nächste Zahl 29 wird aus der rechts danebenliegenden Spalte und der darunterliegenden Zeile gewählt.

Nur die letzte Zahl bildet eine Ausnahme, denn hier wird die obere Zeile gewählt, da man sonst in den Bereich der bereits umgedrehten mittleren Zeilen käme. Konkret werden mit der hier beschriebenen Schrittfolge die Zahlenpaare $(11, 20)$, $(22, 29)$ und $(3, 8)$ ausgetauscht. Mit diesen Schritten besitzen alle Spalten bereits die gewünschte magische Summe 505.

Danach folgen noch k Vertauschungen, um die noch nicht passenden Zeilensummen anzupassen. Dazu beginnt man in der linken Spalte der dritten Zeile von oben mit der Zahl 71. Die weiteren Zahlen erhält man, indem man immer die rechts danebenliegende Spalte in der darunterliegenden Zeile wählt.

Gelangt man allerdings in den Bereich der am Anfang bereits umgekehrten Zeilen, macht man einen Sprung in die obere Zeile. Mit dieser Schrittfolge werden in diesem Beispiel die Zahlenpaare $(21, 71)$ und $(2, 92)$ ausgetauscht.

Damit sind bisher insgesamt $n - 1 = k + k + (k + 1) + k = 4k + 1$ Vertauschungen durchgeführt. Der letzte vertikale Austausch weicht jetzt allerdings von der zuletzt beschriebenen Systematik ab. Dieses Zahlenpaar muss aus der zweiten Zeile von oben gewählt werden, da diese noch nicht für einen vertikalen Tausch benutzt wurde. Als Spalte wird jedoch die erste Spalte rechts von dem bereits am Anfang umgekehrten Bereich benutzt. Damit lautet dieses Zahlenpaar $(18, 88)$.

Im magischen Quadrat der Abbildung 8.65 sind die letzten $2k+2 = 6$ Vertauschungen markiert.

1	92	8	94	95	96	97	3	9	10
20	12	13	84	85	86	87	88	19	11
71	29	23	74	75	76	77	28	22	30
40	39	38	67	66	65	64	33	62	31
50	49	48	57	56	55	54	43	42	51
60	59	58	47	46	45	44	53	52	41
70	69	68	37	36	35	34	63	32	61
21	72	73	24	25	26	27	78	79	80
81	82	83	17	15	16	14	18	89	90
91	2	93	4	6	5	7	98	99	100

Abb. 8.65 Magisches Quadrat der Ordnung $n = 10$ (Planck)

8.2.4 Shen

Shen baut sein Konstruktionsverfahren für einfach-gerade magische Quadrate auf den regulären Mustern aus Kapitel 7.2.13 auf. Er benutzt dabei Muster für Quadrate der Größe $n - 2$, welche er für die mittleren beiden Zeilen um `lr` oder `rl` und für die mittleren beiden Spalten um `tb` oder `bt` ergänzt. Durch die jetzt fehlende Symmetrie muss die magische Eigenschaft durch zusätzliche Vertauschungen hergestellt werden, was auf vielfältige Art und Weise zu erreichen ist.[13]

Das Einfügen der zusätzlichen Muster für die mittleren Zeilen und Spalten reduziert dabei die Vertauschungen auf ein Minimum und ermöglicht gleichzeitig auch, das Vorgehen algorithmisch festzulegen.

1	2	3	4	5	6
7	8	9	10	11	12
13	14	15	16	17	18
19	20	21	22	23	24
25	26	27	28	29	30
31	32	33	34	35	36

Shen beginnt wie immer mit einem Quadrat in natürlicher Anordnung und kehrt dann wie in Abbildung 8.66 einzelne Zeilen und Spalten gemäß den regulären Mustern um.

1	2	3	4	5	6	l
12	11	10	9	8	7	r
18	17	16	15	14	13	r
19	20	21	22	23	24	l
30	29	28	27	26	25	r
31	32	33	34	35	36	l
b	t	b	t	t	b	

31	2	33	4	5	36	l
30	11	28	9	8	25	r
19	17	21	15	14	24	r
18	20	16	22	23	13	l
12	29	10	27	26	7	r
1	32	3	34	35	6	l
b	t	b	t	t	b	

Abb. 8.66 Umkehrung einzelner Zeilen und Spalten

Damit besitzen bereits alle Spalten- und Zeilensummen mit Ausnahme der beiden mittleren Zeilen die magische Summe 111. Diese beiden Zeilen haben die Summen 112 und 110, sodass ein Ausgleich erreicht werden kann, wenn man mit 18 und 19 zwei benachbarte Zahlen am Rand und zum Ausgleich auch den mittleren Block von vier Zahlen wie in Abbildung 8.67a vertikal vertauscht.

[13] Shen [529]

31	2	33	4	5	36
30	11	28	9	8	25
18	17	16	22	14	24
19	20	21	15	23	13
12	29	10	27	26	7
1	32	3	34	35	6

a) Zeilensummen

31	2	33	4	5	36
30	11	28	9	8	25
18	16	17	22	14	24
19	21	20	15	23	13
12	29	10	27	26	7
1	32	3	34	35	6

b) Diagonalensummen

Abb. 8.67 Korrektur einzelner Summen

Alle Zeilen und Spalten besitzen nun die magische Summe 111, und es müssen nur noch die beiden Diagonalen angepasst werden, deren Summen mit 117 bzw. 105 um 6 zu groß bzw. zu klein sind. Dabei fällt auf, dass sich die Eckenpaare jeweils um 5 unterscheiden. Jetzt wird nur noch ein benachbartes Zahlenpaar gesucht, das sich im Wert um 1 unterscheidet und dessen kleinere Zahl durch einen Tausch auf die Hauptdiagonale gebracht werden kann. Damit sich die Spaltensummen nicht ändern, wird zusätzlich ein weiteres benachbartes Paar mit entgegengesetzter Differenz getauscht (siehe Abbildung 8.67b).

Jetzt beträgt die Summe der Zahlen auf der Hauptdiagonalen 116 und die der Nebendiagonalen 106, sodass ein einfacher Tausch der beiden oberen Ecken diese Unterschiede ausgleicht. Damit sich jedoch auch die zugehörigen Spaltensummen nicht verändern, muss zum Ausgleich ein weiteres Zahlenpaar vertauscht werden. Damit entsteht das magische Quadrat in Abbildung 8.68.

36	2	33	4	5	31
25	11	28	9	8	30
18	16	17	22	14	24
19	21	20	15	23	13
12	29	10	27	26	7
1	32	3	34	35	6

Abb. 8.68 Magisches Quadrat der Ordnung $n = 6$ (Shen)

Dieses Verfahren soll am Beispiel der Ordnung $n = 10$ noch einmal dargestellt werden, um zu demonstrieren, wie mit wenigen Vertauschungen ein magisches Quadrat konstruiert werden kann. Zunächst werden in einem Quadrat mit natürlicher Anordnung der Zahlen einige Zeilen und Spalten gemäß den gewählten Mustern wie in Abbildung 8.69 wieder umgekehrt.

Nach dem Umkehren der Zeilen besitzen schon alle Spalten die erforderliche Summe 505, doch alle Zeilensummen sind natürlich unverändert und damit unterschiedlich. Dies ändert sich deutlich, wenn auch die Spalten umgekehrt werden.

10	9	8	7	6	5	4	3	2	1	r
11	12	13	14	15	16	17	18	19	20	l
30	29	28	27	26	25	24	23	22	21	r
31	32	33	34	35	36	37	38	39	40	l
41	42	43	44	45	46	47	48	49	50	l
60	59	58	57	56	55	54	53	52	51	r
61	62	63	64	65	66	67	68	69	70	l
80	79	78	77	76	75	74	73	72	71	r
81	82	83	84	85	86	87	88	89	90	l
100	99	98	97	96	95	94	93	92	91	r
t	t	b	b	t	b	b	b	t	t	

10	9	98	97	6	95	94	93	2	1	r
11	12	83	84	15	86	87	88	19	20	l
30	29	78	77	26	75	74	73	22	21	r
31	32	63	64	35	66	67	68	39	40	l
41	42	58	57	45	55	54	53	49	50	l
60	59	43	44	56	46	47	48	52	51	r
61	62	33	34	65	36	37	38	69	70	l
80	79	28	27	76	25	24	23	72	71	r
81	82	13	14	85	16	17	18	89	90	l
100	99	8	7	96	5	4	3	92	91	r
t	t	b	b	t	b	b	b	t	t	

Abb. 8.69 Umkehrung einzelner Zeilen und Spalten

Dieses Quadrat ist schon fast semi-magisch, nur die beiden mittleren Zeilen mit den Summen 506 und 504 weichen jeweils um 1 von der magischen Summe 505 ab. Dies kann mit dem Vertauschen zweier Zahlen am Rand ausgeglichen werden, ohne dass dieses Mal ein zusätzlicher Ausgleich geschaffen werden muss.

Durch einen weiteren Tausch von Zahlenpaaren werden die Summen auf den beiden Diagonalen, die sich im Augenblick um den Wert 10 von der magischen Summe unterscheiden, um 1 vermindert bzw. erhöht, wie in der linken Abbildung 8.70 zu erkennen ist.

10	9	98	97	6	95	94	93	2	1
11	12	83	84	15	86	87	88	19	20
30	29	78	77	26	75	74	73	22	21
31	32	63	64	35	66	67	68	39	40
41	42	58	57	45	54	55	53	49	51
60	59	43	44	56	47	46	48	52	50
61	62	33	34	65	36	37	38	69	70
80	79	28	27	76	25	24	23	72	71
81	82	13	14	85	16	17	18	89	90
100	99	8	7	96	5	4	3	92	91

10	9	98	97	6	95	94	93	2	1
11	12	83	84	15	86	87	88	19	20
30	29	78	77	26	75	74	73	22	21
40	32	63	64	35	66	67	68	39	31
41	42	58	57	45	54	55	53	49	51
60	59	43	44	56	47	46	48	52	50
61	62	33	34	65	36	37	38	69	70
80	79	28	27	76	25	24	23	72	71
81	82	13	14	85	16	17	18	89	90
91	99	8	7	96	5	4	3	92	100

Abb. 8.70 Magisches Quadrat der Ordnung $n = 10$ (Shen)

Jetzt weichen die Diagonalen nur noch um den Wert 9 von der magischen Summe ab, sodass ein einfacher Tausch der beiden unteren Ecken diese Unterschiede ausgleicht. Damit sich jedoch auch die zugehörigen Spaltensummen nicht verändern, muss zum Ausgleich ein weiteres Zahlenpaar vertauscht werden.

8.2.5 Pan Linsen

Das Verfahren von Pan Linsen zur Konstruktion von doppelt-geraden magischen Quadraten aus Kapitel 7.2.17 lässt sich mit einigen zusätzlichen Vertauschungen auch auf einfach-gerade Ordnungen übertragen.[14] Auch hier beginnt man wieder mit einem Quadrat in natürlicher Anordnung.

1	2	3	4	5	6	7	8	9	10
11	12	13	14	15	16	17	18	19	20
21	22	23	24	25	26	27	28	29	30
31	32	33	34	35	36	37	38	39	40
41	42	43	44	45	46	47	48	49	50
51	52	53	54	55	56	57	58	59	60
61	62	63	64	65	66	67	68	69	70
71	72	73	74	75	76	77	78	79	80
81	82	83	84	85	86	87	88	89	90
91	92	93	94	95	96	97	98	99	100

Abb. 8.71 Ausgangsquadrat in natürlicher Anordnung

[14] Pan Linsen [405]

Danach wird das Quadrat wieder in horizontale und vertikale Streifen der Größe 4 unterteilt. Allerdings wird bei diesen Ordnungen der äußere Rahmen ausgenommen. In diesen Streifen werden dann zunächst wieder die mittleren Zeilen und Spalten wie in Abbildung 8.72 umgekehrt.

1	2	3	4	5	6	7	8	9	10
11	12	13	14	15	16	17	18	19	20
21	29	28	27	26	25	24	23	22	30
31	39	38	37	36	35	34	33	32	40
41	42	43	44	45	46	47	48	49	50
51	52	53	54	55	56	57	58	59	60
61	69	68	67	66	65	64	63	62	70
71	79	78	77	76	75	74	73	72	80
81	82	83	84	85	86	87	88	89	90
91	92	93	94	95	96	97	98	99	100

1	2	3	4	5	6	7	8	9	10
11	12	83	84	15	16	87	88	19	20
21	29	78	77	26	25	74	73	22	30
31	39	68	67	36	35	64	63	32	40
41	42	53	54	45	46	57	58	49	50
51	52	43	44	55	56	47	48	59	60
61	69	38	37	66	65	34	33	62	70
71	79	28	27	76	75	24	23	72	80
81	82	13	14	85	86	17	18	89	90
91	92	93	94	95	96	97	98	99	100

Abb. 8.72 Umkehren der mittleren Zeilen und Spalten

Nun folgen einige Vertauschungen von Zahlen im äußeren Rahmen. Zunächst werden in der linken Spalte Zahlen mit ihrer horizontal symmetrisch liegenden Zahl in der rechten Spalte immer dann ausgetauscht, wenn die Zeile dieser Zahl in einer der beiden oberen Zeilen eines Blocks der Größe 4 liegt. Dies gilt z. B. für die Zahlenpaare $(11, 20)$ und $(21, 30)$. Zusätzlich wird noch das Zahlenpaar in der unteren Zeile aller Viererblöcke vertauscht, hier also $(81, 90)$.

1	2	3	4	5	6	7	8	9	10
20	12	83	84	15	16	87	88	19	11
30	29	78	77	26	25	74	73	22	21
31	39	68	67	36	35	64	63	32	40
41	42	53	54	45	46	57	58	49	50
60	52	43	44	55	56	47	48	59	51
70	69	38	37	66	65	34	33	62	61
71	79	28	27	76	75	24	23	72	80
90	82	13	14	85	86	17	18	89	81
91	92	93	94	95	96	97	98	99	100

1	92	93	4	5	96	97	8	99	10
20	12	83	84	15	16	87	88	19	11
30	29	78	77	26	25	74	73	22	21
31	39	68	67	36	35	64	63	32	40
41	42	53	54	45	46	57	58	49	50
60	52	43	44	55	56	47	48	59	51
70	69	38	37	66	65	34	33	62	61
71	79	28	27	76	75	24	23	72	80
90	82	13	14	85	86	17	18	89	81
91	2	3	94	95	6	7	98	9	100

Abb. 8.73 Vertauschungen im äußeren Rahmen

Entsprechend geht man bei der oberen und unteren Zeile des Randes vor. Hier werden die Zahlen vertikal symmetrisch ausgetauscht, wenn sie in den linken zwei Spalten eines Blocks der Größe 4 liegen. Zusätzlich wird noch das Zahlenpaar in der am weitesten rechts liegende Spalte aller Viererblöcke vertauscht, hier also $(9, 99)$. Das Ergebnis dieser Vertauschungen ist in Abbildung 8.73 dargestellt.

Im weiteren Verlauf werden in der oberen Zeile die direkt neben den beiden oberen Ecken liegenden Zahlen 92 und 99 ausgetauscht. Entsprechend verfährt man in der linken Spalte, wo die unterhalb und oberhalb der beiden Ecken liegenden Zahlen 20 und 90 vertauscht werden.

Den Abschluss der Vertauschungen bilden einige Zahlen in der zweiten Zeile von unten und zweiten Spalte von links. In der zweiten Zeile von unten werden die $\frac{n-3}{4}$ Zahlen 13, 14 und 85 ab der Position $(2, 1)$ nach rechts mit ihren horizontal symmetrisch liegenden Zahlen 18, 17 und 86 ausgetauscht.

Ebenso viele Zahlen werden mit 79, 69 und 52 in der zweiten Spalte von links ab der Position $(1, 2)$ aufwärts mit ihren vertikal symmetrisch liegenden Zahlen 29, 39 und 42 vertauscht.

Das Ergebnis ist das magische Quadrat in Abbildung 8.74. Im Unterschied zu dem Verfahren von Pan Linsen für doppelt-gerade Quadrate sind die mit diesem Verfahren entstehenden Quadrate allerdings nicht mehr symmetrisch.

1	99	93	4	5	96	97	8	92	10
90	12	83	84	15	16	87	88	19	11
30	29	78	77	26	25	74	73	22	21
31	39	68	67	36	35	64	63	32	40
41	42	53	54	45	46	57	58	49	50
60	52	43	44	55	56	47	48	59	51
70	69	38	37	66	65	34	33	62	61
71	79	28	27	76	75	24	23	72	80
20	82	13	14	85	86	17	18	89	81
91	2	3	94	95	6	7	98	9	100

1	99	93	4	5	96	97	8	92	10
90	12	83	84	15	16	87	88	19	11
30	79	78	77	26	25	74	73	22	21
31	69	68	67	36	35	64	63	32	40
41	52	53	54	45	46	57	58	49	50
60	42	43	44	55	56	47	48	59	51
70	39	38	37	66	65	34	33	62	61
71	29	28	27	76	75	24	23	72	80
20	82	18	17	86	85	14	13	89	81
91	2	3	94	95	6	7	98	9	100

Abb. 8.74 Magisches Quadrat der Ordnung $n = 10$ (Pan Linsen)

Da dieses Verfahren mit vielen Vertauschungen arbeitet, soll es noch einmal für die Ordnung $n = 14$ veranschaulicht werden. Durch die Vielzahl der durchzuführenden Vertauschungen tritt dort die Systematik noch deutlicher hervortreten.

1	2	3	4	5	6	7	8	9	10	11	12	13	14
15	16	171	172	19	20	175	176	23	24	179	180	27	28
29	41	166	165	38	37	162	161	34	33	158	157	30	42
43	55	152	151	52	51	148	147	48	47	144	143	44	56
57	58	129	130	61	62	133	134	65	66	137	138	69	70
71	72	115	116	75	76	119	120	79	80	123	124	83	84
85	97	110	109	94	93	106	105	90	89	102	101	86	98
99	111	96	95	108	107	92	91	104	103	88	87	100	112
113	114	73	74	117	118	77	78	121	122	81	82	125	126
127	128	59	60	131	132	63	64	135	136	67	68	139	140
141	153	54	53	150	149	50	49	146	145	46	45	142	154
155	167	40	39	164	163	36	35	160	159	32	31	156	168
169	170	17	18	173	174	21	22	177	178	25	26	181	182
183	184	185	186	187	188	189	190	191	192	193	194	195	196

Abb. 8.75 Vertauschungen im Zentrum

1	184	185	4	5	188	189	8	9	192	193	12	195	14
28	16	171	172	19	20	175	176	23	24	179	180	27	15
42	41	166	165	38	37	162	161	34	33	158	157	30	29
43	55	152	151	52	51	148	147	48	47	144	143	44	56
57	58	129	130	61	62	133	134	65	66	137	138	69	70
84	72	115	116	75	76	119	120	79	80	123	124	83	71
98	97	110	109	94	93	106	105	90	89	102	101	86	85
99	111	96	95	108	107	92	91	104	103	88	87	100	112
113	114	73	74	117	118	77	78	121	122	81	82	125	126
140	128	59	60	131	132	63	64	135	136	67	68	139	127
154	153	54	53	150	149	50	49	146	145	46	45	142	141
155	167	40	39	164	163	36	35	160	159	32	31	156	168
182	170	17	18	173	174	21	22	177	178	25	26	181	169
183	2	3	186	187	6	7	190	191	10	11	194	13	196

Abb. 8.76 Vertauschungen im äußeren Rahmen

1	195	185	4	5	188	189	8	9	192	193	12	184	14
182	16	171	172	19	20	175	176	23	24	179	180	27	15
42	167	166	165	38	37	162	161	34	33	158	157	30	29
43	153	152	151	52	51	148	147	48	47	144	143	44	56
57	128	129	130	61	62	133	134	65	66	137	138	69	70
84	114	115	116	75	76	119	120	79	80	123	124	83	71
98	111	110	109	94	93	106	105	90	89	102	101	86	85
99	97	96	95	108	107	92	91	104	103	88	87	100	112
113	72	73	74	117	118	77	78	121	122	81	82	125	126
140	58	59	60	131	132	63	64	135	136	67	68	139	127
154	55	54	53	150	149	50	49	146	145	46	45	142	141
155	41	40	39	164	163	36	35	160	159	32	31	156	168
28	170	26	25	178	177	22	21	174	173	18	17	181	169
183	2	3	186	187	6	7	190	191	10	11	194	13	196

Abb. 8.77 Magisches Quadrat der Ordnung $n = 14$ (Pan Linsen)

8.2.6 Liang Peiji – Zhang Hangfu – Zhang Xiafu

Das Verfahren von Liang Peiji, Zhang Hangfu und Zhang Xiafu für einfach-gerade Ordnungen $n = 4k + 2$ ist eine Erweiterung ihres Verfahrens für doppelt-gerade Ordnungen aus Kapitel 7.2.18. Auch hier werden die Zeilen eines Hilfsquadrates von links nach rechts oder von rechts nach links mit den Zahlen von 0 bis $n-1$ gefüllt. Allerdings ist die Anordnung der Zahlen nicht mehr so symmetrisch und zusätzlich müssen noch einzelne Zahlenpaare vertauscht werden.[15]

Zunächst werden wieder die mittleren $2k$ Zeilen mit den Zahlen $0, 1, 2 \ldots, n-1$ von rechts nach links aufsteigend gefüllt. Die darüberliegenden $k + 1$ Zeilen werden dagegen von links nach rechts eingetragen. Nun verbleiben noch $k + 1$ Zeilen am unteren Rand. Die untere dieser Zeilen wird von rechts nach links, die k Zeilen darüber dagegen von links nach rechts mit diesen Zahlen gefüllt (siehe Abbildung 8.78a).

Danach müssen noch einige Zahlen am linken und rechten Rand dieser Zeilen ausgetauscht werden. Am einfachsten geht man so vor, dass man von unten und oben beginnend am linken Rand immer abwechselnd die Zahlen 0 und $n - 1$ einträgt, sofern sie nicht schon dort vorhanden sind. Am rechten Rand muss dementsprechend immer die entgegengesetzte dieser beiden Zahlen eingetragen sein. Eine Ausnahme

[15] Liang Peiji, Zhang Hangfu und Zhang Xiafu [330]

bildet nur die Zeile direkt unterhalb der horizontalen Mittellinie. Dort muss in der linken Spalte immer die Zahl $n - 1$ und in der äußeren rechten Spalte die Zahl 0 platziert werden.

Abschließend wird noch ein Zahlentausch in den mittleren Spalten der beiden unteren Zeilen durchgeführt, wo die Zahlen miteinander vertauscht werden. Das mit diesen Vertauschungen entstandene Hilfsquadrat ist in Abbildung 8.78b dargestellt.

0	1	2	3	4	5	6	7	8	9
0	1	2	3	4	5	6	7	8	9
0	1	2	3	4	5	6	7	8	9
9	8	7	6	5	4	3	2	1	0
9	8	7	6	5	4	3	2	1	0
9	8	7	6	5	4	3	2	1	0
9	8	7	6	5	4	3	2	1	0
0	1	2	3	4	5	6	7	8	9
0	1	2	3	4	5	6	7	8	9
9	8	7	6	5	4	3	2	1	0

a) Füllen der Zeilen

0	1	2	3	4	5	6	7	8	9
9	1	2	3	4	5	6	7	8	0
0	1	2	3	4	5	6	7	8	9
9	8	7	6	5	4	3	2	1	0
0	8	7	6	5	4	3	2	1	9
9	8	7	6	5	4	3	2	1	0
9	8	7	6	5	4	3	2	1	0
0	1	2	3	4	5	6	7	8	9
9	1	2	3	5	4	6	7	8	0
0	8	7	6	4	5	3	2	1	9

b) Austausch von Zahlenpaaren

Abb. 8.78 Erstes Hilfsquadrat

Das Hilfsquadrat wird in ein zweites Hilfsquadrat kopiert, welches zusätzlich an der Nebendiagonalen gespiegelt wird. Überlagert man die beiden Hilfsquadrate, entsteht das magische Quadrat aus Abbildung 8.79.

0	9	0	9	0	9	9	0	9	0
1	1	1	8	8	8	8	1	1	8
2	2	2	7	7	7	7	2	2	7
3	3	3	6	6	6	6	3	3	6
4	4	4	5	5	5	5	4	5	4
5	5	5	4	4	4	4	5	4	5
6	6	6	3	3	3	3	6	6	3
7	7	7	2	2	2	2	7	7	2
8	8	8	1	1	1	1	8	8	1
9	0	9	0	9	0	0	9	0	9

a) zweites Hilfsquadrat

1	20	21	40	41	60	70	71	90	91
92	12	22	39	49	59	69	72	82	9
3	13	23	38	48	58	68	73	83	98
94	84	74	67	57	47	37	24	14	7
5	85	75	66	56	46	36	25	16	95
96	86	76	65	55	45	35	26	15	6
97	87	77	64	54	44	34	27	17	4
8	18	28	33	43	53	63	78	88	93
99	19	29	32	52	42	62	79	89	2
10	81	80	61	50	51	31	30	11	100

b) magisches Quadrat

Abb. 8.79 Magisches Quadrat der Ordnung $n = 10$ (Liang - Zhang - Zhang)

Dieses Verfahren ist auf alle einfach-gerade Ordnungen übertragbar. Für die Ordnung $n = 14$ ergibt sich etwa das magische Quadrat aus Abbildung 8.80.

1	28	29	56	57	84	85	112	126	127	154	155	182	183
184	16	30	44	69	83	97	111	125	139	142	156	170	13
3	17	31	45	68	82	96	110	124	138	143	157	171	194
186	18	32	46	67	81	95	109	123	137	144	158	172	11
5	173	159	145	136	122	108	94	80	66	47	33	19	192
188	174	160	146	135	121	107	93	79	65	48	34	20	9
7	175	161	147	134	120	106	92	78	64	49	35	22	189
190	176	162	148	133	119	105	91	77	63	50	36	21	8
191	177	163	149	132	118	104	90	76	62	51	37	23	6
10	178	164	150	131	117	103	89	75	61	52	38	24	187
193	25	39	53	60	74	88	102	116	130	151	165	179	4
12	26	40	54	59	73	87	101	115	129	152	166	180	185
195	27	41	55	58	72	100	86	114	128	153	167	181	2
14	169	168	141	140	113	98	99	71	70	43	42	15	196

Abb. 8.80 Magisches Quadrat der Ordnung $n = 14$ (Liang - Zhang - Zhang)

8.2.7 Lin Pengcheng (Methode 1)

Lin Pengcheng hat das Verfahren aus Kapitel 7.2.21 so erweitert, dass es auch für einfach-gerade Ordnungen $n = 4k + 2$ anwendbar ist.[16] Dabei werden zwei zusätzliche Terme benutzt, die in Tabelle 8.9 angegeben sind.

Term 1:	$n \cdot (n - 1 - z) + \frac{n-s}{2}$	Term 4:	$n \cdot (n - z) - \frac{s}{2}$
Term 2:	$n \cdot z + \frac{s}{2} + 1$	Term 5:	$n \cdot (n - z) - s$
Term 3:	$n \cdot z + \frac{n+s}{2} + 1$	Term 6:	$n \cdot (n - z - 2) + s + 1$

Tab. 8.9 Terme für die Berechnung der Zahlen

[16] Lin Pengcheng [333]

Zunächst wird das Schema aus Abbildung 7.214 des Verfahrens für doppelt-gerade Ordnungen übernommen, wobei allerdings die beiden mittleren Zeilen und Spalten ausgenommen werden. In der oberen Hälfte des Quadrates werden also nur die Terme 1 und 2, in der unteren Hälfte dagegen nur die Terme 3 und 4 benutzt.

So werden z. B. die Zahlen in der linken Hälfte der oberen Zeile nur mit Term 1, in der rechten dagegen nur mit Term 2 berechnet. In der darunterliegenden Zeile kehrt sich diese Zuordnung dann um. Wie bei den doppelt-geraden Ordnungen bleibt auch hier jede zweite Spalte frei, da dort wieder die komplementären Zahlen zu den direkt links daneben berechneten Zahlen eingetragen werden.

1		1				2		2	
2		2				1		1	
1		1				2		2	
2		2				1		1	
3		3				4		4	
4		4				3		3	
3		3				4		4	
4		4				3		3	

Abb. 8.81 Terme für die Berechnung der Zahlen

Die Terme für die Berechnungen der Zahlen in den beiden mittleren Spalten weichen von dem symmetrischen Schema ab. Die Zahlen für die direkt links neben der vertikalen Mittellinie liegenden Spalte werden von unten und oben abwechselnd mit den Termen 1 und 3 berechnet. Eine Ausnahme bilden nur die beiden Zahlen, die sich direkt oberhalb und unterhalb des freien horizontalen Bereiches befinden. Hier erhält man beide Zahlen immer mit Term 1. Die Zellen der rechts danebenliegenden Spalte bleiben frei, da hier wieder die komplementären Zahlen zu den links daneben berechneten Zahlen eingetragen werden.

Abschließend folgen die beiden mittleren Zeilen. Hier werden die linken $2k+2$ Zahlen der Zeile, die sich direkt unterhalb der horizontalen Mittellinie befindet, abwechselnd mit den Termen 5 und 6 berechnet. Die nächsten $2k - 1$ Zahlen erhält man dagegen abwechselnd mit den Termen 6 und 5.

Einzige Ausnahme von diesem Schema ist nur die Zahl am rechten Rand dieser Zeile, die immer mit Term 6 berechnet wird. Damit bleibt keine einzige Zelle frei, da die komplementären Zahlen immer oberhalb der bereits berechneten Zahlen eingetragen werden.

1		1		1		2		2	
2		2		3		1		1	
1		1		1		2		2	
2		2		1		1		1	
3		3		1		4		4	
4		4		1		3		3	
3		3		3		4		4	
4		4		1		3		3	

1		1		1		2		2	
2		2		3		1		1	
1		1		1		2		2	
2		2		1		1		1	
5	6	5	6	5	6	6	5	6	6
3		3		1		4		4	
4		4		1		3		3	
3		3		3		4		4	
4		4		1		3		3	

Abb. 8.82 Terme für die beiden mittleren Zeilen und Spalten

Berechnet man alle Zahlen mit den zugewiesenen Termen laut Abbildung 8.82, ergibt sich das magische Quadrat aus Abbildung 8.83.

5	96	4	97	3	98	94	7	95	6
81	20	82	19	88	13	12	89	11	90
25	76	24	77	23	78	74	27	75	26
61	40	62	39	33	68	32	69	31	70
41	59	43	57	55	45	54	48	52	51
60	42	58	44	56	46	47	53	49	50
36	65	37	64	63	38	67	34	66	35
80	21	79	22	73	28	29	72	30	71
16	85	17	84	18	83	87	14	86	15
100	1	99	2	93	8	9	92	10	91

Abb. 8.83 Magisches Quadrat der Ordnung $n = 10$ (Lin Pengcheng)

Dieses Verfahren ist auf alle einfach-gerade Ordnungen übertragbar. Selbst bei der kleinsten Ordnung dieses Typs ist im Gegensatz zu einigen anderen Verfahren keine zusätzliche Änderung notwendig.

An einem weiteren Beispiel der Ordnung $n = 14$ soll noch einmal die Auswahl der Terme für die Berechnung der Zahlen verdeutlicht werden.

1		1		1		1		2		2		2	
2		2		2		3		1		1		1	
1		1		1		1		2		2		2	
2		2		2		3		1		1		1	
1		1		1		1		2		2		2	
2		2		2		1		1		1		1	
5	6	5	6	5	6	5	6	6	5	6	5	6	6
3		3		3		1		4		4		4	
4		4		4		1		3		3		3	
3		3		3		3		4		4		4	
4		4		4		1		3		3		3	
3		3		3		3		4		4		4	
4		4		4		1		3		3		3	

Abb. 8.84 Terme für die Berechnung der Zahlen

Das sich hieraus ergebende magische Quadrat ist in Abbildung 8.85 dargestellt.

7	190	6	191	5	192	4	193	187	10	188	9	189	8
169	28	170	27	171	26	179	18	17	180	16	181	15	182
35	162	34	163	33	164	32	165	159	38	160	37	161	36
141	56	142	55	143	54	151	46	45	152	44	153	43	154
63	134	62	135	61	136	60	137	131	66	132	65	133	64
113	84	114	83	115	82	74	123	73	124	72	125	71	126
85	111	87	109	89	107	105	91	104	94	102	96	100	99
112	86	110	88	108	90	106	92	93	103	95	101	97	98
78	119	79	118	80	117	116	81	122	75	121	76	120	77
140	57	139	58	138	59	130	67	68	129	69	128	70	127
50	147	51	146	52	145	53	144	150	47	149	48	148	49
168	29	167	30	166	31	158	39	40	157	41	156	42	155
22	175	23	174	24	173	25	172	178	19	177	20	176	21
196	1	195	2	194	3	186	11	12	185	13	184	14	183

Abb. 8.85 Magisches Quadrat der Ordnung $n = 14$ (Lin Pengcheng)

8.2.8 Lin Pengcheng (Methode 2)

Wie bei seinem Verfahren für doppelt-gerade Ordnungen in Kapitel 7.2.22 füllt Lin Pengcheng auch für einfach-gerade Ordnungen $n = 4k + 2$ zunächst ein Hilfsquadrat mit Codes, die eine Formel bestimmen, mit der die entsprechende Zahl im Zielquadrat berechnet werden kann. Dazu teilt er das Hilfsquadrat ohne die beiden mittleren Zeilen und Spalten zunächst in k x k - Teilquadrate auf und füllt diese mit den Codes wie in Abbildung 8.86.

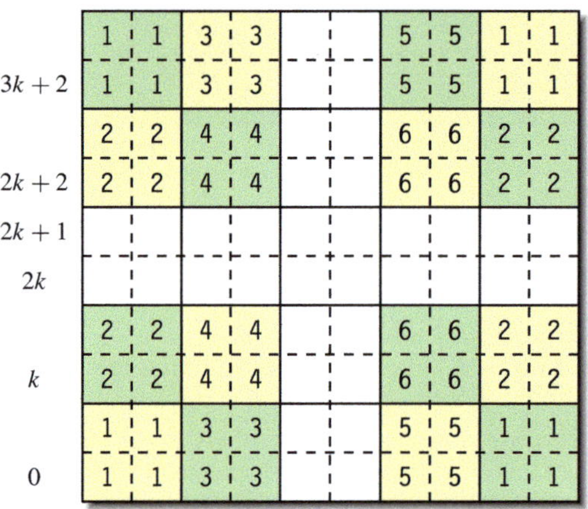

Abb. 8.86 Aufteilung des Hilfsquadrates

In der unteren der beiden mittleren Zeilen werden jeweils die äußeren k Zellen mit dem Code 9 und die danebenliegenden k Zellen mit dem Code 10 gefüllt, sodass nur noch die beiden mittleren Zellen frei bleiben. Eine Ausnahme bildet dabei die Zahl am rechten Rand dieser Zeile, wo nicht die Zahl 9, sondern 10 eingetragen wird. Abschließend werden die Codes 9 und 10 in die beiden noch freien Zellen platziert (siehe Abbildung 8.87).

Jetzt fehlt nur noch die linke der beiden mittleren Spalten. In den Zeilen

$$0, 2, \ldots, 2k - 2 \qquad \text{und} \qquad 2k + 3, 2k + 5, \ldots, n - 1$$

sowie in die beiden Zeilen oberhalb und unterhalb der Mitte wird der Code 7 eingetragen. Die restlichen Zeilen

$$1, 3, \ldots, 2k - 3 \qquad \text{und} \qquad 2k + 4, 2k + 6, \ldots, n - 2$$

erhalten dagegen den Code 8.

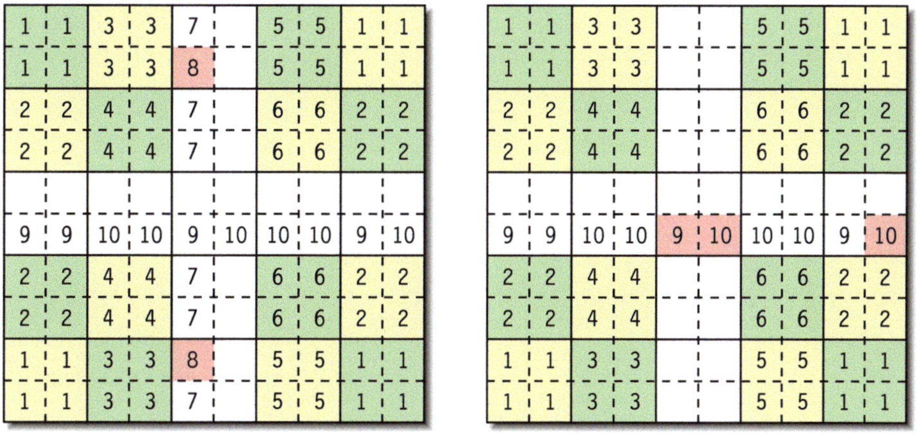

1	1	3	3	7		5	5	1	1
1	1	3	3	8		5	5	1	1
2	2	4	4	7		6	6	2	2
2	2	4	4	7		6	6	2	2
9	9	10	10	9	10	10	10	9	10
2	2	4	4	7		6	6	2	2
2	2	4	4	7		6	6	2	2
1	1	3	3	8		5	5	1	1
1	1	3	3	7		5	5	1	1

1	1	3	3			5	5	1	1
1	1	3	3			5	5	1	1
2	2	4	4			6	6	2	2
2	2	4	4			6	6	2	2
9	9	10	10	9	10	10	10	9	10
2	2	4	4			6	6	2	2
2	2	4	4			6	6	2	2
1	1	3	3			5	5	1	1
1	1	3	3			5	5	1	1

Abb. 8.87 Codes im mittleren Bereich der Zeilen und Spalten

Im nächsten Schritt werden für die bereits eingetragenen Codes die Berechnungen der Zahlen durchgeführt. Dabei werden für die Zeilennummer z und die Spaltennummer s die Formeln aus der nachfolgenden Tabelle benutzt.

Code	Formel
1	$n \cdot (n-1-z)+s+1$
2	$n \cdot (z+1)-s$
3	$n \cdot (z+1)-(s+1)$
4	$n \cdot (n-1-z)+s+2$
5	$n \cdot (z+1)-s+1$
6	$n \cdot (n-1-z)+s$
7	$n \cdot (n-1-z)+s+1-k$
8	$n \cdot (z+1)-s+k$
9	$n \cdot (n-z)-s$
10	$n \cdot (n-2-z)+s+1$

Mit diesen Berechnungen sind im Zielquadrat alle Zellen bis auf eine Zeile und eine Spalte mit Zahlen gefüllt (siehe Abbildung 8.88a). In die noch freien Zellen der frei gebliebenen Zeile werden jetzt die Zahlen eingetragen, die zu den sich darunter befindenden Zahlen komplementär sind. Dabei machen allerdings die beiden mittleren Spalten eine Ausnahme, denn hier werden die komplementären Zahlen diagonal platziert.

Die jetzt noch frei gebliebenen Zellen der rechten mittleren Spalte werden ebenso mit komplementären Zahlen gefüllt, wobei sich die Partnerzahl direkt links davon befindet. Damit entsteht das magische Quadrat aus Abbildung 8.88b.

1	2	97	96	3		95	94	9	10
11	12	87	86	88		85	84	19	20
80	79	24	25	23		26	27	72	71
70	69	34	35	33		36	37	62	61
60	59	43	44	56	46	47	48	52	50
40	39	64	65	63		66	67	32	31
30	29	74	75	73		76	77	22	21
81	82	17	16	18		15	14	89	90
91	92	7	6	93		5	4	99	100

a) die ersten Berechnungen

1	2	97	96	3	98	95	94	9	10
11	12	87	86	88	13	85	84	19	20
80	79	24	25	23	78	26	27	72	71
70	69	34	35	33	68	36	37	62	61
41	42	58	57	55	45	54	53	49	51
60	59	43	44	56	46	47	48	52	50
40	39	64	65	63	38	66	67	32	31
30	29	74	75	73	28	76	77	22	21
81	82	17	16	18	83	15	14	89	90
91	92	7	6	93	8	5	4	99	100

b) magisches Quadrat

Abb. 8.88 Magisches Quadrat der Ordnung $n = 10$ (Lin Pengcheng)

8.2.9 Duan – Liu – Li – Tian

Duan, Liu, Li und Tian gehen bei ihrem Verfahren zur Konstruktion magischer Quadrate einfach-gerader Ordnungen $n = 4k + 2$ ähnlich vor, wie bei ihrem Verfahren für doppelt-gerade Ordnungen in Kapitel 7.2.19. Allerdings gestaltet sich hier der Austausch von Zahlen wesentlich komplizierter.[17]

Sie gehen wieder von einem Quadrat der Ordnung $n = 4k + 2$ in natürlicher Anordnung aus, bei dem einige Zeilen umgekehrt werden. Mit $m = \frac{n}{2}$ wird in den oberen $m + 1$ Zeilen von oben gesehen jede zweite Zeile umgekehrt, in den unteren $m - 1$ Zeilen jede zweite Zeile von unten gesehen. In Abbildung 8.89 erkennt man, dass die Zeilen 0, 2, 5, 7 und 9 von links nach rechts aufsteigende Zahlen beinhalten, die Zeilen 1, 3, 4, 6 und 8 dagegen absteigende Zahlen.

Danach beginnt der Austausch von bestimmten Zahlenpaaren. Zunächst werden die beiden mittleren Zahlen 55 und 56 ausgetauscht, die sich in der Zeile direkt unterhalb der Mitte befinden (siehe Abbildung 8.90a).

[17] Duan, Liu, Li und Tian [128]

1	2	3	4	5	6	7	8	9	10
20	19	18	17	16	15	14	13	12	11
21	22	23	24	25	26	27	28	29	30
40	39	38	37	36	35	34	33	32	31
41	42	43	44	45	46	47	48	49	50
60	59	58	57	56	55	54	53	52	51
70	69	68	67	66	65	64	63	62	61
71	72	73	74	75	76	77	78	79	80
90	89	88	87	86	85	84	83	82	81
91	92	93	94	95	96	97	98	99	100

Abb. 8.89 Ausgangsquadrat der Ordnung 10

Eine der Zeilen, die von links nach rechts aufsteigende Zahlen enthält, wird zufällig bestimmt und mit `rise` benannt. In diesem Beispiel wird mit `rise=7` die dritte Zeile von oben gewählt und in dieser Zeile die beiden mittleren Zellen vertauscht (siehe Abbildung 8.90b).

1	2	3	4	5	6	7	8	9	10
20	19	18	17	16	15	14	13	12	11
21	22	23	24	25	26	27	28	29	30
40	39	38	37	36	35	34	33	32	31
41	42	43	44	45	46	47	48	49	50
60	59	58	57	55	56	54	53	52	51
70	69	68	67	66	65	64	63	62	61
71	72	73	74	75	76	77	78	79	80
90	89	88	87	86	85	84	83	82	81
91	92	93	94	95	96	97	98	99	100

a) Schritt 1

1	2	3	4	5	6	7	8	9	10
20	19	18	17	16	15	14	13	12	11
21	22	23	24	26	25	27	28	29	30
40	39	38	37	36	35	34	33	32	31
41	42	43	44	45	46	47	48	49	50
60	59	58	57	55	56	54	53	52	51
70	69	68	67	66	65	64	63	62	61
71	72	73	74	75	76	77	78	79	80
90	89	88	87	86	85	84	83	82	81
91	92	93	94	95	96	97	98	99	100

b) Schritt 2

Abb. 8.90 Schritte 1 und 2

Im nächsten Schritt wird eine beliebige der linken $m-1$ Spalten gewählt und mit `rand` bezeichnet. Eine Ausnahme bildet allerdings die Ordnung $n = 6$, bei der immer die Spalte 0 gewählt werden muss, weil bei dieser Ordnung nicht genügend Spalten zur Auswahl stehen. In diesem Beispiel wird `rand=1` gewählt und in der direkt oberhalb der Mitte liegenden Zeile werden die sich in der mit `rand` gekennzeichneten Spalte befindende Zahl 42 und ihre horizontal symmetrische liegende Partnerzahl 49 ausgetauscht (siehe Abbildung 8.91a).

Weiterhin wird mit dec eine beliebige Zeile mit absteigenden Zahlen bestimmt und in dieser Zeile die Zahl, die sich in der mit rand gekennzeichneten Spalte mit ihrer horizontal symmetrischen Partnerzahl vertauscht. In diesem Beispiel wurde dec=3 gewählt und die Zahlen 69 und 62 werden vertauscht (siehe Abbildung 8.91b).

1	2	3	4	5	6	7	8	9	10
20	19	18	17	16	15	14	13	12	11
21	22	23	24	26	25	27	28	29	30
40	39	38	37	36	35	34	33	32	31
41	49	43	44	45	46	47	48	42	50
60	59	58	57	55	56	54	53	52	51
70	69	68	67	66	65	64	63	62	61
71	72	73	74	75	76	77	78	79	80
90	89	88	87	86	85	84	83	82	81
91	92	93	94	95	96	97	98	99	100

a) Schritt 3

1	2	3	4	5	6	7	8	9	10
20	19	18	17	16	15	14	13	12	11
21	22	23	24	26	25	27	28	29	30
40	39	38	37	36	35	34	33	32	31
41	49	43	44	45	46	47	48	42	50
60	59	58	57	55	56	54	53	52	51
70	62	68	67	66	65	64	63	69	61
71	72	73	74	75	76	77	78	79	80
90	89	88	87	86	85	84	83	82	81
91	92	93	94	95	96	97	98	99	100

b) Schritt 4

Damit sind alle drei Parameter bestimmt, die variabel gewählt werden können. Um unterschiedliche Quadrate zu erzeugen, können weitere Vertauschungen vorgenommen werden. Zunächst werden die vier Zahlen im 2 x 2 - Zentrum vertikal vertauscht (siehe Abbildung 8.91c).

Danach werden in der mit rand gekennzeichneten oder der dazu horizontal symmetrisch liegenden Spalte die beiden mittleren Elemente vertikal vertauscht (siehe Abbildung 8.91d).

1	2	3	4	5	6	7	8	9	10
20	19	18	17	16	15	14	13	12	11
21	22	23	24	26	25	27	28	29	30
40	39	38	37	36	35	34	33	32	31
41	49	43	44	55	56	47	48	42	50
60	59	58	57	45	46	54	53	52	51
70	62	68	67	66	65	64	63	69	61
71	72	73	74	75	76	77	78	79	80
90	89	88	87	86	85	84	83	82	81
91	92	93	94	95	96	97	98	99	100

c) Schritt 5

1	2	3	4	5	6	7	8	9	10
20	19	18	17	16	15	14	13	12	11
21	22	23	24	26	25	27	28	29	30
40	39	38	37	36	35	34	33	32	31
41	59	43	44	55	56	47	48	42	50
60	49	58	57	45	46	54	53	52	51
70	62	68	67	66	65	64	63	69	61
71	72	73	74	75	76	77	78	79	80
90	89	88	87	86	85	84	83	82	81
91	92	93	94	95	96	97	98	99	100

d) Schritt 6

Abb. 8.91 Schritte 3 bis 6

Im nächsten Schritt werden $k-1$ Spalten zufällig so bestimmt, dass die in diesen Spalten liegenden Zahlen der beiden mittleren Zeilen nicht auf einer der beiden Diagonalen liegen. Für die Ordnung $n = 10$ ist $k = 2$, sodass nur eine Spalte ausgesucht werden muss. Die beiden zugehörigen Zahlen aus den beiden mittleren Zeilen werden dann jeweils mit ihren symmetrisch gegenüberliegenden Partnerzahlen ausgetauscht (siehe Abbildung 8.92a).

Anschließend werden aus der mit `rise` gekennzeichneten Zeile die beiden mittleren Zahlen mit ihren vertikal symmetrisch gegenüberliegenden Partnerzahlen vertauscht (siehe Abbildung 8.92b).

1	2	3	4	5	6	7	8	9	10
20	19	18	17	16	15	14	13	12	11
21	22	23	24	26	25	27	28	29	30
40	39	38	37	36	35	34	33	32	31
51	59	43	44	55	56	47	48	42	60
50	49	58	57	45	46	54	53	52	41
70	62	68	67	66	65	64	63	69	61
71	72	73	74	75	76	77	78	79	80
90	89	88	87	86	85	84	83	82	81
91	92	93	94	95	96	97	98	99	100

a) Schritt 7

1	2	3	4	5	6	7	8	9	10
20	19	18	17	16	15	14	13	12	11
21	22	23	24	75	76	27	28	29	30
40	39	38	37	36	35	34	33	32	31
51	59	43	44	55	56	47	48	42	60
50	49	58	57	45	46	54	53	52	41
70	62	68	67	66	65	64	63	69	61
71	72	73	74	26	25	77	78	79	80
90	89	88	87	86	85	84	83	82	81
91	92	93	94	95	96	97	98	99	100

b) Schritt 8

Abb. 8.92 Schritte 7 und 8

Zusätzlich müssen ebenfalls in der mit `rise` gekennzeichneten Zeile weitere Zahlen bestimmt werden:

- entweder $2k-1$ Zahlen, die nicht auf den Diagonalen liegen
- oder zwei Zahlen, die auf den Diagonalen liegen und $2k-3$ Zahlen, die nicht auf den Diagonalen liegen.

Die ausgesuchten Zahlen werden mit den ihnen vertikal symmetrisch gegenüberliegenden Partnerzahlen vertauscht. In diesem Beispiel sind mit 23 und 78 zwei Zahlen von den Diagonalen und 30 als weitere Zahl gewählt worden (siehe Abbildung 8.93a).

Zwei weitere Vertauschungen werden in der mit `dec` gekennzeichneten Zeile vorgenommen. Dort werden die Zahlen, die in der Spalte `rand` und der horizontal symmetrisch liegenden Spalte jeweils mit den vertikal symmetrisch gegenüberliegenden Partnerzahlen vertauscht (siehe Abbildung 8.93b).

1	2	3	4	5	6	7	8	9	10
20	19	18	17	16	15	14	13	12	11
21	22	73	24	75	76	27	78	29	80
40	39	38	37	36	35	34	33	32	31
51	59	43	44	55	56	47	48	42	60
50	49	58	57	45	46	54	53	52	41
70	62	68	67	66	65	64	63	69	61
71	72	23	74	26	25	77	28	79	30
90	89	88	87	86	85	84	83	82	81
91	92	93	94	95	96	97	98	99	100

a) Schritt 9

1	2	3	4	5	6	7	8	9	10
20	19	18	17	16	15	14	13	12	11
21	22	73	24	75	76	27	78	29	80
40	62	38	37	36	35	34	33	69	31
51	59	43	44	55	56	47	48	42	60
50	49	58	57	45	46	54	53	52	41
70	39	68	67	66	65	64	63	32	61
71	72	23	74	26	25	77	28	79	30
90	89	88	87	86	85	84	83	82	81
91	92	93	94	95	96	97	98	99	100

b) Schritt 10

Abb. 8.93 Schritte 9 und 10

Im vorletzten Schritt werden weitere Zahlen aus der mit `dec` gekennzeichneten Zeile ausgesucht:

- entweder $2k - 1$ Zahlen, die nicht auf den Diagonalen liegen
- oder zwei Zahlen, die auf den Diagonalen liegen und $2k - 3$ Zahlen, die nicht auf den Diagonalen liegen.

In diesem Beispiel sind die beiden Zahlen 67 und 64 gewählt worden, die auf den Diagonalen liegen, sowie 61 als weitere Zahl. Sie werden mit den vertikal symmetrisch gegenüberliegenden Partnerzahlen 37, 34 und 31 ausgetauscht (siehe Abbildung 8.94a).

Abschließend werden für alle Zeilen mit Ausnahme von `rise`, `dec` und der direkt oberhalb der Mitte liegenden Zeile sowie der vertikal symmetrisch gegenüberliegenden Zeilen die letzten Vertauschungen vorgenommen.

- entweder $2k + 1$ Zahlen, die nicht auf Diagonalen liegen
- oder zwei Zahlen, die auf den Diagonalen liegen und $2k - 1$ Zahlen, die nicht auf den Diagonalen liegen.

Hier wurden in der oberen Zeile drei Zahlen ausgesucht, die nicht auf den Diagonalen liegen, sowie die beiden Zahlen 1 und 10 von den Diagonalen. Von den fünf Zahlen aus der zweiten Zeile von oben befindet sich dagegen keine Zahl auf den Diagonalen.

Die ausgesuchten Zahlen werden mit den vertikal symmetrisch gegenüberliegenden Partnerzahlen ausgetauscht, und es entsteht abschließend das magische Quadrat in Abbildung 8.94b.

1	2	3	4	5	6	7	8	9	10
20	19	18	17	16	15	14	13	12	11
21	22	73	24	75	76	27	78	29	80
40	62	38	67	36	35	64	33	69	61
51	59	43	44	55	56	47	48	42	60
50	49	58	57	45	46	54	53	52	41
70	39	68	37	66	65	34	63	32	31
71	72	23	74	26	25	77	28	79	30
90	89	88	87	86	85	84	83	82	81
91	92	93	94	95	96	97	98	99	100

a) Schritt 11

91	2	3	4	95	96	7	8	99	100
20	19	88	87	86	15	84	13	12	81
21	22	73	24	75	76	27	78	29	80
40	62	38	67	36	35	64	33	69	61
51	59	43	44	55	56	47	48	42	60
50	49	58	57	45	46	54	53	52	41
70	39	68	37	66	65	34	63	32	31
71	72	23	74	26	25	77	28	79	30
90	89	18	17	16	85	14	83	82	11
1	92	93	94	5	6	97	98	9	10

b) magisches Quadrat

Abb. 8.94 Magisches Quadrat der Ordnung $n = 10$ (Duan - Liu - Li - Tian)

8.2.10 Umar

Für einfach-gerade Ordnungen modifiziert Umar sein Verfahren für doppelt-gerade Ordnungen aus Kapitel 7.2.15 etwas.[18] Für diese Ordnungen beginnt er mit einem Quadrat, bei dem spaltenweise von oben nach unten und von links nach rechts fortlaufende Zahlen von 1 bis n^2 eingetragen werden. Bei diesem Zahlenbereich werden allerdings die mittleren $2\,n$ Zahlen ausgelassen. Weiterhin werden keine Zahlen in die mittleren beiden Zeilen eingetragen. Im zweiten Schritt werden die Spalten der rechten Hälfte umgekehrt.

1	9	17	25	33	61	69	77	85	93
2	10	18	26	34	62	70	78	86	94
3	11	19	27	35	63	71	79	87	95
4	12	20	28	36	64	72	80	88	96
5	13	21	29	37	65	73	81	89	97
6	14	22	30	38	66	74	82	90	98
7	15	23	31	39	67	75	83	91	99
8	16	24	32	40	68	76	84	92	100

a) Schritt 1: Ausgangsquadrat

1	9	17	25	33	68	76	84	92	100
2	10	18	26	34	67	75	83	91	99
3	11	19	27	35	66	74	82	90	98
4	12	20	28	36	65	73	81	89	97
5	13	21	29	37	64	72	80	88	96
6	14	22	30	38	63	71	79	87	95
7	15	23	31	39	62	70	78	86	94
8	16	24	32	40	61	69	77	85	93

b) Schritt 2: umgekehrte Spalten

[18] Umar [579]

Danach werden auch die Zahlen von $m = \frac{n-2}{2}$ Zeilen umgekehrt. Man beginnt mit der Zeile direkt oberhalb des freien Bereiches und kehrt jede zweite Zeile samt ihrer dazu vertikal symmetrisch liegenden Zeile um (siehe Abbildung 8.95).

1	9	17	25	33	68	76	84	92	100
99	91	83	75	67	34	26	18	10	2
3	11	19	27	35	66	74	82	90	98
97	89	81	73	65	36	28	20	12	4
96	88	80	72	64	37	29	21	13	5
6	14	22	30	38	63	71	79	87	95
94	86	78	70	62	39	31	23	15	7
8	16	24	32	40	61	69	77	85	93

Abb. 8.95 Umkehrung von Zeilen (Schritt 3)

Nun müssen die mittleren beiden Zeilen mit den verbliebenen Zahlen von $\frac{n^2}{2} - n + 1$ bis $\frac{n^2}{2} + n$ gefüllt werden. Dazu trägt man zunächst $\frac{n}{2}$ Zahlen von links nach rechts abwechselnd in die beiden Zeilen ein, wobei man in der unteren beginnt. Im Beispiel der Ordnung $n = 10$ wären das die Zahlen 41 bis 45.

Die rechte Hälfte wird von rechts nach links mit den weiteren fortlaufenden Zahlen gefüllt und gestaltet sich nicht ganz so systematisch. Zunächst wird die nächste Zahl 46 am rechten Rand in die obere der beiden Zeilen platziert.

1	9	17	25	33	68	76	84	92	100
99	91	83	75	67	34	26	18	10	2
3	11	19	27	35	66	74	82	90	98
97	89	81	73	65	36	28	20	12	4
	42		44		50	49		47	46
41		43		45			48		
96	88	80	72	64	37	29	21	13	5
6	14	22	30	38	63	71	79	87	95
94	86	78	70	62	39	31	23	15	7
8	16	24	32	40	61	69	77	85	93

a) Anordnung der restlichen Zahlen

1	9	17	25	33	68	76	84	92	100
99	91	83	75	67	34	26	18	10	2
3	11	19	27	35	66	74	82	90	98
97	89	81	73	65	36	28	20	12	4
60	42	58	44	56	50	49	53	47	46
41	59	43	57	45	51	52	48	54	55
96	88	80	72	64	37	29	21	13	5
6	14	22	30	38	63	71	79	87	95
94	86	78	70	62	39	31	23	15	7
8	16	24	32	40	61	69	77	85	93

b) Eintragen der Komplemente

Abb. 8.96 Füllen der beiden mittleren Zeilen (Schritte 4 und 5)

Dann folgen $\frac{n}{2} - 2$ Zahlen, die abwechselnd in die beiden Zeilen eingetragen werden, wobei man in der oberen Zeile beginnt. Den Abschluss bildet dann die letzte Zahl, die auch in die obere der beiden Zeilen eingetragen wird (siehe Abbildung 8.96a).

Jetzt müssen nur noch die komplementären Zahlen in die vertikalen Nachbarzellen geschrieben werden und die beiden mittleren Zeilen sind vollständig gefüllt (siehe Abbildung 8.96b).

Zum Abschluss werden noch zwei Zahlenpaare vertikal ausgetauscht, die diagonal gesehen um die zentralen vier Zellen des Zielquadrates liegen. Damit entsteht das magische Quadrat aus Abbildung 8.97.

1	9	17	25	33	68	76	84	92	100
99	91	83	75	67	34	26	18	10	2
3	11	19	27	35	66	74	82	90	98
97	89	81	72	65	36	29	20	12	4
60	42	58	44	56	50	49	53	47	46
41	59	43	57	45	51	52	48	54	55
96	88	80	73	64	37	28	21	13	5
6	14	22	30	38	63	71	79	87	95
94	86	78	70	62	39	31	23	15	7
8	16	24	32	40	61	69	77	85	93

Abb. 8.97 Magisches Quadrat der Ordnung $n = 10$ (Umar)

8.2.11 Ibrahim – Jibril – Umar

Für einfach-gerade Ordnungen wird das Verfahren von Ibrahim, Jibril und Umar für doppelt-gerade Ordnungen aus Kapitel 7.2.16 etwas modifiziert.[19]

Man beginnt auch hier mit einem Quadrat, bei dem spaltenweise von links nach rechts fortlaufende Zahlen eingetragen werden, wobei die Richtung abwechselnd verläuft. Die Zahlen in der ersten Spalte werden von oben nach unten, die der zweiten Spalte von unten nach oben platziert. Nach $m = \frac{n}{2}$ Durchgängen werden diese beiden Richtungen verändert und man beginnt in der zweiten Hälfte zunächst unten.

Allerdings werden keine Zahlen in die beiden äußeren Zeilen eingetragen. Zusätzlich werden bei den eingetragenen Zahlen auch die mittleren $2n$ Zahlen ausgelassen. Die hieraus entstehende Anordnung der Zahlen in Abbildung 8.98a dargestellt.

[19] Ibrahim, Jibril und Umar [278]

Auch hier werden im zweiten Schritt die Zahlen von $m = \frac{n}{2}$ Zeilen umgekehrt. Man beginnt mit der Zeile direkt oberhalb der horizontalen Mittellinie und kehrt jede zweite Zeile samt ihrer dazu vertikal symmetrisch liegenden Zeile um (siehe Abbildung 8.98b).

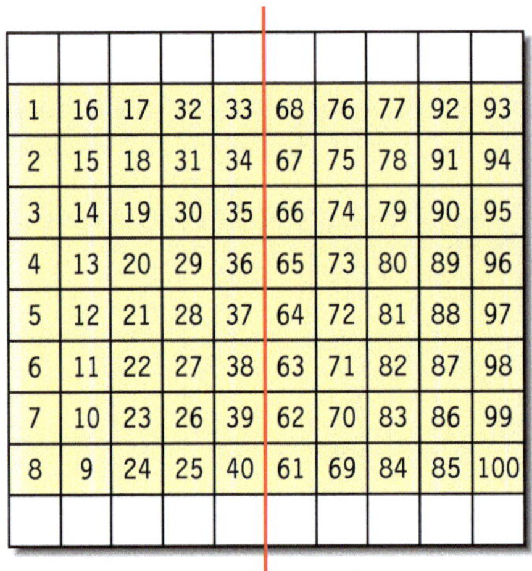

1	16	17	32	33	68	76	77	92	93
2	15	18	31	34	67	75	78	91	94
3	14	19	30	35	66	74	79	90	95
4	13	20	29	36	65	73	80	89	96
5	12	21	28	37	64	72	81	88	97
6	11	22	27	38	63	71	82	87	98
7	10	23	26	39	62	70	83	86	99
8	9	24	25	40	61	69	84	85	100

a) Ausgangsquadrat

1	16	17	32	33	68	76	77	92	93
94	91	78	75	67	34	31	18	15	2
3	14	19	30	35	66	74	79	90	95
96	89	80	73	65	36	29	20	13	4
97	88	81	72	64	37	28	21	12	5
6	11	22	27	38	63	71	82	87	98
99	86	83	70	62	39	26	23	10	7
8	9	24	25	40	61	69	84	85	100

b) umgekehrte Zeilen

Abb. 8.98 Schritte 1 und 2

Nun werden die vier Ecken gefüllt. Man beginnt in der rechten unteren Ecke und trägt der Reihe nach im Uhrzeigersinn die Zahlen $\frac{n^2}{2} - 1$ bis $\frac{n^2}{2} + 2$ ein (siehe Abbildung 8.99a).

51									52
1	16	17	32	33	68	76	77	92	93
94	91	78	75	67	34	31	18	15	2
3	14	19	30	35	66	74	79	90	95
96	89	80	73	65	36	29	20	13	4
97	88	81	72	64	37	28	21	12	5
6	11	22	27	38	63	71	82	87	98
99	86	83	70	62	39	26	23	10	7
8	9	24	25	40	61	69	84	85	100
50									49

a) Ecken

51	41		43		45			48	52
1	16	17	32	33	68	76	77	92	93
94	91	78	75	67	34	31	18	15	2
3	14	19	30	35	66	74	79	90	95
96	89	80	73	65	36	29	20	13	4
97	88	81	72	64	37	28	21	12	5
6	11	22	27	38	63	71	82	87	98
99	86	83	70	62	39	26	23	10	7
8	9	24	25	40	61	69	84	85	100
50		42		44		46	47		49

b) äußere Zeilen

Abb. 8.99 Schritte 3 und 4

Da die Zellen in den Ecken der beiden äußeren Zeilen gefüllt sind, fehlen nur noch die inneren Zellen dieser beiden Zeilen, die aber einfach und systematisch zu füllen sind. Man beginnt rechts neben der linken oberen Ecke und trägt der Reihe nach die fortlaufenden Zahlen ab $\frac{n^2}{2} - n + 1 = 41$ abwechselnd in die obere und untere Zeile ein. In diesem Beispiel sind dies die sechs Zahlen von 41 bis 46.

Diese Systematik wird nur ein einziges Mal unterbrochen, wenn die zweite Zahl in der rechten Hälfte der unteren Zeile eingetragen werden soll. Hier findet ein Wechsel statt, denn diese Zahl 47 wird nicht wie bisher in der oberen Zeile platziert, sondern sie findet direkt daneben der vorhergehenden Zahl 46 in der unteren Zeile ihren Platz. Anschließend werden die Schritte wieder abwechselnd fortgesetzt, bis die Zahlen den rechten Rand erreicht haben (siehe Abbildung 8.99b).

Es verbleiben in den beiden äußeren Zeilen nur noch die komplementären Zahlen, die für jede Spalte immer in die vertikal symmetrisch liegenden Zellen der äußeren Zahlen eingetragen werden. Damit entsteht dann das magische Quadrat der Ordnung $n = 10$ aus Abbildung 8.100.

51	41	59	43	57	45	55	54	48	52
1	16	17	32	33	68	76	77	92	93
94	91	78	75	67	34	31	18	15	2
3	14	19	30	35	66	74	79	90	95
96	89	80	73	65	36	29	20	13	4
97	88	81	72	64	37	28	21	12	5
6	11	22	27	38	63	71	82	87	98
99	86	83	70	62	39	26	23	10	7
8	9	24	25	40	61	69	84	85	100
50	60	42	58	44	56	46	47	53	49

Abb. 8.100 Magisches Quadrat der Ordnung $n = 10$ (Ibrahim - Jibril - Umar)

8.2.12 Aufteilung in neun Blöcke

Das Verfahren von al-Asfizari aus Kapitel 7.1.3 lässt sich auch auf einfach-gerade Ordnungen übertragen, wenn man die neun Blöcke wie in Abbildung 8.101 durch jeweils eine Zeile bzw. Spalte trennt. Da die Symmetrie allerdings nicht so wie bei doppelt-geraden Ordnungen ausgenutzt werden kann, sind viele zusätzliche Vertauschungen notwendig.

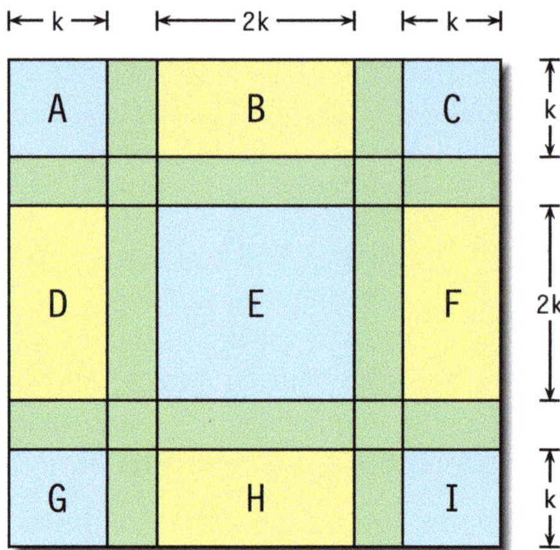

Abb. 8.101 Verallgemeinerte Struktur für die Ordnung $n = 4k + 2$

Zunächst werden die Zahlen wie üblich in natürlicher Reihenfolge in das Quadrat geschrieben, wobei die Zahlen in den Blöcken B, D, F und H durch ihre Komplemente ersetzt werden.

1	2	3	4	5	6
7	8	9	10	11	12
13	14	15	16	17	18
19	20	21	22	23	24
25	26	27	28	29	30
31	32	33	34	35	36

1		34	33		6
24		15	16		19
18		21	22		13
31		4	3		36

	2			5	
7	8	9	10	11	12
	14			17	
	20			23	
25	26	27	28	29	30
	32			35	

Abb. 8.102 Füllen der neun Blöcke (Schritt 1)

Die in Abbildung 8.102 an den Schnittpunkten der Zeilen und Spalten besonders markierten vier Einzelzellen liegen auf den Diagonalen und werden nicht mehr verändert. Alle anderen Zahlen dieser Spalten und Zeilen werden nach einem festen Schema vertauscht.

Zunächst werden die beiden markierten Spalten betrachtet und dort folgende Schritte durchgeführt:

- Die Zahlen der rechten Spalte werden bezüglich der horizontalen Achse gespiegelt (Schritt 2, siehe Abbildung 8.103a).
- Die Zahlen in den mittleren Zeilen werden vertauscht. Allerdings wird die Zeile, die sich direkt unterhalb der horizontalen Mittelachse befindet, von der Vertauschung ausgenommen (Schritt 3, siehe Abbildung 8.103b).

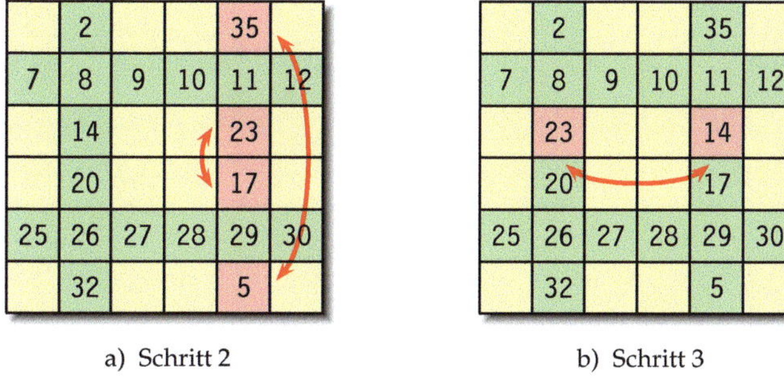

a) Schritt 2 b) Schritt 3

Abb. 8.103 Füllen der neun Blöcke (Schritte 2 und 3)

Danach werden die beiden markierten Zeilen etwas verändert:

- Alle Zahlen werden symmetrisch bezüglich der vertikalen Mittelachse vertauscht (Schritt 4, siehe Abbildung 8.104a).
- Die Zahlen im Mittelblock werden symmetrisch bezüglich der horizontalen Mittelachse vertauscht (Schritt 5, siehe Abbildung 8.104b).
- Die beiden Zahlen 12 und 30 aus der ersten Spalte werden vertauscht (Schritt 6, siehe Abbildung 8.104c).

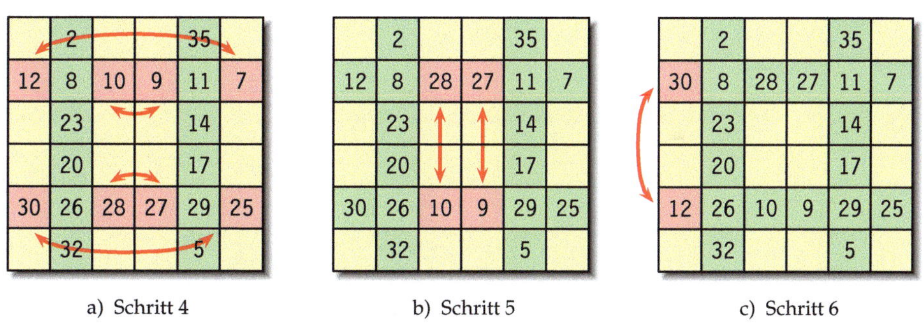

a) Schritt 4 b) Schritt 5 c) Schritt 6

Abb. 8.104 Füllen der neun Blöcke (Schritte 4 bis 6)

Abschließend müssen noch einige der neun Blöcke etwas geändert werden:

- Man wählt eine Zeile aus Block B oder H und kehrt die Zahlen bezüglich der vertikalen Achse um (Schritt 7, siehe Abbildung 8.105a).
- Ebenso wählt man eine Zeile aus Block D und vertauscht die Zahlen mit den entsprechenden Zahlen dieser Zeile aus Block F (Schritt 8, siehe Abbildung 8.105b).

Trägt man jetzt noch die restlichen Zahlen ein, erhält man das magische Quadrat der Größe $n = 6$ aus Abbildung 8.105.

	2	33	34	35	
30	8	28	27	11	7
	23			14	
	20			17	
12	26	10	9	29	25
	32	4	3	5	

a) Schritt 7

	2	33	34	35	
30	8	28	27	11	7
19	23			14	24
18	20			17	13
12	26	10	9	29	25
	32	4	3	5	

b) Schritt 8

1	2	33	34	35	6
30	8	28	27	11	7
19	23	15	16	14	24
18	20	21	22	17	13
12	26	10	9	29	25
31	32	4	3	5	36

c) magisches Quadrat

Abb. 8.105 Magisches Quadrat der Ordnung $n = 6$ (unbekannter Autor, Methode 2)

Der Algorithmus ist durch die vielen speziellen Vertauschungen sicher nicht so leicht durchzuführen. Dennoch lässt er sich auf alle einfach-geraden Ordnungen übertragen.

Dies soll an einem Beispiel der Ordnung $n = 10$ demonstriert werden, da sich doch einige nicht auf den ersten Blick erkennbare Änderungen ergeben. Man beginnt wieder mit einem Ausgangsquadrat in natürlicher Anordnung. Während bei der Ordnung $n = 4k + 2 = 6$ der Wert von k gleich ist 1, gilt bei der Ordnung 10 damit $k = 2$. Damit müssen im Unterschied zur Ordnung 6 nicht nur Einzelzellen vertauscht werden, sondern immer zwei Zellen.

Bei der Beschreibung des Verfahrens für diese Ordnung werden für eine bessere Vergleichbarkeit immer die bei der Ordnung 6 benannten Schritte angegeben.

1	2	3	4	5	6	7	8	9	10
11	12	13	14	15	16	17	18	19	20
21	22	23	24	25	26	27	28	29	30
31	32	33	34	35	36	37	38	39	40
41	42	43	44	45	46	47	48	49	50
51	52	53	54	55	56	57	58	59	60
61	62	63	64	65	66	67	68	69	70
71	72	73	74	75	76	77	78	79	80
81	82	83	84	85	86	87	88	89	90
91	92	93	94	95	96	97	98	99	100

Abb. 8.106 Ausgangsquadrat in natürlicher Anordnung

Bei dem Ausgangsquadrat werden die Zahlen in den Blöcken B, D, F und H wieder durch ihre Komplemente ersetzt.

			97	96	95	94			
			87	86	85	84			
70	69							62	61
60	59							52	51
50	49							42	41
40	39							32	31
			17	16	15	14			
			7	6	5	4			

a) Schritt 1 (links)

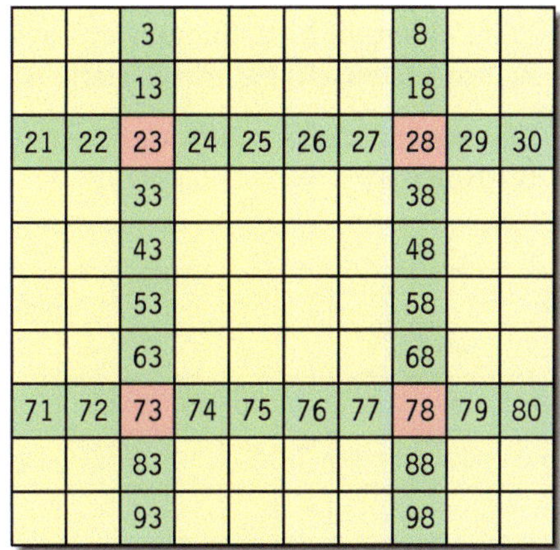

b) Schritt 1 (rechts)

Abb. 8.107 Füllen der neun Blöcke (Schritt 1)

- Alle Zahlen der rechten Spalte werden bezüglich der horizontalen Mittelachse vertauscht (Schritt 2, siehe Abbildung 8.108a).
- Die Zahlen in den mittleren Zeilen werden vertauscht. Die Zeile, die direkt unterhalb der horizontalen Mittelachse liegt, wird allerdings von der Vertauschung ausgenommen (Schritt 3, siehe Abbildung 8.108b).

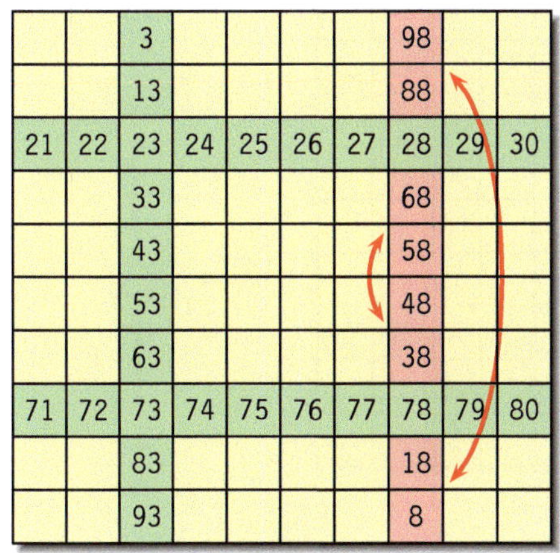

a) Schritt 2

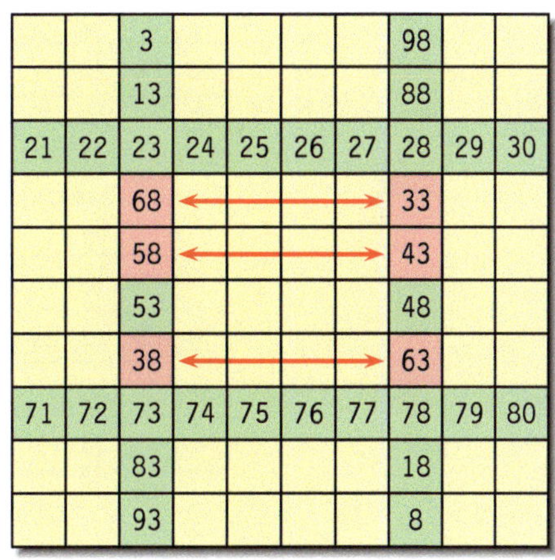

b) Schritt 3

Abb. 8.108 Füllen der neun Blöcke (Schritte 2 und 3)

Danach werden die beiden markierten Zeilen verändert:

- Alle Zahlen werden symmetrisch bezüglich der vertikalen Mittelachse vertauscht (Schritt 4, siehe Abbildung 8.109a).

- Die Zahlen im Mittelblock werden symmetrisch bezüglich der horizontalen Mittelachse vertauscht (Schritt 5, siehe Abbildung 8.109b).
- Die beiden Zahlen aus der ersten Spalte werden vertauscht (siehe Abbildung 8.109c).

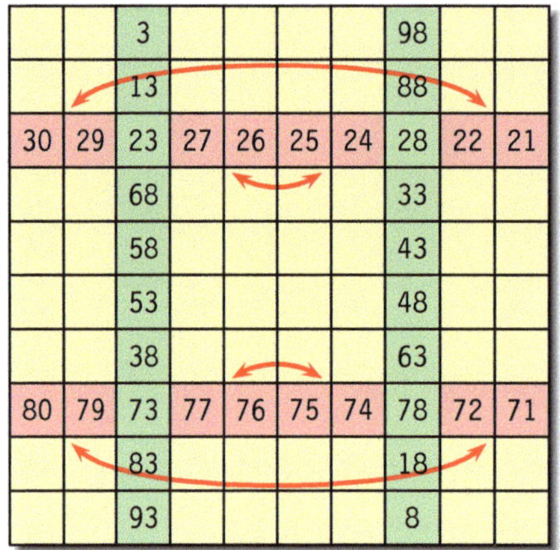

a) Schritt 4

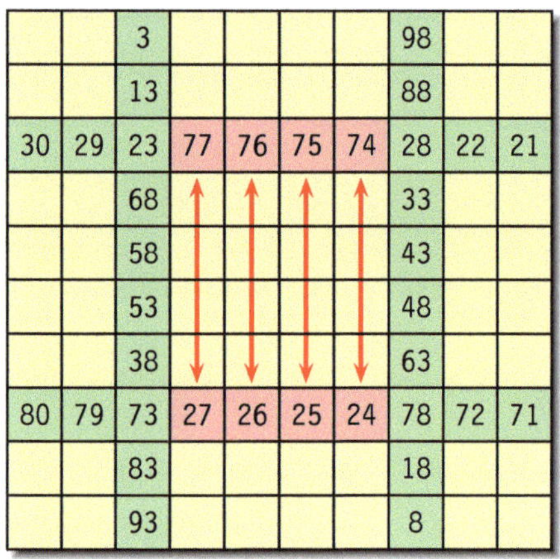

b) Schritt 5

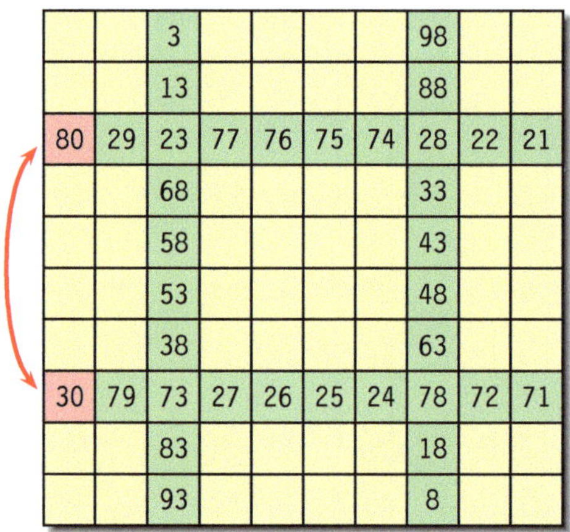

c) Schritt 6

Abb. 8.109 Füllen der neun Blöcke (Schritte 4 bis 6)

Abschließend müssen wieder einige der neun Blöcke etwas geändert werden:

- Man wählt eine Zeile aus Block B oder H und kehrt die Zahlen bezüglich der vertikalen Achse um (Schritt 7, siehe Abb. 8.110a).
- Ebenso wählt man eine Zeile aus Block D und vertauscht die Zahlen mit den entsprechenden Zahlen dieser Zeile aus Block F (Schritt 8, siehe Abb. 8.110b).

		3	94	95	96	97	98		
		13					88		
80	29	23	77	76	75	74	28	22	21
		68					33		
		58					43		
		53					48		
		38					63		
30	79	73	27	26	25	24	78	72	71
		83					18		
		93					8		

a) Schritt 7

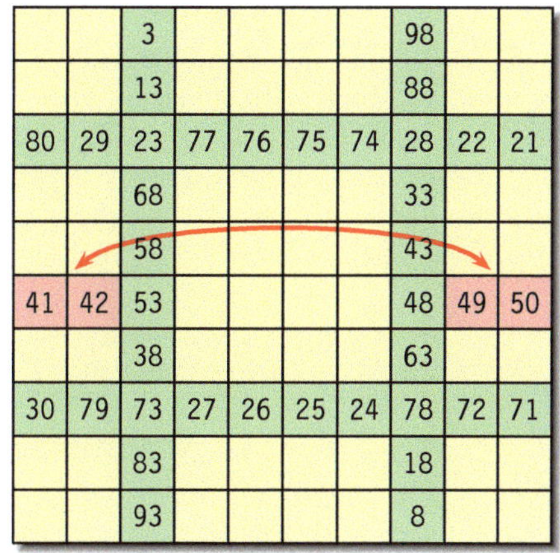

b) Schritt 8

Abb. 8.110 Füllen der neun Blöcke (Schritte 7 und 8)

Jetzt trägt man nur noch die restlichen Zahlen ein, und man erhält das magische Quadrat der Größe $n = 10$ aus Abbildung 8.111, welches mit diesen Vertauschungen erzeugt worden ist.

1	2	3	94	95	96	97	98	9	10
11	12	13	87	86	85	84	88	19	20
80	29	23	77	76	75	74	28	22	21
70	69	68	34	35	36	37	33	62	61
60	59	58	44	45	46	47	43	52	51
41	42	53	54	55	56	57	48	49	50
40	39	38	64	65	66	67	63	32	31
30	79	73	27	26	25	24	78	72	71
81	82	83	17	16	15	14	18	89	90
91	92	93	7	6	5	4	8	99	100

Abb. 8.111 Magisches Quadrat der Ordnung $n = 10$ (unbekannter Autor, Methode 2)

8.2.13 Aufteilung in neun Blöcke (alternative Methode)

Dieses Verfahren ähnelt der Methode aus Abschnitt 8.2.12. Wie dort wird das Quadrat zunächst in neun Blöcke unterteilt, die wie in Abbildung 8.112 durch jeweils eine Zeile bzw. Spalte getrennt sind.

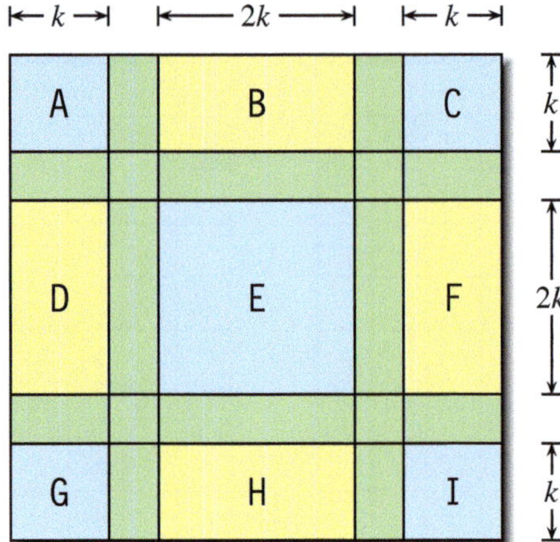

Abb. 8.112 Verallgemeinerte Struktur für die Ordnung $n = 4k + 2$

Man beginnt mit einem Quadrat in natürlicher Ordnung und kehrt dann die mittleren $2k$ Zeilen und Spalten um. Dabei werden allerdings die Zahlen in den Zeilen und Spalten, die zur Trennung der Blöcke dienen, ausgelassen.

1	2	3	4	5	6
7	8	9	10	11	12
13	14	15	16	17	18
19	20	21	22	23	24
25	26	27	28	29	30
31	32	33	34	35	36

a) natürliche Anordnung

1	2	33	34	5	6
7	8	9	10	11	12
18	14	22	21	17	13
24	20	16	15	23	19
25	26	27	28	29	30
31	32	3	4	35	36

b) Schritt 1

Nun folgen einige weitere Vertauschungen, deren Ergebnis in Abbildung 8.113c zu erkennen ist.

- Die Zahlen der äußerst links liegenden Spalten der beiden waagrechten Trennzeilen werden mit ihren horizontal symmetrisch liegenden Zahlen ausgetauscht. Ebenso wird mit der Zahl verfahren, die in der Zeile unterhalb der oberen Trennzeile am linken Rand liegt.
- Die $2k = 2$ Zahlen in der Mitte der oberen Trennzeile werden mit ihren vertikal symmetrisch gegenüberliegenden Zahlen ausgetauscht.
- Die Zahlen der linken Trennspalte werden umgekehrt. Dabei werden allerdings die beiden Zahlen an den Schnittpunkten mit den beiden waagrechten Trennzeilen ausgelassen.

Im dritten Schritt werden weitere Vertauschungen vorgenommen. Im Fall der Ordnung $n = 6$ sind dies nur drei Zahlenpaare und man erhält das magische Quadrat der Ordnung $n = 6$ aus Abbildung 8.113d.

1	32	33	34	5	6
12	8	27	28	11	7
13	20	22	21	17	18
24	14	16	15	23	19
30	26	9	10	29	25
31	2	3	4	35	36

c) Schritt 2

1	32	33	34	5	6
30	8	28	27	11	7
13	20	22	21	17	18
24	23	16	15	14	19
12	26	9	10	29	25
31	2	3	4	35	36

d) magisches Quadrat

Abb. 8.113 Magisches Quadrat der Ordnung $n = 6$ (unbekannter Autor, Methode 3)

Dieses Verfahren ist auf alle einfach-geraden Ordnungen $n = 4k + 2$ übertragbar. Da die vorzunehmenden Vertauschungen etwas kompliziert sind, soll dieses Verfahren noch einmal an einem Beispiel der Ordnung $n = 10$ dargestellt werden, damit die dahinter liegende Systematik deutlicher zum Vorschein treten kann. Man beginnt also wieder mit einem Quadrat in natürlicher Ordnung und kehrt dann die mittleren $2k$ Zeilen und Spalten um. Dabei werden die Zahlen in den Zeilen und Spalten, die zur Trennung der Blöcke dienen, wieder ausgelassen.

1	2	3	4	5	6	7	8	9	10
11	12	13	14	15	16	17	18	19	20
21	22	23	24	25	26	27	28	29	30
31	32	33	34	35	36	37	38	39	40
41	42	43	44	45	46	47	48	49	50
51	52	53	54	55	56	57	58	59	60
61	62	63	64	65	66	67	68	69	70
71	72	73	74	75	76	77	78	79	80
81	82	83	84	85	86	87	88	89	90
91	92	93	94	95	96	97	98	99	100

a) natürliche Anordnung

1	2	3	94	95	96	97	8	9	10
11	12	13	84	85	86	87	18	19	20
21	22	23	24	25	26	27	28	29	30
40	39	33	67	66	65	64	38	32	31
50	49	43	57	56	55	54	48	42	41
60	59	53	47	46	45	44	58	52	51
70	69	63	37	36	35	34	68	62	61
71	72	73	74	75	76	77	78	79	80
81	82	83	14	15	16	17	88	89	90
91	92	93	4	5	6	7	98	99	100

b) Schritt 1

Nun folgen weitere Vertauschungen, deren Ergebnis in Abbildung 8.114c zu erkennen ist.

- Die $k = 2$ Zahlen der äußerst links liegenden Spalten der beiden waagrechten Trennzeilen werden mit ihren horizontal symmetrisch liegenden Zahlen ausgetauscht. Ebenso wird mit den linken k Zahlen verfahren, die in der Zeile unterhalb der oberen Trennzeile liegen.

- Die $2k = 4$ Zahlen in der Mitte der oberen Trennzeile werden mit ihren vertikal symmetrisch gegenüberliegenden Zahlen ausgetauscht.
- Die Zahlen der linken Trennspalte werden umgekehrt. Dabei werden allerdings die beiden Zahlen an den Schnittpunkten mit den beiden waagrechten Trennzeilen ausgelassen.

Im letzten Schritt werden noch einige weitere Vertauschungen vorgenommen.

- Die beiden Zahlen am linken Rand der beiden waagrechten Trennzeilen werden ausgetauscht.
- Die mittleren $2k$ Zahlen der oberen Trennzeile werden umgekehrt.
- Die mittleren $2k$ Zahlen der linken Trennspalte werden mit den horizontal symmetrisch liegenden Zahlen ausgetauscht. Als einzige Ausnahme bleibt die direkt oberhalb der Mitte dieses Blocks liegende Zahl unverändert.

Das Ergebnis dieser Vertauschungen ist das magische Quadrat der Ordnung $n = 10$ in Abbildung 8.114d.

1	2	93	94	95	96	97	8	9	10
11	12	83	84	85	86	87	18	19	20
30	29	23	74	75	76	77	28	22	21
31	32	63	67	66	65	64	38	39	40
50	49	53	57	56	55	54	48	42	41
60	59	43	47	46	45	44	58	52	51
70	69	33	37	36	35	34	68	62	61
80	79	73	24	25	26	27	78	72	71
81	82	13	14	15	16	17	88	89	90
91	92	3	4	5	6	7	98	99	100

c) Schritt 2

1	2	93	94	95	96	97	8	9	10
11	12	83	84	85	86	87	18	19	20
80	29	23	77	76	75	74	28	22	21
31	32	38	67	66	65	64	63	39	40
50	49	53	57	56	55	54	48	42	41
60	59	58	47	46	45	44	43	52	51
70	69	68	37	36	35	34	33	62	61
30	79	73	24	25	26	27	78	72	71
81	82	13	14	15	16	17	88	89	90
91	92	3	4	5	6	7	98	99	100

d) magisches Quadrat

Abb. 8.114 Magisches Quadrat der Ordnung $n = 10$ (unbekannter Autor, Methode 3)

Variante 1

Schaut man sich die Zahlen in dem magischen Quadrat aus Abbildung 8.113d etwas genauer an, so erkennt man, dass die Anordnung der Zahlen Spielraum für Veränderungen bietet, um weitere magische Quadrate zu erzeugen. So besitzen die beiden äußeren Zahlen der waagrechten Trennzeilen die gleiche Summe 37, sodass sie ausgetauscht werden können.

Weiterhin haben die beiden untereinanderstehenden Zahlen in den äußeren Spalten der beiden Zeilen, die sich direkt unter der oberen Trennlinie befinden, die gleiche Summe 37. Damit können auch diese beiden Zahlen mit ihren horizontal symmetrisch liegenden Zahlen ausgetauscht werden.

Bei den mittleren Zahlen in den oberen beiden Zahlen fällt auf, dass sie sich in entgegengesetztem Sinn jeweils um die Zahl 1 unterscheiden. Platziert man diese Zahlen in umgekehrter Reihenfolge, bleiben sowohl die Zeilensummen als auch die Spaltensummen unverändert und das Quadrat damit weiterhin magisch.

Weitere Möglichkeiten eines derartigen Austausches ergeben sich mit den beiden mittleren Zahlen der oberen Trennzeile und jeweils den mittleren Zahlen der unteren beiden Zeilen als Partner.

1	32	33	34	5	6
12	8	28	27	11	25
13	20	22	21	17	18
24	23	16	15	14	19
30	26	9	10	29	7
31	2	3	4	35	36

a) 1. Möglichkeit

1	32	33	34	5	6
30	8	28	27	11	7
18	20	22	21	17	13
19	23	16	15	14	24
12	26	9	10	29	25
31	2	3	4	35	36

b) 2. Möglichkeit

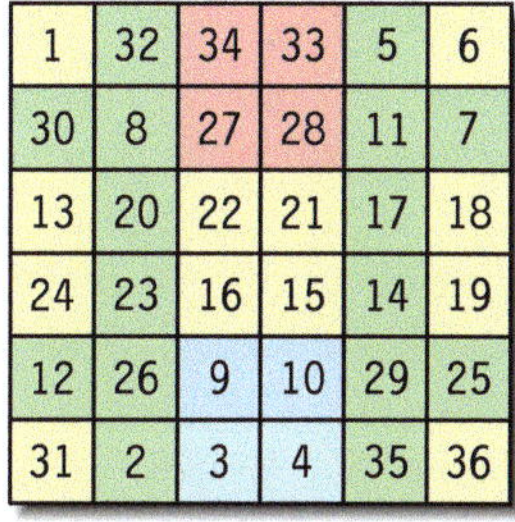

1	32	34	33	5	6
30	8	27	28	11	7
13	20	22	21	17	18
24	23	16	15	14	19
12	26	9	10	29	25
31	2	3	4	35	36

c) 3. Möglichkeit

Abb. 8.115 Magische Quadrate der Ordnung $n = 6$ (unbekannter Autor, Methode 3.1)

Natürlich kann man auch die beiden ersten Möglichkeiten beliebig mit einer der bei der dritten Möglichkeit genannten Vertauschungen kombinieren und man erhält weitere magische Quadrate der Ordnung $n = 6$. Diese Austauschvarianten sind wie alle weiteren Varianten leicht auf höhere Ordnungen übertragbar.

Variante 2

In dieser Variante wird der erste Vertauschungsschritt anders durchgeführt. Man beginnt mit einem Quadrat in natürlicher Ordnung und vertauscht dann hier die Zahlen in den Böcken B, D, F und H mit ihren symmetrisch zum Mittelpunkt des Quadrates liegenden Zahlen.

Die restlichen Vertauschungen werden dann genauso wie im Hauptbeispiel durchgeführt, und das entstehende magische Quadrat ist in Abbildung 8.116 dargestellt.

1	2	34	33	5	6
7	8	9	10	11	12
24	14	15	16	17	19
18	20	21	22	23	13
25	26	27	28	29	30
31	32	4	3	35	36

a) Schritt 1

1	32	34	33	5	6
12	8	27	28	11	7
19	20	15	16	17	24
18	14	21	22	23	13
30	26	9	10	29	25
31	2	4	3	35	36

b) Schritt 2

1	32	34	33	5	6
30	8	28	27	11	7
19	20	15	16	17	24
18	23	21	22	14	13
12	26	9	10	29	25
31	2	4	3	35	36

c) magisches Quadrat

Abb. 8.116 Magisches Quadrat der Ordnung $n = 6$ (unbekannter Autor, Methode 3.2)

Auch für diese Variante sind die zusätzlichen Vertauschungen aus Variante 1 anwendbar, um weitere unterschiedliche magische Quadrate zu erzeugen.

Variante 3

In dieser Variante wird der erste Vertauschungsschritt als Kombination der bisherigen Vertauschungen durchgeführt. Man beginnt mit einem Quadrat in natürlicher Ordnung und vertauscht dann hier die Zahlen in den Blöcken B, E und H mit ihren symmetrisch zum Mittelpunkt des Quadrates liegenden Zahlen. Im Gegensatz dazu werden die Zahlen der mittleren $2k$ Zeilen wie im Hauptbeispiel umgekehrt. Wie bei diesem Verfahren üblich, werden dabei allerdings die Zahlen in den Spalten, die zur Trennung der Blöcke dienen, ausgelassen.

Die restlichen Vertauschungen werden dann genauso wie im Hauptbeispiel durchgeführt.

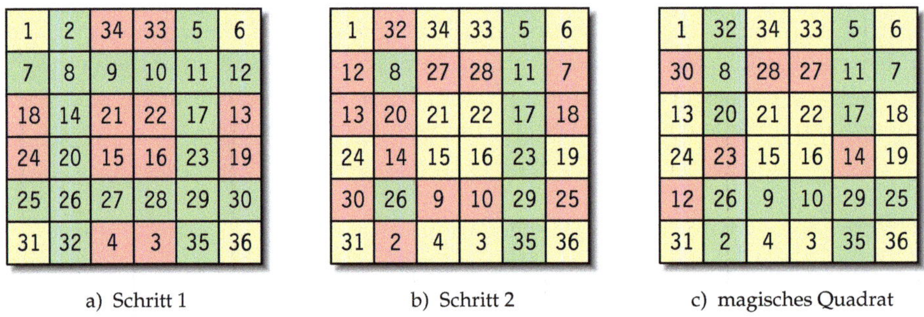

1	2	34	33	5	6
7	8	9	10	11	12
18	14	21	22	17	13
24	20	15	16	23	19
25	26	27	28	29	30
31	32	4	3	35	36

a) Schritt 1

1	32	34	33	5	6
12	8	27	28	11	7
13	20	21	22	17	18
24	14	15	16	23	19
30	26	9	10	29	25
31	2	4	3	35	36

b) Schritt 2

1	32	34	33	5	6
30	8	28	27	11	7
13	20	21	22	17	18
24	23	15	16	14	19
12	26	9	10	29	25
31	2	4	3	35	36

c) magisches Quadrat

Abb. 8.117 Magisches Quadrat der Ordnung $n = 6$ (unbekannter Autor, Methode 3.3)

Variante 4

In dieser Variante wird im Unterschied zu Variante 3 der erste Vertauschungsschritt umgekehrt durchgeführt. Man beginnt wieder mit einem Quadrat in natürlicher Ordnung und vertauscht dann hier die Zahlen in den Blöcken D, E und F mit ihren symmetrisch zum Mittelpunkt des Quadrates liegenden Zahlen. Hier werden die mittleren $2k$ Spalten umgekehrt. Dabei werden natürlich wieder die Zahlen in den Zeilen, die zur Trennung der Blöcke dienen, ausgelassen.

Die restlichen Vertauschungen werden dann genauso wie im Hauptbeispiel durchgeführt, und das entstehende magische Quadrat ist in Abbildung 8.118d dargestellt.

1	2	3	4	5	6
7	8	9	10	11	12
13	14	15	16	17	18
19	20	21	22	23	24
25	26	27	28	29	30
31	32	33	34	35	36

a) natürliche Anordnung

1	2	33	34	5	6
7	8	9	10	11	12
24	14	16	15	17	19
18	20	22	21	23	13
25	26	27	28	29	30
31	32	3	4	35	36

b) Schritt 1

1	32	33	34	5	6
12	8	27	28	11	7
19	20	16	15	17	24
18	14	22	21	23	13
30	26	9	10	29	25
31	2	3	4	35	36

c) Schritt 2

1	32	33	34	5	6
30	8	28	27	11	7
19	20	16	15	17	24
18	23	22	21	14	13
12	26	9	10	29	25
31	2	3	4	35	36

d) magisches Quadrat

Abb. 8.118 Magisches Quadrat der Ordnung $n = 6$ (unbekannter Autor, Methode 3.4)

Wie alle beschriebenen Varianten ist dieses Verfahren auf alle einfach-geraden Ordnungen übertragbar.

Kapitel

9

Gerahmte und konzentrische Quadrate

Gerahmte und konzentrische magische Quadrate bleiben auch dann noch magisch, wenn man ihren Rand entfernt. Die so entstehenden Quadrate sind zwar keine echten magischen Quadrate mehr, weil sie nicht mehr aus den Zahlen $1, 2, \ldots, n^2$ bestehen. Sie besitzen aber weiterhin die Eigenschaft, dass alle Zeilensummen, alle Spaltensummen und beide Diagonalensummen identisch sind. Daher bezeichnet man sie in diesem Zusammenhang trotzdem noch als magische Quadrate.

Gerahmte und konzentrische Quadrate unterscheiden sich grundlegend in der Art, welche Zahlen im jeweiligen Rand platziert werden dürfen.[1] Diese Unterscheidung hat einen wichtigen Einfluss auf die Konstruktionsverfahren für diese Quadrate.

Historisch gesehen war die Aufteilung in gerahmte und konzentrische Quadrate nicht immer gegeben. Sie hat sich aber in den letzten Jahrzehnten durchgesetzt.

Grundsätzlich muss man bei fortgesetzt gerahmten und konzentrischen magischen Quadraten zwischen den geraden und ungeraden Ordnungen unterscheiden. Für ungerade Ordnungen benötigt man nur einen einzigen Algorithmus, da man stets wieder zu einer ungeraden Ordnung gelangt, wenn man einen Rahmen entfernt oder hinzufügt.

Bei geraden Ordnungen wechselt man dabei aber immer zwischen einer einfachgeraden und einer doppelt-geraden Ordnung bzw. umgekehrt. Für diese beiden Kategorien benötigt man daher unterschiedliche Algorithmen.

---

[1] siehe Kapitel 2.8

H. Danielsson, *Magische Quadrate und ihre Konstruktion*,
https://doi.org/10.1007/978-3-662-70448-6_9

9.1 Gerahmte magische Quadrate ungerader Ordnung

9.1.1 Abu'l-Wafa al-Buzjani (Methode 1)

Jacques Sesiano hat arabische Quellen untersucht und festgestellt, dass magische Quadrate dort schon lange bekannt waren, bevor sie ihren Weg nach Mitteleuropa fanden. In seinen Büchern analysiert er u.a die Schriften von Abu'l-Wafa al-Buzjani (940 – 997/998), einem herausragenden persischen Mathematiker und Astronomen des Mittelalters, der mehrere Bücher über Mathematik geschrieben hat. Seine Abhandlung über magische Quadrate unterschiedlicher Ordnungen ist eines der beiden ältesten bekannten Werke zu diesem Thema.

In der Abhandlung von Abu'l-Wafa al-Buzjani wird ein Verfahren vorgestellt, welches gerahmte magische Quadrate für alle ungeraden Ordnungen erzeugt.[2] Das Verfahren stammt nicht von ihm selbst, sondern einem unbekannten Autor und wird nur von ihm beschrieben.

Die Konstruktion beginnt mit der äußeren Umrandung, die nach einem bestimmten Schema mit den ersten $2n - 2$ Zahlen gefüllt wird. Im Fall der Ordnung $n = 9$ sind dies also $2 \cdot 9 - 2 = 16$ Zahlen, die mit folgenden Schritten in den Rahmen eingetragen werden.

- Die ersten $k - 1$ ungeraden Zahlen werden in der linken Spalte platziert. Dabei beginnt man oberhalb der linken unteren Ecke und schreitet nach oben mit den ungeraden Zahlen. Mit $n = 2k + 1$, also $k = 4$, werden also die Zahlen $1, 3, 5$ in diese Spalte geschrieben.
- Die nächste ungerade Zahl wird in die Mitte der unteren Zeile eingetragen und die darauffolgende ungerade Zahl in die Mitte der rechten Spalte.
- Die noch verbleibenden $k - 1$ ungeraden Zahlen werden schließlich in aufsteigender Reihenfolge in die noch freien Plätze oberhalb der Mitte der rechten Spalte platziert.
- Nun folgen die geraden Zahlen, von denen die ersten $k - 1$ rechts neben der linken unteren Ecke nach rechts fortschreitend eingetragen werden.
- Die beiden folgenden geraden Zahlen werden in die linke und rechte obere Ecke des Quadrates platziert.
- Die noch verbleibenden $k - 1$ Zahlen finden ihren Platz in der oberen Zeile. Man beginnt rechts neben der Mitte und füllt aufsteigend die freien Plätze bis zur rechten oberen Ecke.

[2] Sesiano [519] S. 118 – 122, [526] S. 28 – 30 und [518] S. 121 – 244

Abschließend werden die noch freien Felder mit den Komplementen der bereits eingetragenen Zahlen gefüllt. Diese Komplemente werden immer in die horizontal bzw. vertikal gegenüberliegende Zeile bzw. Spalte eingetragen. Eine Ausnahme bilden nur die beiden oberen Ecken. Das Komplement dieser Zahlen muss wie immer bei gerahmten magischen Quadraten in die diagonal gegenüberliegende Ecke geschrieben werden.

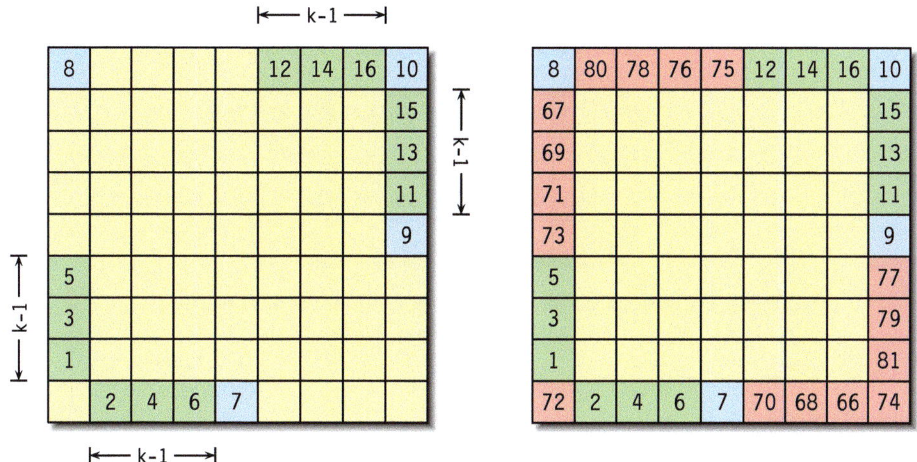

8					12	14	16	10
								15
								13
								11
								9
5								
3								
1								
	2	4	6	7				

8	80	78	76	75	12	14	16	10
67								15
69								13
71								11
73								9
5								77
3								79
1								81
72	2	4	6	7	70	68	66	74

Abb. 9.1 Füllen des äußeren Randes (Schritt 1)

Dieses Verfahren kann nun von außen nach innen fortgeführt werden, wobei die Zahlen erhöht werden müssen. Die Umrandung des inneren Teilquadrates der Ordnung $n = 7$ ist in Abbildung 9.2 dargestellt. Dabei ist zu beachten, dass sich der Wert von k bei diesem Rahmen um 1 vermindert.

8	80	78	76	75	12	14	16	10
67	22				26	28	24	15
69							27	13
71							25	11
73							23	9
5	19							77
3	17							79
1		18	20	21				81
72	2	4	6	7	70	68	66	74

8	80	78	76	75	12	14	16	10
67	22	64	62	61	26	28	24	15
69	55						27	13
71	57						25	11
73	59						23	9
5	19						63	77
3	17						65	79
1	58	18	20	21	56	54	60	81
72	2	4	6	7	70	68	66	74

Abb. 9.2 Belegung des zweiten Rahmens von außen (Schritt 2)

Entsprechend verfährt man mit den restlichen Teilquadraten, bis schließlich das fortgesetzt gerahmte magische Quadrat in Abbildung 9.3 entstanden ist.

8	80	78	76	75	12	14	16	10
67	22	64	62	61	26	28	24	15
69	55	32	52	51	36	34	27	13
71	57	47	38	45	40	35	25	11
73	59	49	43	41	39	33	23	9
5	19	29	42	37	44	53	63	77
3	17	48	30	31	46	50	65	79
1	58	18	20	21	56	54	60	81
72	2	4	6	7	70	68	66	74

Abb. 9.3 Fortgesetzt gerahmtes magisches Quadrat der Ordnung $n = 9$ (Abu'l-Wafa al-Buzjani, Methode 1)

Bemerkungen

- Die Zahl, die der Ordnung des magischen Quadrates entspricht, befindet sich immer in der Mitte der rechten Spalte.
- Die mittleren neun Zahlen der Zahlensequenz von 1 bis n^2 werden immer in das innere Teilquadrat der Größe 3 x 3 eingetragen.
- Der Median aller eingetragenen Zahlen, hier also 41, befindet sich im Zentrum des Quadrates.

Dieses Verfahren funktioniert für alle ungeraden Ordnungen. Zwei weitere Beispiele für $n = 5$ und $n = 7$ sind in Abbildung 9.4 dargestellt.

4	24	23	8	6
19	10	17	12	7
21	15	13	11	5
1	14	9	16	25
20	2	3	18	22

6	48	46	45	10	12	8
39	16	36	35	20	18	11
41	31	22	29	24	19	9
43	33	27	25	23	17	7
3	13	26	21	28	37	47
1	32	14	15	30	34	49
42	2	4	5	40	38	44

Abb. 9.4 Gerahmte magische Quadrate der Ordnungen $n = 5$ und $n = 7$ (Abu'l-Wafa al-Buzjani, Methode 1)

Variante

Sesiano beschreibt, dass man in der arabischen Literatur auch leicht veränderte Quadrate findet.[3] Man erkennt in Abbildung 9.5, dass die auf die rechte obere Ecke zulaufenden Zahlensequenzen nicht wie in Abbildung 9.3 aufsteigend, sondern absteigend eingetragen worden sind.

8	80	78	76	75	16	14	12	10
71	22	64	62	61	28	26	24	11
69	57	32	52	51	36	34	25	13
67	55	47	38	45	40	35	27	15
73	59	49	43	41	39	33	23	9
5	19	29	42	37	44	53	63	77
3	17	48	30	31	46	50	65	79
1	58	18	20	21	54	56	60	81
72	2	4	6	7	66	68	70	74

Abb. 9.5 Magisches Quadrat der Ordnung $n = 9$ (Abu'l-Wafa al-Buzjani, Methode 1, Variante)

9.1.2 Abu'l-Wafa al-Buzjani (Methode 2)

In der Abhandlung von Abu'l-Wafa al-Buzjani findet man auch Quadrate, bei denen die ungeraden und geraden Zahlen nicht wie in Abbildung 9.3 an einer gemeinsamen Ecke beginnend eingetragen werden, sondern an unterschiedlichen. Sesiano berichtet, dass Varianten von diesen Verfahren in mehreren Abhandlungen des 10. und 11. Jahrhunderts erwähnt werden, u. a. von al-Buzjani, al-Antaki und al-Kharaqi.[4]

Bei dieser Methode werden die ersten k Zahlen ab der rechten Nachbarzelle der linken oberen Ecke nach rechts notiert. Die nächste ungerade Zahl wird in der mittleren Zelle der rechten Spalte platziert. Die letzten $k - 1$ ungeraden Zahlen werden links neben der rechten unteren Ecke beginnend nach links eingetragen.

Nun folgen die geraden Zahlen. Die ersten k Zahlen werden in der ersten Spalte nach unten platziert, wobei man in der Zelle direkt unterhalb der Mitte beginnt. Dann folgt eine einzelne Zahl in der rechten unteren Ecke, bevor die letzten $k - 1$ geraden Zahlen in der rechten Spalte platziert werden. Dabei beginnt man direkt oberhalb der Mitte und trägt sie nach oben ein.

[3] Sesiano [519] S. 122 – 123

[4] Sesiano [511] S. 22

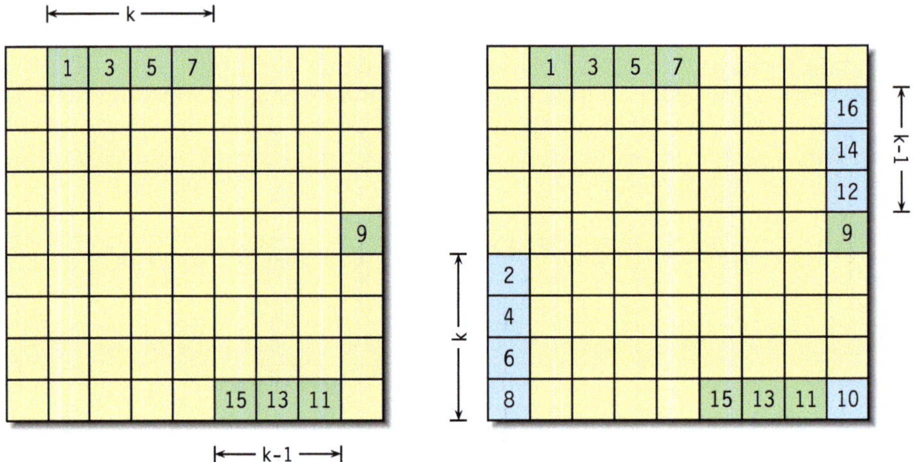

Abb. 9.6 Aufbau des äußeren Rahmens (Schritt 1)

Damit ist der Rand eindeutig bestimmt und die noch freien Felder werden mit den komplementären Werten gefüllt.

72	1	3	5	7	67	69	71	74
66								16
68								14
70								12
73								9
2								80
4								78
6								76
8	81	79	77	75	15	13	11	10

Abb. 9.7 Eintragen der komplementären Zahlen

Dieses Verfahren kann nun von außen nach innen fortgeführt werden. Neben der linken oberen Ecke werden die nächsten ungeraden Zahlen 17, 19 und 21 eingetragen, gefolgt von 23 in der Mitte des rechten Randes und den Zahlen 25 und 27 links neben der rechten unteren Ecke. Anschließend werden die nächsten geraden Zahlen von 18 bis 28 links und rechts in diesen Rahmen eingetragen. Danach fehlen für diesen Rahmen der Größe 7 nur noch die komplementären Zahlen.

Entsprechend verfährt man mit den restlichen Teilquadraten, bis man schließlich das fortgesetzt gerahmte magische Quadrat in Abbildung 9.8 erhält.

72	1	3	5	7	67	69	71	74
66		17	19	21				16
68							28	14
70							26	12
73							23	9
2	18							80
4	20							78
6	22				27	25	24	76
8	81	79	77	75	15	13	11	10

72	1	3	5	7	67	69	71	74
66	58	17	19	21	55	57	60	16
68	54						28	14
70	56						26	12
73	59						23	9
2	18						64	80
4	20						62	78
6	22	65	63	61	27	25	24	76
8	81	79	77	75	15	13	11	10

72	1	3	5	7	67	69	71	74
66	58	17	19	21	55	57	60	16
68	54	48	29	31	47	50	28	14
70	56	46	42	37	44	36	26	12
73	59	49	43	41	39	33	23	9
2	18	30	38	45	40	52	64	80
4	20	32	53	51	35	34	62	78
6	22	65	63	61	27	25	24	76
8	81	79	77	75	15	13	11	10

72	1	3	5	7	67	69	71	74
66	58	17	19	21	55	57	60	16
68	54	48	29	31	47	50	28	14
70	56	46	42	37	44	36	26	12
73	59	49	43	41	39	33	23	9
2	18	30	38	45	40	52	64	80
4	20	32	53	51	35	34	62	78
6	22	65	63	61	27	25	24	76
8	81	79	77	75	15	13	11	10

Abb. 9.8 Fortgesetzt gerahmtes magisches Quadrat der Ordnung $n = 9$
(Abu'l-Wafa al-Buzjani, Methode 2)

Dieses Verfahren erzeugt für alle ungeraden Ordnungen fortgesetzt gerahmte Quadrate. Zwei weitere Beispiele für $n = 5$ und $n = 7$ sind in Abbildung 9.9 dargestellt.

20	1	3	19	22
18	14	9	16	8
21	15	13	11	5
2	10	17	12	24
4	25	23	7	6

42	1	3	5	39	41	44
38	32	13	15	31	34	12
40	30	26	21	28	20	10
43	33	27	25	23	17	7
2	14	22	29	24	36	48
4	16	37	35	19	18	46
6	49	47	45	11	9	8

Abb. 9.9 Gerahmte magische Quadrate der Ordnungen 5 und 7
(Abu'l-Wafa al-Buzjani, Methode 2)

9.1.3 Abu'l-Wafa al-Buzjani (Methode 3)

Bei einer anderen Variante des von Abu'l-Wafa al-Buzjani beschriebenen Verfahrens werden die ersten ungeraden und geraden Zahlen von unterschiedlichen Ecken aus eingetragen. Außerdem werden die beiden oberen Ecken verändert und dort die Zahlen $4k-2$ und $4k$ eingetragen. Damit verändern sich natürlich auch die anderen geraden Zahlen in der oberen Zeile.

Man beginnt mit den ersten $k-1$ ungeraden Zahlen unterhalb der linken oberen Ecke und trägt sie nach unten fortschreitend in die linke Spalte ein. Die nächste ungerade Zahl wird in die Mitte der unteren Zeile platziert. Danach folgen die weiteren ungeraden Zahlen, die in die rechte Spalte geschrieben werden. Man beginnt in der mittleren Zelle und trägt die Zahlen in Richtung der rechten unteren Ecke ein.

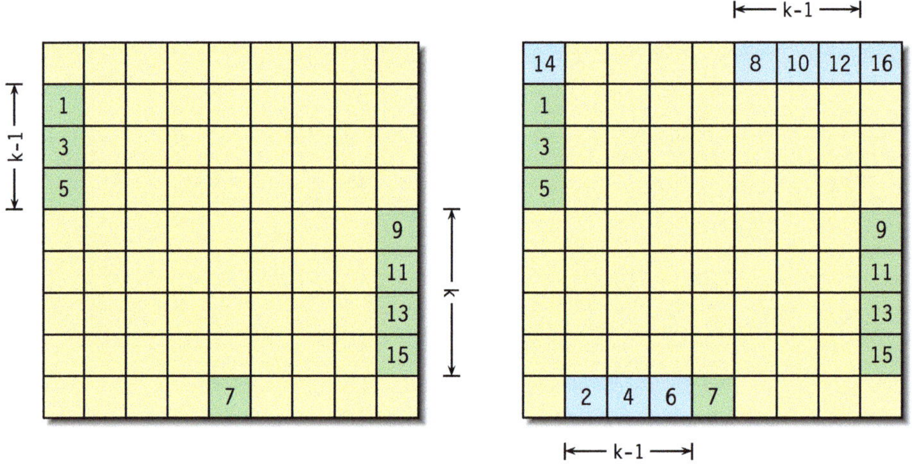

Abb. 9.10 Aufbau des äußeren Rahmens (Schritt 1)

Die ersten $k-1$ geraden Zahlen werden in die untere Zeile eingetragen, wobei man direkt rechts neben der linken unteren Ecke beginnt. Anschließend folgen weitere $k-1$ gerade Zahlen in der oberen Zeile. Dieses Mal beginnt man rechts neben der mittleren Zelle und schreitet nach rechts fort.

Jetzt verbleiben mit 14 und 16 nur noch zwei Zahlen. Die kleinere dieser beiden Zahlen wird in die linke obere Ecke und die größere Zahl 16 in die rechte obere Ecke platziert.

Damit ist die Umrandung eindeutig bestimmt und die noch freien Felder werden mit den Komplementen der bereits eingetragenen Zahlen gefüllt. Dabei ist zu beachten, dass die zu den beiden Eckzahlen komplementären Zahlen in die diagonal gegenüberliegende Ecke geschrieben werden.

14	80	78	76	75	8	10	12	16
1								81
3								79
5								77
73								9
71								11
69								13
67								15
66	2	4	6	7	74	72	70	68

Abb. 9.11 Eintragen der komplementären Zahlen (Schritt 2)

Entsprechend verfährt man von außen nach innen mit den restlichen Teilquadraten, bis man schließlich das fortgesetzt gerahmte magische Quadrat in Abbildung 9.12 erhält.

14	80	78	76	75	8	10	12	16
1	26				22	24	28	81
3	17							79
5	19							77
73							23	9
71							25	11
69							27	13
67		18	20	21				15
66	2	4	6	7	74	72	70	68

14	80	78	76	75	8	10	12	16
1	26	64	62	61	22	24	28	81
3	17						65	79
5	19						63	77
73	59						23	9
71	57						25	11
69	55						27	13
67	54	18	20	21	60	58	56	15
66	2	4	6	7	74	72	70	68

14	80	78	76	75	8	10	12	16
1	26	64	62	61	22	24	28	81
3	17	34	52	51	32	36	65	79
5	19	29	42	43	38	53	63	77
73	59	49	37	41	45	33	23	9
71	57	47	44	39	40	35	25	11
69	55	46	30	31	50	48	27	13
67	54	18	20	21	60	58	56	15
66	2	4	6	7	74	72	70	68

14	80	78	76	75	8	10	12	16
1	26	64	62	61	22	24	28	81
3	17	34	52	51	32	36	65	79
5	19	29	42	43	38	53	63	77
73	59	49	37	41	45	33	23	9
71	57	47	44	39	40	35	25	11
69	55	46	30	31	50	48	27	13
67	54	18	20	21	60	58	56	15
66	2	4	6	7	74	72	70	68

Abb. 9.12 Fortgesetzt gerahmtes magisches Quadrat der Ordnung $n = 9$ (Abu'l-Wafa al-Buzjani, Methode 3)

Dieses Verfahren erzeugt für alle ungeraden Ordnungen fortgesetzt gerahmte magische Quadrate. Zwei weitere Beispiele für $n = 5$ und $n = 7$ sind in Abbildung 9.13 dargestellt.

6	24	23	4	8
1	14	15	10	25
21	9	13	17	5
19	16	11	12	7
18	2	3	22	20

10	48	46	45	6	8	12
1	18	36	35	16	20	49
3	13	26	27	22	37	47
43	33	21	25	29	17	7
41	31	28	23	24	19	9
39	30	14	15	34	32	11
38	2	4	5	44	42	40

Abb. 9.13 Gerahmte magische Quadrate der Ordnungen 5 und 7 (Abu'l-Wafa al-Buzjani, Methode 3)

Varianten

Bei einigen anderen Varianten der Ordnung $n = 9$, die Sesiano erwähnt[5], werden auch die veränderten Ecken $4k-2 = 14$ und $4k = 16$ in die obere Zeile eingetragen, es ändern sich aber die Positionen der Zahlensequenzen mit den ungeraden und geraden Zahlen.

14	80	78	76	75	8	10	12	16
67	26	64	62	61	22	24	28	15
69	55	34	52	51	32	36	27	13
71	57	47	38	45	40	35	25	11
73	59	49	43	41	39	33	23	9
5	19	29	42	37	44	53	63	77
3	17	46	30	31	50	48	65	79
1	54	18	20	21	60	58	56	81
66	2	4	6	7	74	72	70	68

a) Variante 1

14	12	10	8	75	76	78	80	16
67	26	24	22	61	62	64	28	15
69	55	34	32	51	52	36	27	13
71	57	47	38	45	40	35	25	11
73	59	49	43	41	39	33	23	9
5	19	29	42	37	44	53	63	77
3	17	46	50	31	30	48	65	79
1	54	58	60	21	20	18	56	81
66	70	72	74	7	6	4	2	68

b) Variante 2

Abb. 9.14 Fortgesetzt gerahmte magische Quadrate der Ordnung $n = 9$ (Abu'l-Wafa al-Buzjani, Varianten)

[5] Sesiano [519] S. 123

9.1.4 Ibn Yunis

Ibn Yunis war ein persischer Mathematiker und Astronom des Mittelalters (1156 - 1242). Er hat keine Verfahren selbst entwickelt, sondern beschreibt in seiner Abhandlung nur verschiedene Verfahren. Darunter befindet sich auch ein Verfahren für ungerade Ordnungen $n = 2k + 1$, das besonders einfach durchzuführen ist.[6] Das hier beschriebene Verfahren wurde um 1250 von al-Zanjani in einer Abhandlung über gerahmte magische Quadrate noch näher analysiert.[7] Aber auch bei ihm bleibt die genaue Herkunft des Verfahrens unbekannt.

- Die ersten k Zahlen 1, 2, 3 und 4 werden in der linken Spalte ab der Mitte nach unten notiert.
- Die nächsten k Zahlen 5, 6, 7 und 8 werden in die untere Zeile eingetragen, und zwar ab der rechten unteren Ecke nach links.
- Nach diesen $2k$ Zahlen folgt mit 9 eine einzelne Zahl, die in der Mitte der oberen Zeile platziert wird.
- Die nächsten k Zahlen 10, 11, 12 und 13 folgen jetzt in der rechten Spalte. Man beginnt oberhalb der Mitte und trägt die Zahlen nach oben fortschreitend bis in die rechte obere Ecke ein.
- Jetzt fehlen noch $k-1$ Zahlen, die in der oberen Zeile platziert werden. Links neben der Mitte beginnend, trägt man diese Zahlen nach links ein.

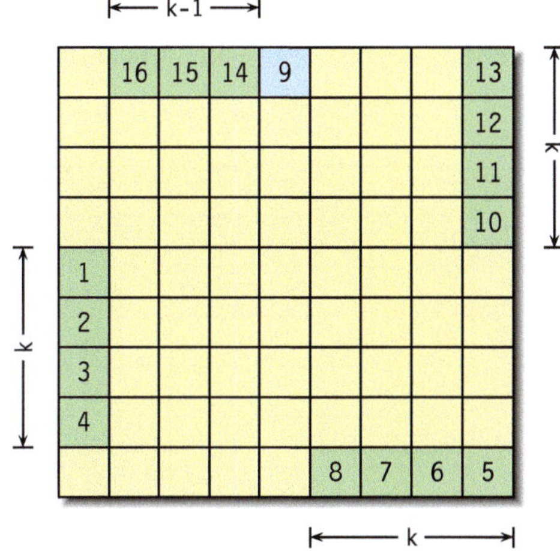

77	16	15	14	9	74	75	76	13
70								12
71								11
72								10
1								81
2								80
3								79
4								78
69	66	67	68	73	8	7	6	5

Abb. 9.15 Belegung des äußeren Randes (Schritt 1)

[6] Sesiano [519] S. 124 – 125, Sesiano [526] S. 30 – 32

[7] Sesiano [511] S. 21

Abschließend werden die noch freien Felder mit den Komplementen der bereits eingetragenen Zahlen gefüllt. Diese Komplemente werden immer in die horizontal bzw. vertikal gegenüberliegende Zeile bzw. Spalte eingetragen.

Eine Ausnahme bilden nur die beiden oberen Ecken. Ihre Komplemente finden wie immer bei gerahmten magischen Quadraten in den diagonal gegenüberliegende Ecken ihren Platz.

Dieses Vorgehen wird jetzt für jede Umrandung von außen nach innen fortgeführt. Für den Rand des inneren Teilquadrates der Ordnung $n = 7$ folgt damit der Rahmen aus Abbildung 9.16.

77	16	15	14	9	74	75	76	13
70		28	27	23			26	12
71							25	11
72							24	10
1	17							81
2	18							80
3	19							79
4					22	21	20	78
69	66	67	68	73	8	7	6	5

77	16	15	14	9	74	75	76	13
70	62	28	27	23	60	61	26	12
71	57						25	11
72	58						24	10
1	17						65	81
2	18						64	80
3	19						63	79
4	56	54	55	59	22	21	20	78
69	66	67	68	73	8	7	6	5

Abb. 9.16 Belegung des zweiten Rahmens (Schritt 2)

Entsprechend verfährt man mit den restlichen Rahmen, bis schließlich das fortgesetzt gerahmte magische Quadrat in Abbildung 9.17 entstanden ist.

77	16	15	14	9	74	75	76	13
70	62	28	27	23	60	61	26	12
71	57	51	36	33	50	35	25	11
72	58	48	44	39	40	34	24	10
1	17	29	37	41	45	53	65	81
2	18	30	42	43	38	52	64	80
3	19	47	46	49	32	31	63	79
4	56	54	55	59	22	21	20	78
69	66	67	68	73	8	7	6	5

77	16	15	14	9	74	75	76	13
70	62	28	27	23	60	61	26	12
71	57	51	36	33	50	35	25	11
72	58	48	44	39	40	34	24	10
1	17	29	37	41	45	53	65	81
2	18	30	42	43	38	52	64	80
3	19	47	46	49	32	31	63	79
4	56	54	55	59	22	21	20	78
69	66	67	68	73	8	7	6	5

Abb. 9.17 Fortgesetzt gerahmtes magisches Quadrat der Ordnung $n = 9$ (Ibn Yunis)

Dieses Verfahren erzeugt für alle ungeraden Ordnungen gerahmte magische Quadrate, die ab der Ordnung $n = 7$ auch fortgesetzt gerahmt sind. Zwei weitere Beispiele für die Ordnungen $n = 5$ und $n = 7$ sind in Abbildung 9.18 dargestellt.

23	8	5	22	7
20	16	11	12	6
1	9	13	17	25
2	14	15	10	24
19	18	21	4	3

46	12	11	7	44	45	10
41	35	20	17	34	19	9
42	32	28	23	24	18	8
1	13	21	25	29	37	49
2	14	26	27	22	36	48
3	31	30	33	16	15	47
40	38	39	43	6	5	4

Abb. 9.18 Gerahmte magische Quadrate der Ordnungen $n = 5$ und $n = 7$ (Ibn Yunis)

Variante 1

In einer Variante dieses Verfahrens werden die Zahlensequenzen an anderen Positionen eingetragen. Die ersten k Zahlen werden ab der Mitte der oberen Zeile nach rechts platziert. Danach folgen k Zahlen, die in der rechten unteren Ecke beginnend aufsteigend eingetragen werden. Ein solches gerahmtes Quadrat ist in Abbildung 9.19 dargestellt.

77	70	71	72	1	2	3	4	69
16	62	57	58	17	18	19	56	66
15	28	51	48	29	30	47	54	67
14	27	36	44	37	42	46	55	68
9	23	33	39	41	43	49	59	73
74	60	50	40	45	38	32	22	8
75	61	35	34	53	52	31	21	7
76	26	25	24	65	64	63	20	6
13	12	11	10	81	80	79	78	5

77	70	71	72	1	2	3	4	69
16	62	57	58	17	18	19	56	66
15	28	51	48	29	30	47	54	67
14	27	36	44	37	42	46	55	68
9	23	33	39	41	43	49	59	73
74	60	50	40	45	38	32	22	8
75	61	35	34	53	52	31	21	7
76	26	25	24	65	64	63	20	6
13	12	11	10	81	80	79	78	5

Abb. 9.19 Fortgesetzt gerahmtes magisches Quadrat der Ordnung $n = 9$ (IbnYunis, Variante 1)

Man erkennt deutlich, dass man dieses Quadrat auch aus dem Quadrat der Abbildung 9.17 erhalten kann, wenn man dieses an der Nebendiagonalen spiegelt.

Variante 2

Eine weitere Variante wird im Buch von Sesiano vorgestellt, wo die Konstruktion auch näher analysiert wird.[8]

5	78	79	80	81	10	11	12	13
6	20	63	64	65	24	25	26	76
7	21	31	52	53	34	35	61	75
8	22	32	38	45	40	50	60	74
73	59	49	43	41	39	33	23	9
68	55	46	42	37	44	36	27	14
67	54	47	30	29	48	51	28	15
66	56	19	18	17	58	57	62	16
69	4	3	2	1	72	71	70	77

5	78	79	80	81	10	11	12	13
6	20	63	64	65	24	25	26	76
7	21	31	52	53	34	35	61	75
8	22	32	38	45	40	50	60	74
73	59	49	43	41	39	33	23	9
68	55	46	42	37	44	36	27	14
67	54	47	30	29	48	51	28	15
66	56	19	18	17	58	57	62	16
69	4	3	2	1	72	71	70	77

Abb. 9.20 Fortgesetzt gerahmtes magisches Quadrat der Ordnung $n = 9$ (IbnYunis, Variante 2)

Hier ist zu erkennen, dass man auch dieses Quadrat aus dem Quadrat der Abbildung 9.17 erhalten kann, wenn man dieses um 90° dreht und dann an der horizontalen Mittellinie spiegelt.

9.1.5 Stifel

Michael Stifel (1487 - 1567) war ein deutscher Theologe, Mathematiker und Reformator, der sich in seinem Buch zur Arithmetik auch mit magischen Quadraten beschäftigte.[9,10] Auch Stifel füllt das Quadrat getrennt nach geraden und ungeraden Zahlen:

- Die ersten k ungeraden Zahlen werden in der unteren Zeile eingetragen. Man beginnt rechts neben der linken unteren Ecke und schreitet nach rechts fort.
- Die nächste ungerade Zahl wird in der Mitte der linken Spalte platziert.
- Die noch verbleibenden $k-1$ ungeraden Zahlen werden schließlich in die freien Plätze rechts von der Mitte der oberen Zeile eingetragen.
- Nun folgen die geraden Zahlen. Man beginnt in der rechten oberen Ecke und trägt k Zahlen nach unten ein.

[8] Sesiano [519] S. 127 – 130

[9] Stifel [542], Inzwischen ist auch eine deutsche Übersetzung seines Hauptwerkes erschienen: Stifel [543].

[10] Siehe auch Sesiano [519] S. 125 – 126

- Weitere $k-1$ gerade Zahlen folgen vom Platz unterhalb der Mitte der linken Spalte aus nach unten.
- Jetzt verbleibt noch eine gerade Zahl, die in die linke obere Ecke platziert wird.

Abschließend werden die noch freien Felder mit den Komplementen der bereits eingetragenen Zahlen gefüllt. Diese Komplemente werden immer in die horizontal bzw. vertikal gegenüberliegende Zeile bzw. Spalte eingetragen. Eine Ausnahme bilden nur die beiden oberen Ecken. Ihr Komplement muss wie immer bei gerahmten magischen Quadraten in die diagonal gegenüberliegende Ecke eingetragen werden.

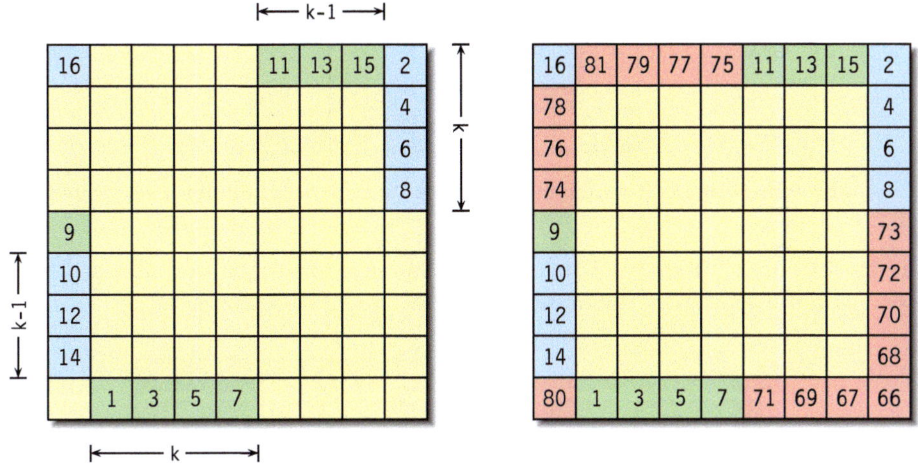

Abb. 9.21 Konstruktion der äußeren Umrandung (Schritt 1)

Dieses Vorgehen wird jetzt für jede Umrandung von außen nach innen fortgeführt. Für den Rand des inneren Teilquadrates der Ordnung $n = 7$ folgt damit die Belegung aus Abbildung 9.22.

16	81	79	77	75	11	13	15	2
78	28				25	27	18	4
76							20	6
74							22	8
9	23							73
10	24							72
12	26							70
14		17	19	21				68
80	1	3	5	7	71	69	67	66

16	81	79	77	75	11	13	15	2
78	28	65	63	61	25	27	18	4
76	62						20	6
74	60						22	8
9	23						59	73
10	24						58	72
12	26						56	70
14	64	17	19	21	57	55	54	68
80	1	3	5	7	71	69	67	66

Abb. 9.22 Konstruktion der zweiten Umrandung (Schritt 2)

Entsprechend verfährt man mit den restlichen Rahmen, bis schließlich das fortgesetzt gerahmte magische Quadrat aus Abbildung 9.23 entstanden ist.

16	81	79	77	75	11	13	15	2
78	28	65	63	61	25	27	18	4
76	62	36	53	51	35	30	20	6
74	60	50	40	45	38	32	22	8
9	23	33	39	41	43	49	59	73
10	24	34	44	37	42	48	58	72
12	26	52	29	31	47	46	56	70
14	64	17	19	21	57	55	54	68
80	1	3	5	7	71	69	67	66

Abb. 9.23 Fortgesetzt gerahmtes magisches Quadrat der Ordnung $n = 9$ (Stifel)

Dieses Verfahren funktioniert für alle ungeraden Ordnungen und ab der Ordnung $n = 7$ sind die gerahmten magischen Quadrate auch fortgesetzt gerahmt.

8	25	23	7	2
22	12	17	10	4
5	11	13	15	21
6	16	9	14	20
24	1	3	19	18

12	49	47	45	9	11	2
46	20	37	35	19	14	4
44	34	24	29	22	16	6
7	17	23	25	27	33	43
8	18	28	21	26	32	42
10	36	13	15	31	30	40
48	1	3	5	41	39	38

Abb. 9.24 Gerahmte magische Quadrate der Ordnungen $n = 5$ und $n = 7$ (Stifel)

Variante

Auch bei dieser Variante des Verfahrens von Stifel werden die ungeraden und die geraden Zahlen getrennt voneinander eingetragen. Man beginnt mit den ungeraden Zahlen, von denen die ersten k in die obere Zeile geschrieben werden, wobei man direkt neben der linken oberen Ecke beginnt. Dann folgt eine einzelne ungerade Zahl, die in der Mitte der rechten Spalte platziert wird. Die nächsten $k-1$ ungeraden Zahlen werden in der unteren Zeile eingetragen, wobei man rechts neben der mittleren Zelle beginnt.

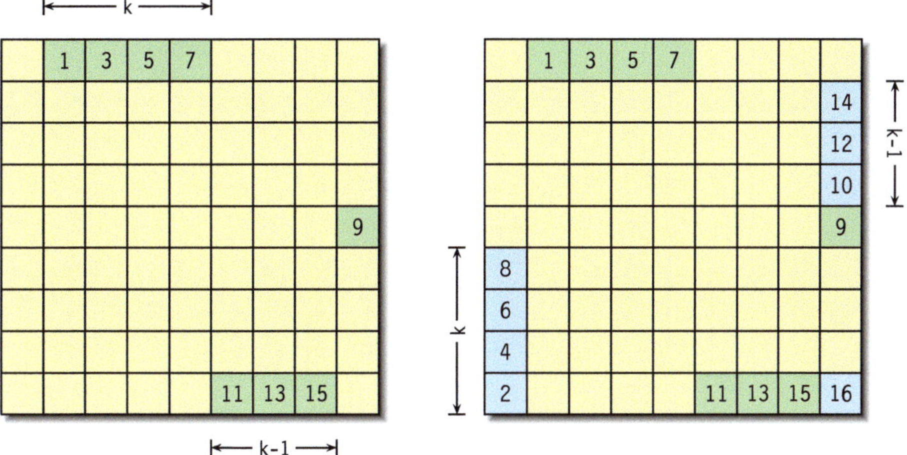

Abb. 9.25 Aufbau des äußeren Rahmens (Schritt 1)

Anschließend folgen die geraden Zahlen. Die ersten k Zahlen werden in der linken Spalte notiert, wobei man in der linken unteren Ecke beginnt. Dann folgen $k-1$ gerade Zahlen in der rechten Spalte, die oberhalb der mittleren Zelle platziert werden. Die letzte gerade Zahl des ersten Abschnittes wird in die rechte untere Ecke eingetragen.

Damit ist die Umrandung eindeutig bestimmt und die noch freien Felder werden mit den Komplementen der bereits vorhandenen Zahlen gefüllt.

66	1	3	5	7	71	69	67	80
68								14
70								12
72								10
73								9
8								74
6								76
4								78
2	81	79	77	75	11	13	15	16

Abb. 9.26 Eintragen der komplementären Zahlen

Dieses Verfahren kann nun von außen nach innen mit den restlichen Teilquadraten fortgeführt werden, bis man schließlich das fortgesetzt gerahmte magische Quadrat in Abbildung 9.27 erhält.

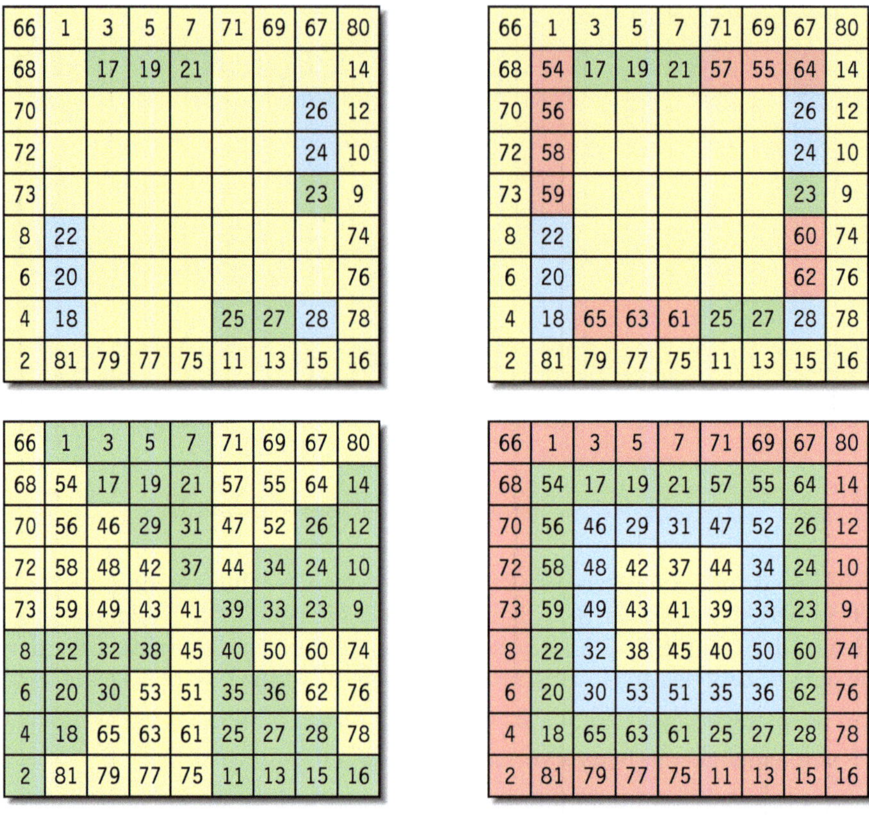

66	1	3	5	7	71	69	67	80
68		17	19	21				14
70							26	12
72							24	10
73							23	9
8	22							74
6	20							76
4	18				25	27	28	78
2	81	79	77	75	11	13	15	16

66	1	3	5	7	71	69	67	80
68	54	17	19	21	57	55	64	14
70	56						26	12
72	58						24	10
73	59						23	9
8	22						60	74
6	20						62	76
4	18	65	63	61	25	27	28	78
2	81	79	77	75	11	13	15	16

66	1	3	5	7	71	69	67	80
68	54	17	19	21	57	55	64	14
70	56	46	29	31	47	52	26	12
72	58	48	42	37	44	34	24	10
73	59	49	43	41	39	33	23	9
8	22	32	38	45	40	50	60	74
6	20	30	53	51	35	36	62	76
4	18	65	63	61	25	27	28	78
2	81	79	77	75	11	13	15	16

66	1	3	5	7	71	69	67	80
68	54	17	19	21	57	55	64	14
70	56	46	29	31	47	52	26	12
72	58	48	42	37	44	34	24	10
73	59	49	43	41	39	33	23	9
8	22	32	38	45	40	50	60	74
6	20	30	53	51	35	36	62	76
4	18	65	63	61	25	27	28	78
2	81	79	77	75	11	13	15	16

Abb. 9.27 Fortgesetzt gerahmtes magisches Quadrat der Ordnung $n = 9$ (Stifel, Variante)

Spiegelt man dieses Quadrat an der horizontalen Mittellinie und vergleicht es mit dem Quadrat, welches nach der Originalmethode von Stifel erzeugt wurde, fallen große Gemeinsamkeiten auf. Bei der Konstruktion sind nämlich eigentlich nur die beiden äußeren Zeilen vertauscht worden.

Dieses Verfahren erzeugt für alle ungeraden Ordnungen gerahmte magische Quadrate. Zwei weitere Beispiele für $n = 5$ und $n = 7$ sind in Abbildung 9.28 dargestellt.

18	1	3	19	24
20	14	9	16	6
21	15	13	11	5
4	10	17	12	22
2	25	23	7	8

38	1	3	5	41	39	48
40	30	13	15	31	36	10
42	32	26	21	28	18	8
43	33	27	25	23	17	7
6	16	22	29	24	34	44
4	14	37	35	19	20	46
2	49	47	45	9	11	12

Abb. 9.28 Gerahmte magische Quadrate der Ordnungen $n = 5$ und $n = 7$ (Stifel, Variante)

Summe der Zahlen in der oberen Zeile

Exemplarisch für die in diesem Kapitel aufgeführten Verfahren zur Erzeugung fortgesetzt gerahmter magischer Quadrate soll diese Variante des Verfahrens von Stifel einmal näher analysiert werden. Dazu schaut man sich die obere Zeile des Quadrates an und hält fest, welche Zahlen dort auftreten.

66	1	3	5	7	71	69	67	80
68	54	17	19	21	57	55	64	14
70	56	46	29	31	47	52	26	12
72	58	48	42	37	44	34	24	10
73	59	49	43	41	39	33	23	9
8	22	32	38	45	40	50	60	74
6	20	30	53	51	35	36	62	76
4	18	65	63	61	25	27	28	78
2	81	79	77	75	11	13	15	16

- In der linken oberen Ecke befindet sich das Komplement der $2k$-ten geraden Zahl aus der rechten unteren Ecke.
- Daneben folgen die ersten k ungeraden Zahlen.
- Daran schließen sich die Komplemente der $k-1$ ungeraden Zahlen aus der unteren Zeile an.
- Den Abschluss bildet immer das Komplement der Zahl 2 in der rechten oberen Ecke.

Addiert man alle Zahlen, erhält man

$$\underbrace{n^2+1-2\cdot(2k)}_{\substack{\text{Komplement}\\ \text{rechts/unten}}} + \underbrace{\sum_{i=1}^{k}(2i-1)}_{\substack{k \text{ ungerade}\\ \text{Zahlen}}} + \underbrace{\sum_{i=k+2}^{2k}\left(n^2+1-(2i-1)\right)}_{\substack{k-1 \text{ Komplemente}\\ \text{der ungeraden Zahlen}}} + \underbrace{n^2+1-2}_{\substack{\text{Komplement}\\ \text{links/unten}}}$$

Die Summe der ersten k ungeraden Zahlen ist nach einer bekannten Formel leicht bestimmt:

$$\sum_{i=1}^{k}(2i-1) = k^2$$

Eine entsprechende Formel gibt es auch für die Summe der ersten k geraden Zahlen, die in der ersten Teilsumme benötigt wird:

$$\sum_{i=1}^{k} 2i = k \cdot (k+1)$$

Schwerer gestaltet sich die Berechnung der zweiten Teilsumme, die zunächst leicht verändert werden muss.

$$\begin{aligned}
\sum_{i=k+2}^{2k} \left(n^2 + 1 - (2i-1)\right) &= \sum_{i=k+2}^{2k} \left(n^2 + 2 - 2i\right) \\
&= (k-1) \cdot (n^2+2) + \sum_{i=k+2}^{2k} 2i \\
&= (k-1) \cdot (n^2+2) - \left(\sum_{i=1}^{2k} 2i - \sum_{i=1}^{k+1} 2i\right) \\
&= (k-1) \cdot (n^2+2) - \left(2k \cdot (2k+1) - (k+1) \cdot (k+2)\right) \\
&= (k-1) \cdot (n^2+2) - (3k^2 - k - 2)
\end{aligned}$$

Mit diesen Vorüberlegungen kann nun die Summe der Zahlen in der oberen Zeile berechnet werden.

$$\begin{aligned}
S &= n^2 + 1 - 2 \cdot (2k) + k^2 + (k-1) \cdot (n^2+2) - (3k^2 - k - 2) + n^2 + 1 - 2 \\
&= n^2 + 1 - 4k + k^2 + k \cdot n^2 + 2k - n^2 - 2 - 3k^2 + k + 2 + n^2 - 1 \\
&= n^2 + k \cdot n^2 - 2k^2 - k \\
&= n^2 + \frac{n-1}{2} \cdot n^2 - 2\left(\frac{n-1}{2}\right)^2 - \frac{n-1}{2} \\
&= n^2 + \frac{n^3}{2} - \frac{n^2}{2} - \frac{1}{2}\left(n^2 - 2n + 1\right) - \frac{n}{2} + \frac{1}{2} \\
&= \frac{n^3}{2} + \frac{n}{2} \\
&= \frac{1}{2} \cdot n \cdot (n+1)
\end{aligned}$$

Damit ergibt die Summe der Zahlen der oberen Zeile wie gefordert genau die magische Summe.

Summe der Zahlen in der linken Spalte

Jetzt werden die Zahlen aus der linken Spalte betrachtet.

66	1	3	5	7	71	69	67	80
68	54	17	19	21	57	55	64	14
70	56	46	29	31	47	52	26	12
72	58	48	42	37	44	34	24	10
73	59	49	43	41	39	33	23	9
8	22	32	38	45	40	50	60	74
6	20	30	53	51	35	36	62	76
4	18	65	63	61	25	27	28	78
2	81	79	77	75	11	13	15	16

- In der linken unteren Ecke beginnend, folgen nach oben die ersten k geraden Zahlen.
- An diese Zahlen schließt sich das Komplement der $k+1$-ten ungeraden Zahl.
- Dann folgen die Komplemente der $k-1$ geraden Zahlen aus der rechten Spalte.
- Den Abschluss bildet in der linken oberen Ecke das Komplement der $2k$-ten geraden Zahl aus der rechten unteren Ecke.

Analog den Zahlen aus der oberen Zeile addiert man auch hier alle Zahlen.

$$\underbrace{\sum_{i=1}^{k} 2i}_{\substack{k \text{ gerade}\\ \text{Zahlen}}} + \underbrace{n^2+1-\big(2\cdot(k+1)-1\big)}_{\substack{\text{Komplement der}\\ \text{ungeraden Zahl}}} + \underbrace{\sum_{i=k+1}^{2k-1} \big(n^2+1-2i\big)}_{\substack{k-1 \text{ Komplemente}\\ \text{der geraden Zahlen}}} + \underbrace{n^2+1-2\cdot(2k)}_{\substack{\text{Komplement}\\ \text{rechts/unten}}}$$

Zunächst werden die $k-1$ Komplemente der geraden Zahlen aus der rechten Spalte berechnet.

$$\begin{aligned}\sum_{i=k+1}^{2k-1} \big(n^2+1-2i\big) &= (k-1)\cdot(n^2+1) - \sum_{i=k+1}^{2k-1} 2i\\ &= (k-1)\cdot(n^2+1) - \left(\sum_{i=1}^{2k-1} 2i - \sum_{i=1}^{k} 2i\right)\\ &= (k-1)\cdot(n^2+1) - \big((2k-1)\cdot 2k - k\cdot(k+1)\big)\\ &= (k-1)\cdot(n^2+1) - \big(3k^2-3k\big)\\ &= (k-1)\cdot(n^2+1) - 3k^2+3k\end{aligned}$$

Damit ergibt sich für die Summe aller Zahlen in der linken Spalte

$$\begin{aligned} S &= k \cdot (k+1) + (n^2 - 2k) + \big((k-1) \cdot (n^2+1) - 3k^2 + 3\big) + (n^2 + 1 - 4k) \\ &= k^2 + k + n^2 - 2k + k \cdot n^2 + k - n^2 - 1 - 3k^2 + 3k + n^2 + 1 - 4k \\ &= n^2 + k \cdot n^2 - 2k^2 - k \\ &= \frac{1}{2} \cdot n \cdot (n+1) \end{aligned}$$

Summe der Zahlen in der unteren Zeile

66	1	3	5	7	71	69	67	80
68	54	17	19	21	57	55	64	14
70	56	46	29	31	47	52	26	12
72	58	48	42	37	44	34	24	10
73	59	49	43	41	39	33	23	9
8	22	32	38	45	40	50	60	74
6	20	30	53	51	35	36	62	76
4	18	65	63	61	25	27	28	78
2	81	79	77	75	11	13	15	16

Die Zahlen aus der unteren Zeile werden alle addiert:

$$\underbrace{2}_{\text{Zahl 2}} + \underbrace{\sum_{i=1}^{k} \big(n^2 + 1 - (2i-1)\big)}_{\substack{k \text{ Komplemente der} \\ \text{ungeraden Zahlen}}} + \underbrace{\sum_{i=k+2}^{2k} (2i-1)}_{\substack{k-1 \text{ ungerade} \\ \text{Zahlen}}} + \underbrace{2 \cdot (2k)}_{\substack{2k\text{-te gerade} \\ \text{Zahl}}}$$

Zunächst wird die Summe der Komplemente der ersten k ungeraden Zahlen bestimmt.

$$\begin{aligned} \sum_{i=1}^{k} \big(n^2 + 1 - (2i-1)\big) &= k \cdot (n^2+2) - \sum_{i=1}^{k} 2i \\ &= k \cdot (n^2+2) - k \cdot (k+1) \end{aligned}$$

Die Summe der $k-1$ ungeraden Zahlen wird wie üblich in zwei Teilsummen aufgeteilt:

$$\sum_{i=k+2}^{2k} (2i-1) = \sum_{i=1}^{2k} (2i-1) - \sum_{i=1}^{k+1} (2i-1)$$

$$\sum_{i=k+2}^{2k} (2i-1) = (2k)^2 - (k+1)^2$$
$$= 4k^2 - k^2 - 2k - 1$$
$$= 3k^2 - 2k - 1$$

Damit ergibt sich insgesamt für die Summe aller Zahlen

$$\begin{aligned} S &= 2 + \big(k \cdot (n^2+2) - k \cdot (k+1)\big) + \big(3k^2 - 2k - 1\big) + 2 \cdot (2k) \\ &= 2 + k \cdot n^2 + 2k - k^2 - k + 3k^2 - 2k - 1 + 4k \\ &= k \cdot n^2 + 2k^2 + 3k + 1 \\ &= \frac{n-1}{2} \cdot n^2 + 2 \cdot \left(\frac{n-1}{2}\right)^2 + 3 \cdot \frac{n-1}{2} + 1 \\ &= \frac{n^3}{2} - \frac{n^2}{2} + \frac{n^2}{2} - n + \frac{1}{2} + \frac{3n}{2} - \frac{3}{2} + 1 \\ &= \frac{n^3}{2} + \frac{n}{2} \\ &= \frac{1}{2} \cdot n \cdot (n^2+1) \end{aligned}$$

Summe der Zahlen in der rechten Spalte

Die Summe der Zahlen in der rechten Spalte setzt sich folgendermaßen zusammen:

$$\underbrace{2 \cdot (2k)}_{\substack{2k\text{-te}\\ \text{gerade Zahl}}} + \underbrace{\sum_{i=1}^{k} \big(n^2 + 1 - 2i\big)}_{\substack{k \text{ Komplemente der}\\ \text{geraden Zahlen}}} + \underbrace{2 \cdot (k+1) - 1}_{\substack{k-1\text{-te}\\ \text{ungerade Zahl}}} + \underbrace{\sum_{i=k+1}^{2k-1} 2i}_{\substack{k-1 \text{ gerade}\\ \text{Zahlen}}}$$

66	1	3	5	7	71	69	67	80
68	54	17	19	21	57	55	64	14
70	56	46	29	31	47	52	26	12
72	58	48	42	37	44	34	24	10
73	59	49	43	41	39	33	23	9
8	22	32	38	45	40	50	60	74
6	20	30	53	51	35	36	62	76
4	18	65	63	61	25	27	28	78
2	81	79	77	75	11	13	15	16

Auch hier werden wieder zwei Teilsummen einzeln berechnet, damit die Umformungen leichter verständlich werden. Zunächst wird die Summe von den Komplementen der k geraden Zahlen berechnet, die allerdings nicht alle benachbart sind.

$$\begin{aligned}\sum_{i=1}^{k}\left(n^2+1-2i\right) &= k\cdot(n^2+1)-\sum_{i=1}^{k}2i\\ &= k\cdot(n^2+1)-k\cdot(k+1)\end{aligned}$$

Die Teilsumme der $k-1$ geraden Zahlen wird wieder als Differenz von zwei leicht zu berechnenden Summen angegeben:

$$\begin{aligned}\sum_{i=k+1}^{2k-1}2i &= \sum_{i=1}^{2k-1}2i-\sum_{i=1}^{k}2i\\ &= (2k-1)\cdot 2k-k\cdot(k+1)\\ &= 4k^2-2k-k^2-k\\ &= 3k^2-3k\end{aligned}$$

Mit diesen Teilergebnissen kann nun die gesamte Summe der Zahlen in der rechten Spalte berechnet werden:

$$\begin{aligned}S &= 4k+\left(k\cdot(n^2+1)-k\cdot(k+1)\right)+(2k+1)+\left(3k^2-3k\right)\\ &= 4k+k\cdot n^2+k-k^2-k+2k+1+3k^2-3k\\ &= k\cdot n^2+2k^2+3k+1\\ &= \frac{1}{2}\cdot n\cdot(n+1)\end{aligned}$$

9.1.6 Al-Kharaqi

In der Abhandlung von al-Kharaqi über magische Quadrate aus der ersten Hälfte des 12. Jahrhunderts finden sich einige Konstruktionsverfahren von unbekannten arabischen Autoren. Eines dieser Verfahren wird im Buch von Sesiano erwähnt.[11]

Bei diesem Verfahren beginnt man mit der Zahl 1, die rechts neben der linken oberen Ecke eingetragen wird. Nun folgen k Zahlen, die in die linke Spalte geschrieben werden. Man beginnt mit der Zahl 2 in der Zelle direkt unterhalb der Mitte und fährt mit 2, 3 und 4 nach unten fort.

[11] Sesiano [519] S. 130 – 131

Die nächsten $k-1$ Zahlen 6, 7 und 8 werden in die obere Zeile, rechts neben der 1 beginnend, eingetragen.

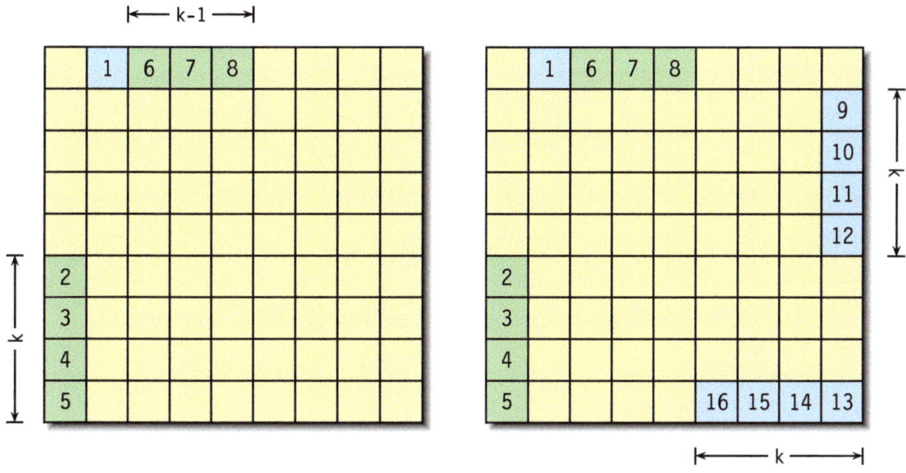

Abb. 9.29 Aufbau des äußeren Rahmens (Schritt 1)

Es folgen k Zahlen, wobei man unterhalb der rechten oberen Ecke mit der Zahl 9 beginnt und nach unten fortschreitet. Die letzten k Zahlen 13, 14, 15 und 16 werden von der rechten unteren Ecke ausgehend nach links notiert. Damit ist der Rahmen eindeutig bestimmt und die noch freien Felder werden mit den Komplementen der bereits eingetragenen Zahlen gefüllt.

69	1	6	7	8	66	67	68	77
73								9
72								10
71								11
70								12
2								80
3								79
4								78
5	81	76	75	74	16	15	14	13

Abb. 9.30 Eintragen der komplementären Zahlen

Dieses Vorgehen kann von außen nach innen fortgeführt werden. Der Rand des inneren Teilquadrates der Ordnung $n = 7$ ist in Abbildung 9.31 dargestellt.

69	1	6	7	8	66	67	68	77
73	56	17	21	22	54	55	62	9
72	59						23	10
71	58						24	11
70	57						25	12
2	18						64	80
3	19						63	79
4	20	65	61	60	28	27	26	78
5	81	76	75	74	16	15	14	13

69	1	6	7	8	66	67	68	77
73	56	17	21	22	54	55	62	9
72	59						23	10
71	58						24	11
70	57						25	12
2	18						64	80
3	19						63	79
4	20	65	61	60	28	27	26	78
5	81	76	75	74	16	15	14	13

Abb. 9.31 Belegung des zweiten Rahmens von außen (Schritt 2)

Entsprechend verfährt man mit den restlichen Teilquadraten, bis man schließlich das fortgesetzt gerahmte magische Quadrat in Abbildung 9.32 erhält.

69	1	6	7	8	66	67	68	77
73	56	17	21	22	54	55	62	9
72	59	47	29	32	46	51	23	10
71	58	49	42	37	44	33	24	11
70	57	48	43	41	39	34	25	12
2	18	30	38	45	40	52	64	80
3	19	31	53	50	36	35	63	79
4	20	65	61	60	28	27	26	78
5	81	76	75	74	16	15	14	13

69	1	6	7	8	66	67	68	77
73	56	17	21	22	54	55	62	9
72	59	47	29	32	46	51	23	10
71	58	49	42	37	44	33	24	11
70	57	48	43	41	39	34	25	12
2	18	30	38	45	40	52	64	80
3	19	31	53	50	36	35	63	79
4	20	65	61	60	28	27	26	78
5	81	76	75	74	16	15	14	13

Abb. 9.32 Fortgesetzt gerahmtes magisches Quadrat der Ordnung $n = 9$ (al-Kharaqi)

Dieses Verfahren kann auf alle ungeraden Ordnungen übertragen werden. Zwei weitere Beispiele für $n = 5$ und $n = 7$ sind in Abbildung 9.33 dargestellt.

19	1	4	18	23
21	14	9	16	5
20	15	13	11	6
2	10	17	12	24
3	25	22	8	7

40	1	5	6	38	39	46
43	31	13	16	30	35	7
42	33	26	21	28	17	8
41	32	27	25	23	18	9
2	14	22	29	24	36	48
3	15	37	34	20	19	47
4	49	45	44	12	11	10

Abb. 9.33 Gerahmte magische Quadrate der Ordnungen $n = 5$ und $n = 7$ (al-Kharaqi)

Variante

Auch von diesem Verfahren findet man wieder eine Variante. Man erkennt in Abbildung 9.34, dass jeweils die beiden äußeren Zeilen vertauscht worden sind. Bei den Spalten wurden dagegen jeweils zwei ganze Blöcke von inneren Spalten gegeneinander ausgetauscht.

77	68	67	66	1	6	7	8	69
9	62	55	54	17	21	22	56	73
10	23	51	46	29	32	47	59	72
11	24	33	44	37	42	49	58	71
12	25	34	39	41	43	48	57	70
80	64	52	40	45	38	30	18	2
79	63	35	36	53	50	31	19	3
78	26	27	28	65	61	60	20	4
13	14	15	16	81	76	75	74	5

77	68	67	66	1	6	7	8	69
9	62	55	54	17	21	22	56	73
10	23	51	46	29	32	47	59	72
11	24	33	44	37	42	49	58	71
12	25	34	39	41	43	48	57	70
80	64	52	40	45	38	30	18	2
79	63	35	36	53	50	31	19	3
78	26	27	28	65	61	60	20	4
13	14	15	16	81	76	75	74	5

Abb. 9.34 Fortgesetzt gerahmtes magisches Quadrat der Ordnung $n = 9$ (al-Kharaqi, Variante)

9.1.7 Seki

Der japanische Mathematiker Takakazu Seki (1642 - 1708) entwarf ein Verfahren, mit dem fortgesetzt gerahmte magische Quadrate ungerader Ordnung erstellt werden können. Das Verfahren soll am Beispiel für die Ordnung $n = 9$ erläutert werden. Mit $n = 2k + 1$ folgt hieraus $k = 4$.

Der gesamte äußere Rahmen umfasst insgesamt $4 \cdot (n - 1)$ Zahlen. Damit ergeben sich in diesem Beispiel $2n - 2 = 16$ Zahlen sowie ihre Komplemente, die zunächst geeignet in der Umrandung platziert werden müssen. Seki geht folgendermaßen vor:

- Die Zahl 1 wird immer direkt links neben der rechten oberen Ecke platziert.
- Dann folgen $k - 1$ Zahlen, die von der rechten unteren Ecke aufwärts eingetragen werden.
- Weitere $k - 1$ Zahlen werden in der oberen Zeile links neben der 1 beginnend nach links fortschreitend platziert.
- Die nachfolgende Zahl schließt sich dann an die bereits eingetragene senkrechte Sequenz in der rechten Spalte an.

- Danach werden k Zahlen in der ersten Spalte von der mittleren Zelle an aufwärts eingetragen.
- Abschließend werden die nächsten k Zahlen in der unteren Zeile vom linken Nachbarn der mittleren Zelle ausgehend nach links platziert.

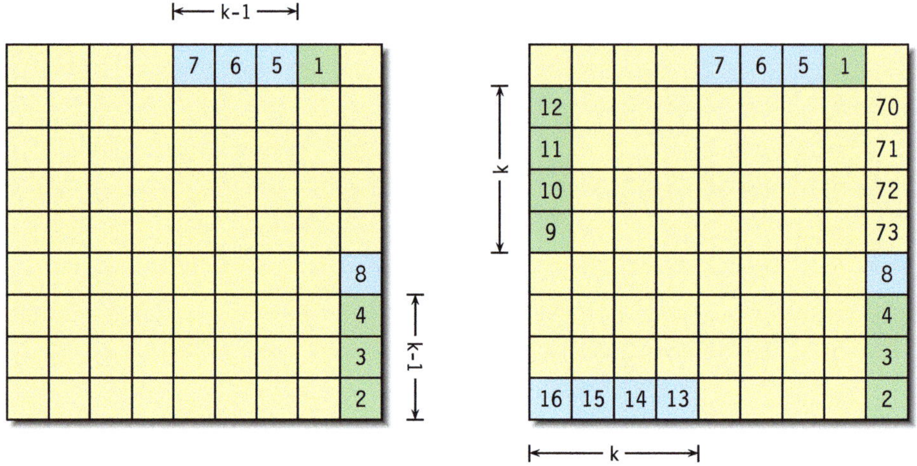

Abb. 9.35 Aufbau des äußeren Rahmens (Schritt 1)

Damit ist der Rand eindeutig bestimmt und die noch freien Felder werden mit den komplementären Werten zu den bereits eingetragenen Zahlen gefüllt. Wie üblich berechnet man die zu einer Zahl x komplementäre Zahl mit $n^2 + 1 - x$. Dabei gilt:

- Zahlen in den Ecken sind komplementär zu den Zahlen in den diagonal gegenüberliegenden Ecken.
- Zahlen in Zeilen bzw. Spalten sind komplementär zu den direkt in der Zeile bzw. Spalte gegenüberliegenden Zahlen.

80	67	68	69	7	6	5	1	66
12								70
11								71
10								72
9								73
74								8
78								4
79								3
16	15	14	13	76	77	78	81	2

Abb. 9.36 Eintragen der komplementären Zahlen (Schritt 2)

So verfährt man weiter von außen nach innen. Das nächste, bisher nicht ausgefüllte Rahmen der Ordnung 7 beinhaltet insgesamt $4 \cdot (7-1) = 24$ Zellen, von denen die Hälfte wieder mit komplementären Zahlen aufgefüllt wird. Da die Zahlen der beiden Bereiche $1, \ldots, 28$ und $66, \ldots, 81$ in den äußeren Rahmen eingetragen wurden, sind hier die 12 Zahlen im Bereich $17, \ldots, 28$ samt ihren Komplementen $54, \ldots, 65$ zu platzieren.

80	67	68	69	7	6	5	1	66
12				21	20	17		
11	25							71
10	24							72
9	23							73
74							22	8
78							19	4
79	28	27	26				18	3
16	15	14	13	75	76	77	81	2

80	67	68	69	7	6	5	1	66
12	64	55	56	21	20	17	54	70
11	25						57	71
10	24						58	72
9	23						59	73
74	60						22	8
78	63						19	4
79	28	27	26	61	62	65	18	3
16	15	14	13	75	76	77	81	2

Abb. 9.37 Füllen des zweiten Rahmens von außen (Schritt 3)

Entsprechend verfährt man mit den restlichen Teilquadraten, bis man schließlich das fortgesetzt gerahmte magische Quadrat von Seki in Abbildung 9.38 erhält.

80	67	68	69	7	6	5	1	66
12	64	55	56	21	20	17	54	70
11	25	52	47	31	29	46	57	71
10	24	34	44	37	42	48	58	72
9	23	33	39	41	43	49	59	73
74	60	50	40	45	38	32	22	8
78	63	36	35	51	53	30	19	4
79	28	27	26	61	62	65	18	3
16	15	14	13	75	76	77	81	2

80	67	68	69	7	6	5	1	66
12	64	55	56	21	20	17	54	70
11	25	52	47	31	29	46	57	71
10	24	34	44	37	42	48	58	72
9	23	33	39	41	43	49	59	73
74	60	50	40	45	38	32	22	8
78	63	36	35	51	53	30	19	4
79	28	27	26	61	62	65	18	3
16	15	14	13	75	76	77	81	2

Abb. 9.38 Fortgesetzt gerahmtes magisches Quadrat der Ordnung $n = 9$ (Seki)

Mit diesem Verfahren von Seki können gerahmte magische Quadrate für alle ungeraden Ordnungen erzeugt werden. Zwei weitere Beispiele für $n = 5$ und $n = 7$ sind in Abbildung 9.39 dargestellt.

24	19	3	1	18
6	16	9	14	20
5	11	13	15	21
22	12	17	10	4
8	7	23	25	2

48	39	40	5	4	1	38
9	36	31	15	13	30	41
8	18	28	21	26	32	42
7	17	23	25	27	33	43
44	34	24	29	22	16	6
47	20	19	35	37	14	3
12	11	10	45	46	49	2

Abb. 9.39 Gerahmte magische Quadrate der Ordnungen $n = 5$ und $n = 7$ (Seki)

Variationen

Ausgehend von der Grundkonstruktion von Seki kann man einige weitere gerahmte Quadrate erzeugen. Bei diesem Verfahren sind nämlich nur die vier Eckpunkte eindeutig festgelegt. Die Zahlen in den Zeilen und Spalten können beliebig permutiert werden, wenn nur die in der Konstruktion festgelegten Zahlensequenzen und die Position der zugehörigen komplementären Zahlen beibehalten wird. Für ein Quadrat der Ordnung $n = 9$ bedeutet dies konkret:

- In die inneren sieben Felder der oberen Zeile sind zunächst die Zahlen $1, 5, 6, 7$ eingetragen worden. Die Positionen dieser vier Zahlen sind aber beliebig, also gibt es
$$\binom{7}{4} = \frac{7\,!}{4\,! \cdot 3\,!}$$
Möglichkeiten, Plätze für diese vier Zahlen auszusuchen.
- Vier Zahlen können nun auf $4\,!$ Arten auf diesen Plätzen verteilt werden, wodurch gleichzeitig die Positionen der komplementären Zahlen festgelegt sind.
- Allerdings können auch noch die restlichen drei Zahlen in der gegenüberliegenden Zeile auf $3\,!$ Möglichkeiten beliebig verteilt werden.
- Damit gibt es insgesamt
$$\binom{7}{4} \cdot 4\,! \cdot 3\,! = \frac{7\,!}{4\,! \cdot 3\,!} \cdot 4\,! \cdot 3\,! = 7\,!$$
Möglichkeiten, diese Zahlen in der oberen und unteren Zeile anzuordnen.
- Die gleiche Anzahl von Möglichkeiten gibt es natürlich auch für die Anordnung der sieben Zahlen in den beiden äußeren Spalten, sodass es insgesamt
$$7\,! \cdot 7\,! = (7\,!)^2$$
unterschiedliche Anordnungen im äußeren Rand gibt.

Diese Überlegungen gelten entsprechend für die Ränder der eingebetteten magischen Teilquadrate der Ordnungen $n = 7$ und $n = 5$. Zusätzlich kann das ganz innen liegende Teilquadrat der Ordnung $n = 3$ auf acht unterschiedliche Arten angeordnet werden. Damit kann man mit dem Verfahren insgesamt

$$(7!)^2 \cdot (5!)^2 \cdot (3!)^2 \cdot 8$$

fortgesetzt gerahmte Quadrate der Ordnung $n = 9$ erzeugen.

9.1.8 Tanaka

Der japanische Mathematiker Yoshizane Tanaka (1651 - 1719) entwickelte ein weiteres Verfahren für gerahmte magische Quadrate mit ungeraden Ordnungen $n > 3$. Sein Verfahren geht von außen nach innen vor und füllt den Rand zunächst mit den ungeraden Zahlen.

- Zunächst wird die Zahl 1 in die linke obere Ecke und die Zahl 3 in die linke untere Ecke eingetragen.
- Dann folgen $k-2$ Zahlen, die in die linke Spalte unterhalb der linken oberen Ecke notiert werden.
- Die nächste ungerade Zahl wird in die Mitte der unteren Zeile platziert.
- Die letzten $k-1$ ungeraden Zahlen werden in die rechte Spalte eingetragen, wobei man direkt oberhalb der mittleren Zelle beginnt und nach unten fortschreitet.

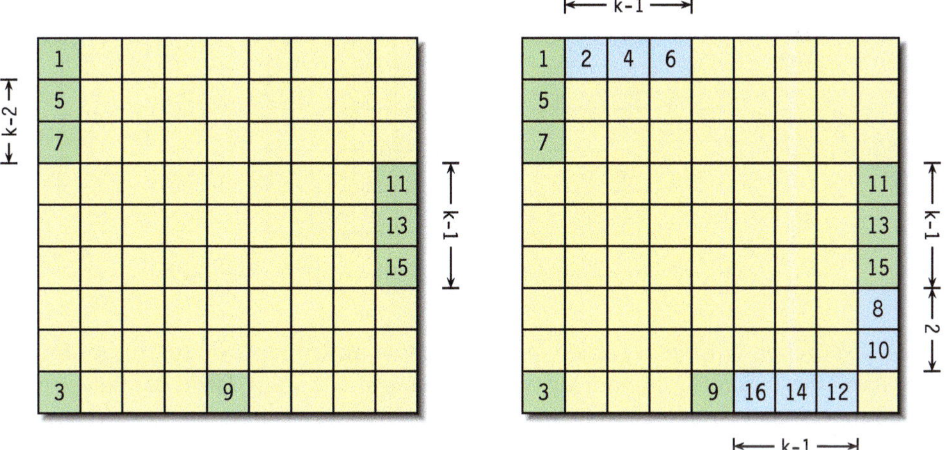

Abb. 9.40 Aufbau des äußeren Rahmens (Schritt 1)

Etwas ungewöhnlicher werden die geraden Zahlen verteilt.

- Die ersten $k-1$ Zahlen werden in die obere Zeile eingetragen, wobei man direkt neben der linken oberen Ecke beginnt.
- Dann folgen zwei gerade Zahlen in der rechten Spalte. Hier muss man direkt unter den bereits vorhandenen ungeraden Zahlen beginnen, sodass die rechte untere Ecke noch frei bleibt.
- Die letzten $k-1$ geraden Zahlen folgen jetzt in der unteren Zeile. Man beginnt direkt links neben der rechten unteren Ecke und schreitet nach links fort, sodass alle noch ungefüllten Zellen bis zur Mitte mit Zahlen belegt werden.

Ungewöhnlich ist bei diesem Verfahren die Aufteilung der rechten Spalten. In den inneren Zellen dieser Spalten befinden sich oben zunächst $k-2$ Komplemente, dann $k-1$ ungerade Zahlen und schließlich noch zwei gerade Zahlen. Dies ergibt insgesamt

$$\underbrace{k-2}_{\text{Komplemente}} + \underbrace{k-1}_{\text{ungerade Zahlen}} + \underbrace{2}_{\text{gerade Zahlen}} = 2 \cdot k - 1$$

Damit ist die Umrandung eindeutig bestimmt und die noch freien Felder werden mit den komplementären Werten zu den bereits eingetragenen Zahlen gefüllt.

1	2	4	6	73	66	68	70	79
5								77
7								75
71								11
69								13
67								15
74								8
72								10
3	80	78	76	9	16	14	12	81

Abb. 9.41 Eintragen der komplementären Zahlen (Schritt 2)

Dieses Vorgehen wird jetzt für jeden Rahmen von außen nach innen fortgeführt. Für den Rand des inneren Teilquadrates der Ordnung $n = 7$ folgt damit die Belegung aus Abbildung 9.42.

Entsprechend verfährt man mit den restlichen Teilquadraten, bis man schließlich das fortgesetzt gerahmte magische Quadrat in Abbildung 9.43 erhält.

1	2	4	6	73	66	68	70	79
5	17	18	20					77
7	21							75
71							25	11
69							27	13
67							22	15
74							24	8
72	19			23	28	26		10
3	80	78	76	9	16	14	12	81

1	2	4	6	73	66	68	70	79
5	17	18	20	59	54	56	63	77
7	21						61	75
71	57						25	11
69	55						27	13
67	60						22	15
74	58						24	8
72	19	64	62	23	28	26	65	10
3	80	78	76	9	16	14	12	81

Abb. 9.42 Füllen des zweiten Rahmens von außen (Schritt 3)

1	2	4	6	73	66	68	70	79
5	17	18	20	59	54	56	63	77
7	21	29	30	49	46	51	61	75
71	57	47	42	43	38	35	25	11
69	55	50	37	41	45	32	27	13
67	60	48	44	39	40	34	22	15
74	58	31	52	33	36	53	24	8
72	19	64	62	23	28	26	65	10
3	80	78	76	9	16	14	12	81

1	2	4	6	73	66	68	70	79
5	17	18	20	59	54	56	63	77
7	21	29	30	49	46	51	61	75
71	57	47	42	43	38	35	25	11
69	55	50	37	41	45	32	27	13
67	60	48	44	39	40	34	22	15
74	58	31	52	33	36	53	24	8
72	19	64	62	23	28	26	65	10
3	80	78	76	9	16	14	12	81

Abb. 9.43 Fortgesetzt gerahmtes magisches Quadrat der Ordnung $n = 9$ (Tanaka)

Dieses Verfahren von Tanaka funktioniert für alle ungeraden Ordnungen. Zwei weitere Beispiele für $n = 5$ und $n = 7$ sind in Abbildung 9.44 dargestellt.

1	2	21	18	23
19	14	15	10	7
22	9	13	17	4
20	16	11	12	6
3	24	5	8	25

1	2	4	43	38	40	47
5	13	14	33	30	35	45
41	31	26	27	22	19	9
39	34	21	25	29	16	11
44	32	28	23	24	18	6
42	15	36	17	20	37	8
3	48	46	7	12	10	4

Abb. 9.44 Gerahmte magische Quadrate der Ordnungen $n = 5$ und $n = 7$ (Tanaka)

9.1.9 Travers

Bei der Methode von J. Travers geht man von außen nach innen vor.[12] Es wird zunächst der äußere Rahmen des Quadrates der Ordnung n gefüllt, dann der Rand des darin eingelagerten Quadrates der Ordnung $n-2$ usw. Der gesamte Rand umfasst genau

$$2n + (2n-2) = 4n - 2$$

Zahlen. Damit paarweise ein Ausgleich geschaffen werden kann, fasst er die Zahlen $1, \ldots, 2n-2$ und deren Komplemente paarweise zusammen. Da n ungerade ist, folgt mit $n = 2k+1$

$$2n - 2 = 2 \cdot (2k+1) - 2 = 4k + 2 - 2 = 4k$$

dass insgesamt $4k$ Zahlen zu verteilen sind. Travers teilt sie in vier gleich große Gruppen auf:

$$1, 2, \ldots, k$$
$$k+1, k+2, \ldots, 2k$$
$$2k+1, 2k+2, \ldots, 3k$$
$$3k+1, 3k+2, \ldots, 4k$$

Für den Fall $n = 7$ erhält man damit die Zahlensequenzen $\{1, 2, 3\}, \{4, 5, 6\}, \{7, 8, 9\}$ und $\{10, 11, 12\}$. Diese verteilt er nun wie folgt:

- Die Zahlen $1, 2, 3$ platziert er in die obere Zeile, wobei die linke obere Ecke frei bleibt.
- Die erste Zahl der zweiten Zahlengruppe wird in der rechten unteren Ecke eingetragen. Die restlichen Zahlen werden in der rechten Spalte notiert, wobei man direkt unter der rechten oberen Ecke beginnt und sich abwärts bewegt.

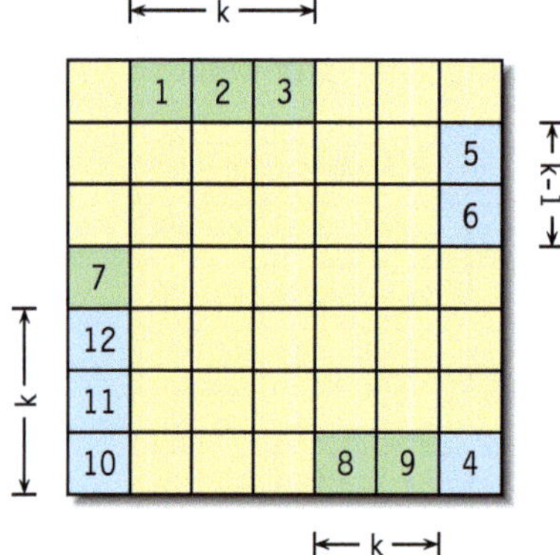

46	1	2	3	42	41	40
45						5
44						6
7						43
12						38
11						39
10	49	48	47	8	9	4

Abb. 9.45 Belegung des äußeren Rahmens (Schritt 1)

[12] J. Travers [567] S. 349, siehe auch W.W.R. Ball [36] S. 201

- Die erste Zahl der dritten Gruppe wird genau in die Mitte der linken Spalte platziert, während die restlichen $k - 1$ Zahlen in die untere Zeile eingetragen werden. Dabei beginnt man rechts neben der mittleren Zelle und bewegt sich nach rechts.
- Abschließend werden die Zahlen der vierten Gruppe in die linke Spalte geschrieben. Man beginnt in der linken unteren Ecke und schreitet nach oben fort.

Sind alle Zahlen eingetragen, finden die komplementären Zahlen in den horizontal bzw. vertikal gegenüberliegende Zellen ihren Platz. Nur die beiden unteren Ecken bilden eine Ausnahme, denn bei ihnen wird das Komplement in die diagonal gegenüberliegenden Ecken geschrieben.

Nachdem der Rand des Quadrates der Ordnung $n = 7$ vollständig gefüllt ist, geht es mit dem Rand des eingelagerten Teilquadrates der Ordnung $n = 5$ weiter. Da insgesamt acht Zahlen mit ihren Komplementen platziert werden müssen und die Zahlen $1, 2, \ldots, 12$ bereits vergeben wurden, werden nun die Zahlen $13, 14, \ldots, 20$ benutzt.

46	1	2	3	42	41	40
45		13	14			5
44					16	6
7	17					43
12	20					38
11	19			18	15	39
10	49	48	47	8	9	4

46	1	2	3	42	41	40
45	35	13	14	32	31	5
44	34				16	6
7	17				33	43
12	20				30	38
11	19	37	36	18	15	39
10	49	48	47	8	9	4

Abb. 9.46 Belegung des zweiten Rahmens von außen (Schritt 2)

Entsprechend verfährt man mit dem inneren Teilquadrat der Ordnung $n = 3$.

46	1	2	3	42	41	40
45	35	13	14	32	31	5
44	34		21		16	6
7	17	23			33	43
12	20	24		22	30	38
11	19	37	36	18	15	39
10	49	48	47	8	9	4

46	1	2	3	42	41	40
45	35	13	14	32	31	5
44	34	28	21	26	16	6
7	17	23		27	33	43
12	20	24	29	22	30	38
11	19	37	36	18	15	39
10	49	48	47	8	9	4

Abb. 9.47 Belegung des inneren Kerns (Schritt 3)

Danach bleibt nur noch die mittlere Zelle über, in die der Medianwert $\frac{1}{2}(n^2 + 1)$ aller beteiligten Zahlen eingetragen wird, hier also 25. In Abbildung 9.48 ist das nach diesem Algorithmus von Travers erzeugte fortgesetzt gerahmte magische Quadrat der Ordnung $n = 7$ dargestellt.

46	1	2	3	42	41	40
45	35	13	14	32	31	5
44	34	28	21	26	16	6
7	17	23	25	27	33	43
12	20	24	29	22	30	38
11	19	37	36	18	15	39
10	49	48	47	8	9	4

46	1	2	3	42	41	40
45	35	13	14	32	31	5
44	34	28	21	26	16	6
7	17	23	25	27	33	43
12	20	24	29	22	30	38
11	19	37	36	18	15	39
10	49	48	47	8	9	4

Abb. 9.48 Fortgesetzt gerahmtes magisches Quadrat der Ordnung $n = 7$ (Travers)

Abbildung 9.49 zeigt zwei weitere mit dem Verfahren von Travers erzeugte magische Quadrate der Ordnungen $n = 5$ und $n = 9$.

23	1	2	20	19
22	16	9	14	4
5	11	13	15	21
8	12	17	10	18
7	25	24	6	3

77	1	2	3	4	72	71	70	69
76	62	17	18	19	58	57	56	6
75	61	51	29	30	48	47	21	7
74	60	50	44	37	42	32	22	8
9	23	33	39	41	43	49	59	73
16	28	36	40	45	38	46	54	66
15	27	35	53	52	34	31	55	67
14	26	65	64	63	24	25	20	68
13	81	80	79	78	10	11	12	5

Abb. 9.49 Gerahmte magische Quadrate der Ordnungen $n = 5$ und $n = 9$ (Travers)

9.1.10 Vaithianathan

Bei der Methode von S. Vaithianathan[13] wird das Quadrat von innen nach außen gefüllt und die Ergebnisse haben mehrere Ähnlichkeiten mit den Ergebnissen des Verfahrens von Travers. Bei der Erweiterung eines magischen Quadrates der Ordnung $n-2$ auf die Ordnung n werden zunächst die Zahlen des inneren Kerns um den Wert $2(n-1)$ erhöht. Damit enthält dieser Kern nicht mehr die Zahlen von 1 bis $(n-2)^2$, sondern von

$$1 + 2(n-1) = 2n - 1 \qquad \text{bis} \qquad (n-2)^2 + 2(n-1) = (n-1)^2 + 1$$

und die magische Konstante ergibt sich für diesen Kern mit

[13] Vaithianathan [582] S. 438 – 442

$$\frac{1}{2} \cdot (n-2) \cdot \left((n-2)^2 + 1\right) + (n-2) \cdot \left(2(n-1)\right) = \frac{1}{2} \cdot (n-2) \cdot (n^2+1)$$

Diese Überlegungen werden in Abbildung 9.50 am Beispiel der Erweiterung der Ordnung von $n = 3$ auf $n = 5$ verdeutlicht. Die ursprünglichen Zahlen 1 bis 9 werden jeweils um den Wert $2(n-1) = 2(5-1) = 8$ auf die Werte 9 bis 17 erhöht.

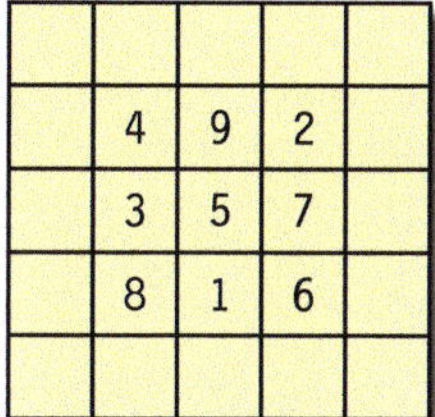

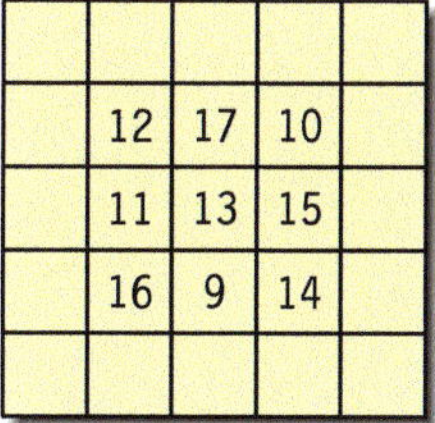

Abb. 9.50 Erhöhung der Zahlen im inneren Kern der Ordnung 3

Als magische Konstante für diesen Kern ergibt sich damit

$$\frac{1}{2} \cdot (5-2) \cdot (5^2+1) = \frac{1}{2} \cdot 3 \cdot 26 = 39$$

Nun gilt es noch, den Rahmen mit den verbliebenen Zahlen

$$1 \ldots 2n-2 \qquad \text{und} \qquad (n-1)^2 + 2 \ldots n^2$$

also hier mit den Zahlen $1, \ldots, 8$ und $18, \ldots, 25$, zu füllen. Aus diesen Zahlen lassen sich $4(n-1)$ Paare mit komplementären Zahlen bilden, die jeweils die Summe n^2+1 ergeben.

$$\begin{array}{ccc} 1 & \longleftrightarrow & n^2 \\ 2 & \longleftrightarrow & n^2-1 \\ & \vdots & \\ 2n-2 & \longleftrightarrow & (n-1)^2+2 \end{array}$$

Für das Beispiel in Abbildung 9.50 sind dies die Zahlenpaare

1/25 2/24 3/23 4/22 5/21 6/20 7/19 8/18

Addiert man eines dieser Zahlenpaare zu einer beliebigen Zeile, Spalte oder Diagonalen des bereits vorhandenen 3x3 - Quadrates aus Abbildung 9.50, erhält man die gewünschte magische Summe für das Quadrat der Ordnung $n = 5$.

$$\frac{1}{2} \cdot (n-2) \cdot (n^2+1) + n^2 + 1 = \frac{1}{2} \cdot n \cdot (n^2+1)$$

Die Verteilung der Zahlenpaare auf die freien Plätze der Umrandung kann auf sehr unterschiedliche Art und Weise geschehen. Es gibt aber auch einen systematischen Weg, der stets zum Ziel führt. Geht man von der mittleren Zelle des Quadrates aus, deren Inhalt mit M bezeichnet wird, kann man die Werte in den horizontal, vertikal und diagonal benachbarten Zellen durch eine Formel bestimmen. Dabei bezeichnet b die Nummer der Umrandung, wobei $b = 0$ einfach nur die innere Zelle bedeutet. Für den Fall $n = 5$ gilt also $b = 2$.

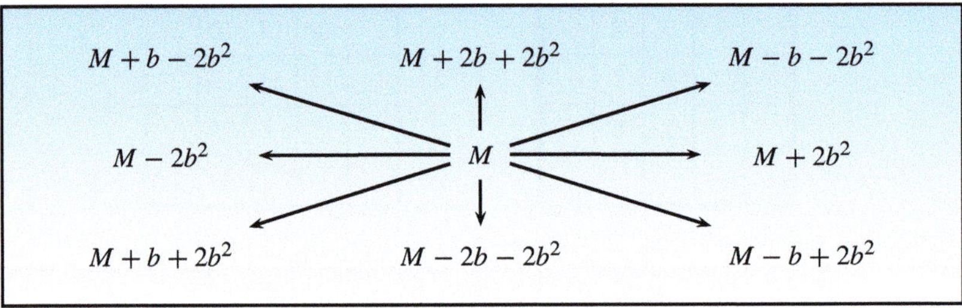

Mit diesen Werten sind weitere acht Zahlen im Rahmen der Abbildung 9.51 festgelegt.

7		25		3
	12	17	10	
5	11	13	15	21
	16	9	14	
23		1		19

Abb. 9.51 Konstruktion eines magischen Quadrates (Vaithianathan)

Jetzt müssen nur noch die verbliebenen freien Plätze im Rahmen gefüllt werden. Vaithianathan schlägt dazu vier Zahlensequenzen von jeweils $b - 1$ Zahlen vor. Die erste Sequenz füllt die freien Plätze in der unteren Zeile rechts von der Mitte, die mit den nächsten bisher nicht eingetragenen Zahlen in aufsteigender Reihenfolge gefüllt werden. Zusätzlich werden wie bei den anderen Zahlensequenzen die Komplemente jeweils in die gegenüberliegenden Zellen eingetragen.

Die nächste Zahl ist bereits in der rechten obere Ecke vorhanden, sodass ab der übernächsten Zahl die rechte Spalte aufsteigend von unten nach oben gefüllt wird. Die letzten beiden Zeilensequenzen beginnen jeweils in der linken oberen Ecke. Von der sich dort befindenden Zahl werden die weiteren Zahlen nach rechts in absteigender, nach unten in aufsteigender Reihenfolge eingetragen. Das Ergebnis ist das magische Quadrat in Abbildung 9.52.

7	6	25	24	3
8	12	17	10	18
5	11	13	15	21
22	16	9	14	4
23	20	1	2	19

Abb. 9.52 Gerahmtes magisches Quadrat der Ordnung $n = 5$ (Vaithianathan)

Das Quadrat der Ordnung $n = 5$ kann jetzt entsprechend mit einem weiteren Rahmen vergrößert werden, und es entsteht dann das magische Quadrat der Ordnung $n = 7$ aus Abbildung 9.53, in der das Auffüllen des Rahmens noch etwas deutlicher zu erkennen ist.

10			49			4
	19	18	37	36	15	
	20	24	29	22	30	
7	17	23	25	27	33	43
	34	28	21	26	16	
	35	32	13	14	31	
46			1			40

10	9	8	49	48	47	4
11	19	18	37	36	15	39
12	20	24	29	22	30	38
7	17	23	25	27	33	43
44	34	28	21	26	16	6
45	35	32	13	14	31	5
46	41	42	1	2	3	40

Abb. 9.53 Fortgesetzt gerahmtes magisches Quadrat der Ordnung $n = 7$ (Vaithianathan)

Ein weiterer Rahmen ergibt dann das magische Quadrat der Ordnung $n = 9$ aus Abbildung 9.54.

13	12	11	10	81	80	79	78	5
14	26	25	24	65	64	63	20	68
15	27	35	34	53	52	31	55	67
16	28	36	40	45	38	46	54	66
9	23	33	39	41	43	49	59	73
74	60	50	44	37	42	32	22	8
75	61	51	48	29	30	47	21	7
76	62	57	58	17	18	19	56	6
77	70	71	72	1	2	3	4	69

Abb. 9.54 Fortgesetzt gerahmtes magisches Quadrat der Ordnung $n = 9$ (Vaithianathan)

9.1.11 Eintragen von Zahlensequenzen (Variante 1)

Dieses Verfahren stammt von einem unbekannten Autor, dessen Herkunft nicht mehr nachzuvollziehen ist. Hier werden die ersten k Zahlen in der oberen Zeile eingetragen, wobei man neben der linken oberen Ecke beginnt. Die nächsten $k-1$ Zahlen werden in der rechten Spalte platziert. Dieses Mal startet man unterhalb der rechten oberen Ecke und schreitet nach unten fort.

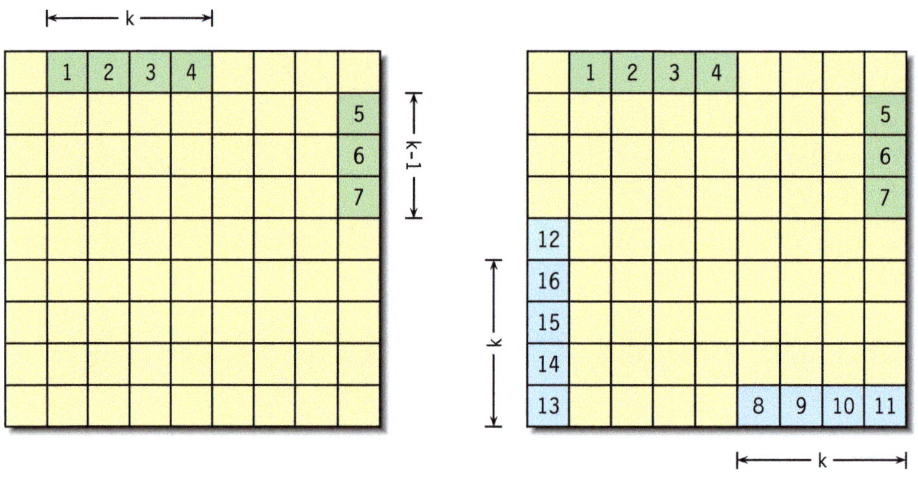

Abb. 9.55 Aufbau des äußeren Rahmens (Schritt 1)

Die nächsten k Zahlen werden in die untere Zeile eingetragen. Man beginnt rechts neben der mittleren Zelle, sodass alle Zellen einschließlich der rechten unteren Ecke belegt werden. Nun folgt die einzelne Zahl $3 \cdot k$, die in die mittlere Zelle der linken Spalte platziert wird. Die verbleibenden k Zahlen werden in die linke Spalte geschrieben, wobei man in der linken unteren Ecke beginnt.

71	1	2	3	4	74	73	72	69
77								5
76								6
75								7
12								70
16								66
15								67
14								68
13	81	80	79	78	8	9	10	11

Abb. 9.56 Eintragen der komplementären Zahlen (Schritt 2)

Damit ist die Umrandung eindeutig bestimmt und die noch freien Felder werden mit den Komplementen der bereits eingetragenen Zahlen gefüllt. Abbildung 9.56 zeigt den mit den Zahlen $1, \ldots, 16$ und $66, \ldots, 81$ gefüllten äußeren Rahmen.

Dieses Vorgehen wird von außen nach innen fortgeführt. Die Umrandung des inneren Teilquadrates der Ordnung $n = 7$ mit den Zahlen $17, \ldots, 28$ und $54, \ldots, 65$ ist in Abbildung 9.57 dargestellt.

71	1	2	3	4	74	73	72	69
77		17	18	19				5
76							20	6
75							21	7
12	25							70
16	28							66
15	27							67
14	26				22	23	24	68
13	81	80	79	78	8	9	10	11

71	1	2	3	4	74	73	72	69
77	58	17	18	19	60	59	56	5
76	62						20	6
75	61						21	7
12	25						57	70
16	28						54	66
15	27						55	67
14	26	65	64	63	22	23	24	68
13	81	80	79	78	8	9	10	11

Abb. 9.57 Belegung des zweiten Rahmens von außen (Schritt 3)

Entsprechend verfährt man mit den restlichen Teilquadraten, bis man schließlich das fortgesetzt gerahmte magische Quadrat in Abbildung 9.58 erhält.

71	1	2	3	4	74	73	72	69
77	58	17	18	19	60	59	56	5
76	62	49	29	30	50	47	20	6
75	61	51	44	37	42	31	21	7
12	25	34	39	41	43	48	57	70
16	28	36	40	45	38	46	54	66
15	27	35	53	52	32	33	55	67
14	26	65	64	63	22	23	24	68
13	81	80	79	78	8	9	10	11

71	1	2	3	4	74	73	72	69
77	58	17	18	19	60	59	56	5
76	62	49	29	30	50	47	20	6
75	61	51	44	37	42	31	21	7
12	25	34	39	41	43	48	57	70
16	28	36	40	45	38	46	54	66
15	27	35	53	52	32	33	55	67
14	26	65	64	63	22	23	24	68
13	81	80	79	78	8	9	10	11

Abb. 9.58 Fortgesetzt gerahmtes magisches Quadrat der Ordnung $n = 9$ (unbekannter Autor, Methode 1)

Dieses Verfahren erzeugt für alle ungeraden Ordnungen gerahmte magische Quadrate. Zwei weitere Beispiele für $n = 5$ und $n = 7$ sind in Abbildung 9.59 dargestellt.

21	1	2	22	19
23	16	9	14	3
6	11	13	15	20
8	12	17	10	18
7	25	24	4	5

42	1	2	3	44	43	40
46	33	13	14	34	31	4
45	35	28	21	26	15	5
9	18	23	25	27	32	41
12	20	24	29	22	30	38
11	19	37	36	16	17	39
10	49	48	47	6	7	8

Abb. 9.59 Gerahmte magische Quadrate der Ordnungen $n = 5$ und $n = 7$ (unbekannter Autor, Methode 1)

9.1.12 Eintragen von Zahlensequenzen (Variante 2)

Vom gleichen unbekannten Autor wie das Verfahren aus Kapitel 9.1.11 stammt dieses Verfahren. Man beginnt wieder mit der Zahl 1, die in die rechte Nachbarzelle der linken oberen Ecke platziert wird. Anschließend wird die Zahl 2 in die rechte untere Ecke gesetzt. Nun folgen $k - 1$ Zahlen, die rechts neben der Zahl 1 in die obere Zeile eingetragen werden. Den ersten Durchgang schließen die nächsten $k - 1$ Zahlen ab, die in der rechten Spalte oberhalb der rechten unteren Ecke ihren Platz finden.

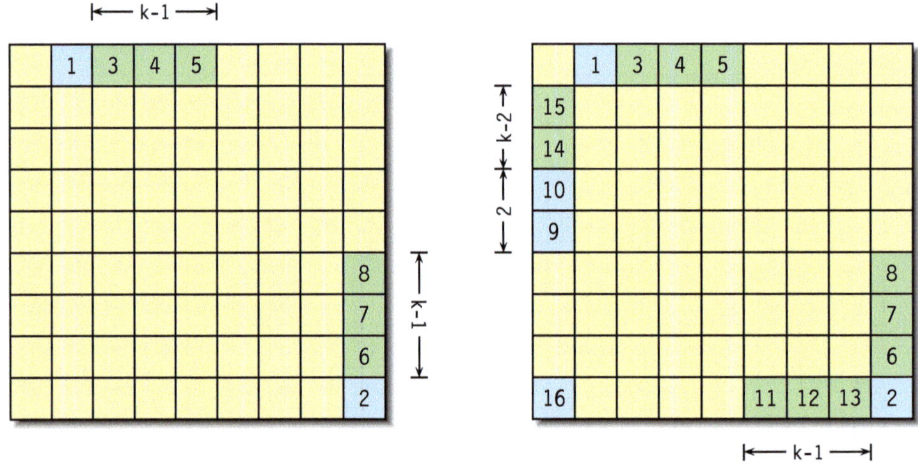

Abb. 9.60 Aufbau des äußeren Rahmens (Schritt 1)

Jetzt folgen zwei Zahlen, die in die linke Spalte oberhalb der Mitte eingetragen werden. Weitere $k - 1$ Zahlen werden in der unteren Zeile platziert. Sie beginnen direkt rechts neben der mittleren Zelle, sodass die noch freien Zellen bis zur rechten Ecke gefüllt werden. Mit den nächsten $k-2$ Zahlen werden die noch freien Zellen in der oberen Hälfte der linken Spalte gefüllt. Dabei bleibt die linke obere Ecke jedoch leer. Die letzte verbleibende Zahl wird dann abschließend in die linke untere Ecke platziert.

Damit ist die Umrandung eindeutig bestimmt und die 16 noch freien Felder werden mit den komplementären Zahlen $66, \ldots, 81$ zu den bereits eingetragenen Zahlen aufgefüllt.

80	1	3	4	5	71	70	69	66
15								67
14								68
10								72
9								73
74								8
75								7
76								6
16	81	79	78	77	11	12	13	2

Abb. 9.61 Eintragen der komplementären Zahlen (Schritt 2)

Dieses Verfahren kann nun von außen nach innen fortgeführt werden, wie es in Abbildung 9.62 für den Rahmen des inneren Teilquadrates der Ordnung $n=7$ dargestellt ist.

80	1	3	4	5	71	70	69	66
15		17	19	20				67
14	27							68
10	24							72
9	23							73
74							22	8
75							21	7
76	28				25	26	18	6
16	81	79	78	77	11	12	13	2

80	1	3	4	5	71	70	69	66
15	64	17	19	20	57	56	54	67
14	27						55	68
10	24						58	72
9	23						59	73
74	60						22	8
75	61						21	7
76	28	65	63	62	25	26	18	6
16	81	79	78	77	11	12	13	2

Abb. 9.62 Belegung des zweiten Rahmens von außen (Schritt 3)

Entsprechend verfährt man mit den restlichen Teilquadraten, bis man schließlich das fortgesetzt gerahmte magische Quadrat in Abbildung 9.63 erhält.

80	1	3	4	5	71	70	69	66
15	64	17	19	20	57	56	54	67
14	27	52	29	31	47	46	55	68
10	24	34	44	37	42	48	58	72
9	23	33	39	41	43	49	59	73
74	60	50	40	45	38	32	22	8
75	61	36	53	51	35	30	21	7
76	28	65	63	62	25	26	18	6
16	81	79	78	77	11	12	13	2

80	1	3	4	5	71	70	69	66
15	64	17	19	20	57	56	54	67
14	27	52	29	31	47	46	55	68
10	24	34	44	37	42	48	58	72
9	23	33	39	41	43	49	59	73
74	60	50	40	45	38	32	22	8
75	61	36	53	51	35	30	21	7
76	28	65	63	62	25	26	18	6
16	81	79	78	77	11	12	13	2

Abb. 9.63 Fortgesetzt gerahmtes magisches Quadrat der Ordnung $n = 9$ (unbekannter Autor, Methode 2)

Dieses Verfahren erzeugt für alle ungeraden Ordnungen gerahmte magische Quadrate, die ab der Ordnung $n = 7$ auch fortgesetzt gerahmt sind. Das magische Quadrat der Ordnung $n = 5$ besitzt nur einen Rahmen um das Zentrum der Größe 3, sodass es nicht als fortgesetzt gerahmt beschrieben werden kann. Abbildung 9.64 zeigt also ein gerahmtes magisches Quadrat der Ordnung $n = 5$ und ein fortgesetzt gerahmtes Quadrat der Ordnung $n = 7$.

24	1	3	19	18
6	16	9	14	20
5	11	13	15	21
22	12	17	10	4
8	25	23	7	2

48	1	3	4	41	40	38
11	36	13	15	31	30	39
8	18	28	21	26	32	42
7	17	23	25	27	33	43
44	34	24	29	22	16	6
45	20	37	35	19	14	5
12	49	47	46	9	10	2

Abb. 9.64 Gerahmte magische Quadrate der Ordnungen $n = 5$ und $n = 7$ (unbekannter Autor, Methode 2)

Variante

Ein fortgesetzt gerahmtes magisches Quadrat, welches sehr große Ähnlichkeit mit dem Quadrat aus Abbildung 9.63 hat, findet man bei Kraitchik.[14] Spiegelt man dieses Quadrat an der horizontalen Mittellinie und kehrt die Reihenfolge der Zahlen um, die auf die Ecke mit der Zahl 2 zulaufen, sind beide Quadrate identisch.

[14] Kraitchik [305] S. 182

16	81	79	78	77	13	12	11	2
76	28	65	62	61	26	27	18	6
75	23	36	53	51	35	30	59	7
74	24	50	40	45	38	32	58	8
9	25	33	39	41	43	49	57	73
10	60	34	44	37	42	48	22	72
14	63	52	29	31	47	46	19	68
15	64	17	20	21	56	55	54	67
80	1	3	4	5	69	70	71	66

Abb. 9.65 Fortgesetzt gerahmtes magisches Quadrat der Ordnung $n = 9$ (Kraitchik)

9.1.13 Eintragen von Zahlensequenzen (Variante 3)

Auch dieses Verfahren stammt von einem unbekannten Autor und erzeugt fortgesetzt gerahmte magische Quadrate der ungeraden Ordnung $n = 2k + 1$. Es unterscheidet sich allerdings in einigen kleineren Punkten von den anderen vorgestellten Verfahren.

Man beginnt mit der Zahl 1, die rechts neben der linken oberen Ecke platziert wird. Die nächsten beiden Zahlen werden in die rechte untere Ecke und ihrer darüberliegenden Nachbarzelle notiert. Nun folgen $k - 1$ Zahlen, die rechts neben die 1 in die obere Zeile eingetragen werden. Den ersten Durchgang schließen weitere $k - 2$ Zahlen ab, die aufsteigend in die rechte Spalte oberhalb der bereits eingetragenen Zahlen 2 und 3 platziert werden.

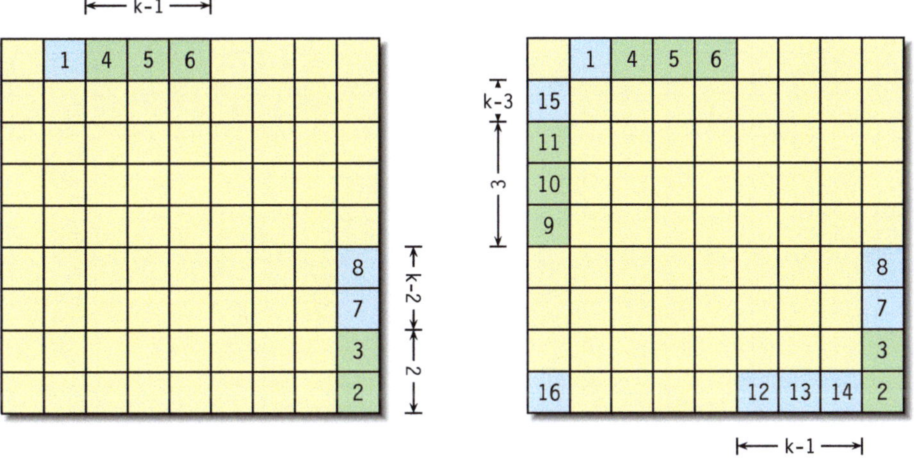

Abb. 9.66 Aufbau des äußeren Rahmens (Schritt 1)

Auch die linke Spalte wird asymmetrisch aufgeteilt. Man beginnt mit drei Zahlen, die in die linke Spalte ab der Mitte aufwärts eingetragen werden. Weitere $k-1$ Zahlen werden in der unteren Zeile platziert. Man beginnt direkt rechts neben der mittleren Zelle, sodass die noch freien Zellen bis zur rechten Ecke gefüllt werden. Mit den nächsten $k-3$ Zahlen werden die noch freien Zellen in der oberen Hälfte der linken Spalte gefüllt. Dabei bleibt die linke obere Ecke jedoch leer. Die letzte verbleibende Zahl findet dann in der linken unteren Ecke ihren Platz.

Damit ist die Umrandung eindeutig bestimmt und die noch freien Felder werden mit den komplementären Zahlen zu den bereits eingetragenen Zahlen aufgefüllt.

80	1	4	5	6	70	69	68	66
15								67
11								71
10								72
9								73
74								8
75								7
79								3
16	81	78	77	76	12	13	14	2

Abb. 9.67 Eintragen der komplementären Zahlen (Schritt 2)

Trotz des etwas komplizierten Aufbaus enthalten beide Spalten bei einer beliebigen Ordnung $n = 2k+1$ genau $2k-1$ Zahlen, wenn man von den beiden Ecken absieht.

Dieses Verfahren kann nun von außen nach innen fortgeführt werden. Die Umrandung des inneren Teilquadrates der Ordnung $n = 7$ ist in Abbildung 9.68 dargestellt.

80	1	4	5	6	70	69	68	66
15		17	20	21				67
11	25							71
10	24							72
9	23							73
74							22	8
75							19	7
79	28				26	27	18	3
16	81	78	77	76	12	13	14	2

80	1	4	5	6	70	69	68	66
15	64	17	20	21	56	55	54	67
11	25						57	71
10	24						58	72
9	23						59	73
74	60						22	8
75	63						19	7
79	28	65	62	61	26	27	18	3
16	81	78	77	76	12	13	14	2

Abb. 9.68 Belegung des zweiten Rahmens von außen (Schritt 3)

Entsprechend verfährt man mit den restlichen Teilquadraten, bis man schließlich das fortgesetzt gerahmte magische Quadrat in Abbildung 9.69 erhält.

80	1	4	5	6	70	69	68	66
15	64	17	20	21	56	55	54	67
11	25	52	29	31	47	46	57	71
10	24	34	44	37	42	48	58	72
9	23	33	39	41	43	49	59	73
74	60	50	40	45	38	32	22	8
75	63	36	53	51	35	30	19	7
79	28	65	62	61	26	27	18	3
16	81	78	77	76	12	13	14	2

80	1	4	5	6	70	69	68	66
15	64	17	20	21	56	55	54	67
11	25	52	29	31	47	46	57	71
10	24	34	44	37	42	48	58	72
9	23	33	39	41	43	49	59	73
74	60	50	40	45	38	32	22	8
75	63	36	53	51	35	30	19	7
79	28	65	62	61	26	27	18	3
16	81	78	77	76	12	13	14	2

Abb. 9.69 Fortgesetzt gerahmtes magisches Quadrat der Ordnung $n = 9$ (unbekannter Autor, Methode 3)

Dieses Verfahren funktioniert für alle ungeraden Ordnungen. Zwei weitere Beispiele für $n = 5$ und $n = 7$ sind in Abbildung 9.70 dargestellt.

24	1	3	19	18
6	16	9	14	20
5	11	13	15	21
22	12	17	10	4
8	25	23	7	2

48	1	4	5	40	39	38
9	36	13	15	31	30	41
8	18	28	21	26	32	42
7	17	23	25	27	33	43
44	34	24	29	22	16	6
47	20	37	35	19	14	3
12	49	46	45	10	11	2

Abb. 9.70 Gerahmte magische Quadrate der Ordnungen $n = 5$ und $n = 7$ (unbekannter Autor, Methode 3)

9.1.14 Benson – Jacoby

William H. Benson und Oswald Jacoby stellten 1976 ein Verfahren vor, mit dem man fortgesetzt gerahmte magische Quadrate ungerader Ordnung erzeugen kann.[15] Ihre

[15] Benson - Jacoby [43] S. 26 – 29

Konstruktionsmethode unterscheidet sich stark von den anderen vorgestellten Verfahren, da sie von innen nach außen vorgehen. Um ein magisches Quadrat der Ordnung $n = 5$ zu erzeugen, beginnen sie mit einem magischen Quadrat der Ordnung 3, das sie ins Zentrum des Zielquadrates setzen und gleichzeitig alle Zahlen um $2n - 2$, hier also um den Wert 8, erhöhen.

Nun wird die äußere Umrandung gefüllt. Benson und Jacoby beginnen mit den Ecken, wobei sie in die linke untere Ecke die Zahl $n + \frac{n-1}{2} = 7$ und in die rechte untere Ecke die Zahl $1 + \frac{n-1}{2} = 3$ eintragen. Gleichzeitig werden die Komplemente dieser Zahlen in die diagonal gegenüberliegenden Ecken platziert, wie in Abbildung 9.71 zu sehen ist.

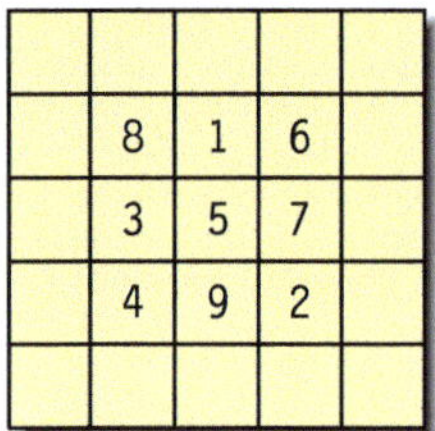

23				19
	16	9	14	
	11	13	15	
	12	17	10	
7				3

Abb. 9.71 Konstruktion eines gerahmten magischen Quadrates für $n = 5$ (Schritt 1)

Die verbleibenden freien Zellen der Umrandung werden von Benson und Jacoby nach einem ausgeklügelten System gefüllt. Zunächst werden die Zahlen $1, 2, \ldots, n-2$ benötigt, die beliebig mit $a, b, \ldots, k$ bzw. $a', b', \ldots, k'$ gekennzeichnet werden. Dabei wird allerdings die Zahl $\frac{n-1}{2}$ ausgeschlossen.

Benson und Jacoby haben mit diesen Zahlen zwei Zahlenmengen nach folgendem Schema erstellt:

A		B	
Die Zahl n und jeweils $\frac{n-3}{2}$ Zahlen aus jeder Spalte		Die Zahl n^2 und jeweils $\frac{n-3}{2}$ Zahlen aus jeder Spalte	
$n^2 - a$	$n + a$	$n^2 - a'$	$n + a'$
$n^2 - b$	$n + b$	$n^2 - b'$	$n + b'$
$\vdots$	$\vdots$	$\vdots$	$\vdots$
$n^2 - k$	$n + k$	$n^2 - k'$	$n + k'$

Für die Ordnung $n = 5$ ergeben sich zunächst die Zahlen 1, 2, 3, wobei allerdings die Zahl $\frac{n-1}{2} = 2$ herausgenommen wird. Damit bleiben zwei Zahlen über und es werden z. B. die Zuordnungen $a = 1$ und $a' = 3$ gewählt.

Damit ergeben sich die Mengen

$n^2 - a$	$n + a$	$n^2 - a'$	$n + a'$
$n^2 - 1 = 24$	$n + 1 = 6$	$n^2 - 3 = 22$	$n + 3 = 8$
$A = \{5, 24, 6\}$		$B = \{25, 22, 8\}$	

Mit diesen Zahlen können jetzt die freien Felder belegt werden. Die Zahlen aus A werden in die linke Spalte und die Zahlen aus der Menge B in die untere Zeile eingetragen. Die Reihenfolge der eingetragenen Zahlen ist in beiden Fällen völlig beliebig. Danach müssen nur noch die komplementären Zahlen in die entsprechenden gegenüberliegenden Plätze der Spalte bzw. Zeile eingetragen werden, wie es in Abbildung 9.72 dargestellt ist.

23				19
5	16	9	14	21
24	11	13	15	2
6	12	17	10	20
7				3

23	1	4	18	19
5	16	9	14	21
24	11	13	15	2
6	12	17	10	20
7	25	22	8	3

Abb. 9.72 Füllen der Umrandung (Schritt 2)

Tabelle 9.1 beschreibt allgemein das Erweitern eines magischen Quadrates der Ordnung $n - 2$ auf die Ordnung n. Dabei bezeichnen $\overline{A}$ und $\overline{B}$ die komplementären Zahlen zu A und B. Im Gegensatz zu den Mengen A und B, deren Zahlen beliebig auf die freien Plätze der linken Spalte bzw. unteren Zeile verteilt werden können, sind die Plätze der komplementären Zahlen eindeutig festgelegt.

$n^2 - \frac{n-1}{2}$	Komplement von B	$n^2 - \frac{3(n-1)}{2}$
A	magisches Quadrat (plus $2n - 2$)	Komplement von A
$n + \frac{n-1}{2}$	B	$1 + \frac{n-1}{2}$

Tab. 9.1 Allgemeines Schema für das Erweitern eines magischen Quadrates (Benson - Jacoby)

Dieses Vorgehen wird jetzt für jede weitere Umrandung von innen nach außen fortgeführt. Für die Erweiterung auf $n = 7$ werden also zunächst die Zahlen des aktuellen

Quadrates aus Abbildung 9.72 um $2n-2=12$ erhöht und die Eckzahlen eingetragen.

	23	1	4	18	19	
	5	16	9	14	21	
	24	11	13	15	2	
	6	12	17	10	20	
	7	25	22	8	3	

46						40
	35	13	16	30	31	
	17	28	21	26	33	
	36	23	25	27	14	
	18	24	29	22	32	
	19	37	34	20	15	
10						4

Abb. 9.73 Erweiterung auf die Ordnung $n=7$ (Schritt 3)

Nun werden die beteiligten Zahlenmengen bestimmt. Für die Zahlen $a, b, \ldots, k$ bzw. $a', b', \ldots, k'$ werden die Werte $1, 2, \ldots, n-2$ ohne $\frac{n-1}{2}$ benötigt, sodass sich für die Ordnung $n=7$ die Zahlen $1, 2, 4, 5$ ergeben. Setzt man z. B. $a=1$, $b=4$, $a'=2$ und $b'=5$, ergeben sich folgende Mengen:

n^2-a	$n+a$	n^2-a'	$n+a'$
n^2-b	$n+b$	n^2-b'	$n+b'$
$n^2-1=48$	$n+1=8$	$n^2-2=47$	$n+2=9$
$n^2-4=45$	$n+4=11$	$n^2-5=44$	$n+5=12$
$A=\{7, 48, 45, 8, 11\}$		$B=\{49, 47, 44, 9, 12\}$	

Trägt man abschließend diese Zahlen und ihre Komplemente in die Umrandung ein, erhält man das magische Quadrat in Abbildung 9.74.

46	1	3	6	41	38	40
7	35	13	16	30	31	43
48	17	28	21	26	33	2
45	36	23	25	27	14	5
8	18	24	29	22	32	42
11	19	37	34	20	15	39
10	49	47	44	9	12	4

46	1	3	6	41	38	40
7	35	13	16	30	31	43
48	17	28	21	26	33	2
45	36	23	25	27	14	5
8	18	24	29	22	32	42
11	19	37	34	20	15	39
10	49	47	44	9	12	4

Abb. 9.74 Fortgesetzt gerahmtes magisches Quadrat der Ordnung $n=7$ (Benson - Jacoby)

Das Verfahren von Benson und Jacoby liefert für alle ungeraden Ordnungen gerahmte magische Quadrate, die ab der Ordnung $n = 7$ auch fortgesetzt gerahmt sind. Zwei weitere Beispiele für $n = 5$ und $n = 9$ sind in Abbildung 9.75 dargestellt.

23	1	18	4	19
24	16	9	14	2
5	11	13	15	21
6	12	17	10	20
7	25	8	22	3

77	70	8	66	68	1	6	4	69
80	62	18	57	58	19	17	56	2
9	61	51	29	48	30	47	21	73
75	28	33	44	37	42	49	54	7
15	60	50	39	41	43	32	22	67
79	27	36	40	45	38	46	55	3
10	23	35	53	34	52	31	59	72
11	26	64	25	24	63	65	20	71
13	12	74	16	14	81	76	78	5

Abb. 9.75 Gerahmte magische Quadrate der Ordnungen $n = 5$ und $n = 9$ (Benson - Jacoby)

9.2 Gerahmte magische Quadrate gerader Ordnung

9.2.1 Al-Kharaqi

Diese Konstruktion eines unbekannten arabischen Autors wurde in ihrer allgemeinen Form von al-Kharaqi um 1120 in einer Abhandlung über magische Quadrate beschrieben. Erste magische Quadrate dieser Form wurden aber bereits im 10. Jahrhundert von al-Antaki und al-Buzjani in ihren Abhandlungen gezeigt.

Doppelt-gerade Rahmen

Zunächst werden Rahmen der Größe $n = 4k$ erzeugt.[16] Im ersten Schritt werden die obere und untere Zeile von links nach rechts mit Gruppen von jeweils vier aufeinanderfolgenden Zahlen gefüllt. Man beginnt direkt neben der linken oberen Ecke und trägt dort die kleinste Zahl der Vierergruppe ein, zu Beginn also die Zahl 1.

Die nächsten beiden Zahlen werden in den beiden folgenden Spalten der unteren Zeile platziert, bevor die letzte Zahl dieser Gruppe wieder in die obere Zeile geschrieben wird. Durch diese spezielle Anordnung ist sichergestellt, dass die Zeilensummen immer um den gleichen Betrag wachsen.

So fährt man fort, bis in den beiden Zeilen jeweils acht Spalten nicht belegt sind. Für die Ordnung $n = 12$ bedeutet dieses Vorgehen, dass mit den Zahlen $1, 2, 3, 4$ genau eine Vierergruppe eingetragen werden muss.

Von den letzten acht Zahlen finden zunächst die beiden nachfolgenden Zahlen in der oberen Zeile ihren Platz, gefolgt von vier Zahlen in der unteren Zeile. Die vorletzte Zahl wird dann in die linke obere und die darauffolgende Zahl in die rechte obere Ecke platziert. Das Ergebnis dieses Vorgehens ist im linken Quadrat der Abbildung 9.76 dargestellt.

Die äußeren Spalten können viel einfacher gefüllt werden. Sie werden zunächst von oben nach unten mit der Anordnung der Vierergruppen gefüllt. Also die kleinste Zahl nach rechts, dann zwei Zahlen in die linke Spalte und die vierte Zahl wieder in die rechte Spalte. Da die Ordnung eine doppelt-gerade Zahl ist und die Ecken von diesem Vorgehen ausgenommen werden müssen, bleiben zwei leere Zeilen für die verbleibenden Zahlen $2n - 2$ und $2n - 3$ über.

Damit die Spaltensummen ausgeglichen werden, wird die kleinere Zahl $2n - 3$ in der Spalte eingetragen, deren obere Ecke die größere Zahl besitzt. Dann muss nur noch die Zahl $2n - 2$ in der linken Spalte platziert werden und man erhält den Rahmen im rechten Quadrat der Abbildung 9.76.

---

[16] Sesiano [519] S. 135 – 137 und Sesiano [511] S. 20 – 21, 25 – 26

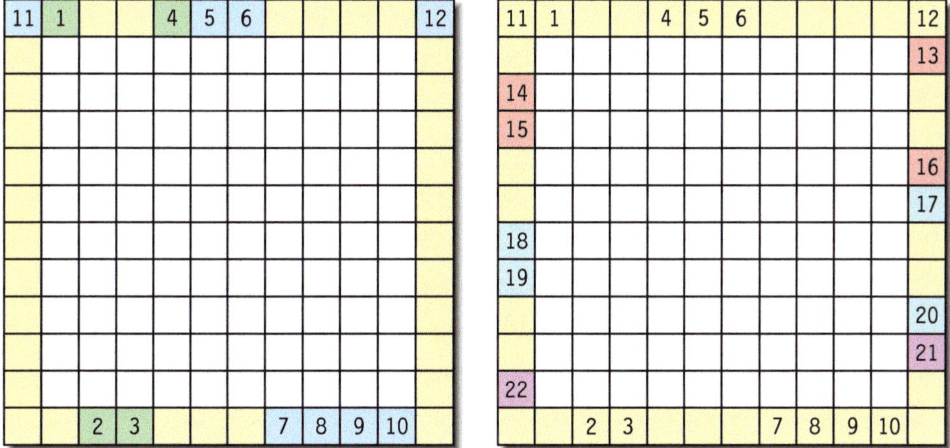

Abb. 9.76 Aufbau eines Rahmens für die Ordnung $n = 12$

Haben alle $2n - 2$ Zahlen ihren Platz gefunden, werden die komplementären Zahlen in die horizontal bzw. vertikal gegenüberliegenden Zellen eingetragen. Nur die beiden unteren Ecken bilden eine Ausnahme, denn bei ihnen wird das Komplement wie in Abbildung 9.77 in die diagonal gegenüberliegenden Ecken geschrieben. Damit besitzen alle Zeilen und Spalten der Umrandung die gleiche Summe.

11	1	143	142	4	5	6	138	137	136	135	12
132											13
14											131
15											130
129											16
128											17
18											127
19											126
125											20
124											21
22											123
133	144	2	3	141	140	139	7	8	9	10	134

Abb. 9.77 Vollständiger Rahmen bei der Ordnung $n = 12$

Eine Besonderheit ergibt sich für die Ordnung $n = 8$, bei der in den Zeilen keine Vierergruppen auftreten und die letzten acht Zahlen der Konstruktion direkt wie in Abbildung 9.78 eingetragen werden.

7	1	2	62	61	60	59	8
56							9
10							55
11							54
53							12
52							13
14							51
57	64	63	3	4	5	6	58

Abb. 9.78 Rahmen bei der Ordnung $n = 8$

Einfach-gerade Rahmen

Rahmen für einfach-gerade Ordnungen $n = 4k + 2$ werden dagegen anders erstellt.[17] In einem ersten Schritt werden zunächst die Zahlen 1 bis 3 abwechselnd in die äußeren Zeilen geschrieben.

Dann folgen die Zahlen $4, 5, \ldots, 4k$, die zyklisch entgegen dem Uhrzeigersinn in die nächsten freien Plätze der noch leeren Spalten und Zeilen eingetragen werden. Man beginnt also mit der Zahl 4 in der rechten Spalte, gefolgt von der Zahl 5 in der oberen Zeile und der Zahl 6 in der linken Spalte. Den Abschluss der ersten Runde bildet dann die Zahl 7 in der unteren Zeile. Dabei sind zum Auffinden der nächsten freien Plätze folgende Richtungen zu beachten:

- rechte Spalte: von unten nach oben
- obere Zeile: von links nach rechts
- linke Spalte: von oben nach unten
- untere Zeile: von links nach rechts

Für die Ordnung $n = 10$ gilt $k = 2$, und es müssen die Zahlen 4 bis 8 eingetragen werden. Damit besteht die Runde aus den Zahlen 4 bis 7, während mit der zweiten Runde nur noch die Zahl 8 notiert werden muss. Das Ergebnis der ersten Runden ist in Abbildung 9.79a zu sehen.

Jetzt folgen wieder drei Zahlen, denen feste Plätze zugewiesen werden. Die beiden ersten dieser Zahlen werden in die oberen Ecken eingetragen und die darauffolgende Zahl wird einzeln in die erste freie Zelle der linken Spalte platziert.

Abschließend werden die restlichen Zahlen von $4k + 4$ bis $8k + 2$ wieder zyklisch eingetragen. Dazu beginnt man jetzt in der linken Spalte und trägt die weiteren Zahlen

[17] Sesiano [519] S. 144 – 145 und Sesiano [511] S. 17 – 18, 22 – 24

wieder entgegen dem Uhrzeigersinn in die Spalten und Zeilen ein. Damit besteht die Runde aus den Zahlen 12 bis 15, während mit der zweiten Runde nur noch die drei Zahlen 16 bis 18 ihren Platz finden. Das Ergebnis dieser Runden ist in Abbildung 9.79b zu sehen.

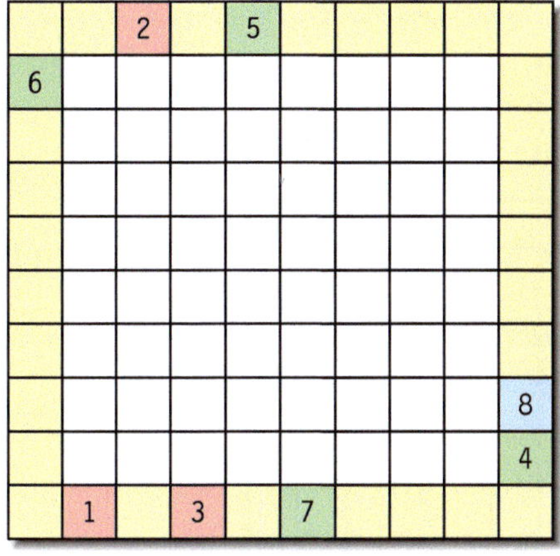

a) 1. Durchgang

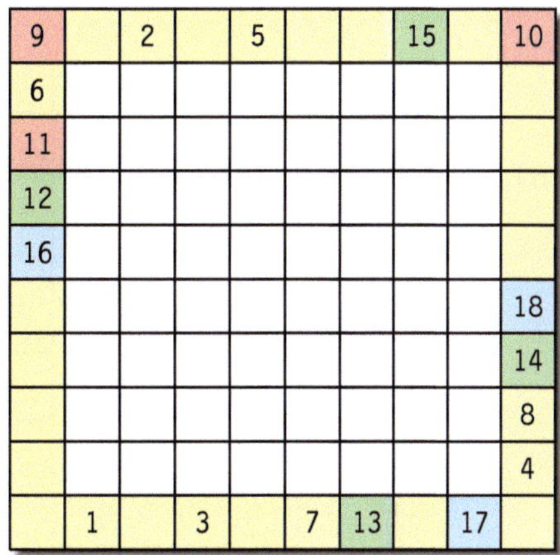

b) 2. Durchgang

Abb. 9.79 Aufbau des äußeren Rahmens

Zum Abschluss werden nur noch die komplementären Zahlen in die horizontal bzw. vertikal gegenüberliegenden Zellen eingetragen. Nur die beiden unteren Ecken bilden eine Ausnahme, denn bei ihnen wird das Komplement wie üblich in die diagonal gegenüberliegenden Ecken geschrieben. Damit besitzen alle Zeilen und Spalten des äußeren Rahmens die gleiche Summe, und der Rahmen ist in Abbildung 9.80 dargestellt.

9	100	2	98	5	94	88	15	84	10
6									95
11									90
12									89
16									85
83									18
87									14
93									8
97									4
91	1	99	3	96	7	13	86	17	92

Abb. 9.80 Vollständiger Rahmen für die Ordnung $n = 10$

Da sich dieses Verfahren doch erheblich von anderen Verfahren zur Konstruktion eines Rahmens unterscheidet, soll das Vorgehen noch einmal an einem Beispiel der Ordnung $n = 14$ demonstriert werden. Zunächst werden die Zahlen 1 bis 3 auf ihren festen Plätzen eingetragen, bevor die weiteren Zahlen $\{4, 5, \ldots, 4k\}$ des ersten Durchgangs wie in Abbildung 9.81 zyklisch entgegen dem Uhrzeigersinn festgehalten werden.

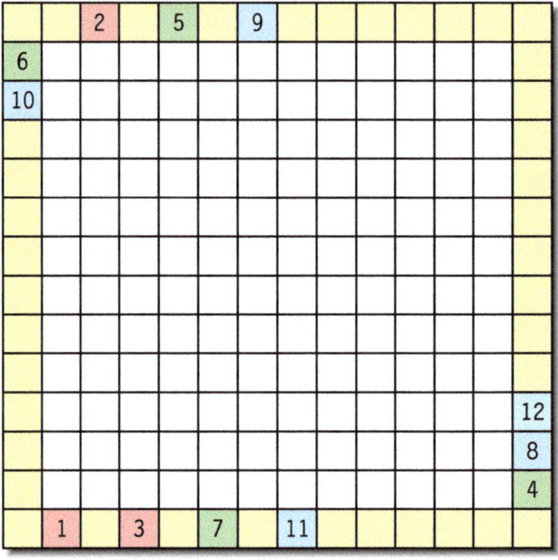

Abb. 9.81 Der erste Durchgang für einen Rahmen der Ordnung $n = 14$

Dann folgen mit 13 bis 15 wieder drei einzelne Zahlen, bevor die restlichen Zahlen von $4k + 4$ bis $8k + 2$ wieder zyklisch eingetragen werden. Bei der Ordnung $n = 14$ sind das die Zahlen 16 bis 26. Danach folgen noch die komplementären Zahlen, und man erhält den vollständigen Rahmen für die Ordnung $n = 14$ in Abbildung 9.83.

Dieser Algorithmus kann auch auf die Ordnung 6 übertragen werden, wobei allerdings einige Zwischenschritte ausfallen müssen, weil der zugehörige Bereich von Zahlen bei dieser Ordnung nicht mehr existiert. Insbesondere ist keine der zyklischen Runden mehr vollständig, da schon vorher alle Plätze mit Zahlen belegt worden sind.

		2			
					4
	1		3		

5		2			6
7					
8					
					10
					4
	1		3	9	

5	36	2	34	28	6
7					30
8					29
27					10
33					4
31	1	35	3	9	32

Abb. 9.82 Vollständiger Rahmen für die Ordnung $n = 6$

13	196	2	194	5	190	9	186	180	19	176	23	172	14
6													191
10													187
15													182
16													181
20													177
24													173
171													26
175													22
179													18
185													12
189													8
193													4
183	1	195	3	192	7	188	11	17	178	21	174	25	184

Abb. 9.83 Vollständiger Rahmen für die Ordnung $n = 14$

Vollständige Beispiele

In den Abbildungen 9.84 und 9.85 werden abschließend fortgesetzt gerahmte magische Quadrate der Ordnungen $n = 10$ und $n = 12$ dargestellt, bei dem im Zentrum das Dürer-Quadrat eingefügt wurde.

9	100	2	98	5	94	88	15	84	10
6	25	19	20	80	79	78	77	26	95
11	74	37	68	34	66	60	38	27	90
12	28	39	58	45	44	55	62	73	89
16	29	40	47	52	53	50	61	72	85
83	71	59	51	48	49	54	42	30	18
87	70	65	46	57	56	43	36	31	14
93	32	63	33	67	35	41	64	69	8
97	75	82	81	21	22	23	24	76	4
91	1	99	3	96	7	13	86	17	92

Abb. 9.84 Fortgesetztes gerahmtes magisches Quadrat der Ordnung $n = 10$ (al-Kharaqi)

11	1	143	142	4	5	6	138	137	136	135	12
132	23	120	118	116	37	107	106	40	32	26	13
14	121	47	41	42	102	101	100	99	48	24	131
15	28	96	55	88	86	84	64	58	49	117	130
129	30	50	89	80	67	66	77	56	95	115	16
128	114	51	60	69	74	75	72	85	94	31	17
18	33	93	62	73	70	71	76	83	52	112	127
19	111	92	82	68	79	78	65	63	53	34	126
125	110	54	87	57	59	61	81	90	91	35	20
124	36	97	104	103	43	44	45	46	98	109	21
22	119	25	27	29	108	38	39	105	113	122	123
133	144	2	3	141	140	139	7	8	9	10	134

Abb. 9.85 Fortgesetztes gerahmtes magisches Quadrat der Ordnung $n = 12$ (al-Kharaqi)

9.2.2 Al-Zanjani

Diese Konstruktion stammt von einem anonymen Autor aus dem arabischen Raum und wurde um 1250 von al-Zanjani in einer Abhandlung über gerahmte magische Quadrate beschrieben.

Doppelt-gerade Rahmen

Um einen Rahmen für Ordnungen $n = 4k$ zu erzeugen,[18] beginnt man mit den ersten vier Zahlen und platziert die mittleren beiden in die oberen Ecken. Die Zahlen 1 und 4 werden rechts neben der linken unteren Ecke eingetragen.

Dann werden die Zahlen 5 und 6 in die beiden äußeren Spalten des Quadrates geschrieben. Dabei wird die Zahl 5 in der zweiten Zeile von oben in derjenigen Spalte platziert, in der sich die größere Zahl 3 der beiden oberen Ecken befindet. Die Zahl 6 wird dann eine Zeile tiefer in der gegenüberliegenden Spalte eingetragen.

Durch diese spezielle Anordnung besitzen die beiden äußeren Zeilen ebenso gleiche Summen wie auch die äußeren Spalten. Insgesamt bleiben im äußeren Rahmen noch genau $n-4$ Zeilen und $n-4$ Spalten über, in die noch keine Zahl eingetragen wurde.

Die verbleibenden Zahlen $7, 8, \ldots, 2n-2$ werden nun in zwei gleich große Gruppen aufgeteilt. Die untere Hälfte dieser Zahlen werden so auf die beiden äußeren Spalten aufgeteilt, dass $\frac{n-4}{4}$ dieser Zahlen fortlaufend in eine Spalte geschrieben werden,

[18] Sesiano [519] S. 134–135 und Sesiano [511] S. 20, 24–25

dann doppelt so viele in die gegenüberliegende Spalte und abschließend noch einmal $\frac{n-4}{4}$ Zahlen in die Ausgangsspalte. Im Beispiel für die Ordnung $n = 8$ kommt also $\frac{n-4}{4} = 1$ Zahl in die rechte Spalte, dann mit 8 und 9 zwei Zahlen in die linke und mit der Zahl 10 wieder eine Zahl in die rechte Spalte.

Entsprechend werden wie in Abbildung 9.86 der untere und der obere Rand mit der anderen Hälfte der aufgeteilten Zahlengruppe gefüllt.

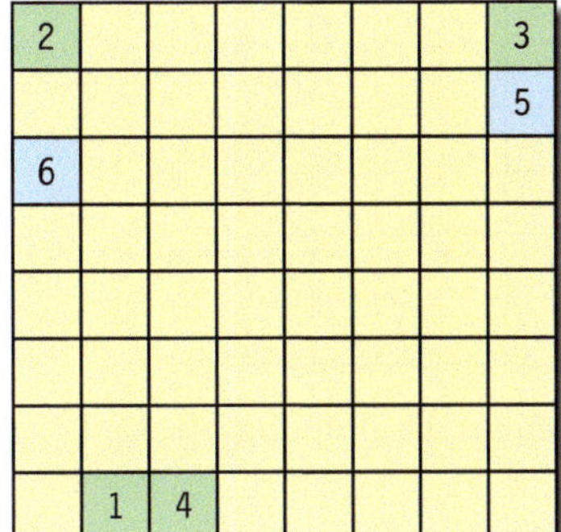

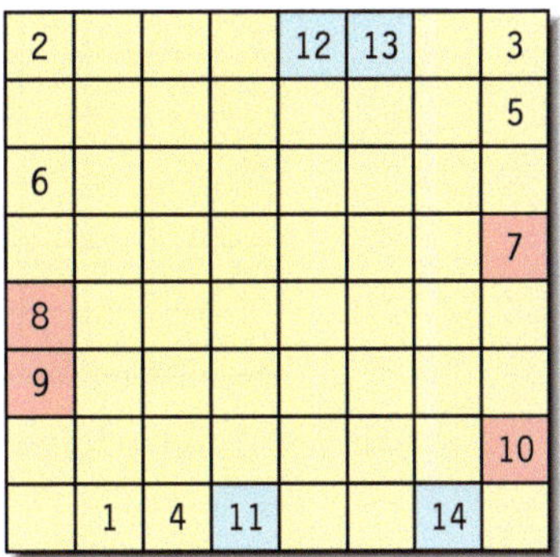

Abb. 9.86 Eintragen von $2n - 2$ Zahlen in den Rahmen

Haben alle Zahlen ihren Platz gefunden, werden die komplementären Zahlen in die horizontal bzw. vertikal gegenüberliegenden Zellen eingetragen. Nur die beiden unteren Ecken bilden eine Ausnahme, denn bei ihnen wird das Komplement wie in Abbildung 9.87 in die diagonal gegenüberliegenden Ecken geschrieben. Damit besitzen alle Zeilen und Spalten der Umrandung die gleiche Summe.

2	64	61	54	12	13	51	3
60							5
6							59
58							7
8							57
9							56
55							10
62	1	4	11	53	52	14	63

Abb. 9.87 Vollständig gefüllter Rahmen für die Ordnung $n = 8$

In Abbildung 9.88 ist die Konstruktion des Rahmens noch einmal für die Ordnung $n = 12$ dargestellt.

2	144	141	130	129	17	18	19	20	124	123	3
140											5
6											139
138											7
137											8
9											136
10											135
11											134
12											133
132											13
131											14
142	1	4	15	16	128	127	126	125	21	22	143

Abb. 9.88 Vollständig gefüllter Rahmen für die Ordnung $n = 12$

Variante

Durch die systematische Anordnung der Zahlen ergeben sich unmittelbar mehrere Möglichkeiten, den Rahmen anders zu konstruieren:

- Es spielt keine Rolle, in welche der beiden Ecken die Zahlen 2 und 3 platziert werden, da die beiden Zahlen 5 und 6 einen Ausgleich schaffen.
- Ebenso kann man im Unterschied zu den dargestellten Beispielen die untere Hälfte der verbleibenden Zahlen in die beiden äußeren Zeilen und dafür die obere Hälfte in die beiden Spalten eintragen.
- Man kann diese Zahlen von links nach rechts oder von rechts nach links, von oben nach unten oder auch von unten nach oben anordnen.

Neben den hier erwähnten Varianten, bei denen die Struktur der Konstruktion erhalten bleibt, gibt es durch Permutation der Zahlen in den Zeilen und Spalten noch viele weitere Möglichkeiten, da durch die komplementären Zahlen immer ein Ausgleich geschaffen wird. Nur die beiden Zahlen in den Ecken dürfen natürlich nicht verändert werden.

Einfach-gerade Rahmen

Für Rahmen mit einfach-geraden Ordnungen $n = 4k + 2$ wird in der Abhandlung folgendes Verfahren beschrieben.[19]

[19] Sesiano [519] S. 142 – 144 und Sesiano [511] S. 18 – 19, 23 – 24

Die ersten zehn Zahlen werden immer an ganz bestimmten Stellen eingetragen, wie es in Abbildung 9.89a dargestellt ist. Mit dieser Anordnung bleiben überall im Rahmen genau $n - 6$ Plätze unbelegt, die mit den verbleibenden Zahlen $11, 12, \ldots, 2n - 2$ belegt werden. Im Beispiel für die Ordnung $n = 10$ wären dies die Zahlen 11 bis 18.

Diese Zahlen werden zunächst in zwei Hälften unterteilt und danach jede der beiden Hälften in vier gleich große Teilgruppen. Die vier Teilgruppen der unteren Hälfte werden von oben nach unten in die beiden Spalten eingetragen. Die Zahlen der ersten Teilgruppe in die linke Spalte, die mittleren beiden Teilgruppen in die rechte Spalte und zuletzt die Zahlen der vierten Teilgruppe wieder in die linke Spalte (siehe Abbildung 9.89b).

Bei diesem Beispiel der Ordnung 10 umfasst jede Teilgruppe allerdings nur eine einzige Zahl, beim nächsten Beispiel mit der Ordnung 14 dann aber schon zwei Zahlen. Damit werden bei dieser Ordnung die Zahlen 11 und 14 in die linke Spalte platziert und die Zahlen 12 und 13 in die rechte.

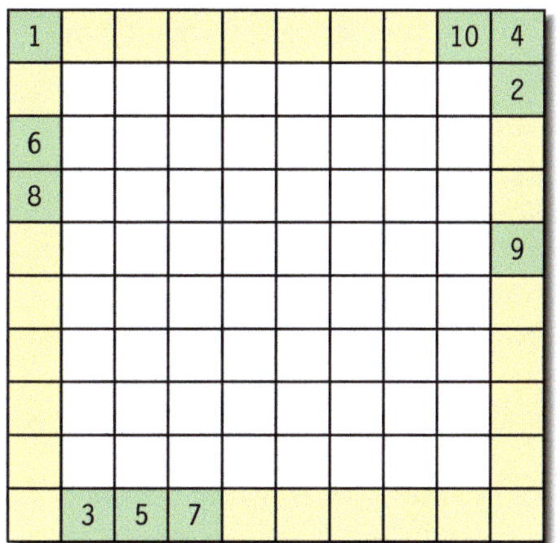

a) Anordnung der ersten zehn Zahlen

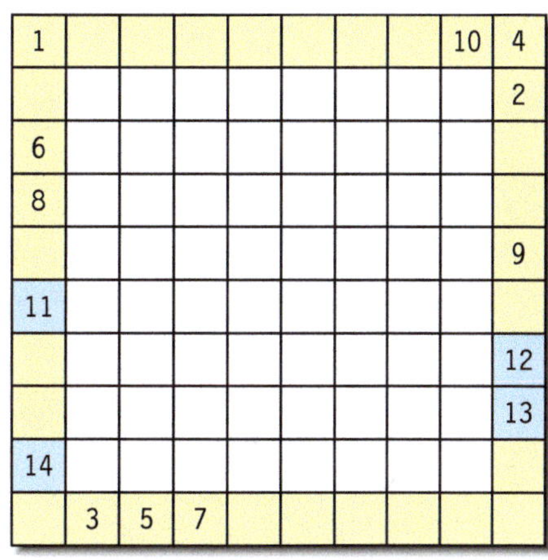

b) Füllen der Spalten

Abb. 9.89 Eintragen der ersten 14 Zahlen in den äußeren Rahmen

Ebenso geht man mit den Zahlen aus den Teilgruppen der oberen Hälfte vor, die von links nach rechts in die obere und untere Zeile des Rahmens eingetragen werden. Die erste Teilgruppe kommt nach oben, die beiden mittleren Teilgruppen nach unten und die Zahlen der vierten Teilgruppe wie in Abbildung 9.90a dann wieder nach oben.

Zum Abschluss werden nur noch die komplementären Zahlen in die horizontal bzw. vertikal gegenüberliegenden Zellen platziert. Nur die beiden unteren Ecken bilden eine Ausnahme, denn bei ihnen wird das Komplement wie üblich in die diagonal gegenüberliegenden Ecken geschrieben. Damit besitzen alle Zeilen und Spalten der Umrandung die gleiche Summe. Auch hier umfassen die Teilgruppen bei dieser Ordnung nur jeweils eine Zahl.

1					15			18	4
									2
6									
8									
									9
11									
									12
									13
14									
	3	5	7			16	17		

a) Füllen der Zeilen

1	98	96	94	15	85	84	18	10	4
99									2
6									95
8									93
92									9
11									90
89									12
88									13
14									87
97	3	5	7	86	16	17	83	91	100

b) vollständiger Rahmen

Abb. 9.90 Vollständig gefüllter Rahmen für die Ordnung $n = 10$

Ein weiteres Beispiel für die Ordnung 14 soll das Konstruktionsverfahren noch einmal verdeutlichen. Bei dieser Ordnung umfassen die einzelnen Teilgruppen bereits zwei Zahlen und das Schema der Verteilung tritt in Abbildung 9.91 deutlicher hervor. So werden etwa die Zahlen 11 bis 18 in vier Teilgruppen mit jeweils zwei Zahlen aufgeteilt, von denen 11 und 12 sowie 17 und 18 in die linke Spalte eingetragen werden. Die beiden mittleren Teilgruppen werden dagegen in die rechte Spalte geschrieben.

1	194	192	190	19	20	176	175	174	173	25	26	10	4
195													2
6													191
8													189
188													9
11													186
12													185
184													13
183													14
182													15
181													16
17													180
18													179
193	3	5	7	178	177	21	22	23	24	172	171	187	196

Abb. 9.91 Vollständiger Rahmen für die Ordnung $n = 14$

Vollständige Beispiele

Die fortgesetzt gerahmten magischen Quadrate der Ordnungen $n = 10$ und $n = 12$ wurden mit den beschriebenen Rahmen erzeugt. Abschließend wurde im Zentrum das Dürer-Quadrat eingefügt (siehe Abbildung 9.92).

1	98	96	94	15	85	84	18	10	4
99	20	82	79	72	30	31	69	21	2
6	78	33	66	64	62	42	36	23	95
8	24	67	58	45	44	55	34	77	93
92	76	38	47	52	53	50	63	25	9
11	26	40	51	48	49	54	61	75	90
89	27	60	46	57	56	43	41	74	12
88	73	65	35	37	39	59	68	28	13
14	80	19	22	29	71	70	32	81	87
97	3	5	7	86	16	17	83	91	100

2	144	141	130	129	17	18	19	20	124	123	3
140	23	120	118	116	37	107	106	40	32	26	5
6	121	42	104	101	94	52	53	91	43	24	139
138	28	100	55	88	86	84	64	58	45	117	7
137	30	46	89	80	67	66	77	56	99	115	8
9	114	98	60	69	74	75	72	85	47	31	136
10	33	48	62	73	70	71	76	83	97	112	135
11	111	49	82	68	79	78	65	63	96	34	134
12	110	95	87	57	59	61	81	90	50	35	133
132	36	102	41	44	51	93	92	54	103	109	13
131	119	25	27	29	108	38	39	105	113	122	14
142	1	4	15	16	128	127	126	125	21	22	143

Abb. 9.92 Fortgesetzt gerahmte magische Quadrate der Ordnungen $n = 10$ und $n = 12$ (al-Zanjani)

9.2.3 Stifel

Michael Stifel beschreibt in seinem Buch auch Verfahren, wie man Rahmen für beliebige gerade Ordnungen erzeugen kann.[20]

Doppelt-gerade Rahmen

Für Ordnungen $n = 4k$ werden zunächst die Zahlen 1 und 2 in die rechte untere und rechte obere Ecke eingetragen. Danach werden $\frac{n}{4} - 1$ Paare von benachbarten Zahlen so lange von oben nach unten abwechselnd in die linke und rechte Spalte platziert, bis die Zahl $\frac{n}{2}$ eingetragen worden ist. Damit sind bis jetzt insgesamt $\frac{n}{4}$ Zahlenpaare in die beiden äußeren Spalten geschrieben worden.

Beide Spalten werden jetzt mit weiteren $\frac{n}{4}$ Zahlenpaaren gefüllt, dieses Mal aber aus der oberen Hälfte der zur Verfügung stehenden Zahlen.

$$2n - 2 - \frac{n}{4} \cdot 2 + 1 \quad \ldots \quad 2n - 2$$

Für das Beispiel der Ordnung $n = 16$ wird das erste dieser Zahlenpaare von den Zahlen 23 und 24 gebildet, welches in die linke Spalte eingetragen wird. Die weiteren Zahlenpaare folgen dann wieder abwechselnd auf beiden Seiten, sodass die Zahlen wie in Abbildung 9.93 angeordnet sind.

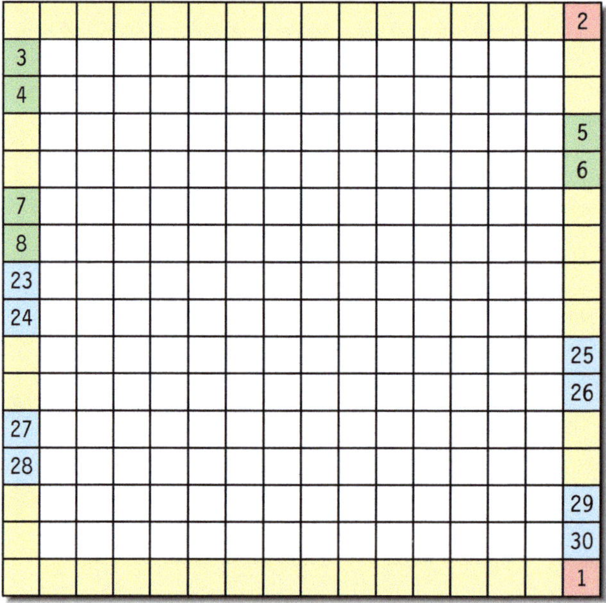

Abb. 9.93 Füllen der Spalten

[20] Stifel [542] S. 26 – 29 und Sesiano [519] S. 135 – 137

Etwas einfacher sind die obere und untere Zeile zu füllen, da alle Zahlen fortlaufend aus dem Bereich

$$\frac{n}{4}+1 \quad \ldots \quad 2n-2-2\cdot\frac{n}{4}$$

stammen. Für die Ordnung $n = 16$ sind dies die Zahlen von $9, 10, \ldots, 22$.

Diese aufeinanderfolgenden Zahlen werden bis auf die letzten beiden zu Vierergruppen zusammengefasst. Die erste Zahl einer jeder Vierergruppe wird in die obere Zeile, die nächsten beiden in die untere Zeile und die letzte wieder in die obere Zeile eingetragen. Bei diesem Vorgehen bleiben zwei Zahlen übrig, von denen die kleinere in die obere Zeile und die größere in die untere Zeile kommt. Damit werden diese beiden Zahlen durch die bereits in den Ecken eingetragenen Zahlen wieder ausgeglichen. Das Ergebnis dieser Konstruktionsschritte ist in Abbildung 9.94 zu sehen.

	9			12	13			16	17			20	21		2
3															
4															
															5
															6
7															
8															
23															
24															
															25
															26
27															
28															
															29
															30
		10	11			14	15			18	19			22	1

Abb. 9.94 Füllen der Zeilen

Sind alle $2n-2$ Zahlen eingetragen, werden die freien Plätze mit den komplementären Zahlen aufgefüllt. Damit besitzen alle Zeilen und Spalten des Rahmens die gleiche Summe (siehe Abbildung 9.95).

Ist die Ordnung n des Rahmens allerdings nicht durch 8 teilbar, muss das Verfahren etwas abgeändert werden, da $\frac{n}{4}$ ungerade ist und der Rahmen nicht so symmetrisch wie bisher gefüllt werden kann. Diese Änderungen beschränken sich aber auf einige wenige Zeilen. Auch bei diesen Ordnungen wird das Füllen der Spalten mit den ersten Zahlenpaaren mit der Zahl $\frac{n}{2}$ abgeschlossen, jedoch wird diese Zahl bereits in die gegenüberliegende Spalte eingetragen.

256	9	247	246	12	13	243	242	16	17	239	238	20	21	235	2
3															254
4															253
252															5
251															6
7															250
8															249
23															234
24															233
232															25
231															26
27															230
28															229
228															29
227															30
255	248	10	11	245	244	14	15	241	240	18	19	237	236	22	1

Abb. 9.95 Vollständig gefüllter Rahmen bei der Ordnung $n = 16$

144	7	137	136	10	11	133	132	14	15	129	2
3											142
4											141
140											5
6											139
17											128
127											18
19											126
20											125
124											21
123											22
143	138	8	9	135	134	12	13	131	130	16	1

Abb. 9.96 Vollständig gefüllter Rahmen bei der Ordnung $n = 12$

Da es sich bei dem letzten Zahlenpaar jetzt um zwei Einzelzahlen handelt, müssen zum Ausgleich auch die ersten beiden Zahlen der oberen Zahlenpaare einzeln eingetragen werden. Die erste dieser beiden Zahlen wird in die gleiche Spalte wie die letzte Einzelzahl platziert, die zweite dagegen in die gegenüberliegende Spalte. Damit ist mit diesen vier Zahlen ein Ausgleich in den Spalten geschaffen worden und die restlichen Zahlen können dann wie bisher eingetragen werden. Das Ergebnis dieses veränderten Vorgehens ist in Abbildung 9.96 für die Ordnung $n = 12$ dargestellt.

Einfach-gerade Rahmen

Für einfach-gerade Ordnungen $n = 4k + 2$ wird das Verfahren abgeändert.[21] Wie im Fall der doppelt-geraden Rahmen werden zunächst die Zahlen 1 und 2 in die rechte untere und rechte obere Ecke eingetragen. Danach werden $2k - 1$ Paare von benachbarten Zahlen so lange von oben nach unten abwechselnd in die linke und rechte Spalte geschrieben, dass nur die beiden Zeilen oberhalb des Randes gänzlich leer bleiben. Dort wird zunächst die nachfolgende Zahl in der linken Spalte platziert, bevor die rechte Spalte mit $2n - 3$ abgeschlossen wird (siehe Abbildung 9.97a).

Noch einfacher sind die beiden Zeilen zu füllen. Da die Anzahl der inneren Zellen durch vier teilbar ist, können sie auf die übliche Art und Weise von links nach rechts mit den fortlaufenden Zahlen aus Vierergruppen belegt werden. Also die erste Zahl in die untere Zeile, die beiden nachfolgenden Zahlen in die obere Zeile und anschließend die letzte Zahl dieser Gruppe wieder in die untere Zeile. Diese letzte Zahl links von der rechten unteren Ecke, wird jedoch ausnahmsweise um 1 erhöht, so wie es in Abbildung 9.97b dargestellt ist.

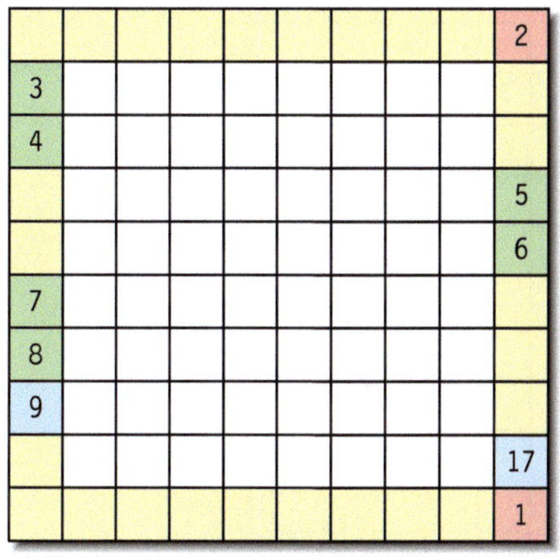

a) Spalten

		11	12			15	16		2
3									
4									
									5
									6
7									
8									
9									
									17
	10			13	14			18	1

b) Zeilen

Abb. 9.97 Füllen des Rahmens für $n = 10$

[21] Stifel [542] S. 26–29 und Sesiano [519] S. 146

Zum Abschluss werden nur noch die komplementären Zahlen in die horizontal bzw. vertikal gegenüberliegenden Zellen eingetragen. Damit besitzen alle Zeilen und Spalten der Umrandung wie in Abbildung 9.98 die gleiche Summe.

100	91	11	12	88	87	15	16	83	2
3									98
4									97
96									5
95									6
7									94
8									93
9									92
84									17
99	10	90	89	13	14	86	85	18	1

Abb. 9.98 Vollständig gefüllter Rahmen für die Ordnung $n = 10$

In Abbildung 9.99 ist das Verfahren von Stifel noch einmal für die Ordnung $n = 14$ angegeben.

196	183	15	16	180	179	19	20	176	175	23	24	171	2
3													194
4													193
192													5
191													6
7													190
8													189
188													9
187													10
11													186
12													185
13													184
172													25
195	14	182	181	17	18	178	177	21	22	174	173	26	1

Abb. 9.99 Vollständig gefüllter Rahmen für die Ordnung $n = 14$

Vollständige Beispiele

In Abbildung 9.100 werden fortgesetzt gerahmte magische Quadrate der Ordnungen $n = 10$ und $n = 12$ dargestellt, die mit den angegebenen Verfahren erzeugt wurden. Dabei wurde im Zentrum das Dürer-Quadrat eingefügt.

100	91	11	12	88	87	15	16	83	2
3	82	23	77	76	26	27	73	20	98
4	21	68	63	39	40	59	34	80	97
96	22	35	58	45	44	55	66	79	5
95	29	36	47	52	53	50	65	72	6
7	30	37	51	48	49	54	64	71	94
8	70	60	46	57	56	43	41	31	93
9	69	67	38	62	61	42	33	32	92
84	81	78	24	25	75	74	28	19	17
99	10	90	89	13	14	86	85	18	1

144	7	137	136	10	11	133	132	14	15	129	2
3	122	113	33	34	110	109	37	38	105	24	142
4	25	104	45	99	98	48	49	95	42	120	141
140	26	43	90	85	61	62	81	56	102	119	5
6	118	44	57	80	67	66	77	88	101	27	139
17	117	51	58	69	74	75	72	87	94	28	128
127	29	52	59	73	70	71	76	86	93	116	18
19	30	92	82	68	79	78	65	63	53	115	126
20	31	91	89	60	84	83	64	55	54	114	125
124	106	103	100	46	47	97	96	50	41	39	21
123	121	32	112	111	35	36	108	107	40	23	22
143	138	8	9	135	134	12	13	131	130	16	1

Abb. 9.100 Fortgesetzt gerahmte magische Quadrate der Ordnungen $n = 10$ und $n = 12$ (Stifel)

9.2.4 Seki

Der japanische Mathematiker Takakazu Seki (1642 - 1708) entwarf ein Verfahren, mit dem fortgesetzt gerahmte magische Quadrate gerader Ordnung erstellt werden können. Das Verfahren soll am Beispiel $n = 10$ erläutert werden. Mit $n = 4k + 2$ folgt hieraus $k = 2$.

Der gesamte Rand umfasst insgesamt $4 \cdot (n-1)$ Zahlen. Damit ergeben sich in diesem Beispiel $2n - 2 = 18$ Zahlen sowie ihre Komplemente, die zunächst geeignet in den Randzellen platziert werden müssen. Seki geht folgendermaßen vor:

- In die obere und untere Zeile werden von links nach rechts abwechselnd immer zwei Zahlen eingetragen. Dabei beginnt man in der oberen Zeile in der dritten Spalte von links.
- Die nächste Zahl kommt in die linke untere Ecke.
- Dann schließt sich eine Zahl direkt unterhalb der rechten oberen Ecke an.
- Jetzt folgen $k + 1$ Zahlenpaare, die abwechselnd in die linke und rechte Spalte platziert werden. Dabei beginnt man in der dritten Zeile von oben.
- Die letzten beiden Zahlen werden direkt neben der linken oberen Ecke und oberhalb der rechten unteren Ecke notiert.

	17	1	2			5	6		
									10
11									
12									
									13
									14
15									
16									
									18
9				3	4			7	8

93	17	1	2	98	97	5	6	94	92
91									10
11									90
12									89
88									13
87									14
15									86
16									85
83									18
9	84	100	99	3	4	96	95	7	8

Abb. 9.101 Vollständig gefüllter Rahmen der Ordnung $n = 10$

Damit ist der Rand eindeutig bestimmt und die noch freien Felder werden mit den komplementären Werten zu den bereits eingetragenen Zahlen gefüllt. Wie üblich berechnet man die zu einer Zahl x komplementäre Zahl mit $n^2 + 1 - x$. Dabei gilt:

- Zahlen in den Ecken sind komplementär zu den Zahlen in den diagonal gegenüberliegenden Ecken.

- Zahlen in Zeilen bzw. Spalten sind komplementär zu der direkt in der Zeile bzw. Spalte gegenüberliegenden Zahl.

Bei einem Rahmen doppelt-gerader Ordnung geht Seki etwas abgeändert vor:

- Zunächst wird die Zahl 1 in die dritte Spalte der oberen Zeile eingetragen.
- Danach notiert man jeweils zwei Zahlen abwechselnd in die untere und obere Zeile. Dabei beginnt man in der vierten Spalte von links der unteren Zeile.
- Die nächsten beiden Zahlen finden ihren Platz in den unteren Ecken.
- Nun schließt sich eine Zahl direkt neben der linken oberen Ecke an sowie eine Zahl direkt unterhalb der rechten oberen Ecke.
- Jetzt folgen wieder Zahlenpaare, die abwechselnd in die linke und rechte Spalte eingetragen werden. Dabei beginnt man in der dritten Zeile von oben.
- Die letzte verbleibende Zahl wird oberhalb der linken unteren Ecke platziert.

Nach dem Rand werden jetzt die zugehörigen komplementären Zahlen eingetragen.

	8	1			4	5	
							9
10							
11							
							12
							13
14							
6			2	3			7

58	8	1	63	62	4	5	59
56							9
10							55
11							54
53							12
52							13
14							51
6	57	64	2	3	61	60	7

Abb. 9.102 Vollständig gefüllter Rahmen der Ordnung $n = 8$

Mit diesen beiden Strategien für die unterschiedlichen Rahmengrößen kann jetzt ein fortgesetzt gerahmtes magisches Quadrat der Ordnung $n = 10$ konstruiert werden. Dazu beginnt man mit dem Rahmen aus Abbildung 9.101. In diesen äußeren Rahmen wird jetzt ein Rahmen der Größe $n = 8$ eingesetzt, dessen Konstruktion in Abbildung 9.102 beschrieben worden ist. Allerdings müssen alle Zahlen um $2 \cdot 10 - 2 = 18$ erhöht werden, da die Zahlen $1, 2, \ldots, 18$ schon im äußeren Rahmen benutzt worden sind.

Für den nächsten Rahmen der Größe $n = 6$ müssen jetzt alle um den Wert

$$(2 \cdot 10 - 2) + (2 \cdot 8 - 2) = 18 + 14 = 32$$

erhöht werden.

93	17	1	2	98	97	5	6	94	92
91	76	26	19	81	80	22	23	77	10
11	74							27	90
12	28							73	89
88	29							72	13
87	71							30	14
15	70							31	86
16	32							69	85
83	24	75	82	20	21	79	78	25	18
9	84	100	99	3	4	96	95	7	8

93	17	1	2	98	97	5	6	94	92
91	76	26	19	81	80	22	23	77	10
11	74	65	41	33	34	66	64	27	90
12	28	63					38	73	89
88	29	39					62	72	13
87	71	40					61	30	14
15	70	59					42	31	86
16	32	37	60	68	67	35	36	69	85
83	24	75	82	20	21	79	78	25	18
9	84	100	99	3	4	96	95	7	8

Abb. 9.103 Die äußeren Rahmen für ein Quadrat der Ordnung $n = 10$

Jetzt fehlt nur noch der innere Kern. Hier kann ein beliebiges magisches Quadrat der Ordnung $n = 4$ gewählt werden, dessen Zahlen alle um 42 erhöht werden. In Abbildung 9.104 ist dann das fortgesetzt gerahmte magische Quadrat der Ordnung $n = 10$ dargestellt.

1	8	13	12
15	10	3	6
4	5	16	9
14	11	2	7

93	17	1	2	98	97	5	6	94	92
91	76	26	19	81	80	22	23	77	10
11	74	65	41	33	34	66	64	27	90
12	28	63	43	50	55	54	38	73	89
88	29	39	57	52	45	48	62	72	13
87	71	40	46	47	58	51	61	30	14
15	70	59	56	53	44	49	42	31	86
16	32	37	60	68	67	35	36	69	85
83	24	75	82	20	21	79	78	25	18
9	84	100	99	3	4	96	95	7	8

Abb. 9.104 Fortgesetzt gerahmtes magisches Quadrat der Ordnung $n = 10$ (Seki)

9.2.5 D'Ons-en-Bray

Um ein magisches Quadrat einfach-gerader Ordnung $n = 4k + 2$ zu konstruieren, erzeugt d'Ons-en-Bray zunächst ein magisches Quadrat der Ordnung $n = 4k$, um das er dann einen geeigneten Rand legt.[22] Damit entsteht ein einfach gerahmtes magisches Quadrat.

Für den Fall $n = 6$ benötigt man also zunächst ein beliebiges magisches Quadrat der Ordnung $n = 4$ und legt um dieses Quadrat einen Rand mit $2 \cdot (2n - 2) = 20$ Ziffern. Dazu wählt man aus den 36 zur Verfügung stehenden Zahlen die 10 kleinsten und die 10 größten Zahlen, da sonst nur ein konzentrisches Quadrat entstehen würde.

1	2	3	4	5	6	7	8	9	10
36	35	34	33	32	31	30	29	28	27

D'Ons-en-Bray hat den kleineren zehn Zahlen ganz bestimmte Plätze zugeordnet, die in Abbildung 9.105 dargestellt sind.

a				c	b
					a
					c
b					
c					
	a	b	c		

Abb. 9.105 Muster von d'Ons-en-Bray für ein Quadrat der Ordnung $n = 6$

Dabei kennzeichnen die Buchstaben a, b und c selbstverständlich nicht gleiche Zahlen, sondern es soll damit nur verdeutlicht werden, dass die Summe dieser drei Buchstaben immer gleich sein soll.

Zunächst einmal ist die Summe der unteren 10 Zahlen gleich 55. Um passende Werte für a, b und c zu bestimmen, wird zunächst angenommen, dass gleichen Buchstaben auch gleiche Zahlen zugeordnet werden, um dann hinterher die gefundenen Bedingungen auch mit unterschiedlichen Zahlen zu erfüllen.

$$3a + 3b + 4c = 55$$
$$3 \cdot (a + b) + 4c = 55$$

Die Zahl 55 muss also in zwei Summanden zerlegt werden, von denen der eine durch 3 und der andere durch 4 teilbar ist. Dies ist mit vier Kombinationen möglich:

15 und 40 27 und 28 39 und 16 51 und 4

[22] d'Ons-en-Bray [117]

Hieraus folgt weiterhin, dass die Bedingungen an a, b und c auf vier unterschiedliche Arten erfüllt werden können.

$a+b$	5	9	13	17
c	10	7	4	1
$a+b+c$	15	16	17	18

Wählt man jetzt für die obere Zeile des Quadrates z. B. die Werte $a = 4$, $b = 1$ und $c = 10$ mit der Summe 15, können aus den verbleibenden Zahlen für die linke und rechte Spalte noch zwei weitere Zahlen ausgesucht werden. Damit besitzen die drei Zahlen dieser Spalten ebenso wie die verbleibenden drei Zahlen für die untere Zeile die Summe 15.

Danach werden die freien Plätze noch mit den zugehörigen komplementären Zahlen aufgefüllt, und der Rand ist vollständig wie in Abbildung 9.106 gefüllt.

4				10	1
					9
					5
8					
3					
	2	6	7		

4	35	31	30	10	1
28					9
32					5
8					29
3					34
36	2	6	7	27	33

Abb. 9.106 Mögliche Belegung des Randes für $n = 6$

Nun muss in die Mitte nur noch ein magisches Quadrat der Ordnung 4 eingefügt werden, dessen Zahlen alle um $2n - 2 = 10$ erhöht werden, und es entsteht das gerahmte magische Quadrat aus Abbildung 9.107.

1	15	14	4
12	6	7	9
8	10	11	5
13	3	2	16

4	35	31	30	10	1
28	11	25	24	14	9
32	22	16	17	19	5
8	18	20	21	15	29
3	23	13	12	26	34
36	2	6	7	27	33

Abb. 9.107 Einfach gerahmtes magisches Quadrat der Ordnung $n = 6$ (d'Ons-en-Bray)

Damit die Gesetzmäßigkeiten bei dem Verfahren von d'Ons-en-Bray besser heraustreten, soll das Verfahren noch einmal für die Ordnung $n = 10$ erläutert werden. Dazu muss zunächst wieder das Zahlenschema in den Rand eingetragen werden.

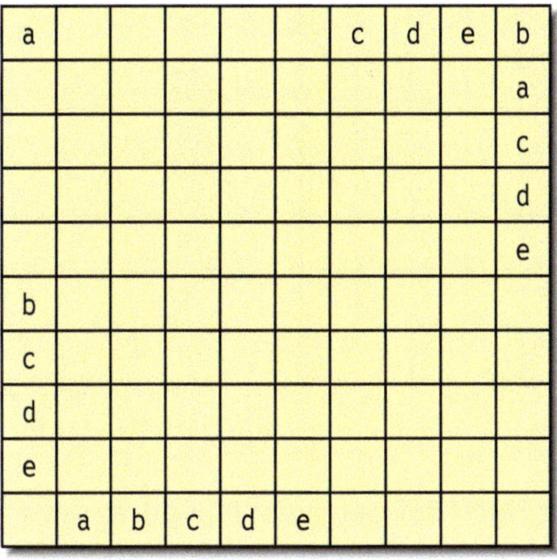

Abb. 9.108 Muster von d'Ons-en-Bray für ein Quadrat der Ordnung $n = 10$

Als Zahlen stehen hier 1 bis 18 zur Verfügung, deren Summe 171 beträgt. Damit gilt

$$3a + 3b + 4c + 4d + 4e = 171$$
$$3 \cdot (a + b) + 4 \cdot (a + b + c) = 171$$

Die Aufteilung der Summe 171 in zwei Summanden, die durch 3 bzw. 4 teilbar sind, ergibt hier bereits 8 verschiedene Möglichkeiten.

$a+b$	5	9	13	17	21	25	29	33
$c+d+e$	39	36	33	30	27	24	21	18
$a+b+c+d+e$	44	45	46	47	48	49	50	51

Wird als Summe aller fünf Variablen beispielsweise 46 gewählt, müssen die Ecken a und b zusammen 13 ergeben, was z. B. mit $a = 6$ und $b = 7$ erfüllt werden kann. Nun können aus den verbleibenden Zahlen für die linke und rechte Spalte noch vier weitere Zahlen ausgesucht werden, sodass die fünf Zahlen dieser Spalten ebenso wie die verbleibenden fünf Zahlen für die untere Zeile auch die Summe 46 besitzen. Dies wird etwa durch die Wahl $c = 16$, $d = 14$ und $e = 2$ mit der Summe 33 gewährleistet.

Wie bisher werden dann die noch freien Plätze durch die komplementären Zahlen aufgefüllt. Eine mögliche Belegung ist in Abbildung 9.109 dargestellt.

6						16	15	2	7
									11
									13
									14
									1
18									
3									
10									
9									
	4	5	8	12	17				

6	97	96	93	89	84	16	15	2	7
90									11
88									13
87									14
100									1
18									83
3									98
10									91
9									92
94	4	5	8	12	17	85	86	99	95

Abb. 9.109 Mögliche Belegung des Randes für $n = 10$

Abschließend muss nur noch ein magisches Quadrat der Ordnung 8, dessen Zahlen alle um $2n - 2 = 18$ erhöht werden, in der Mitte eingefügt werden, und es entsteht das gerahmte magische Quadrat aus Abbildung 9.110.

1	63	62	4	9	55	54	12
60	6	7	57	52	14	15	49
8	58	59	5	16	50	51	13
61	3	2	64	53	11	10	56
17	47	46	20	25	39	38	28
44	22	23	41	36	30	31	33
24	42	43	21	32	34	35	29
45	19	18	48	37	27	26	40

6	97	96	93	89	84	16	15	2	7
90	19	81	80	22	27	73	72	30	11
88	78	24	25	75	70	32	33	67	13
87	26	76	77	23	34	68	69	31	14
100	79	21	20	82	71	29	28	74	1
18	35	65	64	38	43	57	56	46	83
3	62	40	41	59	54	48	49	51	98
10	42	60	61	39	50	52	53	47	91
9	63	37	36	66	55	45	44	58	92
94	4	5	8	12	17	85	86	99	95

Abb. 9.110 Einfach gerahmtes magisches Quadrat der Ordnung $n = 10$ (d'Ons-en-Bray)

9.2.6 Rallier des Ourmes

Jean-Joseph Rallier des Ourmes erweitert das Verfahren für gerahmte magische Quadrate gerader Ordnung von d'Ons-en-Bray[23], der nur einen einzigen Rahmen um ein

[23] siehe Kapitel 9.2.5

bestehendes magisches Quadrat gelegt hat. Rallier des Ourmes beginnt dazu mit einem magischen Quadrat der Ordnung $n = 4$ als inneren Kern und legt dann immer weitere Rahmen herum.[24]

Da ein fortgesetzt gerahmtes magisches Quadrat erzeugt werden soll, kann man die in den verschiedenen Rahmen auftretenden kleinsten Zahlen berechnen. Dabei werden jeweils immer $2n - 2$ kleinere und größere Zahlen um das bereits existierende innere Quadrat gelegt, sodass sich bei einem magischen Quadrat der Ordnung $n = 10$ folgende Startzahlen für die unterschiedlichen Rahmen ergeben.

Ordnung	kleinste Zahl	Anzahl der Zahlen
10	1	$2n - 2 = 18$
8	19	$2n - 2 = 14$
6	33	$2n - 2 = 10$
4	43	$2n - 2 = 6$

Mit dieser Kenntnis erzeugt man für den inneren Kern ein beliebiges magisches Quadrat der Ordnung $n = 4$ und erhöht wie in Abbildung 9.111 alle Werte so, dass die kleinste Zahl 1 auf den berechneten Startwert 43 erhöht wird. Diese Zahl kann, muss aber nicht in der linken oberen Ecke des Quadrates liegen.

13	2	7	12
16	6	3	9
1	15	10	8
4	11	14	5

a) Basisquadrat

55	44	49	54
58	48	45	51
43	57	52	50
46	53	56	47

b) erhöhtes Quadrat

Abb. 9.111 Inneres Quadrat der Größe $n = 4$

Nun folgt der nächste Rahmen der Größe $n = 6$. Nach der Idee von d'Ons-en-Bray hat Rallier des Ourmes den unteren zehn Zahlen ganz bestimmte Plätze zugeordnet, die in Abbildung 9.112 zu sehen sind.

a				c	b
b					
c					
					a
					c
	a	b	c		

Abb. 9.112 Grundmuster für einen Rahmen der Ordnung $n = 6$

[24] Rallier des Ourmes [484] S. 230 – 241

Dabei kennzeichnen die Variablen a, b und c selbstverständlich nicht gleiche Zahlen, sondern es soll damit nur verdeutlicht werden, dass die Summe der diesen Buchstaben zugeordneten Zahlen immer gleich sein soll.

Mit der Startzahl $s = 33$ besitzen die zehn unteren Zahlen $33, 34, \ldots, 42$ insgesamt die Summe 375. Um passende Werte für a, b und c zu bestimmen, wird zunächst angenommen, dass gleichen Buchstaben auch gleiche Zahlen zugeordnet werden, um dann hinterher die gefundenen Bedingungen auch mit unterschiedlichen Zahlen zu erfüllen.

$$3a + 3b + 4c = 375$$
$$3 \cdot (a + b) + 4c = 375$$

Die Zahl 375 muss also in zwei Summanden zerlegt werden, von denen der eine durch 3 und der andere durch 4 teilbar ist. Dies ist mit vier Kombinationen möglich, deren Werte sich berechnen lassen. Der erste mögliche Wert für die Summe $a + b$ ergibt sich bei Rahmen mit einfach-gerader Ordnung mit der Formel

$$a + b = 2s + 3$$

Hier folgt damit $a + b = 69$. Da diese Summe dreimal bei den unteren Zahlen auftritt und die gesamte Summe aller unteren Zahlen 375 beträgt, kann man hieraus c berechnen.

$$c = 375 - \frac{3 \cdot (a + b)}{4} = 375 - \frac{3 \cdot 69}{4} = 42$$

Weitere Werte für $a + b$ und c erhält man dann, indem man den Anfangswert für $a + b$ immer um 4 vergrößert und c dann wieder passend berechnet. Für einfach-gerade Rahmen existieren dabei immer $n - 2$ Zahlenpaare.

$a + b$	c
69	42
73	39
77	36
81	33

Von den vier möglichen Kombinationen wird hier die zweite gewählt. Nun muss die Summe $a + b = 73$ aufgeteilt werden, was z. B. mit den Zahlen $a = 33$ und $b = 40$ möglich ist. Mit $c = 39$ können diese drei Zahlen bereits in die obere Zeile des Quadrates eingetragen werden.

Für die linke und rechte Spalte müssen die Zahlen in den beiden Ecken durch jeweils zwei weitere Zahlen so ergänzt werden, dass sich auch hier jedes Mal die Summe 112 ergibt. In der linken Spalte ist bereits die Zahl 33 eingetragen, sodass die beiden verbleibenden Zahlen zusammen 79 ergeben müssen. Dies kann etwa durch die beiden Zahlen 42 und 37 erreicht werden.

In der rechten Spalte fehlen noch 72 bis zu der gewünschten Summe, was beispielsweise durch die Wahl von 34 und 38 erreicht werden kann. Damit bleiben für die untere Zeile drei Zahlen übrig, die nach der Konstruktion ebenfalls die Summe 112 besitzen und in beliebiger Reihenfolge eingetragen werden können.

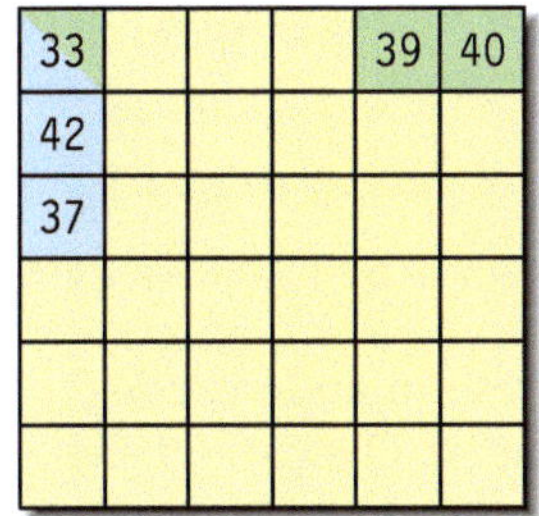

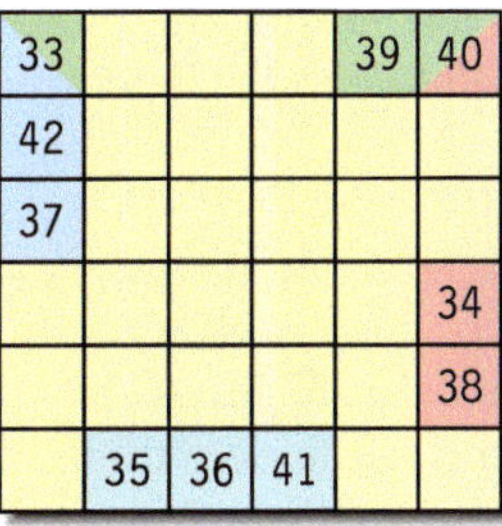

Abb. 9.113 Füllen eines Rahmens der Größe $n = 6$

Danach müssen nur noch die komplementären Zahlen notiert werden und man erhält den vollständigen Rahmen aus Abbildung 9.114.

33	66	65	60	39	40
42					59
37					64
67					34
63					38
61	35	36	41	62	68

Abb. 9.114 Vollständig gefüllter Rahmen der Größe $n = 6$

Für den nächsten Rahmen der Größe $n = 8$ wird das bisherige Grundmuster um den Parameter d erweitert.

a					c	d	b
b							
c							
d							
							a
							c
							d
	a	b	c	d			

Abb. 9.115 Grundmuster für einen Rahmen der Ordnung $n = 8$

Die Startzahl der kleineren Zahlen für diesen Rahmen lautet $s = 19$, womit folgende 14 Zahlen zur Verfügung stehen:

19 20 21 22 23 24 25 26 27 28 29 30 31 32

Da die Summe dieser Zahlen 357 beträgt, muss mit dem Grundmuster aus Abbildung 9.115 folgende Gleichung erfüllt sein:

$$3a + 3b + 4c + 4d + 4e = 357$$
$$3 \cdot (a + b) + 4 \cdot (c + d) = 357$$

Die Zahl 357 muss also in zwei Summanden zerlegt werden, von denen der eine durch 3 und der andere durch 4 teilbar ist. Dies ist mit sieben Kombinationen möglich, deren Werte sich berechnen lassen. Der erste mögliche Wert für die Summe $a + b$ ergibt sich bei doppelt-geraden Rahmen mit der Formel

$$a + b = 2s + 1$$

Mit den aktuellen Werten folgt damit $a + b = 2 \cdot 19 + 1 = 39$. Da diese Summe dreimal bei den unteren Zahlen auftritt und die gesamte Summe aller unteren Zahlen 357 beträgt, kann man hieraus auch die zugehörige Summe $c + d$ berechnen.

$$c + d = \frac{357 - 3 \cdot (a + b)}{4} = \frac{357 - 3 \cdot 39}{4} = 60$$

Weitere Werte für $a + b$ und $c + d$ lassen sich dann gewinnen, indem man den Anfangswert für $a + b$ immer um 4 vergrößert und die Summe $c + d$ dazu passend berechnet.

$a+b$	$c+d$	$a+b$	$c+d$
39	60	55	48
43	57	59	45
47	54	63	42
51	51		

Von den sieben möglichen Kombinationen wird das Beispiel aus der zweiten Zeile gewählt. Nun muss die Summe $a+b = 43$ aufgeteilt werden, was z. B. mit den Zahlen $a = 20$ und $b = 23$ möglich ist. Diese Teilsumme muss mit $c + d = 57$ kombiniert werden, was etwa durch die Wahl $c = 26$ und $d = 31$ erreicht werden kann. Diese vier Zahlen mit der Summe 100 werden damit schon einmal in die obere Zeile des Quadrates eingetragen.

Für die linke Spalte ist die linke obere Ecke mit der Zahl 20 bereits festgelegt, und da alle Zahlen dieser Spalte zusammen 100 ergeben müssen, bleibt für die anderen drei Zahlen ein Rest von 80. Diese Summe kann man beispielsweise mit den verbleibenden Zahlen $19, 29, 32$ erzielen.

In der rechten oberen Ecke befindet sich bereits die Zahl 23, sodass die restlichen drei Zahlen der rechten Spalte die Summe 77 ergeben müssen. Dazu wählt man etwa $22, 27, 28$. Damit verbleiben mit $21, 24, 25, 30$ vier Zahlen für die untere Zeile.

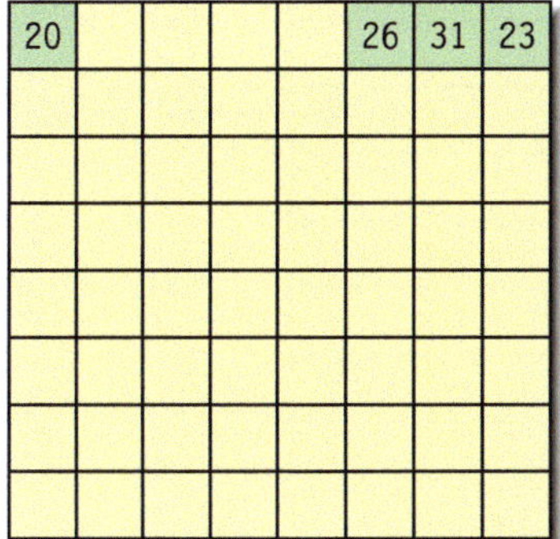

20					26	31	23
19							
29							
32							

20					26	31	23
19							
29							
32							
							22
							27
							28
	21	24	25	30			

Abb. 9.116 Füllen eines Rahmens der Größe $n = 8$

Abschließend werden die komplementären Zahlen eingetragen, und man erhält den vollständigen Rahmen aus Abbildung 9.117.

20	80	77	76	71	26	31	23
19							82
29							72
32							69
79							22
74							27
73							28
78	21	24	25	30	75	70	81

Abb. 9.117 Vollständig gefüllter Rahmen der Größe $n = 8$

Der äußere Rahmen der Größe $n = 10$ muss mit den unteren Zahlen $1, 2, \ldots, 18$ gefüllt werden, die zusammen eine Summe von 171 besitzen.

a						c	d	e	b
b									
c									
d									
e									
									a
									c
									d
									e
	a	b	c	d	e				

Abb. 9.118 Grundmuster für einen Rahmen der Ordnung $n = 10$

Mit dem Grundmuster aus Abbildung 9.118 muss folgende Gleichung erfüllt sein:

$$3a + 3b + 4c + 4d + 4e = 171$$
$$3 \cdot (a + b+) + 4 \cdot (c + d + e) = 171$$

Die Zahl 171 wird in zwei Summanden zerlegt, von denen der eine durch 3 und der andere durch 4 teilbar ist. Dies ist wieder mit mehreren Kombinationen möglich, wobei sich die erste mögliche Summe $a + b$ mit der Formel für einen einfach-geraden Rahmen berechnen lässt.

$$a + b = 2s + 3$$

Mit $a + b = 5$ lässt sich die zugehörige Summe $c + d + e$ berechnen:

$$c + d + e = \frac{171 - 3 \cdot (a + b)}{4} = \frac{171 - 3 \cdot 5}{4} = 39$$

Weitere Werte für $a + b$ und $c + d + e$ können gewonnen werden, indem man den Anfangswert für $a + b$ immer um 4 vergrößert und $c + d + e$ dazu wieder passend berechnet. Für doppelt-gerade Rahmen existieren dabei immer $n - 1$ Zahlenpaare.

$a+b$	$c+d+e$	$a+b$	$c+d+e$
5	39	21	27
9	36	25	24
13	33	29	21
17	30	33	18

Von den acht möglichen Kombinationen wird in diesem Beispiel wieder die zweite Zeile gewählt. Die Summe $a + b = 9$ wird etwa mit den Zahlen $a = 3$ und $b = 6$ erfüllt. Diese Teilsumme muss man mit $c+d+e = 36$ kombinieren, was beispielsweise durch die Wahl $c = 2$, $d = 16$ und $e = 18$ erreicht werden kann. Diese fünf Zahlen mit der Summe 45 werden nun in die obere Zeile des Quadrates eingetragen.

In der linken Spalte befindet sich bereits die Zahl 3, sodass man für die anderen Zahlen beispielsweise $4, 9, 12, 17$ wählen kann, um auch auf die Summe 45 zu kommen. Wählt man so zusätzlich die Zahlen $1, 10, 13, 15$ für die rechte Spalte, bleiben mit $5, 7, 8, 11, 14$ fünf Zahlen für die untere Zeile über. Danach müssen nur noch die komplementären Zahlen eingetragen werden und der äußere Rahmen ist vollständig gefüllt.

Der nächste Rahmen beinhaltet 28 Zahlen. Da die Zahlen von 1 bis 18 und 83 bis 100 bereits im äußeren Rahmen notiert worden sind, folgen jetzt die Zahlen 19 bis 32 als untere und 69 bis 82 als komplementäre Zahlen. Der dritte Rahmen enthält dann die Zahlen von 33 bis 42 sowie von 59 bis 68.

Damit fehlt nur noch das Zentrum der Größe 4. Setzt man dort ein magisches Quadrat ein, und erhöht alle Zahlen um 42 erhöht, entsteht ein fortgesetzt gerahmtes magisches Quadrat.

3	96	94	93	90	87	2	16	18	6
4									97
9									92
12									89
17									84
100									1
91									10
88									13
86									15
95	5	7	8	11	14	99	85	83	98

3	96	94	93	90	87	2	16	18	6
4	20	80	77	76	71	26	31	23	97
9	19	33	66	65	60	39	40	82	92
12	29	42	55	44	49	54	59	72	89
17	32	37	58	48	45	51	64	69	84
100	79	67	43	57	52	50	34	22	1
91	74	63	46	53	56	47	38	27	10
88	73	61	35	36	41	62	68	28	13
86	78	21	24	25	30	75	70	81	15
95	5	7	8	11	14	99	85	83	98

Abb. 9.119 Fortgesetzt gerahmtes magisches Quadrat der Ordnung $n = 10$ (Rallier des Ourmes)

9.2.7 Andrews

Um ein gerahmtes magisches Quadrat gerader Ordnung zu konstruieren, erzeugt Andrews zunächst ein magisches Quadrat der Ordnung $n = 4$, das er dann sukzessive mit einem geeigneten Rand erweitert, bis schließlich die gewünschte Ordnung erreicht wird.[25]

Für jeden dieser Rahmen wählt man jeweils die $2n-2$ kleinsten und größten Zahlen aus dem zur Verfügung stehenden Zahlenbereich und trägt diese nach einem ganz bestimmten Plan in die Zellen dieses Rahmens ein.

Man beginnt immer mit den Ecken und trägt in die linke obere Ecke die Zahl 1 und in die rechte obere Ecke die Zahl n ein. Danach werden in die diagonal gegenüberliegenden Ecken die komplementären Zahlen platziert.

Nach diesem Schritt gibt es für einfach-gerade und doppelt-gerade Ordnungen des aktuellen Rahmens unterschiedliche Vorgehensweisen. Bei doppelt-geraden Ordnungen geht man folgendermaßen vor:

- Man bildet mit der Zahl 2 beginnend $\frac{n-2}{2}$ Paare von fortlaufenden Zahlen, die paarweise von links nach rechts abwechselnd in die untere und obere Zeile eingetragen werden. Damit findet das letzte Paar immer in die untere Zeile seinen Platz.
- Abschließend werden die noch freien Plätze in den beiden Zeilen mit den komplementären Zahlen aufgefüllt.
- Die Spalten werden von oben nach unten mit fortlaufenden Zahlen gefüllt. Man beginnt mit den ersten beiden Zahlen $n+1$ und $n+2$ direkt unterhalb der rechten oberen Ecke.
- Die dritte Zahl wird dann in der linken und die vierte Zahl wieder in der rechten Spalte platziert.
- Dann folgen $\frac{n-6}{2}$ Paare von Zahlen, die man abwechselnd in die linke und rechte Spalte einträgt. Für $n=8$ hat dieser Bruch den Wert 1, sodass nur ein einziges Paar in die linke Spalte eingetragen wird.

Anschließend werden alle noch freien Plätze mit den komplementären Zahlen belegt.

1			4	5			8
	2	3			6	7	

a) Zeilen

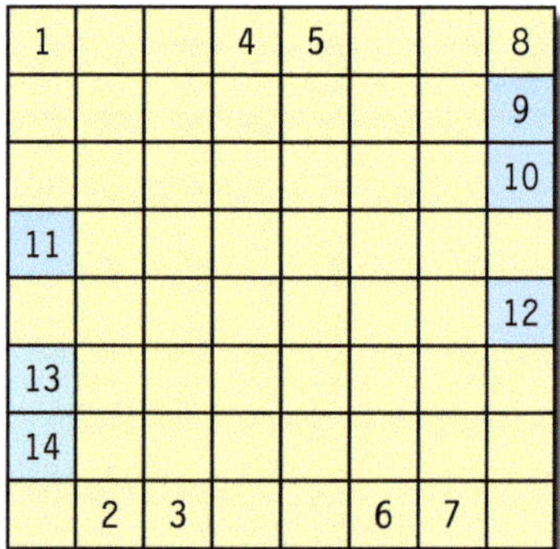

b) Spalten

[25] Andrews [17] S. 50–55

1	63	62	4	5	59	58	8
56							9
55							10
11							54
53							12
13							52
14							51
57	2	3	61	60	6	7	64

c) komplementäre Zahlen

Abb. 9.120 Rahmen für die Ordnung $n = 8$

In Abbildung 9.121 ist ein Rahmen der Größe $n = 12$ erstellt worden.

1	143	142	4	5	139	138	8	9	135	134	12
132											13
131											14
15											130
129											16
17											128
18											127
126											19
125											20
21											124
22											123
133	2	3	141	140	6	7	137	136	10	11	144

Abb. 9.121 Rahmen für die Ordnung $n = 12$

Rahmen einfach-gerader Ordnungen werden etwas anders gefüllt, wobei die Ecken aber unverändert bleiben. Bei den Zeilen geht man folgendermaßen vor.

- Zuerst wird die Zahl 2 direkt rechts neben der linken unteren Ecke eingefügt.
- Nun folgen mit der Zahl 3 beginnend $n - 3$ ungerade Zahlen, die abwechselnd in die untere und obere Zeile eingetragen werden.

- Danach kommen mit der Zahl 4 beginnend $n-4$ gerade Zahlen von oben nach unten abwechselnd in die rechte und linke Spalte. Dabei wird natürlich die Zahl n übersprungen, da sich diese bereits in der rechten oberen Ecke befindet.
- In die beiden noch nicht belegten unteren Zeilen werden dann die beiden letzten Zahlen $2n-3$ und $2n-2$ platziert. Die ungerade Zahl kommt dabei in die rechte und die gerade Zahl in die linke Spalte.

Abschließend werden die noch freien Plätze wie üblich mit den komplementären Zahlen aufgefüllt.

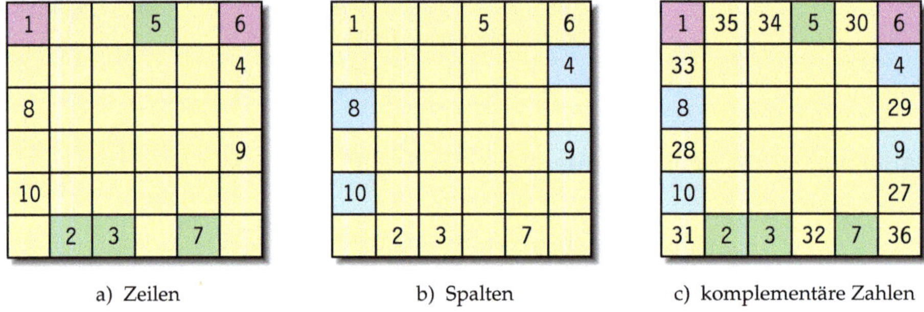

a) Zeilen b) Spalten c) komplementäre Zahlen

Abb. 9.122 Rahmen für die Ordnung $n=6$

In Abbildung 9.123 werden die Ergebnisse dieses Vorgehens für einen Rahmen der Ordnung $n=10$ dargestellt.

1	99	98	5	94	9	90	13	86	10
97									4
6									95
93									8
12									89
87									14
16									85
84									17
18									83
91	2	3	96	7	92	11	88	15	100

Abb. 9.123 Rahmen für die Ordnung $n=10$

Für dieses Verfahren soll noch ein vollständig gefülltes Quadrat gezeigt werden. Dazu beginnt man mit einem magischen Quadrat der Ordnung $n=4$ im Zentrum und legt dann entsprechend der genannten Regeln die Rahmen um diesen Kern. Da man mit jedem Rahmen die inneren Zahlen jeweils um $2n-2$ erhöht, ändert sich die ursprüngliche Zahl 15 in der linken oberen Ecke des Zentrums schrittweise auf 25, 39, 47 und schließlich auf 79. So ergibt sich das magische Quadrat in Abbildung 9.124.

15	4	6	9
5	10	16	3
12	7	1	14
2	13	11	8

1	143	142	4	5	139	138	8	9	135	134	12
132	23	121	120	27	116	31	112	35	108	32	13
131	119	41	103	102	44	45	99	98	48	26	14
15	28	96	55	89	88	59	84	60	49	117	130
129	115	95	87	79	68	70	73	58	50	30	16
17	34	51	62	69	74	80	67	83	94	111	128
18	109	93	82	76	71	65	78	63	52	36	127
126	38	53	64	66	77	75	72	81	92	107	19
125	106	54	85	56	57	86	61	90	91	39	20
21	40	97	42	43	101	100	46	47	104	105	124
22	113	24	25	118	29	114	33	110	37	122	123
133	2	3	141	140	6	7	137	136	10	11	144

Abb. 9.124 Fortgesetzt gerahmtes magisches Quadrat der Ordnung $n = 12$ (Andrews)

9.2.8 Benson – Jacoby

Das Verfahren von Benson und Jacoby aus Kapitel 9.1.14, mit dem man fortgesetzt gerahmte magische Quadrate ungerader Ordnung erzeugt, kann leicht für gerade Ordnungen abgeändert werden.[26] Dabei müssen natürlich die Regeln für doppelt-gerade und einfach-gerade Ordnungen entsprechend angepasst werden.

Wie bei ungeraden Ordnungen gehen sie von innen nach außen vor und erweitern dann sukzessive das aktuelle Teilquadrat. Um einen Rahmen mit einfach-gerader Ordnung zu füllen, beginnen Benson und Jacoby wie bei den ungeraden Ordnungen wieder mit den Ecken, die jetzt aber anders gefüllt werden.

In die linke untere Ecke tragen sie die Zahl n und in die rechte untere Ecke die Zahl 1 ein. Gleichzeitig werden die Komplemente dieser Zahlen in die diagonal gegenüberliegenden Ecken platziert. Die weiteren Felder werden dann nach der Systematik gefüllt, die in Tabelle 9.2 angegeben ist.

[26] Benson - Jacoby [43] S. 29 – 33

n^2	Komplement von D	$n^2 + 1 - n$
C	doppelt-gerades magisches Quadrat (plus $2n - 2$)	Komplement von C
n	D	1

Tab. 9.2 Allgemeines Schema für das Erweitern eines magischen Quadrates

Zum Füllen des Rahmens werden die Zahlenmengen C, D, E und F benutzt. Die Zahlenmenge C besteht aus den Zahlen $n^2 - n - 1$, $n^2 - n - 3$, $n + 3$ und 4, sowie $\frac{n-6}{4}$ Zeilen mit den Zahlen aus allen vier Spalten der Zahlenmenge E aus Tabelle 9.3.

Zur Zahlenmenge D gehören die Zahlen $n^2 - 1$, $n^2 - 2$, $n^2 - n$ und 5, sowie $\frac{n-6}{4}$ Zeilen mit den Zahlen aus allen vier Spalten der Zahlenmenge F aus Tabelle 9.4.

Die Zahlenmenge E besteht aus $\frac{n}{4}$ Zeilen mit den Zahlen aus allen vier Spalten der Tabelle 9.3.

$n^2 - a$	$n + a$	$n^2 + 1 - n - p$	$1 + p$
$n^2 - b$	$n + b$	$n^2 + 1 - n - q$	$1 + q$
$\vdots$	$\vdots$	$\vdots$	$\vdots$
$n^2 - k$	$n + k$	$n^2 + 1 - n - w$	$1 + w$

Tab. 9.3 Zahlenmenge E

Schließlich wird die Zahlenmenge F von beiden Zahlen $n^2 - x$ und $n^2 + 1 - n - x$ sowie $\frac{n-4}{4}$ Zeilen mit den Zahlen aus allen vier Spalten der Tabelle 9.4 gebildet.

$n^2 - a'$	$n + a'$	$n^2 + 1 - n - p'$	$1 + p'$
$n^2 - b'$	$n + b'$	$n^2 + 1 - n - q'$	$1 + q'$
$\vdots$	$\vdots$	$\vdots$	$\vdots$
$n^2 - k'$	$n + k'$	$n^2 + 1 - n - w'$	$1 + w'$

Tab. 9.4 Zahlenmenge F

Den Variablen $a, b, \ldots, k,\ p, q, \ldots, w,\ a', b', \ldots, k',\ p', q', \ldots, w',\ x$ wird jeweils einer der Werte $0, 1, 2, \ldots, n - 2$ zugeordnet, wobei jede dieser Zahlen genau einmal auftreten muss.

Bei den Zahlenmengen C und D dürfen dabei die Werte $0, 1, \ldots, 4$ nicht mehr auftreten, da sie bereits in den Ecken oder als direkt einzufügende Zahl auftreten. Weiterhin müssen bei den Zahlenmengen E und F die Variablen a, b und x die Zusatzbedingung $2x = a + b$ erfüllen.

Um mit diesen Bedingungen ein magisches Quadrat der Ordnung $n = 6$ zu konstruieren, wird zunächst ein inneres Teilquadrat der Ordnung $n = 4$ benötigt, dessen Zahlen alle um $2n - 2 = 10$ erhöht werden. Um den umgebenden Rahmen trägt man zunächst die Zahlen 6 in die linke untere und 1 in die rechte untere Ecke ein. Gleichzeitig werden die Komplemente dieser Zahlen in die diagonal gegenüberliegenden Ecken platziert.

6	12	1	15
9	7	14	4
16	2	11	5
3	13	8	10

a) magisches Quadrat

36					31
	16	22	11	25	
	19	17	24	14	
	26	12	21	15	
	13	23	18	20	
6					1

b) vier Ecken und der Kern

Bei der Menge C sind die Werte $n^2 - n - 1 = 29$, $n^2 - n - 3 = 27$, $n + 3 = 9$ und 4 fest vorgegeben. Wegen $\frac{n-6}{4} = 0$ kommen keine weiteren Zahlen aus der Zahlenmenge E hinzu. Dies ist auch offensichtlich, da alle vier freien Plätze bereits belegt sind. Für die Zahlenmenge D sind die Werte $n^2 - 1 = 35$, $n^2 - 2 = 34$, $n^2 - n = 30$ und 5 fest vorgegeben, sodass alle vier Plätze damit auch schon belegt sind. Daher werden mit $\frac{n-6}{4} = 0$ keine weiteren Zahlen aus der Zahlenmenge F benötigt.

Die Zahlen dieser beiden Mengen können jetzt in beliebiger Reihenfolge auf den ihnen laut Tabelle 9.2 zugewiesenen Feldern platziert werden. Abschließend werden die Komplemente dieser Zahlen in die gegenüberliegende Zeile bzw. Spalte eingetragen, und man erhält das magische Quadrat aus Abbildung 9.125d.

36					31
4	16	22	11	25	
9	19	17	24	14	
27	26	12	21	15	
29	13	23	18	20	
6	35	34	30	5	1

c) Zahlenmengen C und D

36	2	3	7	32	31
4	16	22	11	25	33
9	19	17	24	14	28
27	26	12	21	15	10
29	13	23	18	20	8
6	35	34	30	5	1

d) magisches Quadrat

Abb. 9.125 Magisches Quadrat der Ordnung $n = 6$ (Benson - Jacoby)

Um das magische Quadrat der Ordnung $n = 6$ kann man einen weiteren Rahmen legen, dessen Ergebnis wiederum ein magisches Quadrat ist. Allerdings unterscheidet sich der Rahmen für doppelt-gerade Ordnungen geringfügig von dem bereits beschriebenen Rahmen für einfach-gerade Ordnungen.

$n^2 - b$	Komplement von F	$n^2 + 1 - n - a$
E	einfach-gerades magisches Quadrat (plus $2n - 2$)	Komplement von E
$n + a$	F	$1 + b$

Tab. 9.5 Allgemeines Schema für das Erweitern eines magischen Quadrates

Die Ecken werden jetzt nicht mehr fest belegt, sondern in den gesamten Prozess integriert. Die Zahlenmenge E besteht daher aus $\frac{n}{4} = 2$ Zeilen, die wie in Tabelle 9.3 beschrieben, aufgebaut sind. Da die Eckpunkte hier variabel in den Prozess einbezogen werden, sind diese Zahlen bereits in dem Tabellenschema enthalten. Insgesamt erhält man damit n Zahlen und kann damit die gesamte linke Spalte ausfüllen.

Unter Berücksichtigung der zusätzlichen Bedingung $2x = a + b$ kann man die Zahlen beispielsweise wie in Tabelle 9.6 wählen.

$a = 5$	$a' = 1$	$x = 4$
$b = 3$		
$p = 6$	$p' = 2$	
$q = 0$		

Tab. 9.6 Belegung der Variablen

Mit dieser Belegung ergeben sich für die Zahlenmenge E folgende Zahlen:

$$
\begin{aligned}
n^2 - a &= 64 - 5 = 59 & n^2 - b &= 64 - 3 = 61 \\
n + a &= 8 + 5 = 13 & n + b &= 8 + 3 = 11 \\
n^2 + 1 - n - p &= 64 + 1 - 8 - 6 = 51 & n^2 + 1 - n - q &= 64 + 1 - 8 - 0 = 57 \\
1 + p &= 1 + 6 = 7 & 1 + q &= 1 + 0 = 1
\end{aligned}
$$

Die Zahlenmenge F für die untere Zeile besteht wie angegeben aus den beiden festen Zahlen

$$n^2 - x = 64 - 4 = 60$$
$$n^2 + 1 - n - x = 64 + 1 - 8 - 4 = 53$$

sowie $\frac{n-4}{4} = 1$ Zeile mit insgesamt vier Zahlen aus Tabelle 9.4.

$$n^2 - a' = 64 - 1 = 63$$
$$n + a' = 8 + 1 = 9$$
$$n^2 + 1 - n - p' = 64 + 1 - 8 - 2 = 55$$
$$1 + p' = 1 + 2 = 3$$

Die Zahlen dieser beiden Zahlenmengen werden nun in beliebiger Reihenfolge in die linke Spalte und die untere Zeile auf die noch freien Plätze eingetragen.

36	2	3	7	32	31
4	16	22	11	25	33
9	19	17	24	14	28
27	26	12	21	15	10
29	13	23	18	20	8
6	35	34	30	5	1

a) magisches Quadrat

61							52
11	50	16	17	21	46	45	
1	18	30	36	25	39	47	
7	23	33	31	38	28	42	
59	41	40	26	35	29	24	
51	43	27	37	32	34	22	
57	20	49	48	44	19	15	
13	9	63	53	55	60	3	4

b) die Ecken, E, F und der Kern

Abb. 9.126 Füllen eines Rahmens mit doppelt-gerader Ordnung

Füllt man jetzt die noch restlichen freien Plätze durch ihre Komplemente der gegenüberliegenden Zahlen, ergibt sich insgesamt das fortgesetzt gerahmte magische Quadrat aus Abbildung 9.127.

61	56	2	12	10	5	62	52
11	50	16	17	21	46	45	54
1	18	30	36	25	39	47	64
7	23	33	31	38	28	42	58
59	41	40	26	35	29	24	6
51	43	27	37	32	34	22	14
57	20	49	48	44	19	15	8
13	9	63	53	55	60	3	4

Abb. 9.127 Fortgesetzt gerahmtes magisches Quadrat der Ordnung $n = 8$ (Benson - Jacoby)

Da sich die Konstruktion des Rahmens für $n = 6$ wegen der nicht benutzten Zahlenmengen E und F als Spezialfall erwiesen hat, soll die Verteilung der Zahlen nach der Erweiterung auf $n = 8$ noch einmal am Beispiel für $n = 10$ verdeutlicht werden. Als Kern dient das bisherige Ergebnis für den Fall $n = 8$, dessen Zahlen um $2n - 2 = 18$ erhöht werden. Die Ecken werden, wie üblich, mit 1 und n sowie ihren komplementären Zahlen belegt. Diese Ausgangssituation ist in Abbildung 9.128 dargestellt.

61	56	2	12	10	5	62	52
11	50	16	17	21	46	45	54
1	18	30	36	25	39	47	64
7	23	33	31	38	28	42	58
59	41	40	26	35	29	24	6
51	43	27	37	32	34	22	14
57	20	49	48	44	19	15	8
13	9	63	53	55	60	3	4

a) magisches Quadrat

100									91
	79	74	20	30	28	23	80	70	
	29	68	34	35	39	64	63	72	
	19	36	48	54	43	57	65	82	
	25	41	51	49	56	46	60	76	
	77	59	58	44	53	47	42	24	
	69	61	45	55	50	52	40	32	
	75	38	67	66	62	37	33	26	
	31	27	81	71	73	78	21	22	
10									1

b) vier Ecken und der veränderte Kern

Abb. 9.128 Verfahren von Benson - Jacoby (Schritt 1)

Die Zahlenmenge C enthält zunächst die 4 sowie drei weitere feste Zahlen.

$$n^2 - n - 1 = 100 - 10 - 1 = 89$$
$$n^2 - n - 3 = 100 - 10 - 3 = 87$$
$$n + 3 = 10 + 3 = 13$$

Wegen $\frac{n-6}{4} = 1$ kommt eine Zeile mit vier Zahlen aus der Zahlenmenge E hinzu. Dazu müssen den Werten $(0, 1, 2, \ldots, n-2) = (0, 1, 2, \ldots, 8)$ die in den Zahlenmengen benutzten Variablen zugeordnet werden. Allerdings führen 0 bis 4 dabei auf Zahlen, die schon in den Ecken bzw. den festen Zahlen von C und D vergeben wurden. Sie dürfen damit nicht benutzt werden, sodass nur die Werte 5 bis 8 übrig bleiben. Dies ergibt wie gefordert $\frac{n-6}{4} = 1$ Zeile mit insgesamt vier Zahlen aus der Zahlenmenge E. Also wählt man beispielsweise $a = 6$, $p = 5$ und $a' = 8$ sowie $p' = 7$.

$$n^2 - a = 100 - 6 = 94$$
$$n + a = 10 + 6 = 16$$
$$n^2 + 1 - n - p = 100 + 1 - 10 - 5 = 86$$
$$1 + p = 1 + 5 = 6$$

Entsprechend besteht die Zahlenmenge F zunächst aus der Zahl 5, drei weiteren festen Zahlen

$$n^2 - 1 = 100 - 6 = 99$$
$$n^2 - 2 = 100 - 2 = 98$$
$$n^2 - n = 100 - 10 = 90$$

und den zusätzlichen Zahlen

$$n^2 - a' = 100 - 8 = 92$$
$$n + a' = 10 + 8 = 18$$
$$n^2 + 1 - n - p' = 100 + 1 - 10 - 7 = 84$$
$$1 + p' = 1 + 7 = 8$$

Diese Zahlen werden nun in beliebiger Reihenfolge in die linke Spalte und die untere Zeile auf die noch freien Plätze eingetragen und durch ihre Komplemente auf der entgegengesetzt liegenden Seite ergänzt. Insgesamt ergibt sich damit das fortgesetzt gerahmte magische Quadrat aus Abbildung 9.129.

100									91
94	79	74	20	30	28	23	80	70	
86	29	68	34	35	39	64	63	72	
6	19	36	48	54	43	57	65	82	
87	25	41	51	49	56	46	60	76	
16	77	59	58	44	53	47	42	24	
13	69	61	45	55	50	52	40	32	
4	75	38	67	66	62	37	33	26	
89	31	27	81	71	73	78	21	22	
10	8	98	18	92	99	5	84	90	1

100	93	3	83	9	2	96	17	11	91
94	79	74	20	30	28	23	80	70	7
86	29	68	34	35	39	64	63	72	15
6	19	36	48	54	43	57	65	82	95
87	25	41	51	49	56	46	60	76	14
16	77	59	58	44	53	47	42	24	85
13	69	61	45	55	50	52	40	32	88
4	75	38	67	66	62	37	33	26	97
89	31	27	81	71	73	78	21	22	12
10	8	98	18	92	99	5	84	90	1

Abb. 9.129 Fortgesetzt gerahmtes magisches Quadrat der Ordnung $n = 10$ (Benson - Jacoby)

9.2.9 Liu Feng-lin

Ein weiteres Verfahren für gerahmte magische Quadrate mit geraden Ordnungen stammt von Liu Feng-lin.[27] Sein Verfahren wird zunächst für doppelt-gerade Ord-

[27] Liu Feng-lin [337] S. 71 – 73

nungen $n = 4k$ beschrieben und kann durch ein paar zusätzliche Schritte auch auf einfach-gerade Ordnungen erweitert werden.

Doppelt-gerade Rahmen

Die Rahmen werden von außen nach innen gefüllt, und es werden zunächst die Zahlen 1 und 2 in die beiden oberen Ecken platziert. Danach werden die freien Zellen der äußeren Zeilen von links nach rechts mit jeweils vier fortlaufenden Zahlen gefüllt. Bei Ordnungen, die durch 8 teilbar sind, werden genau $k - 1$ dieser Vierergruppen eingetragen, sonst nur $k - 2$. Die erste dieser Gruppen wird unten platziert, die zweite oben und dann abwechselnd so weiter.

Ist die Ordnung durch 8 teilbar, gibt es jetzt nur noch zwei freie Spalten, in die noch keine Zahl eingetragen worden ist. Dann folgen wie in Abbildung 9.130a die Zahlen $n - 1$ und n in der oberen Zeile. Ist die Ordnung nicht durch 8 teilbar, gibt es sogar noch sechs freie Plätze. Hier müssen zunächst die Zahlen $n - 5$, $n - 4$ und $n - 3$ in die obere, dann die Zahlen $n - 2$ und $n - 1$ in die untere und schließlich noch die Zahl n wieder in die obere Zeile eingetragen werden (siehe Abbildung 9.130b).

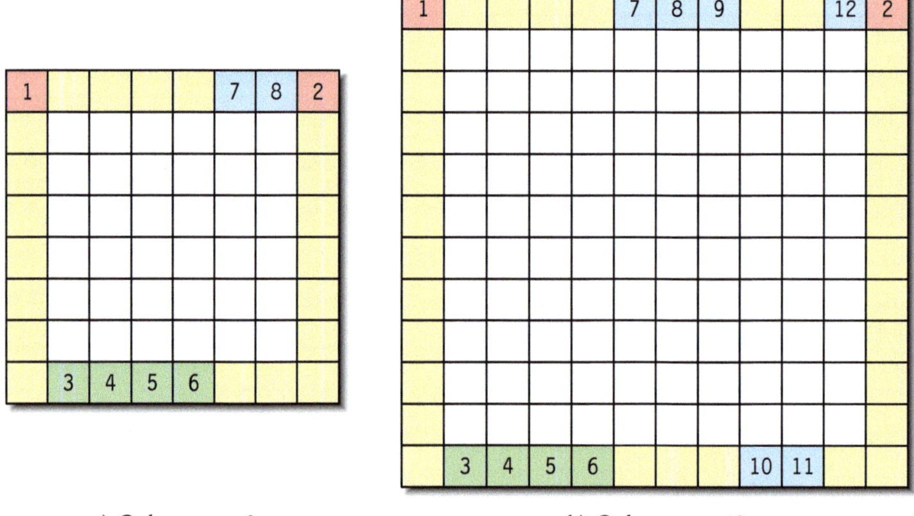

a) Ordnung $n = 8$ b) Ordnung $n = 12$

Abb. 9.130 Füllen der beiden äußeren Zeilen

Nun folgen die Spalten, bei denen zunächst die Zahl $n+1$ direkt unterhalb der rechten oberen Ecke platziert wird. Daran schließen sich $\frac{n-4}{2}$ Paare von aufeinanderfolgenden Zahlen an, die von oben nach unten abwechselnd in die linke und rechte Spalte eingetragen werden. Ist dies geschehen, fehlt nur noch eine einzige Zahl und die wird mit $2n - 2$ in der linken Spalte notiert (siehe Abbildung 9.131).

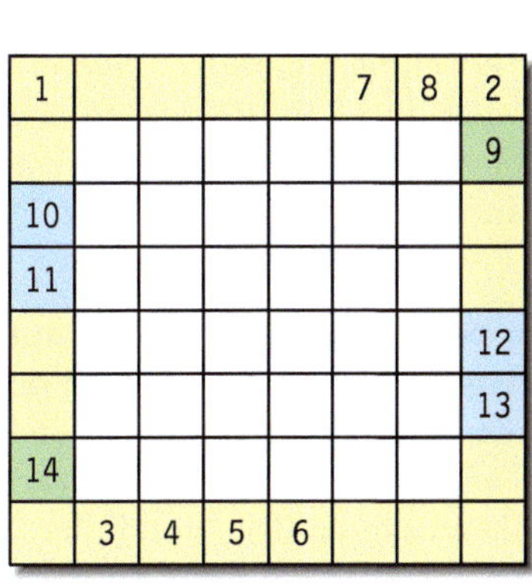

a) Ordnung $n = 8$

1					7	8	9			12	2
											13
14											
15											
											16
											17
18											
19											
											20
											21
22											
	3	4	5	6				10	11		

b) Ordnung $n = 12$

Abb. 9.131 Füllen der beiden äußeren Spalten

Jetzt sind alle $2n - 2$ Zahlen eingetragen und es fehlen im Rahmen nur noch die komplementären Zahlen, die in die horizontal bzw. vertikal gegenüberliegenden Zellen geschrieben werden. Nur die beiden unteren Ecken bilden wie immer eine Ausnahme, denn bei ihnen wird das Komplement wie in Abbildung 9.132 in die diagonal gegenüberliegenden Ecken platziert. Damit besitzen alle Zeilen und Spalten des Rahmens die gleiche Summe.

1	62	61	60	59	7	8	2
56							9
10							55
11							54
53							12
52							13
14							51
63	3	4	5	6	58	57	64

a) Ordnung $n = 8$

1	142	141	140	139	7	8	9	135	134	12	2
132											13
14											131
15											130
129											16
128											17
18											127
19											126
125											20
124											21
22											123
143	3	4	5	6	138	137	136	10	11	133	144

b) Ordnung $n = 12$

Abb. 9.132 Rahmen für magische Quadrate der Ordnungen 8 und 12 (Liu Feng-lin)

Einfach-gerade Rahmen

Nicht ganz so übersichtlich gestalten sich die Rahmen bei einfach-geraden Ordnungen $n = 4k + 2$. Zunächst werden auch wieder die Zahlen 1 und 2 in die beiden oberen Ecken eingetragen. Zusätzlich werden bereits die Zellen für acht weitere Zahlen reserviert, die aber erst zum Abschluss am rechten Rand der oberen Zeile ihren Platz finden.

Die restlichen freien Spalten werden durch $\frac{n-10}{4}$ Gruppen von jeweils vier fortlaufenden Zahlen belegt, die als Gruppe vollständig abwechselnd in die untere und obere Zeile kommen. Bei der Ordnung $n = 10$ sind bereits alle Zellen vergeben, sodass keine weiteren Zahlen notiert werden müssen. Mit $n = 14$ existiert eine derartige Gruppe, deren Zahlen alle direkt rechts neben der linken unteren Ecke von links nach rechts eingetragen werden. Bei höheren Ordnungen folgen dann weitere Gruppen abwechselnd in der oberen und unteren Zeile.

Danach folgen die acht Zahlen, deren Plätze reserviert wurden. Die genaue Anordnung dieser Zahlen hängt aber davon ab, ob bereits vorher die Zahlen von Vierergruppen platziert wurden. Ist k gerade, ist entweder gar keine Gruppe oder gleich viele Gruppen in die beiden äußeren Zeilen eingetragen worden. In diesem Falle fährt man in der unteren Zeile mit den vier Zahlen $n-7$, $n-6$, $n-5$ und $n-3$ fort, bevor man dann wieder in der oberen Zeile die Zahlen $n-4$ und $n-2$ notiert. Den Abschluss bilden dann die Zahl $n-1$ in der unteren und $n+1$ in der oberen Zeile (siehe Abbildung 9.133).

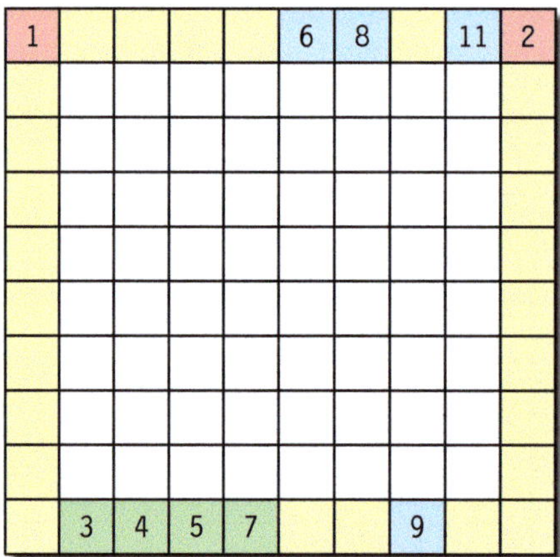

Abb. 9.133 Zeilen für die Ordnung $n = 10$

Ist k dagegen ungerade, werden diese acht Zahlen etwas anders eingetragen, damit ein Ausgleich geschaffen werden kann. Man beginnt mit den drei Zahlen $n-7$, $n-6$ und $n-5$ in der oberen Zeile und trägt danach $n-4$ und $n-2$ in die untere Zeile ein. Die letzten drei Zahlen $n-3$, $n-1$ und $n+1$ werden dann abwechselnd in die obere und untere Zeile geschrieben (siehe Abbildung 9.134).

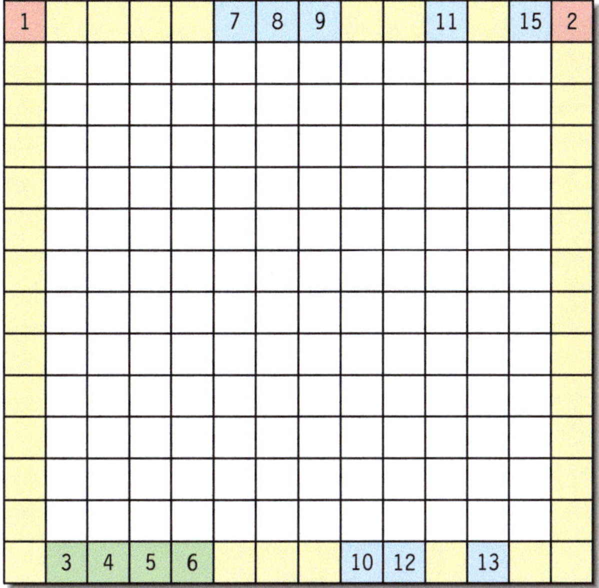

Abb. 9.134 Zeilen für die Ordnung $n = 14$

Etwas einfacher gestaltet sich die Belegung der Spalten. Zunächst wird immer die Zahl n in die rechte Spalte direkt unter der oberen Ecke eingetragen. Nun folgen $\frac{n-4}{2}$ Paare von aufeinanderfolgenden Zahlen, die von oben nach unten abwechselnd in die beiden Spalten geschrieben werden, wobei man mit der linken Spalte beginnt. Den Abschluss bildet die Zahl $2n - 2$, die oberhalb der rechten unteren Ecke platziert wird (siehe Abbildung 9.135).

1					6	8		11	2
									10
12									
13									
									14
									15
16									
17									
									18
	3	4	5	7			9		

a) Ordnung $n = 10$

1					7	8	9			11		15	2
													14
16													
17													
													18
													19
20													
21													
													22
													23
24													
25													
													26
	3	4	5	6				10	12		13		

b) Ordnung $n = 14$

Abb. 9.135 Füllen der beiden äußeren Spalten

Jetzt fehlen im Rahmen nur noch die komplementären Zahlen, die in die horizontal bzw. vertikal gegenüberliegenden Zellen eingetragen werden. Wie immer bilden die beiden unteren Ecken eine Ausnahme, denn bei ihnen wird das Komplement wie in Abbildung 9.136 in die diagonal gegenüberliegenden Ecken geschrieben. Damit besitzen alle Zeilen und Spalten der Umrandung die gleiche Summe.

1	98	97	96	94	6	8	92	11	2
91									10
12									89
13									88
87									14
86									15
16									85
17									84
83									18
99	3	4	5	7	95	93	9	90	100

a) Ordnung $n = 10$

1	194	193	192	191	7	8	9	187	185	11	184	15	2
183													14
16													181
17													180
179													18
178													19
20													177
21													176
175													22
174													23
24													173
25													172
171													26
195	3	4	5	6	190	189	188	10	12	186	13	182	196

b) Ordnung $n = 14$

Abb. 9.136 Rahmen für magische Quadrate der Ordnungen 10 und 14 (Liu Feng-lin)

Für den Fall der Ordnung $n = 6$ ist diese Konstruktion ohne Änderungen nicht durchführbar, da nicht genügend Plätze im Rahmen zur Verfügung stehen. Man kann das beschriebene Verfahren aber wie in Abbildung 9.137 leicht abändern.

4	36	34	30	2	5
31					6
8					29
9					28
27					10
32	1	3	7	35	33

Abb. 9.137 Rahmen für ein magisches Quadrat der Ordnung $n = 6$ (Liu Feng-lin)

Fügt man die hier beschriebenen Rahmen von außen nach innen zusammen, müssen die zu benutzenden Zahlen bei dem Wechsel zum nächsten inneren Rahmen immer um den Wert $2n - 2$ für den aktuellen Rahmen erhöht werden. Dies kann man deutlich an den linken oberen Ecken der einzelnen Rahmen erkennen, deren Zahlen $1, 23, 41, 58$ genau diese Erhöhung widerspiegeln.

Zum Schluss fehlt zu einem magischen Quadrat nur noch der innere Kern der Größe 4. Hier kann man ein beliebiges magisches Quadrat der Ordnung 4 wählen und alle Zahlen entsprechend erhöhen. Für die Ordnung $n = 12$ gilt

$$(2 \cdot 12 - 2) + (2 \cdot 10 - 2) + (2 \cdot 8 - 2) + (2 \cdot 6 - 2) = 22 + 18 + 14 + 10 = 64$$

und ein mögliches Ergebnis wird in Abbildung 9.138 dargestellt.

1	14	15	4
12	7	6	9
8	11	10	5
13	2	3	16

1	142	141	140	139	7	8	9	135	134	12	2
132	23	120	119	118	116	28	30	114	33	24	13
14	113	41	102	101	100	99	47	48	42	32	131
15	34	96	58	90	88	84	56	59	49	111	130
129	35	50	85	65	78	79	68	60	95	110	16
128	109	51	62	76	71	70	73	83	94	36	17
18	108	93	63	72	75	74	69	82	52	37	127
19	38	92	81	77	66	67	80	64	53	107	126
125	39	54	86	55	57	61	89	87	91	106	20
124	105	103	43	44	45	46	98	97	104	40	21
22	121	25	26	27	29	117	115	31	112	122	123
143	3	4	5	6	138	137	136	10	11	133	144

Abb. 9.138 Fortgesetzt gerahmtes magisches Quadrat der Ordnung $n = 12$ (Liu Feng-lin)

9.2.10 Eintragen der Zahlen im Uhrzeigersinn

Dieses Verfahren erzeugt fortgesetzt gerahmte magische Quadrate beliebiger gerader Ordnung. Das Besondere an diesem Verfahren besteht darin, dass die Vorgehensweise für Rahmen der Ordnung $n = 4k$ und $n = 4k + 2$ fast identisch ist. Der Unterschied liegt nur in der Platzierung der ersten sechs bzw. zehn Zahlen.

Für einen Rahmen der Ordnung $n = 4k$ werden die ersten sechs Zahlen wie in Abbildung 9.139a eingetragen. Danach werden die nächsten vier Zahlen 7, 8, 9 und 10 zyklisch im Uhrzeigersinn neben den bereits in den Zeilen und Spalten vorhandenen Zahlen platziert, wobei man oberhalb der Zahl 6 beginnt.

Es folgen weitere vier Zahlen, die aber jetzt genau in entgegengesetzter Richtung notiert werden. Insgesamt müssen $k-1$ dieser Doppeldurchgänge durchgeführt werden, bis das Quadrat so weit gefüllt ist, dass nur noch die komplementären Zahlen fehlen.

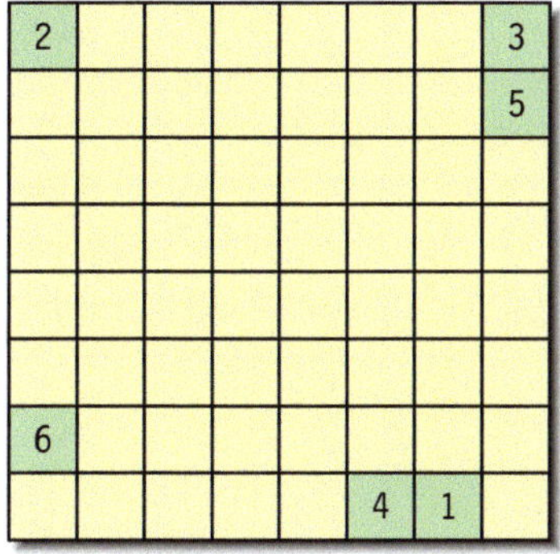

a) die ersten sechs Zahlen

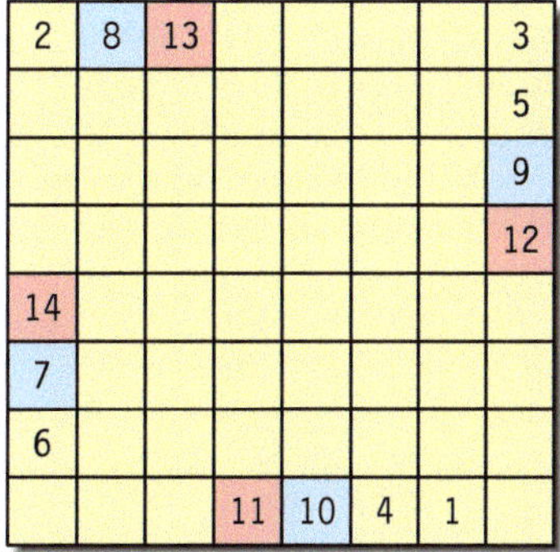

b) zyklisches Eintragen

2	8	13	54	55	61	64	3
60							5
56							9
53							12
14							51
7							58
6							59
62	57	52	11	10	4	1	63

c) komplementäre Zahlen

Abb. 9.139 Rahmen für ein Quadrat der Ordnung $n = 8$

Rahmen der Ordnung $n = 4k + 2$ unterscheiden sich nur darin, dass zu Beginn nicht sechs, sondern zehn Zahlen eingetragen werden.

2	9								3
									5
									8
10									
4									
						7	6	1	

Abb. 9.140 Anfangszahlen für einen Rahmen der Ordnung $n = 4k + 2$

Da sonst kein Unterschied zu den doppelt-geraden Rahmen vorhanden ist, werden die nächsten vier Zahlen 11, 12, 13 und 14 wieder im Uhrzeigersinn platziert und danach die nächsten vier Zahlen 15, 16, 17 und 18 genau entgegengesetzt.

Da nach dem Eintragen der Zahlen für die Ausgangssituation bereits drei Zahlen in jeder Zeile und Spalte des Rahmens enthalten sind, müssen nur $k-1$ dieser Doppeldurchgänge durchgeführt werden. Danach ist das Quadrat so weit gefüllt, dass nur noch die komplementären Zahlen fehlen.

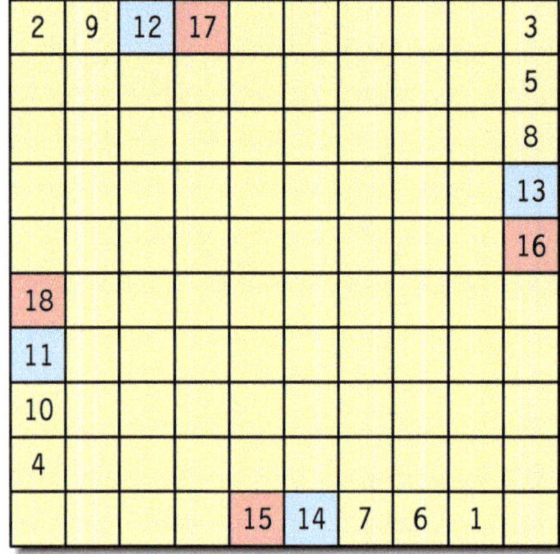

2	9	12	17						3
									5
									8
									13
									16
18									
11									
10									
4									
				15	14	7	6	1	

2	9	12	17	86	87	94	95	100	3
96									5
93									8
88									13
85									16
18									83
11									90
10									91
4									97
98	92	89	84	15	14	7	6	1	99

Abb. 9.141 Rahmen für ein Quadrat der Ordnung $n = 10$

Mit diesen beiden Strategien kann ein fortgesetzt gerahmtes magisches Quadrat der Ordnung $n = 10$ konstruiert werden. Dazu beginnt man mit dem Rahmen aus Abbildung 9.141, in dem die Zahlen $1, \ldots, 18$ und deren komplementäre Zahlen $83, \ldots, 100$ eingetragen worden sind.

In den äußeren Rahmen wird dann ein Rahmen der Größe $n = 8$ eingesetzt, dessen Konstruktion in Abbildung 9.139 beschrieben worden ist. Allerdings müssen alle Zahlen um den Wert $2 \cdot 10 - 2 = 18$ erhöht werden, da die Zahlen $1, \ldots, 18$ schon im äußeren Rahmen benutzt worden sind. Damit enthält dieser Rahmen die Zahlen $19, \ldots, 32$ sowie $69, \ldots, 82$.

Für den nächsten Rahmen der Größe $n = 6$ müssen nur zehn Anfangszahlen eingetragen werden, deren Werte jetzt alle um den Wert

$$(2 \cdot 10 - 2) + (2 \cdot 8 - 2) = 18 + 14 = 32$$

erhöht werden und die Zahlen $33, \ldots, 42$ ergeben. Mit den hierzu komplementären Zahlen $59, \ldots, 68$ sind alle drei benötigten Rahmen gefüllt worden und nur die Zahlen $43, \ldots, 58$ verbleiben unbenutzt.

2	9	12	17	86	87	94	95	100	3
96	20	26	31	72	73	79	82	21	5
93	78							23	8
88	74							27	13
85	71							30	16
18	32							69	83
11	25							76	90
10	24							77	91
4	80	75	70	29	28	22	19	81	97
98	92	89	84	15	14	7	6	1	99

2	9	12	17	86	87	94	95	100	3
96	20	26	31	72	73	79	82	21	5
93	78	34	41	62	63	68	35	23	8
88	74	64					37	27	13
85	71	61					40	30	16
18	32	42					59	69	83
11	25	36					65	76	90
10	24	66	60	39	38	33	67	77	91
4	80	75	70	29	28	22	19	81	97
98	92	89	84	15	14	7	6	1	99

Abb. 9.142 Die äußeren Rahmen für ein Quadrat der Ordnung $n = 10$

Jetzt ist nur der innere Kern nicht mit Zahlen belegt. Hier kann ein beliebiges magisches Quadrat der Ordnung n=4 eingesetzt werden, dessen Zahlen alle um 42 erhöht werden. Abbildung 9.143 zeigt ein fortgesetzt gerahmtes magisches Quadrat der Ordnung $n = 10$, das auf diese Weise erstellt wurde.

1	8	13	12
15	10	3	6
4	5	16	9
14	11	2	7

2	9	12	17	86	87	94	95	100	3
96	20	26	31	72	73	79	82	21	5
93	78	34	41	62	63	68	35	23	8
88	74	64	43	50	55	54	37	27	13
85	71	61	57	52	45	48	40	30	16
18	32	42	46	47	58	51	59	69	83
11	25	36	56	53	44	49	65	76	90
10	24	66	60	39	38	33	67	77	91
4	80	75	70	29	28	22	19	81	97
98	92	89	84	15	14	7	6	1	99

Abb. 9.143 Fortgesetzt gerahmtes magisches Quadrat der Ordnung $n = 10$ (unbekannter Autor, Methode 1)

Varianten

Mit dieser Methode lassen sich weitere magische Quadrate erzeugen, wenn man die vorzugebenden Anfangszahlen verändert. Bei Ordnungen $n = 4k$ gibt es insgesamt acht mögliche Anordnungen der Zahlen $1, \ldots, 6$, die alle zu unterschiedlichen Quadraten führen. Neben der Anordnung aus Abbildung 9.139 sind drei weitere Möglichkeiten in Abbildung 9.144 dargestellt.

Soll jedoch die Zahl in der rechten oberen Ecke größer sein als diejenige in der linken oberen Ecke und zusätzlich die beiden Zahlen in der unteren Zeile von rechts nach links größer werden, gibt es insgesamt nur noch zwei Möglichkeiten. Neben der Anordnung aus dem Beispiel für $n = 8$ steht dann nur noch die linke Anordnung aus Abbildung 9.144 zur Verfügung.

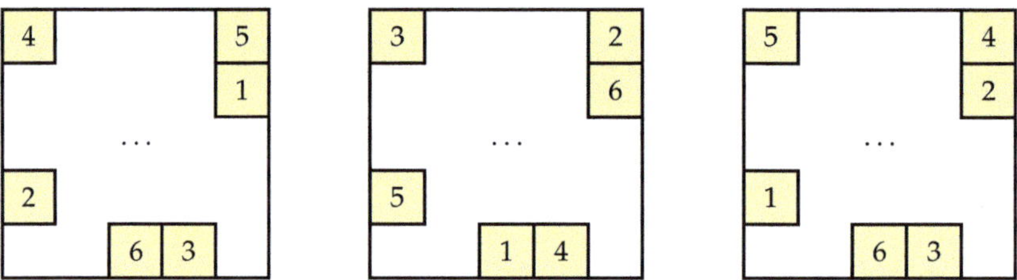

Abb. 9.144 Mögliche Anfangszahlen bei Quadraten der Ordnung $n = 4k$

Im Fall einfach-gerader Rahmen mit $n = 4k + 2$ müssen zu Beginn zehn Zahlen eingetragen werden, sodass wesentlich mehr Möglichkeiten zur Auswahl stehen. Wird nur die Anordnung dieser zehn Zahlen verändert und der weitere Verlauf aus dem Beispiel für $n = 10$ gewählt, stehen insgesamt 6720 Rahmen zur Verfügung, die alle zu unterschiedlichen magischen Quadraten führen.

Diese Anzahl reduziert sich jedoch, wenn man die Zahlen so anordnen will, dass die Zahl in der rechten oberen Ecke größer sein soll als diejenige in der linken oberen Ecke.

Sollen zusätzlich die Zahlen in der unteren Zeile von rechts nach links, die in der linken Spalte von unten nach oben und die in der rechten Spalte ohne die Ecke von oben nach unten größer werden, gibt es insgesamt nur noch 140 Möglichkeiten. Drei dieser Anordnungen sind in Abbildung 9.145 dargestellt.

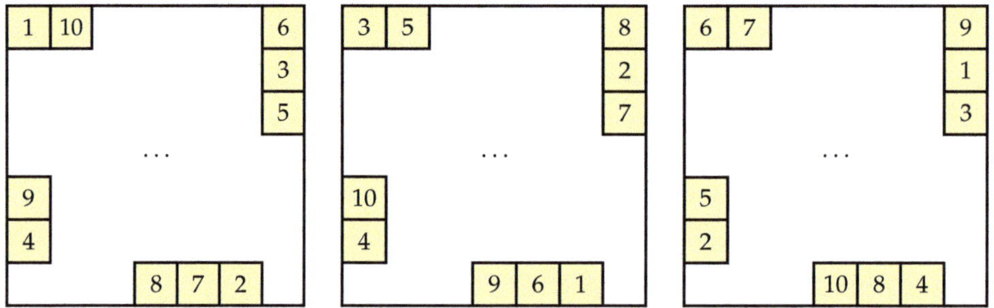

Abb. 9.145 Mögliche Anfangszahlen bei Quadraten der Ordnung $n = 4k + 2$

9.2.11 Eintragen mit Gruppen von vier Zahlen

Bei fortgesetzt gerahmten magischen Quadraten besteht der äußere Rahmen aus den Zahlen $1, \ldots, 2n-2$ und deren Komplementen. Für Ordnungen $n = 4k$ gilt

$$2n - 2 = 2 \cdot (4k) - 2 = 8k - 2$$

sodass diese Zahlen in $2k-1$ Gruppen von jeweils vier aufeinanderfolgenden Zahlen und eine Gruppe von zwei aufeinanderfolgenden Zahlen aufgeteilt werden können.

$$(2k - 1) \cdot 4 + 2 = 8k - 4 + 2 = 8k - 2$$

Die Reihenfolge der Vierergruppen untereinander spielt keine Rolle, sodass eine solche Aufteilung für $n = 8$ beispielsweise folgendermaßen aussehen könnte:

$$(5,6,7,8) \;\; (1,2,3,4) \;\; (11,12,13,14) \quad \text{und} \quad (9,10)$$

Jede Gruppe von vier Zahlen (n_1, n_2, n_3, n_4) wird beim Eintragen in zwei Zahlenpaare $(n_1, n_4)\,(n_2, n_3)$ aufgeteilt. Da die vier Zahlen aufeinanderfolgen, gilt stets

$$n_1 + n_4 = n_2 + n_3$$

Konkret bedeutet dies für die erste Vierergruppe $(5, 6, 7, 8)$ eine Aufteilung in die Zahlenpaare $(5, 8)$ und $(6, 7)$. Das erste Zahlenpaar $(5, 8)$ wird in die untere Zeile links neben der rechten unteren Ecke eingetragen, die Zahlen des zweiten Zahlenpaares $(6, 7)$ dagegen in die beiden oberen Ecken. Wichtig ist dabei, dass es sich nach dieser Konstruktion um zwei aufeinanderfolgende Zahlen handelt und die größere der beiden Zahlen in die rechte obere Ecke platziert wird.

Danach werden die Zahlen der weiteren Vierergruppen ebenfalls in die untere und obere Zeile geschrieben. Dabei werden die Zahlen in der unteren Zeile immer von rechts nach links und in der oberen Zeile von links nach rechts eingetragen. Insgesamt müssen die Zahlen von k Vierergruppen in diesen beiden Zeilen platziert werden. Im Fall der Ordnung $n = 8$ also zwei Vierergruppen, wie in Abbildung 9.146a zu sehen ist.

Für die linke und rechte Spalte werden nach einem ähnlichen Schema die Zahlen von $k-1$ Vierergruppen eingetragen, wobei die Ecken nicht mehr beachtet werden müssen. Das Zahlenpaar $(n_1, n_4) = (11, 14)$ gehört in die rechte Spalte, wobei man oberhalb der rechten unteren Ecke beginnt und dann nach oben fortschreitet. Das zugehörige Zahlenpaar $(n_2, n_3) = (12, 13)$ wird dementsprechend in der linken Spalte eingefügt, wobei man hier unterhalb der linken oberen Ecke beginnt und dann nach unten fortschreitet. Wegen $k - 1 = 1$ muss in diesem Beispiel wie in Abbildung 9.146b nur eine einzige Vierergruppe eingetragen werden.

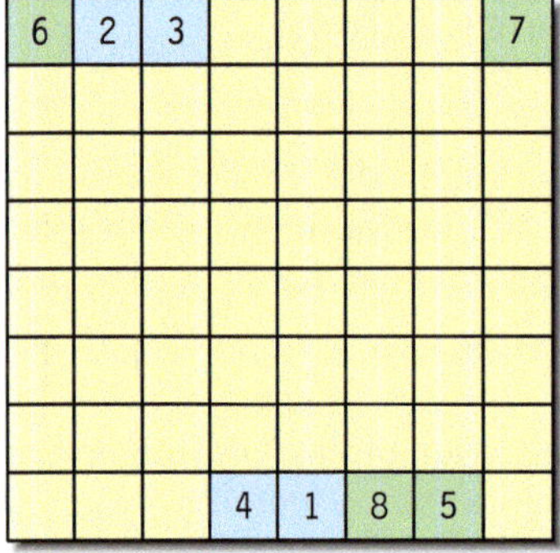

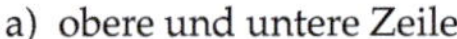
a) obere und untere Zeile

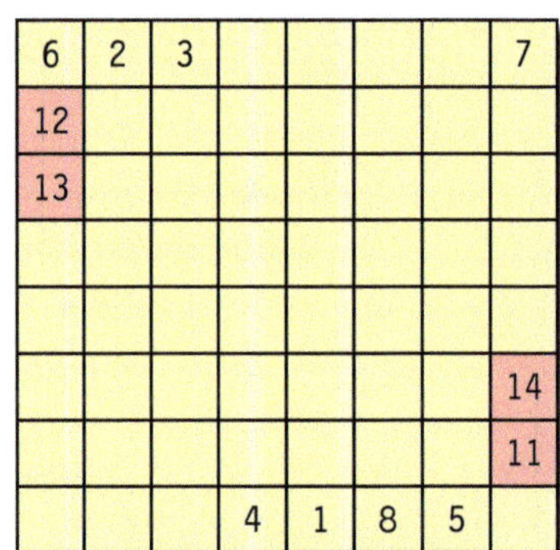

b) linke und rechte Spalte

Abschließend folgen noch die beiden Zahlen der Zweiergruppe. Die kleinere der beiden Zahlen gehört in die rechte und die größere in die linke Spalte. Damit wird der Unterschied der Zahlen in den beiden oberen Ecken wieder ausgeglichen.

Füllt man danach die genau gegenüberliegenden Felder mit den komplementären Zahlen auf, ist der Rahmen vollständig gefüllt. Nur die entsprechenden Felder der oberen Ecken liegen wie üblich diagonal gegenüber, wie es auch in Abbildung 9.146d zu erkennen ist. Mit dieser Konstruktion besitzen beiden Zeilen und beide Spalten die gleiche Summe.

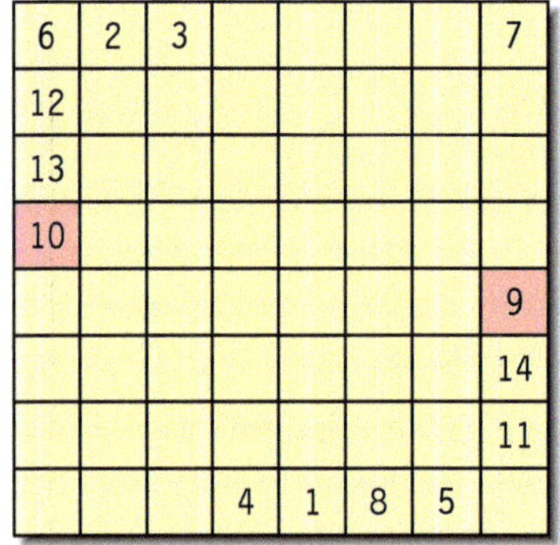

c) Zahlen der Zweiergruppe

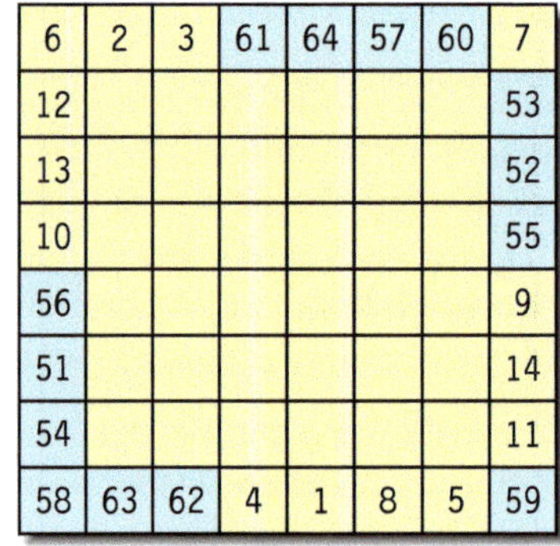

d) fertiger Rahmen

Abb. 9.146 Rahmen für ein Quadrat der Ordnung $n = 8$ (unbekannter Autor, Methode 2)

In einem weiteren Beispiel der Ordnung $n = 12$ wird folgende Aufteilung gewählt:

$$(1, 2, 3, 4) \quad (19, 20, 21, 22) \quad (11, 12, 13, 14) \quad (7, 8, 9, 10) \quad (15, 16, 17, 18) \quad (5, 6)$$

Nun müssen $k = 3$ Vierergruppen in die untere und obere Zeile eingetragen werden, wobei die beiden mittleren Zahlen der ersten Gruppe wie bisher die Eckplätze einnehmen. In die linke und rechte Spalte werden zunächst $k - 1 = 2$ Vierergruppen platziert, die dann durch jeweils eine Zahl der Zweiergruppe aufgefüllt werden.

2	20	21	12	13							3
8											
9											
16											
17											
6											
											5
											18
											15
											10
											7
					14	11	22	19	4	1	

Abb. 9.147 Rahmen für ein Quadrat der Ordnung $n = 12$ (unbekannter Autor, Methode 2)

Wie bei nachfolgenden Rahmen der Ordnung $n = 12$ werden nicht mehr die komplementären Zahlen angegeben, da der Schwerpunkt auf die Positionen der unteren Zahlen des Rahmens gelegt wird.

Ein vollständiges Beispiel, bei dem auch die weiteren inneren Rahmen gefüllt werden, wird in Kapitel 9.2.14 gegeben, wo dieses Verfahren auch auf Rahmen der Ordnung $n = 4k + 2$ übertragen wird.[28].

Variante 1

Eine erste kleine Variante ergibt sich bereits, wenn man die beiden oberen Ecken entgegengesetzt füllt, also die größere Zahl 7 in die linke obere und die kleinere Zahl 6 in die rechte obere Ecke platziert. Dies wird hier mit den gleichen Parametern wie der Rahmen aus Abbildung 9.146 demonstriert, sodass sich die Positionen der anderen Zahlen in den Zeilen und Spalten nicht ändern.

Auch die Zeilensummen sind unverändert. Da sich die größere Zahl 7 jetzt aber in der linken oberen Ecke befindet, muss die kleinere Zahl 9 aus der Zweiergruppe in die linke Spalte und die größere Zahl 10 in der rechten Spalte eingetragen werden. Mit dieser Anpassung bleiben auch die Spaltensummen gleich. Als Ergebnis ergibt ich der an acht Positionen veränderte Rahmen aus Abbildung 9.148.

[28] Die Methoden in den Kapiteln 9.2.11 bis 9.2.14 stammen von einem unbekannten Autor, dessen Internetquelle aber inzwischen nicht mehr existiert

7	2	3					6
12							
13							
9							
							10
							14
							11
			4	1	8	5	

7	2	3	61	64	57	60	6
12							53
13							52
9							56
55							10
51							14
54							11
59	63	62	4	1	8	5	58

Abb. 9.148 Rahmen für ein Quadrat der Ordnung $n = 8$ (unbekannter Autor, Methode 2.1)

Variante 2

In den bisherigen Beispielen wurden die Vierergruppen immer auf die gleiche Art und Weise eingetragen. Die ersten Zahlen (n_1, n_4) wurden in die untere Zeile bzw. rechte Spalte geschrieben und die zugehörigen Partner (n_2, n_3) gegenüber. Die Ausgangszeile bzw. Ausgangsspalte kann aber für jede Vierergruppe mit Ausnahme der allerersten beliebig gewählt werden. Hier müssen (n_1, n_4) in der unteren Zeile platziert werden, damit die aufeinanderfolgenden Zahlen (n_2, n_3) in den oberen Ecken notiert werden können.

Im Beispiel der Abbildung 9.149 sind die gleichen Parameter wie beim Rahmen der Abbildung 9.147 benutzt worden, damit die Unterschiede hervortreten. Dabei sind die Vierergruppen abwechselnd unten und oben sowie links und rechts platziert worden.

2	19	22	12	13							3
7											
10											
16											
17											
6											
											5
											18
											15
											9
											8
					14	11	21	20	4	1	

Abb. 9.149 Rahmen für ein Quadrat der Ordnung $n = 12$ (unbekannter Autor, Methode 2.2)

Variante 3

Bei dieser Variante werden die Vierergruppen noch flexibler gestaltet, da sie nicht mehr aus vier fortlaufenden Zahlen bestehen, sondern mit einer Ausnahme aus zwei Zahlenpaaren, deren Zahlen sich aber jeweils um 1 unterscheiden.

In dem hier aufgeführten Beispiel für die Ordnung $n = 8$ muss aus den $2n-2$ zur Verfügung stehenden Zahlen eine Vierergruppe mit fortlaufenden Zahlen so ausgesucht werden, dass aus den restlichen Zahlen die erwähnten Zahlenpaare gebildet werden können. Die spezielle Vierergruppe wird wieder für die vier Startzahlen benötigt, von denen die beiden mittleren wie üblich in die oberen Ecken eingetragen werden. Hier ist folgende beispielhafte Aufteilung gewählt worden:

$$(7, 8, 9, 10) \quad \text{und} \quad (1, 2)\ (11, 12)\ (5, 6)\ (13, 14)\ (3, 4)$$

Die Zahlen der Vierergruppe werden wie üblich in die untere Zeile und die beiden mittleren Zahlen in die beiden oberen Ecken platziert. Nun kommt der entscheidende Unterschied, da die nächste Vierergruppe

$$(n_1, n_2, n_3, n_4) = (1, 2, 11, 12)$$

immer aus den beiden nächsten Zahlenpaaren gebildet wird. Damit wird sie nicht mehr von vier aufeinanderfolgenden Zahlen gebildet, obwohl immer noch die zentrale Bedingung $n_1 + n_4 = n_2 + n_3$ erfüllt ist.

8	2	11					9
6							
13							
4							
							3
							14
							5
			12	1	10	7	

8	2	11	53	64	55	58	9
6							59
13							52
4							61
62							3
51							14
60							5
56	63	54	12	1	10	7	57

Abb. 9.150 Rahmen für ein Quadrat der Ordnung $n = 8$ (unbekannter Autor, Methode 2.3)

Variante 4

Natürlich kann man all diese Varianten miteinander auch kombinieren. Zusätzliche können weitere Rahmen erzeugen werden, indem bestimmte Zahlen untereinander vertauscht werden. So kann das Zahlenpaar (n_1, n_4) genau in dieser Reihenfolge oder auch in der umgekehrten Reihenfolge (n_4, n_1) in die Zeilen bzw. Spalten eingetragen werden. Dies gilt natürlich auch für die anderen beiden Zahlen (n_2, n_3), die ebenso vertauscht werden können. Diese Anordnungen führen zu einer Vielzahl von unterschiedlichen Rahmen.

In den Rahmen aus Abbildung 9.151 sind einige dieser Variationen eingeflossen.

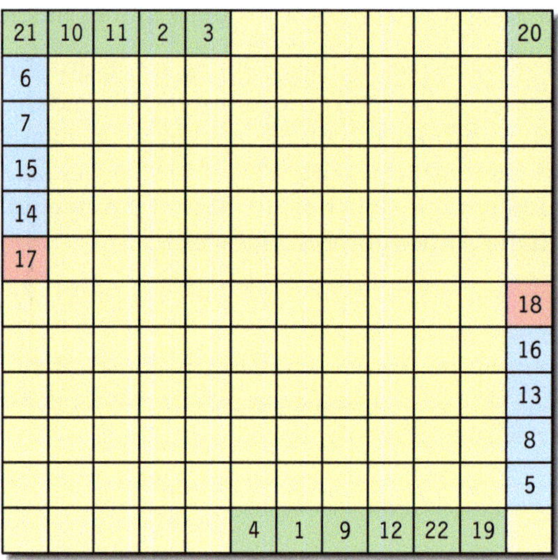

Abb. 9.151 Rahmen für ein Quadrat der Ordnung $n = 12$ (unbekannter Autor, Methode 2.4)

9.2.12 Aufteilung der Zahlen in drei Bereiche

Das hier vorgestellte Verfahren für Ordnungen $n = 4k$ basiert auf ähnlichen Überlegungen wie das Verfahren in Abschnitt 9.2.11. Zunächst werden die zu benutzenden Zahlen $1, \ldots, 2n - 2$ in drei Bereiche aufgeteilt.

$$(1 \ldots k, 3k + 1 \ldots 4k) \qquad (k + 1 \ldots 2k, 2k + 1 \ldots 3k) \qquad (4k + 1 \ldots 2n - 2)$$

Für die Ordnung $n = 8$ ergeben sich damit folgende Bereiche:

$$(1, 2, 7, 8) \qquad (3, 4, 5, 6) \qquad (9, 10, 11, 12, 13, 14)$$

Die Zahlen der ersten Gruppe werden in der oberen Zeile platziert. Dabei bilden die beiden ersten Zahlen die Ecken und die restlichen Zahlen füllen diese Zeile von links auf. Die Zahlen der zweiten Gruppe werden in die untere Zeile geschrieben. Hier beginnt man links neben der rechten unteren Ecke und füllt die Zeile dann weiter nach links auf.

Von der dritten Gruppe werden die beiden letzten Zahlen zunächst abgetrennt. Von den verbleibenden Zahlen $(9, 10, 11, 12)$ werden die beiden mittleren Zahlen herausgetrennt und hinten wieder eingefügt, sodass diese Zahlengruppe nach dieser Änderung (9, 12, 10, 11) lautet.

Diese Gruppe ist damit so umgeordnet worden, dass die Zahlen in den beiden Hälften die gleiche Summe ergeben. So können die Zahlen der ersten Hälfte in die rechte Spalte und die Zahlen der zweiten Hälfte in die linke Spalte eingefügt werden. In der rechten Spalte beginnt man direkt oberhalb der noch freien rechten unteren Ecke, in der linken Spalte direkt unterhalb der linken oberen Ecke.

1	7	8					2
10							
11							
14							
							13
							12
							9
			6	5	4	3	

1	7	8	59	60	61	62	2
10							55
11							54
14							51
52							13
53							12
56							9
63	58	57	6	5	4	3	64

Abb. 9.152 Rahmen für ein Quadrat der Ordnung $n = 8$ (unbekannter Autor, Methode 3)

Füllt man jetzt noch die genau gegenüberliegenden Felder mit den komplementären Zahlen auf, ist der Rahmen vollständig gefüllt. Nur die entsprechenden Felder der oberen Ecken liegen wie üblich diagonal gegenüber, wie auch in Abbildung 9.152 zu erkennen ist. Mit dieser Konstruktion besitzen beiden Zeilen und beide Spalten die gleiche Summe.

Die beiden zurückgestellten Zahlen werden jetzt noch in beide Spalten eingefügt, um die bereits eingetragenen Ecken auszugleichen. Da die Zahl in der rechten oberen Ecke größer als die in der anderen Ecke ist, wird die kleinere Zahl in der rechten und die größere Zahl in der linken Spalte platziert.

Variante 1

Dieses Vorgehen lässt sich leicht variieren, wie an einem Beispiel der Ordnung $n = 12$ demonstriert wird. Die Aufteilung der Zahlen ergibt zunächst folgende Bereiche:

$$(1, 2, 3, 10, 11, 12) \qquad (4, 5, 6, 7, 8, 9) \qquad (13, 14, 15, 16, 17, 18, 19, 20, 21, 22)$$

Die Zahlen der beiden ersten Zahlengruppen sind für die obere und untere Zeile vorgesehen. Dabei ist es jedoch völlig unwichtig, wo sie eingetragen werden. In Abbildung 9.153 findet die erste Gruppe in der unteren Zeile und die zweite Gruppe in der oberen Zeile ihren Platz.

Im vorherigen Beispiel sind die ersten beiden Zahlen in die Ecken eingetragen worden. Auch dies kann abgeändert werden, da es sich nur um zwei beliebige fortlaufende Zahlen aus dieser Gruppe handeln muss. Dabei spielt es auch keine Rolle, welche der beiden Zahlen in die linke bzw. rechte Ecke platziert wird. In diesem Beispiel wurden die Zahlen 5 und 6 für die Ecken ausgesucht und die größere Zahl in die linke obere Ecke geschrieben.

Im dritten Schritt werden die beiden letzten Zahlen abgetrennt und die restlichen Zahlen wie beschrieben umgeordnet:

$$(13, 14, 15, 16, 17, 18, 19, 20) \quad \longrightarrow \quad (13, 14, 19, 20, 15, 16, 17, 18)$$

Die Zahlen der beiden Hälften werden dann in den beiden äußeren Spalten notiert. Da beide die gleiche Summe besitzen, spielt es keine Rolle, welche Hälfte sich links und welche sich rechts befindet. Im Gegensatz zum oberen Beispiel werden die Zahlen der ersten Hälfte in die linke Spalte und die Zahlen der zweiten Hälfte in die rechte Spalte eingetragen. Der Abschluss der beiden Spalten wird mit den beiden verbliebenen Zahlen gebildet, die wie in Abbildung 9.153 die oberen Ecken ausgleichen müssen.

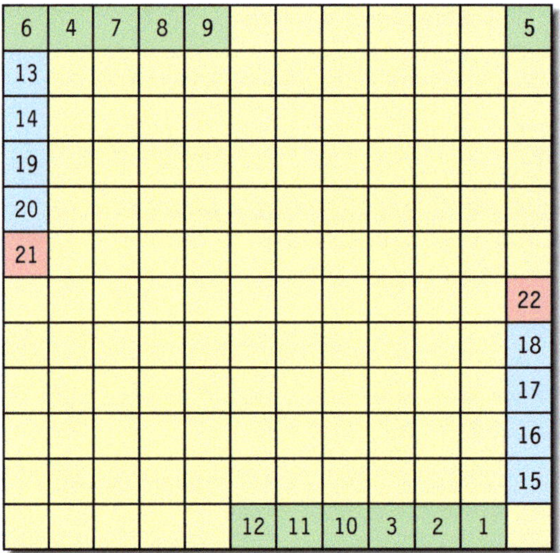

Abb. 9.153 Rahmen für ein Quadrat der Ordnung $n = 12$ (unbekannter Autor, Methode 3.1)

Variante 2

In einer weiteren Variante wird der gesamte Zahlenbereich $1, \ldots, 2n - 2$ in drei Teilbereiche der Längen n, $n - 4$ und 2 aufgeteilt, die jeweils aus fortlaufenden Zahlen bestehen. Im folgenden Beispiel der Ordnung $n = 12$ ist die folgende Aufteilung vorgenommen worden:

(1, 2, 3, 4, 5, 6, 7, 8)   (9, 10)   (11, 12, 13, 14, 15, 16, 17, 18, 19, 20, 21, 22)

Aus der größten Zahlengruppe mit n Zahlen werden jetzt die mittleren $\frac{n}{2}$ Zahlen herausgetrennt und hinten wieder angefügt. Ähnlich geht man bei der Zahlengruppe mit den $n-4$ vor, nur dass hier $\frac{n-4}{2}$ Zahlen herausgetrennt werden. Damit besitzen diese Zahlengruppen jetzt folgendes Aussehen:

(1, 2, 7, 8, 3, 4, 5, 6)   (9, 10)   (11, 12, 13, 20, 21, 22, 14, 15, 16, 17, 18, 19)

Die Zahlen dieser drei Gruppen werden jetzt in den Rahmen des Quadrates geschrieben. Die Zahlen der ersten Hälfte der größten Gruppe werden in der oberen Zeile platziert. Dabei kommt die erste Zahl in die linke obere und die zweite Zahl in die rechte obere Ecke. Die Zahlen der ersten Hälfte der Gruppe mit den $n-4$ Zahlen werden in die linke und die der zweiten Hälfte in die rechte Spalte geschrieben. Dabei beginnt man unterhalb der linken oberen und oberhalb der rechten unteren Ecke und schreitet dann nach unten bzw. nach oben vor.

Der Abschluss der beiden Spalten wird mit den beiden verbliebenen Zahlen aus der Gruppe mit zwei Zahlen gebildet, die die beiden oberen Ecken ausgleichen müssen.

11	13	20	21	22							12
1											
2											
7											
8											
10											
											9
											6
											5
											4
											3
					19	18	17	16	15	14	

Abb. 9.154 Rahmen für ein Quadrat der Ordnung $n = 12$ (unbekannter Autor, Methode 3.2)

Diese Variante kann natürlich noch weiter verändert werden. Zunächst gibt es sechs Möglichkeiten, den Zahlenbereich $1, \ldots, 2n-2$ in die drei Gruppen aufzuteilen. Zusätzlich können auch noch die Überlegungen der Variante 1 hier eingebracht werden, sodass eine Vielzahl von unterschiedlichen Rahmen erzeugt werden können.

9.2.13 Aufteilung in komplementäre Zahlenpaare

Dieses Verfahren für Ordnungen $n = 4k$ ähnelt den beiden Verfahren, die in den Abschnitten 9.2.11 und 9.2.12 vorgestellt worden sind. Zunächst werden die zu benutzenden Zahlen $1, \ldots, 2n-2$ in komplementäre Zahlenpaare aufgeteilt, deren Summe jeweils $2n - 1$ beträgt. Für die Ordnung $n = 4k = 12$ bedeutet dies konkret:

$$(1, 22)\ (2, 21)\ (3, 20)\ (4, 19)\ (5, 18)\ (6, 17)\ (7, 16)\ (8, 15)\ (9, 14)\ (10, 13)\ (11, 12)$$

Die ersten $k = 3$ Zahlenpaare kommen jetzt wie bei den beiden anderen erwähnten Verfahren in die obere Zeile. Dabei werden die jeweils ersten Zahlen der beiden ersten Zahlenpaare in die oberen Ecken eingetragen und die restlichen Zahlen füllen die obere Zeile von links her auf. Die untere Zeile wird dann von den Zahlen der nächsten drei Zahlenpaaren gebildet. Danach werden jeweils $k - 1$ Zahlenpaare in die linke und die rechte Spalte eingetragen.

Die beiden verbliebenen Zahlen werden jetzt noch in diese beiden Spalten eingefügt, um die bereits eingetragenen Ecken auszugleichen. Da die Zahl in der rechten oberen Ecke größer als die in der anderen Ecke ist, wird die kleinere Zahl in der rechten und die größere Zahl in der linken Spalte platziert.

1	22	21	3	20							2
7											
16											
8											
15											
12											
											11
											13
											10
											14
											9
					17	6	18	5	19	4	

Abb. 9.155 Rahmen für ein Quadrat der Ordnung $n = 12$ (unbekannter Autor, Methode 4)

Mit den aus den anderen beiden Abschnitten erwähnten Variationsmöglichkeiten kann man eine Vielzahl von unterschiedlichen Rahmen erzeugen. Zusätzlich können auch die Zahlenpaare untereinander vertauscht werden, da sie alle die gleiche Summe besitzen.

Auch die Belegung der oberen Ecken kann flexibler gestaltet werden. Sei etwa die folgende Anordnung von Zahlenpaaren gegeben:

$$(11, 12)\ (3, 20)\ (2, 21)\ (10, 13)\ (4, 19)\ (6, 17)\ (8, 15)\ (5, 18)\ (9, 14)\ (1, 22)\ (7, 16)$$

Dann wird die erste Zahl 11 aus dem ersten Zahlenpaar in die linke obere Ecke und die zweite Zahl 20 aus dem zweiten Zahlenpaar in die rechte obere Ecke eingetragen werden. Dies ergibt unter der zusätzlichen Bedingung, dass die Differenz dieser beiden Zahlen mit der Differenz der beiden Zahlen aus dem letzten Zahlenpaar (7, 16) übereinstimmt, einen gültigen Rahmen.

Mit dieser Zusatzbedingung lassen sich durch die vertauschten Zahlenpaare eine Vielzahl von unterschiedlichen Rahmen erzeugen. Mit der obigen Anordnung der Zahlenpaare ergibt sich der Rahmen aus Abbildung 9.156.

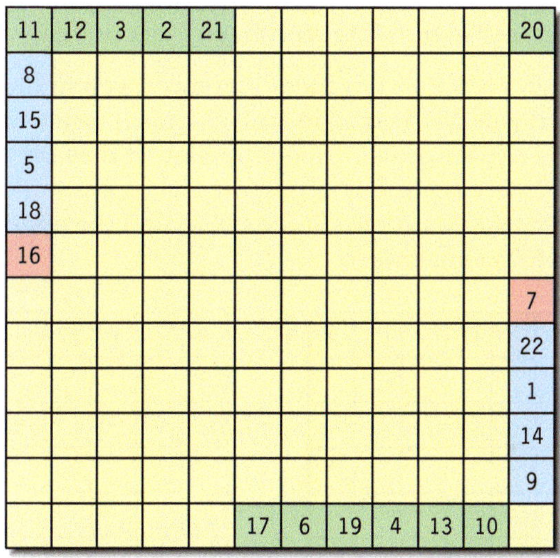

11	12	3	2	21							20
8											
15											
5											
18											
16											
											7
											22
											1
											14
											9
					17	6	19	4	13	10	

Abb. 9.156 Rahmen für ein Quadrat der Ordnung $n = 12$ (unbekannter Autor, Methode 4.1)

9.2.14 Aufteilung in Gruppen von vier Zahlen

Bei fortgesetzt gerahmten magischen Quadraten besteht der äußere Rahmen aus den Zahlen $1, \ldots, 2n - 2$ und deren Komplementen. Für Ordnungen $n = 4k + 2$ gilt

$$2n - 2 = 2 \cdot (4k + 2) - 2 = 8k + 4 - 2 = 8k + 2$$

sodass diese Zahlen in $2k$ Gruppen von jeweils vier aufeinanderfolgenden Zahlen und eine Gruppe von zwei aufeinanderfolgenden Zahlen aufgeteilt werden kann. Konkret bedeutet dies für die Ordnung $n = 10$

$$(1, 2, 3, 4)\ (5, 6, 7, 8)\ (9, 10, 11, 12)\ (13, 14, 15, 16) \quad \text{und} \quad (17, 18)$$

Von der ersten Vierergruppe werden die erste und die dritte Zahl zunächst herausgetrennt und die beiden verbliebenen Zahlen mit den Zahlen der zweiten Vierergruppe nach folgendem Schema in die obere und untere Zeile eingetragen. Die erste Zahl, also die Zahl 2, wird in die untere Zeile links neben der rechten unteren Ecke eingefügt. Alle weiteren Zahlen der unteren Zeile werden dann immer nach links fortschreitend platziert.

Die letzte Zahl der ersten Vierergruppe wird in die linke obere Ecke und die erste Zahl der zweiten Vierergruppe in die rechte obere Ecke geschrieben. Damit ist sichergestellt, dass die Zahl in der rechten oberen Ecke genau um 1 größer ist als die Zahl in der anderen Ecke. Die drei weiteren Zahlen dieser Vierergruppe werden anschließend in die untere, die obere und wieder in die untere Zeile eingetragen. Dabei gilt für die obere Zeile, dass rechts neben der linken oberen Ecke begonnen wird und alle weiteren Zahlen nach rechts fortschreitend ihren Platz finden.

Abschließend werden noch $k-1$ weitere Vierergruppen in diese beiden Zeilen eingetragen. Dabei wird jede Vierergruppe (n_1, n_2, n_3, n_4) beim Eintragen in zwei Zahlenpaare $(n_1, n_4)\,(n_2, n_3)$ aufgeteilt. Konkret bedeutet dies für die hier verbleibende Vierergruppe $(5, 6, 7, 8)$ eine Aufteilung in die Zahlenpaare $(5, 8)$ und $(6, 7)$. Eines dieser beiden Zahlenpaare wird nun in die obere und die andere in die untere Zeile wie in Abbildung 9.157a eingetragen.

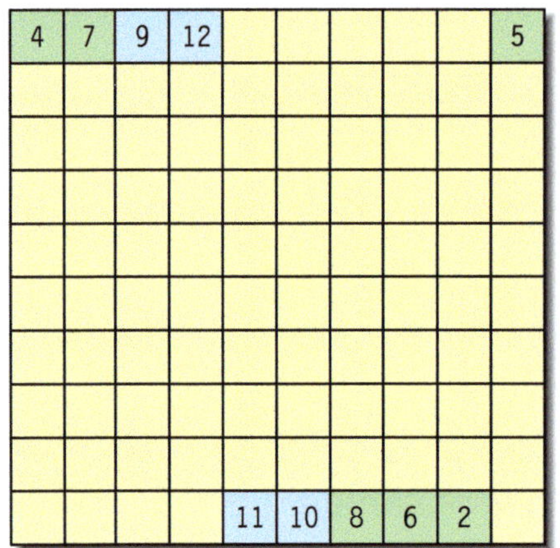

a) obere und untere Zeile

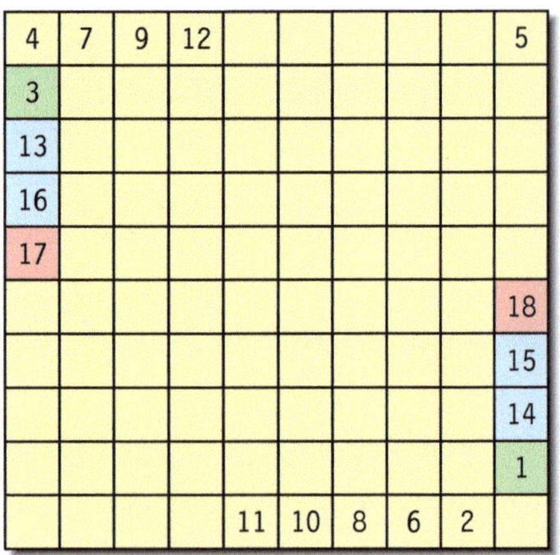

b) linke und rechte Spalte

Abb. 9.157 Füllen des äußeren Rahmens

In die linke und rechte Spalte kommen zunächst die beiden anfangs aus der ersten Vierergruppe heraus getrennten Zahlen. Die erste Zahl 1 wird oberhalb der rechten unteren Ecke platziert und alle weiteren Zahlen in dieser Spalte schließen sich später nach oben an. Die zweite gemerkte Zahl 3 wird direkt unterhalb der linken oberen

Ecke platziert. Alle weiteren Zahlen, die in diese Spalte eingetragen werden, schließen sich dann nach unten an.

Auch hier werden anschließend noch $k-1$ weitere Vierergruppen in diese beiden Spalten eingefügt, wobei die Zahlen wieder in zwei Zahlenpaare $(n_1, n_4)\,(n_2, n_3)$ aufgeteilt werden, damit die Summen dieser Zahlenpaare immer übereinstimmen. Eines dieser beiden Zahlenpaare wird in die linke, und die andere in die rechte Spalte eingetragen.

Danach verbleibt nur noch das einzelne Zahlenpaar, von dem die kleinere Zahl in der linken und die größere in der rechten Spalte positioniert wird. Das Ergebnis ist in Abbildung 9.157b zu sehen.

Füllt man danach die genau gegenüberliegenden Zellen mit den komplementären Zahlen auf, ist der Rahmen vollständig gefüllt. Nur die entsprechenden Felder der oberen Ecken liegen wie üblich diagonal gegenüber. Mit dieser Konstruktion besitzen beide Zeilen und beide Spalten die gleiche Summe. Das Ergebnis dieser Belegung ist in Abbildung 9.158 dargestellt.

4	7	9	12	90	91	93	95	99	5
3									98
13									88
16									85
17									84
83									18
86									15
87									14
100									1
96	94	92	89	11	10	8	6	2	97

Abb. 9.158 Rahmen für ein Quadrat der Ordnung $n = 10$ (unbekannter Autor, Methode 5)

Variante 1

Bisher wurden die einzelnen Zahlengruppen immer der Reihe nach eingetragen. In dieser Variante wird diese Anordnung aufgehoben, indem aus den zur Verfügung stehenden Zahlen $1, \dots, 2n-2$ eine Zweier- und eine Achtergruppe jeweils mit fortlaufenden Zahlen ausgesucht wird. Zusätzlich müssen sich jedoch die restlichen Zahlen in Vierergruppen unterteilen lassen, die auch aus fortlaufenden Zahlen bestehen. Die Reihenfolge dieser Vierergruppen kann dabei beliebig gewählt werden. In diesem Beispiel mit der Ordnung $n = 10$ ist die folgende Aufteilung der Zahlen gewählt worden:

$$(5, 6) \qquad (7, 8, 9, 10, 11, 12, 13, 14) \qquad (15, 16, 17, 18) \qquad (1, 2, 3, 4)$$

Die Zahlen der Achtergruppe werden jetzt wie im obigen Hauptbeispiel die ersten beiden Vierergruppen eingetragen. Anschließend werden noch $k-1$ weitere Vierergruppen in diese beiden Zeilen eingefügt. Dabei wird jede Vierergruppe (n_1, n_2, n_3, n_4) beim Eintragen wie üblich in zwei Zahlenpaare (n_1, n_4) (n_2, n_3) aufgeteilt. Bei der hier gewählten Ordnung handelt es sich mit $k - 1 = 1$ nur um eine einzige Gruppe. Dabei ist es völlig egal, welches der beiden Zahlenpaare in die obere und welches in die untere Zeile eingetragen wird.

Das Eintragen der weiteren Vierergruppen und restlichen Zahlen unterscheidet sich dann nicht vom Hauptbeispiel, obwohl die Zahlen durch die veränderten Anordnungen der Gruppen stark verändert aussehen.

Füllt man danach den Rahmen mit den komplementären Zahlen auf, erhält man das Ergebnis in Abbildung 9.159.

10	13	15	18						11
9									
1									
4									
5									
									6
									3
									2
									7
				17	16	14	12	8	

10	13	15	18	84	85	87	89	93	11
9									92
1									100
4									97
5									96
95									6
98									3
99									2
94									7
90	88	86	83	17	16	14	12	8	91

Abb. 9.159 Rahmen für ein Quadrat der Ordnung $n = 10$ (unbekannter Autor, Methode 5.1)

Variante 2

In dieser Variante wird eine Gruppe von sechs aufeinanderfolgenden Zahlen benötigt, sowie Zahlenpaare, deren zweite Zahl immer um 1 größer als die erste Zahl ist. Die Reihenfolge dieser Zahlenpaare untereinander kann beliebig gewählt werden. Für dieses Beispiel mit der Ordnung $n = 10$ ist beispielsweise folgende Aufteilung ausgesucht worden:

$$(11, 12, 13, 14, 15, 16) \quad (3, 4) \quad (7, 8) \quad (5, 6) \quad (9, 10) \quad (17, 18) \quad (1, 2)$$

Schaut man sich die Sechsergruppe $(n_1, n_2, n_3, n_4, n_5, n_6)$ sowie eine beliebige Zweiergruppe (m_1, m_2) genauer an, so gilt

$$n_2 + n_6 + m_2 = (n_2 + 2) + (n_6 - 1) + (m_2 - 1) = n_4 + n_5 + m_1$$

Mit dieser Gleichheit können die ersten Zahlen in die obere und untere Zeile eingetragen werden. Mit der gewählten Aufteilung

$$(n_1, n_2, n_3, n_4, n_5, n_6) = (11, 12, 13, 14, 15, 16) \quad \text{und} \quad (m_1, m_2) = (3, 4)$$

werden die Zahlen $n_2 = 12$, $n_6 = 16$ und $m_2 = 4$ in die untere Zeile und die aufeinanderfolgenden Zahlen $(n_4, n_5) = (15, 14)$ in die oberen Ecken und schließlich noch $m_1 = 3$ rechts neben die linke obere Ecke platziert.

Wegen $n = 4k + 2$ müssen jetzt noch k Gruppen von jeweils vier Zahlen in diese Zeilen eingetragen werden. Dazu wählt man immer die beiden nächsten unbenutzten Zahlenpaare (z_1, z_2) und (z_3, z_4) und trägt $z_1 = 8$ und $z_4 = 5$ in die untere Zeile und $z_2 = 7$ und $z_3 = 6$ in die obere Zeile ein. Wegen $z_1 + z_4 = z_2 + z_3$ können die Positionen der Zahlen in diesen Zeilen aber auch genau umgekehrt gewählt werden.

In die äußeren Spalten werden nun zunächst die beiden bisher nicht benutzten Zahlen $n_1 = 11$ und $n_3 = 13$ aus der Sechsergruppe eingefügt. Die kleinere Zahl 11 muss in der rechten Spalte und die größere 13 in der linken Spalte platziert werden. Jetzt werden wie in der Hauptvariante immer vier Zahlen eingetragen, die aus den beiden nächsten bisher unbenutzten Zahlenpaaren entstammen, bis nur noch ein einziges Zahlenpaar übrig bleibt. Mit $(z_1, z_2) = (9, 10)$ und $(z_3, z_4) = (17, 18)$ trägt man in diesem Beispiel $z_1 = 9$ und $z_4 = 18$ in die rechte Spalte und $z_2 = 10$ und $z_3 = 17$ in die linke Spalte oder umgekehrt ein.

Nach diesen Schritten verbleibt nur noch ein einzelnes Zahlenpaar, von dem die kleinere Zahl in die linke und die größere in die rechte Spalte eingetragen wird. Füllt man danach die genau gegenüberliegenden Felder mit den komplementären Zahlen auf, ist der Rahmen wie in Abbildung 9.160 vollständig gefüllt.

14	3	7	6						15
13									
10									
17									
1									
									2
									18
									9
									11
				5	8	4	16	12	

14	3	7	6	96	93	97	85	89	15
13									88
10									91
17									84
1									100
99									2
83									18
92									9
90									11
86	98	94	95	5	8	4	16	12	87

Abb. 9.160 Rahmen für ein Quadrat der Ordnung $n = 10$ (unbekannter Autor, Methode 5.2)

Vollständiges Beispiel

Da mit den verwandten Algorithmen aus den Kapitel 9.2.11 bis 9.2.14 jetzt doppelt-gerade und einfach-gerade Rahmen konstruiert werden können, sollen diese Verfahren abschließend kombiniert werden, um ein fortgesetzt gerahmtes magisches Quadrat der Ordnung $n = 12$ zu erzeugen. Der äußere Rahmen umfasst die unteren Zahlen $1, \dots, 2n-2$, also in diesem Beispiel die Zahlen $1, \dots, 22$ und deren Komplemente. Der nächste Rahmen der Größe 10 muss daher insgesamt $2 \cdot 10 - 2 = 18$ untere Zahlen umfassen, die bei 23 beginnen. Konkret sind dies damit die Zahlen $23, \dots, 40$.

9	14	1	8	15	129	138	128	139	133	134	22
3											142
20											125
2											143
21											124
18											127
140											5
126											19
141											4
132											13
135											10
123	131	144	137	130	16	7	17	6	12	11	136

9	14	1	8	15	129	138	128	139	133	134	22
3	34	39	27	38	108	117	105	109	113	35	142
20	33									112	125
2	23									122	143
21	26									119	124
18	29									116	127
140	115									30	5
126	120									25	19
141	121									24	4
132	114									31	13
135	110	106	118	107	37	28	40	36	32	111	10
123	131	144	137	130	16	7	17	6	12	11	136

Abb. 9.161 Rahmen der Größen 12 und 10

Der äußere Rahmen der Ordnung $n = 12$ wurde mit der Variante aus Abschnitt 9.2.13 und der einfach-gerade Rahmen der Größe 10 mit der Variante 2 aus diesem Abschnitt konstruiert. Diese beiden Rahmen sind in Abbildung 9.161 dargestellt.

Dann folgen der doppelt-gerade Rahmen der Größe 8 mit der Hauptvariante aus Abschnitt 9.2.12 und der innere Rahmen der Größe 6 mit der Variante 1 aus diesem Abschnitt. Der dritte Rahmen der Größe 8 umfasst wegen $2 \cdot 8 - 2 = 14$ die 14 unteren Zahlen $41, \ldots, 54$ und der letzte Rahmen der Größe 6 die Zahlen $55, \ldots, 64$. Das bisherige Ergebnis ist in Abbildung 9.162 dargestellt.

9	14	1	8	15	129	138	128	139	133	134	22
3	34	39	27	38	108	117	105	109	113	35	142
20	33	43	45	46	97	98	103	104	44	112	125
2	23	49							96	122	143
21	26	52							93	119	124
18	29	54							91	116	127
140	115	92							53	30	5
126	120	94							51	25	19
141	121	95							50	24	4
132	114	101	100	99	48	47	42	41	102	31	13
135	110	106	118	107	37	28	40	36	32	111	10
123	131	144	137	130	16	7	17	6	12	11	136

9	14	1	8	15	129	138	128	139	133	134	22
3	34	39	27	38	108	117	105	109	113	35	142
20	33	43	45	46	97	98	103	104	44	112	125
2	23	49	60	63	81	83	87	61	96	122	143
21	26	52	59					86	93	119	124
18	29	54	55					90	91	116	127
140	115	92	89					56	53	30	5
126	120	94	88					57	51	25	19
141	121	95	84	82	64	62	58	85	50	24	4
132	114	101	100	99	48	47	42	41	102	31	13
135	110	106	118	107	37	28	40	36	32	111	10
123	131	144	137	130	16	7	17	6	12	11	136

Abb. 9.162 Rahmen der Größen 12, 10, 8 und 6

Jetzt ist nur noch der innere Kern nicht mit Zahlen belegt. Hier kann ein beliebiges magisches Quadrat der Ordnung $n = 4$ eingesetzt werden, dessen Zahlen alle um 64 erhöht werden müssen. In Abbildung 9.163 ist dann das fortgesetzt gerahmte magische Quadrat der Ordnung $n = 12$ dargestellt.

1	8	13	12
15	10	3	6
4	5	16	9
14	11	2	7

9	14	1	8	15	129	138	128	139	133	134	22
3	34	39	27	38	108	117	105	109	113	35	142
20	33	43	45	46	97	98	103	104	44	112	125
2	23	49	60	63	81	83	87	61	96	122	143
21	26	52	59	65	72	77	76	86	93	119	124
18	29	54	55	79	74	67	70	90	91	116	127
140	115	92	89	68	69	80	73	56	53	30	5
126	120	94	88	78	75	66	71	57	51	25	19
141	121	95	84	82	64	62	58	85	50	24	4
132	114	101	100	99	48	47	42	41	102	31	13
135	110	106	118	107	37	28	40	36	32	111	10
123	131	144	137	130	16	7	17	6	12	11	136

Abb. 9.163 Fortgesetzt gerahmtes magisches Quadrat der Ordnung $n = 12$ (unbekannter Autor)

9.2.15 Lin Shu-fei

Mit dem Verfahren von Lin Shu-fei lassen sich mehrfach gerahmte magische Quadrate gerader Ordnungen $n = 2m$ erzeugen.[29] Man geht von außen nach innen vor, wobei die Rahmen wie üblich für einfach-gerade und doppelt-gerade Ordnungen unterschiedlich gefüllt werden.

Bei den Rahmen mit doppelt-gerader Ordnung, wie im Beispiel der Abbildung 9.164 für $n = 12$, werden zunächst die Zahlen 1 und 8 in den beiden oberen Ecken platziert. Zusätzlich werden die beiden Zahlen 3 und 12 direkt rechts neben der linken oberen Ecke eingetragen. In der unteren Zeile werden die Zahlen 2, 5, 6 und 11 eingefügt, die links von der rechten unteren Ecke platziert werden.

In der linken Spalte werden die Zahlen 9, 10 und 13 unterhalb der linken oberen Ecke und 4, 7 und 14 oberhalb der rechten unteren Ecke notiert.

[29] Lin Shu-fei [336]

Durch die Wahl dieser 14 festen Zahlen ist gesichert, dass die Summen der bis hier gefüllten äußeren Zeilen ebenso übereinstimmen, wie die Summe der Zahlen in den äußeren Spalten. Bei den beiden Zeilen beträgt die Summe 24 und bei den Spalten 33.

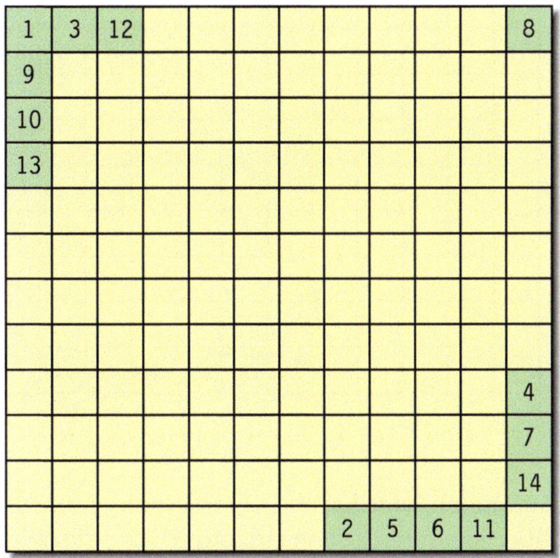

Abb. 9.164 Eintragen der fest vorgegebenen Zahlen

Danach werden die noch freien Plätze im Rahmen gefüllt, indem man der Reihe nach jeweils $\frac{n-8}{4}$ Zahlenpaare in die vier Abschnitte des aktuellen Rahmens einfügt. Besitzt der Rahmen die Ordnung $n = 4k$, werden die einzufügenden Zahlen folgendermaßen berechnet:

oben:	$11 + 4 \cdot 0$	$12 + 4 \cdot 1$	$11 + 4 \cdot 2$	$12 + 4 \cdot 3$
		$\ldots$	$11 + 4 \cdot (2k - 5)$	$12 + 4 \cdot (2k - 4)$
unten:	$12 + 4 \cdot 0$	$11 + 4 \cdot 1$	$12 + 4 \cdot 2$	$11 + 4 \cdot 3$
		$\ldots$	$12 + 4 \cdot (2k - 5)$	$11 + 4 \cdot (2k - 4)$
links:	$14 + 4 \cdot 0$	$13 + 4 \cdot 1$	$14 + 4 \cdot 2$	$13 + 4 \cdot 3$
		$\ldots$	$14 + 4 \cdot (2k - 5)$	$13 + 4 \cdot (2k - 4)$
rechts:	$13 + 4 \cdot 0$	$14 + 4 \cdot 1$	$13 + 4 \cdot 2$	$14 + 4 \cdot 3$
		$\ldots$	$13 + 4 \cdot (2k - 5)$	$14 + 4 \cdot (2k - 4)$

Mit diesen Termen werden dann in diesem Beispiel der Ordnung $n = 12$ zwei weitere Zahlen in jeden Abschnitt des Rahmens eingefügt.

1	3	12	15	20							8
9											
10											
13											
18											
21											
											22
											17
											4
											7
											14
					19	16	2	5	6	11	

Abb. 9.165 Eintragen weiterer Zahlen

Sind alle Zahlen eingetragen, werden die komplementären Zahlen in die horizontal bzw. vertikal gegenüberliegenden Zellen eingefügt. Nur die beiden unteren Ecken bilden eine Ausnahme, denn bei ihnen wird das Komplement wie in Abbildung 9.166 in die diagonal gegenüberliegenden Ecken geschrieben. Damit besitzen alle Zeilen und Spalten des Rahmens die gleiche Summe.

1	3	12	15	20	126	129	143	140	139	134	8
9											136
10											135
13											132
18											127
21											124
123											22
128											17
141											4
138											7
131											14
137	142	133	130	125	19	16	2	5	6	11	144

Abb. 9.166 Vollständiger Rahmen der Ordnung 12

Der nächste weiter innen liegende Rahmen hat mit $n = 10$ eine einfach-gerade Ordnung und wird etwas anders gefüllt. Zunächst werden wieder die Zahlen 1 und 8 in die beiden oberen Ecken platziert. Allerdings wird bei diesen Ordnungen danach nur die Zahl 3 rechts neben der linken oberen Ecke eingetragen. Auch in die untere Zeile wird bei einfach-geraden Ordnungen eine Zahl weniger notiert, denn mit 2, 4 und 6 werden nur drei Zahlen links von der rechten unteren Ecke platziert.

Anschließend werden in der linken Spalte noch die Zahlen 9 und 10 unterhalb der linken oberen Ecke und die Zahlen 5 und 7 oberhalb der rechten unteren Ecke eingetragen, womit die festen 10 Zahlen ihre Plätze eingenommen haben.

Wie bei doppelt-geraden Rahmenordnungen werden dann die noch freien Plätze gefüllt, indem man der Reihe nach insgesamt jeweils $\frac{n-6}{4}$ Zahlenpaare in die vier Abschnitte des aktuellen Rahmens einfügt. Bei einem Rahmen die Ordnung $n = 4k + 2$, werden die einzufügenden Zahlen mit diesen Termen berechnet:

oben:	$12 + 4 \cdot 0$	$11 + 4 \cdot 1$	$12 + 4 \cdot 2$	$11 + 4 \cdot 3$
		$\dots$	$12 + 4 \cdot (2k - 4)$	$11 + 4 \cdot (2k - 3)$
unten:	$11 + 4 \cdot 0$	$12 + 4 \cdot 1$	$11 + 4 \cdot 2$	$12 + 4 \cdot 3$
		$\dots$	$11 + 4 \cdot (2k - 4)$	$12 + 4 \cdot (2k - 3)$
links:	$13 + 4 \cdot 0$	$14 + 4 \cdot 1$	$13 + 4 \cdot 2$	$14 + 4 \cdot 3$
		$\dots$	$13 + 4 \cdot (2k - 4)$	$14 + 4 \cdot (2k - 3)$
rechts:	$14 + 4 \cdot 0$	$13 + 4 \cdot 1$	$14 + 4 \cdot 2$	$13 + 4 \cdot 3$
		$\dots$	$14 + 4 \cdot (2k - 4)$	$13 + 4 \cdot (2k - 3)$

Sind alle Zahlen in den Rahmen eingetragen, kommen die komplementären Zahlen in die gegenüberliegenden Zellen. Damit besitzen alle Zeilen und Spalten des Rahmens wie in Abbildung 9.167 die gleiche Summe.

1	3	12	15						8
9									
10									
13									
18									
									17
									14
									5
									7
				16	11	2	4	6	

1	3	12	15	85	90	99	97	95	8
9									92
10									91
13									88
18									83
84									17
87									14
96									5
94									7
93	98	89	86	16	11	2	4	6	100

Abb. 9.167 Vollständiger Rahmen der Ordnung 10

Jetzt muss dieser Rahmen noch in den umgebenden Rahmen eingesetzt werden. Dazu müssen alle Werte des soeben gebildeten Rahmens um die Konstante 22 erhöht werden.

$$2n - 2 = 2 \cdot 12 - 2 = 22$$

23	25	34	37	107	112	121	119	117	30
31									114
32									113
35									110
40									105
106									39
109									36
118									27
116									29
115	120	111	108	38	33	24	26	28	122

1	3	12	15	20	126	129	143	140	139	134	8
9	23	25	34	37	107	112	121	119	117	30	136
10	31									114	135
13	32									113	132
18	35									110	127
21	40									105	124
123	106									39	22
128	109									36	17
141	118									27	4
138	116									29	7
131	115	120	111	108	38	33	24	26	28	122	14
137	142	133	130	125	19	16	2	5	6	11	144

Abb. 9.168 Vollständige Rahmen der Ordnungen 12 und 10

Der nächste Rahmen hat die Ordnung $n = 8$. Werden bei dieser Ordnung die fest vorgegebenen Zahlen eingetragen, sind bereits alle zu vergebenen Plätze belegt, sodass keine zusätzlichen Zahlenpaare mehr eingefügt werden müssen. Auf die noch freien Plätze kommen dann die für diese Ordnung komplementären Zahlen.

1	3	12					8
9							
10							
13							
							4
							7
							14
			2	5	6	11	

1	3	12	63	60	59	54	8
9							56
10							55
13							52
61							4
58							7
51							14
57	62	53	2	5	6	11	64

Abb. 9.169 Vollständiger Rahmen der Ordnung 8

Bevor dieser Rahmen in das Zielquadrat eingefügt wird, müssen vorher wieder alle Zahlen erhöht werden. Zu der bisherigen Erhöhungszahl 22 kommt jetzt zusätzlich die Erhöhung für den zuletzt eingefügten Rahmen hinzu. Da dieser die Ordnung 10 besitzt, berechnet sich die neue Erhöhungszahl mit

$$22 + (2 \cdot 10 - 2) = 22 + 18 = 40$$

Fügt man diesen Rahmen in das Zielquadrat ein, ergibt sich das Zwischenresultat aus Abbildung 9.170.

1	3	12	15	20	126	129	143	140	139	134	8
9	23	25	34	37	107	112	121	119	117	30	136
10	31	41	43	52	103	100	99	94	48	114	135
13	32	49							96	113	132
18	35	50							95	110	127
21	40	53							92	105	124
123	106	101							44	39	22
128	109	98							47	36	17
141	118	91							54	27	4
138	116	97	102	93	42	45	46	51	104	29	7
131	115	120	111	108	38	33	24	26	28	122	14
137	142	133	130	125	19	16	2	5	6	11	144

Abb. 9.170 Vollständige Rahmen der Ordnungen 12, 10 und 8

Der nächste Rahmen besitzt die Ordnung 6. Trägt man die vorgegebenen 10 festen Zahlen und ihre für diese Ordnung zugehörigen komplementären Zahlen ein, ist bereits der gesamte Rahmen gefüllt.

1	3				8
9					
10					
					5
					7
		2	4	6	

1	3	35	33	31	8
9					28
10					27
32					5
30					7
29	34	2	4	6	36

Abb. 9.171 Vollständiger Rahmen der Ordnung 6

Für diesen Rahmen hat der umgebende Rahmen die Ordnung 8, sodass sich die neue Erhöhungszahl wieder leicht berechnen lässt.

$$40 + (2 \cdot 8 - 2) = 40 + 14 = 54$$

Damit werden nicht die Zahlen von 1 bis 10 mit ihren komplementären Zahlen in diesen Rahmen eingetragen, sondern die Zahlen 55 bis 64. Das Zwischenergebnis mit den bisher vier eingetragenen Rahmen wird in Abbildung 9.172 gezeigt.

1	3	12	15	20	126	129	143	140	139	134	8
9	23	25	34	37	107	112	121	119	117	30	136
10	31	41	43	52	103	100	99	94	48	114	135
13	32	49	55	57	89	87	85	62	96	113	132
18	35	50	63					82	95	110	127
21	40	53	64					81	92	105	124
123	106	101	86					59	44	39	22
128	109	98	84					61	47	36	17
141	118	91	83	88	56	58	60	90	54	27	4
138	116	97	102	93	42	45	46	51	104	29	7
131	115	120	111	108	38	33	24	26	28	122	14
137	142	133	130	125	19	16	2	5	6	11	144

Abb. 9.172 Vollständige Rahmen der Ordnungen 12, 10, 8 und 6

Für das endgültige Quadrat fehlt jetzt nur noch das Zentrum, in das ein beliebiges magisches Quadrat der Ordnung 4 eingefügt wird. In diesem Beispiel wird das Dürer-Quadrat gewählt, dessen Zahlen um $54 + (2 \cdot 6 - 2) = 64$ erhöht werden. Damit ergibt sich das fortgesetzt gerahmte magische Quadrat aus Abbildung 9.173.

16	3	2	13
5	10	11	8
9	6	7	12
4	15	14	1

1	3	12	15	20	126	129	143	140	139	134	8
9	23	25	34	37	107	112	121	119	117	30	136
10	31	41	43	52	103	100	99	94	48	114	135
13	32	49	55	57	89	87	85	62	96	113	132
18	35	50	63	80	67	66	77	82	95	110	127
21	40	53	64	69	74	75	72	81	92	105	124
123	106	101	86	73	70	71	76	59	44	39	22
128	109	98	84	68	79	78	65	61	47	36	17
141	118	91	83	88	56	58	60	90	54	27	4
138	116	97	102	93	42	45	46	51	104	29	7
131	115	120	111	108	38	33	24	26	28	122	14
137	142	133	130	125	19	16	2	5	6	11	144

Abb. 9.173 Fortgesetzt gerahmtes magisches Quadrat der Ordnung $n = 12$ (Lin Shu-fei)

9.2.16 Wang Huifeng

Wang Huifeng erzeugt gerahmte magische Quadrate gerader Ordnung $n = 2m$, wobei er die Inhalte aller Zellen mit 13 Formeln berechnet.[30] Dabei werden die Formeln (1) bis (7) für gerade Werte einer Hilfsvariablen k benutzt, die Formeln (8) bis (13) dagegen für ungerade Werte.

Formel	Werte von k
1 … 7	$k \in \{2, 4, \dots\}$ und $k < m$
8 … 13	$k \in \{3, 5, \dots\}$ und $k < m$

Damit die Formeln etwas übersichtlicher bleiben, wird zusätzlich eine von k abhängige Konstante c benutzt. Mit dieser Konstanten c nehmen die Formeln für den Inhalt der Zellen $q(s, z)$ ein etwas einfacheres Aussehen an.

$$c = 2 \cdot (k + 1)^2$$

Wang Huifeng legt den Ursprung mit $(1, 1)$ in die linke obere Ecke. Da sich dieser aber in diesem Buch fast durchgehend in der linken unteren Ecke $(0, 0)$ befindet, wurden die Formeln entsprechend angepasst.

[30] Wang Huifeng [588]

	Zelle		Formel
1)	$q\big(m-k-1+h, n-(m-k)\big)$	$=$	$(-1)^{[\frac{h}{2}]+1} \cdot (c-2k+1+h)$
2)	$q\big(m+k-1, n-(m-k)\big)$	$=$	$c-4 \cdot k$
3)	$q\big(m+k, n-(m-k)\big)$	$=$	$-(c-2k)$
4)	$q\big(m-k-1, n-(m-k)\big)$	$=$	$-(c-2k+1)$
5)	$q\big(m-k-1, n-(m-k+h)\big)$	$=$	$(-1)^{[\frac{h}{2}]+1} \cdot (c-2k-h)$
6)	$q\big(m-k-1, n-(m+k)\big)$	$=$	$-(c-4k-1)$
7)	$q\big(m-k-1, n-(m+k+1)\big)$	$=$	$c-2k$
8)	$q\big(m-k-1+h, n-(m-k)\big)$	$=$	$(-1)^{[\frac{h+1}{2}]} \cdot (c-2k+1+h)$
9)	$q\big(m+k-1, n-(m-k)\big)$	$=$	$-(c-2k-1)$
10)	$q\big(m+k, n-(m-k)\big)$	$=$	$c-2k$
11)	$q\big(m-k-1, n-(m-k)\big)$	$=$	$c-2k+1$
12)	$q\big(m-k-1, n-(m-k+h)\big)$	$=$	$(-1)^{[\frac{h}{2}]+1} \cdot (c-2k-1-h)$
13)	$q\big(m-k-1, n-(m+k+1)\big)$	$=$	$-(c-2k)$

In vier der 13 Formeln wird eine zusätzliche Variable h benutzt, deren Zahlenbereich teilweise unterschiedlich ist.

Formel	zus. Bedingung
1)	$1 \leq h \leq 2k-1$
5)	$1 \leq h \leq 2k-1$
8)	$1 \leq h \leq 2k-1$
12)	$1 \leq h \leq 2k$

Doppelt-gerade Rahmen

Bei der Ordnung $n = 12$ wird Formel 11 mit $k = 5$ und $k = 3$ für die Zellen $q(0, 11)$ und $q(2, 9)$ aufgerufen. Dagegen wird Formel 1 wegen des zusätzlichen Parameters h variabel benutzt. Sie tritt mit den Werten $k = 4$ und $k = 2$ in folgenden Zellen auf:

$$q\big(6-4-1+h, 12-(6-4)\big) = q(1+h, 10)$$
$$q\big(6-2-1+h, 12-(6-2)\big) = q(3+h, 8)$$

Für $k = 4$ wird damit Formel 1 in den Zellen $(2, 10)$ bis $(8, 10)$ benutzt, und für $k = 2$ in den Zellen $(4, 8)$ bis $(6, 8)$.

Die grafische Übersicht in Abbildung 9.174 verdeutlicht für die doppelt-geraden Ordnungen $n = 8$ und $n = 12$, welche Formeln bei den einzelnen Zellen benutzt werden.

11	8	8	8	8	8	9	10
12	4	1	1	1	2	3	
12	5						
12	5						
12	5						
12	6						
12	7						
13							

11	8	8	8	8	8	8	8	8	8	9	10
12	4	1	1	1	1	1	1	1	2	3	
12	5	11	8	8	8	8	8	9	10		
12	5	12	4	1	1	1	2	3			
12	5	12	5								
12	5	12	5								
12	5	12	5								
12	5	12	6								
12	5	12	7								
12	6	13									
12	7										
13											

Abb. 9.174 Übersicht über die Benutzung der Formeln bei unterschiedlichen Ordnungen

Für die Ordnung $n = 12$ ergeben sich mit den zu benutzenden Formeln die konkreten Zahlen aus Abbildung 9.175a. Anschließend werden die restlichen Zellen gefüllt, wobei das 4×4 - Teilquadrat im Zentrum zunächst ausgelassen wird.

Im nächsten Schritt wird die Nebendiagonale vervollständigt, indem die negierten Werte der symmetrisch gegenüberliegenden Partnerzahlen eingetragen werden. Anschließend werden alle noch freien Zellen der unteren $\frac{n-4}{2}$ Zeilen gefüllt. Hier werden die negierten Werte der vertikal symmetrisch gegenüberliegenden Partnerzahlen gewählt, sodass der untere Bereich wie in Abbildung 9.175b gefüllt wird.

63	-64	-65	66	67	-68	-69	70	71	-72	-61	62
-60	-43	-44	45	46	-47	-48	49	50	34	-42	
59	-41	27	-28	-29	30	31	-32	-25	26		
58	40	-24	-15	-16	17	18	10	-14			
-57	39	23	-13								
-56	-38	22	12								
55	-37	-21	11								
54	36	-20	-9								
-53	35	19	14								
-52	-33	-26									
51	42										
-62											

a) Anwendung der Formeln

63	-64	-65	66	67	-68	-69	70	71	-72	-61	62
-60	-43	-44	45	46	-47	-48	49	50	34	-42	
59	-41	27	-28	-29	30	31	-32	-25	26		
58	40	-24	-15	-16	17	18	10	-14			
-57	39	23	-13								
-56	-38	22	12								
55	-37	-21	11								
54	36	-20	-9								
-53	35	19	14	16	-17	-18	-10	15			
-52	-33	-26	28	29	-30	-31	32	25	-27		
51	42	44	-45	-46	47	48	-49	-50	-34	43	
-62	64	65	-66	-67	68	69	-70	-71	72	61	-63

b) unterer Bereich

Abb. 9.175 Anwendung der Formeln und Füllen des unteren Bereiches

Ähnlich verfährt man mit den bisher nicht belegten Zellen in den rechten $\frac{n-4}{2}$ Spalten. Dort werden die negierten Werte der horizontal symmetrisch gegenüberliegenden Partnerzahlen eingetragen, sodass das Zwischenergebnis in Abbildung 9.176 folgt.

63	-64	-65	66	67	-68	-69	70	71	-72	-61	62
-60	-43	-44	45	46	-47	-48	49	50	34	-42	60
59	-41	27	-28	-29	30	31	-32	-25	26	41	-59
58	40	-24	-15	-16	17	18	10	-14	24	-40	-58
-57	39	23	-13					13	-23	-39	57
-56	-38	22	12					-12	-22	38	56
55	-37	-21	11					-11	21	37	-55
54	36	-20	-9					9	20	-36	-54
-53	35	19	14	16	-17	-18	-10	15	-19	-35	53
-52	-33	-26	28	29	-30	-31	32	25	-27	33	52
51	42	44	-45	-46	47	48	-49	-50	-34	43	-51
-62	64	65	-66	-67	68	69	-70	-71	72	61	-63

Abb. 9.176 Füllen des rechten Bereiches

Nach diesen Schritten fehlt nur noch das 4 x 4 - Teilquadrat im Zentrum, das von Wang Huifeng wie in Abbildung 9.177 gewählt wird.

-5	1	-4	8
6	-2	3	-7
7	-3	2	-6
-8	4	-1	5

63	-64	-65	66	67	-68	-69	70	71	-72	-61	62
-60	-43	-44	45	46	-47	-48	49	50	34	-42	60
59	-41	27	-28	-29	30	31	-32	-25	26	41	-59
58	40	-24	-15	-16	17	18	10	-14	24	-40	-58
-57	39	23	-13	-5	1	-4	8	13	-23	-39	57
-56	-38	22	12	6	-2	3	-7	-12	-22	38	56
55	-37	-21	11	7	-3	2	-6	-11	21	37	-55
54	36	-20	-9	-8	4	-1	5	9	20	-36	-54
-53	35	19	14	16	-17	-18	-10	15	-19	-35	53
-52	-33	-26	28	29	-30	-31	32	25	-27	33	52
51	42	44	-45	-46	47	48	-49	-50	-34	43	-51
-62	64	65	-66	-67	68	69	-70	-71	72	61	-63

Abb. 9.177 Vollständiges Hilfsquadrat mit positiven und negativen Zahlen

Erhöht man jetzt alle positiven Zahlen um $\frac{n^2}{2} = 72$ und alle negativen Zahlen um $\frac{n^2}{2} + 1 = 73$, entsteht das fortgesetzt gerahmte magische Quadrat aus Abbildung 9.178.

135	9	8	138	139	5	4	142	143	1	12	134
13	30	29	117	118	26	25	121	122	106	31	132
131	32	99	45	44	102	103	41	48	98	113	14
130	112	49	58	57	89	90	82	59	96	33	15
16	111	95	60	68	73	69	80	85	50	34	129
17	35	94	84	78	71	75	66	61	51	110	128
127	36	52	83	79	70	74	67	62	93	109	18
126	108	53	64	65	76	72	77	81	92	37	19
20	107	91	86	88	56	55	63	87	54	38	125
21	40	47	100	101	43	42	104	97	46	105	124
123	114	116	28	27	119	120	24	23	39	115	22
11	136	137	7	6	140	141	3	2	144	133	10

Abb. 9.178 Fortgesetzt gerahmtes magisches Quadrat der Ordnung $n = 12$ (Wang Huifeng)

Variante

Man kann weitere gerahmte magische Quadrate erzeugen, wenn man das in das Zentrum eingebettete Teilquadrat verändert. Dazu kann man jedes der 880 magischen Quadrate vierter Ordnung wählen, wenn man die Zahlen geeignet ändert. Zahlen, die größer als 8 sind, müssen um 8 vermindert werden und die anderen Zahlen um 9.

Dieses Vorgehen soll an einem magischen Quadrat der Ordnung $n = 8$ demonstriert werden, wobei für das Zentrum das Dürer-Quadrat gewählt wird. Das hiermit erzeugte fortgesetzt gerahmte magische Quadrat ist in Abbildung 9.179 dargestellt.

27	-28	-29	30	31	-32	-25	26
-24	-15	-16	17	18	10	-14	24
23	-13	8	-6	-7	5	13	-23
22	12	-4	2	3	-1	-12	-22
-21	11	1	-3	-2	4	-11	21
-20	-9	-5	7	6	-8	9	20
19	14	16	-17	-18	-10	15	-19
-26	28	29	-30	-31	32	25	-27

59	5	4	62	63	1	8	58
9	18	17	49	50	42	19	56
55	20	40	27	26	37	45	10
54	44	29	34	35	32	21	11
12	43	33	30	31	36	22	53
13	24	28	39	38	25	41	52
51	46	48	16	15	23	47	14
7	60	61	3	2	64	57	6

Abb. 9.179 Fortgesetzt gerahmtes magisches Quadrat der Ordnung $n = 8$ (Wang Huifeng, Variante)

Einfach-gerade Rahmen

Für einfach-gerade Ordnungen ist die Benutzung der verschiedenen Formeln in Abbildung 9.180 für die Ordnungen $n = 6$, $n = 10$ und $n = 14$ dargestellt.

4	1	1	1	2	3
5					
5					
5					
6					
7					

4	1	1	1	1	1	1	1	2	3
5	11	8	8	8	8	8	9	10	
5	12	4	1	1	1	2	3		
5	12	5							
5	12	5							
5	12	5							
5	12	6							
5	12	7							
6	13								
7									

4	1	1	1	1	1	1	1	1	1	1	1	2	3
5	11	8	8	8	8	8	8	8	8	8	9	10	
5	12	4	1	1	1	1	1	1	1	2	3		
5	12	5	11	8	8	8	8	8	9	10			
5	12	5	12	4	1	1	1	2	3				
5	12	5	12	5									
5	12	5	12	5									
5	12	5	12	5									
5	12	5	12	6									
5	12	5	12	7									
5	12	6	13										
5	12	7											
6	13												
7													

Abb. 9.180 Übersicht über die Benutzung der Formeln bei unterschiedlichen Ordnungen

Für die Ordnung $n = 10$ ergeben sich damit zunächst die Zahlen aus Abbildung 9.181a. Danach füllt man die noch freien Zellen außerhalb des Zentrums wie bei den doppelt-geraden Ordnungen mit den negierten Zahlen und erhält das Zwischenergebnis aus Abbildung 9.181b.

-43	-44	45	46	-47	-48	49	50	34	-42
-41	27	-28	-29	30	31	-32	-25	26	
40	-24	-15	-16	17	18	10	-14		
39	23	-13							
-38	22	12							
-37	-21	11							
36	-20	-9							
35	19	14							
-33	-26								
42									

a) Anwendung der Formeln

-43	-44	45	46	-47	-48	49	50	34	-42
-41	27	-28	-29	30	31	-32	-25	26	41
40	-24	-15	-16	17	18	10	-14	24	-40
39	23	-13					13	-23	-39
-38	22	12					-12	-22	38
-37	-21	11					-11	21	37
36	-20	-9					9	20	-36
35	19	14	16	-17	-18	-10	15	-19	-35
-33	-26	28	29	-30	-31	32	25	-27	33
42	44	-45	-46	47	48	-49	-50	-34	43

b) unterer Bereich

Abb. 9.181 Anwendung der Formeln und Füllen der Bereiche

Als Zentrum kann wieder ein beliebiges magisches Quadrat vierter Ordnung gewählt werden, dessen Zahlen geeignet geändert werden. Zahlen, die größer als 8 sind, müssen um 8 vermindert werden und die anderen Zahlen um 9. Fügt man dieses Teilquadrat in das Zielquadrat ein, ist dieses vollständig gefüllt.

Dazu kann man jedes der 880 magischen Quadrate vierter Ordnung wählen, wenn man die Zahlen geeignet ändert. Zahlen, die größer als 8 sind, müssen um 8 vermindert werden und die anderen Zahlen um 9.

-8	-5	6	7
8	5	-6	-7
3	2	-1	-4
-3	-2	1	4

-43	-44	45	46	-47	-48	49	50	34	-42
-41	27	-28	-29	30	31	-32	-25	26	41
40	-24	-15	-16	17	18	10	-14	24	-40
39	23	-13	-8	-5	6	7	13	-23	-39
-38	22	12	8	5	-6	-7	-12	-22	38
-37	-21	11	3	2	-1	-4	-11	21	37
36	-20	-9	-3	-2	1	4	9	20	-36
35	19	14	16	-17	-18	-10	15	-19	-35
-33	-26	28	29	-30	-31	32	25	-27	33
42	44	-45	-46	47	48	-49	-50	-34	43

Abb. 9.182 Vollständiges Hilfsquadrat

Erhöht man jetzt alle positiven Zahlen um $\frac{n^2}{2} = 50$ und alle negativen Zahlen um $\frac{n^2}{2} + 1 = 51$, entsteht das fortgesetzt gerahmte magische Quadrat aus Abbildung 9.183.

8	7	95	96	4	3	99	100	84	9
10	77	23	22	80	81	19	26	76	91
90	27	36	35	67	68	60	37	74	11
89	73	38	43	46	56	57	63	28	12
13	72	62	58	55	45	44	39	29	88
14	30	61	53	52	50	47	40	71	87
86	31	42	48	49	51	54	59	70	15
85	69	64	66	34	33	41	65	32	16
18	25	78	79	21	20	82	75	24	83
92	94	6	5	97	98	2	1	17	93

Abb. 9.183 Fortgesetzt gerahmtes magisches Quadrat der Ordnung $n = 10$ (Wang Huifeng)

9.2.17 Zhao Li-hua

Zhao Li-hua gibt für den Fall einfach-gerader Ordnungen kein Verfahren an, mit dem ein vollständiges magisches Quadrat erzeugt werden kann. Er beschreibt nur, wie man um ein bestehendes magisches Quadrat doppelt-gerader Ordnung $n-2$ einen geeigneten Rahmen legen kann.[31]

Für einen Rahmen der Ordnung $n = 4k + 2$ trägt er zunächst die Zahlen 1 und 2 in die beiden oberen Ecken ein. Zusätzlich platziert er die Zahl $6k + 3$ in die Zelle links neben der rechten oberen Ecke. Bezeichnet man mit z die aktuelle Zeile, mit s die aktuelle Spalte und mit $\overline{x}$ das Komplement einer Zahl x, benutzt er für die weiteren Zellen der oberen Zeile zwei Formeln.

$$x = \begin{cases} \overline{s+2} & \text{für } k \le s \le 3k \\ s+2 & \text{sonst} \end{cases}$$

Die linke Spalte wird etwas komplizierter gefüllt, da vier unterschiedliche Formeln benutzt werden.

[31] Zhao Li-hua [617]

$2n-2-z$	$n-1-k \leq z \leq n-2$
$\overline{2n-2-z}$	$n-2-2k \leq z \leq n-2-k$
$\overline{2n-1-z}$	$n-1-3k \leq z \leq n-3-2k$
$2n-1-z$	$n-1-4k \leq z \leq n-2-3k$

Füllt man danach die genau gegenüberliegenden Felder mit den komplementären Zahlen, ist der Rahmen vollständig mit Zahlen belegt. Nur die entsprechenden Felder der oberen Ecken liegen wie üblich diagonal gegenüber, wie es auch in Abbildung 9.184 zu erkennen ist. Mit dieser Konstruktion besitzen beide Zeilen und beide Spalten die gleiche Summe.

1	3	97	96	95	94	93	9	15	2
10									
11									
89									
88									
87									
85									
17									
18									

1	3	97	96	95	94	93	9	15	2
10									91
11									90
89									12
88									13
87									14
85									16
17									84
18									83
99	98	4	5	6	7	8	92	86	100

Abb. 9.184 Rahmen einfach-gerader Ordnung $n = 10$

Nun benötigt Zhao Li-hua ein beliebiges magisches Quadrat achter Ordnung, dessen Zahlen er wie in Abbildung 9.185 alle um $2n-2 = 18$ erhöht.

57	2	3	60	61	6	7	64
56	15	14	53	52	11	10	49
41	18	19	44	45	22	23	48
40	31	30	37	36	27	26	33
32	39	38	29	28	35	34	25
17	42	43	20	21	46	47	24
16	55	54	13	12	51	50	9
1	58	59	4	5	62	63	8

a) magisches Quadrat

75	20	21	78	79	24	25	82
74	33	32	71	70	29	28	67
59	36	37	62	63	40	41	66
58	49	48	55	54	45	44	51
50	57	56	47	46	53	52	43
35	60	61	38	39	64	65	42
34	73	72	31	30	69	68	27
19	76	77	22	23	80	81	26

b) um 18 erhöhte Zahlen

Abb. 9.185 Zentrum mit doppelt-gerader Ordnung $n = 8$

Fügt man dieses Zentrum in den erstellten Rahmen ein, erhält man das gerahmte magische Quadrat aus Abbildung 9.186.

1	3	97	96	95	94	93	9	15	2
10	75	20	21	78	79	24	25	82	91
11	74	33	32	71	70	29	28	67	90
89	59	36	37	62	63	40	41	66	12
88	58	49	48	55	54	45	44	51	13
87	50	57	56	47	46	53	52	43	14
85	35	60	61	38	39	64	65	42	16
17	34	73	72	31	30	69	68	27	84
18	19	76	77	22	23	80	81	26	83
99	98	4	5	6	7	8	92	86	100

Abb. 9.186 Gerahmtes magisches Quadrat der Ordnung $n = 10$ (Zhao Li-hua)

9.2.18 Zhu Yunshan

Zhu Yunshan erzeugt magische Quadrate einfach-gerader Ordnung $n = 4k+2$, indem er zunächst ein Quadrat der Ordnung $n = 4k$ mit positiven und negativen Zahlen konstruiert[32], um das er dann einen Rahmen legt.[33]

Beim Eintragen der Zahlen in den Rahmen geht Zhu Yunshan von zwei Basiszahlen aus.

$$p = 8 \cdot k^2 \qquad \text{und} \qquad \overline{p} = p + 4 \cdot (k-1)$$

Für die Ordnung $n = 4k+2 = 10$ mit $k = 2$ ergeben sich damit die beiden Basiszahlen

$$p = 8 \cdot 2^2 = 32 \qquad \text{und} \qquad \overline{p} = p + 4 \cdot (k-1) = 32 + 4 \cdot 1 = 36$$

In die obere Zeile werden von der linken oberen Ecke ausgehend zunächst die drei Zahlen

$$-(p+1) \qquad p \qquad p+3$$

eingetragen. Bei der Ordnung $n = 10$ sind dies also die Zahlen -33, 32 und 35. Danach folgen $\frac{n-10}{4}$ Gruppen von jeweils vier Zahlen, die nach folgendem Schema aufgebaut sind:

$$p+4 \qquad -(p+5) \qquad -(p+6) \qquad p+7 \qquad \ldots$$

[32] siehe Kapitel 7.2.23

[33] Zhu Yunshan [620] S. 75–76

In diesem Beispiel ist die Ordnung noch zu klein, sodass keine weitere Vierergruppe eingetragen wird. Danach folgen wieder sechs feste Zahlen:

$$\overline{p} \qquad -(\overline{p}+1) \qquad \overline{p}+2 \qquad -(\overline{p}+3) \qquad -(\overline{p}+4) \qquad \overline{p}+6$$

Mit $\overline{p} = 36$ handelt es sich bei diesen Zahlen um 36, -37, 38, -39, -40 und 42. Den Abschluss der oberen Zeile bildet die Zahl $-(p+2) = -34$ in der rechten oberen Ecke. Das bisherige Ergebnis ist in Abbildung 9.187a zu erkennen.

Nach der oberen Zeile wird die rechte Spalte gefüllt. Unterhalb der rechten oberen Ecke beginnt man immer mit vier Zahlen.

$$-(\overline{p}+5) \qquad \overline{p}+7 \qquad \overline{p}+8 \qquad -(\overline{p}+9)$$

Danach folgen $\frac{n-10}{4}$ Gruppen von jeweils vier Zahlen, die folgendermaßen gebildet werden:

$$\overline{p}+10 \qquad -(\overline{p}+11) \qquad -(\overline{p}+12) \qquad \overline{p}+13 \qquad \ldots$$

In diesem Beispiel wird jedoch keine einzige dieser Vierergruppen eingetragen, da dies nur höhere Ordnungen betrifft. Den Abschluss der rechten Spalte bilden wieder vier feste Zahlen, wie es in Abbildung 9.187b dargestellt ist.

$$\overline{p}+4k+2 \qquad -(\overline{p}+4k+3) \qquad -(\overline{p}+4k+4) \qquad \overline{p}+4k+5$$

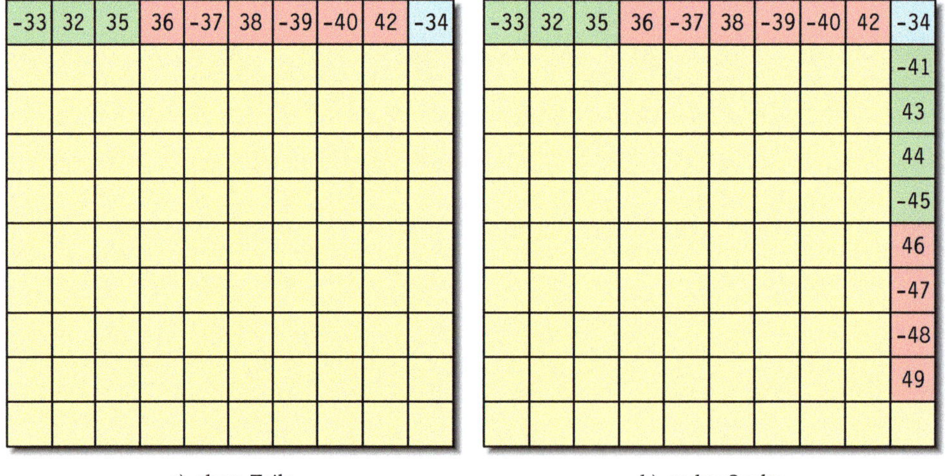

a) obere Zeile b) rechte Spalte

Abb. 9.187 Füllen der oberen Zeile und der rechten Spalte

Nun werden die komplementären Zahlen in die horizontal bzw. vertikal gegenüberliegenden Zellen eingetragen. Nur die beiden unteren Ecken bilden eine Ausnahme, denn bei ihnen wird das Komplement wie in Abbildung 9.188d in die diagonal gegenüberliegenden Ecken geschrieben. Damit besitzen alle Zeilen und Spalten des Rahmens die gleiche Summe.

In den freien inneren Bereich des Rahmens wird Hilfsquadrate der Größe 4 eingesetzt, die Zhu Yunshan für doppelt-gerade Ordnungen in Kapitel 7.2.23 entwickelt hat. Das erste Hilfsquadrat A wird in den oberen beiden Zeilen von links nach rechts und von oben nach unten mit den fortlaufenden Zahlen von 0 bis 7 gefüllt. Die unteren beiden Zeilen werden mit den gleichen Zahlen, aber absteigend gefüllt.

Weiterhin benutzt er ein Musterquadrat, das in jeder Zeile, jeder Spalte und den beiden Diagonalen genau zwei Markierungen – enthält. Diese Markierungen überträgt er in das Hilfsquadrat zusätzlich zu den dort bereits vorhandenen Zahlen, und bezeichnet dieses veränderte Hilfsquadrat als A'.

0	1	2	3
4	5	6	7
7	6	5	4
3	2	1	0

a) Hilfsquadrat A

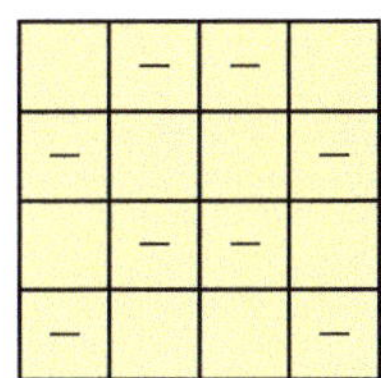

	–	–	
–			–
	–	–	
–			–

b) Musterquadrat

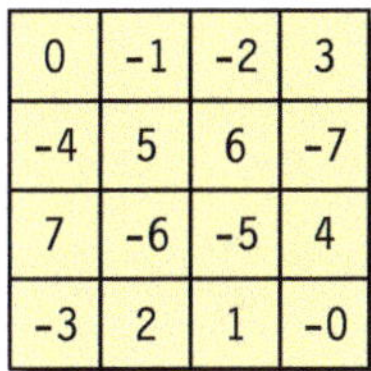

0	-1	-2	3
-4	5	6	-7
7	-6	-5	4
-3	2	1	-0

c) Hilfsquadrat A'

Mit jedem weiteren benötigten Hilfsquadrat werden alle Zahlen um 8 erhöht und anschließend die unveränderten Markierungen hinzugefügt.

-33	32	35	36	-37	38	-39	-40	42	-34
41									-41
-43									43
-44									44
45									-45
-46									46
47									-47
48									-48
-49									49
34	-32	-35	-36	37	-38	39	40	-42	33

d) komplementäre Zahlen

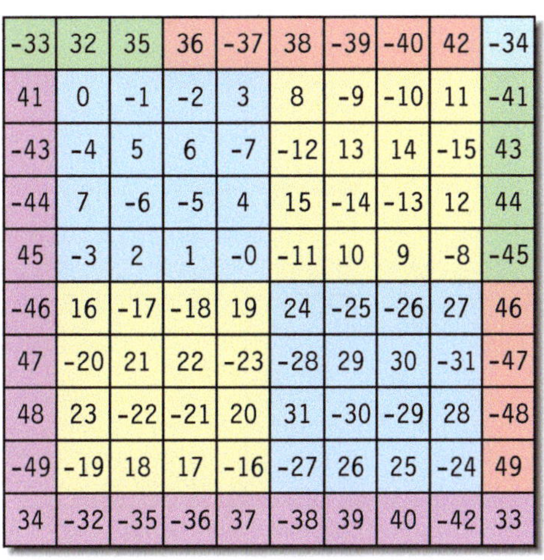

-33	32	35	36	-37	38	-39	-40	42	-34
41	0	-1	-2	3	8	-9	-10	11	-41
-43	-4	5	6	-7	-12	13	14	-15	43
-44	7	-6	-5	4	15	-14	-13	12	44
45	-3	2	1	-0	-11	10	9	-8	-45
-46	16	-17	-18	19	24	-25	-26	27	46
47	-20	21	22	-23	-28	29	30	-31	-47
48	23	-22	-21	20	31	-30	-29	28	-48
-49	-19	18	17	-16	-27	26	25	-24	49
34	-32	-35	-36	37	-38	39	40	-42	33

e) Zentrum mit der Ordnung $n = 4k$

Abb. 9.188 Vollständig gefülltes Hilfsquadrat

Jetzt müssen nur noch die positiven Zahlen um $\frac{n^2}{2} + 1 = 51$ erhöht werden, die negativen einschließlich der mit -0 gekennzeichneten Zahl im linken oberen Teilquadrat des Zentrums dagegen um $\frac{n^2}{2} = 50$. Damit entsteht das gerahmte magische Quadrat aus Abbildung 9.189.

17	83	86	87	13	89	11	10	93	16
92	51	49	48	54	59	41	40	62	9
7	46	56	57	43	38	64	65	35	94
6	58	44	45	55	66	36	37	63	95
96	47	53	52	50	39	61	60	42	5
4	67	33	32	70	75	25	24	78	97
98	30	72	73	27	22	80	81	19	3
99	74	28	29	71	82	20	21	79	2
1	31	69	68	34	23	77	76	26	100
85	18	15	14	88	12	90	91	8	84

Abb. 9.189 Gerahmtes magisches Quadrat der Ordnung $n = 10$ (Zhu Yunshan)

Für die Ordnung $n = 14$ folgt $\frac{n-4}{4} = 1$, sodass im Gegensatz zum obigen Beispiel jeweils eine Gruppe von vier Zahlen in die obere Zeile und die rechte Spalte eingefügt werden muss. Mit $p = 72$ und $\overline{p} = 80$ ergibt sich dann der Rahmen aus Abbildung 9.190, in den neun Hilfsquadrate eingesetzt werden.

-73	72	75	76	-77	-78	79	80	-81	82	-83	-84	86	-74
85	0	-1	-2	3	8	-9	-10	11	16	-17	-18	19	-85
-87	-4	5	6	-7	-12	13	14	-15	-20	21	22	-23	87
-88	7	-6	-5	4	15	-14	-13	12	23	-22	-21	20	88
89	-3	2	1	-0	-11	10	9	-8	-19	18	17	-16	-89
-90	24	-25	-26	27	32	-33	-34	35	40	-41	-42	43	90
91	-28	29	30	-31	-36	37	38	-39	-44	45	46	-47	-91
92	31	-30	-29	28	39	-38	-37	36	47	-46	-45	44	-92
-93	-27	26	25	-24	-35	34	33	-32	-43	42	41	-40	93
-94	48	-49	-50	51	56	-57	-58	59	64	-65	-66	67	94
95	-52	53	54	-55	-60	61	62	-63	-68	69	70	-71	-95
96	55	-54	-53	52	63	-62	-61	60	71	-70	-69	68	-96
-97	-51	50	49	-48	-59	58	57	-56	-67	66	65	-64	97
74	-72	-75	-76	77	78	-79	-80	81	-82	83	84	-86	73

Abb. 9.190 Vollständig gefülltes Hilfsquadrat

Erhöht man abschließend die positiven Zahlen um $\frac{n^2}{2} + 1 = 99$ und die negativen einschließlich der mit -0 gekennzeichneten Zahl im linken oberen Teilquadrat des Zentrums um $\frac{n^2}{2} = 98$, entsteht das gerahmte magische Quadrat in Abbildung 9.191.

25	171	174	175	21	20	178	179	17	181	15	14	185	24
184	99	97	96	102	107	89	88	110	115	81	80	118	13
11	94	104	105	91	86	112	113	83	78	120	121	75	186
10	106	92	93	103	114	84	85	111	122	76	77	119	187
188	95	101	100	98	87	109	108	90	79	117	116	82	9
8	123	73	72	126	131	65	64	134	139	57	56	142	189
190	70	128	129	67	62	136	137	59	54	144	145	51	7
191	130	68	69	127	138	60	61	135	146	52	53	143	6
5	71	125	124	74	63	133	132	66	55	141	140	58	192
4	147	49	48	150	155	41	40	158	163	33	32	166	193
194	46	152	153	43	38	160	161	35	30	168	169	27	3
195	154	44	45	151	162	36	37	159	170	28	29	167	2
1	47	149	148	50	39	157	156	42	31	165	164	34	196
173	26	23	22	176	177	19	18	180	16	182	183	12	172

Abb. 9.191 Gerahmtes magisches Quadrat der Ordnung $n = 14$ (Zhu Yunshan)

9.3 Konzentrische Quadrate ungerader Ordnung

9.3.1 Al-Buni (Methode 1)

Ein sehr altes Verfahren arabischer Herkunft zur Erzeugung konzentrischer magischer Quadrate wurde um 1200 von Ahmad al-Buni[34] veröffentlicht, der im heutigen Algerien lebte. Allerdings stammt es nicht von al-Buni selbst, der es nur in einer seiner Veröffentlichungen vorstellte. Um ein konzentrisches magisches Quadrat der Ordnung $n = 2k + 1$ zu erzeugen, geht man bei der von ihm beschriebenen Verfahren in folgender Reihenfolge vor:

- Die ersten $n - 2$ Zahlen werden in einem Zick-Zack-Muster in den beiden äußeren Spalten platziert. Man beginnt oberhalb der linken unteren Ecke und trägt die Zahlen aufsteigend ein, wobei man nach jeder eingetragenen Zahl die Spalte wechselt.
- Ähnlich verfährt man mit den nächsten $n - 1$ Zahlen, die in den beiden äußeren Zeilen platziert werden. Man beginnt in der rechten unteren Ecke und trägt sie nach links fortschreitend abwechselnd in die beiden Zeilen ein.

Abschließend werden die noch freien Felder mit den Komplementen der bereits eingetragenen Zahlen gefüllt. Dabei fällt allerdings auf, dass zwei Plätze der Umrandung frei bleiben. Es wurden auch nur $2n - 3$ Zahlen eingefügt und die linke untere sowie die rechte obere Ecke nicht besetzt.

	15		13		11		9	
7								
								6
5								
								4
3								
								2
1								
		14		12		10		8

74	15	68	13	70	11	72	9	
7								75
76								6
5								77
78								4
3								79
80								2
1								81
	67	14	69	12	71	10	73	8

Abb. 9.192 Belegung des äußeren Randes (Schritt 1)

Dieses Vorgehen wird jetzt für jeden Rahmen von außen nach innen fortgeführt. Der zweite Rahmen enthält lediglich 11 Zahlen, sodass die Zahlen von 16 bis 26 sowie ihre

[34] Sesiano [519] S. 126

komplementären Zahlen eingetragen werden. Der Rand des inneren Teilquadrates der Ordnung $n = 7$ ist in Abbildung 9.193 dargestellt.

74	15	68	13	70	11	72	9	
7		26		24		22		75
76	20							6
5							19	77
78	18							4
3							17	79
80	16							2
1			25		23		21	81
	67	14	69	12	71	10	73	8

74	15	68	13	70	11	72	9	
7	61	26	57	24	59	22		75
76	20						62	6
5	63						19	77
78	18						64	4
3	65						17	79
80	16						66	2
1		56	25	58	23	60	21	81
	67	14	69	12	71	10	73	8

Abb. 9.193 Belegung des zweiten Rahmens von außen (Schritt 2)

Entsprechend verfährt man mit beiden restlichen Rahmen, die die Zahlen von 27 bis 33 sowie von 34 bis 36 einschließlich ihrer Komplemente enthalten. Dabei stellt man fest, dass alle Felder der Hauptdiagonalen frei geblieben sind. Diese werden nun von rechts oben nach links unten mit den bisher nicht benutzten Zahlen gefüllt, bis schließlich das fortgesetzt konzentrische magische Quadrat in Abbildung 9.194 entstanden ist.

74	15	68	13	70	11	72	9	37
7	61	26	57	24	59	22	38	75
76	20	52	33	50	31	39	62	6
5	63	29	47	36	40	53	19	77
78	18	54	34	41	48	28	64	4
3	65	27	42	46	35	55	17	79
80	16	43	49	32	51	30	66	2
1	44	56	25	58	23	60	21	81
45	67	14	69	12	71	10	73	8

74	15	68	13	70	11	72	9	37
7	61	26	57	24	59	22	38	75
76	20	52	33	50	31	39	62	6
5	63	29	47	36	40	53	19	77
78	18	54	34	41	48	28	64	4
3	65	27	42	46	35	55	17	79
80	16	43	49	32	51	30	66	2
1	44	56	25	58	23	60	21	81
45	67	14	69	12	71	10	73	8

Abb. 9.194 Fortgesetzt konzentrisches magisches Quadrat der Ordnung $n = 9$ (al-Buni, Methode 1)

Dieses Verfahren erzeugt für alle ungeraden Ordnungen fortgesetzt konzentrische magische Quadrate. Zwei weitere Beispiele für $n = 5$ und $n = 7$ sind in Abbildung 9.195 dargestellt.

22	7	20	5	11
3	17	10	12	23
24	8	13	18	2
1	14	16	9	25
15	19	6	21	4

44	11	40	9	42	7	22
5	35	18	33	16	23	45
46	14	30	21	24	36	4
3	37	19	25	31	13	47
48	12	26	29	20	38	2
1	27	32	17	34	15	49
28	39	10	41	8	43	6

Abb. 9.195 Konzentrische magische Quadrate der Ordnungen $n = 5$ und $n = 7$ (al-Buni, Methode 1)

9.3.2 Al-Buni (Methode 2)

Ahmad al-Buni hat noch ein weiteres Verfahren veröffentlicht, das auch nicht von ihm selbst stammt.[35] Im Unterschied zu anderen Verfahren wird das magische Quadrat von innen nach außen gefüllt. Man beginnt also mit dem ganz innen liegenden Quadrat der Ordnung $n = 3$. Allerdings wird nicht das normale Lo-Shu oder eine seiner Varianten benutzt, sondern wandelt dieses etwas ab, indem man die drei kleinsten, die drei mittleren und die drei größten aller beteiligten Zahlen verwendet. Bei einem Quadrat der Ordnung $n = 7$ werden also die Zahlen $1, 2, 3, 24, 25, 26, 47, 48, 49$ ausgewählt. Dabei treten $24, 25, 26$ an die Stelle von $4, 5, 6$ und $47, 48, 49$ an die Stelle von $7, 8, 9$.

2	7	6
9	5	1
4	3	8

2	47	26
49	25	1
24	3	48

Abb. 9.196 Ausgangsquadrat bei al-Buni

Dieses Quadrat ist natürlich magisch, allerdings nicht mehr normalisiert. Um hieraus ein Quadrat der Ordnung $n = 5$ zu erzeugen, wird zunächst die Hauptdiagonale verlängert. Damit diese auch im vergrößerten Quadrat magisch bleibt, wird sie mit der Zahl 23 nach unten und der Zahl 27 nach oben fortgesetzt (siehe Abbildung 9.197a).

Allgemein sind beim Übergang von einem Quadrat der Ordnung n zu einem der Ordnung m genau $m^2 - n^2$ Zahlen im vergrößerten Rand einzutragen. Da die Hälfte der

[35] Carra de Vaux [583] und Descombes [124] S. 300 – 301

Zahlen mit Komplementen belegt wird und sich bereits zwei Zahlen auf der Hauptdiagonalen befinden, verbleiben noch

$$\frac{1}{2} \cdot \left(m^2 - n^2\right) - 1$$

Zahlen. Für $n = 3$ und $m = 5$ ergibt dies also genau sieben verbleibende Zahlen.

$$\underbrace{4\ 5\ 6}_{\text{Spalten}} \qquad \underbrace{7}_{\text{Ecke}} \qquad \underbrace{8\ 9\ 10}_{\text{Zeilen}}$$

Diese werden jetzt mit einem Zick-Zack-Muster in den äußeren Spalten und Zeilen des inneren 5 x 5 - Quadrates verteilt. Man beginnt mit der kleinsten Zahl direkt unterhalb der rechten oberen Ecke in der rechten Spalte und trägt sie abwechselnd in die beiden äußeren Spalten ein. Da jedes Teilquadrat eine ungerade Anzahl von inneren Zellen besitzt, endet dieses Muster wieder in der rechten Spalte. Danach wird die mittlere Zahl der Zahlensequenz in die linke obere Ecke platziert. Die restlichen Zahlen werden nun wieder im Zick-Zack-Muster in die beiden äußeren Zeilen eingetragen, wobei man unmittelbar rechts neben der linken unteren Ecke beginnt (siehe Abbildung 9.197b).

Abschließend werden alle noch freien Zellen mit den komplementären Werten der gegenüberliegenden Zahlen gefüllt (siehe Abbildung 9.197c).

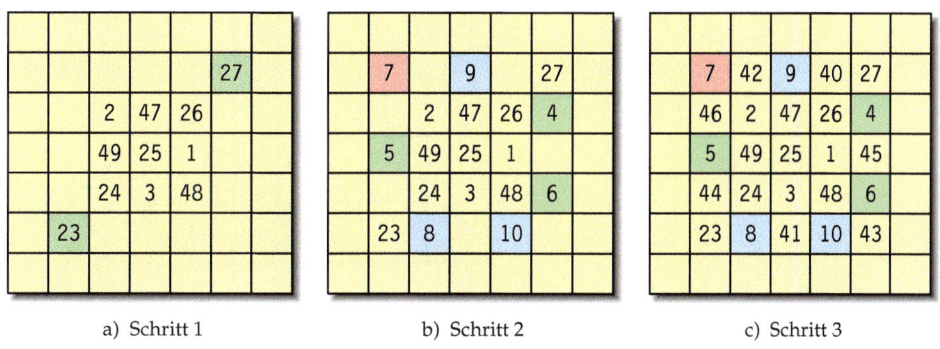

a) Schritt 1 b) Schritt 2 c) Schritt 3

Abb. 9.197 Erweiterung des Quadrates von $n = 3$ auf $m = 5$

Nun kann die letzte Erweiterung auf die Ordnung $n = 7$ erfolgen. Zunächst wird wieder die Hauptdiagonale mit den Zahlen 22 und 28 erweitert. Die oben angegebene Formel zeigt, dass 11 Zahlen in diesen Rahmen eingefügt werden müssen. Da die Zahlen 1 bis 10 schon eingetragen worden sind, folgen zunächst die Zahlen 11 bis 15 für das Zick-Zack-Muster der äußeren Spalten. Dann die einzelne Zahl 16 in der linken oberen Ecke und mit den restlichen Zahlen 17 bis 21 noch einmal eine Zahlensequenz für das Zick-Zack-Muster der äußeren Zeilen. Trägt man noch die fehlenden komplementären Zahlen ein, ist das von al-Buni beschriebene fortgesetzt konzentrische Quadrat in Abbildung 9.198 vollständig gefüllt.

						28
	7	42	9	40	27	
	46	2	47	26	4	
	5	49	25	1	45	
	44	24	3	48	6	
	23	8	41	10	43	
22						

16		18		20		28
	7	42	9	40	27	11
12	46	2	47	26	4	
	5	49	25	1	45	13
14	44	24	3	48	6	
	23	8	41	10	43	15
22	17		19		21	

16	33	18	31	20	29	28
39	7	42	9	40	27	11
12	46	2	47	26	4	38
37	5	49	25	1	45	13
14	44	24	3	48	6	36
35	23	8	41	10	43	15
22	17	32	19	30	21	34

Abb. 9.198 Fortgesetzt konzentrisches magisches Quadrat der Ordnung $n = 7$ (al-Buni, Methode 2)

In Abbildung 9.199 sind zwei weitere mit dem Verfahren von al-Buni hergestellte fortgesetzt konzentrische magische Quadrate der Ordnungen $n = 5$ und $n = 9$ dargestellt.

7	18	9	16	15
22	2	23	14	4
5	25	13	1	21
20	12	3	24	6
11	8	17	10	19

29	52	31	50	33	48	35	46	45
60	16	65	18	63	20	61	44	22
23	71	7	74	9	72	43	11	59
58	12	78	2	79	42	4	70	24
25	69	5	81	41	1	77	13	57
56	14	76	40	3	80	6	68	26
27	67	39	8	73	10	75	15	55
54	38	17	64	19	62	21	66	28
37	30	51	32	49	34	47	36	53

Abb. 9.199 Konzentrische magische Quadrate der Ordnungen $n = 5$ und $n = 9$ (al-Buni, Methode 2)

9.3.3 Dommisse

Die Methode von J. Dommisse, einem Pfarrer aus der Nähe von Groningen (Niederlande), wurde 1885 von Pieter Hendrik Schoute vorgestellt.[36] Das magische Quadrat wird in vier Schritten erzeugt, wobei einige Hilfsquadrate benötigt werden.

[36] Schoute [508] S. 152 – 155

Das Verfahren wird an einem Quadrat der Ordnung $n = 9$ erläutert. Man beginnt mit einem Quadrat in natürlicher Anordnung.

1	2	3	4	5	6	7	8	9
10	11	12	13	14	15	16	17	18
19	20	21	22	23	24	25	26	27
28	29	30	31	32	33	34	35	36
37	38	39	40	41	42	43	44	45
46	47	48	49	50	51	52	53	54
55	56	57	58	59	60	61	62	63
64	65	66	67	68	69	70	71	72
73	74	75	76	77	78	79	80	81

Abb. 9.200 Ausgangsquadrat in natürlicher Anordnung

Die Zahlen werden zunächst aus der äußeren Umrandung im Uhrzeigersinn ausgelesen und nach einer festen Regel in das Zielquadrat verschoben. Man beginnt mit der ersten Zahl 1, die in der linken oberen Ecke verbleibt. Die nächste Zahl 2 wird genau neun Plätze von der Zahl 1 entfernt platziert, wobei man jedoch im Rahmen verbleibt und immer im Uhrzeigersinn weiter zählt. Die Zahl 3 wird wiederum neun Plätze von der Zahl 2 entfernt notiert usw.

Mit der Zahl 9 ist die obere Zeile des Ausgangsquadrates vollständig eingetragen und man bewegt sich im Rahmen weiter nach unten zur Zahl 18, die nun neun Plätze von der zuletzt eingetragenen Zahl 9 entfernt platziert wird. Danach folgen die Zahlen 27, 36 usw. So verfährt man mit allen Zahlen aus dem Rahmen des Ausgangsquadrates.

1	64	79	36	5	28	75	72	9
8								2
63								55
76								78
37								45
4								6
27								19
80								74
73	10	7	54	77	46	3	18	81

1	64	79	36	5	28	75	72	9
8	11	26	69	38	15	62	65	2
63	66						12	55
76	53						35	78
37	14						68	45
4	47						29	6
27	70						16	19
80	17	20	67	44	13	56	71	74
73	10	7	54	77	46	3	18	81

Abb. 9.201 Füllen der ersten beiden Rahmen

Ist der äußere Rahmen abgeschlossen, wechselt man zu dem nächsten weiter innen liegenden Rahmen des Ausgangsquadrates. Die Zahl 11 verbleibt wieder in der linken oberen Ecke, während die anderen Zahlen nach dem beschriebenen Muster einen neuen Platz finden. Das Ergebnis nach dem Verschieben der ersten beiden Rahmen ist in Abbildung 9.201 zu sehen.

Füllt man noch die restlichen Rahmen auf, ergibt sich das erste Hilfsquadrat in Abbildung 9.202. Allerdings ist dieses Hilfsquadrat keinesfalls magisch. Dommisse hat herausgefunden, dass zur Erzeugung magischer Quadrate noch eine leichte Veränderung vorgenommen werden muss.

Bei Ordnungen der Größe $n = 4k + 1$, wie hier mit $n = 9$, kann der erste Startpunkt in der linken Ecke der oberen Zeile belassen werden. Für Ordnungen der Form $n = 4k - 1$ muss allerdings die gesamte Zahlenfolge zyklisch um eine Position im Uhrzeigersinn verschoben werden, wobei sich die relative Anordnung der Zahlen nicht ändert.

Im vorliegenden Beispiel trifft dieser Fall für den zweiten und den vierten Rahmen zu, da die Ordnungen der zugehörigen Teilquadrate dann $n = 7$ bzw. $n = 3$ betragen. In diesen Fällen werden die Startpunkte für die jeweiligen Anfangszahlen 11 und 31 und mit ihnen alle nachfolgenden Zahlen des Rahmens um jeweils eine Zelle im Uhrzeigersinn verschoben. Damit liegen diese Startzahlen nicht mehr auf der Nebendiagonalen, sondern eine Position weiter rechts. Das Ergebnis dieser Verschiebungen ist im zweiten Hilfsquadrat der Abbildung 9.202 zu sehen.

1	64	79	36	5	28	75	72	9
8	11	26	69	38	15	62	65	2
63	66	21	48	59	52	25	12	55
76	53	24	31	42	49	22	35	78
37	14	43	50	41	32	39	68	45
4	47	60	33	40	51	58	29	6
27	70	57	30	23	34	61	16	19
80	17	20	67	44	13	56	71	74
73	10	7	54	77	46	3	18	81

a) 1. Hilfsquadrat

1	64	79	36	5	28	75	72	9
8	66	11	26	69	38	15	62	2
63	53	21	48	59	52	25	65	55
76	14	24	50	31	42	22	12	78
37	47	43	33	41	49	39	35	45
4	70	60	40	51	32	58	68	6
27	17	57	30	23	34	61	29	19
80	20	67	44	13	56	71	16	74
73	10	7	54	77	46	3	18	81

b) 2. Hilfsquadrat

Abb. 9.202 Rahmen für die beiden Hilfsquadrate

Abschließend müssen noch die Zahlen von jeweils zwei horizontal bzw. vertikal liegenden Teildreiecken wie in Abbildung 9.203 ausgetauscht werden. Nach diesem Austausch ist das magische Quadrat nach dem Verfahren von Dommisse vollendet.

1	64	79	36	5	28	75	72	9
8	66	11	26	69	38	15	62	2
63	53	21	48	59	52	25	65	55
76	14	24	50	31	42	22	12	78
37	47	43	33	41	49	39	35	45
4	70	60	40	51	32	58	68	6
27	17	57	30	23	34	61	29	19
80	20	67	44	13	56	71	16	74
73	10	7	54	77	46	3	18	81

a) vor dem Austausch der Teildreiecke

1	64	79	36	5	28	75	72	9
80	66	11	26	69	38	15	62	2
27	17	21	48	59	52	25	65	55
4	70	60	50	31	42	22	12	78
37	47	43	33	41	49	39	35	45
76	14	24	40	51	32	58	68	6
63	53	57	34	23	30	61	29	19
8	20	71	56	13	44	67	16	74
73	18	3	46	77	54	7	10	81

b) magisches Quadrat

Abb. 9.203 Fortgesetzt konzentrisches magisches Quadrat der Ordnung $n = 9$ (Dommisse)

Dieses Verfahren funktioniert für alle ungeraden Ordnungen. Zwei weitere Beispiele für $n = 7$ und $n = 11$ sind in Abbildung 9.204 dargestellt.

44	1	14	47	22	5	42
7	9	30	39	34	13	43
48	40	32	17	26	10	2
29	27	19	25	31	23	21
4	12	24	33	18	38	46
35	37	20	11	16	41	15
8	49	36	3	28	45	6

112	1	22	119	78	5	66	115	34	9	110
99	13	90	107	54	17	46	103	98	21	23
8	20	92	25	42	95	58	29	86	102	114
45	87	75	37	70	83	74	41	47	35	77
116	104	28	40	72	49	62	82	94	18	6
55	57	69	63	51	61	71	59	53	65	67
4	16	96	84	60	73	50	38	26	106	118
89	43	31	81	52	39	48	85	91	79	33
120	108	36	97	80	27	64	93	30	14	2
11	101	32	15	68	105	76	19	24	109	111
12	121	100	3	44	117	56	7	88	113	10

Abb. 9.204 Konzentrische magische Quadrate der Ordnungen $n = 7$ und $n = 11$ (Dommisse)

Variante 1

Schaut man sich die Zahlen im ersten Hilfsquadrat aus Abbildung 9.202 genauer an, bemerkt man, dass neben den Startzahlen noch einige weitere Zahlen auf ihrem Platz verblieben sind.

1	64	79	36	5	28	75	72	9
8	11	26	69	38	15	62	65	2
63	66	21	48	59	52	25	12	55
76	53	24	31	42	49	22	35	78
37	14	43	50	41	32	39	68	45
4	47	60	33	40	51	58	29	6
27	70	57	30	23	34	61	16	19
80	17	20	67	44	13	56	71	74
73	10	7	54	77	46	3	18	81

Abb. 9.205 Invariante Plätze bei der Ordnung $n = 9$

Diese Systematik bietet Anlass zu einigen Änderungen. Bis jetzt wurde die erste Zahl des äußeren Rahmens bei der Ordnung $n = 9$ immer in die linke obere Ecke gesetzt. Sie kann aber auch auf die anderen unveränderlichen Felder dieses Rahmens gesetzt werden, womit sich natürlich auch alle anderen Positionen entsprechend verschieben. Genauso kann natürlich auch mit den Startpositionen der inneren Rahmen verfahren werden.

Im nächsten Beispiel ist das Verfahren so verändert worden, dass die ersten beiden Rahmen mit den Startzahlen 1 bzw. 11 jeweils an der zweiten markierten festen Position beginnen. Die restlichen Rahmen sollen dagegen unverändert bleiben. Das erste Hilfsquadrat ist in Abbildung 9.206a zu sehen, wo deutlich die veränderten Startpositionen zu erkennen sind. Dabei ist natürlich zu beachten, dass die Startposition in den Fällen $n = 4k - 1$ auch um eine Zelle nach rechts verschoben werden muss. Das nach dem zusätzlichen Vertauschen der Zahlen in den Teildreiecken erzeugte magische Quadrat ist in der Abbildung 9.206b dargestellt.

37	76	63	8	1	64	79	36	5
4	70	47	14	53	66	11	26	28
27	17	21	48	59	52	25	69	75
80	20	24	50	31	42	22	38	72
73	67	43	33	41	49	39	15	9
10	44	60	40	51	32	58	62	2
7	13	57	30	23	34	61	65	55
54	56	71	16	29	68	35	12	78
77	46	3	18	81	74	19	6	45

a) vor dem Austausch der Teildreiecke

37	76	63	8	1	64	79	36	5
54	70	47	14	53	66	11	26	28
7	13	21	48	59	52	25	69	75
10	44	60	50	31	42	22	38	72
73	67	43	33	41	49	39	15	9
80	20	24	40	51	32	58	62	2
27	17	57	34	23	30	61	65	55
4	56	35	68	29	16	71	12	78
77	6	19	74	81	18	3	46	45

b) magisches Quadrat

Abb. 9.206 Veränderte Startfelder bei der Ordnung $n = 9$ (Dommisse, Variante 1)

In Abbildung 9.207 sind für die Ordnungen bis $n = 15$ alle möglichen Startfelder markiert. Mit der deutlich zu erkennenden Systematik kann dieses Schema der möglichen Startpunkte auf noch größere Ordnungen erweitert werden. Die unterschiedliche Wahl der einzelnen Startpunkte eröffnet damit eine Vielzahl von unterschiedlichen magischen Quadraten.

Abb. 9.207 Mögliche Startfelder beim Verfahren von Dommisse

Variante 2

Eine zweite Variante ergibt sich beim Vertauschen der Zahlen in zwei benachbarten dreieckigen Teilbereichen. Da immer zwei Teildreiecke links und rechts bzw. unten und oben ausgetauscht werden können, gibt es prinzipiell vier Möglichkeiten des Austauschs, wie man in Abbildung 9.208 erkennen kann.

Abb. 9.208 Möglichkeiten beim Vertauschen der Teildreiecke

In Variante 1 aus Abbildung 9.206 wurden die Dreiecke auf der linken und der unteren Seite des Quadrates ausgewählt. In Abbildung 9.209 wurden die Teildreiecke unten und rechts ausgetauscht, und auch das hierdurch entstehende Quadrat ist fortgesetzt konzentrisch.

37	76	63	8	1	64	79	36	5
4	70	47	14	53	66	11	26	28
27	17	21	48	59	52	25	69	75
80	20	24	50	31	42	22	38	72
73	67	43	33	41	49	39	15	9
10	44	60	40	51	32	58	62	2
7	13	57	30	23	34	61	65	55
54	56	71	16	29	68	35	12	78
77	46	3	18	81	74	19	6	45

a) vor dem Austausch der Teildreiecke

37	76	63	8	1	64	79	36	5
4	70	47	14	53	66	11	26	78
27	17	21	48	59	52	25	65	55
80	20	24	50	31	42	58	62	2
73	67	43	33	41	49	39	15	9
10	44	60	40	51	32	22	38	72
7	13	57	34	23	30	61	69	75
54	56	35	68	29	16	71	12	28
77	6	19	74	81	18	3	46	45

b) magisches Quadrat

Abb. 9.209 Veränderte Teildreiecke bei der Ordnung $n = 9$ (Dommisse, Variante 2)

Variante 3

Doch damit noch nicht genug. Zusätzlich kann man auch noch Zellen paarweise austauschen, wenn man auch so mit den horizontal bzw. vertikal symmetrischen Zellen verfährt, solange die Diagonalen davon nicht betroffen sind. In Abbildung 9.210 wurden nur zwei Zahlenpaare ausgetauscht, aber es ist klar, dass sich auf diese Art und Weise eine große Zahl von magischen Quadraten erzeugen lässt.

37	76	63	8	1	64	79	36	5
4	70	47	14	53	66	11	26	78
27	17	21	48	59	52	25	65	55
80	20	24	50	31	42	58	62	2
73	67	43	33	41	49	39	15	9
10	44	60	40	51	32	22	38	72
7	13	57	34	23	30	61	69	75
54	56	35	68	29	16	71	12	28
77	6	19	74	81	18	3	46	45

37	76	1	8	63	64	79	36	5
4	70	47	14	53	66	11	26	78
27	17	21	48	59	52	25	65	55
80	20	24	50	31	42	58	62	2
73	67	43	33	41	49	39	15	9
10	44	60	40	51	32	22	38	72
7	13	57	34	23	30	61	69	75
54	56	35	68	29	16	71	12	28
77	6	81	74	19	18	3	46	45

Abb. 9.210 Paarweiser Austausch von Zahlen bei der Ordnung $n = 9$ (Dommisse, Variante 3)

9.3.4 Rallier des Ourmes

Rallier des Ourmes konstruiert seine konzentrischen magischen Quadrate ungerader Ordnung von außen nach innen.[37] Seine Strategie hängt von der Größe des aktuellen Rahmens ab, wobei er Rahmengrößen der Form $n = 4k + 1$, also $5, 9, 13, \ldots$, von Rahmengrößen $n = 4k - 1$, also $7, 11, 15, \ldots$, unterscheidet.

Als Beispiel wird hier ein konzentrisches magisches Quadrat der Ordnung $n = 11$ konstruiert, bei dem beide Fälle jeweils doppelt auftreten. Zunächst benötigt er einige Variable, wie z. B. die Startzahl s als kleinste Zahl, die in dem aktuellen Rahmen auftritt. Dann legt er zwei Variablen h und v fest, die die horizontale bzw. vertikale Differenz bei einem Quadrat in natürlicher Anordnung bedeuten. Mithilfe dieser beiden Variablen könnte man mit diesem Verfahren auch unechte Quadrate mit nicht fortlaufenden Zahlen konstruieren, was hier aber nicht betrachtet wird. Als vierte und letzte Variable bezeichnet er mit n die Größe des aktuellen Rahmens. Während h und v bei den hier betrachteten magischen Quadraten stets gleich bleiben, ändern sich die Werte von d und n natürlich mit den verschiedenen Rahmengrößen. Für den äußeren Rahmen der Größe $n = 11$ gelten damit die Werte aus Tabelle 9.7.

h	v	s	n
1	11	1	11

Tab. 9.7 Werte der Variablen für den äußeren Rahmen bei $n = 11$

Mit diesen Variablen berechnet er bei Rahmen der Größe $n = 4k - 1$ für die obere Zeile und die linke Spalte insgesamt immer fünf verschiedene Zahlen, die dann in den Ecken und in der Mitte der Zeile bzw. Spalte platziert werden. Für die drei Zahlen in der oberen Zeile gelten folgende Formeln:

$$z_1 = s + v \cdot \frac{n-1}{2} = 1 + 11 \cdot \frac{11-1}{2} = 56$$
$$z_2 = s + (v + h) \cdot (n - 1) = 1 + (11 + 1) \cdot (11 - 1) = 121$$
$$z_3 = s + h \cdot \frac{n-1}{2} = 1 + 1 \cdot \frac{11-1}{2} = 6$$

Da die linke obere Ecke mit z_1 bereits berechnet worden ist, fehlen für die linke Spalte nur noch zwei weitere Zahlen, die mit den folgenden Formeln bestimmt werden:

$$s_2 = s + h \cdot (n - 1) = 1 + 1 \cdot (11 - 1) = 11$$
$$s_3 = s + v \cdot (n - 1) + h \cdot \frac{n-1}{2} = 1 + 11 \cdot (11 - 1) + 1 \cdot \frac{11-1}{2} = 116$$

Diese Zahlen werden einschließlich ihrer komplementären Zahlen in das Quadrat aus Abbildung 9.211 eingetragen.

[37] Rallier des Ourmes [484] S. 218–230

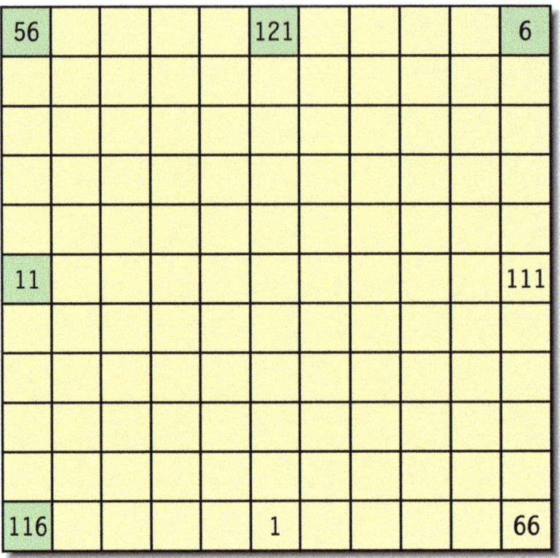

Abb. 9.211 Feste Zahlen in den Ecken und den Mitten bei $n = 11$

Nun werden zwei Gruppen von $n-3$ Zahlen gebildet, die dann die noch freien Plätze in den Rändern auffüllen sollen. Die erste Gruppe besteht zunächst aus n aufeinanderfolgenden Zahlen, beginnend mit der Startzahl $s = 1$.

1 2 3 4 5 6 7 8 9 10 11

Dabei treten allerdings mit 1, 6, 11 drei der schon eingetragenen Zahlen auf, die übersprungen werden. Damit besteht diese Gruppe nur noch aus $n - 3 = 8$ Zahlen, mit denen dann später die obere und untere Zeile gefüllt werden.

2 3 4 5 7 8 9 10

Die zweite Gruppe von Zahlen bestimmt man, indem zu der kleinsten und größten der drei übersprungenen Zahlen so oft immer die Ordnung des Quadrates addiert wird, bis man zusätzlich zu den beiden schon benutzten Anfangswerten wiederum $n - 3 = 8$ Zahlen erhalten hat.

$$(1, 11) \xrightarrow{+11} (12, 22) \xrightarrow{+11} (23, 33) \xrightarrow{+11} (34, 44) \xrightarrow{+11} (45, 55)$$

Damit lautet die zweite Gruppe von Zahlen für die linke und rechte Spalte ohne die beiden Anfangswerte

12 22 23 33 34 44 45 55

Die Zeilen werden jetzt symmetrisch von links und rechts gefüllt. Die erste Zahl der ersten Gruppe von Zahlen kommt in das erste freie Feld von links gesehen, und zusätzlich wird in das horizontal symmetrisch dazu liegende Feld mit der größten bisher nicht benutzten Zahl dieser Gruppe, also der 10, gefüllt. Danach trägt man die beiden hierzu komplementären Zahlen in die gegenüberliegende Zeile ein.

Nun folgen die nächsten beiden Zahlen 3 und 9 in die untere Zeile und deren komplementäre Zahlen dementsprechend in die obere Zeile. Dann folgen die Zahlen 4 und 8 wieder oben und mit 5 und 7 wird das Füllen der beiden Zeilen abgeschlossen. Diese Vorgehensweise entspricht dem Beispiel von Rallier des Ourmes in seinem Artikel aus dem Jahre 1763. Man kann aber genauso gut in der unteren Zeile anfangen, um danach nach oben zu wechseln.

Die beiden Spalten werden entsprechend gefüllt, nur dass jetzt nicht horizontal, sondern vertikal vorgegangen wird. Dabei ist es egal, ob man links oder rechts anfängt. Danach ist dann der äußere Rahmen wie in Abbildung 9.212 vollständig gefüllt.

56	2	119	4	117	121	115	8	113	10	6
11										111
116	120	3	118	5	1	7	114	9	112	66

56	2	119	4	117	121	115	8	113	10	6
12										110
100										22
23										99
89										33
11										111
88										34
44										78
77										45
55										67
116	120	3	118	5	1	7	114	9	112	66

Abb. 9.212 Rahmen bei der Ordnung $n = 11$

Die Ordnung des nächsten Rahmens hat mit $4k+1=9$ eine andere Form und wird völlig anders aufgebaut. Für die Zeilen und Spalten müssen bei dieser Form insgesamt immer neun verschiedene Zahlen berechnet werden, die dann in den Ecken und in gleichbleibenden Entfernungen dazwischen in der Zeile bzw. Spalte platziert werden. Da sich die Startzeile mit jedem Rahmen um $n+1$ erhöht, gilt jetzt $s=13$ und $n=7$. Damit ergeben sich die folgenden fünf Zahlen für die obere Zeile:

$$z_1 = s = 13$$
$$z_2 = s + v \cdot (3n-3)/4 = 13 + 11 \cdot \frac{3 \cdot 9 - 3}{4} = 79$$
$$z_3 = s + v \cdot (n-1) + h \cdot (n-1)/2 = 13 + 11 \cdot (9-1) + 1 \cdot \frac{9-1}{2} = 105$$
$$z_4 = s + v \cdot (3n-3)/4 + h \cdot (n-1) = 13 + 11 \cdot \frac{3 \cdot 9 - 3}{4} + 1 \cdot (9-1) = 87$$
$$z_5 = s + h \cdot (n-1) = 13 + 1 \cdot (9-1) = 21$$

Da die linke obere Ecke z_1 bereits berechnet worden ist, fehlen für die Spalte nur noch vier Zahlen:

$$s_2 = s + h \cdot (3n-3)/4 = 13 + 1 \cdot \frac{3 \cdot 9 - 3}{4} = 19$$
$$s_3 = s + v \cdot (n-1)/2 + h \cdot (n-1) = 13 + 11 \cdot \frac{9-1}{2} + 1 \cdot (9-1) = 65$$
$$s_4 = s + v \cdot (n-1) + h \cdot (3n-3)/4 = 13 + 11 \cdot (9-1) + 1 \cdot \frac{3 \cdot 9 - 3}{4} = 107$$
$$s_5 = s + v \cdot (n-1) = 13 + 11 \cdot (9-1) = 101$$

Da diese Zahlen einen gleichbleibenden Abstand voneinander haben müssen, bedeutet dies für diesen Fall, dass jeweils ein Platz zwischen ihnen frei bleibt. Sie werden einschließlich ihrer komplementären Zahlen fortlaufend wie in Abbildung 9.213 in einen Rahmen der Größe 9 eingetragen.

13		79		105		87		21
19								103
65								57
107								15
101		43		17		35		109

Abb. 9.213 Feste Zahlen in den Ecken und den Mitten bei $n=9$

Nun müssen wieder die beiden Zahlengruppen für die Zeilen und Spalten gebildet werden, mit denen die noch freien Plätze in den Rändern aufgefüllt werden. Die erste Gruppe besteht zunächst aus n aufeinanderfolgenden Zahlen, beginnend mit der Startzahl $s = 13$.

$$13\ \ 14\ \ 15\ \ 16\ \ 17\ \ 18\ \ 19\ \ 20\ \ 21$$

Dabei treten allerdings mit 13, 15, 17, 19, 21 fünf der schon eingetragenen Zahlen auf, die ausgelassen werden. Damit besteht diese Gruppe nur noch aus $n - 5 = 4$ Zahlen, mit denen dann später die obere und untere Zeile gefüllt wird:

$$14\ \ 16\ \ 18\ \ 20$$

Die zweite Gruppe von Zahlen erhält man, indem man von der kleinsten und größten der drei übersprungenen Zahlen ausgeht und zu beiden Zahlen so oft immer die Ordnung des Quadrates addiert, bis man dieses Mal $n - 5 + 2 = 6$ Zahlen zusätzlich zu den beiden schon benutzten Anfangswerten erhält.

$$(13, 21) \xrightarrow{+11} (24, 32) \xrightarrow{+11} (35, 43) \xrightarrow{+11} (46, 54)$$

Für diese zweite Gruppe von Zahlen dürfen die beiden mittleren Zahlen für die linke und rechte Spalte nicht benutzt werden, sodass sich diese Zahlengruppe damit auf vier Zahlen reduziert:

$$24\ \ 32\ \ 46\ \ 54$$

Die Zahlen der ersten Gruppe werden wieder abwechselnd oben und unten mit ihren komplementären Zahlen eingetragen, die Zahlen der zweiten Gruppe entsprechend abwechselnd links und rechts. Dabei ist es unwichtig, ob sich die Startposition der ersten Gruppe oben oder unten und das der zweiten Gruppe links oder rechts befindet. Daher beginnt das Füllen des Rahmens mit den Zahlen dieses Mal unten und rechts, sodass das Ergebnis in Abbildung 9.214 entsteht.

13	108	79	16	105	18	87	102	21
19								103
65								57
107								15
101	14	43	106	17	104	35	20	109

13	108	79	16	105	18	87	102	21
98								24
19								103
32								90
65								57
46								76
107								15
68								54
101	14	43	106	17	104	35	20	109

Abb. 9.214 Füllen des Randes bei $n = 9$

Der nächste Rahmen besitzt die Startzahl $s = 25$ und besitzt die Größe $n = 7$, ist also wieder von der Form $4k - 1$. Für diesen Fall werden nur drei Zahlen für die Zeile

$$\begin{aligned} z_1 &= s + v \cdot (n-1)/2 = 25 + 11 \cdot \frac{7-1}{2} = 58 \\ z_2 &= s + (v+h) \cdot (n-1) = 25 + (11+1) \cdot (7-1) = 97 \\ z_3 &= s + h \cdot (n-1)/2 = 25 + 1 \cdot (7-1)/2 = 28 \end{aligned}$$

und zwei Zahlen für die Spalte berechnet.

$$\begin{aligned} s_2 &= s + h \cdot (n-1) = 25 + 1 \cdot (7-1) = 31 \\ s_3 &= s + v \cdot (n-1) + h \cdot (n-1)/2 = 25 + 11 \cdot (7-1) + 1 \cdot \frac{7-1}{2} = 94 \end{aligned}$$

Diese Zahlen bilden in den Ecken und im Zentrum der äußeren Zeilen und Spalten wie in Abbildung 9.215 wieder das Gerüst des Rahmens.

58			97			28
31						91
94			25			64

Abb. 9.215 Feste Zahlen in den Ecken und den Mitten bei $n = 7$

Hinzu kommen wieder die beiden Zahlengruppen, mit denen die Zeilen und Spalten aufgefüllt werden. Dazu geht man wie im Fall $n = 11$ vor, und es verbleiben $n - 3 = 4$ Zahlen.

Gruppe 1:	26	27	29	30
Gruppe 2:	36	42	47	53

Die Zahlen der ersten Gruppe werden wie üblich abwechselnd oben und unten mit ihren komplementären Partnerzahlen eingetragen, die Zahlen der zweiten Gruppe entsprechend abwechselnd links und rechts. Um die gesamte Vielfalt der Möglichkeiten aufzuzeigen, wird dieses Mal unterschiedlich begonnen. Bei den Zeilen wird oben begonnen und bei den Spalten rechts, sodass als Ergebnis das Quadrat in Abbildung 9.216 entsteht.

58	26	95	97	93	30	28
31						91
94	96	27	25	29	92	64

58	26	95	97	93	30	28
86						36
42						80
31						91
47						75
69						53
94	96	27	25	29	92	64

Abb. 9.216 Füllen des Randes bei $n = 7$

Der vorletzte Rahmen hat die Größe $n = 5$ und beginnt mit der Startzahl $s = 37$. Da er die Form $4k + 1 = 5$ besitzt, müssen hier wieder neun Werte berechnet werden.

$$z_1 = s = 37$$
$$z_2 = s + v \cdot (3 \cdot n - 3)/4 = 37 + 11 \cdot \frac{3 \cdot 5 - 3}{4} = 70$$
$$z_3 = s + v \cdot (n - 1) + h \cdot (n - 1)/2 = 37 + 11 \cdot (5 - 1) + 1 \cdot \frac{5 - 1}{2} = 83$$
$$z_4 = s + v \cdot (3 \cdot n - 3)/4 + h \cdot (n - 1) = 37 + 11 \cdot \frac{3 \cdot 5 - 3}{4} + 1 \cdot (5 - 1) = 74$$
$$z_5 = s + h \cdot (n - 1) = 37 + 1 \cdot (5 - 1) = 41$$

$$s_2 = s + h \cdot (3 \cdot n - 3)/4 = 37 + 1 \cdot \frac{3 \cdot 5 - 3}{4} = 40$$
$$s_3 = s + v \cdot (n - 1)/2 + h \cdot (n - 1) = 37 + 11 \cdot \frac{5 - 1}{2} + 1 \cdot (5 - 1) = 63$$
$$s_4 = s + v \cdot (n - 1) + h \cdot (3 \cdot n - 3)/4 = 37 + 11 \cdot (5 - 1) + 1 \cdot \frac{3 \cdot 5 - 3}{4} = 84$$
$$s_5 = s + v \cdot (n - 1) = 37 + 11 \cdot (5 - 1) = 81$$

Wegen $n - 5 = 0$ ist der Rahmen mit diesen Zahlen bereits vollständig gefüllt und wird in Abbildung 9.217a dargestellt.

Ebenso einfach ist der letzte Rahmen der Größe 3 zu erstellen. Mit der Startzahl $s = 49$ müssen insgesamt drei Zahlen für die Zeile und zwei für die Spalte berechnet werden.

$$z_1 = s + v \cdot \frac{n - 1}{2} = 49 + 11 \cdot \frac{3 - 1}{2} = 60$$
$$z_2 = s + (v + h) \cdot (n - 1) = 49 + (11 + 1) \cdot (3 - 1) = 73$$
$$z_3 = s + h \cdot \frac{n -}{2} = 49 + 1 \cdot \frac{3 - 1}{2} = 50$$

$$s_2 = s + h \cdot (n-1) = 49 + 1 \cdot (3-1) = 51$$

$$s_3 = s + v \cdot (n-1) + h \cdot \frac{n-1}{2} = 49 + 11 \cdot (3-1) + 1 \cdot \frac{3-1}{2} = 72$$

Mit diesen Zahlen und ihren Komplementen ist dieser Rahmen damit wie in Abbildung 9.217b bereits vollständig gefüllt.

37	70	83	74	41
40				82
63				59
84				38
81	52	39	48	85

a) $n = 5$

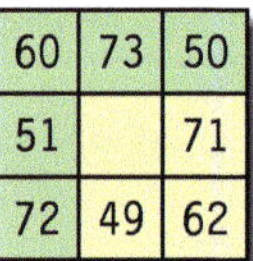

60	73	50
51		71
72	49	62

b) $n = 3$

Abb. 9.217 Vollständiger Rahmen für $n = 5$ und $n = 3$

Jetzt fehlt nur noch die Zahl im Zentrum des Quadrates. Diese ist aber leicht als eine weitere Erhöhung der Startzahl auf $s = 61$ zu errechnen. Setzt man alle erstellten Rahmen zusammen, entsteht das fortgesetzt konzentrische magische Quadrat aus Abbildung 9.218.

56	2	119	4	117	121	115	8	113	10	6
12	13	108	79	16	105	18	87	102	21	110
100	98	58	26	95	97	93	30	28	24	22
23	19	86	37	70	83	74	41	36	103	99
89	32	42	40	60	73	50	82	80	90	33
11	65	31	63	51	61	71	59	91	57	111
88	46	47	84	72	49	62	38	75	76	34
44	107	69	81	52	39	48	85	53	15	78
77	68	94	96	27	25	29	92	64	54	45
55	101	14	43	106	17	104	35	20	109	67
116	120	3	118	5	1	7	114	9	112	66

Abb. 9.218 Fortgesetzt konzentrisches magisches Quadrat der Ordnung $n = 11$ (Rallier des Ourmes)

Dieses Verfahren kann auf alle ungerade Ordnungen übertragen werden. Zwei Beispiele für die Ordnungen $n = 7$ und $n = 9$ sind in Abbildung 9.219 dargestellt.

22	48	3	49	5	44	4
42	9	30	39	34	13	8
14	12	24	33	18	38	36
7	27	19	25	31	23	43
15	40	32	17	26	10	35
29	37	20	11	16	41	21
46	2	47	1	45	6	28

1	80	55	4	77	6	63	74	9
72	38	12	69	71	67	16	14	10
7	20	21	48	59	52	25	62	75
18	56	24	40	51	32	58	26	64
45	17	43	33	41	49	39	65	37
28	53	60	50	31	42	22	29	54
79	35	57	34	23	30	61	47	3
46	68	70	13	11	15	66	44	36
73	2	27	78	5	76	19	8	81

Abb. 9.219 Konzentrische magische Quadrate der Ordnungen $n = 7$ und $n = 9$ (Rallier des Ourmes)

9.3.5 Hendricks

John R. Hendricks hat ein Verfahren entwickelt, das auf algebraischen Mustern basiert.[38] Er beginnt mit einem inneren Quadrat der Größe 3×3 und legt von innen nach außen immer weitere Rahmen um den bereits erzeugten Kern. Dabei benutzt er zwei unterschiedliche Buchstabenmuster für Rahmen der Größen $n = 4k - 1$ und $n = 4k + 1$.

Rahmen der Größe n = 4k+1

Wählt man beispielsweise $k = 2$ und erzeugt einen Rahmen der Ordnung $n = 9$, benötigt man für das Muster jeweils $m = \frac{n-3}{2} = 3$ Groß- und Kleinbuchstaben und einen vierten Buchstaben, der als charakteristischer Buchstabe für diesen Rahmen gilt. Der Übersichtlichkeit halber werden diese Buchstaben in alphabetischer Reihenfolge gewählt, also `ABCabc` und `Dd` für die beiden charakteristischen Buchstaben. Zusätzlich wird noch der neutrale Buchstabe `z` benötigt, der bei der abschließenden Belegung den mittleren Zahlenwert annimmt.

Die ersten sechs Plätze werden fest vorgeben. In die linke obere Ecke wird das Buchstabenpaar `zD` eingetragen und in die rechte obere Ecke die Umkehrung `Dz`. Bei den diagonal gegenüberliegenden Ecken werden danach die entgegengesetzten Paare platziert. Dies bedeutet, dass der erste Buchstabe mit dem zweiten vertauscht und zusätzlich der Großbuchstabe `D` gegen den Kleinbuchstaben `d` ausgetauscht wird.

---

38 Hendricks [202] S. 41–43

Weiterhin wird die Kombination Dd in die Mitte der oberen Zeile eingefügt und das umgekehrte Buchstabenpaar dD genau vertikal gegenüber.

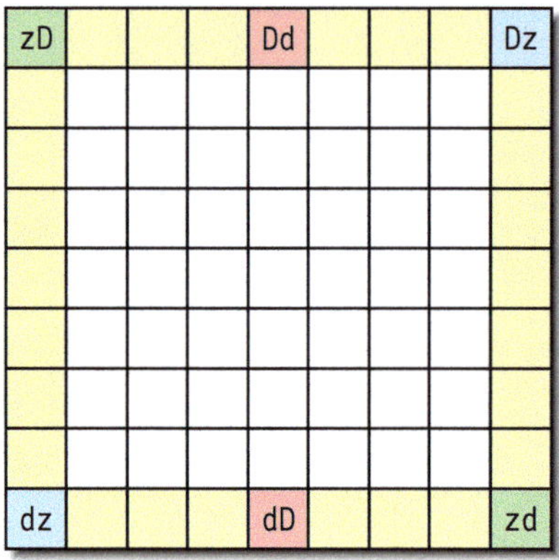

Abb. 9.220 Füllen der Zeilen mit festen Buchstabenpaaren

Nun werden alle Kombinationen mit den beiden charakteristischen Buchstaben am Anfang und den jeweils m Groß- und Kleinbuchstaben als zweiten Buchstaben gebildet.

DA DB DC Da Db Dc dA dB dC da db dc

Diese 12 Buchstabenpaare werden auf die beiden äußeren Zeilen verteilt. Dies geschieht allerdings nicht ganz beliebig, sondern es müssen bestimmte Bedingungen erfüllt werden. So dürfen in der oberen Zeile nur $m-1$ weitere Buchstabenpaare auftreten, die mit dem charakteristischen Großbuchstaben D beginnen und $m+1$ Paare mit dem entsprechenden Kleinbuchstaben d.

Setzt man etwa das Buchstabenpaar dA direkt rechts neben die linke obere Ecke, ist gleichzeitig die Wahl von drei weiteren Paaren unmittelbar festgelegt oder eingeschränkt. Zunächst muss das bezüglich der Groß- und Kleinbuchstaben entgegengesetzte Paar Da genau gegenüber in die gleiche Spalte der unteren Zeile platziert werden.

Weiterhin muss die Kombination da, die aus dem gleichen Anfangsbuchstaben, aber entgegengesetztem zweiten Buchstaben besteht, auch in die obere Zeile notiert werden. Dabei kann die Spalte allerdings beliebig gewählt werden. In dieser Spalte muss dann aber wieder das entgegengesetzte Paar DA in die untere Zeile eingetragen werden, damit auch dieses Paar bei der Belegung mit Zahlen komplementäre Zahlen ergeben.

Ein beispielhaftes Ergebnis für die Zeilen ist in Abbildung 9.221 dargestellt, bei der nur die obere und die untere Zeile enthalten sind.

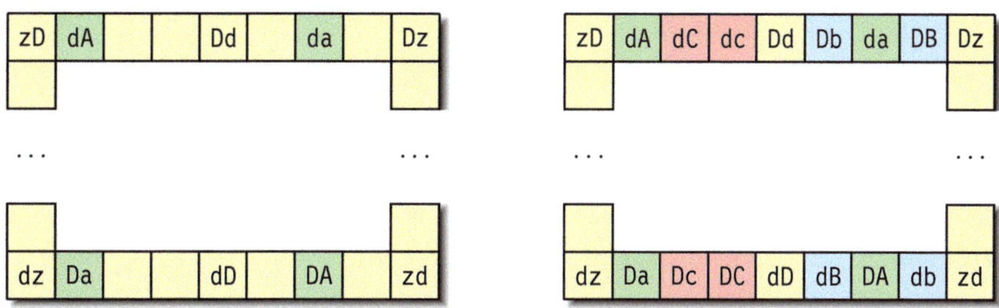

Abb. 9.221 Füllen der Zeilen

In den Spalten sind die beiden mittleren Zellen mit den beiden verbleibenden Kombinationen der charakteristischen Buchstaben fest vorgegeben. In die linke Spalte wird das Buchstabenpaar DD und in die rechte Spalte dd eingetragen. Danach werden die restlichen Plätze mit den Kombinationen der Groß- und Kleinbuchstaben belegt, bei denen die charakteristischen Buchstaben am Ende stehen.

AD BD CD   aD bD cD   Ad Bd Cd   ad bd cd

Ähnlich dem Vorgehen bei den Zeilen dürfen in der linken Spalte nur $m - 1$ weitere Buchstabenpaare auftreten, die mit dem charakteristischen Großbuchstaben D enden und $m + 1$ Paare, die mit dem entsprechenden Kleinbuchstaben d enden.

Trägt man nun etwa das Buchstabenpaar Ad direkt unterhalb der linken oberen Ecke ein, muss das entgegengesetzte Paar aD in der gleichen Zeile der rechten Spalte platziert werden. Weiterhin muss die Kombination ad, die aus dem entgegengesetzten Anfangsbuchstaben, aber gleichem zweitem Buchstaben besteht, auch in die linke Spalte eingetragen werden. Dabei kann die Zeile allerdings beliebig gewählt werden. In diese Zeile muss dann aber wieder das entgegengesetzte Paar AD in die rechte Spalte platziert werden (siehe Abbildung 9.222).

zD	dA	dC	dc	Dd	Db	da	DB	Dz
Ad								aD
DD								dd
ad								AD
dz	Da	Dc	DC	dD	dB	DA	db	zd

zD	dA	dC	dc	Dd	Db	da	DB	Dz
Ad								aD
BD								bd
Cd								cD
DD								dd
bD								Bd
ad								AD
cd								CD
dz	Da	Dc	DC	dD	dB	DA	db	zd

Abb. 9.222 Füllen der Spalten

Rahmen der Größe n = 4k-1

Hat der umgebende Rahmen beispielsweise die Größe $n = 11$, fällt er damit in die Kategorie $4k - 1$. Bei einem Rahmen dieser Größe werden jeweils $m = \frac{n-3}{2} = 4$ Groß- und Kleinbuchstaben für das Muster benötigt, sodass die beiden charakteristischen Buchstaben jetzt mit Ee bezeichnet werden. Beim Füllen der Zeilen gibt es nun die ersten kleinen Unterschiede. Während die Ecken wie bisher gefüllt werden, ändern sich bereits die Buchstabenpaare in der Mitte der Zeilen. Für diese Rahmengröße wird ee in die Mitte der oberen und das umgekehrte Paar EE gegenüber in der unteren Zeile platziert.

Eine zweite Änderung betrifft die Anzahl der Kombinationen, die in diese beiden Zeilen eingetragen werden. Hier werden Kombinationen, die mit den charakteristischen Groß- bzw. Kleinbuchstaben enden, in die obere Zeile platziert,. Außerdem muss deren Anzahl dieses Mal gleich sein. Ist ein Buchstabenpaar ausgewählt, werden die drei zugehörigen Paare wieder wie bei der anderen Rahmengröße platziert.

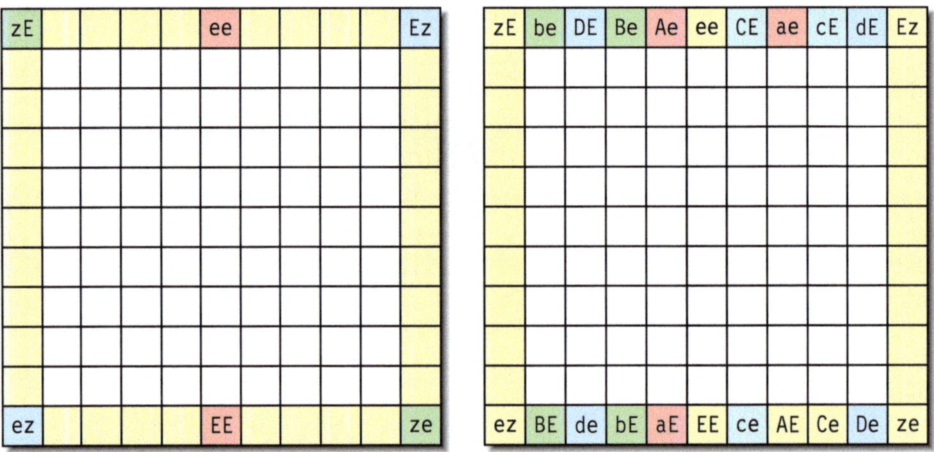

Abb. 9.223 Füllen der Zeilen des äußeren Rahmens

Diese Änderungen haben natürlich Auswirkungen auf die Spalten. In der Mitte der linken Spalte wird immer die Kombination Ee eingetragen und damit eE in der rechten Spalte. In den weiteren noch freien Zellen werden jetzt die Kombinationen benutzt, die mit den charakteristischen Buchstaben beginnen. Allerdings muss man dabei beachten, dass bei dieser Rahmengröße gleich viele der weiteren Paare mit einem Groß- bzw. Kleinbuchstaben beginnen.

Damit ist der Rahmen auch für diese Ordnungen erstellt und man kann jetzt alle Rahmen für die Ordnungen 3, 5, 7, 9, und 11 ineinander verschachteln, wie in Abbildung 9.224 zu erkennen ist.

zE	be	DE	Be	Ae	ě	CE	ăe	cE	dE	Ez
EC										ec
Eb										eB
EB										eb
ea										EA
Ee										eE
ed										ED
eD										Ed
Ec										eC
eA										Ea
ě	BE	de	bE	aE	EE	č	AE	Ce	De	ž

a) Füllen der Spalten des äußeren Rahmens

zE	be	DE	Be	Ae	ee	CE	ae	cE	dE	Ez
EC	zD	dA	dC	dc	Dd	Db	da	DB	Dz	ec
Eb	Ad	zC	bC	Ac	cc	ac	BC	Cz	aD	eB
EB	BD	cA	zB	ba	Bb	bA	Bz	Ca	bd	eb
ea	Cd	Cb	ab	zA	aa	Az	AB	cB	cD	EA
Ee	DD	Cc	BB	Aa	zz	aA	bb	cC	dd	eE
ed	bD	ca	Ab	az	AA	za	aB	CA	Bd	ED
eD	ad	CB	bz	BA	bB	Ba	zb	cb	AD	Ed
Ec	cd	cz	Bc	aC	CC	AC	bc	zc	CD	eC
eA	dz	Da	Dc	DC	dD	dB	DA	db	zd	Ea
ez	BE	de	bE	aE	EE	ce	AE	Ce	De	ze

b) Vollständiges Musterquadrat

Abb. 9.224 Musterquadrat für die Ordnung $n = 11$

Abschließend werden den Buchstaben die Zahlen $0, 1, \ldots, n-1$ zugeordnet. Im Fall der Ordnung $n = 11$ sind dies also die Zahlen $0, 1, \ldots, 10$. Dabei sind allerdings zwei Bedingungen zu erfüllen:

- Der Buchstabe z muss der mittleren Zahl, in diesem Beispiel also 5, zugeordnet werden.

- Die Summe der zueinandergehörenden Groß- und Kleinbuchstaben muss immer $n - 1$ ergeben.

$$A + a = B + b = C + c = D + d = E + e = n - 1$$

Tabelle 9.8 erfüllt die gestellten Bedingungen für ein Quadrat der Ordnung $n = 11$.

Belegung										
A	a	B	b	C	c	D	d	E	e	z
0	10	8	2	3	7	4	6	9	1	5

Tab. 9.8 Tabelle für die Belegung des algebraischen Musters

Mithilfe dieser Belegungstabelle kann jetzt das magische Quadrat erzeugt werden. Die den linken Buchstaben zugeordnete Zahl wird zunächst mit der Ordnung n multipliziert. Dazu wird die Zahl addiert, die dem rechten Buchstaben zugeordnet ist und abschließend wird das Ergebnis noch um den Wert 1 erhöht. Für die linke obere Ecke gilt damit:

$$\mathsf{zE} \equiv 5 \cdot 11 + 9 + 1 = 65$$

In zwei weiteren Beispielen werden das direkt darunterliegende Buchstabenpaar EC sowie das rechts neben dem Zentrum liegende Buchstabenpaar aA gewählt.

$$\mathsf{EC} \equiv 9 \cdot 11 + 3 + 1 = 103 \qquad \mathsf{aA} \equiv 10 \cdot 11 + 0 + 1 = 111$$

Führt man diese Berechnungen für alle Buchstabenpaare durch, ergibt sich das fortgesetzt konzentrische Quadrat aus Abbildung 9.225.

65	24	54	90	2	13	43	112	87	76	105
103	60	67	70	74	51	47	77	53	50	19
102	7	59	26	8	85	118	92	39	115	20
108	93	78	64	33	91	23	94	44	29	14
22	40	36	113	56	121	6	9	86	82	100
101	49	41	97	11	61	111	25	81	73	21
18	27	88	3	116	1	66	119	34	95	104
16	117	42	28	89	31	99	58	80	5	106
107	84	83	96	114	37	4	30	63	38	15
12	72	55	52	48	71	75	45	69	62	110
17	98	68	32	120	109	79	10	35	46	57

Abb. 9.225 Fortgesetzt konzentrisches Quadrat der Ordnung $n = 11$ (Hendricks)

Ein weiteres Beispiel verdeutlicht diese Strategie noch einmal an dem fortgesetzt konzentrischen Quadrat der Ordnung $n = 9$ in Abbildung 9.226.

Belegung								
A	a	B	b	C	c	D	d	z
6	2	1	7	3	5	0	8	4

zD	DA	Da	db	Dd	dc	dC	dB	Dz
Ad	zC	BC	Ac	cc	bC	ac	Cz	aD
CD	cA	zB	bA	Bb	ba	Bz	Ca	cd
ad	CB	Ab	zA	aa	Az	aB	cb	AD
DD	Cc	BB	Aa	zz	aA	bb	cC	dd
cD	ca	ab	az	AA	za	AB	CA	Cd
bd	Cb	bz	Ba	bB	BA	zb	cB	BD
Bd	cz	bc	aC	CC	Bc	AC	zc	bD
dz	da	dA	DB	dD	DC	Dc	Db	zd

37	7	3	80	9	78	76	74	5
63	40	13	60	51	67	24	32	19
28	52	38	70	17	66	14	30	54
27	29	62	43	21	59	20	53	55
1	33	11	57	41	25	71	49	81
46	48	26	23	61	39	56	34	36
72	35	68	12	65	16	44	47	10
18	50	69	22	31	15	58	42	64
77	75	79	2	73	4	6	8	45

Abb. 9.226 Fortgesetzt konzentrisches Quadrat der Ordnung $n = 9$ (Hendricks)

9.3.6 Arnauld

Das Verfahren von Arnauld, mit dem er zunächst konzentrische magische Quadrate gerader Ordnungen konstruiert[39], lässt sich mit kleinen Änderungen auch auf ungerade Ordnungen übertragen.[40]

Arnauld geht von einem Quadrat in natürlicher Anordnung aus und markiert dort zunächst bestimmte Zellen nach folgenden Regeln:

- Das Zentrum des Quadrates wird ausgelassen und die Nummerierung der Rahmen beginnt mit dem umgebenden 3 x 3 - Rahmen.
- In allen Rahmen wird das Symbol *e* in die linke obere Ecke und *o* in die rechte obere Ecke eingetragen.
- In allen Rahmen wird die mittlere Zelle der oberen Zeile mit *m* und die mittlere Zelle der linken Spalte mit *a* bezeichnet.

[39] siehe Kapitel 9.4.2

[40] Arnauld [23] S. 336 – 345 und Arnauld [24] S. 463 – 480

- Zusätzlich werden in der oberen Zeile der geraden Rahmen zwei Symbole e' und o' platziert, die horizontal symmetrisch zueinander liegen.
- Bei den Rahmen mit geraden Nummern wird zusätzlich direkt unter das e das Symbol ω und am rechten Rand der Zeile, die sich oberhalb der Mitte befindet, das Symbol γ notiert.

Für ein Quadrat der Ordnung $n = 9$ sind die einzutragenden Symbole in Abbildung 9.227b dargestellt.

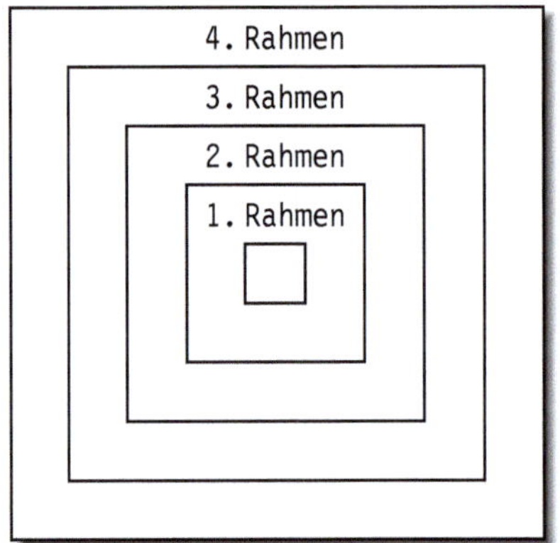

a) Nummerierung der Rahmen

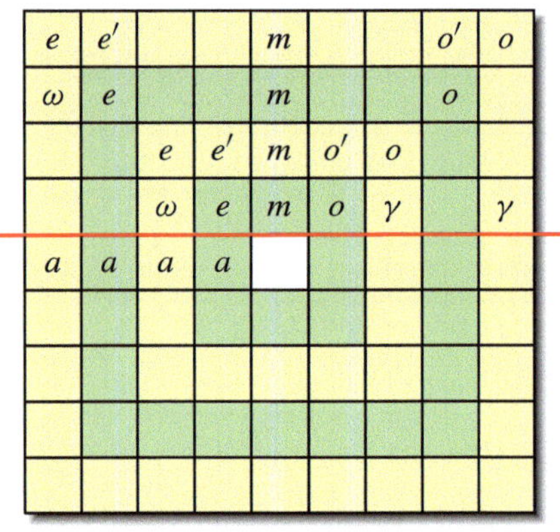

b) Symbole für $n = 9$

Abb. 9.227 Markierung des Ausgangsquadrates mit Symbolen

Das Übertragen der den Symbolen zugeordneten Zahlen aus dem Ausgangsquadrat in natürlicher Anordnung in das Zielquadrat richtet sich nach den Anordnungen aus Abbildung 9.228, wobei zwischen den Rahmen mit ungeraden und geraden Rahmennummern unterschieden werden muss.

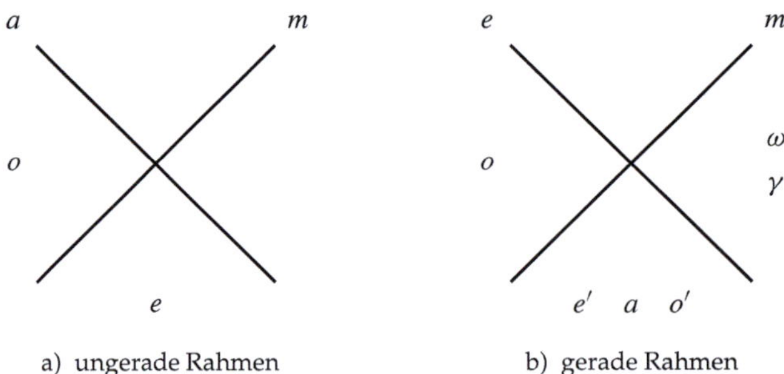

a) ungerade Rahmen b) gerade Rahmen

Abb. 9.228 Übertragen der Symbole in das Zielquadrat

Arnauld füllt die Rahmen des Zielquadrates von außen nach innen und beginnt daher bei einem Zielquadrat der Ordnung $n = 9$ mit dem vierten Rahmen, also einer geraden Rahmennummer. Die zugehörige Anordnung besagt, dass das Symbol e in die linke obere Ecke und das Symbol m in die rechte obere Ecke des Zielquadrates eingetragen werden müssen.

Die Anordnung der weiteren Symbole gibt den Bereich des Rahmens an, in dem die den Symbolen zugeordneten Zahlen im Rahmen des Zielquadrates geschrieben werden müssen. Dabei ist allerdings die genaue Position bis auf die beiden Symbole e' und o' nicht vorgegeben, die horizontal symmetrisch zueinander angeordnet werden müssen. Die bei diesem Rahmen insgesamt sechs frei zu platzierenden Symbole sind in diesem Beispiel immer an den Rändern der jeweiligen Bereiche angeordnet worden. So werden die weiteren Schritte etwas übersichtlicher, da überall zusammenhängende Zellen der vier Bereiche frei bleiben.

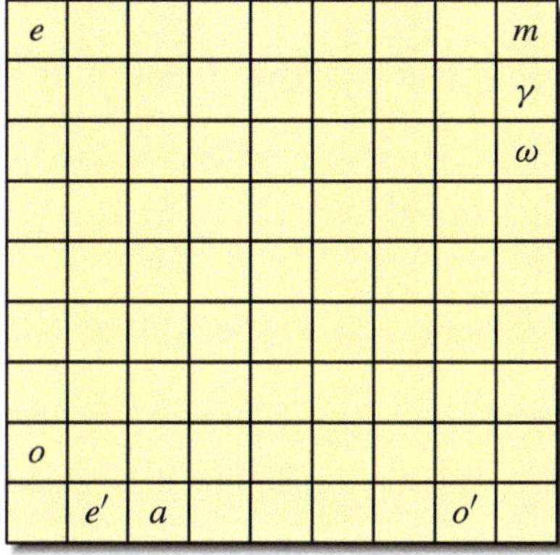

Abb. 9.229 Anordnung der Symbole im Zielquadrat bei einer geraden Rahmennummer

Damit können die ersten zehn Zahlen aus dem Ausgangsquadrat in natürlicher Anordnung wie in Abbildung 9.230 in das Zielquadrat übertragen werden.

1	2	3	4	5	6	7	8	9
10	11	12	13	14	15	16	17	18
19	20	21	22	23	24	25	26	27
28	29	30	31	32	33	34	35	36
37	38	39	40	41	42	43	44	45
46	47	48	49	50	51	52	53	54
55	56	57	58	59	60	61	62	63
64	65	66	67	68	69	70	71	72
73	74	75	76	77	78	79	80	81

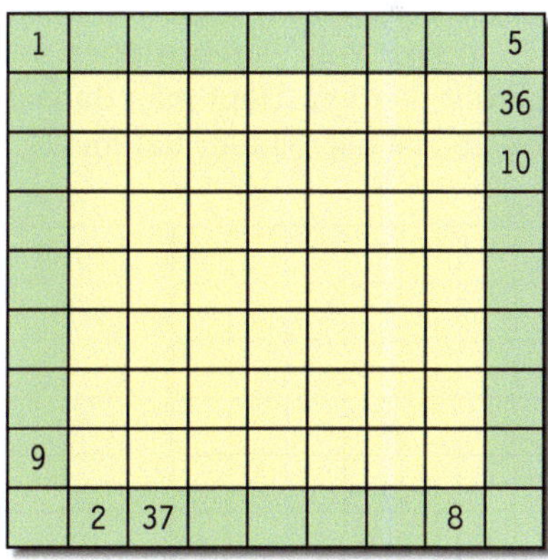

Abb. 9.230 Übertragen der ersten zehn Zahlen in das Zielquadrat

Wie in Kapitel 9.4.2 beschrieben, gibt es in allen Bereichen des Rahmens jetzt noch vier oder Vielfache von vier Zellen, in denen noch keine Zahl eingetragen worden ist. In diesem Beispiel fehlen aus der oberen Zeile des entsprechenden Rahmens im Ausgangsquadrat die Zahlen 3, 4, 6 und 7 und aus der rechten Spalte die Zahlen 18, 27, 54 und 63. Diese werden wie üblich von links nach rechts bzw. von oben nach unten als Vierergruppe mit Ausgleich platziert. Füllt man die danach noch verbleibenden Zellen mit den komplementären Zahlen auf, ist der Rahmen der Größe 9 vollständig gefüllt.

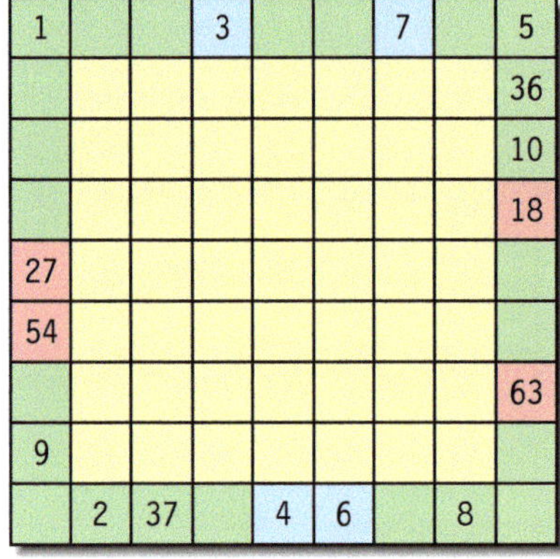

a) Zeilen und Spalten

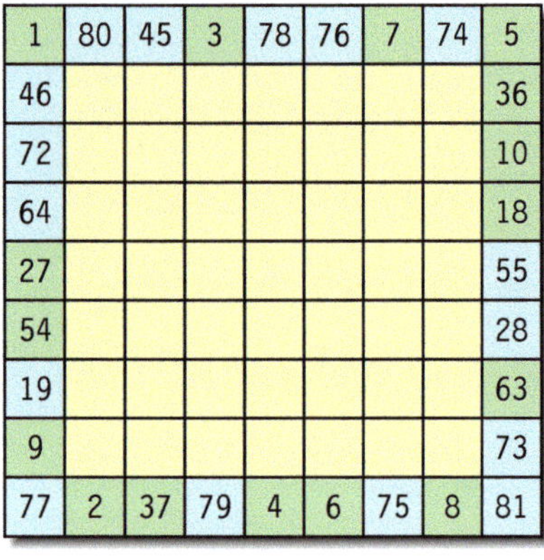

b) komplementäre Zahlen

Abb. 9.231 Vollständig gefüllter Rahmen der Größe 9

Jetzt folgt der Rahmen der Größe 7 mit der Rahmennummer 3. Abbildung 9.228a gibt die Anordnung der Symbole vor und die ersten vier Zahlen können aus dem entsprechenden Rahmen des Ausgangsquadrates in das Zielquadrat übertragen werden.

Da bei ungeraden Rahmen zunächst nur vier Zahlen eingetragen werden, bleiben auch hier immer Vielfache von vier Zahlen über, die mit der beschriebenen Methode für das Eintragen von Vierergruppen in die noch freien Zeilen und Spalten des Rahmens aufgefüllt werden. Trägt man danach die komplementären Zahlen in die noch freien Plätze ein, ist auch dieser Rahmen vollständig gefüllt (siehe Abbildung 9.232).

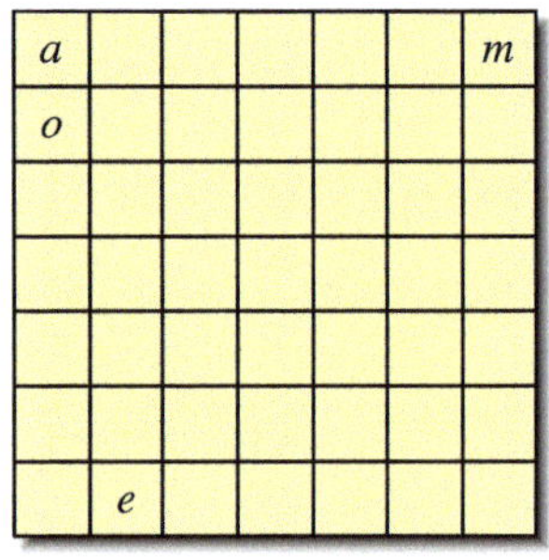

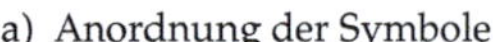

a) Anordnung der Symbole

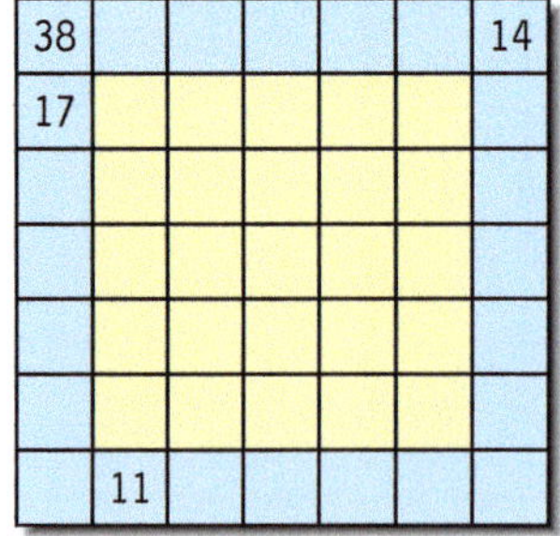

b) zugeordnete Zahlen

c) Zeilen

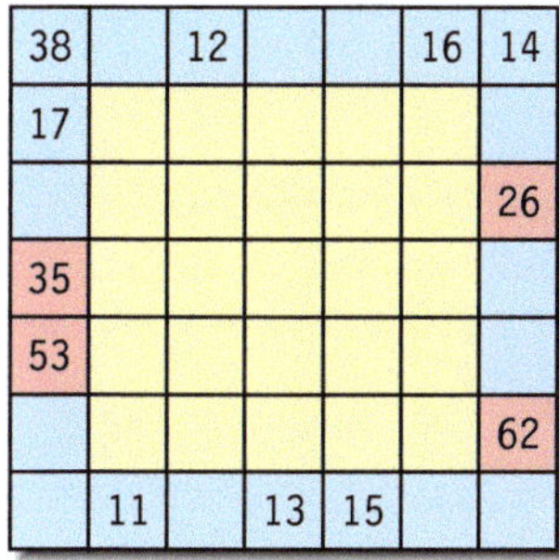

38		12			16	14
17						
						26
35						
53						
						62
	11		13	15		

d) Spalten

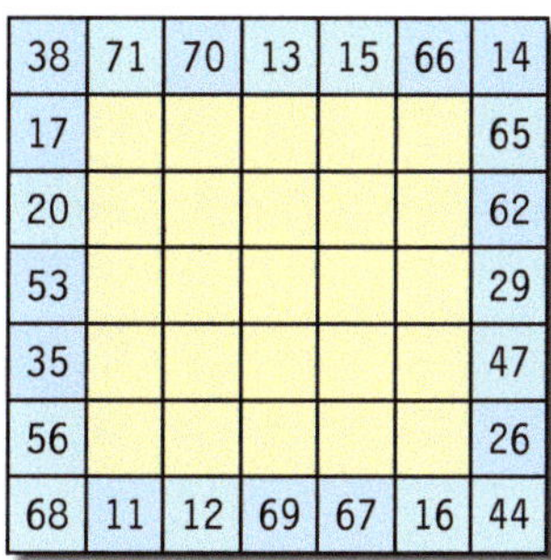

38	71	70	13	15	66	14
17						65
20						62
53						29
35						47
56						26
68	11	12	69	67	16	44

e) komplementäre Zahlen

Abb. 9.232 Aufbau eines Rahmens der Größe 7

Der nächste Rahmen hat mit 2 wieder eine gerade Rahmennummer, sodass zehn Symbole und die ihnen zugeordneten Zahlen fest platziert werden müssen. Da damit bereits alle Plätze im Rahmen vergeben sind, fehlen nur noch die komplementären Zahlen.

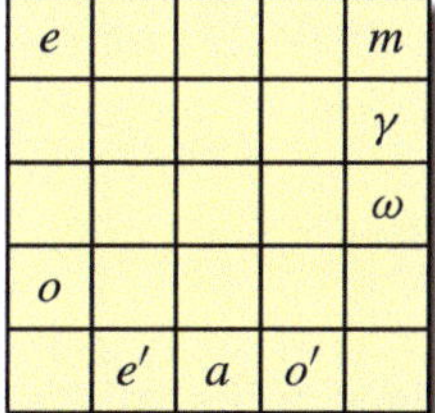

e				m
				γ
				ω
o				
	e'	a	o'	

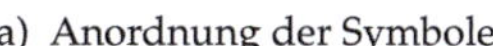

a) Anordnung der Symbole

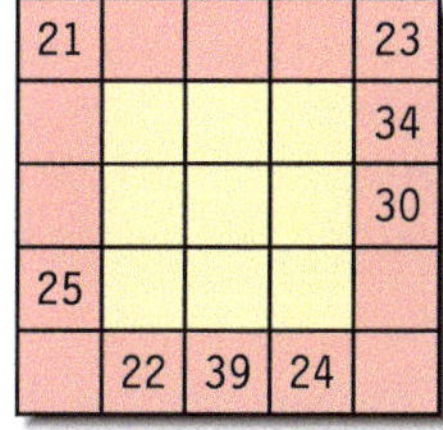

21				23
				34
				30
25				
	22	39	24	

b) zugeordnete Zahlen

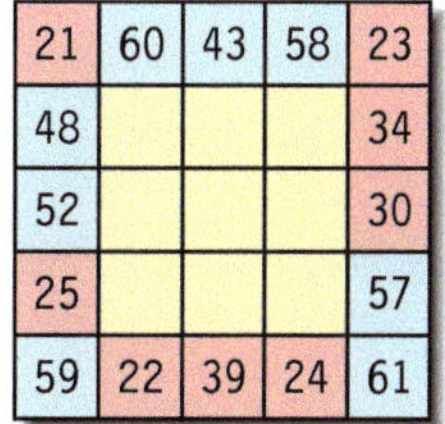

21	60	43	58	23
48				34
52				30
25				57
59	22	39	24	61

c) komplementäre Zahlen

Abb. 9.233 Vollständig gefüllter Rahmen der Größe 5

Der letzte Rahmen hat mit 1 wieder eine ungerade Rahmennummer, sodass nur vier Symbole und die ihnen zugeordneten Zahlen fest platziert werden müssen. Auch bei diesem Rahmen sind damit bereits alle Plätze im Rahmen vergeben, sodass nur noch die komplementären Zahlen fehlen.

a		m
o		
	e	

40		32
33		
	31	

40	51	32
33		49
50	31	42

Abb. 9.234 Vollständig gefüllter Rahmen der Größe 3

Fügt man alle Rahmen ineinander, verbleibt nur noch die mittlere Zelle des Zielquadrates. Dort wird die mittlere Zahl 41 aus dem Zentrum des Ausgangsquadrates eingetragen, und es entsteht das fortgesetzt konzentrische magische Quadrat der Ordnung $n = 9$ aus Abbildung 9.235.

1	80	45	3	78	76	7	74	5
46	38	71	12	69	67	16	14	36
72	17	21	60	43	58	23	65	10
64	56	48	40	51	32	34	26	18
27	35	52	33	41	49	30	47	55
54	53	25	50	31	42	57	29	28
19	20	59	22	39	24	61	62	63
9	68	11	70	13	15	66	44	73
77	2	37	79	4	6	75	8	81

Abb. 9.235 Fortgesetzt konzentrisches magisches Quadrat der Ordnung $n = 9$ (Arnauld)

Varianten

Auch bei ungeraden Ordnungen bietet das Verfahren von Arnauld zahlreiche Möglichkeiten, unterschiedliche magische Quadrate zu erzeugen. Zunächst einmal sind bei einem geraden Rahmen die Symbole e, o, m, a, γ und ω fest an ihren Platz im Ausgangsquadrat gebunden. Dagegen können die Symbole e' und o' jedoch beliebig in der oberen Zeile angeordnet werden, wobei sie allerdings horizontal symmetrisch zueinander liegen müssen.

Bei der Anordnung der Symbole im Zielquadrat der Ordnung $n = 9$ sind für einen geraden Rahmen laut Abbildung 9.228 nur die Symbole für die beiden oberen Ecken eindeutig festgelegt. Die anderen sechs Symbole können auf beliebige Positionen der ihnen zugewiesenen Bereiche verteilt werden.

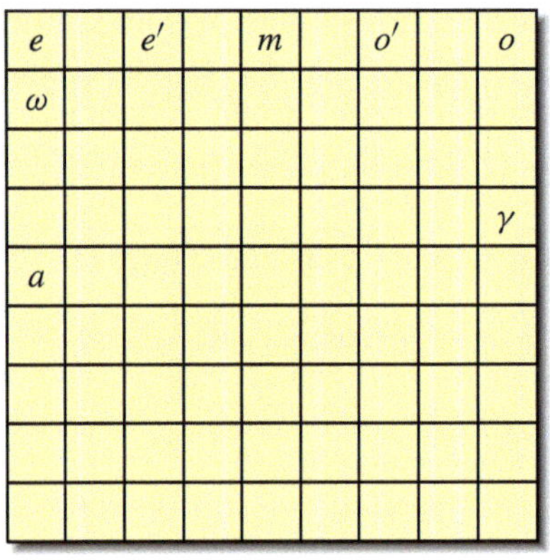

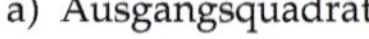
a) Ausgangsquadrat

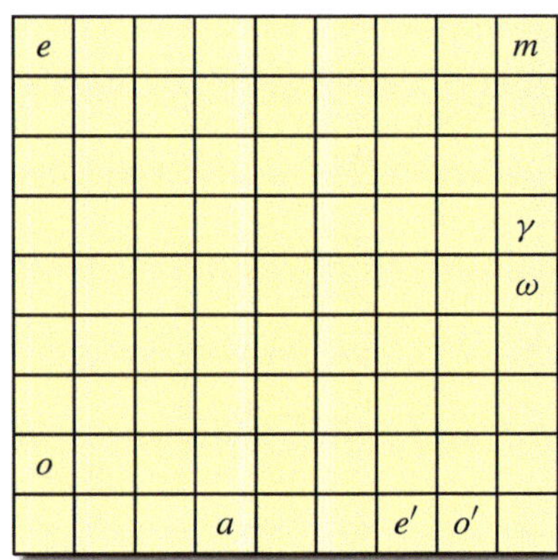

b) Zielquadrat

Abb. 9.236 Anordnung der Symbole im Zielquadrat bei einem geraden Rahmen

In Abbildung 9.236a erkennt man in der oberen Zeile vier freie Plätze, an denen sich die Zahlen 2, 4, 6 und 8 befinden. Diese Zahlen werden wieder als Vierergruppe in beliebige freie Spalten des Zielquadrates eingetragen. Wie immer bei diesen Vierergruppen für die Zeilen müssen die kleinste und die größte Zahl in der oberen Zeile und die mittleren beiden Zahlen in der unteren Zeile platziert werden. Eine Ausnahme von dieser Regel bilden nur die ungeraden Rahmen. Da die Symbole e' und o' dort nicht vorhanden sind, kann man bei diesen Rahmen sowohl oben als auch unten beginnen.

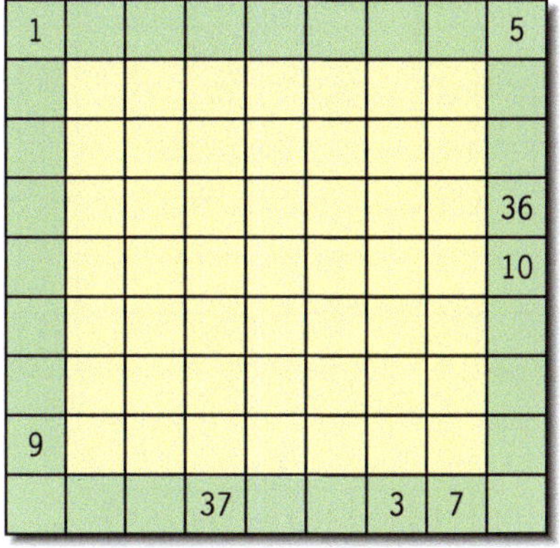

a) Übertragen der Symbolzahlen

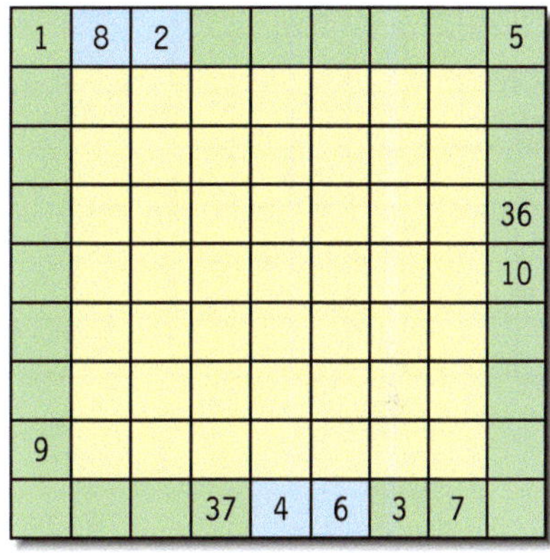

b) Zeilen

Aus der rechten Spalte fehlen noch die Zahlen 18, 27, 54 und 63, die wieder als Vierergruppe eingetragen werden. Da man bei den Spalten im Gegensatz zu den Zeilen immer wahlweise links oder rechts beginnen kann, wird dieses Mal mit der kleinsten Zahl auf der linken Seite begonnen. Dabei kann ebenso wie bei den anderen Zahlen eine beliebige der noch freien Zeilen ausgesucht werden. Da damit bereits alle Plätze im Rahmen vergeben sind, fehlen nur noch die komplementären Zahlen.

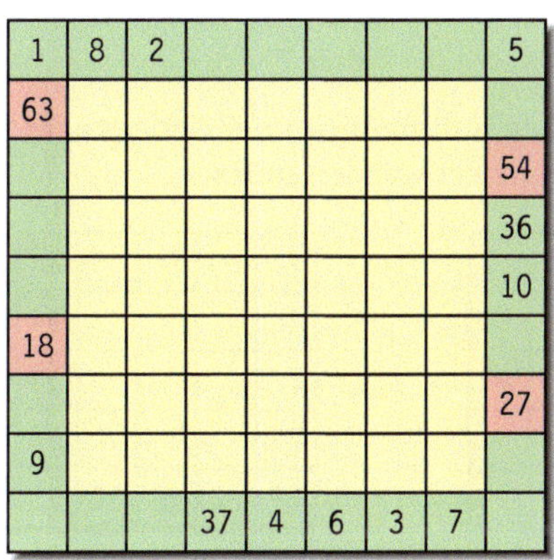

c) Spalten

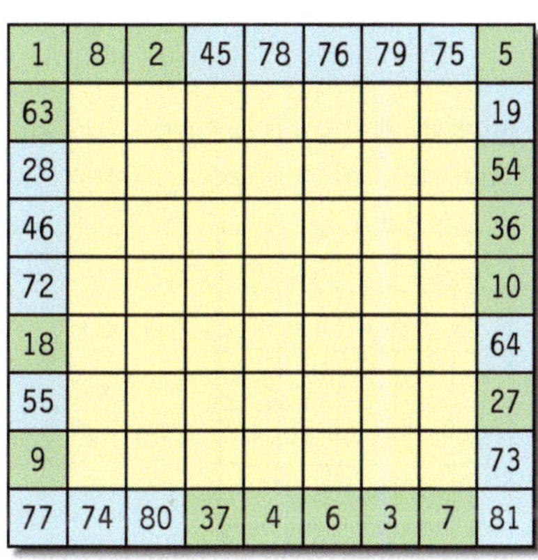

d) komplementäre Zahlen

Abb. 9.237 Vollständig gefüllter Rahmen der Größe 9

Beim nächsten Rahmen mit der ungeraden Rahmennummer 3 sind alle vier Symbole fest an ihren Platz im Ausgangsquadrat gebunden. Abbildung 9.228a gibt die Anordnung der Symbole vor und diese vier Zahlen können aus dem entsprechenden Rahmen des Ausgangsquadrates in das Zielquadrat übertragen werden.

Mit diesen vier Zahlen bleiben auch bei ungeraden Rahmen immer Vielfache von vier Zahlen über, die mit der beschriebenen Methode für das Eintragen von Vierergruppen in die noch freien Zeilen und Spalten des Rahmens aufgefüllt werden.

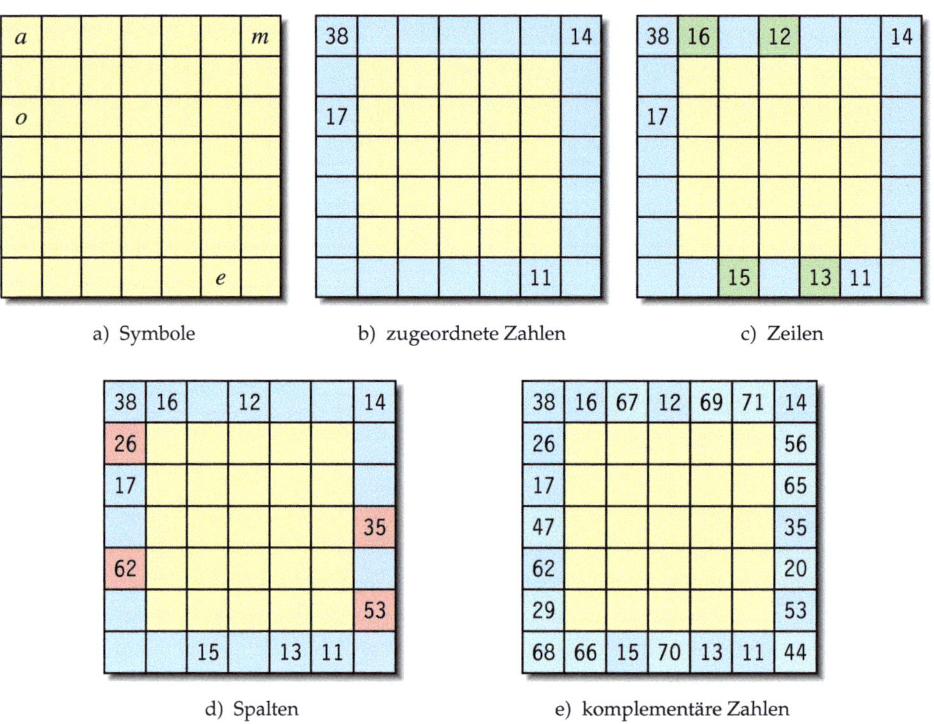

a) Symbole b) zugeordnete Zahlen c) Zeilen

d) Spalten e) komplementäre Zahlen

Abb. 9.238 Aufbau eines Rahmens der Größe 7

Der nächste Rahmen hat mit 2 wieder eine gerade Rahmennummer, sodass acht Symbole und die ihnen zugeordneten Zahlen fest platziert werden müssen.

e				m
				γ
				ω
o				
	o'	e'	a	

a) Anordnung der Symbole

21				23
				34
				30
25				
	22	24	39	

b) zugeordnete Zahlen

21	60	58	43	23
48				34
52				30
25				57
59	22	24	39	61

c) komplementäre Zahlen

Abb. 9.239 Vollständig gefüllter Rahmen der Größe 5

Der letzte Rahmen hat wieder eine ungerade Rahmennummer, sodass nur vier Symbole und die ihnen zugeordneten Zahlen fest platziert werden müssen. Auch bei diesem Rahmen sind damit bereits alle Plätze im Rahmen vergeben, sodass nur noch die komplementären Zahlen fehlen.

a		m
o		
	e	

40		32
33		
	31	

40	51	32
33		49
50	31	42

Abb. 9.240 Vollständig gefüllter Rahmen der Größe 3

Fügt man alle Rahmen ineinander, verbleibt nur noch die mittlere Zelle des Zielquadrates. Dort wird die mittlere Zahl 41 aus dem Zentrum des Ausgangsquadrates eingetragen, und es entsteht das fortgesetzt konzentrische magische Quadrat der Ordnung $n = 9$ aus Abbildung 9.241.

1	8	2	45	78	76	79	75	5
63	38	16	67	12	69	71	14	19
28	26	21	60	58	43	23	56	54
46	17	48	40	51	32	34	65	36
72	47	52	33	41	49	30	35	10
18	62	25	50	31	42	57	20	64
55	29	59	22	24	39	61	53	27
9	68	66	15	70	13	11	44	73
77	74	80	37	4	6	3	7	81

Abb. 9.241 Fortgesetzt konzentrisches magisches Quadrat der Ordnung $n = 9$ (Arnauld, Variante)

9.3.7 Deng Xiang-ping

Deng Xiang-ping konstruiert konzentrische magische Quadrate ungerader Ordnung, die für $n \geq 7$ auch fortgesetzt konzentrisch sind.[41] Er geht von außen nach innen vor und unterscheidet dabei die Ordnungen $n = 4k - 1$ und $n = 4k + 1$.

Als Ausgangsquadrat dient immer ein Quadrat in natürlicher Anordnung. Im Beispiel $n = 4k + 1 = 5$ wählt er zunächst die vier Ecken und die vier mittleren Zellen der äußeren Zeilen und Spalten und ordnet diese wie in Abbildung 9.242 um.

[41] Deng Xiang-ping [122]

1	2	3	4	5
6	7	8	9	10
11	12	13	14	15
16	17	18	19	20
21	22	23	24	25

15		21		23
25				1
3		5		11

Abb. 9.242 Vertauschen von Zahlen im Fall $4k + 1$

Für den äußeren Rahmen lassen sich die Zahlen in den acht angegebenen Positionen auch direkt berechnen, wie es in Abbildung 9.243 angegeben ist.

$\frac{(4k+1)^2 + 4k + 1}{2}$	...	$(4k+1)^2 - 4k$	...	$(4k+1)^2 - 2k$
...				...
$(4k+1)^2$				1
...				...
$2k+1$	...	$4k+1$	...	$\frac{(4k+1)^2 - 4k + 1}{2}$

Abb. 9.243 Terme für einen Rahmen der Ordnung $4k + 1$

Der zweite Fall $4k - 1$ soll am Beispiel der Ordnung $n = 7$ verdeutlicht werden. Abbildung 9.244 zeigt, wie die acht Zahlen in diesem Fall angeordnet werden.

1	2	3	4	5	6	7
8	9	10	11	12	13	14
15	16	17	18	19	20	21
22	23	24	25	26	27	28
29	30	31	32	33	34	35
36	37	38	39	40	41	42
43	44	45	46	47	48	49

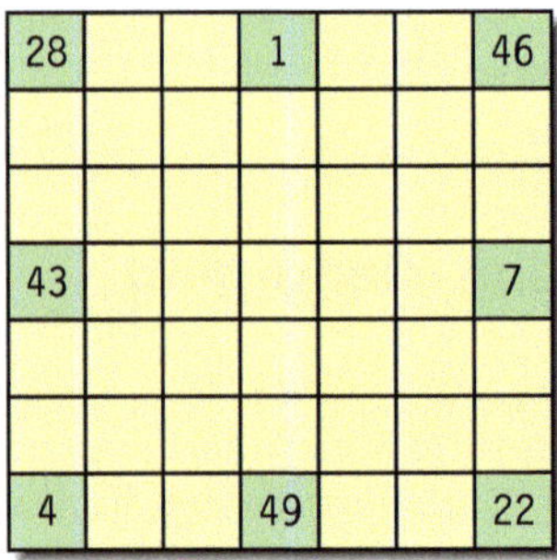

28			1			46
43						7
4			49			22

Abb. 9.244 Vertauschen von Zahlen im Fall $4k - 1$

Auch in diesem Fall lassen sich die Zahlen in diesen acht Zellen für den äußeren Rahmen direkt berechnen. Die zugehörigen Formeln sind in Abbildung 9.243 angegeben.

$\frac{(4k-1)^2+(4k-1)}{2}$	...	1	...	$(4k-1)^2-(2k-1)$
...				...
$(4k-1)^2-(4k-2)$				$4k-1$
...				...
$2k$	...	$(4k-1)^2$	...	$\frac{(4k-1)^2-(4k-2)+1}{2}$

Abb. 9.245 Terme für einen Rahmen der Ordnung $4k-1$

Ein vollständiges Beispiel für die Ordnung $n = 11$ soll das Verfahren von Deng Xiangping verdeutlichen. Für diese Ordnung muss der äußere Rahmen nach dem Muster für den Fall $4k-1$ gebildet werden. Daher ordnet man in diesem Rahmen die vier Zahlen in den Ecken und die vier Zahlen in der Mitte der Zeilen und Spalten entsprechend Abbildung 9.245 an. Zusätzlich werden in diesem ersten Schritt wie in Abbildung 9.247a noch die Zahlen in der unteren Zeile und der rechten Spalte ohne die Ecken umgekehrt.

1	2	3	4	5	6	7	8	9	10	11
12	13	14	15	16	17	18	19	20	21	22
23	24	25	26	27	28	29	30	31	32	33
34	35	36	37	38	39	40	41	42	43	44
45	46	47	48	49	50	51	52	53	54	55
56	57	58	59	60	61	62	63	64	65	66
67	68	69	70	71	72	73	74	75	76	77
78	79	80	81	82	83	84	85	86	87	88
89	90	91	92	93	94	95	96	97	98	99
100	101	102	103	104	105	106	107	108	109	110
111	112	113	114	115	116	117	118	119	120	121

a) natürliche Anordnung

1	2	3	4	5	6	7	8	9	10	11
12										22
23										33
34										44
45										55
56										66
67										77
78										88
89										99
100										110
111	112	113	114	115	116	117	118	119	120	121

b) Zahlen für Schritt 1

Abb. 9.246 Auswahl der Zahlen in einem Rahmen der Ordnung $4k-1$

In der oberen Zeile befinden sich ohne die beiden Ecken und die mittlere Zelle noch $n-3 = 4k-4$ Zellen. Jeweils $k-1$ dieser Zahlen, die links und rechts neben der Mitte der oberen Zeile liegen, werden mit ihren symmetrisch gegenüberliegenden Partnerzahlen in der unteren Zeile vertauscht. Ebenso verfährt man mit jeweils $k-1$ Zahlen, die oberhalb und unterhalb der Mitte der rechten Spalte liegen. Auch diese Zahlen werden mit ihren symmetrisch gegenüberliegenden Partnerzahlen aus der linken

Spalte vertauscht. Damit besitzen alle Zeilen und Spalten in diesem Rahmen die gleiche Summe und das Ergebnis ist in Abbildung 9.247b dargestellt.

66	2	3	4	5	1	7	8	9	10	116
12										110
23										99
34										88
45										77
111										11
67										55
78										44
89										33
100										22
6	120	119	118	117	121	115	114	113	112	56

a) Schritt 1

66	2	3	114	115	1	117	118	9	10	116
12										110
23										99
44										78
55										67
111										11
77										45
88										34
89										33
100										22
6	120	119	8	7	121	5	4	113	112	56

b) Schritt 2: vollständiger Rahmen

Abb. 9.247 Vollständiger Rahmen für die Ordnung $4k - 1$

Der nächste Rahmen hat jetzt die Ordnung 9 und fällt damit in den Fall $4k + 1$. Hier ordnet man die vier Zahlen in den Ecken und die vier mittleren Zahlen entsprechend der Anordnung von Abbildung 9.243 um. Zusätzlich werden auch hier wieder die Zahlen in der unteren Zeile und rechten Spalte ohne die Ecken umgekehrt.

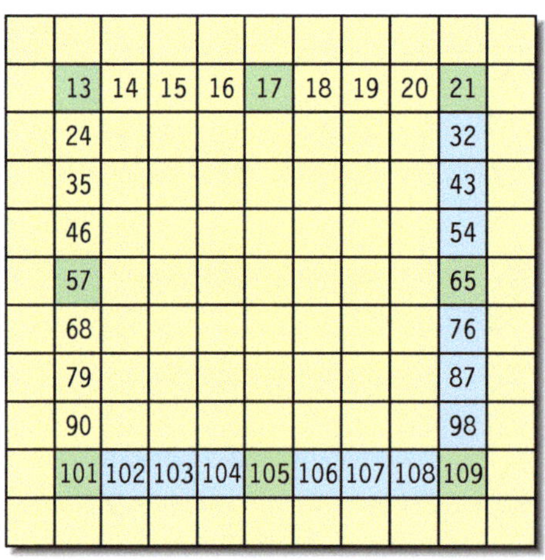

	13	14	15	16	17	18	19	20	21	
	24								32	
	35								43	
	46								54	
	57								65	
	68								76	
	79								87	
	90								98	
	101	102	103	104	105	106	107	108	109	

a) Zahlen aus dem Quadrat in natürl. Anordnung

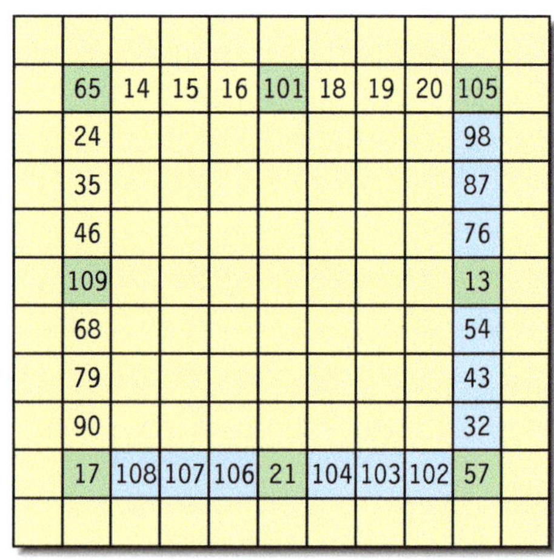

	65	14	15	16	101	18	19	20	105	
	24								98	
	35								87	
	46								76	
	109								13	
	68								54	
	79								43	
	90								32	
	17	108	107	106	21	104	103	102	57	

b) Schritt 1

Abb. 9.248 Schritt 1 in einem Rahmen der Ordnung $4k - 1$

Auch in diesem Fall werden jeweils $k-1$ der Zahlen, die links und rechts neben der Mitte der oberen Zeile und oberhalb und unterhalb der Mitte der rechten Spalte liegen, mit ihren symmetrisch gegenüberliegenden Partnerzahlen aus der linken Spalte vertauscht. Das Ergebnis ist in Abbildung 9.249a dargestellt. Fügt man den Rahmen der Ordnung 9 in den bereits bestehenden Rahmen ein, erhält man das Zwischenergebnis aus Abbildung 9.249b mit den bereits konstruierten Rahmen der Ordnungen 11 und 9.

	65	14	15	104	101	106	19	20	105	
	24								98	
	35								87	
	54								68	
	109								13	
	76								46	
	79								43	
	90								32	
	17	108	107	18	21	16	103	102	57	

a) Schritt 2: vollständiger Rahmen

66	2	3	114	115	1	117	118	9	10	116
12	65	14	15	104	101	106	19	20	105	110
23	24								98	99
44	35								87	78
55	54								68	67
111	109								13	11
77	76								46	45
88	79								43	34
89	90								32	33
100	17	108	107	18	21	16	103	102	57	22
6	120	119	8	7	121	5	4	113	112	56

b) die beiden äußeren Rahmen

Abb. 9.249 Vollständige Rahmen für die Ordnungen 11 und 9

Verfährt man entsprechend für die Rahmen der Größen 7, 5 und 3, erhält man das fortgesetzt konzentrische magische Quadrat aus Abbildung 9.250.

66	2	3	114	115	1	117	118	9	10	116
12	65	14	15	104	101	106	19	20	105	110
23	24	64	26	93	25	95	30	94	98	99
44	35	36	63	38	81	40	83	86	87	78
55	54	53	48	62	49	72	74	69	68	67
111	109	91	85	71	61	51	37	31	13	11
77	76	75	70	50	73	60	52	47	46	45
88	79	80	39	84	41	82	59	42	43	34
89	90	28	96	29	97	27	92	58	32	33
100	17	108	107	18	21	16	103	102	57	22
6	120	119	8	7	121	5	4	113	112	56

Abb. 9.250 Fortgesetzt konzentrisches magisches Quadrat der Ordnung $n = 11$ (Deng)

9.4 Konzentrische Quadrate gerader Ordnung

9.4.1 Al-Buni

Al-Buni hat auch ein Verfahren für magische Quadrate mit geraden Ordnungen beschrieben, welches am Beispiel $n = 10$ erklärt werden soll. Wie bei seinem Verfahren für ungerade Ordnungen wird das Quadrat von innen nach außen gefüllt.[42]

Für das innere Quadrat der Ordnung 4 im Zentrum des Zielquadrates schreibt er zunächst die Zahl 1 unmittelbar links neben die rechte obere Ecke. Mit einem Springerschritt folgt dann die Zahl 2 in der zweiten Zeile von oben. Die beiden folgenden Zahlen 3 und 4 werden in den beiden zu 2 und 1 symmetrisch liegenden Zellen eingetragen. Nun folgt die Zahl 5 in der rechten unteren Ecke, von der aus man wieder mit einem Springerschritt zum Platz der Zahl 6 in der zweiten Zeile gelangt. Die nächsten beiden Zahlen 7 und 8 werden in die beiden zu 6 und 5 symmetrisch liegenden Zellen geschrieben.

Diese acht Zahlen liegen jetzt fest und die restlichen acht Plätze werden danach mit den komplementären Werten aufgefüllt.

$$n^2-7 \quad n^2-6 \quad n^2-5 \quad n^2-4 \quad n^2-3 \quad n^2-2 \quad n^2-1 \quad n^2$$

In diesem Beispiel sind dies die Zahlen $93, 94, \ldots, 100$, die so angeordnet werden, dass die bezüglich der horizontalen Symmetrieachse liegenden Zahlen komplementär zueinander sind.

8	97	1	96
2	95	7	98
99	6	94	3
93	4	100	5

Abb. 9.251 Inneres Ausgangsquadrat der Größe 4 x 4

Im zweiten Schritt wird der Rand des umgebenden Teilquadrates der Ordnung $n = 6$ passend gefüllt. Dazu werden $4 \cdot (n-1)$ Zahlen, hier also 20, benötigt. Die Hälfte dieser Zahlen wird wie immer von den kleinsten bisher nicht benutzten Zahlen gebildet, die andere Hälfte besteht aus den 10 verbliebenen größten Zahlen. Die Anfangszahl muss dabei $\frac{m^2}{2} + 1$ sein, wenn m die Ordnung des inneren Quadrates ist.

klein:	9	10	11	12	13	14	15	16	17	18
groß:	83	84	85	86	87	88	89	90	91	92

[42] Carra de Vaux [583] und Descombes [124] S. 306 – 308

Nun beginnt man in der rechten oberen Ecke und trägt im Zick-Zack-Muster die darauffolgenden ungeraden Zahlen in die beiden äußeren Zeilen ein, wobei man sich jeweils um eine Spalte nach links bewegt. Diese Schrittfolge wird beendet, wenn man die dritte Spalte von links erreicht hat. Damit sind mit dieser Sequenz $n - 2$ ungerade Zahlen eingefügt worden. Die letzte ungerade Zahl wird dann einzeln direkt unterhalb der linken oberen Ecke platziert.

Jetzt wird es ein wenig komplizierter. Die Zahl in der rechten oberen Ecke wird um die Ordnung vergrößert, danach dekrementiert und dieses Ergebnis in der linken oberen Ecke notiert. In diesem Beispiel ergibt sich die Zahl 14. Danach wird der unmittelbare Nachbar der linken unteren Ecke um 2 erhöht und oberhalb der linken unteren Ecke notiert. Diese Zahl dient gleichzeitig als Ausgangspunkt eines weiteren Zick-Zack-Musters, mit dem die nachfolgenden geraden Zahlen abwechselnd in die beiden äußeren Spalten geschrieben werden. Dabei wird natürlich die gerade Zahl aus der linken oberen Ecke übersprungen. Diese Schrittfolge endet in der dritten Zeile von oben, wo die Zahl immer in die rechte Spalte platziert wird. Insgesamt sind damit $n - 3$ gerade Zahlen eingetragen worden.

14			13		9
17					
					18
					16
12					
	10	15		11	

14	91	86	13	90	9
17					84
83					18
85					16
12					89
92	10	15	88	11	87

Abb. 9.252 Rahmen um das Ausgangsquadrat der Ordnung $n = 6$

Nun folgt der Rahmen für ein magisches Quadrat der Ordnung 8, in dem die Zahlen verteilt werden müssen. Diese Schritte verlaufen zunächst genauso wie beim Rahmen der Größe 6.

klein:	19	20	21	22	23	24	25	26	27	28	29	30	31	32
groß:	82	81	80	79	78	77	76	75	74	74	72	71	70	59

Doch gibt es beim waagrechten Zick-Zack-Muster eine wichtige Änderung, wenn die Ordnung mit $n = 4k$ ein Vielfaches von 4 ist. In diesem Fall wird kein Spaltenwechsel beim Übergang von der fünften Zeile von oben zur vierten Zeile von oben vollzogen. Die nächste gerade Zahl wird dann in die gleiche Spalte platziert wie die vorherige. Zum Ausgleich hierzu wird die ungerade Zahl, die sonst unmittelbar unterhalb der linken oberen Ecke eingetragen wird, in diesem Fall unterhalb der rechten oberen Ecke notiert. Damit bleibt sichergestellt, dass in beiden beteiligten Spalten jeweils gleich viele Zahlen und deren Komplemente vorhanden sind.

26			27		23		19
							31
							32
30							
28							
							24
22							
	20	29		25		21	

26	81	72	27	76	23	80	19
70							31
69							32
30							71
28							73
77							24
22							79
82	20	29	74	25	78	21	75

Abb. 9.253 Nächster Rahmen um das bisherige Ausgangsquadrat ($n = 8$)

Jetzt folgt noch der abschließende Rahmen der Größe 10, und das magische Quadrat in Abbildung 9.254 ist vollständig gefüllt.

42	67	54	45	58	41	62	37	66	33
49	26	81	72	27	76	23	80	19	52
51	70	14	91	86	13	90	9	31	50
53	69	17	8	97	1	96	84	32	48
46	30	83	2	95	7	98	18	71	55
57	28	85	99	6	94	3	16	73	44
40	77	12	93	4	100	5	89	24	61
63	22	92	10	15	88	11	87	79	38
36	82	20	29	74	25	78	21	75	65
68	34	47	56	43	60	39	64	35	59

Abb. 9.254 Fortgesetzt konzentrisches magisches Quadrat der Ordnung $n = 10$ (al-Buni)

Auch wenn das Quadrat für die Ordnung $n = 6$ us der Beschreibung des Beispiels indirekt hervorgeht, wird es in Abbildung 9.255 noch einmal vollständig angegeben.

14	27	22	13	26	9
17	8	33	1	32	20
19	2	31	7	34	18
21	35	6	30	3	16
12	29	4	36	5	25
28	10	15	24	11	23

Abb. 9.255 Konzentrisches magisches Quadrat der Ordnung $n = 6$ (al-Buni)

9.4.2 Arnauld

Arnauld stellte 1667 ein Verfahren vor, mit dem sich konzentrische magische Quadrate erstellen lassen.[43,44] Mit nur kleinen Änderungen lassen sich hiermit magische Quadrate für alle geraden und ungeraden Ordnungen erzeugen. Zudem führt Arnauld bei der Beschreibung des Verfahrens algebraische Symbole ein, um die Korrektheit des Verfahrens allgemein zu begründen.

Arnauld geht von einem Quadrat in natürlicher Anordnung aus und markiert dort zunächst bestimmte Zellen nach folgenden Regeln:

- Das Zentrum mit vier Zellen bildet den ersten Rahmen.
- In den beiden inneren Rahmen werden keine Zellen markiert.
- In allen weiteren Rahmen wird das Symbol e in die linke obere Ecke und o in die rechte obere Ecke eingetragen.
- Am linken Rand der unteren Zeile der oberen Hälfte wird das Symbol β und am rechten Rand α eingetragen.
- In die Rahmen mit ungeraden Rahmennummern ab 3 werden direkt neben der linken oberen Ecke die Symbole e' und $\hat{e}$ und horizontal symmetrisch dazu o' und $\hat{o}$ platziert. Arnauld benutzt in seinen Artikeln immer gleiche Akzente für horizontal symmetrisch liegende Zahlenpaare.
- Bei den Rahmen mit ungeraden Rahmennummern wird zusätzlich direkt unter das e das Symbol ω und direkt oberhalb des α ein γ notiert.

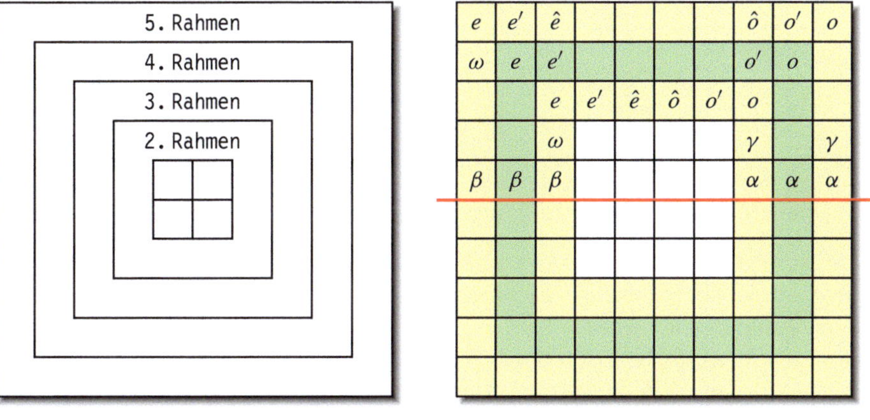

a) Nummerierung der Rahmen b) Symbole für $n = 10$

Abb. 9.256 Markierung des Ausgangsquadrates mit Symbolen bei der Ordnung $n = 10$

[43] Arnauld [23] S. 336–345 und Arnauld [24] S. 463–480

[44] Chabert [85] S. 70–80

Für das Füllen des Zielquadrates mit Zahlen stellt Arnauld zunächst ein paar allgemeine Regeln auf.

- Die Zahlen in beiden Quadraten werden rahmenweise von außen nach innen bearbeitet.
- Es genügt, die kleineren Zahlen der unteren Zahlenhälfte $1, 2, \ldots, \frac{n^2}{2}$ richtig zu platzieren, da damit auch die Positionen der hierzu komplementären Zahlen aus der oberen Zahlenhälfte eindeutig bestimmt sind.
- Wenn eine Zahl in einer Ecke eines Rahmens eingefügt wird, wird die hierzu komplementäre Zahl in die diagonal gegenüberliegende Ecke platziert.
- Von den Ecken abgesehen werden die komplementären Zahlen immer in die horizontal oder vertikal gegenüberliegenden Zelle der betreffenden Zeile bzw. Spalte eingetragen.

Die konkrete Übertragen der den Symbolen zugeordneten Zahlen aus dem Ausgangsquadrat in natürlicher Anordnung in das Zielquadrat richtet sich nach den Anordnungen aus Abbildung 9.257, wobei zwischen den Rahmen mit ungeraden und geraden Rahmennummern unterschieden wird.

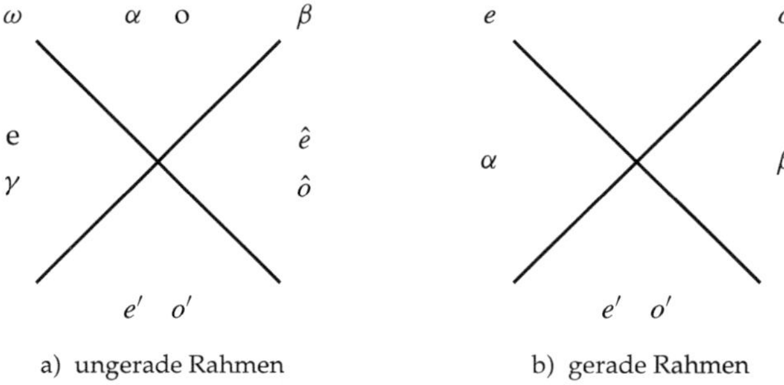

Abb. 9.257 Übertragen der Symbole in das Zielquadrat

Der äußere Rahmen eines Quadrates der Ordnung $n = 10$ besitzt die ungerade Rahmennummer 5, sodass die Symbole wie in Abbildung 9.257a ihren Platz finden.

Diese Anordnung gibt an, dass die dem Symbol ω im Ausgangsquadrat zugeordnete Zahl in die linke obere Ecke des Zielquadrates geschrieben werden muss. Ebenso wird die dem Symbol β zugeordnete Zahl in die rechte obere Ecke platziert. Die Anordnung der weiteren Symbole legt den Bereich des Rahmens fest, in dem die den Symbolen zugeordneten Zahlen in das Zielquadrat eingetragen werden müssen. Dabei wird allerdings keine genaue Position vorgegeben.

Die acht frei zu platzierenden Symbole sind in Abbildung 9.258 immer an den Rändern der jeweiligen Bereiche notiert worden. So wird etwa das Symbol e direkt unter der linken oberen Ecke in der linken Spalte platziert und $\hat{e}$ eine Zeile darunter in die rechte Spalte. Oberhalb der linken unteren Ecke wird γ notiert und eine Zeile darüber am rechten Rand das Symbol $\hat{o}$. Mit dieser Anordnung werden die weiteren Schritte etwas übersichtlicher, da überall zusammenhängende Zellen der vier Bereiche frei bleiben.

ω		α					o		β
e									
									$\hat{e}$
									$\hat{o}$
γ									
	e'							o'	

Abb. 9.258 Anordnung der Symbole im Zielquadrat bei einer ungeraden Rahmennummer

Damit werden die ersten zehn Zahlen aus dem Ausgangsquadrat in natürlicher Anordnung wie in Abbildung 9.259 in das Zielquadrat übertragen.

1	2	3	4	5	6	7	8	9	10
11	12	13	14	15	16	17	18	19	20
21	22	23	24	25	26	27	28	29	30
31	32	33	34	35	36	37	38	39	40
41	42	43	44	45	46	47	48	49	50
51	52	53	54	55	56	57	58	59	60
61	62	63	64	65	66	67	68	69	70
71	72	73	74	75	76	77	78	79	80
81	82	83	84	85	86	87	88	89	90
91	92	93	94	95	96	97	98	99	100

a) Ausgangsquadrat

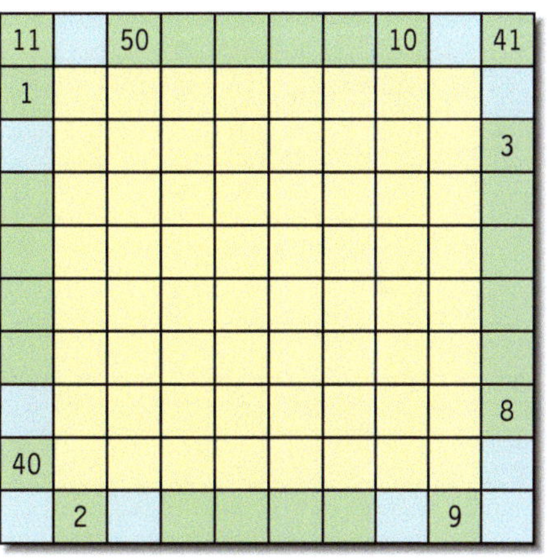

11		50					10		41
1									
									3
									8
40									
	2							9	

b) Zielquadrat

Abb. 9.259 Übertragen der ersten zehn Zahlen in das Zielquadrat

Betrachtet man auch die komplementären Zahlen, verbleiben in den Zeilen und Spalten des Randes jeweils vier Zellen, in denen noch keine Zahl eingefügt worden ist. Bei höheren Ordnungen als $n = 10$ ergeben sich immer Vielfache von 4. Damit können immer Gruppen von vier Zahlen so aus dem Ausgangsquadrat in das Zielquadrat eingetragen werden, dass jeweils ein Ausgleich geschaffen wird.

Aus der oberen Zeile des Ausgangsquadrates fehlen noch die Zahlen 4, 5, 6 und 7. Nimmt man die kleinste und die größte dieser Zahlen, so besitzt diese Summe den gleichen Wert wie die Summe der mittleren beiden Zahlen.

$$4 + 7 = 5 + 6$$

Mit dieser Eigenschaft werden die obere und untere Zeile von links nach rechts gefüllt. Die erste Zahl 4 wird in die von links gesehen erste freie Spalte eingetragen, dann folgen die nächsten beiden Zahlen 5 und 6 in der unteren Zeile und den Abschluss bildet die Zahl 7 wieder in der oberen Zeile. Alternativ kann man auch die Zahlen 4 und 7 in die untere Zeile und 5 und 6 in die obere Zeile eintragen.

Ebenso geht man mit den bis jetzt nicht vergebenden Zahlen aus der rechten Spalte vor. Dabei ist allerdings zu beachten, dass die Zahlen 40 und 50 schon mit den Symbolen α und γ ebenso vergeben sind, wie die Zahl 90 als komplementäre Zahl zu ω.

Damit verbleiben die Zahlen 20, 30, 70 und 80, die auch als sich ausgleichende Vierergruppe angeordnet werden. Also die kleinste Zahl 20 in die rechte Spalte, die beiden mittleren Zahlen 30 und 70 in die linke Spalte und zum Abschluss die größte Zahl 80 wieder in die rechte Spalte, wie es in Abbildung 9.260a dargestellt ist. Auch hier können die beiden Spalten alternativ vertauscht werden.

Danach müssen auf den noch freien Plätzen nur noch die komplementären Zahlen eingefügt werden und der Rahmen ist vollständig gefüllt (siehe Abbildung 9.260b).

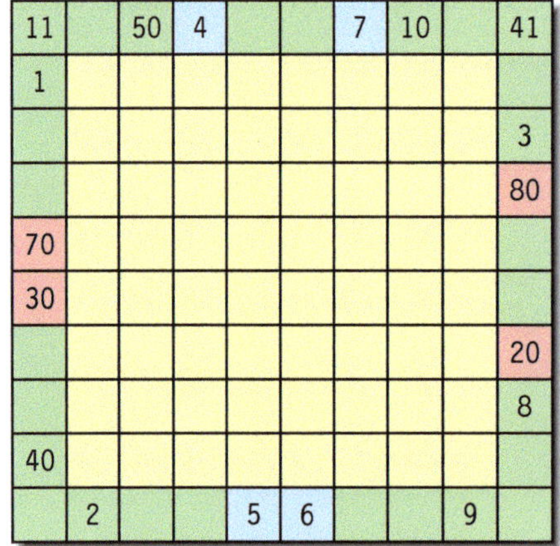

11		50	4			7	10		41
1									
									3
									80
70									
30									
									20
									8
40									
	2			5	6			9	

a) Zeilen und Spalten

11	99	50	4	96	95	7	10	92	41
1									100
98									3
21									80
70									31
30									71
81									20
93									8
40									61
60	2	51	97	5	6	94	91	9	90

b) komplementäre Zahlen

Abb. 9.260 Vollständig gefüllter fünfter Rahmen der Größe 10

Jetzt folgt der Rahmen der Größe 8 mit der Rahmennummer 4. Abbildung 9.257b gibt die Anordnung der Symbole vor und die ersten sechs Zahlen können aus dem entsprechenden Rahmen des Ausgangsquadrates in das Zielquadrat übertragen werden.

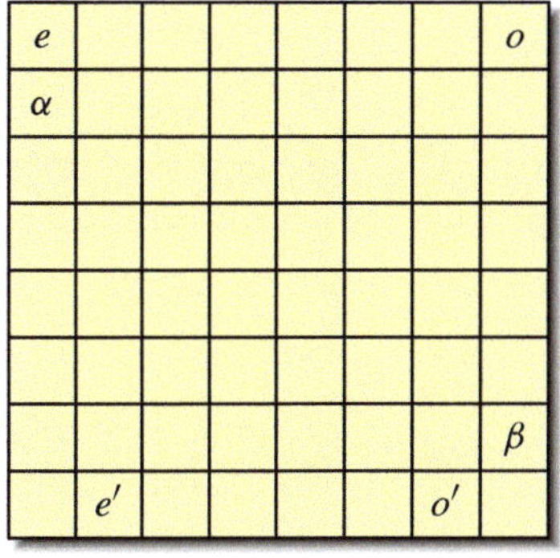

a) angeordnete Symbole

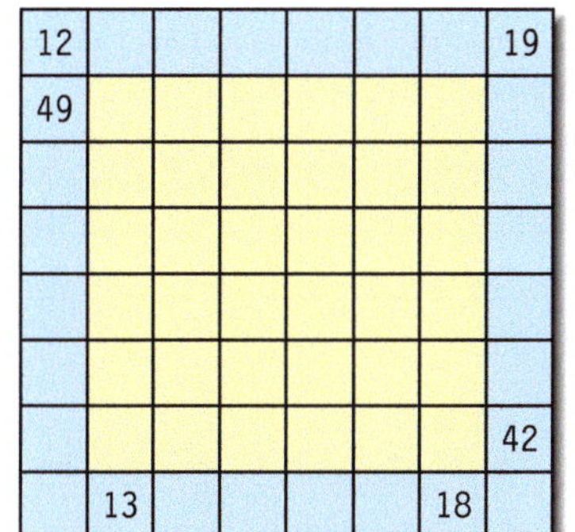

b) zugehörige Zahlen

Abb. 9.261 Übertragen der ersten sechs Zahlen in das Zielquadrat

Da bei geraden Rahmennummern zunächst nur sechs Zahlen eingetragen werden, bleiben auch hier immer Vielfache von vier Zahlen über. Mit der beschriebenen Methode für das Eintragen von Vierergruppen können die noch freien Zellen der Zeilen und Spalten des Rahmens aufgefüllt werden.

Bei den Spalten stehen zunächst die Zahlen 29, 39, 49, 59, 69, 79 aus dem Quadrat in natürlicher Anordnung zur Verfügung. Doch da 49 bereits unterhalb der linken oberen Ecke benutzt wurde und 59 die komplementäre Zahl zu der schon vorhandenen Zahl 42 ist, verbleiben die Zahlen 29, 39, 69, 79 für den Viererblock der Spalten.

Trägt man danach die komplementären Zahlen in die noch freien Zellen ein, ist auch dieser Rahmen vollständig gefüllt (siehe Abbildung 9.262).

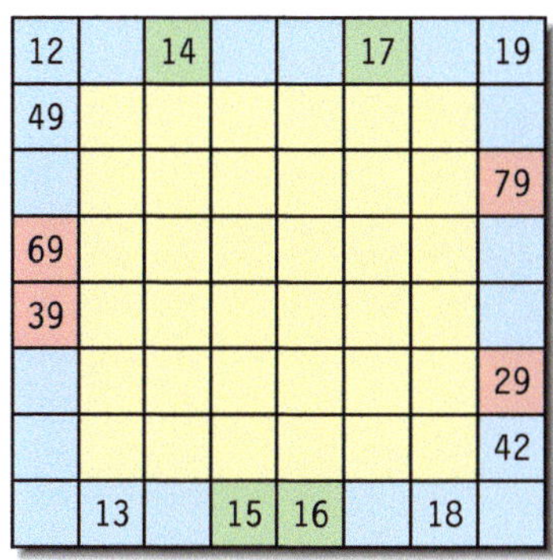

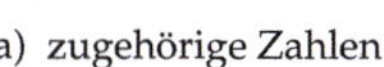

a) zugehörige Zahlen

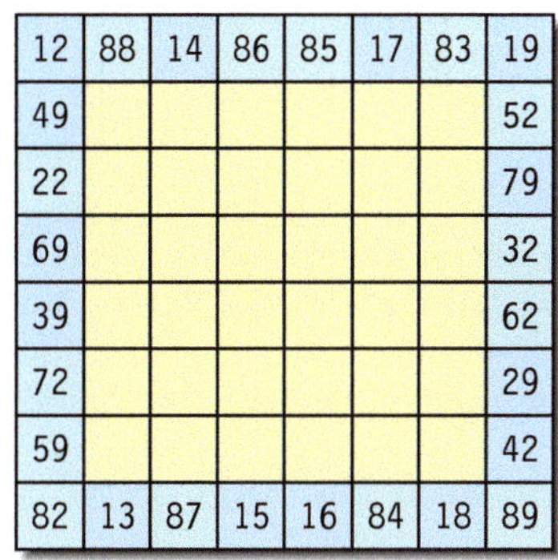

b) zugehörige Zahlen

Abb. 9.262 Vollständig gefüllter vierter Rahmen der Größe 8

Der letzte Rahmen hat mit 3 wieder eine ungerade Rahmennummer, sodass zunächst zehn Symbole und die ihnen zugeordneten Zahlen platziert werden müssen. Da damit bereits alle Plätze im Rahmen vergeben sind, fehlen wie in Abbildung 9.263 nur noch die komplementären Zahlen.

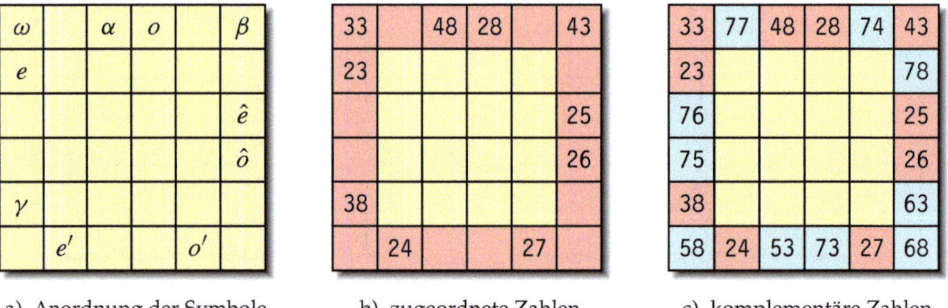

a) Anordnung der Symbole b) zugeordnete Zahlen c) komplementäre Zahlen

Abb. 9.263 Vollständig gefüllter dritter Rahmen der Größe 6

Fügt man die bisherigen Rahmen zusammen, verbleibt nur noch das Zentrum leer.

11	99	50	4	96	95	7	10	92	41
1	12	88	14	86	85	17	83	19	100
98	49	33	77	48	28	74	43	52	3
21	22	23					78	79	80
70	69	76					25	32	31
30	39	75					26	62	71
81	72	38					63	29	20
93	59	58	24	53	73	27	68	42	8
40	82	13	87	15	16	84	18	89	61
60	2	51	97	5	6	94	91	9	90

Abb. 9.264 Vollständige Rahmen der Größen 6, 8 und 10

Arnauld geht bei seinen Betrachtungen für das noch fehlende Zentrum von einem Quadrat der Ordnung 4 in natürlicher Anordnung aus und unterteilt die 16 Zahlen in vier Gruppen mit jeweils vier Zahlen.

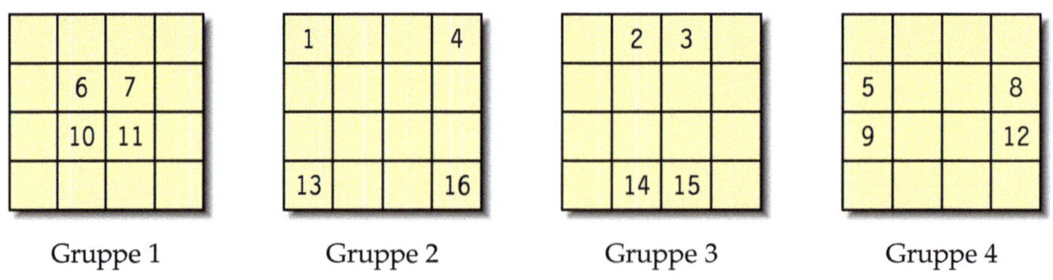

Gruppe 1 Gruppe 2 Gruppe 3 Gruppe 4

Abb. 9.265 Zahlengruppen von Arnauld

Zusätzlich definiert er vier Abbildungen, mit denen die Zahlen aus dem 4 x 4 - Quadrat in natürlicher Anordnung in Hilfsquadrate transformiert werden.

o	Die vier Zahlen bleiben unverändert
c	Die Zahlen werden auf die diagonal gegenüberliegenden Plätze abgebildet
g	Die Zahlen werden auf die horizontal symmetrisch gegenüberliegenden Plätze abgebildet
h	Die Zahlen werden auf die vertikal symmetrisch gegenüberliegenden Plätze abgebildet

Mit diesen vier Abbildungen bildet Arnauld 16 unterschiedliche Quadrate, wobei die Zahlen der einzelnen Zahlengruppen nach folgender Tabelle transformiert werden.

	Q_1	Q_2	Q_3	Q_4	Q_5	Q_6	Q_7	Q_8	Q_9	Q_{10}	Q_{11}	Q_{12}	Q_{13}	Q_{14}	Q_{15}	Q_{16}
Gruppe 1	o	o	o	o	c	c	c	c	g	g	g	g	h	h	h	h
Gruppe 2	o	c	g	h	o	c	g	h	o	c	g	h	o	c	g	h
Gruppe 3	c	g	c	g	h	o	h	o	h	o	h	o	c	g	c	g
Gruppe 4	c	h	h	c	g	o	o	g	c	h	h	c	g	o	o	g

Tab. 9.9 Zahlengruppen für die Basisquadrate

Mit diesen Bedingungen hat Arnauld die in Abbildung 9.266 dargestellten 16 Basisquadrate konstruiert. Markiert man in diesen Quadraten die geraden oder ungeraden Zahlen, fällt auf, dass bis auf symmetrische Anordnungen nur zwei unterschiedliche Muster auftreten.

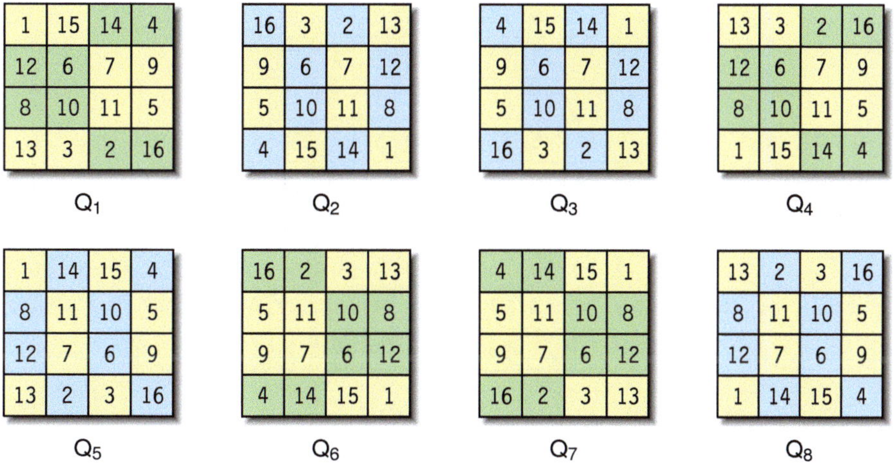

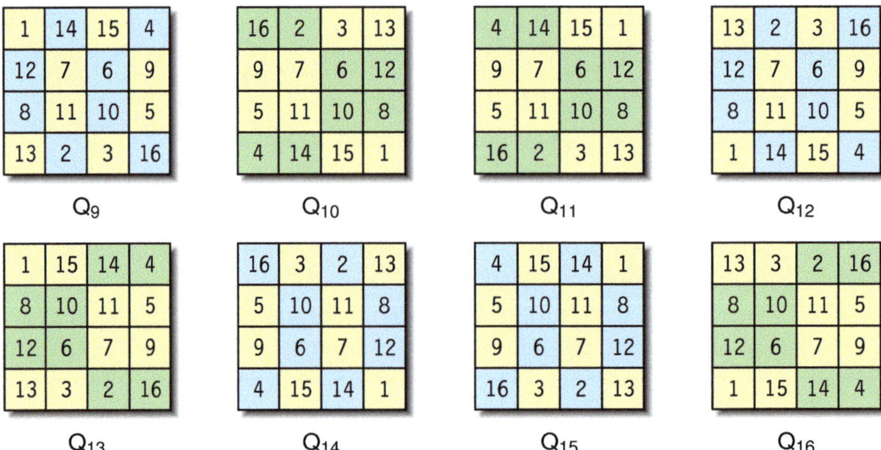

1	14	15	4
12	7	6	9
8	11	10	5
13	2	3	16

Q_9

16	2	3	13
9	7	6	12
5	11	10	8
4	14	15	1

Q_{10}

4	14	15	1
9	7	6	12
5	11	10	8
16	2	3	13

Q_{11}

13	2	3	16
12	7	6	9
8	11	10	5
1	14	15	4

Q_{12}

1	15	14	4
8	10	11	5
12	6	7	9
13	3	2	16

Q_{13}

16	3	2	13
5	10	11	8
9	6	7	12
4	15	14	1

Q_{14}

4	15	14	1
5	10	11	8
9	6	7	12
16	3	2	13

Q_{15}

13	3	2	16
8	10	11	5
12	6	7	9
1	15	14	4

Q_{16}

Abb. 9.266 Basisquadrate von Arnauld

Nun wählt Arnauld etwa mit Q_4 eines dieser 16 Basisquadrate aus und transformiert die Zahlen aus dem 4 x 4 - Zentrum des Ausgangsquadrates gemäß dieser Anordnung. Fügt man dieses veränderte Quadrat in das Zielquadrat ein, entsteht das fortgesetzt konzentrische magische Quadrat der Ordnung $n = 10$ aus Abbildung 9.267.

34	35	36	37
44	45	46	47
54	55	56	57
64	65	66	67

a) Ausgangsquadrat

13	3	2	16
12	6	7	9
8	10	11	5
1	15	14	4

b) Q_4

64	36	35	67
57	45	46	54
47	55	56	44
34	66	65	37

c) Anordnung nach Q_4

11	99	50	4	96	95	7	10	92	41
1	12	88	14	86	85	17	83	19	100
98	49	33	77	48	28	74	43	52	3
21	22	23	64	36	35	67	78	79	80
70	69	76	57	45	46	54	25	32	31
30	39	75	47	55	56	44	26	62	71
81	72	38	34	66	65	37	63	29	20
93	59	58	24	53	73	27	68	42	8
40	82	13	87	15	16	84	18	89	61
60	2	51	97	5	6	94	91	9	90

d) magisches Quadrat

Abb. 9.267 Fortgesetzt konzentrisches magisches Quadrat der Ordnung $n = 10$ (Arnauld)

Varianten

Das Verfahren von Arnauld bietet zahlreiche Möglichkeiten, unterschiedliche magische Quadrate zu erzeugen. Zunächst einmal sind bei ungeraden Rahmen die Symbole e, o, α, β, γ und ω fest an ihren Platz im Ausgangsquadrat gebunden. Die vier restlichen Symbole können jedoch beliebig in der oberen Zeile angeordnet werden, wobei allerdings die Paare e' und o' sowie $\hat{e}$ und $\hat{o}$ zueinander horizontal symmetrisch liegen müssen.

Bei der Anordnung der Symbole im Zielquadrat sind laut Abbildung 9.257 nur die Symbole für die beiden oberen Ecken eindeutig festgelegt. Die anderen acht Symbole können auf beliebige Positionen der ihnen zugewiesenen Bereiche verteilt werden.

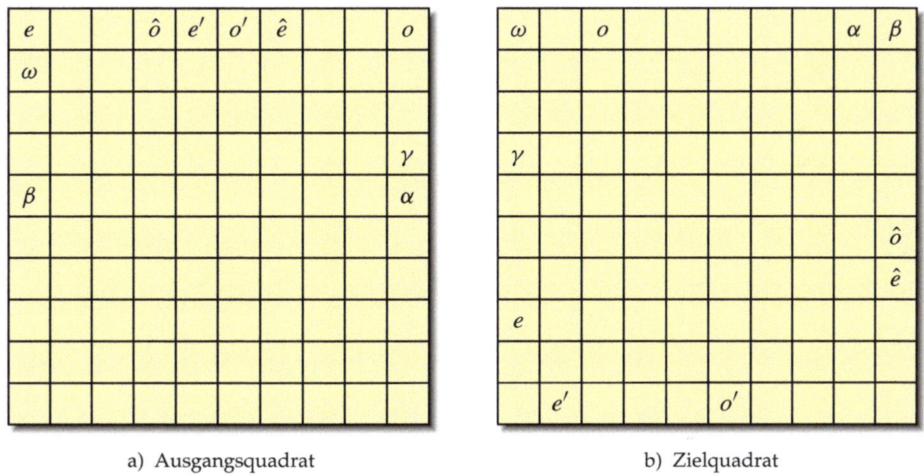

a) Ausgangsquadrat

b) Zielquadrat

Abb. 9.268 Anordnung der Symbole im Zielquadrat in einem Rahmen mit ungerader Rahmennummer

Überträgt man die den Symbolen zugeordneten Zahlen aus dem Ausgangsquadrat in natürlicher Anordnung in das Zielquadrat, erhält man mit diesen Anordnungen das Quadrat aus Abbildung 9.269a.

In Abbildung 9.268a erkennt man, dass die beiden Zellen rechts neben der linken oberen Ecke und links neben der rechten oberen Ecke noch nicht belegt sind. Im Ausgangsquadrat befinden sich dort die Zahlen 2, 3, 8 und 9, die wieder als Vierergruppe in beliebige freie Spalten des Zielquadrates eingetragen werden. Wie immer bei diesen Vierergruppen für die Zeilen müssen die kleinste und die größte Zahl in die obere Zeile und die mittleren beiden Zahlen in der unteren Zeile platziert werden.

Aus der rechten Spalte des Quadrates in natürlicher Anordnung fehlen noch die Zahlen 20, 30, 70 und 80, die wieder als Vierergruppe eingetragen werden.

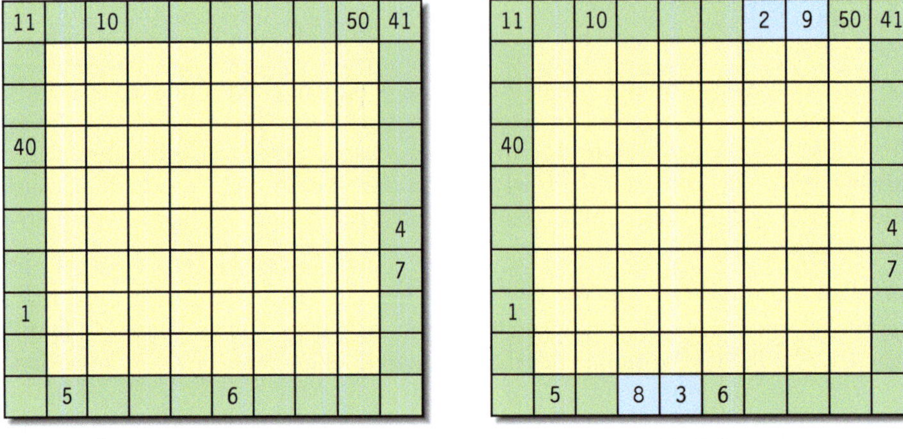

a) Übertragen der Symbolzahlen b) Zeilen

Abb. 9.269 Füllen bei ungerader Rahmennummer mit der Größe 10

Da man bei den Spalten im Gegensatz zu den Zeilen immer wahlweise links oder rechts beginnen kann, wird dieses Mal mit der kleinsten Zahl auf der linken Seite begonnen. Dabei kann ebenso wie bei den anderen Zahlen eine beliebige der noch freien Zeilen ausgesucht werden. Da damit bereits alle Plätze im Rahmen vergeben sind, fehlen wie in Abbildung 9.270 nur noch die komplementären Zahlen.

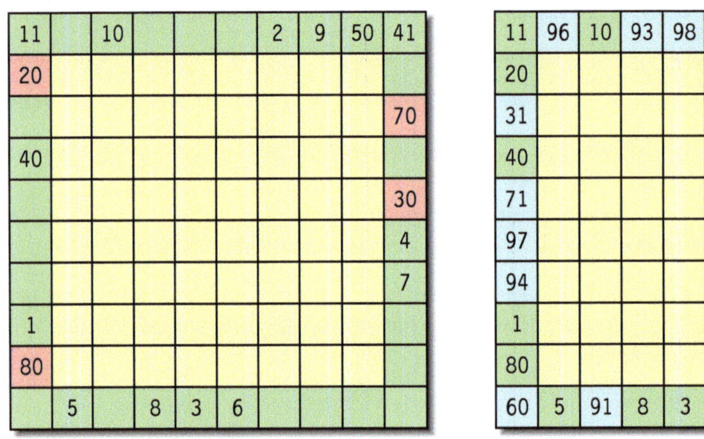

a) Spalten b) komplementäre Zahlen

Abb. 9.270 Vollständig gefüllter Rahmen der Größe 10

Beim nächsten Rahmen mit der geraden Rahmennummer 4 sind die Symbole e, o, α und β fest an ihren Platz im Ausgangsplatz gebunden, nicht jedoch e' und o'. Diese beiden Symbole müssen in der oberen Zeile nur horizontal symmetrisch zueinander platziert werden.

Nach Abbildung 9.257 sind bei der Anordnung der Symbole im Zielquadrat nur die Symbole für die beiden oberen Ecken eindeutig festgelegt. Die anderen vier Symbole können auf beliebige Positionen der ihnen zugewiesenen Bereiche verteilt werden. Überträgt man die den Symbolen zugeordneten Zahlen aus dem Ausgangsquadrat in natürlicher Anordnung, erhält man mit diesen Anordnungen das Ergebnis aus Abbildung 9.271.

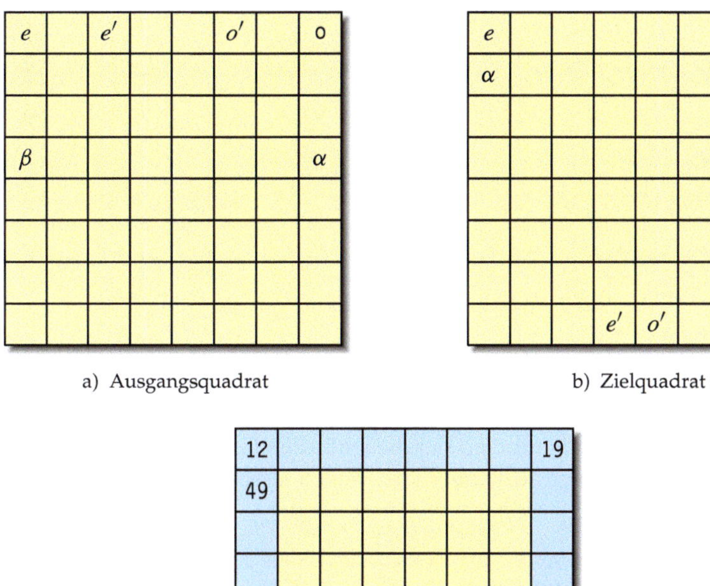

a) Ausgangsquadrat

b) Zielquadrat

c) zugeordnete Zahlen

Abb. 9.271 Übertragen der den Symbolen zugeordneten Zahlen bei gerader Rahmennummer mit der Größe 8

Bei den Zeilen fehlen aus der oberen Zeile des Ausgangsquadrates noch die Zahlen 2, 3, 8 und 9. Diese werden wie üblich als Vierergruppe notiert. Dabei ist es wichtig, dass die kleinste und die größte Zahl in die obere Zeile und die beiden mittleren Zahlen in die untere Zeile eingetragen werden. Die Positionen dieser Zahlen können allerdings in beliebiger Reihenfolge aus den bisher nicht belegten Spalten herausgesucht werden.

Aus der rechten Spalte des Ausgangsquadrates fehlen dagegen die Zahlen 29, 39, 69 und 79. Wie immer bei den Spalten ist es unwichtig, in welche Spalte die beiden mittleren Zahlen eingetragen werden. Es muss nur sichergestellt werden, dass die anderen beiden Zahlen in die entgegengesetzte Spalte platziert werden. Auch hier können die

Positionen dieser vier Zahlen beliebig aus den bisher bis jetzt nicht belegten Zeilen bestimmt werden.

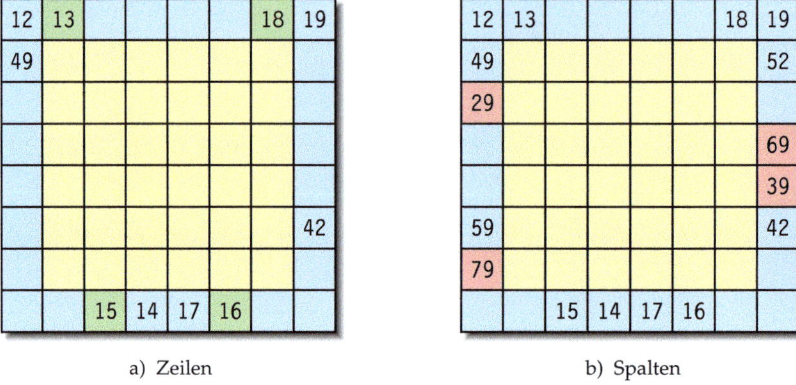

a) Zeilen b) Spalten

Abb. 9.272 Vollständig gefüllter Rahmen der Größe 8

Nach den komplementären Zahlen fehlt jetzt nur noch der dritte Rahmen der Größe 6, bei dem mit ungerader Rahmennummer sechs Symbole eingetragen werden müssen. Da die Positionen von vier Symbolen bei dieser Größe bereits festgelegt sind, verbleiben für mögliche Variationen nur die Paare e' und o' sowie $\hat{e}$ und $\hat{o}$, die zueinander horizontal symmetrisch angeordnet werden müssen.

Bei der Anordnung der Symbole im Zielquadrat sind laut Abbildung 9.257 nur die Symbole für die beiden oberen Ecken eindeutig festgelegt. Die anderen acht Symbole können auf beliebige Positionen der ihnen zugewiesenen Bereiche verteilt werden.

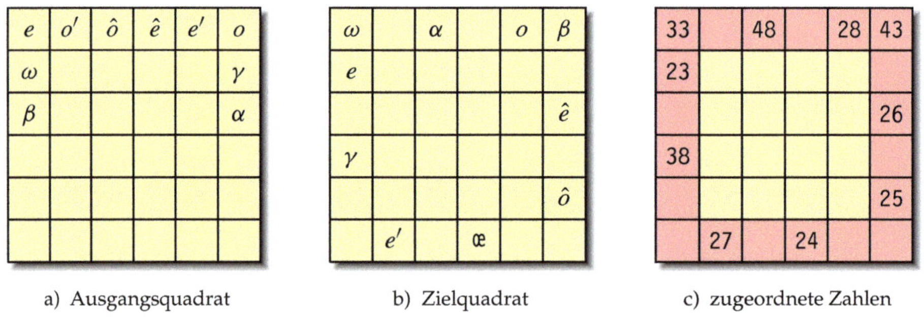

a) Ausgangsquadrat b) Zielquadrat c) zugeordnete Zahlen

Abb. 9.273 Übertragen der den Symbolen zugeordneten Zahlen bei ungerader Rahmennummer mit der Größe 6

Da mit diesen zehn Zahlen bereits alle Zeilen und Spalten mit einer Zahl gefüllt sind, müssen jetzt nur noch die komplementären Zahlen eingetragen werden und man kann die bisher erstellten Rahmen zusammenfügen.

Transformiert man das 4×4 - Zentrum des Ausgangsquadrates mit einem Basisquadrat aus Abbildung 9.266 und fügt es in das Zielquadrat ein, entsteht beispielsweise mit Q_{13} das fortgesetzt konzentrische magische Quadrat der Ordnung $n = 10$ aus Abbildung 9.274.

34	35	36	37
44	45	46	47
54	55	56	57
64	65	66	67

a) Ausgangsquadrat

34	66	65	37
47	55	56	44
57	45	46	54
64	36	35	67

b) Anordnung nach Q_{13}

11	96	10	93	98	95	2	9	50	41
20	12	13	86	87	84	85	18	19	81
31	49	33	74	48	77	28	43	52	70
40	29	23	34	66	65	37	78	72	61
71	32	75	47	55	56	44	26	69	30
97	62	38	57	45	46	54	63	39	4
94	59	76	64	36	35	67	25	42	7
1	79	58	27	53	24	73	68	22	100
80	82	88	15	14	17	16	83	89	21
60	5	91	8	3	6	99	92	51	90

c) magisches Quadrat

Abb. 9.274 Fortgesetzt konzentrisches magisches Quadrat der Ordnung $n = 10$ (Arnauld, Variante)

9.4.3 Cao Xiao-qin

Cao Xiao-qin erzeugt mit seinem Verfahren konzentrische magische Quadrate der Ordnung $n = 2m$.[45] Um die ineinander verschachtelten Rahmen zu erzeugen, geht er dabei von außen nach innen vor.

Für ein Quadrat der Ordnung $n = 10$ werden neben dem Zentrum der Größe 4×4 noch weitere $\frac{n-4}{2} = 3$ Rahmen benötigt. Diese Rahmen erhalten eine Rahmennummer, die absteigend bis zur Zahl 1 durchnummeriert werden. Bei der in diesem Beispiel gewählten Ordnung 10 besitzt der äußere Rahmen damit die Nummer $r = 3$.

Zusätzlich wird eine Hilfsvariable u benutzt, deren Wert sich in Abhängigkeit von r berechnet wird.

$$u = (r - 1) \cdot (6 + 2r)$$

Für einen Rahmen der Ordnung 10 ergibt sich damit $u = 24$. Mit diesen Werten werden zunächst die Zahlen in den vier Ecken berechnet.

45 Cao Xiao-qin [79]

$n^2+1-(u+5+2r)$	$\cdots$	$n^2+1-(u+4+2r)$
$\ldots$		$\ldots$
$u+4+2r$	$\cdots$	$u+5+2r$

Von der Zelle rechts neben der linken oberen Ecke ausgehend werden dann die $2r$ Zahlen

$$u+2r+6 \qquad u+2r+7 \qquad u+2r+8 \qquad u2r+9 \qquad \ldots$$

abwechselnd in die obere und untere Zeile eingetragen. In diesem Beispiel sind das die Zahlen von 36 bis 41. Den Abschluss bilden die beiden Zahlen

$$u+6+4r \qquad u+3+r$$

Hier handelt es sich um die Zahlen 42 und 30, die beide in die obere Zeile eingetragen werden. Das bisherige Ergebnis ist in Abbildung 9.275 dargestellt.

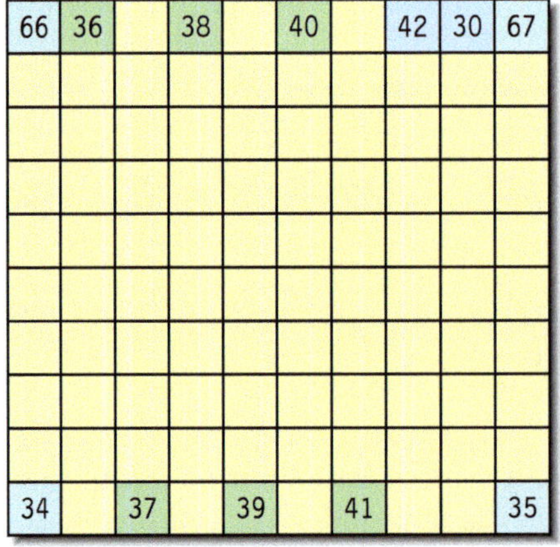

Abb. 9.275 Füllen der äußeren Zeilen

Danach werden die beiden Spalten des Rahmens gefüllt. Ist die Rahmennummer wie bei diesem Rahmen mit $r=3$ ungerade, werden r Zahlen

$$u+1 \qquad u+2 \qquad u+3 \qquad \ldots$$

abwechselnd links und rechts platziert. Dabei beginnt man unterhalb der linken oberen Ecke und schreitet dann mit jeder Zahl eine Zeile nach unten. Danach folgen mit

$$u+r+1 \qquad u+r+2 \qquad u+r+4$$

drei Zahlen, von denen die ersten beiden in der rechten Spalte und die dritte Zahl in der linken Spalte eingetragen werden. In diesem Beispiel handelt es sich um die Zahlen 28, 29 und 31.

Im nächsten Schritt werden noch $r-1$ absteigende Zahlen abwechselnd links und rechts notiert (siehe Abbildung 9.276a).

$$u+2r+3 \qquad u+2r+2 \qquad \ldots$$

Abschließend werden die noch freien Zellen mit komplementären Zahlen aufgefüllt, die sich jeweils aus den horizontal und vertikal symmetrisch gegenüberliegenden Partnerzahlen ergeben (siehe Abbildung 9.276b).

66	36		38		40		42	30	67
25									
									26
27									
									28
									29
31									
33									
									32
34		37		39		41			35

a) Spalten

66	36	64	38	62	40	60	42	30	67
25									76
75									26
27									74
73									28
72									29
31									70
33									68
69									32
34	65	37	63	39	61	41	59	71	35

b) komplementäre Zahlen

Abb. 9.276 Vollständig gefüllter Rahmen $r = 3$ der Ordnung 10

Der nächste Rahmen besitzt die Rahmennummer $r = 2$ und die Berechnung für u liefert das Ergebnis $u = 10$. Die Belegung der Ecken sowie der beiden Zeilen unterscheidet sich nicht von dem vorangegangenen Rahmen, sodass sich zunächst der Rahmen aus Abbildung 9.277 ergibt.

82	20		22		24	15	83
18		21		23			19

Abb. 9.277 Füllen der äußeren Zeilen

Die beiden Spalten werden jedoch anders gefüllt, da die Rahmennummer jetzt gerade ist. Sie besitzen jeweils noch $2r+2$ freie Zellen, die in drei Schritten gefüllt werden. Zunächst folgen vier Zahlen, die von oben nach unten in der Mitte der beiden Spalten platziert werden.

$$u+r \qquad u+r+1 \qquad u+r+2 \qquad u+r+4$$

Dabei wird die dritte Zahl in der linken Spalte eingefügt, die anderen drei in der rechten Spalte. Jetzt verbleiben oberhalb und unterhalb dieser vier Zahlen noch jeweils $r-1$ leere Zellen. Die oberhalb liegenden Zellen werden von oben nach unten mit den Zahlen

$$u+1 \qquad u+2 \qquad u+3\ldots$$

gefüllt, die unterhalb liegenden Zellen ebenfalls von oben nach unten dagegen mit

$$u+2r+3 \qquad u+2r+2 \qquad u+2r+1\ldots$$

Die Zahlen werden abwechselnd links und rechts eingetragen, wobei man in beiden Abschnitten links beginnt. Damit ergibt sich der Rahmen aus Abbildung 9.278a.

Jetzt müssen in den freien Zellen nur noch die komplementären Zahlen eingefügt werden und der Rahmen ist vollständig gefüllt (siehe Abbildung 9.278b).

82	20		22		24	15	83
11							
							12
							13
14							
							16
17							
18		21		23			19

a) Spalten

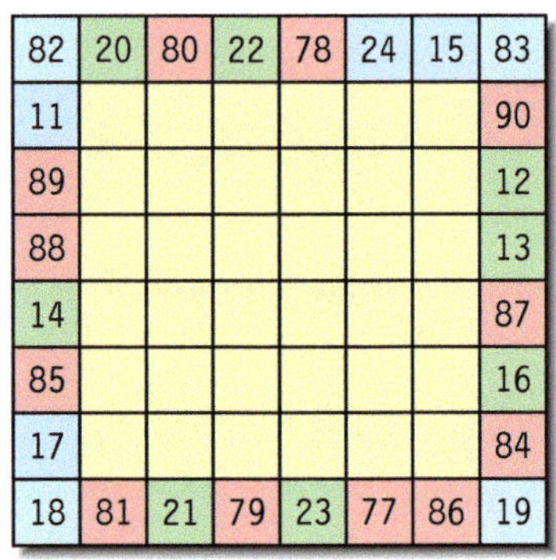

82	20	80	22	78	24	15	83
11							90
89							12
88							13
14							87
85							16
17							84
18	81	21	79	23	77	86	19

b) komplementäre Zahlen

Abb. 9.278 Vollständig gefüllter Rahmen der Ordnung 8

Setzt man den Rahmen der Größe 8 in das Zielquadrat ein, ergibt sich das Zwischenergebnis aus Abbildung 9.279a.

Jetzt fehlt noch der Rahmen mit der ungeraden Rahmennummer $r=1$. Wird dieser Rahmen wie beschrieben gefüllt und in das Zielquadrat eingesetzt, entsteht das Quadrat aus Abbildung 9.279b, bei dem dann nur noch das 4×4 - Teilquadrat im Zentrum leer ist.

66	36	64	38	62	40	60	42	30	67
25	82	20	80	22	78	24	15	83	76
75	11							90	26
27	89							12	74
73	88							13	28
72	14							87	29
31	85							16	70
33	17							84	68
69	18	81	21	79	23	77	86	19	32
34	65	37	63	39	61	41	59	71	35

a) Rahmen $r = 2$

66	36	64	38	62	40	60	42	30	67
25	82	20	80	22	78	24	15	83	76
75	11	94	8	92	10	4	95	90	26
27	89	1					100	12	74
73	88	99					2	13	28
72	14	98					3	87	29
31	85	5					96	16	70
33	17	6	93	9	91	97	7	84	68
69	18	81	21	79	23	77	86	19	32
34	65	37	63	39	61	41	59	71	35

b) Rahmen $r = 1$

Abb. 9.279 Vollständig gefüllter Rahmen der Ordnung 6

Cao Xiao-qin schlägt vor, dieses Teilquadrat mit den Termen aus Abbildung 9.280 zu füllen.

$2k^2 - 7$	$2k^2 + 6$	$2k^2 + 7$	$2k^2 - 4$
$2k^2$	$2k^2 + 3$	$2k^2 + 2$	$2k^2 - 3$
$2k^2 + 4$	$2k^2 - 1$	$2k^2 - 2$	$2k^2 + 1$
$2k^2 + 5$	$2k^2 - 6$	$2k^2 - 5$	$2k^2 + 8$

43	56	57	46
50	53	52	47
54	49	48	51
55	44	45	58

Abb. 9.280 Terme für das Zentrum

Setzt man dieses Teilquadrat in das Zentrum ein, entsteht das fortgesetzt konzentrische magische Quadrat aus Abbildung 9.281.

66	36	64	38	62	40	60	42	30	67
25	82	20	80	22	78	24	15	83	76
75	11	94	8	92	10	4	95	90	26
27	89	1	43	56	57	46	100	12	74
73	88	99	50	53	52	47	2	13	28
72	14	98	54	49	48	51	3	87	29
31	85	5	55	44	45	58	96	16	70
33	17	6	93	9	91	97	7	84	68
69	18	81	21	79	23	77	86	19	32
34	65	37	63	39	61	41	59	71	35

Abb. 9.281 Fortgesetzt konzentrisches magisches Quadrat der Ordnung $n = 10$ (Cao)

Variante

Für das Zentrum können beliebige magische Quadrate vierter Ordnung gewählt werden, wenn man die Zahlen dieses Teilquadrates um $2m^2 - 8$ erhöht. Für das fortgesetzt konzentrische magische Quadrat aus Abbildung 9.282 wurde das Dürer-Quadrat benutzt, dessen Zahlen um $2m^2 - 8 = 24$ erhöht wurden.

16	3	2	13
5	10	11	8
9	6	7	12
4	15	14	1

40	27	26	37
29	34	35	32
33	30	31	36
28	39	38	25

46	20	44	22	42	24	15	47
11	58	8	56	10	4	59	54
53	1	40	27	26	37	64	12
52	63	29	34	35	32	2	13
14	62	33	30	31	36	3	51
49	5	28	39	38	25	60	16
17	6	57	9	55	61	7	48
18	45	21	43	23	41	50	19

Abb. 9.282 Fortgesetzt konzentrisches magisches Quadrat der Ordnung $n = 8$ (Cao, Variante)

Kapitel

10 Verdopplung der Ordnung

Die in den bisherigen Kapiteln beschriebenen Konstruktionen zeichneten sich dadurch aus, dass etwa Zahlen mithilfe einer systematischen Struktur auf die Zellen eines Quadrates verteilt wurden. In anderen Verfahren wurde von ganz bestimmten Anordnungen der Zahlen $1, 2, \ldots, n^2$ ausgegangen und das magische Quadrat durch Vertauschungen dieser ursprünglichen Anordnungen erzeugt. Dies unterscheidet diese Verfahren grundlegend von den in diesem Kapitel beschriebenen Verfahren.

Bei den hier vorgestellten Verfahren muss bereits ein magisches Quadrat vorliegen, um mit dessen Anordnung der Zahlen ein magisches Quadrat der doppelten Grüße zu erzeugen. Diese Verfahren sind in mehrere Abschnitte unterteilt, da sich die Verfahren oft grundlegend darin unterscheiden, ob das vorgegebene Quadrat eine ungerade oder eine gerade Ordnung besitzt.

10.1 Einfach-gerade Ordnungen

10.1.1 LUX - Methode (Conway)

Das LUX-Verfahren von John Horton Conway[1] erzeugt aus einem vorhandenen magischen Quadrat ungerader Ordnung ein neues magisches Quadrat mit doppelter Ordnung. Das Verfahren basiert auf drei Quadraten der Größe 2×2, bei denen die Anordnung der Zahlen durch die drei Buchstaben des Wortes LUX symbolisiert wird.

[1] Conway [45]

H. Danielsson, *Magische Quadrate und ihre Konstruktion*,
https://doi.org/10.1007/978-3-662-70448-6_10

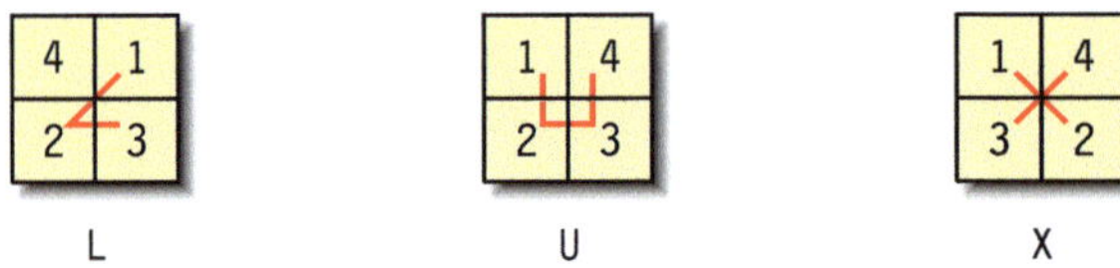

Abb. 10.1 Übersicht über die verschiedenen LUX-Quadrate

Will man nun ein einfach-gerades magisches Quadrat der Ordnung $n = 4k + 2$ konstruieren, benötigt man zunächst ein Hilfsquadrat der Größe $m = \frac{n}{2}$. Dieses wird von oben nach unten mit $k + 1$ Zeilen gefüllt, die nur den Buchstaben L enthalten. Darunter folgt eine Zeile mit dem Buchstaben U und den Abschluss bilden $k - 1$ Zeilen mit dem Buchstaben X. Tabelle 10.1 gibt die Aufteilung für die Ordnungen 6, 10 und 14 an.

Buchstabe	Anzahl	$n = 6$	$n = 10$	$n = 14$
L	$k + 1$	2	3	4
U	1	1	1	1
X	$k - 1$	0	1	2

Tab. 10.1 Aufteilung der benötigten LUX-Quadrate

Allerdings muss in einem Punkt von diesem einfachen Schema abgewichen werden, denn das L im Zentrum muss noch gegen das darunterliegende U ausgetauscht werden. Für ein Zielquadrat der Ordnung $n = 10$ ist das LUX-Hilfsquadrat in Abbildung 10.2 dargestellt.

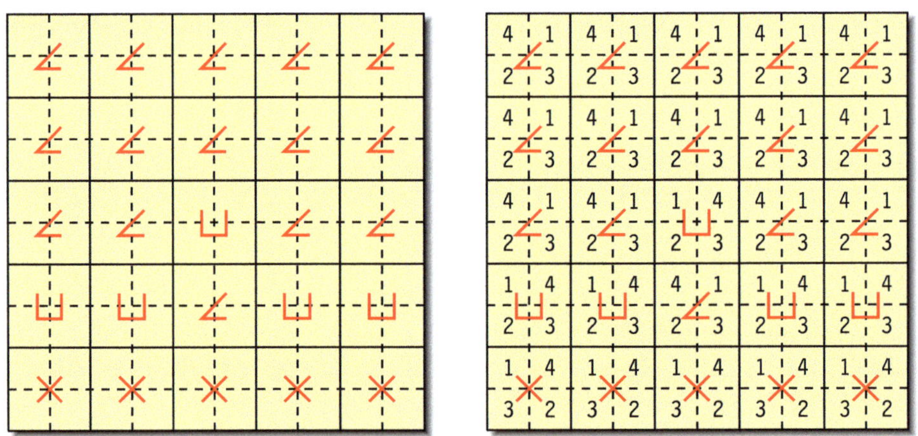

Abb. 10.2 LUX-Muster für die Ordnung $n = 10$

Zusätzlich wird ein magisches Quadrat der halben Größe $m = \frac{n}{2}$ benötigt, das als Basisquadrat dient. Die in das Zielquadrat einzutragenden Werte ergeben sich aus der um 1 verminderten Zahl aus dem Basisquadrat, welche zuerst mit dem Faktor 4 multipliziert und dann um die entsprechende Zahl aus dem 2×2 - LUX-Quadrat erhöht wird. Für die Zahlen in der linken oberen und rechten unteren Ecke gilt also

$$(17 - 1) \cdot 4 + 4 = 68$$
$$(9 - 1) \cdot 4 + 2 = 34$$

Das Ergebnis aller Berechnungen ist in Abbildung 10.3 dargestellt.

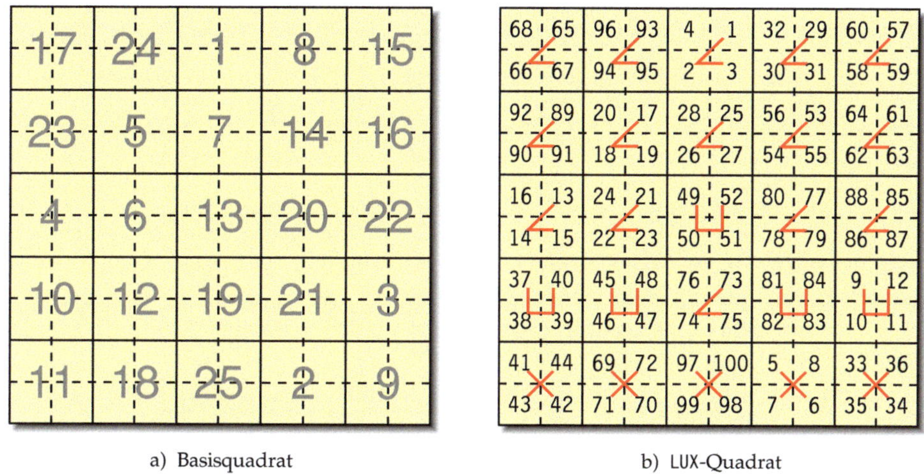

a) Basisquadrat b) LUX-Quadrat

Abb. 10.3 Magisches Quadrat der Ordnung $n = 10$ (Conway, LUX-Methode)

Die Konstruktion nach dem LUX-Verfahren kann ohne Änderungen auf alle Ordnungen $n = 4k + 2$ übertragen werden. Dabei ergibt sich allerdings für die Ordnung $n = 6$ der Sonderfall, dass nach den in Tabelle 10.1 aufgeführten Häufigkeiten keine Zeile mit dem Symbol X im LUX-Quadrat vorhanden ist.

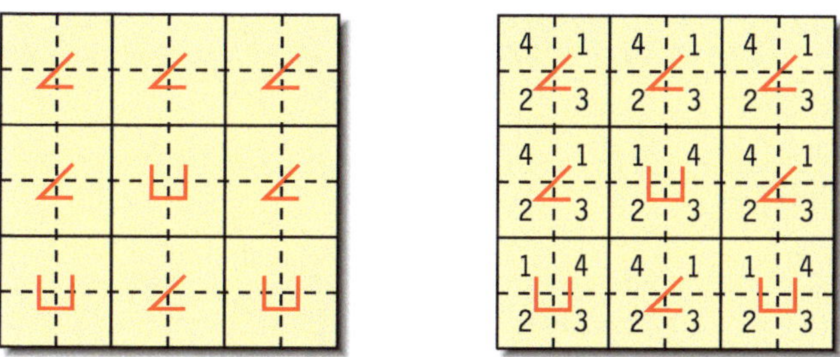

Abb. 10.4 LUX-Muster für die Ordnung $n = 6$

Addiert man die Zahlen aus dem Basisquadrat mit denen aus dem LUX-Quadrat, entsteht aber auch für diese Ordnung ein magisches Quadrat (siehe Abbildung 10.5).

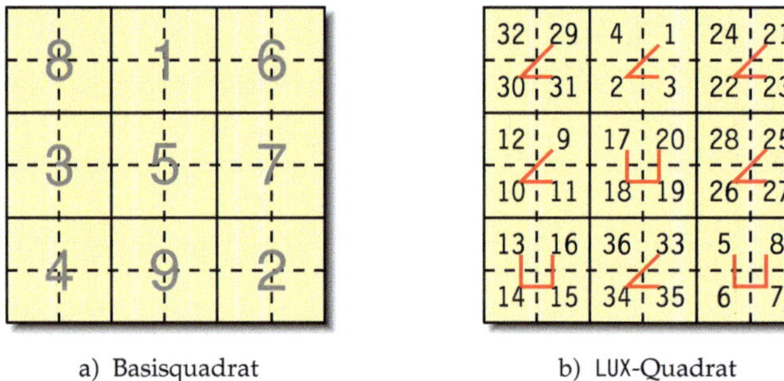

a) Basisquadrat b) LUX-Quadrat

Abb. 10.5 Magisches Quadrat der Ordnung $n = 6$ (Conway, LUX-Methode)

Variante

Wie bei allen weiteren Verfahren, die mit 2×2 - Blöcken arbeiten, kann man weitere unterschiedliche magische Quadrate erzeugen, wenn man das Basisquadrat durch eine der üblichen Spiegelungen oder Drehungen verändert. Bei dem Beispiel aus Abbildung 10.6 wurde das Basisquadrat gegenüber dem letzten Beispiel an der horizontalen Mittellinie gespiegelt, und es entsteht ein neues magisches Quadrat.

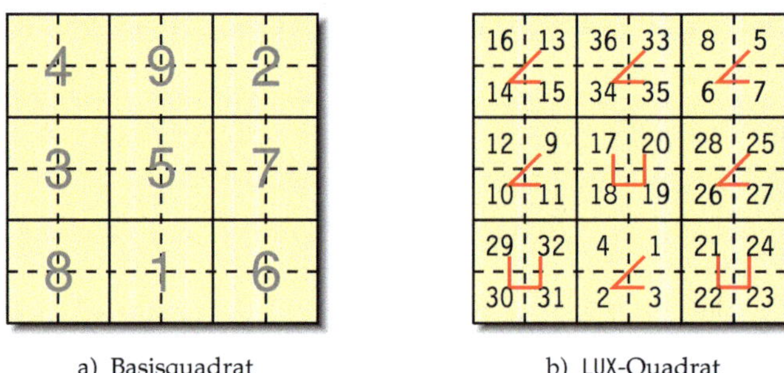

a) Basisquadrat b) LUX-Quadrat

Abb. 10.6 Magisches Quadrat der Ordnung $n = 6$ (Conway, LUX-Methode, Variante)

10.1.2 Strachey

Bei der Methode von Ralph Strachey[2] wird im ersten Schritt ein Quadrat der Ordnung $n = 4k + 2$ in seine vier Quadranten mit ungerader Ordnung $m = \frac{n}{2}$ aufgeteilt, denen jeweils eine bestimmte Basiszahl zugeordnet wird.

---

[2] Ball [36] S. 196-199

a) Quadranten b) Basiszahlen

Abb. 10.7 Aufteilung in Quadranten

Der Quadrant A wird mit einem beliebigen magischen Quadrat der Ordnung m gefüllt. Strachey wählte bei der Vorstellung des Verfahrens die Methode von de la Loubère. Es kann aber auch jedes andere Verfahren für magische Quadrate ungerader Ordnung benutzt werden. Danach werden die drei anderen Quadranten mit dem gleichen magischen Quadrat gefüllt, wobei die zu dem Quadranten gehörende Basiszahl hinzuaddiert wird.

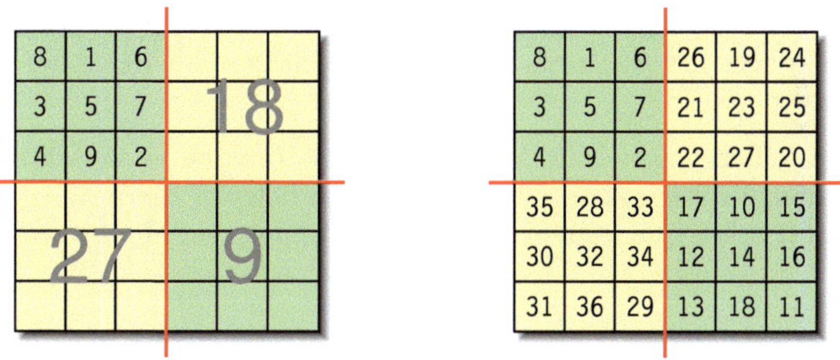

Abb. 10.8 Verfahren von Strachey für $n = 6$ (Schritt 1)

Durch diese spezielle Anordnung ist sichergestellt, dass die Spalten bereits die gleiche Summe besitzen. Dies trifft allerdings nicht auf die Zeilen und die Diagonalen zu. Um dieses Ziel zu erreichen, müssen noch einige Zahlen ausgetauscht werden. Es gilt

$$n = 2 \cdot m = 2 \cdot (2 \cdot k + 1) = 4k + 2$$

und k legt die Anzahl der Zahlen pro Zeile im Quadranten A fest, die mit den zugehörigen vertikal symmetrisch liegenden Zahlen des Quadranten D vertauscht werden müssen. Die Zahlen werden nacheinander vom linken Rand der Zeilen aus gewählt. Als einzige Ausnahme bleibt dabei die erste Zahl der mittleren Zeile der Quadranten A und D unberührt und es werden stattdessen die k Zahlen ab der zweiten Position vertauscht.

In den Quadranten B und C werden dagegen alle Zahlen in den $k-1$ Spalten vom rechten Rand aus gesehen mit der vertikal symmetrisch liegenden Zahl aus den unteren Quadranten ausgetauscht. Im Falle $n = 6$ ist $k - 1 = 0$, sodass diese Vertauschungen erst ab $n = 10$ zur Anwendung kommen.

Da nur innerhalb einer Spalte vertauscht wird, ändern sich die Spaltensummen nicht, doch sind jetzt auch die Zeilen- und Diagonalensummen magisch, da die Summe der Basiszahlen in den Zeilen und Diagonalen nach den Vertauschungen jetzt auch immer $9\,m^2$ beträgt. Hinzu kommen jeweils die Zahlen aus den de la Loubère-Quadraten, sodass das entstehende Quadrat in Abbildung 10.9 magisch ist.

8	1	6	26	19	24
3	5	7	21	23	25
4	9	2	22	27	20
35	28	33	17	10	15
30	32	34	12	14	16
31	36	29	13	18	11

35	1	6	26	19	24
3	32	7	21	23	25
31	9	2	22	27	20
8	28	33	17	10	15
30	5	34	12	14	16
4	36	29	13	18	11

Abb. 10.9 Magisches Quadrat der Ordnung $n = 6$ (Strachey)

Da im dargestellten Beispiel für die Ordnung $n = 6$ keine Vertauschungen am rechten Rand durchzuführen sind, wird ein weiteres Beispiel für $n = 10$ gegeben. Das Basisquadrat für den Quadranten A wird jetzt mit dem Verfahren von Moschopoulos erzeugt.

11	24	7	20	3					
4	12	25	8	16					
17	5	13	21	9			50		
10	18	1	14	22					
23	6	19	2	15					
		75					25		

11	24	7	20	3	61	74	57	70	53
4	12	25	8	16	54	62	75	58	66
17	5	13	21	9	67	55	63	71	59
10	18	1	14	22	60	68	51	64	72
23	6	19	2	15	73	56	69	52	65
86	99	82	95	78	36	49	32	45	28
79	87	100	83	91	29	37	50	33	41
92	80	88	96	84	42	30	38	46	34
85	93	76	89	97	35	43	26	39	47
98	81	94	77	90	48	31	44	27	40

Abb. 10.10 Verfahren von Strachey für $n = 10$ (Schritt 1)

Nun folgen Vertauschungen am linken und rechten Rand, um die Basiszahlen in den Zeilen und Diagonalen auszugleichen. Dazu müssen wie angegeben k Zahlen am linken Rand und $k - 1$ Zahlen am rechten Rand vertikal symmetrisch ausgetauscht werden.

11	24	7	20	3	61	74	57	70	53
4	12	25	8	16	54	62	75	58	66
17	5	13	21	9	67	55	63	71	59
10	18	1	14	22	60	68	51	64	72
23	6	19	2	15	73	56	69	52	65
86	99	82	95	78	36	49	32	45	28
79	87	100	83	91	29	37	50	33	41
92	80	88	96	84	42	30	38	46	34
85	93	76	89	97	35	43	26	39	47
98	81	94	77	90	48	31	44	27	40

a) zu vertauschende Zahlen

86	99	7	20	3	61	74	57	70	28
79	87	25	8	16	54	62	75	58	41
17	80	88	21	9	67	55	63	71	34
85	93	1	14	22	60	68	51	64	47
98	81	19	2	15	73	56	69	52	40
11	24	82	95	78	36	49	32	45	53
4	12	100	83	91	29	37	50	33	66
92	5	13	96	84	42	30	38	46	59
10	18	76	89	97	35	43	26	39	72
23	6	94	77	90	48	31	44	27	65

b) magisches Quadrat

Abb. 10.11 Magisches Quadrat der Ordnung $n = 10$ (Strachey)

10.1.3 Rothstein

Das Verfahren von Rothstein[3] erzeugt magische Quadrate der Ordnung $n = 4k + 2$ und geht von einem ungeraden magischen Quadrat der Ordnung $\frac{n}{2}$ aus, etwa dem von de la Loubère, sowie dem 2×2 - Block in Abbildung 10.12.

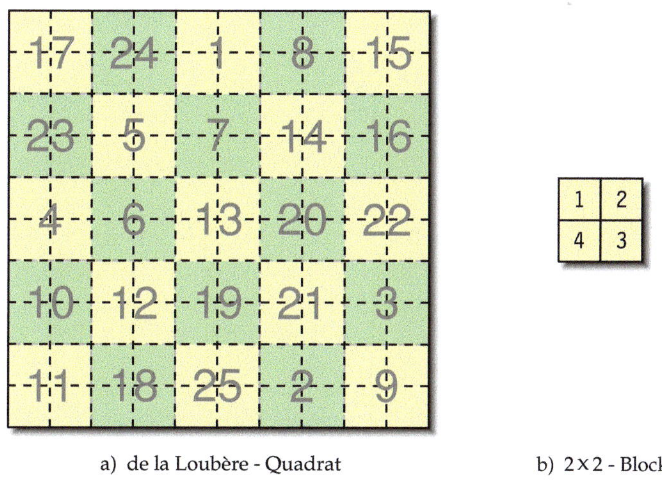

a) de la Loubère - Quadrat b) 2×2 - Block

Abb. 10.12 Ausgangsquadrate für das Verfahren von Rothstein

[3] Rothstein [496]

Zunächst wird das gesamte Quadrat mit 2×2 - Blöcken gefüllt. Die einzutragenden Zahlen ergeben sich aus der um 1 verminderten Basiszahl aus dem de la Loubère-Quadrat, die zuerst mit dem Faktor 4 multipliziert wird und dann um die entsprechende Zahl aus dem 2×2 - Block erhöht wird. Für die Zahlen in der linken unteren und rechten oberen Ecke gilt also

$$(11-1)\cdot 4+4=44$$
$$(15-1)\cdot 4+2=58$$

Wie an den Ergebnissen dieser Berechnungen in Abbildung 10.13 zu sehen ist, besitzen alle Spalten des entstehenden Quadrates bereits die gewünschte Spaltensumme 505. Die Zeilensummen unterscheiden sich zwar, aber es fällt auf, dass die Summe der Zeilen mit geraden Zeilennummern immer um 20 größer ist als die Summe in den Zeilen mit den ungeraden Zeilennummern.

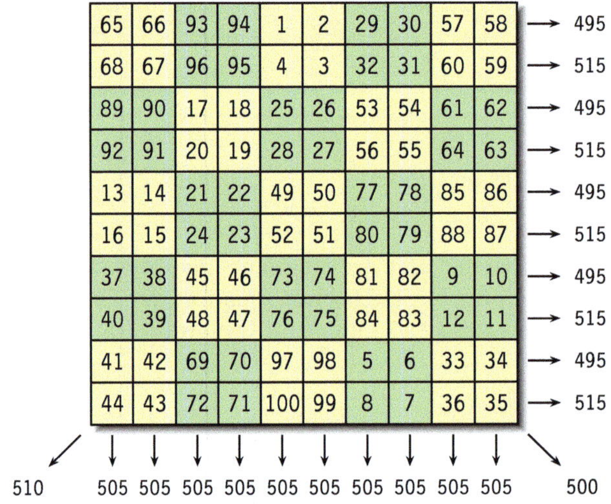

65	66	93	94	1	2	29	30	57	58	→ 495
68	67	96	95	4	3	32	31	60	59	→ 515
89	90	17	18	25	26	53	54	61	62	→ 495
92	91	20	19	28	27	56	55	64	63	→ 515
13	14	21	22	49	50	77	78	85	86	→ 495
16	15	24	23	52	51	80	79	88	87	→ 515
37	38	45	46	73	74	81	82	9	10	→ 495
40	39	48	47	76	75	84	83	12	11	→ 515
41	42	69	70	97	98	5	6	33	34	→ 495
44	43	72	71	100	99	8	7	36	35	→ 515

Abb. 10.13 Ausgangssummen für das Verfahren von Rothstein

Nun verändert ein vertikaler Tausch der linken Spalte in einem 2×2 - Block die Zeilensummen um 3, ein Tausch der rechten Spalte dagegen um 1. Wenn man also in den horizontalen Blöcken dreimal die linke Spalte und einmal die rechte Spalte in den Blöcken vertauscht, ergibt sich insgesamt eine Änderung um 10 und die Zeilensummen sind ausgeglichen.

Für diesen Ausgleich werden zuerst die Zahlen in den linken Spalten von allen Blöcken des mittleren senkrechten Spaltenblocks vertauscht. Dabei wird allerdings das Zentrum ausgelassen und stattdessen der links danebenliegende Block gewählt. In Abbildung 10.14 ist zu sehen, dass sich der Unterschied in den Zeilensummen überall um $2\cdot 3=6$ reduziert.

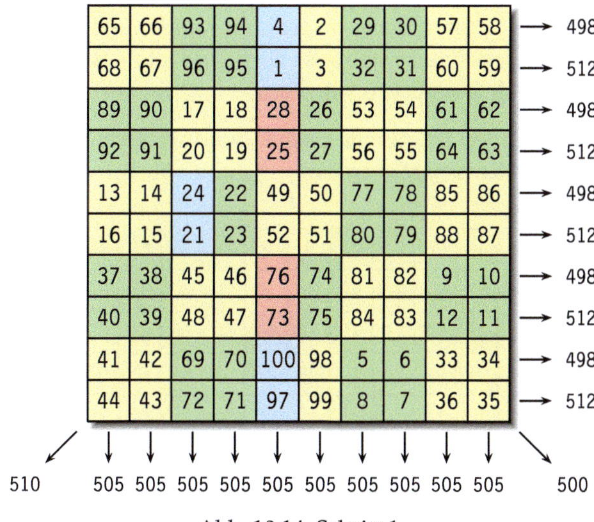

	65	66	93	94	4	2	29	30	57	58	→ 498
	68	67	96	95	1	3	32	31	60	59	→ 512
	89	90	17	18	28	26	53	54	61	62	→ 498
	92	91	20	19	25	27	56	55	64	63	→ 512
	13	14	24	22	49	50	77	78	85	86	→ 498
	16	15	21	23	52	51	80	79	88	87	→ 512
	37	38	45	46	76	74	81	82	9	10	→ 498
	40	39	48	47	73	75	84	83	12	11	→ 512
	41	42	69	70	100	98	5	6	33	34	→ 498
	44	43	72	71	97	99	8	7	36	35	→ 512
↙ 510	↓ 505	↓ 505	↓ 505	↓ 505	↓ 505	↓ 505	↓ 505	↓ 505	↓ 505	↓ 505	↘ 500

Abb. 10.14 Schritt 1

Danach werden in den Spalten rechts neben dem mittleren Spaltenblock jeweils die Zahlen in beiden Spalten der betreffenden Blöcke ausgetauscht. Da die Blöcke am rechten Rand ausgelassen werden, sind dies insgesamt $k - 1$ Spaltenblöcke. Mit $n = 4k + 2$ folgt in diesem Beispiel für $n = 10$, dass $k = 2$ gilt, also nur ein senkrechter Spaltenblock zu bearbeiten ist.

Abbildung 10.15 zeigt einerseits, dass sich die Zeilensummen um den Wert $3 + 1 = 4$ angenähert haben. Andererseits hat jetzt auch ein Austausch auf den Diagonalen stattgefunden, sodass sich auch die Diagonalensummen um den Wert $2 \cdot 2 = 4$ verändert haben.

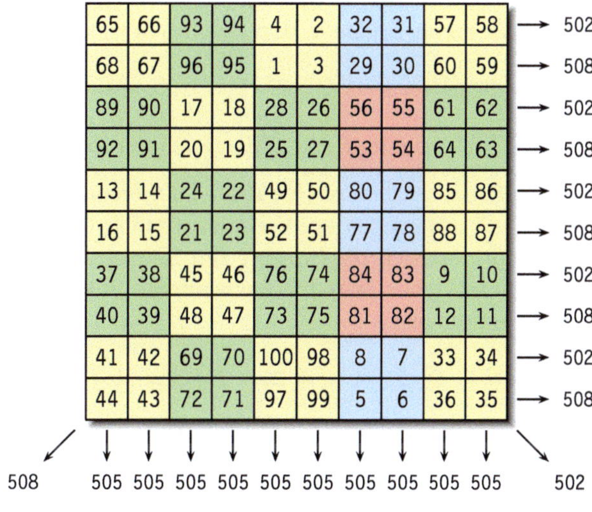

	65	66	93	94	4	2	32	31	57	58	→ 502
	68	67	96	95	1	3	29	30	60	59	→ 508
	89	90	17	18	28	26	56	55	61	62	→ 502
	92	91	20	19	25	27	53	54	64	63	→ 508
	13	14	24	22	49	50	80	79	85	86	→ 502
	16	15	21	23	52	51	77	78	88	87	→ 508
	37	38	45	46	76	74	84	83	9	10	→ 502
	40	39	48	47	73	75	81	82	12	11	→ 508
	41	42	69	70	100	98	8	7	33	34	→ 502
	44	43	72	71	97	99	5	6	36	35	→ 508
↙ 508	↓ 505	↓ 505	↓ 505	↓ 505	↓ 505	↓ 505	↓ 505	↓ 505	↓ 505	↓ 505	↘ 502

Abb. 10.15 Schritt 2

Nun folgt nur noch der Spaltenblock am rechten Rand, bei dem jeweils die linke Spalte in den einzelnen Blöcken ausgetauscht wird und die entsprechenden Zeilen- und Diagonalensummen sich jeweils um 3 ändern.

Mit diesen Vertauschungen ist das magische Quadrat nach dem Verfahren von Rothstein in Abbildung 10.16 erzeugt worden.

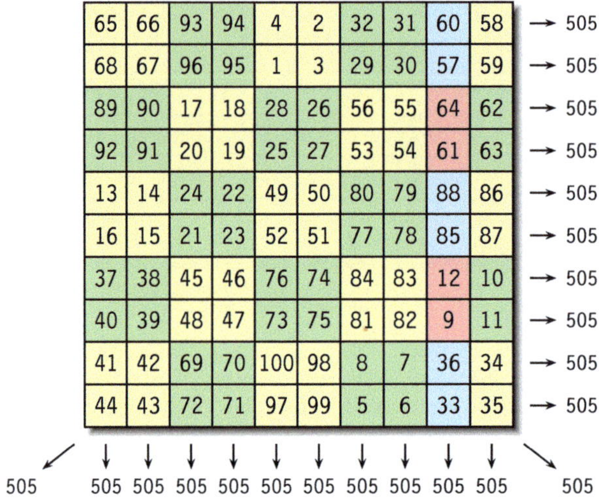

65	66	93	94	4	2	32	31	60	58
68	67	96	95	1	3	29	30	57	59
89	90	17	18	28	26	56	55	64	62
92	91	20	19	25	27	53	54	61	63
13	14	24	22	49	50	80	79	88	86
16	15	21	23	52	51	77	78	85	87
37	38	45	46	76	74	84	83	12	10
40	39	48	47	73	75	81	82	9	11
41	42	69	70	100	98	8	7	36	34
44	43	72	71	97	99	5	6	33	35

Abb. 10.16 Magisches Quadrat der Ordnung $n = 10$ (Rothstein)

Allgemein ergibt sich nach dem Füllen des Quadrates der Ordnung $n = 4k + 2$ ein Unterschied von $2 \cdot (4k + 2)$. Im Falle $n = 10$ mit $k = 2$ also ein Unterschied von 20, für $n = 14$ mit $k = 3$ ein Unterschied von 28 usw. Vertauscht man $k + 1$ mal die linke Spalte und $k - 1$ mal die rechte Spalte in den Zeilenblöcken, ergibt sich insgesamt

$$(k + 1) \cdot 3 + 1 \cdot (k - 1) \cdot 1 = 3 \cdot k + 3 + k - 1 = 4 \cdot k + 2$$

Das ist aber genau die Größe, die man zum Ausgleich der Zeilensummen benötigt.

Dabei muss man natürlich zusätzlich noch auf die Diagonalen achten, deren Summen sich zu Beginn um $4k + 2$ unterscheiden. Vertauscht man nun beide Spalten in einem Block der Diagonalen, ändert sich die Summe um 2. Insgesamt $k - 1$ derartige Vertauschungen und ein zusätzlicher Tausch einer weiteren linken Spalte gleichen damit auch die Diagonalensummen aus:

$$(k - 1) \cdot 2 + 1 \cdot 3 = 2k - 2 + 3 = 2k + 1$$

In Abbildung 10.17 sind die Spalten markiert, die für ein Quadrat der Ordnung 14, also $k = 3$ vertauscht werden müssen. Das Ergebnis dieser Umformungen ist im magischen Quadrat der Abbildung 10.18 zu sehen.

117	118	153	154	189	190	1	2	37	38	73	74	109	110	→ 1365
120	119	156	155	192	191	4	3	40	39	76	75	112	111	→ 1393
149	150	185	186	25	26	33	34	69	70	105	106	113	114	→ 1365
152	151	188	187	28	27	36	35	72	71	108	107	116	115	→ 1393
181	182	21	22	29	30	65	66	101	102	137	138	145	146	→ 1365
184	183	24	23	32	31	68	67	104	103	140	139	148	147	→ 1393
17	18	53	54	61	62	97	98	133	134	141	142	177	178	→ 1365
20	19	56	55	64	63	100	99	136	135	144	143	180	179	→ 1393
49	50	57	58	93	94	129	130	165	166	173	174	13	14	→ 1365
52	51	60	59	96	95	132	131	168	167	176	175	16	15	→ 1393
81	82	89	90	125	126	161	162	169	170	9	10	45	46	→ 1365
84	83	92	91	128	127	164	163	172	171	12	11	48	47	→ 1393
85	86	121	122	157	158	193	194	5	6	41	42	77	78	→ 1365
88	87	124	123	160	159	196	195	8	7	44	43	80	79	→ 1393

↙ 1386 ↓ ↓ ↓ ↓ ↓ ↓ ↓ ↓ ↓ ↓ ↓ ↓ ↓ ↓ jeweils 1379 ↘ 1372

Abb. 10.17 Vertauschungen

117	118	153	154	189	190	4	2	40	39	76	75	112	110
120	119	156	155	192	191	1	3	37	38	73	74	109	111
149	150	185	186	25	26	36	34	72	71	108	107	116	114
152	151	188	187	28	27	33	35	69	70	105	106	113	115
181	182	21	22	29	30	68	66	104	103	140	139	148	146
184	183	24	23	32	31	65	67	101	102	137	138	145	147
17	18	53	54	64	62	97	98	136	135	144	143	180	178
20	19	56	55	61	63	100	99	133	134	141	142	177	179
49	50	57	58	93	94	132	130	168	167	176	175	16	14
52	51	60	59	96	95	129	131	165	166	173	174	13	15
81	82	89	90	125	126	164	162	172	171	12	11	48	46
84	83	92	91	128	127	161	163	169	170	9	10	45	47
85	86	121	122	157	158	196	194	8	7	44	43	80	78
88	87	124	123	160	159	193	195	5	6	41	42	77	79

Abb. 10.18 Magisches Quadrat der Ordnung $n = 14$ (Rothstein)

Variante 1

Das Verfahren von Rothstein kann man auf vielfältige Weise variieren. So kann man etwa statt des Basisquadrates von de la Loubère jedes andere magische Quadrat dieser Ordnung verwenden. Auch die einzutragenden 2 x 2 - Blöcke können verändert werden. Rothstein gibt dafür keine konkrete Umsetzung an, doch da eine solche Methode algorithmisch leicht umzusetzen ist, wird das Prinzip hier vorgestellt.

In diesem Beispiel wird ein magisches Quadrat nach dem Verfahren von Moschopoulos als Basisquadrat benutzt und der 2 x 2 - Block aus Abbildung 10.19 verwendet.

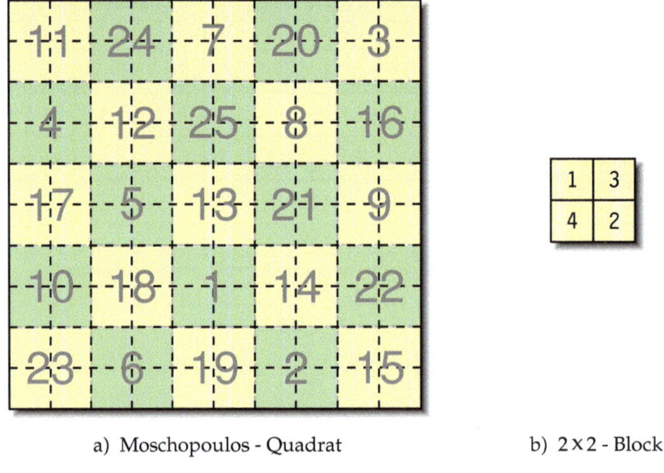

11	24	7	20	3
4	12	25	8	16
17	5	13	21	9
10	18	1	14	22
23	6	19	2	15

1	3
4	2

a) Moschopoulos - Quadrat b) 2 x 2 - Block

Abb. 10.19 Ausgangsquadrate für Variante 1

Nach dem Füllen ergeben sich etwas andere Abweichungen von der gewünschten magischen Summe als im obigen Beispiel, doch auch diese lassen sich einfach ausgleichen.

41	43	93	95	25	27	77	79	9	11	→ 500
44	42	96	94	28	26	80	78	12	10	→ 510
13	15	45	47	97	99	29	31	61	63	→ 500
16	14	48	46	100	98	32	30	64	62	→ 510
65	67	17	19	49	51	81	83	33	35	→ 500
68	66	20	18	52	50	84	82	36	34	→ 510
37	39	69	71	1	3	53	55	85	87	→ 500
40	38	72	70	4	2	56	54	88	86	→ 510
89	91	21	23	73	75	5	7	57	59	→ 500
92	90	24	22	76	74	8	6	60	58	→ 510

Abb. 10.20 Ausgangssummen für Variante 1

In dieser Variante soll nun eine etwas andere Terminologie verwendet werden, da sich diese Variante hierdurch grafisch übersichtlicher darstellen lässt. Während Rothstein im obigen Beispiel von Vertauschungen der Zeilen und Spalten innerhalb eines 2×2 - Blocks spricht, soll hier die Anordnung der vier Zahlen nach dem Vertauschen betrachtet werden. Dabei treten drei vom Ausgangsblock unterschiedliche Anordnungen der Zahlen in den 2×2 - Blöcken auf, die jeweils farblich hervorgehoben werden.

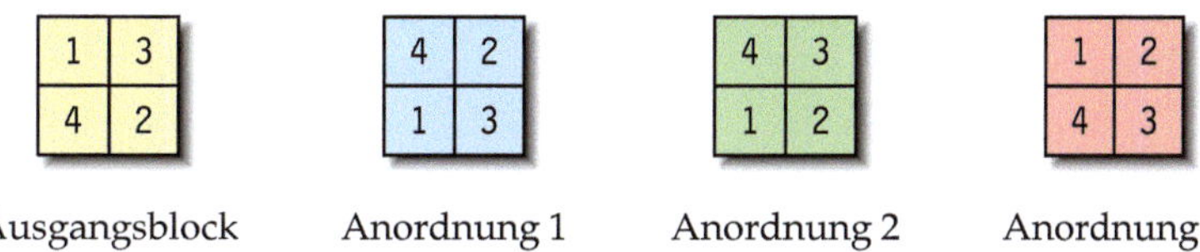

In Anordnung 1 sind gegenüber dem Ausgangsquadrat die Zahlen in beiden Spalten ausgetauscht worden. In Anordnung 2 dagegen nur die Zahlen in der linken und in Anordnung 3 die der rechten Spalte. Damit lässt sich der Algorithmus folgendermaßen beschreiben.

- Ändere die Zahlen in $k - 1$ vom linken Rand ausgehenden Spaltenblöcken nach dem Muster der Anordnung 1. Im Fall $n = 10$ gilt also $k - 1 = 1$, also ein einziger Spaltenblock.
- Dabei wird allerdings der mittlere Block am linken Rand ausgelassen. Diese Zahlen müssen nach der Anordnung 3 eingetragen werden.
- Ordne die Blöcke in der Spalte links von der Mitte nach dem Muster der Anordnung 2.
- Abschließend ordne auch die Zahlen im zentralen Block nach dieser Anordnung.

44	42	96	95	25	27	77	79	9	11
41	43	93	94	28	26	80	78	12	10
16	14	48	47	97	99	29	31	61	63
13	15	45	46	100	98	32	30	64	62
65	66	20	19	52	51	81	83	33	35
68	67	17	18	49	50	84	82	36	34
40	38	72	71	1	3	53	55	85	87
37	39	69	70	4	2	56	54	88	86
92	90	24	23	73	75	5	7	57	59
89	91	21	22	76	74	8	6	60	58

Abb. 10.21 Magisches Quadrat der Ordnung $n = 10$ (Rothstein, Variante 1)

Grafisch kann dieser Algorithmus wie in Abbildung 10.21 dargestellt werden. Vergleicht man die unterschiedlichen Zeilen- und Diagonalensummen in den verschiedenen Zahlenanordnungen, stellt man leicht fest, dass diese Änderungen immer zu einem magischen Quadrat führen müssen.

Für $n = 6$ muss ein zusätzlicher Tausch durchgeführt werden, da die mittleren beiden Zeilen nicht die magische Summe ergeben. Um auch hier die magische Summe zu erreichen, genügt es, in diesen beiden Zeilen die beiden Zahlen am linken Rand auszutauschen.

Variante 2

Eine weitere Variante soll noch vorgestellt werden, da sich das Vorgehen doch sehr von den beiden bereits vorgestellten Ausgleichsverfahren unterscheidet. Als Basisquadrat soll ein magisches Quadrat von Ahmad al-Buni dienen, das ungefähr auf das Jahr 1200 datiert werden kann. Natürlich wird auch ein anderer 2 x 2 - Block verwendet, der in Abbildung 10.22 dargestellt ist.

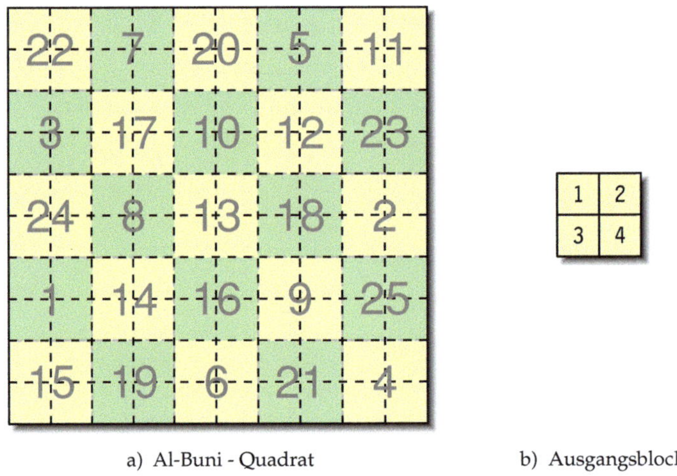

a) Al-Buni - Quadrat b) Ausgangsblock

Abb. 10.22 Ausgangsquadrate für Variante 2

Füllt man mit diesen Zahlen das magische Quadrat der Ordnung $n = 10$, zeigt sich im Vergleich zu den vorherigen Beispielen in Abbildung 10.23 ein völlig anderes Bild.

Hier sind die Diagonalensummen mit 505 gleich, dafür besitzen jedoch die Zeilensummen abwechselnd die Werte 495 und 515. Auch die Spaltensummen sind unterschiedlich und alternieren mit den Werten 500 und 510. Trotzdem dieser vielen Unterschiede gibt es auch hier ein allgemeines Schema, welches sich auf alle Ordnungen $n > 6$ anwenden lässt.

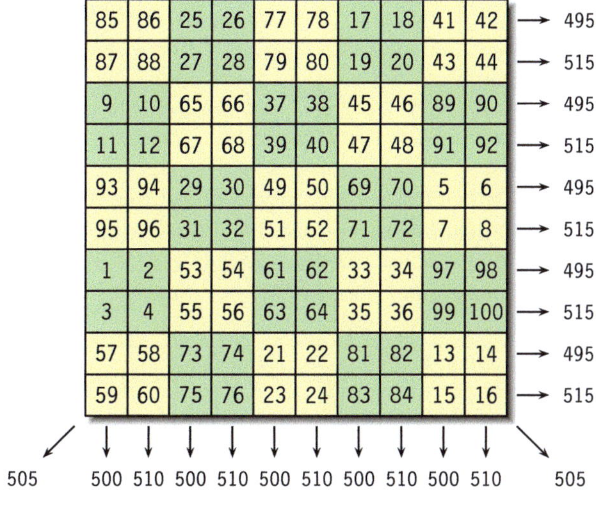

85	86	25	26	77	78	17	18	41	42	→ 495
87	88	27	28	79	80	19	20	43	44	→ 515
9	10	65	66	37	38	45	46	89	90	→ 495
11	12	67	68	39	40	47	48	91	92	→ 515
93	94	29	30	49	50	69	70	5	6	→ 495
95	96	31	32	51	52	71	72	7	8	→ 515
1	2	53	54	61	62	33	34	97	98	→ 495
3	4	55	56	63	64	35	36	99	100	→ 515
57	58	73	74	21	22	81	82	13	14	→ 495
59	60	75	76	23	24	83	84	15	16	→ 515
↓ 500	↓ 510	↓ 500	↓ 510	↓ 500	↓ 510	↓ 500	↓ 510	↓ 500	↓ 510	

505 505

Abb. 10.23 Ausgangssummen für Variante 2

Der Algorithmus besteht aus folgenden Schritten:

1. Im ersten Schritt werden vom oberen und unteren Rand ausgehend $\frac{k}{2}$ Blöcke in den Spalten vertauscht. Dabei werden wie in allen weiteren Schritten die auf den Diagonalen liegenden Blöcke ausgelassen und stattdessen die darunterliegenden Blöcke verwendet. Ist k ungerade, wird die Anzahl der zu bearbeitenden Blöcke am unteren Rand um 1 erhöht.

2. In den Blöcken des mittleren horizontalen Abschnittes werden jeweils die beiden Zahlen in der oberen Zeile jedes 2×2 - Blocks vertauscht.

85	86	26	25	78	77	18	17	41	42
87	88	28	27	80	79	20	19	43	44
10	9	65	66	37	38	45	46	90	89
12	11	67	68	39	40	47	48	92	91
93	94	29	30	49	50	69	70	5	6
95	96	31	32	51	52	71	72	7	8
2	1	53	54	61	62	33	34	98	97
4	3	55	56	63	64	35	36	100	99
57	58	74	73	22	21	82	81	13	14
59	60	76	75	24	23	84	83	15	16

a) Schritt 1

85	86	26	25	78	77	18	17	41	42
87	88	28	27	80	79	20	19	43	44
10	9	65	66	37	38	45	46	90	89
12	11	67	68	40	39	47	48	92	91
94	93	30	29	49	50	70	69	6	5
95	96	31	32	51	52	71	72	7	8
2	1	53	54	61	62	33	34	98	97
4	3	55	56	63	64	35	36	100	99
57	58	74	73	22	21	82	81	13	14
59	60	76	75	24	23	84	83	15	16

b) Schritt 2

3. Nun werden vom linken und rechten Rand ausgehend $\frac{k}{2}$ Blöcke in den Zeilen vertauscht. Wie im ersten Schritt werden die auf den Diagonalen liegenden Blöcke ausgelassen und stattdessen die seitlich danebenliegenden Blöcke verwendet. Ist k ungerade, wird die Anzahl der zu bearbeitenden Blöcke am rechten Rand um 1 erhöht.

4. In $k-1$ Blöcken des mittleren senkrechten Abschnittes werden jeweils die Zahlen in der linken Spalte aller Blöcke vertauscht, wobei vom oberen Rand aus gezählt wird. Für $n = 4k+2$ gilt $k = 2$, sodass hier in der Senkrechten nur ein einziger Block bearbeitet werden muss.

85	86	28	27	78	77	20	19	41	42
87	88	26	25	80	79	18	17	43	44
12	11	65	66	37	38	45	46	92	91
10	9	67	68	40	39	47	48	90	89
95	96	30	29	49	50	70	69	7	8
94	93	31	32	51	52	71	72	6	5
4	3	53	54	61	62	33	34	100	99
2	1	55	56	63	64	35	36	98	97
57	58	76	75	22	21	84	83	13	14
59	60	74	73	24	23	82	81	15	16

c) Schritt 3

85	86	28	27	80	77	20	19	41	42
87	88	26	25	78	79	18	17	43	44
12	11	65	66	37	38	45	46	92	91
10	9	67	68	40	39	47	48	90	89
95	96	30	29	49	50	70	69	7	8
94	93	31	32	51	52	71	72	6	5
4	3	53	54	61	62	33	34	100	99
2	1	55	56	63	64	35	36	98	97
57	58	76	75	22	21	84	83	13	14
59	60	74	73	24	23	82	81	15	16

d) Schritt 4

5. Im Block oberhalb des Zentrums müssen die beiden Zeilen ebenso vertauscht werden wie die beiden Zahlen in der linken Spalte des Blocks, der auf gleicher Höhe wie das Zentrum am linken Rand liegt.

6. Im Block rechts neben dem Zentrum werden die beiden Zahlen der rechten Spalte ebenso ausgetauscht wie die beiden Zahlen in der linken Spalte des Blocks, der sich auf gleicher Höhe am rechten Rand befindet.

7. Zum Abschluss müssen in den k Blöcken, die unterhalb des Zentrums liegen, noch die beiden Zahlen in der linken Spalte vertauscht werden.

Wie man sieht, ist dieser Algorithmus durch den z-Aufbau der Ausgangsblöcke recht kompliziert, lässt sich aber für alle Ordnungen $n = 4k+2$ mit $k \geq 2$ anwenden.

Für $k = 1$, also die Ordnung $n = 6$, heben sich die einzelnen Tauschoperationen teilweise gegenseitig wieder auf, sodass der Algorithmus für diesen Einzelfall nicht funktioniert und leicht abgeändert werden muss.

85	86	28	27	80	77	20	19	41	42
87	88	26	25	78	79	18	17	43	44
10	11	65	66	40	39	45	46	92	91
12	9	67	68	37	38	47	48	90	89
95	96	30	29	49	50	70	69	7	8
94	93	31	32	51	52	71	72	6	5
4	3	53	54	61	62	33	34	100	99
2	1	55	56	63	64	35	36	98	97
57	58	76	75	22	21	84	83	13	14
59	60	74	73	24	23	82	81	15	16

e) Schritte 5 bis 7

85	86	28	27	80	77	20	19	41	42
87	88	26	25	78	79	18	17	43	44
10	11	65	66	40	39	45	46	92	91
12	9	67	68	37	38	47	48	90	89
95	96	30	29	49	50	70	72	6	8
94	93	31	32	51	52	71	69	7	5
4	3	53	54	63	62	33	34	100	99
2	1	55	56	61	64	35	36	98	97
57	58	76	75	24	21	84	83	13	14
59	60	74	73	22	23	82	81	15	16

f) vollständig bearbeitetes Quadrat

Abb. 10.24 Magisches Quadrat der Ordnung $n = 10$ (Rothstein, Variante 2)

10.1.4 Füllen von Blöcken mit Vertauschungen

Auch bei diesem Verfahren geht man von einem magischen Quadrat ungerader Ordnung aus und erzeugt hieraus ein magisches Quadrat der Ordnung $n = 4k + 2$. Die Zahlen des Basisquadrates werden in die 2 x 2 - Blöcke des Zielquadrates übertragen, indem man die um 1 verminderte Zahl mit 4 multipliziert und zu diesem Produkt von links nach rechts und von oben nach unten jeweils die fortlaufenden Zahlen 1, 2, 3 und 4 addiert.

17	24	1	8	15
23	5	7	14	16
4	6	13	20	22
10	12	19	21	3
11	18	25	2	9

a) Basisquadrat

65	66	93	94	1	2	29	30	57	58
67	68	95	96	3	4	31	32	59	60
89	90	17	18	25	26	53	54	61	62
91	92	19	20	27	28	55	56	63	64
13	14	21	22	49	50	77	78	85	86
15	16	23	24	51	52	79	80	87	88
37	38	45	46	73	74	81	82	9	10
39	40	47	48	75	76	83	84	11	12
41	42	69	70	97	98	5	6	33	34
43	44	71	72	99	100	7	8	35	36

b) gefülltes Quadrat

Abb. 10.25 Füllen des Quadrates (Schritt 1)

Wenn das Zielquadrat vollständig gefüllt ist, müssen einige Zeilen vertauscht werden. Mit der unteren Zeile beginnend, wird die rechte Hälfte jeder zweiten Zeile mit der darüberliegenden Zeilenhälfte ausgetauscht. Eine Ausnahme bilden nur die beiden mittleren Zeilen, bei denen die beiden Zellen am rechten Rand ausgelassen und für den Tausch die links danebenliegenden $\frac{n}{2}$ Zellen benutzt werden.

65	66	93	94	1	2	29	30	57	58
67	68	95	96	3	4	31	32	59	60
89	90	17	18	25	26	53	54	61	62
91	92	19	20	27	28	55	56	63	64
13	14	21	22	49	50	77	78	85	86
15	16	23	24	51	52	79	80	87	88
37	38	45	46	73	74	81	82	9	10
39	40	47	48	75	76	83	84	11	12
41	42	69	70	97	98	5	6	33	34
43	44	71	72	99	100	7	8	35	36

65	66	93	94	1	4	31	32	59	60
67	68	95	96	3	2	29	30	57	58
89	90	17	18	25	28	55	56	63	64
91	92	19	20	27	26	53	54	61	62
13	14	21	22	51	52	79	80	87	86
15	16	23	24	49	50	77	78	85	88
37	38	45	46	73	76	83	84	11	12
39	40	47	48	75	74	81	82	9	10
41	42	69	70	97	100	7	8	35	36
43	44	71	72	99	98	5	6	33	34

a) horizontaler Tausch

Im dritten und letzten Schritt werden von links beginnend die unteren Spaltenhälften mit den rechts danebenliegenden Spaltenhälften ausgetauscht. Hier gibt es zwei Ausnahmen, denn in den beiden mittleren Spalten wird das untere und das obere Zahlenpaar ebenso nicht vertauscht wie in den beiden am weitesten rechts liegenden Spalten der beiden unteren Zahlenpaare. Mit diesen Schritten erhält man das magische Quadrat aus Abbildung 10.26.

65	66	93	94	1	4	31	32	59	60
67	68	95	96	3	2	29	30	57	58
89	90	17	18	25	28	55	56	63	64
91	92	19	20	27	26	53	54	61	62
13	14	21	22	51	52	79	80	87	86
15	16	23	24	49	50	77	78	85	88
37	38	45	46	73	76	83	84	11	12
39	40	47	48	75	74	81	82	9	10
41	42	69	70	97	100	7	8	35	36
43	44	71	72	99	98	5	6	33	34

65	66	93	94	1	4	31	32	59	60
67	68	95	96	3	2	29	30	57	58
89	90	17	18	25	28	55	56	63	64
91	92	19	20	27	26	53	54	61	62
13	14	21	22	51	52	79	80	87	86
16	15	24	23	49	50	78	77	88	85
38	37	46	45	76	73	84	83	12	11
40	39	48	47	74	75	82	81	10	9
42	41	70	69	100	97	8	7	35	36
44	43	72	71	99	98	6	5	33	34

b) vertikaler Tausch

Abb. 10.26 Magisches Quadrat der Ordnung $n = 10$ (unbekannter Autor, Methode 1)

Dieses Verfahren ist auf alle einfach-geraden Ordnungen $n = 4k + 2$ übertragbar. Ein weiteres Beispiel zeigt das Vorgehen bei der Ordnung $n = 6$, das durch die kleinere Ordnung ein besonderes Aussehen erhält.

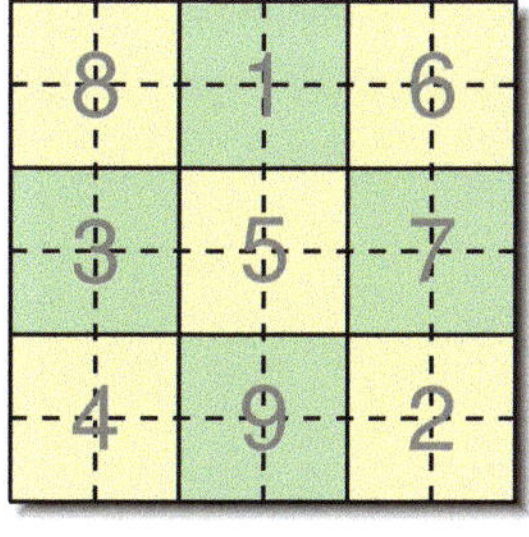

a) Basisquadrat

29	30	1	2	21	22
31	32	3	4	23	24
9	10	17	18	25	26
11	12	19	20	27	28
13	14	33	34	5	6
15	16	35	36	7	8

b) gefülltes Quadrat

Abb. 10.27 Füllen des Quadrates (Schritt 1)

Nun folgt im zweiten Schritt der vertikale Austausch in benachbarten Zeilen.

29	30	1	2	21	22
31	32	3	4	23	24
9	10	17	18	25	26
11	12	19	20	27	28
13	14	33	34	5	6
15	16	35	36	7	8

a) vor dem Tausch

29	30	1	4	23	24
31	32	3	2	21	22
9	10	19	20	27	26
11	12	17	18	25	28
13	14	33	36	7	8
15	16	35	34	5	6

b) nach dem Tausch

Abb. 10.28 Vertikaler Austausch (Schritt 2)

Im dritten und letzten Schritt werden die beschriebenen Vertauschungen in den unteren Spaltenhälften vorgenommen, und es entsteht das magische Quadrat in Abbildung 10.29.

29	30	1	4	23	24
31	32	3	2	21	22
9	10	19	20	27	26
11	12	17	18	25	28
13	14	33	36	7	8
15	16	35	34	5	6

a) vor dem Tausch

29	30	1	4	23	24
31	32	3	2	21	22
9	10	19	20	27	26
12	11	17	18	28	25
14	13	36	33	7	8
16	15	35	34	5	6

b) magisches Quadrat

Abb. 10.29 Magisches Quadrat der Ordnung $n = 6$ (unbekannter Autor, Methode 1)

10.1.5 Füllen von Blöcken mit unterschiedlichen Anordnungen

Bei diesem Verfahren geht man von einem magischen Quadrat ungerader Ordnung aus und erzeugt hieraus ein magisches Quadrat der doppelten Ordnung $n = 4k + 2$. Dazu füllt man es mit 2 x 2 - Blöcken, bei denen die vier Zahlen mit den Zahlenanordnungen der nachfolgenden Hilfsquadrate benutzt werden.

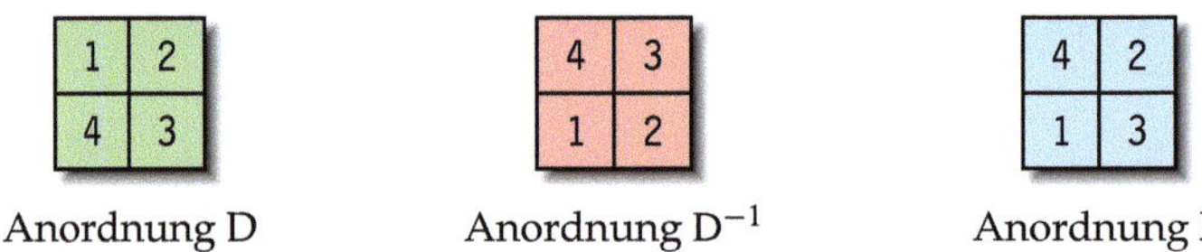

Anordnung D Anordnung D^{-1} Anordnung X

Zunächst wird ein Basisquadrat ungerader Ordnung benötigt, das in diesem Beispiel durch das Verfahren von de la Loubère erzeugt worden ist. Dann werden die einzelnen 2 x 2 - Blöcke des Zielquadrates gemäß der Vorgabe der Zahlen aus dem Basisquadrat gefüllt, wobei die einzutragenden Zahlen fortlaufend erhöht werden. Dabei richtet sich die Wahl der zu benutzenden Anordnungen dieser vier Zahlen für einen 2 x 2 - Block auf der Position (s, z) nach folgender Festlegung:

- Die Anordnung D^{-1} wird für $s < k - 1$ benutzt.
- Für $s > k$ wird die Anordnung D mit der Ausnahme des Blocks $(k+1, k)$ gewählt. Dafür wird zusätzlich noch der Block (k, k) gefüllt.
- In allen anderen Fällen wird die Anordnung X benutzt.

Für die Ordnung $n = 10$ folgt $k = 2$, sodass sich mit der Spalte $s = 0$ am linken Rand das magische Quadrat aus Abbildung 10.30 ergibt.

a) de la Loubère - Quadrat

68	67	96	94	4	2	29	30	57	58
65	66	93	95	1	3	32	31	60	59
92	91	20	18	28	26	53	54	61	62
89	90	17	19	25	27	56	55	64	63
16	15	24	22	49	50	80	78	85	86
13	14	21	23	52	51	77	79	88	87
40	39	48	46	76	74	81	82	9	10
37	38	45	47	73	75	84	83	12	11
44	43	72	70	100	98	5	6	33	34
41	42	69	71	97	99	8	7	36	35

b) 2 x 2 - Blöcke

Abb. 10.30 Magisches Quadrat der Ordnung $n = 10$ (unbekannter Autor, Methode 2)

10.1.6 Zheng Ronghui – Lin Kerong – Chen Rongsi

Um ein magisches Quadrat einfach-gerader Ordnung $n = 4k + 2$ zu erzeugen, gehen Zheng Ronghui, Lin Kerong und Chen Rongsi von einem Basisquadrat mit ungerader Ordnung aus und verdoppeln dann die Ordnung.[4] Dabei benutzen sie neun unterschiedliche Basisquadrate der Ordnung 2, die in Abbildung 10.31 dargestellt sind.

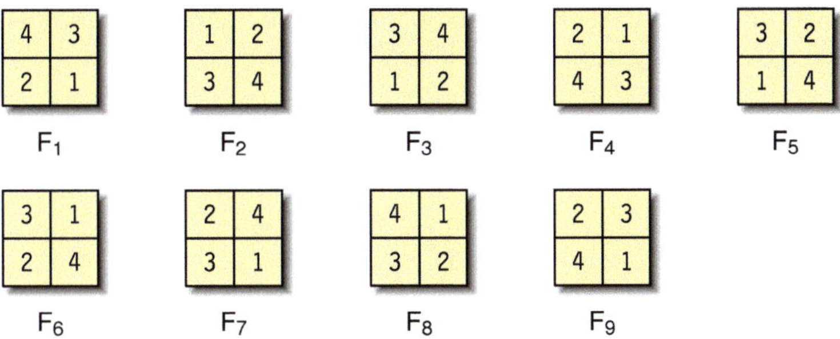

Abb. 10.31 Neun 2 x 2 - Basisquadrate

Diese neun Basisquadrate werden wie in Abbildung 10.32 in einem Musterquadrat der Ordnung $m = \frac{n}{2} = 2k + 1$ angeordnet.

F_1								F_4
				F_5				
			F_1	F_5	F_4			
	F_6		F_6	F_3	F_6		F_7	
			F_3	F_8	F_2			
				F_9				
F_3								F_2

Abb. 10.32 Anordnung der Basisquadrate in einem Musterquadrat

Besitzt das Zielquadrat etwa die Ordnung $n = 10$, erhält man das Musterquadrat der Ordnung 5 aus Abbildung 10.33a. Von einem magischen Quadrat der Ordnung $m = \frac{n}{2} = 5$ ausgehend, kann dann das Zielquadrat gefüllt werden.

4 Zheng Ronghui, Lin Kerong und Chen Rongsi [618] S. 7 – 9

Dazu wird jede einzelne Zelle des Ausgangsquadrates durch ein 2x2 - Quadrat ersetzt, bei dem immer das im Musterquadrat angegebene Basisquadrat F_1 bis F_9 benutzt wird. Bezeichnet man die Zahl des entsprechenden Basisquadrates mit b und die zugehörige Zahl des Ausgangsquadrates mit a, werden die Zahlen in den einzelnen Teilquadraten folgendermaßen berechnet:

$$4 \cdot (a - 1) + (4 - b) + 1$$

Für das 2x2 - Teilquadrat in der linken oberen Ecke bedeutet dies mit dem Basisquadrat F_1 und der Ausgangszahl $a = 12$ beispielsweise

$$4 \cdot (12 - 1) + (4 - 4) + 1 = 45 \qquad 4 \cdot (12 - 1) + (4 - 3) + 1 = 46$$
$$4 \cdot (12 - 1) + (4 - 2) + 1 = 47 \qquad 4 \cdot (12 - 1) + (4 - 1) + 1 = 48$$

Füllt man entsprechend alle 2x2 - Teilquadrate, erhält man das magische Quadrat doppelter Ordnung aus Abbildung 10.33c.

F_1	F_5	F_5	F_5	F_4
F_6	F_1	F_5	F_4	F_7
F_6	F_6	F_3	F_6	F_7
F_6	F_3	F_8	F_2	F_7
F_3	F_9	F_9	F_9	F_2

a) Musterquadrat

12	9	16	5	23
24	11	10	18	2
1	25	13	7	19
20	3	22	14	6
8	17	4	21	15

b) Ausgangsquadrat

45	46	34	35	62	63	18	19	91	92
47	48	36	33	64	61	20	17	89	90
94	96	41	42	38	39	71	72	7	5
95	93	43	44	40	37	69	70	6	8
2	4	98	100	50	49	26	28	75	73
3	1	99	97	52	51	27	25	74	76
78	80	10	9	85	88	56	55	23	21
79	77	12	11	86	87	54	53	22	24
30	29	67	66	15	14	83	82	60	59
32	31	65	68	13	16	81	84	58	57

c) magisches Quadrat doppelter Ordnung

Abb. 10.33 Magisches Quadrat der Ordnung $n = 10$ (Zheng - Lin - Chen)

Das Verfahren soll noch einmal an einem weiteren Beispiel der Ordnung $n = 14$ demonstriert werden, damit insbesondere die Benutzung des Musterquadrates deutlicher wird. Das Musterquadrat für diese Ordnung und ein beliebiges magisches Quadrat der Ordnung $m = \frac{n}{2} = 7$ sind in Abbildung 10.34 dargestellt.

F_1	F_5	F_5	F_5	F_5	F_5	F_4
F_6	F_1	F_5	F_5	F_5	F_4	F_7
F_6	F_6	F_1	F_5	F_4	F_7	F_7
F_6	F_6	F_6	F_3	F_6	F_7	F_7
F_6	F_6	F_3	F_8	F_2	F_7	F_7
F_6	F_3	F_9	F_9	F_9	F_2	F_7
F_3	F_9	F_9	F_9	F_9	F_9	F_2

a) Musterquadrat

49	11	24	16	20	8	47
23	17	46	14	43	19	13
18	28	9	45	12	48	15
10	44	21	25	29	6	40
30	42	3	5	41	22	32
7	31	37	36	4	33	27
38	2	35	34	26	39	1

b) Ausgangsquadrat

Abb. 10.34 Muster- und Ausgangsquadrat

Mit diesen Ausgangsquadraten ergibt sich das magische Quadrat aus Abbildung 10.35.

193	194	42	43	94	95	62	63	78	79	30	31	187	188
195	196	44	41	96	93	64	61	80	77	32	29	185	186
90	92	65	66	182	183	54	55	170	171	75	76	51	49
91	89	67	68	184	181	56	53	172	169	73	74	50	52
70	72	110	112	33	34	178	179	47	48	191	189	59	57
71	69	111	109	35	36	180	177	45	46	190	192	58	60
38	40	174	176	82	84	98	97	114	116	23	21	159	157
39	37	175	173	83	81	100	99	115	113	22	24	158	160
118	120	166	168	10	9	17	20	164	163	87	85	127	125
119	117	167	165	12	11	18	19	162	161	86	88	126	128
26	28	122	121	147	146	143	142	15	14	132	131	107	105
27	25	124	123	145	148	141	144	13	16	130	129	106	108
150	149	7	6	139	138	135	134	103	102	155	154	4	3
152	151	5	8	137	140	133	136	101	104	153	156	2	1

Abb. 10.35 Magisches Quadrat der Ordnung $n = 14$ (Zheng - Lin - Chen)

10.1.7 Zhan – Wang – Huang

Um ein Quadrat einfach-gerader Ordnung $n = 4k + 2$ zu erzeugen, füllen Zhan Sen, Wang Huifeng und Huang Lan zunächst ein Hilfsquadrat mit den Zahlen 0, 1, 2 und 3. Dazu benutzen sie mehrere Formeln, mit denen in Abhängigkeit von der Zeilen- und Spaltennummer die einzutragenden Zahlen berechnet werden.[5]

Zunächst wird von der oberen Zeile ausgehend jede zweite Zeile mit den Zahlen 1 und 2 gefüllt. Bei den oberen $k + 2$ dieser Zeilen werden von links nach rechts immer abwechselnd 1 und 2 eingetragen, bei den restlichen unteren Zeilen lautet dagegen die Reihenfolge immer 2 und 1. Für die Ordnung $n = 4k + 2 = 10$ ist $k = 2$, sodass die oberen vier Zeilen mit der Reihenfolge 1 und 2 und nur eine Zeile mit der Reihenfolge 2 und 1 gefüllt wird.

Bei den Formeln für die Zellen $q(s, z)$ wird wegen einer besseren Übersichtlichkeit für die Spalte s zwar immer der gesamte Bereich angegeben, die Formel gilt aber immer nur für gerade Werte von s aus dem angegebenen Bereich, da die rechts daneben einzutragende Zahl damit bereits festgelegt ist. Mit $k_1 = k + 1$ und $k_2 = k + 2$ gilt

Zeile z	Spalte s	linke Zahl	rechte Zahl
$n-1, n-3, \ldots, n-1-2k_1$	$0 \le s < n$	$q(s,z) = 1$	$q(s+1,z) = 2$
$1, 3, \ldots, n-1-2k_2$	$0 \le s < n$	$q(s,z) = 2$	$q(s+1,z) = 1$

Insgesamt ergeben sich $\frac{n+6}{4}$ Zeilen mit der Reihenfolge 1 und 2 und $\frac{n-6}{4}$ mit der umgekehrten Reihenfolge 2 und 1, wie es auch in Abbildung 10.36a für die Ordnung $n = 10$ dargestellt ist (siehe Abbildung 10.36a).

Im zweiten Schritt werden die oberen k noch leeren Zeilen bis auf eine Ausnahme mit den Zahlen in der Reihenfolge 3 und 0 gefüllt. Bei dieser Ausnahme dreht sich die Reihenfolge der beiden Zahlen mit 0 und 3 um.

Zeile z	Spalte s	linke Zahl	rechte Zahl
$n-2, n-4, \ldots, n-2k$	$0 \le s < n$ und $s \ne n-2-z$	$q(s,z) = 3$	$q(s+1,z) = 0$
	$0 \le s < n$ und $s = n-2-z$	$q(s,z) = 0$	$q(s+1,z) = 3$

Mit diesen Bedingungen werden im Hilfsquadrat k weitere Zeilen gefüllt (siehe Abbildung 10.36b).

[5] Zhan Sen, Wang Huifeng und Huang Lan [613]

1	2	1	2	1	2	1	2	1	2
1	2	1	2	1	2	1	2	1	2
1	2	1	2	1	2	1	2	1	2
1	2	1	2	1	2	1	2	1	2
2	1	2	1	2	1	2	1	2	1

a) Zeilen mit ungeraden Zeilennummern

1	2	1	2	1	2	1	2	1	2
0	3	3	0	3	0	3	0	3	0
1	2	1	2	1	2	1	2	1	2
3	0	0	3	3	0	3	0	3	0
1	2	1	2	1	2	1	2	1	2
1	2	1	2	1	2	1	2	1	2
2	1	2	1	2	1	2	1	2	1

b) Füllen von weiteren k Zeilen

Abb. 10.36 Schritte1 und 2

Danach folgenden drei einzelne Zeilen, die auf ganz besondere Art und Weise gefüllt werden.

Zeile z	Spalte s	linke Zahl	rechte Zahl
$z = n - 2\,(k+1)$	$0 \leq s < 2k$	$q(s,z) = 3$	$q(s+1,z) = 0$
	$2k \leq s < n$	$q(s,z) = 0$	$q(s+1,z) = 3$
$z = n - 2\,(k+2)$	$0 \leq s \leq 2k-3$ oder $2k \leq s \leq 2k+3$	$q(s,z) = 3$	$q(s+1,z) = 0$
	sonst	$q(s,z) = 0$	$q(s+1,z) = 3$
$z = n - 2\,(k+3)$	$2k-2 \leq s < 2k$ oder $2k+4 \leq s < 2k+6$	$q(s,z) = 3$	$q(s+1,z) = 0$
	sonst	$q(s,z) = 0$	$q(s+1,z) = 3$

Für die Ordnung $n = 10$ ist das Hilfsquadrat wie in Abbildung 10.37a bereits vollständig gefüllt. Für höhere Ordnungen ab 14 müssen dagegen noch weitere $k-2$ Zeilen mit Zahlen belegt werden.

Im vorletzten Schritt werden alle Zahlen des Hilfsquadrates mit $(\frac{n}{2})^2$ multipliziert. In diesem Beispiel der Ordnung 10 beträgt dieser Faktor $(\frac{n}{2})^2 = 25$, und man erhält das erste Hilfsquadrat aus Abbildung 10.37.

1	2	1	2	1	2	1	2	1	2
0	3	3	0	3	0	3	0	3	0
1	2	1	2	1	2	1	2	1	2
3	0	0	3	3	0	3	0	3	0
1	2	1	2	1	2	1	2	1	2
3	0	3	0	0	3	0	3	0	3
1	2	1	2	1	2	1	2	1	2
3	0	0	3	3	0	3	0	0	3
2	1	2	1	2	1	2	1	2	1
0	3	3	0	0	3	0	3	3	0

a) Füllen von weiteren 3 Zeilen

25	50	25	50	25	50	25	50	25	50
0	75	75	0	75	0	75	0	75	0
25	50	25	50	25	50	25	50	25	50
75	0	0	75	75	0	75	0	75	0
25	50	25	50	25	50	25	50	25	50
75	0	75	0	0	75	0	75	0	75
25	50	25	50	25	50	25	50	25	50
75	0	0	75	75	0	75	0	0	75
50	25	50	25	50	25	50	25	50	25
0	75	75	0	0	75	0	75	75	0

b) Multiplikation mit 25

Abb. 10.37 Hilfsquadrat 1

Um die Konstruktion abzuschließen, fehlt jetzt nur noch ein magisches Basisquadrat der Ordnung $\frac{n}{2}$. Alle Zellen dieses Quadrates werden jeweils durch ein 2×2 - Quadrat ersetzt, sodass die Ordnung dadurch auf n verdoppelt wird. In alle vier Zellen dieser Teilquadrate wird wie in Abbildung 10.38 immer die zugehörige Zahl aus dem Basisquadrat eingefügt.

12	4	16	8	25
6	23	15	2	19
5	17	9	21	13
24	11	3	20	7
18	10	22	14	1

a) Basisquadrat

12	12	4	4	16	16	8	8	25	25
12	12	4	4	16	16	8	8	25	25
6	6	23	23	15	15	2	2	19	19
6	6	23	23	15	15	2	2	19	19
5	5	17	17	9	9	21	21	13	13
5	5	17	17	9	9	21	21	13	13
24	24	11	11	3	3	20	20	7	7
24	24	11	11	3	3	20	20	7	7
18	18	10	10	22	22	14	14	1	1
18	18	10	10	22	22	14	14	1	1

b) Hilfsquadrat 2

Abb. 10.38 Hilfsquadrat 2

Addiert man abschließend die Zahlen der beiden Hilfsquadrate, entsteht das magische Quadrat der Ordnung $n = 10$ aus Abbildung 10.39.

37	62	29	54	41	66	33	58	50	75
12	87	79	4	91	16	83	8	100	25
31	56	48	73	40	65	27	52	44	69
81	6	23	98	90	15	77	2	94	19
30	55	42	67	34	59	46	71	38	63
80	5	92	17	9	84	21	96	13	88
49	74	36	61	28	53	45	70	32	57
99	24	11	86	78	3	95	20	7	82
68	43	60	35	72	47	64	39	51	26
18	93	85	10	22	97	14	89	76	1

Abb. 10.39 Magisches Quadrat der Ordnung $n = 10$ (Zhan - Wang - Huang)

Ab der Ordnung $n = 14$ bleiben am unteren Rand noch $k-2$ Zeilen leer, deren Zahlen sich mit einer weiteren Formel berechnen lassen. Für die Ordnung 14 handelt es sich dabei mit $k - 2 = 1$ um eine einzige Zeile.

Zeile z	Spalte s	linke Zahl	rechte Zahl
$0 \leq z \leq n - 2 \cdot (k + 4)$	$s \neq n - 2 - z$	$q(s, z) = 0$	$q(s + 1, z) = 3$
	$s = n - 2 - z$	$q(s, z) = 3$	$q(s + 1, z) = 0$

Bei dieser Ordnung bedeutet dies, dass die Zahlen bis auf die letzten beiden Spalten immer mit der Reihenfolge 0 und 3 eingetragen werden. Nur am rechten Rand wird die Reihenfolge mit 3 und 0 umgekehrt (siehe Abbildung 10.41).

Wählt man nun ein beliebiges magisches Basisquadrat der Ordnung $n = 7$ und bildet hiermit das zweite Hilfsquadrat, erhält man durch Addition der beiden Hilfsquadrate das magische Quadrat der Ordnung $n = 14$ (siehe Abbildung 10.42).

48	7	8	16	24	32	40
31	39	47	6	14	15	23
21	22	30	38	46	5	13
4	12	20	28	29	37	45
36	44	3	11	19	27	35
26	34	42	43	2	10	18
9	17	25	33	41	49	1

Abb. 10.40 Basisquadrat der Ordnung $n = 7$

1	2	1	2	1	2	1	2	1	2	1	2	1	2
0	3	3	0	3	0	3	0	3	0	3	0	3	0
1	2	1	2	1	2	1	2	1	2	1	2	1	2
3	0	0	3	3	0	3	0	3	0	3	0	3	0
1	2	1	2	1	2	1	2	1	2	1	2	1	2
3	0	3	0	0	3	3	0	3	0	3	0	3	0
1	2	1	2	1	2	1	2	1	2	1	2	1	2
3	0	3	0	3	0	0	3	0	3	0	3	0	3
1	2	1	2	1	2	1	2	1	2	1	2	1	2
3	0	3	0	0	3	3	0	3	0	0	3	0	3
2	1	2	1	2	1	2	1	2	1	2	1	2	1
0	3	0	3	3	0	0	3	0	3	3	0	0	3
2	1	2	1	2	1	2	1	2	1	2	1	2	1
0	3	0	3	0	3	0	3	0	3	0	3	3	0

Abb. 10.41 Hilfsquadrat 1

97	146	56	105	57	106	65	114	73	122	81	130	89	138
48	195	154	7	155	8	163	16	171	24	179	32	187	40
80	129	88	137	96	145	55	104	63	112	64	113	72	121
178	31	39	186	194	47	153	6	161	14	162	15	170	23
70	119	71	120	79	128	87	136	95	144	54	103	62	111
168	21	169	22	30	177	185	38	193	46	152	5	160	13
53	102	61	110	69	118	77	126	78	127	86	135	94	143
151	4	159	12	167	20	28	175	29	176	37	184	45	192
85	134	93	142	52	101	60	109	68	117	76	125	84	133
183	36	191	44	3	150	158	11	166	19	27	174	35	182
124	75	132	83	140	91	141	92	100	51	108	59	116	67
26	173	34	181	189	42	43	190	2	149	157	10	18	165
107	58	115	66	123	74	131	82	139	90	147	98	99	50
9	156	17	164	25	172	33	180	41	188	49	196	148	1

Abb. 10.42 Magisches Quadrat der Ordnung $n = 14$ (Zhan - Wang - Huang)

10.2 Doppelt-gerade Ordnungen

10.2.1 Aubry

Bouteloup stellt ein Verfahren von Aubry vor, mit dem man magische Quadrate doppelt-gerader Ordnung $n = 4k$ erzeugen kann.[6] Dafür wird allerdings ein Hilfsquadrat der halben Größe $m = \frac{n}{2}$ mit einer ganz besonderen Eigenschaft benötigt, wie es etwa das berühmte Quadrat von Dürer in Abbildung 10.43a für die Ordnung $n = 4$ besitzt. In jeder Zeile, jeder Spalte und in beiden Diagonalen kommen die Zahlen aus dem Bereich 1 bis $\frac{n^2}{2} = 8$ und die Zahlen aus dem Bereich $\frac{n^2}{2} + 1 = 9$ bis $n^2 = 16$ jeweils zweimal vor. Dass eine solche Eigenschaft nicht bei jedem magischen Quadrat gegeben ist, erkennt man daran, dass von den 880 Quadraten vierter Ordnung nur 712 diese spezielle Eigenschaft besitzen. Dies sind die Quadrate aus den Dudeney-Gruppen 1 bis $6b_2$ sowie jeweils 36 Quadraten aus den Gruppen 7 und 8.

16	3	2	13
5	10	11	8
9	6	7	12
4	15	14	1

a) Dürer-Quadrat

64	9	5	52
17	40	44	29
36	21	25	48
13	60	56	1

b) Tausch mit $4i - 3$

Abb. 10.43 Ausgangsquadrat der Ordnung $\frac{n}{2}$ für das Verfahren von Aubry

Neben dem Hilfsquadrat werden noch vier Zahlenfolgen mit zunächst jeweils $\frac{n^2}{8}$ Zahlen benötigt, die mit den Termen $4i$, $4i - 1$, $4i - 2$ und $4i - 3$ für $i \geq 1$ gebildet werden. Werden anschließend noch die zu $n^2 + 1$ komplementären Zahlen hinzugefügt, ergeben sich folgende Zahlenmengen:

Term	Zahlenmenge
$4i - 3$	$Z_1 = \{1, 5, 9, \ldots, 29, 36, 40, 44, \ldots, 64\}$
$4i - 2$	$Z_2 = \{2, 6, 10, \ldots, 30, 35, 39, 43, \ldots, 63\}$
$4i - 1$	$Z_3 = \{3, 7, 11, \ldots, 31, 34, 38, 42, \ldots, 62\}$
$4i$	$Z_4 = \{4, 8, 12, \ldots, 32, 33, 37, 41, \ldots, 61\}$

Nun werden die Zahlen des Hilfsquadrates gemäß diesen Zahlenfolgen verändert. Die Zahl 16 aus dem Ausgangsquadrat wird durch die 16. Zahl aus der Zahlenfolge, also 64, ersetzt. Die Zahl 3 durch die 3. Zahl, also der 9 usw.

[6] Bouteloup [50] S. 91 – 92

Ausgangsquadrat:	1	2	3	4	5	6	7	8	9	10	11	12	13	14	15	16
Zielquadrat:	1	5	9	13	17	21	25	29	36	40	44	48	52	56	60	64

Tab. 10.2 Vertauschungstabelle von Aubry für $4i - 3$

Diese Vertauschungen werden danach auch für die anderen drei Zahlenfolgen durchgeführt und die Ergebnisse in die Quadranten eines Quadrates der Ordnung $n = 8$ eingetragen. Mit der Anordnung aus Abbildung 10.44 entsteht nach allen Ersetzungen das zugehörige magische Quadrat der Ordnung $n = 8$.

$4i - 3$	$4i - 1$
$4i - 2$	$4i$

64	9	5	52	62	11	7	50
17	40	44	29	19	38	42	31
36	21	25	48	34	23	27	46
13	60	56	1	15	58	54	3
63	10	6	51	61	12	8	49
18	39	43	30	20	37	41	32
35	22	26	47	33	24	28	45
14	59	55	2	16	57	53	4

Abb. 10.44 Magisches Quadrat der Ordnung $n = 8$ (Aubry)

Variante 1

Benutzt man bei dem Verfahren von Aubry ein pandiagonales Ausgangsquadrat, überträgt sich diese Eigenschaft auch auf das entstehende magische Quadrat. Ein so konstruiertes pandiagonales magisches Quadrat ist in Abbildung 10.45 dargestellt.

5	16	3	10
4	9	6	15
14	7	12	1
11	2	13	8

17	64	9	40	19	62	11	38
13	36	21	60	15	34	23	58
56	25	48	1	54	27	46	3
44	5	52	29	42	7	50	31
18	63	10	39	20	61	12	37
14	35	22	59	16	33	24	57
55	26	47	2	53	28	45	4
43	6	51	30	41	8	49	32

Abb. 10.45 Pandiagonales magisches Quadrat der Ordnung $n = 8$ (Aubry, Variante 1)

Variante 2

Mit den bisherigen Möglichkeiten ist das Potenzial dieser Methode aber nicht erschöpft. In dieser Variante wird für jeden Quadranten ein anderes Ausgangsquadrat gewählt, das natürlich die geforderten Eigenschaften für die Verteilung der Zahlen auf die Zeilen, Spalten und Diagonalen besitzen muss. Die für das magische Quadrat in Abbildung 10.47 gewählten Teilquadrate sind in Abbildung 10.46 angegeben.

14	3	8	9
2	15	12	5
11	6	1	16
7	10	13	4

13	16	1	4
2	3	14	15
12	9	8	5
7	6	11	10

12	9	6	7
8	5	10	11
1	4	15	14
13	16	3	2

7	12	9	6
16	2	3	13
1	15	14	4
10	5	8	11

Abb. 10.46 Vier verschiedene Ausgangsquadrate für das Verfahren von Aubry

Weiterhin kann die Zuordnung dieser Quadrate auf die vier Quadranten vollständig beliebig gewählt werden, wie man auch am magischen Quadrat der Abbildung 10.47 erkennen kann.

$4i-1$	$4i$
$4i-2$	$4i-3$

50	62	3	15	53	12	32	33
7	11	54	58	8	57	45	20
46	34	31	19	41	24	4	61
27	23	42	38	28	37	49	16
47	35	22	26	25	48	36	21
30	18	39	43	64	5	9	52
2	14	59	55	1	60	56	13
51	63	10	6	40	17	29	44

Abb. 10.47 Magisches Quadrat der Ordnung $n = 8$ (Aubry, Variante 2)

Allerdings geht bei dieser Variante die Fähigkeit verloren, die pandiagonale Eigenschaft des Hilfsquadrates in das Zielquadrat zu übertragen.

10.2.2 Unterteilung in Rechtecke

Mit diesem Verfahren eines unbekannten Autors wird aus einem magischen Ausgangsquadrat gerader Ordnung $m = 2k$ ein magisches Quadrat doppelter Ordnung

$n = 4k$ erzeugt. Dazu benötigt man zunächst ein beliebiges Ausgangsquadrat, welches im ersten Beispiel mit $m = 4$ gewählt wird. In allen Teilschritten dieser Konstruktion werden die Zahlen der beiden Hälften dieses Basisquadrates verändert und dann in das Zielquadrat übertragen.

1	7	16	10
14	12	3	5
11	13	6	4
8	2	9	15

Abb. 10.48 Ausgangsquadrat der Ordnung $m = 4$

Im ersten Schritt wird die linke Hälfte des Ausgangsquadrates in die linken beiden Spalten der oberen Hälfte des Zielquadrates eingefügt, während die rechte Hälfte des Ausgangsquadrates in die beiden folgenden Spalten der unteren Hälfte des Zielquadrates übertragen wird.

Danach werden alle Zahlen des Ausgangsquadrates um $m^2 = 16$ erhöht und beide Hälften wieder von links nach rechts in das Zielquadrat übertragen. Allerdings beginnt man jetzt in der unteren Hälfte.

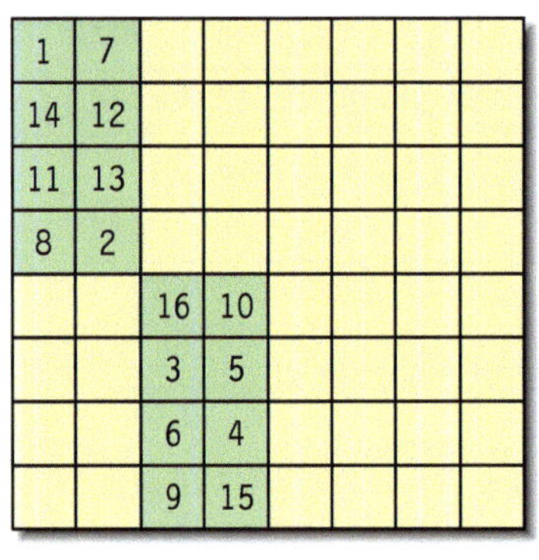

1	7						
14	12						
11	13						
8	2						
		16	10				
		3	5				
		6	4				
		9	15				

a) Schritt 1

1	7					32	26
14	12					19	21
11	13					22	20
8	2					25	31
		16	10	17	23		
		3	5	30	28		
		6	4	27	29		
		9	15	24	18		

b) Schritt 2

Abb. 10.49 Übertragen der Spalten

Im dritten Schritt werden die Zahlen des Ausgangsquadrates um $2\,m^2 = 32$ erhöht und die beiden Hälften von links nach rechts in den rechten Teil des Zielquadrates eingefügt. Die linke Hälfte des Ausgangsquadrates kommt in den oberen, die rechte Hälfte in den unteren Teil des Zielquadrates.

Abschließend werden die Ausgangszahlen noch einmal um jeweils $3\,m^2 = 48$ erhöht und beide Hälften wieder von links nach rechts in das Zielquadrat übertragen. Dabei beginnt man jetzt wieder in der unteren Hälfte. Mit diesen vier Schritten ist das magische Quadrat der Ordnung $n = 8$ aus Abbildung 10.50 entstanden.

1	7			33	39	32	26
14	12			46	44	19	21
11	13			43	45	22	20
8	2			40	34	25	31
		16	10	17	23	48	42
		3	5	30	28	35	37
		6	4	27	29	38	36
		9	15	24	18	41	47

a) Schritt 3

1	7	64	58	33	39	32	26
14	12	51	53	46	44	19	21
11	13	54	52	43	45	22	20
8	2	57	63	40	34	25	31
49	55	16	10	17	23	48	42
62	60	3	5	30	28	35	37
59	61	6	4	27	29	38	36
56	50	9	15	24	18	41	47

b) magisches Quadrat

Abb. 10.50 Magisches Quadrat der Ordnung $n = 8$ (unbekannter Autor, Methode 3)

Das Vorgehen soll noch einmal mit der Konstruktion des magischen Quadrates der Ordnung $n = 12$ in Abbildung 10.51 demonstriert werden. Als Ausgangsquadrat dient hier ein Quadrat der Ordnung 6 und in den einzelnen Teilschritten müssen die Werte der Zahlen um 36, 72 und 108 erhöht werden.

24	1	26	32	7	21
25	23	3	9	20	31
11	27	13	19	33	8
2	36	22	16	30	5
34	14	12	6	17	28
15	10	35	29	4	18

a) Ausgangsquadrat

24	1	26	140	115	129	96	73	98	68	43	57
25	23	3	117	128	139	97	95	75	45	56	67
11	27	13	127	141	116	83	99	85	55	69	44
2	36	22	124	138	113	74	108	94	52	66	41
34	14	12	114	125	136	106	86	84	42	53	64
15	10	35	137	112	126	87	82	107	65	40	54
132	109	134	32	7	21	60	37	62	104	79	93
133	131	111	9	20	31	61	59	39	81	92	103
119	135	121	19	33	8	47	63	49	91	105	80
110	144	130	16	30	5	38	72	58	88	102	77
142	122	120	6	17	28	70	50	48	78	89	100
123	118	143	29	4	18	51	46	71	101	76	90

b) magisches Quadrat

Abb. 10.51 Magisches Quadrat der Ordnung $n = 12$ (unbekannter Autor, Methode 3)

Variante 1

Wenn man die einzelnen Bereiche des Algorithmus in der Reihenfolge durchnummeriert, in der sie ausgefüllt werden, ergibt sich im linken Bild der Abbildung 10.52 ein interessanter Aspekt: Alle Zeilen- und Spaltensummen sind gleich.

Noch aussagekräftiger wird diese Darstellung, wenn man alle Werte um 1 dekrementiert. Dann geben diese Werte genau den Faktor c des Produkts $c \cdot m^2$ an, mit dem die Zahlen in diesem Bereich erhöht worden sind.

1	4	3	2
1	4	3	2
4	1	2	3
4	1	2	3

0	3	2	1
0	3	2	1
3	0	1	2
3	0	1	2

Abb. 10.52 Kodierung der acht Bereiche

Genauere Untersuchungen zeigen, dass es insgesamt 80 derartige Anordnungen gibt, die zu magischen Quadraten führen. Dabei erfüllen diese Musterquadrate folgende Bedingungen:

- Die Zeilen-, Spalten- und Diagonalensummen müssen alle gleich sein.
- Wenn man das gesamte Musterquadrat in vier Quadranten aufteilt, dürfen die vertikal übereinanderliegenden Teilquadrate keine gemeinsamen Zahlen an gleichen Positionen aufweisen.

Drei der 80 möglichen Musterquadrate und die daraus entstehenden magischen Quadrate der Ordnung $n = 8$ sind in Abbildung 10.53 angegeben.

0	1	2	3
2	3	0	1
3	2	1	0
1	0	3	2

1	7	32	26	33	39	64	58
14	12	19	21	46	44	51	53
43	45	54	52	11	13	22	20
40	34	57	63	8	2	25	31
49	55	48	42	17	23	16	10
62	60	35	37	30	28	3	5
27	29	6	4	59	61	38	36
24	18	9	15	56	50	41	47

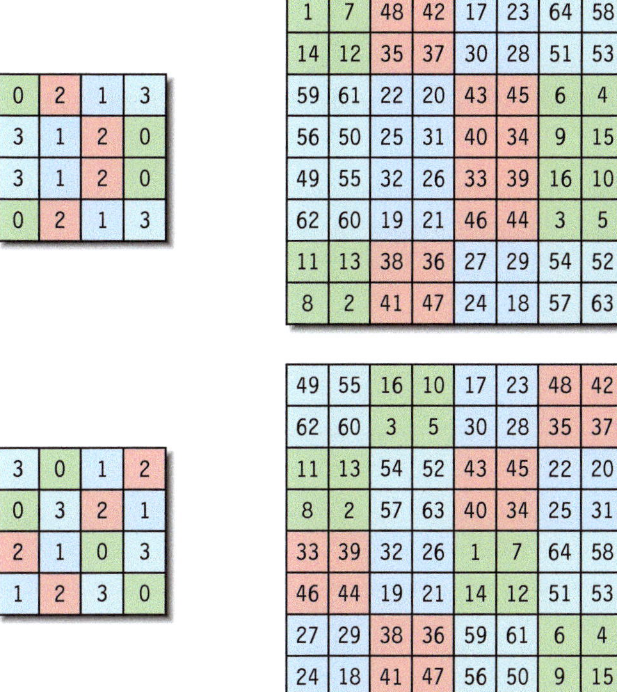

0	2	1	3
3	1	2	0
3	1	2	0
0	2	1	3

1	7	48	42	17	23	64	58
14	12	35	37	30	28	51	53
59	61	22	20	43	45	6	4
56	50	25	31	40	34	9	15
49	55	32	26	33	39	16	10
62	60	19	21	46	44	3	5
11	13	38	36	27	29	54	52
8	2	41	47	24	18	57	63

3	0	1	2
0	3	2	1
2	1	0	3
1	2	3	0

49	55	16	10	17	23	48	42
62	60	3	5	30	28	35	37
11	13	54	52	43	45	22	20
8	2	57	63	40	34	25	31
33	39	32	26	1	7	64	58
46	44	19	21	14	12	51	53
27	29	38	36	59	61	6	4
24	18	41	47	56	50	9	15

Abb. 10.53 Magische Quadrate der Ordnungen $n = 8$ (unbekannter Autor, Methode 3.1)

Variante 2

Sind sowohl das Ausgangsquadrat als auch das Musterquadrat pandiagonal, wird wie in Abbildung 10.54 sogar ein pandiagonales Quadrat erzeugt.

4	9	6	15
14	7	12	1
11	2	13	8
5	16	3	10

a) Ausgangsquadrat

3	0	1	2
0	3	2	1
2	1	0	3
1	2	3	0

b) Musterquadrat

52	57	6	15	20	25	38	47
62	55	12	1	30	23	44	33
11	2	61	56	43	34	29	24
5	16	51	58	37	48	19	26
36	41	22	31	4	9	54	63
46	39	28	17	14	7	60	49
27	18	45	40	59	50	13	8
21	32	35	42	53	64	3	10

c) pandiagonales Quadrat

Abb. 10.54 Pandiagonales magisches Quadrat der Ordnung $n = 8$ (Methode 3.2)

10.3 Beliebige gerade Ordnungen

10.3.1 Strachey (Variante von Benson – Jacoby)

Benson und Jacoby haben das Verfahren von Strachey aus Kapitel 10.1.2 etwas verallgemeinert.[7] Auch sie unterteilen das gesamte Quadrat in vier Quadranten, die dann aber nach einem veränderten Muster mit Zahlen gefüllt werden.

A	B
C	D

Einfach-gerade Ordnungen n = 4k+2

Sei etwa $n = 4k + 2 = 10$, also $m = 5$ und $k = 2$. Zunächst wählt man einen beliebigen Quadranten, etwa A, aus und füllt ihn mit den Zahlen $3\,m^2 = 75$ so, dass sich in jeder Zeile k und auf der Nebendiagonalen dieses Quadranten $k+1$ mal diese Zahl befindet. Die restlichen Zellen werden mit 0 gefüllt. Im zweiten Schritt werden die symmetrisch zur horizontalen Mittellinie liegenden Zellen mit den bezüglich $3\,m^2$ komplementären Zahlen ersetzt, wie es in Abbildung 10.55 dargestellt wird.

75	0	0	0	75					
75	75	0	0	0					
0	75	0	75	0			B		
75	0	0	0	75					
0	0	75	0	75					
		C					D		

75	0	0	0	75					
75	75	0	0	0					
0	75	0	75	0			B		
75	0	0	0	75					
0	0	75	0	75					
75	75	0	75	0					
0	75	75	75	0					
75	0	75	0	75			D		
0	0	75	75	75					
0	75	75	75	0					

Abb. 10.55 Schritt 1

Danach wird der Nachbarquadrant B des ersten gefüllten Quadranten mit Zahlen belegt. Dazu muss in jede Zeile $k+2$ mal die Zahl $2\,m^2 = 50$ geschrieben werden.

[7] Benson - Jacoby [43] S. 19 – 23

Allerdings muss dabei aber auch sichergestellt werden, dass diese Zahl gleich oft auf der Hauptdiagonalen dieses Quadranten vertreten ist. Die danach noch leeren Zellen werden mit der Zahl $m^2 = 25$ belegt.

Wie in der linken Hälfte werden die Zahlen dieses Quadranten an der horizontalen Mittellinie gespiegelt, wobei die Zahlen wie in Abbildung 10.56 gleichzeitig mit den bezüglich $3\,m^2$ komplementären Zahlen ersetzt werden. Durch diese Maßnahmen ist sichergestellt, dass alle Zeilen, Spalten und Diagonalen die gleiche Summe besitzen.

75	0	0	0	75	50	50	50	25	50
75	75	0	0	0	25	50	50	50	50
0	75	0	75	0	50	50	50	50	25
75	0	0	0	75	50	50	50	25	50
0	0	75	0	75	25	50	50	50	50
75	75	0	75	0					
0	75	75	75	0					
75	0	75	0	75			D		
0	0	75	75	75					
0	75	75	75	0					

75	0	0	0	75	50	50	50	25	50
75	75	0	0	0	25	50	50	50	50
0	75	0	75	0	50	50	50	50	25
75	0	0	0	75	50	50	50	25	50
0	0	75	0	75	25	50	50	50	50
75	75	0	75	0	50	25	25	25	25
0	75	75	75	0	25	25	25	50	25
75	0	75	0	75	25	25	25	25	50
0	0	75	75	75	50	25	25	25	25
0	75	75	75	0	25	25	25	50	25

Abb. 10.56 Schritt 2

Im Originalverfahren von Strachey geht man von einem magischen Quadrat der Ordnung m aus, welches in den einzelnen Quadranten durch unterschiedliche Basiszahlen verändert wird. Dagegen müssen hier zu dem bereits vorhandenen Basisquadrat noch die Zahlen eines magischen Quadrates der Ordnung m hinzuaddiert werden. In den beiden oberen Quadranten nimmt man dazu ein beliebiges magisches Quadrat, während es vor dem Einfügen in die beiden unteren Quadranten vorher vertikal gespiegelt wird.

Für das in diesem Beispiel zu konstruierende Quadrat wird das magische Quadrat gewählt, das mit der Methode von de la Loubère erstellt wird.

17	24	1	8	15
23	5	7	14	16
4	6	13	20	22
10	12	19	21	3
11	18	25	2	9

Abb. 10.57 Quadrat von de la Loubère

Mit dem de la Loubère-Quadrat der Ordnung $m = 5$ erhält man dann mit dieser Variante von Benson und Jacoby das Quadrat aus Abbildung 10.58.

92	24	1	8	90	67	74	51	33	65
98	80	7	14	16	48	55	57	64	66
4	81	13	95	22	54	56	63	70	47
85	12	19	21	78	60	62	69	46	53
11	18	100	2	84	36	68	75	52	59
86	93	25	77	9	61	43	50	27	34
10	87	94	96	3	35	37	44	71	28
79	6	88	20	97	29	31	38	45	72
23	5	82	89	91	73	30	32	39	41
17	99	76	83	15	42	49	26	58	40

Abb. 10.58 Magisches Quadrat der Ordnung $n = 10$ (Strachey, Benson-Jacoby Variante)

Wie man sieht, ist bei dieser Variante die Kernidee von Strachey beibehalten worden. Allerdings ermöglichen Benson und Jacoby eine flexiblere Belegung der einzelnen Quadranten, sodass sich mit dieser Variante eine Vielzahl von unterschiedlichen magischen Quadraten erzeugen lassen.

Doppelt-gerade Ordnungen n = 4k

Die Variante für einfach-gerade Ordnungen kann auch auf doppelt-gerade Ordnungen $n = 4k$ übertragen werden.[8] Auch hier wird das gesamte Quadrat zunächst in vier Quadranten unterteilt, die mit den Werten 0, m^2, $2m^2$ und $3m^2$ gefüllt werden, wobei $m = \frac{n}{2}$ gilt.

A	B
C	D

Sei etwa $n = 4k = 8$, also $k = 2$ und $m = 4$. Zunächst wählt man wieder mit A einen beliebigen Quadranten und füllt ihn mit den Zahlen $3m^2 = 48$ so, dass in jeder Zeile und auf der Nebendiagonalen k mal diese Zahl auftritt. Die restlichen Zellen werden mit 0 gefüllt.

[8] Benson - Jacoby [43] S. 24 – 25

Im nächsten Schritt wird der danebenliegende Quadrant, hier also B, so gefüllt, dass die Zahl $2m^2 = 32$ genau k mal in den Zeilen und der Hauptdiagonalen auftritt. Die danach noch leeren Felder werden dann mit der Zahl $m^2 = 16$ aufgefüllt.

Im dritten Schritt werden alle Zahlen an der horizontalen Mittellinie nach unten gespiegelt, wobei sie durch die bezüglich $3m^2$ komplementären Zahlen ersetzt werden, wie es in Abbildung 10.59 dargestellt ist.

48	0	0	48	16	16	32	32
48	48	0	0	16	32	16	32
48	48	0	0	32	16	16	32
48	0	48	0	32	16	16	32
	C				D		

48	0	0	48	16	16	32	32
48	48	0	0	16	32	16	32
48	48	0	0	32	16	16	32
48	0	48	0	32	16	16	32
0	48	0	48	16	32	32	16
0	0	48	48	16	32	32	16
0	0	48	48	32	16	32	16
0	48	48	0	32	32	16	16

Abb. 10.59 Schritt 1

Nun wird ein zweites Hilfsquadrat der Ordnung n benötigt, dessen obere Quadranten mit einem beliebigen magischen Quadrat der Ordnung $m = \frac{n}{2}$ gefüllt werden. Beide Quadranten werden danach an der horizontalen Mittellinie nach unten gespiegelt, sodass man das vollständige Hilfsquadrat aus Abbildung 10.60 erhält.

16	4	9	5	16	4	9	5
13	1	12	8	13	1	12	8
3	15	6	10	3	15	6	10
2	14	7	11	2	14	7	11
	C				D		

16	4	9	5	16	4	9	5
13	1	12	8	13	1	12	8
3	15	6	10	3	15	6	10
2	14	7	11	2	14	7	11
2	14	7	11	2	14	7	11
3	15	6	10	3	15	6	10
13	1	12	8	13	1	12	8
16	4	9	5	16	4	9	5

Abb. 10.60 Schritt 2

Mit diesen Schritten sind die für die Konstruktion benötigten Hilfsquadrate erstellt worden.

Abschließend müssen die beiden Hilfsquadrate nur noch überlagert werden und es entsteht dann das magische Quadrat aus Abbildung 10.61 mit der Variante von Benson und Jacoby.

64	4	9	53	32	20	41	37
61	49	12	8	29	33	28	40
51	63	6	10	35	31	22	42
50	14	55	11	34	30	23	43
2	62	7	59	18	46	39	27
3	15	54	58	19	47	38	26
13	1	60	56	45	17	44	24
16	52	57	5	48	36	25	21

Abb. 10.61 Magisches Quadrat der Ordnung $n = 8$ (Strachey, Benson-Jacoby Variante)

10.3.2 Benson – Jacoby

Obwohl das von Benson und Jacoby verallgemeinerte Verfahren von Strachey aus Kapitel 10.3.1 eine Vielzahl von zusätzlichen magischen Quadraten ermöglicht, sind die geforderten Bedingungen noch zu restriktiv und können weiter gelockert werden.[9] Auch bei diesem veränderten Verfahren gehen Benson und Jacoby bei einem Quadrat der Ordnung $n = 2m = 4k + 2$ wieder von einer Aufteilung des gesamten Quadrates in vier Quadranten aus.

A	B
C	D

Einfach-gerade Ordnungen n = 4k+2

Die Quadranten werden wie bisher mit den Basiszahlen 0, m^2, $2m^2$ und $3m^2$ gefüllt. Allerdings werden die einzelnen Quadranten jetzt nicht mehr getrennt betrachtet, sondern die ganze obere Hälfte mit den beiden Quadranten A und B zusammen. Um hier einen Ausgleich der Basiszahlen zu gewährleisten, gibt es für die Anzahl des

[9] Benson - Jacoby [43] S. 155 – 160

Vorkommens dieser Zahlen pro Zeile jeweils zwei Möglichkeiten, die in Tabelle 10.3 aufgeführt sind.

	0	m^2	$2m^2$	$3m^2$
entweder	k	$k+2$	$k-1$	$k+1$
oder	$k+1$	$k-1$	$k+2$	k

Tab. 10.3 Mögliche Anzahlen der Basiszahlen

In beiden Fällen ergeben sich gleiche Zeilensummen:

$$S = \frac{3n}{2} \cdot \frac{n^2}{4}$$

Allerdings müssen noch zwei weitere Bedingungen erfüllt werden, damit aus einer solchen Anordnung von Basiszahlen auch ein magisches Quadrat entsteht.

- In jeder Zeile dürfen die Basiszahlen, die genau $\frac{n}{2}$ Spalten voneinander entfernt sind, nicht identisch oder komplementär zu $3m^2$ sein. Steht also für $n = 10$ z. B. in Spalte 1 die Zahl 25, muss in Spalte 6 entweder 0 oder 75 stehen.
- Die Summe der Zahlen auf der Nebendiagonalen von Quadrant A muss gleich der Summe der Zahlen auf der Hauptdiagonalen von B sein.

Sind alle Zahlen in der oberen Hälfte gemäß dieser Bedingungen gewählt, werden sie an der horizontalen Mittellinie gespiegelt, wobei sie gleichzeitig wie in Abbildung 10.62 durch die bezüglich $3m^2 = 75$ komplementären Zahlen ersetzt werden.

0	0	50	75	50	25	50	75	50	0
50	75	50	50	75	0	25	0	0	50
0	75	25	0	75	25	25	75	25	50
50	50	50	0	75	75	0	0	25	50
0	75	50	25	0	25	25	75	75	25
0	0	0	0	0	0	0	0	0	0
0	0	0	0	0	0	0	0	0	0
0	0	0	0	0	0	0	0	0	0
0	0	0	0	0	0	0	0	0	0
0	0	0	0	0	0	0	0	0	0

0	0	50	75	50	25	50	75	50	0
50	75	50	50	75	0	25	0	0	50
0	75	25	0	75	25	25	75	25	50
50	50	50	0	75	75	0	0	25	50
0	75	50	25	0	25	25	75	75	25
75	0	25	50	75	50	50	0	0	50
25	25	25	75	0	0	75	75	50	25
75	0	50	75	0	50	50	0	50	25
25	0	25	25	0	75	50	75	75	25
75	75	25	0	25	50	25	0	25	75

Abb. 10.62 Hilfsquadrat für die Ordnung $n = 10$

Abschließend müssen nur noch die Zahlen eines magischen Quadrates hinzuaddiert werden. In die beiden oberen Quadranten platziert man ein beliebiges magisches Quadrat, während es vor dem Einfügen in die unteren beiden Quadranten vertikal gespiegelt wird.

Wählt man als Basisquadrat beispielsweise das Moschopoulos-Quadrat der Ordnung $m = 5$, erhält man mit diesen Änderungen von Benson und Jacoby durch die Addition das Quadrat aus Abbildung 10.63.

11	24	7	20	3
4	12	25	8	16
17	5	13	21	9
10	18	1	14	22
23	6	19	2	15

11	24	57	95	53	36	74	82	70	3
54	87	75	58	91	4	37	25	8	66
17	80	38	21	84	42	30	88	46	59
60	68	51	14	97	85	18	1	39	72
23	81	69	27	15	48	31	94	77	40
98	6	44	52	90	73	56	19	2	65
35	43	26	89	22	10	93	76	64	47
92	5	63	96	9	67	55	13	71	34
29	12	50	33	16	79	62	100	83	41
86	99	32	20	28	61	49	7	45	78

Abb. 10.63 Magisches Quadrat der Ordnung $n = 10$ (Benson - Jacoby)

Doppelt-gerade Ordnungen n = 4k

Mit einer kleinen Veränderung kann man mit diesem Verfahren auch magische Quadrate der Ordnung $n = 4k$ erzeugen. Dazu dürfen die Basiszahlen wie bei einfach-geraden Ordnungen nicht mehr unterschiedlich oft gewählt werden, sondern müssen, wie in Tabelle 10.4 angegeben, alle gleich sein.

0	m^2	$2\,m^2$	$3\,m^2$
k	k	k	k

Tab. 10.4 Anzahl der Basiszahlen

Der weitere Ablauf unterscheidet sich dann nicht weiter von dem Verfahren für einfach-gerade Ordnungen, sodass beispielsweise mit den beiden Hilfsquadraten das magische Quadrat konstruiert werden kann, das in Abbildung 10.64 dargestellt ist.

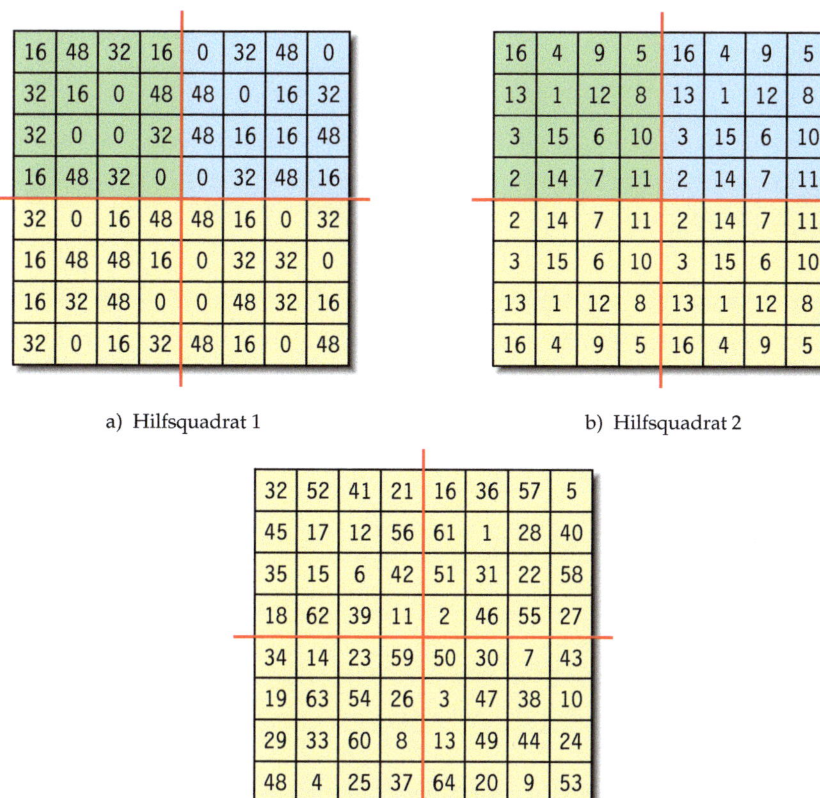

16	48	32	16	0	32	48	0
32	16	0	48	48	0	16	32
32	0	0	32	48	16	16	48
16	48	32	0	0	32	48	16
32	0	16	48	48	16	0	32
16	48	48	16	0	32	32	0
16	32	48	0	0	48	32	16
32	0	16	32	48	16	0	48

a) Hilfsquadrat 1

16	4	9	5	16	4	9	5
13	1	12	8	13	1	12	8
3	15	6	10	3	15	6	10
2	14	7	11	2	14	7	11
2	14	7	11	2	14	7	11
3	15	6	10	3	15	6	10
13	1	12	8	13	1	12	8
16	4	9	5	16	4	9	5

b) Hilfsquadrat 2

32	52	41	21	16	36	57	5
45	17	12	56	61	1	28	40
35	15	6	42	51	31	22	58
18	62	39	11	2	46	55	27
34	14	23	59	50	30	7	43
19	63	54	26	3	47	38	10
29	33	60	8	13	49	44	24
48	4	25	37	64	20	9	53

Abb. 10.64 Magisches Quadrat der Ordnung $n = 8$ (Benson - Jacoby)

10.3.3 Bouteloup

Bouteloup beschreibt ein Verfahren zur Konstruktion von magischen Quadraten doppelter Ordnung[10], das sich in einigen Punkten an dem veränderten Strachey-Verfahren von Benson und Jacoby[11] orientiert, dieses aber leicht variiert.

Einfach-gerade Ordnungen n = 4k+2

Wie Benson und Jacoby geht er bei einem Quadrat der Ordnung $n = 2m = 4k + 2$ von einer Aufteilung des gesamten Quadrates in vier Quadranten aus.

[10] Bouteloup [50] S. 86 – 89

[11] Benson - Jacoby [43] S. 155 – 160

A	B
C	D

Der Quadrant A wird mit den Zahlen 0 und 3, B mit 1 und 2 gefüllt. Dabei gelten für die Diagonalen folgende Bedingungen:

- Auf den Diagonalen von A muss $k+1$ mal die Zahl 0 und k mal die Zahl 3 stehen.
- Auf den Diagonalen von B muss $k+2$ mal die Zahl 1 und $k-1$ mal die Zahl 2 auftreten.

	Quadrant A		Quadrant B	
Zahl	0	3	1	2
Anzahl	$k+1$	k	$k+2$	$k-1$

Damit besitzen die Zahlen auf allen vier Diagonalen die gleiche Summe. Im Beispiel für ein zu erzeugendes Quadrat der Ordnung $n = 6$ sind die bisherigen Schritte in Abbildung 10.65a angegeben. Man erkennt in den Diagonalen des Quadranten A $k = 1$ mal die Zahl 3 und $k+1 = 2$ mal die Zahl 0. Im Quadranten B darf mit $k-1 = 0$ die Zahl 2 gar nicht auftreten, sodass die Zahl 1 genau $k+2 = 3$ mal vorhanden ist.

Nach den Diagonalen werden die Zeilen dieser beiden Quadranten gefüllt. Hier gelten folgende Bedingungen:

- In den Zeilen von A muss k mal die Zahl 0 und $k+1$ mal die Zahl 3 vorhanden sein.
- In den Zeilen von B muss $k+2$ mal die Zahl 1 und $k-1$ mal die Zahl 2 stehen.

	Quadrant A		Quadrant B	
Zahl	0	3	1	2
Anzahl	k	$k+1$	$k+2$	$k-1$

Mit diesen Bedingungen besitzen alle Zeilen, Spalten und Diagonalen in den beiden Quadranten die gleiche Summe. Ein Beispiel, das für $n = 6$ diese Bedingungen erfüllt, ist in Abbildung 10.65b dargestellt.

Im letzten Teilschritt zur Erzeugung des vollständigen Hilfsquadrates werden die beiden Quadranten A und B in die Quadranten C und D kopiert, wobei alle Zahlen durch ihre zu 3 komplementäre Zahl ersetzt werden. Das vollständige Hilfsquadrat ist in Abbildung 10.65c zu sehen.

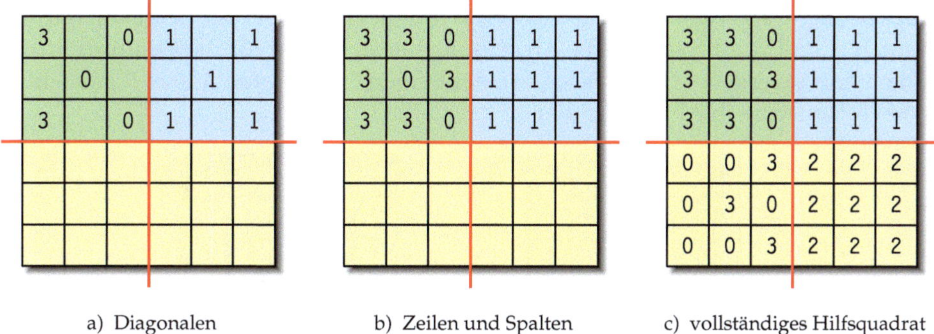

3		0	1		1
	0			1	
3		0	1		1

3	3	0	1	1	1
3	0	3	1	1	1
3	3	0	1	1	1

3	3	0	1	1	1
3	0	3	1	1	1
3	3	0	1	1	1
0	0	3	2	2	2
0	3	0	2	2	2
0	0	3	2	2	2

a) Diagonalen b) Zeilen und Spalten c) vollständiges Hilfsquadrat

Abb. 10.65 Konstruktion des ersten Hilfsquadrates

Jetzt wird noch ein beliebiges magisches Quadrat der Ordnung $m = \frac{n}{2} = 3$ benötigt. Alle Zahlen dieses Hilfsquadrates werden wie in Abbildung 10.66 um 1 vermindert, dann mit 4 multipliziert und anschließend wieder inkrementiert.

$$z \longmapsto (z-1) \cdot 4 + 1$$

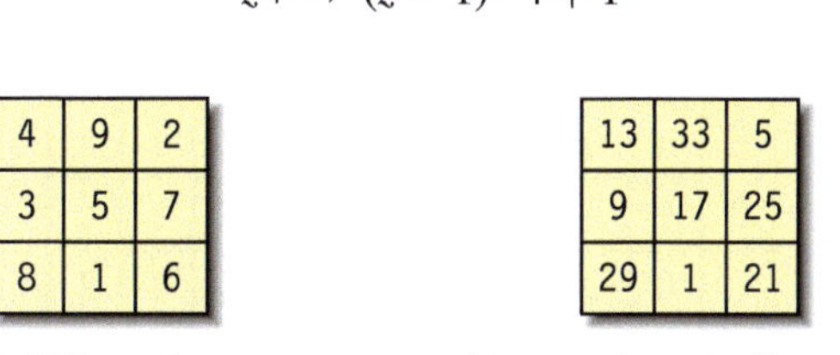

4	9	2
3	5	7
8	1	6

13	33	5
9	17	25
29	1	21

a) Hilfsquadrat b) verändertes Hilfsquadrat

Abb. 10.66 Konstruktion des zweiten Hilfsquadrates

Addiert man das zweite Hilfsquadrat zu jedem Quadranten des ersten Hilfsquadrates hinzu, entsteht das magische Quadrat aus Abbildung 10.67.

16	36	5	14	34	6
12	17	28	10	18	26
32	4	21	30	2	22
13	33	8	15	35	7
9	20	25	11	19	27
29	1	24	31	3	23

Abb. 10.67 Magisches Quadrat der Ordnung $n = 6$ (Bouteloup)

Da es bei der Ordnung $n = 6$ nicht so viele Möglichkeiten bei der Belegung der Quadranten A und B gibt, soll dieser Algorithmus noch einmal für die Ordnung $n = 10$ demonstriert werden. Mit der Belegung der beiden Quadranten A und B entsteht das erste Hilfsquadrat in Abbildung 10.68.

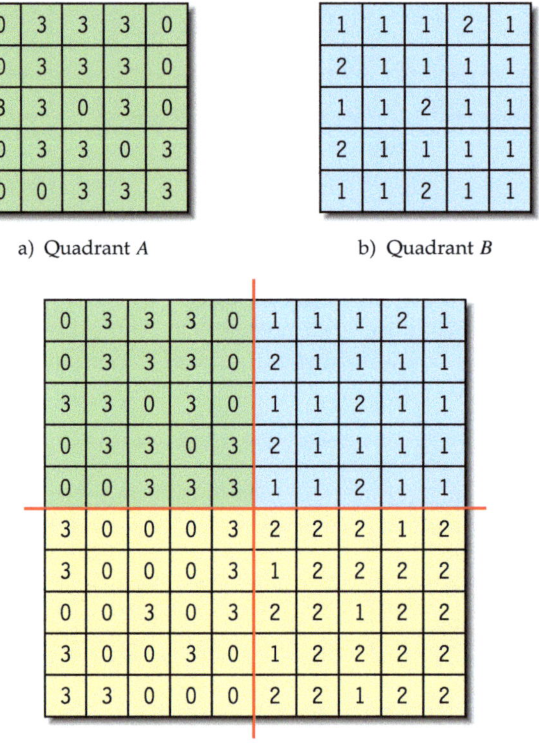

0	3	3	3	0
0	3	3	3	0
3	3	0	3	0
0	3	3	0	3
0	0	3	3	3

a) Quadrant A

1	1	1	2	1
2	1	1	1	1
1	1	2	1	1
2	1	1	1	1
1	1	2	1	1

b) Quadrant B

0	3	3	3	0	1	1	1	2	1
0	3	3	3	0	2	1	1	1	1
3	3	0	3	0	1	1	2	1	1
0	3	3	0	3	2	1	1	1	1
0	0	3	3	3	1	1	2	1	1
3	0	0	0	3	2	2	2	1	2
3	0	0	0	3	1	2	2	2	2
0	0	3	0	3	2	2	1	2	2
3	0	0	3	0	1	2	2	2	2
3	3	0	0	0	2	2	1	2	2

c) vollständiges Hilfsquadrat

Abb. 10.68 Konstruktion des ersten Hilfsquadrates

Zusätzlich wird ein beliebiges magisches Quadrat der Ordnung $m = \frac{n}{2} = 5$ als zweites Hilfsquadrat benötigt, dessen Zahlen wie beschrieben vergrößert werden.

4	23	7	11	20
18	2	21	10	14
25	9	13	17	1
12	16	5	24	8
6	15	19	3	22

a) Hilfsquadrat

13	89	25	41	77
69	5	81	37	53
97	33	49	65	1
45	61	17	93	29
21	57	73	9	85

b) verändertes Hilfsquadrat

Abb. 10.69 Konstruktion des zweiten Hilfsquadrates

Nun muss wieder das zweite Hilfsquadrat zu jedem Quadranten des ersten Hilfsquadrates hinzuaddiert werden, um das magische Quadrat aus Abbildung 10.70 zu erzeugen.

13	92	28	44	77	14	90	26	43	78
69	8	84	40	53	71	6	82	38	54
100	36	49	68	1	98	34	51	66	2
45	64	20	93	32	47	62	18	94	30
21	57	76	12	88	22	58	75	10	86
16	89	25	41	80	15	91	27	42	79
72	5	81	37	56	70	7	83	39	55
97	33	52	65	4	99	35	50	67	3
48	61	17	96	29	46	63	19	95	31
24	60	73	9	85	23	59	74	11	87

Abb. 10.70 Magisches Quadrat der Ordnung $n = 10$ (Bouteloup)

Doppelt-gerade Ordnungen n = 4k

Der Aufbau bei den doppelt-geraden Quadraten gestaltet sich im Vergleich zu den einfach-geraden-Quadraten viel einfacher, da die Hälfte der Ordnung wieder eine gerade Zahl ist.

- Auf den Diagonalen von A und B müssen jeweils k mal die Zahlen 0 und 3 stehen.
- In den Zeilen von A und B müssen jeweils k mal die Zahlen 1 und 2 vorhanden sein.

Besonders einfach ausgedrückt: Die Zahlen 0 und 3 sowie 1 und 2 müssen immer gleich oft in den Quadranten auftreten.

	Quadrant A		Quadrant B	
Zahl	0	3	1	2
Anzahl	k	k	k	k

Mit dieser veränderten Tabelle kann schrittweise das erste Hilfsquadrat erzeugt werden. Ein mögliches Ergebnis ist in Abbildung 10.71c dargestellt.

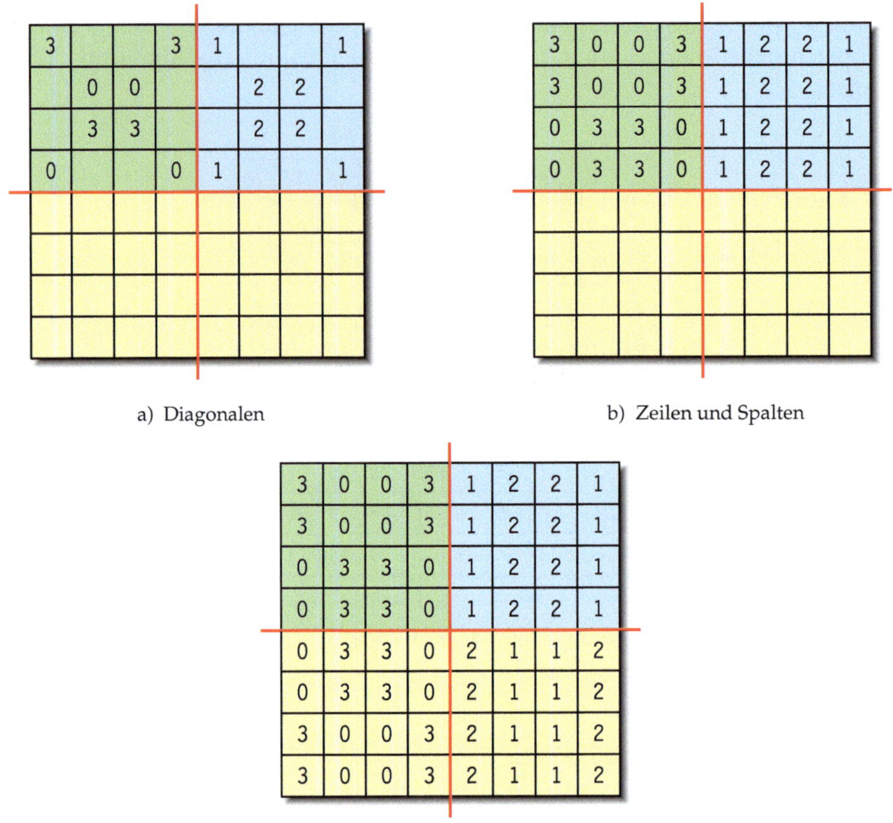

a) Diagonalen

b) Zeilen und Spalten

c) vollständiges Hilfsquadrat

Abb. 10.71 Konstruktion des ersten Hilfsquadrates

Jetzt wird noch ein beliebiges magisches Quadrat der Ordnung $m = \frac{n}{2} = 4$ benötigt, dessen Zahlen zunächst wieder um 1 vermindert, dann mit 4 multipliziert und anschließend inkrementiert werden.

9	12	5	8
16	1	4	13
2	15	14	3
7	6	11	10

a) Hilfsquadrat

33	45	17	29
61	1	13	49
5	57	53	9
25	21	41	37

b) verändertes Hilfsquadrat

Abb. 10.72 Konstruktion des zweiten Hilfsquadrates

Addiert man das zweite Hilfsquadrat zu jedem Quadranten des ersten Hilfsquadrates hinzu, entsteht das magische Quadrat aus Abbildung 10.73.

36	45	17	32	34	47	19	30
64	1	13	52	62	3	15	50
5	60	56	9	6	59	55	10
25	24	44	37	26	23	43	38
33	48	20	29	35	46	18	31
61	4	16	49	63	2	14	51
8	57	53	12	7	58	54	11
28	21	41	40	27	22	42	39

Abb. 10.73 Magisches Quadrat der Ordnung $n = 8$ (Bouteloup)

10.3.4 Hendricks

Doppelt-gerade Ordnungen n = 4k

John R. Hendricks erzeugt magische Quadrate doppelter Ordnung mithilfe einer Tabelle mit vier Zeilen und $m = \frac{n}{2}$ Spalten. Sie wird mit den Zahlen 0, 1, 2, und 3 so gefüllt, dass folgende Bedingungen erfüllt sind.[12]

- In jeder Spalte müssen die Zahlen 0, 1, 2 und 3 auftreten.
- In der linken Spalte muss die Summe der beiden oberen Zahlen genauso 3 ergeben wie die Summe der beiden unteren Zahlen.
- Die Summe der Zahlen in den beiden oberen Zeilen (LO, RU) muss ebenso gleich sein, wie die Summe der Zahlen in den beiden unteren Zeilen (LU, RO).

	Spalte				
Zeile	0	1	2	3	Summe
LO	0	3	1	1	5
RU	3	0	0	2	5
LU	1	1	2	3	7
RO	2	2	3	0	7

a) Tabelle 1

	Spalte				
Zeile	0	1	2	3	Summe
LO	0	2	3	3	8
RU	3	1	2	2	8
LU	1	3	0	0	4
RO	2	0	1	1	4

b) Tabelle 2

[12] Hendricks [211]

Zeile	Spalte 0	1	2	3	Summe
LO	0	1	3	0	4
RU	3	0	0	1	4
LU	1	3	1	3	8
RO	2	2	2	2	8

c) Tabelle 3

Zeile	Spalte 0	1	2	3	Summe
LO	0	2	0	3	5
RU	3	1	1	0	5
LU	1	3	2	1	7
RO	2	0	3	2	7

d) Tabelle 4

Tab. 10.5 Vier mögliche Ausgangstabellen für die Ordnung $n = 8$

Neben einer Tabelle wird ein lateinisches Quadrat der Ordnung $m = \frac{n}{2}$ benötigt, welches zum Übertragen der Zahlen aus der Ausgangstabelle in ein Hilfsquadrat dient. In die obere Zeile dieses Quadrates werden die fortlaufenden Zahlen $0, 1, 2, 3$ eingefügt. Die weiteren Zeilen erhält man, indem jeweils die direkt darüberliegende Zeile nach unten kopiert und dabei die Spalten zyklisch gesehen um eine Position nach rechts verschoben werden. Damit ist sichergestellt, dass in allen Zellen der Nebendiagonalen die Zahl 0 eingetragen ist. Dieses Quadrat wird in den linken oberen Quadranten des Zielquadrates der Ordnung $n = 2m$ eingefügt.

Den rechten oberen Quadranten erhält man durch eine Spiegelung an der vertikalen und den linken unteren Quadranten durch eine Spiegelung an der horizontalen Mittellinie. Dieser wird dann noch einmal an der vertikalen Mittellinie in den rechten unteren Quadranten gespiegelt. Das so erhaltene Hilfsquadrat ist in Abbildung 10.74 dargestellt.

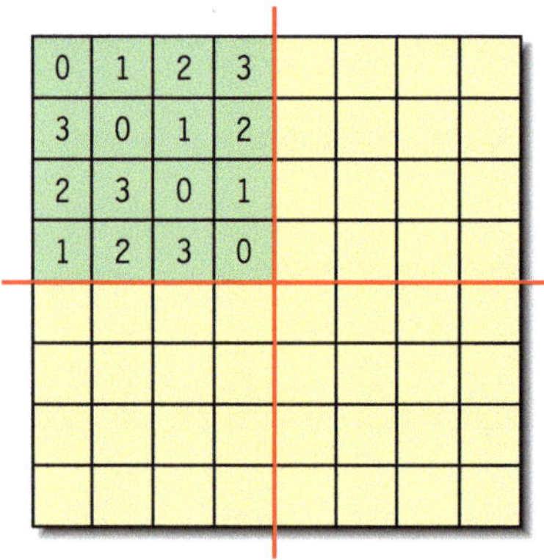

a) Lateinisches Quadrat

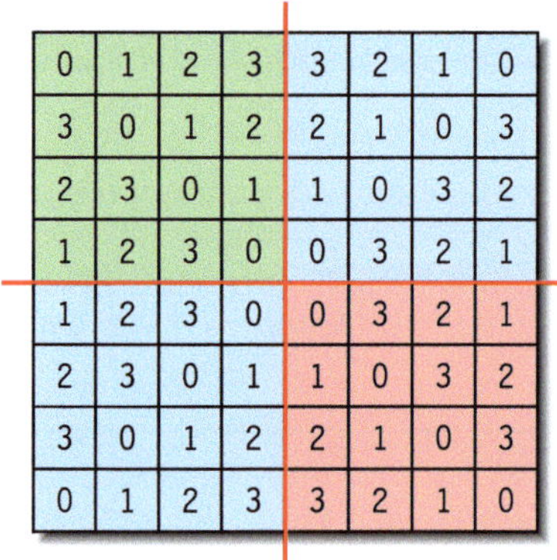

b) gespiegelte Quadranten

Abb. 10.74 Erstes Hilfsquadrat

Nun wird ein zweites Hilfsquadrat der Ordnung n konstruiert, in das die Zahlen aus der Ausgangstabelle eingetragen werden. In diesem Beispiel wird die Tabelle 10.5a benutzt und in den linken oberen Quadranten des Hilfsquadrates werden die Zahlen aus der Zeile LO der Ausgangstabelle notiert. Dabei bestimmt die Zahl aus der entsprechenden Zelle des lateinischen Quadrates, aus welcher Spalte der oberen Zeile der Ausgangstabelle die Zahl gewählt werden muss.

Die obere Zeile des lateinischen Quadrates wird von den Zahlen $0, 1, 2, 3$ gebildet. Damit werden die Zahlen $0, 3, 1, 1$ aus der `LO`-Zeile der Tabelle in unveränderter Reihenfolge übernommen. Die nächste Zeile des lateinischen Quadrates lautet $3, 0, 1, 2$. Diese Indizes bestimmen, dass die Zahlen aus der `LO`-Zeile jetzt in der Reihenfolge $1, 0, 3, 1$ platziert werden müssen. Entsprechend werden dann auch die beiden beiden Zeilen gefüllt.

Für die anderen drei Quadranten werden die drei weiteren Zeilen `LU`, `RU`,und `RU` der Ausgangstabelle benutzt. Auch hier bestimmen die zugehörigen Zahlen aus dem ersten Hilfsquadrat die genaue Position der einzutragenden Zahlen. Das auf diese Weise gewonnene Hilfsquadrat ist in Abbildung 10.76a angegeben.

LO	RO
LU	RU

Abb. 10.75 Namen der Quadranten

Damit ist das zweite Hilfsquadrat allerdings noch nicht benutzbar, denn alle Zahlen müssen noch mit m^2 multipliziert werden. Das Ergebnis dieser Multiplikationen ist in Abbildung 10.76b dargestellt.

0	3	1	1	0	3	2	2
1	0	3	1	3	2	2	0
1	1	0	3	2	2	0	3
3	1	1	0	2	0	3	2
1	2	3	1	3	2	0	0
2	3	1	1	0	3	2	0
3	1	1	2	0	0	3	2
1	1	2	3	2	0	0	3

a) Übertragen aller Zeilen

0	48	16	16	0	48	32	32
16	0	48	16	48	32	32	0
16	16	0	48	32	32	0	48
48	16	16	0	32	0	48	32
16	32	48	16	48	32	0	0
32	48	16	16	0	48	32	0
48	16	16	32	0	0	48	32
16	16	32	48	32	0	0	48

b) Multiplikation mit m^2

Abb. 10.76 Zweites Hilfsquadrat

Schließlich wird noch ein drittes Hilfsquadrat der Ordnung n benötigt, in dessen linken oberen Quadranten ein beliebiges magisches Quadrat der Ordnung $m = \frac{n}{2}$ eingetragen wird. In diesem Beispiel wird das Dürer-Quadrat gewählt und dann in die anderen drei Quadranten gespiegelt (siehe Abbildung 10.77).

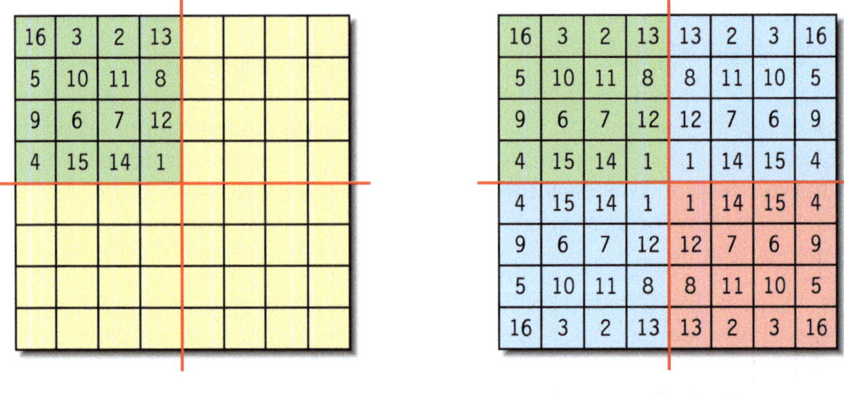

16	3	2	13				
5	10	11	8				
9	6	7	12				
4	15	14	1				

a) magisches Quadrat

16	3	2	13	13	2	3	16
5	10	11	8	8	11	10	5
9	6	7	12	12	7	6	9
4	15	14	1	1	14	15	4
4	15	14	1	1	14	15	4
9	6	7	12	12	7	6	9
5	10	11	8	8	11	10	5
16	3	2	13	13	2	3	16

b) gespiegelte Quadranten

Abb. 10.77 Drittes Hilfsquadrat

Damit ist die Konstruktion fast abgeschlossen, denn jetzt müssen die beiden Hilfsquadrate aus den Abbildungen 10.76b und 10.77 nur noch addiert werden und es entsteht das magische Quadrat aus Abbildung 10.78.

16	51	18	29	13	50	35	48
21	10	59	24	56	43	42	5
25	22	7	60	44	39	6	57
52	31	30	1	33	14	63	36
20	47	62	17	49	46	15	4
41	54	23	28	12	55	38	9
53	26	27	40	8	11	58	37
32	19	34	61	45	2	3	64

Abb. 10.78 Magisches Quadrat der Ordnung $n = 8$ (Hendricks)

Varianten

Mit diesem Algorithmus können aus einem vorgegebenen magischen Quadrat eine Vielzahl von magischen Quadraten der doppelten Ordnung erzeugt werden, da sehr viele Ausgangstabellen existieren, die die vorgegebenen Bedingungen erfüllen. Für die Ordnung $n = 8$ existieren bereits 32 Tabellen mit der fest vorgegebenen linken Spalte. Diese Anzahl lässt sich aber mit den nachfolgend beschriebenen Varianten noch deutlich erhöhen.

Für dieses Beispiel wird jetzt Tabelle 10.5b benutzt. Wie für alle Tabellen existieren auch für diese Tabelle weitere Partnertabellen, die durch einen Zeilentausch entstehen. Ohne die gestellten Bedingungen zu verletzen, kann man die beiden oberen Zeilen ebenso vertauschen wie die beiden unteren. Auch wenn das obere Zeilenpaar gegen das untere Zeilenpaar ausgetauscht wird, entstehen weitere Tabellen. Diese Vertauschungen können dabei einzeln durchgeführt oder beliebig miteinander kombiniert werden. Für die Ausgangstabelle in diesem Beispiel ist das obere Zeilenpaar gegen das untere Zeilenpaar ausgetauscht und hinterher sind zusätzlich die beiden oberen Zeilen miteinander vertauscht worden.

	Spalte				
Zeile	0	1	2	3	Summe
LO	0	2	3	3	8
RU	3	1	2	2	8
LU	1	3	0	0	4
RO	2	0	1	1	4

a) Tabelle

	Spalte				
Zeile	0	1	2	3	Summe
LO	2	0	1	1	6
RU	1	3	0	0	6
LU	0	2	3	3	9
RO	3	1	2	2	9

b) vertauschte Zeilen

Tab. 10.6 Ausgangstabelle mit vertauschten Zeilen

Natürlich bleiben auch weiterhin alle Bedingungen erfüllt, wenn man die Spalten ohne die linke Spalte beliebig permutiert. Diese Vertauschungen können aber auch über das lateinische Quadrat durchgeführt werden, was hier verfolgt wird. Auf alle Fälle muss in der linken oberen Ecke die Zahl 0 platziert werden, damit die Diagonalen geeignet belegt werden. Der Rest der oberen Zeile kann dann beliebig mit den verbleibenden Zahlen $1, 2, \ldots, m-1$ in beliebiger Reihenfolge aufgefüllt werden. Danach wird das Hilfsquadrat wie bisher aufgefüllt (siehe Abbildung 10.79).

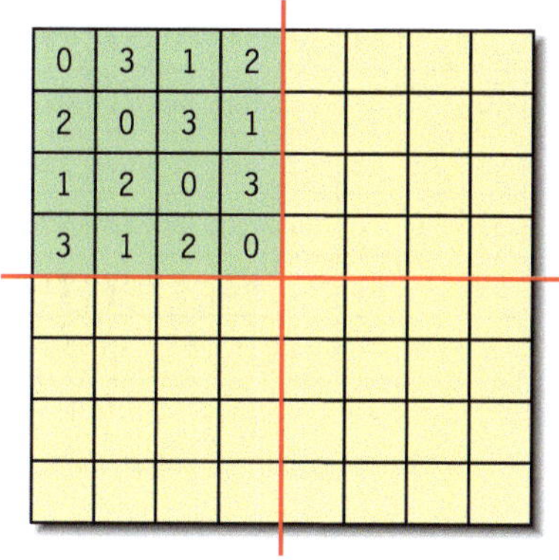

a) Lateinisches Quadrat

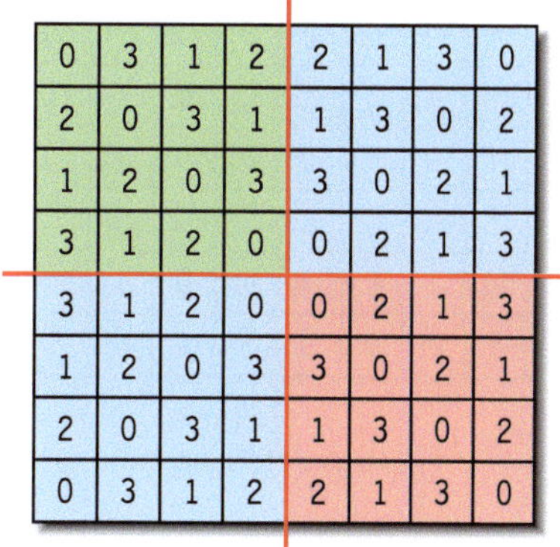

b) gespiegelte Quadranten

Abb. 10.79 Erstes Hilfsquadrat

Das weitere Vorgehen erfolgt wie beim ersten Beispiel. Mit den Indizes aus dem ersten Hilfsquadrat wird das Ausgangsquadrat in das zweite Hilfsquadrat übertragen und alle Zahlen mit m^2 multipliziert.

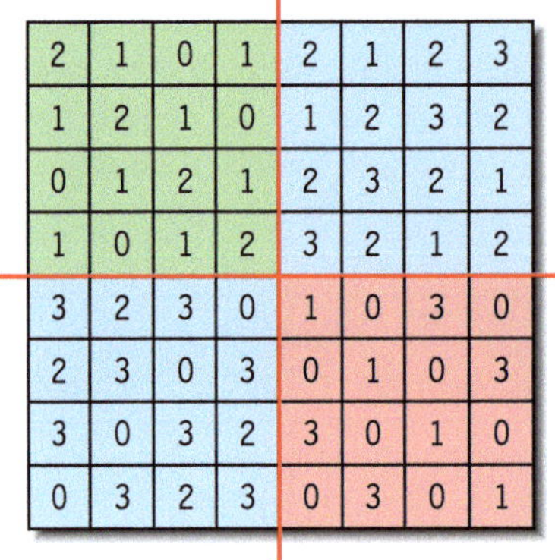

2	1	0	1	2	1	2	3
1	2	1	0	1	2	3	2
0	1	2	1	2	3	2	1
1	0	1	2	3	2	1	2
3	2	3	0	1	0	3	0
2	3	0	3	0	1	0	3
3	0	3	2	3	0	1	0
0	3	2	3	0	3	0	1

a) Übertragen der Zeilen

32	16	0	16	32	16	32	48
16	32	16	0	16	32	48	32
0	16	32	16	32	48	32	16
16	0	16	32	48	32	16	32
48	32	48	0	16	0	48	0
32	48	0	48	0	16	0	48
48	0	48	32	48	0	16	0
0	48	32	48	0	48	0	16

b) Multiplikation

Abb. 10.80 Zweites Hilfsquadrat

Als magisches Ausgangsquadrat der Ordnung $m = \frac{n}{2} = 4$ dient in diesem Beispiel ein anderes magisches Quadrat vierter Ordnung, das aus dem linken oberen Quadranten in die Quadranten des dritten Hilfsquadrates gespiegelt wird.

Addiert man abschließend die beiden Hilfsquadrate aus den Abbildungen 10.80 und 10.81a, ergibt sich das magische Quadrat der Ordnung $n = 8$.

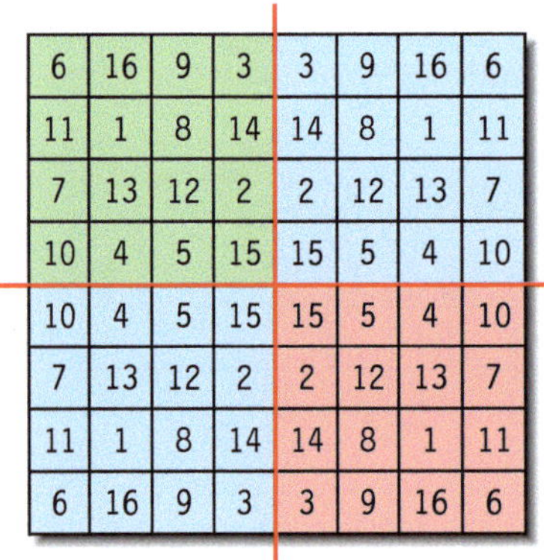

6	16	9	3	3	9	16	6
11	1	8	14	14	8	1	11
7	13	12	2	2	12	13	7
10	4	5	15	15	5	4	10
10	4	5	15	15	5	4	10
7	13	12	2	2	12	13	7
11	1	8	14	14	8	1	11
6	16	9	3	3	9	16	6

a) drittes Hilfsquadrat

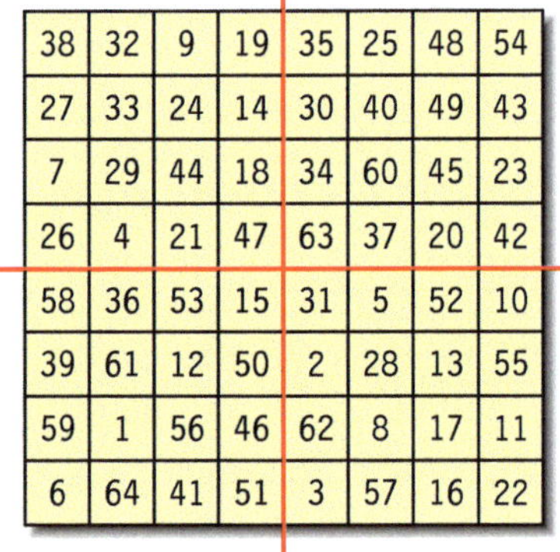

38	32	9	19	35	25	48	54
27	33	24	14	30	40	49	43
7	29	44	18	34	60	45	23
26	4	21	47	63	37	20	42
58	36	53	15	31	5	52	10
39	61	12	50	2	28	13	55
59	1	56	46	62	8	17	11
6	64	41	51	3	57	16	22

b) magisches Quadrat

Abb. 10.81 Magisches Quadrat der Ordnung $n = 8$ (Hendricks, Variante)

Dieses Verfahren ist auf alle doppelt-geraden Ordnungen übertragbar. Dabei muss in den Ausgangstabellen nur die Anzahl der Spalten angepasst werden.

Einfach-gerade Ordnungen n = 4k+2

Dieses Verfahren lässt sich ohne Änderungen auch für einfach-gerade Ordnungen $n = 4k + 2$ anwenden. Hier gibt es z. B. für die Ordnung $n = 10$ schon 248 unterschiedliche Ausgangstabellen, bei denen die linke Spalte wie in den bisherigen Beispielen fest vorgegeben ist. Aus ihnen lassen sich dann durch Zeilentausch jeweils acht weitere Partnertabellen erstellen, bei denen die erste Spalte anders angeordnet ist. Eine mögliche Ausgangstabelle für die Ordnung $n = 10$ ist in Tabelle 10.7 angegeben.

	Spalte					
Zeile	0	1	2	3	4	Summe
LO	1	1	0	3	2	7
RU	2	0	1	1	3	7
LU	3	2	3	0	0	8
RO	0	3	2	2	1	8

Tab. 10.7 Gewählte Ausgangstabelle

Der linke obere Quadrant wird wie in Abbildung 10.82 mit einem lateinischen Quadrat gefüllt, das dann in die anderen Quadranten gespiegelt wird.

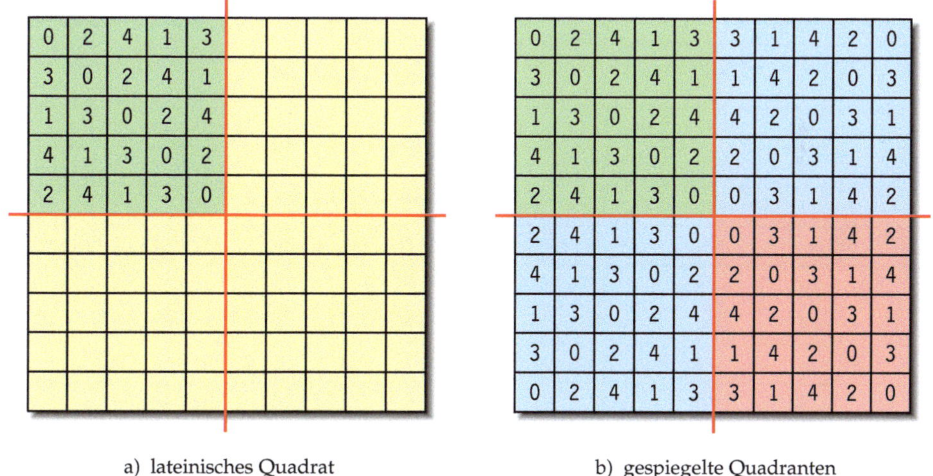

a) lateinisches Quadrat b) gespiegelte Quadranten

Abb. 10.82 Erstes Hilfsquadrat

Mit den Indizes aus dem ersten Hilfsquadrat werden anschließend die Zahlen aus der Ausgangstabelle in das zweite Hilfsquadrat übertragen und mit m^2 multipliziert. Der linke obere Quadrant muss etwa mit den Zahlen $1, 1, 0, 3, 2$ der LO-Zeile gefüllt werden. Das lateinische Quadrat bestimmt nun die Reihenfolge mit 0, 2, 4, 1, 3 , sodass die Zahlen der L0-Zeile in der Reihenfolge 1, 0, 2, 1, 3 notiert werden.

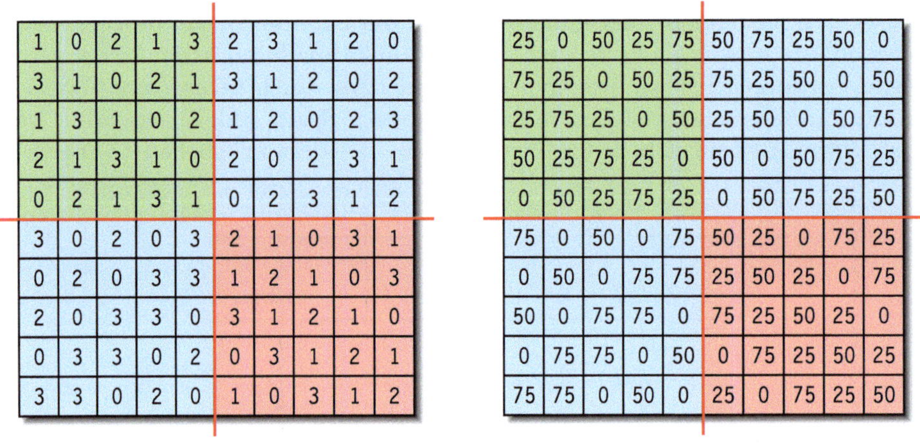

1	0	2	1	3	2	3	1	2	0
3	1	0	2	1	3	1	2	0	2
1	3	1	0	2	1	2	0	2	3
2	1	3	1	0	2	0	2	3	1
0	2	1	3	1	0	2	3	1	2
3	0	2	0	3	2	1	0	3	1
0	2	0	3	3	1	2	1	0	3
2	0	3	3	0	3	1	2	1	0
0	3	3	0	2	0	3	1	2	1
3	3	0	2	0	1	0	3	1	2

a) Übertragen der Zeilen

25	0	50	25	75	50	75	25	50	0
75	25	0	50	25	75	25	50	0	50
25	75	25	0	50	25	50	0	50	75
50	25	75	25	0	50	0	50	75	25
0	50	25	75	25	0	50	75	25	50
75	0	50	0	75	50	25	0	75	25
0	50	0	75	75	25	50	25	0	75
50	0	75	75	0	75	25	50	25	0
0	75	75	0	50	0	75	25	50	25
75	75	0	50	0	25	0	75	25	50

b) Multiplikation

Abb. 10.83 Zweites Hilfsquadrat

Das dritte Hilfsquadrat wird zunächst mit einem magischen Quadrat der Ordnung $m = \frac{n}{2} = 5$ gefüllt, das wieder in die anderen Quadranten gespiegelt wird.

Addiert man schließlich das zweite und das dritte Hilfsquadrat, erhält man das magische Quadrat der Ordnung 10 aus Abbildung 10.84.

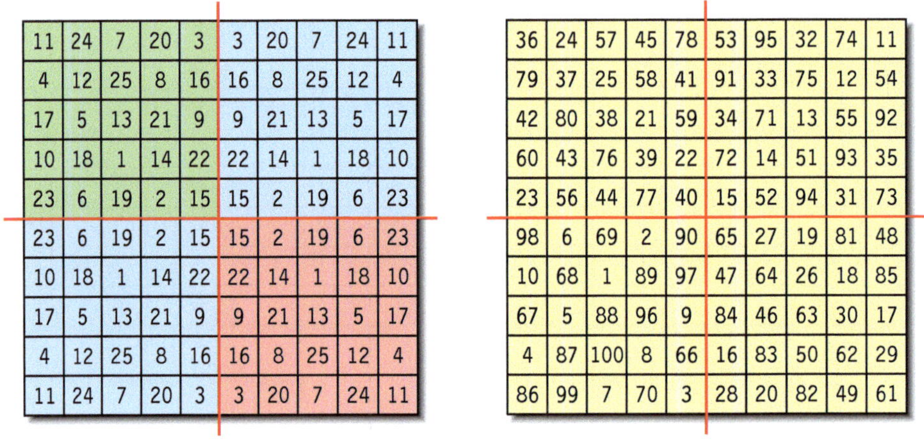

11	24	7	20	3	3	20	7	24	11
4	12	25	8	16	16	8	25	12	4
17	5	13	21	9	9	21	13	5	17
10	18	1	14	22	22	14	1	18	10
23	6	19	2	15	15	2	19	6	23
23	6	19	2	15	15	2	19	6	23
10	18	1	14	22	22	14	1	18	10
17	5	13	21	9	9	21	13	5	17
4	12	25	8	16	16	8	25	12	4
11	24	7	20	3	3	20	7	24	11

a) drittes Hilfsquadrat

36	24	57	45	78	53	95	32	74	11
79	37	25	58	41	91	33	75	12	54
42	80	38	21	59	34	71	13	55	92
60	43	76	39	22	72	14	51	93	35
23	56	44	77	40	15	52	94	31	73
98	6	69	2	90	65	27	19	81	48
10	68	1	89	97	47	64	26	18	85
67	5	88	96	9	84	46	63	30	17
4	87	100	8	66	16	83	50	62	29
86	99	7	70	3	28	20	82	49	61

b) magisches Quadrat

Abb. 10.84 Magisches Quadrat der Ordnung $n = 10$ (Hendricks)

10.3.5 Chen Zhong-mu

Das Verfahren von Chen Zhong-mu erzeugt magische Quadrate gerader Ordnungen und arbeitet mit 2×2 - Quadraten, die im Zielquadrat geeignet angeordnet werden.[13]

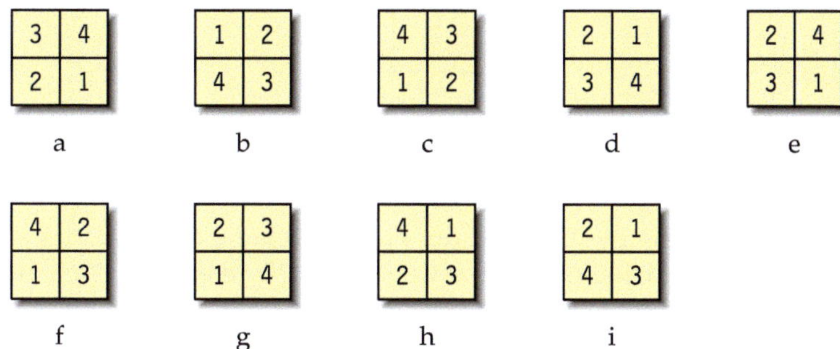

Zusätzlich kommen mit a' und b' die transponierten Matrizen von a und b zum Einsatz.

Für ein magisches Quadrat werden diese Teilquadrate gemäß Tabelle 10.8 angeordnet.

a	b	a	b	…	a	b	a	b	g	
c	d	c	d		c	d	c	d	h	
a	b	a	b	…	a	b	a	b	a'	} $k-1$ mal $\binom{a'}{b'}$
c	d	c	d		c	d	c	d	b'	
⋮		⋮			⋮		⋮		⋮	
a	b	a	b	…	a	b	a	b	a'	
c	d	c	d		c	d	c	d	b'	
a	b	a	b	…	a	b	a	b	a'	
c	d	c	d		c	d	c	d	b'	
e	f	a	b	…	a	b	a	b	i	
		$k-1$ mal $(a\ b)$								

Tab. 10.8 Anordnung der 2×2 - Quadrate

[13] Chen Zhong-mu [96] S. 5–8

Einfach-gerade Ordnungen n = 4k+2

Für ein Quadrat der Ordnung $n = 4k + 2 = 6$ reduziert sich diese Tabelle mit $k = 1$ auf eine besonders einfache Form des Musterquadrates (siehe Tabelle 10.9).

a	b	g
c	d	h
e	f	i

Tab. 10.9 Anordnung der 2x2 - Quadrate für die Ordnung $n = 6$

Weiterhin wird ein magisches Quadrat der halben Größe $\frac{n}{2}$ benötigt, das als Basisquadrat dient. Die in das Zielquadrat einzutragenden Werte ergeben sich aus der um 1 verminderten Zahl aus dem Basisquadrat, die zuerst mit dem Faktor 4 multipliziert und dann um die entsprechende Zahl aus den 2x2 - Quadraten erhöht wird. Für die Zahl in der linken oberen Ecke gilt also z. B. $(4 - 1) \cdot 4 + 3 = 15$. Das Ergebnis dieser Berechnungen ist in Abbildung 10.85 dargestellt.

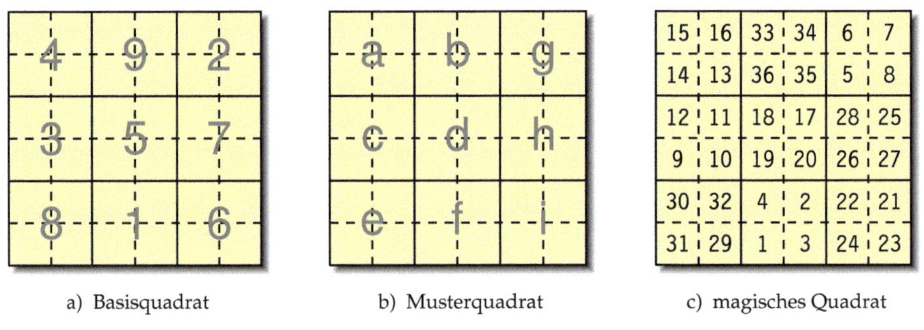

a) Basisquadrat b) Musterquadrat c) magisches Quadrat

Abb. 10.85 Magisches Quadrat der Ordnung $n = 6$ (Chen Zhong-mu)

Für die Ordnung $n = 10$ ist die Anordnung der 2x2 - Quadrate in Tabelle 10.10 angegeben.

a	b	a	b	g
c	d	c	d	h
a	b	a	b	a'
c	d	c	d	b'
e	f	a	b	i

Tab. 10.10 Anordnung der 2x2 - Quadrate für die Ordnung $n = 10$

Füllt man diese Anordnung mit den dazugehörenden Zahlen, ergibt sich das Quadrat aus Abbildung 10.86.

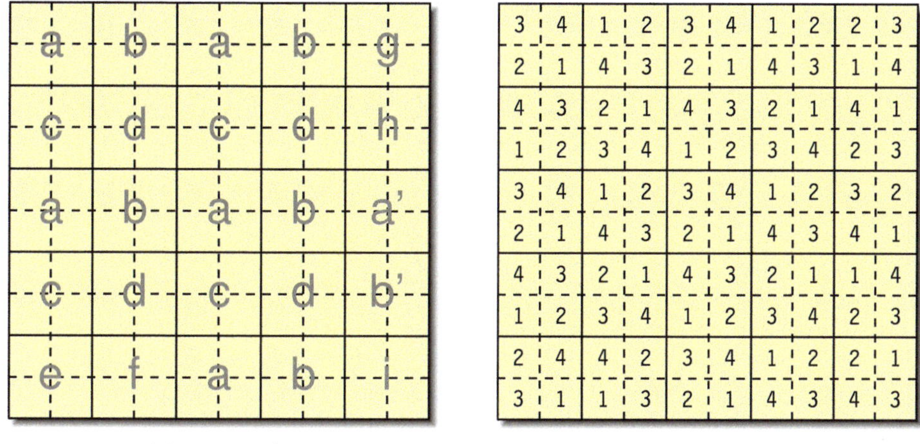

a) Musterquadrat b) gefülltes Musterquadrat A

Abb. 10.86 Musterquadrat für die Ordnung $n = 10$

Weiterhin wird ein magisches Quadrat der halben Größe $m = \frac{n}{2} = 5$ als Basisquadrat benötigt, welches mit den 2 x 2 - Quadraten kombiniert wird. Man multipliziert wieder die um 1 verminderte Zahl aus dem Basisquadrat mit 4, addiert dann die Zahl aus dem zugehörigen 2 x 2 - Quadrat hinzu. Für die linke obere Ecke gilt etwa

$$(11 - 1) \cdot 4 + 3 = 43$$

Führt man diese Berechnungen für alle Zellen durch, ergibt sich das magische Quadrat der Ordnung $n = 10$ aus Abbildung 10.87.

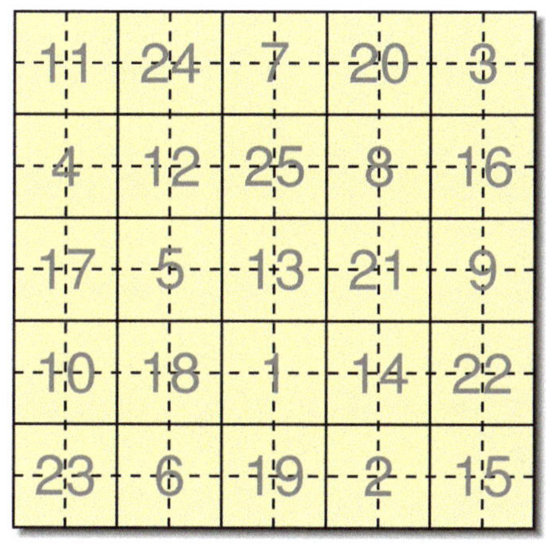

43	44	93	94	27	28	77	78	10	11
42	41	96	95	26	25	80	79	9	12
16	15	46	45	100	99	30	29	64	61
13	14	47	48	97	98	31	32	62	63
67	68	17	18	51	52	81	82	35	34
66	65	20	19	50	49	84	83	36	33
40	39	70	69	4	3	54	53	85	88
37	38	71	72	1	2	55	56	86	87
90	92	24	22	75	76	5	6	58	57
91	89	21	23	74	73	8	7	60	59

a) Basisquadrat B b) magisches Quadrat

Abb. 10.87 Magisches Quadrat der Ordnung $n = 10$ (Chen Zhong-mu)

Doppelt-gerade Ordnungen n = 4k

Für doppelt-gerade Ordnungen $n = 4k$ ist die Anordnung der 2×2 - Quadrate noch viel einfacher, wie in Tabelle 10.11 zu erkennen ist. Durch die systematische Anordnung reicht der Ausgleich zwischen den vier beteiligten Teilquadraten vollständig aus und muss im Unterschied zu den einfach-geraden Ordnungen nicht mehr korrigiert werden.

$$\begin{matrix} \begin{matrix} a & b \\ c & d \end{matrix} & \cdots & \begin{matrix} a & b \\ c & d \end{matrix} \\ \vdots & & \vdots \\ \begin{matrix} a & b \\ c & d \end{matrix} & \cdots & \begin{matrix} a & b \\ c & d \end{matrix} \end{matrix}$$

Tab. 10.11 Anordnung der 2×2 - Quadrate

Für die Ordnung $n = 8$ ist diese Anordnung ganz konkret in Abbildung 10.88 dargestellt.

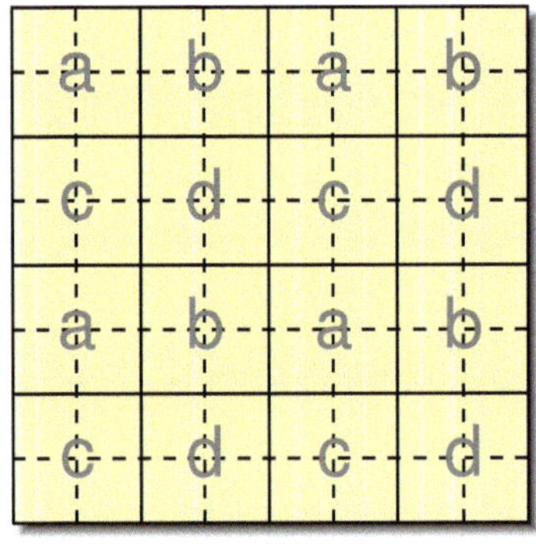

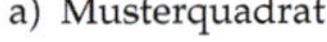
a) Musterquadrat

3	4	1	2	3	4	1	2
2	1	4	3	2	1	4	3
4	3	2	1	4	3	2	1
1	2	3	4	1	2	3	4
3	4	1	2	3	4	1	2
2	1	4	3	2	1	4	3
4	3	2	1	4	3	2	1
1	2	3	4	1	2	3	4

b) gefülltes Musterquadrat

Abb. 10.88 Musterquadrat für die Ordnung $n = 8$

Nun wird noch ein magisches Quadrat der halben Größe $m = \frac{n}{2} = 4$ als Basisquadrat benötigt, welches dann mit den 2×2 - Quadraten kombiniert wird.

16	3	2	13
5	10	11	8
9	6	7	12
4	15	14	1

Multipliziert man wieder die um 1 verminderte Zahl aus dem Basisquadrat mit 4 und addiert dann die zugehörige Zahl aus den 2×2 - Quadraten, ergibt sich das magische Quadrat der Ordnung $n = 8$ aus Abbildung 10.89.

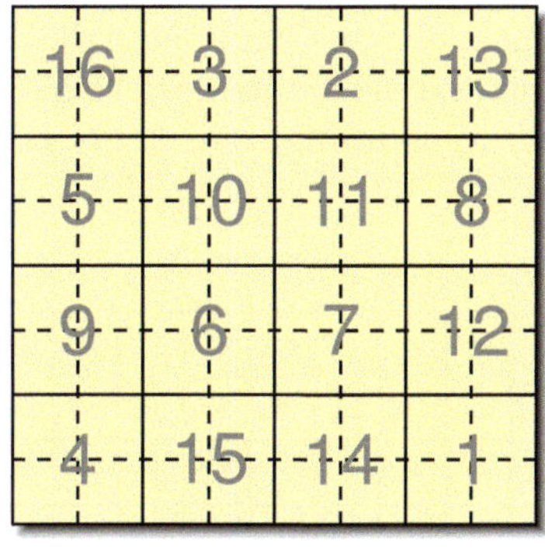

a) Basisquadrat

63	64	9	10	7	8	49	50
62	61	12	11	6	5	52	51
20	19	38	37	44	43	30	29
17	18	39	40	41	42	31	32
35	36	21	22	27	28	45	46
34	33	24	23	26	25	48	47
16	15	58	57	56	55	2	1
13	14	59	60	53	54	3	4

b) magisches Quadrat

Abb. 10.89 Magisches Quadrat der Ordnung $n = 8$ (Chen Zhong-mu)

10.3.6 Widdis – Richter

Widdis und Richter gehen bei ihrer Methode der Verdopplung von der Tatsache aus, dass man aus zwei magischen Quadraten der Ordnungen p und q ein zusammengesetztes Quadrat der Ordnung $n = p \cdot q$ erzeugen kann.[14]

Für die Verdopplung müsste man mit einem Quadrat der Ordnung $p = 2$ arbeiten, welches aber bekanntlich nicht existiert. Trotzdem wählen sie ein derartiges Quadrat, um zunächst eine Näherungslösung zu erhalten, die dann nachträglich zu einem magischen Quadrat ausgebaut wird.

Doppelt-gerade Ordnungen n = 4k

Für Zielquadrate mit doppelt-geraden Ordnungen $n = 4k$ kombinieren Widdis und Richter ein Quadrat der Ordnung $p = 2$ mit einem magischen Basisquadrat beliebiger gerader Ordnung, etwa dem Dürer-Quadrat mit der Ordnung $q = 4$, wenn ein magisches Quadrat der Ordnung $n = 8$ erzeugt werden soll.

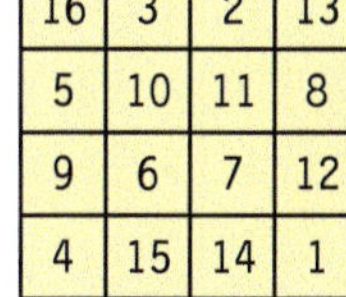

a) 2×2 - Quadrat

16	3	2	13
5	10	11	8
9	6	7	12
4	15	14	1

b) Basisquadrat

Abb. 10.90 Ausgangsquadrate (Schritt 1)

[14] Widdis und Richter [596]

Das Dürer-Quadrat wird unverändert in den linken oberen Quadranten des Zielquadrates eingesetzt, da dieser Quadrant im 2 x 2 - Quadrat die Kennziffer 1 trägt. Entsprechend fügt man das Dürer-Quadrat in die anderen Quadranten ein, wobei jedoch alle Zahlen mit der zugehörigen Kennziffer aus dem 2 x 2 - Quadrat multipliziert werden.

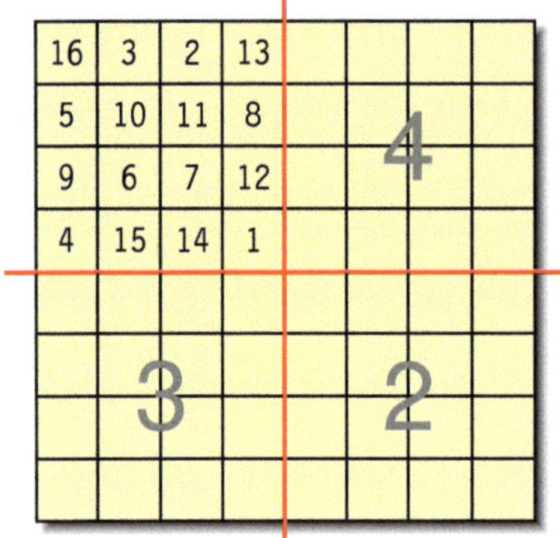

16	3	2	13	64	51	50	61
5	10	11	8	53	58	59	56
9	6	7	12	57	54	55	60
4	15	14	1	52	63	62	49
48	35	34	45	32	19	18	29
37	42	43	40	21	26	27	24
41	38	39	44	25	22	23	28
36	47	46	33	20	31	30	17

Abb. 10.91 Zusammengesetztes Quadrat (Schritt 2)

Damit ist klar, dass das zusammengesetzte Quadrat in Abbildung 10.91 magische Zeilensummen besitzen muss, da sich diese Eigenschaft von den beiden beteiligten Quadraten überträgt.

Dies gilt allerdings nicht für die Spalten- und Diagonalensummen. Um diese auszugleichen, muss man die Zahlen in den oberen $\frac{q}{2} = 2$ Zeilen der beiden oberen und der beiden unteren Teilquadrate austauschen. Mit diesen Vertauschungen, erhält man das magische Quadrat in Abbildung 10.92.

16	3	2	13	64	51	50	61
5	10	11	8	53	58	59	56
9	6	7	12	57	54	55	60
4	15	14	1	52	63	62	49
48	35	34	45	32	19	18	29
37	42	43	40	21	26	27	24
41	38	39	44	25	22	23	28
36	47	46	33	20	31	30	17

a) zu vertauschende Zellen

64	51	50	61	16	3	2	13
53	58	59	56	5	10	11	8
9	6	7	12	57	54	55	60
4	15	14	1	52	63	62	49
32	19	18	29	48	35	34	45
21	26	27	24	37	42	43	40
41	38	39	44	25	22	23	28
36	47	46	33	20	31	30	17

b) magisches Quadrat

Abb. 10.92 Magisches Quadrat der Ordnung $n = 8$ (Widdis - Richter)

Einfach-gerade Ordnungen n = 4k+2

Um ein Quadrat mit einfach-gerader Ordnung $n = 4k + 2$ zu konstruieren, muss ein Basisquadrat mit ungerader Ordnung benutzt werden. Da im Gegensatz zum vorherigen Beispiel keine Symmetrie ausgenutzt werden kann, wird das Verfahren abgeändert. Soll das Zielquadrat die Ordnung $n = 10$ besitzen, muss im ersten Schritt das 2x2 - Quadrat mit einem beliebigen magischen Quadrat der Ordnung $q = 5$ kombiniert werden, in diesem Beispiel dem Quadrat von de la Loubère.

1	4
3	2

a) 2×2 - Quadrat

17	24	1	8	15
23	5	7	14	16
4	6	13	20	22
10	12	19	21	3
11	18	25	2	9

b) Basisquadrat

Abb. 10.93 Ausgangsquadrate (Schritt 1)

Das Basisquadrat wird zunächst wie bei der doppelt-geraden Ordnung in die Quadranten des Zielquadrates übertragen. Das entstehende Quadrat in Abbildung 10.94 besitzt wieder magische Zeilensummen. Der Ausgleich der Spalten- und Diagonalensummen gestaltet sich hier allerdings etwas schwieriger.

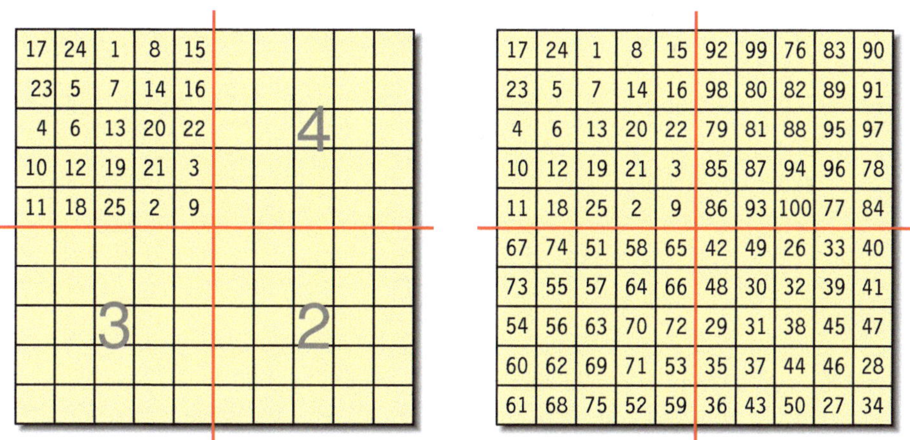

17	24	1	8	15					
23	5	7	14	16					
4	6	13	20	22			4		
10	12	19	21	3					
11	18	25	2	9					
		3					2		

17	24	1	8	15	92	99	76	83	90
23	5	7	14	16	98	80	82	89	91
4	6	13	20	22	79	81	88	95	97
10	12	19	21	3	85	87	94	96	78
11	18	25	2	9	86	93	100	77	84
67	74	51	58	65	42	49	26	33	40
73	55	57	64	66	48	30	32	39	41
54	56	63	70	72	29	31	38	45	47
60	62	69	71	53	35	37	44	46	28
61	68	75	52	59	36	43	50	27	34

Abb. 10.94 Zusammengesetztes Quadrat (Schritt 2)

Um die Spaltensummen auszugleichen, muss man Zahlen in den beiden oberen und unteren Teilquadraten austauschen. Für die beiden oberen Teilquadrate werden dazu die oberen $t = \frac{q-1}{2}$ Zeilen ausgewählt, für die unteren beiden Teilquadrate die oberen $b = \frac{q-3}{2}$ Zeilen. Für die Diagonalen ergeben sich allerdings mit

$$t = \frac{q-1}{2} \qquad \text{und} \qquad b = \frac{q-3}{2}$$

teilweise andere Anzahlen.

Um diese unterschiedlichen Anforderungen zu erfüllen, schlagen Widdis und Richter vor, in den beiden oberen Teilquadraten die oberen $t = \frac{q-1}{2}$ Zeilen auszutauschen, allerdings ohne das Element direkt über der mittleren Zelle der beiden Teilquadrate. Dafür werden die beiden mittleren Zellen der oberen Teilquadrate noch zusätzlich ausgetauscht. Für die unteren beiden Teilquadrate wählt man für den Austausch einfach die oberen $b = \frac{q-3}{2}$ Zeilen. Das hieraus entstehende Quadrat ist in Abbildung 10.95 dargestellt.

17	24	1	8	15	92	99	76	83	90
23	5	7	14	16	98	80	82	89	91
4	6	13	20	22	79	81	88	95	97
10	12	19	21	3	85	87	94	96	78
11	18	25	2	9	86	93	100	77	84
67	74	51	58	65	42	49	26	33	40
73	55	57	64	66	48	30	32	39	41
54	56	63	70	72	29	31	38	45	47
60	62	69	71	53	35	37	44	46	28
61	68	75	52	59	36	43	50	27	34

a) zu vertauschende Zellen

92	99	76	83	90	17	24	1	8	15
98	80	7	89	91	23	5	82	14	16
4	6	88	20	22	79	81	13	95	97
10	12	19	21	3	85	87	94	96	78
11	18	25	2	9	86	93	100	77	84
42	49	26	33	40	67	74	51	58	65
73	55	57	64	66	48	30	32	39	41
54	56	63	70	72	29	31	38	45	47
60	62	69	71	53	35	37	44	46	28
61	68	75	52	59	36	43	50	27	34

b) magisches Quadrat

Abb. 10.95 Magisches Quadrat der Ordnung $n = 10$ (Widdis - Richter)

Varianten

Für beide angeführten Beispiele sind die von Widdis und Richter vorgegebenen Regeln für die Vertauschungen nicht notwendig. Bei den Basisquadraten mit gerader Ordnung kann man sich beliebige $\frac{q}{2}$ Zeilen in den entsprechenden Teilquadraten aussuchen.

In Abbildung 10.96 sind im Gegensatz zum ersten Beispiel in Abbildung 10.92 keine festen, sondern jeweils zwei beliebige Zeilen aus der oberen und unteren Hälfte für den Austausch gewählt worden.

16	3	2	13	64	51	50	61
5	10	11	8	53	58	59	56
9	6	7	12	57	54	55	60
4	15	14	1	52	63	62	49
48	35	34	45	32	19	18	29
37	42	43	40	21	26	27	24
41	38	39	44	25	22	23	28
36	47	46	33	20	31	30	17

a) zu vertauschende Zellen

16	3	2	13	64	51	50	61
53	58	59	56	5	10	11	8
57	54	55	60	9	6	7	12
4	15	14	1	52	63	62	49
32	19	18	29	48	35	34	45
37	42	43	40	21	26	27	24
41	38	39	44	25	22	23	28
20	31	30	17	36	47	46	33

b) magisches Quadrat

Abb. 10.96 Magisches Quadrat der Ordnung $n = 8$ (Widdis - Richter, Variante)

Entsprechend kann man auch im Falle der Basisquadrate mit ungerader Ordnung beliebige Zeilen aussuchen. Bei dem magischen Quadrat in Abbildung 10.97 sind im Gegensatz zum Beispiel in Abbildung 10.95 völlig andere Zeilen gewählt worden, wobei die Werte von t und b natürlich gleich bleiben müssen.

$$t = \frac{q-1}{2} = \frac{5-1}{2} = 2 \qquad \text{und} \qquad b = \frac{q-3}{2} = \frac{5-3}{2} = 1$$

Dabei ist im oberen Bereich das mittlere Element einer dieser Zeilen ausgelassen und wie immer das mittlere Element der Teilquadrate zusätzlich gewählt worden, um die Diagonalensummen auszugleichen.

17	24	1	8	15	92	99	76	83	90
23	5	7	14	16	98	80	82	89	91
4	6	13	20	22	79	81	88	95	97
10	12	19	21	3	85	87	94	96	78
11	18	25	2	9	86	93	100	77	84
67	74	51	58	65	42	49	26	33	40
73	55	57	64	66	48	30	32	39	41
54	56	63	70	72	29	31	38	45	47
60	62	69	71	53	35	37	44	46	28
61	68	75	52	59	36	43	50	27	34

a) zu vertauschende Zellen

92	99	1	83	90	17	24	76	8	15
23	5	7	14	16	98	80	82	89	91
4	6	88	20	22	79	81	13	95	97
10	12	19	21	3	85	87	94	96	78
86	93	100	77	84	11	18	25	2	9
67	74	51	58	65	42	49	26	33	40
73	55	57	64	66	48	30	32	39	41
29	31	38	45	47	54	56	63	70	72
60	62	69	71	53	35	37	44	46	28
61	68	75	52	59	36	43	50	27	34

b) magisches Quadrat

Abb. 10.97 Magisches Quadrat der Ordnung $n = 10$ (Widdis - Richter, Variante)

10.3.7 Candy

Candy geht in seinem Verfahren *Method of Current Groups*[15] von einem magischen Basisquadrat ungerader Ordnung aus, zu dem er dann ein Quadrat der doppelten Größe erzeugt. Dazu nimmt er z. B. eine Variante des Lo-Shu und durchläuft das Quadrat in der Reihenfolge der eingetragenen Zahlen. Die Zahl 1 wird durch einen 2 x 2 - Block mit den Zahlen 1, 2, 3, 4 ersetzt, die Zahl 2 durch 5, 6, 7, 8 usw. Allerdings dürfen die vier aufeinanderfolgenden Zahlen eines 2 x 2 - Blocks nicht in einer beliebigen Reihenfolge platziert werden, sondern unterliegen bestimmten Bedingungen, damit das entstehende Quadrat wie in Abbildung 10.98 auch magisch ist.

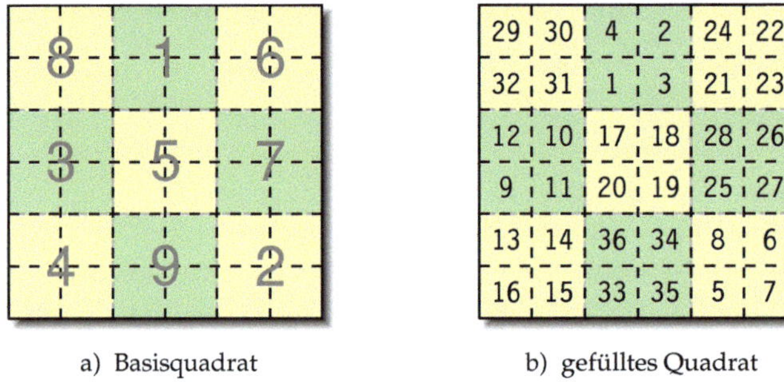

Abb. 10.98 Magisches Quadrat der Ordnung $n = 6$ (Candy)

Um die Gesetzmäßigkeiten zu verdeutlichen, unterteilt Candy die Blöcke in drei Haupttypen mit sehr unterschiedlichem Aufbau, die er *zyklisch* (englisch: *cyclic*), *gekreuzt* (*crossed*) und *z-Aufbau* (*z-order*) nennt und im Folgenden mit C, R bzw. Z abgekürzt werden.

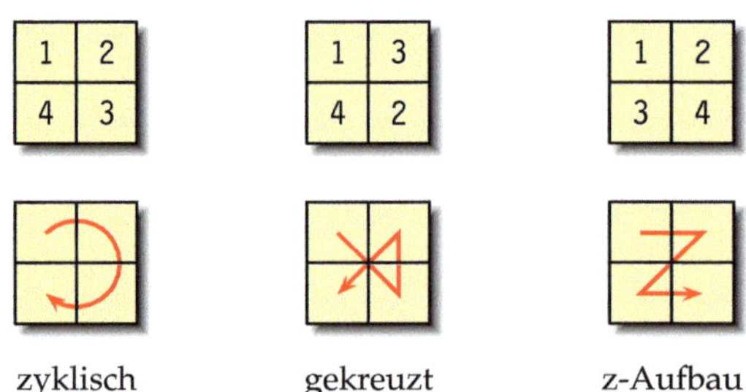

Abb. 10.99 Haupttypen der 2 x 2 - Blöcke von Candy

Aus den drei Haupttypen erzeugt Candy durch Spiegelungen und Umkehrungen der Zahlen zwölf mögliche Anordnungen, die er für die Konstruktion derartiger magischer Quadrate verwendet.

[15] Candy [77] und [78]

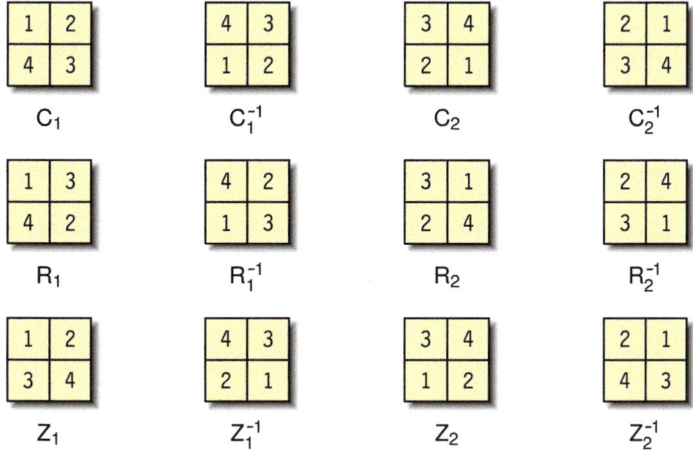

Abb. 10.100 Unterschiedliche 2 x 2 - Blöcke von Candy

Bei den zwölf Blöcken aus Abbildung 10.100 erkennt man, dass die zyklischen (C) und gekreuzten Anordnungen (R) immer die Spaltensumme 5 besitzen. Zudem unterscheiden sich die Zeilensummen bei den zyklischen Anordnungen jeweils um 4, bei den gekreuzten Anordnungen dagegen um 2. Völlig anders fallen dagegen die Blöcke mit dem z-Aufbau aus. Hier besitzen beide Diagonalen die Summe 5, während sich die Zeilensummen um 4, die Spaltensumme dagegen um 2 unterscheiden.

Einfach-gerade Ordnungen n = 4k+2

Mit diesen Erkenntnissen wird auch die Verteilung der Zahlen im magischen Quadrat aus Abbildung 10.98 verständlich, da die Anordnung der Zahlen in den Viererblöcken mit den neuen Bezeichnungen jetzt wie in Abbildung 10.101 gekennzeichnet werden kann.

C_1	R_1^{-1}	R_1^{-1}
R_1^{-1}	C_1	R_1^{-1}
C_1	R_1^{-1}	R_1^{-1}

Abb. 10.101 Aufbau des Quadrates aus Abbildung 10.98

Da nur C- und R-Blöcke benutzt werden, sind die Spaltensummen mit 15 schon alle passend. Bei einem C_1-Block ist die untere Zeilensumme in diesem Block um vier größer als die obere, was horizontal durch zwei weitere R_1^{-1}-Blöcke ausgeglichen wird. Da sich auch auf beiden Diagonalen zwei C_1-Blöcke sowie ein R_1^{-1}-Block befinden, ergeben alle Summen dieses Basismusters nach dem Einsetzen der Zahlen 1 bis 4 den Wert 15, und der Konstruktion eines magischen Quadrates steht nichts mehr im Wege. Dieses Vorgehen soll mit Abbildung 10.102 noch an einem weiteren Beispiel verdeutlicht werden.

a) Basisquadrat

65	66	93	94	4	2	32	30	60	59
68	67	96	95	1	3	29	31	57	58
89	90	20	19	25	27	53	55	64	63
92	91	17	18	28	26	56	54	61	62
13	14	21	23	52	51	77	79	88	87
16	15	24	22	49	50	80	78	85	86
37	38	48	47	73	75	81	83	12	11
40	39	45	46	76	74	84	82	9	10
41	42	72	70	100	98	5	6	36	35
44	43	69	71	97	99	8	7	33	34

b) gefülltes Quadrat

Abb. 10.102 Magisches Quadrat der Ordnung $n = 10$ (Candy)

Eine genauere Analyse dieses Quadrates zeigt, dass in beiden äußeren Zeilen die Musterfolge $C_1 R_1^{-1} R_1^{-1}$ vorkommt, wenn auch in unterschiedlichen Positionen. Zusätzlich ist das gesamte Zentrum verändert und in allen Zeilen auch die Kombination $C_1 C_1^{-1}$ eingefügt worden, deren Werte einander ausgleichen. Insgesamt zeichnet sich auch dieser Aufbau dadurch aus, dass sich überall die Summe 15 ergibt.

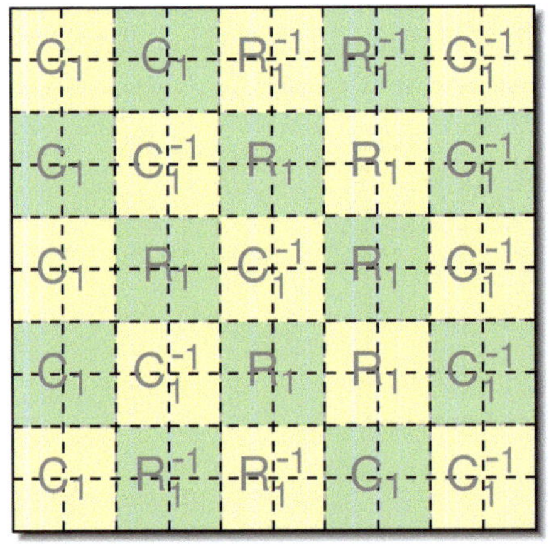

a) benutzte 2 x 2 - Blöcke

C_1^{-1}	R_1	R_1
R_1	C_1^{-1}	R_1
C_1^{-1}	R_1	R_1

b) 2 x 2 - Blöcke im Zentrum

Abb. 10.103 Analyse des magischen Quadrates aus Abbildung 10.102

Besonders einfach sind zyklische und gekreuzte Muster zu verwenden, da bei ihnen die Spaltensumme schon passend ist. Um die unterschiedlichen Zeilensummen auszugleichen, muss in jeder Zeile ein zyklisches Muster mit zwei inversen gekreuzten Mustern kombiniert werden, z. B. $C_1 R_1^{-1} R_1^{-1}$. Ebenso wird bei $C_1^{-1} R_1 R_1$ ein inverses zyklisches Muster durch zwei gekreuzte Muster ausgeglichen.

Weiterhin kann jedes einzelne zyklische oder gekreuzte Muster durch sein eigenes inverses Element ausgeglichen werden. Also sind z. B. $C_1 C_1^{-1}$ und $R_1 R_1^{-1}$ Partner und schaffen einen Ausgleich innerhalb der Zeilen. Wie in Abbildung 10.100 dargestellt, bedeutet invers in diesem Zusammenhang, dass die Reihenfolge der Zahlen einfach nur umgekehrt wurde.

Jetzt verbleiben nur noch die beiden Diagonalen. Auch hier reicht es, wenn sich die auf einer Diagonalen gegenüberliegenden Muster jeweils ausgleichen. Die noch frei bleibenden Zellen kann man dann mit Kombinationen wie beispielsweise $C_1 C_1^{-1}$ oder $R_1 R_1^{-1}$ auffüllen.

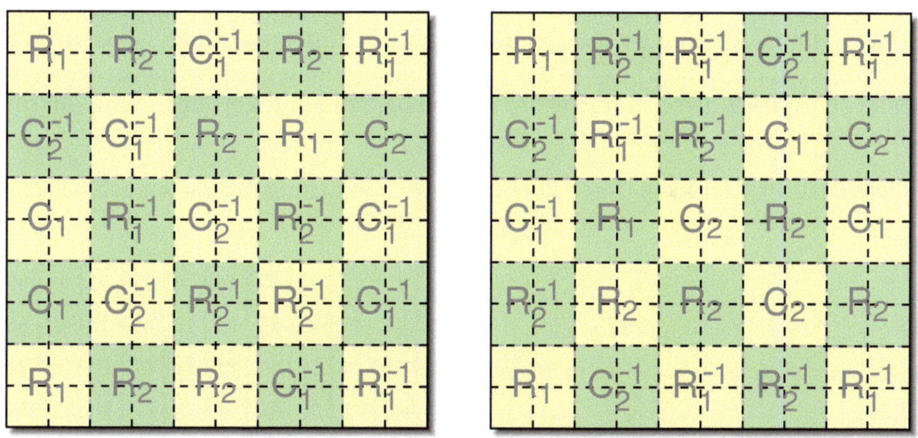

Abb. 10.104 Weitere Musterquadrate mit zyklischen bzw. gekreuzten Zellen

Schwerer sind die Muster mit z-Aufbau zu handhaben, da sich bei ihnen zusätzlich auch die Spaltensumme verändert und danach wieder ausgeglichen werden muss. Bei dem magischen Quadrat in Abbildung 10.105 ist wieder das de la Loubère-Quadrat als Basisquadrat gewählt worden. Das Z_1-Muster in der linken Spalte muss also sowohl durch ein Z_1^{-1}-Muster in der gleichen Zeile als auch der gleichen Spalte ausgeglichen werden. Dadurch ist aber wiederum ein weiteres Z_1-Muster erforderlich, welches sorgfältig platziert werden muss, damit nicht noch weitere Ausgleichsmuster erforderlich sind.

G_1	G_1	R_1^{-1}	R_1^{-1}	G_1^{-1}
Z_1	G_1^{-1}	R_1	R_1	Z_1^{-1}
G_1	R_1	G_1^{-1}	R_1	G_1^{-1}
Z_1^{-1}	G_1^{-1}	R_1	R_1	Z_1
G_1	R_1^{-1}	R_1^{-1}	G_1	G_1^{-1}

a) benutzte 2×2 - Blöcke

65	66	93	94	4	2	32	30	60	59
68	67	96	95	1	3	29	31	57	58
89	90	20	19	25	27	53	55	64	63
91	92	17	18	28	26	56	54	62	61
13	14	21	23	52	51	77	79	88	87
16	15	24	22	49	50	80	78	85	86
40	39	48	47	73	75	81	83	9	10
38	37	45	46	76	74	84	82	11	12
41	42	72	70	100	98	5	6	36	35
44	43	69	71	97	99	8	7	33	34

b) gefülltes Quadrat

Abb. 10.105 Magisches Quadrat der Ordnung $n = 10$ (Candy)

Varianten

Das Verfahren von Candy kann auf vielfältige Art und Weise variiert werden. Als Basisquadrat ist bisher immer das Quadrat von de la Loubère gewählt worden, obwohl auch jedes andere magische Quadrat ungerader Ordnung geeignet ist. Trotzdem wird in allen Beispielen dieses Kapitels das gleiche Basisquadrat gewählt, damit die Unterschiede der einzelnen Varianten deutlicher hervortreten.

1. Das Basisquadrat kann durch Drehung oder Spiegelung in eine der acht als gleichwertig anzusehenden Darstellungen überführt werden.

a) benutzte 2×2 - Blöcke

41	42	37	38	16	14	92	90	68	67
44	43	40	39	13	15	89	91	65	66
69	70	48	47	21	23	17	19	96	95
72	71	45	46	24	22	20	18	93	94
97	98	73	75	52	51	25	27	4	3
100	99	76	74	49	50	28	26	1	2
5	6	84	83	77	79	53	55	32	31
8	7	81	82	80	78	56	54	29	30
33	34	12	10	88	86	61	62	60	59
36	35	9	11	85	87	64	63	57	58

b) gefülltes Quadrat

Abb. 10.106 Magisches Quadrat der Ordnung $n = 10$ (Candy, Variante)

Das magische Quadrat in Abbildung 10.106 ist wie das in Abbildung 10.102 mit dem Muster aus Abbildung 10.103 erzeugt worden. Allerdings wurde das Basisquadrat vorher um 90° im Uhrzeigersinn gedreht.

2. Das 3 x 3 - Muster im Zentrum kann verändert werden, vorausgesetzt, dass alle Summen nach dem Eintragen der Zahlen 1, 2, 3 und 4 jeweils 15 ergeben. Als Ausgangsbasis für alle Veränderungen am Musterquadrat wird wie in den weiteren Beispielen immer das Musterquadrat aus Abbildung 10.103 benutzt. In diesem Beispiel wird also nur das Zentrum dieses Musterquadrates verändert.

C_1	C_1	R_1^{-1}	R_1^{-1}	C_1^{-1}
C_1	C_2	R_2	R_2	C_1^{-1}
C_1	R_1	C_2	R_2	C_1^{-1}
C_1	C_2	R_1	R_2	C_1^{-1}
C_1	R_1^{-1}	R_1^{-1}	C_1	C_1^{-1}

a) benutzte 2 x 2 - Blöcke

65	66	93	94	4	2	32	30	60	59
68	67	96	95	1	3	29	31	57	58
89	90	19	20	27	25	55	53	64	63
92	91	18	17	26	28	54	56	61	62
13	14	21	23	51	52	79	77	88	87
16	15	24	22	50	49	78	80	85	86
37	38	47	48	73	75	83	81	12	11
40	39	46	45	76	74	82	84	9	10
41	42	72	70	100	98	5	6	36	35
44	43	69	71	97	99	8	7	33	34

b) gefülltes Quadrat

Abb. 10.107 Magisches Quadrat der Ordnung $n = 10$ (Candy, Variante)

Mit den zwölf Basismustern von Candy habe ich 1024 unterschiedliche Anordnungen für ein ausgeglichenes Zentrum gefunden. Einige von ihnen sind in Abbildung 10.108 dargestellt.

C_1	R_1^{-1}	R_1^{-1}
R_2^{-1}	C_1	R_1^{-1}
C_2	R_1	R_2

C_1^{-1}	R_2	R_1
R_1	C_1^{-1}	R_2
C_2^{-1}	R_2^{-1}	R_2^{-1}

C_2	R_1	R_2
R_2^{-1}	C_1	R_1^{-1}
C_2	R_1	R_2

C_2	R_2	R_2
R_2	C_2	R_2
C_2	R_2	R_2

R_1	C_1^{-1}	R_1
R_2	Z_1^{-1}	R_1
R_2	Z_2	R_2

R_1	C_2	R_1
R_1^{-1}	Z_2^{-1}	R_2^{-1}
R_2	Z_2	R_2

R_1	R_1	Z_1^{-1}
C_1^{-1}	R_2	R_1
R_2^{-1}	R_1^{-1}	Z_1

R_1	R_2	Z_1^{-1}
C_1^{-1}	R_2	R_1
R_1	R_1	Z_2

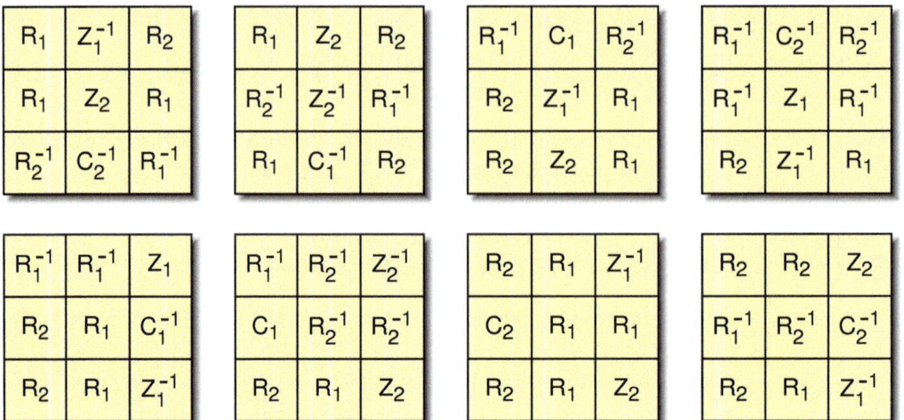

Abb. 10.108 Verschiedene Muster für das 3 x 3 - Zentrum

Nimmt man jedoch noch zusätzliche 2 x 2 - Blöcke wie diejenigen aus Abbildung 10.133 auf Seite 853 hinzu, die Candy für ein anderes Verfahren verwendet, gibt es schon über 30 000 verschiedene Basismuster für ein ausgeglichenes Zentrum, mit denen unterschiedliche magische Quadrate erzeugt werden können.

Selbstverständlich muss man nicht von einem fest vorgegebenem Zentrum ausgehen, sondern kann die Bedingungen auch völlig frei erfüllen. Allerdings ist es mit dem vorgegebenen Zentrum besonders einfach, ein geeignetes Musterquadrat zu erstellen.

3. Auf den Diagonalen müssen außerhalb des Zentrums immer zwei Blöcke positioniert werden, die sich gegenseitig ausgleichen. Dies kann durch inverse Paare wie etwa C_1 und C_1^{-1} geschehen, wobei die Reihenfolge der Blöcke unerheblich ist.

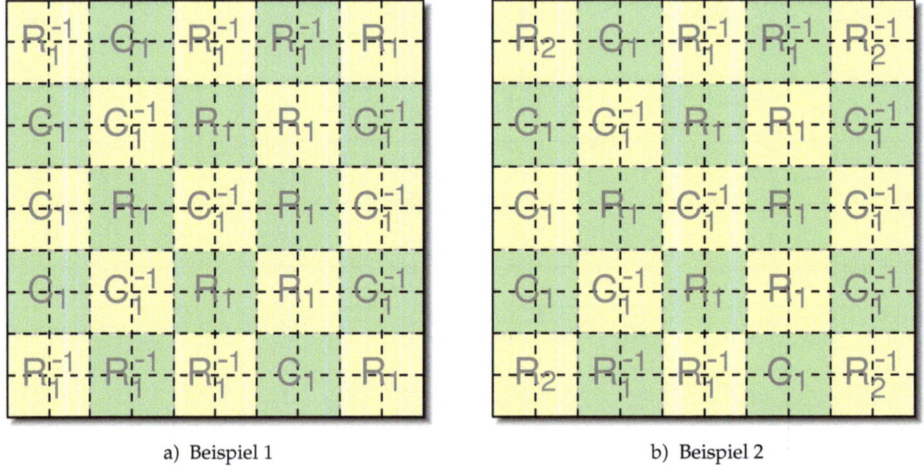

a) Beispiel 1

b) Beispiel 2

Abb. 10.109 Beispiele von weiteren Musterquadraten

4. In jede Zeile außer den drei mittleren müssen drei Blöcke geschrieben werden, damit hinterher pro Zeile immer paarweise aufgefüllt werden kann. Dafür sind 16 Kombinationen geeignet:

$C_1R_1^{-1}R_1^{-1}$	$C_1R_1^{-1}R_2^{-1}$	$C_1R_2^{-1}R_1^{-1}$	$C_1R_2^{-1}R_2^{-1}$
$C_2^{-1}R_1^{-1}R_1^{-1}$	$C_2^{-1}R_1^{-1}R_2^{-1}$	$C_2^{-1}R_2^{-1}R_1^{-1}$	$C_2^{-1}R_2^{-1}R_2^{-1}$
$C_1^{-1}R_1R_1$	$C_1^{-1}R_1R_2$	$C_1^{-1}R_2R_1$	$C_1^{-1}R_2R_2$
$C_2R_1R_1$	$C_2R_1R_2$	$C_2R_2R_1$	$C_2R_2R_2$

Die Positionen können dabei innerhalb der in der Zeile bisher nicht belegten Plätze beliebig gemischt werden, da die Zeilensumme der drei Blöcke immer 15 und die Spaltensumme immer 5 ist.

Andere Muster, wie $Z_1R_1^{-1}R_1^{-1}$ oder $Z_1^{-1}R_1R_1$, können auch gewählt werden. Da aber durch die Muster mit z-Aufbau die Spaltensumme verändert wird, muss dies durch ein inverses Element in der gleichen Spalte wieder ausgeglichen werden.

5. Die restlichen noch freien Plätze innerhalb jeder Zeile können jetzt durch die schon unter Punkt 3 aufgeführten Musterpaare ausgeglichen werden. Die Reihenfolge der zu belegenden Plätze ist dabei ebenso unwichtig wie die Reihenfolge der beiden Elemente innerhalb eines Musterpaares.

Im magischen Quadrat der Ordnung $n = 10$ aus Abbildung 10.110 ist das Basisquadrat mit dem Verfahren von de la Loubère gebildet worden. Es kommt ein neues Zentrum zum Einsatz und man kann deutlich die einander zugeordneten Paare in den Zeilen und beiden Diagonalen erkennen.

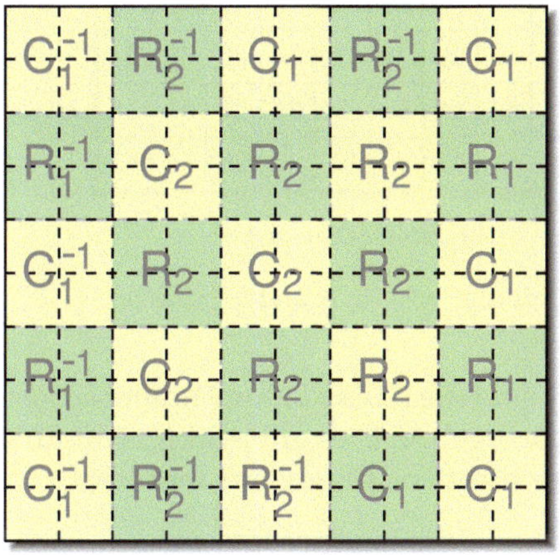

C_1^{-1}	R_2^{-1}	C_1	R_2^{-1}	C_1
R_1^{-1}	C_2	R_2	R_2	R_1
C_1^{-1}	R_2	C_2	R_2	C_1
R_1^{-1}	C_2	R_2	R_2	R_1
C_1^{-1}	R_2^{-1}	R_2^{-1}	C_1	C_1

a) benutzte 2 x 2 - Blöcke

68	67	94	96	1	2	30	32	57	58
65	66	95	93	4	3	31	29	60	59
92	90	19	20	27	25	55	53	61	63
89	91	18	17	26	28	54	56	64	62
16	15	23	21	51	52	79	77	85	86
13	14	22	24	50	49	78	80	88	87
40	38	47	48	75	73	83	81	9	11
37	39	46	45	74	76	82	84	12	10
44	43	70	72	98	100	5	6	33	34
41	42	71	69	99	97	8	7	36	35

b) gefülltes Quadrat

Abb. 10.110 Magisches Quadrat der Ordnung $n = 10$ (Candy, Variante)

Candy benutzt in seinen Artikeln zusätzlich noch eine zweite Methode, mit der die Zahlenfolgen in das Zielquadrat eingefügt werden.

- Das 2 x 2-Quadrat, welches bei der Zahl 1 des Basisquadrates eingetragen wird, enthält die Zahlen $1, 2, 3, 4$.
- Bei der Zahl 2 werden die Zahlen $21, 22, 23, 24$ notiert, die alle um 20 größer sind als die Basiszahlen $1, 2, 3, 4$ der ersten Sequenz.
- Da mit jeder Zahlenfolge die Zahlen um 20 größer werden, müssen bei der letzten Zahl 5 dieser Sequenz die Zahlen $81, 82, 83, 84$ lauten.
- Mit der nächsten Sequenz von $\frac{n}{2} = 5$ Zahlenfolgen beginnt man wieder mit den kleinsten bisher nicht benutzten Zahlen $5, 6, 7, 8$ von vorne. Sie werden bei der Zahl 6 des Basisquadrates eingetragen.
- Bei der Zahl 7 werden damit die Zahlen $25, 26, 27, 28$ eingefügt usw.

Mit dem Muster aus Abbildung 10.110 und dem Basisquadrat von de la Loubère erhält man mit diesem Verfahren das magische Quadrat aus Abbildung 10.111, bei dem die Unterschiede deutlich hervortreten.

17	24	1	8	15
23	5	7	14	16
4	6	13	20	22
10	12	19	21	3
11	18	25	2	9

a) Basisquadrat

36	35	78	80	1	2	46	48	89	90
33	34	79	77	4	3	47	45	92	91
60	58	83	84	27	25	71	69	13	15
57	59	82	81	26	28	70	72	16	14
64	63	7	5	51	52	95	93	37	38
61	62	6	8	50	49	94	96	40	39
88	86	31	32	75	73	19	17	41	43
85	87	30	29	74	76	18	20	44	42
12	11	54	56	98	100	21	22	65	66
9	10	55	53	99	97	24	23	68	67

b) gefülltes Quadrat

Abb. 10.111 Magisches Quadrat der Ordnung $n = 10$ (Candy, Variante)

Bei den Beispielen in den Artikeln von Candy sind die Basisquadrate immer so gezielt gewählt worden, dass sich magische Quadrate ergeben. Dies gilt jedoch nicht für alle Basisquadrate der Ordnung $\frac{n}{2}$, was allerdings nicht von Candy erwähnt wird.

Da diese Methode aber mit dem Basisquadrat von de la Loubère funktioniert, wird zunächst dieses Basisquadrat näher untersucht. Die besondere Eigenschaft dieses Quadrates erkennt man, wenn man alle Zahlen um 1 vermindert.

a) Ausgangsquadrat

17	24	1	8	15
23	5	7	14	16
4	6	13	20	22
10	12	19	21	3
11	18	25	2	9

b) reduzierte Zahlen

16	23	0	7	14
22	4	6	13	15
3	5	12	19	21
9	11	18	20	2
10	17	24	1	8

Abb. 10.112 Quadrat von de la Loubère

Anschließend teilt man alle Zahlen in die Ziffern des zugrunde liegenden Zahlensystems auf und berechnet die Zeilen-, Spalten- und Diagonalensummen der beiden Hilfsquadrate.

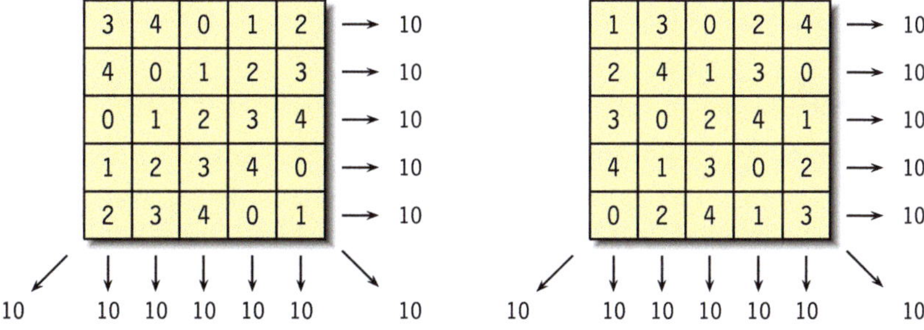

Abb. 10.113 Non-catchup Quadrat

Wie man sieht, sind in den beiden Hilfsquadraten alle Summen gleich. Ein Quadrat mit dieser Eigenschaft wird *non-catchup* Quadrat genannt.

Nicht jedes magische Quadrat besitzt diese Eigenschaft. Von den 880 magischen Quadraten vierter Ordnung sind z. B. nur 656 *non-catchup* Quadrate. Es sind dies die Quadrate aus den Dudeney-Gruppen 1 bis 5, 6a sowie 7 bis 10 (siehe Tabelle 4.1 auf Seite 83) Von den 275 305 224 magischen Quadraten fünfter Ordnung besitzen 5 727 936 diese Eigenschaft. Ein Quadrat der Ordnung $n = 5$, welches diese Eigenschaft nicht besitzt, ist in Abbildung 10.114 dargestellt.

a) Ausgangsquadrat

6	24	23	4	8
1	14	15	10	25
21	9	13	17	5
19	16	11	12	7
18	2	3	22	20

b) reduzierte Zahlen

5	23	22	3	7
0	13	14	9	24
20	8	12	16	4
18	15	10	11	6
17	1	2	21	19

Abb. 10.114 Magisches Quadrat fünfter Ordnung

Nun teilt man wieder alle Zahlen in die Ziffern des zugrunde liegenden Zahlensystems auf und berechnet die Zeilen-, Spalten- und Diagonalensummen der beiden Hilfsquadrate.

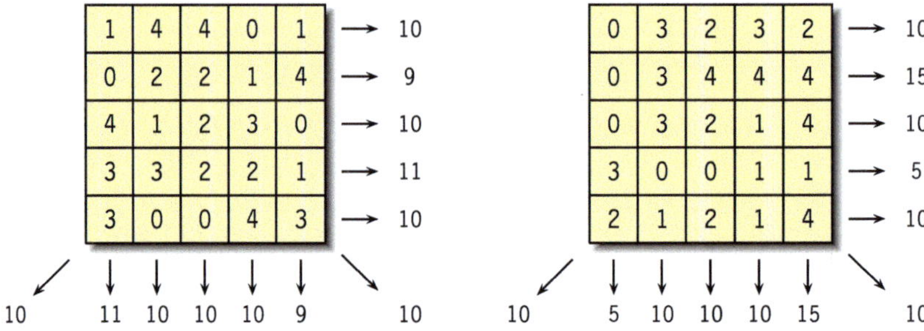

Abb. 10.115 Catchup Quadrat

In diesen beiden Hilfsquadraten sind nicht alle Summen gleich. Solche Quadrate werden als *catchup* Quadrate bezeichnet.

Als Ergebnis vieler Untersuchungen kann festgehalten werden, dass diese zweite Füllmethode genau dann ein magisches Quadrat der doppelten Größe erzeugt, wenn man ein non-catchup Basisquadrat benutzt. Dies ist eine Bedingung, die Candy in seinen Artikeln nicht erwähnt.

Zum Abschluss der Untersuchungen für einfach-gerade Ordnungen wird in Abbildung 10.117 ein magisches Quadrat der Ordnung $n = 14$ konstruiert, dessen Basisquadrat mit dem Verfahren von de la Loubère erstellt und zusätzlich noch um 90° gedreht wurde. Der 3 x 3 - Block im Zentrum enthält erschwerend auch einen Block im z-Aufbau und durch die Größe des Quadrates müssen in den Zeilen bis zu zwei Paare von Blöcken eingefügt werden.

30	39	48	1	10	19	28
38	47	7	9	18	27	29
46	6	8	17	26	35	37
5	14	16	25	34	36	45
13	15	24	33	42	44	4
21	23	32	41	43	3	12
22	31	40	49	2	11	20

a) de la Loubère-Quadrat

28	29	37	45	4	12	20
19	27	35	36	44	3	11
10	18	26	34	42	43	2
1	9	17	25	33	41	49
48	7	8	16	24	32	40
39	47	6	14	15	23	31
30	38	46	5	13	21	22

b) gedrehtes Quadrat

Abb. 10.116 Basisquadrat der Ordnung $n = 7$

C_1^{-1}	R_2	C_1^{-1}	R_2	R_2^{-1}	R_2	C_1
R_2^{-1}	C_2^{-1}	R_2	R_2	C_1^{-1}	C_2	R_2
C_1	C_1	R_1	R_2	Z_2	C_1^{-1}	C_1^{-1}
C_1^{-1}	R_2	R_1	R_2	C_2	C_1	R_2^{-1}
R_2	R_1	R_1	R_1	Z_1^{-1}	R_2^{-1}	R_1^{-1}
R_2^{-1}	C_2^{-1}	R_2	C_1^{-1}	R_2	C_2	R_2
C_1^{-1}	R_1^{-1}	C_1^{-1}	R_1	R_2	R_2	C_1

a) benutzte 2×2 - Blöcke

112	111	115	113	148	147	179	177	14	16	47	45	77	78
109	110	114	116	145	146	178	180	15	13	46	48	80	79
74	76	106	105	139	137	143	141	176	175	11	12	43	41
75	73	107	108	138	140	142	144	173	174	10	9	42	44
37	38	69	70	101	103	135	133	167	168	172	171	8	7
40	39	72	71	104	102	134	136	165	166	169	170	5	6
4	3	35	33	65	67	99	97	131	132	161	162	194	196
1	2	34	36	68	66	98	100	130	129	164	163	195	193
191	189	25	27	29	31	61	63	96	95	126	128	160	158
190	192	28	26	32	30	64	62	94	93	127	125	157	159
154	156	186	185	23	21	56	55	59	57	91	92	123	121
155	153	187	188	22	24	53	54	58	60	90	89	122	124
120	119	152	150	184	183	17	19	51	49	83	81	85	86
117	118	149	151	181	182	20	18	50	52	82	84	88	87

Abb. 10.117 Magisches Quadrat der Ordnung $n = 14$ (Candy, Variante)

Doppelt-gerade Ordnungen n = 4k

Einfacher sind magische Quadrate der Ordnung $n = 4k$ aus existierenden magischen Basisquadraten der Ordnung $n = 2k$ zu erzeugen. Da das Basisquadrat eine gerade Ordnung besitzt, kann der Ausgleich der verwendeten Muster paarweise erfolgen und es muss nicht wie bei der Ordnung $n = 4k + 2$ ein geeigneter 3 x 3 - Block verwendet werden.

Da bei den zyklischen und gekreuzten Mustern die Spaltensummen bereits gleich sind, muss bei ausschließlicher Verwendung dieser Muster nur ein Ausgleich in den Zeilen und den beiden Diagonalen sichergestellt werden. Die dabei zu berücksichtigenden Prinzipien sind bereits im Abschnitt für Quadrate einfach-gerader Ordnung $n = 4k + 2$ vorgestellt worden und sind bis auf das überflüssige Zentrum der Größe 3 x 3 auf doppelt-gerade Ordnungen übertragbar.

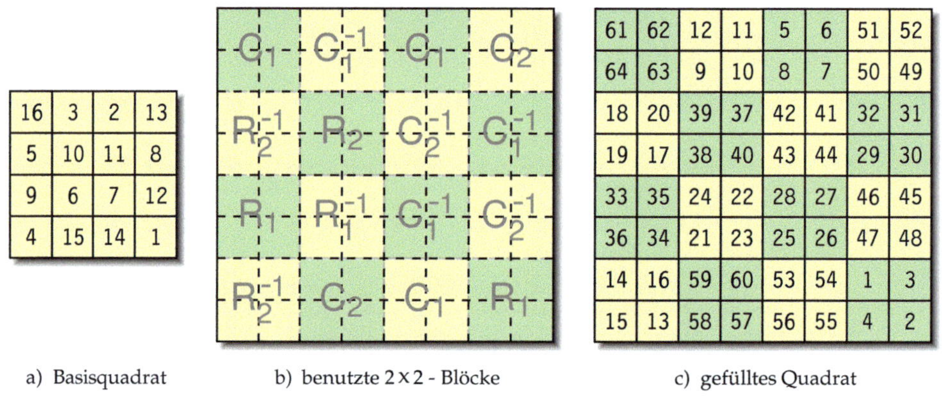

16	3	2	13
5	10	11	8
9	6	7	12
4	15	14	1

61	62	12	11	5	6	51	52
64	63	9	10	8	7	50	49
18	20	39	37	42	41	32	31
19	17	38	40	43	44	29	30
33	35	24	22	28	27	46	45
36	34	21	23	25	26	47	48
14	16	59	60	53	54	1	3
15	13	58	57	56	55	4	2

a) Basisquadrat b) benutzte 2 x 2 - Blöcke c) gefülltes Quadrat

Abb. 10.118 Magisches Quadrat der Ordnung $n = 8$ (Candy)

Abbildung 10.119 zeigt ein weiteres Beispiel, bei dem ein anderes Musterquadrat verwendet wurde, bei dem nur zyklische und gekreuzte Muster verwendet wurden.

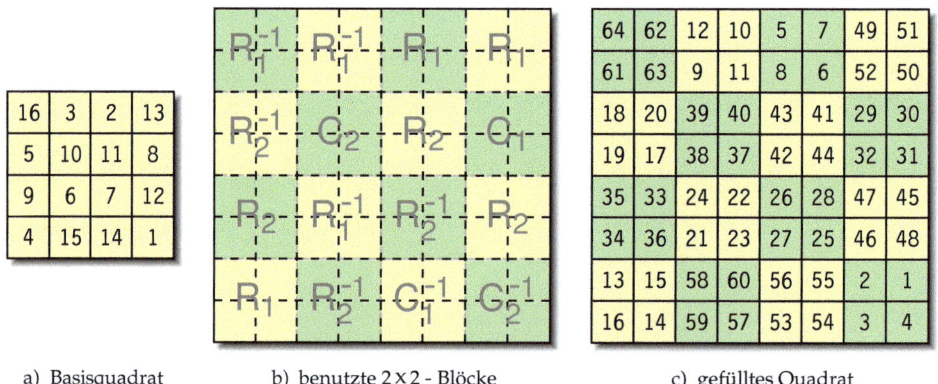

16	3	2	13
5	10	11	8
9	6	7	12
4	15	14	1

64	62	12	10	5	7	49	51
61	63	9	11	8	6	52	50
18	20	39	40	43	41	29	30
19	17	38	37	42	44	32	31
35	33	24	22	26	28	47	45
34	36	21	23	27	25	46	48
13	15	58	60	56	55	2	1
16	14	59	57	53	54	3	4

a) Basisquadrat b) benutzte 2 x 2 - Blöcke c) gefülltes Quadrat

Abb. 10.119 Magisches Quadrat der Ordnung $n = 8$ (Candy)

Etwas anders sieht es aus, wenn man auch Muster mit z-Aufbau hinzunimmt. Da hier die Diagonalensummen bereits die gewünschte Summe besitzen, aber nicht die Zeilen- und Spaltensummen, müssen diese Muster passend in Gruppen von vier zusammengehörenden Mustern in die Zellen der Diagonalen eingefügt werden, die zueinander symmetrisch liegen. Wie immer sind auch vollkommen freie Belegungen möglich, sofern sie die zum Ausgleich erforderlichen Bedingungen erfüllen. Aber mit einer gewissen Systematik sind die Musterquadrate natürlich wesentlich einfacher zu erstellen.

In Abbildung 10.120 befinden sich die Muster mit dem z-Aufbau in den vier Ecken des Musterquadrates. Die vier Muster Z_1^{-1}, Z_2^{-1}, Z_2, Z_1 sorgen dort für den notwendigen Ausgleich in den Zeilen- und Spaltensummen.

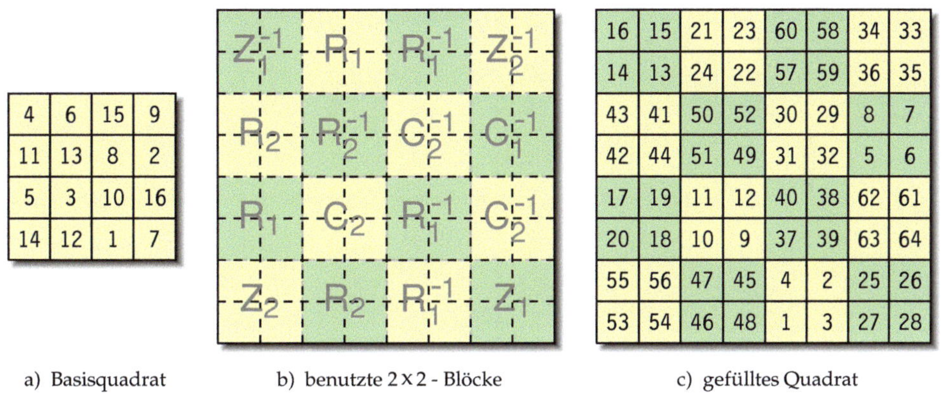

a) Basisquadrat b) benutzte 2 x 2 - Blöcke c) gefülltes Quadrat

Abb. 10.120 Magisches Quadrat der Ordnung $n = 8$ (Candy)

In Abbildung 10.121 sind sogar zwei Kombinationen mit z-Aufbau auf den Diagonalen eingetragen, da zusätzlich zu der Kombination in den vier Ecken auch der 2 x 2 - Block im Zentrum einen z-Aufbau besitzt.

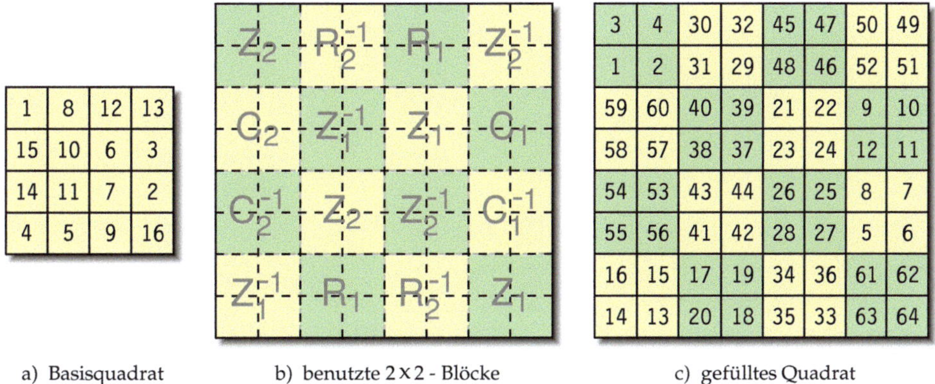

a) Basisquadrat b) benutzte 2 x 2 - Blöcke c) gefülltes Quadrat

Abb. 10.121 Magisches Quadrat der Ordnung $n = 8$ (Candy)

Auch bei den Quadraten doppelt-gerader Ordnung $n = 4k$ kann die im Abschnitt über einfach-gerade Ordnungen beschriebene alternative Füllmethode von Candy benutzt werden. Bei den Quadraten der Ordnung $n = 8$ beträgt der Unterschied zwischen den Zahlenfolgen einer Sequenz immer 16. Bei der Basiszahl 1 werden wie immer die Zahlen $1, 2, 3, 4$ eingetragen, gefolgt von den Zahlen $17, 18, 19, 20$ bei der Basiszahl 2. Allerdings muss das Basisquadrat auch hier wieder ein non-catchup Quadrat sein, sonst wird kein magisches Quadrat erzeugt.

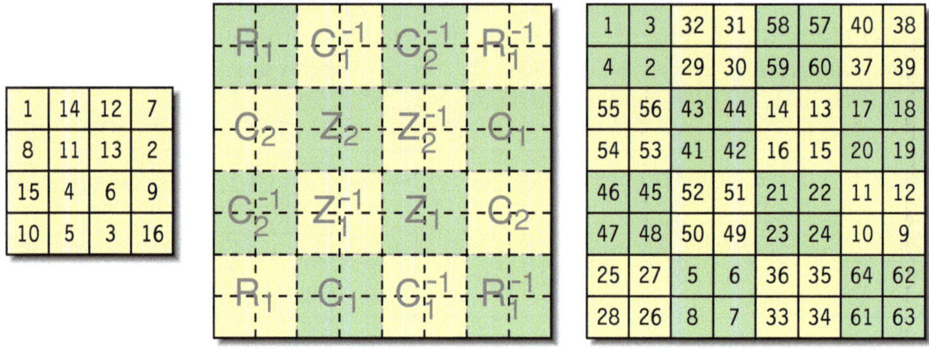

1	14	12	7
8	11	13	2
15	4	6	9
10	5	3	16

1	3	32	31	58	57	40	38
4	2	29	30	59	60	37	39
55	56	43	44	14	13	17	18
54	53	41	42	16	15	20	19
46	45	52	51	21	22	11	12
47	48	50	49	23	24	10	9
25	27	5	6	36	35	64	62
28	26	8	7	33	34	61	63

a) Basisquadrat b) benutzte 2×2 - Blöcke

Abb. 10.122 Magisches Quadrat der Ordnung $n = 8$ (Candy)

Dieses Verfahren ist mit beiden Füllmethoden auf alle doppelt-geraden Ordnungen $n = 4k$ übertragbar. In Abbildung 10.123 ist ein Beispiel für die Ordnung $n = 12$ und der ersten Füllmethode dargestellt.

32	9	19	16	6	29
7	20	33	30	17	4
21	31	8	5	28	18
24	25	11	2	34	15
1	23	27	36	14	10
26	3	13	22	12	35

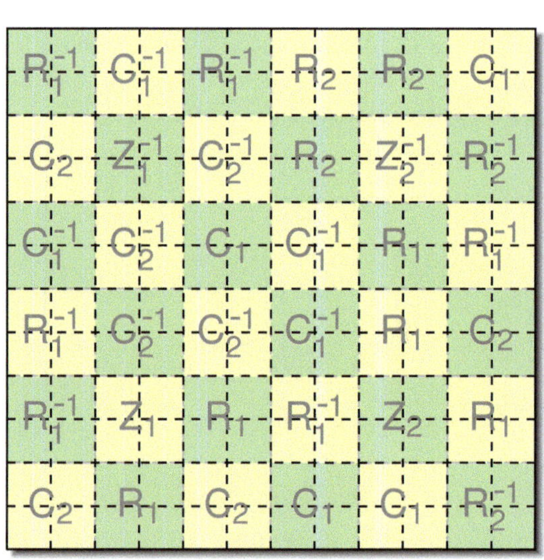

a) Basisquadrat b) benutzte 2×2 - Blöcke

128	126	36	35	76	74	63	61	23	21	113	114
125	127	33	34	73	75	62	64	22	24	116	115
27	28	80	79	130	129	119	117	66	65	14	16
26	25	78	77	131	132	118	120	68	67	15	13
84	83	122	121	29	30	20	19	109	111	72	70
81	82	123	124	32	31	17	18	112	110	69	71
96	94	98	97	42	41	8	7	133	135	59	60
93	95	99	100	43	44	5	6	136	134	58	57
4	2	89	90	105	107	144	142	55	56	37	39
1	3	91	92	108	106	141	143	53	54	40	38
103	104	9	11	51	52	85	86	45	46	138	140
102	101	12	10	50	49	88	87	48	47	139	137

Abb. 10.123 Magisches Quadrat der Ordnung $n = 12$ (Candy)

Variante 1

Die bisherigen Beispiele waren alle so gestaltet, dass es sich bei den Zahlen eines Blocks der Größe 2 x 2 immer um vier aufeinanderfolgende Zahlen handelt. Das muss aber nicht unbedingt so sein, da man zwischen den vier Zahlen eines Blocks auch andere Differenzen festlegen kann.[16]

Da das Basisquadrat m^2 Zahlen enthält, sucht man zwei Faktoren d und s, für die $m^2 = d \cdot s$ gilt. Damit besitzt das Zielquadrat $n^2 = 4m^2 = d \cdot (4s)$ Zahlen, und die Blöcke können auch mit d speziellen Zahlenfolgen gefüllt werden, die jeweils $4\,s$ Zahlen enthalten.

Mit $d = m = 3$ ergeben sich also drei Zahlenfolgen mit jeweils $4\,s = 12$ Zahlen.

	1 4 7 10	13 16 19 22	25 28 31 34
$d = 3$	2 5 8 11	14 17 20 23	26 29 32 35
	3 6 9 12	15 18 21 24	27 30 33 36

Nun werden die 2 x 2 - Blöcke zunächst mit den Zahlen der ersten Zahlenfolge gefüllt, also mit 1, 4, 7, 10, gefolgt von 13, 16, 19, 22 usw. Ist die erste Zahlenfolge abgearbeitet, folgen die anderen beiden Zahlenfolgen. Durch diese Anordnung unterscheiden

[16] Albert L. Candy [78] S. 100 – 101

sich die aufeinanderfolgenden Zahlen in einem Block immer um die gemeinsame Differenz d.

In den folgenden Beispielen wird immer mit dem Basisquadrat von de la Loubère und den Basismustern aus Abbildung 10.124 gearbeitet, damit die Unterschiede beim Einfügen der Zahlen besser erkannt werden können.

C_1	R_1^{-1}	R_1^{-1}
R_1^{-1}	C_1	R_1^{-1}
C_1	R_1^{-1}	R_1^{-1}

a) Basismuster für $n = 6$

C_1	C_1	R_1^{-1}	R_1^{-1}	C_1^{-1}
C_1	C_1^{-1}	R_1	R_1	C_1^{-1}
C_1	R_1	C_1^{-1}	R_1	C_1^{-1}
C_1	C_1^{-1}	R_1	R_1	C_1^{-1}
C_1	R_1^{-1}	R_1^{-1}	C_1	C_1^{-1}

b) Basismuster für $n = 10$

Abb. 10.124 Benutzte Basismuster

Mit den so gewählten Basismustern wurden die magischen Quadrate in Abbildung 10.125 mit $d = m = \frac{n}{2}$ erstellt.

26	29	10	4	24	18
35	32	1	7	15	21
12	6	14	17	34	28
3	9	23	20	25	31
13	16	36	30	11	5
22	19	27	33	2	8

62	67	84	89	16	6	38	28	60	55
77	72	99	94	1	11	23	33	45	50
83	88	20	15	22	32	44	54	76	71
98	93	5	10	37	27	59	49	61	66
4	9	21	31	58	53	65	75	97	92
19	14	36	26	43	48	80	70	82	87
25	30	57	52	64	74	81	91	18	13
40	35	42	47	79	69	96	86	3	8
41	46	78	68	100	90	2	7	39	34
56	51	63	73	85	95	17	12	24	29

Abb. 10.125 Magische Quadrate der Ordnungen $n = 6$ und $n = 10$ mit $d = m$ (Candy, Variante 1)

Auch für die Differenz $d = m$ gibt es eine weitere Möglichkeit, die Zahlen bei gleichem Musterquadrat etwas anders in das Zielquadrat einzutragen, wie es in Abbildung 10.126 dargestellt ist. Dabei wurde auch wieder das Quadrat von de la Loubère als Basisquadrat gewählt.

15	18	10	4	35	29
24	21	1	7	26	32
34	28	14	17	12	6
25	31	23	20	3	9
2	5	36	30	22	16
11	8	27	33	13	19

24	29	65	70	16	6	57	47	98	93
39	34	80	75	1	11	42	52	83	88
45	50	96	91	22	32	63	73	19	14
60	55	81	86	37	27	78	68	4	9
61	66	2	12	58	53	84	94	40	35
76	71	17	7	43	48	99	89	25	30
82	87	38	33	64	74	5	15	56	51
97	92	23	28	79	69	20	10	41	46
3	8	59	49	100	90	21	26	77	72
18	13	44	54	85	95	36	31	62	67

Abb. 10.126 Magische Quadrate der Ordnungen $n = 6$ und $n = 10$ mit $d = m$ (Candy, Variante 1)

Bei beiden Möglichkeiten wird aber zwingend vorausgesetzt, dass das Basisquadrat die non-catchup Eigenschaft besitzt, da sonst kein magisches Quadrat erzeugt wird.

Diese Überlegungen gelten auch für doppelt-gerade Ordnungen $n = 4k$, wie es beispielsweise in Abbildung 10.127 zu finden ist. In diesem Beispiel ist $d = m = 4$ gewählt worden.

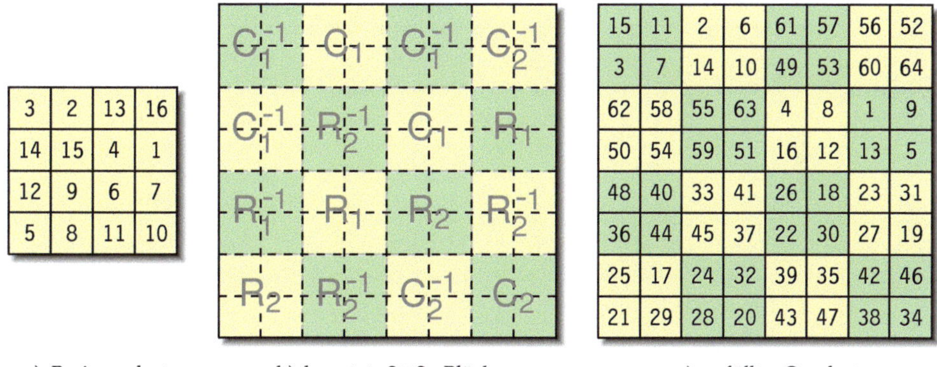

3	2	13	16
14	15	4	1
12	9	6	7
5	8	11	10

15	11	2	6	61	57	56	52
3	7	14	10	49	53	60	64
62	58	55	63	4	8	1	9
50	54	59	51	16	12	13	5
48	40	33	41	26	18	23	31
36	44	45	37	22	30	27	19
25	17	24	32	39	35	42	46
21	29	28	20	43	47	38	34

Abb. 10.127 Magisches Quadrat der Ordnung $n = 8$ mit $d = m$ (Candy, Variante 1)

Im Beispiel der Abbildung 10.128 ist bei gleichen Ausgangsquadraten die alternative Füllmethode zum Eintragen der Zahlen gewählt worden. Wie immer bei dieser Ordnung beträgt die Differenz bei den Zahlenfolgen einer Sequenz 16. Mit der Basiszahl 1 werden die Zahlen $1, 5, 9, 13$ eingetragen, sodass die Zahlen $17, 21, 25, 29$ bei der Basiszahl 2 folgen.

3	2	13	16
14	15	4	1
12	9	6	7
5	8	11	10

a) Basisquadrat

C_1^{-1}	C_1	C_1^{-1}	C_2^{-1}
C_1^{-1}	R_2^{-1}	C_1	R_1
R_1^{-1}	R_1	R_2	R_2^{-1}
R_2	R_2^{-1}	C_2^{-1}	C_2

b) benutzte 2 x 2 - Blöcke

45	41	17	21	16	12	56	52
33	37	29	25	4	8	60	64
32	28	40	48	49	53	1	9
20	24	44	36	61	57	13	5
63	55	3	11	26	18	38	46
51	59	15	7	22	30	42	34
10	2	54	62	39	35	27	31
6	14	58	50	43	47	23	19

c) gefülltes Quadrat

Abb. 10.128 Magisches Quadrat der Ordnung $n = 8$ mit $d = m$ (Candy, Variante 1)

Variante 2

Neben $d = 1$ und $d = m$ hat Candy mit $d = m^2$ eine weitere Differenz angegeben, die immer magische Quadrate erzeugt. Mit $s = 1$ ergeben sich dann m^2 Zahlenfolgen, die jeweils $4s = 4 \cdot 1 = 4$ Zahlen enthalten. Damit wird für jeden 2 x 2 - Block eine neue Zahlenfolge benutzt, die hier für die Ordnungen $n = 6$ und $n = 10$ angegeben sind.

$d = 9$	1 10 19 28	4 13 22 31	7 16 25 34
	2 11 20 29	5 14 23 32	8 17 26 35
	3 12 21 30	6 15 24 33	9 18 27 36
$d = 25$	1 26 51 76	10 35 60 85	19 44 69 94
	2 27 52 77	11 36 61 86	20 45 70 95
	3 28 53 78	12 37 62 87	21 46 71 96
	4 29 54 79	13 38 63 88	22 47 72 97
	5 30 55 80	14 39 64 89	23 48 73 98
	6 31 56 81	15 40 65 90	24 49 74 99
	7 32 57 82	16 41 66 91	25 50 75 100
	8 33 58 83	17 42 67 92	
	9 34 59 84	18 43 68 93	

Für die Basiszahl 1 wird mit $d = 9$ also die Zahlenfolge 1, 10, 19, 28 , benutzt, für die Basiszahl 2 die Zahlenfolge 2, 11, 20, 29 . So fährt man fort bis zur Basiszahl 9 mit den Zahlen 9, 18, 27, 36 .

Trägt man diese Zahlenfolgen für diese beiden Ordnungen ein, erhält man die magischen Quadrate in Abbildung 10.129 mit $d = m^2$.

8	17	28	10	33	15
35	26	1	19	6	24
30	12	5	14	34	16
3	21	32	23	7	25
4	13	36	18	29	11
31	22	9	27	2	20

17	42	24	49	76	26	83	33	90	65
92	67	99	74	1	51	8	58	15	40
23	48	80	55	7	57	14	64	91	66
98	73	5	30	82	32	89	39	16	41
4	29	6	56	88	63	20	70	97	72
79	54	81	31	13	38	95	45	22	47
10	35	87	62	19	69	21	71	78	53
85	60	12	37	94	44	96	46	3	28
11	36	93	43	100	50	2	27	84	59
86	61	18	68	25	75	77	52	9	34

Abb. 10.129 Magische Quadrate der Ordnungen $n = 6$ und $n = 10$ mit $d = m^2$ (Candy, Variante 2)

Auch für die Differenz $d = m^2$ gibt es die zweite Möglichkeit, die Zahlen bei gleichen Muster- und Basisquadraten in das Zielquadrat einzutragen. Das Ergebnis ist in Abbildung 10.130 zu erkennen.

6	15	28	10	35	17
33	24	1	19	8	26
34	16	5	14	30	12
7	25	32	23	3	21
2	11	36	18	31	13
29	20	9	27	4	22

9	34	20	45	76	26	87	37	98	73
84	59	95	70	1	51	12	62	23	48
15	40	96	71	7	57	18	68	79	54
90	65	21	46	82	32	93	43	4	29
16	41	2	52	88	63	24	74	85	60
91	66	77	27	13	38	99	49	10	35
22	47	83	58	19	69	5	55	86	61
97	72	8	33	94	44	80	30	11	36
3	28	89	39	100	50	6	31	92	67
78	53	14	64	25	75	81	56	17	42

Abb. 10.130 Magische Quadrate der Ordnungen $n = 6$ und $n = 10$ mit $d = m^2$ (Candy, Variante 2)

Während aber das Eintragen der Zahlen gemäß Abbildung 10.129 bei allen Basisquadraten funktioniert, entstehen bei der Alternative aus Abbildung 10.130 nur genau dann magische Quadrate doppelter Ordnung, wenn das Basisquadrat die Eigenschaft non-catchup besitzt.

Diese Überlegungen lassen sich unmittelbar auf doppelt-gerade Ordnungen übertragen, wie es beispielsweise in Abbildung 10.131 für die Ordnung $n = 8$ dargestellt ist.

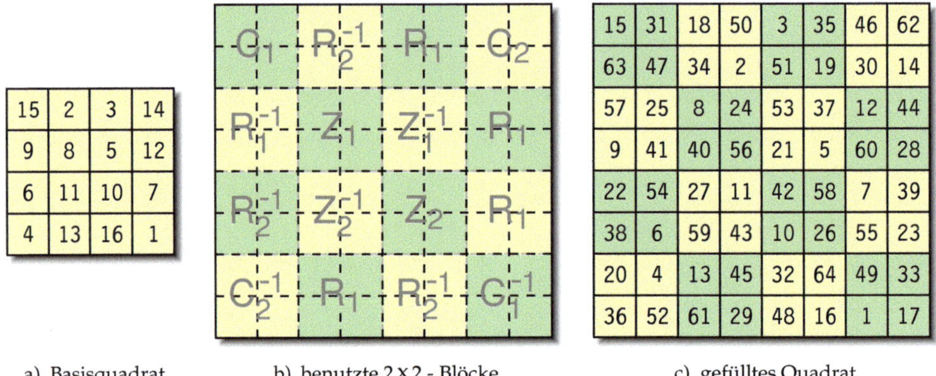

a) Basisquadrat b) benutzte 2 x 2 - Blöcke c) gefülltes Quadrat

Abb. 10.131 Magisches Quadrat der Ordnung $n = 8$ mit $d = m^2$ (Candy, Variante 2)

Auch das alternative Eintragen der Zahlen erzeugt wie in Abbildung 10.132 magische Quadrate, wenn das Basisquadrat die non-catchup Eigenschaft besitzt, sonst wird kein magisches Quadrat erstellt.

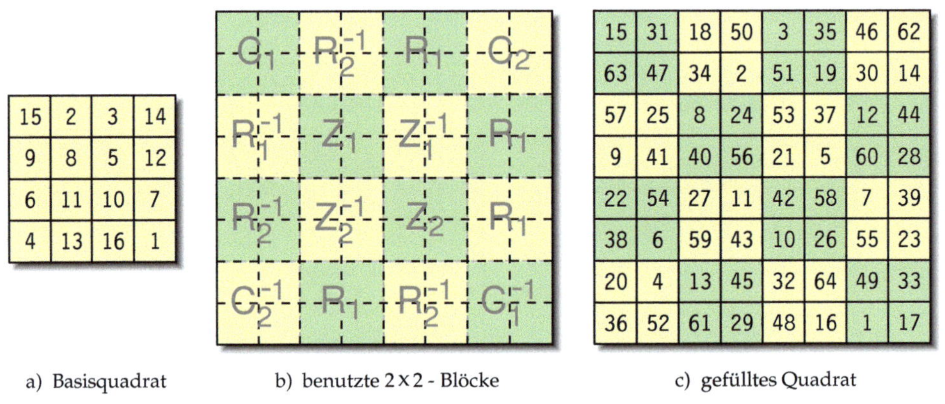

a) Basisquadrat b) benutzte 2 x 2 - Blöcke c) gefülltes Quadrat

Abb. 10.132 Magisches Quadrat der Ordnung $n = 8$ mit $d = m^2$ (Candy, Variante 2)

Variante 3

Candy hat das Verfahren noch weiter verfeinert und beschreibt, wie man die vier Zahlen a_1, a_2, a_3, a_4 eines Blocks so anordnen kann, dass je zwei aus unterschiedlichen Zahlenfolgen stammen und damit zwei unterschiedliche Differenzen auftreten. Dabei muss gelten:

$$d_1 = a_2 - a_1 = a_4 - a_3$$
$$d_2 = a_3 - a_1 = a_4 - a_2$$

Diese Blöcke müssen dann wie immer gemäß der Reihenfolge der Zahlen aus dem Basisquadrat in das Zielquadrat eingetragen werden, wobei sich die Anordnung der Zahlen in den 2 x 2 - Blöcken nach den vorgegebenen Mustern richtet.

Für diese magischen Quadrate sind allerdings die 12 Haupttypen von Candy aus Abbildung 10.99 nicht mehr geeignet. Nimmt man z. B. die Struktur eines C_1-Block mit $d_1 = 1$ und $d_2 = 18$, unterscheiden sich die beiden Zeilensummen hier um 36, was nur durch einen einzigen Block mit entgegengesetzten Zeilensummen wieder ausgeglichen werden kann.

1	2
20	19

Da bisher aber zwei Blöcke zum Ausgleich der Zeilensumme benötigt wurden, darf hier der dritte Block die bereits ausgeglichene Summe nicht wieder zerstören. Da dies mit den bisher benutzten Blöcken nicht zu erreichen ist, führt Candy vier weitere Blöcke ein, die in Abbildung 10.133 dargestellt sind. Diese vier Blöcke erhalten die Zeilensumme, zerstören allerdings die Spaltensummen, sodass diese in den entsprechenden Spalten auch wieder ausgeglichen werden müssen.

2	3
4	1

R_3

3	2
1	4

R_3^{-1}

4	1
2	3

R_4

1	4
3	2

R_4^{-1}

Abb. 10.133 Zusätzliche 2 x 2 - Blöcke von Candy

Derartig angeordnete Zahlenblöcke können auf drei verschiedene Arten verarbeitet werden. Die Vorgehensweise soll hier am einfachsten Fall, nämlich $n = 6$ und damit $m = 3$ verdeutlicht werden. Damit die nachfolgenden Beispiele leichter nachzuvollziehen sind, beziehen sie sich dabei immer auf die Basismuster aus Abbildung 10.134.

C_1	C_1^{-1}	R_3
Z_1	Z_1^{-1}	R_3^{-1}
R_4	Z_1	C_1^{-1}

a) Basismuster für $n = 6$

C_1	C_1	C_1^{-1}	R_3	C_1^{-1}
C_1	C_1	C_1^{-1}	R_3	C_1^{-1}
C_1	Z_1	Z_1^{-1}	R_3^{-1}	C_1^{-1}
C_1	R_4	Z_1	C_1^{-1}	C_1^{-1}
C_1	C_1^{-1}	C_1	R_3^{-1}	C_1^{-1}

b) Basismuster für $n = 10$

Abb. 10.134 Benutzte Basismuster

Mit den neu vorgestellten 2 x 2 - Blöcken lassen sich über 30 000 unterschiedliche Basismuster für ein ausgeglichenes Zentrum finden. Einige Beispiele sind in Abbildung 10.135 angegeben.

R_1	R_4	R_1^{-1}
C_2^{-1}	Z_2	R_3
R_1	R_1^{-1}	R_3^{-1}

R_1^{-1}	R_2	R_3^{-1}
Z_1	R_4^{-1}	C_1^{-1}
Z_2^{-1}	R_4	Z_1^{-1}

R_2	R_2^{-1}	R_4
R_3^{-1}	Z_1	C_2
R_3	R_4	R_4^{-1}

Z_2	Z_1	R_4
R_2	R_3	R_1^{-1}
Z_1^{-1}	C_1	R_3^{-1}

Abb. 10.135 Weitere Beispiele von Basismustern für ein ausgeglichenes Zentrum

Für diese Variante wählt Candy nun $d_1 = 1$ als erste und $d_2 = 2m^2 = 18$ als zweite Differenz. Damit ergeben sich zwei Zahlenfolgen mit jeweils 18 Zahlen. Diese Zahlen werden untereinander geschrieben und von links in Gruppen zu jeweils vier Zahlen zusammengefasst.[17]

1	2	3	4	5	6	7	8	9	10	11	12	13	14	15	16	17	18
19	20	21	22	23	24	25	26	27	28	29	30	31	32	33	34	35	36

Anschließend kann das Quadrat mit diesen Blöcken in der Reihenfolge der Zahlen aus dem Basisquadrat gefüllt werden, wobei natürlich die Anordnung der vier Zahlen eines Blocks jeweils aus dem zugehörigen Muster des Quadrates mit den Basismustern folgt. Insgesamt ergibt sich damit ein magisches Quadrat, bei denen in den 2 x 2 - Blöcken für $m = 3$ wie in Abbildung 10.136 die Differenzen 1 und 18 auftreten.

15	16	20	19	12	29
34	33	1	2	30	11
5	6	28	27	31	14
23	24	10	9	13	32
26	7	17	18	22	21
8	25	35	36	3	4

33	34	47	48	52	51	16	65	80	79
84	83	98	97	1	2	66	15	29	30
45	46	9	10	64	63	28	77	82	81
96	95	60	59	13	14	78	27	31	32
7	8	11	12	76	75	89	40	94	93
58	57	61	62	26	25	39	90	43	44
19	20	74	23	37	38	92	91	56	55
70	69	24	73	87	88	41	42	5	6
21	22	86	85	49	50	53	4	68	67
72	71	35	36	100	99	3	54	17	18

Abb. 10.136 Magische Quadrate der Ordnungen $n = 6$ und $n = 10$ mit $d_1 = 1$ und $d_2 = 2m^2$ (Candy, Variante 3)

[17] Albert L. Candy [78] S. 102 – 103

Dieses Verfahren kann auch auf doppelt-gerade Quadrate übertragen werden. Dabei sind die zusätzlichen 2 x 2 - Blöcke aus Abbildung 10.133 nicht erforderlich, da sich bei diesen Ordnungen wie in Abbildung 10.137 ein Ausgleich bereits paarweise erzielen lässt.

Als Basisquadrat ist im Gegensatz zu den beiden noch folgenden Varianten jedes beliebige magische Quadrat geeignet.

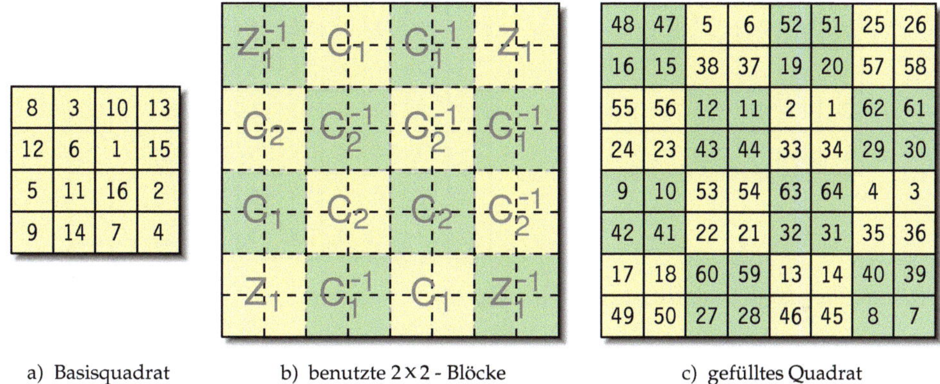

a) Basisquadrat b) benutzte 2 x 2 - Blöcke c) gefülltes Quadrat

Abb. 10.137 Magisches Quadrat der Ordnung $n = 8$ mit $d_1 = 1$ und $d_2 = 2m^2$ (Candy, Variante 3)

Variante 4

Nun sei die erste Differenz wieder $d_1 = 1$, während als zweite Differenz $d_2 = 2m = 6$ gewählt wird. In diesem Fall werden die $n^2 = 36$ Zahlen in quadratischer Anordnung geschrieben und dieses Quadrat in Gruppen zu vier Zahlen unterteilt.[18]

1	2	3	4	5	6
7	8	9	10	11	12
13	14	15	16	17	18
19	20	21	22	23	24
25	26	27	28	29	30
31	32	33	34	35	36

Diese Viererblöcke werden jetzt auf die übliche Art und Weise in das Zielquadrat eingefügt. In Abbildung 10.138 sind magische Quadrate der Ordnungen $n = 6$ und $n = 10$ angegeben, die nach diesem Verfahren erzeugt worden sind.

[18] Albert L. Candy [78] S. 103

In den Beispielen der Ordnungen $n = 6$ und $n = 10$ erkennt man deutlich die Unterschiede zwischen den beiden Zeilen eines 2×2 - Blocks.

27	28	8	7	18	23
34	33	1	2	24	17
5	6	22	21	31	26
11	12	16	15	25	32
20	13	29	30	10	9
14	19	35	36	3	4

63	64	87	88	12	11	26	35	60	59
74	73	98	97	1	2	36	25	49	50
85	86	9	10	34	33	48	57	72	71
96	95	20	19	23	24	58	47	61	62
7	8	21	22	56	55	79	70	94	93
18	17	31	32	46	45	69	80	83	84
29	30	54	43	67	68	92	91	16	15
40	39	44	53	77	78	81	82	5	6
41	42	76	75	89	90	13	4	38	37
52	51	65	66	100	99	3	14	27	28

Abb. 10.138 Magische Quadrate der Ordnungen $n = 6$ und $n = 10$ mit $d_1 = 1$ und $d_2 = 2m$ (Candy, Variante 4)

Natürlich lässt sich diese Variante auch auf doppelt-gerade Ordnungen übertragen. In Abbildung 10.139 ist ein magisches Quadrat der Ordnung $n = 8$ dargestellt, das mit den Parametern $d_1 = 1$ und $d_2 = 2m = 8$ erstellt worden ist. Der erste 2×2 - Block enthält daher die Zahlen $1, 2, 9, 10$. Nach vier Blöcken sind damit die Zahlen von 1 bis 16 in das Zielquadrat eingetragen und im fünften Block folgen $17, 18, 25, 26$.

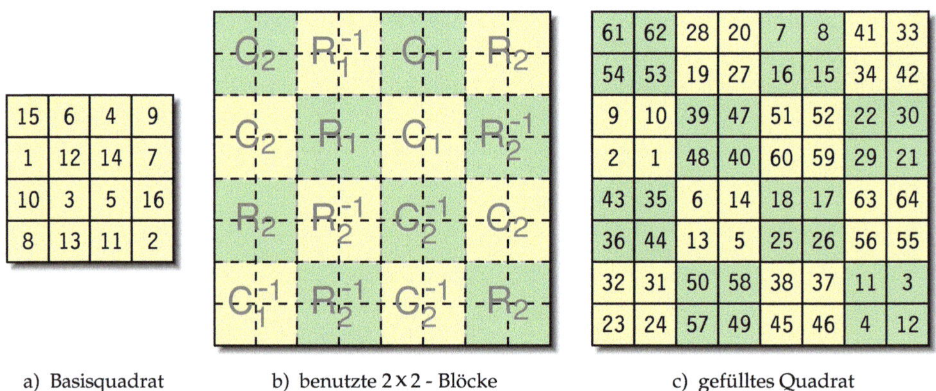

15	6	4	9
1	12	14	7
10	3	5	16
8	13	11	2

61	62	28	20	7	8	41	33
54	53	19	27	16	15	34	42
9	10	39	47	51	52	22	30
2	1	48	40	60	59	29	21
43	35	6	14	18	17	63	64
36	44	13	5	25	26	56	55
32	31	50	58	38	37	11	3
23	24	57	49	45	46	4	12

a) Basisquadrat b) benutzte 2×2 - Blöcke c) gefülltes Quadrat

Abb. 10.139 Magisches Quadrat der Ordnung $n = 8$ mit $d_1 = 1$ und $d_2 = 2m$ (Candy, Variante 4)

Bei allen Ordnungen ist bei dieser Variante aber zu beachten, dass das Basisquadrat die Eigenschaft non-catchup besitzt, da sonst kein magisches Quadrat erzeugt wird.

Variante 5

Als dritte Möglichkeit stehen die beiden Schrittweiten $d_1 = m$ und $d_2 = 2m^2$ zur Verfügung.[19] Für das Standardbeispiel der Ordnung $n = 6$ bedeutet dies $d_1 = 3$ und $d_2 = 18$. Auch in diesem Fall werden die $n^2 = 36$ Zahlen in ein Quadrat eingetragen. Allerdings wird das Quadrat dieses Mal nicht in Viererblöcke, sondern in vier Quadranten aufgeteilt.

1	2	3	4	5	6
7	8	9	10	11	12
13	14	15	16	17	18
19	20	21	22	23	24
25	26	27	28	29	30
31	32	33	34	35	36

1	2	3	4	5	6
7	8	9	10	11	12
13	14	15	16	17	18
19	20	21	22	23	24
25	26	27	28	29	30
31	32	33	34	35	36

Aus dieser Aufteilung werden jetzt immer Blöcke von vier Zahlen in das Zielquadrat eingetragen, die sich auf den gleichen relativen Positionen in den Quadranten befinden. Die erste Gruppe ergibt sich damit aus den Zahlen $1, 4, 19, 22$, gefolgt vom zweiten Block $2, 5, 20, 23$ usw. bis $15, 18, 33, 36$. Das Ergebnis dieser Variante ist in Abbildung 10.140 mit zwei magischen Quadraten der Ordnungen $n = 6$ und $n = 10$ dargestellt.

14	17	22	19	12	27
35	32	1	4	30	9
3	6	29	26	31	16
21	24	11	8	13	34
28	7	15	18	23	20
10	25	33	36	2	5

32	37	44	49	56	51	18	63	80	75
87	82	99	94	1	6	68	13	25	30
43	48	5	10	67	62	29	74	86	81
98	93	60	55	12	17	79	24	31	36
4	9	11	16	78	73	85	40	97	92
59	54	61	66	28	23	35	90	42	47
15	20	77	22	34	39	96	91	58	53
70	65	27	72	84	89	41	46	3	8
21	26	88	83	45	50	52	7	69	64
76	71	33	38	100	95	2	57	14	19

Abb. 10.140 Magische Quadrate der Ordnungen $n = 6$ und $n = 10$ mit $d_1 = m$ und $d_2 = 2m^2$ (Candy, Variante 5)

Auch das Verfahren mit diesen beiden Differenzen lässt sich unmittelbar auf doppelt-gerade Ordnungen übertragen. Ein so konstruiertes magisches Quadrat der Ordnung $n = 8$ ist in Abbildung 10.141 abgebildet.

[19] Albert L. Candy [78] S. 103 – 104

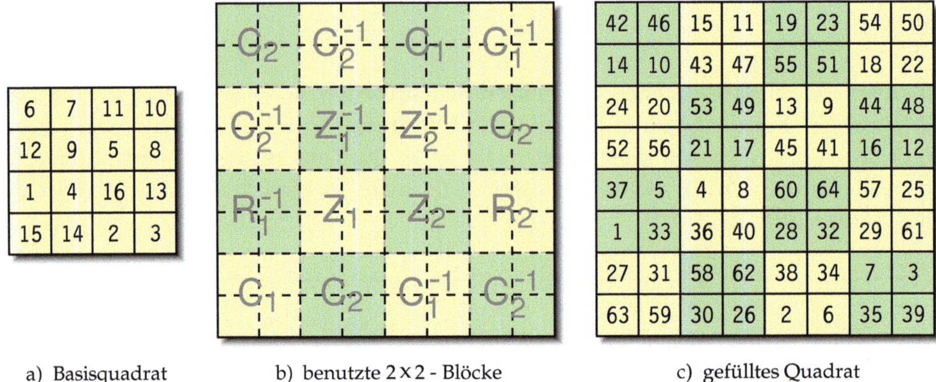

a) Basisquadrat b) benutzte 2 x 2 - Blöcke c) gefülltes Quadrat

Abb. 10.141 Magisches Quadrat der Ordnung $n = 8$ mit $d_1 = m$ und $d_2 = 2\,m^2$ (Candy, Variante 5)

Bei allen Ordnungen ist auch bei dieser Variante aber zu beachten, dass das Basisquadrat die Eigenschaft non-catchup besitzt, da sonst kein magisches Quadrat erzeugt wird.

10.3.8 Medjig – Methode

Die Medjig-Methode zur Konstruktion von magischen Quadraten basiert auf einem 2006 von Willem Barink veröffentlichten Puzzle. Sein Medjig-Puzzle besteht aus sechs unterschiedlichen Spielteilen, die jeweils dreimal vorhanden sind. Sie sind in Quadranten unterteilt, in denen mit Punkten die Zahlen 0, 1, 2 und 3 angegeben sind. Das Ziel des Puzzles ist es, mit zugewiesenen Teilen ein 3 x 3 - Quadrat zu legen, sodass sich in jeder Zeile, jeder Spalte und beiden Diagonalen die Summe 9 ergibt.

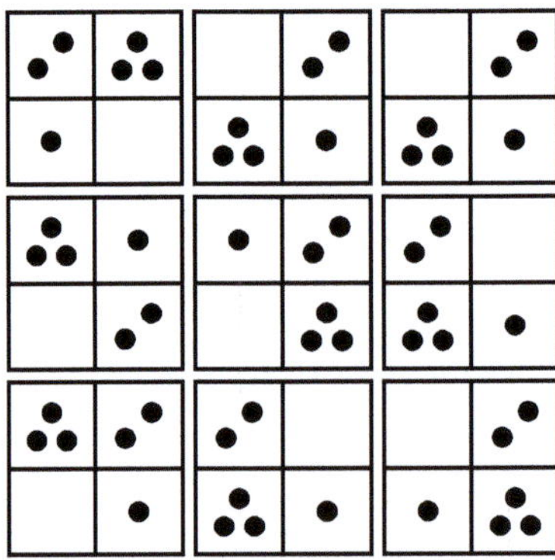

Abb. 10.142 Medjig-Puzzle

Diese Grundidee erinnert natürlich stark an magische Quadrate und so wird das für alle gerade Ordnungen verallgemeinerte Verfahren auch *Medjig*-Verfahren genannt. Das Verfahren benutzt ebenso wie das Puzzle die 2×2 - Blöcke mit den Zahlen 0, 1, 2 und 3, und es wird aus einem zusätzlich vorgegebenen magischen Basisquadrat ein magisches Quadrat der doppelten Ordnung erzeugt.

Einfach-gerade Ordnungen n = 4k+2

Für ein Quadrat der Ordnung $n = 6$ benötigt man ein magisches Basisquadrat der halben Ordnung $m = \frac{n}{2} = 3$ und ordnet in einem weiteren Hilfsquadrat, dem Medjig-Quadrat M, neun 2×2 - Blöcke mit den Zahlen 0, 1, 2 und 3 so an, dass sich in jeder Zeile, jeder Spalte und beiden Diagonalen die Summe 9 ergibt. Daher kann man beispielsweise eine Variante des Lo-Shu als Basisquadrat und die Anordnung der Zahlen aus dem Medjig-Puzzle wählen.

Danach werden alle Zahlen des Medjig-Quadrates M mit dem Quadrat der Ordnung $m = \frac{n}{2}$ des Basisquadrates B multipliziert und die zugehörige Zahl aus dem Basisquadrat B hinzuaddiert.

$$Q = M \cdot m^2 + B$$

Mit diesen Berechnungen ergibt sich das magische Quadrat Q doppelter Ordnung aus Abbildung 10.143.

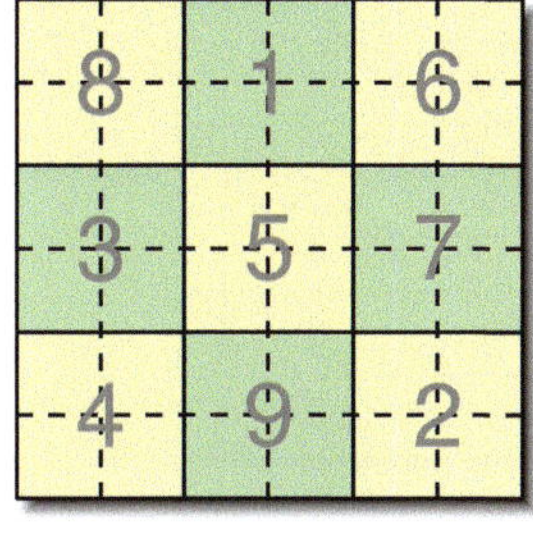

a) Basisquadrat B

2	3	0	2	0	2
1	0	3	1	3	1
3	1	1	2	2	0
0	2	0	3	3	1
3	2	2	0	0	2
0	1	3	1	1	3

b) Medjig-Quadrat M

26	35	1	19	6	24
17	8	28	10	33	15
30	12	14	23	25	7
3	21	5	32	34	16
31	22	27	9	2	20
4	13	36	18	11	29

c) magisches Quadrat

Abb. 10.143 Magisches Quadrat der Ordnung $n = 6$ (Medjig)

Dieses Vorgehen erinnert stark an das Verfahren von Candy aus Kapitel 10.3.7. Candy arbeitet jedoch nur mit einer Teilmenge von den 24 möglichen Anordnungen von vier Zahlen in den 2×2 - Blöcken und verwendet dabei die Zahlen 1, 2, 3 und 4. Die Medjig-Methode benutzt dagegen die Zahlen 0, 1, 2 und 3 sowie alle 24 Anordnungen, sodass bereits für die Ordnung $n = 6$ insgesamt 1 740 800 verschiedene Medjig-Quadrate existieren. Außerdem werden die beiden Hilfsquadrate unterschiedlich zum magischen Quadrat zusammengesetzt.

Wählt man das Lo-Shu als Basisquadrat, lassen sich ebenso viele unterschiedliche magische Quadrate erzeugen. Mit den Varianten des Lo-Shu als Basisquadrat lassen sich dann keine neuen magischen Quadrate erzeugen, da diese sich immer durch Drehungen oder Spiegelungen auf die bereits mit dem Lo-Shu gefundenen Quadrate zurückführen lassen.

Da die Anzahl der Medjig-Quadrate mit wachsender Ordnung sehr stark zunimmt, muss für die Konstruktion dieser Quadrate ein besonderer Algorithmus gewählt werden, um schnell und einfach zu vielen unterschiedlichen Lösungen zu gelangen. Der hier vorgestellte Algorithmus basiert auf der Grundidee von Candy, wird aber für die Medjig-Quadrate noch etwas verfeinert.

Grundsätzlich wird bei dem Medjig-Hilfsquadrat für Ordnungen $n = 4k+2$ zunächst das 6x6 - Zentrum mit einem der noch leicht zu bestimmenden Medjig-Quadrate dieser Größe gefüllt. Danach wählt man für die vier Ecken eines von 96 Medjig-Quadraten der Ordnung 4, dessen vier 2x2 - Blöcke in die Ecken des Zielquadrates platziert werden. Damit erhöhen sich die Summen in den Zeilen und Spalten ebenso um den gleichen Wert 6 wie die beiden Diagonalen, die damit bereits die in einem Medjig-Quadrat dieser Größe geforderte Summe 15 besitzen (siehe Abbildung 10.144).

3	1	0	2
0	2	3	1
2	0	1	3
1	3	2	0

3	1							0	2
0	2							3	1
		1	2	3	0	0	3		
		0	3	1	2	1	2		
		3	0	0	1	3	2		
		2	1	2	3	0	1		
		1	0	3	2	2	1		
		2	3	0	1	3	0		
2	0							1	3
1	3							2	0

Abb. 10.144 Füllen des Zentrums und der Ecken

Im nächsten Schritt werden die verbleibenden Bereiche der Größe 6 x 4 im oberen und unteren Rahmen gefüllt.

0	3	2	1	1	2
1	2	3	0	0	3
2	0	1	2	3	1
3	1	0	3	2	0

0	3		2	1		1	2
1	2		3	0		0	3
2	0		1	2		3	1
3	1		0	3		2	0

Abb. 10.145 Aufteilung des 6 x 4-Rechtecks in 2 x 2 - Blöcke für den oberen und den unteren Rahmen

Für die noch verbleibenden Bereiche im oberen und unteren Rahmen wählt man aus den 20 160 Rechtecken der Größe 6 x 4, deren 2 x 2 - Blöcke ebenfalls aus den Zahlen 0, 1, 2 und 3 bestehen und deren Zeilensummen 9 und deren Spaltensumme 6 betragen, ein beliebiges Rechteck aus. Dieses Rechteck wird horizontal in der Mitte durchtrennt und beide Hälften werden in 2 x 2 - Blöcke aufgeteilt.

Die oberen drei 2 x 2 - Blöcke aus Abbildung 10.145 werden in beliebiger Reihenfolge in den oberen Rahmen des Hilfsquadrates eingefügt. Die zugehörigen Blöcke der unteren Rechteckhälfte werden danach so in den unteren Rahmen eingefügt, dass die im Rechteck untereinanderstehenden Blöcke auch in den Spalten des Hilfsquadrates untereinanderstehen. Damit ist wie in Abbildung 10.146 sichergestellt, dass die Zeilensummen um den Wert 9 und die Spaltensummen um den gleichen Wert 6 erhöht werden.

3	1	0	3	1	2	2	1	0	2
0	2	1	2	0	3	3	0	3	1
		1	2	3	0	0	3		
		0	3	1	2	1	2		
		3	0	0	1	3	2		
		2	1	2	3	0	1		
		1	0	3	2	2	1		
		2	3	0	1	3	0		
2	0	2	0	3	1	1	2	1	3
1	3	3	1	2	0	0	3	2	0

Abb. 10.146 Füllen des oberen und des unteren Rahmens mit 2 x 2 - Blöcken

Entsprechend verfährt man mit dem linken und rechten Rahmen des Quadrates. Für diese Rahmen wird ein Rechteck der Größe 4 x 6 benötigt, das dann vertikal in zwei Hälften getrennt wird. Danach werden auch hier beide Hälften in 2 x 2 - Blöcke aufgeteilt.

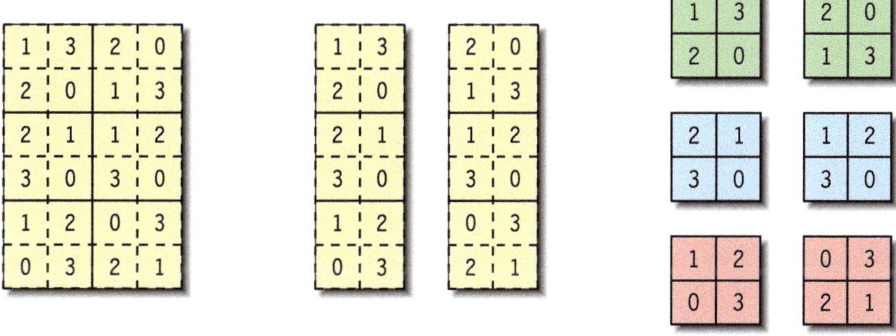

Abb. 10.147 Aufteilung des 4 x 6-Rechtecks in 2 x 2 - Blöcke für die seitlichen Rahmen

Anschließend werden die 2 x 2 - Blöcke der linken Rechteckhälfte in beliebiger Reihenfolge in den linken Rahmen und die zugehörigen Blöcke der rechten Hälfte in die entsprechenden Positionen des rechten Rahmens eingefügt. Damit entsteht das Medjig-Quadrat aus Abbildung 10.148, bei dem alle Zeilen-, Spalten- und Diagonalensummen 15 betragen.

3	1	0	3	1	2	2	1	0	2
0	2	1	2	0	3	3	0	3	1
1	2	1	2	3	0	0	3	0	3
0	3	0	3	1	2	1	2	2	1
1	3	3	0	0	1	3	2	2	0
2	0	2	1	2	3	0	1	1	3
2	1	1	0	3	2	2	1	1	2
3	0	2	3	0	1	3	0	3	0
2	0	2	0	3	1	1	2	1	3
1	3	3	1	2	0	0	3	2	0

Abb. 10.148 Füllen des linken und des rechten Rahmens mit 2 x 2 - Blöcken

Mit diesem Medjig-Quadrat und einem beliebigen Basisquadrat der halben Ordnung $m = \frac{n}{2} = 5$ wird dann beispielsweise das magische Quadrat in Abbildung 10.149 erstellt.

7	8	17	22	11
21	14	23	2	5
16	1	13	25	10
6	24	3	12	20
15	18	9	4	19

a) Basisquadrat

82	32	8	83	42	67	72	47	11	61
7	57	33	58	17	92	97	22	86	36
46	71	39	64	98	23	2	77	5	80
21	96	14	89	48	73	27	52	55	30
41	91	76	1	13	38	100	75	60	10
66	16	51	26	63	88	25	50	35	85
56	31	49	24	78	53	62	37	45	70
81	6	74	99	3	28	87	12	95	20
65	15	68	18	84	34	29	54	44	94
40	90	93	43	59	9	4	79	69	19

b) magisches Quadrat

Abb. 10.149 Magisches Quadrat der Ordnung $n = 10$ (Medjig)

Dieses Verfahren lässt sich auf alle einfach-geraden Ordnungen übertragen. Wie beim Beispiel der Ordnung $n = 10$ werden zunächst die Eckbereiche des neuen Rahmens ausgefüllt, bevor die Blöcke der beiden Rechtecke in die gegenüberliegenden Bereiche des Rahmens eingetragen werden.

2	1	3	0			1	2	1	2			2	1
3	0	2	1			0	3	0	3			3	0
3	2	3	1	0	3	1	2	2	1	0	2	0	1
1	0	0	2	1	2	0	3	3	0	3	1	2	3
		1	2	1	2	3	0	0	3	0	3		
		0	3	0	3	1	2	1	2	2	1		
3	2	1	3	3	0	0	1	3	2	2	0	0	1
0	1	2	0	2	1	2	3	0	1	1	3	3	2
		2	1	1	0	3	2	2	1	1	2		
		3	0	2	3	0	1	3	0	3	0		
0	3	2	0	2	0	3	1	1	2	1	3	1	2
2	1	1	3	3	1	2	0	0	3	2	0	3	0
1	2	1	3			2	1	2	0			1	2
0	3	0	2			3	0	3	1			0	3

Abb. 10.150 Füllen des Rahmens mit 2 x 2 - Blöcken

Ab der Ordnung $n = 14$ kommen im Rahmen jedoch weitere freie Bereiche hinzu, die mit Medjig-Quadraten der Größe 4 gefüllt werden. Bei diesen Quadraten müssen sogar nur die Zeilen- und Spaltensummen gleich sein, da die Summe der Zahlen auf den Diagonalen in den auszufüllenden Bereichen keine Rolle spielt. Damit hat man die Auswahl unter 800 Medjig-Quadraten der Größe 4, bei denen die Zeilen- und Spaltensummen jeweils 6 betragen.

Abbildung 10.151 zeigt, wie die 2 x 2 - Blöcke der Medjig-Quadrate in die noch freien Bereiche des Rahmens eingefügt werden. Dabei muss sichergestellt werden, dass die im Medjig-Quadrat untereinanderstehenden Blöcke auch in die gleichen Spalten und die nebeneinanderstehenden Blöcke in die gleichen Zeilen des Hilfsquadrates eingetragen werden.

0	3	0	3
1	2	1	2
3	1	2	0
2	0	3	1

a) oben und unten

2	1	0	3
0	3	2	1
3	0	3	0
1	2	1	2

b) links und rechts

Mit diesem Medjig-Quadrat und einem beliebigen Basisquadrat der halben Ordnung $m = \frac{n}{2} = 7$ wird dann beispielsweise das magische Quadrat in Abbildung 10.152 erstellt.

2	1	3	0	0	3	1	2	1	2	0	3	2	1
3	0	2	1	1	2	0	3	0	3	1	2	3	0
3	2	3	1	0	3	1	2	2	1	0	2	0	1
1	0	0	2	1	2	0	3	3	0	3	1	2	3
2	1	1	2	1	2	3	0	0	3	0	3	0	3
0	3	0	3	0	3	1	2	1	2	2	1	2	1
3	2	1	3	3	0	0	1	3	2	2	0	0	1
0	1	2	0	2	1	2	3	0	1	1	3	3	2
3	0	2	1	1	0	3	2	2	1	1	2	3	0
1	2	3	0	2	3	0	1	3	0	3	0	1	2
0	3	2	0	2	0	3	1	1	2	1	3	1	2
2	1	1	3	3	1	2	0	0	3	2	0	3	0
1	2	1	3	2	0	2	1	2	0	3	1	1	2
0	3	0	2	3	1	3	0	3	1	2	0	0	3

Abb. 10.151 Auffüllen des Rahmens mit Medjig-Quadraten der Größe 4 × 4

145	96	170	23	6	153	80	129	63	112	39	186	113	64
194	47	121	72	55	104	31	178	14	161	88	137	162	15
157	108	189	91	18	165	92	141	124	75	2	100	34	83
59	10	42	140	67	116	43	190	173	26	149	51	132	181
120	71	54	103	79	128	160	13	38	185	21	168	46	193
22	169	5	152	30	177	62	111	87	136	119	70	144	95
188	139	66	164	196	49	25	74	148	99	131	33	9	58
41	90	115	17	147	98	123	172	1	50	82	180	156	107
151	4	127	78	61	12	184	135	118	69	94	143	175	28
53	102	176	29	110	159	37	86	167	20	192	45	77	126
16	163	146	48	122	24	154	56	81	130	57	155	89	138
114	65	97	195	171	73	105	7	32	179	106	8	187	40
84	133	60	158	134	36	117	68	142	44	174	76	52	101
35	182	11	109	183	85	166	19	191	93	125	27	3	150

a) magisches Quadrat

Abb. 10.152 Magisches Quadrat der Ordnung $n = 14$ (Medjig)

Durch eine Analyse der beteiligten Quadrate kann man leicht feststellen, welches Quadrat der Ordnung $n = 7$ mit dem Medjig-Muster benutzt wurde, um das magische Quadrat in Abbildung 10.152 zu erstellen. Es soll aber dennoch angegeben werden.

47	23	6	31	14	39	15
10	42	18	43	26	2	34
22	5	30	13	38	21	46
41	17	49	25	1	33	9
4	29	12	37	20	45	28
16	48	24	7	32	8	40
35	11	36	19	44	27	3

Doppelt-gerade Ordnungen n = 4k

Magische Quadrate doppelt-gerader Ordnungen $n = 4k$ sind mit dem Medjig-Verfahren noch einfacher zu erstellen. Hier kann man im Zentrum mit einem der 96 Medjig-Quadraten der Ordnung 4 beginnen, bei denen die Zeilen- und Spaltensummen sowie die Summen der beiden Diagonalen jeweils 6 ergeben.

Um dieses Zentrum wird dann wieder ein Rahmen gelegt, bei dem zunächst die Ecken gefüllt werden. Dazu geht man wie bei den einfach-geraden Ordnungen vor und wählt für die vier Ecken ein beliebiges von 96 Medjig-Quadraten der Ordnung 4, von dem die vier 2×2 - Blöcke in die Ecken des Zielquadrates platziert werden. Damit erhöhen sich die Summen in den Zeilen und Spalten ebenso um den gleichen Wert 6 wie die beiden Diagonalen, die damit bereits die im Medjig-Quadrat dieser Größe geforderte Summe 12 besitzen (siehe Abbildung 10.153).

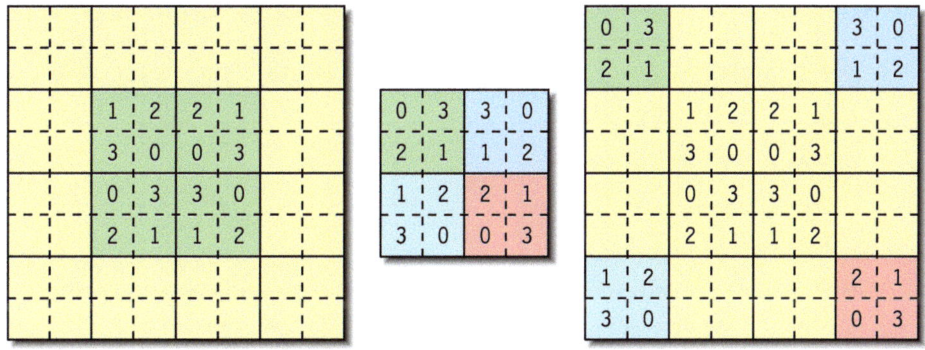

Abb. 10.153 Füllen des Zentrums und der Ecken

Die noch verbleibenden freien Bereiche im oberen und unteren Rahmen werden danach mit beliebigen Medjig-Quadraten der Größe 4 gefüllt. Bei diesen Quadraten müssen nur die Zeilen- und Spaltensummen gleich sein, da die Summe der Zahlen auf den Diagonalen in den auszufüllenden Bereichen keine Rolle spielt. Damit hat man wieder die Auswahl unter den 800 Medjig-Quadraten, bei denen die Zeilen- und Spaltensummen jeweils 6 beträgt. Die 2 x 2 - Blöcke können beliebig an den noch freien Positionen eingefügt werden. Dabei muss nur sichergestellt werden, dass die im Medjig-Quadrat untereinanderstehenden Blöcke auch in die gleichen Spalten und die nebeneinanderstehenden Blöcke in die gleichen Zeilen des Hilfsquadrates eingetragen werden.

Die noch verbleibenden freien Bereiche im linken und rechten Rahmen werden auf die gleiche Art und Weise gefüllt.

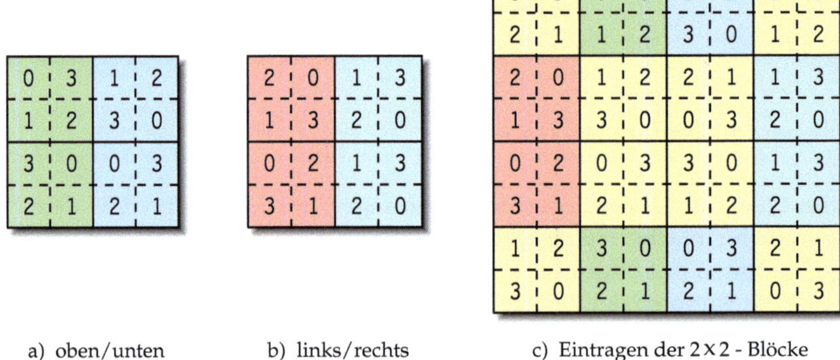

a) oben/unten b) links/rechts c) Eintragen der 2 x 2 - Blöcke

Abb. 10.154 Füllen des Rahmens

Mit diesem Medjig-Quadrat und einem beliebigen Basisquadrat der halben Ordnung $m = \frac{n}{2} = 4$ wird dann etwa das magische Quadrat in Abbildung 10.155 erstellt.

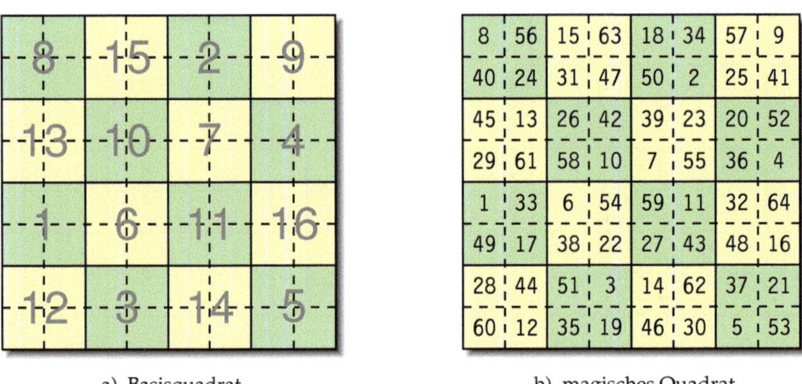

a) Basisquadrat b) magisches Quadrat

Abb. 10.155 Magisches Quadrat der Ordnung $n = 8$ (Medjig)

Variante

Die Medjig-Methode unterscheidet sich insbesondere bei der Berechnung der Zahlen des Zielquadrates von der Methode von Candy. Aber man kann natürlich auch dessen Berechnung für das Zielquadrat benutzen, um magische Quadrate doppelter Ordnung zu erzeugen. Da die Medjig-Methode mehr 2 x 2 - Blöcke benutzt, erhöht sich gegenüber Candy natürlich auch die Anzahl der erzeugten Quadrate.

Bei Candy werden zunächst alle Zahlen des Basisquadrat B um 1 vermindert und mit 4 multipliziert. Zu diesem Produkt wird die entsprechende Zahl aus dem Medjig-Quadrat M hinzuaddiert und das Ergebnis abschließend noch um 1 erhöht, um das Zielquadrat Q zu erzeugen.

$$Q = 4 \cdot (B - 1) + M + 1$$

Mit dieser Berechnungsmethode ergeben sich mit den Hilfsquadraten, die zu den Abbildungen 10.155 und 10.149 gehören, die beiden folgenden magischen Quadrate.

29	32	57	60	6	7	36	33
31	30	58	59	8	5	34	35
51	49	38	39	27	26	14	16
50	52	40	37	25	28	15	13
1	3	21	24	44	41	62	64
4	2	23	22	42	43	63	61
46	47	12	9	53	56	19	18
48	45	11	10	55	54	17	20

28	26	29	32	66	67	87	86	41	43
25	27	30	31	65	68	88	85	44	42
82	83	54	55	92	89	5	8	17	20
81	84	53	56	90	91	6	7	19	18
62	64	4	1	49	50	100	99	39	37
63	61	3	2	51	52	97	98	38	40
23	22	94	93	12	11	47	46	78	79
24	21	95	96	9	10	48	45	80	77
59	57	71	69	36	34	14	15	74	76
58	60	72	70	35	33	13	16	75	73

Abb. 10.156 Magische Quadrate der Ordnung $n = 8$ und $n = 10$ (Medjig, Variante)

10.3.9 Cram

Doppelt-gerade Ordnung n = 4k

Cram hat ein ein Verfahren vorgestellt, mit dem er aus einem vorgegebenen Quadrat ein magisches Quadrat doppelter Ordnung $n = 4k$ erzeugt.[20] Dazu benutzt er wie viele andere Autoren Teilquadrate der Größe 2 x 2 mit den Zahlen 1 bis 4, die er dann ge-

[20] Cram [115] S. 39 – 41

eignet anordnet. Er weist darauf hin, dass es sehr ausgeklügelte Verfahren gibt, möchte aber selbst ein sehr einfaches Verfahren vorstellen.

Insgesamt gibt es 24 dieser 2 x 2 - Quadrate, die in Abbildung 10.157 dargestellt sind.

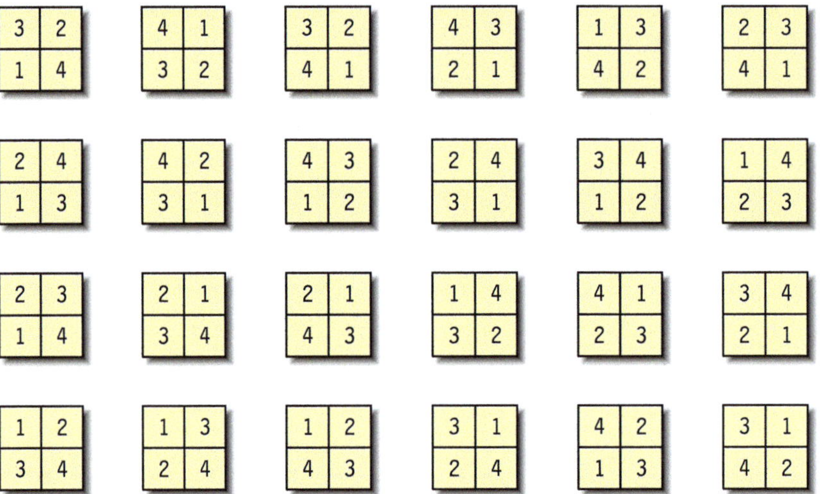

Abb. 10.157 24 unterschiedliche 2 x 2 - Quadrate

Das Zielquadrat wird zunächst in 2 x 2 - Blöcke unterteilt und die linke obere Ecke mit einem der acht möglichen 2 x 2 - Quadrate gefüllt, deren Diagonalensummen beide 5 betragen. Da es kein magisches Quadrat der Größe 2 gibt, sind allerdings die Zeilen- und Spaltensumme unterschiedlich. Deshalb wird ein zweites Quadrat gesucht, welches rechts neben der linken oberen Ecke und unterhalb dieser Ecke platziert wird. Dieses Quadrat muss die Bedingung erfüllen, dass damit die bisherigen Zeilen- und Spaltensummen mit jeweils vier Zahlen alle wie in Abbildung 10.158a gleich sind.

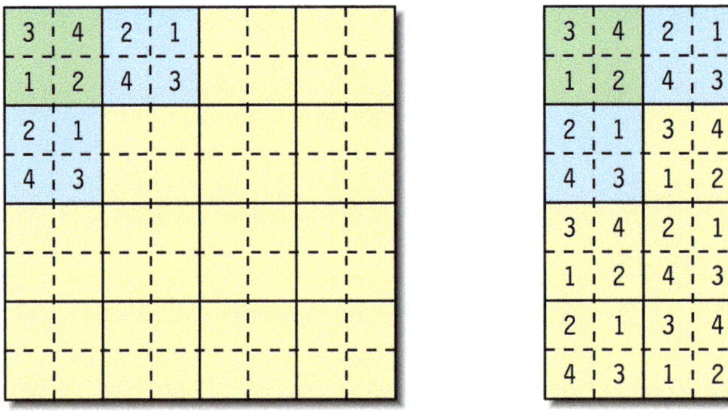

a) Wahl von zwei Teilquadraten b) gefülltes Hilfsquadrat

Abb. 10.158 Mit Teilquadraten gefülltes Hilfsquadrat

Mit diesen beiden Teilquadraten wird nun das gesamte Hilfsquadrat gefüllt, wobei die beiden Teilquadrate zeilenweise immer alternierend wie in Abbildung 10.158b eingetragen werden.

Für den letzten Schritt wird ein zusätzliches Basisquadrat der Ordnung $m = \frac{n}{2}$ benötigt. Für die Zahlen des Zielquadrates multipliziert man abschließend die um 1 verminderte Zahl des Basisquadrates mit 4 und addiert die Zahl des Hilfsquadrates aus Abbildung 10.158b hinzu. Das Ergebnis dieser Operationen ist das in Abbildung 10.159 dargestellte magische Quadrat.

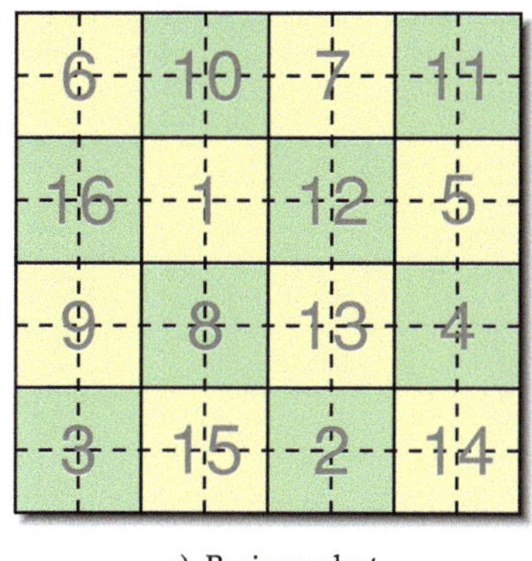

6	10	7	11
16	1	12	5
9	8	13	4
3	15	2	14

a) Basisquadrat

23	24	38	37	27	28	42	41
21	22	40	39	25	26	44	43
62	61	3	4	46	45	19	20
64	63	1	2	48	47	17	18
35	36	30	29	51	52	14	13
33	34	32	31	49	50	16	15
10	9	59	60	6	5	55	56
12	11	57	58	8	7	53	54

b) magisches Quadrat

Abb. 10.159 Magisches Quadrat der Ordnung $n = 8$ (Cram)

Ein weiteres Beispiel für die Ordnung $n = 12$ soll das Vorgehen noch einmal verdeutlichen. Zunächst wird zunächst wieder das Hilfsquadrat mit den 2×2 - Teilquadraten erzeugt.

1	2	4	3	1	2	4	3	1	2	4	3
3	4	2	1	3	4	2	1	3	4	2	1
4	3	1	2	4	3	1	2	4	3	1	2
2	1	3	4	2	1	3	4	2	1	3	4
1	2	4	3	1	2	4	3	1	2	4	3
3	4	2	1	3	4	2	1	3	4	2	1
4	3	1	2	4	3	1	2	4	3	1	2
2	1	3	4	2	1	3	4	2	1	3	4
1	2	4	3	1	2	4	3	1	2	4	3
3	4	2	1	3	4	2	1	3	4	2	1
4	3	1	2	4	3	1	2	4	3	1	2
2	1	3	4	2	1	3	4	2	1	3	4

Abb. 10.160 Mit Teilquadraten gefülltes Hilfsquadrat

Mit einem zusätzlichen magischen Basisquadrat der Ordnung $m = \frac{n}{2} = 6$ wird dann das magische Quadrat der Ordnung $n = 12$ in Abbildung 10.161 erzeugt.

1	12	13	24	25	36
7	10	15	22	27	30
35	26	21	16	11	2
33	28	23	14	9	4
32	6	20	17	31	5
3	29	19	18	8	34

a) Basisquadrat

1	2	48	47	49	50	96	95	97	98	144	143
3	4	46	45	51	52	94	93	99	100	142	141
28	27	37	38	60	59	85	86	108	107	117	118
26	25	39	40	58	57	87	88	106	105	119	120
137	138	104	103	81	82	64	63	41	42	8	7
139	140	102	101	83	84	62	61	43	44	6	5
132	131	109	110	92	91	53	54	36	35	13	14
130	129	111	112	90	89	55	56	34	33	15	16
125	126	24	23	77	78	68	67	121	122	20	19
127	128	22	21	79	80	66	65	123	124	18	17
12	11	113	114	76	75	69	70	32	31	133	134
10	9	115	116	74	73	71	72	30	29	135	136

b) magisches Quadrat

Abb. 10.161 Magisches Quadrat der Ordnung $n = 12$ (Cram)

Einfach-gerade Ordnung n = 4k+2

Das Verfahren von Cram zur Erzeugung einfach-gerader magischer Quadrate doppelter Größe ähnelt seinem Verfahren für Quadrate doppelt-gerader Ordnungen. Durch die fehlende Symmetrie wird das Verfahren aber etwas komplizierter, da nicht mit zwei Teilquadraten paarweise ein Ausgleich geschaffen werden kann.[21]

Cram fordert, dass die Teilquadrate in der oberen Zeile des Zielquadrates so angeordnet werden müssen, dass die Zahlen in den oberen Zeilen und den linken Spalten der Teilquadrate die gleiche Summe ergeben. Auch hier gibt es sehr unterschiedliche und teilweise auch komplexe Methoden, doch Cram hat ein sehr einfaches Vorgehen vorgeschlagen.

Dazu fängt man in der linken oberen Ecke wieder mit einem der acht möglichen 2 x 2 - Teilquadrate an, deren Diagonalensummen 5 betragen. Für den Rest der oberen Zeile werden jetzt zwei weitere Teilquadrate so ausgesucht, dass die Bedingung für diese drei Quadrate erfüllt ist.

[21] Cram [115] S. 39 – 41

Für die Ordnung $n = 6$ gibt es insgesamt 32 dieser Kombinationen, von denen eine in Abbildung 10.162a dargestellt ist. Die restlichen Zeilen des Hilfsquadrates erhält man dann, indem man die Teilquadrate der oberen Zeile zyklisch gesehen jeweils um eine Position nach rechts verschiebt.

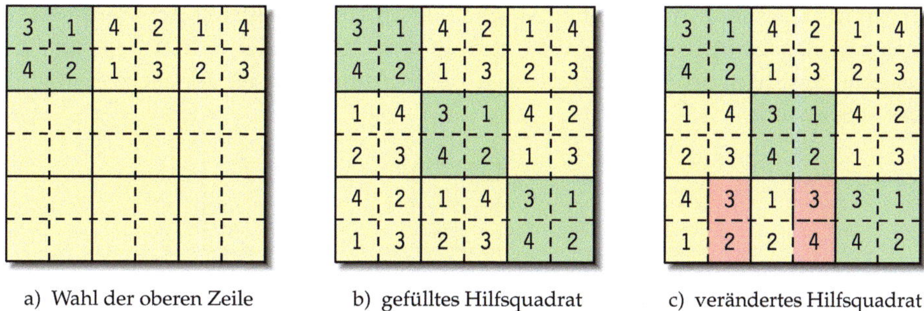

a) Wahl der oberen Zeile b) gefülltes Hilfsquadrat c) verändertes Hilfsquadrat

Abb. 10.162 Mit Teilquadraten gefülltes Hilfsquadrat

Das Hilfsquadrat in Abbildung 10.162b besitzt in allen Zeilen, Spalten und der Nebendiagonalen die Summe 15. Allerdings unterscheidet sich die Hauptdiagonale davon, da sie je nach gewählter Kombination eine Abweichung von ± 1 hat. In dem gewählten Beispiel beträgt die Summe aller Zahlen auf der Hauptdiagonalen nur 14.

Diese Abweichung kann aber immer durch ein Vertauschen von zwei Zahlenpaaren ausgeglichen werden, wie es in Abbildung 10.162c geschehen ist. Natürlich darf ein solcher Austausch keine der bisherigen Summen verändern. Nach dem Austausch besitzen dann alle Summen den gewünschten Wert 15.

Im letzten Schritt wird ein zusätzliches Basisquadrat der Ordnung $m = \frac{n}{2}$ benötigt. Für die Zahlen des Zielquadrates multipliziert man abschließend die um 1 verminderte Zahl des Basisquadrates mit 4 und addiert die Zahl des Hilfsquadrates aus Abbildung 10.162c hinzu. Das Ergebnis dieser Operationen ist in Abbildung 10.163 zu erkennen.

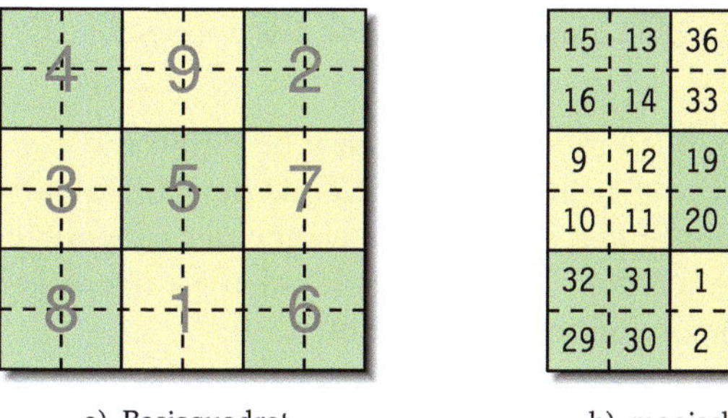

a) Basisquadrat b) magisches Quadrat

Abb. 10.163 Magisches Quadrat der Ordnung $n = 6$ (Cram)

Für höhere Ordnungen beginnt man ähnlich wie bei der Ordnung $n = 6$. Man fängt wieder in der linken oberen Ecke mit einem 2 x 2 - Quadrat an, dessen Diagonalensummen 5 betragen. Zusätzlich wählt man zwei weitere Teilquadrate so, dass die Summe der oberen Zeilen und der linken Spalten dieser drei Teilquadrate die gleiche Summe ergeben. Für Ordnungen ab $n = 10$ stehen sogar 96 unterschiedliche Kombinationen zur Auswahl, da man später mehr Möglichkeiten zum Ausgleich der Hauptdiagonalensumme besitzt als bei der Ordnung 6. In dem hier dargestellten Beispiel für die Ordnung $n = 10$ wurden beispielsweise die in Abbildung 10.164 dargestellten Quadrate ausgewählt.

4	3
2	1

1	4
3	2

1	2
4	3

Abb. 10.164 Drei Quadrate mit ausgeglichenen Summen

Für Ordnungen ab 10 sind dann aber einige Teilquadrate in der oberen Zeile bis jetzt nicht belegt. Um diese Lücken zu füllen, wählt man zusätzlich Paare von Teilquadraten, mit denen die Summen auch weiterhin immer ausgeglichen bleiben. Dies kann man mit den Paaren aus Abbildung 10.165 erreichen. Man erkennt, dass die Summe der Zahlen in der linken Spalte jeweils 5 beträgt und die Summe der vier Zahlen in der oberen Zeile von zwei zueinanderpassenden Quadraten genau 10 ergibt. Damit ist der gewünschte Ausgleich immer mit einem geeigneten Paar dieser Teilquadrate sichergestellt.

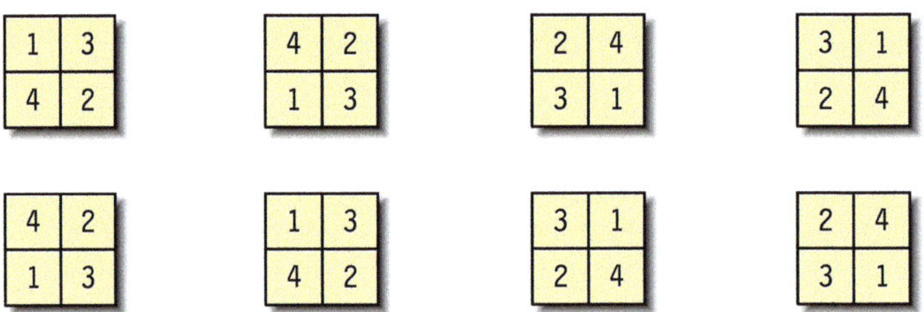

Abb. 10.165 Kombinationen für den Ausgleich

Für die Ordnung $n = 10$ wird eines dieser Paare benötigt, die zusammen mit den drei Quadraten aus Abbildung 10.164 die obere Zeile des Hilfsquadrates bilden. Dabei ist das Teilquadrat in der linken oberen Ecke wegen der Diagonalensummen 5 fest gesetzt, die anderen vier gewählten Teilquadrate können die obere Zeile des Hilfsquadrates aber in einer beliebigen Reihenfolge auffüllen.

Danach werden wie im Fall der Ordnung $n = 6$ die restlichen Zeilen so gefüllt, indem man die Teilquadrate der oberen Zeile zyklisch gesehen wieder jeweils um eine Position nach rechts verschiebt.

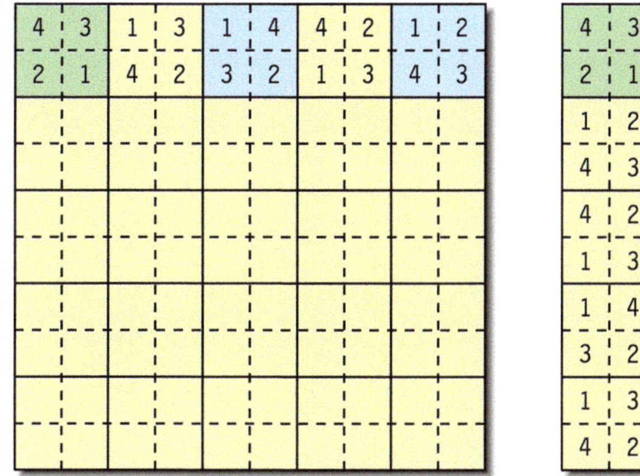

a) Anordnung der oberen Zeile

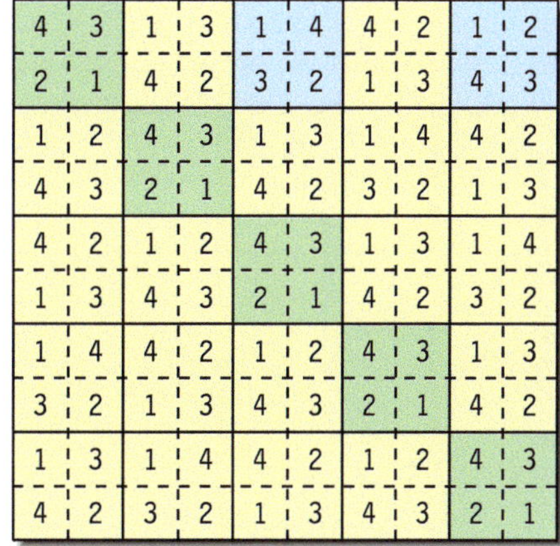

b) gefülltes Hilfsquadrat

Abb. 10.166 Mit Teilquadraten gefülltes Hilfsquadrat

Wie im Beispiel der Ordnung $n = 6$ besitzt das Hilfsquadrat in Abbildung 10.166b in allen Zeilen, Spalten und der Nebendiagonalen die gleiche Summe, in diesem Fall 25. Allerdings unterscheidet sich die Hauptdiagonale davon, da sie je nach gewählter Kombination eine Abweichung von ± 1 oder ± 3 besitzt. In dem hier dargestellten Beispiel ist die Summe aller Zahlen auf der Hauptdiagonalen mit 28 um 3 größer als die anderen Summen.

Eine solche Abweichung kann aber immer durch ein Vertauschen von nur zwei Zahlenpaaren ausgeglichen werden, wie es in Abbildung 10.167 geschehen ist. Natürlich darf ein solcher Austausch keine der bisherigen Summen verändern. Nach dem Austausch besitzen dann alle Summen den gewünschten Wert 25, welches die Voraussetzung für die weitere Konstruktion ist.

4	3	1	3	1	4	4	2	1	2
2	1	4	2	3	2	1	3	4	3
1	2	4	3	1	3	1	4	4	2
4	3	2	1	4	2	3	2	1	3
4	2	1	2	4	3	1	3	1	4
1	3	4	3	2	1	4	2	3	2
1	4	4	2	1	2	4	3	1	3
3	2	1	3	4	3	2	1	4	2
4	3	1	4	1	2	1	2	4	3
1	2	3	2	4	3	4	3	2	1

Abb. 10.167 Verändertes Hilfsquadrat mit gleichen Summen

Für den letzten Schritt wird ein zusätzliches Basisquadrat der Ordnung $m = \frac{n}{2}$ benötigt. Man multipliziert jeweils die um 1 verminderte Zahl des Basisquadrates mit 4 und addiert die Zahl des Hilfsquadrates aus Abbildung 10.166b hinzu und trägt das Ergebnis in das Zielquadrat ein. Das Ergebnis dieser Operationen ist das magische Quadrat in Abbildung 10.168.

7	6	5	24	23
22	12	11	16	4
25	17	13	9	1
8	10	15	14	18
3	20	21	2	19

a) Basisquadrat

28	27	21	23	17	20	96	94	89	90
26	25	24	22	19	18	93	95	92	91
85	86	48	47	41	43	61	64	16	14
88	87	46	45	44	42	63	62	13	15
100	98	65	66	52	51	33	35	1	4
97	99	68	67	50	49	36	34	3	2
29	32	40	38	57	58	56	55	69	71
31	30	37	39	60	59	54	53	72	70
12	11	77	80	81	82	5	6	76	75
9	10	79	78	84	83	8	7	74	73

b) magisches Quadrat

Abb. 10.168 Magisches Quadrat der Ordnung $n = 10$ (Cram)

11

Zusammengesetzte Ordnungen

Ein zusammengesetztes magisches Quadrat der Ordnung $n = p \cdot q$ wird aus zwei vorhandenen magischen Quadraten der Ordnungen p und q gebildet. Bei der kleinstmöglichen Ordnung $n = 9$ werden Ausgangsquadrate dritter Ordnung benötigt. Die Zielquadrate sind zwar sehr einfach zu konstruieren und bieten viele Möglichkeiten für Variationen, werden aber durch ihre Größe schnell unübersichtlich.

11.1 Standardverfahren

Das Standardverfahren soll zunächst an einem Beispiel der Ordnung $n = 12 = 3 \cdot 4$ verdeutlicht werden. Die beiden Ausgangsquadrate besitzen damit die Ordnungen $p = 3$ und $q = 4$.

4	9	2
3	5	7
8	1	6

16	3	2	13
5	10	11	8
9	6	7	12
4	15	14	1

Abb. 11.1 Ausgangsquadrate mit den Ordnungen 3 und 4

Mit diesen Ausgangsquadraten wird das Zielquadrat in p^2 Teilquadrate der Größe q aufgeteilt. Das linke obere Teilquadrat entspricht damit der linken oberen Ecke des

H. Danielsson, *Magische Quadrate und ihre Konstruktion*,
https://doi.org/10.1007/978-3-662-70448-6_11

Ausgangsquadrates der Ordnung 3. Die dort eingetragene Zahl wird um 1 vermindert, mit q^2 multipliziert und dann in alle q^2 Zellen des zugehörigen Teilquadrates übertragen. Führt man diesen Schritt für alle Teilquadrate durch, entsteht das Hilfsquadrat aus Abbildung 11.2.

48	48	48	48	128	128	128	128	16	16	16	16
48	48	48	48	128	128	128	128	16	16	16	16
48	48	48	48	128	128	128	128	16	16	16	16
48	48	48	48	128	128	128	128	16	16	16	16
32	32	32	32	64	64	64	64	96	96	96	96
32	32	32	32	64	64	64	64	96	96	96	96
32	32	32	32	64	64	64	64	96	96	96	96
32	32	32	32	64	64	64	64	96	96	96	96
112	112	112	112	0	0	0	0	80	80	80	80
112	112	112	112	0	0	0	0	80	80	80	80
112	112	112	112	0	0	0	0	80	80	80	80
112	112	112	112	0	0	0	0	80	80	80	80

Abb. 11.2 Teilquadrate im Hilfsquadrat

Addiert man anschließend in allen Teilquadraten zu den bereits vorhandenen Zahlen die Zahlen des Ausgangsquadrates vierter Ordnung hinzu, entsteht das magische Quadrat aus Abbildung 11.3.

64	51	50	61	144	131	130	141	32	19	18	29
53	58	59	56	133	138	139	136	21	26	27	24
57	54	55	60	137	134	135	140	25	22	23	28
52	63	62	49	132	143	142	129	20	31	30	17
48	35	34	45	80	67	66	77	112	99	98	109
37	42	43	40	69	74	75	72	101	106	107	104
41	38	39	44	73	70	71	76	105	102	103	108
36	47	46	33	68	79	78	65	100	111	110	97
128	115	114	125	16	3	2	13	96	83	82	93
117	122	123	120	5	10	11	8	85	90	91	88
121	118	119	124	9	6	7	12	89	86	87	92
116	127	126	113	4	15	14	1	84	95	94	81

Abb. 11.3 Zusammengesetztes magisches Quadrat der Ordnung $n = 12$

Vertauscht man die beiden Ausgangsquadrate, ergeben sich andere Teilquadrate und damit auch ein anderes magisches Quadrat (siehe Abbildung 11.4).

16	3	2	13
5	10	11	8
9	6	7	12
4	15	14	1

4	9	2
3	5	7
8	1	6

139	144	137	22	27	20	13	18	11	112	117	110
138	140	142	21	23	25	12	14	16	111	113	115
143	136	141	26	19	24	17	10	15	116	109	114
40	45	38	85	90	83	94	99	92	67	72	65
39	41	43	84	86	88	93	95	97	66	68	70
44	37	42	89	82	87	98	91	96	71	64	69
76	81	74	49	54	47	58	63	56	103	108	101
75	77	79	48	50	52	57	59	61	102	104	106
80	73	78	53	46	51	62	55	60	107	100	105
31	36	29	130	135	128	121	126	119	4	9	2
30	32	34	129	131	133	120	122	124	3	5	7
35	28	33	134	127	132	125	118	123	8	1	6

Abb. 11.4 Zusammengesetztes magisches Quadrat der Ordnung $n = 12$ mit vertauschten Ausgangsquadraten

Variante 1

Da es sich bei allen Teilquadraten um magische Quadrate handelt, können diese unabhängig voneinander verändert werden. Für ein Beispiel der Ordnung $n = 15$ werden zwei Ausgangsquadrate mit den Ordnungen 3 und 5 gewählt.

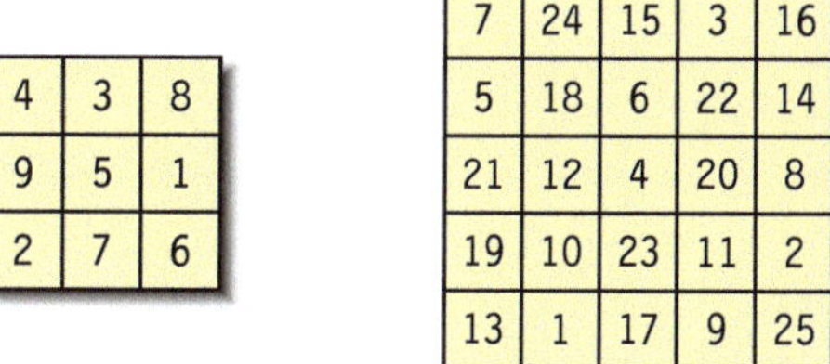

4	3	8
9	5	1
2	7	6

7	24	15	3	16
5	18	6	22	14
21	12	4	20	8
19	10	23	11	2
13	1	17	9	25

Abb. 11.5 Ausgangsquadrate mit den Ordnungen 3 und 5

Das zusammengesetzte Quadrat wird zunächst ganz normal gebildet. Im Beispiel der Abbildung 11.6 sind dann nachträglich alle Teilquadrate der linken Spalte an der vertikalen Mittellinie gespiegelt und alle Teilquadrate der rechten Spalte um 90° nach links gedreht worden.

91	78	90	99	82	57	74	65	53	66	188	194	196	180	182
89	97	81	93	80	55	68	56	72	64	176	185	187	193	199
83	95	79	87	96	71	62	54	70	58	192	198	179	181	190
77	86	98	85	94	69	60	73	61	52	184	186	195	197	178
100	84	92	76	88	63	51	67	59	75	200	177	183	189	191
216	203	215	224	207	107	124	115	103	116	13	19	21	5	7
214	222	206	218	205	105	118	106	122	114	1	10	12	18	24
208	220	204	212	221	121	112	104	120	108	17	23	4	6	15
202	211	223	210	219	119	110	123	111	102	9	11	20	22	3
225	209	217	201	213	113	101	117	109	125	25	2	8	14	16
41	28	40	49	32	157	174	165	153	166	138	144	146	130	132
39	47	31	43	30	155	168	156	172	164	126	135	137	143	149
33	45	29	37	46	171	162	154	170	158	142	148	129	131	140
27	36	48	35	44	169	160	173	161	152	134	136	145	147	128
50	34	42	26	38	163	151	167	159	175	150	127	133	139	141

Abb. 11.6 Zusammengesetztes Quadrat der Ordnung 15 mit veränderten Teilquadraten

Variante 2

Sind die beiden Ausgangsquadrate pandiagonal oder symmetrisch, überträgt sich diese Eigenschaft auf das Zielquadrat.

1	14	7	12
8	11	2	13
10	5	16	3
15	4	9	6

9	3	16	25	12
21	15	7	4	18
2	19	23	11	10
13	6	5	17	24
20	22	14	8	1

Abb. 11.7 Pandiagonale Ausgangsquadrate der Ordnungen 4 und 5

Zur Demonstration dieser Aussage sind in Abbildung 11.8 zwei pandiagonale Ausgangsquadrate der Ordnungen $n = 4$ und $n = 5$ gewählt worden. Wie man an dem hieraus konstruierten zusammengesetzten Quadrat erkennen kann, ist auch dieses pandiagonal.

9	3	16	25	12	334	328	341	350	337	159	153	166	175	162	284	278	291	300	287
21	15	7	4	18	346	340	332	329	343	171	165	157	154	168	296	290	282	279	293
2	19	23	11	10	327	344	348	336	335	152	169	173	161	160	277	294	298	286	285
13	6	5	17	24	338	331	330	342	349	163	156	155	167	174	288	281	280	292	299
20	22	14	8	1	345	347	339	333	326	170	172	164	158	151	295	297	289	283	276
184	178	191	200	187	259	253	266	275	262	34	28	41	50	37	309	303	316	325	312
196	190	182	179	193	271	265	257	254	268	46	40	32	29	43	321	315	307	304	318
177	194	198	186	185	252	269	273	261	260	27	44	48	36	35	302	319	323	311	310
188	181	180	192	199	263	256	255	267	274	38	31	30	42	49	313	306	305	317	324
195	197	189	183	176	270	272	264	258	251	45	47	39	33	26	320	322	314	308	301
234	228	241	250	237	109	103	116	125	112	384	378	391	400	387	59	53	66	75	62
246	240	232	229	243	121	115	107	104	118	396	390	382	379	393	71	65	57	54	68
227	244	248	236	235	102	119	123	111	110	377	394	398	386	385	52	69	73	61	60
238	231	230	242	249	113	106	105	117	124	388	381	380	392	399	63	56	55	67	74
245	247	239	233	226	120	122	114	108	101	395	397	389	383	376	70	72	64	58	51
359	353	366	375	362	84	78	91	100	87	209	203	216	225	212	134	128	141	150	137
371	365	357	354	368	96	90	82	79	93	221	215	207	204	218	146	140	132	129	143
352	369	373	361	360	77	94	98	86	85	202	219	223	211	210	127	144	148	136	135
363	356	355	367	374	88	81	80	92	99	213	206	205	217	224	138	131	130	142	149
370	372	364	358	351	95	97	89	83	76	220	222	214	208	201	145	147	139	133	126

Abb. 11.8 Pandiagonales magisches Quadrat der Ordnung $n = 20$

11.2 Xu – Mao – Chen – Huang (Kronecker-Operationen)

Xu, Mao, Chen und Huang beschreiben ein anderes Verfahren, um zusammengesetzte magische Quadrate zu konstruieren.[1]

Wenn $A = (a_{ij})$ und $B = (b_{ij})$ zwei Matrizen der Ordnungen $m \times p$ bzw. $n \times q$ sind, dann ist das Kronecker-Produkt definiert als

$$A \otimes B = \begin{bmatrix} a_{11} \cdot B & a_{12} \cdot B & \dots & a_{1n} \cdot B \\ a_{21} \cdot B & a_{22} \cdot B & \dots & a_{2n} \cdot B \\ \vdots & \vdots & \ddots & \vdots \\ a_{m1} \cdot B & a_{m2} \cdot B & \cdot & a_{mn} \cdot B \end{bmatrix}$$

[1] Xu, Mao, Chen und Huang [607]

Die Ergebnismatrix $A \otimes B$ hat die Ordnung $mn \times pq$.

Für die Arbeit mit magischen Quadraten werden zwei zusätzliche Matrizen I_m und I_n der Ordnungen m und n verwendet, bei denen alle Komponenten gleich 1 sind. Damit definieren Xu, Mao, Chen und Huang die Kronecker-Operation der Matrizen A und B mit den Ordnungen m und n als

$$C = A \oplus B = \left[I_n \otimes n^2 \left(A - I_m\right)\right] + \left(B \otimes I_m\right)$$

Bei dem Ergebnis C handelt es sich um eine quadratische Matrix der Ordnung mn, deren Komponenten c_{ij} folgendermaßen berechnet werden können.

$$c_{ij} = n^2 \cdot (A - I_m) + b_{ij} \cdot I_m \qquad \text{mit} \quad i, j = 1, 2, \ldots, n$$

Für ein erstes Beispiel werden die Ausgangsquadrate A und B mit den Ordnungen $m = 4$ und $n = 3$ aus Abbildung 11.9 gewählt. Im ersten Schritt werden alle Komponenten von A um 1 vermindert und anschließend mit n^2 multipliziert.

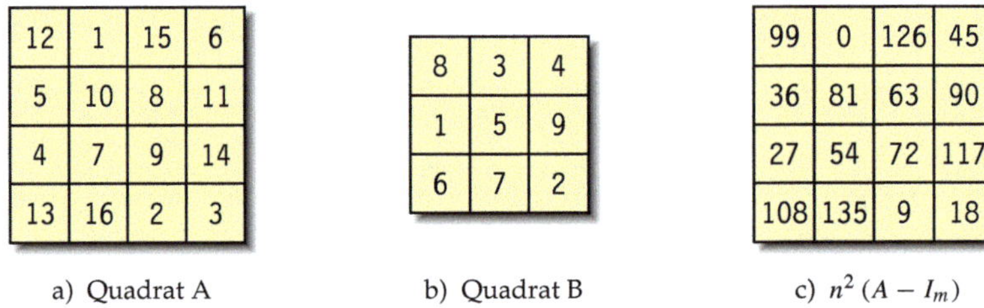

12	1	15	6
5	10	8	11
4	7	9	14
13	16	2	3

a) Quadrat A

8	3	4
1	5	9
6	7	2

b) Quadrat B

99	0	126	45
36	81	63	90
27	54	72	117
108	135	9	18

c) $n^2 (A - I_m)$

Abb. 11.9 Ausgangsquadrate der Ordnungen 4 und 3

Vereinfacht formuliert wird zu dieser neuen Matrix eine Komponente der Matrix B addiert und an der durch die zugehörige Position der Zahl aus B in das Zielquadrat eingefügt. Eine schematische Darstellung dieser Verknüpfungen ist in Abbildung 11.10 angegeben.

$$\left[\begin{array}{ccc}
\begin{bmatrix} 99 & 0 & 126 & 45 \\ 36 & 81 & 63 & 90 \\ 27 & 54 & 72 & 117 \\ 108 & 135 & 9 & 18 \end{bmatrix} + 8 &
\begin{bmatrix} 99 & 0 & 126 & 45 \\ 36 & 81 & 63 & 90 \\ 27 & 54 & 72 & 117 \\ 108 & 135 & 9 & 18 \end{bmatrix} + 3 &
\begin{bmatrix} 99 & 0 & 126 & 45 \\ 36 & 81 & 63 & 90 \\ 27 & 54 & 72 & 117 \\ 108 & 135 & 9 & 18 \end{bmatrix} + 4 \\
\begin{bmatrix} 99 & 0 & 126 & 45 \\ 36 & 81 & 63 & 90 \\ 27 & 54 & 72 & 117 \\ 108 & 135 & 9 & 18 \end{bmatrix} + 1 &
\begin{bmatrix} 99 & 0 & 126 & 45 \\ 36 & 81 & 63 & 90 \\ 27 & 54 & 72 & 117 \\ 108 & 135 & 9 & 18 \end{bmatrix} + 5 &
\begin{bmatrix} 99 & 0 & 126 & 45 \\ 36 & 81 & 63 & 90 \\ 27 & 54 & 72 & 117 \\ 108 & 135 & 9 & 18 \end{bmatrix} + 9 \\
\begin{bmatrix} 99 & 0 & 126 & 45 \\ 36 & 81 & 63 & 90 \\ 27 & 54 & 72 & 117 \\ 108 & 135 & 9 & 18 \end{bmatrix} + 6 &
\begin{bmatrix} 99 & 0 & 126 & 45 \\ 36 & 81 & 63 & 90 \\ 27 & 54 & 72 & 117 \\ 108 & 135 & 9 & 18 \end{bmatrix} + 7 &
\begin{bmatrix} 99 & 0 & 126 & 45 \\ 36 & 81 & 63 & 90 \\ 27 & 54 & 72 & 117 \\ 108 & 135 & 9 & 18 \end{bmatrix} + 2
\end{array}\right]$$

Abb. 11.10 Schematische Darstellung der Kronecker-Operation

In der Schreibweise mit Quadraten wird die Formel zur Berechnung der Matrix C noch deutlicher.

99	0	126	45	99	0	126	45	99	0	126	45
36	81	63	90	36	81	63	90	36	81	63	90
27	54	72	117	27	54	72	117	27	54	72	117
108	135	9	18	108	135	9	18	108	135	9	18
99	0	126	45	99	0	126	45	99	0	126	45
36	81	63	90	36	81	63	90	36	81	63	90
27	54	72	117	27	54	72	117	27	54	72	117
108	135	9	18	108	135	9	18	108	135	9	18
99	0	126	45	99	0	126	45	99	0	126	45
36	81	63	90	36	81	63	90	36	81	63	90
27	54	72	117	27	54	72	117	27	54	72	117
108	135	9	18	108	135	9	18	108	135	9	18

a) $I_n \otimes n^2\,(A - I_m)$

8	8	8	8	3	3	3	3	4	4	4	4
8	8	8	8	3	3	3	3	4	4	4	4
8	8	8	8	3	3	3	3	4	4	4	4
8	8	8	8	3	3	3	3	4	4	4	4
1	1	1	1	5	5	5	5	9	9	9	9
1	1	1	1	5	5	5	5	9	9	9	9
1	1	1	1	5	5	5	5	9	9	9	9
1	1	1	1	5	5	5	5	9	9	9	9
6	6	6	6	7	7	7	7	2	2	2	2
6	6	6	6	7	7	7	7	2	2	2	2
6	6	6	6	7	7	7	7	2	2	2	2
6	6	6	6	7	7	7	7	2	2	2	2

b) $B \otimes I_m$

Abb. 11.11 Zwischenergebnisse der Kronecker-Operation

Das Ergebnis C ist eine quadratische Matrix der Ordnung $m \cdot n = 4 \cdot 3 = 12$, wenn deren Komponenten c_{ij} folgendermaßen aus den Hilfsquadraten berechnet werden:

$$c_{ij} = n^2 \cdot (A - I_m) + b_{ij} \cdot I_m \qquad \text{mit} \quad i, j = 1, 2, \ldots, n$$

Das mit diesen magischen Ausgangsquadraten zusammengesetzte magische Quadrat der Ordnung 12 ist Abbildung 11.12 zu erkennen.

107	8	134	53	102	3	129	48	103	4	130	49
44	89	71	98	39	84	66	93	40	85	67	94
35	62	80	125	30	57	75	120	31	58	76	121
116	143	17	26	111	138	12	21	112	139	13	22
100	1	127	46	104	5	131	50	108	9	135	54
37	82	64	91	41	86	68	95	45	90	72	99
28	55	73	118	32	59	77	122	36	63	81	126
109	136	10	19	113	140	14	23	117	144	18	27
105	6	132	51	106	7	133	52	101	2	128	47
42	87	69	96	43	88	70	97	38	83	65	92
33	60	78	123	34	61	79	124	29	56	74	119
114	141	15	24	115	142	16	25	110	137	11	20

Abb. 11.12 Magisches Quadrat der Ordnung $n = 12$ (Xu - Mao - Chen - Huang)

Ein weiteres Beispiel soll dieses Vorgehen noch einmal verdeutlichen, wobei als Ordnungen der Ausgangsquadrate dieses Mal 3 und 4 gewählt werden.

6	7	2
1	5	9
8	3	4

a) Quadrat A

13	6	11	4
2	3	14	15
12	9	8	5
7	16	1	10

b) Quadrat B

80	96	16
0	64	128
112	32	48

c) $n^2\,(A - I_m)$

Abb. 11.13 Ausgangsquadrate der Ordnungen 3 und 4

Diese beiden Teilquadrate ergeben mit der Kronecker-Operation dann das magische Quadrat der Ordnung $n = 12 = 3 \cdot 4$ aus Abbildung 11.14.

93	109	29	86	102	22	91	107	27	84	100	20
13	77	141	6	70	134	11	75	139	4	68	132
125	45	61	118	38	54	123	43	59	116	36	52
82	98	18	83	99	19	94	110	30	95	111	31
2	66	130	3	67	131	14	78	142	15	79	143
114	34	50	115	35	51	126	46	62	127	47	63
92	108	28	89	105	25	88	104	24	85	101	21
12	76	140	9	73	137	8	72	136	5	69	133
124	44	60	121	41	57	120	40	56	117	37	53
87	103	23	96	112	32	81	97	17	90	106	26
7	71	135	16	80	144	1	65	129	10	74	138
119	39	55	128	48	64	113	33	49	122	42	58

Abb. 11.14 Magisches Quadrat der Ordnung $n = 12$ (Xu - Mao - Chen - Huang)

Varianten

Sind die beiden Ausgangsquadrate pandiagonal und/oder symmetrisch, überträgt sich diese Eigenschaft wie beim Standardverfahren aus Kapitel 11.1 auf das Zielquadrat. Zwei pandiagonale Ausgangsquadrate der Ordnungen 4 und 5 sind in Abbildung 11.15 dargestellt.

1	12	7	14
8	13	2	11
10	3	16	5
15	6	9	4

a) Quadrat A

5	11	23	19	7
18	9	2	15	21
12	25	16	8	4
6	3	14	22	20
24	17	10	1	13

b) Quadrat B

0	275	150	325
175	300	25	250
225	50	375	100
350	125	200	75

c) $n^2\,(A - I_m)$

Abb. 11.15 Pandiagonale Ausgangsquadrate der Ordnungen 4 und 5

Mit der Kronecker-Operation der beiden Teilquadrate ergibt sich das pandiagonale magische Quadrat der Ordnung $n = 20 = 4 \cdot 5$ aus Abbildung 11.16.

Generell gilt: Sind die beiden Ausgangsquadrate pandiagonal, dann ist auch das mit der Kronecker-Operation erzeugte Zielquadrat pandiagonal.

5	280	155	330	11	286	161	336	23	298	173	348	19	294	169	344	7	282	157	332
180	305	30	255	186	311	36	261	198	323	48	273	194	319	44	269	182	307	32	257
230	55	380	105	236	61	386	111	248	73	398	123	244	69	394	119	232	57	382	107
355	130	205	80	361	136	211	86	373	148	223	98	369	144	219	94	357	132	207	82
18	293	168	343	9	284	159	334	2	277	152	327	15	290	165	340	21	296	171	346
193	318	43	268	184	309	34	259	177	302	27	252	190	315	40	265	196	321	46	271
243	68	393	118	234	59	384	109	227	52	377	102	240	65	390	115	246	71	396	121
368	143	218	93	359	134	209	84	352	127	202	77	365	140	215	90	371	146	221	96
12	287	162	337	25	300	175	350	16	291	166	341	8	283	158	333	4	279	154	329
187	312	37	262	200	325	50	275	191	316	41	266	183	308	33	258	179	304	29	254
237	62	387	112	250	75	400	125	241	66	391	116	233	58	383	108	229	54	379	104
362	137	212	87	375	150	225	100	366	141	216	91	358	133	208	83	354	129	204	79
6	281	156	331	3	278	153	328	14	289	164	339	22	297	172	347	20	295	170	345
181	306	31	256	178	303	28	253	189	314	39	264	197	322	47	272	195	320	45	270
231	56	381	106	228	53	378	103	239	64	389	114	247	72	397	122	245	70	395	120
356	131	206	81	353	128	203	78	364	139	214	89	372	147	222	97	370	145	220	95
24	299	174	349	17	292	167	342	10	285	160	335	1	276	151	326	13	288	163	338
199	324	49	274	192	317	42	267	185	310	35	260	176	301	26	251	188	313	38	263
249	74	399	124	242	67	392	117	235	60	385	110	226	51	376	101	238	63	388	113
374	149	224	99	367	142	217	92	360	135	210	85	351	126	201	76	363	138	213	88

Abb. 11.16 Pandiagonales magisches Quadrat der Ordnung $n = 20$
(Xu - Mao - Chen - Huang)

Sind die beiden pandiagonalen Ausgangsquadrate zusätzlich sogar symmetrisch, entsteht mit ihnen immer ein pandiagonales und symmetrisches magisches Quadrat. Da solche Ausgangsquadrate erst ab der Ordnung 5 existieren, wird in diesem Beispiel ein pandiagonales und symmetrisches magisches Quadrat der Ordnung 25 erzeugt.

2	14	25	8	16
23	6	17	4	15
19	5	13	21	7
11	22	9	20	3
10	18	1	12	24

a) Quadrat A

4	12	25	8	16
23	6	19	2	15
17	5	13	21	9
11	24	7	20	3
10	18	1	14	22

b) Quadrat B

25	325	600	175	375
550	125	400	75	350
450	100	300	500	150
250	525	200	475	50
225	425	0	275	575

c) $n^2 (A - I_m)$

Abb. 11.17 Pandiagonale und symmetrische Ausgangsquadrate der Ordnung 5

Mit diesen beiden Ausgangsquadraten ergibt das pandiagonale und symmetrische magische Quadrat der Ordnung $n = 25 = 5 \cdot 5$ aus Abbildung 11.18.

29	329	604	179	379	37	337	612	187	387	50	350	625	200	400	33	333	608	183	383	41	341	616	191	391
554	129	404	79	354	562	137	412	87	362	575	150	425	100	375	558	133	408	83	358	566	141	416	91	366
454	104	304	504	154	462	112	312	512	162	475	125	325	525	175	458	108	308	508	158	466	116	316	516	166
254	529	204	479	54	262	537	212	487	62	275	550	225	500	75	258	533	208	483	58	266	541	216	491	66
229	429	4	279	579	237	437	12	287	587	250	450	25	300	600	233	433	8	283	583	241	441	16	291	591
48	348	623	198	398	31	331	606	181	381	44	344	619	194	394	27	327	602	177	377	40	340	615	190	390
573	148	423	98	373	556	131	406	81	356	569	144	419	94	369	552	127	402	77	352	565	140	415	90	365
473	123	323	523	173	456	106	306	506	156	469	119	319	519	169	452	102	302	502	152	465	115	315	515	165
273	548	223	498	73	256	531	206	481	56	269	544	219	494	69	252	527	202	477	52	265	540	215	490	65
248	448	23	298	598	231	431	6	281	581	244	444	19	294	594	227	427	2	277	577	240	440	15	290	590
42	342	617	192	392	30	330	605	180	380	38	338	613	188	388	46	346	621	196	396	34	334	609	184	384
567	142	417	92	367	555	130	405	80	355	563	138	413	88	363	571	146	421	96	371	559	134	409	84	359
467	117	317	517	167	455	105	305	505	155	463	113	313	513	163	471	121	321	521	171	459	109	309	509	159
267	542	217	492	67	255	530	205	480	55	263	538	213	488	63	271	546	221	496	71	259	534	209	484	59
242	442	17	292	592	230	430	5	280	580	238	438	13	288	588	246	446	21	296	596	234	434	9	284	584
36	336	611	186	386	49	349	624	199	399	32	332	607	182	382	45	345	620	195	395	28	328	603	178	378
561	136	411	86	361	574	149	424	99	374	557	132	407	82	357	570	145	420	95	370	553	128	403	78	353
461	111	311	511	161	474	124	324	524	174	457	107	307	507	157	470	120	320	520	170	453	103	303	503	153
261	536	211	486	61	274	549	224	499	74	257	532	207	482	57	270	545	220	495	70	253	528	203	478	53
236	436	11	286	586	249	449	24	299	599	232	432	7	282	582	245	445	20	295	595	228	428	3	278	578
35	335	610	185	385	43	343	618	193	393	26	326	601	176	376	39	339	614	189	389	47	347	622	197	397
560	135	410	85	360	568	143	418	93	368	551	126	401	76	351	564	139	414	89	364	572	147	422	97	372
460	110	310	510	160	468	118	318	518	168	451	101	301	501	151	464	114	314	514	164	472	122	322	522	172
260	535	210	485	60	268	543	218	493	68	251	526	201	476	51	264	539	214	489	64	272	547	222	497	72
235	435	10	285	585	243	443	18	293	593	226	426	1	276	576	239	439	14	289	589	247	447	22	297	597

Abb. 11.18 Pandiagonales symmetrisches magisches Quadrat der Ordnung $n = 25$ (Xu - Mao - Chen - Huang)

Literatur

[1] Abe, Gakuho. *Irregular perfect magic squares of order 7*. In: *Journal of Recreational Mathematics* Vol. 15. Nr. 4 (1982). S. 249–250.

[2] Abe, Gakuho. *Unsolved problems on magic squares*. In: *Discrete Mathematics* Vol. 127. Nr. 1-3 (1994). S. 3–13.

[3] Abiyev, Asker Ali. *The correlation of Abiyev's balanced squares with periodic law*. In: *Proceedings of the 2nd international conference on Applied informatics and computing theory*. World Scientific, Engineering Academy und Society (WSEAS), 2011, S. 33–38.

[4] Agrippa von Nettesheim, Heinrich Cornelius. *De Occulta Philosophia Libri tres*. 1533.

[5] Ahmed, Maya Mohsin. *Demystifying Benjamin Franklin's other 8-square*. arXiv: 1510.05509. Web-published document, URL: https://arxiv.org/abs/1510.05509 (2015, letzter Zugriff: 6.9.2024).

[6] Ahmed, Maya Mohsin. *How Many Squares Are There, Mr. Franklin?: Constructing and Enumerating Franklin Squares*. In: *The American Mathematical Monthly* Vol. 111. Nr. 5 (2004). S. 394–410.

[7] Ahmed, Maya Mohsin. *Unraveling the secret of Benjamin Franklin: Constructing Franklin squares of higher order*. arXiv: 1509.07756. Web-published document, URL: https://arxiv.org/abs/1509.07756 (2015, letzter Zugriff: 6.9.2024).

[8] Ahrens, Wilhelm. *Das magische Quadrat auf Dürers Melancholie*. In: *Zeitschrift für bildende Kunst* Vol. 50 (1915). S. 291–301.

[9] Ahrens, Wilhelm. *Mathematische Unterhaltungen und Spiele*. 1. Auflage. Leipzig: B.G. Teubner, 1901.

[10] Ahrens, Wilhelm. *Mathematische Unterhaltungen und Spiele*. 2. Auflage. Leipzig: B.G. Teubner, 1918.

[11] Ahrens, Wilhelm. *Studien über die magischen Quadrate der Araber*. In: *Der Islam* Vol. 7 (1915). S. 186–250.

[12] Amela, Miguel Angel. *Structured 8 x 8 Franklin Squares*. Web-published document, URL: http://www.region.com.ar/amela/franklinsquares (2006, letzter Zugriff: 6.9.2024).

[13] Anderegg, F. *A Perfect Magic Square*. In: *The American Mathematical Monthly* Vol. 12. Nr. 11 (1905). S. 195–196.

[14] Anderson, Dawn L. *Magic Squares: Discovering Their History and Their Magic*. In: *Mathematics Teaching in the Middle School* Vol. 6. Nr. 8 (2001). S. 466–471.

[15] Andress, W. R. *Basic Properties of Pandiagonal Magic Squares*. In: *The American Mathematical Monthly* Vol. 67. Nr. 2 (1960). S. 143–152.

[16] Andress, W. R. *Correction: Basic Properties of Pandiagonal Magic Squares*. In: *The American Mathematical Monthly* Vol. 67. Nr. 7 (1960). S. 658.

[17] Andrews, William Symes. *Magic Squares and Cubes*. 2. Edition. (unveränderter Nachdruck der Ausgabe von 1917). Dover-Publications Inc., 1960.

H. Danielsson, *Magische Quadrate und ihre Konstruktion*,
https://doi.org/10.1007/978-3-662-70448-6

[18] Andrews, William Symes. *Notes on Oddly-Even Magic Squares*. In: *The Monist* Vol. 20 (1910). S. 126–130. (siehe Andrews [17], S. 225 ff.)

[19] Andrews, William Symes. *The Construction of Magic Square sand Rectangles by The Method of Complementary Differences*. In: *The Monist* Vol. 20 (1910). S. 434–440. (siehe Andrews [17], S. 257 ff.)

[20] Andrews, William Symes und Frierson, L.S. *Notes On The Construction Of Magic Squares of Orders in which n is of the General Form 4p+2*. In: *The Monist* Vol. 22. Nr. 2 (1912). S. 304–314. (siehe Andrews [17], S. 267 ff.)

[21] Anema, Andrew S. *Perfected Benjamin Franklin magic squares*. In: *The Mathematics Teacher* Vol. 49. Nr. 1 (1956). S. 35–36.

[22] Apostol, T. M. und Zuckerman, H. S. *On magic squares constructed by the uniform step method*. In: *Proceedings of the AMS* Vol. 2. Nr. 4 (1951). S. 557–565.

[23] Arnauld, Antoine. *Nouveaux Elémens de Geométrie*. 1667.

[24] Arnauld, Antoine. *Nouveaux Elémens de Geométrie*. 1711.

[25] Arnoux, Gabriel. *Arithmétique graphique: Les espaces arithmétiques hypermagiques*. In: *Histoire de l'Académie Royale des Sciences*. Paris: Gauthier-Villars, 1894, S. 364–382.

[26] Arnoux, Gabriel. *Les espaces arithmétique a cotés premiers inégaux*. In: *Association Française pour l'Avancement des Sciences*. Paris, 1905, S. 103–122.

[27] Aubry, A. *G. Tarry et les Carrés Magiques*. In: *Association Française pour l'Avancement des Sciences*. Paris, 1925, S. 109–111.

[28] B.S.G.D.G. *Carrés magiques en pain d'épices (Problème 1844)*. In: *Les Tablettes du Chercheur* (1894). S. 268, 309.

[29] Bachet de Méziriac, Claude-Gaspar. *Problème XXI*. In: *Problèmes plaisans & délectables qui se font par les nombres*. 2. Édition. 1624, S. 161–169.

[30] Bachet de Méziriac, Claude-Gaspar. *Problème XXI*. In: *Problèmes plaisans & délectables qui se font par les nombres*. 5. Édition. (rev., simplifiée et augm. par A. Labosne). Gauthier-Villars, 1884, S. 88–114.

[31] Bachet de Méziriac Claude-Gaspar (rev., simplifiée et augm. par A. Labosne). *Problème XXI*. In: *Problèmes plaisans & délectables qui se font par les nombres*. 3. Édition. 1874, S. 88–114.

[32] Ball, Walter William Rouse. *Even Magic Squares*. In: *The Messenger of Mathematics* Vol. 23. Nr. 2 (1893). S. 65–69.

[33] Ball, Walter William Rouse. *Mathematical Recreations and Essays*. 7. Edition. London: Macmillan und Co Limited, 1917, S. 137–169.

[34] Ball, Walter William Rouse. *Mathematical Recreations and Essays*. 10. Edition. London: Macmillan und Co Limited, 1922, S. 137–161.

[35] Ball, Walter William Rouse. *Recréations Mathématical et Problèmes des Temps Anciens et Modernes*. 10. Edition. Paris: Librairie Scientifique A. Hermann, 1908, S. 155–197.

[36] Ball, Walter William Rouse (revised by H.S.M. Coxeter). *Mathematical Recreations and Essays*. 11. Edition. New York: Macmillan und Co Limited, 1947.

[37] Barbette, Edouard. *Carrés Magiques du 16me Ordre*. Bd. X. Mémoires de la Société Royale des Sciences de Liège. Bruxelles: Hayez, 1914, S. 125–128.

[38] Barbette, Edouard. *Les carrés magiques du mième ordre*. Liège: Aug. Pholien, 1912.

[39] Barbette, Edouard. *Sur les carrés panmagiques*. Bd. 10. Mémoires de la Société Royale des Sciences de Liège. Bruxelles: Hayez, 1914, S. 93–123.

[40] Barink, Willem. *The construction of perfect panmagic squares of order 4k*. Web-published document, URL: http://allergrootste.com/friends/wba/magic-squares.html (2007, letzter Zugriff: 6.9.2024).

[41] Barnard, F. A. P. *Theory of Magic Squares and Cubes*. In: *Memoirs of the National Academy of Sciences* Vol. 4 (1888). S. 209–270.

[42] Barnard, F.A.P. *Theory of Magic Squares and of Magic Cubes*. Memoirs of the National Academy of Sciences. Washington: National Academy of Sciences, 1888, S. 209–270.

[43] Benson, William H. und Jacoby, Oswald. *New Recreations with Magic Squares*. New York: Dover-Publications Inc., 1976.

[44] Berggren, J. L. *History of Mathematics in the Islamic World: The Present State of the Art*. In: *Middle East Studies Association Bulletin* Vol. 19. Nr. 1 (1985). S. 9–33.

[45] Berlekamp, E. R., Conway, J. H. und Guy, R. K. *Winning Ways for Your Mathematical Plays*. Bd. 2. London: Academic Press, 1982.

[46] Bier, Thomas und Kleinschmidt, Axel. *Centrally symmetric and magic rectangles*. In: *Discrete Mathematics* Vol. 176. Nr. 1-3 (1997). S. 29–42.

[47] Bier, Thomas und Rogers, Douglas G. *Balanced Magic Rectangles*. In: *European Journal of Combinatorics* Vol. 14. Nr. 4 (1993). S. 285–299.

[48] Block, Seymour S. und Tavares, Santiago A. *Before Sudoku: The World of Magic Squares*. Oxford: Oxford University Press, 2009.

[49] Borsten, L., Duff, M.J., Hughes, L.J. u. a. *A magic square from Yang-Mills squared*. arXiv: 1301.4176. Web-published document, URL: https://arxiv.org/abs/1301.4176 (2013, letzter Zugriff: 6.9.2024).

[50] Bouteloup, Jacques. *Carrés magiques, carrés latins et eulériens*. Editions du Choix, 1991.

[51] Boyer, Christian. *Les ancêtres français du sudoku*. In: *Pour La Science* Vol. 344, Juni (2006). S. 8–11. (Lösungen auf Seite 89).

[52] Boyer, Christian. *Les premiers carrés tétra et pentamagiques*. In: *Pour La Science* Vol. 286, August (2001). S. 98–202.

[53] Boyer, Christian. *Magic squares*. In: *Mathematics Today* Vol. 42. Nr. 2 (2006). S. 70. (letter).

[54] Boyer, Christian. *Multimagic squares site*. Web-published document, URL: http://www.multimagie.com (2002, letzter Zugriff: 6.9.2024).

[55] Boyer, Christian. *Some notes on the magic squares of squares problem*. In: *The Mathematical Intelligencer* Vol. 27. Nr. 2 (2005). S. 52–64.

[56] Boyer, Christian. *Sudoku's French ancestors*. In: *The Mathematical Intelligencer* Vol. 29. Nr. 1 (2007). S. 37–44.

[57] Boyer, Christian. *Sudoku's French ancestors*. In: *The Mathematical Intelligencer* Vol. 29. Nr. 2 (2007). S. 59–63. (Lösungen).

[58] Breedijk, Arie. *Basic Pattern Method*. Web-published document, URL: https://www.magischvierkant.com/two-dimensional-eng/8x8/basic-pattern-method-1 (2002, letzter Zugriff: 6.9.2024).

[59] Breedijk, Arie. *Basic Pattern Method*. Web-published document, URL: https://www.magischvierkant.com/two-dimensional-eng/8x8/sudoku-method-2 (2002, letzter Zugriff: 6.9.2024).

[60] Breedijk, Arie. *Basic Pattern Method*. Web-published document, URL: https://www.magischvierkant.com/two-dimensional-eng/8x8/most-perfect-transformation (2002, letzter Zugriff: 6.9.2024).

[61] Breedijk, Arie. *Basic Pattern Method*. Web-published document, URL: https://www.magischvierkant.com/two-dimensional-eng/8x8/khajuraho-method (2002, letzter Zugriff: 6.9.2024).

[62] Breedijk, Arie. *Basic Pattern Method*. Web-published document, URL: https://www.magischvierkant.com/two-dimensional-eng/8x8/basic-pattern-method-1-1 (2002, letzter Zugriff: 6.9.2024).

[63] Breedijk, Arie. *Basic Pattern Method*. Web-published document, URL: https://www.magischvierkant.com/two-dimensional-eng/16x16/basic-key-method-most-perfect (2002, letzter Zugriff: 6.9.2024).

[64] Burnett, John Chaplyn. *Easy methods for the construction of magic squares*. London: Rider & Co., 1936.

[65] Calder, I. R. F. *A Note on Magic Squares in the Philosophy of Agrippa of Nettesheim*. In: *Journal of the Warburg and Courtauld Institutes* Vol. 12 (1949). S. 196–199.

[66] Cameron, Ian, Rogers, Adam und Loly, Peter D. *Signatura of magic and Latin integer squares: isentropic clans and indexing*. In: *Discussiones Mathematicae Probality and Statistics* Vol. 33 (2013). S. 121–149.

[67] Cammann, Schuyler. *Islamic and Indian Magic Squares (Part I)*. In: *History of Religions* Vol. 8. Nr. 3 (1969). S. 181–209.

[68] Cammann, Schuyler. *Islamic and Indian Magic Squares (Part II)*. In: *History of Religions* Vol. 8. Nr. 4 (1969). S. 271–299.

[69] Cammann, Schuyler. *The evolution of magic squares in China*. In: *Journal of the American Oriental Society* Vol. 80. Nr. 2 (1960). S. 116–124.

[70] Campbell, W. A. *An Unusual 12 by 12 Magic Square*. In: *Mathematics in School* Vol. 32. Nr. 5 (2003). S. 40.

[71] Candy, Albert L. *Construction, Classification and Census of Magic Squares of Even Order*. In: *The American Mathematical Monthly* Vol. 44. Nr. 8 (1937). S. 528.

[72] Candy, Albert L. *Construction, classification and census of magic squares of order five*. Self-published, 1939.

[73] Candy, Albert L. *Pandiagonal magic squares of composite order*. Self-published, 1941.

[74] Candy, Albert L. *Pandiagonal magic squares of prime order*. Self-published, 1940.

[75] Candy, Albert L. *Supplement to pandiagonal magic squares of prime order*. Self-published, 1942.

[76] Candy, Albert L. *The Number of 12x12 Squares That Can Be Constructed by the Method of Current Groups*. In: *National Mathematics Magazine* Vol. 9. Nr. 8 (1935). S. 223–235.

[77] Candy, Albert L. *To Construct a Magic Square of Order 2n from a Given Square of Order n*. In: *Mathematics News Letter* Vol. 8. Nr. 7 (1934). S. 147–160.

[78] Candy, Albert L. *To Construct a Magic Square of Order 2n from a Given Square of Order n*. In: *National Mathematics Magazine* Vol. 9. Nr. 4 (1935). S. 99–105.

[79] Cao, Xiao-Qin. *A construction method for the magic square of even order*. In: *Journal of Ningxia University (Natural Science Edition)* Vol. 21. Nr. 1 (2000). S. 89–91. (Sprache: Chinesisch).

[80] Cao, Xiao-qin und Gao, Zhi-yuan. *A simple and convenient structuring method of magic square of 2n+1 orders*. In: *Journal of Guangxi Teachers College* Vol. 20. Nr. 2 (2003). S. 43–45. (Sprache: Chinesisch).

[81] Carus, Paul. *Magic Squares By Reversion*. In: *The Monist* Vol. 22. Nr. 1 (1912). S. 159–160.

[82] Carus, Paul. *Reflections on Magic Squares*. In: *The Monist* Vol. 16. Nr. 1 (1906). S. 123–147. (siehe Andrews [17], S. 113 ff.)

[83] Catalan, Eugène Charles. *Carré Magique de la Villa Albani*. In: *Mathesis* Nr. 1 (1881). S. 121.

[84] Cazalas, Général E. *Carrés Magiques au degre n*. Paris: Hermann et Cie, 1934.

[85] Chabert, J.L. und Barbin, E. *A History of Algorithms: From the Pebble to the Microchip*. Berlin Heidelberg: Springer Verlag, 1994.

[86] Chambeyron, L. *Théorie des carrés magiques*. Lorient, impr. de D. Baumal, 1887.

[87] Chan, C.-Y. Jean, Mainkar, Meera G., Narayan, Sivaram K. u. a. *A construction of regular magic squares of odd order*. In: *Linear Algebra and its Applications* Vol. 45732 (2014). S. 293–302.

[88] Chan, Wayne und Loly, Peter D. *Iterative Compounding of Square Matrices to Generate Large-Order Magic Squares*. In: *Mathematics Today* Vol. 38. Nr. 4 (2002). S. 113–18.

[89] Chater, Nancy und Chater, W. J. *A Note on Pan-Magic Squares*. In: *The Mathematical Gazette* Vol. 29. Nr. 285 (1945). S. 92–103.

[90] Chater, Nancy und Chater, W. J. *On the Determinants of Pan-Magic Squares of Even Order*. In: *The Mathematical Gazette* Vol. 33. Nr. 304 (1949). S. 94–98.

[91] Chen, Kejun und Li, Wen. *Existence of normal bimagic squares*. In: *Discrete Mathematics* Vol. 312. Nr. 21 (2012). S. 3077–3086.

[92] Chen, Qin-wu und Chen, Mu-tian. *16th Order Trimagic Square*. In: *Computer Engeneering & Science* Vol. 28. Nr. 12 (2006). S. 90–92. (Sprache: Chinesisch).

[93] Chen, Qinwu und Liu, Xiufeng. *Bimagic squares of order 13, 14, and 15*. In: *Journal of Recreational Mathematics* Vol. 35. Nr. 4 (2006). S. 312–317.

[94] Chen, Yongming und Shi, Youmin. *A new method on the construction of m·n-order magic squares*. In: *Journal Of Wuyi University (Natural Science Edition)* Vol. 8. Nr. 3 (1994). S. 20–24. (Sprache: Chinesisch).

[95] Chen, Yung C. und Fu, Chin-Mei. *Construction and Enumeration of Pandiagonal magic squares of order n from Step method*. In: *Ars Comb.* Vol. 48 (1998).

[96] Chen, Zhong-Mu. *A method to structure the magic squares of even degree*. In: *Journal of Hunan City University* Vol. 5 (1991). S. 5–8. (Sprache: Chinesisch).

[97] Chen Kejun, Li Wen und Fengchu, Pan. *A family of pandiagonal bimagic squares based on orthogonal arrays*. In: *Journal of Combinatorial Designs* Vol. 19. Nr. 6 (2011). S. 427–438.

[98] Chernick, Jack. *Solution of the General Magic Square*. In: *The American Mathematical Monthly* Vol. 45. Nr. 3 (1938). S. 172–175.

[99] Chia, Gek. *Self-complementary magic squares of doubly even orders*. In: *Discrete Mathematics* Vol. 341 (Mai 2018). S. 1359–1362.

[100] Chia, Gek und Lee, Angeline. *Self-Complementary Magic Squares*. In: *Ars Combinatoria* Vol. 114 (Apr. 2014). S. 449–460.

[101] Chia, Gek Ling. *A construction for magic squares of composite order*. In: *Discovering Mathematics (Menemui Matematik)* Vol. 11. Nr. 1 (1989). S. 1–4.

[102] Chia, Gek Ling. *A note concerning the number of odd-order magic squares*. In: *Fibonacci Quarterly* Vol. 24. Nr. 4 (1986). S. 328–331. (Sprache: Chinesisch).

[103] Chia, Gek Ling und Chee, P. S. *Construction of magic squares by composition*. In: *Discovering Mathematics (Menemui Matematik)* Vol. 5. Nr. 2 (1983). S. 51–62.

[104] Chou, Wan-Xi. *A method of constructing magic squares of order 4n*. In: *Journal of Huainan Institute of Technology* Vol. 21. Nr. 2 (2001). S. 57–64. (Sprache: Chinesisch).

[105] Chou, Wan-Xi. *The proof of a method of constructing magic spuares of order 4n*. In: *Mathematics In Practice and Theory* Vol. 34. Nr. 2 (2004). S. 85–89. (Sprache: Chinesisch).

[106] Coccoz, Commandant Victor. *Carrés magiques*. In: *Association Française pour l'Avancement des Sciences*. Paris, 1903, S. 142–157.

[107] Coccoz, Commandant Victor. *Carrés magiques en nombres non consécutifs déduits d'autres carrés*. In: *Association Française pour l'Avancement des Sciences*. Paris, 1895, S. 102–110.

[108] Coccoz, Commandant Victor. *Carrés magiques impairs à enceintes successives*. In: *Association Française pour l'Avancement des Sciences*. Paris, 1886, S. 130–134.

[109] Coccoz, Commandant Victor. *Construction des carrés magiques avec des nombres non consécutifs*. In: *Association Française pour l'Avancement des Sciences*. Paris, 1894, S. 163–183.

[110] Coccoz, Commandant Victor. *Des carrés de 8 et 9, magiques aux deux premiers degrés*. In: *Association Française pour l'Avancement des Sciences*. Paris, 1892, S. 136–148.

[111] Coccoz, Commandant Victor. *Des variations qu'on peut apporter aux carrés de huit magiques aux deux premiers degrés*. In: *Association Française pour l'Avancement des Sciences*. Paris, 1893, S. 171–183.

[112] Coccoz, Commandant Victor. *Quelques exemples de carrés de huit magiques aux deux premiers degrés*. In: *Association Française pour l'Avancement des Sciences*. Paris, 1902, S. 137–157.

[113] Constantin, Julien. *Carrés magiques: une construction géométrique*. In: *Bulletin de l'Association mathématique du Quebec* Vol. 45. Nr. 1 (2005). S. 10–28.

[114] Constantin, Julien. *Une construction de carrés magiques symmétriques et diaboliques*. In: *Bulletin de l'Association mathématique du Quebec* Vol. 48. Nr. 4 (2008). S. 19–40.

[115] Cram, James. *Magic Squares: New Methods, Embracing a General Method*. Dundee: R. S. Barrie, 1885.

[116] Cruz, Evelin Fonseca und Grandchamp, Enguerran. *Heuristic Method to Find Magic Squares*. In: *Proceedings of the 2012 IEEE 15th International Conference on Computational Science and Engineering*. CSE 12. IEEE Computer Society, 2012, S. 119–123.

[117] d'Ons-en-Bray, Louis-Léon. *Méthode facile pour faire tels quarrés magiques*. In: *Histoire de l'Académie Royale des Sciences*. Paris: Académie Royale des Sciences (France), 1750, S. 241–271.

[118] Das, Mrinal Kanti. *On concentric magic squares and magic squares of order 4n+2*. In: *International Journal of Mathematical Education in Science and Technology* Vol. 12. Nr. 2 (1991). S. 187–201.

[119] Datta, Bibhutibhusan und Singh, Awadhesh Narayan Singh. *Magic squares in India*. In: *Indian Journal of History of Science* Vol. 27. Nr. 1 (1992). S. 51–120.

[120] Delesalle, A. *Carrés magiques*. Paris: Gauthier-Villars, 1956.

[121] Denes, J. und Keedwell, Donald A. *A Conjecture Concerning Magic Squares*. In: *The American Mathematical Monthly* Vol. 95. Nr. 9 (1988). S. 845–849.

[122] Deng, Xiang-ping. *Construction of Arbitrary Odd Concentric Magic Squares Using Improved Edge Method*. In: *Natural Science Journal of Hainan University* Vol. 31. Nr. 3 (2013). S. 199–204. (Sprache: Chinesisch).

[123] Derksen, Harm, Eggermont, Christian und Essen, Arno van den. *Multimagic Squares*. arXiv: math/0504083. Web-published document, URL: https://arxiv.org/abs/math/0504083 (2005, letzter Zugriff: 6.9.2024).

[124] Descombes, René. *Les Carrés Magiques*. 2me Édition. Paris: Edition Vuibert, 2000.

[125] Diderot, d'Alembert. *Encyclopédie, ou dictionnaire raisonné des sciences, des arts et des métiers*. Bd. 28. Genève: Pellet, Imprimeur–Libraire, 1778.

[126] Drach, S. M. *An easy general Rule for filling up all Magic Squares*. In: *Messenger of Mathematics* (1873). S. 169–174.

[127] Driel, J. van. *Magic Squares of (2n + 1)2 Cells*. Rider & Co., 1936.

[128] Duan, Zhenhua, Liu Jin, Liu, Li, Jie Li u. a. *Improved Even Order Magic Square Construction Algorithms and Their Applications*. In: *Combinatorial Optimization and Applications – 8th International Conference, COCOA 2014*. 2014, S. 666–680.

[129] Dudeney, Henry Ernest. *Amusements in mathematics*. London: Thomas Nelson und Sons Ltd., 1917.

[130] Emanouilidis, Emanuel. *Construction of Pythagorean Magic Squares*. In: *The Mathematical Gazette* Vol. 89. Nr. 514 (2005). S. 99–101.

[131] Emberly, E. G., Bunio, C. und Loly, P. D. *Bagels: Triangular, Square ...* In: *Physics in Canada* Vol. 53. Nr. 2 (1997).

[132] Essen, Arno van den. *Les Carrés Magiques*. Paris: Editions Belin, 2007.

[133] Evans, Anthony B. *Magic rectangles and modular magic rectangles*. In: *Journal of Statistical Planning and Inference* Vol. 51. Nr. 2 (1996). S. 171–180.

[134] Falkener, Edward. *Games ancient and oriental, and how to play them*. London: Longmans, Green und Co., 1892.

[135] Fat, Wang und Ming, Zhou. *An algorithm to construct magic squares*. In: *Journal Of Jiangxi Institute Of Education* Vol. 17. Nr. 6 (1996). S. 9–12. (Sprache: Chinesisch).

[136] Fengchu, Pan. *12th-order bimagic and trimagic squares.* Web-published document, URL: http://www.multimagie.com/English/BiTriMagic12_16.htm (2007, letzter Zugriff: 6.9.2024).

[137] Fitting, F. *Die Komponenten magischer Quadrate und ihre Verwendung zur Konstruktion solcher Quadrate.* In: *Jahresbericht der Deutschen Mathematiker-Vereinigung.* Leipzig: B.G. Teubner, 1892, S. 254–265.

[138] Fitting, F. *Rein mathematische Behandlung des Problems der magischen Quadrate von 16 und 64 Feldern.* In: *Jahresbericht der Deutschen Mathematiker-Vereinigung.* Leipzig: B.G. Teubner, 1892, S. 177–199.

[139] Folkerts, Menso. *Zur Frühgeschichte der magischen Quadrate in Westeuropa.* In: *Sudhoffs Archiv* Vol. 65. Nr. 4 (1981). S. 313–338.

[140] Fontes, Joseph. *Sur les carrés à bordure de Stifel.* In: *Association Française pour l'Avancement des Sciences.* Paris, 1895, S. 248–256.

[141] Fourrey, Emile. *Les carrés magiques.* In: *Récréations arithmétiques.* Paris: Vuibert, 1899, S. 197–261.

[142] Franklin, Benjamin. *Experiments and observations.* 4. London, 1769.

[143] Frénicle de Bessy, Bernard. *Des quarréz ou table magiques.* In: *Divers Ouvrages de Mathématique et de Physique.* Paris: Académie Royale des Sciences (France), 1693, S. 423–507.

[144] Frénicle de Bessy, Bernard. *Des quarréz ou table magiques.* In: *Histoire de l'Académie Royale des Sciences.* Paris: Académie Royale des Sciences (France), 1729, S. 209–354.

[145] Frierson, L. S. *A Mathematical Study of Magic Squares.* In: *The Monist* Vol. 17 (1907). S. 272–293.

[146] Frierson, L. S. *A New Method for Making Magic Squares of an Odd Degree.* In: *The Monist* Vol. 19 (1909). S. 441–450. (siehe Andrews [17], S. 129 ff.)

[147] Frierson, L. S. *Notes on Pandiagonaland Associated Magic Squares.* In: *The Monist* Vol. 21 (1911). S. 141–152. (siehe Andrews [17], S. 229 ff.)

[148] Frierson, L. S. *Notes on the Construction of Magic Squares.* In: *The Monist* Vol. 22 (1912). S. 304–314. (siehe Andrews [17], S. 267 ff.)

[149] Frolow, Général (Mikhail). *Égalités à deux et à trois degrés.* In: *Bulletin de la Société Mathématique de France* Vol. 20 (1892). S. 69–84.

[150] Frolow, Général Mikhail. *Le Problème d'Euler et les Carrés Magiques.* St. Petersbourg, 1884.

[151] Frolow, Général Mikhail. *Les Carrés magiques, nouvelle étude.* Paris: Gauthier-Villars, 1886.

[152] Frolow, Général Mikhail. *Nouvelles recherches sur les carrés magiques.* In: *Association Française pour l'Avancement des Sciences.* Paris, 1886, S. 170–183.

[153] Frost, A. H. *Dictionary: magic squares.* 11. Bd. 17. Encyclopaedia Britannica Inc, 1910-1911.

[154] Frost, A. H. *Invention of magic cubes.* In: *The Quarterly Journal of Pure and Applied Mathematics* Vol. 7 (1866). S. 92–103.

[155] Frost, A. H. *Nasik Squares: A general method of constructing them in all dimensions and their curious properties.* Cambridge: St. John's College, 1896.

[156] Frost, A. H. *On the General Properties of Nasik squares*. In: *The Quarterly Journal of Pure and Applied Mathematics* Vol. 15 (1878). S. 34–48.

[157] Frost, A. H. *The Construction of Nasik Squares of any Order*. In: *Proceedings of the London Mathematical Society* Vol. 27 (1896). S. 487–518.

[158] Fults, John Lee. *Magic Squares*. La Salle: Open Court Publishing Company, 1974.

[159] Gaspalou, Francis. *About the Rilly's method of construction of 8x8 bimagic squares*. Web-published document, URL: `http://multimagie.com/GaspalouRilly.pdf` (2013, letzter Zugriff: 6.9.2024).

[160] Gaspalou, Francis. *Derived methods from those of Coccoz and Rilly for generating 8x8 bimagic squares*. Web-published document, URL: `http://multimagie.com/GaspalouDerivedMethods.pdf` (2014, letzter Zugriff: 6.9.2024).

[161] Gaspalou, Francis. *How Many Squares Are There, Mr. Tarry?* Web-published document, URL: `http://www.multimagie.com/GaspalouTarry.pdf` (2012, letzter Zugriff: 6.9.2024).

[162] Gaspalou, Francis. *Revisit of the method of construction of the first bimagic squares*. Web-published document, URL: `http://www.multimagie.com/GaspalouCoccoz.pdf` (2013, letzter Zugriff: 6.9.2024).

[163] Gerardin, André. *Note sur Certains Carrés Bimagique*. In: *Association Française pour l'Avancement des Sciences* (1925). S. 89–90.

[164] Gerardin, André. *Note sur les Carrés Magique*. In: *Association Française pour l'Avancement des Sciences* (1928). S. 40–41.

[165] Gerdes, Paulus. *On Lunda-Designs and the Construction of Associated Magic Squares of Order 4p*. In: *The College Mathematics Journal* Vol. 31. Nr. 3 (2000). S. 182–188.

[166] Gervais, Bernard. *Les carrés magiques de 5*. Paris: Edition Eyrolles, 1997.

[167] Gong, Helin und Shu, Qing. *The Constructing Methods of Nested Magic Squares of Doubly Even Order*. In: *Journal of Hainan Normal University (Natural Science)* Vol. 25. Nr. 2 (2012). S. 137–141. (Sprache: Chinesisch).

[168] Good, J.M., Gregory, O. und Bosworth, N. *Pantologia: A New Cyclopaedia*. London: G. Kearsley, 1813.

[169] Gridgeman, N. T. *Magic Squares Embedded in a Latin Square*. In: *Journal of Recreational Mathematics* Vol. 5. Nr. 4 (1972). S. 250.

[170] Groizard, J.M. *Algèbre des Carrés Magiques*. Paris: Association des Professeurs Mathématiques de l'Enseignement Public, 1984.

[171] Guéron, Jacques. *13th-order bimagic squares*. Web-published document, URL: `http://www.multimagie.com/English/BiTriMagic12_16.htm#BiMa13` (2006, letzter Zugriff: 6.9.2024).

[172] Günther, Siegmund. *Vermischte Untersuchungen zur Geschichte der mathematischen Wissenschaften*. Leipzig: B.G. Teubner, 1876.

[173] Gupta, Bhavya. *Algorithm for Doubly Even Magic square*. In: *International Advanced Research Journal in Science, Engineering and Technology* Vol. 6. Nr. 3 (2019). S. 112–117.

[174] Guttman, S. *On Novel Magic Squares*. In: *The American Mathematical Monthly* Vol. 36. Nr. 7 (1929). S. 369–374.

[175] Gwanyama, Philip Wagala. *Fundamental Computations for Magic Squares*. K & M Printing Co., 2010.

[176] Hagedorn, Thomas R. *Magic rectangles revisited*. In: *Discrete Mathematics* Vol. 207. Nr. 1-3 (1999). S. 65–72.

[177] Hao, Baojun, Jin, Shuzhi und Sun, Duoqing. *A unified construction of even order magic squares*. In: *Journal Of Hebei Vocation-Te Chnical Teachers College* Vol. 14. Nr. 1 (2000). S. 48–52. (Sprache: Chinesisch).

[178] Hayashi, Takao. *A preliminary study in the history of magic squares before the seventeenth century*. In: *Bulletin of the National Museum of Ethnology* Vol. 13. Nr. 3 (1989). S. 615–636.

[179] Hayashi, Takao. *Varahamihira's pandiagonal magic square of the order four*. In: *Historia Mathematica* Vol. 14. Nr. 2 (1987). S. 159–166.

[180] Heath, R. V. *E 496*. In: *The American Mathematical Monthly* Vol. 49. Nr. 7 (1942). S. 476.

[181] Heath, R. V. *Mathemagic*. New York: Dover Publ., 1953.

[182] Heath, R. V. und Boyer, Christian. *Better Late than Never: E 496*. In: *The American Mathematical Monthly* Vol. 114. Nr. 8 (2007). S. 745–746.

[183] Heinz, Harvey D. und Hendricks, John R. *Magic Square Lexicon*. Self-published, 2000.

[184] Hendricks, John R. *A Five-Dimensional Magic Hypercube of Order 3*. In: *Journal of Recreational Mathematics* Vol. 21. Nr. 4 (1989). S. 245–248.

[185] Hendricks, John R. *A Magic Cube of Order 7*. In: *Journal of Recreational Mathematics* Vol. 20. Nr. 1 (1988). S. 23–25.

[186] Hendricks, John R. *A Ninth-Order Magic Cube*. In: *Journal of Recreational Mathematics* Vol. 19. Nr. 2 (1987). S. 126–131.

[187] Hendricks, John R. *A Note on Magic Tetrahedrons*. In: *Journal of Recreational Mathematics* Vol. 24. Nr. 4 (1992). S. 244.

[188] Hendricks, John R. *A Pandiagonal Magic Square of Order 8*. In: *Journal of Recreational Mathematics* Vol. 7. Nr. 3 (1974). S. 186.

[189] Hendricks, John R. *A Property of Some Pan-3-agonal Magic Cubes of Odd Order*. In: *Journal of Recreational Mathematics* Vol. 26. Nr. 2 (1994). S. 96–101.

[190] Hendricks, John R. *A Straight Line*. In: *Journal of Recreational Mathematics* Vol. 24. Nr. 2 (1992). S. 86–88.

[191] Hendricks, John R. *An Approximation to PI*. In: *Journal of Recreational Mathematics* Vol. 28. Nr. 2 (1996-1997). S. 158.

[192] Hendricks, John R. *An Inlaid Magic Cube*. In: *Journal of Recreational Mathematics* Vol. 25. Nr. 4 (1993). S. 286–288.

[193] Hendricks, John R. *An Odd Twist*. In: *Journal of Recreational Mathematics* Vol. 20. Nr. 2 (1988). S. 152–153.

[194] Hendricks, John R. *Another Magic Tessaract of Order 3*. In: *Journal of Recreational Mathematics* Vol. 20. Nr. 4 (1988). S. 275–276.

[195] Hendricks, John R. *Bimagic Squares: Order 9*. Self-published. 1999.

[196] Hendricks, John R. *Constructing Pandiagonal Magic Squares of Odd Order: Parts I and II*. In: *Journal of Recreational Mathematics* Vol. 19. Nr. 3 (1987). S. 204–208.

[197] Hendricks, John R. *Creating More Magic Tessaracts of Order 3*. In: *Journal of Recreational Mathematics* Vol. 20. Nr. 4 (1988). S. 279–283.

[198] Hendricks, John R. *Creating Pan-3-agonal Magic Cubes of Odd Order*. In: *Journal of Recreational Mathematics* Vol. 19. Nr. 4 (1987). S. 280–285.

[199] Hendricks, John R. *Frierson's Fuddle*. In: *Journal of Recreational Mathematics* Vol. 25. Nr. 1 (1993). S. 77.

[200] Hendricks, John R. *Generating a Pandiagonal Magic Square of Order Eight*. In: *Journal of Recreational Mathematics* Vol. 19. Nr. 1 (1987). S. 55–58.

[201] Hendricks, John R. *Groups of Magic Tessaracts*. In: *Journal of Recreational Mathematics* Vol. 21. Nr. 1 (1989). S. 13–18.

[202] Hendricks, John R. *Inlaid Magic Squares*. In: *Journal of Recreational Mathematics* Vol. 27. Nr. 3 (1995). S. 175–178.

[203] Hendricks, John R. *Inlaid Magic Squares*. Self-published. 1998.

[204] Hendricks, John R. *Inlaid Odd-Order Magic Squares*. In: *Journal of Recreational Mathematics* Vol. 24. Nr. 1 (1992). S. 6–11.

[205] Hendricks, John R. *Inlaid Pandiagonal Magic Squares*. In: *Journal of Recreational Mathematics* Vol. 27. Nr. 2 (1995). S. 123–124.

[206] Hendricks, John R. *Large Factorial*. In: *Journal of Recreational Mathematics* Vol. 21. Nr. 2 (1989). S. 89–90.

[207] Hendricks, John R. *Letter to the Editor. Re: Borders for 2nd-order square*. In: *Journal of Recreational Mathematics* Vol. 19. Nr. 1 (1987). S. 42.

[208] Hendricks, John R. *Magic Cubes of Odd Order*. In: *Journal of Recreational Mathematics* Vol. 6. Nr. 4 (1973). S. 268–272.

[209] Hendricks, John R. *Magic Cubes of Odd Order by Pocket Computer*. In: *Journal of Recreational Mathematics* Vol. 20. Nr. 2 (1988). S. 92–96.

[210] Hendricks, John R. *Magic Square Time*. In: *Journal of Recreational Mathematics* Vol. 7. Nr. 3 (1974). S. 187–188.

[211] Hendricks, John R. *Magic Squares of Doubled Order*. Self-published. 1999.

[212] Hendricks, John R. *Magic Squares to Tesseracts by Computer*. Self-published. 1998.

[213] Hendricks, John R. *Magic Tessaracts and n-Dimensional Magic Hypercubes*. In: *Journal of Recreational Mathematics* Vol. 6. Nr. 3 (1973). S. 193–201.

[214] Hendricks, John R. *More and More Magic Tessaracts*. In: *Journal of Recreational Mathematics* Vol. 21. Nr. 1 (1989). S. 26–28.

[215] Hendricks, John R. *More Pandiagonal Magic Squares*. In: *Journal of Recreational Mathematics* Vol. 20. Nr. 3 (1988). S. 198–201.

[216] Hendricks, John R. *Note on the Bimagic Square of Order 3*. In: *Journal of Recreational Mathematics* Vol. 29. Nr. 4 (1998). S. 219–221.

[217] Hendricks, John R. *Pan-n-agonals in Hypercubes*. In: *Journal of Recreational Mathematics* Vol. 7. Nr. 2 (1974). S. 95–96.

[218] Hendricks, John R. *Pandiagonal Magic Squares of Odd Order by Pocket Computer*. In: *Journal of Recreational Mathematics* Vol. 20. Nr. 2 (1988). S. 87–91.

[219] Hendricks, John R. *Some Ordinary Magic Cubes of Order 5*. In: *Journal of Recreational Mathematics* Vol. 20. Nr. 1 (1988). S. 18–22.

[220] Hendricks, John R. *Species of Third-Order Magic Squares and Cubes*. In: *Journal of Recreational Mathematics* Vol. 6. Nr. 3 (1973). S. 190–192.

[221] Hendricks, John R. *Ten Magic Tessaracts of Order Three*. In: *Journal of Recreational Mathematics* Vol. 18. Nr. 2 (1985-86). S. 125–134.

[222] Hendricks, John R. *The Determinant of a Pandiagonal Magic Square of Order 4 is Zero*. In: *Journal of Recreational Mathematics* Vol. 21. Nr. 3 (1989). S. 179–181.

[223] Hendricks, John R. *The Diagonal Rule for Magic Cubes of Odd Order*. In: *Journal of Recreational Mathematics* Vol. 20. Nr. 3 (1988). S. 192–195.

[224] Hendricks, John R. *The Five and Six-Dimensional Magic Hypercubes of Order 3*. In: *Canadian Mathematical Bulletin* Vol. 5. Nr. 2 (1962). S. 171–190.

[225] Hendricks, John R. *The Magic Hexagram*. In: *Journal of Recreational Mathematics* Vol. 25. Nr. 1 (1993). S. 10–12.

[226] Hendricks, John R. *The Magic Square Course*. Self-published. 1992.

[227] Hendricks, John R. *The Magic Tessaracts of Order 3 Complete*. In: *Journal of Recreational Mathematics* Vol. 22. Nr. 1 (1990). S. 15–26.

[228] Hendricks, John R. *The Pan-3-agonal Magic Cube*. In: *Journal of Recreational Mathematics* Vol. 5. Nr. 1 (1972). S. 51–52.

[229] Hendricks, John R. *The Pan-3-agonal Magic Cube of Order 4*. In: *Journal of Recreational Mathematics* Vol. 13. Nr. 4 (1980-1981). S. 274–281.

[230] Hendricks, John R. *The Pan-3-agonal Magic Cube of Order 5*. In: *Journal of Recreational Mathematics* Vol. 5. Nr. 3 (1972). S. 205–206.

[231] Hendricks, John R. *The Pan-4-agonal Magic Tessaract*. In: *American Mathematical Monthly* Vol. 75. Nr. 4 (1968). S. 384.

[232] Hendricks, John R. *The Pan-4-agonal Magic Tessaract of Order 4*. In: *Journal of Recreational Mathematics* Vol. 21. Nr. 1 (1989). S. 56–60.

[233] Hendricks, John R. *The Perfect Magic Cube of Order 4*. In: *Journal of Recreational Mathematics* Vol. 13. Nr. 3 (1980-1981). S. 204–206.

[234] Hendricks, John R. *The Third Order Magic Cube Complete*. In: *Journal of Recreational Mathematics* Vol. 5. Nr. 1 (1972). S. 43–50.

[235] Hendricks, John R. *The Third Order Magic Tessaract*. In: *Journal of Recreational Mathematics* Vol. 20. Nr. 4 (1988). S. 251–256.

[236] Hermelink, Heinrich. *Die ältesten magischen Quadrate höherer Ordnung und ihre Bildungsweise*. In: *Sudhoffs Archiv* Vol. 42. Nr. 3 (1958). S. 199–217.

[237] Hirayama, A. und Abe, G. *Researches in Magic Squares*. Osaka: Kyoiku Press, 1983.

[238] Hire, Philippe de la. *Construction des quarrés magiques*. In: *Histoire de l'Académie Royale des Sciences*. Paris: Académie Royale des Sciences (France), 1705, S. 364–382.

[239] Hire, Philippe de la. *Nouvelles constructions et considérations sur les carrés magiques avec les démonstrations*. In: *Histoire de l'Académie Royale des Sciences*. Paris: Académie Royale des Sciences (France), 1705, S. 127–171.

[240] Hoffmann, L. und Natani, L. *Mathematisches Wörterbuch*. Bd. 5. Wiegandt & Hempel, 1866, S. 9–16.

[241] Horner, Joseph. *On the Algebra of Magic Squares (No. 1)*. In: *The Quarterly Journal of Pure and Applied Mathematics* Vol. 11. Nr. 41 (1870). S. 57–65.

[242] Horner, Joseph. *On the Algebra of Magic Squares (No. 2)*. In: *The Quarterly Journal of Pure and Applied Mathematics* Vol. 11. Nr. 42 (1870). S. 123–132.

[243] Horner, Joseph. *On the Algebra of Magic Squares (No. 3)*. In: *The Quarterly Journal of Pure and Applied Mathematics* Vol. 11. Nr. 43 (1871). S. 213–224.

[244] Hu, Can, Meng, Jiake, Pan, Fengchu u. a. *On the Existence of a Normal Trimagic Square of Order 16 n*. In: *Journal of Mathematics* Vol. 2023 (Nov. 2023). S. 1–9.

[245] Hu, Can und Pan, Fengchu. *New Infinite Classes for Normal Trimagic Squares of Even Orders Using Row–Square Magic Rectangles*. 2024. Web-published document, URL: `https://www.mdpi.com/2227-7390/12/8/1194`.

[246] Huang, Dahai. *Four algorithms for constructing magic squares*. In: *Journal of Southeast University (Natural Science Edition)* Vol. 19. Nr. 2 (1989). S. 66–74. (Sprache: Chinesisch).

[247] Huang, Zhenghai und Lin, Qingquan. *A method for constructing magic square with even order*. In: *Journal Of South-Central College For Nationalities (Natural Science Edition)* Vol. 14. Nr. 2 (1995). S. 1–5. (Sprache: Chinesisch).

[248] Huber, A. *Carré diabolique de 8 composé de 4 carrés diaboliques de 4 donnant des cubes magiques (Problème 481)*. In: *Les Tablettes du Chercheur* (1892). S. 273, 312.

[249] Huber, A. *Carré diabolique de 9 (Problème 589)*. In: *Les Tablettes du Chercheur* (1892). S. 337, 378.

[250] Huber, A. *Carré magique de 10 à enceintes successives et à diagonales à trois degrés (Problème 1732)*. In: *Les Tablettes du Chercheur* (1894). S. 204, 246–247.

[251] Huber, A. *Carré magique de 12 (Problème 2300)*. In: *Les Tablettes du Chercheur* (1895). S. 145, 185–186.

[252] Huber, A. *Carré magique de 12 (Problème 2333)*. In: *Les Tablettes du Chercheur* (1895). S. 160–161, 202.

[253] Huber, A. *Carré magique de 12 (Problème 2433)*. In: *Les Tablettes du Chercheur* (1895). S. 209, 251.

[254] Huber, A. *Carré magique de 6 (Problème 1192)*. In: *Les Tablettes du Chercheur* (1893). S. 288, 330.

[255] Huber, A. *Carré magique de 6 à enceinte et à diagonales à trois degrés (Problème 428)*. In: *Les Tablettes du Chercheur* (1892). S. 241, 281–282.

[256] Huber, A. *Carré magique de 8 (Problème 528)*. In: *Les Tablettes du Chercheur* Nr. 15 (1. August 1891). S. 5. (Solution: 15. August 1891, S.10).

[257] Huber, A. *Carré magique de 8 à deux degrés (Problème 1626)*. In: *Les Tablettes du Chercheur* (1894). S. 141, 180.

[258] Huber, A. *Carré magique de 8 à enceintes successives et à diagonales à trois degrés (Problème 665)*. In: *Les Tablettes du Chercheur* Nr. 20 (15. Oktober 1891). S. 5. (Solution: 1. November 1891, S.10).

[259] Huber, A. *Carré magique de 9 à deux degrés (semi-diabolique) (Problème 273)*. In: *Les Tablettes du Chercheur* (1892). S. 144, 185.

[260] Huber, A. *Carré magique de 9 à enceintes successives et à diagonales à trois degrés (Problème 639)*. In: *Les Tablettes du Chercheur* (1892). S. 368.

[261] Huber, A. *Carré magique de 9 à enceintes successives et à diagonales à trois degrés (Problème 639)*. In: *Les Tablettes du Chercheur* (1893). S. 29.

[262] Huber, A. *Carré magique de 9 donnant six cubes de 3 (Problème 536)*. In: *Les Tablettes du Chercheur* (1892). S. 304, 348.

[263] Huber, A. *Carré magique de neuf à deux degrés semi-diabolique (Problème 25).* In: *Les Tablettes du Chercheur* (1892). S. 5, 31.

[264] Huber, A. *Carré magique de neuf à enceintes successives et à diagonales à trois degrés (Problème 166).* In: *Les Tablettes du Chercheur* (1892). S. 84–85, 120–121.

[265] Huber, A. *Carrés diaboliques de 7 à diagonales à cinq degrés (Problème 1314).* In: *Les Tablettes du Chercheur* (1893). S. 353.

[266] Huber, A. *Carrés diaboliques de 7 à diagonales à cinq degrés (Solution 1314).* In: *Les Tablettes du Chercheur* (1894). S. 10–11.

[267] Huber, A. *Carrés magique de 12 (Problème 2397).* In: *Les Tablettes du Chercheur* (1895). S. 193, 235.

[268] Huber, A. *Carrés magique de 8 à deux degrés (Problème 1341).* In: *Les Tablettes du Chercheur* (1893). S. 368.

[269] Huber, A. *Carrés magique de 8 à deux degrés (Solution 1341).* In: *Les Tablettes du Chercheur* (1894). S. 22–23.

[270] Huber, A. *Carrés magiques de 8 à deux degrés (Problème 1704).* In: *Les Tablettes du Chercheur* (1894). S. 187–188, 229–230.

[271] Huber, A. *Cubes magiques de 4 (Problème 1788).* In: *Les Tablettes du Chercheur* (1894). S. 236, 277.

[272] Huber, A. *Méthode générale de transformation.* In: *Les Tablettes du Chercheur* (1893). S. 212, 226–228.

[273] Hudson, Carolyn B. *On Pandiagonal Magic Squares of Order* $6t \pm 1$. In: *Mathematics Magazine* Vol. 45. Nr. 2 (1972). S. 94–96.

[274] Hugel, Theodor. *Die magischen Quadrate mathematisch behandelt und bewiesen: Dissertation zur Erlangung der philosophische Doctorwürde.* C. Brügel & Sohn, 1862.

[275] Hunter, J. A. H. und Madachy, Joseph S. *Mathematical Diversions.* Princeton: van Nostrand Company, Inc., 1963.

[276] Hurkens, C.A.J. *Plenty of Franklin magic squares, but none of order 12.* Web-published document, URL: `https://pure.tue.nl/ws/files/1898639/628349.pdf` (2007, letzter Zugriff: 6.9.2024).

[277] Hutton, C. *Philosophical and Mathematical Dictionary.* London, 1815.

[278] Ibrahim, A. M., Jibril, H. M. und Umar, Abdullahi. *Constructing Even Order Magic Squares By Consecutive Numbering.* arXiv: `1303.4536`. Web-published document, URL: `https://arxiv.org/abs/1303.4536` (2013, letzter Zugriff: 6.9.2024).

[279] Jacobs, Charles J. *A reexamination of the Franklin square.* In: *The Mathematics Teacher* Vol. 64 (1971). S. 55–62.

[280] Jelliss, G.P. *Knight's Tour Notes.* Web-published document, URL: `https://www.mayhematics.com/t/t.htm` (letzter Zugriff: 6.9.2024).

[281] Johnson, Allan W. *A Bordered Prime Magic Square.* In: *Journal of Recreational Mathematics* Vol. 15. Nr. 2 (1982-83). S. 84.

[282] Johnson, Allan W. *A Pandiagonal Sixth-Order Prime Magic Square.* In: *Journal of Recreational Mathematics* Vol. 23. Nr. 3 (1991). S. 190–91.

[283] Johnson, Allan W. *A Prime Magic Squares for the Prime Year 1987.* In: *Journal of Recreational Mathematics* Vol. 19. Nr. 1 (1987). S. 24.

[284] Johnson, Allan W. *Consecutive-Prime Magic Squares*. In: *Journal of Recreational Mathematics* Vol. 15. Nr. 1 (1982-1983). S. 17.

[285] Johnson, Allan W. *Minimum Prime Pandiagonal Order-6 Magic Squares*. In: *Journal of Recreational Mathematics* Vol. 23. Nr. 3 (1991). S. 190–191.

[286] Johnson, Allan W. *On pandiagonal symmetrical magic squares of order 6*. In: *Journal of Recreational Mathematics* Vol. 16. Nr. 4 (1983). S. 263–267.

[287] Johnson, Allan W. *Pandiagonal prime magic squares of order 4*. In: *Journal of Recreational Mathematics* Vol. 16. Nr. 3 (1983). S. 193–195.

[288] Johnson, Allan W. *Six Magic Squares in One*. In: *Journal of Recreational Mathematics* Vol. 13. Nr. 4 (1980-1981). S. 317.

[289] Johnson, Allan W. *Solution: an Odd Twist*. In: *Journal of Recreational Mathematics* Vol. 20. Nr. 3 (1988). S. 152.

[290] Johnson, C. R. *A Matrix Theoretic Construction of Magic Squares*. In: *The American Mathematical Monthly* Vol. 79. Nr. 9 (1972). S. 1004–1006.

[291] Karpenko, V. *Two thousand years of numerical magic squares*. In: *Endeavour (New Series)* Vol. 18 (1994). S. 147–153.

[292] Keedwell, Donald A. *A short note regarding existence of complete sets of orthogonal diagonal Sudoku squares*. In: *The Australasian Journal of Combinatorics* Vol. 51 (2011). S. 271–273.

[293] Keedwell, Donald A. *Construction of bimagic squares using orthogonal Sudoku squares*. In: *Bulletin of the ICA* Vol. 63 (2011). S. 39–47.

[294] Keedwell, Donald A. *Construction of bimagic squares using orthogonal Sudoku squares*. In: *Electronic Notes in Discrete Mathematics* Nr. 40 (2013). S. 163–168.

[295] Keedwell, Donald A. *Constructions of complete sets of orthogonal diagonal Sudoku squares*. In: *The Australasian Journal of Combinatorics* Vol. 47 (2010). S. 227–238.

[296] Keedwell, Donald A. *Defining Sets for Magic Squares*. In: *The Mathematical Gazette* Vol. 90. Nr. 519 (2006). S. 417–424.

[297] Keedwell, Donald A. *Gaston Tarry and multimagic squares*. In: *The Mathematical Gazette* Vol. 95. Nr. 534 (2011). S. 454–468.

[298] Keedwell, Donald A. *Two Remarks about Sudoku Squares*. In: *The Mathematical Gazette* Vol. 90. Nr. 519 (2006). S. 425–430.

[299] Kim, Yangkok und Yoo, Jaechil. *An algorithm for constructing magic squares*. In: *Discrete Applied Mathematics* Vol. 156. Nr. 14 (2008). S. 2804–2809.

[300] Kim, Yangkok und Yoo, Jaechil. *Note: An algorithm for constructing magic squares*. In: *Discrete Applied Mathematics* Vol. 156. Nr. 14 (Juli 2008). S. 2804–2809.

[301] Kircher, Athanasius. *Arithmologia*. 1665.

[302] Kirmani, M.Z. und Singh, N.K. *Encyclopaedia of Islamic Science and Scientists: A-H*. Global Vision Publishing House, 2005.

[303] Klügel, G.S. und Mollweide, C.B. *Mathematisches Wörterbuch*. (angefangen von Klügel und fortgesetzt von Mollweide). Leipzig, 1823.

[304] Knuth, D. E. *Very Magic Squares*. In: *The American Mathematical Monthly* Vol. 75. Nr. 3 (1968). S. 260–264.

[305] Kraitchik, Maurice. *La mathématique des jeux où récréations mathématique*. Bruxelles: Imprimerie Stevens Frères, 1930.

[306] Kraitchik, Maurice. *Mathematical Recreations*. 2nd Edition. New York: Dover-Publications Inc., 1953.

[307] Kraitchik, Maurice. *Traité des Carrés Magiques*. (Auszug aus dem Buch 'La mathématique des jeux'). Paris: Gauthier-Villars, 1930.

[308] Krishnappa, H.K., Srinath, N.K. und Ramakanth Kumar, P. *Magic Square Construction Algorithms and their applications*. In: *The IUP Journal of Computational Mathematics* Vol. 3. Nr. 3 (2010). S. 34–50.

[309] Ku, Y. H. und Chen, Nan-Xian. *On systematic procedures for constructing magic squares*. In: *Journal of the Franklin Institute* Vol. 321. Nr. 6 (1986). S. 337–350.

[310] Ku, Y. H. und Chen, Nan-Xian. *Some theorems on construction of magic squares*. In: *Journal of the Franklin Institute* Vol. 322. Nr. 5-6 (1986). S. 253–266.

[311] Kuo, Tien Tao. *The construction of doubly-even magic squares*. In: *Journal of Recreational Mathematics* Vol. 15. Nr. 2 (1982). S. 94–104.

[312] Laisant, C. A. *Principes de la méthode de M. Arnoux concernant l'étude des espaces arithmétiques hypermagiques*. In: *Bulletin de la Société Mathématique de France* Vol. 22 (1894). S. 28–36.

[313] Langford, C. Dudley. *Super magic squares*. In: *The Mathematical Gazette* Vol. 40. Nr. 332 (1956). S. 86–97.

[314] Laquière, A. F. *Des carrés doublement magiques*. In: *Association Française pour l'Avancement des Sciences*. Paris, 1880, S. 243–258.

[315] Latoon, F. *On Common and Perfect Magic Squares*. London: W. Reeves, 1895.

[316] Lawden, D. F. *Pan-Magic Squares of Even Order*. In: *The Mathematical Gazette* Vol. 34. Nr. 309 (1950). S. 220–222.

[317] Lécornu, J. *Sur une méthode de construction des carrés magiques naturels impairement pairs*. In: *Revue Scientifique* Vol. 16. Nr. 2 (1901). S. 367–369.

[318] Lee, Michael Z., Love, Elizabeth, Narayan, Sivaram K. u. a. *On nonsingular regular magic squares of odd order*. In: *Linear Algebra and its Applications* Vol. 437. Nr. 6 (2012). S. 1346–1355.

[319] Lehmer, D. N. *On the congruences connected with certain magic squares*. In: *Transactions of the AMS* Vol. 31. Nr. 3 (1929). S. 523–528.

[320] Li, Chao. *A set of new formula of constructing arbitrary 4k-orders conserve square magic square sum pandiagonal*. In: *Journal of Shaoguan University* Vol. 27. Nr. 12 (2006). S. 1–5. (Sprache: Chinesisch).

[321] Li, Chao. *A set of new formula of constructing arbitrary 4k-orders conserve square magic square sum pandiagonal*. In: *Journal of Shaoguan University* Vol. 28. Nr. 3 (2007). S. 5–9. (Sprache: Chinesisch).

[322] Li, Chao. *A simple construction method for magic squares with even orders number pair adjacent*. In: *Journal Of Ningxia University (Natural Science Edition)* Vol. 23. Nr. 5 (2001). S. 19–26. (Sprache: Chinesisch).

[323] Li, Chao. *Constructing mn-order magic square by using m-order magic square*. In: *Journal of Chenzhou Teachers College* Vol. 4. Nr. 3 (1996). S. 12–17. (Sprache: Chinesisch).

[324] Li, Chao. *Constructing orthogonal latin squares and magic square by using linear congruent transformation*. In: *Acta Mathematicae Applicatae Sinica* Vol. 19. Nr. 2 (1996). S. 231–238. (Sprache: Chinesisch).

[325] Li, Li. *Pandiagonal magic squares of order 4k formed by blocks*. In: *Journal of Beijing Union University* Vol. 3. Nr. 1 (1989). S. 73–78. (Sprache: Chinesisch).

[326] Li, Wen, Zhang, Yong und Chen, Kejun. *A generalization of product construction of multimagic squares*. In: (Dez. 2017).

[327] Li, Wen, Zhong, Ming und Zhang, Yong. *Magic squares with all subsquares of possible orders based on extended Langford sequences*. 2017. arXiv: `1712.05560`. Web-published document, URL: `https://arxiv.org/abs/1712.05560` (letzter Zugriff: 6.9.2024).

[328] Li, Yue, Li, Lixi und Wu, Xuemo. *Pansystems Methodology and Construction of Magic Squares*. In: *Applied Mathematics and Mechanics* Vol. 21. Nr. 7 (2000). S. 747–752.

[329] Li Wen, Wu Dianhua und Fengchu, Pan. *A construction for doubly pandiagonal magic squares*. In: *Discrete Mathematics* Vol. 312. Nr. 2 (2012). S. 479–485.

[330] Liang, Peiji, Zhang, Hangfu und Zhang, Xiafu. *A method to construct magic squares*. In: *Journal of Yunnan University (Natural Science Edition)* Vol. 11. Nr. 4 (1989). S. 310–319. (Sprache: Chinesisch).

[331] Liao, Yun-er, Zhu, Bao-man und Wu, Lian-fa. *A New Simple Method for the Construction of Magic Squares of Odd Order*. In: *Mathematics in Practice and Theory* Vol. 37. Nr. 24 (2007). S. 174–177. (Sprache: Chinesisch).

[332] Lin, Pengcheng. *A construction method for magic squares with number pair adjacent*. In: *Journal Of Ningxia University (Natural Science Edition)* Vol. 16. Nr. 2 (1995). S. 7–11. (Sprache: Chinesisch).

[333] Lin, Pengcheng. *A simple construction method for magic squares with number pair adjacent*. In: *Journal Of Ningxia University (Natural Science Edition)* Vol. 18. Nr. 1 (1997). S. 55–59. (Sprache: Chinesisch).

[334] Lin, Pengcheng. *A uniform construction for magic squares with even order*. In: *Journal of Mathematical Study* Vol. 27. Nr. 2 (1994). S. 26–32.

[335] Lin, Pengcheng. *Uniform construction method with general formula for even order magic squares*. In: *Journal Of Ningxia University (Natural Science Edition)* Vol. 19. Nr. 2 (1998). S. 101–104. (Sprache: Chinesisch).

[336] Lin, Shu-Fei. *The improved edging method to construct arbitrary magic square*. In: *Journal of Anhui University (Natural Science Edition)* Vol. 32. Nr. 4 (2008). S. 14–17. (Sprache: Chinesisch).

[337] Liu, Feng-Lin. *The constructing magic squares of order n when n is even*. In: *Journal of Tianjin University of Science and Technology* Vol. 18. Nr. Supp. (2003). S. 71–73. (Sprache: Chinesisch).

[338] Liu, Lele, Gao, Zhenlin und Zhao, Weiping. *On an open problem concerning regular magic squares of odd order*. In: *Linear Algebra and its Applications* Vol. 459 (2014). S. 1–12.

[339] Loly, P. D. und Steeds, M. J. *A new class of pandiagonal squares*. In: *International Journal of Mathematical Education in Science and Technology* Vol. 36. Nr. 4 (2005). S. 375–388.

[340] Loly, Peter. *Scientific Studies of Magic Squares*. Web-published document, URL: `https://www.academia.edu/62978850/Scientific_Studies_of_Magic_Squares` (2003, letzter Zugriff: 6.9.2024).

[341] Loly, Peter, Cameron, Ian, Trump, Walter u. a. *Magic square spectra*. In: *Linear Algebra and its Applications* Vol. 430. Nr. 10 (2009). S. 2659–2680.

[342] Loly, Peter D. *A purely pandiagonal 4*4 square and the Myers-Briggs type Table*. In: *Journal of Recreational Mathematics* Vol. 31. Nr. 1 (2006). S. 29–31.

[343] Loly, Peter D. *Franklin Squares: A Chapter in the Scientific Studies of Magical Squares*. In: *Complex Systems* Vol. 17 (2007). S. 143–161.

[344] Loly, Peter D. und Cameron, Ian D. *Frierson's 1907 Parameterization of Compound Magic Squares Extended to Orders 3^l, $l = 1, 2, 3, \ldots$, with Information Entropy*. 2020. arXiv: 2008.11020. Web-published document, URL: https://arxiv.org/abs/2008.11020 (letzter Zugriff: 6.9.2024).

[345] Loomis, Hiram B. *Pandiagonal Magic Squares on Square Bases and their Transformations*. In: *School Science and Mathematics* Vol. 45. Nr. 4 (1945). S. 315–322.

[346] Lorch, John. *Magic Squares and Sudoku*. In: *The American Mathematical Monthly* Vol. 119. Nr. 9 (2012). S. 759–770.

[347] Lorch, John. *Pandiagonal Type-p Franklin Squares*. 2017. arXiv: 1712.09602. Web-published document, URL: https://arxiv.org/abs/1712.09602 (letzter Zugriff: 6.9.2024).

[348] Loubère, Simon de la. *Le problème des quarrés*. In: *Du Royaume de Siam (Ambassade de 1687-1688)*. 1691, S. 295–359.

[349] Loubère, Simon de la. *The problem of the Magic Squares according to the Indians*. In: *A new historical relation of the kingdom of Siam*. (engl. Übersetzung der französischen Ausgabe von 1691). 1693, S. 227–247.

[350] Lu, Quyang. *On the super magic squares of even order*. In: *Mathematical Theory and Application* Vol. 22. Nr. 3 (2002). S. 19–25. (Sprache: Chinesisch).

[351] Luet. *Carré diabolique (Problème 2664)*. In: *Les Tablettes du Chercheur* (1895). S. 336, 375. (Pseudonym für *Coccoz, C.V.*)

[352] Luet. *Carré magique (Problème 716)*. In: *Les Tablettes du Chercheur* Nr. 22 (15. November 1891). S. 5. (Solution: 01. Dezember 1891, S.11, Pseudonym für *Coccoz, C.V.*)

[353] Luet. *Carré magique (Problème 86)*. In: *Les Tablettes du Chercheur* (1892). S. 37, 61. (Pseudonym für *Coccoz, C.V.*)

[354] Luet. *Carré magique à deux degrés (Problème 449)*. In: *Les Tablettes du Chercheur* Nr. 12 (15. Juni 1891). S. 5. (Solution: 01. Juli 1891, S.10, Pseudonym für *Coccoz, C.V.*)

[355] Luet. *Carré magique à deux degrés fait avec les nombres consécutifs de 1 à 64 (Problème 875)*. In: *Les Tablettes du Chercheur* (1893). S. 129, 169–170. (Pseudonym für *Coccoz, C.V.*)

[356] Luet. *Carré magique à deux degrés fait avec les nombres consécutifs de 1 à 64 (Problème 940)*. In: *Les Tablettes du Chercheur* (1893). S. 161, 202. (Pseudonym für *Coccoz, C.V.*)

[357] Luet. *Carré magique de 6 (Problème 1196)*. In: *Les Tablettes du Chercheur* (1893). S. 289, 330. (Pseudonym für *Coccoz, C.V.*)

[358] Luet. *Carré magique de neuf à deux degrés (Problème 877)*. In: *Les Tablettes du Chercheur* (1893). S. 129, 170. (Pseudonym für *Coccoz, C.V.*)

[359] Luet. *Les Carrés Magiques par enceinte ou bordure*. In: *Les Tablettes du Chercheur* (1893). S. 290–291, 306–308, 326–327, 339–340, 355–357. (Pseudonym für *Coccoz, C.V.*)

[360] Luet. *Méthode Desordonnée*. In: *Les Tablettes du Chercheur* (1893). S. 41–42, 56–57. (Pseudonym für *Coccoz, C.V.*)

[361] Luet. *Méthodes de Sauveur pour les carrés impairs*. In: *Les Tablettes du Chercheur* (1893). S. 5–6, 22–23. (Pseudonym für *Coccoz, C.V.*)

[362] Luet. *Méthodes par Lettres Homoloques et Analoque*. In: *Les Tablettes du Chercheur* (1893). S. 71–72, 86–87, 102–103, 136–137, 151–152, 165–166, 197. (Pseudonym für *Coccoz, C.V.*)

[363] Luyendijk, Johannes. *Magic squares and cubes*. Web-published document, URL: `http://www.entertainmentmathematics.nl/index.html` (letzter Zugriff: 6.9.2024).

[364] Mac-Mahon, P. A. *Les carrés magiques*. In: *Revue Scientifique* Vol. 17. Nr. 1 (1902). S. 744–51.

[365] Madachy, Joseph S. *Madachy's Mathematical Recreations*. New York: Dover-Publications Inc., 1979.

[366] Mansion, P. *Sur les Carrés Magiques*. In: *Nouvelle Correspondance Mathématique* Vol. 2. Nr. 1 (1876). S. 161–164.

[367] Mansion, P. *Sur les Carrés Magiques*. In: *Nouvelle Correspondance Mathématique* Vol. 2. Nr. 2 (1876). S. 193–201.

[368] Margossian, A. *De l'ordonnance des nombres dans les carrés magiques impairs*. Paris: Librairie Scientifique A. Hermann, 1908.

[369] Martin, Yves. *Les carrés magiques dans la tradition mathématique arabe*. Web-published document, URL: `https://publimath.univ-irem.fr/numerisation/RU/IRU98020/IRU98020.pdf` (letzter Zugriff: 6.9.2024).

[370] McClintock, Emory. *On the Most Perfect Forms of Magic Squares, with Methods for Their Production*. In: *American Journal of Mathematics* Vol. 19. Nr. 2 (1897). S. 99–120.

[371] McCoy, John Calvin. *Manuel Moschopoulos's treatise on magic squares*. In: *Scripta Mathematica* Vol. 8 (1941). S. 15–26.

[372] McCranie, Judson. *Magic Squares of All Orders*. In: *The Mathematics Teacher* Vol. 81. Nr. 8 (1988). S. 674–678.

[373] Meerman, Gerard. *Specimen Calculi Fluxionalis*. Lugdunum Batavorum, 1742.

[374] Minghua, Xu. *A solving method of 4k · degree magic square*. In: *Journal of Jiangsu Polytechnic University* Vol. 3. Nr. 3 (1991). S. 43–45.

[375] Mino, Hidetoshi. *The number of magic squares of order six*. Web-published document, URL: `https://magicsquare6.net/doku.php?id=magicsquare6` (2023, letzter Zugriff: 6.9.2024).

[376] Miranda, Lohans de Oliveira und Miranda, Lossian Barbosa Bacelar. *Establishing Infinite Methods of Construction of Magic Squares*. In: *Journal of Nepal Mathematical Society* Vol. 4. Nr. 1 (2021). S. 19–22. Web-published document, URL: `https://www.nepjol.info/index.php/jnms/article/view/37108` (letzter Zugriff: 6.9.2024).

[377] Miranda, Lohans de Oliveira und Miranda, Lossian Barbosa Bacelar. *Generalization of Dürer's Magic Square and New Methods for Doubly Even Magic Squares*. In: *Journal of Nepal Mathematical Society* Vol. 3. Nr. 2 (2020). S. 13–15. Web-published document, URL: https://www.nepjol.info/index.php/jnms/article/view/33955 (letzter Zugriff: 6.9.2024).

[378] Miranda, Lohans de Oliveira und Miranda, Lossian Barbosa Bacelar. *Lohans' Magic Squares and the Gaussian Elimination Method*. In: *Journal of Nepal Mathematical Society* Vol. 3. Nr. 1 (2020). S. 31–36. Web-published document, URL: https://www.nepjol.info/index.php/jnms/article/view/33001 (letzter Zugriff: 6.9.2024).

[379] Moran, Jim. *The Wonders of Magic Squares*. New York: Vintage Books, 1982.

[380] Nelson, A. B. *General Rules for the Formation of Magic Squares of All Orders*. In: *The Analyst* Vol. 6. Nr. 3 (1879). S. 73–77.

[381] Nelson, Harry L. *A Consecutive-Prime 3x3 Magic Square*. In: *Journal of Recreational Mathematics* Vol. 20. Nr. 3 (1988). S. 214–216.

[382] Nichols, Roy F. *The Magic Square*. In: *Proceedings of the American Philosophical Society* Vol. 105. Nr. 3 (1961). S. 237–243.

[383] Nie, Chunxiao. *A Construction Method for the Magic Square of Order 4m*. In: *Journal of Hainan Normal University (Natural Science)* Vol. 24. Nr. 3 (2011). S. 270–273. (Sprache: Chinesisch).

[384] Nordgren, Ronald P. *Commuting Magic Square Matrices*. 2020. arXiv: 2009.03499. Web-published document, URL: https://arxiv.org/abs/2009.03499 (letzter Zugriff: 6.9.2024).

[385] Nordgren, Ronald P. *Eulerian composition of certain Franklin squares*. arXiv: 1703.06488. Web-published document, URL: https://arxiv.org/abs/1703.06488 (2017, letzter Zugriff: 6.9.2024).

[386] Nordgren, Ronald P. *How Franklin may have made his squares*. In: *Mathematics Magazine* (in press).

[387] Nordgren, Ronald P. *New Construction for Special Magic Squares*. In: *International Journal of Pure and Applied Mathematics* Vol. 78. Nr. 2 (2012). S. 133–154.

[388] Nordgren, Ronald P. *On Franklin and Complete Magic Square Matrices*. In: *The Fibonacci Quarterly* Vol. 54. Nr. 4 (2016). S. 304–318.

[389] Nordgren, Ronald P. *On properties of special magic square matrices*. In: *Linear Algebra and its Applications* Vol. 437. Nr. 8 (2012). S. 2009–2025.

[390] Nordgren, Ronald P. *Pandiagonal and Knut Vik Sudoku Squares*. arXiv: 1307.1034. Web-published document, URL: https://arxiv.org/abs/1307.1034 (2013, letzter Zugriff: 6.9.2024).

[391] Okikiolu, George Olatokunbo. *Completion of the Magic Square of Even Order*. London: Okikiolu Scientific und Industrial Organization, 1978.

[392] Ollerenshaw, Kathleen. *Constructing pandiagonal magic squares of arbitrarily large size*. In: *Mathematics Today* Vol. 42. Nr. 1 (2006). (Lösungen in Nr. 2).

[393] Ollerenshaw, Kathleen. *On Most Perfect or Complete 8x8 Pandiagonal Magic Squares*. In: *Proceedings of the Royal Society of London* Vol. 407 (1986). S. 259–281.

[394] Ollerenshaw, Kathleen und Brée, David. *Most-Perfect Pandiagonal Magic Squares*. The Institute of Mathematics und its Applications, 1998.

[395] Ozanam, Jacques. *Des quarrés magiques*. In: *Récréations Mathématiques et Physiques*. Bd. 1. Paris: Académie Royale des Sciences (France), 1778, S. 217–244.

[396] Ozanam, Jacques. *Des quarrés magiques*. In: *Récréations Mathématiques et Physiques, Nouvelle Edition*. Bd. 1. Paris, 1790, S. 217–244.

[397] Ozanam, Jacques. *Of magic squares*. In: *Recreations in Mathematics and Natural Philosophy (Dr. Huttons translation of Montucla's Edition)*. Bd. 1. London, 1803, S. 211–240.

[398] Ozanam, Jacques. *Of magic squares*. In: *Recreations in Mathematics and Natural Philosophy (Dr. Huttons translation of Montucla's Edition)*. Bd. 1. London, 1814, S. 183–207.

[399] Ozanam, Jacques. *Of magic squares*. In: *Recreations in Science and Natural Philosophy (Dr. Huttons translation of Montucla's Edition)*. London, 1844, S. 94–106.

[400] Padmakumar, T. V. *A juxtaposition property for the* 4×4 *magic square*. In: *Fibonacci Quarterly* Vol. 32. Nr. 4 (1994). S. 290–292.

[401] Padmakumar, T. V. *Strongly magic squares*. In: *Fibonacci Quarterly* Vol. 35. Nr. 3 (1997). S. 198–205.

[402] Pan, Feng-Chu. *Uniform Formula of Constructing All Pandiagonal Magic Squares of Order 4*. In: *College Mathematies* Vol. 21. Nr. 3 (2005). S. 74–76. (Sprache: Chinesisch).

[403] Pan, Fengchu und Huang, Xuejun. *Unified Construction of Normal Bimagic Squares of Doubly Even Orders Based on Quasi Bimagic Pairs*. In: *Journal of Physics: Conference Series* Vol. 1575. Nr. 012172 (Juni 2020).

[404] Pan, Linsen. *Construction Method of Symmetric Swapping for the Magic Square of Even Order*. In: *Journal Of Chongqing Teachers College (Natural Science Edition)* Vol. 13. Nr. 1 (1996). S. 53–56. (Sprache: Chinesisch).

[405] Pan, Linsen. *Construction Method of Symmetric Swapping for the Magic Square of Even Order*. In: *Journal Of Chongqing Teachers College (Natural Science Edition)* Vol. 14. Nr. 1 (1997). S. 12–17. (Sprache: Chinesisch).

[406] Parmentier, Th. *Sur les carrés magiques*. In: *Association Française pour l'Avancement des Sciences*. Paris, 1890, S. 88–99.

[407] Pasles, Paul C. *A Bent for Magic*. In: *Mathematics Magazine* Vol. 79. Nr. 1 (2006). S. 3–13.

[408] Pasles, Paul C. *Benjamin Franklin's numbers. An unsung mathematical odyssey*. Princeton University Press, 2008.

[409] Pasles, Paul C. *The Lost Squares of Dr. Franklin: Ben Franklin's Missing Squares and the Secret of the Magic Circle*. In: *The American Mathematical Monthly* Vol. 108. Nr. 6 (2001). S. 489–511.

[410] Pfeffermann, G. *Carré de sept ... géométrique (Problème 2909)*. In: *Les Tablettes du Chercheur* (1896). S. 96, 139.

[411] Pfeffermann, G. *Carré magique à deux degrés (Problème 172)*. In: *Les Tablettes du Chercheur* Nr. 2 (15. Januar 1891). S. 6. (Solution: 1. Februar 1891, S. 11).

[412] Pfeffermann, G. *Carré magique à deux degrés (Problème 314)*. In: *Les Tablettes du Chercheur* Nr. 7 (1. April 1891). S. 6. (Solution: 15. April 1891, S.10).

[413] Pfeffermann, G. *Carré magique à deux degrés (Problème 475)*. In: *Les Tablettes du Chercheur* Nr. 13 (1. Juli 1891). S. 5.

[414] Pfeffermann, G. *Carré magique de 6 (Problème 1481)*. In: *Les Tablettes du Chercheur* (1894). S. 61, 101–102.

[415] Pfeffermann, G. *Carré magique de 8 à deux degrés (Problème 296)*. In: *Les Tablettes du Chercheur* (1892). S. 160, 202.

[416] Pfeffermann, G. *Carré magique de 8 à enceinte (Problème 1479)*. In: *Les Tablettes du Chercheur* (1894). S. 60, 101.

[417] Pfeffermann, G. *Carré magique de 9 à deux degrés (Problème 504)*. In: *Les Tablettes du Chercheur* Nr. 14 (15. Juli 1891). S. 5. (1. August 1891, S. 10).

[418] Pfeffermann, G. *Carré magique de huit à deux degrés (Problème 1104)*. In: *Les Tablettes du Chercheur* (1893). S. 242, 283.

[419] Pfeffermann, G. *Carré magique de huit à deux degrés (Problème 845)*. In: *Les Tablettes du Chercheur* (1893). S. 113, 155.

[420] Pfeffermann, G. *Carré magique de huit à deux degrés (Problème 971)*. In: *Les Tablettes du Chercheur* (1893). S. 177, 216.

[421] Pfeffermann, G. *Carré magique de neuf à deux degrés (Problème 112)*. In: *Les Tablettes du Chercheur* (1892). S. 52, 78.

[422] Pfeffermann, G. *Carré magique de neuf à deux degrés (Problème 138)*. In: *Les Tablettes du Chercheur* (1892). S. 68, 95.

[423] Pfeffermann, G. *Carré magique de neuf à deux degrés (Problème 59)*. In: *Les Tablettes du Chercheur* (1892). S. 21–22, 47.

[424] Pfeffermann, G. *Carré magique de neuf à deux degrés (Problème 745)*. In: *Les Tablettes du Chercheur* Nr. 22 (1. Dezember 1891). S. 6. (Solution: 15. Dezember 1891, S. 10).

[425] Pfeffermann, G. *Carré magique de neuf à deux degrés (Problème 776)*. In: *Les Tablettes du Chercheur* Nr. 24 (15. Dezember 1891). S. 6. (Solution: 1891, S. 13).

[426] Pfeffermann, G. *Carré magique double à deux degrés (Problème 664)*. In: *Les Tablettes du Chercheur* (1893). S. 4, 47.

[427] Pfeffermann, G. *Carrés magique de 7 (Problème 1343)*. In: *Les Tablettes du Chercheur* (1893). S. 369.

[428] Pfeffermann, G. *Carrés magique de 7 (Problème 1343)*. In: *Les Tablettes du Chercheur* (1894). S. 23.

[429] Pfeffermann, G. *Carrés magiques de 8 à deux degrés (Problème 1368)*. In: *Les Tablettes du Chercheur* (1894). S. 4, 37.

[430] Pfeffermann, G. *Carrés magiques de 8 à deux degrés(Problème 1287)*. In: *Les Tablettes du Chercheur* (1893). S. 337, 377.

[431] Pfeffermann, G. *Problème (Problème 2586)*. In: *Les Tablettes du Chercheur* (1895). S. 287–288, 328–329.

[432] Phelizon, Jean-François. *Les Carrés Magiques*. Paris: Editions Economica, 2005.

[433] Philip, Morris. *Magic Squares, with Many New Additional Properties*. Bronx, NY: Philip Knitting Mills, 1986.

[434] Pickover, Clifford A. *The Zen of Magic Squares, Circles, and Stars*. Princeton: Princeton University Press, 2002.

[435] Pin, Cheng. *Construction of all-symmetric magic square of order n^2*. In: *Journal of Shanxi Teachers University (Natural Science Edition)* Vol. 10. Nr. 4 (1996). S. 31–34. (Sprache: Chinesisch).

[436] Pin, Cheng. *Fast construction prime order symmetric magic squares*. In: *Journal of the Yanbei Teachers College* Vol. 12. Nr. 4 (1996). S. 89–91. (Sprache: Chinesisch).

[437] Pizarro, Antonio. *Generating Magic Squares Whose Orders Are Multiples of 4*. In: *The Mathematics Teacher* Vol. 82. Nr. 3 (1989). S. 216–221.

[438] Planck, C. *Pandiagonal Magic squares of Order 6 and 10 with Minimal Numbers*. In: *The Monist* Vol. 29 (1919). S. 307–316.

[439] Planck, C. *The Theory of Reversions*. In: *The Monist* Vol. 22 (1912). S. 53–81. (siehe Andrews [17], S. 295 ff.)

[440] Poignard, Francois-Guillaume. *Traité des quarres sublimes*. Bruxelles, 1704.

[441] Portier, Brutus. *Carré diabolique (Problème 1949)*. In: *Les Tablettes du Chercheur* (1894). S. 332, 369–370.

[442] Portier, Brutus. *Carré diabolique (Problème 2177)*. In: *Les Tablettes du Chercheur* (1895). S. 80, 121.

[443] Portier, Brutus. *Carré diabolique de 15 (Problème 2462)*. In: *Les Tablettes du Chercheur* (1895). S. 224, 265.

[444] Portier, Brutus. *Carré diabolique de 9 (Problème 2767)*. In: *Les Tablettes du Chercheur* (1896). S. 16, 57–58.

[445] Portier, Brutus. *Carré diabolique de 9 double (Problème 1507)*. In: *Les Tablettes du Chercheur* (1894). S. 77, 118.

[446] Portier, Brutus. *Carré diabolique double (Problème 1895)*. In: *Les Tablettes du Chercheur* (1894). S. 300, 342.

[447] Portier, Brutus. *Carré diabolique double (Problème 1922)*. In: *Les Tablettes du Chercheur* (1894). S. 316, 358.

[448] Portier, Brutus. *Carré diabolique double (Problème 2054)*. In: *Les Tablettes du Chercheur* (1895). S. 17, 57.

[449] Portier, Brutus. *Carré diabolique double (Problème 2148)*. In: *Les Tablettes du Chercheur* (1895). S. 64, 105.

[450] Portier, Brutus. *Carré magique*. In: *Revue Scientifique* Nr. 1 (1903). S. 503.

[451] Portier, Brutus. *Carré magique (Problème 1870)*. In: *Les Tablettes du Chercheur* (1894). S. 283, 323.

[452] Portier, Brutus. *Carré magique (Problème 2237)*. In: *Les Tablettes du Chercheur* (1895). S. 112–113, 150.

[453] Portier, Brutus. *Carré magique à deux degrées*. In: *Revue Scientifique* Nr. 2 (1903). S. 792.

[454] Portier, Brutus. *Carré magique à grille de module 8*. In: *Revue Scientifique* Nr. 1 (1903). S. 662.

[455] Portier, Brutus. *Carré panmagique (diabolique) à grille de module 9*. In: *Revue Scientifique* Nr. 1 (1904). S. 435.

[456] Portier, Brutus. *Carré satanique de 9 (Problème 2824)*. In: *Les Tablettes du Chercheur* (1896). S. 48, 89.

[457] Portier, Brutus. *Carré satanique de 9 (Problème 2994)*. In: *Les Tablettes du Chercheur* (1896). S. 145, 176.

[458] Portier, Brutus. *Carré satanique de 9 double (Problème 2083)*. In: *Les Tablettes du Chercheur* (1895). S. 32, 74.

[459] Portier, Brutus. *Carré satanique double (Problème 1847).* In: *Les Tablettes du Chercheur* (1894). S. 269, 311.

[460] Portier, Brutus. *Carré satanique double (Problème 2001).* In: *Les Tablettes du Chercheur* (1894). S. 364, (1895) S. 24.

[461] Portier, Brutus. *Carré satanique double (Problème 2001).* In: *Les Tablettes du Chercheur* (1895). S. 24.

[462] Portier, Brutus. *Carrés diaboliques de 9 (Problème 2852).* In: *Les Tablettes du Chercheur* (1896). S. 64, 104.

[463] Portier, Brutus. *Carrés diaboliques jumeaux (Problème 2335).* In: *Les Tablettes du Chercheur* (1895). S. 161, 203.

[464] Portier, Brutus. *Constructions nouvelles de carrés diaboliques de 9 et du carré satanique de 9*. 2me Edition. Alger: Librairie Adolphe Jourdan, 1893.

[465] Portier, Brutus. *Enigme diabolique (Problème 1424).* In: *Les Tablettes du Chercheur* (1894). S. 29, 70.

[466] Portier, Brutus. *Le Carré Cabalistique de 8*. Alger: Librairie Adolphe Jourdan, 1902.

[467] Portier, Brutus. *Le Carré Diabolique de 9 et Son Derive le Carré Satanique de 9*. In: *Les Tablettes du Chercheur* Nr. 1 (1895). S. 226–228, 242–244. (Pseudonym: Un mage de Chaldée).

[468] Portier, Brutus. *Le Carré diabolique de 9 et son dérivé le carré satanique de 9*. Alger: Librairie Adolphe Jourdan, 1902.

[469] Portier, Brutus. *Le Carré diabolique de 9 et son dérivé le carré satanique de 9 (carré de base magique au deux premiers degrés).* Alger, 1895.

[470] Portier, Brutus. *Les Carrés Magiques*. In: *Les Tablettes du Chercheur* (15. November 1891). S. 6–7. (Pseudonym: Un mage de Chaldée).

[471] Portier, Brutus. *Les Carrés Magiques*. In: *Les Tablettes du Chercheur* (1. Juli 1891). S. 6–7. (Pseudonym: Un mage de Chaldée).

[472] Portier, Brutus. *Les Carrés Magiques*. In: *Les Tablettes du Chercheur* (1. Dezember 1891). S. 6–7. (Pseudonym: Un mage de Chaldée).

[473] Portier, Brutus. *Nouvelles Recherches dans la Magie Arithmétique*. Paris: Gauthier-Villars, 1907.

[474] Portier, Brutus. *Satanique double (Problème 2965).* In: *Les Tablettes du Chercheur* (1896). S. 128, 171.

[475] Portier, Brutus. *Sur les panmagiques de module 8 à grilles*. Paris: Gauthier-Villars, 1913.

[476] Poupe, Edmond. *Carré diabolique (Problème 1756).* In: *Les Tablettes du Chercheur* (1894). S. 220, 261.

[477] Poupe, Edmond. *Carré magique (Problème 1975).* In: *Les Tablettes du Chercheur* (1894). S. 34810.

[478] Poupe, Edmond. *Carré magique (Problème 1975).* In: *Les Tablettes du Chercheur* (1895). S. 10.

[479] Poupe, Edmond. *Carré magique (Problème 2334).* In: *Les Tablettes du Chercheur* (1895). S. 161, 202.

[480] Poupe, Edmond. *Carré magique de 10 avec enceinte (Problème 2120).* In: *Les Tablettes du Chercheur* (1895). S. 49–50, 91.

[481] Qinwu, Chen. *15th-order bimagic squares.* Web-published document, URL: http://www.multimagie.com/English/BiTriMagic12_16.htm#BiMa15 (2006, letzter Zugriff: 6.9.2024).

[482] Qinwu, Chen. *16th-order bimagic and trimagic squares.* Web-published document, URL: http://www.multimagie.com/English/BiTriMagic12_16.htm#BiMa16 (2005, letzter Zugriff: 6.9.2024).

[483] Qinwu, Chen und Guéron, Jacques. *14th-order bimagic squares.* Web-published document, URL: http://www.multimagie.com/English/BiTriMagic12_16.htm#BiMa14 (2006, letzter Zugriff: 6.9.2024).

[484] Rallier des Ourmes, Jean-Joseph. *Mémoire sur les quarrés magiques.* In: *Histoire de l'Académie Royale des Sciences.* Paris: Académie Royale des Sciences (France), 1763, S. 196–241.

[485] Reiner, Brian S. *Magic squares and matrices: a simple construction.* In: *The Mathematical Gazette* Vol. 65. Nr. 434 (1981). S. 250–252.

[486] Reyes, J.P. de los, Pourdarvish, A., Midha, C.K. u. a. *Construction and Use of Magic Squares and Magic Rectangles.* In: *Statistics and Applications (New Series)* Vol. 4 (2006). S. 39–45.

[487] Rilly, Achille. *Etude sur les Triangles et les Carrés magiques aux deux premiers degrés.* 1901.

[488] Rilly, Achille. *Transformations dont sont susceptibles certains carrés bimagiques.* In: *Association Française pour l'Avancement des Sciences.* Paris, 1907, S. 42–48.

[489] Riollot, Jules. *Les carrés magiques: contributionà leur étude.* Paris: Gauthier-Villars, 1907.

[490] Robertson, John P. *Magic squares of squares.* In: *Mathematics Magazine* Vol. 69. Nr. 4 (1996). S. 289–293.

[491] Rogers, Adam, Cameron, Ian und Loly, Peter. *Compounding Doubly Affine Matrices.* 2017. arXiv: 1711.11084. Web-published document, URL: https://arxiv.org/abs/1711.11084 (letzter Zugriff: 6.9.2024).

[492] Rogers, Adam und Loly, Peter. *The electric multipole expansion for a magic cube.* In: *European Journal of Physics* Vol. 26. Nr. 5 (2005). S. 809–813.

[493] Rogers, Adam und Loly, Peter. *The inertia tensor of a magic cube.* In: *American Journal of Physics* Vol. 72. Nr. 6 (2004). S. 786–789.

[494] Rogers, Adam und Loly, Peter D. *Rotational sorcery - The inertial properties of magic squares and cubes.* In: *Canadian Undergraduate Physics Journal* Vol. III. Nr. 2 (2005). S. 25.

[495] Rosser, Barkley und Walker, R. J. *The algebraic theory of diabolic magics quares.* In: *Duke Mathematical Journal* Vol. 5 (1939). S. 705–728.

[496] Rothstein, Jerome. *A method for the construction of singly even magic squares.* In: *The American Mathematical Monthly* Vol. 67. Nr. 6 (1960). S. 583–585.

[497] Sauveur, Joseph. *Construction générale des quarrés magiques.* In: *Histoire de l'Académie Royale des Sciences.* Paris: Académie Royale des Sciences (France), 1710, S. 92–138.

[498] Savage, D. F. *Oddly-Even Magic Squares.* In: *The Monist* Vol. 20 (1910). S. 119–126. (siehe Andrews [17], S. 217 ff.)

[499] Savage, D. F. *Overlapping Magic Squares*. In: *The Monist* Vol. 19 (1909). S. 450–459. (siehe Andrews [17], S. 207 ff.)

[500] Savard. *Carré magique du deuxième degré à quatre diagonales (Problème 587)*. In: *Les Tablettes du Chercheur* Nr. 17 (1. September 1891). S. 5. (Solution: 15. September 1891, S.10).

[501] Savard. *Carré symétrique, magique et 1/4 diabolique au deuxieme degré, entièrement diabolique au premierer degré (Problème 559)*. In: *Les Tablettes du Chercheur* (1892). S. 320, 361.

[502] Sayles, Harry A. *Notes on the Construction of Magic Squares of Orders in which n is of the Form* $8p + 2$. In: *The Monist* Vol. 22 (1912). S. 472–478. (siehe Andrews [17], S. 267 ff.)

[503] Sayles, Harry A. *Pandiagonal-Concentric Magic Squares Of Orders 4m*. In: *The Monist* Vol. 26. Nr. 3 (1916). S. 476–480. (siehe Andrews [17], S. 410 ff.)

[504] Sayles, Harry A. *Two More Forms of Magic Squares*. In: *The Monist* Vol. 21 (1911). S. 152–158. (siehe Andrews [17], S. 241 ff.)

[505] Scheffler, Hermann. *Die magischen Figuren*. Leipzig: B.G. Teubner, 1882.

[506] Schindel, Daniel, Rempel, Matthew und Loly, Peter. *Enumerating the bent diagonal squares of Dr Benjamin Franklin FRS*. In: *Proceedings of The Royal Society A: Mathematical, Physical and Engineering Sciences* Vol. 462. Nr. 2072 (2006). S. 2271–2279.

[507] Schott, Caspar. *Technica Curiosa, sive Mirabilia artis*. Sumptibus Wolfgangi Mauritii Endteri, 1687.

[508] Schoute, Pieter Hendrik. *Sur les carrés magiques à enceinte*. In: *Association Française pour l'Avancement des Sciences*. Paris, 1885, S. 152–155.

[509] Schubert, Hermann. *The magic squares*. In: *Mathematical essays and recreations*. Chicago: The Open Court Publishing Company, 1898, S. 39–63.

[510] Selin, Helaine. *Encyclopaedia of the History of Science, Technology, and Medicine in Non-Westen Cultures*. Kluwer Academic, Dordrecht, Boston, 1997.

[511] Sesiano, Jacques. *An arabic treatise on the construction of bordered magic squares*. In: *Historia Scientiarum* Vol. 42. Nr. 1 (1991). S. 13–31.

[512] Sesiano, Jacques. *Construction of magic squares using the knight's move in islamic mathematics*. In: *Archive for History of Exact Sciences* Vol. 58. Nr. 1 (2003). S. 1–20.

[513] Sesiano, Jacques. *Herstellungsverfahren magischer Quadrate aus islamischer Zeit. I.* In: *Sudhoffs Archiv* Vol. 64. Nr. 2 (1980). S. 187–196.

[514] Sesiano, Jacques. *Herstellungsverfahren magischer Quadrate aus islamischer Zeit. II.* In: *Sudhoffs Archiv* Vol. 65. Nr. 3 (1981). S. 251–265.

[515] Sesiano, Jacques. *Herstellungsverfahren magischer Quadrate aus islamischer Zeit. III.* In: *Sudhoffs Archiv* Vol. 79. Nr. 2 (1995). S. 193–226.

[516] Sesiano, Jacques. *L'Abregé enseignant la disposition harmonieuse des nombres, un manuscrit arabe anonyme sur la construction des carrés magiques*. In: *De Bagdad a Barcelona, Estudios sobre historia de las ciencias exactas*. Hrsg. von J. Casulleras und J. Samsó. Bd. 2. 1996, S. 103–157.

[517] Sesiano, Jacques. *La science des carrés magiques en Iran*. In: *Sciences, techniques et instruments dans le monde iranien* ($X^e - XIX^e$ *siècle)*. Hrsg. von D.N. P Pourjavady und Õ. Vesel. Teheran, 2004, S. 165–181.

[518] Sesiano, Jacques. *Le traité d'Abu'l-Wafa sur les carrés magiques*. In: *Zeitschrift für Geschichte der arabisch-islamischen Wissenschaften* Vol. 12 (1998). S. 121–244.

[519] Sesiano, Jacques. *Les carrés magiques dans les pays islamiques*. Lausanne: Presses polytechniques et universitaires romandes, 2004.

[520] Sesiano, Jacques. *Les carrés magiques de Manuel Moschopoulos*. In: *Archive for History of Exact Sciences* Vol. 53. Nr. 5 (1998). S. 377–397.

[521] Sesiano, Jacques. *Magic Squares - Their History and Construction from Ancient Times to AD 1600*. Cham: Springer Nature, 2019.

[522] Sesiano, Jacques. *Magic Squares in the Tenth Century*. Cham: Springer International Publishing, 2017.

[523] Sesiano, Jacques. *Magische Quadrate in den Ländern des Islam*. In: *Spektrum der Wissenschaft* Nr. Spezial 2/06 (2006). S. 166–170.

[524] Sesiano, Jacques. *Quadratus mirabilis*. In: *The enterprise of science in Islam: New perspectives*. Cambridge Mass.: The MIT Press, 2003, S. 199–233.

[525] Sesiano, Jacques. *Quelques méthodes arabes de construction des carrés magiques impairs*. In: *Bulletin de la Société Vaudiose des Sciences Naturelles* Vol. 83. Nr. 1 (1994). S. 51–76.

[526] Sesiano, Jacques. *Un traité médiéval sur les carrés magiques*. Lausanne: Presses polytechniques et universitaires romandes, 1996.

[527] Sesiano, Jacques. *Un traité persan sur les carrés magiques*. In: *Ayene-ye-Miras* Vol. 28. Nr. 1 (2005). S. 69–116.

[528] Shapiro, Daniel B. *A replication property for magic squares*. In: *Mathematics Magazine* Vol. 65. Nr. 3 (1992). S. 175–181.

[529] Shen, Ching Tseng. *General Solutions for Even Order Magic Squares*. Monterey: Victory Press, 1989.

[530] Shuldham, Charles D. *Associated Prime Number Magic Squares*. In: *The Monist* Vol. 24. Nr. 3 (1914). S. 472–475.

[531] Shuldham, Charles D. *Pandiagonal Prime Number Magic Squares*. In: *The Monist* Vol. 24. Nr. 4 (1914). S. 608–613.

[532] Shuldham, Charles D. *Paneled Magic Squares*. In: *The Monist* Vol. 24. Nr. 4 (1914). S. 613–617.

[533] Simpson, Donald C. *General solutions to solving magic squares*. 1st Books Library, 2001.

[534] Smith, D.E. und Mikami, Yoshio. *A History of Japanese Mathematics*. In: (1914). S. 116–120.

[535] Smith, Eugene. *Creative Practice through Magic Squares*. Troy, Michigan: Midwest Publ., 1979.

[536] Solka, Hans-Christian. *Melencolia I – Magic Squares for the Mental Entertainer*. (Ebook). Hans-Christian Solka at Lybrary.com, 2017.

[537] Spinula, François. *De intercalandi ratione corrigenda & de tabellis quadratorum numerorum à Pythagoreis dispositorum*. 1562.

[538] Stephens, Daryl Lynn. *Matrix Properties of Magic Squares*. Web-published document, URL: `http://faculty.etsu.edu/stephen/matrix-magic-squares.pdf` (1993, letzter Zugriff: 6.9.2024).

[539] Stern, Erich und Cazalas, E. *Nouvelle méthode pour construire et dénombrer certains carrés magiques d'ordre 4 m avec application aux parcours magiques*. In: *Sphinx* Vol. 7 (1937). S. 123–140.

[540] Stern, Erich und Transue, W.R. *General Formulas for the Number of Magic Squares Belonging to Certain Classes*. In: *The American Mathematical Monthly* Vol. 46. Nr. 9 (1939). S. 555–581.

[541] Stewart, Ian. *Most-perfect magic squares*. In: *Scientific American* Vol. 281 (1999). S. 122–123.

[542] Stifel, Michael. *Arithmetica integra*. 1544.

[543] Stifel, Michael. *Arithmetica integra (dt. Übersetzung: Vollständiger Lehrgang der Arithmetik von Eberhard Knobloch und Otto Schönberger)*. Königshausen & Neumann, 2007.

[544] Sun, Qun-Ce. *The simplest construction method for the perfect magic squares*. In: *Basic Sciences Journal of Textile Universities* Vol. 15. Nr. 2 (2002). S. 172–175. (Sprache: Chinesisch).

[545] Swetz, Frank J. *Legacy of the Luoshu*. Wellesley: A.K. Peters Ltd., 2008.

[546] Swetz, Frank J. *The Most Magical of All Magic Squares*. In: *The Mathematics Teacher* Vol. 94. Nr. 6 (2001). S. 458–463.

[547] Taneja, Inder Jeet. *Bimagic Squares of Bimagic Squares and an Open Problem*. arXiv: `1102.3052`. Web-published document, URL: `https://arxiv.org/abs/1102.3052` (2011, letzter Zugriff: 6.9.2024).

[548] Taneja, Inder Jeet. *Intervally Distributed, Palindromic and Selfie Magic Squares – Orders 21 to 25*. Web-published document, URL: `https://rgmia.org/papers/v18/v18a127.pdf` (2015, letzter Zugriff: 6.9.2024).

[549] Tannery, Paul. *Le traité de Manuel Moschopoulos sur les carrés magiques*. In: *Mémoires scientifiques*. Paris: Gauthier-Villars, 1886, S. 88–118.

[550] Tannery, Paul. *Manuel Moschopoulos et Nicolas Rhabdas*. In: *Bulletin Des Sciences Mathématiques et Astronomiques* Vol. 8. Nr. 1 (1884). S. 263–277.

[551] Tao, Zhao-Min. *The general methods for constructing even order magic squares and odd order orthogonal latin squares*. In: *Acta Mathematicae Applicatae Sinica* Vol. 5. Nr. 3 (1983). S. 276–281. (Sprache: Chinesisch).

[552] Tarry, Gaston. *Carré magique*. In: *Revue Scientifique* Nr. 1 (1903). S. 408–409.

[553] Tarry, Gaston. *Carrés bimagiques de base 3n*. In: *Association Française pour l'Avancement des Sciences*. Paris, 1903, S. 130–142.

[554] Tarry, Gaston. *Carrés cabalistique eulérien de base 8n*. In: *Association Française pour l'Avancement des Sciences*. Paris, 1904, S. 95–111.

[555] Tarry, Gaston. *Carrés magiques supérieurs*. In: *Nouvelles Annales de Mathématiques (3ᵉ série)* Vol. 19 (1900). S. 176–177.

[556] Tarry, Gaston. *Curiosité mathématique*. In: *Nouvelles Annales de Mathématiques (3ᵉ série)* Vol. 18 (1899). S. 156.

[557] Tarry, Gaston. *Le carrés trimagiques de 128*. In: *Association Française pour l'Avancement des Sciences*. Paris, 1905, S. 34–45.

[558] Tarry, Gaston. *Les Carrés magiques à grille*. In: *Revue Scientifique* Nr. 2 (1903). S. 373.

[559] Tarry, Gaston. *Sur un carré magique*. In: *Comptes-Rendus de l'Académie des Sciences*. (vorgestellt von Henri Poincaré). Paris, 1906, S. 757–760.

[560] Thompson, A. C. *Old Magic Powers*. In: *The American Mathematical Monthly* Vol. 101. Nr. 4 (1994). S. 339–342.

[561] Thompson, W. H. *On Magic Squares*. In: *The Quarterly Journal of Pure and Applied Mathematics* Vol. 10. Nr. 38 (1869). S. 186–192.

[562] Thompson, W. H. *On Magic Squares (Fortsetzung)*. In: *The Quarterly Journal of Pure and Applied Mathematics* Vol. 10. Nr. 39 (1870). S. 193–202.

[563] Tomba, I. und Shibiraj, N. *Improved Technique for Constructing Doubly-even Magic Squares using Basic Latin Squares*. In: *International Journal of Scientific and Research Publications* Vol. 3. Nr. 6 (2013).

[564] Tomba, Luciano. *A technique for Constructing Even-order Magic Squares using Basic Latin Squares*. In: *International Journal of Scientific and Research Publications* Vol. 2. Nr. 7 (2012).

[565] Tomba, Luciano. *A technique for Constructing Odd-order Magic Squares using Basic Latin Squares*. In: *International Journal of Scientific and Research Publications* Vol. 2. Nr. 5 (2012).

[566] Tomba, Luciano. *On the techniques for Constructing Even-order Magic Squares using Basic Latin Squares*. In: *International Journal of Scientific and Research Publications* Vol. 2. Nr. 9 (2012).

[567] Travers, J. *Rules for Bordered Magic Squares*. In: *The Mathematical Gazette* Vol. 23. Nr. 256 (1939). S. 349–351.

[568] Trigg, Charles W. *A Family of Ninth Order Magic Squares*. In: *Mathematics Magazine* Vol. 53. Nr. 2 (1980). S. 100–101.

[569] Trump, Walter. *All bimagic squares of order 8*. Web-published document, URL: https://www.trump.de/magic-squares/bimagic-8/index.html (2014, letzter Zugriff: 6.9.2024).

[570] Trump, Walter. *Die Geschichte des kleinsten trimagischen Quadrats*. Web-published document, URL: http://www.multimagie.com/English/Tri12Story.htm (2003, letzter Zugriff: 6.9.2024).

[571] Trump, Walter. *How many magic squares are there?* Web-published document, URL: https://www.trump.de/magic-squares/howmany.html (2012, letzter Zugriff: 6.9.2024).

[572] Trump, Walter. *Theory of trimagic Squares*. Web-published document, URL: http://www.multimagie.com/TrumpTri.doc (2002, letzter Zugriff: 6.9.2024).

[573] Trump, Walter. *Transformations and standard positions*. Web-published document, URL: https://www.trump.de/magic-squares/bimagic-8/transformations/index.html (2014, letzter Zugriff: 6.9.2024).

[574] Trump, Walter. *Trimagic 12x12-Squares*. Web-published document, URL: https://www.trump.de/magic-squares/trimagic/index.html (2018, letzter Zugriff: 6.9.2024).

[575] Trump, Walter. *Ultramagic Squares of Order 7*. Web-published document, URL: https://www.trump.de/magic-squares/ultramagic-7/index.html (2004, letzter Zugriff: 6.9.2024).

[576] Uko, Livinus U. *Generating magic squares from magic formulae*. In: *Mathematical Scientist* Vol. 24. Nr. 1 (1999). S. 68–71.

[577] Uko, Livinus U. *Uniform Step Magic Squares Revisited*. In: *Ars Combinatoria* Vol. 71 (2004). S. 109–123.

[578] Uko, Livinus Ugochukwu. *The anatomy of magic squares*. In: *Ars Combinatoria* Vol. 67 (2003). S. 115–128.

[579] Umar, Abdullahi. *On the Construction of Even Order Magic Squares*. arXiv: 1202.0948. Web-published document, URL: https://arxiv.org/abs/1202.0948 (2012, letzter Zugriff: 6.9.2024).

[580] Unknown. *Encyclopaedia Britannica: A dictionary of arts, sciences, and miscellaneous literature*. 6. Vol. 12. London: Printed for Archibald Constable und Company, 1823.

[581] Vagetius, Augustinus. *De quadrato magico imparii*. 1695.

[582] Vaithianathan, S. *Bordered Magic Squares of Odd Order*. In: *The Mathematical Gazette* Vol. 82. Nr. 495 (1998). S. 438–442.

[583] Vaux, Carra de. *Une solution arabe du problème des carrés magiques*. In: *Revue d'Histoire des Sciences* Vol. 1 (1947). S. 206–212.

[584] Venkatasubbiah, G. *Methods of constructing magic squares*. In: *Math. Student* Vol. 7 (1939). S. 101–107.

[585] Vinel, Nicolas. *Un Carré Magique Pythagoricien? Jamblique précurseur des témoins Arabo–Byzantins*. In: *Archive for History of Exact Sciences* Vol. 59. Nr. 6 (2005). S. 545–562.

[586] Violle, Bernard. *Traité complet des carrés magiques pairs et impairs (Vol. 1)*. Paris: Bachelier, 1837.

[587] Violle, Bernard. *Traité complet des carrés magiques pairs et impairs (Vol. 2)*. Paris: Bachelier, 1838.

[588] Wang, Huifeng. *The Code Formulas about Building Bordering Magic Squares*. In: *Journal of Hainan Normal University (Natural Science)* Vol. 25. Nr. 3 (2012). S. 268–273. (Sprache: Chinesisch).

[589] Wang, Huifeng. *The Two-step Methods of Constructing Odd Order Perfect Magic Square and Symmetrical Perfect Magic Square*. In: *Journal of Hainan Normal University (Natural Science)* Vol. 25. Nr. 1 (2012). S. 28–31. (Sprache: Chinesisch).

[590] Wang, Xin. *A method for constructing a magic square with order 4n*. In: *Journal of Hainan Normal University (Natural Science)* Vol. 20. Nr. 1 (2007). S. 23–24. (Sprache: Chinesisch).

[591] Wang, Zhengyan. *A New Method to Construct Perfect Magic Squares: General Horse-step Method*. In: *Journal of Hainan Normal University (Natural Science)* Vol. 25. Nr. 2 (2012). S. 151–157. (Sprache: Chinesisch).

[592] Wang, Zhengyuan. *A Simple and Convenient Method for Constructing Arbitrary 4k-order Conserve Square Sum Perfect Magic Square*. In: *Journal of Hainan Normal University (Natural Science)* Vol. 26. Nr. 2 (2013). S. 142–144. (Sprache: Chinesisch).

[593] Watson, G. L. *Pandiagonal and Symmetrical Magic Squares*. In: *The Mathematical Gazette* Vol. 35. Nr. 312 (1951). S. 108–109.

[594] Wen, Li. *16th-order bimagic and trimagic squares.* Web-published document, URL: http://www.multimagie.com/English/BiTriMagic12_16.htm#BiMa16 (2008, letzter Zugriff: 6.9.2024).

[595] Wen, Li. *25th-order bimagic square and pan-magic square.* Web-published document, URL: http://www.zhghf.top/China/hfweb/muti25pfhf.htm. (letzter Zugriff 2015, Quelle nicht mehr vorhanden).

[596] Widdis, Daniel B. und Richter, Bruce R. *It's Magic! Multiplication Theorems for Magic Squares.* In: *The College Mathematics Journal* Vol. 20. Nr. 2 (1989). S. 301–306.

[597] Wikipedia. *Pandiagonal magic square.* Web-published document, URL: https://en.wikipedia.org/wiki/Pandiagonal_magic_square (letzter Zugriff: 6.9.2024).

[598] Winkel, Aale de. *4-Pan Bimagic Panmagic squares order 8.* Web-published document, URL: http://www.magichypercubes.com/Encyclopedia/DataBase/BiPanSquares_Order08.html (letzter Zugriff: 6.9.2024).

[599] Winkel, Aale de. *Bimagic squares order 8.* Web-published document, URL: http://www.magichypercubes.com/Encyclopedia/DataBase/BiMagicSquare_08.html (letzter Zugriff: 6.9.2024).

[600] Winkel, Aale de. *Bimagic squares order 9.* Web-published document, URL: http://www.magichypercubes.com/Encyclopedia/DataBase/BiMagicSquare_09.html (letzter Zugriff: 6.9.2024).

[601] Winkel, Aale de. *Dynamic Numbering.* Web-published document, URL: http://www.magichypercubes.com/Encyclopedia/d/DynamicNumbering.html (letzter Zugriff: 6.9.2024).

[602] Winkel, Aale de. *The Pan n-agonal Transform.* Web-published document, URL: http://www.magichypercubes.com/Encyclopedia/p/PanTransform.html (letzter Zugriff: 6.9.2024).

[603] Winkel, Aale de. *Trimagic squares order 12.* Web-published document, URL: http://www.magichypercubes.com/Encyclopedia/DataBase/TrimagicSquaresOrder12.html (letzter Zugriff: 6.9.2024).

[604] Woodruff, Frederic A. *Four-Ply Pandiagonal Associated Magic Squares.* In: *The Monist* Vol. 26. Nr. 2 (1916). S. 315–316.

[605] Xiao, Changji, Xiao, Qin und Huang, Weihan. *A method to build magic squares of even order.* In: *Journal Of Wuhan Transportation University* Vol. 21. Nr. 3 (1997). S. 328–331. (Sprache: Chinesisch).

[606] Xu, Cheng-Xu und Lu, Zhun-Wei. *Pandiagonal Magic Squares.* In: *Proceedings of the First Annual International Conference on Computing and Combinatorics.* London: Springer-Verlag, 1995, S. 388–391.

[607] Xu, Dandan, Mao, Zisen, Chen, Bei u. a. *New Recursive Construction of Magic Squares Using Kronecker Compositional Operations and Its Application in Engineering Computation.* In: *Systems Engineering Procedia* Vol. 2 (2011). S. 331–337.

[608] Xu, Zhihui. *Using programs to realize construction of pandiagonal magic square with natural square.* In: *Journal of Yanbei Teachers College* Vol. 19. Nr. 2 (2003). S. 16–18. (Sprache: Chinesisch).

[609] Yang, Wenqi und Pin, Cheng. *Construction of pandiaqonal magic squares by sum-equal matrices*. In: *Journal of Yanbei Teachers College* Vol. 14. Nr. 5 (1998). S. 1–5. (Sprache: Chinesisch).

[610] Yin, Zhi-Ciang. *Methods of constructing magic squares of order n (n>4)*. In: *Journal Of Huainan Institute Of Technology* Vol. 20. Nr. 1 (2000). S. 67–72. (Sprache: Chinesisch).

[611] Zhan, Sen und Wang, Huifeng. *The Code Methods about Structure Bordering Magic Square*. In: *Journal of Hainan Normal University (Natural Science)* Vol. 23. Nr. 2 (2010). S. 152–157. (Sprache: Chinesisch).

[612] Zhan, Sen und Wang, Huifeng. *The New Structure Method about Odd Order Symmetrical Magic Square and Symmetrical Magic Square with Separated Odd and Even Numbers*. In: *Journal of Hainan Normal University (Natural Science)* Vol. 24. Nr. 4 (2011). S. 395–399. (Sprache: Chinesisch).

[613] Zhan, Sen, Wang, Huifeng und Huang, Lan. *Structure Single Even Order Magic Square by Four Footwork*. In: *Journal of Hainan Normal University (Natural Science)* Vol. 26. Nr. 2 (2013). S. 145–151. (Sprache: Chinesisch).

[614] Zhang, Xiafu. *Highspeed way to construct the all-symmetric magic squares of order 4k*. In: *Journal of Kunming University of Science and Technology* Vol. 16. Nr. 5 (1991). S. 75–80. (Sprache: Chinesisch).

[615] Zhang, Yong und Lei, Jianguo. *Multimagic rectangles based on large sets of orthogonal arrays*. In: *Discrete Mathematics* Vol. 313. Nr. 18 (2013). S. 1823–1831.

[616] Zhang Shi-De, Hu Qing-Wen und Ji-Zhao, Wang. *Constructing pandiagonal snowflake magic squares of odd order*. In: *Chinese Quarterly Journal of Mathematics* Vol. 19. Nr. 2 (2004). S. 172–185.

[617] Zhao, Li-Hua. *Several simple formulas of constructing magic squares*. In: *Journal of Taiyuan University of Technology* Vol. 34. Nr. 4 (2003). S. 496–499. (Sprache: Chinesisch).

[618] Zheng, Ronghui, Lin, Kerong und Chen, Rongsi. *A new method for constructing magic squares*. In: *Journal of Fuzhou University (Natural Science Edtion)* Vol. 20. Nr. 4 (1992). S. 5–9. (Sprache: Chinesisch).

[619] Zhu, Bao-Man und Gong, He-Lin. *The constructing method of magic square with non-prime order*. In: *Mathematics in Practice and Theory* Vol. 38. Nr. 15 (2008). S. 207–214. (Sprache: Chinesisch).

[620] Zhu, Yunshan. *Construction of even-order magic square*. In: *Journal of Henan Normal University (Natural Science)* Vol. 1 (1991). S. 75–80. (Sprache: Chinesisch).

[621] Zhu, Zhong-Hua. *A method for constructing a magic square with order 4k+2*. In: *Basic Sciences Journal of Textile Universities* Vol. 15. Nr. 3 (2002). S. 254–255. (Sprache: Chinesisch).

[622] Zuckermandel, Christoph Wilhelm. *Regeln nach denen alle Zauberquadrate gebildet werden können*. 2. Auflage. Verlag von Bauer und Raspe, 1838.

Bildnachweis

1. Das Bild des magischen Quadrates aus dem 13. Jahrhundert wurde aus der *Ayasofya 4801* entnommen und stammt von Jacques Sesiano. (siehe Kapitel 1.1, Seite 2)

   Jacques Sesiano schrieb mir, dass ihm die zusätzlich hinzugefügten Farbe in der angegebenen Quelle nicht gefallen, und so habe ich mit seinem Einverständnis sein originales Schwarz-Weiß-Bild gewählt.

2. Albrecht Dürer: *Die Melancholie* (siehe Kapitel 1.1, Seite 3)

   Quelle: Staatsgalerie Stuttgart, Graphische Sammlung, Leihgabe 1967 Freunde der Staatsgalerie Stuttgart e.V.
   `https://www.staatsgalerie.de/de/sammlung-digital/melancholie-melencolia-i`

H. Danielsson, *Magische Quadrate und ihre Konstruktion*,
https://doi.org/10.1007/978-3-662-70448-6

Index

A

Abu'l-Wafa al-Buzjani
gerahmte magische Quadrate
ungerade
Methode 1 . . . 566–569
Methode 2 . . . 569–571
Methode 3 . . . 572–574
AD-Methode . . . 111
affine Gleichungen . . . 68–71
Berechnung . . . 69–71
Position . . . 70–71
Agrippa von Nettesheim . . . 121
al-Antaki
einfach-gerade Ordnung . . . 491–496
Varianten . . . 495–496
al-Asfizari . . . 134, 195, 294
doppelt-gerade Ordnung . . . 288–294
Varianten . . . 290–294
al-Buni
konzentrische magische Quadrate
gerade . . . 746–748
ungerade
Methode 1 . . . 708–710
Methode 2 . . . 710–712
algebraische Muster . . . 66–68
al-Haytham . . . 121
einfach-gerade Ordnung
Variante . . . 489–491
ungerade Ordnung . . . 120–121
al-Kharaqi
doppelt-gerade Ordnung
Methode der Markierungen . . . 277–288
Basismuster . . . 278–279, 287
Komplementsequenz . . . 284
Markierungen . . . 278–280, 282, 287
Plussequenzen . . . 280–283
reversible Quadrate . . . 285
ungerade / gerade . . . 285–288
einfach-gerade Ordnung . . . 481–491
Musterquadrat . . . 482–483, 485–486
Variante . . . 484–487
gerahmte magische Quadrate
gerade . . . 616–622
doppelt-gerade Rahmen . . . 616–618
einfach-gerade Rahmen . . . 618–621
ungerade . . . 588–591
Variante . . . 591
allgemeine Schrittmethode
ungerade Ordnung . . . 166–175
Hauptschritt . . . 166, 173
Kennzahlen . . . 167
Korrekturschritt . . . 167, 173
Parameter . . . 168, 170–171, 173
Startposition . . . 172
Wahl der Parameter . . . 174
Zwischenschritt . . . 167
al-Zanjani
gerahmte magische Quadrate
gerade . . . 622–627
doppelt-gerade Rahmen . . . 622–624
einfach-gerade Rahmen . . . 624–626
Andrews . . . 163, 200–201, 203, 205, 361, 390
gerahmte magische Quadrate
gerade . . . 647–651
Anordnung von Zahlen
Komplementsequenz . . . 74
natürliche Anordnung . . . 71–72
Plussequenz . . . 73
reversibel . . . 74–79
arabisches Quadrat . . . 2
Arnauld
doppelt-gerade Ordnung . . . 336–340
Basisquadrate . . . 338
Komplementsequenz . . . 340
Plussequenz . . . 340
reversibles Quadrat . . . 340
Zahlengruppen . . . 336
konzentrische magische Quadrate
gerade . . . 749–761
Basisquadrate . . . 756
Symbole . . . 749–751, 757, 759–760
Varianten . . . 757–761
Zahlengruppen . . . 755
ungerade . . . 733–741
Symbole . . . 734–735, 738
Varianten . . . 738–741
associated . . . *siehe* symmetrisch
associative . . . *siehe* symmetrisch
Aubry
Verdopplung der Ordnung
doppelt-gerade . . . 795–797
pandiagonal . . . 796
Varianten . . . 796–797
Vertauschungstabelle . . . 796
Ayasofya 4801 . . . 2

H. Danielsson, *Magische Quadrate und ihre Konstruktion*,
https://doi.org/10.1007/978-3-662-70448-6

B

Bachet
  ungerade Ordnung 134–136
Bachet - Labosne
  einfach-gerade Ordnung 497–500
  ungerade Ordnung
    Diagonalenmethode 159–160
    Narayana 160–161
Benson - Jacoby 40–41, 48
  gerahmte magische Quadrate
    gerade 651–657
      Schema 652–654
      Zahlenmengen 652
    ungerade 611–615
      Schema 613
      Zahlenmengen 612
  Verdopplung der Ordnung 806–809
    $n = 4k$ 808–809
    $n = 4k + 2$ 806–808
bentdiagonal 41–43
  bimagisch 43
  pandiagonal 43
Bentdiagonale 41
bimagisch 44–48
  Ordnung 8 45–46
  Ordnung 9 46
  Ordnung 16 47
  Pfeffermann 45–46
  Tarry 47
bordered .... *siehe* gerahmt
Bouteloup
  einfach-gerade Ordnung 506–510
    Musterquadrat 507–509
    Variante 508–510
  Verdopplung der Ordnung 809–815
    $n = 4k$ 813–815
    $n = 4k + 2$ 809–813

C

Candy
  Verdopplung der Ordnung 832–858
    2 *x* 2 - Blöcke 833
    $n = 4k$ 844–847
    $n = 4k + 2$
      Musterquadrat 833–835, 838
      Varianten 833–843
    Varianten 847–858
Cao Xiao-qin
  konzentrische magische Quadrate
    gerade 761–766
Cazalas 48
Chan - Mainkar - Narayan - Webster
  ungerade Ordnung 179–183
Chen Zhong-mu
  Verdopplung der Ordnung 823–827
    $n = 4k$ 826–827
    $n = 4k + 2$ 824–825
      Mustertabelle 824
Collison 54
composite .... *siehe* zusammengesetzt
concentric .... *siehe* konzentrisch
Cram
  doppelt-gerade Ordnung
    Methode 1 372–378
      Komplementsequenz 376–377
      Plussequenz 377–378
      reversibles Quadrat 378
    Methode 2 378–384
      Aufteilung der Rahmen 379, 382
      Varianten 382–384
    Methode 3 384–390
      $n = 8k$ 384–387
      $n = 8k + 4$ 387–390
  einfach-gerade Ordnung 519–523
    Rechteck 521, 523
  ungerade Ordnung
    n keine Primzahl
      Methode 4 234–238
      Methode 5 238–245
    n Primzahl
      Methode 1 226–230
      Methode 2 230–232
      Methode 3 232–234
  Verdopplung der Ordnung 867–874
    $n = 4k$ 867–870
    $n = 4k + 2$ 870–874

D

Darstellung
  Zahlensystem 55
de la Hire 121, 145, 147, 163, 205, 216
  doppelt-gerade Ordnung 344–354
    Varianten 346–354
  pandiagonale Quadrate
    ungerade ($n \neq 3k$) 216–219
      Varianten 218–219
de la Loubère 215, 219
  ungerade Ordnung 136–144
    Richtung 140
    Startposition 139
    Zwischenschritt 141
de los Reyes - Pourdarvish - Midha - Das
  ungerade Ordnung 177–179
Deng Xiang-ping
  konzentrische magische Quadrate
    ungerade 741–746
      Terme für $n = 4k + 1$ 742
      Terme für $n = 4k - 1$ 743

Devedec
  gerade Ordnung 248–251
    Muster 248–249, 251
Diagonalenmethode
  doppelt-gerade Ordnung 270–277
    Diagonalen ersetzen 271–272
    Komplementsequenz 275–276
    Plussequenzen 272–275
    reversible Quadrate 276–277
Dürer
  Melancholie 2–4, 15
  Quadrat 3, 15
Dommisse
  konzentrische magische Quadrate
    ungerade 712–718
      Varianten 715–718
d'Ons-en-Bray 641
  doppelt-gerade Ordnung 354–358
    Varianten 356–358
  gerahmte magische Quadrate
    gerade 636–640
doppelt-gerade Ordnung
  al-Asfizari 288–294
  al-Kharaqi
    Methode der Markierungen 277–288
  Arnauld 336–340
  Cram
    Methode 1 372–378
    Methode 2 378–384
    Methode 3 384–390
  de la Hire 344–354
  Diagonalenmethode 270–277
  d'Ons-en-Bray 354–358
  Drach 368–372
  Duan - Liu - Li - Tian 414–416
  Huang - Lin 400–405
  Ibrahim - Jibril - Umar 407–411
  Liang - Zhang - Zhang 413–414
  Lin Pengcheng
    Methode 1 418–419
    Methode 2 420–422
  Methode der Drehungen 364–368
  Miranda-Miranda
    Methode 1 424–430
    Methode 2 431
    Methode 3 432–438
  Moschopoulos 327–335
    Varianten 329–335
  Pan Linsen 411–413
  Planck
    Methode der Umkehrungen 361–364
    Musterquadrate 390–393
  Poignard 341–344
  Rallier des Ourmes 358–361
  Shabramallisi
    Diagonale Traversierungen 299–302
    komplementäre Zahlen 322–327
    ohne Zeilenwechsel 318–322
    Springerschritte 302–308
    Springerschritte in vier Zeilen . . 314–317
    Springerschritte in zwei Zeilen . 309–314
  Shen 393–400
    pandiagonale Quadrate 397–400
  Umar 405–407
  unbekannter Autor
    16 Teilquadrate 439–449
      Varianten 441–449
    fortlaufende Zahlen 460–465
      Basisquadrate 464
      pand. Basisquadrate 464
      Varianten 462–465
    gegenüberliegende Zeilen 298–299
    geometrisches Muster 449–456
      Musterquadrate 454
      pand. Musterquadrate 456
      Varianten 451–456
    Muster 465–467
      Basisquadrate 467
      pand. Basisquadrate 467
      Varianten 467
    spezielle Spiegelungen 459–460
      Varianten 460
    Spiegelungen 457–458
      Varianten 458
    Teilquadrate mit Muster 468–469
      Basisquadrate 469
      pand. Basisquadrate 469
      Varianten 469
    Unterteilung in Teilquadrate 294–297
      Varianten 296–297
    variables Eintragen 470–480
      Parameter 478–479
      Varianten 471–480
  Zheng - Lin - Chen 417
  Zhu Yunshan 422–424
Drach
  doppelt-gerade Ordnung 368–372
    Varianten 370–372
  einfach-gerade Ordnung 500–502
Duan - Liu - Li - Tian
  doppelt-gerade Ordnung 414–416
  einfach-gerade Ordnung 542–547
Dudeney 81
  Abbildungen 107
  Anzahl 83
  Benson - Jacoby 90
  Gruppe 1 – 2 108
  Gruppe 1 – 6a 83–89

Gruppe 2 – 3 108–109
Gruppe 3 – 1 109–111
Gruppe 4 – 5 111–112
Gruppe 4 – 6a 112–113
Gruppe 6b 89–97
Gruppe $6b_1$ 82, 93
Gruppe $6b_2$ 82, 93
Gruppe 7 97–100
Gruppe 7 – 8 113
Gruppe 7 – 9 114
Gruppe 7 – 10 114–115
Gruppe 8 100–102
Gruppe 9 102
Gruppe 10 102–103
Gruppe 11 103–104
Gruppe 12 104–105
Gruppen 82
komplementäre Zahlen 82

E

Eigenschaften
associated .... *siehe* symmetrisch
bentdiagonal 41–43
bimagisch 44–48
einfach 14–15
eingebettet 53–54
fortgesetzt gerahmt 39
fortgesetzt konzentrisch 41
gebrochene Diagonale 20–21
gerahmt 37–41
horizontal symmetrisch 18–19
irregulär 56
kompakt 57–58
komplementäre Zahlen 14–19
konzentrisch 40
panbentdiagonal 42
pandiagonal 20–26, 35
panmagisch .... *siehe* pandiagonal
quadrantengleich 57–58
Quadratsummen 58–59, 61
Rechtecksummen 60–62
regulär 55–57
selbstkomplementär 30–35
semi-magisch 13–14
semi-pandiagonal 43–44
supermagisch 26–30
symmetrisch 15–19
trimagisch 48–50
ultramagisch 35–37
vertikal symmetrisch 19
zusammengesetzt 50–53
einfach-gerade Ordnung
al-Antaki 491–496
al-Kharaqi 481–491
Bachet - Labosne 497–500
Bouteloup 506–510
Cram 519–523
Drach 500–502
Duan - Liu - Li - Tian 542–547
Ibrahim - Jibril - Umar 549–551
Liang - Zhang - Zhang 534–536
Lin Pengcheng
Methode 1 536–539
Methode 2 540–542
Nelson 502–506
Pan Linsen 530–534
Planck
Methode der Umkehrungen 523–526
Rallier des Ourmes 516–519
Shen 527–530
Umar 547–549
unbekannter Autor
alternierendes Eintragen 513–515
neun Blöcke 551–557
neun Blöcke (Alternative) 557–563
Varianten 560–563
Wang - Zhou 510–513
eingebettet 53–54
Raute 54
eingelagert .... *siehe* eingebettet

F

fortgesetzt gerahmt 39
Kraitchik 40
fortgesetzt konzentrisch 41
Benson - Jacoby 41
Franklin 41
Franklin Quadrat 42
Bentdiagonalen 42
Frénicle 11, 81
Frierson
ungerade Ordnung 163–166

G

gebrochene Diagonale 20–21
gerade Ordnung
Devedec 248–251
Lecornu 256–261
Planck 251–255
Sauveur
Meth. der analogen Buchstaben 261–263
unbekannter Autor 264–268
gerahmt 37–41
innere Zahlen 38
konzentrisch 40
Randzahlen 38
Stifel 39
gerahmte magische Quadrate

gerade ... 616–707
al-Kharaqi ... 616–622
al-Zanjani ... 622–627
Andrews ... 647–651
Benson - Jacoby ... 651–657
d'Ons-en-Bray ... 636–640
Lin Shu-fei ... 686–693
Liu Feng-lin ... 657–664
Rallier des Ourmes ... 640–647
Seki ... 634–636
Stifel ... 628–633
unbekannter Autor
Methode 1 ... 664–668
Methode 2 ... 669–674
Methode 3 ... 674–677
Methode 4 ... 678–679
Methode 5 ... 679–686
Wang Huifeng ... 693–701
Zhao Li-hua ... 701–703
Zhu Yunshan ... 703–707
ungerade ... 566–615
Abu'l-Wafa al-Buzjani
Methode 1 ... 566–569
Methode 2 ... 569–571
Methode 3 ... 572–574
al-Kharaqi ... 588–591
Benson - Jacoby ... 611–615
Ibn Yunis ... 575–578
Seki ... 591–595
Stifel ... 578–583
Tanaka ... 595–597
Travers ... 598–600
unbekannter Autor
Methode 1 ... 604–606
Methode 2 ... 606–609
Methode 3 ... 609–611
Vaithianathan ... 600–603
Gervais ... 160

H

Hauptdiagonale ... 3
Hendricks ... 210
konzentrische magische Quadrate
ungerade ... 727–733
Musterquadrat ... 731, 733
Rahmen für $n = 4k + 1$ ... 727–729
Rahmen für $n = 4k - 1$ ... 730
Verdopplung der Ordnung ... 815–822
$n = 4k$ ... 815–820
Varianten ... 818–820
$n = 4k + 2$ ... 821–822
Huang - Lin
doppelt-gerade Ordnung ... 400–405
Komplementsequenz ... 404–405
Plussequenz ... 402–403
reversibles Quadrat ... 405

I

Ibn Yunis
gerahmte magische Quadrate
ungerade ... 575–578
Varianten ... 577–578
Ibrahim - Jibril - Umar
doppelt-gerade Ordnung ... 407–411
Komplementsequenz ... 409–410
Plussequenz ... 408–409
reversibles Quadrat ... 410–411
einfach-gerade Ordnung ... 549–551
inlaid ... *siehe* eingebettet
irregulär ... 56

K

kompakt ... 26, 57–58
supermagisch ... 57
Komplement ... 30
komplementäre Zahlen ... 14–16
Komplementsequenz ... 74, 275, 284, 340, 363, 367, 376, 404, 409
konzentrisch ... 40
Benson - Jacoby ... 40
gerahmt ... 40
konzentrische magische Quadrate
gerade ... 746–766
al-Buni ... 746–748
Arnauld ... 749–761
Cao Xiao-qin ... 761–766
ungerade ... 708–746
al-Buni
Methode 1 ... 708–710
Methode 2 ... 710–712
Arnauld ... 733–741
Deng Xiang-ping ... 741–746
Dommisse ... 712–718
Hendricks ... 727–733
Rallier des Ourmes ... 719–727
Koordinatensystem ... 63–64, 68
affine Gleichungen ... 68–71
Lo-Shu ... 69
Spaltennummern ... 63–64
Ursprung ... 64
Zeilennummern ... 63–64
Kraitchik ... 39, 81

L

Labosne ... 134
lateinisches Quadrat ... 55, 177
Lecornu

gerade Ordnung 256–261
Variante 257–261
Lehmer .... *siehe* allg. Schrittmethode
Liang - Zhang - Zhang
doppelt-gerade Ordnung 413–414
einfach-gerade Ordnung 534–536
Liao - Zhu - Wu
ungerade Ordnung 183–185
Lin Pengcheng
doppelt-gerade Ordnung
Methode 1 418–419
Methode 2 420–422
einfach-gerade Ordnung
Methode 1 536–539
Methode 2 540–542
Lin Shu-fei
gerahmte magische Quadrate
gerade 686–693
Liu Feng-lin
gerahmte magische Quadrate
gerade 657–664
doppelt-gerade Rahmen 658–659
einfach-gerade Rahmen 660–663
Lo-Shu 1, 6, 25, 69
Drehung 8–9
Spiegelung 7–9
Lozenge-Quadrat
ungerade Ordnung
Affine Gleichungen 213–214
Al-Asfizari 195–196
Andrews 201, 203, 205
Anordnung mit Hilfskreuz 196–198
Aufteilung in zwei Rauten 201–203
Cao und Gao 206–208
Eigenschaft 194
Einfügen der geraden Zahlen ... 198–200
Hendricks 210
Methode von de la Hire 205–206
Modulare Gleichungen 210–213
Sayles 200–201
Sesiano 195, 201
Umformung eines Quadrates ... 203–204
Zheng, Lin und Chen 208–210
LUX-Methode
Verdopplung der Ordnung
einfach-gerade 767–770
LUX-Muster 768–769
Variante 770

M

magische Summe 5, 14, 44
magisches Quadrat 3–4
algebraische Muster 66–68
Anzahl 10–12
associated .... *siehe* symmetrisch
bentdiagonal 41–43
bimagisch 44–48
bimagische Summe 45
Darstellungen 63–71
algebraische Muster 66–68
Koordinatensystem 63–64
Zahlensystem 64–65
Definition 14
doppelt-gerade 4
4 x 4 - Basisquadrate 439–480
arabische Methoden 269–335
Methoden der Neuzeit 336–438
Drehung 6–10
einfach 14–15
einfach-gerade 4
eingebettet 53–54
fortgesetzt gerahmt 39
fortgesetzt konzentrisch 41
gebrochene Diagonale 20–21
gerahmt 37–41
Hauptdiagonale 3
horizontal symmetrisch 18–19
irregulär 56
kompakt 57
Komplement 30
komplementäre Zahlen 14–19
konzentrisch 40
Koordinatensystem 63–64, 68
Lo-Shu 1, 25
magische Summe 14, 44
Nebendiagonale 3
normieren 10–11
Ordnung 3–4
panbentdiagonal 42
pandiagonal 20–26, 35
panmagisch .... *siehe* pandiagonal
Quadrant 57
quadrantengleich 57–58
regulär 55–57
selbstkomplementär 30–35
semi-magisch 13
semi-pandiagonal 43–44
Spiegelung 6–10
supermagisch 26–30
symmetrisch 15–19
trimagisch 48–50
trimagische Summe 48
ultramagisch 35–37
ungerade 4
ungerade Ordnung
n beliebig 119
n Primzahl 226
n zusammengesetzt 234

$n \neq 3k$ . . . 214
vertikal symmetrisch . . . 19
Zahlensystem . . . 64–65
zusammengesetzt . . . 50–53
Mamzeris
ungerade Ordnung . . . 185–194
Margossian . . . 216
ungerade Ordnung . . . 219–226
Varianten . . . 221–226
Medjig-Methode
Verdopplung der Ordnung . . . 858–867
Medjig-Puzzle . . . 858
$n = 4k$ . . . 865–866
$n = 4k + 2$ . . . 859–864
Variante . . . 867
Methode der Drehungen . . . 364–368
Komplementsequenz . . . 367
Plussequenz . . . 366–367
reversibles Quadrat . . . 367
Varianten . . . 365–368
Miranda-Miranda
doppelt-gerade Ordnung
Methode 1 . . . 424–430
Methode 2 . . . 431
Methode 3 . . . 432–438
Moschopoulos . . . 270
doppelt-gerade Ordnung . . . 327–335
Varianten . . . 329–335
Moschopoulos 1 . . . 185
ungerade Ordnung . . . 121–128
Richtung . . . 124
Startposition . . . 124
Variation . . . 128
Zwischenschrittes . . . 126
Moschopoulos 2 . . . 166
ungerade Ordnung . . . 129–134
Hauptschritt . . . 131
Startposition . . . 132
Zwischenschritt . . . 133
most-perfect . . . *siehe* supermagisch

N

Narayana . . . 160
natürliche Anordnung . . . 71–72
Nebendiagonale . . . 3
Nelson
einfach-gerade Ordnung . . . 502–506
Indextabelle . . . 503, 505
normieren . . . 10–11

O

Ordnung . . . 3–4
doppelt-gerade . . . 4
einfach-gerade . . . 4
magische Summe . . . 5
ungerade . . . 4
Ordnung 4 . . . 81
Anzahl . . . 83
bentdiagonal . . . 116
Dudeney . . . 81–82
Eigenschaften . . . 115–118
Frénicle . . . 11, 81
pandiagonal . . . 115
selbstkomplementär . . . 116
symmetrisch . . . 116
Ordnung4
catchup Quadrate . . . 841–842
non-catchup Quadrate . . . 436, 841–842, 846, 849, 852, 856, 858

P

Pan Linsen
doppelt-gerade Ordnung . . . 411–413
einfach-gerade Ordnung . . . 530–534
panbentdiagonal . . . 42
pandiagonal . . . 20–28, 30, 36–37, 57, 61
4. Ordnung . . . 25
5. Ordnung . . . 25
Anzahl . . . 25
einfach-gerade . . . 23, 26
nicht supermagisch . . . 28
symmetrisch . . . 25
Verschiebungen . . . 21–23
pandiagonale Quadrate
ungerade ($n \neq 3k$)
de la Hire . . . 216–219
panmagisch . . . *siehe* pandiagonal
Pfeffermann . . . 45–46
Planck . . . 111
doppelt-gerade Ordnung
Methode der Umkehrungen . . . 361–364
Komplementsequenz . . . 363
Plussequenz . . . 362–363
reversibles Quadrat . . . 363–364
Varianten . . . 361–364
Musterquadrate . . . 390–393
pandiagonal . . . 392–393
einfach-gerade Ordnung
Methode der Umkehrungen . . . 523–526
gerade Ordnung . . . 251–255
Basismuster . . . 253
Plussequenz . . . 73, 272, 280, 340, 362, 366, 377, 402, 408
Schrittweite . . . 73
Schrittweite 2 . . . 73
Schrittweite 5 . . . 73
Schrittweite 10 . . . 73
Schrittweite 16 . . . 73

Poignard . . . 216, 221
doppelt-gerade Ordnung . . . 341–344
Varianten . . . 342–344
ungerade Ordnung . . . 215–216

Q

Quadrant . . . 57
quadrantengleich . . . 57–58
Quadratsummen . . . 58–59, 61

R

Rallier des Ourmes . . . 161
doppelt-gerade Ordnung . . . 358–361
Kennziffern . . . 359
Variante . . . 360–361
einfach-gerade Ordnung . . . 516–519
Kennziffern . . . 516, 518
Variante . . . 517–519
gerahmte magische Quadrate
gerade . . . 640–647
konzentrische magische Quadrate
ungerade . . . 719–727
ungerade Ordnung . . . 161–163
Rechtecksummen . . . 60–62
regulär . . . 55–57
pandiagonal . . . 56
ultramagisch . . . 55
Reiner
ungerade Ordnung . . . 175–177
reversibel . . . 74–79
Anzahl . . . 78
Eigenschaften . . . 75
Grundform . . . 78
Transformationen . . . 76
reversibles Quadrat . . . 276, 285, 340, 363, 367, 378, 405, 410
Rothstein
Verdopplung der Ordnung
einfach-gerade . . . 773–783
Varianten . . . 778–783

S

Sauveur . . . 159
gerade Ordnung
Meth. der analogen Buchstaben . 261–263
ungerade Ordnung
Diagonalenmethode . . . 145–147, 152
gemischte Methode . . . 152–154
Meth. der analogen Buchstaben . 157–158
Methode der Indizierung . . 147–152, 154
ungeordnete Methode . . . 154–156
Seki
gerahmte magische Quadrate
gerade . . . 634–636
ungerade . . . 591–595
selbstähnlich . . . *siehe* selbstkomplementär
selbstkomplementär . . . 30–37, 57, 61
nicht symmetrisch . . . 31–32
symmetrisch . . . 31
Variationen . . . 32–33
zusammengesetzt . . . 33–35
self-complement . . . *siehe* selbstkomplementär
self-similar . . . *siehe* selbstkomplementär
semi-pandiagonal . . . 43–44
gerade Ordnung . . . 43
ungerade Ordnung . . . 44
Sesiano . . 120–121, 129, 134, 195, 201, 270, 277, 288, 298, 300, 303, 309, 314, 318, 322, 327, 481, 487, 491, 566, 569, 572, 575, 588, 616, 622, 708
Shabramallisi
doppelt-gerade Ordnung
Diagonale Traversierungen . . . 299–302
komplementäre Zahlen . . . 322–327
ohne Zeilenwechsel . . . 318–322
Springerschritte . . . 302–308
Springerschritte in vier Zeilen . . 314–317
Springerschritte in zwei Zeilen . 309–314
Shen
doppelt-gerade Ordnung . . . 393–400
pandiagonale Quadrate . . . 397–400
reguläre Muster . . . 394
spezielle Muster . . . 395
einfach-gerade Ordnung . . . 527–530
Spinula . . . 134
Standardverfahren
zusammengesetzte Ordnungen . . . 875–879
Variante 1 . . . 877–878
Variante 2 (pandiagonal) . . . 878–879
Stifel . . . 39
gerahmte magische Quadrate
gerade . . . 628–633
doppelt-gerade Rahmen . . . 628–631
einfach-gerade Rahmen . . . 631–632
ungerade . . . 578–583
Analyse . . . 583–588
Variante . . . 580–583
Strachey
Verdopplung der Ordnung
einfach-gerade . . . 770–773
Strachey (BJ-Variante)
Verdopplung der Ordnung . . . 802–806
$n = 4k$ . . . 804–806
$n = 4k + 2$ . . . 802–804
supermagisch . . . 26–30
kompakt . . . 26
pandiagonal . . . 27–28, 30

symmetrisch . . . 15–19, 57, 61
Anzahl . . . 18
horizontal . . . 18–19
selbstkomplementär . . . 31
vertikal . . . 19

T

Tanaka
gerahmte magische Quadrate
ungerade . . . 595–597
Tannery . . . 270, 327
Tarry . . . 47–48
Travers
gerahmte magische Quadrate
ungerade . . . 598–600
trimagisch . . . 48–50
Trump . . . 11, 18, 25, 36, 49

U

ultramagisch . . . 35–37, 57
Anzahl . . . 36
pandiagonal . . . 35
selbstkomplementär . . . 35
Trump . . . 36
Umar
doppelt-gerade Ordnung . . . 405–407
einfach-gerade Ordnung . . . 547–549
umrandet . . . *siehe* gerahmt
unbekannter Autor
doppelt-gerade Ordnung
16 Teilquadrate . . . 439–449
Varianten . . . 441–449
fortlaufende Zahlen . . . 460–465
Basisquadrate . . . 464
pand. Basisquadrate . . . 464
Varianten . . . 462–465
gegenüberliegende Zeilen . . . 298–299
geometrisches Muster . . . 449–456
Musterquadrate . . . 454
pand. Musterquadrate . . . 456
Varianten . . . 451–456
Muster . . . 465–467
Basisquadrate . . . 467
pand. Basisquadrate . . . 467
Varianten . . . 467
spezielle Spiegelungen . . . 459–460
Varianten . . . 460
Spiegelungen . . . 457–458
Varianten . . . 458
Teilquadrate mit Muster . . . 468–469
Basisquadrate . . . 469
pand. Basisquadrate . . . 469
Varianten . . . 469
Unterteilung in Teilquadrate . . . 294–297
Varianten . . . 296–297
variables Eintragen . . . 470–480
Parameter . . . 478–479
Varianten . . . 471–480
einfach-gerade Ordnung
alternierendes Eintragen . . . 513–515
neun Blöcke . . . 551–557
neun Blöcke (Alternative) . . . 557–563
Varianten . . . 560–563
gerade Ordnung . . . 264–268
gerahmte magische Quadrate
gerade
Methode 1 . . . 664–668
Methode 2 . . . 669–674
Methode 2 - 5 . . . 684–686
Methode 3 . . . 674–677
Methode 4 . . . 678–679
Methode 5 . . . 679–686
ungerade
Methode 1 . . . 604–606
Methode 2 . . . 606–609
Methode 3 . . . 609–611
Verdopplung der Ordnung
doppelt-gerade
Methode 3 . . . 797–801
einfach-gerade
Methode 1 . . . 783–785
Methode 2 . . . 786
ungerade Ordnung
al-Haytham . . . 120–121
allgemeine Schrittmethode . . . 166–175
Bachet . . . 134–136
Bachet - Labosne
Diagonalenmethode . . . 159–160
Narayana . . . 160–161
Chan u. a. . . . 179–183
Cram
n keine Primzahl
Methode 4 . . . 234–238
Methode 5 . . . 238–245
n Primzahl
Methode 1 . . . 226–230
Methode 2 . . . 230–232
Methode 3 . . . 232–234
de la Loubère . . . 136–144
de los Reyes u. a. . . . 177–179
Frierson . . . 163–166
Liao - Zhu - Wu . . . 183–185
Lozenge-Quadrat
Affine Gleichungen . . . 213–214
Al-Asfizari . . . 195–196
Anordnung mit Hilfskreuz . . . 196–198
Aufteilung in zwei Rauten . . . 201–203
Cao und Gao . . . 206–208

Einfügen der geraden Zahlen . . . 198–200
Methode von de la Hire 205–206
Modulare Gleichungen 210–213
Sayles 200–201
Umformung eines Quadrates . . . 203–204
Zheng, Lin und Chen 208–210
Mamzeris 185–194
Margossian 219–226
Moschopoulos 1 121–128
Moschopoulos 2 129–134
Poignard 215–216
Rallier des Ourmes 161–163
Reiner 175–177
Sauveur
Diagonalenmethode 145–147
gemischte Methode 152–154
Meth. der analogen Buchstaben . 157–158
Methode der Indizierung 147–152
ungeordnete Methode 154–156
uniform step . . . . *siehe* allg. Schrittmethode

V

Vaithianathan
gerahmte magische Quadrate
ungerade 600–603
Verdopplung der Ordnung
doppelt-gerade 795–801
Aubry 795–797
unbekannter Autor
Methode 3 797–801
einfach-gerade 767–794
LUX-Methode 767–770
Rothstein 773–783
Strachey 770–773
unbekannter Autor
Methode 1 783–785
Methode 2 786
Zhan - Wang - Huang 790–794
Zheng - Lin - Cheng 787–789
gerade 802–874
Benson - Jacoby 806–809
$n = 4k$ 808–809
$n = 4k + 2$ 806–808
Bouteloup 809–815
$n = 4k$ 813–815
$n = 4k + 2$ 809–813
Candy 832–858
$n = 4k$ 844–847
Chen Zhong-mu 823–827
$n = 4k$ 826–827
$n = 4k + 2$ 824–825
Cram 867–874
$n = 4k$ 867–870
$n = 4k + 2$ 870–874
Hendricks 815–822
$n = 4k$ 815–820
$n = 4k + 2$ 821–822
Medjig-Methode 858–867
$n = 4k$ 865–866
$n = 4k + 2$ 859–864
Strachey (BJ-Variante) 802–806
$n = 4k$ 804–806
$n = 4k + 2$ 802–804
Widdis - Richter 827–831
$n = 4k$ 827–828
$n = 4k + 2$ 829–831
Violle 145, 147
vollkommen perfekt . . . . . . *siehe* supermagisch

W

Wang Huifeng
gerahmte magische Quadrate
gerade 693–701
doppelt-gerade Rahmen 694–698
einfach-gerade Rahmen 699–700
Wang - Zhou
einfach-gerade Ordnung 510–513
Widdis - Richter
Verdopplung der Ordnung 827–831
$n = 4k$ 827–828
$n = 4k + 2$ 829–831
Varianten 830–831

X

Xu - Mao - Chen - Huang
zusammengesetzte Ordnungen 879–885
Kronecker-Operationen 879–880
Kronecker-Produkt 880
Variante 1 (pandiagonal) 883
Variante 2 (pandiagonal) 884–885

Z

Zahlensystem 55, 64–65, 68
Dezimalsystem 65
Fünfersystem 65
Umwandlung 65
Zhan - Wang - Huang
Verdopplung der Ordnung
einfach-gerade 790–794
Zhao Li-hua
gerahmte magische Quadrate
gerade 701–703
Zheng - Lin - Chen
doppelt-gerade Ordnung 417
Zheng - Lin - Cheng
Verdopplung der Ordnung
einfach-gerade 787–789

Musterquadrat . . . 787, 789
Zhu Yunshan
doppelt-gerade Ordnung . . . 422–424
gerahmte magische Quadrate
gerade . . . 703–707
zusammengesetzt . . . 50–53
Variationen . . . 52
zusammengesetzte Ordnungen
Standardverfahren . . . 875–879
Xu - Mao - Chen - Huang . . . 879–885